啤酒工业手册

PIJIU GONGYE SHOUCE

（修订版）

管敦仪　编著

中国轻工业出版社

图书在版编目（CIP）数据

啤酒工业手册/管敦仪编著．—2版．—北京：中国轻工业出版社，2023.4

ISBN 978-7-5019-2240-6

Ⅰ．啤… Ⅱ．管… Ⅲ．啤酒－酿造－技术手册 Ⅳ．TS262.5-62

中国版本图书馆CIP数据核字（2006）第157381号

责任编辑：李亦兵　江　娟　　责任监印：张　可

出版发行：中国轻工业出版社（北京东长安街6号，邮编：100740）
印　　刷：三河市万龙印装有限公司
经　　销：各地新华书店
版　　次：2023年4月第2版第8次印刷
开　　本：787×1092　1/16　印张：44
字　　数：1056千字
书　　号：ISBN 978-7-5019-2240-6　定价：120.00元
邮购电话：010-65241695
发行电话：010-85119835　传真：85113293
网　　址：http://www.chlip.com.cn
Email：club@chlip.com.cn
如发现图书残缺请与我社邮购联系调换
230388K1C208ZBW

在北京燕京啤酒集团公司李福成总经理的关怀和赞助下，此书得以及时出版，谨致以衷心感谢！

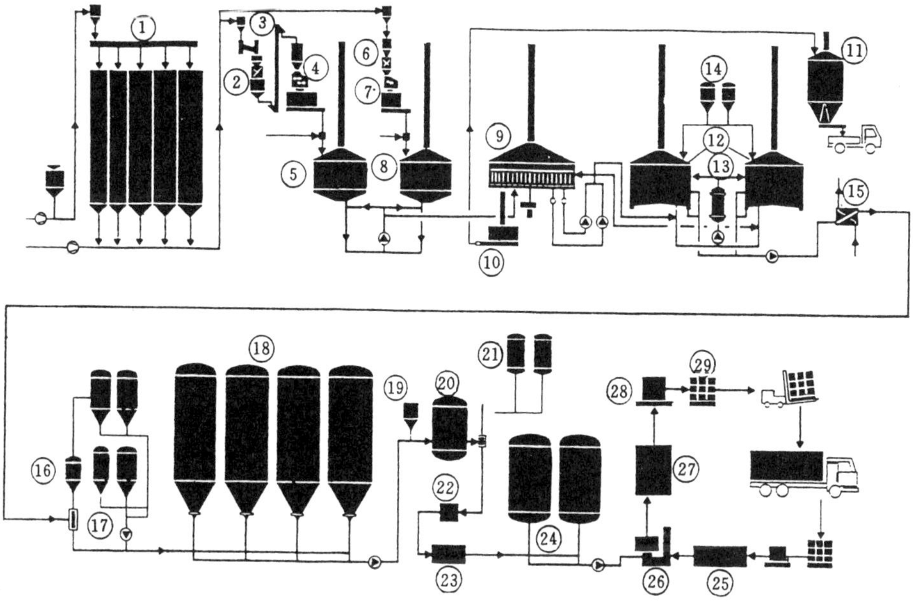

啤酒酿造工艺流程图

1—原料（麦芽、大米）贮仓　2—麦芽筛选机　3—提升机　4—麦芽粉碎机　5—糖化锅　6—大米筛选机　7—大米粉碎机　8—糊化锅　9—过滤槽　10—麦糟输送　11—麦糟贮罐　12—煮沸/回旋槽　13—外加热器　14—酒花添加罐　15—麦汁冷却器　16—空气过滤器　17—酵母培养及添加罐　18—发酵罐　19—啤酒稳定剂添加罐　20—缓冲罐　21—硅藻土添加罐　22—硅藻土过滤机　23—啤酒精滤机　24—清酒罐　25—洗瓶机　26—灌装机　27—啤酒杀菌机　28—贴标机　29—装箱机

前　言

《啤酒工业手册》初版共三册，系从1982年陆续出版，距今已近20年。在此期间，国际啤酒工业又有飞跃的发展，新技术、新产品不断涌现，因此有必要对初版本进行全面的修订。此修订版在篇章结构上无大改变，但在内容上则进行了大篇幅的修改和补充。

本书共分麦芽制造、麦汁制备、啤酒发酵、啤酒包装与成品啤酒、啤酒新产品与稀释啤酒、副产物利用及其他等六篇。内容力求推陈出新，实用性强;文字力求通俗易懂，条理性强。

本书中凡成分的含量、浓度等以%表示的，一般均指质量分数。

在编写过程中，承蒙陈建元高级工程师提供了有关资料和信息，在此表示感谢。本人在生病期间，由管淳、管渤先生，罗兰女士代为整理稿件，进行校正，一并致谢。

由于本人水平所限，收集的资料不够广泛、系统，在编写内容上不够全面，错误之处难免，欢迎读者批评指正。

管敦仪

目　录

第一篇　麦芽制造

第二篇 麦 汁 制 备

第三篇　啤酒发酵

第四篇 啤酒包装与成品啤酒

第六篇　副产物的利用及其他

第一篇　麦芽制造

大麦是酿制啤酒的主要原料，先将其制成麦芽，再用于酿酒。

大麦在人工控制的外界条件下发芽和干燥的过程，即为麦芽制造，简称“制麦”。发芽后的新鲜麦芽称绿麦芽。绿麦芽经焙燥后称干麦芽。

传统的制麦过程分为三个阶段：

(1) 精选后的大麦，浸渍水中，使达发芽所需要的水分，此阶段为大麦浸渍。

(2) 浸渍后的大麦，在人工控制的条件下进行发芽，利用发芽过程形成的酶系，使大麦的内容物质进行分解，变为麦芽，此阶段为人工发芽。

(3) 发芽完毕的绿麦芽，利用热空气进行干燥和焙焦，此阶段为麦芽焙燥。

新型的制麦方法，常运用浸麦时充分供氧的理论，使大麦在浸麦吸水过程中，即开始萌发。边浸渍，边发芽，使浸渍与发芽合为一个生产阶段，大大缩短了生产时间。

大麦发芽的目的是使麦粒内部产生一定数量的水解酶，并利用这些水解酶，分解胚乳的储藏物质，使其进行合理的降解。

(1) 胚乳细胞壁的部分或全部降解，使焙燥后的麦粒变得疏松，更易粉碎，内容物质更易溶出。

(2) 麦粒的胶质聚糖物质(主要指$\beta-$葡聚糖)充分降解，使麦芽浸出物的粘度大大降低。

(3) 胚乳的部分淀粉和蛋白质进行合理降解，形成一部分低分子水溶性物质，这些物质是组成麦汁的主要成分。

麦芽焙燥的作用是使绿麦芽的水分降低，发芽停止，便于去根和贮藏。但麦芽焙燥并不只是一个简单的水分蒸发过程,它还同时进行了复杂的生化变化,使焙燥后的麦芽具有独特的香味和色泽。麦芽焙燥系根据制造不同的麦芽类型,采取不同的焙燥方法,以适应酿制不同类型的啤酒。

第一章 酿造大麦

啤酒有史以来,都是以大麦作为主要原料。大麦外包谷皮,有利于发芽,酶系统全面,生长遍及全球,适应各种气候,价格低廉,又非主粮,制成的酒更别具风格,故啤酒酿造者一直沿习使用之。

大麦属禾本科植物,学名为*Hordeum sativum jessen*。大麦的品种很多,可供食用、饲料用和酿制啤酒用。本章专述啤酒酿造用大麦。

第一节 大麦的种类

适于酿制啤酒的大麦品种很多,可根据其子粒生长形态、播种时间和麦穗形态分类如下。

一、根据子粒生长形态分类

大麦根据子粒生长形态的分类如表1-1-1所示。

表 1-1-1 大麦根据子粒生长形态的分类

类别	分类特征
六棱大麦	六棱大麦是大麦的原始形态。麦穗断面呈六角形,有6行麦粒围绕1根穗轴而生(图1-1-1),其中只有中间对称的2行子粒发育正常,其左右4行子粒发育迟缓,粒形不正。因此,六棱大麦的子粒不够整齐,也比较小 六棱大麦的蛋白质含量相对较高,淀粉含量相对较低
四棱大麦	四棱大麦实际也是六棱大麦,只是它的子粒不像一般六棱大麦那样对称,有2对子粒互为交错,麦穗断面呈四角形(图1-1-1),看起来像是在穗轴上形成4行子粒,因而得名
二棱大麦	二棱大麦是六棱大麦的变种,麦穗扁形,沿穗轴只有对称的2行子粒(图1-1-1),由此得名。二棱大麦子粒均匀整齐,比较大 二棱大麦的淀粉含量相对较高,蛋白质含量相对较低

图 1-1-1 不同大麦品种的横断面

二、根据播种时间分类

大麦根据播种时间的分类如表1－1－2所示。

表 1-1-2 大麦根据播种时间的分类

类别	分类特征
春大麦	根据我国气候条件，多在春天惊蛰节后，清明节前种植，生长期短，3～4个月即可成熟 春大麦成熟度不够整齐，一般休眠期较长
冬大麦	此种大麦在秋后种植，生长期为200d左右，成熟度较整齐，一般休眠期较短

三、根据麦穗形态分类

大麦根据麦穗形态的分类如表1－1－3所示。

表 1-1-3 大麦根据麦穗形态的分类

类别	分类特征
直穗大麦	麦穗成熟时直立，穗厚而阔，子粒互相紧靠，子粒的基座(Base of lemma)有一条横向的隆块和凹沟。直穗大麦中有二棱大麦和四、六棱大麦
曲穗大麦	麦穗成熟时下垂，穗长而细，子粒的基座均为斜面形，曲穗大麦均为二棱大麦。适于酿制啤酒的大麦多为曲穗二棱大麦

第二节 酿造大麦的品种选育及其重要性

一、品种选育方法

(一) 形态选种法

大麦品种很多，每个品种都具有特异的形态和理化特性。不同品种的大麦，其外部形态如基刺(Rachilla)、浆片(Lodicules)、基座(Base of lemma)、颖齿(Spicules)和腹沟(Ventral furrow)都不相同，可以识别(图1－1－2)。选种的任务，就是通过农业栽培，把不同形态的品种分选出来，进行种植，然后再分别通过一系列的小型制麦和酿酒试验，从纯种中找出适于酿造啤酒的品种，加以推广。这种从形态选种的方法叫形态选种法。

(二) 杂交育种法

杂交育种法即通过深湛的遗传学知识和杂交技术，将一些纯种大麦的优良特性汇集于一个新品种内。这些杂交新品种同样需要先通过一系列小型制麦和酿酒试验，进行选择。被采用的新品种再进行大型工业试验，确定其酿造价值，然后推广使用。传统的杂交技术，培育一个新品种需要11～12年时间。目前国内外对大麦育种早已开始研究采用“单倍体育种”新技术，培育时间要比传统的杂交育种时间缩短5～6倍。其过程如下：采

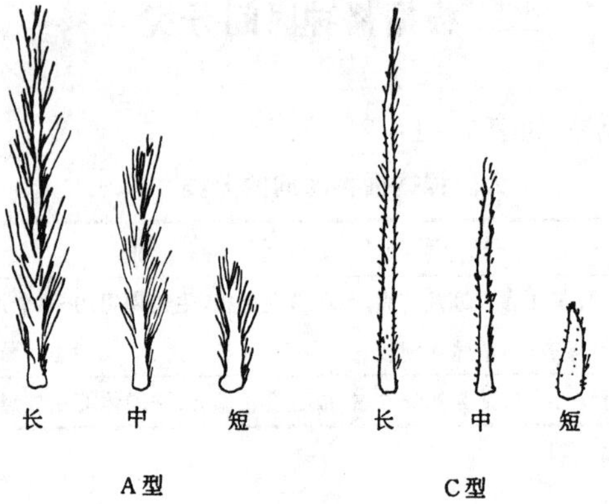

(a) 基刺的区别

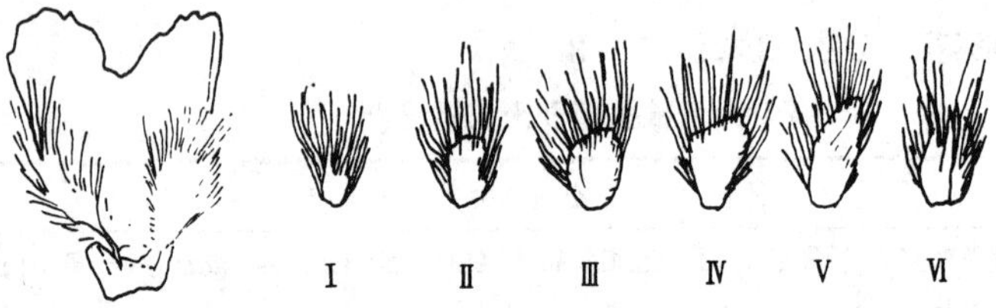

(b) 不同形状的浆片

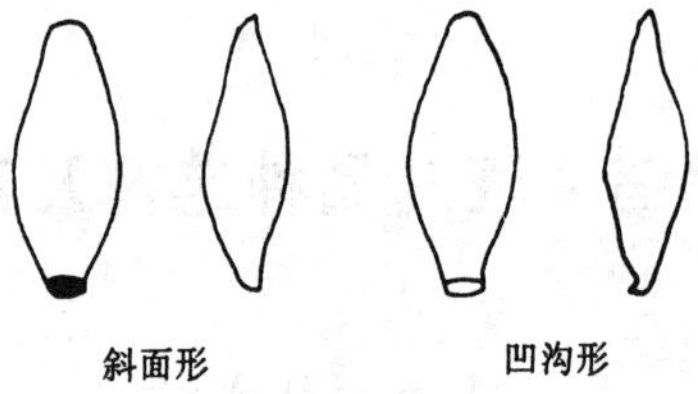

(c) 基座的区别

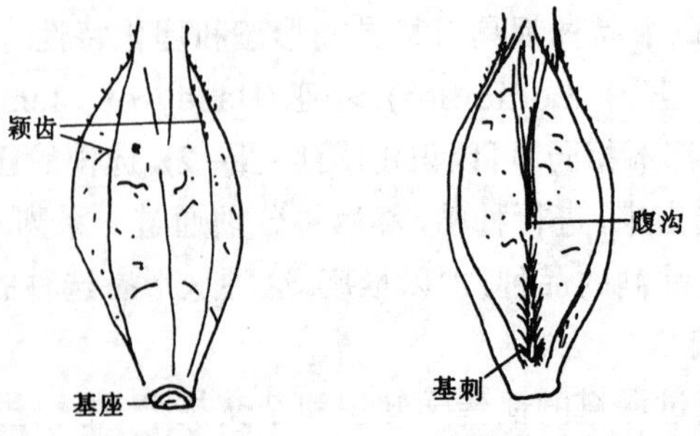

(d) 颖齿　　(e) 腹沟

图 1-1-2　大麦的外部形态特征

用二倍体大麦亲本进行杂交，得到杂交一代F_1。F_1再和地中海野生大麦(二倍体)，进行花粉杂交，在试管中培养，得到单倍体幼苗。将幼苗移植温室成活后，用秋水仙素处理幼苗，使染色体倍增，恢复成二倍体的正常植株，在人工温室培养生长，就可得到一株性能稳定的新品种，后代不再分离，可在田间种植。采用此种技术，冬大麦二年，春大麦一年半即可获得大量新品种品系。然后进行田间种植，从中获得优良品种。

(三) 诱变育种法

利用物理或化学的诱变处理方法，通过基因变异，可培育出所需性能的大麦品种。典型的范例如：采用叠氮化钠为诱变剂，进行诱变处理，切断了花色苷的生物合成途径，从而培育出无花色苷的大麦品种。花色苷是影响啤酒非生物稳定性的主要成分，普通大麦品种均含有花色苷，不同品种之间的含量，没有显著差异。

花色苷的生物合成过程大体如下：

肉桂酸(Cinnamic acid)
↓
(Chalcone)查尔酮 ⇌ 黄烷酮(Flavanone)
↓
二氢黄酮醇(Dihydro flavonal)
↓
黄烯醇(Flavenol)
↓ 花色素 (Anthocyanidine)
↓ 儿茶酸(Catechin) → ↓ 花色苷 (Proanthocyanidine)

丹麦的科学家在70年代末用叠氮化钠(sodium azide, NaN_3)作诱变剂，进行诱变处理，切断了由二氢黄酮醇到黄烯醇的生物合成途径，从而培育出无花色苷大麦。据报道，使用此种大麦制啤酒，非生物稳定性显著提高，啤酒风味稍显淡薄，颜色很浅，和普通大麦适量掺用是比较合适的，可以达到对啤酒风味、色泽和非生物稳定性均有利的花色苷含量。此项工作获得成功后，可以从一些优良大麦品种，经过诱变处理而获得无花色苷的优良大麦品种。

(四) 基因转化技术育种法

利用生物技术，从生物体内，将编码某种特性的基因分离出来，转化到大麦中去，得到表达，从而获得所要求的性能。例如：研究开发含低β－葡聚糖和高β－葡聚糖酶的新品种，以解决麦芽难溶解的问题；研究开发高赤霉酸含量的品种，以加速麦芽溶解和缩短制麦时间；培育高赖氨酸大麦品种，以提高大麦的营养价值等。

基因转化技术虽然在某些植物领域已有成功范例，但对大麦来说，尚待继续研究开发。

以上情况说明，过去酿造大麦品种选育工作主要是围绕“产量”这一目的进行的，如提高单产、抗病害、抗倒伏、早熟等等，在大麦成分方面着重要求蛋白质的含量不要过高。而目前的选育工作，则更多地注意“质”的开发，使啤酒大麦的性能更符合生产要求，使企业有了更大的选择余地。

二、国际上的主要大麦品种选育机构及其作用

工业先进国家都有自己专业的大麦育种机构，例如：

1. 美国酿造大麦协会(简称AMBA)

成员系由美国主要生产麦芽和啤酒的大公司所组成，由该协会主持开展优良大麦品种的培育。具体研究任务由该协会研究大麦品种的单位(明尼苏达大学、蒙大拿州立大学、埃伯丁研究与开发中心等6个单位)去执行。品种培育后，交该协会进行3年的小型制麦和酿酒试验。被选出的品种，再由该协会成员公司进行3年的大规模生产和酿酒试验。性能良好的品种，最终由该协会批准使用。

2. 欧洲啤酒酿造协会(简称EBC)

该协会是由欧洲国家组成的国际性组织。其中EBC大麦委员会是该组织的执行机构之一，也是当前国际上研究酿造大麦品种的主要组织。该委员会下设几个分支，分别研究某些主题，如新品种试验支会、统计支会、土壤气候支会、小型制麦试验支会等等。这些支会分别执行EBC大麦委员会提出的任务。

该委员会的主要任务是选育优良酿造大麦品种。每年由参加国在不同的气候、土壤条件下，分别种植同类大麦新品种。根据不同的土壤气候条件，通过至少3年以上的农业栽培试验和小型制麦试验，初步选出优良新品种。然后，由各参加国组织有关研究机构和啤酒厂，分别进行大、中型工业试验，确定新品种的酿造价值。

在以上两机构每批试验的品种中，均有1～2个过去已经肯定的优良品种，作为标准对照品种。这些对照品种，也是随着品种的不断改进而不断更新的。

三、大麦品种的鉴别方法和育种试验内容

(一) 大麦品种的鉴别方法

1. 检查品种的一般外观

纯净的样品一般外观均一，而混合的品种则外观不均一。

2. 鉴别麦粒的主要特征

(1) 六棱大麦的侧粒是扭曲的，因此有2/3的麦粒是扭曲的，不够整齐；二棱大麦无侧粒，所有麦粒都是直而对称的，麦粒整齐，不扭曲。

(2) 观察糊粉层的颜色，呈白色或蓝色，有的蓝色很浅，有时也会与白色者混淆。

(3) 检查麦芒粗糙或平滑，极易识别。大多数平滑或半平滑的麦芒品种，在麦芒末梢有少量颖齿，其他麦芒部分则无。

(4) 用放大镜观察基刺的长短，这是鉴别大麦品种的主要方面之一，并且此特点不随生长年份而改变，极易识别。个别品种只有退化的基刺，用肉眼即可识别。

如果以上特性尚不足以识别大麦品种，还可利用以下方法进行识别：

(1) 根据基座形状的不同，可以由其斜面形、浅折痕形和凹沟形而区分，见图1－1－3(a)。

(2) 品种的腹沟形状区别很大，腹沟张开呈V字形。有的品种底部几乎闭封，有的下半部密闭而顶部张开。此特性因生长条件和麦粒的饱满度而有些变化，见图1－1－3(b)。

(3) 用放大镜或用手摸外皮边纹的颖齿，不同品种的颖齿可从无到很多。此颖齿与麦芒上的颖齿无关。

(4) 用放大镜仔细观察浆片上的毛，其长短及在浆片上的位置不同，有的长满，有的

只在浆片中部有，有的品种则光滑无毛，见图1－1－3(c)。

(5) 麦粒形状因生长条件而有些变化，有地区性。其长宽比与各部位的饱满程度，都是有用的区别特性。有的粒形圆滑而一端变小，有的麦粒膨胀突起或具有其他特点。

(6) 品种的外皮皱纹有的细致，有的粗放，很多二棱品种只有很细微的皱纹，有的品种甚至只有光滑的外皮，见图1－1－3(d)。

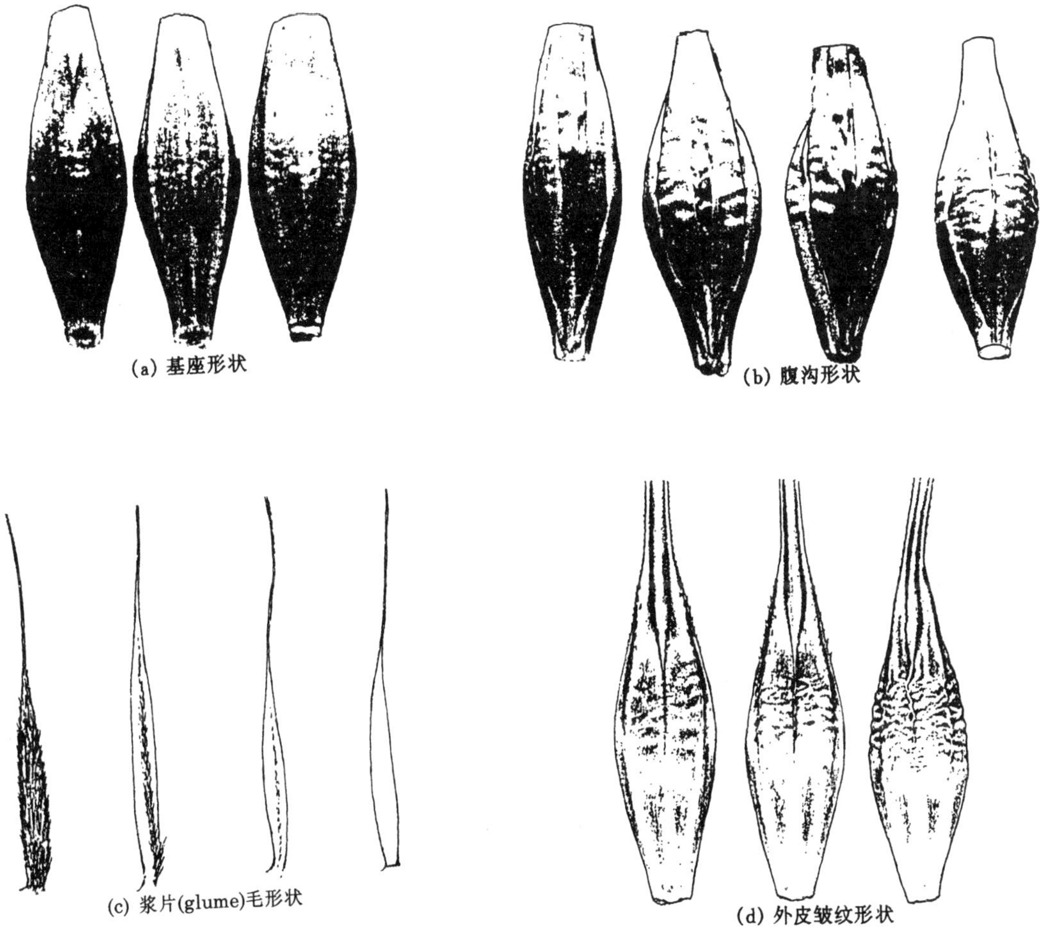

图 1－1－3 不同大麦品种的识别特点

在不同地区由于生长条件不同，人们还会发现一些品种的其他特点，供品种鉴定之用。因此，每年观察了解不同地区生长的麦粒特点也是很重要的。

(二) 育种试验内容

育种试验包括农业观察和工业试验两个步骤:

1. 农业观察

主要包括大麦的形态和生理特点，适应土壤气候的情况和抗病虫害的能力等等。

2. 工业试验

大麦收获后，进行小型制麦试验。检验内容主要包括：麦皮形态、千粒质量、休眠期、总含氮量、发芽率、糖化力、蛋白分解力、浸出率、麦芽溶解度、麦汁粘度、最终发酵度、制麦损失等。

关于小型制麦试验和设备，由各参加国研究，不断更新，以期能正确反映大麦品种的质量。

四、优良酿造大麦品种的特点

优良酿造大麦品种的基本特点，可归纳如下：

(1) 粒大饱满、皮薄、色浅、形体短。

(2) 高产、低肥、抗病虫害。

(3) 成熟期早、休眠期短、浸出率高。

(4) 千粒质量高。以干物质计，二棱大麦不低于42g，六棱大麦不低于34g。

(5) 粉状粒高，应在80%以上。

(6) 吸水能力强，72h浸渍(14℃±1℃)，水分应达47.5%以上。

(7) 蛋白质含量适中，二棱大麦为9%～11%，六棱大麦为10%～12%。

(8) 大麦和制成麦芽的酶活力高。

(9) 发芽率95%以上，溶解良好，制麦收得率高。

五、大麦的“质量系数”

这也是判断大麦品种是否适合制麦和酿酒的一种方法。可通过以下5项参数，作出初步评价。

5项参数	参数值
浸出物得率	0.45
粘度	0.25
最终外观发酵度	0.15
库尔巴哈值	0.10
糖化力	0.05

以上5项参数，除粘度外，其他4项参数的值愈高，则“质量系数”愈高，大麦的品质愈好。质量系数可分1～9九个等级，1为最次级，9为最高级。另选择一“质量系数”为5级的品种为对照品种，质量系数高于5级的大麦品种则较对照品种为优，反之则差。

六、近年来国际上采用的著名大麦品种及其特征

1. 六棱大麦

品种名称	特征							其他
	糊粉层	麦芒	基刺	基座	外皮	边缘颖齿	浆片细毛	
** 阿佐尔(Azure)	B	S	L	D	W	N－F	B	腹沟V形，麦纹突出，麦粒中间肥大
** 爱克赛儿(Excell)	W	S	L	DC	W	N－F	B/L	腹沟底部狭窄，麦芒处张开
** 莫莱克斯(Morex)	W	S	S	DC	W	N－F	M/S	腹沟V形，较Robust开扩，中央麦纹相对突出，麦皮较Robust皱褶
** 罗勃斯特(Robust)	W	S	S	DC	W	N	C/S	腹沟V形，底部狭窄，中部麦纹相对突出，麦粒中部肥大，腹沟部饱满
拉克尔(Larker)	W	SS	L	DC	W	S	B/L	

2. 二棱大麦

品种名称	特征							其他
	糊粉层	麦芒	基刺	基座	外皮	边缘颖齿	浆片细毛	
** 罗塞尔(Russel)	W	S	S	DC	W	Nu	C/S	麦粒狭窄，麦粒下半部腹沟由狭窄到封闭，至麦芒处张开
克拉克(Clark)	W	R	L	D	W	N	C/L	腹沟下部窄而浅，麦芒处张开，与长度相对而言，麦粒丰满
** 克莱斯特(Crest)	W	R	L	D	W	N	C/L	腹沟下部窄而浅，麦芒处张开，麦粒中型
** 克雷斯陶(Crystal)	W	R	L	D	W	N	C/L	腹沟下部窄而浅，麦芒处张开
** 哈雷顿(Harrington)	W	R	L	D	S－W	N	C/L	腹沟窄而浅，麦皮疏松，麦粒钻石型
** 克拉吉斯(Klages)	W	R	L	D	W	N	C/L	腹部底部窄浅，麦芒处张开，纹路突出，胚部呈碟形
** 毛雷文Ⅲ(Moravian Ⅲ)	W	R	L	D	W	N	C/S	腹沟窄浅，中部几乎封闭，麦纹明显，麦粒中短型
卡拉(Karla)	W	S	L	DC	W	F	M/S	腹沟窄浅，底部封闭，在麦芒处张开，麦纹较明显
契姆拜雷(Kimberly)	W	R	L	D	W	N	C/L	腹沟底部窄浅，在麦芒处张开，有明显皱褶，麦纹较明显，麦粒在胚上部呈梨形
派鲁林(Piroline)	W	R	S	D	W	N－F	C/S	腹沟底部2/3处几乎封闭，近麦芒处张开，麦纹明显，麦粒中短
曼奴特(Menuet)	W	R	S	D	W	F	B/S	腹沟底部狭窄，近麦芒处张开
垂安夫(friumph)	W	R	L	D	W	N		腹沟极深，折叠明显，上部张开
克伦比亚(Columbia)	B	SS	L	D	W	Nu	C/S	腹沟下部1/3～1/2处封闭，至麦芒处张开

注：(1) 以上品种有 ** 符号者为美国制麦与酿造协会1995年推荐品种，其他为以前的著名品种。

(2) 简写符号代表：

糊粉层：W—白色，B—蓝色；

麦芒：R—粗糙，S—细致，SS—半细致；

基刺：L—长，S—短；

基座：D—切面，C—凹沟，DC—切面趋向凹沟；

外皮：W—皱褶，S—光滑；

边缘颖齿：N—没有，F—极少，S—有一些，Nu—许多；

浆片细毛：C—充满，B—一条，M—半长，S—短，L—长。

七、大麦品种与啤酒质量的关系

不同的纯种大麦不仅在化学组成、浸出率和酶活力上有差别，而且制麦时的生产工艺和物质变化也不相同。如蛋白质含量高的大麦，制麦损失高，麦芽浸出率低，啤酒的非生物稳定性差；厚皮大麦制造的啤酒色泽较深，风味粗涩，容易混浊；麦胶物质(Barley gum)含量高的大麦不易溶解，做不出好麦芽来；酶活力低的大麦和麦芽，做出的麦汁降糖不易，发酵度低；水敏感性强的大麦发芽不整齐，发芽率低等。只有掌握了某一品种的特性，才能制订出相应的制麦和酿造工艺。

不同的大麦品种，适于酿制不同类型的啤酒。如蛋白质含量高的品种，制出的啤酒口味重，颜色深，适于酿制浓色啤酒；而酿制淡色啤酒则必须选择蛋白质含量低的大麦品种。因此，选择优良的大麦品种，不仅在经济上是合理的，也是酿制优质啤酒的基本条件。

第三节 大麦子粒的结构及其生理作用

一、大麦的外形

大麦子粒似稻谷，是一种带皮的颖果，其外形如图1－1－4所示。

二、大麦的组织结构及其生理作用

大麦主要由胚、胚乳和谷皮三部分组成(图1－1－4)。其纵剖面如图1－1－5所示。

1. 胚

胚是大麦子粒最主要的部分，由胚芽和胚根所组成。它和盾状体(Scutellum)及上皮层(epithelium)位于子粒背部下端，其质量为大麦干物质的2％～5％。胚的底部是珠孔，具渗透性，水溶液可由此进入子粒的内部。当胚部含有足够的水分和存在氧气时，即开始发芽。大麦的胚部含有未发芽子粒的大部分蔗糖、棉子糖、类脂以及蛋白质、矿物质和B族维生素，作为其开始发芽的营养。当子粒开始发芽时，胚轴与盾状体之间，先形成一脉管输送系统(Vascular transporting system)，利用此输送系统，将生长的胚所分泌的赤霉素(Gibberellin)输送至糊粉层，并激发糊粉层产生多种水解酶。这些水解酶分泌至胚乳后，不断分解胚乳部分，并将其分解产物，通过上皮层和盾状体，由脉管输送系统输送给生长的胚轴，作为其营养。此一系列变化就是麦芽制造的核心。

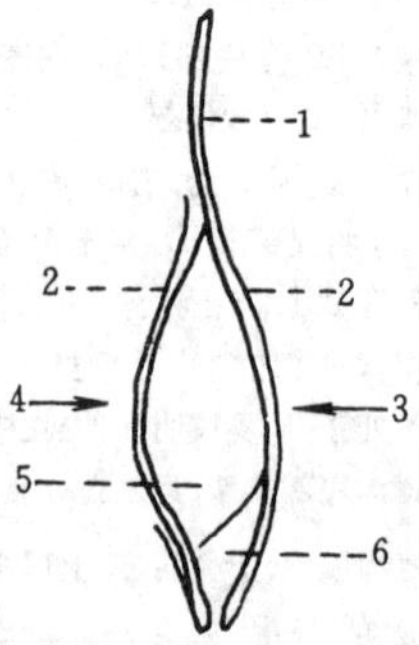

图 1－1－4 大麦子粒的外形

1—芒 2—谷皮 3—背部 4—腹部 5—胚乳 6—胚

胚是子粒有生命的部分，胚组织破坏，大麦就失去了发芽力。

2. 胚乳

胚乳是大麦子粒最大的组织部分，也是胚的营养贮仓；其质量为大麦干物质的70%～75%。当胚有生命力的时候，胚乳的物质不断分解和转化，部分供胚作营养，部分供呼吸时消耗，大部分则作为低分子物质存在于麦粒中。

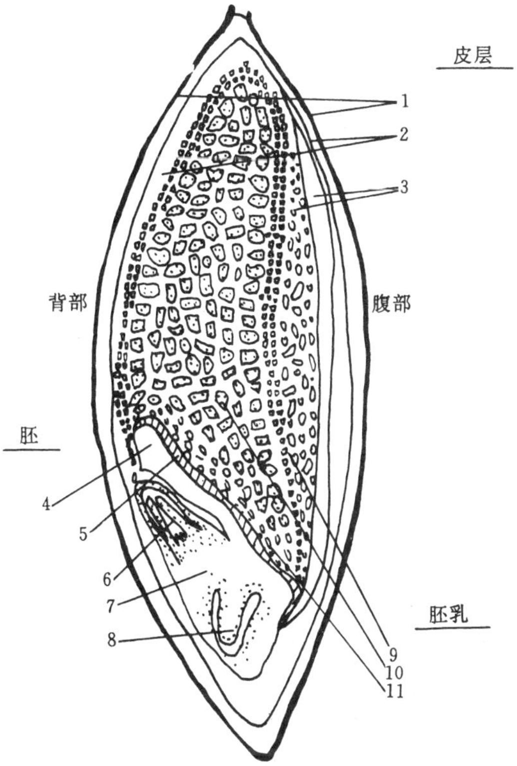

图 1－1－5　大麦的纵剖图

1—谷皮　2—果皮和种皮　3—腹沟　4—盾状体　5—上皮层　6—原始胚芽　7—胚芽营养部分　8—根胚　9—糊粉层　10—胚乳　11—细胞层

胚乳主要由胚乳淀粉细胞所构成。细胞中的淀粉颗粒紧密地被包埋在蛋白质网络中(见图1－1－6)。细胞外部为细胞壁，由70%的β－葡聚糖，20%的阿拉伯木聚糖(arabinxylan)，6%的蛋白质及少量其他物质所构成。胚乳细胞之间也由一层蛋白质物质所连结。发芽开始，先由糊粉层分泌的蛋白酶分解连结胚乳细胞的蛋白质，使由糊粉层分泌的β－葡聚糖酶和戊聚糖酶得以与胚乳细胞壁接触而分解之。然后再由蛋白酶分解包埋淀粉颗粒的蛋白质网络，使淀粉颗粒暴露，由α－淀粉酶对其进行有限的分解。

大麦胚乳主要呈粉状，但也有的呈玻璃质状或半玻璃质状。呈粉状的胚乳较呈

图 1－1－6　麦芽胚乳的电子显微镜扫描

箭头所指为小颗粒淀粉

玻璃质状的胚乳，被网状蛋白质包埋得不严密，其细胞壁也较薄，水解酶容易进入，也容易溶解。玻璃质状的胚乳则相反，较难溶解。

胚乳的外部是糊粉层。糊粉层由一2～3层厚的厚壁细胞所构成，其细胞内含有蛋白质、脂肪、植酸和矿物质，但不含淀粉，靠近胚部的糊粉层只有一层细胞。糊粉层的质量约为麦粒的10%，除去胚乳与盾状体连结的部分，它紧密地包围着胚乳部分。有的大麦品种，其糊粉层为蓝色，是由复杂的多酚物质所形成，又叫“蓝色大麦”。

糊粉层的细胞壁很厚，包括67%的阿拉伯木聚糖，26%的β－葡聚糖以及少量的多酚物质和蛋白质。发芽初期，此糊粉层细胞壁须进行一定程度的水解，才能使由糊粉层合成的各种水解酶从糊粉层细胞进入胚乳，进行分解。

糊粉层也是有生命的组织，能营呼吸作用。发芽时所形成的各种水解酶，主要由此处产生。

胚乳与胚之间还有一层空细胞(细胞层)。空细胞的内容物质早在大麦成熟前的生长阶段，就被胚消耗殆尽，胚发育得愈大，空细胞层便变得愈厚。此细胞层富含β－葡聚糖，能阻碍水解酶从盾状体向胚乳移动。

3. 谷皮

谷皮系由腹部内皮和背部外皮所组成，其质量为麦粒干物质的7%～13%。除麦粒的顶尖和基部外，谷皮覆盖了整个麦粒。谷皮的主要成分包括纤维素和硅酸盐以及多量的戊聚糖和木质素，此外还含有多量的酚类物质。谷皮的组成物质绝大部分是非水溶性的，因而在制麦过程中，谷皮本身不起什么变化，其主要作用是保护胚不受损伤和保护胚芽的生长，并维持发芽初期谷粒的湿度以及防止发芽过程中谷皮内部微生物的污染。在麦汁制备时，则作为麦汁的过滤层而被利用。

谷皮内面是果皮(Pericarp)，果皮环绕整个麦粒，包括麦粒的珠孔部分。其质量为成

图 1－1－7　大麦子粒的外层

H—谷皮　P－T—果皮和种皮　A—糊粉层

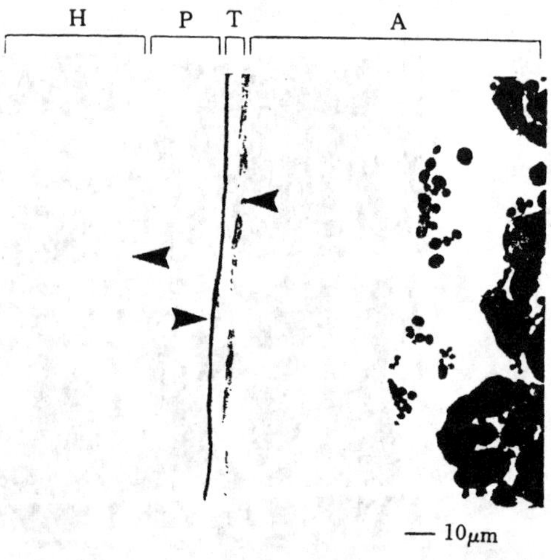

图 1－1－8　大麦子粒的外层

H—谷皮　P—果皮　T—种皮　A—糊粉层

箭头所指系角质层

熟麦粒的3%左右。它具有内外两层组织，外层与谷皮紧密连接，内层含有叶绿素，在麦粒发育期间起光合作用。待麦粒成熟时，内外两层组织均匀退化，变为一层薄的死细胞组织。果皮的外表面有一蜡质层，它对赤霉酸和氧是不透性的，与大麦的休眠性质有关。

果皮的里面是种皮(testa)。种皮是一薄层组织，其质量约为成熟麦粒的1.5%。种皮也包括两层细胞，外部一直延伸到除珠孔部分的整个麦粒。种皮具有半透膜性质，含有多量的酚类物质(包括花色素原)，它对发芽的重要性尚待进一步研究。

有关大麦各种组织的电子显微镜扫描如图1－1－7至图1－1－10所示。

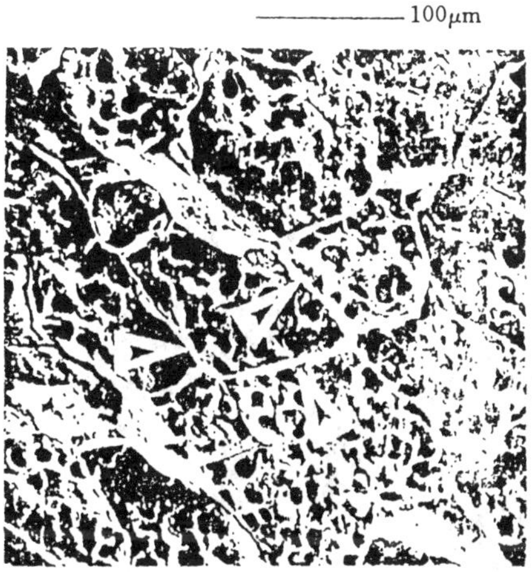

图 1－1－9　大麦胚乳部分

箭头所指为细胞壁

图 1－1－10　大麦糊粉层和胚乳

A—糊粉层　Sa—亚糊粉层　E—胚乳

第四节　大麦的化学组成

一、水　分

根据收获季节的气候情况，大麦的水分含量波动在11%～20%之间，适于贮藏的大麦水分应在13%以下。

二、碳水化合物

(一) 淀粉

1. 淀粉含量

大麦的淀粉含量占其干物质的58%～65%，大部分是作为贮藏物质存在的。

2. 颗粒大小

大麦的淀粉颗粒分大颗粒(直径10～25 μm)和小颗粒(直径2～5 μm)两种。二棱大麦的小颗粒淀粉数量约占全部淀粉颗粒的90%，其质量却只占淀粉的10%左右。小颗粒淀粉含量与大麦的蛋白质含量成正比，其外部被很致密的蛋白质所包围，不易受酶的作用，增加了麦芽溶解的难度。如果在制麦时分解不完全，糖化时更难以分解。这种未分解的小颗粒淀粉与蛋白质、半纤维素和麦胶物质聚合一起，充斥麦糟中，是造成麦汁过滤困难的一项重要因素。小颗粒淀粉的糊化温度较大颗粒淀粉高，在60～65℃糖化温度下，不易接受α-淀粉酶的分解。

麦芽胚乳的电子显微镜扫描图如图1-1-11所示。

从图中可以看出大颗粒淀粉、小颗粒淀粉及部分可见的细胞壁。

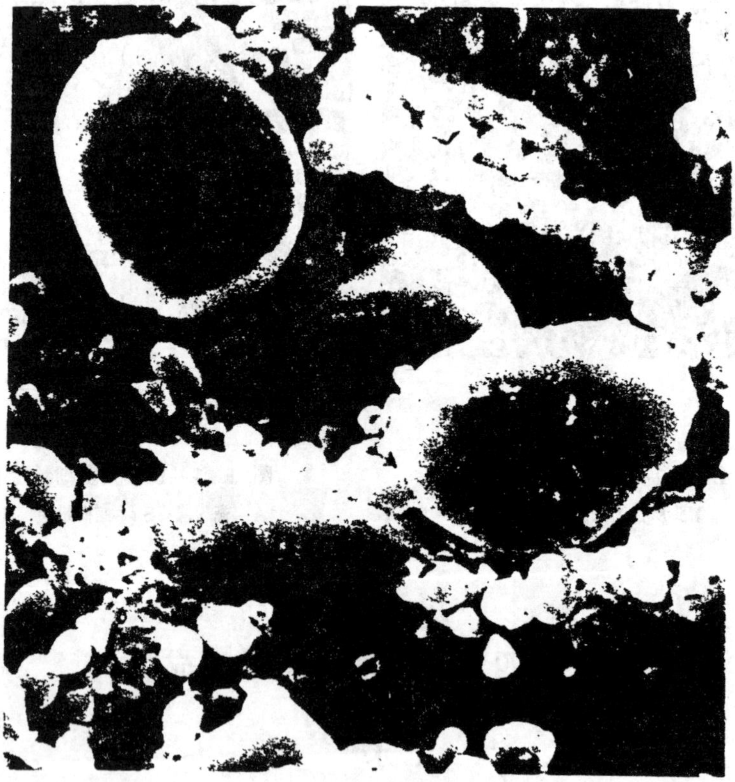

图 1-1-11 麦芽胚乳的电子显微镜扫描图

3. 淀粉的结构

大麦淀粉在化学结构上分为两种:

(1) 直链淀粉 直链淀粉占大麦淀粉含量的17%～24%(小颗粒淀粉含直链淀粉可高达40%)，系由60～2000个葡萄糖残基形成α-1,4键链连接的螺旋形不分支长链(图1-1-12)。相对分子质量波动在10000～500000之间，易溶于温水，形成粘度不大的溶液。直链淀粉遇碘液，碘从螺旋形中间通过，与直链淀粉之间构成吸附化合物而呈蓝色反应，其呈色反应与其葡萄糖残基的聚合度有关:

链长(葡萄糖残基数)	螺旋数	呈色反应
45以上	8	蓝
40	7	蓝紫
36	6	紫
31	5	红
12	2	浅红
9以下	1.5	无色

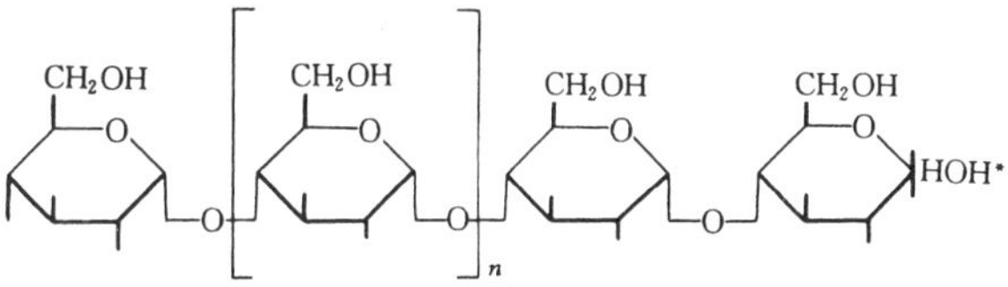

图 1－1－12 直链淀粉的结构图

* 表示还原基。

(2) 支链淀粉 支链淀粉占大麦淀粉含量的76％～83％，除具有α－1，4键结构外，还有6.7％的α－1，6键分支结构(图1－1－13)。它由6000～40000个葡萄糖残基所组成，其相对分子质量在1000000～6000000之间，需加热才能溶于水，形成粘性溶液。支链淀粉遇碘液时，碘不能通过α－1，6键结合的分支点，只能与支点外部的20几个葡萄糖基结合，故呈红到紫红色反应。

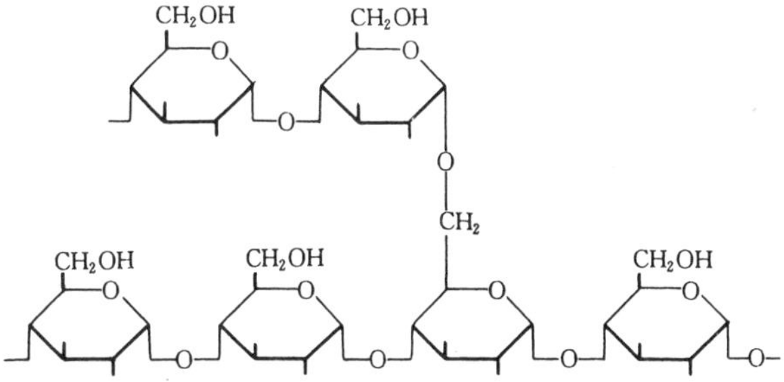

图 1－1－13 支链淀粉的结构图

4. 淀粉的物理性能

相对密度(干物质)	1.63
比热容	0.27kJ/(kg·℃)
燃烧热	17333kJ/kg

淀粉无味、无臭、白色，具有吸湿性，在X光谱下呈晶体状。

(二) 纤维素

纤维素占大麦干物质质量的3.5％～7.0％，主要存在于谷皮中，微量存在于胚、果皮和种皮内，是细胞壁的支撑物质。其结构为β－1，4键的葡萄糖长链，含有2000～3000个葡萄糖残基。

纤维素无味、无臭、不溶于水，对酶的作用具有相当强的抗力，在制麦中，它不参与麦粒中的代谢作用。

(三) 半纤维素和麦胶物质

半纤维素与麦胶物质占麦粒干物质的10%～11%，是胚乳细胞壁的构成物。半纤维素还存在于谷皮中。

1. 半纤维素

不溶于水而溶于稀碱溶液，是重要的细胞骨架物质。存在于谷皮和胚乳中的半纤维素，成分上是有区别的。

(1) 谷皮半纤维素　主要含戊聚糖及少量的β－葡聚糖和糖醛酸(图1－1－14)。

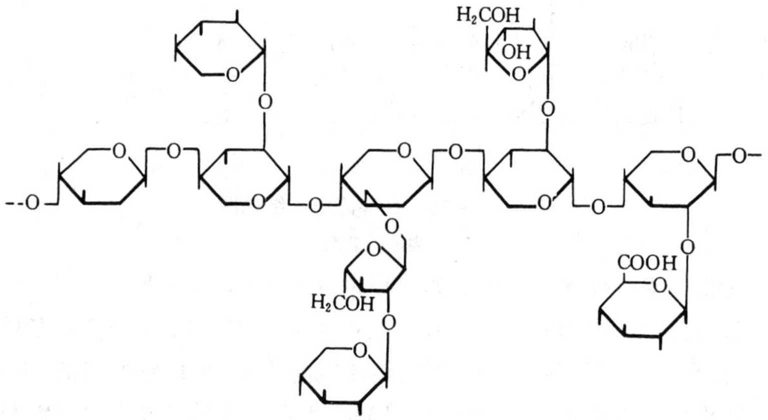

图 1－1－14　谷皮半纤维素的结构图

(2) 胚乳半纤维素　主要含β－葡聚糖及少量戊聚糖，不含糖醛酸(图1－1－15)。

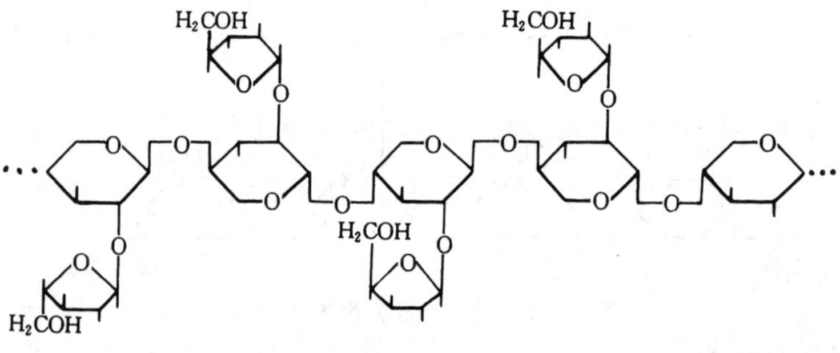

图 1－1－15　胚乳半纤维素的结构图

2. 麦胶物质

麦胶物质在成分组成上与胚乳半纤维素无甚差别，只是相对分子质量较半纤维素低，易溶于温水。

麦胶物质中的大麦β－葡聚糖含有70%的β－1，4键葡萄糖苷和30%的β－1，3键葡萄糖苷，其分子结构见图1－1－16。β－葡聚糖的水溶液粘度极高，与麦芽质量有密切关系。溶解良好的麦芽，此物质在发芽过程中已大部分分解；溶解不良的麦芽，此物质分解不完全，由此制出的麦汁粘度高，对麦汁过滤影响很大，对酒的口感也容易造成不爽的感觉，但对啤酒泡沫有利。

(四) 低分子碳水化合物

大麦中含有2%左右的糖类，其中主要是蔗糖，还有少量棉子糖、葡二果糖(Glucodifructose)、麦芽糖、葡萄糖和果糖。蔗糖，棉子糖和葡二果糖主要存在于胚和糊粉层中，供胚开始萌发的呼吸消耗用，有少量的葡萄糖和果糖存在于胚乳中，麦芽糖则集中在糊粉层中，那里有大量的β－淀粉酶存在。

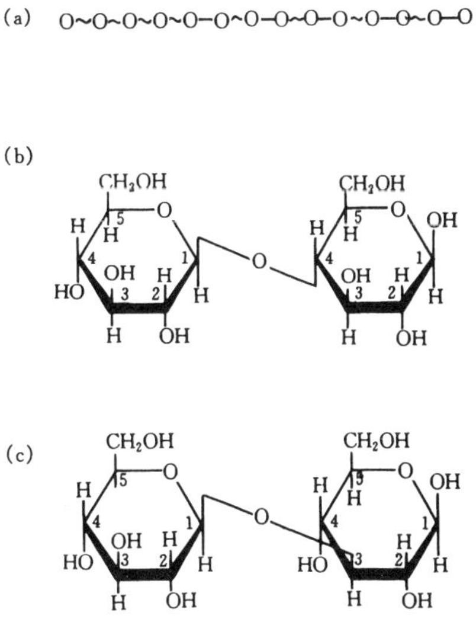

图 1－1－16 大麦β－葡聚糖的结构图

(a) 分子结构的部分：～表示β－1，3键
—表示β－1，4键

(b) 纤维二糖的分子式（葡萄糖β－1，4键葡萄糖）

(c) 昆布二糖的分子式（葡萄糖β－1，3键葡萄糖）

三、蛋 白 质

蛋白质是大麦的一项关键成分，在啤酒制造过程中，它对大麦发芽、糖化、发酵以及最后成品酒的泡沫、风味、稳定性等质量指标都有很大影响。

(一) 大麦蛋白质的分布

(1) 糊粉层中的胶质蛋白(gelprotein) 这是一种贮藏蛋白质，它在发芽过程中进行了部分分解，其未分解部分与组织蛋白(glutelin)的残留部分最后残留于麦糟中。这部分残留物，将使麦汁从中浸出困难和引起麦汁过滤困难的问题。

(2) 糊粉层内胚乳外缘的贮藏蛋白质 影响大麦蛋白质含量的是这一部分，在发芽过程中已大部分被分解。

(3) 胚乳中的组织蛋白 它与半纤维素和麦胶物质同为胚乳细胞壁的组成物质，较难分解。

(二) 大麦蛋白质的组成

蛋白质分结合蛋白质(又称缀合蛋白质)和单体蛋白质(又称简单蛋白质)两种。大麦中存在的蛋白质主要是非水溶性的无磷高分子简单蛋白质。由于蛋白质大部分化学结构还未弄清，故精确分类还不可能。奥斯保恩(Osborne)根据大麦蛋白质在不同溶剂中的溶解度和沉淀性，可区分为：

(1) 麦白蛋白 溶于纯水、稀盐溶液和酸液中，52℃即可从溶液中凝结析出，相对分子质量70000左右，约占大麦蛋白质的4％，包括16种组分，其等电点为pH4.6～5.8。

(2) 球蛋白 为种子的贮藏蛋白，不溶于纯水，溶于稀盐溶液和酸碱中，在90℃左右高温下能凝结析出，包括α，β，γ，δ4个组分，其相对分子质量分别为26000，100000，166000，300000。球蛋白的等电点在pH4.9～5.7之间，其中β－球蛋白的等电点为4.9，在麦汁制备过程中不能完全析出沉淀，当酒的pH继续下降和温度继续降低时，它就会析出而引起啤酒混浊。球蛋白含量为蛋白质总量的31％左右。

(3) 醇溶蛋白 主要存于麦粒糊粉层里，相对分子质量为27500，等电点为pH6.5，不溶于纯水及盐液，溶于50％～90％的酒精溶液中，也溶于酸碱。它含有大量的谷氨酸和脯氨酸，由5种组分(α，β，γ，δ，ε)组成，其中δ和ε组分是造成啤酒冷混浊和氧化混浊的重要成分。醇溶蛋白含量为大麦蛋白质含量的36％，是麦糟蛋白质的主要构成部分。

(4) 谷蛋白 不溶于中性溶剂和乙醇，溶于碱性溶液。谷蛋白也由4种组分组成，它和醇溶蛋白是构成麦糟蛋白质的主要成分，其含量为大麦蛋白质含量的29%。

(三) 大麦蛋白质的含量

(1) 不同品种大麦可有不同的蛋白质含量，或不同品种大麦虽蛋白质含量相同，但其蛋白质的组分不相同。

(2) 六棱大麦蛋白质含量一般较二棱大麦高。

(3) 同类大麦胚乳为玻璃质状者，其蛋白质含量较粉状者高：

粉状粒	8.6%～14.1%
半玻璃质粒	10.7%～15.2%
玻璃质粒	12.4%～16.6%

(4) 同种大麦，同量的小粒大麦所含蛋白质较大粒者高：

Ⅰ 级大麦	10.7%
Ⅱ 级大麦	11.3%
Ⅲ 级大麦	12.9%

(5) 大麦的蛋白质含量范围：8.0%～13.5%；酿造大麦的蛋白质含量范围：9.0%～12.0%。

(四) 大麦蛋白质含量与啤酒酿造的关系

(1) 蛋白质含量高的大麦，淀粉含量相对为低，浸出率也低。蛋白质含量高1%，影响麦芽浸出率约0.6%。

(2) 蛋白质比较难溶解。蛋白质含量高的大麦，所制麦芽的溶解度也比较差，用以制造的啤酒也较易混浊。

(3) 蛋白质含量高的大麦，因其分解产物易形成更多的深色物质，如类黑素 (Melanoidins)等，故适于做浓色啤酒，不宜做淡色啤酒。

(4) 制造低浓度啤酒，宜采用蛋白质含量高一些的大麦，以增强泡沫性能和酒体。

(5) 大麦的蛋白质含量高，麦胶物质的含量也一定高。如果要求达到和蛋白质含量低的大麦同样的麦芽溶解度，则其制麦条件，如浸麦、发芽和干燥都要加强，从而制麦损失率要增高。蛋白质含量每高1%，制麦损失提高0.3%左右。另外，如通风、冷却等生产费用，都要相应增加。

(6) 采用蛋白质含量高的大麦，所制啤酒口味较粗重，风味稳定性比较差。

(7) 大麦的蛋白质含量也不宜过低(9%以下)，否则会影响啤酒的泡沫和适口性以及酵母菌的营养等。

(8) 蛋白质含量高的大麦品种，酶活力也较高，有利于使用较多的辅料。

四、脂 肪

大麦所含的类脂物质(乙醚浸出物)占大麦干物质的2%～3%。其中95%以上属于甘油三酸酯。发芽时，10%～12%的脂肪由于呼吸和氧化作用而消耗。此外，大麦还含有微量脑磷脂和卵磷脂，它们使细胞壁具有渗透性，有重大的生理作用。大麦只含微量的游离脂肪酸，主要为亚麻酸(52%)、亚油酸(28%)和棕榈酸(6%)。糖化时，游离脂肪酸的大部分残存麦糟中，少量存于麦汁中。

类脂物质绝大部分存在于糊粉层和胚中，含量虽低，但对啤酒的风味稳定性和泡持性均能产生很不利的影响。

五、磷 酸 盐

大麦的磷酸盐含量主要取决于大麦品种，也与磷肥使用量有关，正常含量为每100g大麦干物质含260～350mg磷。大麦所含磷酸盐的半数为植酸钙镁，约占大麦干物质的0.9%。此有机磷酸盐在发芽过程中水解，形成第一磷酸盐和大量缓冲物质，糖化时，进入麦汁中，对调节麦汁pH值起很大作用。

六、无 机 盐

大麦中的无机盐含量为其干物质的2.5%～3.5%，大部分存在于谷皮、胚和糊粉层中，80%来自有机化合物。这些无机盐对发芽、糖化和发酵有很大影响。其主要成分是钾、磷、硅，其次是钠、钙、镁、铁、硫、氯等。

一些对生物作用有影响的微量元素，如锌、锰、铜在大麦中也有发现。

七、维 生 素

大麦富含维生素，集中分布在胚和糊粉层等活性组织中，常常以结合状态存在。

大麦含有维生素B复合体，是酵母菌极为重要的生长素。其中维生素B_1含量为每100g干物质含有0.12～0.74mg；维生素B_2为0.1～0.37mg；维生素B_6为0.3～0.4mg；烟酸含量为8～15mg。此外，还含有维生素C、维生素H、泛酸、叶酸、α－氨基苯酸等多种维生素。

八、酚 类 物 质

大麦中含有多种酚类物质，其含量只有大麦干物质的0.1%～0.3%。大麦酚类物质的含量与品种有关，也受生长条件的影响，一般蛋白质含量愈低的大麦，其多酚物质的含量愈高。

大麦酚类物质含量虽少，却对啤酒的色泽、泡沫、风味和非生物稳定性影响很大。其中简单的酚酸类，如对羟基安息香酸、香草酸、咖啡酸和香豆素等大都存在于谷皮中，对发芽有抑制作用，浸麦时被浸出，有利于发芽和啤酒的风味。

对啤酒酿造来说，更重要的是在构造上具有黄烷基(Flavan nucleus)的多酚物质，如花色苷(Anthocyanogens)，儿茶酸(Cetechin)等(图1－1－17)。这些物质经过缩合和氧化以后，具有单宁性质，易和蛋白质起交联作用而沉淀出来。减少啤酒中的花色苷含量，可以大大改进啤酒的色泽、风味和非生物稳定性。这类多酚物质多集中在糊粉层内。

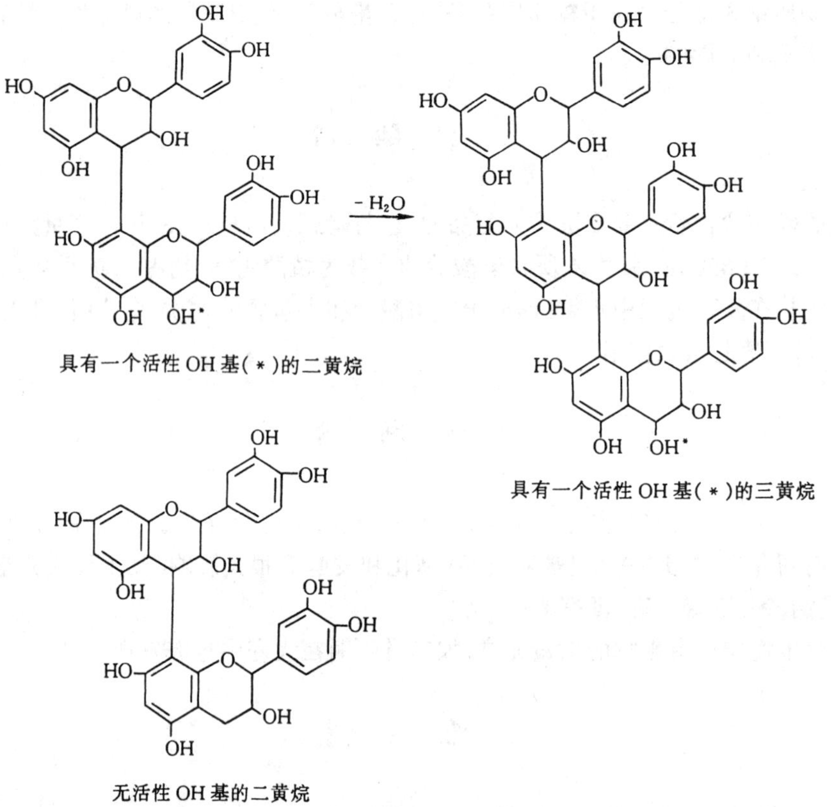

具有一个活性OH基(*)的二黄烷

具有一个活性OH基(*)的三黄烷

无活性OH基的二黄烷

图 1-1-17　多酚物质的缩合

第五节　大麦和麦芽中的主要酶类

在啤酒酿造过程中，从制麦、糖化到发酵，进行了一系列生物化学变化，这些变化是由各种酶的参与而引起的，对这些酶的发生和作用应有一个概括的认识。

大麦的酶系是很复杂的。经过发芽之后，酶的种类和活力有所增加。参与制麦和酿酒作用的酶主要是一些水解酶和氧化还原酶。

一、酯　　酶

酯酶包括以下主要酶，如表1-1-4所示。

表 1-1-4 **大麦和麦芽中的主要酯酶**

酶的名称	最适作用条件	酶的形成和作用
1. 脂肪酶	最适pH值: 6.8(28℃) 最适温度: 35～40℃ 50℃作用迟缓，65℃，30 min内失活	大麦中存在此酶，其活力受生长条件影响，发芽后酶活力增长约2倍。脂肪酶的特异性不强，对甘油三酸酯或简单的酯类具有同等作用
2. 酸性磷酸酯酶	最适pH值: 4.5～5.0 最适温度: 53℃ 在53℃开始失活，70℃很快失活	大麦含有此酶，发芽后活力增长5～6倍，干燥后，稍有破坏，仍较大麦高3倍左右 此酶一般无特异性，能分解不同的磷酸酯，其反应速度根据基质而不同。其最主要的作用是在发芽期间，从植酸钙镁分解出无机磷酸盐，对调节麦汁pH值有重大作用

二、淀粉分解酶

淀粉分解酶包括α－淀粉酶、β－淀粉酶，解支酶及有关寡糖分解酶，如表1－1－5所示。

表 1-1-5 **大麦及麦芽中的淀粉分解酶**

酶的名称	最适作用条件	酶的形成和作用
1. α－淀粉酶 (α－Amylase)	(1) 对纯淀粉溶液: 最适pH值: 5.6～5.8 最适温度: 60～65℃ 失活温度: 70℃ (2) 对未蒸煮的糖化醪: 最适pH值: 5.6～5.8 最适温度: 70～75℃ 失活温度: 80℃	大麦本身很少存在α－淀粉酶，发芽以后，由于赤霉酸的作用，在糊粉层形成大量α－淀粉酶。其活力与大麦品种和发芽条件有关。α－淀粉酶是一种内酶，它只能分解淀粉分子内部结合的α－1，4葡萄糖苷键。α－淀粉酶作用于直链淀粉，其分解产物为6～7个葡萄糖单元的短链糊精、麦芽糖和葡萄糖;α－淀粉酶作用于支链淀粉，只能任意分解其α－1，4键部分，而不能分解α－1，6键，其分解产物为α－界限糊精、葡萄糖和麦芽糖。α－淀粉酶作用于淀粉溶液，溶液粘度很快下降，碘液显色反应变化很快。 Ca^{2+}、Zn^{2+}、Cl^-等离子对α－淀粉酶有激活作用;硫酸铁、硫酸铬、硝酸铬，硫酸锌和硫酸铜则有抑制作用
2. β－淀粉酶 (β－Amylase)	(1) 对纯淀粉溶液: 最适pH值: 4.6 最适温度: 40～50℃ 失活温度: 60℃ (2) 对未经蒸煮的糖化醪: 最适pH值: 5.4～5.6 最适温度: 60～65℃ 失活温度: 70℃	大麦中含有大量游离的和结合状态存在的β－淀粉酶。游离的β－淀粉酶，存在于糊粉层中，其活力在60～200°WK之间，与大麦品种和蛋白质含量有关。结合状态的β－淀粉酶存在于胚乳中，用木瓜蛋白酶或含硫氢基(－SH)的还原剂处理，可以使其活化 β－淀粉酶是一种含有硫氢基的外酶(exo－enzyme)，作用于淀粉非还原基末端，依次水解下1分子麦芽糖，同时发生华尔顿(Walden)转位反应，反应产物为β－麦芽糖。β－淀粉酶只能分解α－1，4葡萄糖苷键。作用于直链淀粉，分解产物为麦芽糖;作用于支链淀粉，分解产物为麦芽糖和大分子β－界限糊精 Cu^{2+}、Hg^{2+}、卤素和臭氧对β－淀粉酶有抑制作用
3. 麦芽糖酶 (Maltase)	最适pH值: 6.0 最适温度: 35～40℃ 超过40℃，活力锐减	大麦中的麦芽糖酶处于结合状态，发芽后活化。此酶分解麦芽糖为2个分子的葡萄糖
4. 界限糊精酶 (Dextrinase)	(1) 对纯淀粉溶液: 最适pH值: 5.1 最适温度: 40℃ 失活温度: 65℃以上 (2) 对糖化醪液: 最适pH值: 5.1 最适温度: 55～60℃	大麦的界限糊精酶活力甚微，发芽后活力增长约20倍。此酶只能分解α－1，6葡萄糖苷键，作用于界限糊精，产生葡萄糖、麦芽糖、麦芽三糖及一系列的直链寡糖

续表

酶的名称	最适作用条件	酶的形成和作用
5. R-酶 (R-Enzyme)	最适pH值：5.3 最适温度：40℃ 加热至70℃仍不失活	大麦中的R-酶活力很低，发芽后酶活力显著增长。此酶只能分解α-1,6葡萄糖苷键，作用于界限糊精和支链淀粉外支α-1,6键，产生少量麦芽糖和麦芽三糖
6. 蔗糖酶 (Saccharase)	最适pH值：5.5 最适温度：50℃ 55℃以上失活	大麦中的蔗糖酶活力很低，存在于胚部和盾状体内，发芽后活力增长10倍。蔗糖酶分解蔗糖为葡萄糖和果糖

三、半纤维素分解酶

包括一系列分解β-葡聚糖和戊聚糖的酶，如表1-1-6所示。

表 1-1-6　大麦及麦芽中的半纤维素分解酶

酶的名称	最适作用条件	酶的形成和作用
1. 内-β-葡聚糖酶 (Endo-β-glucanase)	最适pH值：4.5～4.8 最适温度：40～45℃ 55℃以上很快失活	大麦中只含有微量的内-β-葡聚糖酶，发芽后酶活力增长10倍；此酶的形成与大麦品种和生长时间有关 内-β-葡聚糖酶包括几种酶： (1) 内-β-1,4葡聚糖酶　该酶水解羧甲基纤维素和大麦β-葡聚糖(Barley β-glucan)，对不溶性的纤维素和昆布聚糖不起作用 (2) 内-β-1,3葡聚糖酶　该酶只水解含β-1,3键的基质，如Carboxymethyl Pachyman (3) 大麦-β-葡聚糖酶　该酶水解大麦-β-葡聚糖，对羧甲基纤维素和昆布聚糖不起作用
2. 外-β-葡聚糖酶 (Exo-β-glucanase)	最适pH值：4.5 最适温度：40 40℃以上很快失活	大麦中含有此酶，发芽后酶活力增长10倍。此酶包括外-β-1,4葡聚糖酶和外-β-1,3葡聚糖酶两种酶，可从β-葡聚糖的非还原基末端分别切下1分子纤维二糖或昆布二糖
3. 纤维二糖酶 (Cellobiase)	最适pH值：4.5～5.0 此酶不稳定，在室温下即失活	该酶在大麦中活力很高，发芽后损失部分活力。该酶分解纤维二糖为2分子葡萄糖
4. 昆布二糖酶 (Lamina-ribiase)	最适pH值：5.0 最适温度：37℃ 55℃以上很快失活	该酶分解昆布二糖为2分子葡萄糖
5. 内-木聚糖酶 (Endo-xylanase)	最适pH值：5.0 最适温度：45℃	大麦中存在此酶，发芽后活力增长3倍。该酶分解高分子戊聚糖中的木聚糖链，使戊聚糖溶液的粘度很快下降
6. 外-木聚糖酶 (Exo-xylanase)	最适pH值：5.0 最适温度：45℃	大麦中存在此酶，发芽后活力增长2倍。该酶可从木聚糖末端切下1分子木二糖
7. 木二糖酶 (Xylobiase)		大麦中存在此酶，发芽后活力增长2倍。该酶分解木二糖为2分子木糖
8. 阿拉伯糖苷酶 (Arabinosidase)	最适pH值：4.6～4.7 最适温度：40～50℃ 60℃很快失活	大麦中存在此酶，发芽后活力增长2倍。该酶分解高分子阿糖苷木聚糖的阿拉伯糖苷支链

四、蛋白质分解酶

蛋白质分解酶包括多种肽酶，如表1－1－7中所示。

表 1-1-7 大麦及麦芽中的蛋白质分解酶

酶的名称	最适作用条件	酶的形成和作用
1. 内肽酶 (Endo－Peptidases)	(1) 对纯蛋白质溶液: 最适pH值: 4.7 最适温度: 40℃ 失活温度: 70℃ (2) 对糖化醪液: 最适pH值: 5.0～5.2 最适温度: 50～60℃ 失活温度: 80℃	大麦中存在此酶，60％为水溶性，40％为盐溶性，在发芽过程中酶活力增长5～6倍。此酶分解高分子蛋白质为多肽类，在长时间作用下，也可生成低分子肽类和氨基酸
2. 羧肽酶 (Carboxy－peptidases)	最适pH值: 5.2 最适温度: 50～60℃ 70℃以上很快失活	大麦中含有此酶，发芽后，酶活力增长很快。该酶对肽键具特异性，作用于蛋白质、多肽类和肽类的末端羧基，切下个别的氨基酸
3. 氨肽酶 (Amino－peptidases)	最适pH值: 7.2 最适温度: 40～45℃ 50℃以上很快失活	大麦中此酶活力很高，发芽后活力增长1.5～2.5倍。此酶对肽键具特异性，作用于蛋白质和多肽类的末端氨基，切下个别的氨基酸
4. 二肽酶 (Dipeptidases)	最适pH值: 7.8～8.2 最适温度: 40～50℃ 50℃以上很快失活	大麦中此酶活力很高，发芽后酶活力增长2～3倍。此酶分解二肽类为2分子氨基酸，对肽键具特异性，反应时需要2价金属存在

五、氧化还原酶

在制麦和糖化过程中，酚类物质的氧化，极大地影响啤酒的性质，如色泽、风味、非生物稳定性等，一些氧化还原酶参与了这些作用。大麦和麦芽中的主要氧化还原酶如表1－1－8中所示。

表 1-1-8 大麦和麦芽中的氧化还原酶

酶的名称	最适作用条件	酶的形成和作用
1. 过氧化氢酶 (Katalase)		大麦中只具有微量此酶活力，发芽后酶活力增长几十倍，经过干燥又被破坏。因此，此酶的作用主要是在发芽时发生。其作用系将过氧化氢分解为水和氧: $2H_2O_2 \xrightarrow{\text{过氧化氢酶}} 2H_2O + O_2$ 同时该酶对于过氧化物对氢给体(酚类、甲醇、乙醇、甲酸等)的氧化也起接触作用: $ROOH + AH_2 \longrightarrow H_2O + ROH + A$ 以上双重作用说明过氧化氢酶和过氧化酶的酶辅基(Prosthetic group)是相同的，只是在不同的条件下(如氢给体的浓度或过氧化氢的存在等等)进行不同的反应 氰酸、酚类、叠氮化物、高浓度过氧化氢对此酶有可逆性抑制作用；碱、尿素对此酶有不可逆性抑制作用
2. 过氧化酶 (Peroxidases)	最适温度: 50℃ 65℃酶活力部分失活	大麦中只含微量此酶活力，发芽后酶活力增长7～9倍，干燥时复又损失1/3。此酶在有氢给体(如酚类、芳族胺、芳族酸等)的存在下，能分解过氧化氢或其他有机过氧化物: $H_2O_2 + AH_2 \xrightarrow{\text{过氧化酶}} 2H_2O + A$

续 表

酶的名称	最适作用条件	酶的形成和作用
过氧化酶 (Peroxidases)		氰化物、硫化物、氟化物、叠氮化物、羟胺、OH^-、连二亚硫酸盐等对此酶有可逆性抑制作用;高浓度过氧化氢以及酸的影响对此酶有不可逆性抑制作用
3. 多酚氧化酶 (Polyphe－nolo－xidases)		大麦中具有较高的此酶活性,发芽后酶活性增长2倍,在100℃下干燥,复又损失活性40%,糖化时,此酶在95℃温度下失活。多酚氧化酶是多机能的氧化酶,在它的作用下,氧化产物本身同时也是氢给体,其作用方式如下所示: 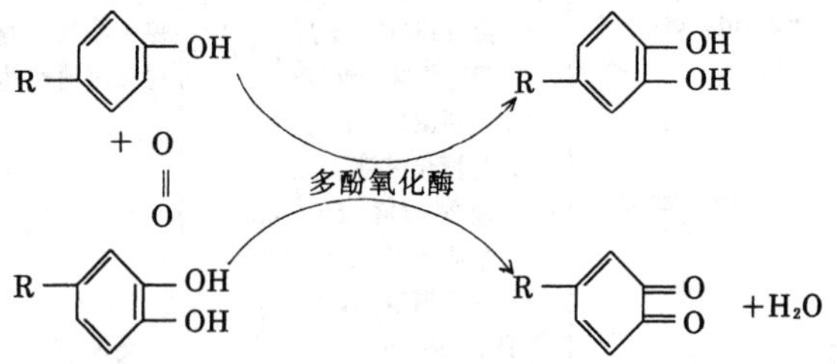

第六节 酿造大麦的质量标准

一、鉴别大麦质量的方法

1. 感官检验

大麦的感官检验内容如表1－1－9所示。

表 1-1-9 大麦的感官检验内容

项目	检验内容
1. 外观和色泽	收获良好的大麦,应具有光泽,呈纯淡黄色;不成熟的大麦呈微绿色;收割前后遇雨受潮的大麦,色泽发暗,胚部呈深褐色;受霉菌感染的麦粒,呈暗灰色和微蓝色 色泽过浅的大麦,多数是玻璃质硬粒或熏硫所致
2. 气味	良好的大麦具有新鲜稻草香味,稍升温,发出一股麦香味;受潮发霉的大麦有霉臭味,其发芽能力已遭受损失
3. 夹杂物	良好的大麦应不含有其他谷粒、草籽、土块、碎石、破伤粒、石粒(已发过芽的子粒)及带病虫害的麦粒
4. 品种纯净度和麦粒整齐度	优良的大麦应具有品种纯净度,不夹杂不同品种、不同产地和不同年份的大麦;单一品种的大麦,也要求麦粒均匀整齐,以求发芽均匀一致
5. 谷皮特征	谷皮的粗细可从谷皮的纹道去鉴别。优良的大麦,皮薄,具有细密的纹道;皮厚的大麦,纹道粗糙,间隔不密 大麦谷皮含量为7%～13%,薄皮大麦为7%～9%,厚皮大麦在11%以上。六棱大麦和冬大麦的谷皮含量一般较二棱大麦或春大麦高,酿制淡色啤酒应采用薄皮大麦
6. 麦粒形态	粒形肥短的麦粒一般较麦粒瘦长者谷皮含量低,浸出物高,蛋白质含量低,发芽较快,容易溶解

2. 机械或物理检验

大麦的机械或物理检验内容如表1－1－10所示。

表 1-1-10 大麦的机械或物理检验内容

项 目	检 验 内 容
1. 公石质量	公石质量与麦粒数量和麦粒的绝对质量有关。麦芒除不净，公石质量会降低；若大麦虽经精选，千粒质量也高，但公石质量低，系水分太大所致。公石质量大的麦粒，其浸出物含量较高 大麦的公石质量一般为65～75kg，优良的酿造大麦公石质量为68～72kg，六棱大麦的公石质量较二棱大麦低。公石质量低于65kg者不宜采用
2. 千粒质量	千粒质量表示1000颗麦粒的绝对质量，是判断大麦品质的习用方法之一。千粒质量与麦粒大小和浸出物含量成正比。千粒质量随水分增加而增加，不同的大麦进行比较，应以干物质计算 风干大麦的千粒质量，通常为35～48g，绝干大麦的千粒质量为30～42g。千粒质量37～40g的风干大麦为轻级，40～44g为中级，45g以上为重级。以大麦和麦芽的千粒质量作比较，可以粗略地算出制麦损耗
3. 均匀度	通常用伏氏(Vogel)分选筛测定麦粒大小和均匀度。此筛由筛孔孔距分别为2.8、2.5和2.2mm的3层筛子组成。2.5mm以上的麦粒达85％以上者是好的，属于Ⅰ级大麦，其浸出物含量和麦芽制成率相对较高，蛋白质含量相对较低；2.5mm以下，2.2mm以上者为Ⅱ级大麦，其浸出物和麦芽制成率均较Ⅰ级大麦低，而蛋白质含量则相对较高；2.2mm以下的大麦为瘪大麦，只能做饲料用
4. 胚乳性质	用切谷机将米粒从纵面或横面切开，可以看出胚乳断面呈玻璃质、半玻璃质或粉状3种状态。玻璃质有暂时性和永久性之分，暂时性玻璃质往往是淀粉颗粒堆集过密所致，在大麦浸渍24h，并缓慢干燥后，即消失，变为粉状，并不影响大麦品质；永久性玻璃质形成于细胞结构中，此类大麦一般蛋白质含量较高，发芽时较难溶解，制成的麦芽，其麦汁收得率低，麦汁过滤较困难。优良的大麦，粉状粒应在80％以上
5. 发芽力和发芽率	发芽力(germinating energy)系指麦粒在指定时间内(3～5d)能够发芽的百分数；发芽率(germinating capacity)系指大麦的潜在生物活力，克服了休眠期后所能达到的发芽百分数。可采用过氧化氢法、二硝基苯法或氯化四唑法等化学方法测定之 发芽力和发芽率之间的差数，系由大麦休眠期所决定。一般已经过了休眠期的麦粒，此二值应非常接近 国内习惯采用的检验方法: ① 3d内发芽的麦粒百分数为发芽力，此值应达90％以上 ② 5d内发芽的麦粒百分数为发芽率，此值应达95％以上 这种检验方法，只适用于已达发芽成熟阶段的麦粒，对尚未克服休眠期的麦粒来说，不能反映其潜在生物活力的情况，宜用化学方法补充测定之
6. 水敏感性	水敏感性系指一种大麦吸收较多水分后，抑制发芽的现象。水敏感性与休眠期均与大麦品种和成熟期的气候条件有关 水敏感性的检验方法可分别将100颗麦粒置于盛4ml和8ml水的平面皿内，120h后，检查两者已发芽的数量。如果相差10％以下，为极轻微水敏感性；10％～25％为轻微水敏感性；26％～45％为水敏感性；45％以上为严重水敏感性 对水敏感性的大麦，浸麦时应采取相应的浸麦方法进行处理
7. 吸水能力	大麦的吸水能力与品种和生长条件有关。在特定的浸麦条件下(14℃±0.1℃)浸渍72h后，其水分含量在50％以上者为优良；47.5％～50％者为良好；45％～47.5％者为满意；45％以下者为不佳。吸水能力愈高的大麦，制成的麦芽，粉状粒和酶活力愈高

3. 化学检验

大麦的化学检验内容如表1－1－11所示。

表 1-1-11 大麦的化学检验内容

项目	检验内容
1. 水分	水分测定是计算大麦干物质的基础，在采购或贮藏大麦时，均须测定水分。除已知的干燥方法外，应尽量采用快速分析方法，虽结果不很精确，但有实用意义
2. 蛋白质含量	酿造大麦的蛋白质含量，一般在9%～12%之间(以干物质计)。高蛋白质的大麦存在溶解困难、浸出率低、制麦损失高和制成的啤酒容易混浊等问题。一般制造淡色啤酒的大麦，蛋白质含量应在11%以下，而制造浓色啤酒可以稍高一些(11.5%～12.0%) 蛋白质的测定系采用凯氏定氮法，求出其含氮量，乘以6.25即得
3. 大麦浸出物	测定大麦浸出物是间接衡量淀粉含量的方法。大麦的浸出物按干物质计，一般为72%～80%，大麦淀粉含量与浸出物的差率一般约为14.7%，从浸出物含量，可粗略地换算出淀粉含量

二、对大麦的系统评价方法

对不同大麦样品的系统评价，可用简单的数学计算方法解决，即感官检验、物理检验、化学检验结果皆以分数表示之。每一检验项目的基础分数，由熟悉情况的人规定，或由主管部门组织规定，凡属缺点(如夹杂物等)，皆以负分数表示之，最后评定的总分数，即代表每一样品的评价。

三、酿造大麦的质量标准

我国啤酒工业执行的大麦质量标准，由原轻工业部于1993年公布执行。

1. 感官指标

酿造大麦的感官指标如表1－1－12所示。

表 1-1-12 酿造大麦的感官指标

类别 / 指标 / 项目	二棱 六棱		
	优级	一级	二级
外观	淡黄色，具有光泽，无病斑粒，无霉味和其他异味	淡黄色或黄色，稍有光泽，无病斑粒，无霉味和其他异味	黄色，无病斑粒，无霉味和其他异味
夹杂物含量/%＜	1.0	1.5	2.0
破损率/%≤	0.5	1.0	2.0

2. 理化指标

酿造大麦的理化指标如表1－1－13所示。

表 1-1-13 **酿造大麦的理化指标**

项目 \ 指标 \ 类别		二棱			多棱		
		优级	一级	二级	优级	一级	二级
水分/%	<	13	13	13	13	13	13
千粒质量/g	>	42	38	36	40	35	30
发芽力/%	>	92	90	85	92	90	85
发芽率/%	>	97	95	90	97	95	90
浸出物含量/%(绝干计)	>	80	76	74	76	72	70
蛋白质含量/%(绝干计)	<	12	12.5	13.5	12.5	13.5	14
选粒试验(2.5mm以上的)/%	>	80	75	70	75	70	65

3. 卫生指标

按GB2715—81粮食卫生标准执行。

第二章　大麦的贮运和预处理

第一节　物料输送

制麦厂的厂内物料输送可分为3类，即大麦、绿麦芽和干麦芽的输送。输送设备分气力输送和机械输送两种系统。

一、气力输送

气力输送在现代化制麦厂中广泛应用。其工作原理是以强烈的空气流沿管道流动，把物料输送至所需的位置。

1. 气力输送装置的特点

(1) 设备简单，占地面积小，设备费用及维修费用低；

(2) 在其他机械输送装置，由于受路径条件限制而不能设置和输送的场所，也能进行输送；

(3) 可以进行长距离的集中或分散输送；

(4) 向低压或高压容器也能供料输送。

2. 气力输送装置的型式

主要类型有吸引式和压送式，其性能及特点如表1-2-1所示。

3. 气力输送方式的经济性比较

从功率消耗来说，压送式优于吸引式，两者的比较如表1-2-2所示。

气力输送总的发展趋势是：设法降低功率，继续向大容量及长距离输送方向努力。

表 1-2-1　　气力输送装置的主要类型及使用范围

类　型		吸　引　式	压　送　式
输送方式		吸引式气力输送装置是将空气吸入输料管，并将物料混入空气中进行输送	压送式气力输送装置是靠从压气机械排出的气流，通过输料管时，加入物料进行输送
设备配置情况		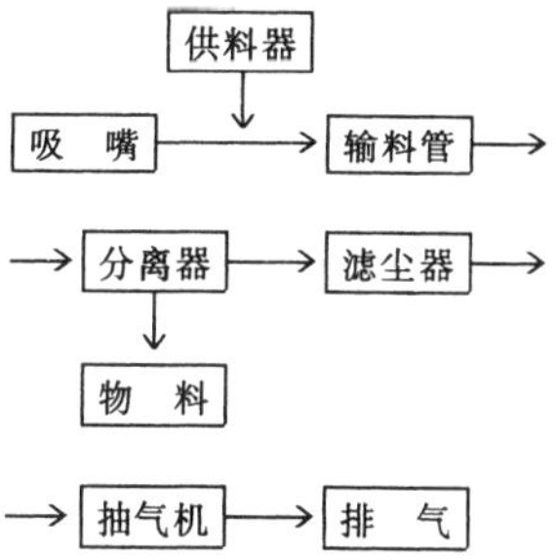	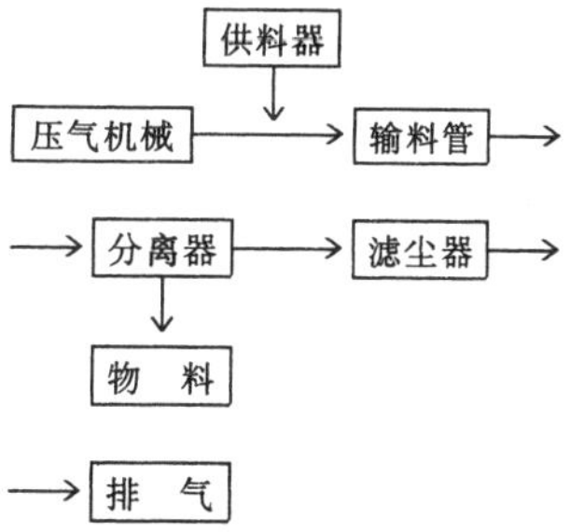
一般最大性能	输送量/(t/h)	50～200	20～200
	输送距离/m	50～100	60～1000
	气源压力/kPa	－10～－50	50～700
特　点		1. 可从几点向一处输送 2. 供料器的结构比压送式简单 3. 能从低处、深处、狭窄处进行输送 4. 输送量或输送距离受限制 5. 机械的油分或水分不会混入物料，适于食物的输送 6. 与压送式相比，分离器及除尘器的构造较复杂	1. 能从一处向几处分散输送 2. 适宜于粉状物的高效近距离输送 3. 适宜输送难以输送的物料 4. 能发挥大容量、长距离输送的特点 5. 分离器及除尘器的构造较简单 6. 供料器的构造较复杂

表 1-2-2　　输送方式的经济比较示例

项　目	高压压送式			低压压送式			吸　引　式		
输送量/(t/h)	10	10	10	10	10	10	10	10	10
输送距离/m	30	150	300	30	150	300	30	150	300
管　径/in *	2	2.5	3	4	7	10	4	8	10
压气机械	往复式压气机			罗茨鼓风机			罗茨鼓风机		
功　率/kW	19	30	37	11	30	45	15	37	60
功率比 **	146	100	100	100	107	127	131	130	167

* 1 in=2.54cm。

** 此栏表示在同一输送距离下与其他方式的比较值。

二、机 械 输 送

在制麦厂常用的机械输送设备有水平输送的带式输送机、螺旋输送机和垂直输送的斗式升运机等。这些机械可以巧妙地联合使用，将物料输送到厂内任何一方。

1. 带式输送机

带式输送机的构造与特点如表1－2－3所示。

表 1-2-3 带式输送机的构造与特点

构造	型式	要求	用途及特点
带式输送机的主要构件有: 1. 输送带 2. 传动滚筒 3. 托滚 4. 支架 5. 张紧设备 6. 电动机及减速机械 7. 卸料和进料装置输送带的两端各装一传动滚筒，中间用托滚支撑，并用张紧设备保持其张紧度，带的空载段的托滚距离较工作段约大1倍	分为平式和槽式两种。槽式输送带的能力较水平式约大1倍，一般认为比较优越	其运送距离在水平方向不到200～300m，在倾斜方向最多为50m。输送大麦、麦芽时的速度为2～3m/s，输送谷物的倾斜角不可大于20°。在特别场合，如运送成件物品且倾斜角较大时，输送带表面装置橡皮板条或木板条，以防滑落	带式输送机广泛使用于沿水平方向或倾斜方向运送的散粒或成件物品。设备结构简单，操作方便，效率高，动力消耗低，被广泛采用

2. 螺旋输送机

螺旋输送机的构造与特点如表1－2－4所示。

表 1-2-4 螺旋输送机的构造与特点

构造	要求	用途及特点
利用螺旋机在槽中旋转，使物料沿螺旋方向运动，达到运输的目的 其主要构件有: 1. 螺旋及轴 2. 槽 3. 轴　承 4. 进料斗及排料斗 5. 电动机及减速装置	运送取水平方向或小于20°的倾斜角，螺旋与槽壁间的空隙很小(2～3mm)，不得大于被输送粒子的尺寸	螺旋输送机在制麦厂中广泛用于输送大麦和麦芽，但它只适用于短距离运输(60m以内)，不能长距离输送

3. 斗式升运机

斗式升运机的构造与特点如表1－2－5所示。

表 1-2-5 斗式升运机的构造与特点

构造	型式	要求	用途与特点
主要构件包括: 1. 传动的上滚轮 2. 张紧的下滚轮 3. 牵引带 4. 斗　子 5. 机　壳 6. 驱动装置 一般传动滚轮装在上方，张紧滚轮装在下方，下滚轮轴的滚动轴承可上下调节，以保持牵引带的适当张紧程度	垂直式与倾斜式	带的宽度较斗宽25～30mm，斗子用螺钉固定带上，螺钉头应埋于带内，以防与滚轮碰击 倾斜式升运机用于输送绿麦芽，其运送速度不得大于1m/s，这种速度有利于斗子装料 装运绿麦芽的斗式升运机的倾斜角最好为65°～75°	用于提升输送谷物

三、气力输送装置与机械输送装置的比较

两者比较如表1－2－6所示。

表 1-2-6　气力输送与机械输送的比较

项目＼种类	气力输送	螺旋输送	带式输送	斗式升运
1. 输送物飞散	无	有可能	有可能	有可能
2. 混入异物污损	无	无	有可能	无
3. 输送物残留	无	有	无	有
4. 输送路线	自由	直线的	直线的	直线的
5. 分叉	自由	困难	困难	不能
6. 倾斜、垂直输送	自由	可能	斜度受限制	可能
7. 输送断面	小	大	大	大
8. 维修量	容易，主要是弯头	全面的	比较小	提斗，链条
9. 输送最高温度/℃	600	150	50	150
10. 输送物最大粒径/mm	30	50	无特殊限制	50
11. 最大输送距离/m	2000	50	8000	30
12. 设备费、动力费	以输送10t/h矾土，500m距离为例的估算值			
	气力输送		带式输送	
功　率/kW	150		25	
功率比较/%	100		16.7	
费用比较/%	100		270	

一般地说，在短距离输送时，机械输送是有利的；对长距离输送，虽然气力输送消耗功率大，但在设备费用方面，采用气力输送是有利的。

第二节　大麦的贮藏和保管

一、大麦的贮藏

(一) 贮藏阶段

大麦贮藏分两个阶段：

1. 新收获的大麦

新收获的大麦水分高，有休眠期，发芽率低，需经一段后熟期，才能使用，一般需6～8个星期，才能达到应有的发芽力。在这段时期里大都由粮农或粮食部门贮藏保管。

2. 运到麦芽厂准备投料的大麦

此时大麦一般已经过了休眠期，达到后熟程度，水分降低，较易贮藏。

(二) 大麦贮藏与呼吸作用

大麦是活的植物组织，在一定的水分和温度下，有呼吸作用。水分愈大，温度愈高，呼

吸作用愈强烈，物质消耗愈多，产生的热量愈多(见表1－2－7、1－2－8、1－2－9)。水分较温度的影响更大一些。因此，应严格控制贮藏时的水分和温度，否则不但呼吸消耗急剧上升，微生物也乘机繁殖，发芽力就要受到严重损害。

表 1-2-7 水分对呼吸作用的影响

(每吨新鲜大麦10d内的物质消耗数)

水 分/%	温 度/℃	物质消耗量/g	水 分/%	温 度/℃	物质消耗量/g
11	10	2.1	17	18	839
14～15	18	9.6	20	18	2448

表 1-2-8 温度对呼吸作用的影响

(每吨新鲜大麦10d内的物质消耗数)

水 分/%	温 度/℃	物质消耗量/g	水 分/%	温 度/℃	物质消耗量/g
14～15	10	2.7	14～15	18	9.6

表 1-2-9 水分和温度与呼吸作用产生热量的关系(新鲜大麦)

热量×0.04186/(kJ/h) \ 温度/℃ 水分/%	6	8	10	12	14	16	18	20	22	24	26	28	30
30	6.0	8.0	10.0	15.0	18.0	24.0	31.0	40.0	52.0	70.0	90.0	120.0	170.0
20	1.8	2.5	3.0	4.0	5.2	6.8	9.0	13.0	17.0	20.0	28.0	36.0	46.0
18	0.95	1.3	1.7	2.1	2.8	3.8	4.9	6.1	8.0	11.0	15.0	19.0	24.0
17	0.40	0.52	0.70	0.9	1.3	1.7	2.0	2.7	3.5	4.7	6.0	7.7	10.0
16	0.17	0.20	0.27	0.37	0.47	0.60	0.80	1.0	1.4	1.8	2.3	3.0	3.9
15	—	—	—	—	0.17	0.20	0.28	0.36	0.47	0.60	0.80	1.1	1.4
14	—	—	—	—	—	—	—	—	0.16	0.20	0.28	0.35	0.45

大麦水分在12％以下贮藏大麦，可不必考虑通风设施或翻仓；大麦水分在13％以上，呼吸作用逐步强烈；在14％～15％水分下贮藏大麦，就需要有通风设施，以排除呼吸作用产生的热量和二氧化碳，避免麦粒窒息。

一般贮藏大麦的水分要求控制在13％以下，贮藏温度最好限制在15℃内。在此条件下，大麦可以保藏1年，而发芽力基本不受影响(表1－2－10)。

表 1-2-10 大麦水分和温度与贮存时间(d)的关系

水 分/%	温 度/℃					
	5	10	15	20	25	30
24	14	9	5	4	—	—
22	23	13	8	6	—	—
20	42	20	14	9	—	—
18	130	43	20	16	7	3
16	—	150	50	30	17	9
14	—	—	180	100	60	32

注："—"为无详尽的报告。

(三) 大麦的干燥方法

1. 人工干燥

新收获的大麦，水分高，不适于贮藏，在国内多利用日光曝晒的方法使水分降至

12%～13%，便于贮藏。

2. 机械干燥

进厂后的大麦，如发现水分大，可采用立式干燥炉(麦芽干燥炉)或回转式干燥机，利用热空气烘干。干燥时需强烈通风，以排除水分。

机械干燥要求低温干燥，以免影响大麦发芽率和破坏酶活力。其干燥温度要求如下：

(1) 最适宜干燥温度为35～40℃。

(2) 最高干燥温度不超过50℃。

(3) 干燥温度与大麦水分的关系是，水分愈大，采用的干燥温度应愈低。

大麦水分/%	干燥温度/℃	大麦水分/%	干燥温度/℃
16	49	21	36
17	46	22	34
18	43	23	32
19	40	24	30
20	38		

(四) 大麦的贮藏方法与条件

1. 地面堆积贮藏

(1) 袋装贮藏　在混凝土地面上，放置垫板，将装大麦的麻袋包以品字形堆放其上，堆放高度以10～12层为宜，不宜过高。室内空气应流通，定时在不同高度部位检查麦温，必要时应倒垛以利通风。这种方法每平方米面积可贮存大麦2000～2400kg。

(2) 散装贮藏　将大麦直接堆放在混凝土地面上，高度1.0～1.5m，开始麦层薄一些，室内通风要好，定时在不同部位检查温度。必要时进行翻拌，以利降温和散发水分。有条件时，可在地面上加设水平和垂直通风道，以保持良好通风。这种方法每平方米面积可贮藏大麦700～1000kg。

地面贮藏的最大缺点是占地面积大。

2. 立仓贮藏

新式通风制麦厂，占地面积小，贮藏大麦多采用立仓密闭贮藏法。立仓的优点是：占地面积小，不易受虫害，倒仓方便，清洁和杀菌方便。缺点是：无法让贮藏时麦粒新陈代谢产生的水蒸气逸散，使麦粒呼吸不断加强，容易引起大麦发热、发霉，以致坏死。因此进行立仓贮藏的大麦必须做到：

(1) 大麦业已后熟，新收割的大麦不能马上进仓；

(2) 大麦水分不应超过12%；

(3) 大麦必须除尘、除夹杂物；

(4) 经过干燥的大麦，在进仓前，必须降温。

完善的立仓应设有下列各种辅助装置：

(1) 清选除尘设备；

(2) 人工干燥设备；

(3) 输送设备；

(4) 通风设备；

(5) 喷药装置；

(6) 测麦温装置。

新型的大型立仓，高度可达40m以上，可贮藏上千吨的大麦。设备条件要求比较高，应具备温度自动记录仪、自动采样器等，可通过仪表控制仓贮情况。如果仓内设置通风风道，则仓贮情况会更理想。

立仓的建造材料可采用木材、钢筋混凝土或钢板，大型的立仓多采用后两种材料。

二、大麦的保管

(1) 不同品种和不同等级的大麦要分别存放，编号保管。

(2) 保管的大麦要做到先进先出，避免某些大麦积存时间过长，造成损失。

(3) 保管时要注意检查麦温，必要时进行倒仓，以利通风和降温。

(4) 注意消灭虫害和鼠患。

第三节 大麦的病虫害及其防治

一、大麦在农田期间的主要病虫害及其防治

大麦在农田期间的主要病虫害及其防治如表1－2－11所示。

表 1-2-11 大麦在农田期间的主要病虫害及其防治

名称		防治方法
病害	黑穗病 赤霉病	防：大麦种子在当年秋天用2%石灰水浸泡24～48h，晒干备用 治：用托布津，稀释1000倍，喷洒使用，每亩(666.6m²)耗用量为50g
虫害	蚜虫 粘虫	用敌百虫或乐果，稀释1000倍，喷洒使用，每亩(666.6m²)耗用量为50g

二、大麦在贮藏期间的主要虫害及其防治

大麦在贮藏期间的主要虫害及其防治如表1－2－12所示。

表 1-2-12 大麦在贮藏期间的主要虫害及其防治

虫害名称	防治方法
象鼻虫 谷蛾	预防虫害的措施： 1. 收购大麦，严格检查，受虫害者拒收 2. 运载工具和用具，特别是装大麦的麻袋，均需事先检查，以防带入虫害 3. 大麦进仓前，彻底清除麦仓地面尘埃 4. 麦仓经常通风，使害虫不易生存 5. 生产期结束后，立即彻底清扫麦仓，使虫害无生存余地 6. 麦仓地面应平坦，墙壁应光滑，以消灭死角 杀灭虫害的方法： 使用化学杀虫剂最有效，常用的化学剂有：马拉硫磷、除虫菊、除虫菊酯、溴甲烷等 以上均为剧毒药物，使用者应具有一定防护知识。使用时配戴防毒面具，最好由专业杀虫工作人员进行。经杀虫后的仓库应密封2～7d后启用

第四节　大麦的清选和分级

进厂大麦含有各种杂质，如石粒、尘埃、谷芒、木屑、铁屑、杂草、半粒、伤粒、非大麦谷粒、草籽等。入厂后，应先进行一次粗选，除去最粗大的杂质(如木块、麻袋片、土块等)和一部分比较细小的杂质(如砂土、尘埃等)后，才能入仓贮存，以防大麦在贮藏中变质发霉。

对制造麦芽来说，不仅要将粗大和细小的杂质除去，还要将半粒及非大麦谷粒等除去。而且，为了在浸麦和发芽过程中，均匀地吸收水分和整齐的发芽，还应按照颗粒的厚度将其分级。因此，大麦在浸渍之前需要经过清选和分级。

清选所用设备必须安装在单独厂房内，以防清选时扬起的灰尘污染车间空气，给生产带来危害。清选车间通常设在楼上，所有清选用设备均与滤尘器相连通。

清选设备是利用麦粒与杂质的形状和重量的区别而将杂质除去的。清选的方法有下列几种:

(1) 筛析　除去粗大的和细碎的夹杂物。

(2) 振析　振散泥块，以提高筛选效果。

(3) 风析　除灰尘和其他轻微杂质。

(4) 磁吸　除铁。

(5) 滚打　除芒和泥块。

(6) 洞埋　利用金属板上所铣的孔洞将圆粒和半粒谷物分离。

一、大麦的粗选

1. 风力粗选机

风力粗选机的设备要求与作用如表1－2－13所示。

表 1-2-13　　风力粗选机的设备要求与作用

设备要求及特性	作　用	备　注
振动平筛式，内装长形眼孔筛3格: 第1格筛孔: 5.5mm×20mm 第2格筛孔: 3.5mm×20mm 第3格筛孔: 2.0mm×20mm 轴回转数: 350～450r/min 偏心轴程距: 25～30mm 眼孔有效截面积: 50％在麦流进口及出口处都有抽风口，将轻微杂质吸走	第1格筛除去较大杂物，如石块、土粒、小绳子、稻草等;第2格筛除去2号杂物，如植物种子等;第3格筛除去细小杂物，如小的种子及砂粒;麦流在第3格筛面上流出	筛面上麦流走向应平行于长形眼孔的长边

筛孔的形式有圆眼筛及长眼筛。圆眼筛分离杂质是根据横截面的最大尺寸，即种子的宽度;长眼筛分离杂物是根据横截面的最小尺寸，即种子的厚度。圆眼筛孔的分布，应使圆眼孔置于等边三角形的角上，以保证眼孔平均分布，有效截面最大;长眼孔一般是直线式排列，有较大的牢固性。

粗选机不能分出与大麦长度不同而厚度相同的杂物。

2. 大麦粗选流程

大麦粗选流程如图1－2－1所示。

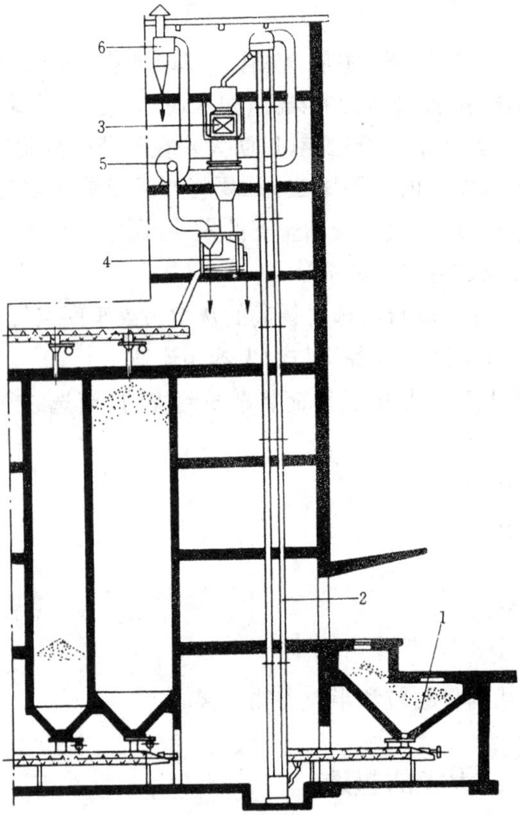

图 1－2－1 大麦粗选流程
1—进料斗 2—升运机 3—自动秤
4—粗选机 5—风机 6—旋风分离器

二、大麦的精选

1. 精选机(杂谷分离机)

经过粗选的大麦，仍含有和种子横截面大小相等的杂质，这些杂质需利用种子长度的不同才能将其分离，此种根据种子长度分离杂质的设备称为精选机，又叫杂谷分离机。

精选机的主要结构是具有许多孔洞的圆盘或圆筒，利用此种孔洞以选出混入的杂质。常采用圆筒精选机，其型式和特点如表1－2－14所示。

操作：粗选后的麦流进入精选机带孔洞的圆筒。当圆筒旋转时，谷粒嵌入孔洞而被举升至一定高度；长形颗粒因不能嵌入孔洞，升至较小角度即落下，仍回原麦流中。圆形颗粒可全部嵌入孔洞，被升至更大的角度，才从洞中落下，落入槽道内，由螺旋输送机送出机外而分离之(见图1－2－2)。在操作中要经常调整输送槽的位置，以提高分离效果。

表 1-2-14 圆 筒 精 选 机

型 式	构 造 特 点	生产率/(kg/h)
低速圆筒精选机	1. 安装斜度与水平线成5°～10°角 2. 谷物向出口运动速度为0.3～0.5m/s 3. 输送槽道位置在筒内的下部 4. 圆筒主轴与螺旋输送机的轴不在一起	100～140
高速圆筒精选机	1. 安装时可近于水平 2. 筒旋转速度增加，颗粒的离心力增大，槽道和螺旋位置较低速者提高	500
带搅拌器的高速圆筒精选机	利用搅拌器分散麦子，搅拌器的旋转方向和圆筒旋转方向相反。搅拌器与垂直线成48°角度，其转速为圆筒转速的0.75	850

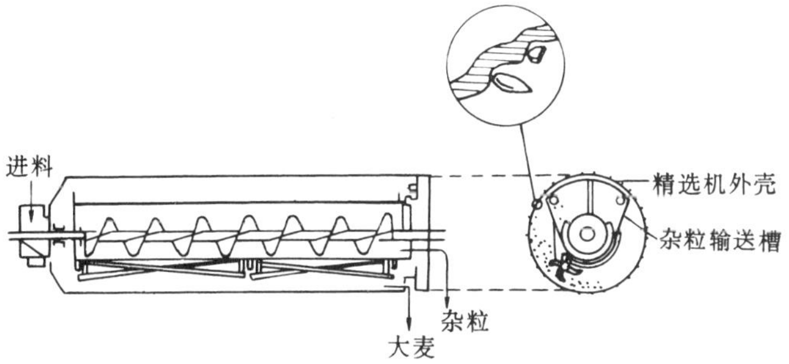

图 1－2－2　高速圆筒精选机

精选机孔洞大小决定其分离效果。从大麦中分离半粒、荞麦、野豌豆，孔洞的直径取6.25～6.5mm；分离小麦，其直径取8.5mm；从燕麦中分离大麦，其直径取9.5～10mm。上述数据为一般情况，各地大麦大小不同，长短不等，应结合实际情况确定之。

圆筒多用钢板制造，孔洞用冲压或铣制加工。孔洞一个壁面倾斜，另一壁面垂直，使需要选出的颗粒容易从斜面落入孔洞，而垂直面则保证它稳定地升至筒内输送槽的上方。

冲压加工，每平方米面积上的孔洞数为23500。

2. 大麦精选流程

大麦精选流程如图1－2－3所示。

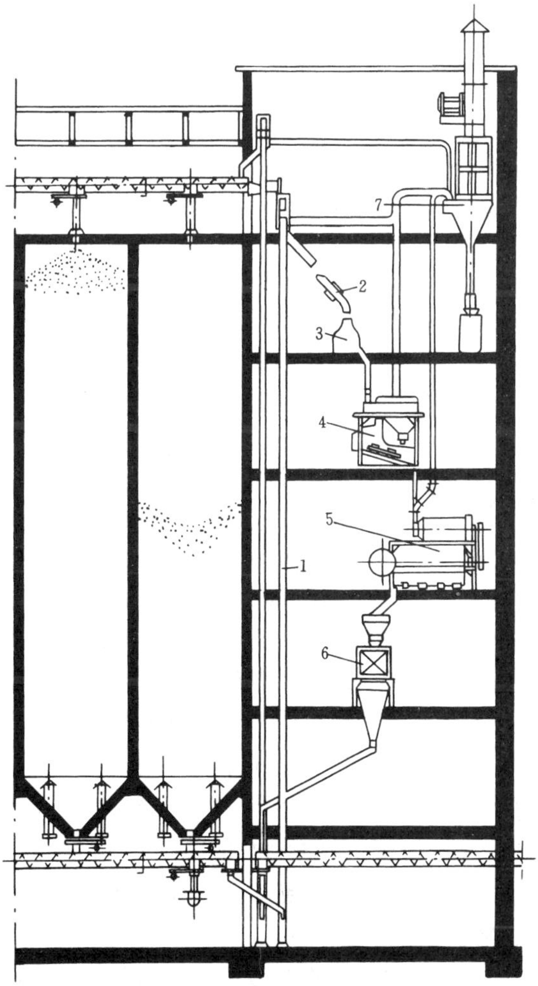

图 1－2－3　大麦精选流程

1—升运机　2—电磁除铁器　3—除芒机　4—风力粗选机　5—精选机、补充精选机和分级设备　6—自动秤　7—吸风式滤尘器

三、大麦的分级

(一) 分级的目的

原料大麦经粗选及精选后，尚需按其颗粒大小分级，分级的目的是：

(1) 为浸渍均匀，发芽整齐创造条件；

(2) 颗粒整齐的麦芽，粉碎后能获得粗细均匀的麦芽粉；

(3) 分级时拣出瘪粒，从而提高麦芽的浸出率。

(二) 分级的标准

在一般情况下，用不同规格的筛子将大麦分成3级，其标准如表1－2－15所示。

表 1-2-15 大麦分级标准

分级标准	筛孔规格/mm	颗粒厚度/mm	用途
Ⅰ 号大麦	25×2.5	2.5以上	制麦用
Ⅱ 号大麦	25×2.2	2.2以上	制麦用
Ⅲ 号大麦	—	2.2以上	饲料用

注：国内因采用的大麦粒形较瘦小，多增加一2.0mm的筛板，2.2mm以下、2.0mm以上的大麦为Ⅲ号大麦，仍用于制麦，以提高大麦的精选率。2.0mm以下者为等外大麦，用作饲料。

各级大麦的化学组成、酶含量各不相同，因此，大麦严格分级对麦芽质量有重大意义，不能草率处理。

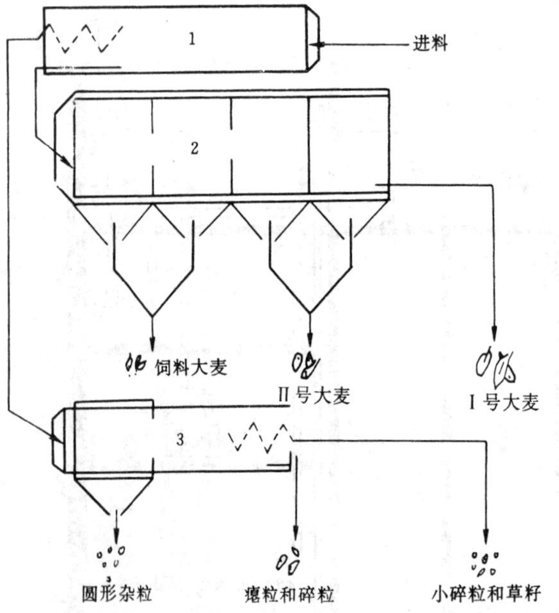

图 1－2－4 圆筒分级筛

1—精选机 2—圆筒分级筛 3—圆形杂粒精选机

(三) 分级筛

分级筛有圆筒分级筛和平板分级筛两种型式。今将两种分级筛的情况介绍如下：

1. 圆筒分级筛

(1) 设备情况 如图1－2－4所示。

(2) 技术要求

① 筛子用厚度1mm钢板制作。筛孔呈长形，其规格：长25mm，宽2.2mm及2.5mm。筛孔用冲压或铣制加工，铣制加工能提高筛孔的精确度。

② 圆筒的倾斜度不应大于圆筒长度的10％。

③ 正常圆周速度为0.7m/s。

④ 传动方式用伞齿轮转动，以保证运转平稳。

⑤ 筛筒不应凸凹不圆，以保证分级效率。

⑥ 圆筒筛安装时，长形筛孔的长边应与圆筒筛框架的轴成垂直方向。

⑦ 1个圆筒安装两种筛孔的筛子时，第1筛段安置筛孔小的，第2筛段安置筛孔大的。

⑧ 筛孔中堵塞的麦粒，借助圆筒上转动的毛刷清除之。

2. 平板分级筛

(1) 设备情况 平板分级筛是一台具有两个箱体的机器，箱体由几组平板筛组成，其工作示意图如图1－2－5所示。

(2) 技术要求

① 平板筛重叠排列，用一根垂直的偏心轴转动，使整个筛面处于振动状态，转速

120～130r/min。大麦在筛面上分布得很均匀，有利于筛选。

② 每台机器由3组筛板组成，每层筛板都设有筛板、弹性球筛框和收集板(图1－2－6)。筛选的大麦被收集板收集后，经过两侧的槽沟送至有关筛板上。

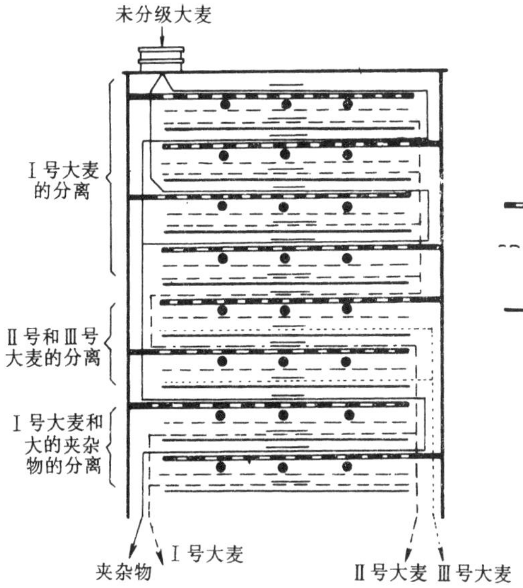

图 1－2－5　平板分级筛示意图

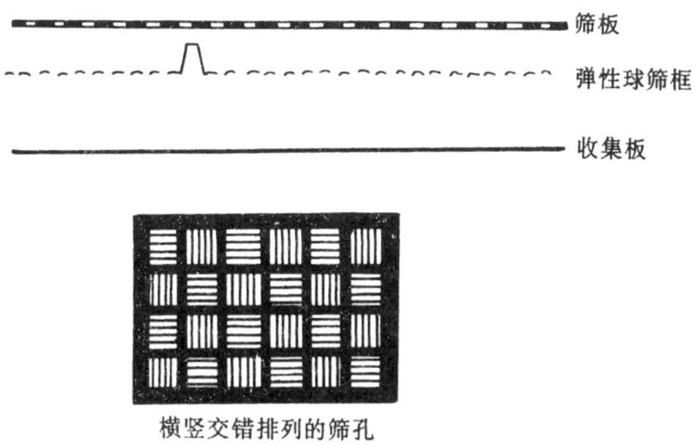

图 1－2－6　分级筛

③ 筛眼的宽度，第1组筛为2.8mm，第2组筛为2.5mm，第3组筛为2.2mm，筛板的厚度与圆筒分级筛相同。

四、联合机

联合机系指精选与分级合为一个系统进行。

1. 联合机的结构情况

联合机的结构示意图如图1－2－7所示。

2. 操作过程

(1) 内圆筒为精选部分，其构造与圆筒精选机相同，粗选大麦从进麦口1落入精选部分的圆筒2内，杂粒以螺旋输送机3沿螺旋机槽6推至另一端排出。

(2) 大麦经精选后，从另一端落入外圆筒4中。外圆筒为分级筛，其结构和圆筒分级筛相同。在外圆筒和内圆筒之间装置螺旋形挡板5，把两圆筒之间的空间隔为螺旋形通道，随着圆筒的滚动，大麦沿着螺旋形通道移动，留于圆筒4内的等内大麦从排出口排出，等外大麦则通过筛子，落入下面的漏斗中。

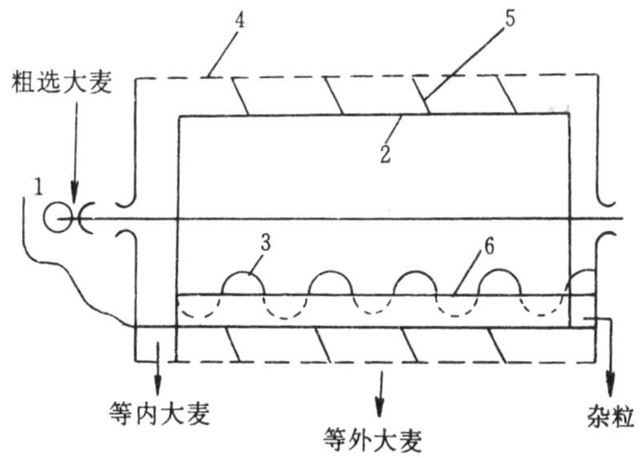

图 1－2－7　联合机示意图

1—进麦口　2—精选圆筒　3—螺旋输送机
4—分级圆筒筛　5—螺旋形挡板　6—螺旋机槽

(3) 在外圆筒筛4上装有一排刷子，以疏通筛孔。

五、精选大麦的整齐度及原大麦的精选率

各种大麦颗粒大小不一，精选后其整齐度有所不同。整齐度系指精选大麦中某一规格范围麦粒所占的质量分数，在国内一般是指麦粒厚度在2.2mm以上者所占的质量分数；国外系指2.5mm以上者所占的质量分数。高的整齐度有利于浸渍均匀和发芽整齐。

大麦的精选率系指由原大麦中选出可用于制麦的精选大麦的质量分数。在国际上系指2.2mm以上的精选大麦；国内一般指2.0mm以上的精选大麦。大麦的品种不同，精选率也不同，国内大麦的精选率一般波动在85%～90%之间。

第三章　大 麦 浸 渍

浸麦是为了供给大麦发芽时所需要的水分。大麦未浸渍之前，胚部所含水分很少，一切生理活动几乎停止。浸渍之后，氧气随之透入种皮及胚部细胞壁内，大麦的呼吸作用增进，一切代谢作用开始进行。

传统的浸麦方法，水浸3～4天，每天换水2次，没有有意识的供氧，麦粒接触的氧只够维持缓慢的呼吸和防止胚部发芽能力的破坏。这种浸麦方法，发芽时间很长。自从人们研究了浸麦供氧的理论，采取浸麦时空气休止(air rest)的办法，即麦粒浸水一定时间后，撤水，使其与空气接触，这样麦粒在浸麦阶段即可提前萌发，浸麦和发芽时间都因之缩短，而且发芽均匀，麦芽质量好，酶活力高。

一般说，麦粒含水分30％～35％就可萌发，含38％的水分可以达到均匀发芽的效果。但要求麦粒胚乳部分达到充分溶解的程度，浸麦度需保持在43％～48％。

浸麦除供给大麦发芽所需水分外，并可清洗麦粒，除去泥沙、灰尘等杂质。若在浸渍水中添加石灰乳或漂白粉，还能杀死附着在麦粒上的微生物及浸出谷皮中的有害物质。

第一节　浸 渍 理 论

一、浸麦的吸水过程及生理现象

在正常温度(12～15℃)下浸渍大麦，水的吸收可分为三个阶段:

(1) 第一阶段　浸麦6～10h，吸水迅速，水分总量的60％在此时被吸收，麦粒水分从12％～14％升达30％～35％。在此阶段内胚部吸水快，胚乳吸水慢;胚中的淀粉酶、核糖核酸酶(Ribonuclease)、磷酸酯酶的活力上升，其活力上升与吸水量平行。但在6h后，若继续浸渍而不换水，或不使麦粒与空气接触，则酶的活力又下降。

(2) 第二阶段 从10～20h,麦粒吸水很慢,几乎停止。此时胚及盾状体只吸收极少量的水分。

(3) 第三阶段 指浸麦20h以后,当供氧充足时,吸水量与浸麦时间成直线关系上升,水分由35%增加到43%～48%。此时整个谷粒各部分吸水缓慢而均匀。

大麦浸渍时,水分系通过下列途径进入麦粒内部:

① 胚部及麦粒尖端部分的果皮,因无角质层包围它,故水能由此渗入麦粒内部。

② 沿腹沟及珠孔部的种皮,其结构已经变型,均能进水。

大麦浸渍时,麦粒下半部吸水快,上半部吸水慢。浸麦24h内大麦各部分的水分含量如表1-3-1所示。

表 1-3-1 浸麦时大麦各部分的水分含量(13℃) 单位: %

部位 \ 时间/h	2	4	6	24
盾状体	18.5	36.8	50.0	57.9
胚轴	33.0	43.6	51.3	57.9
果皮+种皮+糊粉层	11.4	15.6	26.8	36.4
胚乳	10.0	12.5	21.4	35.0
谷皮	40.5	43.1	44.9	47.1
整粒	21.6	25.9	28.6	38.4

浸渍完毕的麦粒,胚部含水分65%～70%,胚乳含水分41%。

二、大麦的吸水速度

1. 麦粒性质与吸水速度

(1) 麦粒大小与吸水速度 大麦颗粒大小不一,吸水速度也不一致,颗粒大的开始吸水快,24h后,水分的增长率与小颗粒者相似,经长时间浸渍后,小粒较大粒的浸麦度高(表1-3-2)。因此,选麦的整齐度很重要,否则浸麦不均匀,发芽也不整齐。

表 1-3-2 麦粒大小与吸水速度(浸渍88h)

麦粒大小/mm	2.9	2.8	2.7	2.6	2.5	2.4	2.3	2.2	2.1	2.0	原始大麦
水分/%	43.7	43.4	43.6	43.7	43.7	44.7	45.6	47.8	48.9	49.0	44.6
千粒质量/g	46.3	42.6	38.8	35.0	33.7	31.5	27.4	23.7	21.3	22.0	33.0
每千粒吸收水分/g	36.0	32.6	29.7	27.3	26.7	25.5	23.0	21.8	20.0	19.2	26.1

(2) 麦粒含氮量与吸水速度 同类大麦的含氮量愈低(即淀粉含量愈高者),麦粒的吸水速度愈快。

(3) 麦粒胚乳状态与吸水速度 胚乳有玻璃质与粉状之分,粉状者吸水速度快(表1-3-3)。通常,同类大麦的玻璃质粒其含氮量较粉状者高。

一般认为,吸水快的大麦比吸水慢的大麦细胞溶解性好,制成的麦芽蛋白酶活力高。

2. 水温与吸水速度

水温对吸水速度影响最大,水温愈高,吸水愈快(表1-3-4)。据此,要达到同样浸麦

表 1-3-3 麦粒胚乳状态与吸水速度 单位：%

浸麦时间/h \ 水温/℃ \ 胚乳状态	11		17	
	玻璃质	粉状	玻璃质	粉状
大麦原始水分	15.3	15.3	15.3	15.3
浸渍16.5h后水分	28.9	32.6	31.8	35.1
浸渍48.0h后水分	37.6	40.3	41.0	43.0
浸渍72.0h后水分	40.8	42.8	43.4	45.5

度，水温愈高，所需浸麦时间愈短(表1－3－5)。对同种大麦来说，水温与浸麦时间的对数值成反比例直线关系(图1－3－1)。可以通过实验，做出曲线，求出采用不同水温的浸麦时间。但是一般浸麦水温不宜过高，以防有损胚的生理作用。

表 1-3-4 水温与吸水速度 单位：%

水温/℃	10	15.6	21.3	水温/℃	10	15.6	21.3
大麦原始水分	13.1	13.1	13.1	浸渍63h后水分	39.2	42.5	44.9
浸渍16h后水分	29.5	32.8	34.2	浸渍87h后水分	41.4	44.0	46.7
浸渍40h后水分	36.4	39.3	42.1	浸渍112h后水分	43.3	46.2	48.2

表 1-3-5 浸麦时间与水温和浸麦度的关系

水温/℃ \ 浸麦度/% \ 浸麦时间/h	40	43	46
9	47.5	78	101
13	34	54	78.5
17	30	46.5	73
21	21	28	44.5

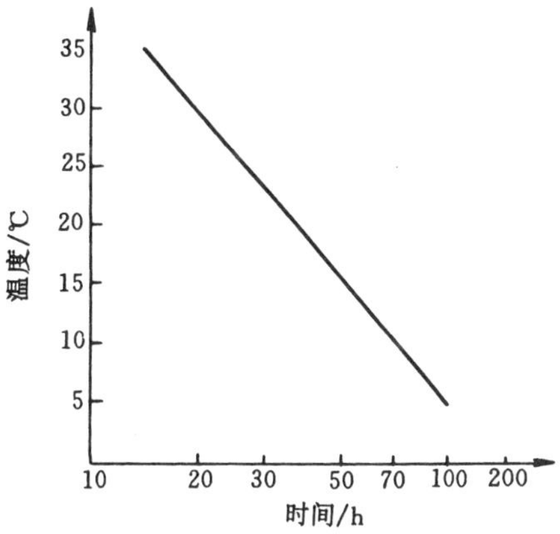

图 1-3-1 浸麦温度与浸麦时间对数值的关系

三、浸麦与通风

大麦浸渍后，水分上升，呼吸强度激增，需要消耗大量的氧，而水中溶解的氧远不能满足正常呼吸的需要。麦粒长时间缺氧，将导致分子间呼吸作用，其呼吸产物(CO_2、乙醇、微量的醛类、酸类和酯类)的积累，最后将破坏胚的生命力。因此，在浸麦过程中，需经常通入空气，以维持其正常生理过程。

1. 浸麦过程与耗氧

大麦在浸渍过程中，耗氧是随着呼吸作用的强弱而增减的。一般来说，投麦开始，在浸麦的第1个小时内即可将水中溶解氧耗尽(部分为微生物所消耗)，此后，耗氧量逐步增加。水温高较水温低时耗氧更快。因此，在浸渍时应不断通风供氧，使水中溶解氧呈半饱和状态，就是在空气休止时，也需从麦层底部通入压缩空气或抽气，排出麦层中的CO_2，提供新鲜空气。

2. 供氧的作用

通风供氧可以增强麦粒的呼吸和代谢作用，使麦粒提前萌发。萌发后的麦粒，吸水更快，可以在较短的时间内达到要求的浸麦度，同时也加速了发芽进程。对发芽力弱，发芽迟缓，有休眠和水敏感性的大麦来说，通风供氧尤为必要。

3. 供氧的措施

浸麦时的供氧措施，可通过表1－3－6所列方式进行。

表 1-3-6　　浸麦供氧的措施

措施	内容
1. 浸水通风	在浸水过程中通风(压缩空气)。通风时加强搅拌，把槽底部的麦粒翻到上部来，有利于麦粒均匀接触氧气
2. 泵　送	把麦粒从一个浸麦槽泵送到另一浸麦槽，使麦粒与空气接触，同时起到翻拌作用
3. 空气休止	麦粒浸渍一定时间后，断水，让麦粒在浸麦槽内与空气接触，空气休止期中也要定时通风(或吸风)，以排除麦层中的CO_2，提供氧气
4. 喷　淋	麦粒浸渍一定时间后，断水，用水雾喷淋，直至达到要求的浸麦度。喷雾使麦粒既接触氧，又吸收水分，同时还可将麦层中产生的CO_2和热量排除
5. 冲　洗	麦粒浸渍一定时间后，即进行长时间的空气休止，休止期间按时通风(或吸风)，然后进行短时间浸水，冲洗掉麦层中产生的热量和CO_2。重复进行空气休止和冲洗，直达需要的浸麦度

4. 供氧的效果

供氧的效果如表1－3－7所示。

表 1-3-7　　供 氧 效 果

供氧情况	效果
供氧不足	1. 麦粒胚部呈窒息状态 2. 发芽迟缓，不旺盛，麦芽溶解不良 3. 麦层有酸味和水果味 4. 发芽呈早期发热现象
供氧适当	1. 麦粒胚部新鲜健康 2. 发芽快、均匀、旺盛、麦芽溶解好 3. 有利于麦粒吸水，缩短浸麦时间 4. 麦粒提前萌发，缩短发芽时间，提高麦芽制成率 5. 麦芽的淀粉酶、蛋白分解酶和β－葡聚糖酶等酶的活力均比较高

四、浸麦水中的添加剂

为了有效地浸出麦皮中的有害成分，杀死附着麦粒上的微生物，达到清洗和灭菌的目的。浸渍用水中，常添加一些化学药剂。今择其常用者列于表1－3－8中。

表 1-3-8　浸麦水中常用的添加剂

名　称	使用浓度	作　用	备　注
1. 石　灰	1.3kg/m^3水	先制成饱和石灰乳，然后加入浸麦水中：①起一定的灭菌作用；②能浸出麦皮中多酚物质、苦味质等有害物质，有利于发芽力的提高和改善啤酒的色泽、风味和非生物稳定性	暂时硬度过高的水，加石灰乳后会产生碳酸盐沉淀，附于麦粒上，应加强洗涤
2. NaOH Na_2CO_3 $Na_2CO_3 \cdot 10H_2O$	0.35kg/m^3水 0.9kg/m^3水 1.6kg/m^3水	添加左列碱类，能将麦皮中的多酚物质、苦味质、蛋白质等酸性物质多量浸出，改善啤酒色泽和风味，提高其非生物稳定性。使用简便，可循环使用	加入浸麦水中后，用姜黄试纸测定，至呈现碱性反应为止
3. 过氧化氢	1.5kg/m^3水或0.1%H_2O_2与0.1%乳酸合用	有强烈的氧化灭菌作用；能使大麦提前萌发，有利于休眠和水敏感性大麦；能促进麦芽的溶解和蛋白质分解	价格昂贵，若采用的浓度高，经济上不合理
4. 甲　醛	1～1.5kg/t大麦	可杀灭麦皮上的微生物，有良好的防腐作用；可降低麦汁中的花色苷含量，提高啤酒非生物稳定性；抑制根芽生长，降低制麦损失	

第二节　浸 麦 设 备

传统法浸麦设备多采用柱体锥底浸麦槽，近代也有采用平底浸麦槽者。浸麦过程中，必须供氧充足，吸水均匀，才能使麦粒发芽整齐。浸麦槽的结构是否合理，对最后制成的麦芽质量影响很大。

一、传统的柱体锥底浸麦槽

1. 传统锥底浸麦槽的技术要求

(1) 多采用钢板制作。为防止生锈或铁与大麦单宁起反应，槽内壁涂以涂料。

(2) 采取圆柱锥底槽型是为了便于出料，圆锥部分设有假底，侧壁为筛板，用以阻留大麦，而将浸麦水排出。

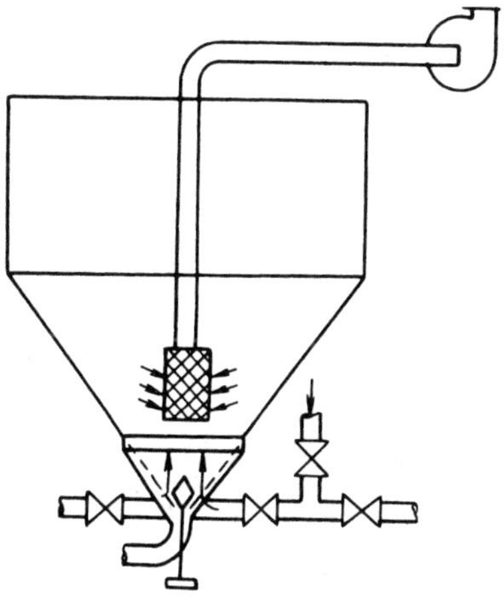

图 1-3-2　二氧化碳吸风系统

(3) 槽内设置进水和排水管及排除浮麦的设施。

(4) 在锥体部分安装环形通风盘管或通风嘴。浸水时，通入压入空气，为麦层供氧并起搅拌作用。此外，在锥体部分设置一带筛孔的吸风筒(图1-3-2)，利用吸风机，在空气休止时，抽出麦层中的二氧化碳，并排除积集麦层中的热量。吸风系统只在断水时使用。断水时用吸风比用压缩空气通风的效果好，可以避免带进热量，也比较均匀。

(5) 锥底浸麦槽的高度不宜太高，一般不超过2.5m，过深则通风不易均匀。圆柱锥底浸麦槽由于其几何形状所限,麦粒铺层不易均匀,故通风时存在死角。

(6) 浸麦槽一般设置在选麦室和发芽室之间,便于进料,避免长距离输送。并应设置在发芽室之上,以便出料时借重力直接落入发芽床上。出料可采用先控水的干出料,也可采用带水的湿出料法。

(7) 洗麦时产生的废水和浮麦,通过槽边的溢流管排出槽外。麦层换水时,起洗涤和供氧的作用。

(8) 浸麦槽应设置在气温变化小的地方,温度控制在12～15℃,最好能配备调温设施,避免浸麦温度骤变,影响浸麦时间。

(9) 浸麦槽的容积,通过大麦的公石质量算出,再加上40%的麦粒膨胀系数和20%的运动空间。

(10) 浸麦槽的设置数量一般为发芽床的1/2(具体视浸麦时间和发芽时间而定)。锥底浸麦槽的容积不宜设计过大,否则通风不易均匀。如果发芽的设备能力大,可采取一室(箱)配二槽(或多槽)的办法解决。

(11) 浸麦槽的进水排水管径要大,便于缩短辅助时间。

锥底浸麦槽的使用,可采取单槽,即洗麦和浸麦全部过程在一个槽内进行;或单设洗麦槽,配合几个浸麦槽,洗麦与浸麦分别在不同槽中进行。浸麦槽也可采用多槽串联使用,利用泵送,将几个浸麦槽串联起来使用。这样,在倒槽泵送过程中,可以增强麦层的翻拌和供氧效果(图1－3－3)。

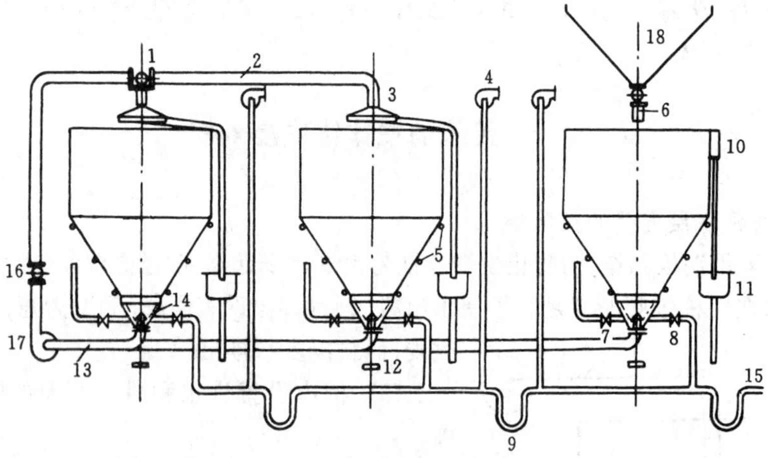

图 1－3－3 浸麦槽多槽循环使用图

1—三通阀 2—压力管 3—水分离器 4—鼓风机 5—通风管 6—大麦进口
7—水阀 8—废水阀 9—吸风机水受器 10—溢流箱 11—浮麦收集器 12—排料阀
13—浸麦泵管 14—浸渍杯 15—废水管 16—三通阀 17—浸麦泵 18—大麦料斗

2. 传统锥底浸麦槽的缺点

通风浸麦是使麦粒保持活性状态。出料前,麦粒已经萌发,入发芽床后,很快进入发芽旺盛期,从而缩短整个浸麦和发芽时间。但传统锥底浸麦槽的几何形状,使麦粒铺层不够均匀,通风不理想。在柱体和锥体连接部分和压缩空气喷出的两旁,存在着缺氧性死角(图1－3－4)。同时槽上部1m左右的麦层和下部不流动麦层的供氧情况,也有较大差距。在不通风期间，柱体和锥体连接的夹角那里，CO_2排除也有困难，因此，很难使整个麦层的浸麦效果达到一致。即便使用低温浸麦、强烈的连续通风、加大槽的直径与高度比，也难以克服上述缺点。因此，传统的圆柱锥底浸麦槽的使用受到限制。

二、带中心循环管的柱体锥底浸麦槽

此种改进型浸麦槽的结构基本与传统锥底浸麦槽相似，只是在浸麦槽的中央，设一粗管，压缩空气由粗管底端送入，同时将麦、水混合带入，由管上端喷出(图1－3－5)，经过管上端连接的回转排料臂，旋转排出。如此往返循环运动，起到机械搅拌、清洗和通风的作用，消除供氧和翻拌的死角，效果良好。

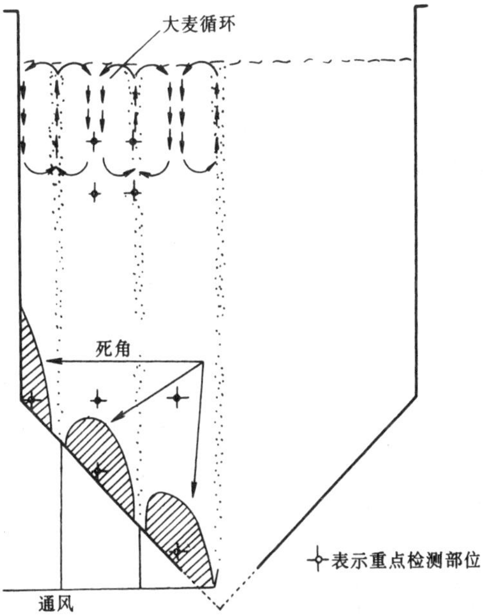

图 1－3－4　圆柱锥底浸麦槽的麦、水运动情况

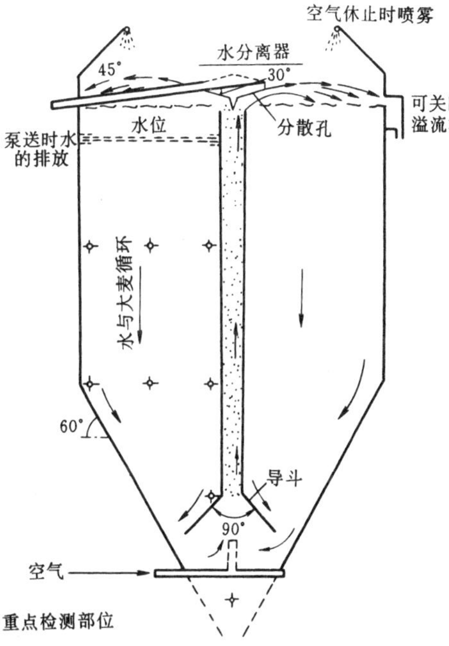

图 1－3－5　带中心管的柱体锥底浸麦槽运动情况

三、新型的平底浸麦槽

当制麦规模愈来愈大，锥底浸麦槽不能满足使用时，人们开始考虑使用平底浸麦槽(图1－3－6)。此种平底浸麦槽，每槽最大生产能力可达300t。有圆形与矩形之分，圆形者进出料比较方便(具有带耙的Giracleur)，故多被采用圆形者。

1. 平底浸麦槽的特点

(1) 直径远大于高度，高度一般小于2m，直径可达5～20m，其相应投料量为20～300t。

(2) 麦层厚度均匀。

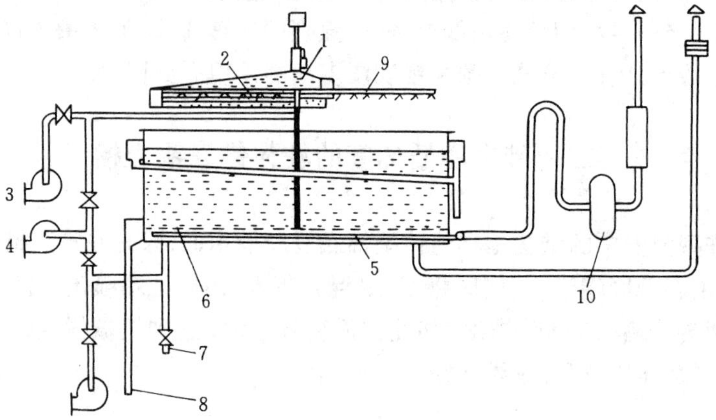

图 1-3-6 平底浸麦槽

1—可调剂空间 2—清洗管 3—洗涤水泵 4—溢流和喷水管泵 5—空气喷射管 6—带孔假底 7—废水排出管 8—浸渍大麦排出管 9—喷水管 10—空气压缩机

(3) 平底槽底部全部为筛板，筛板下有通风设施，通风和CO_2排除都比较均匀。

(4) 进出料用一多臂的、可上下移动的特种翼片搅拌器(Giracleur)协助拌料和出料。

(5) 较锥形槽更适合于长时间空气休止、短时间浸水的浸麦工艺。

(6) 平底槽具有发芽箱的特征，可用于重浸渍法制麦，但缺少搅拌器，难以使各麦层发芽均匀。一般在浸麦后，可在槽中停留24h，然后移至发芽箱。

2. 平底浸麦槽的缺点

与传统的锥底浸麦槽一样，平底浸麦槽也存在通风死角问题。死角主要位于槽的边角和空气喷射点的两旁，或在操作不当和喷射嘴堵塞的情况下造成的。平底槽也存在着翻麦不均匀的问题。麦层的循环只在上部麦层1m左右处进行，底部麦层受压很高，相对有限的通风量，很难使其运动(图1-3-7)，但水是在循环运动的。

四、锥底槽与平底槽的比较

1. 设备费用

平底浸麦槽附件多，加工麻烦，费用远高于锥底槽；锥底槽附件少，加工方便，费用低。

2. 浸麦质量

带中心循环管的锥形浸麦槽，无论通风效果、麦层翻拌效果和清洗效果均优于平底浸麦槽和传统的锥底浸麦槽。

3. 用水量

平底浸麦槽覆盖麦粒的面积大，耗水量多，较锥形浸麦槽高20%～30%。

4. 生产能力

平底浸麦槽生产能力大；锥底浸麦槽生产能力小，一般容量为30t，最大者为60t。容量愈大，通风愈不易均匀，将直接影响发芽质量。对大生产来说，可用几个锥底浸麦槽配合

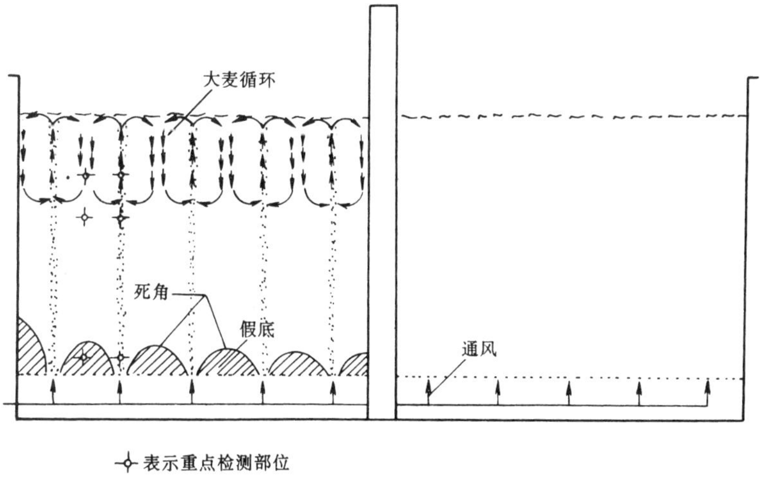

图 1-3-7 平底浸麦槽麦水运动情况

一套发芽设备。

5. 设备情况

平底槽清洗较麻烦，须将筛板全部掀开，用高压水清洗，否则易引起霉菌污染和堵塞；锥底浸麦槽清洗方便。

6. 出料方式

锥底槽可以干出料或带水出料，无须任何机械措施；平底浸麦槽只能通过机械(Giracleur)协助干出料。

7. 维修方面

平底槽假底下面的空气喷嘴，维修比较麻烦，维护费用比较高。

8. 投资方面

6个50t的锥底槽与1个300t的平底槽，投资费用相当。

五、近代化浸麦槽的特点

近代化浸麦槽(包括平底槽和锥底槽)的特点如下:

(1) 除空压机外，均增设吸风机。压风机供浸水时通风用，并起翻麦作用；吸风机供麦层在空气休止时，排除CO_2和热量。

(2) 增设喷淋设备。设在浸麦槽上部一环管上，喷头可以转动，一方面可解决大麦长时间空气休止，麦层表面干燥的问题；另外，可采用喷淋法浸麦，有利于大麦接触空气和吸收水分，麦粒萌发快，发芽时间缩短，同时能及时排除麦层中的热量和CO_2。

第三节 浸 麦 方 法

浸麦方法有多种多样，今选择几种典型示例如下。

一、湿 浸 法

1. 方法特点

大麦浸渍水中不通风，没有供氧设施，只在冲洗大麦和换水时，使麦粒接触到微量空气，以维持胚的生命力。此法吸水较慢，浸麦时间较长，麦粒萌发慢，发芽时间长。

2. 操作要点

(1) 精选分级过的大麦，经自动秤称重，加入浸麦槽中。入槽时最好经过一分配器，使质量好的大麦沉于槽底，浮麦和其他轻质夹杂物浮于水面，通过溢流和打捞而排出。

(2) 大麦冲洗时，应加强搅拌，以利清洗。第1次的洗麦水，色暗褐，有异味，应及早更换。以上洗麦操作也可在另一洗麦槽中单独进行。

(3) 洗麦后的浸麦操作，可在同一浸麦槽中进行，也可定时泵于另一浸麦槽中进行。换槽时起通风翻拌作用。

3. 图解示例

湿浸法浸麦过程如图1－3－8所示。

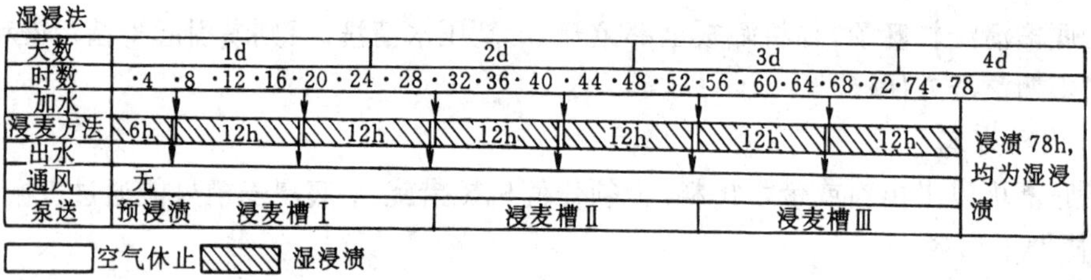

图 1－3－8 湿浸法浸麦图解

二、断水浸麦法

1. 方法特点

断水浸麦法(又称间歇浸麦法)浸水与断水相间进行。大麦每浸渍一段时间后即断水，使麦粒与空气接触，浸水与断水期间均须通风供氧。浸水时用压缩空气通风，断水时，宜用吸风方式供氧。断水浸麦法的浸水断水时间不是一成不变的，应结合室温、水温、大麦特性确定，常用者为浸2断6或浸4断4，在可能条件下，应尽量延长断水时间。对水敏感性大麦来说，适当延长第1次断水时间尤为必要。

此法可以缩短浸麦时间，促进麦粒呼吸作用，使麦粒提前萌发，发芽比较均匀，也比较旺盛。

2. 操作要点

(1) 以浸2断6操作法示例

① 洗麦过程同前。

② 浸麦操作如图1－3－9所示。

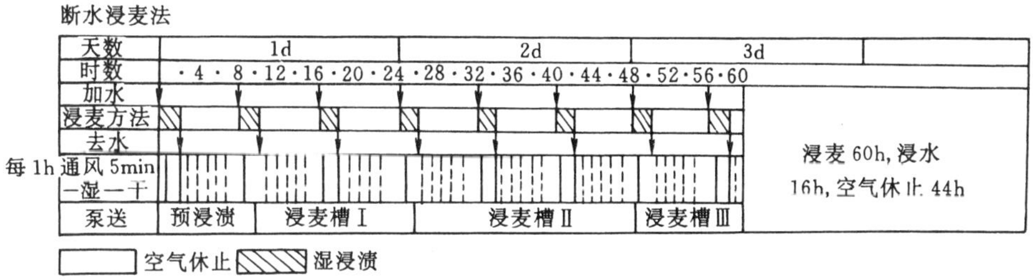

图 1-3-9　浸2断6浸麦法

(2) 以断水时吸风供氧的断水法示例

① 洗麦过程同前。

② 浸麦过程如图1-3-10所示。

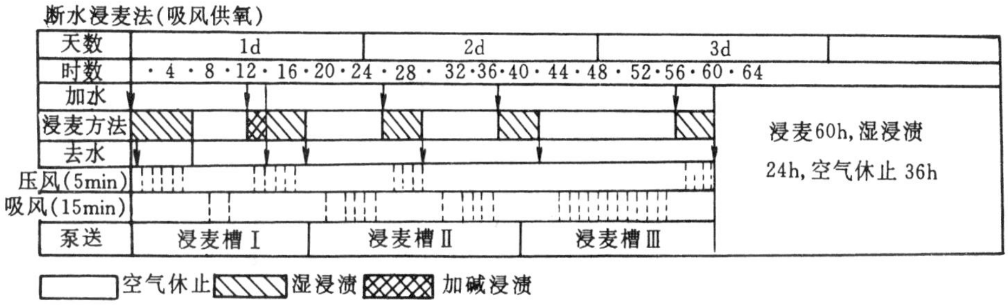

图 1-3-10　吸风供氧的断水浸麦法

三、长断水浸麦法

1. 方法特点

此法来源于断水浸麦法，只是断水时间很长，而浸水时间相对较短，浸水只是为了冲洗掉麦层中产生的热量和CO_2，并提供麦粒吸收的必要水分。

长断水浸麦法的麦层通风应均匀，最好采用带中心管的锥底浸麦槽，否则浸麦不均匀，发芽也很不整齐。因此，应有良好的吸风供氧设备和严格执行的操作规程。

采用长断水浸麦法，麦粒接触空气充分，萌发快，可以显著缩短浸麦和发芽时间。

2. 浸麦过程

(1) 洗麦和浸麦4～6h，水温12～15℃，每1h通风搅拌10～20min，水分达30%～35%。

(2) 空气休止10～20h，对水敏感性大麦应延长至24h。当麦粒表面水分全被吸收，麦温逐渐上升至15～17℃时，开始每1h吸风10～15min。随着呼吸强度增加，需连续吸风供氧，吸风能力为$50m^3/(t·h)$。

(3) 浸麦2～4h，水温12～15℃，直到水分达38%左右，鼓风搅拌1～2次，每次10～20min。最后将大麦泵至另一浸麦槽。

(4) 空气休止14～24h，直到麦粒胚部均匀地露出白点。吸收表面水分后，麦粒水分可达39%～40%，麦温升至18～22℃，开始每1h吸风10～15min，然后以100～120m^3/(t·h)的吸风能力连续吸风。

(5) 浸麦2～4h，水温12～18℃，直达所需要的水分。浸麦期间通风搅拌10～30min。

3. 操作图解

长断水浸麦法操作如图1－3－11所示。

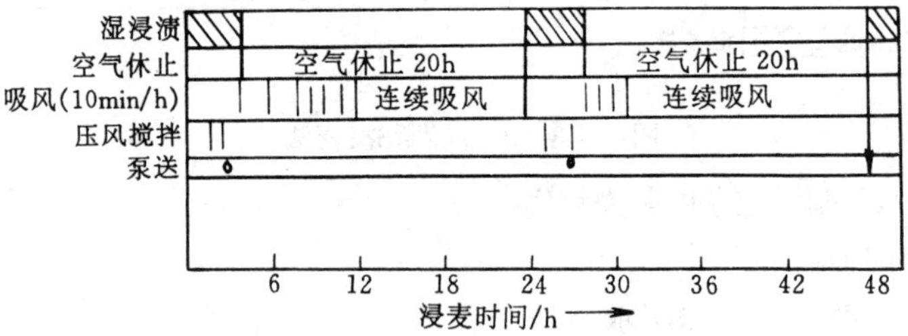

图 1－3－11　长断水浸麦法图解

四、喷淋浸麦法

1. 方法特点

喷淋浸麦法是一种简单而经济地利用水雾供给麦粒氧气和水分的方法。此法可大量节约浸麦用水，其用水量只合一般浸麦方法的1/4，同时，也相应地减轻了污水处理的负担。

此法由于水雾不断流洗，故麦粒表面经常保持必要的水分。同时水雾可及时带走麦层中所产生的热量和CO_2，还可以使麦粒接触更多的空气，提前萌发，显著地缩短了浸麦和发芽时间。如果在喷淋过程中，继续通风供氧，效果则更显著。

2. 浸麦过程(国内操作方法)

(1) 投麦后，洗麦和浸麦6h左右，通风搅拌，捞浮麦，每隔2h通风20min。

(2) 断水喷淋18h左右，每隔1～2h通风10～20min。

(3) 浸麦2h，进水后，通风搅拌20min。

(4) 断水喷淋10h左右，每隔1～2h通风10～20min。

(5) 浸麦2h，进水后通风搅拌20min。

(6) 断水喷淋8h，每隔1h通风20min。

(7) 停止喷淋，空水2h后出槽。

3. 国外操作示例图解

喷淋浸麦法操作如图1－3－12所示。

五、温水浸麦法

1. 方法特点

浸麦水温一般不超过20℃，但为了缩短浸麦时间，使麦粒提前萌发，并有利于谷皮成

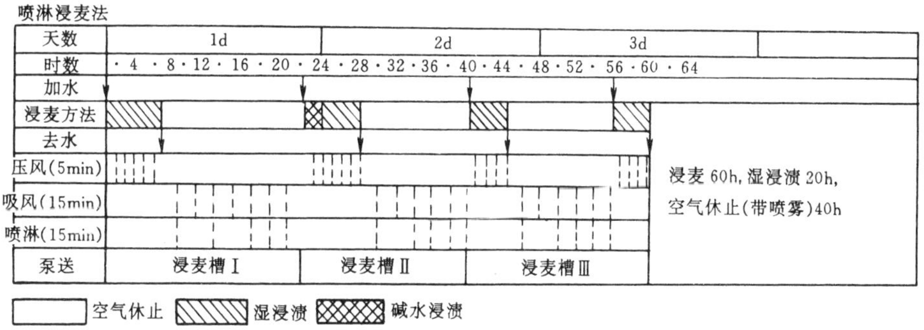

图 1－3－12 喷淋浸麦法图解

分的浸出和有利于休眠大麦的萌发等，常采用温水浸麦，水温不超过30℃，以不损伤胚部为原则。在浸渍过程中被浸渍的大麦要求彻底翻拌混合，使温度分布均匀，通风要充足。

2. 操作过程

(1) 洗麦同前。

(2) 浸麦2～4h，水温25～30℃，每隔1h通风10～20min，水分达30％～32％时断水。

(3) 空气休止6h，每隔1h吸风20min，或每隔0.5h吸风10min。

(4) 浸麦2h，水温20℃，每隔1h通风20min或每隔0.5h通风10min。

(5) 空气休止6h，每隔1h吸风20min，或每隔0.5h吸风10min。

(6) 浸麦6h，水温15～18℃，每隔1h通风20min，或每隔0.5h通风10min。

(7) 空水2h后出槽。

六、重浸渍浸麦法

1. 方法特点

重浸渍浸麦法(Resteeping Process)的特点是浸麦分两个阶段进行，当第一阶段浸麦水分达38％左右时，即停止浸麦，开始发芽。发芽2天左右，待麦粒内酶已开始形成时，即在较高的水温下再一次浸麦，进行杀胚，同时使水分增长到正常发芽所需的水分，以后便按正常发芽操作进行。此法总的浸麦时间短，胚被抑制后并不影响各项酶的继续增长和胚乳的溶解。由于根芽生长很短，故制麦损失大大降低。此法因早期接触空气多，提前萌发，所以更有利于水敏感性大麦的发芽。

2. 浸麦过程示例

(1) 洗麦和浸麦6h，水温18℃，水分达32％左右。

(2) 空气休止22h，温度18℃。

(3) 浸麦0.5h，水温18℃，水分达38％左右。

(4) 空气休止22h，温度18℃。

(5) 40℃浸渍1.25h，水分达48％以上(杀胚)。

(6) 空气休止44h，温度18℃。

以上操作中的通风和吸风情况按前述的有关情况进行，浸麦和空气休止时间则随温度不同而有增减。

3. 重浸渍法的浸麦设备

重浸渍法的特点是浸麦与发芽相间进行。为了操作上的方便，最好采用“浸麦－发芽”两用设备进行。此设备为圆柱锥底槽，形似传统的浸麦槽，密闭，锥体部分设一带刺的棒，便于协助绿麦芽出槽。

七、多次浸麦法

多次浸麦法(Multi－Steeping Process)原理和采用的设备同二次浸麦法，只是杀胚分二次进行，其操作过程示例如下：

(1) 浸麦3h，水温28℃，水分达32％左右。

(2) 空气休止19h，利用15℃的空调空气进行通风。

(3) 28℃浸麦1h，水分达40％左右。

(4) 15℃空气休止22h。

(5) 35℃浸麦1h(第1次杀胚)，水分达46％～47％。

(6) 15℃空气休止22h。

(7) 35℃浸麦1.5h(第2次杀胚)，水分达52％左右。

(8) 17℃空气休止44h。

(9) 绿麦芽出槽。

八、各种浸麦方法的比较

各种浸麦方法的比较如表1－3－9所示。

表 1-3-9 各种浸麦方法的比较

浸麦方法	情况
1. 湿浸法	操作简单易控制，耗水量大；浸麦时间长，浸麦度低；发芽缓慢而均匀，发芽时间长；酶的活力低，增长慢；胚乳溶解一般；不适用于水敏感性大麦
2. 断水浸麦法	操作简单易控制；浸麦时间较湿浸法短；发芽均匀而有力；酶活力较湿浸法高，增长较快；胚乳溶解良好
3. 长断水浸麦法	麦粒接触空气充足，通风条件要求高，不易控制，不易均匀；浸麦时间显著缩短，浸麦度高；升温急，萌发快，发芽时间缩短，发芽率和制成率高；酶的活力高，增长快；胚乳溶解较好，但不易均匀；适用于水敏感性大麦
4. 喷雾浸麦法	麦粒接触空气较充足，通风条件要求高，升温较长断水浸麦法缓和；浸麦时间显著缩短，浸麦度高；升温较快，萌发也较快，发芽时间缩短，发芽率和制成率高；酶的活力高，增长快；胚乳溶解良好；耗水量低
5. 温水浸麦法	大麦清洗较干净，吸水快，浸麦时间短；萌发较快；水温易冷却，不易控制；操作烦琐，发芽不易均匀
6. 重浸渍法和多次浸麦法	浸麦和发芽时间显著缩短，麦芽制成率高；麦芽单宁含量低，高分子蛋白质和麦胶物质含量较高，麦芽溶解较差

第四节　浸麦度

大麦经浸渍后的含水率，称为浸麦度。

一、控制浸麦度的范围和依据

1. 范围

浸麦度要求有一定的波动范围，它与大麦品种、气候条件、生产方式以及所制的麦芽类型有关，一般控制在43%～48%。

2. 依据

按下列情况调节：

(1) 大麦的性质　硬质难溶解的大麦，含蛋白质高或酶活力低、发芽缓慢的大麦，其浸麦度应高于易溶解、蛋白质含量低和酶活力高的大麦。

(2) 制麦方法　通风式发芽法较地板式发芽法的浸麦度应适当高一些。

(3) 麦芽种类　浅色麦芽要求色泽浅，麦粒溶解适可而止，浸麦度一般控制在43%～46%；深色麦芽要求色泽深，麦粒要求溶解彻底，浸麦度一般控制在45%～48%。

(4) 麦粒大小　同种大麦，麦粒厚度不同时，小粒较大粒的浸麦度应低一些。

大麦的最适浸麦度，应在生产前，通过小型试验确定之。

二、浸麦度的测定和计算

浸麦度多用朋氏测定器测定之，即在测定器内装入100g大麦样品，放入浸麦槽内，与生产大麦一同浸渍。浸渍完毕，取出大麦，拭去表面水分，称其质量，用下式计算：

$$\text{浸麦度}(\%)=\frac{(\text{浸麦后质量}-\text{原大麦质量})+\text{原大麦水分}}{\text{浸麦后质量}}\times 100$$

三、浸麦度对麦芽质量的影响

正确掌握浸麦度是决定麦芽质量的先决条件，过高或过低均不利。今归纳其影响如表1-3-10所示。

表 1-3-10　浸麦度与麦芽质量

浸渍过度	浸渍不足
1. 发芽力削弱，甚至引起胚的破坏，发芽率低	1. 发芽力弱，易生成硬质麦芽，麦芽溶解不足，粉状粒少
2. 麦粒呼吸旺盛，麦层温度高，叶芽和根芽过度生长，物质大量消耗	2. 根芽、叶芽生长不足，制成率虽高，但质量低
3. 酶活力低，浸出物减少，制麦损失高	3. 酶活力低，蛋白质分解不完全

四、浸麦度速见表

为了便于生产使用，可根据原料大麦的水分、浸渍后大麦的质量，从表1－3－11查出其浸麦度。

表 1-3-11 浸麦度速见表

原料大麦水分/% ＼ 100g大麦浸渍后的质量/g	浸麦度/%				
	11	11.5	12	12.5	13
140.0	36.2	36.7	37.1	37.5	37.86
140.5	36.3	37.0	37.4	37.7	38.1
141.0	36.8	37.2	37.6	37.9	38.3
141.5	37.1	37.4	37.8	38.2	38.5
142.0	37.3	37.6	38.0	38.4	38.7
142.5	37.5	37.8	38.2	38.6	38.9
143.0	37.7	38.1	38.5	38.8	39.2
143.5	37.9	38.3	38.7	39.0	39.4
144.0	38.2	38.5	38.9	39.2	39.6
144.5	38.4	38.7	39.1	39.4	39.8
145.0	38.6	38.9	39.3	39.7	40.0
145.5	38.9	39.0	39.5	39.9	40.2
146.0	39.1	39.3	39.7	40.1	40.4
146.5	39.3	39.5	39.9	40.3	40.6
147.0	39.5	39.7	40.1	40.5	40.8
147.5	39.6	39.9	40.3	40.7	41.0
148.0	39.8	40.2	40.5	40.9	41.2
148.5	40.0	40.4	40.7	41.1	41.4
149.0	40.2	40.6	40.9	41.3	41.6
149.5	40.4	40.8	41.1	41.5	41.8
150.0	40.6	41.0	41.3	41.7	42.0
150.5	40.8	41.2	41.5	41.9	42.2
151.0	41.0	41.4	41.7	42.1	42.4
151.5	41.2	41.5	41.9	42.2	42.6
152.0	41.4	41.7	42.1	42.4	42.8
152.5	41.6	41.9	42.3	42.6	43.0
153.0	41.8	42.1	42.5	42.8	43.1
153.5	42.0	42.3	42.7	43.0	43.3
154.0	42.2	42.5	42.9	43.2	43.5
154.5	42.3	42.7	43.0	43.4	43.7
155.0	42.5	42.8	43.2	43.5	43.9
155.5	42.7	43.0	43.4	43.7	44.0
156.0	42.9	43.2	43.6	43.9	44.2
156.5	43.1	43.4	43.8	44.1	44.4
157.0	43.3	43.6	43.9	44.3	44.6
157.5	43.5	43.7	44.1	44.4	44.8
158.0	43.7	43.9	44.3	44.6	44.9

续表

100g大麦浸渍后的质量/g \ 原料大麦水分/%	浸麦度/%				
	11	11.5	12	12.5	13
158.5	43.8	44.1	44.5	44.8	45.1
159.0	44.0	44.3	44.7	45.0	45.3
159.5	44.2	44.5	44.8	45.1	45.5
160.0	44.4	44.6	45.0	45.3	45.6
160.5	44.5	44.8	45.2	45.5	45.8
161.0	44.7	45.0	45.3	45.7	46.0
161.5	44.8	45.2	45.5	45.8	46.1
162.0	45.0	45.3	45.7	46.0	46.3
162.5	45.2	45.5	45.8	46.2	46.5
163.0	45.4	45.7	46.0	46.3	46.6
163.5	45.6	45.9	46.2	46.5	46.8
164.0	45.7	46.0	46.3	46.6	47.0
164.5	45.9	46.1	46.5	46.8	47.1
165.0	46.0	46.3	46.7	47.0	47.3
165.5	46.2	46.5	46.8	47.1	47.4
166.0	46.4	46.6	47.0	47.3	47.6
166.5	46.5	46.8	47.1	47.4	47.7
167.0	46.7	47.0	47.3	47.6	47.9
167.5	46.9	47.2	47.5	47.8	48.0
168.0	47.0	47.3	47.6	47.9	48.2
168.5	47.2	47.5	47.8	48.1	48.4
169.0	47.3	47.6	47.9	48.2	48.5
169.5	47.5	47.8	48.1	48.4	48.7
170.0	47.7	48.0	48.2	48.5	48.8

第五节　浸 麦 损 失

浸麦损失来源于三方面:

(1) 粉尘和清洗掉的轻质杂物　约占0.1%。

(2) 谷皮浸出物　包括麦皮中的单宁物质、矿物质、蛋白质、苦味质等，占0.5%～1.0%。

(3) 浸麦过程中的大麦呼吸消耗　占0.5%～1.5%。

洗麦时，漂浮溢出的浮麦中包括瘪大麦、麦芒、麦皮等，经干燥仍可作饲料用，一般不作为损失看待。

浸麦时的呼吸消耗与发芽和干燥时的呼吸消耗合并计算，不单独列出。因此，真正计算的浸麦损耗为0.6%～1.1%。

第四章 发　芽

发芽是一生理生化变化过程，发芽的目的是使麦粒生成大量的各种酶，并使麦粒中一部分非活化酶得到活化和增长。随着酶系统的形成，麦粒的部分淀粉、蛋白质和半纤维素等高分子物质得到分解，使麦粒达到一定的溶解度，以满足糖化时的需要。

在大麦发芽过程中，需要正确控制水分、温度、麦层中氧气和碳酸气的含量，适当调节麦粒的溶解和生长过程，使麦粒既达到理想的溶解度，又不过分消耗其内容物质。

第一节 发芽理论

一、发芽时的呼吸作用

大麦的胚部和糊粉层是活性组织，可以营呼吸作用。大麦贮藏时，含水分低，呼吸作用很微弱，经浸渍后，呼吸强度显著提高。在发芽旺盛期，麦粒的呼吸强度，较浸麦时要高很多倍。发芽末期，当根芽开始枯萎时，呼吸强度又逐渐减弱，直至麦粒干燥后，由于水分下降，酶的破坏，呼吸作用才完全停止。

麦粒的呼吸作用，意味着麦粒内容物质的消耗。因此，必须适当控制发芽时的温度、水分和供氧情况，避免麦粒内容物质大量消耗，而使麦芽的浸出物降低。

二、酶的形成和麦粒的代谢作用

麦粒的胚部是生长器官，胚乳是供胚生长的贮藏物质，糊粉层则是产生各种水解酶的主要部位。发芽开始，胚利用其本身所含的蔗糖、棉子糖、葡二果糖(Gluco－difructose)和游离氨基酸而生长，合成新的物质，即根芽和叶芽，同时释出多种赤霉酸。这些赤霉酸分泌至糊粉层，由此诱发而形成α－淀粉酶、蛋白酶、半纤维素酶、糊精酶、磷酸酯酶等一系列的水解酶。在这些水解酶的作用下，胚乳所含的淀粉、蛋白质、半纤维素等高分子物质逐步分解为低分子物质，不断输送至胚部，作为其生长的营养物质，形成了胚部不断合成，胚乳不断分解的发芽过程。

供啤酒使用的麦芽，胚的生长和胚乳的消耗是有限度的，在完成了种种酶的形成和胚乳适当溶解之后，即应停止其生长，以防过分消耗有用的物质而导致经济上的损失。

三、胚乳的溶解

大麦的胚乳是许多由蛋白质联结的胚乳细胞所构成。这些胚乳细胞的细胞壁主要是由半纤维素所组成。细胞内包含着大小不同、包埋在密致的蛋白质支撑物之间的淀粉颗粒(图1－4－1)。发芽开始后，由糊粉层所分泌的蛋白酶先溶解了联结胚乳细胞的蛋白质薄膜，使胚乳细胞分离，并使胚乳细胞壁暴露出来，得以与半纤维素酶接触。在半纤维素酶分

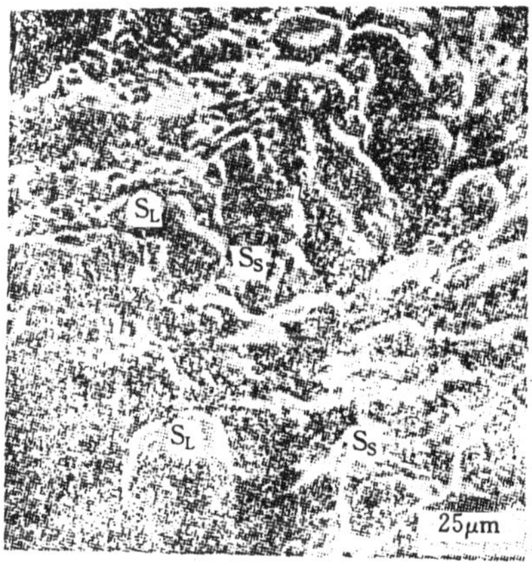

(a) 溶解前的胚乳(淀粉颗粒包围在密致的蛋白质支撑物中)

(b) 溶解后的胚乳(部分包围淀粉颗粒的蛋白质已被分解)

(c) 小颗粒淀粉较大颗粒淀粉的表面附有更多的蛋白质

图 1－4－1 胚乳的构成与溶解

S_L—大颗粒淀粉 S_S—小颗粒淀粉

解了胚乳细胞壁后，蛋白酶进一步分解包围淀粉颗粒的蛋白质支撑物，使淀粉颗粒与淀粉酶得以接触而分解。

由于上述一系列酶的分解作用，胚乳中所含的淀粉、蛋白质和半纤维素等高分子物质逐步分解，可溶性的低分子糖类和含氮物质不断增加，整个胚乳结构，由坚韧变为疏松。这种现象就是通常所说的麦芽溶解(图1－4－1)。

整个胚乳的溶解，是从靠近胚部附近开始的，然后沿着上皮层逐渐向麦尖发展，而后由外向内，遍及全部胚乳(图1－4－2)。在溶解过程中，麦粒下半段比麦尖溶解得早些，下半段酶的活力也高得多(表1－4－1)；麦粒的背部比腹部溶解得快些。溶解的最终目的是为了提高麦芽浸出率，并为酵母菌创造合理的发酵基质，从而生产出适口的啤酒。

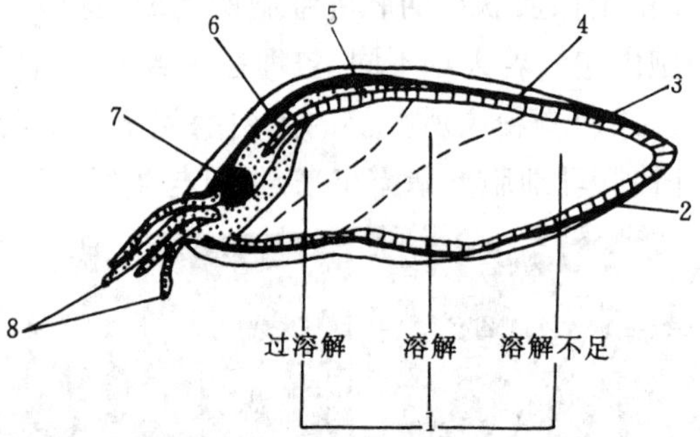

图 1－4－2 溶解中的麦粒

1—胚乳 2—果皮和种皮 3—谷皮 4—糊粉层 5—叶芽 6—盾状体 7—根胚 8—根芽

表 1-4-1 发芽时麦粒不同部位的酶含量及物质分解

项　　目	麦粒下半部	麦粒上半部
内－β－葡聚糖酶活力/(u/粒)	32.0	3.0
α－淀粉酶活力/(u/粒)	448.0	40.0
α－氨基酸含量/(mg/L)	23.0	11.0
葡萄糖含量/(μg/ml)	572.0	271.0

四、发芽过程中的物质变化

(一) 半纤维素的变化

在发芽过程中，半纤维素和麦胶物质的变化，也就是β－葡聚糖和戊聚糖的变化。分解上述物质的酶是半纤维素酶，半纤维素酶是包括多种酶的总称。上述物质的变化，通称胚乳细胞壁的溶解。

1. β－葡聚糖的变化

(1) β－葡聚糖的分解　β－葡聚糖是半纤维素和麦胶物质的主要成分，麦胶物质所含的β－葡聚糖，其相对分子质量较半纤维素者小，易溶于水，而呈粘稠性溶液。β－葡聚糖的相对分子质量愈低，其水溶液的粘度也相对愈低。麦粒发芽后，随着胚乳的不断溶解，其浸出物溶液的粘度也不断降低，这主要由于可溶性β－葡聚糖不断分解之故。因此，测定麦汁粘度也是衡量发芽溶解度的一种方法。在发芽实际操作中，可利用这一点判断麦粒溶解的情况。溶解良好的麦粒，因β－葡聚糖分解比较完全，以手指搓之，胚乳呈粉状散开；而溶解不良的麦粒，以手指搓之，则呈胶团状。

(2) 分解β－葡聚糖的酶及其作用方式　分解β－葡聚糖的酶主要是：内－β－葡聚糖酶，外－β－葡聚糖酶，纤维二糖酶，昆布二糖酶等，其作用方式如图1－4－3所示。

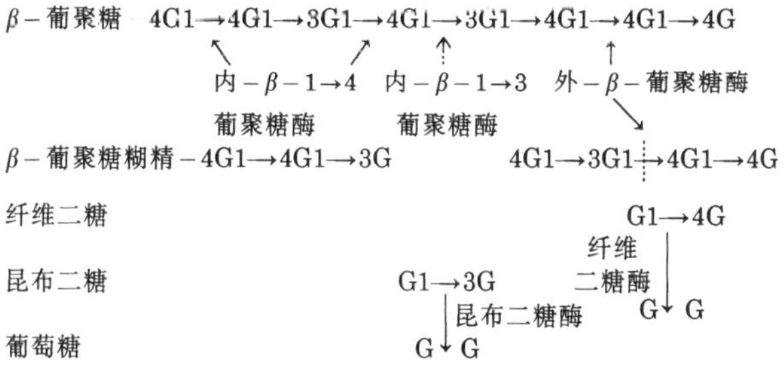

图 1－4－3　β－葡聚糖酶解图

2. 戊聚糖的变化

(1) 戊聚糖的分解　大麦中的戊聚糖，主要分布在谷皮、胚和胚乳中，胚乳含有一部分低分子的可溶性戊聚糖，其他均为不溶性。大麦所含戊聚糖的总量和可溶性戊聚糖的量因品种而异。

在发芽过程中，戊聚糖总量几乎不变。谷皮中的戊聚糖不变；胚乳中的戊聚糖，受酶的作用，不断分解为戊糖，经输送至胚部，合成新的物质，再度变为不溶性的戊聚糖；胚中的戊聚糖则因不断同化戊糖而增加。

(2) 分解戊聚糖的酶及其作用方式　分解戊聚糖的酶主要是：内－木聚糖酶，外－木聚糖酶，阿拉伯糖苷酶和木二糖酶等。其作用方式如图1－4－4所示。

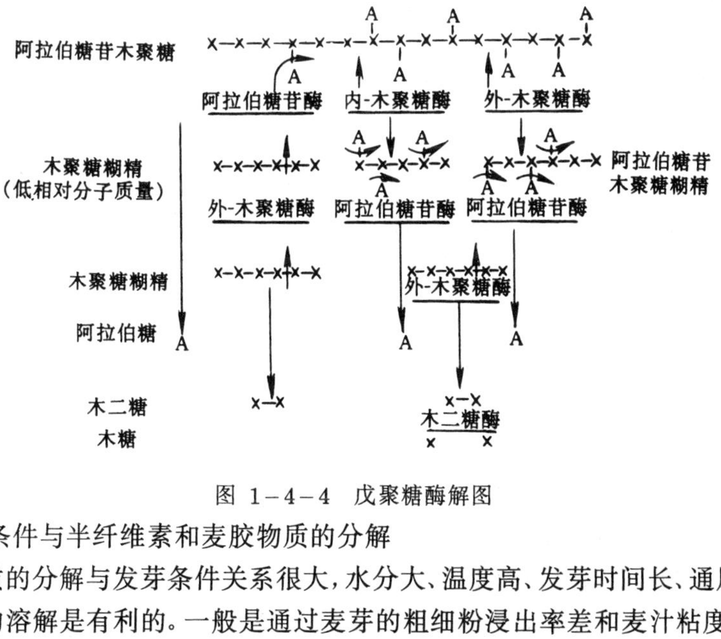

图 1－4－4　戊聚糖酶解图

3. 发芽条件与半纤维素和麦胶物质的分解

上述物质的分解与发芽条件关系很大，水分大、温度高、发芽时间长、通风良好等，对胚乳细胞壁的溶解是有利的。一般是通过麦芽的粗细粉浸出率差和麦汁粘度来衡量其溶解情况，如表1－4－2所示。

表 1-4-2 发芽条件和粗细粉差及协定法麦汁粘度的关系

项目		粗细粉差/EBC% *	麦汁粘度/mPa·s
发芽水分/%	40	5.1	1.69
	43	2.9	1.60
	46	1.1	1.55
发芽温度/℃	13	1.6	—
	15	1.4	—
	17	1.0	—
发芽时间/d	4	3.6	1.65
	5	2.0	1.59
	6	1.5	1.54
	7	1.2	1.48
发芽3d后麦层中的二氧化碳含量/%	0	0.7	1.47
	10	1.2	1.48
	20	1.7	1.51

* 系指采用EBC粉碎机所求得的数据。

(二) 淀粉的变化

1. 淀粉“量”的变化

淀粉是胚乳中最主要的物质。在发芽期间，淀粉受淀粉酶系的作用，逐步分解为低分子糖类。其分解量为原含量的18%左右，其中一部分供麦粒呼吸作用而消耗；一部分由胚乳转移至胚部后，经生物合成，重新转变为淀粉；一部分则作为低分子糖类存在于胚乳中。上述分解作用与合成作用的结果，淀粉总损失量为其干物质的4%～5%，而麦芽中所含的蔗糖、葡萄糖、果糖和麦芽糖均较原大麦中的含量增加。

2. 淀粉“质”的变化

在发芽期中，淀粉受淀粉酶系作用后，麦芽中的淀粉结构与原大麦的淀粉结构有所不同：

(1) 麦芽淀粉中的支链淀粉，其分支点上平均链的长度为17～18个葡萄糖单位，而大麦淀粉中的支链淀粉，其分支点上平均链长为24～25个葡萄糖单位。

(2) 非末端葡萄糖基：末端葡萄糖基

大麦	麦芽	大麦支链淀粉	麦芽支链淀粉
25：1	22：1	18～19：1	15～16：1

(3) 发芽后，直链淀粉的含量增多3%～4%，而支链淀粉的含量则因部分支链受解支酶的分解而降低。

(4) 麦芽淀粉因半纤维素细胞壁和蛋白质支撑物质的溶解以及淀粉本身的降解，而较大麦淀粉更易承受酶的作用。

3. 分解淀粉的酶及其作用方式

在发芽过程中，参与分解淀粉的酶主要有α－淀粉酶，β－淀粉酶，界限糊精酶，α－葡萄糖苷酶和麦芽糖酶等，其作用方式如图1－4－5所示。

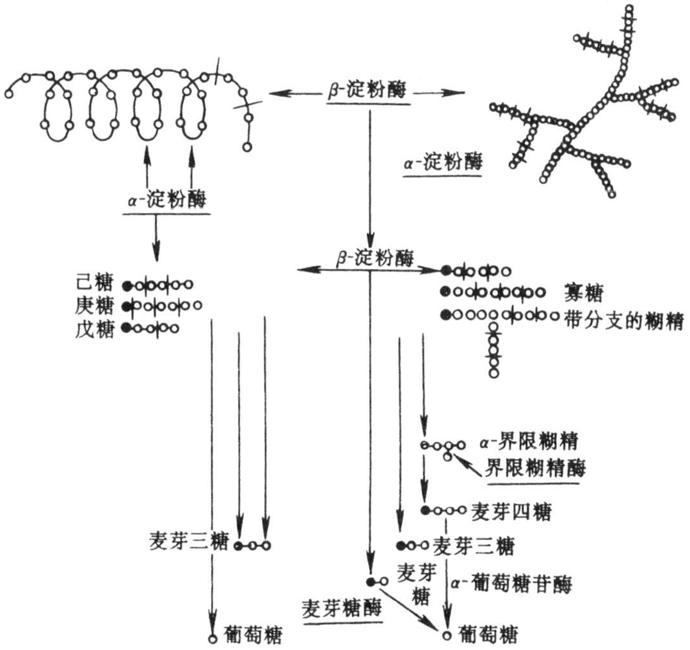

图 1－4－5　淀粉酶解图

4. 淀粉酶系在发芽过程中的变化

(1) α－淀粉酶

① 在原料大麦中，一般无α－淀粉酶存在，或含量甚微。发芽后，如前所述，由于赤霉酸的诱导，在糊粉层处产生大量的α－淀粉酶，并向胚乳部分分泌。麦芽中7％的α－淀粉酶存在于胚中，93％分散在胚乳中;约3/4存在于麦粒的下半部，1/4存在于麦粒的上半部。

② 适合的发芽工艺条件: 水分愈高，通风情况愈好(麦层中CO_2浓度低)，α－淀粉酶形成愈快;发芽温度高(17℃)，形成α－淀粉酶快。但最后的酶活力不及低温者(13℃)高;最适宜的温度条件是先高温后低温(17℃/13℃)。如表1－4－3所示。

表 1－4－3　发芽温度与α－淀粉酶活力

发芽温度/℃	13	17	17/13
α－淀粉酶活力/ASBC单位	68.5	62.5	76.5

(2) β－淀粉酶

① 大麦含有活化的和未活化的β－淀粉酶。活化部分溶于稀盐溶液，位于糊粉层，发芽后，向胚乳部分分泌。未活化部分位于胚乳，与不溶性的蛋白质成双硫键(S—S)结合。发芽以后，由于蛋白酶的作用，双硫键被切断，不活化的β－淀粉酶得以活化。大麦发芽前的β－淀粉酶活力一般波动在60～200°WK范围内。

② 大麦β－淀粉酶的活力与大麦品种、生长条件和生长年份有关，尤其和大麦的蛋白质含量有关。蛋白质含量高的大麦，其β－淀粉酶活力高。

③ 在发芽期中，β－淀粉酶活力的增长稍后于蛋白酶的增长，与大麦的蛋白溶解度是平行的。

④ 适合的发芽工艺条件: 发芽后2～5天内，酶的活力增长最快;低温发芽(13～15℃)较好(表1－4－4)，这一点与蛋白质的溶解情况符合;发芽水分高些为宜，但超过43％，酶活

力的增长即不明显;麦层中CO_2的浓度高些对β－淀粉酶活力的增长有利(表1－4－4)。

表 1-4-4 发芽条件与β－淀粉酶活力

项 目	发芽温度/℃			发芽3d后麦层中CO_2浓度/%		
	13	15	17	0	10	20
β－淀粉酶活力/°WK (干燥麦芽)	251	263	230	316	320	331

(3) 界限糊精酶 大麦中此酶活力甚微,发芽3天后酶活力很快增长。此酶也是在赤霉酸的诱导下,在糊粉层中形成的。发芽7天后,酶活力增长约20倍,干燥后,酶活力下降甚微,如表1－4－5所示。

表 1-4-5 界限糊精酶的增长情况

项 目	界限糊精酶活力/u	项 目	界限糊精酶活力/u
大 麦	0.09	132h	1.49
浸渍3d后的大麦	0.07	180h	2.08
发芽36h的大麦	0.28	干燥(88℃)后	1.99
84h	0.96		

(4) α－葡萄糖苷酶 大麦的胚乳部分存在此酶。发芽后酶活力增长约1倍,麦芽干燥后略有下降,如表1－4－6所示。

表 1-4-6 α－葡萄糖苷酶的增长情况

项 目	α－葡萄糖苷酶活力/u	项 目	α－葡萄糖苷酶活力/u
大 麦	0.47	132h	1.14
浸渍3d后的大麦	0.92	180h	1.05
发芽36h的大麦	1.06	干燥(88℃)后	0.88
84h	1.04		

(5) 麦芽糖酶 大麦中存在此酶活力,发芽后酶活力增长约1倍,麦芽干燥后有所下降,如表1－4－7所示。

表 1-4-7 麦芽糖酶增长情况

项 目	麦芽糖酶活力/°WK	项 目	麦芽糖酶活力/°WK
大 麦	12.19	120h	21.27
浸渍后	12.83	168h	26.61
发芽24h	11.37	凋萎麦芽	36.41
72h	21.27	干燥麦芽	25.11

5. 发芽过程中糖类的变化(表1－4－8)

(三) 蛋白质的变化

蛋白质分解所引起的物质变化,是整个制麦过程中最复杂而重要的变化,也是影响麦芽质量和关系到啤酒风味、泡沫和非生物稳定性的重要物质因素。

1. 蛋白质的分解与合成

大麦中的含氮物质大部分是高分子蛋白质。在发芽过程中,部分受蛋白酶的作用而分解为低分子肽类和氨基酸,这些分解产物又作为营养物质分泌至胚部,合成为新的蛋

表 1-4-8　糖类的变化

名称	浓度/(g/1000粒)			
	大麦		麦芽	
	浸麦前	浸麦后	绿麦芽	干燥麦芽
果糖	0.027	0.042	0.145	0.262
葡萄糖	0.016	0.031	0.178	0.285
蔗糖	0.317	0.279	0.657	0.795
麦芽糖	—	0.012	0.130	0.115
麦芽三糖	—	—	0.067	0.063
葡二果糖	0.035	0.050	—	—
棉子糖	0.062	0.054	—	—
果聚糖	0.251	0.411	0.935	0.416
葡聚糖	0.805	0.916	2.40	1.25

白质组分，形成了蛋白质不断分解和合成的过程。在蛋白质分解过程中，伴随着胚乳细胞壁半纤维素的分解和淀粉颗粒的分解，使整个胚乳部分呈现溶解状态。

2. 蛋白质分解的表示方法

麦芽的蛋白质分解程度通常以蛋白质溶解度表示之，即可溶性氮与总氮之比的百分率。这种表示方法仍不能很确切地说明蛋白质分解的全过程，因为一部分可溶性蛋白质分解物，由胚乳分泌至胚部，重新合成为根芽和叶芽的不溶性蛋白质。在发芽的第4天到第6天，可溶性氮大幅度增加，蛋白质溶解度显著提高。6天以后，蛋白质的分解与合成趋向平衡。从蛋白质溶解度看不出有什么变化，实际上，胚乳部分的蛋白质仍在不断分解减少，而根芽和叶芽的蛋白质含量则不断合成增加。因此，不能单纯用蛋白质溶解度来衡量胚乳的蛋白质分解情况，更不能以此来衡量整个麦粒的溶解情况。

3. 各种蛋白质的变化情况

在发芽过程中，醇溶蛋白和谷蛋白大幅度分解，但发芽后期，谷蛋白在麦根中又有新的合成，含量回升。麦白蛋白和球蛋白开始分解，后又合成，其总量变化很小。以上变化如表1－4－9所示。

表 1-4-9　发芽期间不同蛋白质的变化情况

蛋白质种类	大麦	麦芽	蛋白质种类	大麦	麦芽
	合总氮含量的百分比/%			合总氮含量的百分比/%	
麦白蛋白	12	10	谷蛋白	30	21
球蛋白	10	11	蛋白质分解产物	12	41
醇溶蛋白	37	17			

4. 发芽条件与蛋白质分解的关系

综合各项发芽条件对蛋白质溶解度和对形成氨基酸的影响，如表1－4－10所示。

(1) 发芽水分愈高，蛋白质溶解度和α－氨基氮含量愈高。

(2) 发芽温度愈低和空气中的CO_2含量比例愈高，蛋白质溶解度和α－氨基氮含量愈高，主要是蛋白质合成受到抑制之故。

(3) 发芽时间在7天以内，蛋白质溶解度和α－氨基氮含量是增长的，此后则趋于平衡或有所下降。

5. 大麦品种与蛋白质溶解度的关系

表 1-4-10 发芽条件与蛋白质分解的关系

水 分/%	40	43	46	39	42	45	48
蛋白质溶解度/%	39.5	43.9	46.1				
α－氨基氮含量/(mg/100g干物质)				105	112	136	175

发芽温度/℃	13	15	17	12	15	18
蛋白质溶解度/%	44.9	43.9	41.9			
α－氨基氮含量/(mg/100g干物质)				150	132	120

发芽时间/d	4	5	6	7	4	5	6	7	8
蛋白质溶解度/%	35.4	38.8	39.8	40.7					
α－氨基氮含量/(mg/100g干物质)					125	128	135	145	142

发芽3d后，麦层中CO_2含量/%	0	10	20	0	10	20
蛋白质溶解度/%	40.9	38.0	42.8			
α－氨基氮含量/(mg/100g干物质)				134	140	159

蛋白质溶解度与大麦品种和成熟度有关，蛋白质含量低或成熟度高的大麦，制成的麦芽蛋白质溶解度高，麦芽浸出物也高。

6. 蛋白质分解酶及其作用方式

蛋白质分解酶，按其对基质的作用方式分类，有内肽酶和外肽酶两种。这些酶根据其作用于一定肽键的特异性，又可以区分为很多的内肽酶和外肽酶。

外肽酶根据其分解肽链的不同，可分为氨肽酶、羧肽酶和二肽酶。

(1) 内肽酶　内肽酶从蛋白质的内部肽链分解，形成无数的多肽和寡肽。这些酶各具分解特定氨基酸肽键的特征。在未发芽大麦中已有此种酶活力，发芽过程中，由于赤霉酸的诱发，在糊粉层中形成了更高的酶活力。

大麦内肽酶的形成与品种有关，也与大麦生长时间有关，生长时间愈长，酶活力愈高。

发芽水分以43%左右对形成内肽酶最有利，水分过高或过低均不宜。在发芽的2～4天，酶的增长最快，一直到发芽完毕，酶活力仍不断增长。

(2) 羧肽酶　原料大麦中含有此酶，其活力相当于绿麦芽的20%～25%；浸麦后24h内酶活力即开始增长，通风浸麦48h，酶活力增达1倍。在40%的发芽水分下，酶活力开始增长很快，3天后即不增长。发芽水分达48%时，则酶活力随发芽时间而增长，直至发芽完毕。发芽温度以15℃最适宜，12℃酶活力形成较慢，18℃酶活力开始形成很快，3天后即不增长。

(3) 氨肽酶　大麦中存在此酶活力，相当绿麦芽的40%。此酶受工艺条件影响较小，但降温操作或再浸渍浸麦法对此酶的形成不利。

(4) 二肽酶　大麦中具有大量此酶活力，主要存在于胚部，发芽后2～3天，酶活力增长最快。在长时间的空气休止浸麦法中，浸麦后酶活力即可达最高值。发芽时喷雾增湿，有利于此酶形成，采用降温发芽，酶活力低。

(5) 蛋白质分解酶的作用方式　如图1－4－6所示。

(四) 脂肪的变化

大麦含脂肪2%～3%，是大麦次要的贮藏物质。发芽时有10%～12%的脂肪通过呼

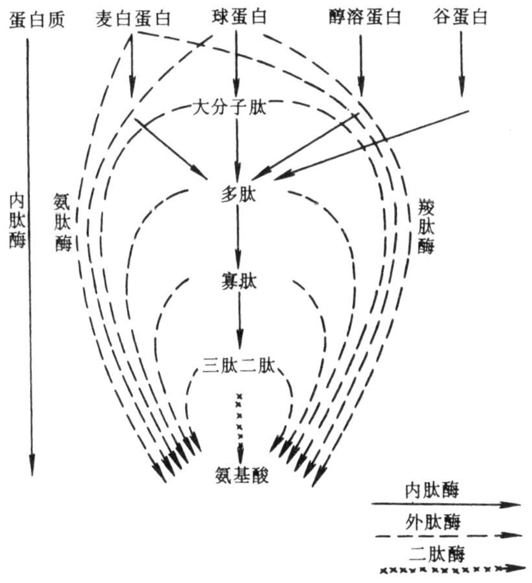

图 1－4－6　蛋白质酶解图

呼吸和氧化而消耗，部分则裂解为甘油和高级脂肪酸。脂肪酸中主要包括亚油酸、油酸和棕榈酸。不皂化物及卵磷脂的绝对值则变化不大。以上系指胚部所含脂肪而言，至于糊粉层内的脂肪，则绝大部分原样不变地进入麦糟中。发芽后脂肪和脂肪酸的变化如表1－4－11所示。

大麦所含脂肪酶的活力，1/3位于胚部，其余的集中在糊粉层，其活力在浸麦时有所降低，发芽后又回升。发芽水分愈大，时间愈长，温度愈高，酶的活力也愈高。

(五) 无机盐的变化

1. 无机盐总的变化

发芽以后，大麦中的无机盐含量稍有降低，原因有：(1)部分转移至根芽而被除去；(2)易溶成分在浸麦时被浸出。其变化情况如表1－4－12所示。

表 1-4-11　　脂肪和脂肪酸的变化　　单位：mg/100g风干物质

脂肪和脂肪酸种类	大　麦	麦　芽	脂肪和脂肪酸种类	大　麦	麦　芽
脂　肪	1800	1541	硬脂酸	47	79
总脂肪酸	1451	1230	油　酸	477	253
固体酸(Solid acids)	180	204	亚油酸	787	761
液体酸(Liquid acids)	1271	1026	亚麻酸	8	13
棕榈酸	133	126			

表 1-4-12　　大麦与麦芽的无机盐含量　　单位：%

无机盐种类	大　麦	麦　芽	无机盐种类	大　麦	麦　芽
氧化钾	15.4	14.4	磷酸盐	32.9	31.2
氧化钠	5.3	4.9	硫酸盐	1.5	1.3
氧化钙	4.5	5.0	硅酸盐	30.6	32.7
氧化镁	7.7	8.3	氯	1.2	0.8
氧化铁	0.9	1.4			

2. 磷酸盐的变化

磷在大麦中几乎全部和有机物质化合，其中近半数是和环已六醇化合为植酸。发芽时，有机磷酸盐的一部分转变为可溶性无机磷酸盐，主要是第一磷酸钾，供作胚部生长的营养用。其变化如表1－4－13所示。

3. 磷酸酯酶的变化

无机磷酸盐是酵母代谢作用和麦汁酸度的缓冲作用所必需的物质，几乎全部从大麦中的有机磷酸盐中得来。在发芽过程中，游离磷酸盐的酶是磷酸酯酶。

表 1-4-13 **发芽过程中磷酸盐的变化**

项目	大麦	浸麦	发芽日数			
			2	4	6	8
总P_2O_5含量/g	0.968	0.898	0.882	1.038	0.923	0.941
第一磷酸盐含量/g	0.232	0.214	0.250	0.379	0.369	0.403
第一磷酸盐占总P_2O_5的百分比/%	23.4	23.9	29.5	30.5	38.9	42.8

大麦中含有此酶，其活力为绿麦芽的1/4～1/6，此酶活力与大麦品种和生长条件无关。浸麦时，酶活力稍有下降，发芽后，酶活力不断增长，但在高温干燥时，部分变性而失活，因此，浅色麦芽中的酶活力较深色麦芽高。

此酶的形成方式与α－淀粉酶一样，也是在赤霉酸的诱导下，在糊粉层形成的。发芽2～5天时酶活力增长最快，一直到发芽完毕都在增长。

发芽时，水分愈大，酶活力增长愈高，水分过低时(40%)，发芽6天后，酶活力即回降。发芽温度以15℃最适合，过高过低均不宜，18℃发芽，虽开始活力增长很快，但最终酶活力较15℃者低。

(六) 酸度的变化

大麦发芽后，酸度显著增加。酸的生成主要由于下列原因：

(1) 磷酸酯酶使磷酸和它的酸性盐类从与有机物化合的酯类化合物中释出。

(2) 在缺氧条件下，碳水化合物氧化的中间产物生成有机酸。

(3) 氨基酸的碱性氨基在发芽时被利用，生成相应的酮酸。

(4) 在麦粒的有机硫化物中，生成和释出少量的硫酸或酸性硫酸盐。

存在于麦芽中的酸类主要有磷酸，其次还有甲酸、乙酸、丙酸、柠檬酸、苹果酸、琥珀酸、草酸、硫酸、丙酮酸、乳酸、高级脂肪酸和各种氨基酸等。

发芽期间，麦芽的酸度变化如表1－4－14所示。

表 1-4-14 **发芽期间的酸度变化**

项目	酸度的变化/m mol	项目	酸度的变化/m mol
原料大麦	4.08	96h	5.94
浸渍大麦	2.54	120h	7.46
发芽24h	2.57	144h	8.68
48h	3.01	168h	7.69
72h	3.23		

大麦在发芽期间，由于磷酸盐的缓冲作用，氢离子浓度变化不大，如表1－4－15所示。

溶解度高的麦芽，其酸度相应也高，如深色麦芽的酸度较浅色麦芽为高。麦芽的酸度不正常，说明发芽条件不正常，如通风不足、浸麦过度、发芽温度过高或发了霉等等。

(七) 水溶性物质的变化

大麦中含5%～10%的水溶性物质(干物质)。此水溶性物质为低分子物质所组成，供发芽最初阶段消耗之用。大麦浸渍和发芽初期，水溶性物质有所减少，酶形成后，由于酶的作用，形成新的水溶性物质，其数量又逐渐增多，发芽的最后几天，水溶性物质消耗和形成的数量基本平衡(见表1－4－16)。

表 1-4-15　发芽期间的pH值变化

项　　目	pH	项　　目	pH
原料大麦	6.06	发芽96h	6.30
浸渍大麦	6.10	120h	6.33
发芽24h	6.13	144h	—
48h	6.18	168h	6.28
72h	—		

表 1-4-16　发芽期间水溶性物质的变化

项　　目	水溶性物质含量/%(干物质)	项　　目	水溶性物质含量/%(干物质)
原料大麦	6.74	发芽96h	9.88
浸渍大麦	6.48	120h	14.23
发芽24h	3.51	144h	14.26
48h	5.07	168h	14.32
72h	5.76		

(八) 氧化还原酶的变化

氧化还原酶是属于呼吸和发酵过程中的酶类。它们在麦芽和啤酒制备中，通过氧化麦芽内容物质和参与啤酒一系列的沉淀反应而影响着啤酒的色泽、风味和非生物稳定性。

1. 过氧化氢酶

大麦中含有此酶。生活细胞中的呼吸作用常伴生若干量的过氧化氢，而此过氧化氢对于细胞内的原生质极为有害，故借此酶使之分解而除去。此酶对酚类物质的氧化起接触作用，故能影响啤酒的色、香、味和稳定性。

在发芽期中，此酶的增长与发芽条件有关。水分愈大，温度愈高，酶活力增长愈快，但其最终酶活力则以水分44％左右，温度15℃左右者最高。先高温后低温的发芽方法对此酶的形成有利。

大麦品种和生长条件对此酶的形成无关。

此酶不耐热，其主要作用是在发芽时发生，麦芽干燥后即大部分遭破坏。

2. 过氧化酶

此酶在有氢给体的作用下，能分解过氧化氢或其他有机过氧化物。它对多酚物质的氧化起接触作用，因而也能影响啤酒的色、香、味和稳定性。

此酶在大麦中含量甚微。发芽期中，水分愈高，酶活力增长愈快，发芽温度15～18℃时，酶的活力最高。

此酶主要存在于发芽大麦的叶芽和根芽中，发芽时，胚乳中过氧化酶的增长与α－淀粉酶的增长密切相关。

3. 多酚氧化酶

大麦中存有较高的此酶活力。此酶在开始发芽的第2～3天增长最快，水分愈高，增长愈快，最后形成的酶活力愈高。如水分降至40％，发芽4天后，酶活力即不增长，反而下降。

多酚氧化酶的活力与大麦品种和种植条件有关。

此酶能促使多酚物质氧化，对啤酒的色、香、味和稳定性影响极大。

(九) 多酚物质的变化

大麦的酚类物质主要存在于谷皮和糊粉层中，其中对啤酒质量关系重大的是具有黄烷基的花色苷和儿茶酸。这些物质多集中在糊粉层内，少数存于胚乳中。随着胚乳中其他物质的分解，可溶性多酚物质也增加了。多酚物质的浸出率是与麦芽溶解度相平行的。

多酚物质一般以聚合指数(Polymerization Index，简称P.I.)来表示其组成情况。聚合指数为总多酚物质与花色苷之商，此值不仅与麦芽溶解度有关，而且与大麦品种、生长条件和成熟度有关。低聚合指数的麦芽具有高的还原力，在多酚氧化酶和过氧化酶的接触作用下，极易氧化。聚合指数愈高，多酚物质的聚合度愈高，说明其"鞣力"(Tanning power)愈强。

发芽条件与麦芽中总多酚物质和花色苷的含量有关：发芽水分愈大，温度愈高，麦层中的CO_2含量愈高，则单宁物质和花色苷的含量也愈高。

(十) 维生素的变化

大麦发芽时，为了维持正常的代谢过程，需要微量的维生素。今将发芽时有关维生素的变化列如表1－4－17中。

表 1-4-17 发芽期中维生素的变化情况

维生素名称	大麦中的含量及存在的部位	发芽时的变化
维生素B_1	大麦中含1.2～7.4μg/g，主要存在于麦胚的周围，含量占67%	发芽时无变化，制成的麦芽含1.2～6.8μg/g
维生素B_2	大麦中含1～3.7μg/g，存于大麦胚中	发芽时显著增加，可达3倍
烟　酸	—	发芽时略有增长，主要存于叶芽中，约为50μg/g
泛　酸	大麦中含泛酸3.7～4.0μg/g	发芽后增加40%～50%，主要存于胚中，根芽也含有多量泛酸，约2.7μg/g，除根后麦芽含有4.4μg/g
维生素C	—	发芽时在胚部大量合成，发芽5天含量为3.11μg/g，发芽6天增长5倍，干燥时绝大部分破坏
吡哆醛	大麦中含8～4μg/g	发芽时增加1倍，存于根芽中
维生素H	大麦中含量不多，约为0.14μg/g	发芽时增长10%～50%
维生素E	—	发芽后微有降低
内消旋肌醇	大麦中含量较多，一般为2200～3500μg/g	发芽时变化不大
叶　酸	大麦中含0.3μg/g	麦芽中含0.4μg/g，麦根中含1.5μg/g
对氨基苯甲酸	大麦中约含0.5μg/g	—
维生素B_{12}	大麦中未检出	100g干麦芽中含5.5μg/g，麦根中含0.2μg/g

五、发芽期间的物质损失

1. 淀粉损失

制麦期间淀粉损失如表1－4－18所示。损失量为大麦干物质的4%～5%；如果供氧充足，发芽过盛，消耗量可高达7%～8%。

2. 蛋白质的损失

发芽过程中蛋白质无损失。一部分醇溶蛋白和谷蛋白分解成简单的含氮物质后转移至根芽和叶芽中，重新合成新的物质。麦芽除根后，麦芽中的蛋白质含量较大麦低0.05%～0.08%，损失主要在除根。

表 1-4-18　　发芽期间的淀粉损失

项　　目	淀 粉 含 量/%	淀 粉 损 失 率/%
原料大麦	60.3～65.7	—
浸渍后大麦	59.8～65.3	0.2～0.5
绿麦芽	55.7～58.6	4.6～6.9
上层干燥后的麦芽	55.4～58.3	4.9～7.4
下层干燥后的麦芽	55.3～57.9	5.0～7.8

3. 脂肪损失

大麦的脂肪在制麦期间的损失为0.16%～0.34%，如表1－4－19所示。

表 1-4-19　　发芽期间的脂肪损失

项　　目	脂 肪 含 量/%	脂 肪 损 失 率/%
原料大麦	1.85～2.37	—
浸渍后大麦	1.79～2.08	0.06～0.29
绿麦芽	1.67～2.04	0.18～0.33
上层干燥后的麦芽	1.69～2.03	0.16～0.34
下层干燥后的麦芽	1.69～2.03	0.16～0.34

第二节　发 芽 应 用

一、判断发芽的依据

发芽好坏应从两方面判断:

(1) 物质的转化　由大麦转变为麦芽是通过一系列物质转化而完成的，主要表现在根芽和叶芽的生长及胚乳的溶解上。因此，通过根芽、叶芽的生长情况和胚乳溶解情况，可以判断整个发芽过程的好坏。

(2) 物质的消耗　评价发芽过程，还要求在合理的物质转化条件下，尽量减少物质消耗。发芽过程中的物质消耗主要表现在麦粒的呼吸作用。其呼吸产物有水和碳酸气，同时产生热量。水汽凝结在麦粒表面，形成“发汗”现象，热量则使麦层发热，温度升高。通过判断这些现象，可以考虑控制麦层的措施，以降低损耗。

(一) 根芽和叶芽

根芽和叶芽都是发芽后形成的新组织，在发芽过程中，检查根芽和叶芽的伸长度，是发芽管理的一个重要准则。

1. 根芽

根芽的长短由所制麦芽的种类来决定。浅色麦芽的根芽比较短，一般为麦粒长度的1～1.5倍;深色麦芽的根芽比较长，一般为麦粒长度的2～2.5倍。

根芽生长强壮、发育匀称是发芽旺盛和麦粒溶解均匀的象征。提高发芽温度、水分和在发芽旺盛期间减少翻拌并使麦芽结块，都能促进根芽的生长。翻麦次数增加、温度低、水分小或麦层中CO_2浓度高时，根芽生长受到抑制，相对地比较短。

根芽生长过长会带来更大的物质消耗，因此，应根据麦芽类型，适当控制其生长。近年来，有些制麦方法，在浸麦时添加抑制剂和生长素(如溴酸钾和赤霉酸结合使用或氨水和赤霉酸结合使用)，抑制根芽生长而不影响胚乳的溶解，可以减少制麦损耗。

麦根的公石质量为31～35kg，100kg麦根占有体积0.39～0.45m^3。在传统的制麦方法中，麦根的产量相当大麦干物质的3%～5%。

2. 叶芽

叶芽生长在麦粒的背部，果皮和种皮的内部，在制成的干麦芽中仍可识别。

叶芽长短随麦芽种类不同而异。一般地说，叶芽长度不足时，麦芽溶解度低，粉状粒少，酶的活力低；如果叶芽过长，麦芽溶解过度，则麦芽浸出率降低。

人们把叶芽长度分为几类(相当麦粒长度的0，1/4，1/2，3/4，1，>1或0，1/4，2/3，3/4，1，>1)，并以此衡量麦芽的溶解度。对浅色麦芽来说，叶芽平均长度应相当麦粒长度的0.7左右，3/4者应占75%左右；对深色麦芽来说，其平均长度应相当麦粒长度的0.8以上，3/4～1者应占75%以上。

叶芽均匀生长，表示发芽均匀地进行。叶芽长度与麦粒溶解虽然存在一定的关系，可以通过叶芽长度说明麦粒溶解情况，但不是绝对的，因为有许多因素能够影响叶芽伸长度(见表1-4-20)。只有在生产条件正常的情况下，这种判断才更确切一些。

表 1-4-20 影响叶芽伸长度的因素

影响因素	叶芽伸长情况	影响因素	叶芽伸长情况
大麦品种杂乱	叶芽生长不整齐	翻拌次数过多	叶芽短
大麦精选不良	粒小者叶芽长，粒大者叶芽短	发芽期中喷水	叶芽长，生长不整齐
浸渍过度	叶芽过长	发芽后期实行凋萎	叶芽长
高温或强制发芽	叶芽过长	麦层厚，水分大	叶芽长
翻拌间隔时间长	叶芽长	玻璃质或含蛋白质多的麦粒	叶芽长

叶芽与根芽之间，通常也存在着某种联系，即叶芽长，根芽也长。但这种自然关系，随着人工发芽条件的改变，也会起变化，如某些抑制根芽生长的条件，并不影响叶芽生长。

CO_2对叶芽生长的抑制作用，不像对根芽那么厉害。

(二) 麦芽的溶解度

判断麦芽溶解度应从细胞溶解和蛋白质分解两方面考虑，才可能有较确切的估计。

1. 影响麦芽溶解速度的因素

对同种大麦来说，麦芽溶解速度受下列因素影响：

(1) 吸水快者溶解快，吸水慢者溶解慢；

(2) 小粒大麦溶解快，大粒大麦溶解慢；

(3) 粉状粒者溶解快，玻璃质者溶解慢；

(4) 含蛋白质少者溶解快，含量多者溶解慢；

(5) 浸麦度高者溶解快，低者溶解慢；

(6) 发芽温度高者细胞溶解快，但蛋白质分解不如低温者快；

(7) 浸麦和发芽期间供氧充分者溶解快，供氧不足者溶解慢。

2. 对麦芽溶解度的要求

麦芽的溶解有溶解适中，溶解不足和溶解过度之分。不同类型的麦芽有不同的要求，在同样溶解条件下，对浅色麦芽认为是溶解适中，对深色麦芽则可能是溶解不足。同样，对深色麦芽认为溶解适中，对浅色麦芽就是溶解过度。因此，所谓溶解适当是相对而言的，只能根据麦芽品种来判断。

3. 麦芽溶解不当的影响

麦芽溶解不当的影响及引起的原因如表1－4－21所示。

表 1-4-21 麦芽溶解不当的影响及引起的原因

溶解情况	影 响	引起的原因
溶解过度	根芽、叶芽长，损耗大，浸出率低，易引起发酵不正常，制成的啤酒，色泽深，口味淡薄，泡沫差	浸麦度过高，发芽温度过高，发芽时间过长，翻拌次数过少，发芽时过多地喷水
溶解不足	根芽、叶芽伸长不足，玻璃质粒多，浸出率低，糖化慢，麦汁含氨基酸低，易引起发酵不正常，制成的啤酒非生物稳定性差	浸麦度过低，发芽温度过低，发芽时间太短，翻麦次数过多，通风的湿度不够

4. 对麦芽溶解度的判断

(1) 感官判断

① 将绿麦芽的麦皮剥开，以拇指和食指将胚乳搓开，如呈粉状散开，且感觉细腻者即为溶解良好的象征;虽碾开但感觉粗重者为溶解一般;不能碾开而成胶团状者为溶解不良。

② 将干麦芽切断，其断面为粉状者为溶解良好;呈玻璃状者为溶解不良;呈半玻璃状者介于两者之间。

③ 用口咬干麦芽，疏松易碎者为溶解良好;坚硬不易咬断者为溶解不良。

(2) 理化方法测定(表1－4－22)

表 1-4-22 常用的麦芽溶解度理化测定方法

方 法		说 明
物理方法	1. 沉浮试验	利用麦芽不同溶解度的不同相对密度来判断
	2. 千粒质量	利用大麦和麦芽千粒质量之差来判断
	3. 勃氏硬度计测定 (Brabender test)	利用测出麦芽的硬度值来判断
	4. 脆度测定器试验 (Friability test)	利用测定麦芽的脆度情况来判断
化学方法	5. 粗细粉浸出率差	利用粗粉与细粉的浸出物差来判断细胞溶解情况
	6. 麦汁粘度	利用协定法麦汁的粘度判断细胞溶解情况
	7. 蛋白质溶解度	利用麦汁的可溶性氮与总氮之比的百分率判断蛋白质分解情况
	8. 45℃哈同值	利用45℃糖化麦汁的浸出率判断麦芽细胞溶解情况

(三) 麦层的管理

发芽时的呼吸作用导致麦层温度升高，呼吸产生的水汽凝结在麦粒表面，形成“发汗”现象。在正常发芽情况下，呼吸消耗的干物质为4.5％左右，其中4.2％为淀粉，其燃烧值为17333kJ/kg;0.3％为油脂，其燃烧值为39356kJ/kg。因此，每1t大麦呼吸产生的热量为846152kJ，同时形成68kgCO_2，28kg水。这些热量部分被用作麦芽生长所需的能量而消耗,部分则释出,提高了麦层温度。

升温、发汗是发芽正常现象,需要根据具体情况去处理。对于发芽温度过低,浸麦度不足的麦层,可以减少翻拌次数,使发汗产生的凝结水重新被麦粒吸收,并提高至合理的发芽温度;反之,则麦层必须及时翻拌降温,逸散多余的凝结水和热量,否则,麦粒在高温、高水分的情况下,必将导致呼吸作用更旺盛而增加物质消耗。

二、控制发芽的技术条件

控制发芽的技术条件主要有如下4方面:

(一) 发芽温度

发芽温度分低温发芽,高温发芽和先低温后高温等几种情况。所谓高、低温是相对而言的,不同的发芽温度有不同的作用,必须根据大麦品种和制造麦芽的类型去掌握。

1. 低温发芽

低温发芽,根芽和叶芽生长缓慢,呼吸作用较微弱,升温幅度小,麦粒生长均匀,消耗少,得率高,酶的最终活力也比较高。

低温发芽,麦粒的生长情况和细胞溶解情况是一致的;根芽和叶芽的生物合成相对减少,胚乳中的可溶性氮相对增高,从而提高了麦芽的蛋白质溶解度。

低温发芽的温度以控制在12～16℃比较合适,也不能过低,否则过分延长发芽时间,在经济上也是不合理的。

浅色麦芽宜采用低温发芽,要求麦粒的生长和溶解只进行到一定程度为止。

2. 高温发芽

高温发芽,根芽和叶芽生长迅速,呼吸旺盛,升温幅度大,麦粒生长不易均匀,消耗大,得率低,酶活力开始形成较速,而后期不及低温者高。

高温发芽,麦粒的生长情况和细胞溶解情况不一致,在同样生长情况下,麦芽溶解不如低温者;根芽和叶芽的生物合成增高,胚乳中的可溶性氮相对降低,蛋白质溶解度较低。

一般发芽温度超过18℃就算是高温发芽。制造深色麦芽宜采用高温发芽,以保证深色麦芽的色泽和溶解度。

3. 低、高温结合发芽

对于含蛋白质高、具有永久性玻璃质状和难溶的大麦,低温发芽不易溶解,就应采取先低温后高温发芽法。开始3～4天采用12～16℃温度,后几天采用18～20℃,甚至22℃温度,以保证麦粒溶解完全。

采用难溶的大麦制造浅色麦芽,最需采取此项措施。

关于发芽温度对麦芽千粒质量、蛋白质溶解度和浸出率的影响综合如表1－4－23所示。

(二) 发芽水分

麦堆的水分对麦粒的溶解具有重大影响,它由大麦的浸渍度和在整个发芽期间吸入的水分所决定。大麦含水30%后就可萌发,但要促进麦粒溶解,发芽水分应控制在43%～48%之间。制造深色麦芽,浸麦度宜提高到45%～48%,而制造浅色麦芽的浸麦度一般控制在43%～46%之间。

表 1-4-23　　　发芽温度的影响

项目	发芽天数/d 发芽温度/℃	3	4	5	6	7	8	9
千粒质量*/g	13～17	39.6	39.2	38.7	38.2	37.9	37.7	37.5
	15～20	39.0	38.6	38.0	37.6	37.2	—	—
	19～22	38.9	38.3	37.7	37.2	37.0	—	—
可溶性氮：全氮/%	13～17	27.4	35.4	38.3	36.8	37.6	36.5	37.0
	15～20	31.2	33.4	35.5	34.2	31.9	—	—
	19～22	30.5	33.1	32.1	31.2	30.0	—	—
氨基态氮：全氮/%	13～17	8.9	11.2	13.3	14.5	14.0	14.2	14.6
	15～20	10.3	10.5	10.7	11.1	10.8	—	—
	19～22	10.0	10.8	10.4	10.8	10.6	—	—
浸出物/%(干物质含量)	13～17	75.8	78.4	79.2	79.4	79.7	79.6	79.7
	15～20	77.6	78.3	78.6	78.2	78.3	—	—
	19～22	77.9	78.3	78.5	78.2	78.2	—	—

* 原大麦千粒质量为40.6g。

为了加速发芽或加强溶解，有时水分要求高达48%～50%，但过高的发芽水分在生产上是比较难控制的。

对水敏感性的大麦品种，开始水分最好控制低一些，如38%～40%；待其萌发后，再继续浸渍至适当水分。这样的大麦，采用大断水浸麦法或重浸渍法最合适，可以获得较高的发芽率和均匀的溶解程度。

在整个发芽期间，保持麦粒既有的水分，相当困难。地板式发芽因为空气流通小，比较容易控制；通风式发芽因为空气流通大，只有通过人工加湿，才能保持必要的水分。

发芽时的空气湿度影响也很大。湿度过大，叶芽生长很快，影响产量；如果湿度不够，根芽容易萎缩，此时呼吸损失及根芽损失虽可减少，但酶的作用停滞，麦芽溶解不良。

地板式发芽法的空气相对湿度一般应保持在90%以上；通风式发芽法一般要保持在95%以上。

(三) 麦层空气中氧与二氧化碳的组成比例

发芽过程中，适当调节麦层空气中氧和二氧化碳的浓度，可以控制麦粒的呼吸作用、麦根的生长和制麦损失。

发芽初期，在氧气充足的条件下，有利于各种内酶(α－淀粉酶、内－β－葡聚糖酶、内肽酶等)的形成。二氧化碳含量过高，会导致酶活力降低，严重时可使麦粒窒息。

发芽后期，麦层空气中二氧化碳的比例应增大，一方面可抑制麦粒过分生长，同时有利于麦粒溶解。在麦芽溶解期，4%～8%的二氧化碳浓度即可抑制麦粒过分生长。

发芽过程中，空气组分由发芽系统和通风方式所决定。通风式发芽，麦层中的二氧化碳浓度很低(后期通风应补充以回风)；地板式发芽，可通过翻麦次数和麦层高度来调节二氧化碳含量。

麦层通风情况对麦芽质量和产量影响很大。过量通风，麦芽浸出物虽能增高，但制麦损失量尤过之，如表1－4－24所示。

表 1-4-24 麦层通风对发芽的影响

发芽期10d	麦根量/%	无水物含量/%		制成率/%	可溶性氮对全氮的百分比/%	麦芽汁外观
		呼吸损失	麦芽浸出率			
通风不足	3.1	3.6	75.65	90.1	22.4	劣
通风正常	5.9	5.9	77.79	86.8	26.7	良
通风过量	6.9	6.9	79.61	84.3	32.4	优

(四) 发芽时间

发芽时间是由其他发芽条件决定的。发芽温度愈低，水分愈少，麦层含氧愈贫，麦粒生长和溶解便愈慢，发芽时间也愈长。另外，发芽时间也与大麦品种和所制麦芽类型有关。难溶的大麦，发芽时间长;制造深色麦芽的发芽时间较浅色麦芽长。

根据传统的生产方法，浅色麦芽的发芽时间一般控制在6天左右，深色麦芽为8天左右。近年来，人们对发芽机理有了进一步认识，通过采取必要的措施，如添加赤霉酸，以及改良大麦品种和改进浸麦方法等，发芽时间已可缩短至4～5天。

三、大麦含氮量、发芽条件对麦芽质量的影响

其影响综合如表1－4－25所示。

表 1-4-25 大麦含氮量、发芽条件对麦芽质量的影响

质量项目 \ 影响麦芽质量的因素	大麦含氮量增加	延长发芽时间	增高发芽温度	加强通风	增加水分
麦芽浸出物	降　低	最初增加，继而降低	最初增加，继而降低	增　加	最初增加，继而降低
按大麦计算的浸出物	降　低	最初不变，继而降低	显著的降低	降　低	降　低
糖化力	增　加	增加，继而不变	开始增长快，最后酶活力降低	不受影响	增　加
蛋白质分解酶	增　加	增　加	开始增长快，最后酶活力降低	略增加	增　加
胚乳溶解	较困难	增　加	较　快	较　好	较　好
麦汁色度	增　加	增　加	增　加	略降低	增　加
蛋白质溶解度	降　低	开始增加，继而不变或降低	降　低	降　低	开始增加，继而不变或降低

四、促进麦芽溶解的方法

当麦芽溶解不良，或处理一些难溶解的大麦时，可采取促进麦芽溶解的措施:

(1) 提高浸麦度以促进绿麦芽的溶解。对浸麦度不足的大麦，可在发芽初期(第1～2天)喷雾加湿，麦层适当堆厚一些，水温应与麦层温度相等，一般每100kg大麦平均喷水

0.5～1L，喷水后立刻进行翻拌。对难溶解的大麦，提高浸麦度尤属必要。

(2) 实施先低温后高温的发芽方法。发芽最初3～4天采用低温发芽，以促进蛋白酶的形成和蛋白质的溶解。后期升温至22～25℃(浅色麦芽)，以促进胚乳细胞壁的溶解。发芽时间可以适当延长一些。

(3) 地板式发芽可减少翻拌次数，使麦粒根芽缠连，以促进溶解。缠连情况根据具体情况掌握，一般缠连时间在第2～4天，必要时可进行第2次缠连，缠连时间一般为20h左右。缠连后的麦层，翻拌时应注意深耕细翻，防止结块。

(4) 发芽后期，麦层加厚，实行堆积凋萎，促使麦粒溶解。

以上措施可结合使用。

五、浅色麦芽与深色麦芽发芽工艺的比较

浅色麦芽与深色麦芽，因用途不一样，发芽工艺的要求也有所差别，如表1－4－26所示。

表 1－4－26　浅色和深色麦芽发芽工艺的差别

项目	浅色麦芽	深色麦芽
浸麦度/%	43～46	45～48
发芽温度/℃	13～18	14～25
发芽时间/d	5～7	7～9
叶芽伸长度	平均长度0.7左右，3/4者占75%左右	平均长度0.8以上，3/4～1者占75%以上
所用麦粒	采用皮薄、千粒质量大者	可用皮厚、千粒质量小者的次级大麦
大麦蛋白质含量	较低，11%以下	可采用含量较高者
绿麦芽溶解度	要求溶解适当	要求溶解完全
根芽缠连(地板式)	一般无需缠连	需要缠连
发芽后期实行凋萎	一般无需凋萎	需要凋萎

第三节　发芽方法

一、地板式发芽法

最初，传统的发芽方法是地板式发芽。地板式发芽虽然能制出品质优良的麦芽，但发芽方式比较落后，已逐渐为通风式发芽所取代。

过去的地板式发芽，浸麦工艺落后，麦粒萌发缓慢，发芽时间长，一般浅色麦芽的发芽时间为8～10天，深色麦芽则为10～12天。自改进了浸麦方法和采用通风式发芽后，发芽时间缩短为浅色麦芽5～6天，深色麦芽8天左右，视大麦品种不同而有所差异。

地板式发芽的最大优点是能任意选择麦层厚度，便于控制麦层的温度、水分、CO_2及氧的含量，以适应各种大麦的特性要求，使麦粒生长均匀，溶解良好。

地板式发芽，如不附设调温设施，对生产季节有依赖性，气温高时不能生产，全年只

有200～230天能够生产。

地板式发芽的机械化程度低，劳动力消耗大，劳动强度大，占地面积多，生产规模小，这是其缺点。

(一) 工艺技术条件

以浅色麦芽为例，其工艺技术条件如表1－4－27所示。

表 1-4-27 地板式发芽技术条件

发芽室室温	10℃左右
发芽室相对湿度	90%以上
发芽床品温	不得超过室温8～10℃，浅色麦芽品温保持在13～20℃，并经常保持在15～18℃
麦温与室温差	一般为5～8℃
麦层厚度	应根据室温、大麦品种、麦温、水分、根芽和叶芽长度、室内湿度等适当调整，灵活掌握。一般发芽旺盛期最高不超过12cm，麦层应保持中间低，周边高
根芽缠连	此项工艺只适用于地板式发芽，根芽缠连，水分不易散失，能促进麦粒溶解。易溶解的大麦，根芽不需缠连，也能溶解良好
翻拌次数	浸麦完毕，麦粒已开始萌发露白点，进入发芽床后，在出芽堆积阶段，每隔8～10h翻麦1次；幼芽堆积阶段，每6～8h翻麦1次；成长堆积阶段，每8～10h翻麦1次；老芽堆积阶段，每10～12h翻麦1次；发芽旺盛期，根芽易缠连，每天翻麦4次，先耕后翻。要求翻麦后，麦层疏松，面平，边角整齐
同一发芽麦层温差	不超过3℃，24h内温度上升幅度不宜大于5℃
发芽时间	有一定波动范围，视大麦品种、产地、麦芽类型而定，一般浅色麦芽5～6d，深色麦芽8d左右
发芽室高度	3～4m
100kg大麦占用面积	3.2～3.4m^2
每1m^2面积产绿麦芽	35～40kg

(二) 发芽操作(6天发芽时间)

(1) 每次下麦必须查明浸麦槽号，生产批号，卸入指定床位。此时麦粒已露白点，开始萌发。

(2) 下麦堆积高度一般为20cm左右，视室温高低，有所增减。下麦当天，麦粒表面水分已基本被吸收。

(3) 发芽1～2天，麦粒稍见发汗，生长逐渐旺盛，麦温上升较快，此时麦层高度控制在14～15cm，麦温控制在15～17℃。在此期间每隔8～10h翻麦1次。

(4) 发芽2～3天时，麦芽的发育、发热发汗现象更见旺盛，呈新鲜黄瓜味，麦层高度控制在8～12cm，麦温保持在16～18℃，每天翻麦3～4次。在此期间根芽往往彼此交叉缠连，容易结块，翻麦时要先耕后翻，才能打开缠连，使麦层疏松。

(5) 发芽4～5天，麦芽发育逐渐缓慢，麦层高度一般控制在8～10cm，麦温保持在15～17℃，每天翻拌3次。在此期间麦温升高不快，麦根弯曲，开始发黄。

(6) 发芽5～6天时，麦温下降，根芽枯萎，呈黄褐色，麦层高10～12cm，麦温保持在15～17℃，每日翻拌2次，准备上炉烘烤。

(三) 地板式发芽控制要点

(1) 麦层厚度　能够任意控制麦层厚度是地板式发芽比其他发芽方法的优越之处，由此可以调节麦层温度，迅速纠正麦层温度过高过低现象。

(2) 麦芽的发汗现象　发芽以后，麦层逐步翻薄，麦粒的水分蒸发很多，必须补充水分，以维持正常发芽。此补充之水分主要来自麦粒本身的发汗现象，即麦粒呼吸时产生的水汽凝结在麦粒表面，又重新被麦粒吸收，使麦粒的水分始终保持在一定范围内。但只有麦粒在呼吸旺盛时，才能满足此待补水分的要求。如果发芽不旺盛，发汗现象减少，或因浸麦度过低，发芽室湿度不够，水分大量蒸发而使麦层缺水，可人工喷雾补水，但时间不宜过晚。喷水应在翻麦之前，喷水应均匀，水温应与麦温相同，喷水数量可控制在0.5～1.0kg/100kg大麦。

(3) 麦层中CO_2与氧的比例　发芽需要氧气，并不断呼出CO_2，氧和CO_2在不断交流。发芽最初几天，由于呼吸强烈，产生CO_2较多，可通过翻麦排除之。随着发芽进展，麦粒呼吸作用逐渐减弱，麦层中的CO_2也逐渐减少，不足以对发芽呼吸起抑制作用。因此地板式发芽只需翻麦，没有必要采取通风措施。

(四) 对发芽室的要求

(1) 温度　地板式发芽室应建于地下，利用坚固厚实的隔热墙和双重门窗，以避免发芽室温随气温而剧烈变化。地面也需隔热，一般由3层组成，底层为30cm厚的沙砾或碎石，中层为30cm厚铺实铺平的粘土层，最上层可用优质木板，或3cm厚的混凝土地面。地面必须耐用平滑，便于清洗。发芽室温度要求保持在10～12℃。如果全年制麦，须配置相应的冷冻设备，进行人工冷却。冷却系统的安装，不宜装在麦层的上部天棚，以防滴水落于麦层中。

(2) 湿度　为避免浸麦水分蒸发，麦粒发干，发芽室的相对湿度应保持在90％以上，否则翻麦时，麦粒极易失去水分，使发芽困难。发芽室不宜过高，以3～4m为度。发芽室还需经常通风，更换新鲜空气。可通过开启门窗，自然通风，但通风不宜过勤。大型发芽室可设置风道，以通风机通风。

(3) 避光　发芽时应避免光线照射，窗户宜安装蓝色玻璃。

(4) 清洗和消毒　每一生产期均需以石灰水或漂白粉进行清洗和杀菌，以防生霉。每一批麦芽发芽完毕后，地面和墙壁均需彻底清洗干净。

二、通风式发芽法

通风式发芽的特点是厚层发芽，不断向麦层送入一定温度的新鲜饱和的湿空气，使麦层降温，并保持麦粒应有的水分。同时，将麦层中的CO_2和热量排出。

通风式发芽设备主要由两部分组成：通风部分和发芽部分。

通风装置是由以下几项设备组成：

1. 空调设备

装置在发芽设备的前面，包括：

(1) 空气洗涤装置　设置一喷雾塔，用水喷雾洗涤空气，除去空气中的尘埃和微生物。

(2) 温度调节装置 发芽大麦的通风一般是利用外界新鲜空气，或新鲜空气混用部分回风。但外界空气温度波动很大，温度过高过低均不利于麦层。温度过低的冷空气透过麦层时，会从麦粒吸收一部分水分，进风温度与麦层温度相差愈大，带走的水分愈多，麦层温度不易上升，麦粒也容易发干，造成麦粒溶解不良。

进风温度必须根据麦层温度确定，一般温差不超过1～2℃，即风温低于麦温1～2℃，因此必须设置温度调节装置，以调节外界进风温度。如外界温度过低，一般采用蒸汽热交换来加热进风温度，或利用部分回风与新鲜空气混合以加热，可以节省能源。混合比例则视麦层温度和外界空气的温、湿度而定。当外界空气温度过高时，则以冷水喷雾冷却之。如果利用一般的井水喷雾降温不能达到要求时，需采取人工冷却措施。例如，利用氨冷却盘管冷却空气，或将喷雾水先经冷却后，再用以喷雾降温。

(3) 喷雾增湿装置 大麦经浸麦后，达到一定的浸麦度，此浸麦度应在整个发芽过程中基本保持不变。但在风温低于麦温情况下，麦粒的部分水分很容易被空气带走，而且在连续通风情况下，麦层呼吸作用产生的水分也易被空气带走，不再有发汗现象，麦粒失水是必然的。必须另外补充水分，可通过增加进风的湿度来解决。

空气增湿的方法很多，麦芽厂通常采用加压喷雾的办法，在喷雾塔内将水喷成细雾，不断被空气吸收，使空气湿度达到饱和。喷雾塔应与发芽设备直接相连，缩短送风距离，以防失水和升温。

2. 风道系统

通风风道包括以下几部分：

(1) 进风道；

(2) 回风道和回风汇集道；

(3) 排风道。

经过调温调湿的空气对风道布置有一定要求：

① 进风道应尽量短而平直，以防空气温度、湿度发生变化。

② 风道断面宽大，大小一致，内壁平滑，可容人进入清理和检查。

③ 排风道也应短而平直，避免产生阻力，影响通风效果。

3. 送风设备

麦芽厂多采用鼓风机。鼓风机的能力应与发芽设备能力、空气流量、麦层厚度、送风方式(连续或间歇)和通风时间等相适应，不宜过大或过小。过大不但浪费电力，且易引起麦粒强烈呼吸，造成物质损失；过小则通风时间过长，影响发芽。

关于通风的方式有加压送风和吸引排风两种。麦芽厂多采用加压送风方式。

加压送风的风机都安装在发芽设备前面，空气经调温调湿后，从麦层下部送入。送风与引风不同，不受麦层阻力的影响，因此麦层各部分通风比较均匀。

通风式发芽的优点很多，有：

(1) 占地面积小，为地板式发芽1/4～1/7的生产面积。

(2) 不受季节影响，全年均可生产。

(3) 通风式发芽1人即可操作，便于生产机械化、连续化和自动化；地板式发芽需用人力多，劳动强度大。

(4) 发芽时间较地板式短1～2天;麦芽制成率较地板式发芽略高。

(5) 麦层厚,单位面积产量较地板式高8～15倍。

当前,通风式发芽最普遍采用的是萨拉丁(Saladin)箱式发芽、麦堆移动式发芽(Wamderhaufen malting system)和发芽干燥两用箱。这3种发芽方法均有平面式与塔式之分。随着发芽生产技术的日益改进,许多新型的,包括半连续和连续化的生产方法也逐渐在生产中应用。一些通风式发芽的附属设施也较前有了很大的改革。

(一) 萨拉丁箱式发芽法

箱式发芽法有两种:一为密闭式发芽箱,一为开放式发芽箱。当代最通用的发芽设备是开放式萨拉丁发芽箱,其特点如下:

(1) 生产规模可大可小,非常灵活。生产规模较大的厂,日投料量均在100t/箱以上。

(2) 萨拉丁发芽箱的通风、增湿和降温等附属设备比较简单,一般是每箱自成系统,控制比较方便合理。

(3) 翻麦机可一箱单用,也可两箱合用。

萨拉丁发芽箱的示意图如图1－4－7所示。

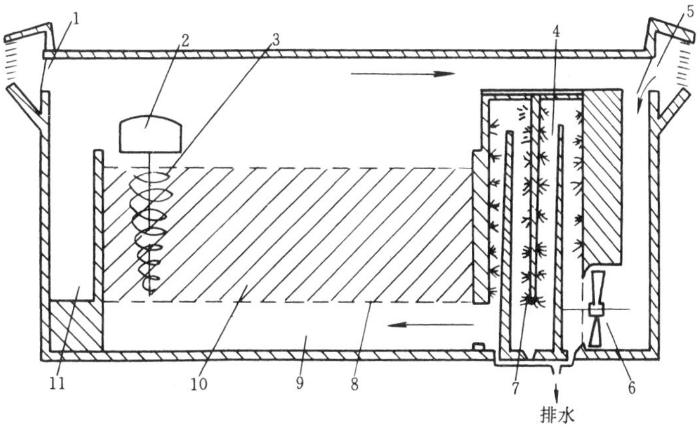

图 1－4－7　萨拉丁发芽箱示意图

1—排风　2—翻麦机　3—螺旋翼　4—喷雾室　5—进风
6—风机　7—喷嘴　8—筛板　9—风道　10—麦层　11—走道

1. 萨拉丁发芽箱的设备装置

与所有的通风式发芽设备一样,每套萨拉丁发芽设备均包括发芽箱和通风装置两部分。

(1) 发芽箱　用砖砌成,呈长方形,上方敞开,侧壁从金属假底开始,用砖向上砌至一定高度。其高度视麦层控制高度而定,一般麦层高度控制在0.8～1.3m。箱壁厚16～20cm,表面用水泥抹光,以防杂质嵌入缝隙,很难清洗。翻麦机在整个长度上与砖壁保持适当距离,以防产生麦粒结块现象。箱的侧壁上沿,设行轨和凸轮杆,翻麦机可在其上来回滑动。箱的额壁高度和厚度与侧壁相同,其内壁砌成半圆形,以配合翻麦机的形状,使翻麦机可以一直翻到顶边的麦层。发芽箱的箱底必须具有足够的倾斜度,以便迅速排出积水。箱底上面装有用镀锌板制成的带孔眼假底,假底与箱底之间需留有较大的间距,由前往后间距逐渐缩小,润湿的进风空气即由此进入麦层。

翻麦机大都采用螺旋式,螺旋翼片的转向是相对的,由电动机直接驱动。新型翻麦机,每一组螺旋翼片配一小电动机,单独驱动,可以控制不同的转速。负荷量大的翻麦机,除与床面接触的翼片为实心的外,其他均为环状(翼片中心是空的),以减低翻麦时所承受的压力。

发芽箱的数量应与发芽日数相同,即日产1箱。

发芽箱应安装在密闭的发芽间内,发芽间的位置应不受外界气候影响。因发芽箱是开放式的,故发芽间不宜过大,以利保持室内湿度。发芽间的高度以3.2～3.5m为宜,最好1间1箱。发芽间的地面实际高于麦层顶部。

发芽室的天棚应做成穹顶,因为发芽室湿度大,天棚上会有凝结水,平顶天棚凝结水容易往下滴水,流入麦层,易引起局部麦粒结块和根芽过长现象。

(2) 通风装置　空调方式有集中空调和分散空调两种:

① 集中空调: 所有发芽箱只设置一套空气调温调湿装置,集中处理空气,分散使用。这样的装置,风道很长,容易失水,不易保证引进空气的湿度,常需在进入发芽箱前再喷水增湿一次。

② 分散空调: 每座发芽箱各置一喷雾塔,使空气在送入麦层前,直接进行洗涤和调温调湿。这样的装置进风风道短而平直,不会引起空气温湿度的变化。每座发芽箱的通风机也是单独安装,单独使用。

分散空调的空气流道短而平直,断面大,阻力小,不易发生失水现象。因此,可以减少空气流量,降低空气流速,使通风变得柔和而均匀,故多采用之。

2. 萨拉丁发芽箱的通风方式

(1) 加压送风与吸引排风的比较　加压送风机将空气经调温调湿后,从发芽箱的额壁底部直接送入麦层,使麦层始终处于同样压力之下,不受麦层阻力的影响,发芽箱各个部位的空气流通基本上达到均匀。

吸引排风的发芽箱,必须要求发芽间密不通风,否则会降低排风效果。吸引排风因麦层中心与边缘所受吸引力不同,容易造成通风不均匀,需要的空气量大,而且得不到合理使用,故已很少采用之。

(2) 间歇通风与连续通风的比较　间歇式通风是让麦层温度升到一定程度后才进行通风,使之恢复到进风温度。由于麦温必须在短时间内降下来,故所需风量大,风速高,进风温度低,容易引起麦层发干和温度忽高忽低现象,对发芽不利。

间歇式通风,麦层中的CO_2含量极高,为地板式发芽的5～6倍。间歇式通风,麦层翻拌次数要增加,以便控制麦层温度、水分和CO_2浓度。

连续式通风的风量小,风速低,进风温度比麦温低1～2℃即可。因此,麦温比较平稳,麦层上下温差小,失水的可能性小,大麦萌发快,麦层中CO_2含量低(约1%),麦层的翻拌次数减少,每天2～3次即可。

(3) 循环通风法　循环通风法是将从麦层中排出的空气不完全当作废气排放,而是取其一部分,通过回风道,与新鲜空气按一定比例混合,重新回入送风机,送入麦层。

此种通风方式,可利用废气中的热量,节约能源;同时掌握回流空气和新鲜空气的混合比,使空气中的CO_2保持适当浓度,以控制根芽的生长和物质消耗。此外,还具有减少空气用量、减轻增湿装置负荷、避免麦层发干、缩小麦层各部温差、使发芽温度降低和减少翻麦次数等优点。因此，常为人们所采用。

3. 进出料方式

有多种方式，兹介绍如下。

(1) 进料方式 发芽箱上部安装一长管，管长与发芽箱同，管子上每隔2.5m距离开一出料口，箱宽超过5m者，则需平行设置两根管子。浸渍完毕的大麦，由浸麦槽泵送至此管中，分别由出料口落入箱内，然后利用翻麦机翻平。

(2) 出料方式 有多种形式，今介绍下列三种：

① 利用翻麦机作出料机用：当翻麦机作翻麦用时，前进速度为0.4～0.5m/min;作出料机用时(图1－4－8)，螺旋翼片停止转动，前进速度改为10m/min。出料时，翻麦机每次将麦层1m距离的绿麦芽输送至箱顶端的出口处，然后返回，继续输送，直至整个麦层输送完毕。绿麦芽在出口处，可利用其他机械或气流装置，输送至干燥炉。

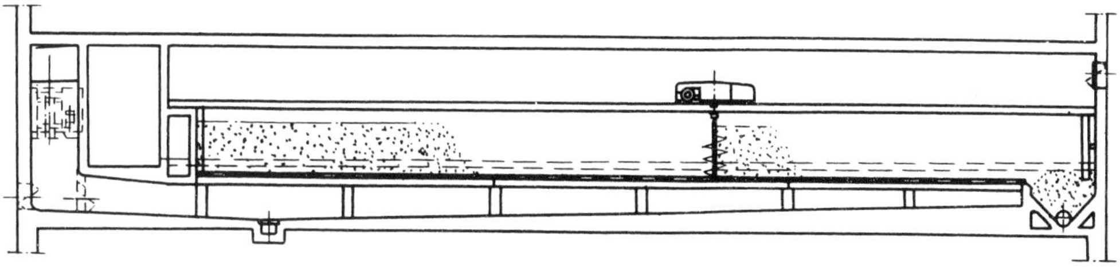

图 1－4－8 翻麦机出料示意图

② 自动真空出料系统：发芽完毕后，翻麦机与一可移动的板连接，板后附有横放的螺旋输送机，连接一绿麦芽贮料器。出料时，翻麦机的螺旋翼片，将绿麦芽提升至一定高度，使绿麦芽流至板后的螺旋输送机内，再由螺旋输送机将绿麦芽送至贮料器。贮料器连接一3m长的活动短管，利用气力输送，将绿麦芽送至干燥炉。随着翻麦机的移动，活动短管可以继续接长(每段短管均为3m长)，继续输送至完毕为止。

③ 机械出料系统：情况基本同②，只是绿麦芽经过板后横置的螺旋输送机后，再经过一板后斜放(45°)的螺旋输送机，将绿麦芽输送至箱外的贮料槽内，再由带式或螺旋输送机将绿麦芽送至干燥炉。箱外的贮料槽可两箱合用一槽。

4. 技术条件

萨拉丁箱式发芽的技术条件如表1－4－28所示。

5. 萨拉丁箱式发芽操作要点

(1) 已经露白点的浸渍大麦进入发芽箱后，利用翻麦机摊平，16h内不翻麦(浸渍大麦的麦温应不超过15℃，否则上述时间应适当缩短)。

(2) 第1天的进风温度，根据大麦品种、麦芽规格和生产季节的不同，以控制在15～17℃为宜。以后逐渐降低进风温度为12～14℃。降温不可过急。

(3) 发芽旺盛期间应每隔6～8h翻麦1次，发芽后期可每隔12h翻麦1次。

(4) 如果需要喷雾增湿，应在发芽最初24～36h内进行，边翻麦，边喷雾，以达到全部麦层吸水均匀。喷水的温度须与麦层温度一致。

6. 萨拉丁箱式发芽的日常检查工作

(1) 检查空气温度 包括外界空气温度、室温、进风温度、排风及回风温度。

表 1-4-28 萨拉丁箱式发芽技术条件

项目	技术条件
发芽箱的长宽比	4：1～8：1(产量愈大，比例愈大)
假底的通风面积百分数/%	20左右
麦层高度/m	0.8～1.3
单位面积装料量/(kg/m²)	500～600
送风温度/℃	12～16(连续通风)
送风速度/(m/s)	2.0～2.5
送风空气相对湿度/%	95以上
送风量/[m³/(t·h)]	500～600(根据生长阶段进行控制，通过调节风机转速或调整进风和回风比，解决风温与品温的温差)
增湿量/[kg水/(t·h)]	0.5(发芽初期进行)
进风温度与品温上部温差/℃	2左右(连续通风)
翻麦机推进速度/(m/min)	0.4～0.5
翻麦机转速/(r/min)	8～9
麦层上下温差/℃	2～3
浅色麦芽发芽时间/d	5左右
冷却量：耗水/[m³/(t·h)]	0.3～0.35
耗冷/[kJ/(t·h)]	8000～10000

(2) 检查水温 包括自来水和水池(用于喷雾)中的水温。

(3) 检查麦层温度 包括发芽箱前、中、后三个部位的上下麦层温度。

(4) 检查压力 包括假底下面空间的压力、箱内压力、泵送压力。

(5) 检查新鲜空气和回流空气的混合比。

(6) 检查翻麦时间和次数。

(7) 检查大麦的生长和溶解程度。

(8) 检查麦层水分。

根据检查出的不正常现象，应及时采取措施，加以纠正。

(二) 麦堆移动式发芽法

本方法为半连续式发芽法，其特点是：

(1) 整个发芽床(包括6天的投料量)只需设置1～2台通风装置和冷却装置、1台翻麦机和1套送料系统。

(2) 发芽床和干燥炉直接相邻，不需绿麦芽输送设备，直接用翻麦机上炉。

(3) 附属设备少，操作简单，便于自动控制，使用人工少，生产稳定，水和动力的负荷变化小。

(4) 适用于日产量不超过60t/d的生产规模，如果要求日产更多的麦芽，就需多设几条作业线。

此种方法在国外已有采用，但不普遍。

1. 生产方式

(1) 麦堆移动式发芽箱(见图1－4－9) 这是一种特殊型式的通风发芽箱，箱身很长，形成一条很长的发芽作业线,大麦在此作业线完成整个发芽过程。箱的主要部分与萨拉丁发芽箱的结构相似,假底下面的空间(一般为40～60cm高)根据发芽6天由隔板划分为几个隔舱。以每半天为一单元,发芽的大麦在每次翻动过程中向前移动一个隔舱,整个床面上的麦芽在一昼夜中,翻麦2次,向前移动2个隔舱。

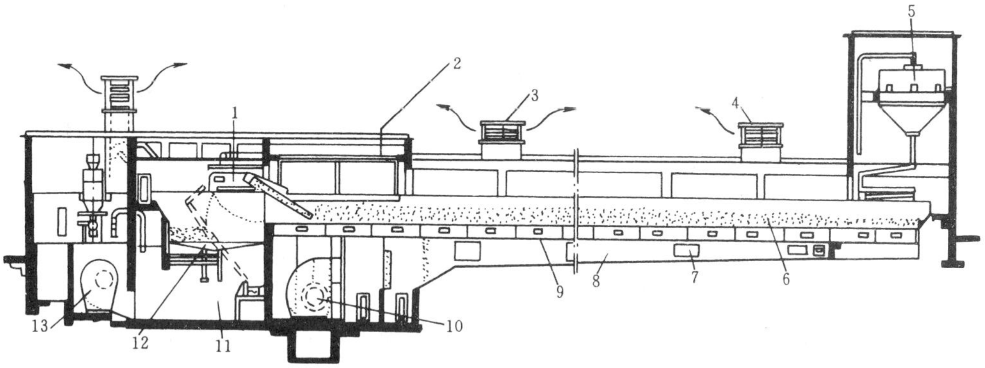

图 1-4-9　麦堆移动式发芽箱

1—环形输送链　2—翻麦机移动台　3,4—排风筒　5—浸麦槽　6—麦层　7—混合空气风道　8—风道　9—隔舱　10—发芽鼓风机　11—单层干燥炉　12—倾翻式烘床　13—干燥鼓风机

(2) 浸渍完毕的大麦,静置在第1隔舱时,水分即可流干,12h后进行翻麦。发芽大麦的翻麦和推进,系用1台大型的螺旋式翻麦机(图1-4-10)进行。翻麦机像1台可移动的扬麦车,翻麦时,从麦芽作业线的末端(进入发芽最后1天的大麦)开始,将麦芽向机后抛出,逐渐向前移动,直到运行到发芽作业线的起端(开始第1天发芽的大麦)为止,使发芽的大麦向翻麦机移动的相反方向推进。此种翻麦方式,能使大麦与空气充分接触,并不受损伤。

当翻麦机推进至第1天开始发芽的顶端后,即扬起,高过麦粒表面,以8倍于翻麦时的速度,返回原始位置,重新翻起。这样运作,每批麦子,在6天内即可发芽完毕。

(3) 当麦层运行至第2天,其发芽床面上部装有喷水设施,可以向麦层中补充水分。

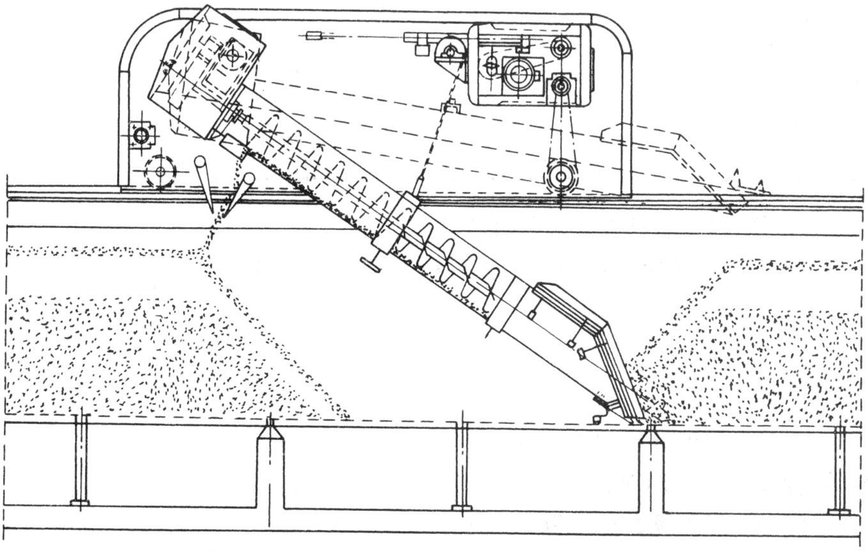

图 1-4-10　螺旋式翻麦机

(4) 当发芽完毕的绿麦芽，运行到发芽作业线末端时，由翻麦机将绿麦芽直接输送至邻近的单层高效干燥炉干燥之。上炉时间约0.5h。为了节约能源，干燥炉也可分为平行的2间，每间干燥12h，24h干燥完毕。

(5) 发芽箱每隔6天(发芽日数)停止投料1天，将筛板空出的部分洗净。如果假底下面的隔舱，能在发芽天数所用的隔舱间数之外，再增加2个隔舱备用，便有可能每天进行彻底清洗而不需停止投料。

(6) 此方法的通风方式，系在每条或每2条发芽作业线上设置2台送风机，按需要送入新鲜空气和回流空气，或先将两者送入混合室，按比例混合后再送入箱内。空气在进入箱内前，需经增湿和降温处理。

(7) 此方法的关键问题，在于选用各种类型的翻麦机。其生产规模与翻麦机的型式有关。采用斗式翻麦机，箱身不宜超过5m宽，日产量只能达到15t左右。如采用螺旋式翻麦机，箱身可以加宽，日产量可相应提高至60t左右。

当翻麦机将麦芽移动前进时，要求移动幅度大，而前后麦粒的混杂率不应超过5%。

(8) 麦堆移动式发芽法每产1t麦芽所耗用的水、电、风量等与萨拉丁发芽箱基本相同。

2. 技术条件

麦堆移动式发芽法的技术条件如表1－4－29所示。

表 1-4-29　　麦堆移动式发芽法的技术条件

项　　目	技术条件
箱长/m	40～50
箱宽/m　采用斗式翻麦机	5左右
采用螺旋翻麦机	5以上
翻麦机移动速度/(m/min)	0.3左右
麦层最高温度/℃	17～18
上下麦层温差/℃	1.5～2.0
麦层CO_2含量/%(体积分数)	1左右
单位投料量/(kg/m^2)	450～550
通风量/[m^3/(t·h)]	475～525
增湿量/[kg/(t·h)]	0.5
冷却量：耗水/[m^3/(t·h)]	0.3～0.35
耗冷/[kJ/(t·h)]	5862～7536

以40t/d产量规模为例，其技术条件如下：

(1) 箱长52m，箱宽9.25m，床面隔为12间隔舱，每两间隔舱长度为8.65m；

(2) 装料量　500kg/m^2；

(3) 通风能力　120000m^3/h；

(4) 冷却能力　耗水：m^3/h；

　　　　　　耗冷：1821258kJ/h；

(5) 发芽时间6天，干燥时间1天。

(三) 矩形发芽－干燥两用箱发芽法

发芽－干燥两用箱(简称两用箱)是适应大生产需要发展起来的一种生产方式。其优

缺点如下:

优点:

(1) 免去绿麦芽输送设备。

(2) 设备配件相对较少。

(3) 适用于多期扩建生产,比较灵活。

缺点:

(1) 消耗热量大,能源利用不合理。

(2) 发芽床的单位负荷量低。一般发芽床的单位负荷量为500～600kg/m^2,两用箱为了适应干燥的需要,负荷量宜相对减少一些,否则干燥时间过长,麦层温度不易控制,温差大,影响麦芽质量。

(3) 为了适应干燥需要,风道远远大于萨拉丁发芽箱或麦堆移动式发芽箱。

(4) 发芽低温,干燥高温,温差太大,对设备和厂房建设的要求相对也高。

1. 设备要求

此箱的构造原理同萨拉丁发芽箱,只是发芽和干燥所需风量相差很大,须分别设置发芽和干燥2套通风装置,分置箱的两端,但1套干燥通风装置,可供应4个两用箱使用。

干燥风量相当发芽风量的7～8倍。发芽通风能力为600m^3/(t·h),干燥通风能力为4800m^3/(t·h)。

增设油或煤气燃烧器,直接加热空气;或在空调室内设有加热设备,用以加热空气。

发芽箱的箱体用钢板制成,箱的四周有5cm厚的软木(或其他保温材料)隔热层。

进出料设备基本同萨拉丁发芽箱。

2. 生产过程

(1) 大麦浸渍24～28h,水分达38%左右下麦。

(2) 浸渍大麦入床后,在箱内余热影响下,很快萌发。

(3) 继续喷雾,使麦粒水分达到浸麦度要求,并在5天左右内发芽完毕,发芽温度保持12～18℃。

(4) 发芽完毕后,直接在箱内干燥28～36h后出箱。

3. 技术数据

(1) 发芽通风能力　600m^3/(t·h);

(2) 干燥通风能力　4800m^3/(t·h);

(3) 空气冷却能力　5234kJ/(t·h);

(4) 空气加热能力　301450kJ/(t·h);

(5) 进出料能力　各60t/h;

(6) 发芽时间　5d左右;

(7) 干燥时间　28～36h。

(四) 通风式发芽的其他类型

根据设备结构型式、生产方式(间歇或连续式生产)以及工序衔接的不同情况,通风式发芽方法的类型很多,今将一些有代表性的类型介绍如下。

劳斯曼转移箱式制麦系统(Lausmann transposal malting system):

1. 生产方式

此法为半连续生产方式。

劳斯曼转移箱式发芽与麦堆移动式发芽箱近似(图1－4－11),箱身很长,隔成6间,每间床面呈正方形或矩形,在此箱内完成整个发芽过程。此箱的每间发芽床面可以缓慢升降,在升降过程中,升起的发芽床可用置于麦层上部的翻麦机将麦芽转移至前面空床,然后缓慢降落。前面空床在缓慢降落过程中,已被充满麦粒,然后升起,再以同法将麦芽移至前面空床,直至将麦粒转移至最后一间,然后输送到邻近的干燥设备干燥之。

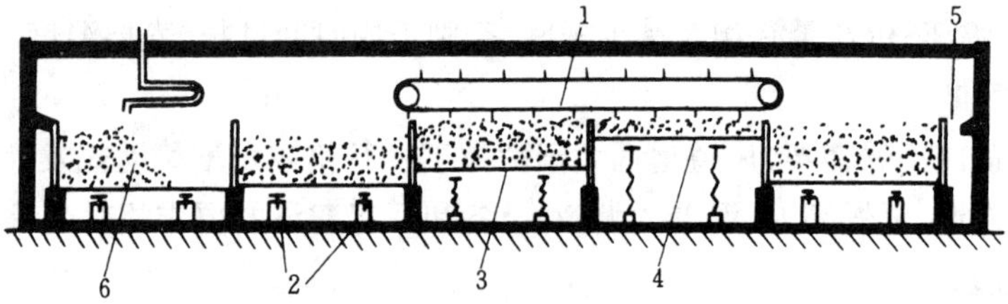

图 1－4－11 劳斯曼转移箱式发芽

1—翻麦机 2—提升装置 3—落床 4—升床 5—出料 6—进料

此种箱,干、湿下麦均可。每箱都配备通风和调温增湿设备,发芽温度和通风系统均为自动控制,并可利用回风。翻麦器中设有喷雾装置,可在发芽过程中喷雾增湿,增加麦芽水分可达5%;如果采用重浸渍制麦法,可使用第2和第3箱,箱身均密封。

2. 技术条件

(1) 床面负荷600kg/m²;每箱生产能力可达40t。

(2) 喷雾能力(耗水)200L/(t·20min)。

(3) 6个箱的通风能力和冷却能力 如表1－4－30所示。

表 1-4-30 劳斯曼转移箱式发芽各箱的通风能力和冷却能力

箱号	1	2	3	4	5	6
通风能力/[m³/(t·h)]						
一级	200	300	400	470	400	300
二级	300	450	600	700	600	450
冷却能力/[kJ/(t·h)]	6280	8374	8374	8374	6280	4187

奥布提塔式制麦系统(Opti－tower malting system):

它实际上是塔式的麦堆移动式发芽法。此法为半连续生产方式,浸麦与发芽合为一个生产过程。它的特点是节省建筑面积和节省了物料输送系统。

1. 生产方式

此塔(图1－4－12)包括1层预浸渍,12层浸麦和发芽床,2层干燥床。在正常制麦情况下,每12h下落1层,直至干燥完毕。如采用多次浸麦法,则每9h下落1层。

发芽床系由许多可以翻转的床面组成(图1－4－13),麦层下落时,发芽床各部分床面翻转90°,使麦粒全部落至下层。

此塔发芽的通风方式系由麦层上部进风,下部排出。每层均有单独的空调和增湿装置(图1－4－14),以控制进风温度和湿度。

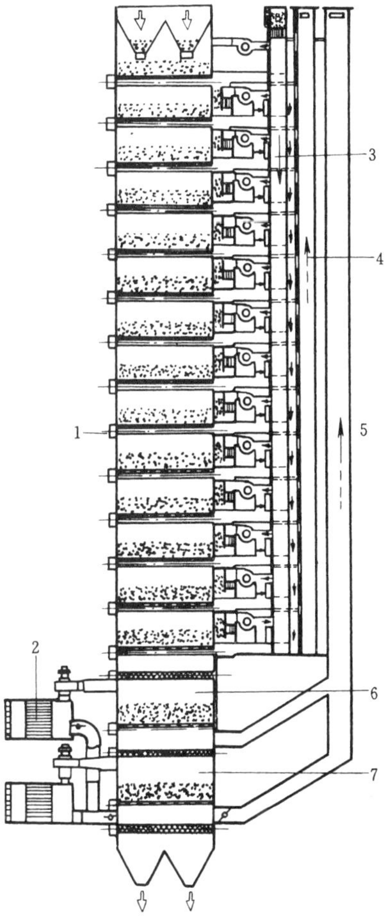

图 1－4－12　奥布提塔式制麦系统

1—烘床转动轮　2—加热器　3—新鲜空气　4—发芽废气　5—干燥废气　6—前期干燥　7—后期干燥

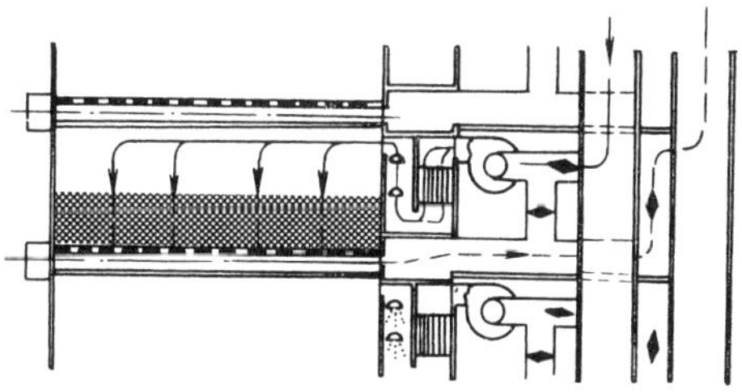

图 1－4－13　床面位置和转动方向

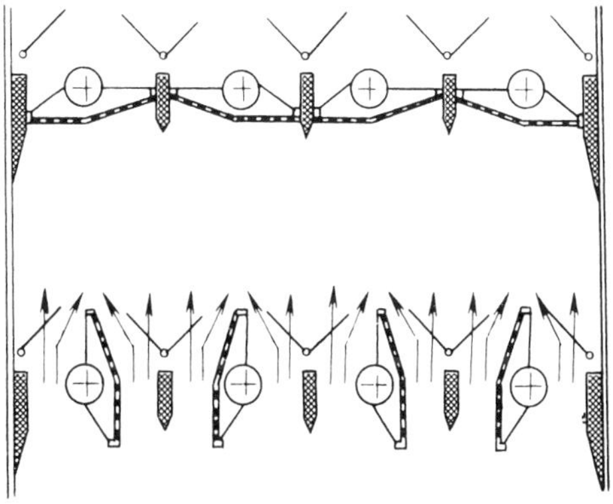

图 1－4－14　浸麦和发芽床面的剖视图

此塔两层干燥炉的通风系统系各自安装，自成系统。

2. 技术条件与操作

以多次浸麦法为例说明如下：

(1) 预浸渍4h后，空气休止17h左右。

(2) 第2次浸渍3～4h，使水分达38%。

(3) 在18℃下发芽30h左右。

(4) 在18℃下再浸渍8～12h，麦粒水分可达50%。

(5) 在13～14℃下继续发芽50～55h。

(6) 发芽初期回风利用30%，以后逐步提高至50%。

(7) 通风量由发芽开始的$50m^3/h$，逐步提高至$500m^3/h$(第3次浸麦后)，然后逐步降为$300m^3/h$。

以上全部操作过程可图解如图1－4－15所示。

3. 日生产能力

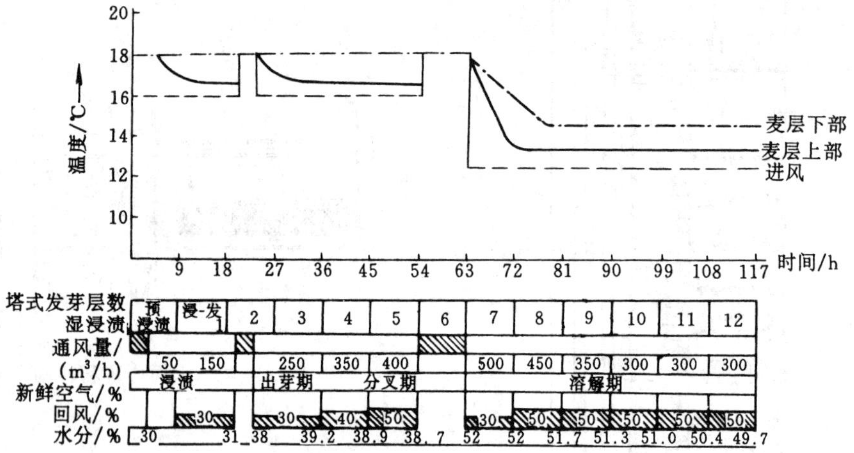

图 1-4-15 奥布提塔式制麦采用的多次浸麦法图解

每12h投料1次者，日投料量29t;每9h投料1次者，日投料量39t。

波浦罐式制麦系统(Popp malting system):

此种发芽设备(图1-4-16)系由1座钢板制的发芽罐、1座冷却喷水塔和1个连接空气压缩机的压力桶组成。浸渍后的大麦置发芽罐，并排除浸渍水后，即进行由上而下或由下而上的通风，送入的新鲜空气预先经过调温和增湿处理。

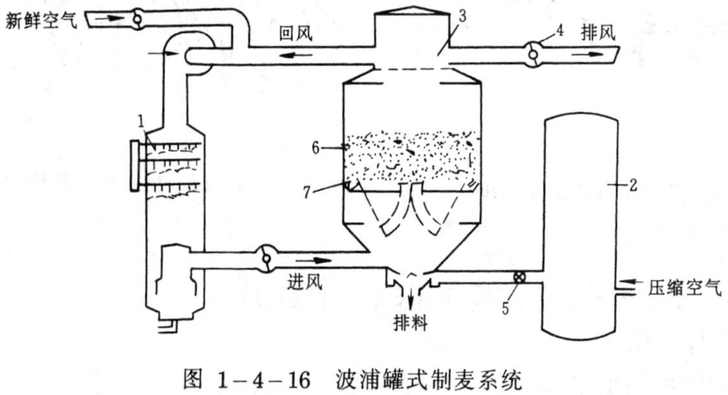

图 1-4-16 波浦罐式制麦系统

1—冷却喷水塔 2—压力桶 3—筛板 4,5—阀 6—发芽罐 7—对翻床

发芽大麦的翻拌，系借助压缩空气进行。先将发芽罐的顶盖关闭，并停止通风，然后，导入几个大气压的压缩空气进行翻麦。翻麦时，麦粒不受损伤，同时也起到通风效果。通风时应注意效果，通风过少，则麦根易缠连成块;过频，则麦根生长短而无阻力，风容易走短路而使大部分麦粒达不到翻拌的效果。

此罐麦层甚厚，达2～2.4m，麦层上下温差为2℃。

发芽床为翻斗式假底，卸麦时，假底翻开，绿麦芽自动无阻地卸出，直接送往焙燥设备干燥之。

浸麦-发芽两用槽(Imamalt两用槽):

此槽(图1-4-17)适用于传统制麦方法，也适用于多次浸麦法。

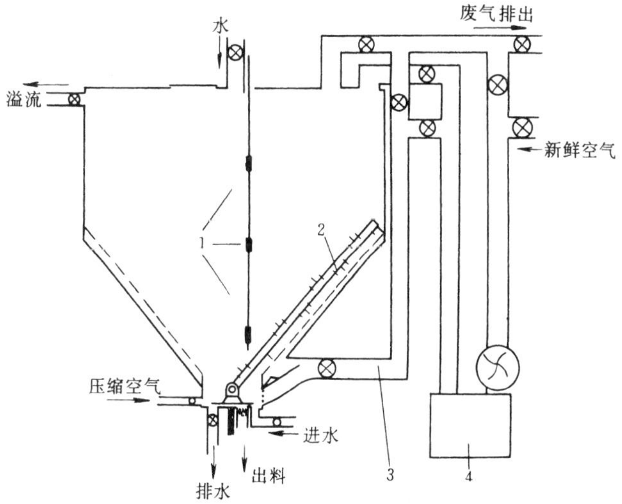

图 1－4－17　浸麦－发芽两用槽

1—温度计　2—回旋金属棒　3—通风管　4—增湿装置

1. 设备情况

此槽为一锥底柱形金属槽，槽顶密闭，锥部为假底，有足够的通风面积，可通入调温调湿的空气。水温可以调节，大麦可在不同水温下浸渍。麦粒和浸渍水可由底部分别排出。锥底中心设置一回旋金属棒，棒上带刺，可以搅动锥壁周边，使绿麦芽容易排出。如采用多次浸麦法，由于两次杀胚，抑制了根芽生长，故必须翻麦。

2. 操作实例

今将一多次浸麦法实例介绍如下：

(1) 浸麦　28℃，3h，水分达32%左右。

(2) 空气休止　15℃，19h，通入空调空气保持温度。

(3) 浸麦　28℃，1h，水分可达40%左右。

(4) 空气休止　通风，15℃，22h。

(5) 浸麦　35℃，1h，第1次浸渍杀胚，水分达46%～47%。

(6) 空气休止　通风，15℃，22h。

(7) 浸麦　35℃，1.5h，第2次浸渍杀胚，水分达52%左右。

(8) 空气休止　通风，17℃，44h。

(9) 绿麦芽出槽。

矩形浸麦－发芽－干燥三用箱：

浸麦、发芽、干燥全部制麦过程在一个箱内完成。

1. 设备情况

此箱由钢筋混凝土建成，长63m，宽10m，箱的外部有隔热层。一次可装料300t大麦，每两箱并排安装，两箱与两箱之间为设备安装地点。

此箱的发芽通风设施和干燥通风设施分别装置。发芽通风备有5组风机，总能力600m^3/(t·h)；2组冷冻机，总能力5234kJ/(t·h)；干燥通风备有6组风机，总能力为3800m^3/(t·h)；6组空气加热器，总能力为301450kJ/(t·h)；干燥通风和加热设施可供4箱之用。

此箱设有螺旋搅拌机，最高转速为42r/min，前进速度为0.2m/min。搅拌机上安装两组喷嘴，可供喷雾浸麦之用，其工作能力为每小时喷水$10m^3$。

2. 生产过程与技术条件

(1) 浸麦全部采用喷雾进行，在48h内使浸麦度达到45%～46%；浸麦用水极少，只有$0.9m^3/t$大麦，节约用水50%以上。

(2) 通风发芽，全部发芽过程在5.5～6天内完成。

(3) 绿麦芽干燥时间36h，干燥完毕按前述之机械出料系统，将干燥麦芽送至大麦输送系统运出，出料时间50～60t/h。

(4) 包括进出料，全部制麦过程于10天内完成。

3. 生产能力

床面负荷为$500kg/m^2$左右。一个每箱投料量300t的三用箱，年产量可达35000t。

静止塔式制麦系统(Static tower malting system)：

此种制麦系统基本上是塔式的发芽－干燥两用箱。采取此种制麦方式主要为了节省建筑面积。其建筑结构和生产方式与前述之奥布提塔式制麦方法有所不同。

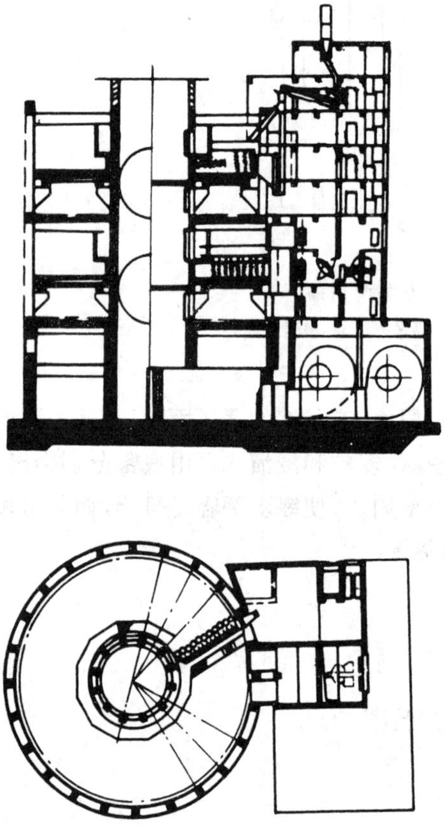

图 1－4－18 静止塔式制麦系统

1. 设备情况

此塔呈圆形(图1－4－18)，包括5～6层发芽干燥两用床。此发芽干燥床自身回转，由周围4部电动机驱动。床身转速有两种：每60min或120min转1周，相当外周线速度0.55或1.10m/min和内周线速度0.16或0.32m/min。每层回转床的面积为$300m^2$。床与床之间的净距离为2m。

床上螺旋翻麦机系固定安装，与床面由内到外的线速度相适应，螺旋翼的转速由内到外分别为3.5、6.5、8.5直到12r/min。

进料器也是固定安装的，它包括一卧式的、可上下移动的螺旋翼片。随着床身的转动而将浸渍大麦均匀地输送至床上。

发芽通风设备安置在塔的外层，进风口与排风口相距8m，风道短、通风顺利。通风能力为$350～450m^3/(t·h)$，冷却能力为$5234～6908kJ/(t·h)$，由止回阀严密控制降温增湿后的空气流量。关于新鲜空气和回风的混合比例，则由排风止回阀按要求自动控制。

干燥通风设备和加热设备安置在塔的底层，通风能力为$3300m^3/(t·h)$，直接或间接加热，热空气由中央风道经有关床下部的止回阀，送入麦层。

2. 操作过程

(1) 浸麦 分三种情况：①全部浸渍过程在发芽床上喷雾进行；②大麦浸渍1天，水分达38％后，送入发芽床，经喷雾达到所需之浸麦度；③全部浸麦过程在其他浸麦设备中进行。进料时，床身转动，进料时间2h。

(2) 发芽 在较高的水分下进行发芽，可通过定时喷雾提高水分，一般是床身在低转速下回转2次进行喷雾。

(3) 干燥 在投料量150～180t情况下，干燥时间持续20～24h。

(4) 出料 利用进料设备，使螺旋翼片按相反方向运转，进行出料。出料时间延续2h。

都马尔特连续制麦系统(Do－malt continuous malting system)：

1. 生产方式

都马尔特连续制麦系统(图1－4－19)为全连续化、全部自动控制和全部自动清洗的生产方式。若生产出现故障，则自动报警停机。此方法建设费用较高，但使用人力省，效率高。

2. 操作过程

(1) 定量的大麦与水在一混合槽中混合后，即泵入一螺旋洗涤机内。机内包括旋转的阿基米德螺旋器，螺旋桨为带眼的金属板，水自上部对流而下，螺旋桨带动麦粒向上运行，边行边喷雾洗涤，100min后即达顶部，在浸洗过程中维持良好的通风。

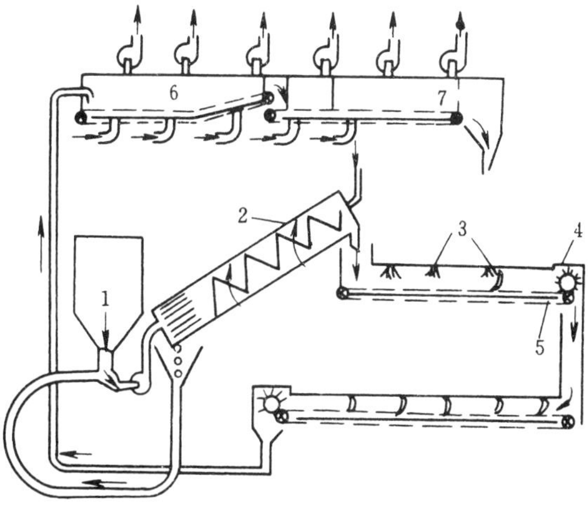

图 1－4－19 都马尔特连续制麦系统

1—混合槽 2—螺旋洗涤机 3—喷雾器 4—回转翻拌器 5—金属输送带 6—干燥区 7—冷却区

(2) 此浸洗后的大麦排放在一不断运行的带眼金属带上进行发芽，人工调节的空气由此通过，麦层厚度0.9～1.0m，金属带的运行速度为0.7m/h。此金属带的运行时间约2.5天。

(3) 发芽开始阶段，仍需喷雾，使麦粒水分达到要求。运行一定时间后，经过一回转翻拌器，将麦粒轻轻举起，落至下层金属带上，仍继续缓慢运行。下层金属带的运行时间与上层相同。此时根据麦粒水分含量，确定是否需要喷雾。整个发芽过程中，进行通风，调节温湿度。

(4) 发芽完全的麦芽，由麦芽输送带送往连续干燥区，利用热空气进行干燥。

(5) 干燥完毕，进入冷却区，然后经去根处理，进行贮藏。

3. 生产特点

(1) 此系统适应各种类型的大麦。发芽时间可通过改变运行带速度进行调整。二棱大麦的生产时间为100～110h；六棱大麦为70～80h。

(2) 采取喷雾浸麦，麦粒接触空气好，萌发快，生产时间较间歇法缩短1倍。

三、连续式制麦法与间歇式制麦法的比较

(1) 连续式生产，干燥炉不必由热变冷，再由冷变热，可以节省热量。

(2) 连续式生产比较稳定,易控制。

(3) 连续式生产,水及动力的需要量稳定,无波动。

(4) 连续式生产节省劳动力。

(5) 连续式生产费用远高于间歇式生产,技术条件要求比较高,如生产的自动控制和程序控制等。

第四节 加速发芽的措施

传统的发芽方法,发芽时间一般需6～8天。近年来,由于大麦品种的改善以及生产工艺采取了一些措施,发芽期已可缩短至4～5天。今将加速发芽的一些特殊工艺措施介绍如下。

一、赤霉酸处理

1. 赤霉酸(Gibberellic acid A_3)及其作用

赤霉酸系由霉菌*Gibberella fujikucri*中提制,是一种白色结晶物质,其分子结构式如图1－4－20所示。

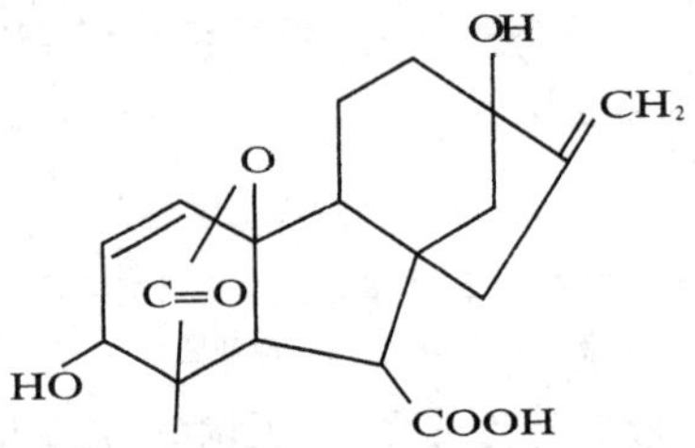

图 1－4－20 赤霉酸的分子结构式

赤霉酸是一种植物生长促进剂,发芽大麦的胚部本身就分泌赤霉酸,它能促进胚的生长和代谢。发芽时,赤霉酸通过脉管输送系统,将胚部分泌的赤霉酸输送至糊粉层,并在此诱导而产生多种水解酶,使胚乳接受这些水解酶的作用而溶解。不同的大麦品种,其分泌赤霉酸的情况也不一样,用外加赤霉酸的办法处理大麦,是为了加强麦芽本身分泌赤霉酸的不足,进一步提高糊粉层产生有关酶的活力,加速胚乳溶解,以缩短发芽时间。

2. 赤霉酸的使用方法和用量

(1) 赤霉酸可以加入最后一次浸麦水中,或浸渍大麦置于发芽床后,均匀喷洒于麦层中。喷洒必须均匀,否则发芽不整齐,效果不好。

(2) 浸麦时添加赤霉酸,大麦吸收不完全,部分赤霉酸残留于水中。因此,浸麦时添加赤霉酸的量,较发芽初期(麦粒已露白点)喷洒的量要多4～5倍,才能达到同样效果。

(3) 浸麦时添加赤霉酸,通风搅拌要良好,便于麦粒吸收均匀。

(4) 添加赤霉酸的浸麦度要略高一些,使糊粉层的水分达45％左右,以发挥赤霉酸的最大作用。

(5) 赤霉酸的用量应慎重。大麦品种不同,要求赤霉酸添加量也不同。易溶解的大麦较难溶解的大麦添加量少。一般在浸麦时添加,赤霉酸的添加量控制在0.10～0.15mg/kg(对大麦质量)较好;发芽初期喷洒,则以控制在0.02～0.05mg/kg以下为宜。制浅色麦芽的用量应比制深色麦芽的用量低些,过高的添加量会导致麦芽溶解过度,蛋白质分解过分,形成的糖和氨基酸过多,导致麦汁色泽过深,制成的啤酒口味淡薄。

3. 采用赤霉酸的效果

(1) 缩短发芽时间1～2天。

(2) 增加浸出物2%左右。

(3) 由于缩短发芽期，制麦损失可减少0～4%(以大麦原始干物质计)。如果添加量过多，麦粒呼吸作用加强，根芽和叶芽生长过快，制麦损失反会有所增加。

(4) 促进淀粉酶、蛋白质分解酶、半纤维素酶、磷酸酯酶等多种酶的活力。

(5) 增加可溶性氮和氨基氮，同时也增加了色度，对制造浅色麦芽不利。

(6) 有利于克服大麦休眠期，提高发芽力。

(7) 有利于机械损伤的麦粒和低酶活力、难溶解的大麦，改善其溶解情况。

兹将不同赤霉酸用量对麦芽溶解的效果和赤霉酸处理后的麦芽质量分别示例于表1－4－31和表1－4－32中。

表 1-4-31　不同赤霉酸用量对麦芽溶解的效果

赤霉酸用量/(mg/kg)	0	0.01	0.03	0.06	0.09	0.18
浸出率/%	80.1	80.7	80.8	81.2	81.7	81.5
粗细粉浸出率差/%	2.9	2.3	2.2	2.2	2.1	1.3
蛋白质溶解度/%	37.7	42.7	43.7	46.2	48.7	53.1
色度/EBC单位	2.3	2.7	3.3	3.4	3.6	3.8

表 1-4-32　赤霉酸处理后的麦芽质量情况

项　目 \ 麦　芽	对 照 麦 芽	赤霉酸处理麦芽*
赤霉酸用量(对大麦质量)/(mg/kg)	—	0.05
发芽期/d	5～5.5	4～4.5
水　分/%	5以下	5以下
糖化时间/min	15以下	13
无水浸出物含量/%	75以下	77
色度/[0.1mol/L($\frac{1}{2}I_2$)的毫升数]	0.2	0.18
粉状粒/%	85以下	90
可溶性氮：总氮/%	30以上	30
糖化力/°WK	250以上	271
叶芽伸长度($\frac{1}{2}$～1)/%	85以上	85

* 发芽期缩短1天。

二、大麦擦皮处理

此项处理方法应和赤霉酸处理结合起来应用。

1. 擦皮处理的作用

大麦除珠孔外，其整个麦粒系由果皮和种皮所包围。谷皮和果皮对外加赤霉酸是不可渗透的，因此麦粒只有在根芽露白点后，赤霉酸才能从胚部进入麦粒内部，其他部位因受谷皮和种皮的阻止，赤霉酸不能进入麦粒。

采用擦皮处理就是通过机械处理，将0.5%～1%的谷皮除去，同时相应部位果皮的蜡质层也被破坏，赤霉酸可透过谷皮擦破处，从麦粒各个部位进入糊粉层内，由此诱导而产生更多的水解酶，从而加速了胚乳的溶解。

2. 擦皮处理的效果

(1) 缩短浸麦时间。浸麦30h，水分即可达41%以上。

(2) 缩短发芽时间。与赤霉酸结合处理后，发芽时间可缩短1/3左右。

(3) 减少制麦损失。由于发芽时间缩短，麦粒呼吸作用减少，制麦损失相应减少2%～3%。

(4) 麦芽浸出率、酶活力、总可溶性氮均相应提高。

擦皮和赤霉酸结合处理后的效果如表1－4－33所示。

表 1-4-33 擦皮与赤霉酸结合处理的效果

项目＼处理措施	赤霉酸＋擦皮处理	赤霉酸
麦芽浸出率/(kg/L)	41.3	39.91
发芽时间/d	5	7
内－β－葡聚糖酶活力/(u/粒)	54	40
α－淀粉酶/(u/粒)	740.6	580.6
总可溶性氮含量/%	0.72	0.60
糖化力/林特奈度	120	96

三、重浸渍浸麦法

此方法的作用和操作过程前已叙述，其主要效果如下：

(1) 缩短浸麦和发芽时间1/3左右，如结合赤霉酸处理(第1次浸麦放水后，均匀喷以适量赤霉酸)和擦皮处理，浸麦和发芽时间可进一步缩短。

(2) 降低制麦损失至4%左右。

其麦芽质量对比情况如表1－4－34所示。

表 1-4-34 重浸渍法与传统制麦法的麦芽质量比较

项目	传统制麦法	重浸渍制麦法
浸麦和发芽时间/h	216	152
无水浸出物含量/%	81.7	81.7
粗细粉浸出率差/EBC%	2.1	1.3
蛋白质溶解度/%	41.0	44.6
甲醛氮含量/(mg/100g干物质)	179	238
哈同值(45℃)/%	33.8	40.0
α－淀粉酶活力/ASBC单位	54	59
糖化力/°WK	277	331
最终发酵度/%	77.3	80.0
制麦损失率/%(干物质)	9.5	6.2

四、激活发芽法

在浸麦过程中，浸麦水分达30％以上，麦粒即开始萌发。此后，麦粒接触空气愈充分，发芽的生理活性愈旺盛。由于浸麦与发芽的不可分性和为了缩短发芽时间，并达到良好的溶解度，浸麦达到一定萌发程度后，即可下麦至发芽床，在发芽床进行通风和补水。在这种条件下，麦粒提前接触大量空气，会更大程度地被激活，使发芽更快，发芽时间进一步缩短。具体做法，大麦在2次浸水后，水分达38％±1％，而移至发芽床，在发芽床边发芽，边补水，使达最终要求的浸麦度。具体操作举例如图1－4－21所示。

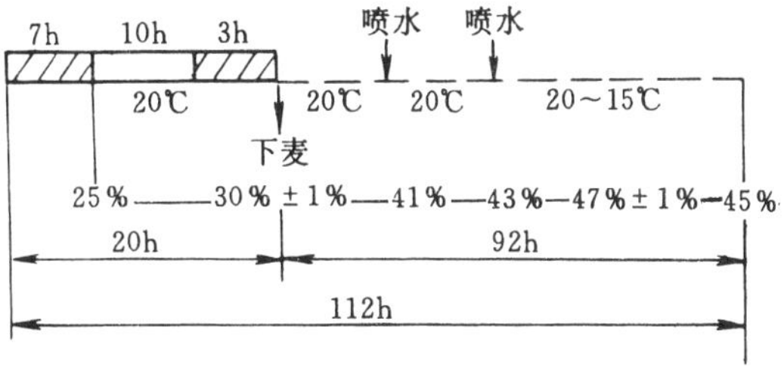

图 1－4－21　激活发芽法操作

(1) 浸麦时间控制在20h左右，水温15～20℃，湿浸过程，通风的溶解氧应控制在5mg/L。空气休止时，麦层CO_2含量应控制在3％以下。

(2) 发芽时间控制在92～96h；发芽温度控制在20℃以下；发芽初期，2次补水，补水量为$0.2m^3/t$大麦左右。补水时，喷水应绝对均匀，否则发芽不整齐，将影响发芽质量。

总的浸麦和发芽时间可控制在112h。而利用同一大麦品种，如浸麦度全部在浸麦槽中达到要求(43％左右)，不再补水，则浸麦时间需30h，发芽需95h，全部浸麦与发芽时间约需125h。

不同大麦品种，工艺操作时间会有所不同。此法最佳补水时间和补水量可通过试验确定。

五、"挤压"制麦法

麦粒经过浸渍，水分仅达40％左右时进行发芽，麦芽的溶解一般是比较差的。如果在此低水分的情况下，麦粒经辊式粉碎机轻微挤压后，发芽情况可大大改善，在不添加任何添加剂的情况下，就可改善麦芽的溶解情况，如果再辅以赤霉酸处理，情况将得到进一步改善。

1. 作用原理

麦粒"挤压"与麦粒"擦皮"不同，擦皮是谷皮的损伤，而挤压则主要是果皮和种皮的破裂，使氧更易进入麦粒内部，与胚接触，从而加强麦粒的代谢，而谷皮则很少损伤。

2. 操作方法

麦粒经1次或2次浸渍后，水分约达38％，然后进行长时间的空气休止(约18h)，使麦粒表面水分全部被吸收，水分可达40％左右。然后用带螺纹的辊筒轻微挤压麦粒。辊筒的间距可控制在1.8mm左右，以适应一般麦粒的大小。在此情况下，麦皮极少损伤，而大部分麦粒的果皮和种皮则破裂。理想的情况是辊筒的间距能控制在尽量减少麦皮擦伤的范围内。

3. 效果

(1) 采用此法，发芽时间可以缩短，麦粒呼吸作用和麦根的生长减少，从而降低制麦损失。

(2) 采用此法，可以改善休眠大麦的休眠情况。休眠的麦粒，氧进入麦粒胚部受到限制。挤压后的麦粒，果皮及种皮撕裂，同时在受压的情况下，也排除了谷皮内部包埋的水膜，改善了氧与胚的接触，从而可以改善麦粒的休眠情况和麦粒的溶解情况(见表1－4－35)。

表 1-4-35 "挤压"对休眠大麦的影响

项目	未挤压大麦	挤压大麦
浸出物含量/%	29.1	29.6
总可溶性氮含量/%	0.47	0.59
可溶性氮：总氮/%	27	34
呼吸损耗/%	3.8	5.2
根芽损耗/%	1.7	2.7
叶芽平均长度相当麦粒长度的倍数	0.46	0.51
制麦总损失率/%	5.5	7.9

(3) 采用此法，结合赤霉酸处理，无论酿造大麦或廉价的饲料大麦，均可制成高$\alpha-$氨基氮含量和高酶含量($\beta-$葡聚糖酶、$\alpha-$淀粉酶、糖化酶等)的麦芽(见表1－4－36)。

表 1-4-36 挤压与赤霉酸结合处理的情况

大麦品种	Plaisant (酿造大麦)	Gerbel (饲料大麦)	Digger (饲料大麦)
赤霉酸用量/(mg/kg)	0.9	0.9	0.9
细粉浸出物含量/%	80.7	79.2	81.2
总氮含量/%	1.82	2.18	1.99
库尔巴哈值/%	47.8	48.2	51.3
游离$\alpha-$氮含量/(mg/L)(10°P)	214	267	272
$\alpha-$淀粉酶活力/D.u	72	64	51
糖化力/°WK	502	404	288
$\beta-$葡聚糖酶活力/I.R.V.u	1127	1072	1209

(4) 采用此法，结合赤霉酸处理，可以较不采用赤霉酸处理者，制成高溶解度的麦芽(见表1－4－37)。

表 1-4-37 挤压法结合或不结合赤霉酸处理的对比

项目	不经赤霉酸处理		经赤霉酸处理	
	不挤压	挤压	不挤压	挤压
可溶性氮：总氮/%	33	34	45	54
浸出物含量/%	29.4	30.1	30.8	31.5
脆度值/%	59	70	79	85

(5) 采用此法，可减少浸麦次数，节约用水和减少废水排放量。

注意：赤霉酸应在麦粒挤压后立即添加。

第五章　绿麦芽干燥

绿麦芽干燥是制麦过程中的一个重要环节，通过干燥，最后确定麦芽的品质。麦芽的香味与色泽，取决于麦芽的干燥温度，啤酒的组成取决于酶的作用，而酶的作用又受麦芽干燥的影响。不同的麦芽可以制出不同的啤酒，此不同的麦芽是随干燥绿麦芽的处理方法不同而异的。

绿麦芽干燥的目的主要有以下几点:

(1) 停止绿麦芽的生长和酶的分解作用;

(2) 除去多量的水分，防止麦芽腐败变质，便于贮藏;

(3) 使麦根干燥，便于脱落除去;

(4) 除去绿麦芽的生腥气味，增加麦芽的色、香、味。

第一节　干 燥 理 论

一、绿麦芽干燥的变化过程

绿麦芽在干燥过程中，随着温度上升和水分下降，麦芽内部发生复杂的物理和化学变化。

(一) 物理变化

主要表现在4个方面:

1. 水分的变化

一般传统发芽方法的绿麦芽水分为41%～43%，强制性发芽者为45%～50%，通过干燥，浅色麦芽水分降至3.0%～5.0%，深色麦芽水分降至1.5%～3.5%。水分的去除要经过两个干燥过程。

(1) 凋萎过程　此阶段的干燥要求风量大，温度低，水分下降到10%～12%。浅色麦芽和深色麦芽的凋萎方式差别很大，一般说，浅色麦芽要求保存多量的酶活力，而不希望麦粒内容物质过分分解，因此，要求风量更大一些，温度更低一些，水分下降更快一些；深色麦芽则要求麦粒在发芽的基础上，继续溶解得更完全一些，因此，要求风量小一些，温度高一些，水分下降慢一些，相应地酶活力则较浅色麦芽低很多。

(2) 焙焦过程 此阶段的干燥风量小，温度高，水分下降缓慢。浅色麦芽的焙焦温度一般控制在80～85℃，深色麦芽的焙焦温度控制在95～105℃。

2. 容量的变化

大麦吸水而增容，干燥而减容；低温缓慢干燥，胚乳疏松，麦粒容量大；高温急速干燥，胚乳紧密，麦粒容量小。优质的麦芽在干燥去水后，容量不应缩小很多，麦芽较原料大麦应增容20％左右。

3. 质量的变化

因水分减少和物质消耗，麦芽的质量较原料大麦为低，麦芽溶解得愈好，其质量降低得愈多。

100kg精选大麦⟶160kg左右绿麦芽(水分47％左右)⟶80kg左右干燥麦芽

4. 色泽和香味的变化

从绿麦芽到干燥麦芽的色泽变化如下：

绿麦芽 1.8～2.5 EBC单位；

浅色麦芽 2.3～4.0 EBC单位；

深色麦芽 9.5～21.0 EBC单位。

麦芽香味是与色泽平行而产生的，干燥温度愈高，色泽愈深，香味也愈浓。

(二) 化学变化

可分为3个阶段：

1. 生理变化阶段

此阶段发生在麦芽水分不低于20％、干燥温度不超过40℃的情况下。在此期间，麦粒的叶芽继续生长，胚乳细胞继续溶解，低分子糖类和可溶性含氮物质不断增长，物质的转变和发芽时基本一样。

2. 酶的作用阶段

此阶段的温度为40～75℃，麦粒生长趋于停止，酶的活力发挥作用，淀粉酶、蛋白酶、β－葡聚糖酶、磷酸酯酶等继续分解有关物质，水溶性浸出物和可发酵性浸出物不断增加，直到水分进一步降低或温度升高，酶的作用才逐步停止。

3. 化学变化阶段

此阶段的干燥温度在75℃以上。此时麦粒水分进一步下降，酶的作用停止，焙焦过程开始。此时的变化主要是由于高温所引起的某些成分之间的化学变化，从而使麦芽产生了应有的色、香、味。

二、麦芽干燥期间的物质变化

(一) 酶的变化

1. 酶在不同干燥温度下的变化

在麦芽干燥阶段，水分逐渐降低，温度逐步升高，各种酶的活力一般均有不同程度的降低。其变化情况视所采用的干燥温度而异，综合如表1－5－1所示。

表 1-5-1　不同干燥温度酶活力变化　单位: u

酶活力变化 / 酶的名称	绿麦芽	低温干燥期的凋萎麦芽	焙焦温度/℃			
			70	80	90	100
α－淀粉酶	—	100	116	109	108	95
β－淀粉酶	100	—	69.1	55.8	38.0	28.2
内肽酶	—	100	103	105	106	—
氨肽酶 *	100	—	—	355	368	270
羧肽酶	—	100	104.6	94.7	83.9	76.0
内－β－葡聚糖酶	100	—	99	96	80	55
外－β－葡聚糖酶	100	—	45.6	40.1	30.9	27.4
纤维二糖酶	100	—	68	68	60	58
脂肪酶	100	—	98	92	86	81
磷酸酯酶	100	—	38.8	35.5	30.9	24.5
过氧化氢酶	100	—	16.0	6.8	2.4	0.2
过氧化酶	100	—	24.1	18.9	11.2	7.5
多酚氧化酶	100	—	73.9	71.2	72.0	68.0

* 指亮氨酸氨肽酶

2. 浅色麦芽和深色麦芽酶活力变化比较

在麦芽干燥过程中，风量愈大，干燥愈快;温度愈低，酶的破坏愈小。因此，浅色麦芽的酶活力较浓色麦芽为高。两者酶活力的变化比较如表1－5－2所示。

表 1-5-2　浅色麦芽和深色麦芽酶活力的比较　单位: u

麦芽类型	水分/%	糖化力	蛋白质分解力	生酸酶
浅色麦芽				
绿麦芽	43.6	219	104	11.5
凋萎麦芽	9.6	224	107	11.4
干燥麦芽	3.6	171	107	10.6
深色麦芽				
绿麦芽	45.0	306	70	11.3
凋萎麦芽	10.9	306	53	11.5
干燥麦芽	1.8	80	27	7.9

3. α－淀粉酶与β－淀粉酶的活力变化

β－淀粉酶的耐热性较α－淀粉酶低，在焙焦阶段，β－淀粉酶活力的损失比较大。随着焙焦温度的变化，两者的活力比值也在变化，因此，不同类型的麦芽，对麦汁和啤酒的成分有很大的影响。

(二) 麦芽化学成分的变化

在干燥的前8～12h，麦芽水分尚高，温度不同，麦芽中的变化与发芽时相似。

随着水分不断降低，温度不断升高，麦芽含可溶性浸出物和可发酵性浸出物的量逐步降低，这是蛋白质凝固和类黑素形成所引起的结果。

1. 碳水化合物的变化

(1) 淀粉的分解

① 淀粉分解的水分和极限温度的关系：在凋萎过程中，淀粉在每一特定水分情况下，都有一定的分解极限温度，低于此值，淀粉便不再分解(表1－5－3)。

表 1-5-3 淀粉分解的水分和极限温度的关系

水 分/%	极 限 温 度/℃	水 分/%	极 限 温 度/℃
43	25	24	50
34	30	15	直至60℃分解产物不再继续上升

② 在干燥过程中，淀粉的支链减少，直链增加，葡萄糖、果糖、麦芽糖和蔗糖等开始均有所增长。当水分降至15％以下，而温度不断升高时，则总浸出物和可发酵性浸出物的量会不断减少，主要是类黑素的形成消耗了很大一部分可发酵性糖，只有蔗糖的含量仍不断上升。

(2) 半纤维素的分解　在凋萎过程中，半纤维素在半纤维素酶的作用下，加速分解为β－葡聚糖和戊聚糖(麦胶物质)；在焙焦温度下，部分β－葡聚糖和戊聚糖又水解为低分子物质，使麦汁粘度不断降低。干麦芽中的β－葡聚糖和戊聚糖的含量均较凋萎麦芽相对减少(表1－5－4)。

表 1-5-4 干燥过程中β－葡聚糖和戊聚糖的变化

项 目	凋 萎 麦 芽	干 燥 麦 芽
麦胶物质总量/(mg/100g麦芽浸出物干物质)	297	284
β－葡聚糖	142	135
戊 聚 糖	155	149

2. 含氮物质的变化

(1) 蛋白质分解的水分和极限温度的关系　在一定的水分下，蛋白质分解作用有一定的极限温度(表1－5－5)，低于此值，蛋白质不再分解。

表 1-5-5 蛋白质分解的水分和极限温度的关系

水 分/%	极 限 温 度/℃	水 分/%	极 限 温 度/℃
43	23	24	40
34	26	15	50

(2) 蛋白质分解最适温度与麦芽水分的关系　水分愈高，最适温度愈低；水分愈低，最适温度相应提高(表1－5－6)。

(3) 在干燥初期，蛋白酶继续形成，在一定的水分和温度下，蛋白分解作用继续进行。当温度继续升高，麦芽的凝固性氮含量降低。甲醛氮也因为消耗于类黑素的形成而降低。深色麦芽较浅色麦芽降低的幅度大，其变化如表1－5－7所示。

表 1-5-6　蛋白质分解最适温度与麦芽水分的关系

绿麦芽的水分/%	蛋白质分解作用	甲醛氮	永久性可溶性氮
43.6	56～58℃	—	—
43.0	—	51～55℃	56～58℃
34.0	—	53～57℃	60℃
24.0	—	59～63℃	62～66℃
23.2	62～66℃	—	—
15.0	66～70℃	63～67℃	66～70℃

表 1-5-7　浅色麦芽与深色麦芽的含氮物质变化情况

项　目	绿麦芽	凋萎麦芽	干麦芽
浅色麦芽			
可溶性氮	510	511	505
凝固性氮	144	141	134
永久性可溶性氮	366	370	371
甲醛氮	87	83	77
深色麦芽			
可溶性氮	506	518	396
凝固性氮	108	140	68
永久性可溶性氮	398	376	328
甲醛氮	73	75	50

3. 类黑素(Melanoidins)的形成

麦芽干燥时的重大变化之一就是色泽和香味的形成，两者都是淀粉和蛋白质分解产物的化学反应所致。

(1) 类黑素的反应条件　形成此反应的条件，除应具备低分子糖类和某些氨基酸及其他低分子含氮物质外，麦芽水分应不低于5％。干燥温度在80～90℃时已开始有此反应，100～110℃是最适反应温度，当加热至110℃时，麦芽香味强烈产生，色素物质大量形成。类黑素形成的量及其色泽深度与低分子糖类和含氮物质的浓度、麦芽水分和干燥温度有关，它们愈高，形成的类黑素愈多，色泽愈深，香味愈浓。

类黑素的反应与pH值有关，pH5时最有利于类黑素的形成。

(2) 类黑素的形成　单糖和戊糖的游离羰基(−CO−)与低分子含氮物质氨基反应，生成杂环环状结构的$N-$代葡基胺。此物质进行阿迈多鲁(Amadori)重排，形成烯醇式或酮式化合物。此两种化合物均能进一步形成类黑素。类黑素的反应视成分而异：

① 不同糖类形成类黑素的速度：还原性糖较非还原性糖快，戊糖较单糖快，如表1－5－8所示。

② 不同低分子含氮物质形成类黑素的速度：以胺最快，氨基酸次之，多肽最慢，如表1－5－9所示。

③ 不同糖类和氨基酸的相对反应速度：如表1－5－10所示。

表 1-5-8 不同糖类形成类黑素的速度

反应顺序	反应物质	反应速度
1	阿拉伯糖、木糖	立即反应
2	果糖、葡萄糖、半乳糖、甘露糖	反应次之
3	麦芽糖、乳糖	反应缓慢
4	蔗糖	数小时方起反应

表 1-5-9 不同低分子含氮物质形成类黑素的速度

反应顺序	反应物质	反应速度及产物特征
1	胺	反应极快
2	氨基酸	
	A. 甘氨酸	反应最迅速，颜色深重，有面包皮香味
	B. 缬氨酸	在焙焦时反应迅速，色泽深，有柔和的麦芽香味
	C. 丙氨酸	反应较弱，生成较深的色泽
	D. 亮氨酸	在焙焦时反应仍微弱，具有麦芽香味
	E. 天冬酰胺	反应弱
	F. 谷氨酸	反应更弱
3	多肽	需1～2h方能显色

表 1-5-10 不同糖类和氨基酸形成类黑素的相对反应速度

糖类	氨基酸	相对速度	糖类	氨基酸	相对速度
阿拉伯糖	甘氨酸	6.7	葡萄糖	色氨酸	1.25
木糖	甘氨酸	5.5	葡萄糖	苏氨酸	0.975
果糖	甘氨酸	1.2	葡萄糖	缬氨酸	0.915
葡萄糖	甘氨酸	1	葡萄糖	丙氨酸	0.675
葡萄糖	赖氨酸	4.35	葡萄糖	谷氨酸	0.425

(3) 类黑素的性质 类黑素是棕褐色物质，有香味和着色力，具有胶体特性，有利于啤酒的起泡性和泡持性，它是一类还原物质，在啤酒中带负电荷，有保护胶体的性质，对啤酒的非生物稳定性有好处。它在溶液中呈酸性，有利于改进啤酒的风味质量。

麦芽的香味主要来自甘氨酸形成的类黑素，深色麦芽的一部分香味，也来自缬氨酸和亮氨酸形成的类黑素。

深色麦芽所含类黑素要较浅色麦芽高得多。所制得的相应啤酒，其情况也是这样。所以深色啤酒的胶体稳定性和泡沫性能一般都较浅色啤酒好。

4. 有机硫化物的变化

二甲基硫(Dimethyl sulfide，简称DMS)是一挥发性的硫醚化合物，沸点38℃，其味阈值极低(30μg/L)，超过此值会给啤酒带来不愉快的煮玉米味，是影响啤酒风味的一项重要物质。

DMS来自两种前体物质，即硫－甲基蛋氨酸(S－methyl methionine，简称SMM)和二甲基亚砜(Dimethyl sulphoxide，简称DMSO)。两种前体物质均来自麦芽，前者系通过酶的合成，在发芽期间形成，不耐热，麦芽干燥时，易受热分解，形成DMS和高丝氨酸。但不是所有绿麦芽的SMM在干燥时都形成DMS，部分残留在麦芽中的SMM，在麦汁煮沸时，继续受热分解为DMS。在麦芽干燥和麦汁煮沸时形成的DMS大部分随气体和蒸汽而挥发。部分在麦芽干燥时形成的DMS，在麦汁煮沸时继续受热氧化而形成另一种DMS的前体物质二甲基亚砜(DMSO)，二甲基亚砜在发酵时又被酵母吸收，还原为DMS。

以上整个变化过程可归纳如下：

$$\begin{matrix}\text{硫腺苷基蛋氨酸}\\ \text{(S – adeuoyl methionine)}\\ \text{和蛋氨酸}\end{matrix} \xrightarrow[\text{合成}]{\text{酶的}} \text{SMM} \xrightarrow[\text{(麦芽干燥时)}]{\text{加热分解}} \text{DMS} \xrightarrow[\text{麦芽干燥和麦汁煮沸时}]{\text{加热氧化}} \text{DMSO} \xrightarrow[\text{(发酵时)}]{\text{酵母还原}} \text{DMS}$$

SMM在麦芽干燥时形成的DMS与干燥温度有关，温度愈高，麦芽中残留的SMM愈少，从而所制啤酒含DMS也愈低。制造爱尔啤酒的麦芽(Ale malt)，其干燥温度高于制造贮藏啤酒的麦芽(Lager malt)。因此，爱尔啤酒所含DMS远低于贮藏啤酒所含的DMS。

被大肠杆菌污染的麦汁，在开始发酵迟缓的情况下，也会导致产生超过味阈值的DMS，给啤酒带来类似芹菜的味道。

5. 多酚物质的变化

在干燥过程中，麦芽多酚物质的变化表现在多方面反应中：

(1) 在凋萎期中，由于氧化酶的作用，花色苷含量有所降低。

(2) 当继续升温至焙焦温度时，花色苷含量增加，并在焙焦过程中继续不断增加。

(3) 焙焦温度愈提高，不仅麦芽的总多酚物质和花色苷含量增加(表1－5－11)，协定法麦汁中该物质的含量也增加。

表 1-5-11　　干燥温度与多酚物质的关系

干燥温度/℃	总多酚物质含量/(mg/100g干物质)	花色苷含量/(mg/100g干物质)
50	377	146
60	357	138
70	366	151
85	386	159
90	418	162
100	520	169

(4) 焙焦温度愈高，总多酚物质与花色苷的比值(聚合指数)愈低(表1－5－12)，麦汁的还原力愈高，着色力愈强。

表 1-5-12　　干燥温度与麦汁(12%)中总多酚和花色苷的关系

干燥温度/℃	总多酚物质含量/(mg/L)	花色苷含量/(mg/L)	聚合指数/PI
70	183	59	3.1
85	211	78	2.7
100	236	95	2.5

(5) 多酚物质氧化后，形成二羰基化合物，与氨基酸经聚合和缩合作用而形成类黑素：

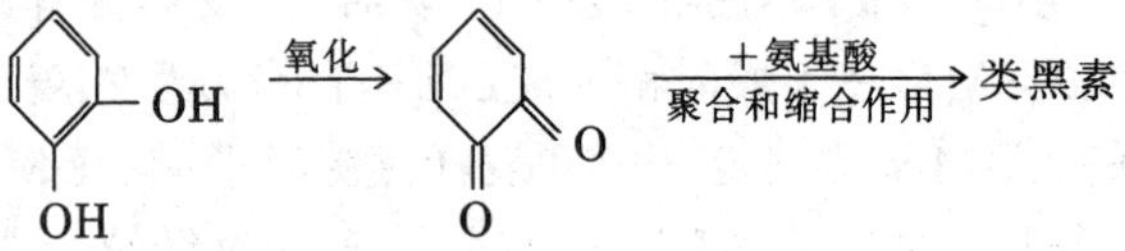

6. 脂肪的变化

麦芽在干燥初期，脂肪酶活力仍有5%左右的升高，但在不同的干燥条件下，均未发现麦芽中脂肪的变化，对啤酒的泡沫和风味产生什么影响。

7. 酸度的变化

麦芽在干燥期间，由于下述作用，酸度有所增长：

(1) 由于生酸酶的作用；

(2) 磷酸盐相互间的作用；

(3) 类黑素的形成。

在低温凋萎阶段，在生酸酶的作用下，由于酸性磷酸盐的释出，使滴定酸度和缓冲作用增加，情况与发芽时相似。当水分下降至15%时，这种酸的生成量随之减少。当温度继续上升时，类黑素开始形成，这种物质呈现明显的酸性。温度愈高，酸度越高，pH愈低，色泽也愈深(表1－5－13)。

表 1-5-13 麦芽*干燥温度与麦汁pH值和色度的关系

干燥温度/℃	50	60	70	80	90	100	100
pH	5.91	5.90	5.86	5.83	5.80	5.71	5.63
色度/EBC单位	2.5	2.7	3.0	3.0	4.7	6.4	14.5

* 经过凋萎过程的深色麦芽。

8. 浸出物的变化

麦芽的干燥温度愈高，麦汁的浸出物愈低(表1－5－14)，其原因来自以下几方面：

(1) 麦芽干燥温度愈高，凝固性氮析出愈多。

(2) 温度愈高，类黑素形成的量也愈高，其中一部分是不溶性的。

(3) 麦芽干燥温度愈高，酶的破坏愈大，可溶性的物质就愈少。

表 1-5-14 干燥温度与麦芽浸出物的关系

干 燥 温 度/℃	70	85	100
无水浸出物含量/%	82.0	81.7	80.6
色度/EBC单位	2.8	5.5	17.0

第二节 干 燥 应 用

一、麦芽干燥设备

麦芽干燥设备是利用逐步升温的热空气去干燥绿麦芽，从而使成品麦芽达到应有特性的设备。麦芽干燥设备的型式可分类如下：

(一) 水平式干燥炉

1. 水平式干燥炉的类型

(1) 单层干燥炉;

(2) 两层干燥炉(见图1－5－1A及B);

(3) 三层干燥炉;

(4) 通风式高效干燥炉;

(5) 复式通风式单层干燥炉(图1－5－2)。

2. 水平式干燥炉的结构情况

(1) 水平式干燥炉(单层、两层或三层)的主要构件

① 加热装置: 由热源部分和散热部分组成。

i 热源部分: 是一个燃烧炉(或用蒸汽、煤气等其他加热装置),位于燃烧室内,燃烧室设在干燥炉的底部。

ii 散热部分:

(i) 空气加热室: 室内有加热管(或用其他散热装置)。加热管的布置,将温度高的燃烧气体布置在四周靠壁处,温度较低的燃烧气体布置在室的中心处。如果加热管是分层安置,则其最冷的部分安置在下部,最热的部分安置在上部,从而使空气加热达到平衡。

(ii)空气混合室: 混合空气之用,使热空气分布均匀,并可承受从烘床上落下的麦根,避免根芽被加热管烧焦。

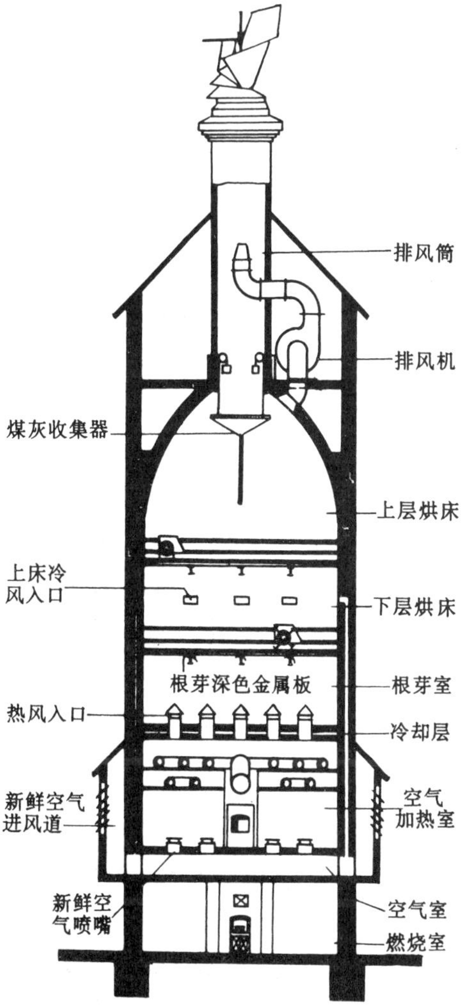

图 1－5－1A 水平式两层干燥炉

② 烘床: 烘床系承托被干燥的绿麦芽之用。烘床用异型钢丝编制或焊接(图1－5－3),流通截面占烘床总面积的30％～40％;用圆钢丝编制的烘床,流通截面占20％～25％;孔板床者仅占15％,只适用于深色麦芽的干燥。

烘床上设有回转搅拌机或螺旋搅拌机,供搅拌麦芽之用。两层、三层干燥炉的烘床上有排出口,供卸落麦芽之用。

③ 通风装置: 在干燥炉顶部设蒸发筒(断面约为烘床面积的6％)及离心式鼓风机,用以排除蒸发的水分。

(2) 通风式单层高效干燥炉 通风式单层高效干燥炉(图1－5－4)结构简单,操作方便,单位负荷量大,生产规模可大可小(5～200t),比较灵活,在国际上早已被广泛采用。一般萨拉丁箱式发芽和麦堆移动式发芽多配以此种炉进行干燥。其特点是:

① 加热面和通风量大,能较快地将绿麦芽水分排除,干燥时间短。风机一般附设在燃烧室内。

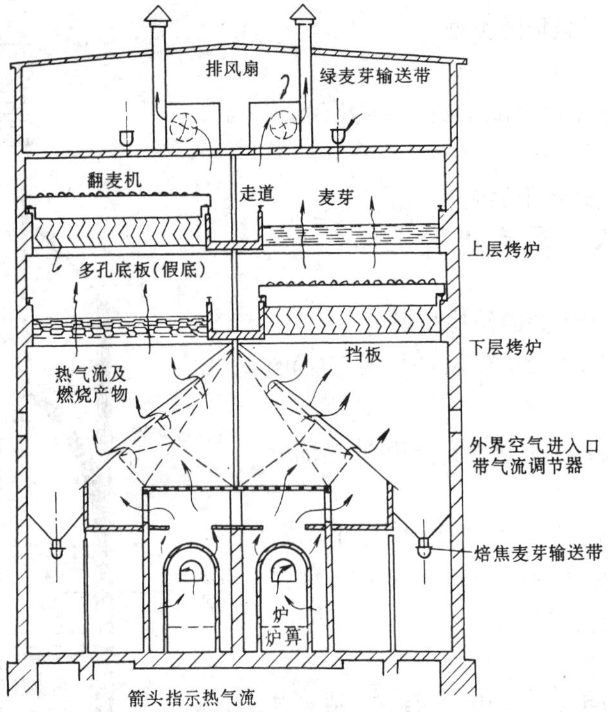

图 1-5-1B 水平式两层干燥炉

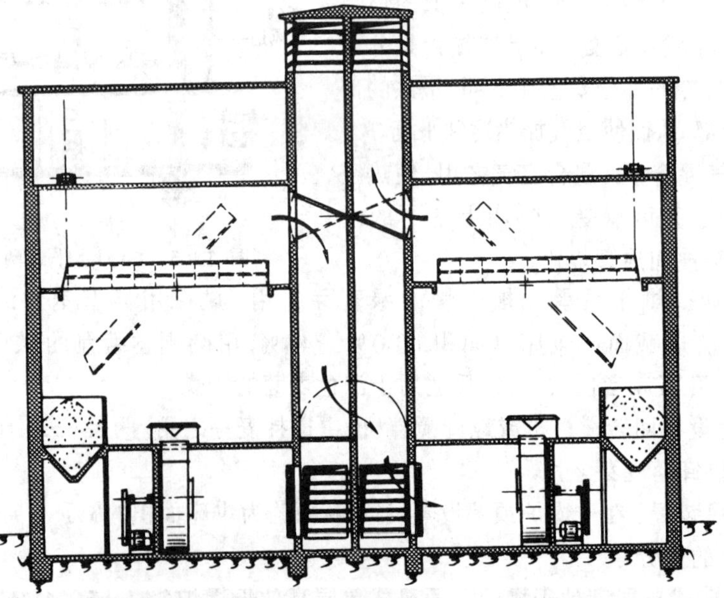

图 1-5-2 复式单层干燥炉

② 麦层高可达1m,不用翻麦机,其他附属装置也较简单。

③ 回风可加以利用,经济上和工艺上均比较合理。

④ 炉身较一般的平面式干燥炉低,投资费用也较低。

⑤ 整个干燥过程易于实现自动控制。

设备情况：单层高效干燥炉的型式有多式多样，在设备结构方面的差别主要表现在加热方式、装卸料装置和自控仪器方面。

i 烘床采用倾翻式，包括单翻式和对翻式。麦芽干燥完毕，炉床倾翻，使干麦芽落于烘床下面的贮料槽内，由螺旋输送机运出；烘床具有较大的空气流通面积(30%～40%)；70t以上的生产规模大都采用圆形或矩形固定床，并具有相应的装卸料设施；100t以上的规模，大都采用圆形固定床，并具有相应的装卸料设施。矩形床的优点是烘床可以倾翻；圆形床的优点是：占地面积少，进出料方便，便于高度自动控制。

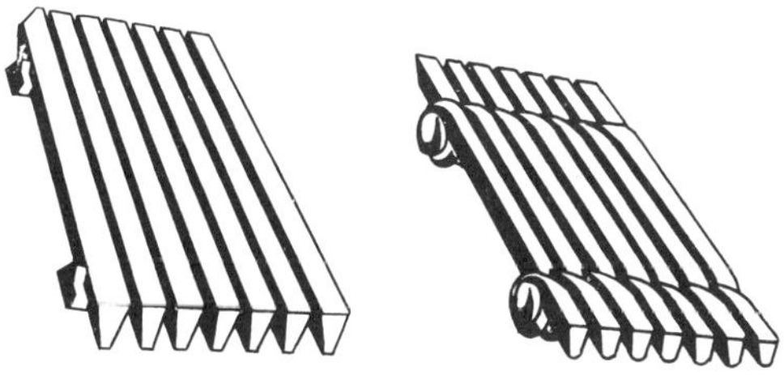

图 1－5－3　异型钢丝烘床

ii 通风装置多采用离心式鼓风机，备有进风、回风和排风风道，其装置如图1－5－4所示。

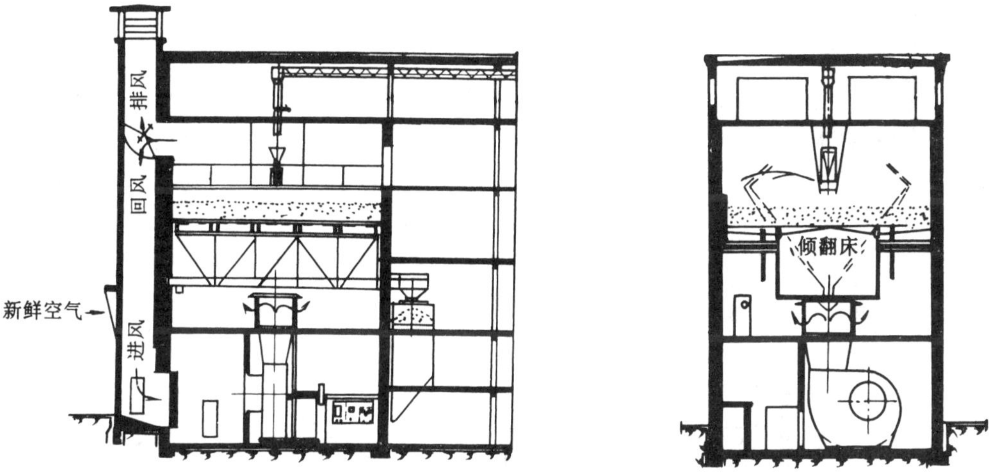

图 1－5－4　单层高效干燥炉

iii 加热方式分直接加热和间接加热两种：直接加热采用焦炭、无烟煤、含硫量少的轻油(见图1－5－5)、天然气和煤气等燃料。直接加热的热利用较好，但易产生有害人体健康的物质，故对采用的燃料应严格选择。间接加热也有两种方式：一种具有燃烧炉和加热管，空气不与燃料接触，而是经加热管系统加热后，送入烘床；一种是采用燃油(图1－5－6)或采用蒸汽或热水(图1－5－7)为加热介质的加热方式。

技术条件如下：

麦层厚度：0.6～1.2m

干燥时间：18～20h

单位面积负荷量：250～400kg/m²

通风量：4000～5500m³/(t·h)

加热介质：

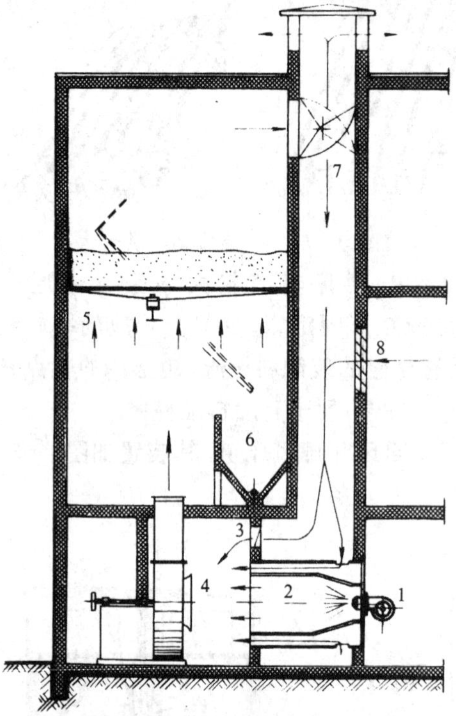

图 1-5-5　燃油直接加热的单层焙燥炉

1—油燃烧器　2—油燃烧炉　3—调节气瓣
4—风机　5—带摆动出料器的烘床　6—麦芽
7—排风换向板　8—新鲜空气入口

蒸汽：凋萎阶段：0.15～0.2MPa

焙焦阶段：0.5MPa

热水：凋萎阶段：110℃

焙焦阶段：160℃

能量消耗：直接加热：25～40kW·h/t

间接加热：33～48kW·h/t

热量消耗：直接加热：(3.35～4.40)×10^{6}kJ/t

间接加热：(4.40～5.02)×10^{6}kJ/t

（二）垂直式干燥炉

在垂直干燥炉中，设装置成对的立式烘床(图1-5-8)。每对烘床中间，麦层的厚度为30cm。烘床与烘床之间的距离，即空气通道的宽度为30cm。整个烘床的高度用活动的隔板将其隔成二层或三层，隔板上设有空气通道及调节阀，以调节空气量。

烘干麦芽用的热空气，是用位于干燥炉下部的加热器(或燃烧炉)加热的，热风进入空气混合室，经通道以水平方向进入下部绿麦芽层，继续经空气阀升入第二层，再折向仍以横的方向穿过垂直麦芽层，然后升入第三层，横穿上层麦芽，最后被鼓风机排出。

采用垂直炉，麦芽不需搅拌，每隔4～6h，

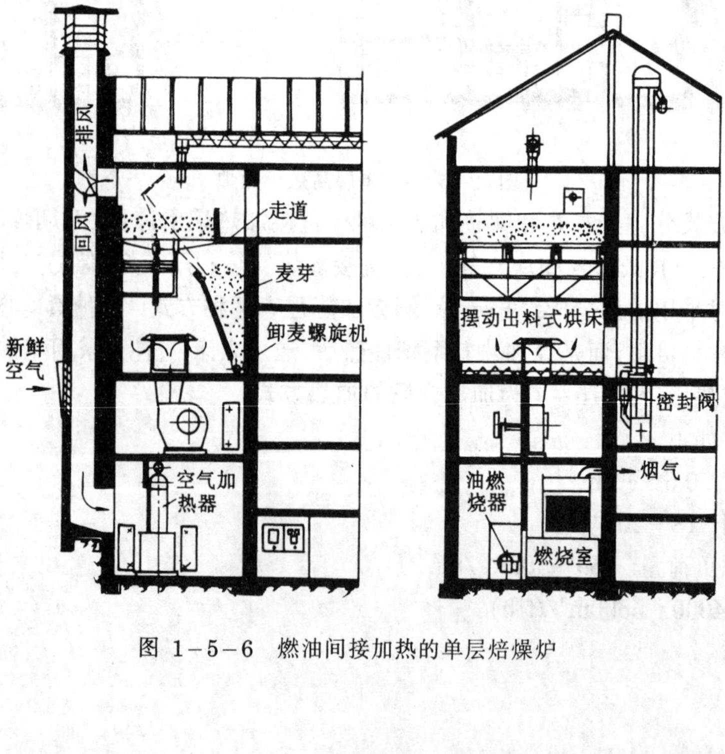

图 1-5-6　燃油间接加热的单层焙燥炉

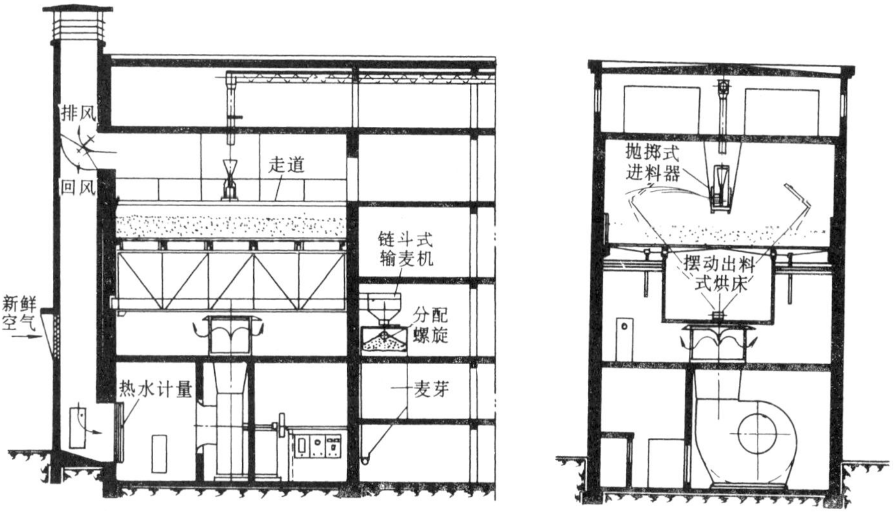

图 1-5-7　热水加热的单层焙燥炉

利用调节阀的启闭，改变空气流向，使其干燥均匀。在每对垂直烘床之间的下面有螺旋输送器，用以卸料。

麦芽在各段烘床间的排送非常容易，下层麦芽完成干燥时，只要关闭下层与中层之间的阀门，将卸料器上部的阀门打开，即可很快地用螺旋输送器将烘干的麦芽卸入贮仓。下层卸完，关闭卸料器，开启中层与下层间的阀门，中层麦芽即落入下层。同样，使上层麦芽落于中层。俟上层放空，即开始投入新的绿麦芽。进料及卸料整个时间不超过1h。

(三) 发芽－干燥两用箱

参阅第四章第三节。

二、麦芽干燥工艺条件的控制

(一) 控制麦芽干燥速度的因素

1. 流经麦层的空气量

在同等条件下，流经麦层的空气量愈大，干燥愈快；空气量愈小，干燥愈慢。合理的空气流量既能使麦粒中的水分蒸发，又能使排出空气的相对湿度保持在90％～95％之间。

2. 麦层厚度

在同等条件下，麦层愈厚，干燥愈慢；麦层愈薄，干燥愈快。合理的麦层厚度是在保证干燥均匀和有足够风量(自然通风或人工通风)的条件下，保

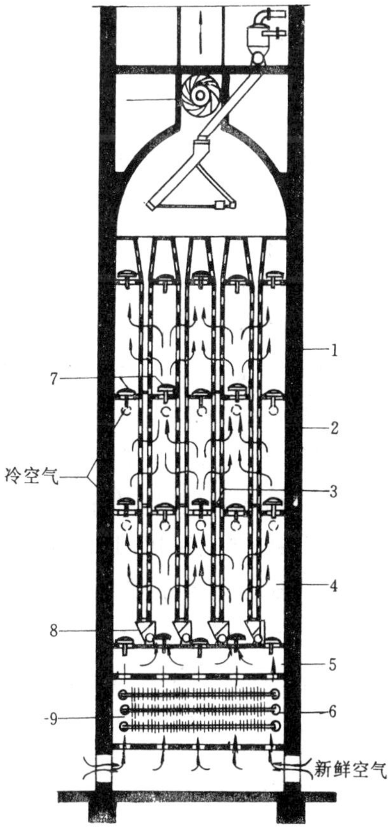

图 1-5-8　三层垂直式干燥炉
1—上床　2—中床　3—隔离板　4—下床
5—空气室　6—加热室　7—空气阀
8—排料螺旋机　9—蒸汽加热设备

持的最大厚度。

3. 麦芽中需排除的水分

麦芽需排除的水分愈多,干燥时间愈长;反之则短。

4. 进风和排风的温度和湿度

进风温度愈高,相对湿度愈低,干燥愈快;进风温度愈低,相对湿度愈高,干燥愈慢。排风的温度低,湿度高,说明干燥效果好;反之,说明效果不好,热利用不合理。

5. 麦芽的吸湿状况

麦芽吸湿性愈强,干燥愈慢;反之则快。

6. 麦粒温度

干燥末期,特别是麦粒只含结合水时,麦温高,则麦粒的蒸汽压高,有利于水分的排除,干燥快;反之则慢。

7. 制造麦芽的类型

制造浅色麦芽,要求风量大、温度低、干燥快。不管采用哪种型式的干燥炉,都应在12h内使水分降至10%～12%以下,否则溶解过度,麦芽色泽深,损耗大。制造深色麦芽,要求风量小、温度高、干燥慢。

(二) 麦芽干燥过程中温度、水分和通风量的控制

麦芽干燥期中,水分的排除可分3个阶段:

1. 自由干燥期

当麦芽水分从43%～46%降至23%左右这一阶段,排除的水分系表面水分,无阻力,空气温度可以控制低一些(50～60℃),并适当调节空气流量,使排放空气的相对湿度稳定地维持在90%～95%之间。

2. 中间干燥期

当麦芽水分降至23%左右后,麦粒内部水分扩散至表面的速度,开始限制了水分的蒸发速度,水分排除速度下降,排放空气的相对湿度也降低。此时应降低空气流量和适当提高干燥温度,直到麦芽水分降至12%左右。

3. 结合水干燥期

当麦芽水分降至12%左右后,麦粒中的水分全部为结合水。此时要增加蒸汽压,以加速干燥,空气温度应进一步提高,空气流量进一步降低。

如果干燥设备有利用回风的设施,在结合水干燥期开始后,排放空气的相对湿度开始下降时,即应利用一部分回风。但排放空气的相对湿度一定要低于麦芽的平衡相对湿度。

当麦芽水分降至5%～8%时,麦芽开始焙焦阶段,空气温度提高,麦温上升至80～85℃浅色麦芽)或95～105℃(深色麦芽),此时75%左右的排放空气可以考虑回收利用。

三、麦芽干燥的技术条件

(一) 麦芽干燥时间、温度和水分的技术条件

1. 水平式单层干燥炉

以浅色麦芽为例，干燥时间24h，其技术条件如表1－5－15所示。

表 1-5-15　　水平式单层干燥炉的技术条件

炉层 \ 温度与水分	麦层温度*/℃	麦层水分*/%
单层	<40 <60 80～85(3～4h)	<25 <10 3.0～5.0

* 麦层温度和水分系指距离烘床1cm的麦层中测定的温度和水分，以下同此。

2. 水平式两层干燥炉

(1) 浅色麦芽　干燥24h，其技术条件如表1－5－16所示。

表 1-5-16　　水平式两层干燥炉浅色麦芽的技术条件

炉层	干燥阶段和时间/h		温度/℃	水分/%
上层	凋萎	6	35～40(空气温度) 烘床下测定	43→30
		6	50～60(空气温度) 烘床下测定	30→10
下层	干燥	8～9	45～70(麦层温度)	10→6
	焙焦	3～4	80～85(麦层温度)	6→3～5

(2) 深色麦芽　干燥时间48h，其技术条件如表1－5－17所示。

表 1-5-17　　水平式两层干燥炉深色麦芽的技术条件

炉层	干燥阶段和时间/h		温度/℃	水分/%
上层	凋萎	12～14	35～40(空气温度)	45→20～25
		10～12	55～60(麦层温度)	水分基本保持20
		12	50～70(麦层温度)	20→10
下层	干燥	7～8	70～90(麦层温度)	10→5
	焙焦	4～5	95～105(麦层温度)	5→1.5～2.5

3. 水平式三层干燥炉

浅色麦芽和深色麦芽的干燥时间为36h，其技术条件如表1－5－18所示。

表 1-5-18　　水平式三层干燥炉的技术条件

炉层 \ 麦芽种类 / 温度与水分	干燥时间/h	浅色麦芽 麦层温度/℃	浅色麦芽 水分/%	深色麦芽 麦层温度/℃	深色麦芽 水分/%
上层	12	<35	43→25～30	<40	45→30～35
中层	12	35～55	25～30→8～12	40～65	30～35→22～25
下层	12	50～85 (80～85℃ 焙焦3h)	8～12→3～4	60～105 (90～105℃ 焙焦4～5h)	22～25→1.5～2.5
空气混合室温度/℃		90～100		110～120	

4. 通风式单床高效干燥炉

干燥时间18～22h,其技术条件如下:

(1) 浅色麦芽　如表1－5－19所示。

表 1-5-19　单床高效干燥炉的技术条件(浅色麦芽)

干燥阶段＼干燥时间/h＼温度与水分		麦层温度/℃	水　分/%
凋　萎	10～12	40～50	43→10
		60～65	10→6～7
干　燥	3～4	65～80	6～7→5～6
焙　焦	3～4	80～85	5～6→3～5

(2) 深色麦芽　如表1－5－20所示。

表 1-5-20　单床高效干燥炉的技术条件(深色麦芽)

干燥阶段＼干燥时间/h＼温度与水分		麦层温度/℃	水　分/%
凋　萎	10	50～60	45→22
干　燥	5～7	60～95	22→5～6
焙　焦	4～5	95～105	5～6→2～3

5. 垂直式干燥炉

(1) 浅色麦芽　干燥24h,上、中、下段各干燥8h。

(2) 深色麦芽　干燥36h,上、中、下段各干燥12h。

以上技术条件如表1－5－21所示。

表 1-5-21　垂直式干燥炉的技术条件

床身各段＼温度与水分＼麦芽种类	浅色麦芽		深色麦芽	
	麦层温度/℃	水　分/%	麦层温度/℃	水　分/%
上　段	25～30	43→25～30	30～35	45→30～35
中　段	30～55	25～30→8～12	50～65	30～35→22～25
下　段	50～85	8～12→3～5	60～105	22～25→2～3
	(80～85℃ 焙焦3h)		(95～105℃ 焙焦3h)	

6. 发芽－干燥两用箱

此箱只适用于干燥浅色麦芽,干燥时间32h左右,其技术条件如表1－5－22所示。

表 1-5-22　发芽－干燥两用箱的技术条件

麦芽种类	干燥时间/h	麦层温度/℃	水　分/%
浅色麦芽	18 (凋萎)	始温→60{50(4h)、55(4h)、60(4h)}	43→8～10
	4～6(干燥)	65	8～10→5～6
	4 (干燥)	65→80	
	3～4(焙焦)	80→85	5～6→3～5

(二) 几种主要干燥炉的干燥过程

1. 水平式两层干燥炉的干燥过程

(1) 浅色麦芽　在干燥期间,温度和水分的变化以及搅拌和通风情况示例如图1-5-9。

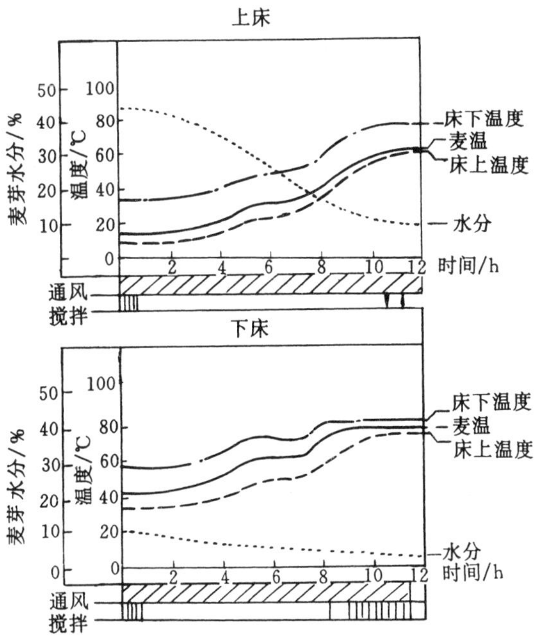

图 1-5-9　水平式两层干燥炉制造浅色麦芽的干燥过程

(2) 深色麦芽　干燥期间,温度和水分的变化以及搅拌和通风情况示例如图1-5-10。

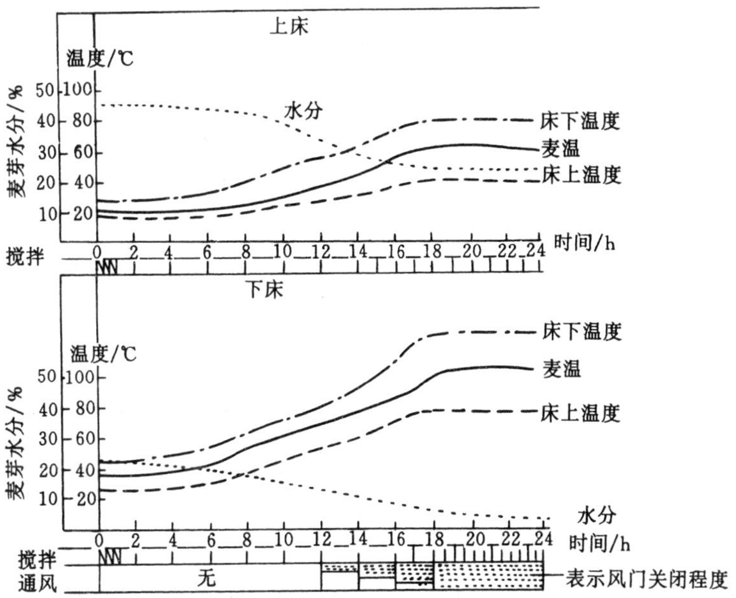

图 1-5-10　水平式两层干燥炉制造深色麦芽的干燥过程

2. 通风式单层高效干燥炉的干燥过程

(1) 浅色麦芽　绿麦芽上下层温度变化和排风相对湿度的变化如图1－5－11所示。

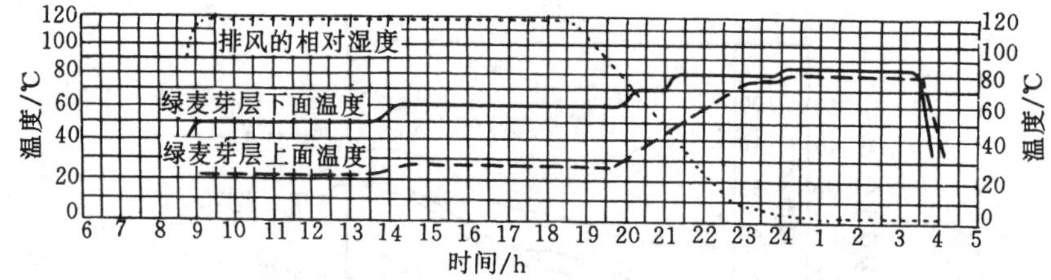

图 1－5－11　单层高效干燥炉浅色麦芽干燥过程

(2) 深色麦芽　绿麦芽下层温度变化和排风操作如图1－5－12所示。

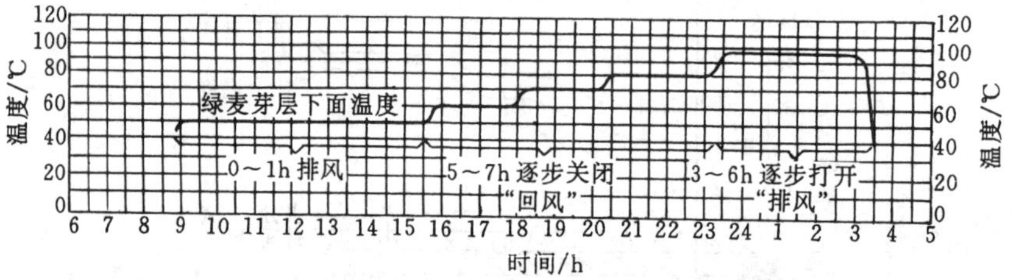

图 1－5－12　单层高效干燥炉深色麦芽干燥过程

(三) 干燥过程中的通风量及耗热量

1. 通风量

干燥一定数量的绿麦芽所需的空气量，其波动是相当大的，影响通风量最大的因素是外界空气的物理特性。空气温度和相对湿度愈低，需要的通风量就愈小，反之则大。一般浅色麦芽需要风量多，深色麦芽需要风量少。今将浅色麦芽对不同外界空气所需风量的理论数据列如表1－5－23。

表 1-5-23　利用不同进风温湿度在60℃干燥1t麦芽所需风量的理论数据

进风		排风		通风需要量/(m^3/t麦芽)
温度/℃	相对湿度/%	温度/℃	相对湿度/%	
−20	50	21	95	32000
+6	75	24	95	45000
+18	85	28	95	86000

每1t浅色麦芽所需通风量大致范围为35000～90000m^3，需要的风量以夏季气温为基础选择之。

2. 耗热量

干燥麦芽所需的耗热量，同样受气候条件影响。冬季耗热多，夏季耗热少。以两层干燥炉、三层干燥炉和单层高效干燥炉相比较，其耗热量如表1－5－24所示。

表 1-5-24　不同干燥炉的耗热量

干燥炉型式	耗热量/(kJ/t麦芽)	燃　料/(kg/t麦芽)
两层干燥炉	$(52.3\sim58.6)\times10^5$	180～200
三层干燥炉	$(41.7\sim46.9)\times10^5$	140～160
单层高效炉	$(39.8\sim44.0)\times10^6$	135～150

每1t麦芽耗热量大致范围为$(37.7\sim62.8)\times10^5$kJ，加热管面积以冬季耗热量为基础选择之。

四、麦芽干燥设备的生产能力

干燥炉的生产能力决定于干燥炉的型式、麦芽种类、麦层厚度、干燥时间和烘床有效面积等。各种类型干燥炉的干燥能力综合如表1－5－25所示。

表 1-5-25　各种干燥炉的干燥能力

干燥炉类型	干燥能力/[kg/(m²·24h)]	干燥炉类型	干燥能力/[kg/(m²·24h)]
单床干燥炉	50～80	水平式三层干燥炉	120～150
通风式单层高效干燥炉	250～400	水平式三层高效干燥炉	300
水平式两层干燥炉	80～100(干燥时间48h)	垂直式干燥炉	200～250
	100～140(干燥时间24h)	发芽－干燥两用箱	200以上
水平式两层高效干燥炉	300		

第三节　干燥麦芽的处理和贮藏

一、干燥麦芽的处理

(一) 除根

1. 除根的作用

由干燥炉卸出的热麦芽不能直接贮藏或用于酿酒，它必须先经过除根及贮藏前的冷却处理。除去根芽的原因是:

(1) 根芽吸湿性强，贮藏时容易吸收水分而腐烂;

(2) 根芽有不良苦味，如带入啤酒，将破坏啤酒的口味;

(3) 根芽易使啤酒改变色泽。

2. 除根过程

利用除根机除根。除根机有多种型式。一般都采用一个缓慢转动的金属网滚筒(图1－5－13)，内装搅刀，以同一方向旋转，但转速较快。当搅刀搅动时，部分麦芽互相撞击而使根芽脱落，部分抛向筒壁而击落。击落的麦根，穿过筛孔，落于螺旋槽内，被螺旋器推出。除根后的麦芽排出时，再经过一次风选，将灰尘及轻微杂质除去，同时麦芽也得到冷却。

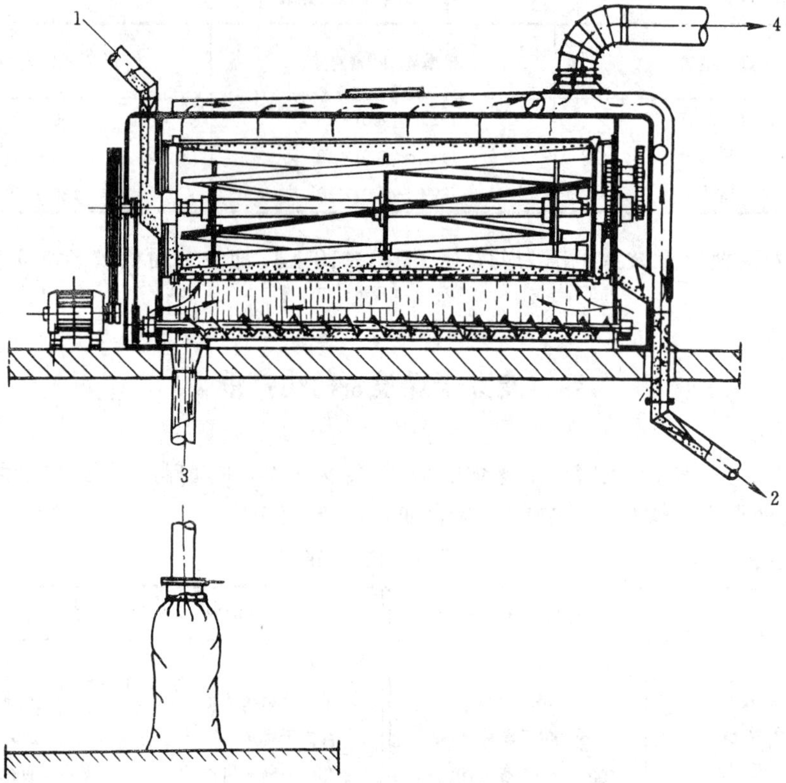

图 1－5－13 麦芽除根机

1—干燥麦芽 2—除根的麦芽 3—根芽 4—风选

除根后的麦芽需冷却到20℃左右，以防止淀粉酶的破坏、色泽变深或引起啤酒不良的味道。

3. 除根的要求和除根机的技术条件

(1) 因根芽具有强的吸湿性，除根操作应在麦芽干燥后24h内完成。

(2) 除根机的技术条件如表1－5－26所示。

表 1-5-26 除根机的技术条件

项目	技术条件	项目	技术条件
圆筛孔隙/mm	1.5×24	圆筛筒转速/(r/min)	20
搅刀转速/(r/min)	160～240	除根量/(kg/h)	500～2000

4. 根芽的成分

根芽的成分与使用的大麦品种和制麦方法有关，浅色麦芽和深色麦芽的根芽成分如表1－5－27所示。

(二) 磨光

在商业性麦芽厂中，麦芽在出售前还要经过磨光，以除去麦芽表面的水锈或灰尘，保证麦粒的外表美观、口味纯正、收得率高。

麦芽的磨光系利用磨光机进行。磨光机由可调节的刷子转筒与波形板面所组成。麦

表 1-5-27　根芽成分　单位：%

项目	浅色麦芽		深色麦芽	
	正常麦根	短麦根	炉内麦根	清选麦根
水分	8.8	10.1	7.0	7.7
粗蛋白质	30.1	34.1	30.9	25.3
脂肪	2.0	2.2	1.6	1.9
粗纤维	8.6	11.4	9.6	11.9
灰分	6.0	7.1	7.0	6.1
非氮物质	44.5	35.1	43.9	47.1

芽通过转动的刷子与波形板面之间时，因受到多次撞击与摩擦，能达到清洁和除杂的目的。磨光机附有鼓风机，用以排除细小杂质。磨光机的技术条件如表1－5－28所示。

表 1-5-28　磨光机的技术条件

项目	技术条件	项目	技术条件
刷子圆周速度/(m/s)	6～7	动力消耗/[kW/(t·h)]	0.75
生产量/[kg/(m²刷子面积·h)]	300	麦芽粉末占麦芽的比例/%	0.5～1.5

二、干燥麦芽的贮藏

(一) 贮藏的原因

新干燥的麦芽不经过一段时期的贮藏，不宜用于酿酒，原因是：

(1) 在干燥操作不当时产生的玻璃质麦芽，在贮藏期间产生变化，向好的方面转化；

(2) 蛋白酶活力提高，增进含氮物质的溶解(表1－5－29)；

表 1-5-29　麦芽贮藏4周后蛋白酶的变化

项目	干燥麦芽	贮藏麦芽	增长/%
水分/%	3.7	4.3	16.2
协定法麦汁的可溶性氮量/(mg/100g麦芽干物质)	703.6	713.9	1.5
内肽酶活力/(mgN/100g麦芽干物质)	6280	6460	2.9
氨肽酶活力(mu/0.3g麦芽干物质)	19.6	19.9	1.5
羧肽酶活力/[μmol甘氨酸/(0.1g麦芽干物质·min)]	320	374	16.8
二肽酶活力/(g甘氨酸/100g干物质)	11.9	16.5	38.6

(3) 增高麦芽的酸度，有利于糖化；

(4) 淀粉酶的活力提高，提高了麦芽的糖化力；

(5) 麦芽贮藏吸水后，麦皮失去原来的脆性，粉碎时破而不碎，有利于麦汁过滤。

由此引起的结果是：

(1) 麦芽的可溶性浸出物有所增高；

(2) 啤酒的胶体稳定性得到改进。

(二) 贮藏期

麦芽的后熟期不能强求一致，一般最短一个月，最长为半年，视麦芽情况及贮藏条件而异。

1. 麦芽情况与贮藏期(表1－5－30)

2. 贮藏条件与贮藏期

表 1-5-30 **麦芽情况与贮藏期**

麦芽情况	贮藏期中的变化	贮藏期
(1) 溶解不足和用高温焙焦的麦芽	经贮藏后，麦芽质量有很大改善，可溶性浸出物增高，糖化力有所提高	应长一些
(2) 溶解正常的麦芽	经贮藏吸收水分后，酶的溶解作用复活，易引起麦芽过度溶解，收得率及泡持性有所下降	不宜过长
(3) 低温焙焦的麦芽	麦芽中的酶活力比较高，贮藏中麦粒继续溶解，使麦芽色泽变深，失去应有的香味，蛋白质分解过度，收得率有所下降，啤酒的泡持性和适口性均有所降低	不宜过长

袋装堆积贮藏的麦芽，一般高不过3m，与空气接触面积大，容易吸收水分，贮藏期宜短。

钢筋混凝土立仓贮藏的麦芽层，高达20m以上，与空气接触少，表面积小，距表面50cm的麦芽已不易吸水，故贮藏期宜长。

(三) 贮藏时的要求

(1) 尽量缩小麦芽与空气的接触面;

(2) 入仓麦芽的温度要低(20℃以下)而干燥;

(3) 干麦芽贮藏时间至少1个月后方能用于酿造;

(4) 贮藏中的麦芽，其水分不宜超过5%;

(5) 应按时检查麦芽的温度和水分;

(6) 麦芽应按地区、品种、批次分别保管。

第六章　制麦损失与降低制麦损失的措施

第一节　制 麦 损 失

一、概　　述

原料大麦经过精选后，由于浸渍、发芽、干燥和去根等过程，有一部分物质损失，即为制麦损失。

在制麦中，首先要求所制麦芽能符合质量标准，在此前提下应尽量争取降低制麦损失。

在传统的制麦方法中，一般是通过控制发芽条件(温度、水分、发芽时间和麦层空气的组成)，以降低制麦损失。近年来，由于在制麦工艺上有了很大改进，制麦损失不断降低。

生产中对于制麦总损失的确定，系以整个生产期或在某一阶段时期内所用的大麦量和制成的麦芽量为一单位进行计算。

二、制麦过程中的物质损失和计算方法

1. 制麦损失中单项损失的计算方法

制麦损失包括3部分:

(1) 浸麦损失　由浸麦前后的大麦干物质含量换算求出。

(2) 根芽损失　由根芽室和麦芽精选机内清出的根芽数量求出，一般是经过一阶段干燥后，求其平均值。

(3) 呼吸损失　由总损失中减去根芽损失和浸渍损失求出。

2. 制麦风干物质损失的计算

直接由精选大麦和成品麦芽的质量求出，水分变化不计，其计算式如下：

$$风干物质损失(\%)=\frac{精选大麦质量-成品麦芽质量}{精选大麦质量}\times 100$$

其中：

浅色麦芽风干物质损失保持在18%～25%；

深色麦芽风干物质损失保持在23%～29%。

上述风干物质损失中的单项损失如表1－6－1所示。

表 1-6-1 风干物质损失中的单项损失

单项损失/%	浅色麦芽	深色麦芽
浮　麦	0.2～1.0	0.2～1.0
大麦浸渍时溶解的物质	0.5～1.3	0.8～1.5
发芽后的麦根	2～3.5	3.5～5
发芽时的呼吸损失	5～8	8～10
水分的变化	10～12	10～12
合　计	17.7～25.8	22.5～29.5

3. 制麦干物质总损失的计算

直接由精选大麦和成品麦芽的质量差计算出来的风干物质损失，未考虑水分的变化，这种计算方法，只能作为经济核算数据。在技术管理上，制麦损失应按干物质计算，通过干物质计算的制麦损失，可以对制麦作业正常与否，作出正确判断。干物质的单项损失如表1－6－2所示。

表 1-6-2 制麦中的干物质损失

单项损失/%	浅色麦芽	深色麦芽	波动范围
浸渍损失	1.0	1.0	0.5～1.5
呼吸损失	5.5	7.5	4～8
根芽损失	3.5	4.5	3～5
干物质总损失	10.0	13.0	9～14

4. 制麦损失计算实例

(1) 利用大麦和麦芽的质量计算制麦损失　100kg含水分12%的大麦，制成83kg含水分4%的麦芽，求风干物质和绝干物质损失率。

① 风干物质损失率：

100－83＝17(kg)，或17%

② 绝干物质损失率：

100kg风干大麦中含有：

100－12＝88(kg大麦干物质)

100kg风干麦芽中含有：

100－4＝96(kg麦芽干物质)

83kg风干麦芽中含有：

$$83\times\frac{96}{100}=79.7(\text{kg麦芽干物质})$$

麦芽干物质占麦芽的质量分数为：

$88:79.7=100\%:x$　　$x=90.6\%$

制麦损失(干物质)为100％－90.6％＝9.4％或直接代入下式计算：

$$\text{制麦损失}(\%)=100-\frac{\text{麦芽制成率}\times(1-\text{麦芽水分})\times100}{100-\text{大麦水分}}$$

$$=100-\frac{83\times(1-0.04)\times100}{100-12}=9.4(\%)$$

(2) 利用大麦和麦芽的千粒质量计算　风干大麦千粒质量为46.0g，含水分18％；风干麦芽千粒质量为35.9g，含水分4％；求麦芽的风干和绝干物质损失率。

① 风干物质损失率：

风干麦芽的制成率为：$46:35.9=100\%:x$　　$x=78\%$

风干物质损失率为：100％－78％＝22％

② 绝干物质损失率：

100g风干大麦中含有：100－18＝82(g大麦绝干物质)

46g风干大麦中含有：$100:46=82:x$　　$x=37.7$(g大麦绝干物质)

100g风干麦芽中含有：100－4＝96(g麦芽绝干物质)

35.9g风干麦芽中含有：$100:96=35.9:x$　　$x=34.5$(g麦芽绝干物质)

麦芽制成率为：$37.7:34.5=100\%:x$　　$x=91.5\%$

绝干物质损失率为：100％－91.5％＝8.5％

三、制麦和贮藏期间大麦的容量和质量变化

大麦容量和质量变化如表1－6－3所示。

表 1-6-3　　大麦在制麦和贮藏期中容量和质量的变化

物质名称	容量/hl	质量/kg	水分/％
精选大麦	100	100	14
浸渍大麦	145	156	45
绿麦芽	220	148	48
干麦芽	118	78	3.5
贮藏后的干麦芽	120	79	4.5

四、发芽条件对呼吸损失和根芽损失的影响

其影响如表1－6－4所示，均以干物质损失计。

表 1-6-4 发芽条件对呼吸和根芽损失的影响

影响因素		呼吸损失/%	根芽损失/%	合计/%
1. 水分/%	40	4.0	2.2	6.2
(发芽温度15℃，发芽时间7d)	43	5.0	4.1	9.1
	46	7.0	5.4	12.4
2. 发芽温度/℃	13	4.3	3.7	8.0
(发芽水分43%～46%，发芽时间7d)	15	5.8	5.0	10.8
	17	6.3	5.5	11.8
	17～13	6.0	4.4	10.4
3. 发芽时间/d	5	4.1	2.8	6.9
(发芽水分43%，发芽温度15℃)	7	5.3	3.4	8.7
	9	6.0	4.1	10.1
4. 发芽3d后空气中的CO_2含量/%(体积分数)	0	7.2	5.5	12.7
(发芽水分43%～46%，发芽温度15℃)	10	6.7	5.4	12.1
	20	6.6	5.1	11.7

第二节 降低制麦损失的措施

由于生产技术不断改革，制麦损失已可从传统制麦方法的8%～10%降低到4%～6%。兹将降低制麦损失的措施，择述如下。

一、生产工艺上的措施

生产工艺上降低制麦损失的措施如表1－6－5所示。

表 1-6-5 生产工艺上降低制麦损失的措施

措施		降低制麦损失/%(干物质)
1. 加大麦层空气中的CO_2含量	(1) 地板式发芽采用堆积缠连发芽法	1～1.5
	(2) 箱式发芽利用回风使CO_2含量增至4%～8%	1～1.5
	(3) 密闭发芽箱(克洛浦箱)，采用碳酸休眠法	2～3.0
2. 降温发芽法	开始发芽采用16～18℃，后期麦芽溶解阶段降温至10～14℃，采用此法须有冷冻设施	1～1.5
3. 多次浸麦法	采用二次或多次浸麦法，抑制根芽生长，减低呼吸损耗	3.0～4.0

二、使用生长素和抑制剂等添加剂

生长素主要采用赤霉酸，其作用已如前所述，可以加速酶的形成，促进麦粒溶解，缩短制麦时间，相应降低了制麦损耗。

抑制剂一般采用甲醛、溴酸钾等，其作用是抑制根芽生长，降低呼吸损耗，但必须和赤霉酸结合使用，才能达到既降低制麦损耗又不影响麦芽溶解和酶的形成的效果。

(一) 溴酸钾与赤霉酸结合处理

(1) 溴酸钾与赤霉酸的添加方法　均于最后一次浸麦时添加。

(2) 添加量　溴酸钾　100～125　mg/kg;

赤霉酸　0.1～0.25　mg/kg。

(3) 麦芽质量　与正常麦芽对比，如表1－6－6所示。

表 1-6-6　溴酸钾与赤霉酸处理麦芽与正常麦芽质量对比

赤　霉　酸/(mg/kg) 溴　酸　钾/(mg/kg)	0 0	0.25 125	0.25 188	0.25 250	0.25 375
无水浸出物含量/(kg/L)	40.87	41.47	41.51	41.31	41.57
冷浸出物含量/%	17.0	19.9	19.1	18.7	18.1
糖化力/林奈单位	58	58	58	52	54
总氮含量/%	1.55	1.54	1.52	1.50	1.51
永久性可溶性氮含量/%	0.56	0.61	0.58	0.53	0.50
蛋白质溶解度/%	36	40	38	35	33
制麦损失率/%	7.2	5.3	5.3	4.6	4.5

(4) 降低制麦损失　2.0%左右。

(二) 硫酸与赤霉酸结合处理

(1) 硫酸的作用　浸麦时，当根芽开始萌发时，以硫酸处理麦粒(浸渍水pH为1～3)，将显著地抑制呼吸作用和根芽的生长，使制麦损失降低。

(2) 添加方法　将硫酸和赤霉酸加入最后一次浸麦水中或把稀硫酸和赤霉酸溶液喷洒在浸渍后的大麦上。

(3) 硫酸添加量　1400～1600mg/kg(对大麦干物质质量)。

(4) 效果　麦芽的低分子糖类和含氮物质增高;制麦损失降低1.5%～3.0%。

(5) 缺点　麦汁的发酵度较低，色度有上升倾向。

(三) 大麦擦皮与赤霉酸结合处理

其作用和处理方法如前所述。由于发芽时间缩短，制麦损失可降低3%左右。

(四) 甲醛处理法

(1) 甲醛的作用　抑制根芽生长，降低制麦损失;降低麦芽和麦汁的花色苷含量，提高啤酒非生物稳定性;抑制微生物污染，特别是在多次浸麦法中使用更为有利。

(2) 添加方法与添加量

①于最后一次浸麦时添加0.05%～0.1%的甲醛;

②于发芽第1天喷洒0.01%的甲醛;

③使用于二次浸麦法时，于再浸渍时添加0.05%～0.1%的甲醛，浸渍24h。

(3) 麦芽质量　几种不同处理方法的麦芽质量对比如表1－6－7所示。

表 1-6-7 不同甲醛用量和麦芽质量

分析内容 \ 甲醛使用量和使用方法	0	喷洒 0.01%	浸渍 0.1%	喷洒0.01% 再浸渍0.1%
无水浸出物含量/%	80.9	80.8	81.1	80.9
粗细粉浸出率差/%	2.8	2.2	3.7	2.1
麦汁粘度/mPa·s	1.67	1.68	1.76	1.70
糖化力/°WK	224	246	223	280
最终发酵度/%	82.4	82.4	83.1	82.6
哈同值(45℃)/%	37.7	36.3	36.1	33.3
蛋白质溶解度/%	48	44	45	39
可溶性氮含量/(mg/100ml麦汁)	78.7	74.9	76.8	69.2
甲醛氮含量/(mg/100ml麦汁)	19.9	18.5	20.6	18.6
花色苷含量/(mg/L)	16.1	9.5	13.1	6.0
色度/EBC单位	3.6	3.3	3.7	2.7
制麦损失/%(干物质)	8.0	7.0	7.2	7.2

第七章　麦芽的性质和质量标准

第一节　麦芽的性质

麦芽的性质决定啤酒的性质，为了使麦芽能在啤酒酿造中得到合理的利用，必须掌握握了解其特性。

麦芽的性质很复杂，它是多种酶共同作用的结果，至今还不能通过个别的方法或凭借个别的数据来判断其质量。因此，要对麦芽的性质有比较全面的认识，必须通过对它的外观特征及其一系列的物理和化学特性的判断，才能作出比较确切的评价。

一、外 观 特 征

对麦芽外观特征的评价如表1－7－1所示。

表 1-7-1　麦芽的外观特征

外　观	评　　价
1. 夹杂物	麦芽应除根干净，不含杂草、谷粒、尘埃、枯芽、半粒、霉粒、损伤残缺粒等杂质
2. 色　泽	麦芽色泽应具淡黄色而有光泽，与大麦相似。发霉的麦芽呈绿色、黑色或红斑色。含铁质的水也能影响麦芽色泽，使其发暗
3. 香　味	麦芽有其特殊的香味，不应有霉味、潮湿味、酸味、焦苦味和烟熏味等；麦芽香味与麦芽类型有关，浅色麦芽香味轻一些，深色麦芽香味浓一些；长期贮存或保管不善的麦芽，会逐渐失去其固有的香味

二、物 理 特 性

对麦芽物理特性的评价如表1－7－2所示。

表 1-7-2 麦芽的物理特性

物理检查内容	指标与评价
1. 千粒质量	麦芽溶解愈完全，千粒质量愈低。通过大麦和麦芽无水千粒质量的比较，可以衡量其溶解程度
2. 公石质量	从大麦与麦芽的公石质量之差可以看出，麦芽的溶解和干燥情况愈好，差数愈大，反之则小
3. 麦芽相对密度	麦芽的相对密度是由麦芽的松软度所决定，相对密度愈小者，说明麦芽溶解和干燥情况愈好，反之则差。其指标一般规定如下： ＜1.10 优　1.13～1.18 满意 1.1～1.13 良好　＞1.18 不佳
4. 分选试验	麦粒颗粒大小不一是大麦分选不良所致，由此将引起麦芽溶解不均的现象。通过对麦芽的分选试验，可以衡量麦芽的溶解情况
5. 沉浮试验	麦芽溶解愈好，相对密度愈小，不易沉降。通过麦粒的沉浮数字，评价其溶解程度。其指标一般规定如下： 沉降粒＜10％ 优　25％～50％ 满意 10％～25％ 良好　50％以上 不佳
6. 切断试验	通过200粒麦粒胚乳的断面情况进行评价。粉状粒愈多者愈佳，玻璃质粒愈多者愈差。计算玻璃质的方法：全玻璃质者为1，半玻璃质者为1/2，尖端玻璃质者为1/4，指标规定如下： 玻璃质粒 0～2.5％ 优　5.0％～7.5％ 满意 2.5％～5.0％ 良好　7.5％以上 不佳
7. 脆度试验	通过脆度计(Friabilimeter)测定麦芽的脆度，用以表示麦芽溶解度，其指标规定如下： 81％～100％ 优秀　65％～70％ 满意 71％～80％ 良好　＜65％ 不满意
8. 叶芽长度	通过叶芽平均长度和长度范围评价麦芽溶解度。指标规定如下： 浅色麦芽：叶芽长度3/4者75％左右，平均长度在3/4左右 深色麦芽：叶芽长度3/4～1者75％左右，平均长度在4/5以上

三、化学特性

对麦芽化学特性的评价如表1－7－3所示。

表 1-7-3 麦芽的化学特性

检验内容		指标与评价
1. 一般检验(标准协定法糖化试验)	(1) 水分	刚干燥完毕的麦芽：浅色麦芽：3.5％～5.0％ 深色麦芽：2.0％～3.0％ 贮藏期中增长：0.5％～1.0％ 使用时水分应不超过6％
	(2) 浸出率	优良的麦芽，无水浸出率应在78％～82％之间，此与大麦品种、气候和生长条件以及制麦方法有关，单纯依靠浸出率一项，不易作出评价

续表

检 验 内 容		指 标 与 评 价
一般检验 (标准协定法糖化试验)	(3) 糖化时间	优良的麦芽协定法糖化时间如下: 浅色麦芽: 10～15min 深色麦芽: 20～30min 麦芽的糖化力和α-淀粉酶活力愈高者,糖化时间愈短
	(4) 麦汁过滤速度与透明度	溶解良好的麦芽,其协定法糖化麦汁的过滤速度快,麦汁清;溶解不良的麦芽,其麦汁过滤慢,麦汁不清。麦汁的过滤速度和透明度还受大麦品种、生长条件、发芽方法、干燥温度和麦芽贮藏期的影响,不能单纯以此作为衡量麦芽质量的标准
	(5) 色　　度	正常的麦芽,其协定法麦汁的色度应为: 浅色麦芽: 2.5～4.5 EBC单位 〔或0.14～0.25ml 0.1mol/L(1/2I_2)〕 中度深色麦芽: 5～8 EBC单位 〔或0.30～0.50ml 0.1mol/L(1/2I_2) 深色麦芽: 9.5～15.0 EBC单位 〔或0.60～1.00ml 0.1mol/L(1/2I_2)〕
	(6) 香味和口味	协定法糖化麦汁的香味和口味应纯正,无酸涩味、焦味、霉味、铁腥味等不良杂味
2. 细胞溶解度的检验	(1) 粗细粉浸出率差	利用粗粉和细粉的糖化浸出率差(采用协定糖化法)来评价麦芽细胞的溶解情况 粉碎机需采用一定的型号,如Miag型或EBC型 细粉中含90%的粉,粗粉中EBC粉碎机粉碎者含32%的粉;Miag者含25%的粉。浸出率细粉者测4次,粗粉者测6次,求平均值,准确度可达0.1%。两者指标不同,示之如下: 　　　Miag型　EBC型　评　价 无水浸出率差/%　<2.0　<1.5　优 　　　2.0～2.9　1.6～2.2　良　好 　　　3.0～3.9　2.3～2.7　满　意 　　　4.0～4.9　2.8～3.2　不　佳 　　　>4.9　>3.2　很　差
	(2) 协定法麦汁粘度	麦汁粘度可以说明麦芽胚乳细胞壁半纤维素和麦胶物质的降解情况,从而对麦芽溶解度作出评价 协定法麦汁的粘度均以调整至浓度为8.6%时的计算粘度为准,其指标规定如下: <1.53mPa·s　优 (1.53～1.61)mPa·s　良好 (1.62～1.67)mPa·s　一般 >1.67mPa·s　不佳

续表

检验内容		指标与评价
3. 蛋白质溶解度的检验	(1) 蛋白质溶解度(又名库尔巴哈值 Kolbach Value)	用麦芽协定法麦汁的可溶性氮与总氮之比的百分率表示其蛋白质溶解度。此值愈高，说明蛋白质分解愈完全，其指标规定如下: ＞41% 优　35%～38% 满意 38%～41% 良好　35%以下 一般 蛋白质溶解度只是一个比例值，它必须与麦芽的总氮含量结合起来考虑才具有比较重要的意义
	(2) 隆丁区分 (Lundin Fraction)	隆丁区分系将麦汁中的可溶性氮根据其相对分子质量区分为3组: A组包括高分子含氮物质(25%左右)，其相对分子质量为60000以上;B组包括中分子含氮物质(15%左右)，其相对分子质量为12000～60000;C组包括低分子含氮物质(60%左右)，其相对分子质量为12000以下。通过此3值的比例，可估计蛋白质分解情况
	(3) 甲醛氮与α－氨基氮	通过测定麦汁中此类低分子含氮物质的含量，衡量其蛋白质分解情况。以协定法麦汁为例，规定指标如下: 甲醛氮(甲醛滴定法)　α－氨基氮(EBC茚三酮法)　评价 ＞220mg/100g麦芽干物质　＞150mg/100g麦芽干物质　优 200～220　135～150　良好 180～200　120～135　满意 ＜180　＜120　不佳
4. 淀粉分解的检验	(1) 糖：非糖	利用麦汁中糖：非糖的含量来衡量麦芽的淀粉分解情况是早期啤酒工业常用的方法，现已为最终发酵度所取代。糖：非糖这一数据有时在生产现场仍作为一种控制生产的方法使用，其具体指标规定如下: 浅色麦芽: 糖：非糖＝1：0.4～0.5 }协定法麦汁 深色麦芽: 糖：非糖＝1：0.5～0.7
	(2) 最终发酵度	以麦汁的最终发酵度来表示麦芽糖化后，其可发酵浸出物与非可发酵浸出物的关系。最终发酵度与大麦品种、生长条件和时间、制麦方法以及使用的酵母品种都有关系。一般说，麦芽溶解得愈好，其最终发酵度愈高。正常的麦芽，其协定法麦汁的外观最终发酵度应达80%以上
	(3) α－淀粉酶活力与糖化力的测定	通过麦芽淀粉酶活力的测定，也可以估价麦芽的淀粉分解能力。在啤酒生产中具有实用价值的是测α－淀粉酶活力和麦芽糖化力(包括α及β两种淀粉酶的作用)。一般，在正常情况下，浅色麦芽的α－淀粉酶活力为40～70ASBC单位，糖化力为: 200～250°WK;深色麦芽的糖化力为100°WK
5. 其　他	(1) 哈同值(又名4次糖化法)	麦芽在20℃，45℃，65℃，80℃下分别糖化1h，求出4种麦汁的浸出率与协定法麦汁浸出率之比的百分率的平均值，以此值减58，所得差数即为哈同值。通过哈同值可以评价麦芽的酶活力和溶解情况。其具体指标如下: 0～3.5 溶解不足　5.5～6.5 溶解良好 4～4.5 溶解一般　6.5～10 高酶活力 5 溶解满意

续表

检验内容		指标与评价
其　他	(2) pH值	溶解良好和干燥温度高的麦芽，其协定法麦汁的pH值较低;溶解不足和干燥温度低的麦芽，其pH值则高。凡pH值低者，其麦芽浸出率高 浅色麦芽协定法麦汁的pH值一般为5.9;深色麦芽因为形成更多的黑色素，其协定法麦汁的pH值有所降低，一般为5.65～5.75

第二节　麦芽质量标准

1993年原轻工业部部颁啤酒麦芽质量标准的理化指标如表1－7－4所示。

表 1-7-4　　啤酒麦芽理化指标

项目＼级别		优等品			一等品			合格品		
		A	B	C	A	B	C	A	B	C
夹杂物含量/%	≤	—	0.5	—	—	0.8	—	—	1.0	—
水　分/%	≤	—	5.0	—	—	5.0	—	—	5.0	—
糖化时间/min(浅色麦芽)		—	10	—	—	15	—	—	20	—
色度/EBC单位	浅色麦芽	—	2.5～3.5	—	—	2.5～4.5	—	—	2.5～5.0	—
	深色麦芽	9.0～13	—	—	9.0～13	—	—	9.0～13	—	—
	黑色麦芽＞	130	—	—	130	—	—	130	—	—
煮沸色度/EBC单位(浅色麦芽)	≤	—	8.0	—	—	—	10.0	—	—	10.0
浸出物含量/%(绝干计)	浅色麦芽 ≥	79.0	—	—	76.0	—	—	73.0	—	—
	深色麦芽≥	60.0	—	—	60.0	—	—	60.0	—	—
	黑色麦芽≥	55.0	—	—	55.0	—	—	55.0	—	—
粗细粉差/%(浅色麦芽)	≤	—	2.0	—	—	—	3.0	—	—	4.0
粘度/mPa·s(浅色麦芽)	≤	—	—	1.6	—	—	1.65	—	—	1.70
α－氨基氮含量/(mg/100g)(浅色麦芽)	≥	—	150	—	140	—	—	140	—	—
库尔巴哈值/%	浅色麦芽	39～44	—	—	—	38～47	—	—	—	36～49
	深色麦芽	25～46	—	—	—	25～47	—	—	—	25～49
	黑色麦芽	20～46	—	—	—	20～47	—	—	—	20～49
糖化力/°WK(浅色麦芽)	≥	250	—	—	220	—	—	200	—	—

第八章　特种麦芽

啤酒酿造用的麦芽，简单地可分两大类：真正麦芽(true malts)和特种麦芽(special malts)。

所谓真正麦芽，除以上章节所述用于制造贮藏啤酒的浅色麦芽和深色麦芽外，还包括酿造上面发酵啤酒使用的浅色爱尔麦芽(pale ale malts)和深色爱尔麦芽(mild ale malts)。

一般说，用于制造爱尔麦芽的绿麦芽，其溶解度均比制造贮藏啤酒麦芽的溶解度高，其焙焦温度也较高，焙焦时间也较长。因此，麦芽的色泽比较深。各种真正麦芽的色度如下所示：

麦芽品种	色度/EBC单位
浅色贮藏啤酒麦芽	3.0左右
深色贮藏啤酒麦芽(慕尼黑麦芽)	15～20
浅色爱尔麦芽	5.5左右
深色爱尔麦芽	7左右

下面着重介绍特种麦芽。

制造啤酒的麦芽除浅色麦芽和深色麦芽外，尚有为了特殊需要制作的麦芽，即特种麦芽，以适合酿造不同类型啤酒的需要。

特种麦芽能赋予啤酒以特殊的性质，影响到啤酒的生产过程、色香味及其稳定性。

特种麦芽又可分为着色麦芽(coloured malts)和非着色麦芽(non－coloured malts)。着色麦芽具有很深的色度和特殊的香味，酶活力很微弱或没有。属于这一类的麦芽有结晶麦芽(crystal malts)、类黑素麦芽(melanoidin malts)、琥珀麦芽(amber malts)、巧克力麦芽(chocolate malts)和黑麦芽(black malts)等。非着色麦芽主要用来调节麦汁的性质，以提高啤酒质量。这类麦芽色度不高，酶活力较强。属于这一类的麦芽有乳酸麦芽、小麦麦芽等。

第一节　着 色 麦 芽

着色麦芽不但赋予啤酒广泛的色泽，并且体现了不同的风味特点。

着色麦芽因加工方法不同，又可分为焦糖化麦芽(caramelized malts)和烘烤麦芽(roasted malts)。前者直接在麦芽烘床上制作，如结晶麦芽、类黑素麦芽，其风味特点主要来自含氧杂环化合物(oxygen heterocyclic compounds)；后者则需将干燥麦芽，在特制的金属转鼓烤炉内高温烘烤，才能达到要求的色度，如巧克力麦芽、黑麦芽及烘烤大麦等。其风味特点主要来自含氮杂环化合物(nitrogen heterocyclic compounds)，如吡嗪(pyrazines)类化合物，如表1－8－1所示。

表 1-8-1　特种麦芽的风味挥发物

项　　目	结晶麦芽	黑　麦　芽	烘烤大麦
2－苯基－2－烯醛(2－phenyl－2－alkenals)	+	+	+
2－乙酰呋喃(2－acetylfuran)	++	+	++
异麦芽醇(isomaltol)	+++	+	+
糠　醇(furfuryl alcohol)	+++	+	+
2－乙酰吡咯(2－acetylpyrrole)	+	+	+
2－乙基吡嗪(dialkylpyrazines)	+	+++	+++
2－呋喃吡嗪(2－furauylpyrazines)	+	++	+++
4－乙烯基愈创木酚(4－vinylquaiacol)	+++	+	+
4－乙基愈创木酚(4－ethylquaiacol)	++	++	+++

注："+"表示含量程度。

着色麦芽的酸度一般较普通麦芽高，而pH值则较低。

一、结 晶 麦 芽

结晶麦芽有浅色和深色之分，多用于制造中等浓色啤酒，能增进啤酒的醇厚性，给予一种焦糖和麦芽香味，并有利于改善啤酒的酒体，泡持性和非生物稳定性，在上面啤酒及下面啤酒中应用均甚普遍，常用于制造低酒精度啤酒。

结晶麦芽的色泽范围甚广(40～140 EBC单位)，视所制啤酒类型不同而采用不同色泽的结晶麦芽。

结晶麦芽的使用量为啤酒原料的3％～15％，视所制啤酒类型和采用何种结晶麦芽而异。

结晶麦芽的制造原理：在高水分含量(50％左右)和在60～75℃下将麦芽的内容物进一步糖化，然后根据所制麦芽的不同色泽要求，在100～150℃高温下焙焦，使糖焦化。焙焦后的麦芽，其胚乳呈浅棕黄色的玻璃质结晶状，类似焦糖(caramel)，具有较重的甜味和强烈的焦糖味。

1. 结晶麦芽的制作方法

(1) 当深色麦芽发芽至充分溶解时，在发芽箱内将绿麦芽喷水，使其水分达45%以上，上面覆以油布，或置于密闭不通风的容器中(如克洛浦箱)，使其不通风，慢慢升温。当温度达60～65℃时，保持数小时，使之充分糖化，直至胚乳开始浆化。而后送入干燥炉进行干燥，焙焦温度采用110℃，保持2～4h。

(2) 将已充分溶解的绿麦芽，置于干燥炉内，洒水，使其水分达45%以上。再用油布遮盖，使其不通风，慢慢升温，在60～75℃，保持1h左右，以加速糖化，直至胚乳开始浆化。然后移去油布，在正常通风情况下，升温达焙焦温度。制作浅色结晶麦芽，在100～120℃下保持0.5～1h;制作深色结晶麦芽，在130～150℃下保持1～2h。

(3) 利用轻度干燥后的麦芽制造结晶麦芽。先将干麦芽在水中浸渍6～10h，捞出阴干(损失浸出物可高达3%)，而后装入干燥炉或置于烘烤转鼓内，慢慢升温到60～75℃，经1～2h，使其充分糖化后，再慢慢升温，在5～6h内达到焙焦要求的温度，并保持此温度1～2h。

结晶麦芽的制作方法并非是一成不变的，要根据所制结晶麦芽的类型(色泽深浅程度)，选择合适的焙焦温度和焙焦时间。

2. 结晶麦芽的性质

结晶麦芽的性质如表1－8－2所示。

表 1-8-2　　结晶麦芽的性质

项　　目	浅色结晶麦芽	深色结晶麦芽
外　观	麦皮呈淡黄色乃至浅琥珀色，麦粒膨胀饱满	麦粒呈黄褐色，麦粒膨胀饱满
香　味	具有甜味及焦糖味	具有甜味及焦糖味
切断试验	内容物呈淡黄色或琥珀色的半粉状或玻璃质状	内容物呈琥珀色的玻璃质状
色度/EBC单位	40～70	100～140
无水浸出物含量/%	65～75	65～75
还原糖含量/%(干物质)(以麦芽糖计)	30～50	30～50

结晶麦芽的制麦损失较浅色麦芽多4%～5%。

在欧洲有一种色泽更浅的结晶麦芽(又叫cara－pils、cara－hells或cara　malts)，其色度为5～40 EBC单位，用于调节浅色低度啤酒的酒体、色泽、泡沫和口感。

二、类黑素麦芽

类黑素麦芽是一种浸出物不低、色度不太高(20 EBC单位左右)、富含类黑素的麦芽，供制作浓色啤酒或特种啤酒之用。

1. 制作方法

将蛋白质含量较高的大麦，采用高浸麦度，经过发芽充分溶解后，堆积、覆盖，使其自然升温至50℃，约经24h，置干燥床，先以65～70℃低温干燥，使形成类黑素的前体物质，即低分子含氮物质和糖类，然后升温至焙焦温度90～100℃，焙焦1～2h。

2. 类黑素麦芽的性质

类黑素麦芽含有丰富的类黑素，麦粒呈淡黄色至黄褐色，胚乳呈深褐色，有强烈的麦芽香味，着色能力较强，呈浓色啤酒良好的着色剂，具有很好的缓冲性能和较强的还原力，其浸出物与普通麦芽接近。

三、琥珀麦芽

琥珀麦芽系将溶解良好的麦芽，干燥至水分3%～4%，去根，然后置金属转鼓烘炉内，在15～20min内加热至95℃，然后缓慢加热至140～150℃，维持此高温至色度达到35～100 EBC单位。此产品具有饼干香味，无水浸出物可达65%～75%，只具低微的糖化力，供制作浓色啤酒或特种啤酒之用。

四、黑麦芽和巧克力麦芽

黑麦芽和巧克力麦芽的制作方法基本相同，只是巧克力麦芽较黑麦芽的烘烤程度较轻，色泽也较浅。两种麦芽多用于制造深浓色啤酒和黑啤酒，以增加啤酒色度和焦苦味，使用量为投料量的1%～3%。

1. 制作方法

(1) 将干燥而未焙焦的麦芽，水分6%～7%，除去根芽，置金属转鼓烘麦机内，逐渐增高温度，驱除多余水分。而后在30～60min内升温到200～215℃，在此温度保持30min。当闻到焦香味时，再升温到220～230℃，保持10～20min，停止加热，喷高压水冷却，水分随之汽化，温度降低。麦芽呈深棕色，但不焦化，麦粒膨胀至正常麦芽大小的1倍左右。当温度升至200℃以上时，麦粒几近燃烧，此时需要有经验的操作者，定时取样检查和监督，避免焦化。

(2) 利用干麦芽，在水中浸渍6～10h，取出阴干，将其置入转鼓烘麦机内，缓慢升温至50～55℃，保持60min左右，使蛋白质分解，产生多量氨基酸。而后升温至65～68℃，保持60min左右，使麦粒内容物进一步糖化，并驱除多余水分。再于30min内升温至160～175℃，使氨基酸和糖类起化学变化，先形成还原性的还原酮(reductones)，再进一步经过复杂的非酶棕色反应(brownnig reactions)，产生有色物质类黑精和带焦苦味的吡嗪。而后逐渐有白烟蒸发出来，再升温到200～215℃，保持30min，当闻到有浓馥的焦香味时，即升温至220～230℃，保持10～20min，停止加热，喷水冷却，取出。

2. 黑麦芽的性质

黑麦芽的性质如表1－8－3所示。

黑麦芽含有丰富的类黑精及焦糖，着色能力极强，焙焦损失为干麦芽的15%左右。

巧克力麦芽的色度为900～1100 EBC单位。

通常，以相似方法烘烤的大麦也包括在黑麦芽范畴内，它虽未经发芽，也能给予啤酒以类似的风味和色泽。

表 1-8-3 黑麦芽的性质

项目	黑麦芽
外观	麦皮呈深褐色，有光泽
香味	有浓的焦香味，微苦，不得有焦臭或酸涩味
切断试验	胚乳呈褐色乃至深褐色粉状，部分为半玻璃质状
色度/EBC单位	1300～1600
无水浸出物含量/%	60～70
酶活力	全部破坏

掺用不同的着色麦芽，虽能制出色泽相似的啤酒，但其风味则有所不同，主要是由于采用不同方法制出的着色麦芽，其所含的风味物质有所不同。

第二节 非着色麦芽

一、乳酸麦芽

乳酸麦芽所含乳酸并非由麦芽内容物质转变而来，而是将麦芽外部产生的乳酸以吸附状态存在其中。

乳酸麦芽添加在糖化醪中，主要能增加缓冲作用，降低麦醪pH值，对使用残留碱度高的碱性酿造用水，作用更为显著。糖化时添加3%～5%的乳酸麦芽，糖化醪的pH值将降低0.2，有利于糖化过程中各类酶的作用，可增加可溶性成分的浸出，促进蛋白质分解，改善啤酒的色泽、泡沫和口味，并促进啤酒的成熟和风味的稳定性。

1. 制作方法

(1) 大麦发芽后的3～4天，用发酵的乳酸溶液(相当含乳酸0.4%～0.6%)喷洒之，其用量为每100kg原料喷洒3kg乳酸溶液，继续发芽至完毕，将绿麦芽浸入酸液(含乳酸1%～2%)中10～17h，取出干燥之。

当绿麦芽浸于乳酸溶液中时，麦粒吸收了整个溶液的20%～25%。在浸过绿麦芽的酸液中，再补充新的乳酸液至原有体积，以备重复使用。

(2) 将糖化室的部分麦芽汁取出，接种戴氏乳杆菌(*Lactobacillus delbriickii*)，进行培养，制成乳酸麦芽汁，然后按上述方法喷洒在绿麦芽上，并进行干燥。

(3) 将干麦芽置于盛47℃麦芽汁的密闭恒温容器中，使麦芽所附的乳酸短杆菌繁殖，直至麦芽的乳酸浓度达1%左右(麦芽和浸渍液都带有酸味)，24～30h后，弃去废液，将麦芽在60～65℃下干燥至水分5.5%左右。所弃废液可重复使用，用以浸渍麦芽。因已有一定的乳杆菌存在，其酸化时间可以缩短至12～16h。

2. 乳酸麦芽的性质

乳酸麦芽因增强了蛋白质分解，故永久性可溶性氮和低分子含氮物质的含量显著增加，氨基态氮占可溶性氮的50%～60%；色度也较普通麦芽有所提高，无水浸出物较普通麦芽略有降低，其理化分析示例如表1－8－4所示。

表　1-8-4　乳酸麦芽的理化分析

分析项目	结　　果	分析项目	结　　果
外　　观	麦粒呈淡黄色	总氮量/%	1.592
气　　味	微有乳酸气味	永久性可溶性氮量/%	0.954
水分/%	5.0左右	永久性可溶件氮：总氮/%	60.0
色度/EBC单位	3～6	氨基态氮：永久性可溶性氮/%	60.0
无水浸出物/%	75左右	麦芽中乳酸含量/%	1.5～2.5

3. 乳酸麦芽的使用效果

乳酸麦芽用于硬水和软水糖化醪中，其效果如表1－8－5所示。

表 1-8-5　乳酸的使用效果

乳酸用量/%	0	3	6	9
用于硬水				
糖化醪pH	6.08	5.84	5.51	5.40
麦汁pH(煮沸毕)	6.10	5.91	5.74	5.57
啤酒pH	4.47	4.45	4.45	4.37
啤酒分析				
最终消糖度/%	81.5	82.3	82.5	82.8
色度/EBC单位	7.3	7.4	7.3	7.0
总氮含量/(mg/100ml)(12%麦汁)	66.0	71.1	79.7	87.3
粘度/mPa·s(12%麦汁)	1.68	1.64	1.61	1.60
多酚含量/(mg/L)(12%麦汁)	125	125	143	152
泡沫/R&C	139	141	137	138
苦味质/EBC单位	37	35	33	32
评价	4	3	2	1
用于软水				
糖化醪pH	5.69	5.42	5.29	5.02
麦汁pH	5.36	5.24	5.05	4.91
啤酒pH	4.24	4.21	4.18	4.15
啤酒分析				
最终消糖度/%	84.0	84.5	83.1	82.6
色度/EBC单位	5.8	5.3	5.4	5.4
总氮含量/(mg/100ml)(12%麦汁)	68.7	78.3	88.2	94.1
粘度/mPa·s(12%麦汁)	1.63	1.60	1.61	1.62
多酚含量/(mg/L)(12%麦汁)	164	161	159	167
泡沫/R&C	135	135	134	134
苦味质/EBC单位	36	34	34	31
评价	4	3	2	1

二、小麦麦芽

作为辅料，酿造啤酒一般只掺用5%～10%溶解良好的小麦麦芽，以提高啤酒的醇厚性和泡沫性能。欧洲某些国家制造小麦啤酒常用50%的小麦麦芽和大麦麦芽混合使用。因小麦含蛋白质较高，制造小麦麦芽，在制麦和糖化时需加强蛋白质分解作用。

1. 生产方法

小麦麦芽制造原理与大麦麦芽芽相似，惟应注意下列几点：

(1) 小麦的蛋白质含量应控制在11%以下，只有在特殊需要情况下，才使用蛋白质含量较高的小麦。

(2) 小麦的浸麦度不宜过高，浸麦度以43%左右为宜，浸麦时间40～50h，根据水温和小麦品种特性具体确定。对水敏感性的小麦宜采用大断水浸麦方法。

(3) 小麦发芽易于发热，特别是含蛋白质高的小麦更是如此。因此，应采用薄层低温发芽方法，发芽温度以控制在13～16℃为宜。

(4) 小麦是裸麦，发芽后期，叶芽会突破种皮而出，应注意发芽后期翻拌次数不能过多，以防幼芽受损。

(5) 小麦发芽期较大麦发芽期短，一般发芽4～5天已可达到要求的溶解度；含蛋白质高的小麦，发芽初期，最好经过麦根缠连阶段，以增进胚乳的溶解。

(6) 小麦发芽后期，经过萎凋作业，能达到很好的溶解。

(7) 小麦麦芽的干燥温度不宜过高，应在大量通风条件下先以35～40℃低温干燥之。单层干燥炉的空气室温度控制在45～50℃，双层炉的上层温度控制在35～40℃。同时进行多次翻拌，待绿麦芽排潮后，升温至70～75℃，干燥2h，最后在80℃下焙焦2～3h。

2. 小麦麦芽的性质

(1) 小麦麦芽的溶解度一般较大麦麦芽低，其协定法麦汁的粗细粉差较大麦麦芽者高，蛋白质溶解度(库尔巴哈值)较大麦麦芽者低。

(2) 小麦麦芽麦汁含凝固性高分子氮比大麦麦芽者高，所制麦汁极易混浊，所制啤酒的稳定性也较大麦麦芽者差。

(3) 掺用小麦麦芽的麦汁一般较不掺用者过滤慢。

(4) 小麦麦芽的总多酚含量较大麦麦芽者低，尤其花色苷含量更低。少量掺用，虽然高分子氮含量高一些，但仍可制得非生物稳定性较好的啤酒。

(5) 小麦麦芽的麦芽汁，其最终发酵度一般较大麦麦芽者略低。

(6) 小麦麦芽的色泽，一般在3.0～5.5 EBC单位之间，较大麦麦芽者略深。

(7) 小麦麦芽因无谷皮，故其无水浸出率远较大麦麦芽者高。

(8) 小麦麦芽所制的啤酒，泡沫性能显著改善。

(9) 小麦麦芽的出炉水分含量，因干燥温度较低，一般较大麦麦芽者略高。

3. 小麦麦芽的成分分析

小麦麦芽的成分分析举例如表1-8-6所示。

表 1-8-6　小麦麦芽的成分分析

项　目	小麦麦芽	项　目	小麦麦芽
水分/%	5.5左右	永久性可溶性氮含量/%	0.53～0.60
无水浸出物含量/%	83～85	永久性可溶性氮：总氮/%	28～35
色度/EBC单位	3.0～5.5	千粒质量/g	35～38
粗细粉差/%	1.5～2.5	α－淀粉酶活力/ASBC单位	50～120
总氮含量/%	1.58～1.92	糖化力/°WK	290～400

小麦麦芽因根芽短，发芽时间短，其制麦损失较大麦麦芽低1%左右。

第二篇 麦 汁 制 备

第一章 啤酒生产用水

第一节 天 然 水

存在于自然界的天然水处于不断地和外界接触的过程中，它使空气中、陆地上和地下岩层中各种物质溶解或混入，人类的生产活动及生活废物也是使天然水混入各种有害杂质的主要来源之一。因此，天然存在的水，不是纯水，而是含有很多杂质，受到不同程度污染的水。

一、水 源

(一) 水源种类及特点

自然界存在的天然水是由江、河、湖、海及陆地表面水分蒸发进入大气层的，又以雨、雪、冰雹等降落，回到地面，有些渗入地下，进行不断的自然循环。自然界水源种类及特性如表2－1－1所示。

(二) 啤酒厂水源的选择

啤酒厂生产用水的水源选择原则如下:

(1) 水量充沛和稳定。

表 2-1-1 自然界水源种类及特性

水源名称	水质特性	备注
1. 雨水、雪水	(1) 水质软,含溶解物质少 (2) 水量波动大	一般不作工业用水水源
2. 地表水(江、河、湖泊、浅井、水库)	(1) 水质软,含溶解杂质少 (2) 水温受季节波动大 (3) 含悬浮物质多(如泥沙、微生物、水生植物)	易被工业、农业废水及城市生活用水所污染,使用时应注意对水中有毒物质和微生物的检测
3. 地下水(深井、泉水)	(1) 水质清洁,含有机物、悬浮物、胶体物质少 (2) 水的温度稳定 (3) 水生生物少,没有或很少有微生物,没有水生动物及水生植物 (4) 溶解盐类高,硬度高	某些地下水经含矿岩层时,会受到各种金属矿岩的污染;由于硬度高,生产应用时,如有必要,应根据要求作适当处理
4. 海水	水中含盐量高达0.35%以上	不能作工业用水

(2) 酿造用水除应基本符合我国生活饮用水标准(GB5749—85)外,还要符合啤酒专业上的一些要求。

(3) 冷却用水的水温愈低愈好。

一般说,啤酒厂大多建在城镇附近,地表水容易受到工农业废水及生活污水污染,因此,啤酒厂的水源应优先考虑采用地下水。

二、天然水中溶解的无机盐及其特性

(一) 天然水中溶解的主要无机盐离子

天然水中的主要无机盐离子如表2-1-2所示。

表 2-1-2 天然水中的主要无机盐离子

阳离子		阴离子	
名称	化学符号	名称	化学符号
氢离子	H^+	氢氧根离子	OH^-
钠离子	Na^+	氯离子	Cl^-
钾离子	K^+	重碳酸根离子	HCO_3^-
铵离子	NH_4^+	碳酸根离子	CO_3^{2-}
钙离子	Ca^{2+}	硝酸根离子	NO_3^-
镁离子	Mg^{2+}	亚硝酸根离子	NO_2^-
正铁离子	Fe^{3+}	硫酸根离子	SO_4^{2-}
亚铁离子	Fe^{2+}	硅酸根离子	SiO_3^{2-}
锰离子	Mn^{2+}	酸式磷酸根离子	$H_2PO_4^-$
铝离子	Al^{3+}		

(二) 水的硬度

水的硬度主要是水中钙、镁离子和水中存在的碳酸根离子、碳酸氢根离子、硫酸根离子、氯离子和硝酸根离子所形成盐类的浓度。

1. 硬度的分类及性质

水的硬度有暂时硬度(又叫碳酸盐硬度)和永久硬度(又叫非碳酸盐硬度)之分，其性质如表2－1－3所示。

表 2-1-3 硬度的分类及性质

硬度名称	化学成分	性质
碳酸盐硬度 (暂时硬度)	主要是: Ca^{2+}, Mg^{2+} + HCO_3^- 其次是: Ca^{2+}, Mg^{2+} + CO_3^{2-}	水中溶解的钙或镁的重碳酸盐在加热煮沸时分解成溶解度很小的碳酸盐，硬度可大部被除去
非碳酸盐硬度 (永久硬度)	Ca^{2+}, Mg^{2+} + SO_4^{2-}, Cl^-, NO_3^-	此类盐经加热煮沸也不能发生沉淀，硬度没有变化
总硬度		碳酸盐硬度＋非碳酸盐硬度
负硬度	Na^+, K^+ + HCO_3^-, CO_3^{2-}	不引起沉淀肥皂能力的重碳酸盐或碳酸盐，称为负的碳酸盐硬度

2. 水硬度的表示法和换算

水硬度的法定计量单位是以mmol/L表示的，凡非法定计量单位均按表2－1－4关系换算成mmol/L。

表 2-1-4 水硬度的换算

硬度单位	mmol/L	德国度	法国度	英国度
mmol/L	1	2.804	5.005	2.511
1°d(德国度)	0.356 63	1	1.784 8	1.2521
1°f(法国度)	0.199 82	0.560 3	1	0.070 15
1°e(英国度)	0.284 83	0.798 7	1.428 5	1

水中存在的氧化镁换算成氧化钙硬度为: 氧化钙相对分子质量：氧化镁相对分子质量＝56：40＝1.4：1

钙、镁等离子浓度换算成硬度的系数如表2－1－5所示。

表 2-1-5 钙、镁等离子浓度换算成硬度系数

离子名称		mg/L换算成mmol/L的系数	离子名称		mg/L换算成mmol/L的系数
钙	Ca^{2+}	0.0499	锰	Mn^{2+}	0.0364
镁	Mg^{2+}	0.0822	锶	Sr^{2+}	0.0228
亚铁	Fe^{2+}	0.0358	锌	Zn^{2+}	0.0306

注: 将水中测得的各种离子浓度(mg/L)，各自乘上表之系数，并相加，即为该水的总硬度。

(三) 水的碱度

水的碱度是指溶解在水中能与强酸作用的盐类浓度。它们主要是碱土金属的碳酸氢盐、碳酸盐和氢氧化物，其次是碱土金属和硼酸、磷酸、硅酸等所形成的盐类。

水的碱度单位应以mmol/L表示，与硬度单位表示方法相同。

第二节　啤酒酿造用水

啤酒酿造用水是指糖化用水和洗涤麦糟用水。这两部分水直接参与工艺反应，是麦汁和啤酒的组成分，水质状况对整个酿造过程有重大影响。

一、啤酒酿造用水的水质要求

啤酒酿造用水的水质要求如表2－1－6所示。

表 2-1-6　　啤酒酿造用水的水质要求

水质内容	单位	理想要求	最高极限	超过极限引起的缺点
1. 色		无色	无色	有色的水是严重污染水，不能用来酿造啤酒
2. 透明度		透明，无沉淀	透明，无沉淀	影响麦芽汁透明度，啤酒容易混浊沉淀
3. 味		20℃，50℃无异味，无异臭	20℃，50℃无异味，无异臭	污染啤酒口味恶劣，有异味水不能用来酿制啤酒
4. 总溶解盐类	mg/L	150～200	500以下	含盐过高的水用以酿制啤酒，口味苦涩粗糙
5. pH值		6.8～7.2	6.5～7.8	造成糖化困难，啤酒口味不佳
6. 有机物(高锰酸钾耗氧量)	mg/L	0～3	10以下	超过极限的水是严重污染的水
7. 碳酸盐硬度	mmol/L	0～0.71	1.78以下	使麦芽醪降酸，造成糖化困难等一系列缺点，浓度过高，影响口味
非碳酸盐硬度	mmol/L	0.71～1.78	2.50以下	适量存在有利于糖化和口味，麦汁清亮；过量则引起啤酒口味粗糙
总硬度	mmol/L	0.71～2.50	4.28以下	有的国家和地区也有用高硬度的水酿制特种风味的酒则属例外，酿制浓色啤酒，水的硬度可以高一些，上述极限系指淡色啤酒而言
8. 铁盐(以Fe计)	mg/L	0.3以下	0.5以下	铁腥味，导致麦汁色度加深，影响酵母菌生长和发酵，引起啤酒单宁的氧化及啤酒混浊
锰盐(以Mn计)	mg/L	0.1以下	0.5以下	微量对酵母菌生长有利，过量则啤酒缺乏光泽，口味粗糙
9. 氨态氮(以N计)	mg/L	0	0.5	氨的存在，表示水源受污染，超过极限为严重污染水

续表

水质内容	单位	理想要求	最高极限	超过极限引起的缺点
10. 硝酸根态氮(以N计)	mg/L	0.2以下	0.5	部分硝酸根能还原为亚硝酸根
亚硝酸根态氮(以N计)	mg/L	0	0.05	NO_2^-是致癌物质,并有下列危害: ① 引起酵母菌官能性损害,改变啤酒口味 ② 引起酵母菌遗传损害,改变酵母菌性状 ③ 影响糖化过程
11. 氯化物(以Cl^-计)	mg/L	20～60	80	含量适当,啤酒口味柔和、圆润;糖化时促进淀粉酶作用;提高酵母菌活性。超过极限易引起酵母菌早衰并使啤酒带有咸味,且易导致设备的腐蚀
12. 游离氯(以Cl_2计)	mg/L	0.1以下	0.3以下	糖化时破坏酶作用,严重时会形成氯臭和氯酚臭
13. 硅酸盐(以SiO_3计)	mg/L	30以下	50以下	麦汁不清;发酵时形成胶团,影响酵母菌发酵和啤酒过滤;引起啤酒胶体混浊;使啤酒口味粗糙
14. 其他重金属离子(Pb^{2+},Zn^{2+},Cu^{2+},Sn^{2+}等)	mg/L		符合生活饮用水标准	微量的铜和锌对啤酒酵母的代谢作用是有益的;微量的锌对降低啤酒中双乙酰、醛类和挥发性酸类是有利的;但总的讲,重金属离子过量对酵母菌有毒性,抑制酶活力并易引起啤酒混浊
15. 细菌总数 大肠菌群		无 无	符合生活饮用水标准	超过极限,有害人体健康

二、水中离子对啤酒酿造的影响

水的性质主要由水中所含离子性质所决定。这些离子对麦汁的组成,发酵的性能和啤酒质量有直接或间接的影响。直接影响是指一些具有风味活性的离子,能赋与麦汁和啤酒以特有的口感。例如: 微量的钠有甜味,多量则呈碱性;镁有苦涩味;铁有金属腥味;过量的硫酸盐具有粗苦味;适量的氯离子具有醇厚感等等。所谓间接影响是指某些离子对酶的活力和酵母代谢起作用,它们大都是2价金属离子,如Mg^{2+}、Zn^{2+}、Mn^{2+}等。至于钙离子在啤酒工业中的作用是多方面的,它的最大作用是调节糖化醪液和麦汁的pH值,保护α-淀粉酶的活力以及沉淀蛋白质和草酸根等等。

三、水中离子与pH值的关系

在麦芽糖化过程中,调节麦汁pH值的主要缓冲系统来自两方面,即碳酸盐和磷酸盐。

碳酸盐主要来自于水，磷酸盐主要来自麦芽。水中的离子如钙、镁离子和碳酸氢根离子对醪液和麦汁的pH值影响很大，主要表现如下：

1. 碳酸氢盐的降酸作用

麦醪中所含酸性磷酸盐(KH_2PO_4)与水中形成暂时硬度的碳酸氢盐反应，生成碱性的K_2HPO_4，而使麦醪酸度降低，pH值上升。

$$2KH_2PO_4+Ca(HCO_3)_2 \longrightarrow CaHPO_4+K_2HPO_4+2H_2O+2CO_2\uparrow \quad (1)$$

有过量的$Ca(HCO_3)_2$存在时，则(1)式继续反应，形成Ca_3PO_4沉淀。

$$4KH_2PO_4+3Ca(HCO_3)_2 \longrightarrow Ca_3(PO_4)_2\downarrow+2K_2HPO_4+6H_2O+6CO_2\uparrow \quad (2)$$

同理：

$$2KH_2PO_4+Mg(HCO_3)_2 \longrightarrow MgHPO_4+K_2HPO_4+2H_2O+2CO_2\uparrow \quad (3)$$

酿造用水中，镁离子含量一般较钙离子低，不易进行到生成$Mg_3(PO_4)_2$，而只形成$MgHPO_4$为止。$MgHPO_4$呈碱性，溶解于水，与碱性的K_2HPO_4共存，使醪液酸度降低，pH值上升。因此，$Mg(HCO_3)_2$的降酸作用比$Ca(HCO_3)_2$强。

碳酸氢钙和碳酸氢镁的降酸作用，带来多方面的工艺缺点：

(1) 改变了糖化醪pH值，影响酶的最适作用条件，使糖化反应减慢，可发酵糖降低，洗糟困难，麦汁收得率降低等。

(2) 使酒花苦味变得粗糙。

(3) 使发酵缓慢，延长发酵时间，降低发酵度。

水中只有碳酸氢根离子具有消酸作用，在煮沸或其他化学变化过程中消耗氢离子［如式(1)(2)(3)所示］，使pH值上升。

$$Ca(HCO_3)_2 \rightleftharpoons Ca^{2+}+2HCO_3^- \quad (4)$$

$$HCO_3^-+H^+ \longrightarrow H_2O+CO_2\uparrow \quad (5)$$

麦芽醪中的酸性磷酸盐虽不断释出氢离子，但受上式碳酸氢钙和碳酸氢镁的缓冲作用，麦醪的pH值不易降下来；发酵时受此缓冲作用，发酵液的pH值也不易迅速下降；用弱酸(如乳酸)调节酿造用水时，受此缓冲作用的影响，需增加用酸量。

2. 钙、镁离子的增酸作用

钙、镁离子都具有增酸作用，其作用是通过形成相应永久硬度的硫酸盐(或氯化物)，使碱性的K_2HPO_4又恢复为酸性的KH_2PO_4实现的。如：

$$4K_2HPO_4+3CaSO_4 \longrightarrow Ca_3(PO_4)_2\downarrow+2KH_2PO_4+3K_2SO_4 \quad (6)$$

形成$Ca_3(PO_4)_2$沉淀，同时生成酸性KH_2PO_4，使醪液和麦汁酸度增加，pH值降低。

同理：

$$4K_2HPO_4+3MgSO_4 \longrightarrow Mg_3(PO_4)_2+2KH_2PO_4+3K_2SO_4 \quad (7)$$

形成的$Mg_3(PO_4)_2$，只有加热时，才呈不溶状态。一般情况下，由$MgSO_4$形成的酸性KH_2PO_4较$CaSO_4$形成的少。钙离子的增酸作用较强，是镁离子的2倍。而且镁离子风味不好，生产中一般都采用$CaSO_4$或$CaCl_2$增酸，调节pH值，而不采用镁盐。

$$3Ca^{2+}+2HPO_4^{2-} \longrightarrow Ca_3(PO_4)_2\downarrow+2H^+ \quad (8)$$

Ca^{2+}还能置换酸性蛋白质的氢原子，形成不溶性的蛋白质－钙沉淀，同时释出H^+，也起到增酸作用。

$$蛋白质\begin{matrix}\diagup H\\ \diagdown H\end{matrix} + Ca^{2+} \longrightarrow 蛋白质-Ca\downarrow + 2H^{+} \quad (9)$$

因此，在麦汁煮沸时，Ca^{2+}的存在，对蛋白质的凝结沉淀和降低pH值是有益的。

水中暂时硬度愈高，(5)式的缓冲反应愈强烈，pH值上升愈高。就是说，(5)式的消酸反应较(8)式的增酸反应有力。因此，要求糖化效果好，如果暂硬较低，只加一些钙盐($CaSO_4$或$CaCl_2$)就可使醪液的pH值达到理想的要求，如果暂硬过高，首先要调酸去暂硬，然后添加Ca^{2+}。

四、水的残留碱度及其计算方法

水的残留碱度(Residue Alkalinity，简称*RA*值)是衡量酿造用水质量的一项重要指标，也是对水中具有降酸作用和增酸离子的综合评价。通过*RA*值的计算，可以预测水中碳酸氢根离子对麦汁和啤酒的影响程度，从而找出调整和补救的措施，使整个酿造过程的顺利进行。

1. 水的总碱度

当水中不含$NaHCO_3$时，水中的碳酸氢根主要只与钙、镁离子结合，成为相应的盐。此时，水的总碱度就是水的碳酸盐硬度(暂时硬度)，两者表示方法相同，均以mmol/L表示之。如果水中含有$NaHCO_3$，则水的总碱度大于碳酸盐硬度，此水呈负硬度。

2. 抵消碱度

抵消碱度是钙、镁离子增酸效应抵消碳酸氢盐降酸作用所形成的碱度。从下式可以看出其相互间的定量关系：

$$3Ca^{2+} + 2HPO_4^{2-} \longrightarrow Ca_3(PO_4)_2\downarrow + 2H^{+}$$

即3mol的Ca^{2+}可释出2mol的H^{+}。考虑到其实际反应不完全的因素，计算中附加一系数，即$Ca^{2+}:H^{+}=7:2$；镁离子的增酸效应为钙离子的一半，因此$Mg^{2+}:H^{+}=7:1$。

3. 残留碱度(*RA*值)的计算(Kolbach法)

$$RA = GA - AA = GA - (钙硬/3.5 + 镁硬/7.0)$$

式中 *GA*——总碱度(mmol/L)

AA——抵消碱度(mmol/L)

即水的残留碱度是总碱度和抵消碱度之差。

从上式可以看出：当总碱度高于抵消碱度时，*RA*为正值。钙、镁离子浓度愈高，增酸效应愈强，*RA*值则愈低，麦汁的pH值也愈低。当抵消碱度高于总碱度时，*RA*值即为负值。此种情况只有在暂时硬度远低于永久硬度的情况下才可能存在，这样的水质是较少存在的。

4. *RA*值与麦汁pH值的关系

当蒸馏水的$RA=0$时，麦汁的$pH=pH_0$(pH_0为原水的pH值)；

当酿造用水的$RA=28.04$mmol/L时，麦汁的$pH=pH_0+0.3$；

当酿造用水的$RA=-28.04$mmol/L时，麦汁的$pH=pH_0-0.3$。

水的$RA=\pm 28.04$mmol/L，可使麦醪或麦汁的pH值波动±0.3，由此可见，RA值对麦汁和啤酒的pH值有着重大的影响。

5. 不同啤酒品种对RA值的要求

不同的啤酒品种对水的RA值有不同要求，色泽愈淡的酒，要求RA值愈低(见表2－1－7)。

表 2-1-7　不同啤酒品种对RA值的要求

啤酒品种	对RA值的要求
淡色啤酒	$RA\leqslant 1.78$mmol/L
浓色啤酒	$RA>1.78$mmol/L
黑色啤酒	$RA>3.57$mmol/L

随着人们对淡色度啤酒的追求，人们希望RA值愈低愈好，甚至是负值。总硬度高的水不一定不宜于做淡色啤酒，还要看非碳酸硬度与碳酸硬度的比值，其比值愈高，RA值愈低，酿制淡色啤酒愈有利。一般说，此比值以2.5～3.0∶1较理想。一般水源，碳酸盐硬度都较高，达不到上述比值，可以通过调酸去暂时硬度，加钙盐增加永久硬度来改善其比值。

加酸虽能显著降低RA值，但在实际生产中不宜单靠加酸大幅度降低RA值。如果水的总硬度和暂时硬度都较高，应先以其他水处理办法除硬，或添加石膏改良水质(石膏也不便过量使用)，然后加酸降低RA值，效果较好。

6. 酿造淡色啤酒对水质的基本要求

$RA\leqslant 1.78$mmol/L

总硬度＜12.48mmol/L(视RA值而定)

非碳酸盐硬度∶碳酸盐硬度＝2.5～3.0/1

钙硬∶镁硬＞3/1

使用很软的水酿制啤酒，应适量添加钙盐，使水中Ca^{2+}浓度至少达到50mg/kg(相当于16.82～19.63mmol/L)。采用离子交换法、电渗析法或反渗透法处理的水，往往需要添加钙盐，以达到钙离子的最低要求。

7. RA值对啤酒生产过程的影响

水的RA值高，会使麦醪和麦汁的pH值升高，由此产生一系列的影响。

(1) 对酶的影响　糖化过程中的有关酶，如α－淀粉酶、β－淀粉酶、β－葡聚糖酶、蛋白酶、肽酶、R－酶、磷酸酯酶等的最适pH值都比较低，pH值过高，将抑制酶的作用而达不到相应物质的分解效果，对糖化过程不利，从而也影响发酵进程和啤酒质量。

(2) 影响麦汁收得率　由于酶的作用受到抑制，使淀粉和蛋白质分解不完全；β－葡聚糖分解不良，麦汁粘度高，过滤困难，洗糟不净，这一切均影响着麦汁的收得率。

(3) 对麦汁性质的影响　麦芽醪液pH值愈高，从麦皮中浸出的高分子多酚愈多，使啤酒色度加深，口味粗糙，容易混浊。麦汁的pH值高，虽能提高酒花利用率，但苦味变得粗糙。

五、酿造水中碳酸盐与pH值之间的关系

水中的碳酸盐离子一般是与$CaCO_3$共存的，如下列各式所示:

$$CaCO_3 \rightleftharpoons Ca^{2+} + CO_3^{2-}$$

$$CO_3^{2-} + H^+ \rightleftharpoons HCO_3^-$$

$$HCO_3^- + H^+ \rightleftharpoons H_2CO_3$$

$$H_2CO_3 \rightleftharpoons H_2O + CO_2\uparrow$$

CO_2部分溶解于水中，部分作为气体排出。酿造水中所含CO_3^{2-}、HCO_3^-、H_2CO_3的浓度与水的pH值(氢离子浓度)有关，如表2－1－8所示。

表 2-1-8 碳酸盐离子浓度与pH值的关系

pH	CO_3^{2-}含量/%	HCO_3^-含量/%	H_2CO_3含量/%
10	32	68	0
9	5	95	0
8	0	97	3
7	0	81	19
6.5	0	58	42
6	0	30	70
5.5	0	12	88
5	0	4	96

由表2－1－8可以看出，在正常酿造用水的pH值(6.5～8.0)下，CO_3^{2-}是不存在的。

六、酿造用水的硬度分类

不同硬度的水适于酿制不同类型的啤酒。一般说，酿造淡色啤酒宜用较软的水，制出的酒，口味淡爽，色泽浅；但也有个别厂采用硬水制淡色啤酒，其水的永久硬度大于暂时硬，也可制出良好的淡色啤酒，如德国的多特蒙德啤酒(Dortmund beer)就是这样，别具风格。酿制浓色啤酒，对水的硬度要求不那么严格，有不少酿造者还喜欢用中等硬度的水酿制浓色和黑色啤酒，其特点是口味醇厚，泡沫好。

酿造用水硬度的习惯分类如表2－1－9所示。

表 2-1-9 酿造用水硬度的习惯分类

总硬度/(mmol/L)	0～1.43	1.78～2.85	3.21～4.28	4.64～6.42	6.78～10.70	10.70以上
分类	最软水	软水	普通硬水	中等硬水	硬水	最硬水

七、国际上几种典型啤酒的水质分析

不同地区的酿造用水，具有不同的总硬度，不同的非碳酸盐硬度和碳酸盐硬度比和不同的钙硬和镁硬差别，用以酿制的啤酒各具特点，差别较大。传统的著名啤酒品种，大都与其水质的特点有关。几种典型啤酒类型的水质分析如表2－1－10所示。

表 2-1-10 4种典型酿造用水的分析

项 目	慕尼黑	比尔森	多特蒙德	维也纳
总硬度/(mmol/L)	5.28	0.57	14.73	13.77
碳酸盐硬度/(mmol/L)	5.28	0.46	5.99	11.02
非碳酸盐硬度/(mmol/L)	0.21	0.11	8.74	2.75
钙硬度/(mmol/L)	3.78	0.36	13.09	8.13
镁硬度/(mmol/L)	1.50	0.21	1.64	5.63
残留碱度/(mmol/L)	3.78	0.321	2.03	7.88
SO_4^{2-}含量/(mg/L)	9.0	5.2	290	2.6
Cl^-含量/(mg/L)	1.6	5.0	107	39
NO_3^-含量/(mg/L)	微量	微量	微量	微量
蒸发残渣含量/(mg/L)	284	51	1110	948
水质评价	属中等硬度水，其硬度主要由碳酸盐硬度构成，残留碱值高，只适合酿制浓、黑色啤酒，由此水酿制的慕尼黑浓色啤酒，独具特色，享誉世界	属最软水，含盐量低，残留碱度很低，适合酿制淡色啤酒，并采用香味突出的萨士(Saaz)酒花，酒花用量大，但不后苦，形成了比尔森啤酒的特殊风格，闻名于世	属最硬水，固形物含量极高，但其非碳酸盐硬度远高于碳酸盐硬度，因此，其残留碱度并不高，仍然可以酿造出风格独特的淡色啤酒而闻名于世	属最硬水，固形物含量高，而且其水的硬度主要是碳酸盐硬度，残留碱值特别高，只适于酿造浓色啤酒

第三节 啤酒酿造用水的改良和处理

啤酒酿造用水，首先应符合我国生活饮用水的标准，其中某些项目还应符合啤酒酿造用水的要求。如果某些水中杂质超过上述两要求，为了适应工艺需要和提高啤酒质量，应对酿造用水作适当的改良和处理。从全面分析水质状况和酿制啤酒的类型、生产规模等各方面情况，选择有效、简单、方便的改良或处理方法。

啤酒酿造用水的水质处理方式，包括下述几方面：

(1) 机械过滤——除去水中悬浮杂质，改善水的色度和透明度。

(2) 软化处理——降低水的硬度。

(3) 水质改良——改善酿造用水的性质。

(4) 除盐处理——降低水的硬度和除去水中的有害离子。

(5) 吸附过滤——改善水的色度，减少有机杂质和微生物。

(6) 消毒与灭菌——杀死和减少水中微生物及藻类。

关于啤酒酿造用水处理方法的选择，如表2－1－11所示。

表 2-1-11 啤酒酿造用水处理方法的选择

水质主要缺点	处理方法	选择意见
1. 单纯暂时硬度高	(1) 煮沸法	适用于小厂
(如:暂时硬度为1.78～2.85mmol/L)	(2) 加石膏改良法	水中$CaCO_4$低(永硬低)
	(3) 加酸或加石灰法	中、小型工厂
2. 单纯暂时硬度太高	(1) 加石灰法	中、小型工厂
(如:暂时硬度＞2.85mmol/L)	(2) 离子交换及电渗析法	电渗析法较离子交换法经济
3. 总含盐量多(＞100mg/L)	(1) 离子交换法	处理后还需加石膏调整
或某些有害离子超过标准较多，总硬	(2) 电渗析法	适用于大、中型厂
度太高	(3) 反渗透法	适用于大型工厂
4. 单纯有机物多，耗氧量大	活性炭过滤	水质透明，无悬浮物，如水质不清需配合机械过滤或加石灰处理
5. 含细菌总数超过标准	(1) 活性炭过滤，臭氧、紫外线灭菌	适用于酿造用水、啤酒稀释用水等
	(2) 加氯	应经过脱氯后才能供酿造使用

注：处理方法可选择一种或数种联合处理。

一、煮沸法处理水

1. 基本原理

应用加热煮沸，使水中溶解的重碳酸钙或镁生成难溶解的碳酸钙或镁沉淀，以降低水中大部分暂时硬度。反应式如下:

$$Ca(HCO_3)_2 \xrightarrow{\Delta} CaCO_3\downarrow + CO_2\uparrow + H_2O$$

$$Mg(HCO_3)_2 \xrightarrow{\Delta} MgCO_3\downarrow + CO_2\uparrow + H_2O$$

2. 常压煮沸法

在任何容器中(糖化设备也行)，将水加热数十分钟，并不断搅拌(通压缩空气搅拌更佳)，排除二氧化碳，形成碳酸钙自然沉降，积于底部，采用倾析法分离出处理后的水。

如果被处理水含碳酸氢镁较多，由于形成的碳酸镁沉淀析出缓慢，同时它的溶解度随温度降低而增加，必须煮沸后立即过滤，或加凝聚剂一并过滤。

3. 效果

(1) 对含碳酸氢钙较多的暂硬水，处理后暂时硬度降低率可达90％以上(因为$CaCO_3$溶解度为$1.4g/m^3$)。

$$暂时硬度降低率(\%)=\frac{原水暂时硬度-处理后的暂时硬度}{原水暂时硬度}\times 100$$

(2) 对含碳酸氢镁较多的暂硬水，煮沸后需加凝聚剂，如石膏等。反应式如下:

$$MgCO_3 + CaSO_4 \longrightarrow CaCO_3\downarrow + MgSO_4$$

反应后产生碳酸钙，沉淀容易除去，但反应后产生的硫酸镁，溶解水中，对水能产生不良的苦涩味，是其缺点。

4. 优缺点

优点:

方法简便,不需要特殊设备,适合小厂。

缺点:

(1) 时间长、耗热量大、成本高;

(2) 处理后的水温度高,尚须进行冷却后才能供糖化使用;

(3) 对含碳酸氢镁高的水,效果不佳。

二、加石灰法处理水

1. 基本原理

石灰能降低水的暂时硬度和其他有害成分。反应式如下:

$$CO_2+Ca(OH)_2 \longrightarrow CaCO_3\downarrow+H_2O$$

$$Ca(HCO_3)_2+Ca(OH)_2 \longrightarrow 2CaCO_3\downarrow+2H_2O$$

$$Mg(HCO_3)_2+Ca(OH)_2 \longrightarrow MgCO_3\downarrow+CaCO_3\downarrow+2H_2O$$

$$MgCO_3+Ca(OH)_2 \longrightarrow CaCO_3\downarrow+Mg(OH)_2\downarrow$$

$$4Fe(HCO_3)_2+8Ca(OH)_2+O_2 \longrightarrow 4Fe(OH)_3\downarrow+8CaCO_3\downarrow+6H_2O$$

$$H_2SiO_3+Ca(OH)_2 \longrightarrow CaSiO_3\downarrow+2H_2O$$

2. 处理方法

(1) 间歇法　需软化的水,注入大水槽(圆柱体锥底容器)内,加入预先消化的石灰乳溶液,同时用压缩空气充分搅拌10～20min,静置沉淀4～5h,在容器上部引出处理后的水,在锥底部排出沉淀。

此法简单,石灰添加量容易控制,但处理时间长。

(2) 连续法　如图2－1－1所示。

此法要求原水的水量及水质稳定,处理效果好,处理后水质清净,沉淀排除完全。

3. 石灰添加量

(1) 石灰添加量　可按下式计算:

$$m=28\frac{V}{\varepsilon}(c_{ca}+c_{Mg}+c_{co_2}+c_{Fe})$$

式中　m——石灰每小时添加量(g/h)

28——1/2CaO的摩尔质量(g/mol)

V——每小时处理水量(m^3/h)

ε——工业石灰的纯度,一般工业石灰中仅含CaO 50%～80%

c_{ca}——水中碳酸氢钙硬度(mmol/L)

c_{Mg}——水中碳酸氢镁硬度(mmol/L)

c_{co_2}——水中二氧化碳含量(mmol/L)

c_{Fe}——水中铁的含量(mmol/L)

(2) 添加石灰的控制　用石灰水脱硬,可通过以酚酞(p值)和甲基橙(m值)为指示剂,以HCl进行滴定来控制石灰水的添加量。p值应尽可能为零或低于0.5m值,p值无论如何不能大于0.5m值，否则说明石灰水使用过量。脱碳酸后水的p值和m值如表2－1－12所示。

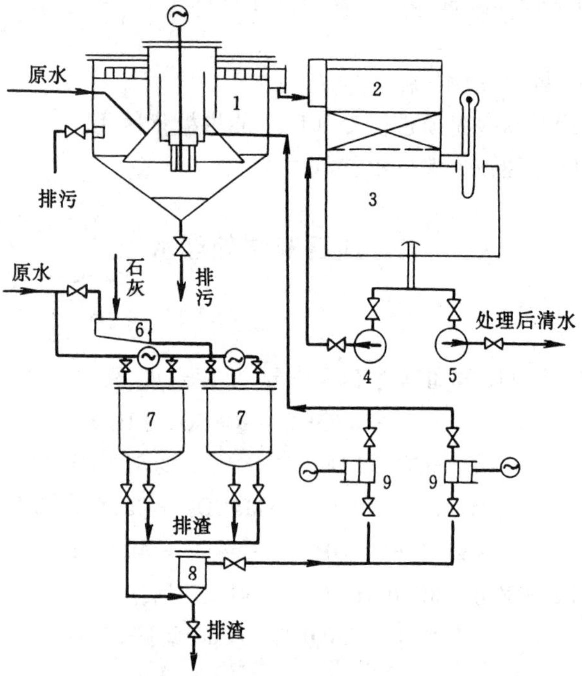

图 2－1－1　连续加石灰流程图

1—机械加速沉清槽　2—过滤池　3—过滤水箱　4—反冲洗水泵　5—清水泵
6—石灰消化槽　7—石灰乳机械搅拌器　8—排渣器　9—定量活塞泵

表 2-1-12　　脱碳酸后水中的p值和m值

滴定结果	OH^-	CO_3^{2-}	HCO_3^-
$p=0$	0	0	m
$p<1/2m$	0	$2p$	$m-2p$
$p=0.5m$	0	$2p$	0
$p>0.5m$	$2p-m$	$2(m-p)$	0
$p=m$	m	0	0

(3) 经验数据

① 每降低1m³水中暂时硬度0.35663mmol/L，需加纯氧化钙10g。

② 每降低1m³水中二氧化碳1mg，需加纯氧化钙1.27g。

③ 每立方米水中加入生石灰1kg，即能配成0.1%饱和石灰乳溶液，再添加到处理水中。

4. 优缺点

优点：

经石灰处理的水，暂时硬度可大部被除去，一般降低至0.4～0.8mmol/L，残余碱度降到0.8～1.2mmol/L，有机物被吸附除去25%，硅酸盐降低30%～35%，残余铁离子小于0.1mg/L。此水能基本满足酿造要求。

缺点：

(1) 该法需严格测定水中碳酸氢盐含量，精确计算和加入石灰量，在处理后的水中不允许有剩余氢氧化钙存在，否则严重影响糖化。

(2) 原水中含碳酸钙较少时，加石灰后不能形成大片沉淀，沉淀排除困难，还需加凝聚剂辅助。

5. 应用范围

凡原水中暂时硬度较高(2.85mmol/L以上)，而永久硬度较低，水质其他方面已能满足工艺要求时，经该法处理后的水可供酿造之用；如原水其他杂质较高时，该法可作为其他处理法的预处理。

三、加石膏改良糖化用水

1. 基本原理

此法可以抵消碳酸氢盐的降酸作用，如以下两式所示。

$$2KH_2PO_4+Ca(HCO_3)_2 \rightleftharpoons K_2HPO_4+CaHPO_4+2H_2O+2CO_2\uparrow$$

$$4K_2HPO_4+3CaSO_4 \rightleftharpoons Ca_3(PO_4)_2\downarrow+2KH_2PO_4+3K_2SO_4$$

水中碳酸氢钙、镁使麦芽醪中酸性磷酸盐转化为碱性磷酸盐，加石膏后，在热的条件下，形成酸性磷酸盐和不溶性的磷酸钙，从而抵消一定的碳酸氢盐降酸作用。同时，麦汁煮沸时存在石膏，可促进蛋白质凝固，使麦汁清亮透明。

2. 方法和用量

按计算用量将石膏直接投入糖化、糊化的投料水中。

用量：每吨投料水加50～200g石膏。计算公式如下：

$$m=\eta V\times 3.07\times 1.3$$

式中　m——糖化用水需加石膏克数(g)

η——糖化用水的碳酸盐硬度(°d，1°d=0.35663mmol/L)

V——糖化用水总量(hl)

3.07——每1g氧化钙相应需要石膏的系数，即

$$\frac{CaSO_4\cdot 2H_2O}{CaO}=\frac{172}{56}=3.07$$

1.3——所需石膏的附加系数

3. 副作用及注意点

(1) 按上述化学反应，加石膏后伴随产生磷酸钙沉淀，即损失部分可溶性磷酸盐，此磷酸盐是麦汁缓冲物质和酵母营养成分之一。

(2) 如果麦芽醪中存在磷酸氢镁时，还会产生硫酸镁，给啤酒带来苦涩味。

$$MgHPO_4+CaSO_4 \longrightarrow CaHPO_4\downarrow+MgSO_4$$

(3) 水中存在0.71～1.07mmol/L硫酸钙硬度就可消除0.36mmol/L碳酸盐硬度带来的危害，含硫酸钙硬度高的水(如超过2.85～3.57mmol/L)，应少加或不加石膏，否则弊多利少。

(4) 酿造用水中含碳酸盐硬度太高时，应首先软化至1.07～1.43mmol/L，再加

50～80g石膏/t水，效果更好。

(5) 对水质特别软的酿造用水，或除盐处理较彻底的水，补加石膏能改善糖化和麦汁质量。

(6) 石膏($CaSO_4 \cdot 2H_2O$)20℃时的溶解度为2.05mg/L，在32～41℃间溶解度最大，应选择溶解性能好，纯度高的石膏。

四、加酸改良水质

1. 基本原理

通过加酸消除酿造水中由碳酸氢盐所形成的碱度。

这是一种既简便又行之有效的方法，国内外普遍采用。加酸不能改变水的总硬度，但可将碳酸盐硬度转变为非碳酸盐硬度，改变两者的比值，达到降低*RA*值和pH值，改善水质的目的。其反应如下:

$$Ca(HCO_3)_2 + 2H^+ \longrightarrow Ca^{2+} + 2H_2O + 2CO_2\uparrow$$

如果水的总硬度和暂时硬度都较高时，应先以其他方法处理水，然后加酸降低*RA*值。

在糖化锅中加酸和在煮沸锅中加酸，对降低pH值的效果不同。在煮沸锅加酸量只需在糖化锅加酸量的一半，即可降低相同的pH值。虽然如此，为了适应糖化时酶的作用，仍应将一部分酸加入糖化锅和糊化锅中，以降低醪液pH值，有利于酶的作用。

2. 加酸种类

加酸的种类各厂不一，一般以加乳酸者多，也有加盐酸、磷酸、硫酸者。添加各种酸对啤酒风味的影响说法也不一样，各有偏爱。添加乳酸酒味较醇和，过多则出现苦涩;添加盐酸能使啤酒口味圆满丰润，但氯离子过高易腐蚀管道设备;添加硫酸要视原水中硫酸根离子含量而定，过高的硫酸根离子会使啤酒口味淡薄、苦涩;添加磷酸一般是为了增加磷对酵母的营养，一般麦汁中已有足够的磷盐，无须另外补充。添加酸的质量，应达到食用级或化学纯级要求。

3. 加酸效果

酶的作用加强，糖化快，效果好;麦汁中α－氨基氮含量提高;啤酒色泽浅，口味柔和;蛋白质凝固沉淀好，麦汁澄清度好。

五、离子交换法处理水

1. 基本原理

离子交换法是用一种离子交换剂和水中溶解的某些阴、阳离子发生交换反应，借以除去水中有害离子，例如:

$$2RSO_3^- \cdot H^+ + Ca^{2+} \longrightarrow \begin{matrix} RSO_3 \\ RSO_3 \end{matrix} > Ca + 2H^+$$

$$R \equiv N^+ \cdot OH^- + Cl^- \longrightarrow R \equiv NCl + OH^-$$

上述交换反应中，水中Ca^{2+}和Cl^-离子，被离子交换剂RSO_3H，$R \equiv NOH$吸附，离子交

换剂中的H^+和OH^-进入水中，从而除去水中存在的阴、阳两类离子。

被吸附Ca^{2+}或Cl^-的离子交换剂，可通过酸、碱洗涤再生，使之回复到RSO_3H及$R{\equiv}NOH$型，仍可反复使用。

2. 离子交换剂的种类及选择

(1) 种类

① 无机质离子交换剂——天然或人造沸石；

② 炭质离子交换剂——磺化煤等；

③ 有机质离子交换剂——合成树脂；

i 阳离子交换树脂：强酸型($R—SO_3M$)；弱酸型($R—COOH$)；

ii 阴离子交换树脂：强碱型I型〔$—N—(CH_3)_3X$〕；强碱型Ⅱ型$\left[—N\begin{matrix}(CH_3)_2\cdot X\\ C_2H_4\cdot OH\end{matrix}\right]$；弱碱型〔$—NH_2$〕；中碱型。

上述①、②两类是钠离子交换剂，即用钠离子取代水中钙、镁离子，一般仅用于水质软化处理，如锅炉水、冷却水和洗瓶水的软化等，啤酒酿造水的处理都采用第③类合成树脂离子交换剂。

(2) 选择原则

① 选择交换容量大的树脂，一般同性树脂中，弱型比强型交换容量大。

② 在啤酒酿造用水处理中，必须采用游离酸或碱型，不选用钠型或氯型。

③ 根据原水中需除去离子的各类要求选择树脂。

当只需要除去水中交换吸附性强的离子时(如钙、镁等)，应尽量采用弱型树脂；当还需除去水中交换吸附性弱的物质时(如H_2SiO_3、H_2S、$HClO$、HCN)，应选用强型树脂。

啤酒生产用水的处理，经常采用强酸型阳树脂和弱碱型阴树脂；当水中含H_2SiO_3、$HClO$等物质较多时，也选择强酸型和强碱型树脂联用，效果更好。

(3) 各种离子交换树脂的使用性能

① 弱酸型阳离子交换树脂：该树脂主要用于去除碳酸盐硬度。对碳酸钙含量较高而镁硬含量低的水使用最佳。使用该树脂，水的非碳酸盐硬度不改变。该树脂只能部分去除Na^+，要全部去Na^+，需用强酸型阳离子交换树脂。

交换：$A\begin{matrix}H\\H\end{matrix} + Ca(HCO_3)_2 \longrightarrow A{=}Ca + 2H_2O + 2CO_2\uparrow$

$A\begin{matrix}H\\H\end{matrix} + Mg(HCO_3)_2 \longrightarrow A{=}Mg + 2H_2O + 2CO_2\uparrow$

再生：$A{=}Ca + 2HCl \longrightarrow A\begin{matrix}H\\H\end{matrix} + CaCl_2$

$A{=}Mg + 2HCl \longrightarrow A\begin{matrix}H\\H\end{matrix} + MgCl_2$

使用该树脂，在交换过程中，产生CO_2气，需设置CO_2脱气塔，并配合以机械鼓风排除之。

$$H^+ + HCO_3^- \longrightarrow H_2CO_3 \rightleftharpoons H_2O + CO_2\uparrow$$

② 强酸型阳离子交换树脂：该树脂可用以去除水中的Ca^{2+}、Mg^{2+}、Na^+，并同时释出来自HCO_3^-的CO_2和来自其他盐类的无机酸，此无机酸需全部用饱和石灰水中和掉。由此

形成的非碳酸硬度全部是钙硬，既降低了*RA*值，又消除了Mg^{2+}对口味带来的不良影响。

交换：$A—H+NaHCO_3 \longrightarrow A—Na+H_2O+CO_2\uparrow$

$$A\begin{matrix}<H\\<H\end{matrix}+CaSO_4 \longrightarrow A=Ca+H_2SO_4$$

$$A\begin{matrix}<H\\<H\end{matrix}+MgCl_2 \longrightarrow A=Mg+2HCl$$

$$A—H+NaNO_3 \longrightarrow A—Na+HNO_3$$

再生：$A—Na+HCl \longrightarrow A—H+NaCl$

$$A=Ca+H_2SO_4 \longrightarrow A\begin{matrix}<H\\<H\end{matrix}+CaSO_4$$

此树脂的使用受非碳酸盐硬度(特别是硝酸盐含量高)的限制。当非碳酸盐硬度过高，大于4.28～5.35mmol/L时，应考虑与弱碱型阴离子交换树脂联用。

③ 弱碱性阴离子交换树脂：主要用于非碳酸盐硬度的处理。可以降低或除去某些阴离子含量，也是除去硝酸盐的主要方法。它可以用来中和强酸型阳离子树脂处理后水中的无机酸。一般情况下，弱碱性阴离子交换树脂与强酸型阳离子交换树脂联用。这种组合能将水中离子全部去掉，然后再添加所需要的盐类，如$CaSO_4$、$CaCl_2$等。

交换(经强酸型阳离子树脂处理后)：

$$A\begin{matrix}<OH\\<OH\end{matrix}+H_2SO_4 \longrightarrow A=SO_4+2H_2O$$

$$A-OH+HCl \longrightarrow A-Cl+H_2O$$

$$A-OH+HNO_3 \longrightarrow A-NO_3+H_2O$$

再生：$A=SO_4+2NaOH \longrightarrow A\begin{matrix}<OH\\<OH\end{matrix}+Na_2SO_4$

$$A-Cl+NaOH \longrightarrow AOH+NaCl$$

$$A-NO_3+NaOH \longrightarrow A-OH+NaNO_3$$

④ 强碱性阴离子交换树脂：它可以和阳离子树脂联用，也可以单独使用，用于除去硝酸盐。它可以用NaCl再生，也可以用酸再生(当水中Cl^-高时)，具有使用方便，经济实惠的优点。其缺点是所有阳离子都同Cl^-交换，形成的非碳酸盐全部是氯化物，对啤酒口味不利，Cl^-过高也容易腐蚀设备和管道。此法只适用于低盐水，处理后非碳酸硬度不变。

交换：$A\begin{matrix}<Cl\\<Cl\end{matrix}+CaSO_4 \longrightarrow A=SO_4+CaCl_2$

$$A-Cl+NaNO_3 \longrightarrow A-NO_3+NaCl$$

再生：$A=SO_4+2NaCl \longrightarrow A\begin{matrix}<Cl\\<Cl\end{matrix}+Na_2SO_4$

$$A-NO_3+NaCl \longrightarrow A-Cl+NaNO_3$$

当只需除去水中交换吸附性强的离子时(如钙、镁等)，应尽量采用弱型树脂；当还需除去水中交换吸附性弱的物质(如H_2SiO_3、H_2S、HClO、HCN)时，应选用强型树脂。

3. 离子交换水处理过程(表2－1－13)

4. 离子交换水处理方式及组合类型

(1) 处理方式

固定床：单级离子交换器(单床)；

表 2-1-13　离子交换水处理过程

水处理过程	工作特性和条件		
1. 交换	(1) 树脂装载高度一般为1.2～1.8m		
	(2) 原水的线速度		
	原水硬度/(mmol/L)	线速度/(m/h)	
	1～2	25～30	
	2～3	15～20	
	>6	10～15	
	(3) 原水温度为30～35℃		
	(4) 交换柱每小时出水量(m^3/h)和树脂装载量(m^3)的倍数，以强酸型和强碱型树脂讲，一般是10～20倍		
2. 反洗	(1) 和原水处理相反方向，通入原水，洗涤树脂		
	(2) 反洗强度以树脂膨胀率计，应达到30%～50%		
	(3) 反洗时间为10～15min		
	(4) 反洗用水量为树脂层体积的1.5～1.7倍		
3. 再生		强酸型树脂:	强碱型树脂:
	(1) 再生剂种类	$HCl(H_2SO_4)$	NaOH
	(2) 再生剂浓度/%，顺流再生	3.0～3.5	3
	逆流再生	2.0～2.5	1.5～2
	(3) 再生剂体积流量/[m^3/(h·m^3树脂)]	6	2～4
	(4) 再生剂流速/(m/h)	4～8	4～8
	(5) 再生时间/min	>30	>60
	(6) 再生液温度/℃	40	35～50
	(7) 再生用水水质	原水或阳塔出水	除盐水或阴塔出水
4. 正洗		阳离子交换塔:	阴离子交换塔:
	(1) 正洗水比耗/(m^3/m^3树脂)	3～6	6～12
	(2) 正洗水流速/(m/h)	15	10～15
	(3) 正洗时间/min	20～30	30～60
	(4) 正洗终点		
	硬度/(μmol/L)	<5	—
	酸度(mmol/L)	<+0.2～0.3	—
	电导率/(μS/cm)	—	<10
	SiO_3^{2-}含量/(mg/L)	—	<0.1

多级离子交换器(多床);
复合离子交换器(复床);
混合离子交换器(混合床);
双层离子交换器(双层床);
双流离子交换器(双流床)。

连续床: 移动床;
流动床。

目前水处理中大多采用固定床。它具有操作简单，设备少，出水水质稳定等优点，特别适合于中小型装置。连续床是60年代发展起来的新技术，具有效率高、连续出水、出水水质高等优点，但设备多，管理复杂。

(2) 单元装置

① 阳离子交换柱：它一般作为离子交换处理的第1级，对水中阳离子交换能力顺序为：$Fe^{3+}>Al^{3+}>Ca^{2+}>Mg^{2+}>K^{+}>Na^{+}>Li^{+}$。阳柱出水pH值一般在2.4～4.5之间，在处理后期，水中的Ca^{2+}、Mg^{2+}离子会重新取代被树脂交换上去的Na^{+}、K^{+}，这叫钠钾穿透。对啤酒酿造用水的处理，阳柱交换终点应在钠钾穿透前、出水pH值提高前。

② 阴离子交换柱：它用来除去水中阴离子，其交换顺序为：弱碱型阴树脂：$OH^{-}>SO_4^{2-}>NO_3^{-}>PO_4^{3-}>Cl^{-}>HCO_3^{-}$；强碱型阴树脂：$SO_4^{2-}>NO_3^{-}>OH^{-}>HCO_3^{-}>HSiO_3^{-}$。水经过阴离子交换柱，出水pH值为8～9.5。其交换终点的判断可采用测定水中Cl^{-}离子含量的升高或pH值的降低来决定。

③ 混合离子交换柱：将阳、阴树脂按一定比例混合，放在同一个交换柱内即为混合柱。它具有出水水质高，工作条件(原水水质、速度、再生情况)变化时影响小等优点。缺点是交换容量利用率低，再生复杂，当原水含盐量高于300mg/L时，一般先经复床再经混合床为好，由于混合床出水pH值为7.0±0.2，适合啤酒酿造，所以啤酒厂水处理采用"复混"系统较多。

④ 二氧化碳脱气塔：在阳离子交换柱出水中有下述反应：

$$H^{+}+HCO_3^{-} \longrightarrow H_2CO_3 \rightleftharpoons CO_2+H_2O$$

产生的CO_2，影响阴塔交换。一般采用填充塔并配合机械鼓风的二氧化碳脱气塔来除去，特别在原水碱度大于50mg/L时，均需设脱气塔。

5. 离子交换水处理对原水的要求(表2－1－14)

表 2-1-14　离子交换法对原水要求指标

内　容	指　标	超过指标引起影响
色度	<3	污染树脂，影响出水水质
浊度	5～10mg/L以下	污染树脂，堵塞交换柱，增大压力损失
有机物	$KMnO_4$耗氧量<2mg/L	污染树脂(特别是强碱型阴树脂)，降低交换容量的利用，引起树脂结块
细菌和藻类	无藻类存在 细菌总数<100个/ml	污染树脂，堵塞交换层，树脂结块
氧化剂	活性氯<0.1mg/L	树脂活性基团受氧化破坏，树脂不可逆膨胀失活
铁和锰	<1mg/L	受氧化后形成胶体沉淀，吸附于树脂表面，堵塞交换柱

原水水质不符合上述要求时，应对原水作相应预处理，如机械过滤、杀菌、加凝聚剂过滤、活性炭吸附过滤等。否则将影响离子交换处理效果，造成再生频繁，树脂迅速老化，出水量减少，出水水质恶化等缺点。

6. 离子交换处理水的优缺点

优点：

(1) 方法可靠，出水水质高，根据不同设计可满足不同工艺用水要求；

(2) 出水量大,水处理成本较低。

缺点:

(1) 管理复杂,复床系统间断出水,再生频繁,再生周期长;

(2) 再生用酸、碱量大,再生液排放造成污染。

六、离子交换膜电渗析法处理水

1. 基本原理

水中的溶解盐类,大多以离子状态存在,在外加直流电场作用下,利用阳阴离子交换膜对水中离子的选择透过性特点,使水中一部分离子迁移到另一部分水中,从而使一部分水达到除去盐类的目的。其工作原理如图2－1－2所示。

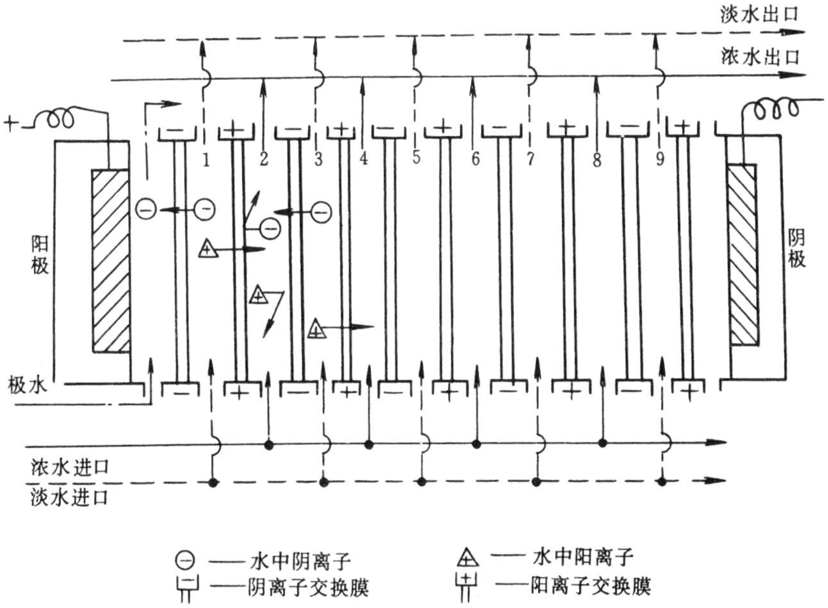

图 2－1－2　电渗析工作原理图

2. 电渗析器的基本构造

电渗析器主要由离子交换膜、隔板、电极、极框、压紧装置等部件构成。

(1) 离子交换膜

① 离子交换膜的特性: 如表2－1－15所示。

② 异相膜和均相膜两类离子交换膜性能的比较:离子交换膜按结构特点可分为异相膜和均相膜,以及性质介于两者之间的半均相膜。两种膜的性能比较如表2－1－16所示。

国内啤酒厂酿造用水的处理多采用异相膜或半均相膜,出水质量基本能符合工艺要求,并且具有组装方便,平面尺寸大,牢度大,供应方便等优点。

(2) 隔板　隔板放在阳膜和阴膜之间,隔开两膜,并作为水的流通道。隔板上具有配

表 2-1-15 离子交换膜的特性

项目	阳离子交换膜	阴离子交换膜
化学组成	磺酸、酚磺酸、磷酸等基团组成多孔性高分子物质	由季铵、混合胺、弱碱等基团组成多孔性高分子物质
结构示意式	$R—SO_3^-$—H^- 固定基团 可自由离解离子	$R—N^+(CH_3)_3$—OH^- 固定基团 可自由离解离子′
作用	在水中能离解成$R—SO_3^-$，带负电荷，吸收水中正离子，并让其通过该膜，而阻止负离子通过该膜	在水中离解成$R—N(CH_3)_3{}^+$，带正电荷，吸引水中负离子并让其通过，而阻止正离子通过该膜

表 2-1-16 两类离子交换膜性能比较

性能比较	异相膜	均相膜
制造特点	由粘合剂和离子交换树脂混合压制成膜，易制造	离子交换树脂直接压制成膜，难制造
化学特性	电阻大	电阻小
对离子选择透过性	低(易泄漏离子)	高(不易泄漏离子)
膜厚度/mm	0.5～0.8	0.3左右
膜机械强度	高	低
价格	低	高

水孔、布水槽、流水道和填充网。隔板大多用硬聚氯乙烯经机械加工制成，厚度2～3mm，或生产注射成型的聚乙烯隔板。

(3) 电极　电极为导入直流电源之用。常用电极有石墨电极、铅电极、二氧化铝电极、钛电极及氧化还原电极等。目前以石墨电极和铅电极应用较多。

(4) 电极框　电极框用来保持电极和膜堆之间距离，是极水的流通道，一般采用整张粗网式极框或采用隔板式。

(5) 压紧装置　压紧装置用来把交替排列的膜堆和极区压紧，使运行时没有水的渗漏。其构造和压滤机压紧相仿，上、下压板一般是不锈钢板，用工字钢或槽钢加固四周，用丝杠压紧或用液压缸顶紧。

电渗析的组装取决于进水的水质和对出水水质的要求。当要求增加出水量时，可将各组膜堆并联。要求提高出水水质时，则可串联使用。

3. 电渗析法存在的问题

(1) 结垢问题　电渗析器运行一段时间后，膜的表面会粘结一层垢层，对被处理水中离子的迁移造成阻碍，引起电阻增加，电流升高，严重影响去离子能力，使出水质量下降，并导致膜发生脆裂，必须减少结垢倾向和定期去垢。常用方法有：

① 控制极限电流：通过试验测定极限电流，并在极限电流下运行，可减慢结垢倾向。

② 定期倒换电极的极性：一般每运行4～8h倒换电极极性一次，可有效减轻垢层。

③ 酸冲洗：长期运行，倒换电极已失去效果时，可用3%盐酸通入器内各室消除垢层。一般每周或每月进行1次。

④ 碱冲洗：用以除去带负电荷的有机胶体杂质，一般每隔几月用0.1mol/LNaOH洗涤各室1次。

(2) 耗水量　电渗析处理水，在获得淡水的同时，伴随形成浓水和极水。浓水和极水是不能利用的废水。这三部分水的比例是：

① 水源充沛，浓水和极水采取直接排放时：

淡水：浓水：极水＝1：1：0.3

水的利用率＝淡水/浓水＝45%～55%

② 水源紧张，浓水、极水分别收集循环使用时：

淡水收集量：浓水排放量＝1：0.1～0.5

水的利用率＝80%～90%

此时，浓水循环后离子浓度提高，降低膜的选择透过性，增加电耗。

(3) 耗电量　啤酒酿造用水的处理，属淡水除盐类型，出水含盐量要求在100～200mg/L。其耗电量平均在0.6～0.9kW·h/m^3。

(4) 对原水要求　如原水中悬浮杂质多，会造成隔板中沉结，增加阻力，降低流量；有机物会造成膜污染；含铁量高，造成膜中毒；水温过高会使隔板老化，阴膜老化。因此，用于电渗析处理的原水应水质透明，含悬浮杂质少，有机物少，水温在40～50℃以下；如水质混浊，应进行适当预处理(过滤)。

4. 优缺点(与离子交换法比较)

其优缺点如表2－1－17所示。

表 2-1-17　电渗析法与离子交换法比较

项　目	离子交换法	电渗析法
1. 连续运行时间	每天需再生	可连续运行1～2月
2. 酸碱耗量	大	小
3. 耗电量	小	大
4. 生产费用(不计工资)	大	小
5. 交换膜和树脂使用寿命	短	长
6. 设备投资	低	高
7. 操作管理	较繁琐	简单
8. 出水质量	高(能制备纯水)	较差(一般除盐)
9. 对非离子态杂质去除	依靠吸附能部分去除	不能

在水质较透明，但含盐量过高(500～1000mg/L)，总硬度过高(3.57～8.02mmol/L)，水中有机杂质少，无毒物污染时，采用电渗析法除盐是适宜的。上述水经过一次除盐后，含盐量可降低为10～50mg/L，总硬度0.071～0.36mmol/L。此水经加石膏改良后，可符合啤酒酿造用水的要求。当水质污染严重，如含微生物多，有机杂质多，或含不带电杂质(如游离残余氯、酚类化合物、农药残留等)时，就不能直接用电渗析法处理，应配合适当的预

处理，如先经杀菌、活性炭过滤，除去杂质后，再用电渗析法处理，效果更好。

七、反渗透法处理水

1. 基本原理

基本原理是水在外界高压下，使之克服水溶液本身渗透压力，而使水分子通过半渗透膜，从而除去水中各种盐类。

反渗透法处理水的情况如图2－1－3至图2－1－6所示。

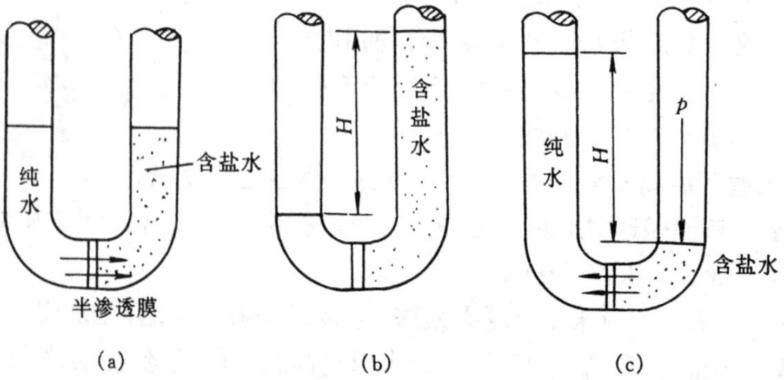

图 2－1－3　渗透(a，b)、反渗透(c)作用原理

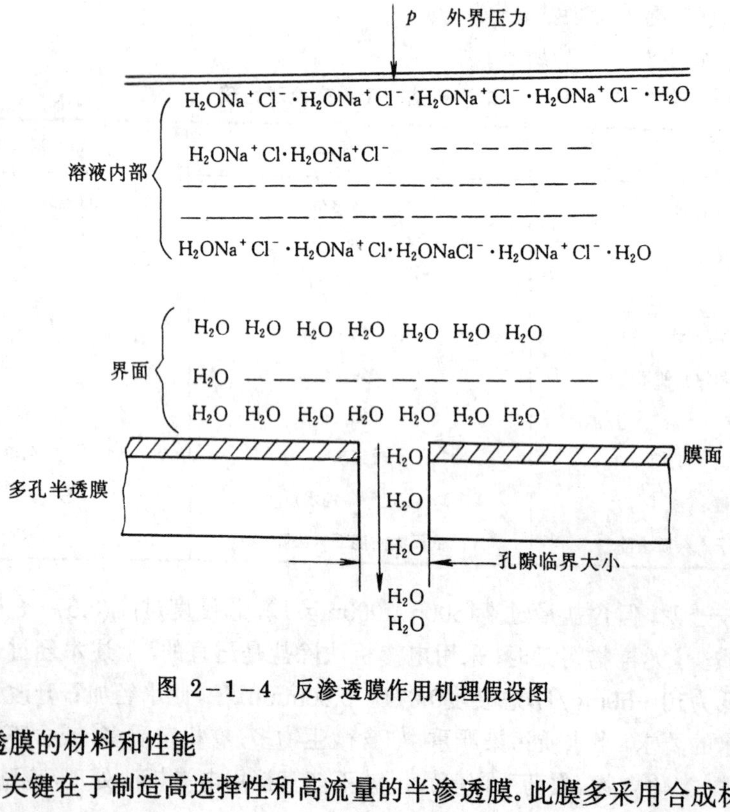

图 2－1－4　反渗透膜作用机理假设图

2. 反渗透膜的材料和性能

反渗透的关键在于制造高选择性和高流量的半渗透膜。此膜多采用合成材料制作，如

醋酸纤维素及其衍生物(尼龙)、芳香族聚酰胺及其他有机合成材料。国内多采用醋酸纤维素膜(简称CA膜)，它具有高透水性和较好的脱盐能力(除盐率96%～98%)。此外还研制了三醋酸纤维素膜(CTA膜)，醋酸纤维素的混合酯(CAP膜)，醋酸丁酸纤维素膜(CAB膜)以及不对称芳香族聚酰胺纤维素膜等。

应用化学溶剂定期对膜进行清洗，可使半透膜的运转寿命长达数年。

3. 反渗透除盐装置类型

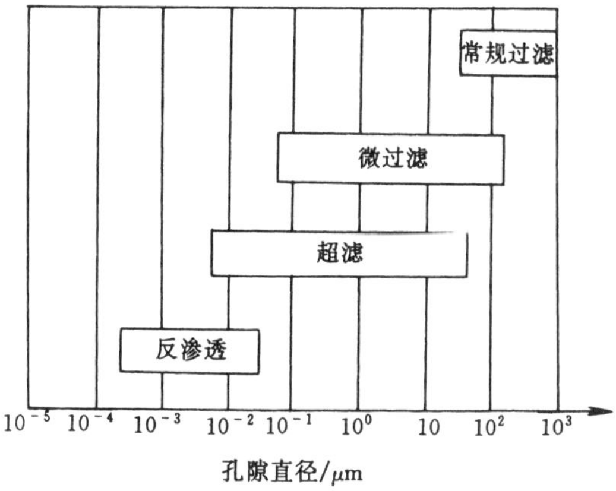

图 2-1-5　膜分离中孔隙直径和渗透粒子范围

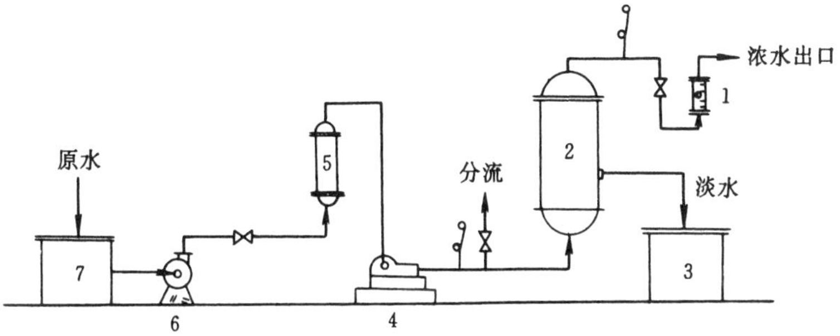

图 2-1-6　反渗透处理水的流程图

1—流量计　2—反渗透器　3—淡水箱　4—高压泵　5—过滤器　6—泵　7—原水箱

目前主要有板式、管式、螺旋卷式、中空纤维式等4种类型，其主要特性如表2-1-18所示。

表 2-1-18　反渗透装置类型

特性＼类型	平板式	管式	螺旋卷式	中空纤维式
1. 结构特性	一组平行多孔板支撑膜，型式如压滤机	半透膜和支撑材料制成圆管状，若干根组成管束装置	半透膜和支撑材料绕中心淡水管卷起来，形成螺旋卷式膜组	半透膜组成极细中空纤维数十万根，中空纤维用环氧树脂连接
2. 特点	结构简单，耐高压，单台产水量低	适应性强，压力损失小，水透过量大，有效面积低	膜面积大，透水量大，密封边缘长，压力损失大	膜面积大，耐高压，出水水质高，结构简单，但制造困难
3. 单位体积有效膜面积/(m^2/m^3)	500	660	330	30000
4. 操作压力/MPa	5.6	5.6	5.6	4.2
5. 透水速度/〔$m^3/(m^2·d)$〕	0.75	0.75	1.00	0.0075
6. 单位装置面积产水量/〔$m^3/(m^2·d)$〕	360	500	330	220

4. 除盐效果

半透膜(CA膜)对水中离子去除能力如表2－1－19所示。

表 2-1-19 CA 膜的离子去除能力

离子种类	去除率/%	离子种类	去除率/%
Mn^{2+}	95～99	SO_4^{2-}	90～99
Al^{3+}	95～99	PO_4^{3-}, HPO_4^{2-}	90～99
Ca^{2+}	92～99	$H_2PO_4^-$	90～99
Mg^{2+}	92～99	F^-	85～95
Na^+	75～99	CO_3^{2-}、HCO_3^-	80～95
K^+	75～93	Cl^-	80～95
NH_4^+	70～90	SiO_3^{2-}	75～90
Fe^{2+}及重金属	98～99	NO_3^-	50～75
有机物	99		

反渗透法处理水工艺比电渗析法简单，运转管理方便，运转费用低，特别适用于固形物含量高的水，并可实现高度自动化操作，但投资较高。

八、活性炭吸附过滤水

1. 基本原理

活性炭表面和内部布满了微孔，微孔直径平均为2～5nm，当杂质的分子直径接近活性炭微孔直径时，就很容易被吸附，它还可借助巨大比表面积吸附作用及机械过滤作用，除去水中多种杂质。

2. 活性炭吸附性能

使用的活性炭，具有600～1200m^2/g的表面积和0.6～1.0m^3/g的内孔体积，其吸附性能如表2－1－20所示。

3. 活性炭过滤器

活性炭过滤器结构和一般机械过滤器相似，过滤器底部装填0.2～0.3m厚的石英砂层作为支持层，上面装1.0～1.3m厚的活性炭层。原水由顶部导入，顺流自然下降过滤。活性炭过滤器的参数如表2－1－21所示。

表 2-1-20 活性炭吸附性能

除去水中杂质种类	作用原理	吸附率或去除率
1. 有机物质	微孔吸附	90%以上
2. 2nm米以下悬浮物及胶体物质	机械过滤	—
3. 金属离子	微孔吸附	Hg=90%～99%;Ag=90%;Sn=100% Pb、Ni、Cr、Co一定数量吸附
4. 活性余氯	表面还原作用，使次氯酸还原成氯离子	可去除水中氯离子6mg/L
5. 氯酚及酚	吸附	—

表 2-1-21　**活性炭过滤器参数**

参　　量	过滤兼吸附	单　吸　附
原水流速/(m/h)	6.1	6.1～12.2
活性炭层厚度/m	0.75～1.5	1.5～3.0
反冲强度[L/(s·m²)]	3.0～10.2	3.4～10.2
器顶部最小空隙/%	30	30
活性炭粒径/mm	0.19～1.5	0.19～1.5

4. 活性炭过滤器的反洗和再生

活性炭过滤器运行一段时间后，因截污量过多，暂时失去活性，此时应进行反洗、排污、再生，其操作如表2－1－22所示。

表 2-1-22　**活性炭的反洗再生操作**

项　目	操　作　方　法
1. 反洗	用清水从器底部进入，反洗强度为8～10L/(s·m²)，反洗时间15～20min
2. 蒸汽吹洗	打开器顶部排气阀，在器底部通入0.3MPa的饱和蒸汽，连续吹洗15～20min
3. 淋洗	用6%～8%NaOH溶液(温度40℃)，在器顶部通入洗涤，NaOH用量为活性炭体积的1.2～1.5倍
4. 正洗	用原水自器顶部通入，冲洗至出水符合规定水质要求，即可投入新运转

5. 活性炭使用期和应用范围

活性炭使用期随水质而异，正常运转下可使用3年，当应用再生法而无法恢复其吸附能力时，应予以更新。

活性炭吸附过滤广泛应用在除去水中有机杂质和水中分子态胶体微细颗粒杂质，多用于电渗析法和离子交换法的预处理，也有作为退氯等措施用。但原水本身要求水质清澈透明，没有大颗粒悬浮杂质，否则很易堵塞微孔。

第四节　啤酒生产用水的消毒和灭菌

一、概　　述

原水中经常存在各种微生物、藻类、水生植物和水生动物，存在的数量取决于水源种类和水源受污染的情况。

1. 水质污染情况及处理方法

水质的污染及处理方法如表2－1－23所示。

2. 啤酒厂生产用水的水质要求及灭菌方法

啤酒厂生产用水消毒灭菌方法如表2－1－24所示。

表 2-1-23 水质的污染及处理方法

水生生物种类	给水质带来的影响	啤酒厂要求	处理方法
水生植物	腐烂期间向水中放出大量的有机物，增加水的色泽和异味	无	机械过滤，活性炭处理
水生动物	令人厌恶	无	机械过滤，活性炭
藻类	给水带来各种臭味、色泽，并能在冷却塔、冷却池繁殖，堵塞管路	无	过滤和消毒
微生物：致病菌(伤寒杆菌、沙门氏菌、志贺氏菌、大肠杆菌)	致病	无 大肠菌群 <3个100ml	消毒与灭菌
非致病菌	污染产品，损害水处理设备，引起腐蚀等	细菌总数 37℃培养48h <100个/ml	消毒与灭菌

表 2-1-24 啤酒厂生产用水消毒灭菌方法

用水部门	对水质要求	消毒灭菌方法
1. 酿造用水	符合饮用水标准	
2. 酵母洗涤用水	严格达到无菌要求	砂滤棒过滤(用水量少时采用)
3. 稀释啤酒用水	严格达到无菌要求	紫外线杀菌
4. 啤酒过滤机操作用水	严格达到无菌要求	臭氧杀菌
5. 大麦浸渍用水	无藻类，基本符合饮用水标准	加氯或高锰酸钾杀菌
6. 冷凝冷却用水	无藻类，铁细菌少	加氯或加硫酸铜

二、砂滤棒过滤器除菌

1. 基本原理

水在外压作用下，通过砂滤棒的微小孔隙(直径为数微米)，水中存在的少量有机物及微生物被微孔吸附截留在砂滤棒表面，滤出水(又称砂滤水)可达到基本无菌。

2. 砂滤棒过滤器结构

砂滤棒过滤器外壳是由铝合金铸成锅形的密封容器，分上下两层，中间间隔有箅子。砂滤棒1至数10根紧固于箅子上，箅子上(下)为待滤水，箅子下(上)为滤后水。原水用泵打入密封容器，通过砂滤棒进入棒筒体内，达到净化除菌。

(1) 过滤器的规格 国产过滤器规格如表2－1－25所示。

(2) 砂滤棒

① 砂芯：系由硅藻土在高温下熔制成半熔固的过滤介质，工作压力为0.1～0.2MPa。

② 玻璃砂滤棒(垂熔玻璃砂芯)：系由硬质玻璃烧结而成，耐强酸强碱，出水透明度高。

3. 使用过程

(1) 清洗 停机，卸出砂芯，堵住砂芯出水嘴，浸泡水中，用水砂纸轻轻擦去砂芯表面

表 2-1-25　国产过滤器的规格

型　号	规　格 高×内径×厚/mm	砂滤棒支数/ (根/台)	流量/(kg/h) (压力:0.2MPa)
101型铝合金滤水器	800×500×20	101型滤棒19	1500
106型铝合金滤水器	450×320×10	106型滤棒12	800
102型铝合金滤水器	400×320×10	112型滤棒6	500
108型铝合金滤水器	320×260×10	108型滤棒7	250
单支压力滤水器	280×70×50	109型滤棒1	30

被污染层,至砂芯恢复原色,即可安装重复使用。

玻璃砂滤棒的清洗:卸下滤棒后,在清水中冲洗内外层,安装后再用纯水抽滤洁净,即可重复使用。若用上法无法洗净时,可用洗液处理〔洗液配方(质量比):$H_2SO_4$5%+$NaNO_3$2%+蒸馏水93%〕:玻璃砂滤棒浸泡在洗液中12~14h后,用清水洗净,装入过滤器,用蒸馏水抽滤至出水洁净无酸根,即可重复使用。

(2) 灭菌　砂滤棒在使用前需进行灭菌处理:用75%酒精注入砂滤棒内,堵住出水口,震荡,使酒精完全涂于内壁,数分钟后倒出酒精,凡和滤出水接触部分均用酒精擦洗。

4. 使用范围

(1) 要求原水水质优良,无悬浮物和胶体杂质。

(2) 仅能除去水中微生物及部分有机杂质,对水中溶解盐类、分子态杂质不起过滤作用。

(3) 水压头损失大,台时产量低,目前生产中最大台时产量为1.5t/h。啤酒厂一般应用在需水量少而要求无菌的地方,如酵母洗涤和贮存用水。

三、加氯(或ClO_2)杀菌

1. 基本原理

氯在水中反应如下:

$$Cl_2+H_2O \rightleftharpoons HOCl+HCl$$

$$HOCl \longrightarrow HCl+[O]$$

次氯酸及新生态氧具有强烈的氧化作用,它很容易扩散到细菌细胞膜内,破坏细胞内酶和细菌的生理机能而使细菌死亡。盐酸则通过使pH值下降而对杀菌有促进作用。

液氯使用较困难,工厂常采用漂白粉代替之,漂白粉在水中的反应式如下:

$$2CaOCl_2+2H_2O \longrightarrow 2HOCl+Ca(OH)_2+CaCl_2$$

2. 加氯方法和加氯量

(1) 加氯方法

① 滤前加氯:原水水质差,有机物多,可在原水沉淀过滤前加氯,可防止沉淀池中微生物繁殖和粘膜、藻类的形成,但加氯量要多。

② 滤后加氯:原水经沉淀和机械过滤后加氯,可减少加氯量,杀菌效果好。

(2) 加氯量　加入水中的氯分二部分,即作用氯(吸氯)和余氯。作用氯是与水中微生物、有机物及有还原作用的盐类(如亚铁、亚硝酸等)起作用的部分;余氯是为了保持水在加氯后有持久的杀菌能力,防止水中微生物孢子萌发(氯对孢子无杀菌作用)及外界微生物的侵入,需在水中存在的有效氯。加氯后的余氯量,应在管网末端保持0.1～0.3mg/L,小于0.1mg/L不安全,大于0.3mg/L水会有明显的氯臭。

加氯量应根据水质、接触杀菌时间、水温及水的pH值,通过实际测定控制余氯量来决定。一般,当水质清亮透明时,可采用有效氯量为1.0～4.0mg/L,接触时间15min;若水质混浊不清,应增加接触时间到30min以上。

3. 灭菌效果(表2-1-26)

表 2-1-26　　水中加氯后微生物数量变化

每毫升水中细菌数 / 接触时间	加氯量 /(mg/L)			
	0.5	1.0	2.0	4.0
加氯前	232000	232000	232000	232000
加氯30min以后	65000	23000	50	77
加氯1h以后	44000	180	36	52
加氯2h以后	29500	110	23	47
加氯4h以后	37000	85	20	40
加氯24h以后	75000	10	9	5

4. 加氯杀菌水在啤酒厂使用范围

加氯杀菌水有明显的气味,在啤酒厂的以下部门不宜采用此水:

(1) 糖化用水　含有余氯的水,能破坏酶活力,影响糖化;

(2) 洗涤和贮存酵母用水　余氯会杀死酵母细胞,导致酵母变质;

(3) 啤酒过滤机用水和勾兑啤酒用水　加氯杀菌水的气味会影响啤酒质量,余氯能破坏啤酒的非生物稳定性。

上述工序如果使用加氯杀菌水时,应使用活性炭过滤,进行退氯处理。

5. 二氧化氯的杀菌作用

二氧化氯与水反应生成亚氯酸($HClO_2$)和氯酸($HClO_3$)

$$2ClO_2 + H_2O \longrightarrow HClO_2 + HClO_3$$

这两种酸都是强杀菌剂,通过其强氧化作用进行杀菌。二氧化氯具有灭菌作用的浓度为0.05mg/L。它仅产生极小的氯气味,并且能避免氯酚的产生。

四、臭 氧 杀 菌

1. 基本原理

臭氧(O_3)在常温常压下是具有特殊气味的气体,具有极强的氧化能力,其释放出的新生态氧〔O〕,能氧化水中的有机物,破坏微生物原生质,杀死微生物,也能破坏微生物孢子和病毒。

2. 臭氧杀菌设备

臭氧的化学性质极不稳定,只能边制造边用。臭氧杀菌设备包括空气净化设备、臭氧生器和臭氧加注设备(见图2－1－7)。

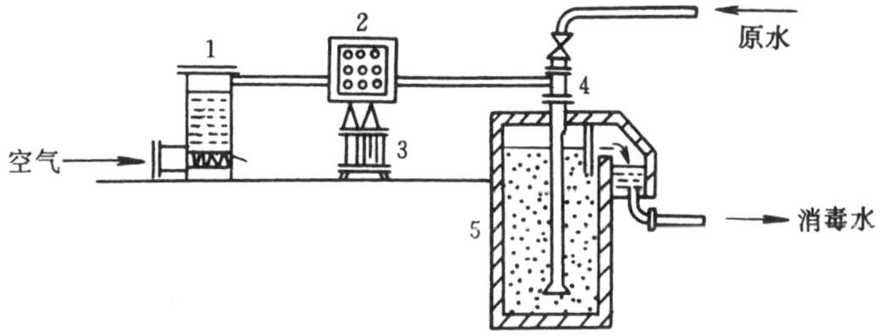

图 2－1－7　臭氧杀菌流程

1—空气净化降温干燥塔　2—臭氧发生器　3—变压器　4—喷射器　5—消毒水池

(1) 空气净化和臭氧发生器　空气经过净化、冷却、去湿，直至干燥到空气露点为－45℃以下，通过15000V的高压放电场，或经过紫外光照射，就可使部分氧气聚合成臭氧，反应式如下:

$$3O_2 \xrightarrow[\text{或紫外线}]{\text{高压放电}} 2O_3 - 148.2\text{kJ/mol}$$

每$1m^2$放电面积，每1h可产生50g臭氧，耗电约1.6kW·h。

用空气制造臭氧的流程如下:

[空 气]⟶空压机(无油润滑)⟶去雾器⟶一级、二级冷却器⟶硅胶吸湿器⟶分子筛吸湿器⟶过滤器⟶流量计⟶臭氧发生器(高压放电场)⟶[臭 氧]

(2) 臭氧加注装置　臭氧在水中溶解度极小，为使含臭氧的空气和需杀菌的水充分混合，一般采用水射器。为了增加臭氧和水接触时间，水池应保持一定高度。

3. 臭氧加量和杀菌时间

经过过滤后清净的水中，每$1m^3$加入臭氧0.1～1g即可达到满意的杀菌效果。

臭氧和水接触时间为10～15min。

4. 效果

(1) 对除去水中的色度和浊度有一定效果;

(2) 对除去水中臭味有显著效果;

(3) 对去除水的酚及氯酚臭有明显效果，含酚量为0.5g/L的水，经处理5min，去酚率可达95.2%;

(4) 对水中微生物杀菌有显著效果，如含细菌总数为458个/ml的水，经处理5min，细菌总数降为40个/ml，处理10min，可以全部杀死。

此方法应用尚不普遍，主要是制造臭氧的设备较复杂，基建费大，杀菌费用约比氯杀菌高3倍。

五、紫外线杀菌

1. 基本原理

微生物受紫外光照射后，微生物中的蛋白质和核酸吸收紫外光谱的能量，导致蛋白质和核酸结构发生破坏，引起微生物死亡。紫外光波长为200～295nm，有杀菌能力，波长在260nm时，杀菌力最强。紫外线对清洁透明的水有一定穿透能力，所以能使水杀菌。

2. 杀菌设备

杀菌设备有水面悬挂式和光源浸入式两种:

(1) 水面悬挂式　紫外线光源悬挂在距水面几厘米的上方，待杀菌的水以20cm厚的薄层缓慢通过照射区。此法结构简单，但效果差。

(2) 光源浸入式　将光源浸沉在待杀菌水中，水慢慢流过以灭菌。紫外灯管安装在两端开口的石英套管内，再浸入水中工作。此法紫外线能量利用率高。

3. 杀菌效果

杀菌效果如表2-1-27所示。

表 2-1-27　　紫外线杀菌的效果

型　号	水的流量/(m^3/h)	对大肠菌群杀菌率/%	对细菌总数杀菌率/%
X-1-250*	60	98	97～99
X-3-350	60	100	100

* X表示紫外线杀菌器;1表示紫外灯管功率千瓦数;250代表筒体内径(mm)。

4. 优缺点

(1) 优点　杀菌速度快，效率高，不改变原水的物理性质和化学组成，不增加水的臭和味，结构简单，占地面积小，管理方便，便于自动控制。

(2) 缺点　需经常更新灯管，杀菌成本略高于漂白粉。

国内外啤酒厂对紫外线杀菌水均有应用。主要用于啤酒酵母洗涤用水、稀释啤酒用水、硅藻土调浆用水以及清洗发酵罐和清酒罐的最后一次冲洗水等方面。

用紫外线处理水，对于周期性出现无机物混浊的水是很少适用的。

第五节　啤酒生产过程用水

一、啤酒生产过程用水的水质要求

啤酒生产过程用水的水质要求如表2-1-28所示。

表 2-1-28　啤酒生产过程用水的水质要求

生产过程	水温/℃	水质要求及影响
1. 浸麦用水	10～15	(1) K^+、H^+、Ca^{2+}、Cl^-、OH^-、CO_3^{2-}离子对大麦发芽有刺激作用 (2) Fe^{2+}、Mn^{2+}易形成胶体沉淀，吸附于麦皮，增加麦芽色泽，发暗，要求Fe^{2+}<10 mg/L，Mn^{2+}<1mg/L (3) 暂时硬度太高不利于大麦洗涤;永久硬度太高不利于麦皮有害物质的浸出;碱度高有利于麦皮有害物质的浸出 (4) 微生物数量要求较少
2. 酵母洗涤和贮存用水		(1) 严格要求无菌 (2) Ca^{2+}、Mg^{2+}能促进酵母凝集性 (3) 总溶解盐类应>200mg/L，总溶解盐类太少，贮存酵母时，由于渗透压差，可导致酵母细胞体膨大，严重时，使酵母细胞壁破裂而死亡。绝对不能用纯水和蒸馏水贮存酵母 (4) 重金属离子Cu、Ag、Zn、Sn、Hg等对酵母菌有毒害作用，应符合生活饮用水标准 (5) 表面活性剂对酵母凝集力有破坏作用，应符合生活饮用水标准
3. 过滤棉洗涤用水		(1) 澄清透明，无色，无悬浮物，有机物含量低。水中悬浮杂质和有机物在洗涤滤棉时易被吸附，使洗涤困难，增加洗涤用水量，增加滤饼过滤阻力 (2) 水硬度特别是暂时硬度应低，应<2.14mmol/L，碳酸氢盐在洗涤滤棉时分解成$CaCO_3$和$MgCO_3$，吸附在滤棉上，增加过滤阻力，改变初滤酒的pH值，造成次品酒增加，引起啤酒喷涌病
4. 稀释啤酒用水	0左右	(1) 此水应澄清透明，无色，无异味，无微生物和化学污染 (2) 调整pH值，去氯，去盐 (3) 排除空气，含氧量在0.3mg/L以下 (4) 充CO_2，应使啤酒稀释后不降低CO_2含量 (5) 巴氏杀菌，消灭微生物污染 (6) 预冷至接近0℃，再用以兑制啤酒

二、冷却用水及处理

啤酒生产过程用水量中，很大一部分是工艺过程冷却用水和冷冻机冷却用水。冷却水的水质影响冷却效果，影响电耗和设备的腐蚀。

1. 冷却用水的水质要求

冷却用水的水质要求如表2－1－29所示。

表 2-1-29 冷却用水的水质要求

水质内容	允许含量/(mg/L)	备注
混浊度	50～100	按冷却器种类而定，混浊度过高，易堵塞管路
碳酸盐硬度	60～200	取决于水温及游离CO_2量，过高引起垢层
$CaSO_4$	1500～2000	取决于$MgSO_4$和Na_2SO_4含量而定
Fe^{2+}	0.1	过高引起设备腐蚀
Mg^{2+}	0.1	过高引起设备腐蚀
H_2S	0.5	过高引起设备腐蚀
水温	愈低愈好	影响用水量和电耗
水生生物	愈少愈好	堵塞管路，形成粘膜，引起腐蚀

2. 冷却水的使用方式

(1) 一次使用　冷却用水在来源方便、水量丰富、排放方便时，一般仅经过一次热交换后即作为废水排放，它对水质要求较低。

(2) 一次使用后再作其他用水　冷却用水经一次使用后，水质变化不大，几乎未受到污染，可回收用于其他方面，如用作灌装车间洗瓶、洗桶用水，各车间地面、设备的洗涤用水等。

(3) 循环使用　冷却水经过冷却系统，水温升高，可采用喷水池、淋水塔等方式，使水自蒸发降温，降温后的水重新泵入冷却系统循环使用。在循环使用中，由于水的自蒸发引起水中溶解物质浓缩，会引起一系列障碍，如结垢、腐蚀、水生生物繁殖等。循环使用的冷却水必须进行适当处理和管理，也要花费一定的费用。因此，对于水源丰富地区冷却水循环使用的经济合理性，需要进行考察和计算。

3. 冷却水的障碍

(1) 水垢的形成　冷却用水中溶解盐过多，特别是碳酸氢盐含量过高，在冷却过程中由于水温升高，水的自蒸发而引起盐类浓缩，产生水垢，堵塞管路，降低传热系数。

构成水垢的离子如表2－1－30所示。

表 2-1-30 构成水垢的离子*

正离子	负离子			
	OH^-	SO_4^{2-}	CO_3^{2-}	SiO_3^{2-}
Ca^{2+}	—**	$CaSO_4$	$CaCO_3$	$CaSiO_3$
Mg^{2+}	$Mg(OH)_2$	—	$MgCO_3$***	$MgSiO_3$
Fe^{2+}	$Fe(OH)_2$	—	—	$FeSiO_3$
Al^{3+}	$Al(OH)_3$	—	—	$NaAl(SiO_3)_2$

* 水垢是由水中正负离子形成难溶的盐类而结垢的。

** 表中横线表示形成的盐易溶于水或不形成此盐。

*** $MgCO_3$有较大的溶解度。

冷却用水形成水垢的主要因素是：水温、传热速度、水含钙盐量、硫酸根、二氧化硅、碱度、pH值、溶解盐浓度等。一次使用冷却水的镁离子、硅酸根均不形成水垢，形成水垢主要是钙盐和含铁量。

在不同温度和CO_2条件下，冷却用水的允许硬度范围如表2－1－31所示。

表 2-1-31 不同温度、CO_2条件下冷却用水允许硬度的范围

游离CO_2含量/(mg/L)	不同温度(℃)的冷却用水允许碳酸盐硬度/°d*					
	20	30	40	50	60	70
10	9.1	8.3	7.6	6.9	6.4	5.8
20	11.5	10.4	9.3	8.7	8.0	7.3
30	13.2	12.0	10.9	10.0	9.2	8.3
40	14.5	13.2	12.0	11.0	10.1	9.1
50	15.6	14.2	12.9	11.8	10.9	9.8
60	16.6	15.1	13.7	12.7	11.6	10.5
80	18.3	16.6	15.1	13.8	12.8	11.5
100	19.7	17.9	16.3	14.9	13.8	12.4

* 1°d＝0.35663mmol/L。

(2) 冷却用水的腐蚀和防治　冷却用水对金属的腐蚀因素如表2－1－32所示。

表 2-1-32 冷却用水对金属的腐蚀因素

腐蚀因素	情况
1. 溶解氧	促进金属腐蚀，地下水几乎无溶解氧，循环用水氧达饱和
2. pH值	<4.3时，促进水中酸类腐蚀作用(含矿水)，天然水在pH6～8时没有严重影响
3. CO_2	地下水含量高，是主要腐蚀因素
4. 溶解盐类	增加水的导电率，促进电化腐蚀
5. 温度	水温升高，腐蚀加剧
6. 流速	流速增加，腐蚀加剧

腐蚀防治法:

① 调节水的pH值，形成碳酸钙保护膜：用碳酸钠、氢氧化钠、石灰等调节水的pH值、碱度和钙硬度，使水饱和指数在0.6～1.0，可使冷却水在冷却设备上形成一层极薄的碳酸钙沉结在金属表面，形成保护膜。膜的厚度对传热效率影响很小。

② 添加防腐蚀剂：防腐蚀剂的添加条件和添加量如表2－1－33所示。

表 2-1-33 循环用水中添加的防腐蚀剂

防腐蚀剂	添加条件	添加量/(mg/L)
偏磷酸钠	pH<7.0	10
铬酸盐或重铬酸盐	pH7.5～9.5	300～500
硅酸盐	硬度<22.43mmol/L	8(以SiO_2计)

(3) 冷却用水的生物障碍　在循环使用的冷却水中，经常发生水生生物大量繁殖，形成粘膜，堵塞管路及造成腐蚀等障碍。主要是由于水温升高，溶解盐浓度增高和阳光照射而促使铁细菌和藻类等的繁殖。可通过添加杀菌剂防治，一般添加氯(或漂白粉)，加氯量为0.5～3.0mg有效氯/L，或添加硫酸铜0.2～2.0mg/L，对空球藻和实球藻添加量需达

5mg/L以上。

4. 冷却用水的稳定

(1) 水质稳定的意义 冷却用水的沉淀结垢，主要由于水中碳酸氢盐受热分解，形成溶解度很低的碳酸钙沉淀。

$$Ca(HCO_3)_2 \xrightleftharpoons{\Delta} CaCO_3\downarrow + CO_2\uparrow + H_2O$$

即 $$2HCO_3 \rightleftharpoons CO_3^{2-} + CO_2 + H_2O$$

上述反应是可逆的，当处于可逆平衡时，水中HCO_3^-和CO_2的量是保持一定比例存在的。若平衡破坏，反应向右进行，则发生碳酸钙沉淀结垢；当反应向左进行时，则发生设备腐蚀现象。所谓水质稳定就是设法保持上述平衡状态，既不结垢，也不腐蚀。

(2) 水质饱和指数的判断 水质饱和指数的判别式如下：

$$I = pH_0 - pH_s$$

式中 I——水质饱和指数

pH_0——原水的pH值

pH_s——水被碳酸钙饱和时的pH值

当$I=0$时：水质是稳定的，既不产生结垢，也不腐蚀；

当$I>0$时：钙过饱和，产生结垢；

当$I<0$时：钙不饱和，产生侵蚀现象。

经验证明，$I=\pm0.25\sim0.30$范围内的水质是稳定的，超过上述范围，需进行适当处理。

(3) 饱和指数的实验测定法

① 测定原水的pH值，即为pH_0；

② 取400ml原水，盛入烧杯，加入30g化学纯的碳酸钙，搅拌数分钟静置，将上清液用滤纸过滤，过滤的清液测pH值，即为pH_s；

③ 按$I=pH_0-pH_s$计算。

5. 水垢防止法

(1) 一次使用冷却水的水垢防止法 一次使用冷却水采用软化处理，防止水垢产生是不经济的，常用的水垢防止法如表2－1－34所示。

表 2-1-34 一次使用冷却水的水垢防止法

处理方法	作用	防垢剂添加量
(1) 加硫酸	冷却水中加硫酸，降低原水的pH_0，即可降低饱和指数	根据原水化学成分，通过小试验，确定添加量，控制$I=\pm0.25\sim0.3$
(2) 加表面活性剂	添加淀粉、单宁、木质素等高分子物质，可防止$CaCO_3$析出	50mg/L(单独或混合)

(2) 循环使用冷却水的水垢防止法

① 循环用水的水质变化：水在喷水池或淋水塔降温时，每降低5.5℃，约有1%的水蒸发散失，同时尚有水滴的飞溅损失，必须用补给水补充。为了防止结垢，降低循环冷却水的含盐量，补给水应是低含盐量的水，或把循环水排出一部分，从而增加补给水。

$$浓度循环指数=\frac{循环水含盐浓度}{补给水含盐浓度}$$

可用下式计算：

$$N=\frac{E+B}{B}$$

式中　N——浓度循环指数

E——冷却水的自蒸发量对循环水量的百分比(%)

B——飞溅损失水量+排出水量对循环水量的百分比(%)

经验证明，当浓度循环指数控制为2.0左右时，循环水不易产生结垢。

② 循环用水的水垢防止法：最有效的方法是确定适当的排出水量，借以控制饱和指数。当水量缺乏时，排出水不可能太多，此时可用降低补给水的暂时硬度来防止水垢形成。通常采用的水处理方法是：加石灰法，苏打石灰法，沸石离子交换法等。也有采用加酸调节循环水的pH值和碱度的，借以增加浓度循环指数，减少补给水量。

第二章 啤 酒 花

第一节 概 述

啤酒花(简称酒花)作为啤酒工业原料开始使用于德国。使用的主要目的是利用其苦味、香味、防腐力和澄清麦汁的能力。

世界酒花的产量和啤酒生产的需要量，基本上是平衡的。酒花的平均单位用量约为1.4kg/t啤酒。近年来世界各国的酒花使用量普遍较前降低，国内用量最低者不足1.0kg/t啤酒。

世界最大的6个酒花生产国家是美国、德国、中国、捷克、前苏联和英国，约占世界酒花产量的75%以上，其中美国和德国两个国家的酒花产量约占总产量的50%以上。在质量方面，国际上最负盛名的是德国和捷克传统的香型酒花，除去品种因素外，与两国的土壤和气候等地理条件有关。英国酒花则以其传统酒花的香味好而著称。美国和日本则以近年培育了许多优良新品种而闻名于世。

酒花含有的主要成分是α-酸(学名葎草酮，Humulone)和β-酸(学名蛇麻酮，Lupulone)及未定性的β-组分(β-fraction)以及酒花油和多酚物质。传统的酒花著名品种多为香型酒花，其α-酸含量不高。近年来，通过优良品种的杂交，有关国家已选育出多种苦、香兼优的新品种，具有较高的α-酸含量和优良的酒花香型。

酒花在我国是一种野生植物，由来已久。但作为工业原料，用于啤酒工业还是近百年的事。我国人工栽植酒花的历史也只有半个多世纪，开始在东北种植，种苗由日本引入，种植面积不大，属试验性质。

解放后，由于人民政府的重视，在青岛试种基础上，建立了第一个酒花原料基地。而后大规模地在新疆、甘肃等地发展酒花基地，酒花产量不断提高，加工质量不断改进，不但彻底改变了解放前酒花完全依靠进口的局面，1963年还开始出口，在国际市场上获得好评。

第二节 酒花的植物性状

酒花的学名是蛇麻(*Humulus Lupulus* L),又名忽布(Hop),为大麻科葎草属多年生蔓性草本植物。其地上茎每年更替一次,茎长可达10m,摘花后逐渐枯萎。其茎的颜色分紫、绿、白三类品种,每一品种都有早熟种、中熟种和晚熟种。酒花的根为宿根,深入土壤1～3m,可生存10～15年之久。它在地面上的部分,每年秋后被割掉,仅保留地下根茎,待明年春季发生新芽,继续繁殖。

酒花之叶对生,分3个或5个掌状裂片,小叶呈心脏形,不分裂,两面生毛,内面有逆刺,叶边缘呈锯齿状。

酒花系雌雄异株,酿造上所用的均为雌花(图2－2－1),雌花花体为绿色或黄绿色,呈松果状,长2～4cm,由30～50个花片被覆花轴上。优良的酒花具有较细的花轴和细致的波纹。花轴上有8～10个曲节,每个曲节上有4个分枝轴,每个分枝轴上生一片前叶,前叶下面有两片托叶状的苞叶,此前叶和苞叶即通常误称为花片者。花片的基部有许多分泌树脂和酒花油的腺体,叫蛇麻腺(图2－2－1),当酒花成熟时,由此所分泌的树脂和酒花油是啤酒酿造所需要的重要成分。酒花的雄花花体小,白色,无酿造价值。种植酒花的区域应排除雄花,以防授粉结籽。

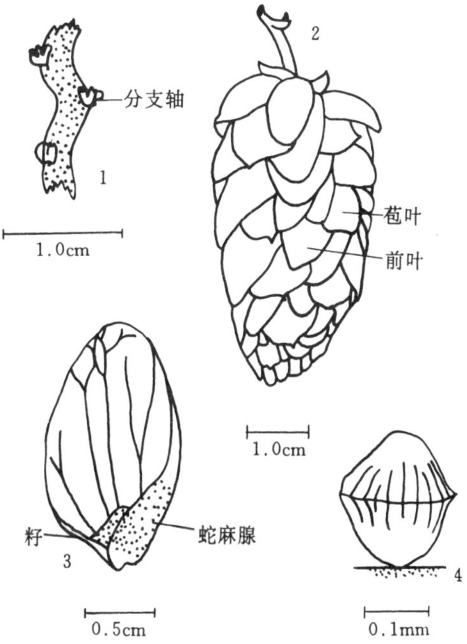

图 2－2－1 雌性酒花

1—花轴 2—雌花 3—前叶 4—蛇麻腺

第三节 酒花的化学成分及其作用

一、干燥酒花的化学组成

酒花主要成分的平均值,如表2－2－1所示。

表 2-2-1 干酒花的化学成分 单位:%

成分	含量	成分	含量
水分	10左右	氨基酸	0.1左右
总树脂	10～20	蛋白质(N×6.25)	15左右
酒花油	0.5～2.0	脂与蜡	3.0左右
多酚物质	2～5	灰分	6～10
单糖	2～4	纤维素、木质素等	平衡量
果胶	2.0左右		

注:(1) 上述成分值根据酒花品种、种植地区的气候和土壤条件、收获时间以及干燥和贮存条件会有一些波动。

(2) 酒花总树脂的主要成分是葎草酮和蛇麻酮。葎草酮是酒花中第1个被鉴定出的成分,故名α－酸;而后被鉴定出的是蛇麻酮,依次命名为β－酸,沿用至今。

酒花在啤酒酿造中最主要的成分是酒花树脂、酒花油和多酚物质，它们赋予啤酒的特有的苦味和香味。酒花树脂还具有防腐力，多酚物质则具有澄清麦汁和赋予啤酒以醇厚酒体的作用。

二、酒 花 树 脂

(一) 酒花树脂的命名

酒花树脂成分非常复杂，还不能全部定性，其成分主要根据在不同有机溶剂中的溶解度来划分，其命名如表2－2－2所示。

表 2-2-2 酒花树脂的命名

树脂种类	命 名
未定性树脂	1. 总树脂: 指酒花能溶于冷甲醇和乙醚的部分，包括α－酸、β－酸、未定性软树脂和硬树脂 2. 总软树脂: 指总树脂中能溶于己烷部分，包括α－酸、β－酸和未定性的软树脂 3. 硬树脂: 指总树脂中不溶于己烷的部分，即总树脂减去总软树脂的那一部分 4. β－物质: 指总软树脂减去α－酸的那一部分 5. 未定性软树脂: 指总软树脂减去α－酸和β－酸或β－物质减去β－酸后的未定性部分 以上树脂成分可图解如下: 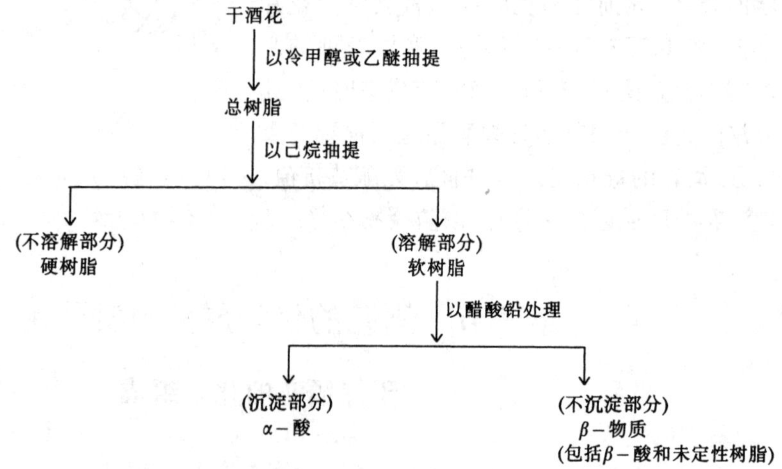
已定性部分	1. α－酸: 主要由葎草酮、合葎草酮 (cohumulone)、加葎草酮 (adhumulone)、前葎草酮 (prehumulone)、后葎草酮(posthumulone)等5种同系物所组成，其差别主要表现在第2个碳原子酰基(R)侧链上的不同结构 2. β－酸: 主要由蛇麻酮、合蛇麻酮(colupulone)、加蛇麻酮(adlupulone)、前蛇麻酮(poelupulone)、后蛇麻酮(postlupulone)等5种同系物所组成，其差别也表现在第2碳原子酰基(R)侧链上的不同结构

(二) α－酸和β－酸及其同类异构物的化学结构和物理性能

1. α－酸和β－酸的化学结构式

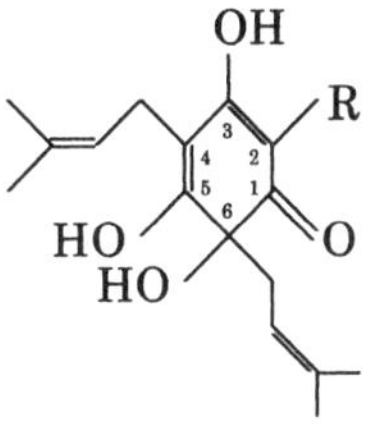

α－酸

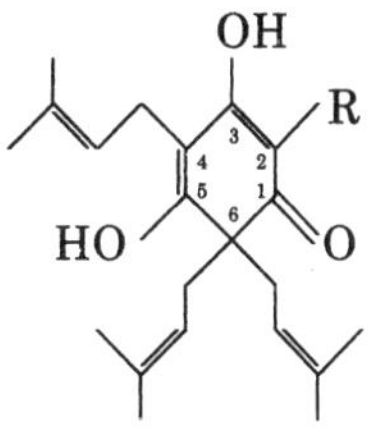

β－酸

R代表酰基(CO－R′)

2. α－酸，β－酸及其同类异构物的物理性能(表2－2－3)

表 2-2-3　　α－酸，β－酸及其同类异构物的物理性能

项　目	酰基结构	同系物名称	分子式	熔点/℃	$[\alpha]_D^{26°}$
α－酸	$-COCH_2CH(CH_3)_2$	葎草酮	$C_{21}H_{30}O_5$	64.5	－211°
	$-COCH(CH_3)_2$	合葎草酮	$C_{20}H_{28}O_5$	油质	－208.5°
	$-COCH(CH_3)CH_2CH_3$	加葎草酮	$C_{21}H_{30}O_5$	油质	－187°
	$-COCH_2CH_3$	后葎草酮	$C_{19}H_{26}O_5$		
	$-COCH_2CH_2CH(CH_3)_2$	前葎草酮	$C_{22}H_{32}O_5$	油质	－172°
β－酸	$-COCH_2CH(CH_3)_2$	蛇麻酮	$C_{26}H_{38}O_4$	92	
	$-COCH(CH_3)_2$	合蛇麻酮	$C_{25}H_{36}O_4$	93－94	
	$-COCH(CH_3)CH_2CH_3$	加蛇麻酮*	$C_{26}H_{38}O_4$	82－83*	
	$-COCH_2CH_3$	后蛇麻酮*	$C_{24}H_{34}O_4$	101*	
	$-COCH_2CH_2CH(CH_3)_2$	前蛇麻酮*	$C_{27}H_{34}O_4$	91*	

* 系合成物质。

3. α－酸和β－酸在贮存期的变化

α－酸和β－酸在贮存期均易氧化或结构改变。其氧化产物有的具苦味，有的无苦味。其原始结构的改变主要来自三方面：①侧链的氧化；②侧链的断裂；③六碳环改变为五碳环。

(三) α－酸和β－酸的性质与作用

1. α－酸

(1) 酒花中α－酸的含量因品种、产地、年份、收获时间和处理方法不同而有较大的波动。干酒花的α－酸含量一般在3%～15%范围内波动，新培育品种的α－酸含量在不断提高，已可高达15%以上。α－酸的5种同系物中，加葎草酮的含量比例为15%～20%，比较稳定。葎草酮和合葎草酮的比例因品种而有较大差异。一般说香型酒花的合葎草酮含量比较低，苦型酒花含量则较高，具有典型性，也是鉴别苦、香酒花的方法之一。前葎草酮和后葎草酮只有微量存在。

(2) 葎草酮呈菱形结晶，浅黄色，在0℃左右相对稳定，在紫外光中呈现柠檬黄色荧光，易溶于乙醚、石油醚、己烷、甲醇等有机溶剂。

(3) α－酸不具有羧基，但由于其具有烯醇基$(-\overset{\|}{C}-OH)$，故微呈酸性。α－酸在水中

溶解度很小，其溶解度随pH值不同而有很大差别，pH值愈高，溶解度愈高。如麦汁pH为6.0时，其溶解度为500mg/L;当pH值为5.2时，则溶解度只有85mg/L。

(4) α－酸具有苦味力和防腐力。在弱碱溶液中易异构化，生成异α－酸，即α－酸的1,6碳键断裂，1,5碳形成新键。异α－酸为黄色油状，具有强烈的苦味力，在麦汁中的溶解度远高于α－酸，啤酒的苦味主要来自异α－酸。

同样的，α－酸的同系物也均裂解异构化为其相应的异构化物。

(5) 酒花的α－酸含量不稳定，包装或贮藏条件不良时，极易氧化而造成损失。α－酸的氧化物不具苦味力。当酒花与麦汁共沸时间过长时，α－酸可能转化为无苦味的葎草酸(humulinic acid)或其他苦味不正常的衍生物。

(6) 关于酒花的酿造价值，国际上倾向于以α－酸含量衡量酒花的酿造价值，并根据α－酸含量，确定酒花添加量和平衡酒花的产量。

(7) α－酸遇醋酸铅溶液，形成浅黄色的α－酸铅盐沉淀，可用电导滴定法测定之，其含量即以"铅电导值"表示之。此方法的专一性不是很强，因酒花中的其他成分，也有易被铅盐沉淀者，如α－酸的氧化物等。

2. β－酸

(1) 干酒花的β－酸含量一般为3%～6%，其中以含蛇麻酮的含量最高。β－酸的溶解度很低，本身不影响啤酒的苦味度，但β－酸的氧化物希鲁酮(hulupone)在麦汁和啤酒中具有较高溶解度，且具有细致而强烈的苦味力。此部分苦味可部分补偿α－酸在贮藏中因氧化而损失的苦味度。因此，在酒花贮藏期α－酸的含量下降小于25%时，仍可以新酒花的α－酸含量进行苦味度的计算。希鲁酮在新鲜酒花中含量仅0.4%左右，在酒花贮藏过程中，因β－酸的氧化，希鲁酮含量可达3%～4%。

(2) β－酸为白色针状或长菱形结晶，其酸性较α－酸为弱，在空气中的稳定性小于α－酸。β－酸不能形成铅盐沉淀，利用这一性质，可将α－酸和β－酸分开。

(3) β－酸的防腐能力较α－酸低，能抑制革兰氏阳性菌；高浓度下也能抑制革兰氏阴性菌，在pH4.3～4.4时的抑制力最强，随pH值上升而逐渐减弱。

(四) 软树脂与硬树脂

根据α－酸和β－酸的结构，可认为它们是醌的衍生物，故性质活泼，易被氧化或还原。新鲜酒花所含的苦味物质，主要是α－酸和β－酸。由于干燥和贮藏，部分α－酸和β－酸不断被氧化，失去其结晶结构，变为无定型软树脂。这部分未定性的软树脂通常不能单独测定，而是与β－酸一起构成软树脂的β－组分，硬树脂指总树脂中不溶于已烷部分，在新鲜酒花中，其含量小于5%总树脂，随着酒花贮藏期的延长而数量不断增加。硬树脂在啤酒酿造中无任何价值。

三、酒 花 油

酒花油是酒花蛇麻腺(Lupulin gland)除酒花树脂外的另一种分泌物，主要是在酒花成熟后期，酒花树脂已大部合成完毕后形成的。酒花油的含量和组成，取决于酒花品种，其组成是由品种基因所决定。另外，种植条件，气候和土壤，酒花成熟度及酒花的处理方法也对酒花油的含量和组成有一定的影响。酒花油在贮藏期中变化显著，很大一部分变为其氧化物，这些氧化物更具重要性，如葎草烯环氧化物等。也许正是这些氧化物的协同作用，显示了真正的酒花香味。

（一）酒花油的成分

酒花中含有0.5％～2.0％的酒花油。其成分组成很复杂，已检出的有200余种，其中75％为萜烯碳氢化合物，25％为含氧化合物，包括酯、酸、酮、醛和醇类等。可分类如下：

1. 萜烯碳氢化合物

占含油量的50％～80％，主要成分有：

(1) 单体萜烯($C_{10}H_6$) 主要包括：

① 香叶烯(myrcene)：在酒花油中含量最高，沸点167℃，香味浓而不正，是酒花油中不受欢迎的成分。麦汁煮沸时，可随水蒸气挥发掉，并易于氧化，形成环氧化物，变为可溶性而进入麦汁和啤酒中。在苦型酒花中香叶烯的含量，一般较香型酒花高。

② α－和β－蒎烯(α,β－pinene)：它们的沸点均大于100℃，但可随水蒸气挥发掉，并易于氧化，形成可溶性环氧化物进入麦汁和啤酒中。

(2) 倍半萜烯($C_{15}H_{24}$) 主要包括：

① 葎草烯(humulene)：无色油状，相对密度0.9021，沸点264℃，香味清雅而正，是酒花油中受欢迎的成分。其性质不稳定，在麦汁煮沸时，部分挥发，部分氧化为相应的环氧化物(葎草烯环氧化物Ⅰ、Ⅱ，葎草醇，葎草烯醇等)变为可溶性而进入麦汁和啤酒中，它是酒花香味的主要原始成分。

② β－石竹烯(β－caryophyllene)。

③ β－法呢烯(β－farnesene)：某些酒花中不含此成分。

2. 含氧化合物

这部分化合物更复杂一些，包括酯类如4－癸酸甲酯、异丁酸异丁酯、异丁酸－2－甲基－丁酯等；酸类如己酸和甲基庚酸等；醇类如芳樟醇(linalool)、香叶醇(gerauiol)等；醛类如异丁醛、异戊醛等；酮类如葎草二烯酮及其他甲基酮类等。

除以上两类物质外，酒花油中尚含有微量的含硫化合物，如甲基硫醇、二甲基硫、甲硫烷等。

（二）酒花油的性质和作用

(1) 酒花油为黄绿色至棕色液体，易挥发，溶于乙醚、酯及浓乙醇。

(2) 酒花油不易溶于水和麦汁，大部分酒花油将在麦汁煮沸过程中，和热、冷凝固物分离过程中被分离出去。

(3) 酒花油易氧化，其萜烯碳氢化物的某些成分均易氧化为相应的环氧化物及醇类。某些此类转化物质被认为是酒花香味的主要来源，如葎草烯环氧化物Ⅱ等。

(4) 酒花油一直被认为是酒花香味的主要来源。但真正香型好的传统酒花，其酒花油的含量反而较低，说明啤酒的酒花香味，主要决定于酒花油的成分，而不在其含量多少。例如酒花油的主要成分香叶烯和异丁酸二甲基丁酯(2－methyl butyl isobutyrate)对酒花香味是起负作用的，香型好的酒花含此两成分都比苦型酒花为低。而苦型酒花则较香型酒花含有较少的2－癸酮和芳樟醇，如表2－2－4所示。

表 2-2-4 香型和苦型酒花的酒花油成分比较

酒花油成分含量 \ 酒花品种	香型酒花				苦型酒花	
	泰特昂 (Tet-tnang)	司派尔特 (Spalt)	哈拉道 (Hal-lertau)	海斯布鲁克 (Hersbr-ucker)	北酿 (Northern Brewer)	酿金 (Brewer Gold)
酒花油总量/%	0.87	0.88	1.15	1.01	2.12	1.42
其中:						
香叶烯(占总量%)	24.0	21.7	20.2	21.5	34.5	36.9
异丁酸二甲基丁酯(占总量%)	0.05	0.06	0.56	0.44	1.82	1.97
2-癸酮(占总量%)	0.28	0.37	0.30	0.15	0.11	0.03
芳樟醇(占总量%)	0.65	0.51	0.60	0.53	0.27	0.28

(5) 酒花油在贮藏过程中由于树脂化和聚合作用，香味逐渐消失。同时酒花油中的一些由萜烯醇类和脂肪酸形成的酯类在贮藏过程中，经水解作用，释出脂肪酸(如异戊酸)，使酒花产生一种奶酪异臭，这些异臭在麦汁煮沸时是容易被蒸发掉的。

(6) 香型酒花的葎草酮与香叶烯之比一般大于苦型酒花，这也是区别苦、香酒花的一种方法。

四、多酚物质

酒花含4%～10%的多酚物质。它是非结晶混合物，也是影响啤酒风味和引起啤酒混浊的主要成分，受到重视。低分子多酚对啤酒酒体是有益的，能赋予啤酒一定的醇厚性;氧化了的高分子多酚则会导致啤酒风味生硬粗糙，并使色泽加深。多酚物质既具还原性，又具氧化性，它可使啤酒中的一些物质避免氧化，在氧化状态下又能够催化脂肪酸和高级醇氧化形成醛类，直接或间接地促进啤酒口味老化。

多酚物质在麦汁煮沸时有沉淀蛋白质的作用，使麦汁澄清。但这种沉淀作用会在麦汁冷却、发酵，甚至过滤、装瓶后的啤酒中继续进行，从而导致啤酒混浊。因此，酒花多酚对啤酒既有有利方面，也有不利方面，需要在生产过程中很好地控制。

酒花酚类物质系由约20%可水解的和80%可缩合的物质所组成。属于前者的为单体酚(monomeric phenol)糖苷，如鞣酸(gallic acid)、对羟基苯甲酸(paiahydroxy beuzoic acid)、阿魏酸等，这些物质可以游离存在。属于后者则为单体多酚(monomeric polyphenol)，如黄酮、儿茶酸和花色苷等。它们也呈游离或糖苷形式存在。花色苷也称黄烷-3,4-二醇，它可与另一黄烷-3,4-二醇或儿茶酸缩合，形成二黄烷、三黄烷，甚至更高的聚合物。此类聚合产物在一定的聚合度下，随着聚合度的上升而变得不溶，高聚合度的多酚其沉淀蛋白质的作用反而较差。

多酚的组成和数量受酒花品种、产地以及贮藏条件的影响。酒花的聚合指数系指总多酚与花色苷之比。此值可以说明酒花在加工和贮存中的变化，贮存期愈长，则聚合指数愈高。

香型酒花含有较多的多酚物质，其聚合指数则较低。

第四节 酒 花 品 种

一、酒花品种的分类

酒花品种很多，由于品种的变异，进行严格的植物学分类有些困难，一般可以下列特性进行分类。

1. 以茎的颜色分类

酒花以茎的颜色分类如表2－2－5所示。

表 2-2-5 酒花以茎的颜色分类

种 类	特 征
紫茎酒花	新芽呈紫色，生长期中茎为紫色或红褐色，叶呈深绿色，叶柄较短，花体为黄绿色，花粉多，产量低，多为早熟品种
绿茎酒花	新芽呈淡紫色，生长期茎为绿色，叶呈绿色，叶柄较长，花体为绿色或黄绿色，花体大，花粉较少，产量高，枝蔓茂盛，多为中熟或晚熟品种
白茎酒花	新芽呈淡紫色，待茎伸长后为淡绿色，有白霜，叶呈绿色，叶柄长，花体为绿色或黄绿色，枝蔓茂盛，花体密生，产量较高，质量较次

2. 以成熟期分类

酒花按成熟期分类如表2－2－6所示。

表 2-2-6 酒花按成熟期分类

种 类	特 征
早熟酒花	新芽为紫色，茎有紫色和绿色之分，春季发芽，生长快，茎蔓较短，侧枝较少，花体密而小，6月初开花，7月上中旬成熟
中熟酒花	新芽为紫色，茎有紫色和绿色之分，春季发芽，较早熟种略晚，枝蔓比较茂盛，花体稍疏松而大，6月中旬开花，7月中下旬至8月初成熟
晚熟品种	新芽为紫色，茎为绿色或白色，春季发芽，较中熟种晚，枝蔓茂盛，侧枝多而长，花体大而密，于6月中下旬开花，8月中至9月中成熟

3. 以酒花的典型性分类

酒花按典型性分类如表2－2－7所示。

表 2-2-7 酒花按典型性分类

类型	特征
香型酒花	α-酸含量低而香型好的酒花品种
苦型酒花	α-酸含量高而香型一般的品种
兼型酒花	又称普通酒花，具有良好的香型和合理的α-酸，或具有较高的α-酸和较好的香型

二、酒花品种的命名

过去各国著名的酒花品种，习惯于以生产该种酒花的原始地区命名之，如我国的青岛酒花、一面坡酒花；德国的哈拉德(Hallertau)、司派尔特(Spalt)；捷克的萨士(Saaz)、道巴(Dauba)。也有以创始该种酒花的人名命名的，如英国的哥尔丁(Golding)、富格尔(Fuggle)。还有以酒花的某一特征命名的，如澳大利亚的白茎(White bine)。至于这些酒花的原始品种是什么，则往往不甚了解。后来，由于各国培育的新品种逐渐多起来，命名的方法也就不那么有规律了。

三、酒花品种的典型性

(一) 酒花的典型性

酒花品种的典型性，可分为香型和苦型。过去鉴别酒花质量，多靠感官鉴定，选择的著名品种，多数属香型酒花，以其特有的细致而爽快的酒花香味著称。如捷克的萨士，德国的司派尔特，英国的哥尔丁都属此类。近年来，由于科学技术和分析方法的发展，酒花的成分和作用更趋明确，国际上趋向于以代表酒花苦味力的α-酸含量来衡量其酿造价值，各国开始重视含α-酸高的苦型酒花，并且培育了很多这类酒花新品种，如北酿(Northern Brewer)，威塔盖特(Wye Target)，盖伦纳(Galena)，玛格努姆(Magnum)等。

(二) 香型酒花和苦型酒花的特点和使用方法

1. 特点

传统香型酒花的α-酸含量一般不高，α-酸与β-树脂的比例一般<1；香型酒花的酒花油含量往往低于苦型酒花，这说明酒花的香味与酒花油的成分有关，与其含量无关；香型酒花的抗病害力一般较差，单产也比较低。苦型酒花的α-酸含量高，α-酸与β-树脂的比例一般>1；苦型酒花的酒花油含量一般较香型酒花高，主要是香叶烯的含量高；苦型酒花一般抗病力强，单产也比较高。如果能培育出香苦兼优的品种，对提高啤酒质量和提高酒花利用率是大有好处的，此项工作，国外早已着手进行。美国、德国、日本、英国领先，并已培育出许多超高α-酸含量并具有一定香型的优良品种。

2. 使用方法

各国使用酒花，一般是苦型和香型兼用。麦汁煮沸时，先加苦型酒花，充分利用其α-酸，后添加香型酒花以保持香味。至于添加次数和添加量则因制酒的类型而不同，不拘一格。

目前，因酒花品种很丰富，又有多种酒花制品面世，故使用酒花的选择性更广泛，添加酒花的方法也更灵活。总之，以能最大限度地提高α－酸的利用率和充分保持酒花的香型为原则。

(三) 香型酒花和苦型酒花的鉴别和评价

酒花品种的区别在于生长的形态，生长的活力，成熟期的早晚，单产的高低，α－酸的含量，酒花油的成分，抵抗各种病虫害的能力等。至于香花和苦花的鉴别，除去α－酸的测定外，尚可根据某些成分的含量进行鉴别和分类。

传统的苦、香酒花区别比较明显，新培育的品种多为高α－酸含量品种或介于苦型和香型之间的品种，但仍可以下列方法进行鉴别和分类。

(1) 以α－酸和β－树脂的含量比值进行判断，α－酸/β－树脂＞1者一般为苦型酒花。α－酸/β－树脂＜1者一般为香型酒花。

(2) 香型酒花的合葎草酮含量一般占α－酸含量的25％以下，甚至更低。苦型酒花者一般占α－酸的30％以上，甚至更高。合葎草酮的异构化物，苦味粗糙，酿造师都喜用含合葎草酮低的酒花品种。从葎草酮与合葎草酮的比值也可鉴别品种，比值高者为佳。

(3) 香花的多酚物质和倍半萜烯氧化物的含量高于苦花，而α－酸含量低于苦花，从多酚物质/α－酸比值或倍半萜烯氧化物/α－酸比值的高低也可鉴别苦花和香花。

(4) 葎草烯的环氧化物是酒花香味的主要来源之一，香型花的葎草烯含量一般较苦型花为高。从倍半萜烯中的葎草烯与石竹烯的含量比值也可评价酒花品质，以比值高者为佳。

(5) 不同酒花品种，其酒花油的色谱峰型各不相同，同一品种，无论其产地和气候条件如何，其酒花油的峰型基本上是相似的，可据以鉴别品种。

四、酒花品种的选育

(一) 国际上的酒花品种选育概况

当前国际上最大的酒花品种选育组织机构是欧洲酒花联络委员会(Hops Liaison Committee)，该委员会的主席由欧洲啤酒酿造协会(European Brewery Convention)参加国代表中选举产生。该委员会的工作是由欧洲啤酒酿造协会、国际酒花科技委员会(Scientific Commission of International Hop Growers Convention)和欧洲酒花商务联合会(European Hop Trade Association)等组织协同进行。一些国际性的酒花品种种植试验，由欧洲酒花联络委员会决定试验品种，由参加国的专业育种研究机构分别在不同的土壤、气候条件下进行试种。一个品种的选育至少需经过4～5年的试种期，才能予以肯定。试验的重点内容包括：农业栽培的全面观察和详细的气象记录；酒花成熟后进行α－酸和有关物质的分析；种子含量和酿造试验等。

(二) 培育酒花新品种

1. 选择性能良好的亲本进行杂交

80年代以后，通过品种杂交，全世界出现了80多种新酒花品种，其中不乏佼佼者。新品种的特点大都是α－酸含量比较高，且具有亲株的香型，在抗病害及贮藏性能方面一般优于传统酒花。表2－2－8列举一些新品种名称及α－酸含量。

表 2-2-8 国际上新酒花品种名称及α－酸含量

品种名称	译 名	培育国家	α－酸含量/%
Aquila	阿奎拉	美 国	8.0
Braustern	布鲁斯特	德 国	8.5
Banner	坂 钠	美 国	9.5
Zenith	真 尼	英 国	9.7
Orion	奥瑞昂	德 国	10.1
Omega	欧米加	英 国	10.6
Toyo midori		日 本	11.0
Alpha Aroma	阿尔伐·香	新西兰	11.0
Centennial	百 周	美 国	11.5
Olympic	奥林匹克	美 国	12.0
Chinook	申纳克	美 国	12.1
Yeoman	叶欧曼	英 国	12.6
Nugget	努盖特	美 国	13.0
Kitamidori		日 本	13.9
Pacifie Gem	和平玉	新西兰	14.5
Sorachi Ace		日 本	14.6
Magnum	玛格努	德 国	15.4
Eastern Gold	东 金	日 本	15.6

注：(1) 上表是以统一分析方法分析1年酒花的平均数值。
(2) 由上表可以看出新品种的α－酸含量逐步上升近1倍。

2. 香型酒花的培育

香型酒花的香型也不一样，在色谱分析中，不同的香型酒花都有其独特的峰型。基于每种酒花不管其产地和气候如何，其酒花油的色谱分析峰型是相似的。育种家可以根据酒花油的峰图来解决香型酒花的育种，以满足不同酿造对不同酒花香型的选择。

(三) 优良酒花品种应具备的特性

(1) 高产、低肥、抗病虫害。

(2) 适应气候和土壤的范围比较广。

(3) 花体大小适中，均匀紧密。

(4) 花粉含量多，具有细致、清爽而强烈的酒花香味。

(5) 软树脂含量(干物质计)

香型酒花：14%以上；

苦型酒花：16%以上。

(6) α－酸含量(干物质计)

香型酒花：5%以上；

苦型酒花：8%以上。

(7) 花体成熟均匀，成熟时间维持在10天以上。

(8) 包装酒花的贮存稳定性高，α－酸的年贮藏损失率低。
(9) 无籽。

五、国内外的著名酒花品种

1. 国内主要酒花品种及其特征

国内主要酒花品种及其特征如表2－2－9所示。

表 2-2-9 国内主要酒花品种及其特征

酒花名称	特征
青岛1号	中熟品种，新芽为淡紫色。成茎为绿色或绿褐色，外披白色霜，茎较粗，呈棱形，茎刺粗而多。叶呈3～5分裂，叶柄长，枝蔓生长茂盛，侧枝多而长。耐旱喜肥，根茎粗壮，呈圆棒状，根深侧根多。花体大而长，呈淡绿色或黄绿色，产量高。于6月下旬开花，8月中到9月中旬成熟，香味及软树脂含量一般
青岛2号	早熟品种，新芽为紫色。成茎为紫褐色或绿色，茎较细，圆形，茎刺少而细。叶呈3～5分裂，也有呈心脏形者，枝蔓较细，侧枝短而少，生长力一般。喜肥耐旱，适应性强。花体小而密，呈卵形，黄绿色或绿色，香味好，产量低，软树脂含量较青岛1号略低。开花期在6月初，7月下旬成熟
一面坡3号	中熟品种，新芽为淡紫色。成茎呈绿色，茎粗具茸毛，有刺而少。叶呈3～5分裂，叶柄长，节间也长，托叶较大，枝蔓茂盛，侧枝多而长。根茎粗而壮，根芽多。花体呈淡绿色或黄绿色，花体长，产量高，香味较好，软树脂含量较低
一面坡1号	晚熟品种，新芽呈淡紫色。成茎为绿色，茎呈圆形，较细。叶呈心脏形，不分裂。枝蔓细，花枝短而少。花体呈圆锥形，花体较小，呈黄绿色，开花期在7月下旬，9月中旬成熟。产量中等，抗病力弱

2. 国际著名酒花品种及其特征

国际著名酒花品种及其特征如表2－2－10所示。

表 2-2-10 国际著名酒花品种及其特征

类别	品种名称	来源	典型性	特征
传统品种	萨 士 (Saaz)	捷克	香型	早熟品种，紫茎，花体圆锥形，花粉多，香味极佳，α－酸含量3%～6%，多酚物质含量高，产量不高，抗病害及贮藏性能差，为香型著名品种，适于做高级淡色啤酒，为多数国家所采用。
	中早熟哈拉道 (Hallertauer Mfr)	德国	香型	早中熟品种，深绿色，德国传统香花品种，花体卵圆形，花粉多，香味好，α－酸含量3%～6%，产量较高，抗病能力较差，其香型常为新培育品种所采用
	哥尔丁 (Golding)	英国	香型	中熟品种，紫茎，花体圆形，黄绿色，花体小，花粉多，香味极佳，产量低，α－酸含量3%～6%，贮藏稳定性较好，一般用作高档啤酒，为香型著名品种
	富格尔 (Fuggle)	英国	香型	中熟品种，英国传统香花品种，花体较大，花瓣紧密，基部暗绿色，花粉多，香味好，但不及哥尔丁，α－酸含量3%～6%，产量不高，贮藏稳定性差
	司派尔特 (Spalter)	德国	香型	中熟品种，α－酸含量3%～6%，花体卵圆形，黄绿色，花粉多，香味极佳，产量较低，对土地和气候适应性差，贮藏稳定性差
	泰特昂 (Tettnang)	德国	香型	中熟品种，黄绿色，德国传统香花品种，α－酸含量3%～6%，花粉多，香味佳，适于做高档啤酒，贮藏稳定性差
	海斯布鲁克 (Hersbrucker)	德国	香型	晚熟品种，花色鲜绿，α－酸含量3%～6%，花粉不多，香味好，贮藏稳定性差

续表

类别	品种名称	来源	典型性	特征
70年代品种	北酿 (Northern Brewery)	英国	苦型	晚熟品种，绿色，α－酸含量高达10%，产量高，适应土地和气候范围广，抗病能力和贮藏稳定性较好，是著名的苦型酒花
	威诺次当 (Wye Northdown)	英国	苦型	晚熟品种，α－酸含量8%～10%，贮藏性能较好，是近年来培育的著名苦型酒花
	威柴伦支 (Wye Challenger)	英国	苦香兼型	晚熟品种，α－酸含量7%～9%，其香型似富格尔品种，贮藏稳定性较好，是近年来培育的著名苦香兼优品种
	威塔盖特 (Wye Target)	英国	苦型	晚熟品种，α－酸含量8%～11%，贮藏稳定性稍差，是近年来培育的含α－酸很高的苦型品种，也是英国少有的无籽酒花品种
	威沙格桑 (Wye Saxon)	美国	苦香兼型	晚熟品种，α－酸含量6%～9%，香型似哈拉道，耐萎蔫病，是近年来培育的较好的苦香兼优品种
	哥仑比亚 (Columbia)	美国	苦香兼型	中晚熟品种，α－酸含量7%～10%，无籽名种，香型似富格尔，生长力强，花体整齐，花簇多，抗霜霉病，对萎蔫病敏感，花体中等，产量较高，贮藏稳定性也较好
	威拉米特 (Willamete)	美国	苦香兼型	中晚熟品种，α－酸含量7%～9%，无籽品种，富格尔的杂交品种，香型似富格尔，略带香料味，花体较大，产量较高，抗霜霉病，对萎蔫病敏感，贮藏稳定性较好
	施韦静 (Schwetzinger)	德国	香型	早熟品种，α－酸含量6%～8%，香型似萨士，具有较浓而优良的香气，贮藏性能较好
	西乐苦 (Hüller Bitter)	德国	苦香兼型	中熟品种，黄绿色，α－酸含量7%～9%，香气浓而优雅，抗病能力较强
	佩勒 (Perle)	德国	苦香兼型	中早熟品种，浅绿色，产量中等，α－酸含量8%～10%，香气优良，抗病能力较强，贮藏性能较好，可作香型花使用
	哈拉道金 (Hallertauer Gold)	德国	苦香兼型	早中熟品种，黄绿色，α－酸含量8%～10%，香气纯正，抗霜霉病，产量高
80年代后新品种	盖伦纳 (Galena)	德国	苦型	中熟品种，α－酸含量12%，β－酸含量也高，贮藏稳定性极佳，高产，对气候条件敏感，宜用作浸膏
	努盖特 (Nugget)	美国	苦型	晚熟品种，α－酸含量12%以上，香气柔和，合葎草酮含量低，贮藏稳定性好，高产品种
	克拉斯泰 (Cluster)	美国	苦香兼型	早熟品种，美国最早采用的品种，α－酸含量6%～8%，香型良好，产量高，贮藏性能极佳，抗病害能力差
	Kifamidori	日本	苦香兼型	早中熟品种，α－酸含量高达14%以上，香型似萨士，合葎草酮含量低，贮藏性能良好
	奥林匹克 (Olympic)	美国	苦型	中熟品种，α－酸含量12%，高产，贮藏性能一般，合葎草酮含量低
	哈拉道传统 (Hallertauer Tradition)	德国	香型	中熟品种，α－酸含量6%，香型优良，抗病能力强，高产品种
	司派尔特选 (Spalter Select)	德国	香型	中熟品种，α－酸含量6%左右，抗病能力强，高产品种，香型优良
	申纳克 (Chinook)	美国	苦型	早中熟品种，哥尔丁的杂交品种，香气较强烈，α－酸含量12%以上，抗病能力较强，贮藏性能较好，高产酒花品种
	卡斯盖德 (Cascade)	美国	香型	中熟品种，深绿色，香型较好、产量高，α－酸含量4%～6%，抗病害能力强，贮藏性能较差

六、结籽酒花和无籽酒花的比较

酒花籽重为花体质量的15%左右，有时高达30%。一般说，无籽酒花的α－酸和酒花油含量较高，是受欢迎的，而结籽酒花的籽所含蜡的脂肪酸能给啤酒带来腐败味，不受欢迎。但结籽酒花的花体较大，其亩产量往往远高于无籽酒花，从亩产α－酸和酒花油的总量来看，有时结籽酒花还高于无籽酒花(见表2－2－11)。

表 2-2-11 结籽酒花与无籽酒花的比较

酒花品种	籽重/% (对酒花质量)	α－酸含量/%	干酒花产量 /(kg/hm²)	α－酸产量 /(kg/hm²)
S978 (丹麦杂交品种)	0.7 14.6	6.4 4.4	1007 1867	64 82
S1478 (丹麦杂交品种)	0.1 18.6	9.8 7.9	1286 2577	126 204
北 酿	1.2 14.0	10.2 7.6	1313 2635	134 200
富格尔	1.6 15.0	5.5 5.1	1354 2697	102 137
哈拉道	2.5 23.9	4.3 3.5	2314 3044	99 108

注：每个品种的上栏为无籽数据，下栏为有籽数据。hm^2即公顷。

世界各国除英国的酒花种植区允许雄花存在外，其他国家均相继发展无籽酒花。国内酒花种植区也是不允许雄花存在的。

第五节 酒花栽培的农艺技术条件

一、酒花的物候期

酒花的物候期可划分如表2－2－12所示。

表 2-2-12 酒 花 的 物 候 期

物候期	割芽期	出苗期	现蕾期	开花期	成熟期	越冬期
时间/月份	3～4	3～5	5～6	6～8	7～9	11～2
温度/℃	5以上	12～13	17～25	18～26	25～26	—

二、种植酒花的自然条件

1. 地理位置

世界种植酒花最主要地区是欧美两洲，其地理位置主要在北纬40°～60°；澳大利亚和新西兰也种植部分酒花，其地理位置主要在南纬25°～45°。我国种植酒花的主要地区在北纬40°～50°。

2. 气温

酒花是属于耐寒、不耐热的植物，根据其生长特性，气温要求如表2－2－13所示。

表 2-2-13 酒花生长最适温度

酒花生长期	最适温度/℃
酒花生长时期	14～19
酒花花体形成期	17～23
酒花成熟期	15～25

3. 雨量

酒花生育期雨量不宜多，最好进行灌溉。在枝叶生长期，雨量可稍多，以促进生长。酒花开花及成熟期，雨量不宜多，雨量多易引起落花、烂花和病害。

我国新疆乌鲁木齐一带，夏季雨水少，酒花产量和质量有保证，而北京、青岛的酒花因夏季多雨，产量和质量均无保证。国外捷克的萨士地区和德国哈拉道地区，都是夏季降雨少，灌溉方便，酒花的质量都很好。

4. 日照

酒花为长日照植物，生育期间需要充足的阳光，使其枝叶繁茂。开花及成熟期，日照更为需要。因此，种植的株行距离，农艺管理上的整枝、打叶和架棚方式，都要从加强日照的需要来考虑。

酒花的日照时间最好在1700～2600h之间。背阳的地区，不宜种植酒花。

5. 风

酒花为攀旋性植物，枝蔓细长，抗风力差。4～6月份，酒花正当生长旺盛期，5级以上的风，甚易吹折枝蔓，影响产量;6～9月份酒花开花期，5级以上的风，易使花体摩擦，变色枯萎，影响产量和质量。因此，经常多风和大风的地区不宜种植酒花。

6. 土壤

酒花属于深根、耐旱、喜肥的植物，对土壤的要求如下:

(1) 土壤层要深，疏松，下部有腐殖质。

(2) 土壤要有保水、排水和保肥的能力。

(3) 土壤要求白天有吸热能力，夜晚有保热能力。

(4) 土壤地下水位要低，一般不高于2m。

(5) 土壤最好呈中性，要求透气性良好。

三、种植酒花的技术条件

1. 施肥

酒花对氮、磷、钾肥的需要，前期和中期与一般作物相同，后期开花时则需磷、钾肥。

每株酒花需要氮、磷、钾肥的比例是18∶8∶20，一般说，钾肥为磷肥的3倍，氮肥为磷肥的2倍，必要时可增添一些镁盐。

国内土地氮肥最缺，磷肥次之，钾肥含量较多，因而酒花施肥量以氮肥为主，磷钾肥配合使用，其施肥量可参考表2－2－14。

表 2-2-14　　酒 花 施 肥 情 况

施肥时间	肥料种类	使用量/(kg/hm^2)
秋末翻耕土地时	厩　肥	10000～15000
	磷酸钙	400～500
	硫酸钾	400
春季挖芽后使用追肥	有机肥	4000～5000
	无机肥	600～650
开花时使用追肥	粪尿和水的稀液	10000～15000

2. 土地耕作

(1) 土地准备　在准备种植酒花的土地上，秋季可先种一些生长快的农作物，如苜蓿、三叶草等，而后翻入土地，使之腐烂，以增加有机质，促进团粒结构，培养地力。

(2) 土地耕作　酒花是直根，其入土深度可达80～100cm，所采用土地应深耕1m，一次栽种之根可以生长多年不换。耕田宜在秋末进行，利用冬冻之力，使土地自然松散。耕地时，可使用部分厩肥。

春暖时，将秋耕土地，加以平整，然后划分耕作区，整理排水沟，做好种植酒花的标志。

3. 种植方法

酒花的种植方法有两种：一为育苗移栽，当年春天育苗，秋天或来年早春移栽，当年就能高产;一为根茎直栽，国内均采用此法，叙述如下。

(1) 准备芽苗　将老根上发芽旺盛粗壮的酒花苗切下，苗长以10～15cm为宜，最好从生长3～5年的产量高、质量好的根芽上选择。割取的芽苗上面至少要有2～3个幼芽。幼苗割取后应立即栽植，或埋在潮湿的地里待植，如需外运，应利用湿砂土或湿锯末包装，以防风干。

(2) 酒花栽植　酒花栽植多在春季化冻后进行。在已平整的土地上挖30cm深的小坑，坑内添加厩肥2～2.5kg，与松土混合均匀，再覆以5～10cm土壤，然后将芽苗栽植坑内，芽苗顶部距地面10～15cm，上面覆以细土，土坑表面应距地平面4～8cm。种植时如土壤过分干燥，可在坑内先行灌水，把土铲松，然后种植。

酒花栽植距离，可根据酒花品种、地区气候、雨量、棚架和土壤情况而定，一般为2m左右，栽植株数一般为200～300株/亩(1亩＝666.6m^2)。如果采用机械摘花，则行距应大，株距小，即株距1m左右，行距2.5m左右。

4. 架杆设备

酒花系攀旋蔓生植物，应设置支撑物，使其攀沿生长。支撑物多用木、竹或水泥柱做立杆，两端主架杆之中每隔一定距离设置一架杆，均埋入土中，上面拉以铁丝，形成铁丝网。每株酒花旁钉一桩柱，桩上系以铁丝或塑料绳，另一端与铁丝网相接，供酒花攀沿用。

国内酒花架杆分高架与低架两种。高架达4m以上，通风较好，适于机械采摘;低架高度2m左右，便于田间管理和人工采摘。国外的高架有高达6m以上者。

四、酒花的田间管理

1. 幼芽的管理

(1) 割芽 割芽又称修剪，即将根部丛生的乱芽、乱根加以修剪。割芽多在3～5月份或秋后10～11月份进行，割芽时保留粗壮的新芽，多余的新芽割净。割后，覆以松土3～5cm。

(2) 整芽 当大部分新芽出土后，将根部的土挖开，露出老根，拔除乱芽，保留3～5株粗壮的新芽，然后再用土盖好。

(3) 定苗 当幼芽生长至1.0～1.5m时，进行定苗，定苗时根据品种、架杆设备情况，酌留1～3株，多余的幼芽，尽皆除去。

(4) 补苗 定苗时发现新芽不出土，要补种新芽，无芽可补时，可酌情采取邻近植株多留苗的办法，补其空间。

2. 生长期的管理

(1) 缠蔓 当枝蔓长到0.5m以上时，开始缠蔓；缠蔓宜在每天10～16时进行，过早过晚都易折断；低架酒花当枝蔓爬至横架后，要将枝蔓分两边缠绕。

(2) 结蔓 为了防止风吹折断枝蔓，枝蔓生长0.5m后，应及时以麻绳或塑料绳将其松松地捆扎在铁丝上。

(3) 疏叶 当枝蔓长到2.0m以上时，将1.0m以下的叶子全部打掉；开花时期，根据通风的要求，应随时将稠密的叶子摘除；发现虫害，要及时将病叶打掉。

(4) 割蔓 割蔓在摘花完毕，叶子开始干枯脱落时进行。应在离地面10～15cm处割断枝蔓。

3. 灌溉和排水

(1) 灌溉 根据地区雨量，掌握灌溉次数。雨量小的地区可灌溉3～4次，一般在新芽上架后进行第1次灌溉；结蕾时进行第2次灌溉；雨量少的地区，在摘过1次花后再灌溉1次；割蔓后再进行1次冬灌。灌溉可结合追肥进行。

(2) 排水 土壤过湿或常期积水，易造成根部腐烂，应考虑排水。雨水多的地区，种植时应采取高垅畦，以便排水。

4. 中耕和除草

中耕除草，既可疏松土地，又可防旱防涝，促进酒花生长。中耕除草要及时，做到雨后要耕种，灌溉后要松土保墒，有草必锄，涝后深耕；酒花定苗后，应深耕12～15cm，酒花结蕾时，再深翻12～15cm；另外在灌溉和雨后要耕耘3～4次，深度不少于4～6cm；杂草较多时，增加浅锄1～2次。

五、酒花的主要病虫害及防治

1. 酒花的主要病害及防治方法(表2-2-15)

表 2-2-15 酒花主要病害及防治

病害	病害象征	防治方法
1. 霜霉病 (Downy mildew)	此病系由酒花霜霉菌(*Pseudoperonospora humuli*)感染所引起,是酒花最严重的病害,多发生在夏秋多雨的季节。酒花的根、茎、叶均能染菌,起初发生于叶子背面,逐渐波及花体。病害初起时,先在叶的背面发现半透明的油渍状,最后变成深褐色斑点,叶的背面则形成白色霜霉状物,病害危及花体时,花体萎缩枯干	酒花出芽时,注意检查新芽上有无斑点,有则拔除;在生长期,注意攀蔓,创造通风和日照条件;5~7月份,每半月喷洒1次稀释160~240倍的波尔多液,或500倍的代森锌;在开花季节,可喷洒在花体上,严重时,每星期喷洒波尔多液1次。酒花采摘前半月,花体最好不用农药,以免有残留农药存在
2. 白色病 (Hop mould)	此病系由酒花球壳霉(*Sphaerotheca humuli*)所引起,多发生在7~8月份,发现于叶的正面,像蜘蛛网一般的白色物,其后变成灰色,并有黑色斑点。此病严重时可波及枝蔓、花体,使花体枯萎	① 在晨霜未干前,利用喷粉器,喷洒硫磺粉(1~1.5kg/666.6m^2),第1次在开花前或初发病时喷洒,第2次在花体长大时喷洒 ② 7月份发病前,用稀释160~240倍的波尔多液或稀释500倍的代森锌每1~2周喷洒1次
3. 萎蔫病 (Wilt disease)	此病系由棉黄萎病轮枝孢菌 (*Vertieilliumalbo atrum*)所引起,多在7~8月潮热季节发生,其菌丝能侵袭植物的导水组织,断绝水分供给,使叶、蔓、花体枯萎而死	① 在发病前利用0.5Bé硫磺石灰合剂喷洒叶面,连续进行数次 ② 气候潮热期间,每半月喷洒1次稀释160~240倍的波尔多液或稀释500倍的代森锌液,进行预防 ③ 将受病枝蔓烧毁

2. 酒花的主要虫害及防治方法(表2-2-16)

表 2-2-16 酒花主要虫害及防治

虫害	虫害象征	防治方法
1. 蚜 虫 (Aphis humuli)	多发生在5~7月份,有翅雌虫和雄虫移居叶之背面,布满叶子后,即飞往其他叶子,其繁生的无翅雌虫,在此产卵过冬,并侵害花体,吮吸植物液汁,蔓延极快,叶、蔓萎黄,花体大减,造成危害	① 春天酒花茎出土不久,将下列配方的溶液,搅拌至乳化,在有太阳时用喷雾器喷洒之: 水 100L 肥 皂 2kg 碳酸钠 1kg 石 油 0.5L 待茎结蔓后,用下列配方溶液喷洒: 水 100L 烟草汁 1L 肥 皂 1kg 碳酸钠 200g 酒 精 1L ② 发生虫害后,用有机磷农药打几次,但勿使农药残留在花体上
2. 红蜘蛛 (Red spider)	红蜘蛛喜干旱,危害很大,雨水多时则减少 该虫集于叶子背面,吮吸叶汁,使叶枯黄脱落,严重时枝蔓也枯萎,花体受害后,变为棕褐色	① 春季发生时,可将底部老叶打掉,在叶背面喷洒0.3~0.4Bé硫磺石灰合剂 ② 用乐果或敌百虫的300~500倍稀释液喷洒

3. 防治病虫害的有关问题

(1) 防治病虫害使用的化学农药，一定要根据管理条例使用，在酒花生长期中，如使用过晚，会有农药残留在酒花上。

(2) 对于使用农药喷剂，各国规定不同，需要有一国际协定。

(3) 利用自然界的生物，如瓢虫(*lady biras*)，*lacemings*进行生物控制法消灭病虫害，对环境有利，但不甚可靠。

(4) 选育抗病害的酒花新品种是防治病害的最好措施。但就目前看，能抗所有病害的新品种尚未发现，这是急待研究解决的问题。

六、酒花的收获

1. 成熟酒花的特征

(1) 花体像鳞片一样紧密闭合而形成一圆锥形。

(2) 花体有弹性，用手握之，有沙沙声，花片很易从花轴上剥下。

(3) 用手指揉搓花体，感觉有粘性油质，并具有酒花特有的清香气味。

(4) 成熟的酒花呈黄绿色，其色泽深浅因品种而稍有不同。

(5) 花片基部蛇麻腺，充满金黄色的花粉，花粉布满花片的1/3以上。

(6) 有籽酒花的籽，已坚实成熟，种皮呈紫色。

2. 收获期

酒花应适时采摘，迟早均不宜，成熟的酒花最好在10天内收获完毕。收获过早，酒花不成熟，花粉少，质量差;收获过迟，酒花色泽变红，花瓣张开、变脆易脱落，使花粉遭受损失。

3. 酒花的采摘

(1) 人工采摘　花蔓不动，将成熟酒花摘下，放入容器内，集中后，直接送干燥炉干燥之。人工采摘酒花，可以根据酒花成熟情况，分几批采摘。

(2) 机械采摘　将酒花蔓从离地1.5m处，一次切断取下，然后送入酒花采摘机中，将花体与其他茎叶等物分开。机械采摘必须一次采摘完毕，时间比较集中，酒花成熟度不易一致;机械采摘，球果干净，叶茎少，其球果基部稍有破碎。

(3) 采摘酒花的技术要求

① 采摘酒花应在晴天进行，不得在雨后采花。

② 采摘酒花，花体上留有约1cm长花柄。

③ 采摘的酒花中不得杂有叶、梗等杂物。

④ 采摘成熟酒花时，变色受病虫害的酒花要挑出来。

⑤ 新采摘的酒花含水分80％左右，不易保存，采摘后，应赶快干燥之。如不能直接上炉，应在干燥前先摊开通风，避免花体发热变色。

⑥ 采摘数量应和干燥能力配合起来，不得长时间积压，当天采摘的酒花，必须当天干燥。

4. 酒花收获量

酒花的单位面积产量，因土壤好坏、气候和品种不同而有差异。国内一般种植第1年的酒花，产量只有正常产量的1/4左右，第2年可达1/2以上，3年后即可达正常产量。国外有采用育苗移栽的栽植方法，据说当年就可高产。

国内酒花单产已可达亩(666.6m^2)产鲜酒花1000kg以上。

5. 以α－酸计算收获量

国际上除以单产计算酒花收获量外，还以α－酸含量计算收获量，即以亩产α－酸多少来计算。

传统香型酒花的产量一般低于苦型酒花，其α－酸含量又远较苦花为低，如果以亩产α－酸来计算，香花远远不如苦花。这也是农业种植者不愿种香花和市场价格香花远高于苦花的原因。但由于传统香花的香型高雅，酿酒质量好，虽价格昂贵，仍倍受酿造者的青睐。酿造者对苦型酒花是根据其α－酸含量来购买的。对同等α－酸含量的酒花，酿造者更倾心于合律草酮含量低的酒花。

第六节　酒花的干燥与包装

一、酒 花 干 燥

鲜酒花水分一般为70％～80％，需经干燥，使水分降至10％以下，便于保存。

(一) 干燥的技术要求

(1) 干燥酒花可用与烘干大麦类似的平炉进行，其结构包括：燃烧炉或蒸汽加热，空气加热管，干燥床和排风机等部分。干燥炉可分别为1层或2层;也可采用隧道式干燥炉。

(2) 干燥炉的排风风速可控制在15～30m/min，以干燥酒花不致被吹起为度。排风能力愈大，干燥愈快，质量愈好。

(3) 干燥床上，鲜酒花铺层可控制在40～60cm，铺层必须均匀，防止热空气走短路。

(4) 干燥时间与干燥温度有关，干燥温度开始应低一些，保持在30～35℃，维持至少4h，然后逐步升温至45～50℃，12h内即可干燥完毕。干燥温度过高，将导致软树脂、酒花油和多酚物质发生变化，造成损失。

(5) 在干燥过程中，上部酒花水分较底部酒花大，干燥前期可适当翻拌之。但后期花片已干，不宜翻拌。翻拌以不使花体破碎为度，避免损失花粉，降低酒花质量。

(6) 干燥后的酒花水分应为6％～8％，以花梗干燥易碎为度。

(7) 干燥后的酒花应保持原有鲜酒花的色泽。

(二) 干燥度的检查

花梗的水分较花片大，干燥慢，因此检查干燥情况，主要检查花梗。当花梗已干脆，容易折断时，说明已经干燥好了。此时，用手握之，花体富有弹性，有沙沙声，水分一般在6％～8％，可以出炉。

(三) 熏硫干燥

1. 熏硫的目的

(1) 酒花熏硫后，可以抑制各种霉菌繁殖，防止酒花变质。

(2) 减低酒花有效成分的氧化作用。

(3) 干燥时熏硫，可以保持酒花原有色泽。

2. 熏硫的技术要求

(1) 熏硫操作在酒花烘烤的第1个小时内进行。

(2) 熏硫浓度：1.4～1.5g/m^3空气，硫的用量视排风量而异。

(3) 要保证硫的纯度，避免带入有害物质。

二、酒花包装

(一) 酒花回潮

刚出炉的酒花极易破碎，也压不紧，不能马上进行压榨包装，必须置回潮室地面上，吸收部分潮气，待整个酒花水分达平衡时，再进行压榨包装。包装时的水分一般应在10%左右，回潮时间视回潮室湿度而定，一般为8～16h。回潮室的相对湿度以85%～90%为宜，气候干燥的地区，可采用人工调湿。

除自然回潮外，大型企业也可实行机械回潮，即将出炉酒花装在1.5m×1.5m的铁丝筐内(底层是活的)，放在回潮槽上。回潮槽内有1套鼓风装置，鼓风机前有喷雾装置，可使排风相对湿度保持85%～90%，酒花经过传送，吸湿回潮，回潮时间为2h。

(二) 整酒花的压榨与包装

压榨酒花采用螺旋压榨机或油压机。压榨机的容器是一周边可以拆卸的铁槽，上盖可用螺旋升降机控制它上下移动。压榨前，槽底铺以包装材料(防潮纸、布、麻布或尼龙布等)；再将铁槽周边安装好，将回潮后的酒花放进去，放下槽盖，将酒花压紧，放置一段时间，将槽盖升起，再加入酒花压紧，直压到一定的体积；然后将酒花包装好，外面以带铁捆牢。此种包装方式，只适于国内使用。外销酒花，除去用纸和布包扎外，尚需以马口铁容器焊封起来，容器中最好充以氮气、二氧化碳或抽真空，以防腐败和氧化，最后装入木箱中待运。

酒花包装时应固定质量，固定体积，保持一定的压榨密度，以符合商品要求。国内单位包装质量一般为50kg和100kg两种，其体积分别为0.15m^3和0.3m^3，皆为方形包装型式。国际上单位包装质量分50、100、200kg三种，包装型式有方形和圆形两种。

(三) 压榨与包装的技术条件

(1) 酒花压榨时水分应在10%左右。水分过低，酒花易碎，酒花树脂和酒花油损失大；水分过高，在贮存过程中，微生物繁殖，发热，产生霉烂现象。

(2) 压榨时将酒花分次加入容器内，不得使花体破碎。

(3) 压榨压力至少应保持在50MPa以上。

(4) 每次加入酒花后，要保持数小时，然后开启。

(5) 不同等级的酒花分别压榨。

(6) 压榨后的酒花要整齐，四周没有毛边。

(7) 压榨密度：300kg/m^3以上。

第七节 酒花的贮藏和保管

一、酒花贮藏过程中的物质变化

酒花应在低温、隔氧、避光和干燥的环境中贮藏，可以较长时间地保持其色泽、香味和α－酸含量。

在较高的贮藏温度而包装又未排除空气的条件下，由于单宁物质易氧化，产生红棕色鞣酐，酒花将失去其原有黄绿色色泽;在长期贮存过程中，酒花油因脂化和聚合作用，香味逐渐消失，并产生一种奶酪异臭(异戊酸);α－酸在贮藏中，也因氧化作用其含量逐步降低。

在低温和常温不同贮藏条件下，α－酸降低的程度是有差别的。在常温下，α－酸更易氧化，只要贮藏时间不长，酒花的苦味力，不因α－酸减少而显著降低，主要是β－酸的氧化物希鲁酮，也具有较高的苦味力，它补偿了部分α－酸因氧化损失的苦味力。长期贮藏，仍以低温为宜。

酒花以制品(颗粒酒花、各种浸膏)的形式进行贮藏，是保持酒花酿造价值的最佳方法。

二、酒花的贮藏和保管条件

(1) 酒花包装应严密，压榨要紧，抽真空排除空气，必要时，包装容器内充以氮气或CO_2隔氧。

(2) 酒花应在0～2℃下保管;酒花仓库要干燥，相对湿度在60%以下;室内光线要暗，以免酒花脱色。

(3) 酒花仓库内不得放置其他异味物品;酒花包应放置在木制栅格上。

(4) 保管的酒花应先进先出，防止积压。

三、酒花贮藏指数

酒花贮藏指数(Hop Storage Index，简写HSI)系指酒花的碱性甲醇浸出液在275/325nm波长下消光度之比。新鲜酒花的HSI在0.25～0.30之间。若α，β－酸有所损失，则HSI增加。这是一项估算α，β－酸损失的方法，可通过下式求得:

$$(\alpha-\text{酸}+\beta-\text{酸})\text{损失}(\%)=110\times\lg\left(\frac{HSI}{0.25}\right)$$

第八节 酒花的质量标准

一、酒花质量的鉴定

1. 感官鉴定

酒花的感官鉴定如表2－2－17所示。

表 2-2-17 酒花的感官鉴定

内　容	鉴　定　情　况
外　观	花体整齐、完整;黄绿色,有光泽;叶片内花粉饱满,有光泽,金黄色,破碎的酒花,花粉受损,质量下降;色深褐,发暗的酒花是干燥升温过高过急,干燥时通风不良,或采摘后长时间放置,未及时干燥所引起;变色变形的酒花,大都是受病虫害或大风侵袭所致
纯净度	优良的酒花应不含叶、梗及其他夹杂物
手　感	干燥良好的酒花有弹性,以手搓擦,有油腻的粘性感觉;干燥不完全的酒花缺乏弹性;干燥过度的酒花质脆易碎,缺乏粘性感觉
香　味	采摘适时,干燥良好的酒花,以手揉搓后,有酒花特有的清香气味;有臭干酪味或其他异味者是陈酒花

2. 化学鉴定

酒花的化学鉴定如表2－2－18所示。

表 2-2-18 酒花的化学鉴定

内　容	鉴　定　情　况
水　分	应在10%以内
α－酸	香型酒花应在5%以上;苦型酒花应在8%以上(采用醋酸铅电导滴定值)
软树脂	香型酒花应在14%以上;苦型酒花应在16%以上

二、国内酒花技术标准

国家酒花质量标准的技术要求(适用于压缩酒花及颗粒酒花)如表2－2－19及表2－2－20所示。

表 2-2-19 压缩酒花技术要求

项目 \ 等级	优　级	一　级	二　级
色泽	浅黄绿色,有光泽,褐色花片少于2%	浅黄绿色,有光泽,褐色花片少于5%	浅黄色,褐色花片少于8%
香气	富有浓郁的酒花香气,无异杂气味	有明显的酒花香气,无异杂气味	有酒花香气,无异杂气味
花体完整度	花体基本完整	有少量破碎花片	破碎花片较多
夹杂物含量/%*	梗、叶等无害夹杂物不超过1.0		梗叶等无害夹杂物不超过1.5
水分/%	8.0～12.0		
α－酸(干态计)含量/%** ≥	7.0	6.0	5.0
β－酸(干态计)含量/%*** ≥	2.0		
包装密度/(kg/m^3) ≥	320		

* 不允许有植株以外的任何夹杂物。

** 已正式定名的芳香型酒花品种,其α－酸含量不受此要求限制。

*** β－酸2.0%为推荐值。

表 2-2-20 颗粒酒花技术要求

项目 \ 等级		一级	二级
色泽		浅黄绿色	
香气		富有浓郁的酒花香气,无异杂气味	有明显的酒花香气,无异杂气味
均整度/%		颗粒均匀,散碎颗粒少于4	颗粒均匀,散碎颗粒少于6
硬度/kg	≥	6.0	
崩解时间/s	≤	10	
水分/%		10.0～12.0	
α－酸(干态计)含量/%*	≥	7.0	6.0
β－酸(干态计)含量/%**	≥	2.0	

* 已正式定名的芳香型酒花制成的颗粒酒花,其α－酸含量不受此要求限制。

** β－酸2.0%为推荐值。

第九节 酒花加工制品

酒花是酿制啤酒的一种贵重原料。30年来,在世界范围内,酒花使用量已减少近一半。一方面人们愈来愈对过苦的啤酒不感兴趣,另方面,酒花加工成各种酒花制品后,显著地提高了酒花利用率。

传统的酒花使用方法,都是在麦汁煮沸时,以压缩的整酒花添加进去,其有效成分的利用率非常低,仅25%左右。为了提高酒花苦味和香味物质的利用效果,及解决运输、贮藏和使用方便等问题,国际上有多种酒花制品问世,已占世界全部酒花产量的80%以上,其中有酒花粉、各种颗粒酒花、各种酒花浸膏及精制酒花油等。

一、酒 花 粉

1. 酒花粉的加工

酒花粉具有与原来压缩整酒花基本相似的组成,其加工过程如下:

(1) 在传送带式烘干机上,将整酒花的水分在低于55℃的低温热空气下干燥至5%～7%。

(2) 以锤式粉碎机粉碎之,并通过一定规格(1～10mm)的筛子进行筛分。

(3) 粉碎后的酒花在混合罐内,进行匀质处理,以消除粉碎过程中的组分分离现象。

(4) 粉碎时尽量避免酒花受热,以免有效成分(α－酸和酒花油)的氧化和挥发,造成损失。

(5) 匀质后的酒花粉应立即包装于气密性容器中,装填完毕即进行抽真空,以排除酒花粉之间的空气,或充入CO_2或氮气等惰性气体,以排除空气。包装分别为3、5、10kg/袋(筒)。

2. 酒花粉与整酒花树脂含量的比较(表2－2－21)

表 2-2-21 酒花粉与整酒花的树脂比较 单位：%

项 目	整 酒 花	酒 花 粉
水 分	11.5	9.6
总 树 脂	13.3	13.5
α－酸	7.1	7.1
β－组分	4.6	4.7
硬 树 脂	1.6	1.7

由表2－2－21可以看出，在加工过程中，酒花粉的树脂含量与整酒花无明显差别。

由于酒花粉的质量/体积比较低，酒花粉的体积并不比压缩整酒花小，使用时也不方便，且易损失，故国际上多将酒花粉制成颗粒酒花。

国内啤酒厂限于条件，多数还是采用本厂自行粉碎的酒花粉。因未经二次干燥，酒花的水分较多，较粘稠，难粉碎，不但动力消耗大，α－酸和酒花油的损失也比较大。

二、颗 粒 酒 花

采用颗粒酒花是提高酒花利用率，便于运输、贮藏和使用的一项有力措施。世界颗粒酒花的产量已占全部酒花的50％以上。最大的生产和使用国家是德国和美国。

颗粒酒花根据加工方法和使用的不同，又分普通颗粒酒花、浓缩颗粒酒花、稳定型颗粒酒花、预异构化颗粒酒花以及皂土颗粒酒花等多种类型。

(一) 颗粒酒花的类型

1. 普通颗粒酒花(商品称90型颗粒酒花)

90型颗粒酒花因减少了部分水分及梗叶等杂物，只为酒花原重的90％。

将上述之酒花粉，充分混合匀质，使α－酸含量达到均匀一致。待冷却后，用颗粒机压制成颗粒状(直径5～6mm，长度15mm左右)。压制过程中产生热量，需以干冰或液氮冷却至65℃以下，压粒时间越短越好。在包装前，将其冷却至室温，然后严密包装，抽真空或充以惰性气体(N_2、CO_2)，包装封口。优良的包装袋分为3层，内层为聚乙烯薄膜，中层为铝箔，外层为纸，每袋3～5kg。

此种颗粒酒花所含的α－酸量，由所采用的酒花品种所决定。在加工过程中，α－酸的损失微小。

颗粒酒花的加工流程如图2－2－2所示。

2. 浓缩颗粒酒花

商品称45型颗粒酒花。其加工系将干燥后的酒花，冷却至－20～－30℃，使蛇麻腺变得坚硬，在粉碎时不致破裂而造成损失。然后通过平面筛、振动筛或转鼓筛(筛孔250μm)分离为各50％的粗、细两组分。前者含较多的残叶和枝梗，后者富含蛇麻腺。可将后者通过上述之加工方法压制成浓缩型颗粒酒花。此种浓缩型颗粒酒花的α－酸和酒花油含量均较普通颗粒酒花为高，α－酸可高达20％，根据酒花品种而不同。但在加工过程中，α－酸的损失也比较大，成本高，价格高，而且需要比较复杂的设备，目前生产的数量还不多。

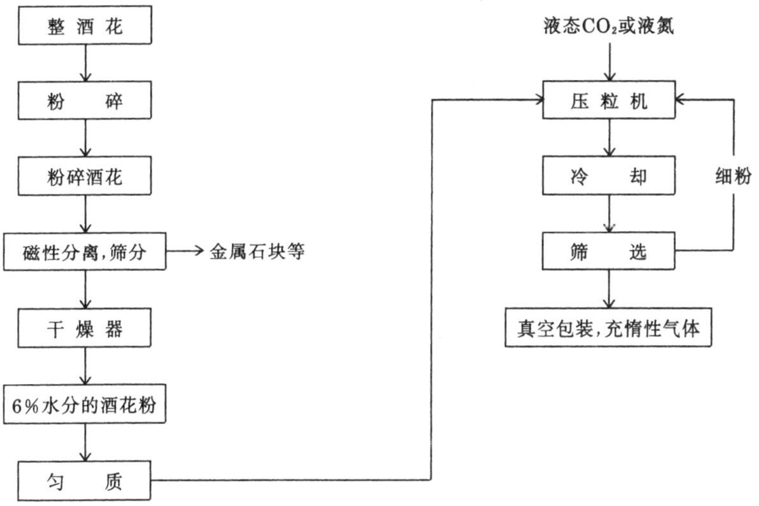

图 2－2－2 颗粒酒花生产流程

3. 稳定型颗粒酒花

颗粒酒花的α－酸较整酒花者稳定。有些酒花品种则较其他品种不稳定。α－酸的2价盐(特别是镁盐)比游离α－酸的化学稳定性强，如果将颗粒酒花中的α－酸转化为其镁盐，则品种的不稳定性可大大减少。

制造方法按颗粒酒花的制作过程进行。当酒花粉在混合器中进行匀质时，将1%食品级的$Mg(OH)_2$添加其中，按上述加工方法，压制成颗粒，进行包装。

添加$Mg(OH)_2$的主要优点是:

(1) 即使极不稳定的酒花品种，也可极大地改善α－酸的贮藏稳定性。在常温下，虽长期贮存(1年)，也不会损失其酿造价值。

(2) α－酸容易异构化，虽缩短麦汁煮沸时间，也可改善啤酒的异α－酸的得率。

4. 预异构化颗粒酒花

这种颗粒酒花系将α－酸预先异构化，再制成颗粒。即将上述添加$Mg(OH)_2$的稳定型颗粒酒花，在不超过80℃下，绝氧加热，在2h内可较容易地将α－酸镁盐转化为异α－酸镁盐。其转化率可达90%以上，但对酒花其他成分则影响不大。酒花油损失约10%，β－酸损失5%～10%。预异构化的α－酸镁盐可提高α－酸的利用率高达60%。其生产流程如图2－2－3所示。

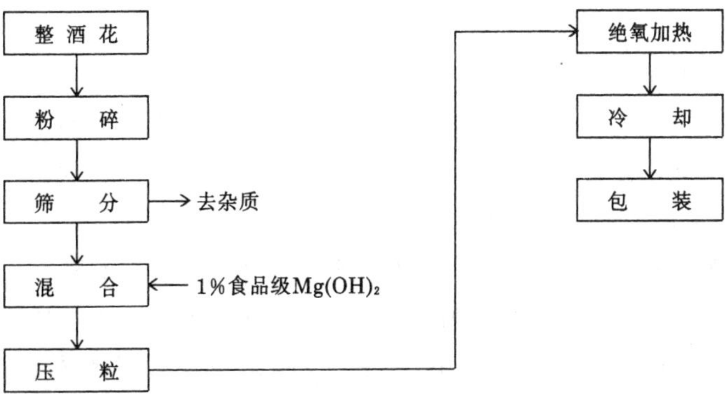

图 2－2－3 预异构化颗粒酒花加工流程

5. 皂土颗粒酒花

皂土颗粒酒花系将普通酒花粉与20%的皂土混合，匀质后压成颗粒，使酒花树脂具有较大的表面积，可加速酒花苦味物质溶于麦汁中，并使α－酸的异构化进程加速。同时，在麦汁煮沸时，皂土还有强烈沉淀蛋白质的作用，这对提高啤酒非生物稳定性是有利的。

有的国家，特别是欧洲共同体，目前还未允许使用此类颗粒酒花。

6. 颗粒酒花浸膏

将酒花粉或制造浓缩颗粒酒花剩余的粗粉，与酒花浸膏混合，压制成颗粒。此种颗粒酒花浸膏所含α－酸与浓缩颗粒酒花相似，但在加工过程中，α－酸的损失则较后者为少。颗粒酒花浸膏的流动性较好，更适于自动添加。但其贮藏稳定性不及酒花浸膏，需抽真空并充以惰性气体封装，低温冷藏。

(二) 颗粒酒花与整酒花的比较

(1) 颗粒酒花经过匀质，较整酒花均匀一致，有利于控制啤酒苦味。

(2) 颗粒酒花添加到煮沸麦汁中，极易分散。酒花利用率根据不同类型的颗粒酒花，较整酒花可提高10%～25%。

(3) 麦汁煮沸后，不需酒花分离器，用回旋沉淀槽极易分离残渣，使麦汁损失减少。

(4) 颗粒酒花较整酒花的体积减少达80%以上，有利于运输、保管和使用。

(5) 颗粒酒花较整酒花的比表面积减少，在抽真空和充惰性气体条件下，不易氧化。在常温保藏条件下，颗粒酒花较整酒花的保藏质量好。

(6) 颗粒酒花较整酒花，使用比较方便，用水调浆或气流输送，可以自动添加。

三、酒 花 浸 膏

泛指的酒花浸膏(α－酸浸膏)是利用萃取剂，将酒花中α－酸多量萃取出的树脂浸膏，它是以α－酸为主体成分的酒花制品。

制备酒花浸膏的主要目的是提高α－酸的利用率；可以比较准确地控制使用量，达到啤酒要求的苦味值；体积和质量较整酒花大大减少，质量减少80%～90%，体积约减少95%，而且都是小包装，密封性好，不易氧化，便于运输、贮藏和使用。

世界酒花浸膏的用量约占全部酒花的25%，最大的生产和使用国家是美国和德国。

(一) 有机溶剂酒花浸膏

1. 溶剂的选择

(1) 一般的极性和非极性有机溶剂，如二氯甲烷、三氯甲烷、己烷以及甲醇和乙醇的水溶剂，对萃取α－酸都有很好的效果。萃取后的酒花浸膏，溶剂通过高温或真空蒸发，进行回收，排除干净，剩下的是暗绿色粘稠的树脂浸出物。生产酒花浸膏使用的溶剂，必须对人体无害，应严格进行选择，并严格控制其残留量。

(2) 有机溶剂与酒花成分不起作用，只单纯用作载体介质。使用不同有机溶剂，其萃取的成分有差异。如：以卤代碳氢化合物为萃取剂，萃取物中色素物质含量增加，其他成分相对减少；使用甲醇、乙醇或丙酮为萃取剂，则蜡质、脂肪酸等成分减少，其他成分相对增加。一般说，以选择乙醇为萃取剂比较合适，对人体也相对安全。

2. 酒花品种的选择

(1) 用有机溶剂制备酒花浸膏，酒花油的损失大。制备α－酸浸膏主要是萃取α－酸，应选择α－酸含量高的酒花品种制取浸膏，否则经济上不合算。

(2) 制取浸膏，不宜采用结籽酒花，以免增加脂肪酸和蜡质含量，影响啤酒质量。如果采用结籽酒花，宜采用两段萃取，即先用非极性有机溶剂萃取后，再以乙醇水溶液处理浸膏，以排除所含的油质成分。

3. 萃取方法

采取两段萃取法:

(1) 先以有机溶剂萃取，其萃取物约为酒花质量的25％。这部分萃取物叫树脂浸膏(α－酸浸膏)。树脂浸膏中缺乏多酚物质，麦汁煮沸时，单独使用，蛋白质不易沉淀完全，制出的啤酒酒体单薄。因此，宜和整酒花或颗粒酒花配合使用。

(2) 有机溶剂萃取后的废酒花，通蒸汽排除所含的溶剂，同时也将一部分风味不好的酒花油成分(如香叶烯)带走。再用煮沸的热水进行第2次萃取。此萃取部分仍为酒花质量的25％左右，这部分萃取物叫热水浸出物，又叫单宁浸出物，富含多酚物质，可在麦汁煮沸时，与酒花浸膏配合使用，以克服酒花浸膏缺乏多酚物质的缺点。

以上整个萃取过程如图2－2－4所示。

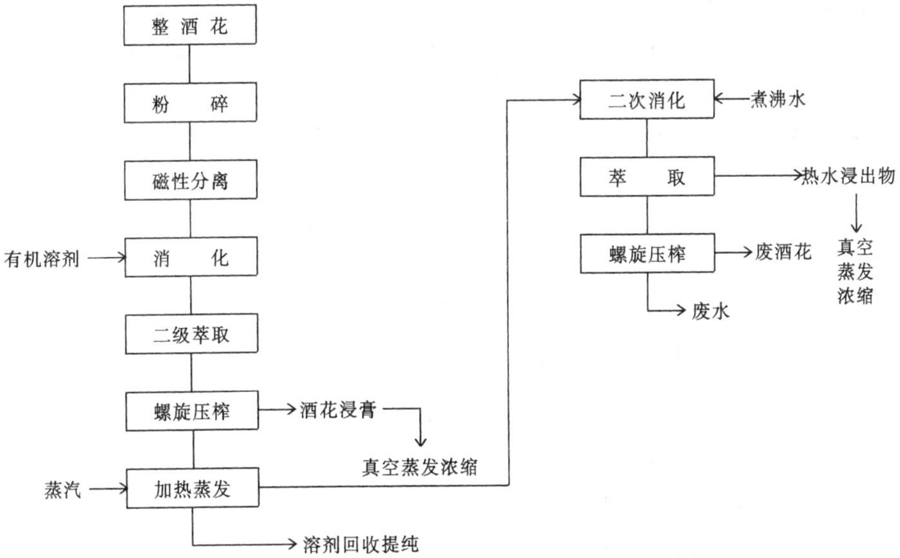

图 2－2－4　酒花浸膏及热水浸出物生产流程

4. 树脂浸膏和热水浸出物成分分析

(1) 树脂浸膏

水分	3.5％
软树脂	77.0％
(其中α－酸)	36.5％

(2) 热水浸出物

水分	23.7％
碳水化合物	10.2％

多酚物质 15.2%

溶于水和有机溶剂的树脂 10.5%

上述成分的比例随酒花品种、收获条件、贮藏时间不同而有很大的差异。

5. 使用方法

酒花浸膏只能部分取代整酒花，可与酒花粉、颗粒酒花、热水浸出物等配合使用。仍在麦汁煮沸时添加，一般是当麦汁初沸时就全部加进去。

(1) 用酒花浸膏取代全部整酒花时，麦汁的蛋白质凝结不理想，制出的酒口味淡薄，质量不高；如果酒花浸膏和整酒花或颗粒酒花掺兑使用（各50%），借助它们所含的多酚物质，就可使麦汁澄清良好，并改善啤酒酒体的醇厚性。

(2) 酒花浸膏和热水浸出物配合使用，也能达到澄清麦汁和改善啤酒酒体的效果。两者掺兑的比例，以α－酸含量为依据，一般以控制α－酸(铅电导值)在15%为宜。

(3) 采用酒花浸膏和热水浸出物，或酒花浸膏和颗粒酒花取代全部整酒花，酒花分离器可以免去，用回旋沉淀槽分离废渣即可达到满意的效果。

(二) 二氧化碳酒花浸膏

二氧化碳早已在其他食品领域内用作萃取剂，如用于果汁和茶叶等。80年代初始用于酒花的萃取。

1. 二氧化碳的三相平衡状态

如图2－2－5所示，二氧化碳在不同温度和压力下或呈气态(在三相点与临界点的连线以下)，或呈液态(在此连线以上)，超过31℃和7.4MPa压力下，二氧化碳即不再呈单纯的液态。高于临界点时则呈流体(液－气)的超临界状态，如图2－2－5所示。

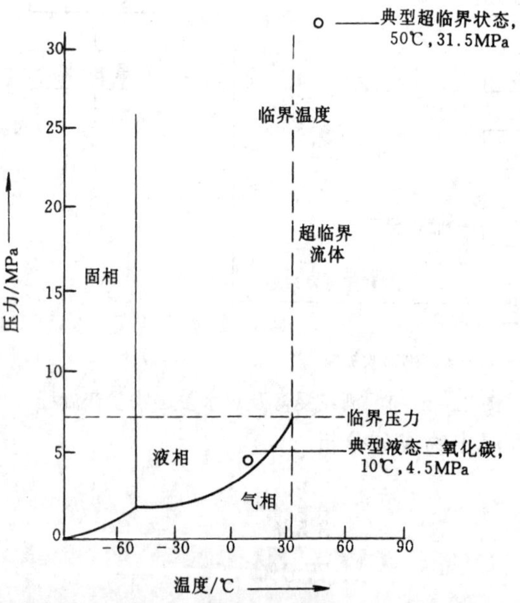

图 2－2－5 二氧化碳的温度和压力曲线

用于酒花萃取，可采取液态二氧化碳(7℃和4.0MPa压力下)或超临界流态二氧化碳(50℃和31.5MPa压力下)两种萃取方法。

2. 液态二氧化碳萃取

(1) 液态二氧化碳萃取酒花的选择性高，主要萃取成分为α－酸、β－酸和酒花油，硬树脂和多酚物质则不易被萃取。其他如水分、脂肪酸、蜡质和色素物质等也远低于超临界二氧化碳萃取。液态二氧化碳浸膏色泽为金黄色。

(2) 液态二氧化碳系通过一盛酒花的渗滤柱(column perculator)萃取酒花。其萃取的成分顺序首先是酒花油，当酒花油尚未萃取完毕时，β－酸出现。β－酸尚未萃取完毕时，α－酸出现。因此，可以任意萃取富含酒花油、β－酸或α－酸的各组分(见表2－2－22)，制成不同类型的浸膏。富含酒花油的成分可用以改善啤酒酒花香味，在麦汁煮沸近完毕时添加;富含β－酸部分，可添加在麦汁煮沸锅中;富含α－酸，只含少量β－酸者可在麦汁初沸时即全部加入麦汁煮沸锅内，或用以制造异构化α－酸浸膏。

表 2-2-22　　液态二氧化碳萃取酒花成分表

组　分	酒花油	β－酸	α－酸	总　计
萃取数量/g	3.0	6.7	8.3	—
时间/h	0～1	1～2.5	2.5～5.5	—
酒花油含量/%	16.6	4.1	—	20.7
β－酸含量/%	52.0	34.4	9.3	95.7
α－酸含量/%	10.1	38.1	56.8	94.9

以上萃取的组分，根据不同的酒花品种和不同的萃取时间会稍有不同。

(3) 典型的液态二化碳浸膏(α－酸浸膏)，其成分如表2－2－23所示。

表 2-2-23　　液态二氧化碳萃取酒花成分表

成　分	含量/%	成　分	含量/%
α－酸	40～60	水　分	1～5
β－酸	18～45	硬树脂	痕迹
酒花油	～8	多酚物质	—
总软树脂	70～98		

作为商品出售，此二氧化碳酒花浸膏可用食品级稀释剂稀释至标准α－酸含量。

(4) 因液态二氧化碳的萃取条件比较温和(7℃，4.0MPa压力)，又是在惰性气体二氧化碳条件下萃取，故萃取的树脂物质极少降解或起化学变化，基本保持原酒花的树脂和酒花油成分。

(5) 液态二氧化碳萃取，适用于萃取新鲜酒花，或收获后变化不大的酒花，使用陈酒花，则萃取效果锐减，因为液态二氧化碳不萃取α－酸和β－酸的降解物质。

3. 超临界二氧化碳萃取

(1) 超临界二氧化碳萃取，系在50℃、31.5MPa压力下萃取，萃取的选择性差，萃取物中含有部分硬树脂、多酚物质、脂肪酸、蜡质、叶绿素等成分。

(2) 在比较高的50℃温度下萃取，易引起树脂物质和酒花油的降解和化学变化。

(3) 制备条件要求高(高温、高压),制备成本高,价格贵。

(4) 萃取时间只需2.5h,远较5.5h的液态二氧化碳萃取时间短。

(5) 由于叶绿素的溶出,色泽逐渐由金黄变为深绿色。

4. 二氧化碳萃取与有机溶剂萃取的对比

二氧化碳萃取的成分远较有机溶剂萃取的成分纯。而液态二氧化碳的萃取成分又较超临界二氧化碳萃取的成分更为纯净,可由表2－2－24看出。

表 2-2-24 几种浸膏成分的对比 单位: %

项目	超临界二氧化碳萃取	液态二氧化碳萃取	有机溶剂萃取
总树脂	77～98	80～98	15～60
α－酸	27～41	35～55	8～45
β－酸	43～53	25～35	8～20
酒花油	1～5	3～10	0～5
硬树脂	5～11	0	2～10
单宁	0.1～5.0	0～2	0.5～5.0
水	1～7	0～2	1～15
脂肪和蜡	4～13	0～8	1～20

5. 二氧化碳酒花浸膏(简称二氧化碳浸膏)的使用方法

(1) 二氧化碳浸膏的使用方法,基本与溶剂酒花浸膏相同,应和整酒花、酒花粉或颗粒酒花配合使用。由于二氧化碳浸膏的酒花油含量高,添加时间应较溶剂时间推迟,或于麦汁煮沸结束前配合添加香型颗粒酒花。

(2) 用二氧化碳制取异α－酸浸膏时,α－酸先行分离,分离后的剩余浸膏(即基础浸膏),包括β－酸、酒花油及残留的酒花树脂。此部分基础浸膏,可用以制取β－酸酒花油,与二氧化碳α－酸浸膏配合使用,在麦汁煮沸后期添加,能赋予啤酒以酒花特有的品味。

(三) 酒花浸膏与整酒花的比较

(1) 整酒花的α－酸利用率一般在25％左右,酒花浸膏的α－酸利用率较整酒花可提高20％左右。

(2) 酒花浸膏的体积小,只合整酒花的6％左右,其运输和贮藏费用较整酒花低得多。

(3) 酒花浸膏性能比较稳定,密封容器中,容易保存,长期不变质,调节酒花的丰年与歉年的灵活性很大。

(4) 使用酒花浸膏控制啤酒的苦味度,较整酒花更准确些。一些香型不好的酒花,以整酒花使用,会给啤酒带来异味;制成浸膏后使用,无此弊端。

(5) 采用酒花浸膏,无须酒花分离器分离残渣,麦汁损失少。

(6) 使用酒花浸膏,对改善啤酒的泡沫稳定性、苦味的柔和性和抗冷性能均有利。

(7) 酒花浸膏的制备费用高,应选用α－酸含量高的品种去制备,否则经济上不合算。

(8) 酒花浸膏缺乏整酒花中的某些物质(如多酚物质),不宜单独使用,必须和部分整酒花、颗粒酒花、基础浸膏或热水浸出物配合使用,否则使用效果不理想。配合使用的数量，由使用酒花的类型、品种和经济因素来决定。

(四) 二氧化碳酒花浸膏与颗粒酒花的比较

二氧化碳酒花浸膏与颗粒酒花的比较如表2-2-25所示。

表 2-2-25 同品种酒花所制浸膏与颗粒酒花的比较 单位：%

项 目	哈拉道北酿		中早熟哈拉道	
	颗 粒	二氧化碳浸膏	颗 粒	二氧化碳浸膏
MEBAK分析值				
总树脂(风干)	19.4	90.0	14.9	90.6
α-酸	8.6	44.8	4.4	30.6
β-组分	8.5	44.4	8.8	57.6
硬树脂	2.3	0.8	1.7	2.4
占总树脂:				
α-酸	44.3	49.8	29.5	33.8
β-组分	43.8	49.3	59.1	63.6
硬树脂	11.9	0.9	11.4	2.6
HPLC分析值				
α-酸(风干)	7.9	44.2	3.9	30.4
其中：合葎草酮	29.2	26.0	20.9	20.4
葎草酮	53.1	54.7	57.6	58.7
后葎草酮	17.1	19.3	21.6	21.5
β-酸(风干)	4.2	24.8	6.1	40.1
其中：合蛇麻酮	48.1	45.9	38.3	39.8
蛇麻酮 后蛇麻酮	51.9	54.1	61.7	60.2

四、异构化酒花浸膏

异构化酒花浸膏系由酒花浸膏加工制备。开发此制品的目的是为了最大限度地提高α-酸的利用率。α-酸在麦汁中的溶解度很低，异构化率也很低，因而其利用率很低。α-酸在弱碱性溶液(如碳酸钠溶液)中，其异构化率则很高，转化为苦味极强的异α-酸，该物质是啤酒苦味度的主要来源。异α-酸在水和麦汁中的溶解度远较α-酸高。α-酸先经异构化，转化为易溶于水的异α-酸钠盐，然后用之于生产，可以避免α-酸在麦汁煮沸和发酵过程中，因降解作用和溶解度降低而造成的损失，从而大大提高了α-酸的利用率。

1. 异α-酸浸膏的制备

因二氧化碳浸膏含杂质较有机溶剂浸膏少，用二氧化碳浸膏制备异α-酸浸膏较用溶剂浸膏为宜。其制备过程简述如下：

(1) 液态二氧化碳浸膏加碳酸钾溶液(两相混合物)⟶激烈搅拌⟶回流煮沸2h左右⟶酒花油蒸发回收⟶停止搅拌⟶冷却⟶分离油层(内含异α-酸、β-酸及少量葎草酸)及上清液。

(2) 上清液部分含少量异α－酸，上清液的表层有少量蜡质⟶进行分离⟶回收异α－酸。

(3) 油相用蒸馏水稀释⟶通二氧化碳使pH值降低至8.5⟶继续搅拌1h左右⟶β－酸沉淀⟶过滤分离⟶以稀$KHCO_3$溶液洗涤沉淀的β－酸⟶滤液及洗液在低于33℃下真空浓缩⟶橘黄色异α－酸浸膏。

2. 异α－酸浸膏的类型和贮存条件

异α－酸浸膏根据其制造方式，可制成游离的异α－酸乳浊液、异α－酸镁盐固体悬浮物、异α－酸钠盐水溶性粉末和异α－酸钾盐溶液等形式。由异α－酸镁和三聚磷酸钠组合，可产生一种非常稳定的产品。

异α－酸浸膏需要在低温下(5℃)贮藏。

3. 异α－酸浸膏的组成

由溶剂浸膏制备的异α－酸浸膏，成分波动较大。异α－酸含量波动在10%～50%范围内，平均值为20%。几种商品异α－酸浸膏的组成如表2－2－26所示。

表 2-2-26 几种商品异构化浸膏的组成 单位：%

项目	1	2	3	项目	1	2	3
水分	56.2	44.6	68.5	脂肪酸(风干)	0.31	0.34	0.43
异α－酸(风干)	23.5	38.3	18.5	pH(未稀释产品)	8.0	8.9	9.8
α－酸(风干)	2.5	2.8	1.1	矿物质(风干)	3.87	10.76	6.43
葎草灵酸(风干)	1.7	1.8	1.3	其中：钾	2.34	4.29	2.06
希鲁酮(风干)	2.8	5.3	2.3	钠	0.03	0.06	0.04
蒸汽蒸发物质(风干)	0.21	0.41	0.25	钙	0.02	0.07	0.04

采用二氧化碳浸膏制备的异α－酸浸膏，较溶剂制备者纯净得多。一种典型的这种浸膏的组成(%)如下所示。

异α－酸	40	β－酸	无
α－酸	20.5	总树脂	47
葎草酸	20.5	水分	7

4. 异α－酸浸膏的使用

异α－酸浸膏不宜全部取代整酒花使用，因其容易出现麦汁蛋白质沉淀不良，酵母变性，发酵异常，啤酒风味改变以及啤酒喷涌等现象。异α－酸浸膏应和整酒花、颗粒酒花、酒花浸膏、基础浸膏和热水浸出物配合使用。异α－酸浸膏可在发酵后或滤酒前添加，用以调节啤酒的苦味度，其用量占啤酒苦味值的30%左右。有时仅用作最后调整啤酒的苦味值，用量很少。添加前，在40℃下先以无离子水稀释至浓度0.5g/100ml，在没有其他啤酒处理操作的情况下于滤酒前添加。异α－酸浸膏在酿造过程中加入的时间越晚，异α－酸的利用效果越明显，如表2－2－27所示。

表 2-2-27 添加方法与异α－酸的利用率

加入时间	主发酵后	过滤前10天	过 滤 前
苦味物质收得率/%	72	76	95

五、其他酒花浸膏制品

二氧化碳α－酸浸膏，除可用以制备异α－酸浸膏外，还可以制备多种其他浸膏，如还原异构化浸膏、四氢异构化浸膏等；另外，从制备α－酸和异α－酸的废液中萃取β－酸和酒花油，可进一步加工成希鲁酮浸膏和β－酸酒花油等制品。

(一) 还原异构化浸膏和四氢异构化浸膏

异α－酸的侧链，受紫外光照射，极易断裂(如下式所示)，断裂的侧链与硫化物接触，会形成3－甲基－2－丁烯－1－硫醇(3－methy1－2－butene－1－thiol)，产生所谓的“日光锈”(sunstruck)味。日光锈味也是啤酒风味的一大病害，因此啤酒均采用棕色瓶或绿色瓶，以减轻紫外光的侵袭。

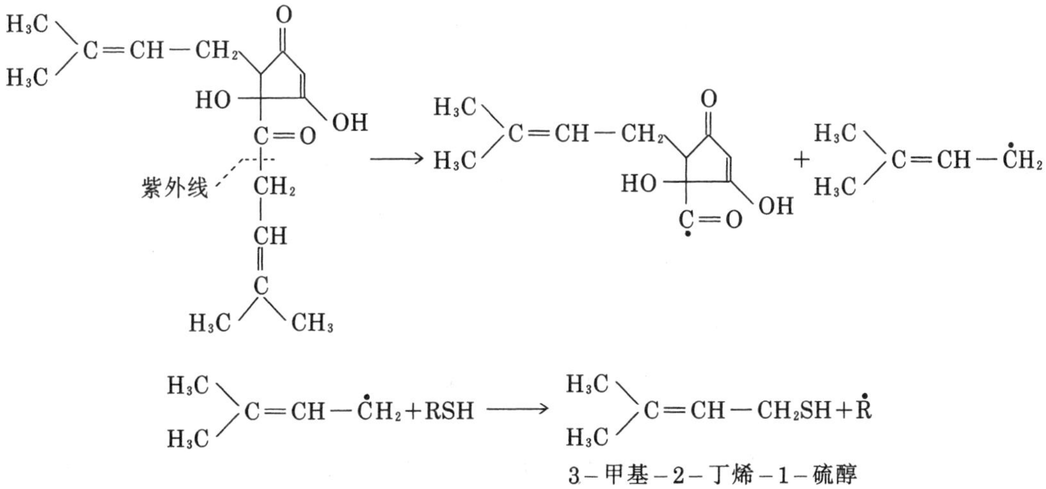

3－甲基－2－丁烯－1－硫醇

还原异构化浸膏和四氢异构化浸膏具有光稳定性，能防止异α－酸侧链断裂的问题。

1. 还原异构化α－酸的形成

在二氧化碳α－酸浸膏制备异构化浸膏时，同时进行硼氢化钠处理，可将异α－酸C^4边链上的酮基还原，从而阻止边链断裂，避免产生日光锈物质，如下式所示：

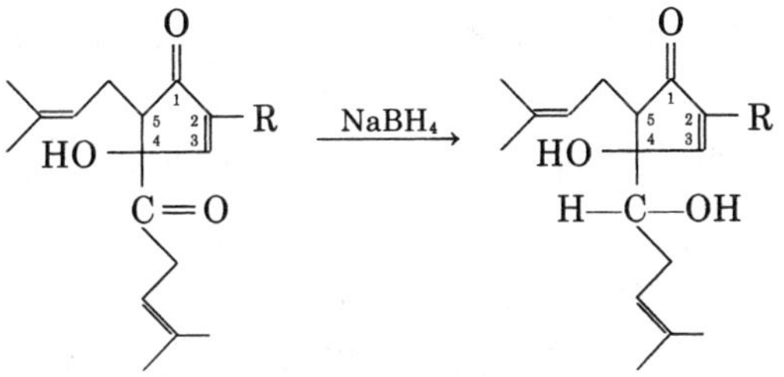

2. 四氢异构化α－酸的形成

α－酸浸膏制备异α－酸浸膏时，在接触剂的作用下，同时加氢，使异α－酸分子末端的两个可饱和键饱和，从而防止了异α－酸边链在日光侵袭下断裂，避免了产生日光锈物质，如下式所示。

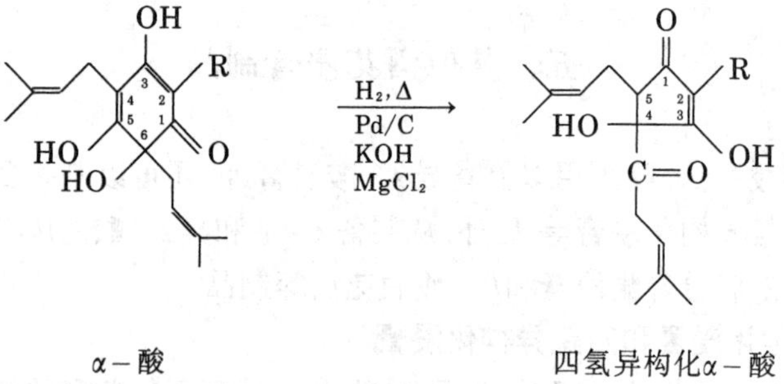

3. 还原异构化α－酸浸膏和四氢异构化α－酸浸膏的性质和作用

(1) 两者均为琥珀色流动液体。

(2) 两者具有相近的光稳定性。

(3) 还原异α－酸的苦味较轻，为异α－酸的0.7～0.8倍；而四氢异α－酸的苦味较重，为异α－酸的1.6～1.8倍，其苦味虽重，但苦味爽快，没有后苦。

(4) 两者性能均甚稳定，可以在室温贮存1年，不需冷藏。

(5) 四氢酒花浸膏能显著改善啤酒泡沫性能，包括泡沫持久性和挂杯性能。还原异α－酸浸膏无此项功能。

4. 使用方法

(1) 将四氢异构化浸膏，缓慢加入9倍的去离子软化水中(所用的水以KOH事先调pH至(10～11)，并不断搅拌，配制成10g/100ml的四氢异α－酸溶液备用。配制的溶液应清亮透明。

同样，将还原异构化浸膏缓慢加入16倍的去离子软化水中，配制成1：16的稀释液备用。

(2) 在啤酒粗滤后、精滤前，将此清亮配制液在30～40℃下，以计量泵按比例均匀地注入啤酒输送管道中，使配制的溶液至少与80％以上的啤酒充分混合均匀。

(3) 使用此两种浸膏生产抗日光啤酒，酿造者应避免麦汁、啤酒或酵母中含有异α－酸，应与使用其他酒花制品的啤酒分别制作，酵母也应单独培养，否则将降低两者的抗日光作用。如果使用四氢酒花浸膏，只是为了改善泡沫性能，而不是为了抗日光作用，则无需单独制作。

(4) 使用此两种浸膏，只能提供啤酒苦味，最好与β－酸酒花油配合使用，以增进酒花香味。

注意：① 避免用硬水稀释，以免引起混浊。② 通常此两种浸膏均以钾盐的水溶液销售。

(二) β－酸酒花油

在二氧化碳浸膏制备异α－酸浸膏后的废液中，尚存有大量的β－酸和酒花油。在适当条件下进行萃取，可获得一种含20％左右酒花油和70％左右β－酸的固体树脂浸膏，即β－

酸酒花油。

β－酸酒花油可以和α－酸浸膏或各种异α－酸浸膏配合使用，以补充上述浸膏中所缺乏的酒花香气成分。

β－酸酒花油使用时，需将硬块破碎，称重，于麦汁煮沸完毕前10min左右，加入煮沸锅中，使部分气味不好的低挥发烯类(如香叶烯)挥发，并使葎草烯获得时间氧化，以增进啤酒的酒花香味。

β－酸酒花油的酒花油浓度约相当整酒花的20倍，加入相当最后一次添加酒花5％的β－酸酒花油(确切数量应通过试验确定)，即可获得类似新鲜酒花的酒花香味。

β－酸酒花油中所含的β－酸，除有防微生物污染的作用外，还可起到改善啤酒苦味的作用。因为β－酸本身虽溶解度很低，但其氧化物具有强烈而幽雅的苦味。

(三) 希鲁酮浸膏

希鲁酮浸膏(Hulupones extract)也是利用从α－酸浸膏制备异α－酸浸膏的废液制取的一种产品。制备异α－酸，在萃取的废液中(即基础浸膏)中，除去一些未定性的软树脂外，尚含有15％～35％的β－酸。β－酸本身在麦汁制备过程中因其溶解度低，作用不大，但通过氧化作用，将其氧化为希鲁酮，便可得到与异α－酸具有同等苦味力的苦味物质。

1. 制备方法

(1) 酒花浸膏经制备异α－酸后，将分离的废树脂溶液(包含β－酸和未定性的软树脂、酒花油等)回收。

(2) 在适当条件下，用碱液将废树脂溶液中的β－酸萃取出来。

(3) 被萃取的β－酸钠盐，置于氧化设备中，用接触氧化法或感光氧化，将β－酸的钠盐经闭环而氧化为希鲁酮钠盐。

(4) 加酸处理，将希鲁酮游离出来，再用己烷萃取，分离酸液。

(5) 再用碱液萃取，添加乳化剂，回收溶剂。

(6) 此碱液萃取物经蒸发去水后，即为希鲁酮浸膏。其加工过程如图2－2－6所示。

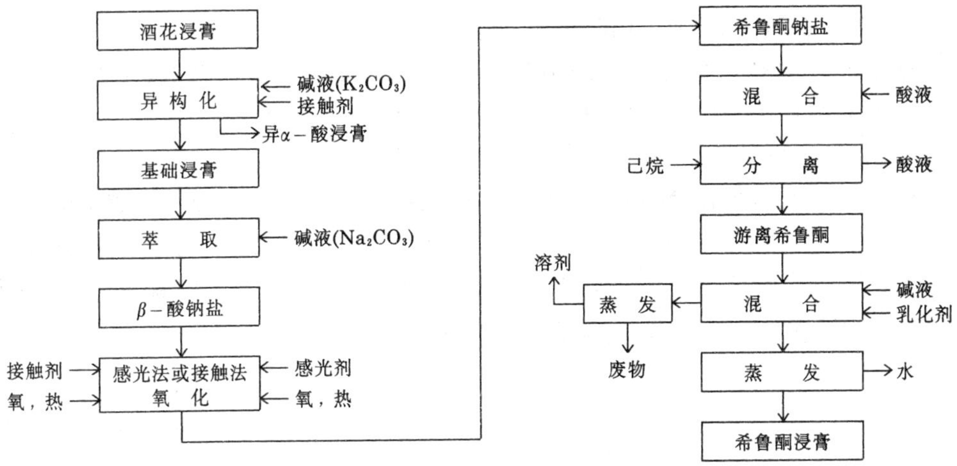

图 2－2－6 希鲁酮浸膏制备流程

2. 使用方法

与异α－酸浸膏相同，可在发酵后或滤酒前添加，与异α－酸浸膏配合使用，啤酒的苦味出现较早，持续时间较长，作为异α－酸的补充，可达到与使用整酒花相同的苦味类型。

(四) 酒花浸膏粉

有两种类型：

(1) 将树脂浸膏喷入硅凝胶(Silicic acid)而制成。硅凝胶能使酒花浸膏具有较大表面积，使α－酸容易迅速溶解和异构化，进一步提高其利用率。这种酒花制品仍保留了可流动性质，添加也比较方便。一般酒花浸膏中含有30％～40％的硅凝胶。

(2) 将酒花浸膏与普通酒花粉混合而制成。由于酒花粉较硅凝胶的表面积小，需加较多的酒花粉，所以此种酒花浸膏粉的α－酸含量不如前一种。两种酒花浸膏粉的成分如表2－2－28所示。

表 2-2-28 酒花浸膏粉与酒花粉浸膏的比较 单位：％

项 目	酒花浸膏粉(SiO_2)		酒花粉浸膏	
	香型酒花	苦型酒花	香型酒花	苦型酒花
水 分	5.0	5.0	9.0	90
总树脂	57.1	55.5	29.0	34.0
α－酸	20.0	25.0	10.0	15.0
β－组分	28.6	23.8	14.7	14.6
硬树脂	8.5	6.7	4.3	4.4

六、精制酒花油

酒花中的酒花油组分，在麦汁煮沸时，大部分随蒸汽而逸散，发酵时又有一部分随二氧化碳而逸出。有些国家为了保留这些组分，将酒花油预先在真空条件、20℃左右的低温下制成蒸馏液，在最后贮酒或滤酒时添加。此蒸馏液成分基本上是原酒花中的成分，未经什么大的变化，可直接与水混合，配成1000～2000mg/L的乳化液，在贮酒或滤酒时用于啤酒中，其用量为1/1000～1/4000，相当于啤酒中含0.25～1.0mg/L。

此乳化液加入少量的异α－酸钠盐或钾盐，在低温下可长期保存。

此种酒花油中，含氧化合物的比值相对比酒花者大，其浓度与总收得率成反比。经过低温蒸馏液处理的啤酒，对酒的苦味、泡沫、非生物稳定性无何影响。但将这种蒸馏液直接添加啤酒中，其风味与干加法(dry hopping)啤酒的风味相似；与麦汁煮沸时添加酒花的啤酒相比，其风味则大不相同，一般消费者不易接受。

第三章　辅助原料

第一节　概　　述

啤酒酿造中，在麦芽的酶活力和可同化氮含量比较高的情况下，可根据地区的资源和价格，采用部分未发芽谷类、糖类或糖浆作为麦芽的辅助原料。并且，在有利于啤酒质量和产量以及不影响酿造的条件下，应尽量多地采用辅助原料，以降低麦汁制备的成本。

使用麦芽辅助原料的作用有以下几点：

(1) 以价廉而富含淀粉质的谷类作为麦芽辅助原料，可以提高麦汁收得率，制取廉价麦汁，降低成本，并节约粮食。

(2) 在麦芽质量波动的情况下，通过合理调整麦芽与辅料的比例，可使麦汁和啤酒的质量保持一致。

(3) 使用糖类或糖浆为辅助原料，可以节省糖化设备容量，调节麦汁中糖与非糖的比例，以调整啤酒的发酵度。

(4) 使用辅助原料，可以降低麦汁中蛋白质含量和易氧化的多酚物质含量，从而降低啤酒色度，改善啤酒风味和啤酒的非生物稳定性。

(5) 使用部分含糖蛋白高的谷料原料(如小麦)，有利于改进啤酒泡沫性能。

使用辅助原料以在糖化或麦汁分离过程中不致发生困难，或在可同化氮较少的情况下仍能达到满意的发酵条件为原则。谷类辅助原料的使用量一般控制在10%～50%之间，常用的比例为20%～30%，可根据所制啤酒类型和麦芽的可同化氮含量而适当增减。糖类辅助原料用量一般为10%左右；产糖丰富而价格低廉的地区则适当多些；糖浆用量可根据原料种类而不同，以大麦为原料制造的糖浆，其成分接近麦汁，有的国家用量高达50%。

我国生产的啤酒，一般都使用谷类辅助原料，多数厂用大米，个别厂用玉米，其最低用量为10%～15%，最高为40%～50%，多数为20%～30%。在使用酶制剂的情况下(外加酶法糖化),辅助原料用量可高达70～80%。只有极个别厂使用部分蔗糖为辅助原料。

国际上使用辅助原料的情况也极不一样。如美国的麦芽酶活力高,使用谷类辅助原料也多,最高可达50%左右,多用玉米和大米,少数用高粱。在德国,除制造出口啤酒外,其内销啤酒一概不许使用辅助原料。在美国,由于其糖化方法采用浸出糖化法,多采用已经糊化预加工的大米片或玉米片为辅助原料。在澳大利亚,由于其蔗糖资源丰富,有的厂蔗糖用量高达20%以上。

第二节 辅助原料种类

一、未发芽谷类

多采用大米、玉米、小麦和大麦等。

(一) 大米

大米是被普遍使用的一种麦芽辅助原料,适合酿造高质量的啤酒,越来越被广泛利用。

1. 使用大米的特点和要求

使用大米的特点是价格较麦芽低廉,而淀粉含量远高于麦芽;蛋白质、多酚物质和脂肪含量则较麦芽为低。添加大米的啤酒,色泽浅,口味清爽,泡沫细腻,酒花香味突出,非生物稳定性较好,特别适宜制造下面发酵的淡色啤酒。

大米种类很多,有粳米、籼米、糯米等。啤酒工业使用的大米,要求比较严格,必须是精碾大米,一般都采用大米加工后的碎米,比较经济,且不影响质量。

大米的淀粉颗粒比较小,具有多面体形状,其糊化温度较其他谷类高。大米的糊化温度与品种有关,另外也因地区而有差异,气温较低地区者,糊化温度为65～77℃,气候炎热地区可高达80～85℃。

大米的蛋白质含量为5%～8%,在麦芽蛋白酶的分解下,仅有少量分解为麦汁的可同化氮。

大米的形状分短、中、长各种类型,啤酒厂以采用短形者为宜,因短形品种其浸出物高,而醪液粘度则较低。

大米可先经预加工:将大米粉碎成颗粒状,浸湿后,在蒸汽加热的料辊上压成薄片,并使之糊化。这样的加工制品,其特点是在制备麦汁时,可以不经糊化,直接与麦芽混合下料,适用于浸出糖化法。

2. 大米的化学成分(表2-3-1)

(二) 玉米

玉米是世界范围内重要的食用谷物和饲料,普遍使用于淀粉制造工业、酒精工业和啤酒酿造工业。不同的玉米品种,区别在于籽粒的形状、大小和色泽,一般分白玉米和黄玉米。两种玉米在啤酒酿造的作用上,无何差别。

1. 使用玉米的特点和要求

玉米价廉,并能赋予啤酒以醇厚的味感。在盛产玉米的地区,可以用作麦芽的辅助原料。

表 2-3-1 大米的化学成分 单位：%

大米名称	成分	极限值	正常数值	大米名称	成分	极限值	正常数值
碎米	水分	8～15	11～13	大米片	水分	8～13	8～10
	淀粉	—	82～85		淀粉	75～85	79～81
	浸出物	75～97	92～95		浸出物	75～97	90～95
	蛋白质	5～8	6～7.5		蛋白质	6～9	6～8
	脂肪	0.3～1.5	0.3～0.4		脂肪	0.3～2	0.3～0.5
	粗纤维	—	0.3～0.5		粗纤维	0.5～2.5	0.5～1
	灰分	—	0.4～1.5		灰分	—	0.5～1

使用玉米必须去胚，因胚部的脂肪含量高，不去胚，脂肪在贮存中氧化和败坏，将直接影响啤酒的泡沫、口味和风味稳定性。脱胚玉米的脂肪含量应不超过1％。在脱胚过程中，同时也除掉了玉米外皮，从而减轻了玉米的苦味物质。啤酒厂也有使用玉米淀粉者，其无水浸出率显著较玉米为高，而蛋白质含量则接近于零。使用玉米淀粉，必须先考虑麦芽可同化氮的含量。如果麦芽的可同化氮含量偏低，制出的啤酒，口味会过于淡薄。玉米淀粉调浆时容易结块是其缺点。

经粉碎的玉米颗粒，其贮藏水分应不超过13％，否则极易引起氧化，损害质量。

玉米的糊化温度为62～75℃，高温地区的玉米糊化温度处于上限。

使用玉米为辅助原料，麦汁粘度并不增加，但麦汁过滤时间一般稍长一些。

脱胚玉米也可先经预加工：将玉米粗粉粒浸水后，在蒸汽加热的料辊上糊化，并压成薄片，可与麦芽混合下料，适用于浸出糖化法。

玉米的蛋白质在糖化过程中极少分解，因此，以其为麦芽的辅助原料，很少向麦汁中提供含氮物质，必须事先考虑麦芽的可同化氮含量，否则易引起酵母营养不足。

2. 玉米的化学成分(表2－3－2)

表 2-3-2 玉米的化学成分 单位：%

成分	极限值	正常数值	成分	极限值	正常数值
水分	9～16	12～13	脂肪	1.5～6.0	1.5～3.0
浸出物	81～90	87～89	脱胚后脂肪	—	0.05～1
淀粉	68～76	69～72	粗纤维	—	1.5
蛋白质	8～11	10左右	灰分	—	1.7
脱胚后蛋白质	—	7.5～8			

3. 玉米各组分的化学成分(见表2－3－3)

表 2-3-3 玉米各组分的化学成分 单位：%

组分	全粒	皮	芽	胚乳
占全粒部分	100	6	10	84
粗蛋白质	12.6	66	21.7	12.4
脂肪	4.3	1.6	29.6	1.3
碳水化合物	79.4	74.1	34.7	85.0
粗纤维	2.0	16.4	2.9	0.6
无机物	1.7	1.3	11.1	0.7

4. 脱胚玉米与不脱胚玉米的成分比较

脱胚后的玉米，其脂肪和蛋白质含量显著降低。脱胚玉米与不脱胚玉米的成分比较如表2－3－4所示。

表 2-3-4 脱胚玉米与不脱胚玉米的成分比较 单位：%

玉米品种 / 成分	黄玉米		白玉米	
	未脱胚	已脱胚	未脱胚	已脱胚
水分	11.8～13.5	11.2～13.0	11.50	11.30
淀粉	68.1～72.5	69.3～73.0	68.7	74.60
浸出物	80.7～85.3	85.0～87.0	81.35	82.80
蛋白质	10.5～11.0	8.7～10.0	11.20	9.60
脂肪	5.8～6.3	0.5～1.5	3.70	0.90
粗纤维	2.5～3.0	1.2～2.0	32.20	2.0
矿物质	1.5～2.2	0.8～1.5	1.70	1.6

5. 脱胚玉米与脱胚玉米片的成分比较(表2－3－5)

表 2-3-5 脱胚玉米与脱胚玉米片的成分比较 单位：%

成分	玉米	玉米片	成分	玉米	玉米片
水分	8.0	8.0	脂肪	1.0	1.0
淀粉	82.7	80.0	粗纤维	0.5	2.7
蛋白质	7.5	8.0	灰分	0.3	0.3

6. 玉米粉粒与玉米淀粉的成分比较

玉米粉粒系指较粗的粉粒(0.2～1.4mm)，玉粉淀粉则指由玉米精加工制作的淀粉。两者的成分比较如表2－3－6所示。

表 2-3-6 玉米粉粒与玉米淀粉的成分比较

项目	玉米粉粒	玉米淀粉	项目	玉米粉粒	玉米淀粉
水分/%	13.3	12.0	无水脂肪含量/%	1.0	0.05
风干浸出物含量/%	76.9	88.9	无水矿物质含量/%	0.7	0.08
无水浸出物含量/%	88.7	101.0	pH	5.8	5.2
无水蛋白质含量/%	9.3	0.04	糊化温度/℃	60～75	62～70

(三) 小麦

小麦是主粮，国内尚少采用小麦作为啤酒辅助原料。国际上，有些国家早已采用小麦为某些特制啤酒的原料或辅助原料，如德国的小麦啤酒是以小麦芽作为主原料的；比利时的兰比克啤酒(Lambic beer)则以小麦作为麦芽辅助原料。

1. 使用小麦的特点和要求

(1) 小麦的可溶性高分子蛋白质含量高，泡沫好，但因其不易被进一步分解，也容易造成非生物稳定性的问题。

(2) 花色苷含量低，有利于啤酒非生物稳定性，风味也较好，但麦汁色泽则较使用大米和玉米为辅料者略深。

(3) 麦汁中含有较多的可溶性氮(与大米和玉米为辅料者比较)，发酵较快，啤酒的最终pH值较低。

(4) 小麦和大米、玉米不同，富含$\alpha-$和$\beta-$淀粉酶，有利于采用快速糖化法。

用小麦为辅助原料，宜采用含蛋白质低的白小麦品种。

近年来，有人借助红外线辐射，对小麦进行焙焦处理，使其在糖化时易于分解，并带有一定的焦香味，其使用量可适当提高至15%。

2. 小麦的化学成分(表2－3－7)

表 2-3-7　小麦的化学成分　单位：%

成　分	含　量	成　分	含　量
水　分	11.6～14.8	脂　肪	1.50～2.30
淀　粉	57.2～62.4	粗纤维	2.20～2.50
蛋白质	11.5～13.8	灰　分	1.80～2.30

(四) 大麦

国际上采用大麦为辅助原料，一般用量不超过20%，因其所含半纤维素和高粘度的$\beta-$葡聚糖未经发芽分解，只靠糖化过程，难以分解完全，以此制成的麦汁粘度高，易导致麦汁和啤酒过滤困难，但所制啤酒泡沫较好。如果使用无花色苷大麦品种为辅料，则制成的啤酒非生物稳定性较好。

大麦的水分较麦芽高，又未经分解，故其无水浸出率远低于麦芽，仅为67%～69%。

大麦淀粉的糊化温度不高，可以直接和麦芽一同粉碎下料。大麦粒较麦芽坚硬，韧性大，单独用辊式粉碎机粉碎比较困难。

大麦的蛋白质未经分解，作为麦芽辅料，将使麦汁的可溶性氮和氨基氮含量降低。

60年代后期以来，很多国家以大麦加酶制剂(淀粉酶、蛋白酶、半纤维素酶、$\beta-$葡聚糖酶或此多种酶组合的复合酶)取代大部分麦芽，制取麦汁，大麦用量达50%以上，麦芽用量可降至30%以下。制成的啤酒泡沫好，非生物稳定性较高，口感也不坏，同时可以提高谷物利用率，降低成本，是啤酒工业技术上的一项改革。

(五) 各种谷类辅助原料所制麦汁与啤酒的对比

不同谷类辅助原料所制麦汁与啤酒的比较如表2－3－8所示。

表 2-3-8 不同谷类辅助原料所制麦汁与啤酒的比较

对比内容 \ 原料比例	麦芽 (100%)	麦芽(75%) 小麦粉(25%)	麦芽(75%) 大麦粉(25%)	麦芽(50%) 小麦粉(50%)	麦芽(50%) 玉米片(50%)	麦芽(50%) 大米片(50%)
麦汁：原料利用率/%	>98	>98	—	90～95	98	97
发酵度/%	75～77	75～77	75～77	65～70	65～70	65～70
含氮量/(mg/100ml)	90～95	72～82	70～73	50～70	50	50
啤酒：苦味质含量/(mg/L)	23～24	26～27	26～29	28～30	30	28
总可溶性氮/(mg/100ml)	44～48	34～40	33～36	25～40	25～30	25～30
花色苷含量/假定单位	0.7	0.5～0.6	0.6～0.7	0.4～0.6	0.4	0.5
保存期/周	12左右	>20	16	20	20	15
泡持性/s	90左右	100～110	95～100	92～96	98	96

二、糖类和糖浆

麦汁中添加糖类，大都在产糖比较丰富的地区应用。糖类因缺乏含氮物质，为了保证酵母营养，其使用量应根据麦芽含可溶性氮及氨基氮的具体情况而定，一般使用量为原料的10%左右。

糖类可以在麦汁煮沸近结束时，直接添加在麦汁煮沸锅中，添加的种类主要有蔗糖、葡萄糖、转化糖和糖浆。

(一) 蔗糖

蔗糖有白砂糖和赤砂糖之分，白砂糖纯度可达99.97%，添加后，不增加麦汁色度，而赤砂糖会不同程度地增加麦汁色度。酿造者多喜用白砂糖，使用时，直接加入麦汁煮沸锅内，也可在下酒时添加，使后发酵旺盛。

白砂糖可全部被酵母发酵，以提高啤酒的发酵度。

白砂糖的质量标准如表2－3－9所示。

表 2-3-9 白砂糖的质量标准

项目 \ 等级	优级	一级	二级
外观	糖的晶粒均匀，松散干燥，不含带色糖粒或糖块	糖的晶粒应均匀，松散干燥，不含带色糖粒或糖块	糖的晶粒应均匀，松散
味感	糖的晶粒或水溶液，味甜，不带杂臭味	糖的晶粒或水溶液，味甜，不带杂臭味	糖的晶粒或水溶液，味甜，不带杂臭味
水溶液	溶于洁净的水中，成为清晰的水溶液	溶于洁净的水中，成为清晰的水溶液	—
蔗糖含量/%	>99.75	>99.65	>90.45
还原糖含量/%	<0.08	<0.15	<0.17
水分/%	<0.06	<0.07	<0.12
色值/%	<1.0	<2.0	<3.5
其他不溶于水的杂质含量/(mg/kg产品)	<40	<60	<120

(二) 葡萄糖

用葡萄糖作为麦芽辅助原料，优点是可以降低麦汁中蛋白质含量和提高发酵度，缺点是啤酒口味比较淡薄。

葡萄糖使用时可直接加入麦汁煮沸锅内，或在下酒时添加。

葡萄糖的质量标准如表2－3－10所示。

表 2-3-10　葡萄糖的质量标准

项　目	质量标准	项　目	质量标准
外　观	无色或白色结晶性粉状或颗粒状	葡萄糖含量/%	>95
气　味	固形物或水溶液，微甜，无其他异味	酸度/(0.1mol/L NaOH的毫升数/5g葡萄糖溶于50ml水中)	<1
水溶液	溶于水后，溶液清亮透明或微浊		
水分/%	<2	比旋度	+52.5°～53.0°

(三) 转化糖

转化糖是用50%～60%蔗糖溶液，加稀硫酸，在82～93℃温度下转化而成，转化反应通过旋光度控制终点。此转化糖液经中和、过滤并真空浓缩至含83%左右的固形物。

转化糖的等级主要根据色泽划分，如表2－3－11所示。

转化糖可全部被酵母发酵。可在麦汁煮沸锅中添加或下酒时添加。

表 2-3-11　转化糖等级标准

等　级	转化糖含量/%	蔗糖含量/%	色度/EBC单位	适于制造啤酒类型
1	77	<3.5	30	淡色啤酒
2	77	<3.5	70	浓色啤酒
3	77	<3.5	130	浓色啤酒
4	77	<3.5	500	黑色啤酒

(四) 糖浆

糖浆的种类很多，不同的原料可制出不同的糖浆。制造啤酒以使用大麦糖浆最佳，其成分与麦芽麦汁比较接近。

关于大麦糖浆的制造方法，举例ABM－Krϕyer法如下所示。

1. 生产流程(图2－3－1)

2. 工艺过程

(1) 采用细菌α－淀粉酶为液化剂，与经去皮和粉碎后的大麦同置调浆罐内混合，其最适pH为6.5，一般不需调节pH；料液比1∶4。

(2) 调制的浆液经加热器加热，并在管式反应器中保温86℃，维持10min后，泵入反应罐内。

(3) 反应罐维持温度86℃，直至液化完全(约4h)。

(4) 将液化醪液冷却，调pH为5.5～5.8，添加细菌蛋白酶和5%～10%麦芽，保温55～62℃，糖化4h。

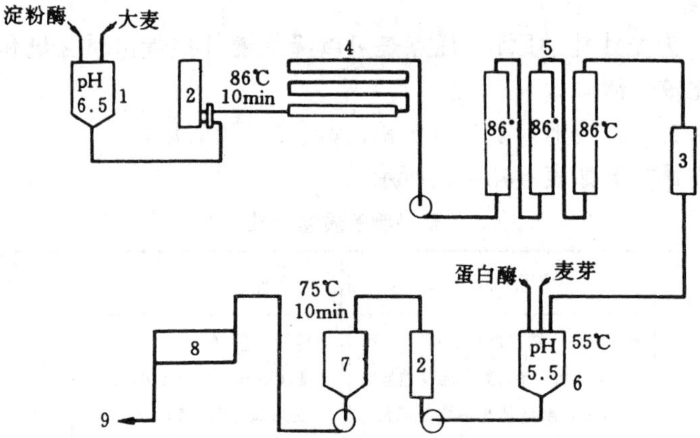

图 2-3-1 ABM-Krϕyer法制备大麦糖浆流程图

1—调浆罐 2—加热器 3—冷却器 4—管式反应器
5—反应罐 6—糖化罐 7—完成罐 8—压滤机 9—真空浓缩

(5) 升温至75℃,保温10min,使剩余的淀粉全部液化和糖化。

(6) 利用压滤机将醪液过滤,滤得澄清的糖液。

(7) 糖液浓缩至固形物为77%的糖浆。

3. 糖浆成分(表2-3-12)

表 2-3-12 大麦糖浆的成分 单位: %

成分	含量	成分	含量
总固形物	76～78	灰分	1.2～1.5(以干物质计)
*DE*值	43～45	pH值	5.5
α-氨基氮(TNBS法)	0.100～0.120(以干物质计)	碳水化合物比例	DP1:5～6
总氮(凯氏法)	0.620～0.660(以干物质计)		DP2:49～53
α-氨基氮:总氮	16～18		DP3+4:13～16
最终发酵度	76～78		高聚合度糖类: 24～29

4. 糖浆的质量和添加比例

制备糖浆,大麦先经去皮,制得的糖浆色泽浅,风味柔和,但缺乏麦芽香味。糖浆的含氮量较麦芽麦汁低15%以上,发酵度也远较麦芽麦汁为低。其添加量一般为20%～30%,最高者达50%。

糖浆多在麦汁煮沸锅中直接添加。

第三节 采用辅助原料应注意的问题

(1) 添加辅助原料的品种和数量,应根据麦芽的具体情况和所制啤酒的类型而定。

(2) 添加辅助原料后,如麦芽的酶活力不足以分解蛋白质、淀粉或β-葡聚糖,应适当补充相应的酶制剂。

(3) 如麦芽可同化氮含量低，添加辅料后，需补加中性蛋白酶，降低蛋白休止温度(45℃)，延长蛋白质分解时间，但此项措施提高幅度不会很大。麦汁的可同化氮主要来自麦芽，因此，应根据麦芽质量添加辅料。

(4) 添加辅料后，不应造成麦汁或啤酒过滤困难。

(5) 添加辅料，不应给啤酒带来异常风味或影响啤酒的泡沫和色泽。

第四章 原料粉碎

60年代以前，麦芽粉碎都是辊式干粉碎;60年代以后，相继出现增湿粉碎和湿粉碎;80年代后，又推出连续浸渍湿粉碎。

第一节 麦芽粉碎

麦芽在进行糖化前必须先经粉碎，粉碎后的麦芽，增加了比表面积，可溶性物质容易浸出，也有利于酶的作用，使麦芽的不溶性物质进一步分解。

麦芽粉碎虽是简单的机械过程，但其粉碎程度对糖化时的生化变化，对麦汁的组成成分，对麦汁过滤速度以及对提高原料利用率都是非常重要的。粉碎过细会增加麦皮中有害物质的溶解，影响啤酒质量，也会增加麦汁过滤的难度;粉碎过粗，则会影响麦芽有效成分的利用，降低了麦汁浸出率。

一、麦芽干粉碎

(一) 麦芽粉碎物的组成及其浸出率

1. 麦芽粉碎物的组成(表2－4－1)

表 2-4-1 麦芽粉碎物的组成

组成	情况
1. 谷皮	谷皮主要由纤维素、半纤维素、木质素、无机盐、色素物质等所组成。纤维素不溶于水，糖化时，酶对它不起什么作用。谷皮有弹性，是构成麦汁过滤的自然过滤层。溶解不良的麦芽，粉碎后的谷皮部分，常常附有少量未溶解好的胚乳

续表

组　成	情　况
2. 粗粒 3. 细粒 4. 细粉 5. 粉末	左列2至5各种组分都是麦芽的胚乳部分，可根据麦芽的溶解程度，粉碎成含一定比例的组分。溶解不良的麦芽含粗粒比较多，溶解良好的麦芽含细粒、细粉和粉末比较多，各种组分的溶解度、含酶量和浸出率均有差异

2. 麦芽粉碎物各级组分的比例及其浸出率(表2－4－2)

表 2-4-2　麦芽粉碎物的组分及其浸出率

组　分	占全部数量的百分比/%	浸出率/%	占总浸出率的百分比/%
谷皮	15	4.35	6.11
粗粒	20	8.02	11.26
细粒	30	23.10	32.44
细粉(包括粉末)	35	35.74	50.19
合计	100	71.21	100.00

3. 麦芽粉碎度与浸出率的关系

麦芽粉碎度愈粗，浸出率愈低，如果将粗粒复磨成细粒和细粉，可以提高浸出率0.5%～0.7%。因此，对麦芽粉碎度的要求应该是：谷皮破而不碎；胚乳部分则较细为好，对溶解不良的麦芽更应粉碎细一些，便于酶的作用。但细粉比例过大，也会影响麦汁过滤。

(二) 麦芽粉碎后的体积变化

麦芽粉碎后的体积变化，取决于麦芽的粉碎度，粉碎越细，体积越小，反之则大。不同的麦芽粉碎度产生的麦糟体积也不一样，粉碎越粗，麦糟体积越大，反之则小。

100g麦芽所占体积约为180cm^3，其各级粉碎物的体积以及形成麦糟的体积如表2－4－3所示。

表 2-4-3　麦芽各级粉碎物及其形成麦糟的体积

分　级	其中细粉含量/%	粉碎后的体积/cm^3	麦糟体积/cm^3
粗　粒	20～25	280	200
细　粒	50～60	210	150
细　粉	85～90	200	100

粉碎麦芽的贮存箱容量，应为麦芽容量的3倍。

(三) 麦芽粉碎物的分级

1. 分级标准筛

检验麦芽粉碎度的方法，应通过筛析来表示，啤酒工业常用的标准筛有以下几种：

(1) 协定法标准筛(又称EBC标准筛)　由欧洲啤酒酿造协会推荐采用的普氏(pfung-

städt)平板筛作为啤酒工业麦芽粉碎物的标准筛。此筛分为6个等级，其规格如表2－4－4所示。

表 2-4-4 协定法标准筛的规格

筛号	筛孔数/(个/cm²)	筛孔净宽/mm	麦芽粉碎物分级
1	36	1.27	谷皮+1/3粗粒
2	64	1.01	粗粒
3	106	0.547	细粒 Ⅰ
4	961	0.253	细粒 Ⅱ
5	2704	0.152	细粉
筛底	—	—	粉末

(2) 美国标准筛(又称ASBC标准筛) 由美国啤酒酿造化学家协会推荐采用美国标准筛中的6个筛号为啤酒工业麦芽粉碎物的标准筛，其规格如表2－4－5所示。

表 2-4-5 美国标准筛的规格

美国标准筛筛号	筛孔净宽/mm	麦芽粉碎物分级	美国标准筛筛号	筛孔净宽/mm	麦芽粉碎物分级
10	2.000	谷皮	60	0.250	细粒Ⅱ
14	1.410	谷皮	100	0.149	细粉
18	1.000	粗粒	筛底	—	粉末
30	0.590	细粒Ⅰ			

(3) 别勒氏(Bühler)筛 别勒氏筛的筛号等于每厘米筛上的筛孔数，每平方厘米筛上的筛孔数等于筛号数的平方。啤酒工业应用其中的6个筛号。其规格如表2－4－6所示。

表 2-4-6 别勒氏筛的规格

啤酒工业采用的筛号	别勒氏筛号	筛孔数/(个/cm²)	筛孔净宽/mm	麦芽粉碎物分级
1	4	16	1.50	谷皮
2	6	36	1.02	粗粒 Ⅰ
3	8	64	0.75	粗粒 Ⅱ
4	12	144	0.49	细粒 Ⅰ
5	14	196	0.43	细粒 Ⅱ
6	50	2500	0.12	细粉
筛底	—	—	—	粉末

2. 麦芽粉碎物的取样和筛析

(1) 取样 检验麦芽粉碎度，只有在取样均匀的条件下才有价值。样品必须在粉碎过程中，从粉碎机下采取。如欲得到准确的平均样品，必须多次取样，每次采集样品150～200g。

(2) 筛析　筛析规定：① 采用机械振动；② 振动次数：300次/min；③ 振动时间：5min。

(四) 干式麦芽粉碎机及粉碎度

啤酒工业采用的干式麦芽粉碎机都是辊式粉碎机，种类很多，对粉碎质量影响很大，尤其在麦芽质量较差时，影响更大。

常用的干式麦芽粉碎机有对辊粉碎机、四辊粉碎机、五辊粉碎机和六辊粉碎机等。

1. 对辊粉碎机

这是最简单的辊式粉碎机，只适用于溶解良好的麦芽，可以达到的麦芽粉碎度如表2-4-7所示。

表 2-4-7　对辊粉碎机的粉碎度

分　级	筛　号 (协定法标准筛)	占总质量的百分比/%	
		优良麦芽	一般麦芽
谷　皮	1	20	40～50
粗　粒	2	30	20～25
细　粒	5	20	10～15
细　粉	—	30	15～20

2. 四辊粉碎机

四辊粉碎机由两对辊组成：第一对辊担任预磨工作，粉碎物比较粗，其中谷皮约30%，粒50%，粉20%，转速210～230r/min；第二对辊担任复磨工作，转速280r/min。有时两对辊之间加一圆柱筛，分离出谷皮、细粒和细粉，只有粗粒经过第二对辊。最后可达到的粉碎度如表2-4-8所示。

表 2-4-8　四辊粉碎机的粉碎度

分　级	筛　号 (协定法标准筛)	占总质量的百分比/%	
		优良麦芽	一般麦芽
谷　皮	1	20	25
粗　粒	2	15	20
细　粒	5	35	30
细　粉	—	30	25

3. 五辊粉碎机

五辊粉碎机(图2-4-1)的性能很高，各种麦芽都可调节使用。这种粉碎机的前三个辊是平面辊，组成两对对辊，后一对辊为拉丝辊，辊筒下方都有振动筛装置，可将粗粒筛出重新粉碎。其三对辊的间隙分别为1.3～1.5mm、0.7～0.9mm、0.3～0.35mm。其可达到的粉碎度如表2-4-9所示。

4. 六辊粉碎机

六辊粉碎机(图2-4-2)的粉碎效率与五辊粉碎机相同，适用于各种麦芽，并能使麦芽的粉碎度符合各种酿造方法的要求。这种粉碎机每对辊之间都有两层筛子，将已粉碎

表 2-4-9 五辊粉碎机的粉碎度

分级	筛号（协定法标准筛）	占总质量的百分比/%	
		优质麦芽	一般麦芽
谷皮	1	15	20
粗粒	2	25	25
细粒	5	30	25
细粉	—	30	30

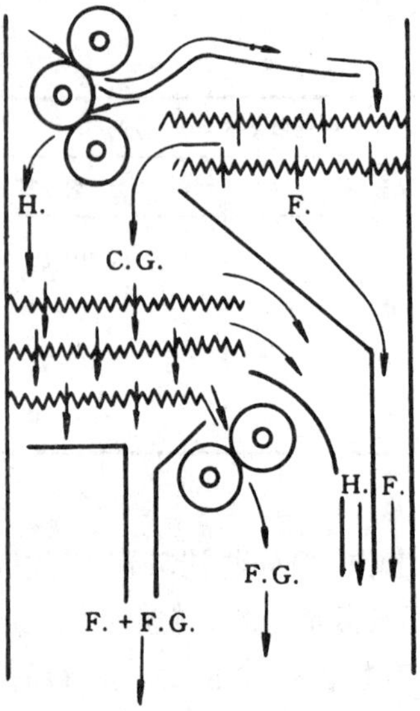

图 2-4-1 五辊粉碎机

H.—谷皮 C.G.—粗粒 F.G.—细粒 F.—细粉

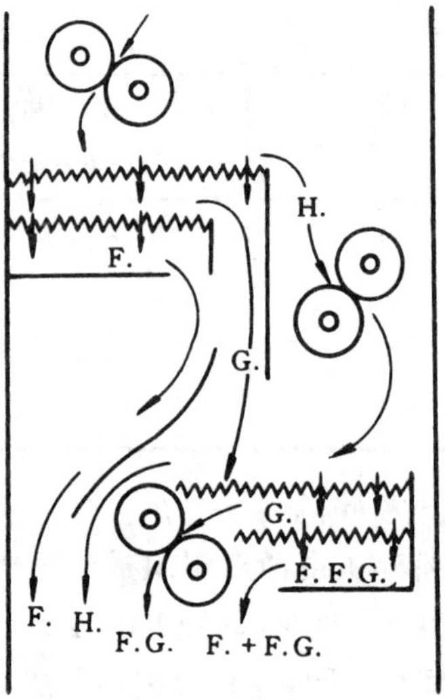

图 2-4-2 六辊粉碎机

H.—谷皮 C.G.—粗粒 F.G.—细粒 F.—细粉

的麦芽过筛，细粒及粉末不再粉碎，较大的谷皮再经第二对辊粉碎，粗粒则经第三对辊粉碎。六辊粉碎机每对辊的间隙与五辊者同，前两对辊为平面辊，第三对辊为拉丝辊。其可达到的粉碎度如表2-4-10所示。

表 2-4-10 六辊粉碎机的粉碎度

分级	筛号（协定法标准筛）	占总质量的百分比/%	
		优质麦芽	一般麦芽
谷皮	1	15	20
粗粒	2	25	25
细粒	5	30	25
细粉	—	30	30

5. 不同粉碎组分的浸出物比较和评价

发芽后的麦粒，其胚乳各个部位的溶解情况是不相同的，特别表现在溶解不良的麦芽，更是如此。靠近胚部的胚乳部分与酶接触早，含酶量多，溶解比较完全，粒质疏松，极易粉碎。粉碎后，多产生细粒、细粉和粉末。而麦粒离胚较远的顶尖部分，与酶接触晚，含酶量低，溶解比较差，粒质坚硬，较难粉碎。粉碎后，其粉碎物相对要粗，是粗粒的组成部分。这些胚乳的不同粉碎物，在外观、溶解度、浸出率和含酶量方面各不相同。细粒、细粉和粉末糖化时，经过酶的作用，易于分解，浸出率较高，而粗粒较难溶解，浸出率较低。粗粒经粉碎机复磨后，虽可使麦汁浸出率有所提高，但由于粗粒在制麦时，生化转化程度低，含酶量少，故其浸出率仍明显低于细粒和细粉。

麦粒各粉碎组分的浸出率及评价，如表2－4－11所示。

表 2-4-11 各粉碎组分的组成与比较

项 目	粒粉总和	麦皮	粗粒	细粒 I	细粒 II	细粉	粉末
所占比例/%	100	27.6	15.3	22.9	13.2	6.6	14.4
无水浸出物含量/%	80.2	64.4	79.5	87.9	84.2	83.3	96.8
糖化时间/min	9	8	9	8	9	10	12
外观最终发酵度/%	80.9	77.3	78.0	82.0	82.5	80.9	83.2
蓝价(碘反应)	0.12	0.05	0.14	0.17	0.10	0.12	0.02
无水蛋白质含量/%	11.1	12.4	11.9	10.6	11.4	13.4	7.6
可溶性氮含量/(mg/100g干物质)	711	584	681	705	847	854	526
蛋白质溶解度/%	39.9	29.5	35.7	41.7	46.3	39.7	43.1
游离氨基氮含量/(mg/100g干物质)	166	155	136	154	173	191	118
粘度/mPa·s(麦汁浓度8.6%)	1.515	1.534	1.463	1.481	1.443	1.467	1.407
糖化力/°WK(无水)	302	225	323	361	347	327	250
α－淀粉酶活力/ASBC单位(无水)	40	32	44	51	48	47	36
单宁含量/(mg PVP/100g干物质)	22	12	32	20	21	24	12
色度/EBC单位	3.3	4.7	2.8	2.5	2.8	2.4	1.3

(五) 增湿干粉碎

1. 麦芽回潮(Malt conditioning)的作用

麦芽可通过蒸汽或水雾处理，使其增湿。回潮麦芽的粉碎物，单麦皮体积增加70%～100%，其全部粉碎物的体积较正常干粉碎物的体积增加20%～35%，有利于采用过滤槽过滤麦汁，过滤时间可缩短20%左右。

回潮后的麦芽，麦皮具有韧性，其粉碎物谷皮完整，细粒增加，麦粉减少，有利于麦汁过滤和提高麦汁的收得率。糖化时从谷皮溶出的单宁物质和花色苷较少，麦汁色泽浅，适于制造淡色啤酒。

对麦汁压滤机来讲，增加麦芽粉碎物的体积，意味着减低麦汁收得率。因此，麦醪采用压滤机过滤时，麦芽不宜回潮。

2. 麦芽增湿的方法

(1) 蒸汽处理

① 在2～3m长的加热螺旋输送器内(安装于麦芽秤和粉碎机之间)，麦芽用0.05MPa的蒸汽处理30～40s，使麦芽整粒水分增加0.5%，麦皮水分增加1.2%。

② 增湿时，麦芽温度应控制在40℃以下，过高的温度将破坏敏感的酶活力，特别是内β-葡聚糖酶之类。

③ 回潮引入的蒸汽必须是饱和蒸汽，避免麦皮收缩。

(2) 水雾处理

① 在增湿螺旋输送机或其他增湿装置内，引入细的水雾，使麦芽整粒水分增加1.0%～1.5%，麦皮水分增加2%～3%。增湿时间90～120s。加入的水量应通过可调活塞式定量泵或流量计精确控制。

② 喷雾装置根据喷雾时间决定。喷入的水雾应与麦芽充分混合。

③ 麦芽粉碎机的筛分装置生产能力应适当加大，使增加的麦皮容量能顺利流出。

此项措施可使过滤槽的过滤时间缩短10%～15%，并能提高麦芽浸出率。

3. 两种麦芽回潮方法的比较

上述两种方法在投资费用上是相近的，但蒸汽处理有以下优点：

(1) 蒸汽处理法比较快，而且均匀。

(2) 蒸汽处理的麦芽，在达到一定的增湿度下，麦粉(胚乳部分)并不增加水分。

麦芽增湿粉碎，系60年代推出的粉碎方法，由于其控制方法比较困难，操作不易，在80年代新型的连续调湿粉碎机问世后，此法使用并不普遍。

(六) 麦芽粉碎技术条件

1. 对麦芽水分的要求

麦芽含水分不同，其粉碎度的差别很大，水分越高，麦芽越具有弹性，粉碎越困难，粉碎物也越粗糙。粉碎过粗，影响麦芽的浸出率。

水分过低的麦芽(3%以下)，极易粉碎，但谷皮常因粉碎过细而造成麦汁过滤困难，麦糟不易洗涤，影响麦汁的收得率。对含水分过低而溶解又不良的麦芽，如谷皮粉碎过细，则影响更大。

麦芽粉碎时的水分，一般控制在5%～6%比较适当。

2. 对麦芽溶解度的要求

(1) 溶解良好的麦芽，其胚乳部分是疏松的，容易粉碎，其粉碎度对麦芽浸出率影响不显著。

(2) 溶解较差的麦芽是硬质的，不易粉碎，其粉碎度对麦芽浸出率影响较显著。

(3) 不同溶解度的麦芽，其粗细粉浸出率差，一般波动在1%～3%范围内；对正常麦芽溶解度的要求，其粗细粉浸出率差应在1.8%以下(EBC粉碎机)。

3. 粗细粉的比例

麦芽粉碎时，其粗细粉的比例，以粗粒与细粒(包括细粉)之比达到1∶2.5以上为佳。

4. 麦芽粉碎度与麦汁过滤设备的关系

(1) 麦芽粉碎度与麦汁过滤设备关系密切。采用过滤槽时，要利用麦糟作滤层，谷皮不能粉碎过细，否则会影响过滤速度和麦芽浸出率；采用压滤机时，由于使用滤布过滤，谷皮碎些，影响不大。

(2) 过滤槽和压滤机对麦芽粉碎的技术要求如表2-4-12所示。

表 2-4-12　过滤槽和压滤机对麦芽粉碎的技术要求

麦芽粉碎技术要求＼过滤设备	过滤槽		压滤机
	干麦芽	回潮麦芽	(干麦芽)
最低的麦芽粉体积质量/(kg/m³)	380	310	430
最高的麦芽粉质量体积/(m³/100kg)	0.26	0.32	0.23
质量比(粉＋粒：谷皮)	75：25	80：20	85：15
体积比(粉＋粒：谷皮)	60：40	40：60	70：30
粉碎度/%			
谷皮	18～26	24～34	7～11
粗粒	8～12	5～8	3～6
细粒Ⅰ	30～40	26～36	28～38
细粒Ⅱ	14～20	16～22	20～30
细粉	4～6	3～7	8～11
粉末	9～11	14～16	17～22
辊间距/mm			
第一对(预磨辊)	1.2～1.4	1.1～1.3	0.9～1.2
第二对(谷皮辊)	0.6～0.8	0.5～0.7	0.5～0.6
第三对(粗粒辊)	0.3～0.5	0.2～0.35	0.2～0.3

(七) 麦芽粉碎操作要点

(1) 麦芽粉碎机要安装平衡，操作时无震动现象，在辊筒的纵向安装时应特别注意其水平。

(2) 麦芽粉碎机间距应根据采用不同的麦汁过滤系统和麦芽性质作相应的调整。

(3) 定期检查和校正辊筒的平行度和间隙。

(4) 在粉碎进行时，要检查进料辊进料的均匀度，麦芽要分布均匀，不要集中在一处进料。

(5) 在粉碎过程中，每隔10min，检查麦芽粉碎度是否达到要求，取样时应在对辊下部取之。

(6) 粉碎完毕，检查振动筛有无堵塞和弹簧有无折断现象，并及时整理。

(7) 要经常检查粉碎机辊轴的转速，六辊粉碎机预磨辊和谷皮辊的转速为250r/min，粗粒辊的转速为280r/min，振动筛的振动频率为450次/min。

(8) 从麦芽粉碎机排出的物料，不应残留或堵塞在出口处，以免残留的麦粉变酸。

(9) 麦芽粉碎物的贮存时间不应过长。

二、麦芽湿粉碎

湿粉碎是60年代推出的麦芽粉碎方法，因其存在一定缺点，80年代又推出其改良型麦芽连续浸渍湿粉碎(millstar)法，分述如下。

(一) 湿粉碎及其作用

湿粉碎就是将麦芽通过喷水浸渍和充以空气，使其水分达到28%～30%；然后在增加水分的条件下，用对辊粉碎机粉碎之，一面粉碎，一面加水调浆，泵入糖化锅。

这样的粉碎物，麦皮完整，而胚乳则被磨成浆状细粒，既有利于加速麦汁过滤，又可增加麦芽浸出率。

(二) 湿粉碎的操作要点和技术条件

(1) 在麦斗中洗涤和浸渍麦芽，浸渍温度10～50℃，浸渍时间10～30min，视水温而异，麦芽水分要求达到28%～30%。

(2) 从麦斗中将洗涤水排入糖化槽，此洗涤水含有谷皮中的有害物质，影响麦汁色泽和风味，也可弃置不用，但需损失浸出物0.3%～1.0%。此段放水时间为5～10min。

(3) 浸渍后的麦芽用加料辊送至对辊粉碎机粉碎之，辊筒上拉有轻丝，具有相同转速。两辊间隙控制在0.35～0.45mm之间，一面粉碎，一面加水调浆，加水比为1∶3以上，用泵打入糖化锅，粉碎时间控制在30min左右。

(4) 清洗麦斗和粉碎机，约5min。

湿粉碎的整个工艺流程如图2－4－3所示。

(三) 湿粉碎机磨辊的技术要求

(1) 磨辊和外壳均用不锈钢制成。

(2) 磨辊是空心的，磨辊硬度$HB500$。

(3) 磨辊型式是带磨齿的圆柱体(图2－4－4)。

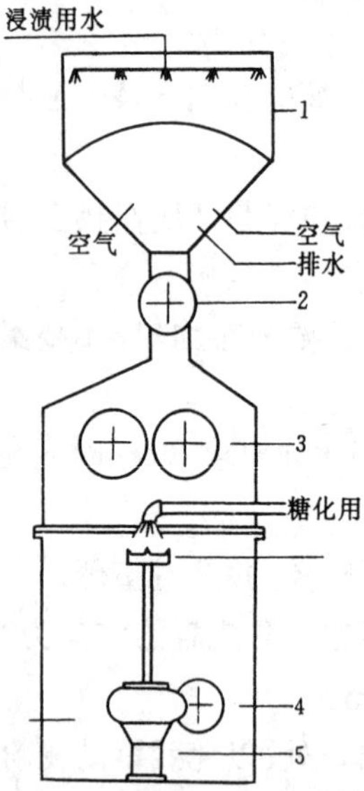

图 2－4－3 湿粉碎工艺流程图

1—投料斗 2—进料辊
3—粉碎对辊 4—泵传动 5—泵

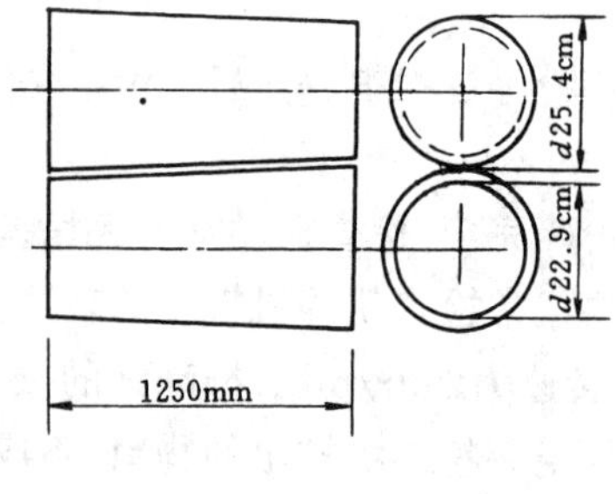

图 2－4－4 湿粉碎机对辊的型式

(4) 磨辊转速250r/min。

(四) 湿粉碎的优缺点

湿粉碎的优缺点如表2－4－13所示。

表 2-4-13　湿粉碎的优缺点

优　点	缺　点
1. 谷皮破而不碎，滤层较疏松，采用过滤槽可缩短麦汁过滤时间约20% 2. 糖化浸出物收得率较干粉碎增加约0.7% 3. 对溶解不良的麦芽可提高其浸出物收得率 4. 允许较高的投料量，糟层高达60cm而不致影响过滤时间和收得率 5. 如浸渍水弃置不用，酒的风味柔和，胜于干粉碎	1. 粉碎时间要求短，粉碎能力要求高，比较大的投料量，常需2～3台湿粉碎机同时运转，电力负荷高 2. 对麦芽纯净度要求较高 3. 易感染 4. 每批投料，全部同时浸渍，则先、后粉碎的麦粒其浸水时间不一，前者可能浸水不足，而后者有浸水过度之虑

三、采用干、湿粉碎的麦汁和啤酒成分比较

干、湿粉碎的麦汁和啤酒成分比较如表2－4－14所示。

表 2-4-14　干、湿粉碎的麦汁和啤酒成分比较

成　分	干粉碎	湿粉碎	成　分	干粉碎	湿粉碎
麦汁:			发酵度/%	78.4	79.0
浸出物含量/%	11.70	11.70	最终发酵度/%	81.5	82.2
pH值	5.25	5.27	色度/EBC单位	8.5	8.5
色度/EBC单位	11.0	11.0	总氮含量/(mg/100ml)	72.2	74.5
总氮含量/(mg/100ml)	98.6	100.4	凝固性氮含量/(mg/100ml)	1.6	1.6
凝固性氮含量/(mg/100ml)	2.1	2.2	单宁物质含量/(mg/L)	114	112
单宁物质含量/(mg/L)	145	149	花色苷含量/(mg/L)	56	55
异α－酸含量/(mg/L)	32.3	32.5	苦味质含量/(mg/L)	24.7	25.1
花色苷含量/(mg/L)	77	79	pH值	4.47	4.47
α－酸含量/(mg/L)	5.7	6.2	泡沫/s	127	127
冷凝固物含量/(mg/L)	257	245	风味测定结果	4×优	8×优
啤酒:					
原麦汁浓度/%	11.57	11.60			

四、湿粉碎的改善

湿粉碎应避免麦芽的过分浸渍。在过分浸渍情况下，第一麦汁过滤的后半部，麦汁会出现碘值上升现象，多酚的聚合指数和麦汁粘度均趋向上升，如表2－4－15所示。

表 2-4-15　麦芽过分浸渍的啤酒分析

浸渍温度/℃	50				
时间/min	10	20	30	40	60
多酚含量/(mg/L)	202	206	202	200	215
花色苷含量/(mg/L)	71	69	62	61	60
聚合指数	2.85	2.99	3.25	3.28	3.58
粘度/mPa·s	1.70	1.71	1.7	1.72	1.75
啤酒口味顺序	3	2	1	4	5

80年代后德国又推出改进型的湿粉碎，即连续浸渍湿粉碎机(Millstar)，其特点是：

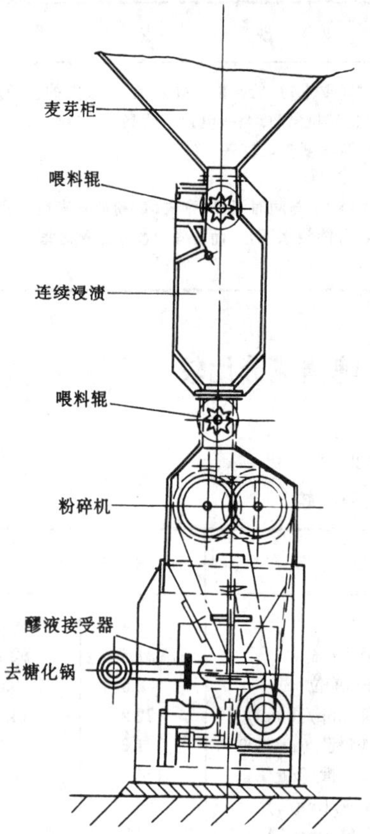

图 2-4-5 带有浸渍调节装置的湿粉碎机

(1) 粉碎机上的麦芽料箱较小，料箱是干的，可以边粉碎，边进料，避免了过去湿粉碎的一次投料需全部麦芽同时浸渍的弊端。

(2) 在麦芽料箱和粉碎机之间安装一浸渍调节装置(如图2-4-5所示)，麦芽进入该装置的时间为60s，30s增湿，30s控水。在此装置的入口处有一限流器。通过水温(60～80℃)的控制，使麦芽水分增至20%～25%，增加的水分几乎全部为麦皮所吸收，使麦皮变得富有弹性，而胚乳则变化甚小。然后进入粉碎机，边喷水，边粉碎，粉碎后直接落入下面糖化锅。如粉碎机与糖化锅的位置在同一水平，则在粉碎机的混合室调浆后，泵送至糖化锅。

五、全浸湿粉碎与连续浸渍湿粉碎的比较

连续浸渍湿粉碎不仅使糖化室收得率提高，也改善了麦汁组成，特别是多酚、最终发酵度和碘反应的改善，如表2-4-16所示。

表 2-4-16 两种湿粉碎的比较

项　目	全浸湿粉碎	连续浸渍湿粉碎	项　目	全浸湿粉碎	连续浸渍湿粉碎
麦芽的实验室收得率/%	76.6	76.6	聚合指数	2.80	2.38
糖化室收得率/%	76.1	76.4	最终发酵度/%	81.7	83.3
麦糟中可洗出浸出物量/%	0.5	0.4	蓝价(碘反应)	0.48	0.15
麦糟中可溶出浸出物量/%	1.2	0.9	色度/EBC单位	10.2	9.5
多酚含量/(mg/L)	207	195	过滤时间/s	165	168
花色苷含量/(mg/L)	74	82			

六、各种型式麦芽粉碎机的比较

各种型式麦芽粉碎机的比较如表2－4－17所示。

表 2-4-17 各种型式麦芽粉碎机的比较

项　　目	干　法	回　潮	全浸渍湿粉碎	连续浸渍湿粉碎
每吨麦芽粉的体积/(m^3/t)	2.6	3.2	—	—
单位过滤面积麦芽过滤量/(kg/m^2)	160～190	190～220	280～330	280～330
麦糟层最大厚度/m	0.32	0.36	0.45～0.55	0.45～0.55
实验室麦芽浸出物收得率/%	76.6	76.6	76.6	76.6
糖化室麦芽浸出物收得率/%	75.0	75.4	76.1	76.4
麦汁色度/EBC单位	11.5	11.0	10.2	9.5

第二节 辅助原料粉碎

一、辅助原料的粉碎度

1. 大米的粉碎度

大米的粉碎，多使用对辊粉碎机，粉碎要求细些好，其分级情况如表2－4－18所示。

表 2-4-18 大米的粉碎度

分　级	筛孔数/(个/cm^2)	占总质量的百分比/%
粗　粒	256	60
细　粒	1156	15
细　粉	2500	25

2. 脱胚玉米的粉碎度

脱胚玉米的粉碎，多用万能粉碎机，其分级情况如表2－4－19所示。

表 2-4-19 脱胚玉米的粉碎度

分　级	筛孔数/(个/cm^2)	占总质量的百分比/%	分　级	筛孔数/(个/cm^2)	占总质量的百分比/%
皮　壳	49	20	细　粒	1156	25
粗　粒	256	40	细　粉	2500	15

3. 大麦的粉碎度

用作辅助原料的大麦，有去皮大麦和带皮大麦两种，多使用辊式粉碎机粉碎之，其粉碎度如表2－4－20所示。

表 2-4-20 **大麦的粉碎度**

分级	筛孔数/(个/cm^2)	占总质量的百分比/%	
		带皮大麦	去皮大麦
谷皮	49	35	15
粗粒	256	25	20
细粒	1156	15	30
细粉	2500	25	35

二、大米和玉米粉碎的技术条件

大米和玉米粉碎的技术条件如表2－4－21所示。

表 2-4-21 **大米和玉米粉碎的技术条件**

项目	技术条件	
	大米	玉米
水分	水分愈低愈好，超过15%，要调小辊轴距离	水分愈低愈好
粉碎度	粉碎愈细愈好，但电耗较大。不得含有整粒大米	不能超出规定标准
粉碎物存放时间	不得超过24h，防止发热结块	不得超过24h，防止发热结块
粉碎物的公石质量(kg/hl)	80～90	70～90
胚芽和皮壳	—	粉碎前去胚和皮壳

第五章　麦 汁 制 备

麦汁制备包括原料糖化、麦醪过滤和麦汁煮沸等几个过程。关于麦汁制备的工艺技术，多少年来基本上是沿用传统方法，变化不大，而设备方面，则有较大的变革，进步很快。

传统的麦汁制备设备有复式、单式之分。复式设备(又称三锅一槽组合式)，包括糊化锅、糖化锅、麦汁过滤槽(或麦汁压滤机)和麦汁煮沸锅等四项主要设备。单式设备(又称两锅组合式)只包括两项主要设备：糖化锅和麦汁过滤槽兼用；糊化锅和麦汁煮沸锅兼用。

由于近代化的啤酒生产规模日益增大，不仅要求设备容量加大，对设备的日产批次，也不断要求增加。因此，设备的组合已不受上述单式、复式所限，而是根据糖化方法的选择，组合更多的锅、槽，穿插使用，进行生产。这样会给予生产以更大的灵活性，各项设备得以充分利用，使日糖化批次增加。

目前，单式设备已逐渐被淘汰。

第一节　糖　　化

一、糖化的含义

利用麦芽所含的各种水解酶，在适宜的条件(温度、pH值、时间)下，将麦芽和麦芽辅助原料中的不溶性高分子物质(淀粉、蛋白质、半纤维素及其中间分解产物等)，逐步分解为可溶性的低分子物质，这个分解过程，称为糖化。由此制备的浸出物溶液就是麦汁。麦汁的浸出物含量与原料中干物质的质量比，称为无水浸出率。

二、糖化时的主要物质变化

(一) 淀粉分解

1. 麦芽淀粉的性质

麦芽的淀粉含量为其干物质的58%～60%，较大麦的淀粉含量略低一些。

麦芽淀粉的性质与大麦淀粉的性质基本一致，只是麦芽的淀粉颗粒，在发芽过程中，因受酶的作用，其外围蛋白质层和胚乳细胞壁的半纤维素物质已逐步分解，使淀粉更易接受酶的作用而分解。

麦芽和大麦的直链淀粉含量和对碘液的呈色反应是相似的，其单位麦粒的直链淀粉含量也是相似的。麦芽中所形成的可溶性糖主要是由支链淀粉的外支通过解支酶分解而来，因此，麦芽支链淀粉的含量较大麦者低。

关于麦芽淀粉和大麦淀粉的比较，如表2－5－1所示。

表 2-5-1 麦芽淀粉和大麦淀粉的比较

项目	大麦	麦芽
水分/%	11.22	14.74
蛋白质含量/N×6.25%	2.51	2.05
非末端葡萄糖基与末端葡萄糖基之比	25：1	22：1
蓝价(碘反应)	0.366	0.409
直链淀粉含量/%	26.2	29.2
支链淀粉非末端葡萄糖基与末端葡萄糖基之比	18～19：1	15～16：1
1000粒谷粒的直链淀粉含量/g	6.72	6.37

2. 麦芽中的淀粉分解酶及其作用

麦芽中的淀粉分解酶，包括α－淀粉酶、β－淀粉酶、R酶、界限糊精酶、α－葡萄糖苷酶和麦芽糖酶等。通过这些酶的作用，淀粉不断降解为麦芽糖、麦芽三糖、葡萄糖等可发酵性糖及低聚分子糊精，糖化醪液粘度很快下降，可发酵性糖含量不断增加，碘反应由蓝色逐步消失至无色，最终使麦汁具有制造啤酒应有的糖类成分。

麦芽所含主要淀粉酶的性质、最适作用条件、作用方式、作用基质和分解产物，如表2－5－2所示。

3. 淀粉的糊化与液化

调浆后的淀粉颗粒，经过加热，迅速吸水膨胀。当升至一定温度后，淀粉颗粒破裂，溶于水中。淀粉继续吸水膨胀，形成胶凝状，此过程简称糊化，达到此过程的温度叫糊化温度。不同的植物淀粉，因颗粒大小、细胞壁强度、螺旋状长链及连接的氢键数不同，糊化温度也不相同，如表2－5－3所示。

在酶的参与下，淀粉糊化温度可下降，对于大麦和麦芽可下降约20℃。

在糊化温度下，作用时间愈长，醪液煮沸愈强烈，糊化程度愈彻底。大颗粒淀粉较小颗粒淀粉易糊化，因为小颗粒淀粉的外围含有较多的无机物和蛋白质。

表 2-5-2　**麦芽淀粉酶的性质和作用方式**

酶的名称	性质	最适作用条件	作用方式	作用基质	分解产物
α－淀粉酶	内酶	pH: 5.6～5.8 温度: 70～75℃ 失活温度: 80℃	该酶只能分解淀粉分子内部结合的α－1,4葡萄糖苷键，作用产物均为α－型，有负的变旋光作用。该酶作用于淀粉时，淀粉浆液粘度下降很快	直链淀粉	短链糊精、麦芽糖、葡萄糖
				支链淀粉	带α－1,6葡萄糖苷键的α－界限糊精、麦芽糖、葡萄糖
β－淀粉酶	外酶	pH: 5.4～5.6 温度: 60～65℃ 失活温度: 70℃	该酶只能作用于淀粉非还原基末端的α－1,4葡萄糖苷键，依次水解下1分子麦芽糖，同时发生瓦尔顿(Walden)转位反应，其反应产物为β－麦芽糖。该酶作用于淀粉时，还原力直线上升，而淀粉醪液粘度则下降甚慢	直链淀粉	麦芽糖
				支链淀粉	麦芽糖、大分子的β－界限糊精
R酶	解支酶	pH: 5.3 温度: 40℃ 温度高达70℃仍不失活	该酶能分解淀粉非还原基末端的α－1,6葡萄糖苷键	支链淀粉、α－界限糊精、β－界限糊精	短链糊精、少量麦芽糖和麦芽三糖(在和β－淀粉酶协同作用下，可将左述物质分解为麦芽糖)
界限糊精酶	解支酶	pH: 5.1 温度: 55～60℃ 失活温度: 65℃以上	该酶能分解淀粉的α－1,6葡萄糖苷键	界限糊精	葡萄糖、麦芽糖和麦芽三糖、直链寡糖

表 2-5-3　**不同植物淀粉的糊化温度**

淀粉种类	淀粉颗粒直径/μm	糊化温度/℃
马铃薯	—	55～60
小　麦	2～45	60～85
玉　米	5～25	65～75
大　麦	5～40	70～80
大　米	2～9	65～85

经糊化的淀粉受到淀粉酶(主要是α－淀粉酶)的水解，长链迅速断裂，醪液粘度迅速下降，此过程即为液化过程。糊化和液化两个过程几乎同时发生，因此，糊化过程中淀粉的变化，在糖化时是难以观察到的。

4. 控制淀粉分解程度的方法

淀粉的分解产物是构成麦汁浸出物的主要部分(约占90%以上)，淀粉分解完全与否对麦汁收得率和酒的发酵度有绝对重要的关系。在发酵过程中，麦汁中的可发酵性糖类，供酵母繁殖和代谢之用，形成酒精及具有各种风味的代谢产物。但为了保持啤酒的风味和酒体，麦汁中还应保留一定数量的低聚糊精。因此，在麦汁制备中，对淀粉分解程度应进行控制和检查，其方法如下：

(1) 碘液反应　在麦汁制备过程中，淀粉必须分解至不与碘液起呈色反应为止。至此，麦汁中的淀粉已全部分解为可发酵性糖和低聚糊精，其比例约为7∶2；低聚糊精中葡萄糖聚合度为4～8者约占40%；聚合度≥9者约占60%，根据所制啤酒的类型而有所不同。如果制备发酵度高的淡爽型啤酒，碘液呈无色反应后，仍应适当地延长糖化时间，以增加可发酵性糖的含量。

(2) 糖与非糖之比(糖∶非糖)　在啤酒行业中，控制麦汁中糖与非糖之比是控制麦汁糖类成分的一种简单方法。在这里，糖的概念系指麦汁中与费林氏溶液(Fehling solution)起反应的糖类，其中也包括少量具还原力的戊糖和低聚糊精(后两者不能被酵母所发酵)。麦汁中不为费林氏溶液所还原的物质，统称"非糖"，它包括淀粉的分解产物糊精，不被费林氏溶液还原的糖类如蔗糖和其他全部有机和无机成分。控制糖与非糖之比，也视所制啤酒类型不同而有差别。国内制造淡色贮藏啤酒，多控制在1∶0.3左右；制造浓色或黑啤酒，非糖比例应适当提高。

糖与非糖之比的表示方法举例如下：

麦汁浸出物为12%，测还原糖为9.0%(以麦芽糖表示)，则该麦汁的糖与非糖之比为：

$$9\%:(12\%-9\%)=1:0.33$$

表2－5－4示例浅色麦汁中各种糖的比例。

表 2-5-4　　浅色麦汁中各种糖的比例

麦汁中糖类	占总糖的百分比/%	麦汁中糖类	占总糖的百分比/%
果　糖	1.2～3.3	麦芽六糖	1.0～2.0
葡萄糖	9.0～10.0	聚合度7～12糊精	11.0～25.0
麦芽糖	43～53	异麦芽糖	2.0～3.0
蔗　糖	2.0～4.0	异麦芽三糖(潘糖)	1.5～2.0
麦芽三糖	12.0～15.0	木　糖	1.0～2.0
麦芽四糖	2.0～6.0	阿拉伯糖	1.5～2.5
麦芽五糖	1.0～1.5		

(3) 麦汁的极限发酵度　根据不同啤酒类型对发酵度的要求，进行麦汁糖化工艺的调整，以达到所要求的麦汁极限发酵度。

5. 影响淀粉水解的诸因素

(1) 麦芽粉碎度的影响　溶解良好的麦粒，其粉碎度对糖化过程影响很小；对溶解不良的麦芽，则应加强粉碎操作，采用五辊或六辊粉碎机，使麦皮粉碎完整，有利于麦汁过滤；而胚乳淀粉部分应粉碎细一些，以增加淀粉和淀粉酶的接触，加速其分解。

(2) 麦芽糖化力与辅料添加量　在欧洲，一般全麦芽啤酒使用的麦芽糖化力要求达到250°WK，如果添加未发芽谷类作辅料，麦芽的糖化力则应根据辅料的添加量而相应提高，否则势必延长糖化时间，甚至达不到理想的麦汁组成和要求的麦汁浸出率。

(3) 麦芽淀粉酶活力及糖化温度的影响 淀粉水解变糖，主要依靠α－淀粉酶和β－淀粉酶的协同作用。麦芽中的α－淀粉酶作用于糊化淀粉的最适温度为70℃左右，β－淀粉酶作用于液化淀粉的最适温度为62℃左右。采用62℃左右的糖化温度，可得到较高的可发酵性糖，但糖化时间(至碘液不呈色反应)延长；采用70℃左右的糖化温度，则可缩短糖化时间(与碘液不呈色反应)，但可发酵性糖含量低。对淀粉酶活力低的麦芽，或要求发酵度高的麦汁，最好采用两段糖化温度，即开始低温(62℃左右)糖化，最大限度地发挥β－淀粉酶的作用，形成较多的可发酵性糖，然后升至较高温度(70℃左右)，有利于发挥α－淀粉酶的作用，使碘液反应完全。对淀粉酶活力高的麦芽则可采用一段糖化温度(65℃左右)，直至糖化完毕。两种糖化方法在浸出物收得率方面无何差异。

糖化温度对麦汁组成和糖化时间的影响，如表2－5－5所示。

表 2-5-5 糖化温度对麦汁组分和糖化时间的影响

糖化温度/℃	麦汁糖：非糖	糖化时间/min
62.5	1：0.27	149
65	1：0.35～0.4	61
68	1：0.42～0.45	32
70	1：0.45	25
75	1：0.67	35

糖化温度对麦汁浸出物收得率的影响如表2－5－6所示。

表 2-5-6 糖化温度对麦汁浸出物收得率的影响

温度/℃	20	40	50	60	65	70	75
浸出物收得率/%	18.3	22.8	31.5	73.4	79.0	79.1	77.7

糖化下料温度以低温(35～50℃)为宜，以有利于各种低温酶(如植酸酶、β－葡聚糖酶等)的作用。然后逐步升高至糖化适宜温度(65℃左右)，直至75～78℃糖化完全为止。如果高温下料，虽然淀粉酶的作用加快，但酶的失活也加快，低温酶也不能发挥作用，有时反而达不到理想的糖化效果。

(4) 糖化醪pH值的影响

① pH值与温度的关系：糖化醪的pH值，受温度对缓冲物质离解程度的影响而变化，也随糖化用水的碱度而变化，如表2－5－7所示。

表 2-5-7 pH值与温度的关系

温度/℃	麦醪pH值(蒸馏水)	麦醪pH值 (糖化用水碱度为50mg $CaCO_3$/L)
18	5.84	6.03
35	5.70	5.90
52	5.65	5.80
65	5.50	5.70
78	5.40	5.55

② 麦芽淀粉最适pH值与温度的关系：麦芽淀粉酶作用于糖化醪的最适pH值是随温度不同而变化的(如表2－5－8所示)。当pH值升或降时，则获得最高浸出率和麦芽糖的最适作用温度也随之而升或降，如图2－5－1所示。

表 2-5-8　淀粉酶最适pH值和温度的关系

温度/℃	40	50	55	60	65	70
α－淀粉酶最适pH值	4.6～4.8	4.7～4.9	4.9～5.1	5.1～5.4	5.4～5.8	5.8～6.0
β－淀粉酶最适pH值	4.5～4.7	4.6～4.8	4.8～5.0	5.0～5.2	5.2～5.4	5.3～5.5

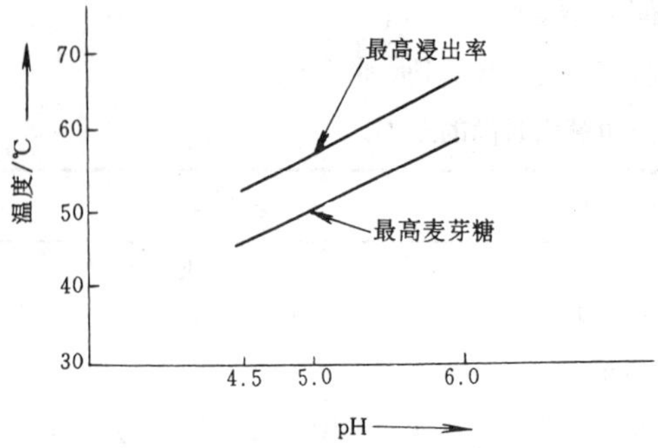

图 2－5－1　获得最高浸出率和麦芽糖的pH值与温度的关系

麦汁制备的糖化温度一般控制在60～70℃范围内。因此，α－和β－淀粉酶对糖化醪协同作用的pH值，以波动在5.5～5.8为宜;pH值低于5.4，有时糖化反而迟缓。

(5) 糖化醪浓度的影响　所谓醪液浓度，系指原料质量与糖化用水体积之比，简称料水比。

醪液浓度对糖化有相反的影响。醪液过浓，粘度大，影响酶对基质的渗透，同时由于反应产物浓度的增加，对酶有抑制作用，也会降低淀粉的水解速度和可发酵糖的积累。但浓醪对酶的耐热性有保护作用，尤其在有50mg/L以上的钙离子存在时更是如此。稀醪对发挥酶的作用更为有利，但酶也较易失活。醪液过浓或过稀，均会影响浸出率和可发酵糖的含量(表2－5－9)。全麦芽生产的正常料液比，一般控制在1∶2.5～4.0，即40～25kg/hl。

表 2-5-9　糖 化 醪 液 浓 度

糖化温度/℃	60			65.6			68.3		
醪液浓度/(g/100ml)	67	39	29	67	39	29	67	39	29
果糖＋葡萄糖含量/%	12.3	10.1	9.5	11.9	9.5	8.1	11.0	10.2	8.0
蔗糖含量/%	2.8	3.4	3.4	4.1	4.2	3.8	3.7	5.0	4.0
麦芽糖含量/%	43.9	48.3	49.5	38.8	43.9	42.8	36.9	37.0	39.0
麦芽三糖含量/%	14.3	14.3	13.8	12.6	13.6	15.0	12.8	12.7	14.3
糊精含量/%	17.5	15.5	14.6	24.2	21.2	22.3	27.6	26.2	26.9
麦芽极限发酵度/%	73.3	76.1	76.2	67.4	71.2	69.7	64.4	65.0	65.3
浸出物收得率/%	55～63	76.2	75.6	73.4	75.3	74.2	73.3	74.6	74.0

(二) 蛋白质分解

在整个啤酒制造过程中，蛋白质的分解作用非常重要，其分解产物影响着啤酒的风味、泡沫和非生物稳定性等各项理化性能。

麦芽和大麦的蛋白质组成基本一样，包括卵蛋白、球蛋白、醇溶蛋白和谷蛋白几种蛋白质，只是麦芽因在发芽过程，已经进行了深度的蛋白质分解，较大麦含有更多的低分子含氮物质。

在糖化过程中，麦芽的蛋白质继续分解，只是分解程度远远低于制麦过程。麦汁中所含的总可溶性氮和氨基氮主要来自麦芽。

糖化时，对蛋白质分解作用，也要进行合理控制，正如淀粉分解必须控制各种可发酵性糖和糊精的比例一样，麦汁中的高、中、低分子蛋白质分解产物的比例，也要控制在合理范围内，才能使制出的啤酒具有一定的适口性、泡持性和非生物稳定性。因此，对溶解良好的麦芽，糖化时蛋白质分解作用，可以减弱一些，对溶解不良的麦芽，糖化时必须加强其蛋白质分解作用，特别是在辅助原料比例增加的情况下，更需如此。

麦汁中的含氮物质为其固形物的6%左右，相当麦芽中含氮物质的30%～40%，其中94%左右是永久性可溶性氮，在麦汁煮沸时，不再凝固析出。可溶性氮中40%左右属甲醛氮，而甲醛氮的绝大部分是氨基态氮。在糖化过程中，可通过控制上述各项分解产物的适当比例，来控制蛋白质分解工艺。

1. 麦芽的蛋白分解酶及其作用

麦芽中分解蛋白质和肽类的酶类远比分解淀粉的酶复杂，其各自作用的条件也极不一样，主要有：内肽酶(endo－peptidases)、氨肽酶(amino peptidases)、羧肽酶(carboxy peptidases)和二肽酶(dipeptidases)等。其酶的性质、最适作用条件、作用方式、作用基质和分解产物如表2－5－10所示。

表 2-5-10　麦芽蛋白酶的性质和作用方式

酶的名称	性质	最适作用条件	作用方式	作用基质	分解产物
内肽酶	内酶	pH: 5.0～5.2 温度: 50～60℃ 失活温度: 80℃	作用于相距蛋白质或多肽键端较远的内部肽键	蛋白质、多肽	多肽、肽类、氨基酸
羧肽酶	外酶	pH: 5.2 温度: 50～60℃ 失活温度: 70℃	作用于蛋白质或多肽末端、有游离羧基的肽键	蛋白质、多肽	氨基酸
氨肽酶	外酶	pH: 7.2 温度: 40～45℃ 失活温度: 50℃以上	作用于蛋白质或多肽末端、有游离氨基的肽键	蛋白质、多肽	氨基酸
二肽酶		pH: 7.8～8.2 温度: 40～50℃ 失活温度: 50℃以上	以二肽为基质，作用于二端含有游离氨基和羧基的肽键	二肽类	氨基酸

2. 糖化过程中的蛋白质分解

糖化过程中，蛋白质分解作用取决于以下因素：麦芽的溶解度和含酶量；蛋白质分解的温度、时间、pH和醪液浓度。

(1) 糖化下料后，麦芽中已溶解的含氮物质溶于醪液中，麦汁中大部分含氮物质来自麦芽。因此，麦芽本身的蛋白质溶解度极大地影响麦汁的含氮量。

(2) 糖化醪液偏酸性，由表2－5－10可以看出，糖化时对蛋白质分解起作用的酶主要是内肽酶和羧肽酶。糖化时产生的游离氨基氮，80%是由羧肽酶产生的。如果内肽酶活力不高，单纯依靠羧肽酶，麦汁中的游离氨基氮也难以大幅度地提高。

(3) 内肽酶和羧肽酶的最佳作用pH值为5.0～5.2，在较低的pH值下，可以提高麦汁中总氮、高分子氮和氨基态氮含量，如表2－5－11及表2－5－12所示。因此，酿造者常用调酸法使蛋白休止时的醪液pH值降低。

表 2-5-11 pH值与蛋白质分解 单位：mg/100ml

醪液pH	5.73	5.59	5.40	5.20
总氮	101.0	102.5	111.1	119.2
高分子氮	25.8	25.1	27.5	27.9
游离氨基态氮	18.7	19.6	20.8	22.0

表 2-5-12 不同pH值和下料温度的蛋白质分解

下料温度/℃	50		60	
醪液pH	5.72	5.48	5.69	54.2
总氮含量/(mg/100g干物质)	678	728	647	711
游离氨基态氮含量/(mg/100g干物质)	148	159	131	142
游离氨基态氮占总氮的百分比/%	21.8	21.8	20.2	19.8

(4) 随着醪液受温度变化的影响，内肽酶将麦芽中不溶性的蛋白质，由高分子逐步分解为较小分子的多肽，即可溶性蛋白质。然后受外肽酶的作用，部分可溶性蛋白质最后分解为氨基酸。随着分解时间的延长，麦汁中中分子含氮物质和氨基酸的数量将不断增加。

(5) 蛋白质分解受温度影响极大。其最适分解温度在40～60℃范围内，在50℃时有一明显的峰值，低于40℃，蛋白分解较弱；高于60℃，则酶活力不断下降，一般多控制在45～55℃之间。温度偏于上限(50～60℃)，适合于内肽酶的作用，可溶性高、中分子氮含量增多。虽然永久可溶性氮增加，但影响非生物稳定性的高分子氮($MgSO_4$沉淀氮)也相应增加。温度偏于下限(40～50℃)，则适合于羧肽酶的作用，更适合氨基态氮的积累。因此，应根据麦芽质量适当控制蛋白质分解温度和蛋白质休止时间，使麦汁中既含有一定量的中分子含氮物质(相对分子质量10000～60000)，有利于啤酒的泡沫和酒体，又能提供足够数量的游离氨基氮，供酵母繁殖和发酵，并产生正常的发酵副产物谱系，如双乙酰、高级醇等。

(6) 低温(35℃)下料，对内肽酶和羧肽酶保持其酶活力有利，虽逐渐升温至50℃和65℃，仍能保持较高的热稳定性。如果在50℃或65℃下料，该两酶活力明显下降(如图2－5－2、图2－5－3所示)。低温下料产生较多的游离氨基态氮，特别是缬氨酸、亮氨酸和异亮氨酸的含量增加，这对发酵中酵母代谢的物质转化具有重要意义(见表2－5－13)。溶解不良的麦芽，该两酶的活力较低，其热稳定性也较差，更应采取低温下料。

(7) 某些含S—S键的胶凝蛋白质，在制麦时虽被还原而分解，但在糖化过程，一旦被氧化，则会再次形成S—S键而形成高分子物质。并且会与小颗粒淀粉、β－葡聚糖和戊聚糖等相结合，形成胶团状的复合物而影响麦汁过滤，甚至影响啤酒过滤，并导致啤酒口味粗糙和混浊问题。这种凝胶蛋白质的含量取决于大麦品种、种植条件和麦芽溶解度。

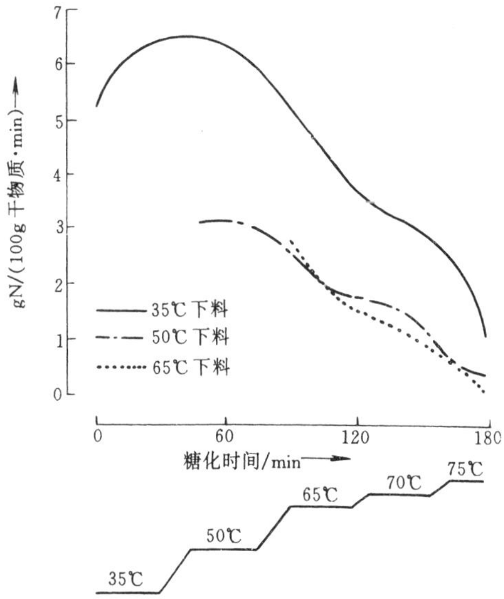

图 2-5-2 糖化中内肽酶的活力

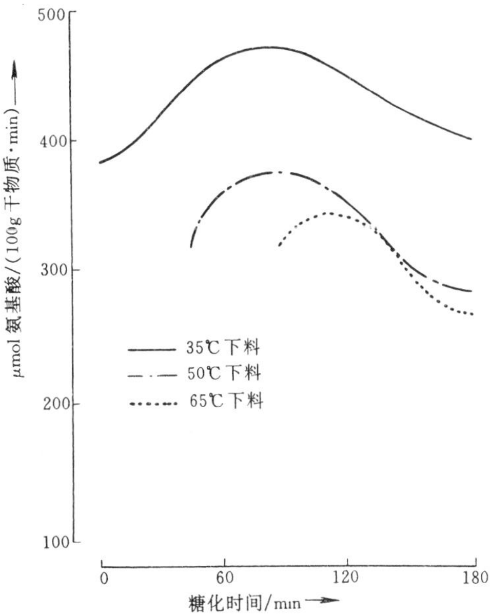

图 2-5-3 糖化中羧肽酶的活力

表 2-5-13 下料温度与氨基态氮

下料温度/℃	35	50	65
总氮含量/(mg/100ml)	108.5	102.4	90.3
游离氨基态氮含量/(mg/100ml)	24.2	22.1	17.4
缬氨酸占总氮的百分比/%	14.5	15.1	12.1
亮氨酸占总氮的百分比/%	17.2	18.6	16.5
异亮氨酸占总氮的百分比/%	8.3	9.6	7.9

(8) 相对而言，浓醪因酸性物质溶解增加，pH降低和酶与基质的浓度提高，接触机会多，有利于蛋白质分解；同时，蛋白质分解酶在浓醪中得到胶体的保护，酶活力容易保持。表2-5-14示例不同浓度下的蛋白质分解情况。

表 2-5-14 不同料液比的蛋白质分解情况

料液比	1∶2.7	1∶3.0	1∶3.5	1∶4.0	1∶4.5
醪液pH	5.6	5.7	5.8	5.90	6.10
永久性可溶性氮含量/(mg/100g干麦芽)	620	605	582	575	558
总可溶性氮含量/(mg/100g干麦芽)	740	715	700	685	660
α-氨基氮含量/(mg/100g干麦芽)	208	195	190	184	176

3. 控制蛋白质分解程度的方法

在糖化过程中，蛋白质分解作用极其复杂，对其各项分解产物尚无简单易行而预见性较好的检查方法可供生产使用。一般评价蛋白质分解程度可采用如下常规方法，方法虽不复杂，但预见性较差。

(1) 隆丁(Lundin)区分法　将麦汁所含的可溶性含氮物质，用单宁和磷钼酸铵分别沉淀，可区分为A、B、C三个组分。A组分为高分子含氮物质，B组分为中分子含氮物质，C组分为低分子含氮物质。A组分过高，啤酒的非生物稳定性不强;B组分过低，啤酒的泡沫性能不良;C组分过高，啤酒的口味淡薄。如B组分比例下降，C组分比例就会提高;B组分过低，C组分过高是蛋白质分解过分;反之就是分解不足。可根据此项分析，调整工艺方法。

区分标准:

A组分: 25%左右; B组分: 15%左右; C组分: 60%左右。

(2) 库尔巴哈指数(Kolbach Index)　此值又称蛋白质分解强度。由生产现场麦汁的含氮量与实验室标准协定法麦汁(加入与生产麦汁同比例的酒花，煮沸2h)含氮量之比的百分数求得:

$$蛋白分解强度(\%) = \frac{生产麦汁含氮量}{标准协定法麦汁含氮量} \times 100$$

此值多波动在85%～120%之间。

分级标准:

超过110%: 蛋白质分解强度过高; 100%～110%: 分解适中; 低于100%: 分解不足。

两种麦汁的含氮量应在同浓度下求得。

(3) 甲醛氮与可溶性氮之比　测定麦汁中的甲醛氮和可溶性氮，求出甲醛氮与可溶性氮之比的百分数。

分级标准:

此值保持在35%～40%为蛋白质分解适中;过高为分解过分;过低为分解不足。

(4) α－氨基态氮的含量　麦汁中α－氨基酸的含量，不仅关系到酵母的营养问题，也关系到啤酒中一些酵母代谢产物的变化: 如α－氨基氮含量过低，啤酒中双乙酰的含量就会增高;如α－氨基酸含量过高或过低，都会增加酒中高级醇的含量。

分级标准:

在浓度12%的麦汁中，α－氨基酸含量应保持在200mg/L左右，过高为分解过分，过低为分解不足。添加辅料的麦汁，氨基酸的含量往往达不到全麦芽麦汁的含量。浓度低的麦汁也难达到12%麦汁中的氨基酸水平。在此情况下，应选用α－氨基氮含量高的麦芽，并强化糖化时的蛋白质分解过程，进行调整，使最终麦汁的α－氨基氮含量不低于180mg/L。

(三) β－葡聚糖分解

1. 麦芽β－葡聚糖的性质

麦芽中的β－葡聚糖是胚乳细胞壁的重要组成部分，根据其相对分子质量大小，分为不溶性和可溶性两部分。它是一种由70%左右的β－1,4葡萄糖苷键和30%左右的β－1,3葡萄糖苷键相结合组成的β－葡聚糖，其水溶液的粘度极高，随着其相对分子质量的不断降解而粘度逐步下降。

制麦过程中，虽然有80%左右的β－葡聚糖已被分解，但在麦芽中，特别是溶解不良的麦尖部分，仍存在相当数量未被降解的高分子β－葡聚糖。糖化时，这部分β－葡聚糖被溶出，要有相应的β－葡聚糖酶进行分解，否则麦汁粘度过高，将造成麦汁和制成的啤酒过滤困难。高浓度啤酒还会引起β－葡聚糖的沉淀问题。

适量的β－葡聚糖存在，是构成啤酒酒体和泡沫性能的主要成分。

2. 麦芽中的β－葡聚糖分解酶及其作用

麦芽中的β－葡聚糖分解酶种类很多(见第一章，第五节，三)，此处所指者系非专一性的大麦内－β－葡聚糖酶(barley endo－β－glucanase)，此酶与内－β－1,4葡聚糖酶具有相似的性质，其最适作用条件、作用方式、作用基质和分解产物如表2－5－15所示。

表 2-5-15　大麦内－β－葡聚糖酶的性质和作用方式

酶的名称	性质	最适作用条件	作用方式	作用基质	分解产物
大麦内－β－葡聚糖酶	内酶	最适pH：4.8，在正常糖化pH值条件下，其活力仍可保持50%左右 pH值为5.6时，其最适作用温度为43～45℃	对β－葡聚糖中三聚合的$G_4G_3G_4$位置有亲和力，并在1,4键部位切断	大麦β－葡聚糖、昆布聚糖	葡萄糖、短链β－葡聚糖

除上述β－葡聚糖分解酶类外，在大麦和麦芽中尚存在一种β－葡聚糖溶解酶。它是一种羧肽酶，能分解胚乳细胞间蛋白质与β－葡聚糖相结合的酯链，把β－葡聚糖释放出来。

3. 糖化过程中β－葡聚糖的分解

(1) 糖化开始，麦芽中已游离的β－葡聚糖及其分解产物溶于醪液中，从而使醪液粘度上升。

(2) 由于β－1,4葡聚糖酶和大麦内－β－葡聚糖酶的耐温性差，对溶解不良的麦芽在糖化过程中所溶解出来的β－葡聚糖的进一步分解是较困难的。随着糖化温度的逐步上升，β－葡聚糖的分解和麦醪粘度也在不断变化：

① 在温度35～50℃时，通过内－β－1,4葡萄糖酶和大麦内－β－葡聚糖酶的作用，高分子的β－葡聚糖逐步分解为β－葡聚糖糊精和低分子物质，醪液粘度随之下降。

② 在温度45～55℃时，麦芽浸出物继续溶解，β－葡聚糖继续游离。此时由于上述酶的活力已逐步减弱，β－葡聚糖的分解显得缓慢。但内－β－1,3－葡聚糖酶在50～55℃下仍具有一定的酶活力(见图2－5－4)，仍可继续分解β－葡聚糖。

③ 在60～70℃时，β－葡聚糖溶解酶使大量的β－葡聚糖从与其相结合的蛋白质中分离出来。在60～70℃范围内，温度越偏上限，游离出来的β－葡聚糖含量就越高。在60℃时，内－β－1,3葡聚糖酶仍分解部分这类物质。65℃以上该酶逐渐失活。

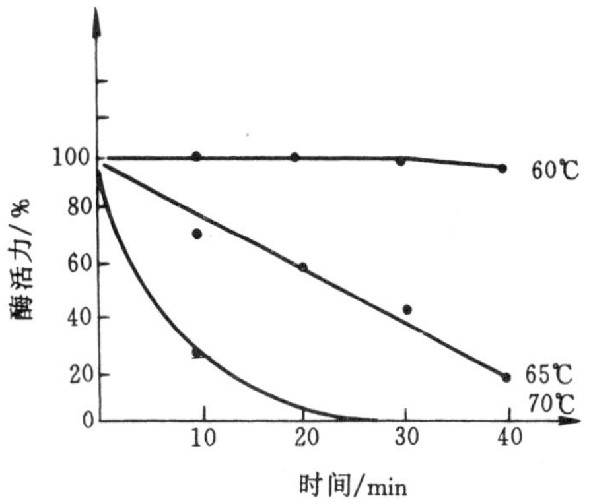

图 2－5－4　内－β－1,3－葡聚糖的热稳定性

④ 在70℃以上，由于上述各种β－葡聚糖分解酶均已逐渐失活，此时由β－葡聚糖溶解酶所溶解的β－葡聚糖将保持不变。

β－葡聚糖溶解酶的热稳定性如图2－5－5所示。

4. 影响β－葡聚糖分解的诸因素

(1) 大麦品种　在大麦品种选育上，应选育β－葡聚糖含量低，而β－葡聚糖分解酶活力高的品种。一般说，冬大麦较春大麦所制的麦芽含有较高的β－葡聚糖。

(2) 麦芽质量　溶解良好的麦芽，其高分子β－葡聚糖的含量远低于溶解不良者，其含酶量前者也远高于后者。

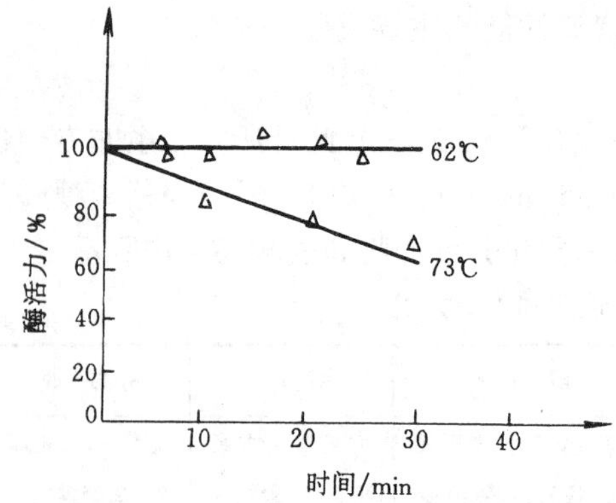

图 2-5-5　β－葡聚糖溶解酶的热稳定性

(3) 粉碎条件　一般说，细粉碎较粗粉碎能溶出较多的β－葡聚糖。粉碎度相差不多而溶解差的麦芽，其麦汁中的β－葡聚糖含量则远高于溶解良好的麦芽，如表2－5－16所示。

表 2-5-16　粉碎度与β－葡聚糖含量

麦芽溶解度	溶解差		溶解好	
粉碎程度	细	粗	细	粗
β－葡聚糖含量/(mg/L)	1314	1249	372	361

(4) 糖化条件

① 温度的影响：低温(35～50℃)下料和低温糖化阶段，β－葡聚糖的分解较明显；高温下料和高温糖化则麦汁中的高分子β－葡聚糖难以分解到满意的程度，特别对溶解不良的麦芽，表现更为突出。可以说，对麦汁中β－葡聚糖含量起作用的是麦芽质量，糖化方法只能起一些调节作用。

② 时间的影响：延长低温休止时间，对β－葡聚糖的分解是有利的，但在实际糖化操作中，不可能无限地延长时间。

③ pH值的影响：调节醪液pH值，对β－葡聚糖的溶解和分解作用不很明显，如表2－5－17所示。

表 2-5-17　醪液pH值与β－葡聚糖含量

醪液pH值	5.85	5.40
β－葡聚糖含量/(mg/L)	435	385

5. 控制β－葡聚糖分解程度的方法

目前尚无简单易行的常规控制方法，一般是通过测定麦汁粘度检查其分解程度。

分级标准：

浓度12％的麦汁，其粘度应保持在1.60～1.90mPa·s之间。

(四) 酸的形成

糖化醪液的pH值与麦芽酶的作用和酿造用水的残留碱度密切相关。糖化开始，由于麦芽所含有机磷酸盐(植酸钙镁)的分解和蛋白质分解所形成氨基酸等缓冲物质的溶解，形成了糖化醪液的可滴定酸度，从而使醪液的pH值下降，缓冲能力增强。溶解越好的麦芽，其缓冲能力越强。在正常残留碱度的酿造用水下，糖化醪的pH值一般为5.8左右。

由于麦芽所含大部分酶的最适pH值低于5.8，糖化开始，必要时可先进行调酸(使用乳酸、盐酸、磷酸等)或添加乳酸麦芽，使pH值降低至5.2～5.4，使其更有利于蛋白质和有机磷酸盐的分解，形成更多的氨基酸和第一磷酸盐(KH_2PO_4)。此时醪液的可滴定酸度增加，而pH值由于大量缓冲物质的溶解，有所回升。

磷酸盐的最适作用条件是：pH4.5～5.0，温度为50～53℃。

因此，低温(50℃)下料，对酸的形成是有利的(表2－5－18)。相反，高温下料，不利于蛋白质和有机磷酸盐的分解，对酸的形成起限制作用，缓冲物质减少，在麦汁煮沸和发酵时pH值容易下降。

表 2-5-18　　糖化下料温度与酸度

下料温度/℃		35	35/50	47	50	53	58	62	65
酸度*	第一阶段	9.6	9.6	9.9	9.8	9.9	9.8	9.1	8.6
	第二阶段	23.0	23.2	23.2	24.1	24.2	23.6	21.7	19.6

* 酸度单位是100g干物质用1mol/L NaOH滴定的毫升数。

(五) 脂的分解

大麦中的脂在发芽过程中已被分解，形成大量的总脂肪酸和高分子游离脂肪酸。

麦芽脂肪酶的最适pH为6.8(28℃)，最适温度为35～40℃，在糖化醪中，50℃时的酶活力仍较为稳定。在浸出糖化法逐步升温过程及65℃糖化休止后，仍有部分活力存在，70℃失活。

糖化中，脂的分解受下料温度和休止温度的影响很大。有人试验，麦汁中的脂肪酸含量在62℃下料的最低，68℃时最高(见表2－5－19)。这可能与麦芽本身脂的各组分含量有关。

表 2-5-19　　下料和休止温度对混合麦汁脂浓度的影响　　单位：mg/L

项　目	总脂肪酸		游离高级脂肪酸		单甘油酯		二聚甘油酯	
麦芽中的脂含量	2397	2022	243	267	27	52	128	162
下料温度/℃								
50	29.2	31.0	18.3	11.1	0.58	0.52	1.75	1.77
60	24.2	31.5	15.2	10.9	0.53	0.50	2.30	1.08
62	22.9	24.1	11.4	11.3	0.30	0.41	1.20	1.04
64	33.3	25.3	13.8	12.9	0.68	0.42	1.42	1.21
66	28.4	35.5	13.0	13.6	0.61	0.50	2.02	1.72
68	63.3	52.1	15.8	16.1	0.87	0.95	2.39	3.55

麦汁经煮沸和凝固物的分离后，大量的类脂被凝固物吸附，所以定型麦汁的总脂肪酸含量仅及煮沸前麦汁的10％～20％。发酵过程又经酵母的物质转化，脂肪酸含量也有所变化。

麦汁中的脂含量与啤酒中的脂含量并无关系。

混浊的过滤麦汁和热、冷凝固物分离不良时，会有较多的脂肪酸进入发酵液中。对此，有两种不同的看法：(1)啤酒中含有多量脂肪酸对泡沫性能不利；(2)麦汁中含有较多不饱和脂肪酸，有利于合成酵母细胞膜，对酵母的增殖和酯的形成有利。实际上，对啤酒泡沫性能不利的脂肪酸，主要是来自发酵和贮酒阶段酵母所分泌的中分子脂肪酸。过长的贮酒期和贮酒时不及时排放酵母，酵母自溶，对啤酒泡沫都是不利的。

(六) 多酚物质的变化

大麦中的酚类物质主要存在于麦皮、糊粉层、胚乳和贮藏蛋白质中。发芽过程中，麦芽溶解得越好，游离的多酚物质越多。糖化过程中，多酚物质通过游离、沉淀、氧化和聚合多种形式不断地变化。

糖化时，由于蛋白质的分解和浸出物的溶出，多酚物质得以游离。游离后的多酚，在较高温度(50℃以上)下，易与高分子蛋白质结合而沉淀。另外，在某些氧化酶的促氧化作用下，多酚物质不断氧化和聚合，也容易与蛋白质形成不溶性的复合物而沉淀下来。

多酚在糖化中的氧化是由不同的氧化酶系的作用而产生的。过氧化酶对多酚物质的氧化作用，在35℃下料时即已开始，主要发生在50～65℃的糖化休止时间中，多酚作为过氧化物的氢给体，其本身随即氧化。糖化温度升至70～75℃，过氧化酶失活，此氧化作用停止。

多酚氧化酶的耐温性高，95℃下才失活。在整个糖化和麦汁过滤过程中，多酚物质一直受其影响。因此，麦汁过滤时间不宜过长。过滤后的麦汁(无论在煮沸锅或麦汁暂存槽中)，应早些升温至沸点，破坏多酚氧化酶，否则麦汁颜色将加深，口感也将变得粗糙。

麦汁中的多酚物质，对啤酒的口感、非生物稳定性和口味稳定性均有深远的影响，过多过少均不利。过少，酒体淡薄无味；过多，口味粗糙，尤其是氧化了的多酚物质更是如此。多酚物质与蛋白质结合，易形成蛋白质－多酚复合物而影响啤酒非生物稳定性；麦汁多酚物质的氧化，将降低麦汁的氧化还原势(Redex potential)，使麦汁更易氧化而影响啤酒的风味稳定性。因此，在糖化条件方面，应注意降低酿造用水的残留碱度(特别是制造淡色啤酒)；对醪液进行适当调酸；减少麦汁制备过程中与氧的接触。这些都是抑制多酚物质多量浸出和防止进一步氧化的有力措施。

第二节 糖化方法

一、概 述

麦芽的糖化方法很多，难以明确分类，传统的糖化方法有两大类。

1. 煮出糖化法

这种糖化方法是兼用生化作用和物理作用进行糖化的方法，其特点是将糖化醪液的一部分，分批地加热到沸点，然后与其余未煮沸的醪液混合，使全部醪液温度分阶段地升高到不同酶分解所要求的温度，最后达到糖化终了温度。

煮出糖化法根据部分醪液煮沸的次数，分为一次、二次和三次煮出糖化法，以及快速糖化法等。

煮出糖化法可以补救一些麦芽溶解不良的缺点。当部分醪液加热至煮沸时，利用热力作用，促进物料的溶解，使淀粉彻底糊化，便于淀粉酶的作用，以提高浸出物收得率。部分醪液煮沸的次数则取决于麦芽的种类、质量和所制啤酒的类型。制造下面发酵啤酒，多利用煮出糖化法。

2. 浸出糖化法

浸出糖化法是纯粹利用酶的作用进行糖化的方法。其特点是将全部醪液从一定的温度开始，缓慢分阶段升温到糖化终了温度。浸出糖化法的醪液没有煮沸阶段。

浸出糖化法需要使用溶解良好的麦芽。过去，多利用此法制造上面发酵啤酒，日前则普遍应用于制造各种类型啤酒。

为了节省麦芽，降低成本，改进质量，很多国家采用部分未发芽谷类原料作为麦芽的辅助原料，由此而衍生一种双醪糖化方法(也叫复式糖化方法)。其特点是将麦芽和谷类辅料分别在糖化锅和糊化锅中进行处理，然后兑醪，兑醪以后按煮出法操作进行，即为双醪煮出糖化法，欧洲各国传统操作多用此法。兑醪以后按浸出糖化法进行，即为双醪浸出糖化法，美国大都采用后一种糖化方法。国内啤酒厂大都采用辅料和生产淡色啤酒，故多采用双醪浸出法;制造浓色啤酒或黑啤酒，则可采用双醪煮出法。

麦芽的糖化方法是很灵活的，从传统的煮出法和浸出法，可以衍生出许多新的糖化方法。啤酒厂应根据本身所具备的条件，采纳相适应的糖化方法。不管怎样，在确定糖化方法时必须掌握以下几点:

(1) 全面检查麦芽质量，包括理化性能，麦芽溶解度，酶的活力等。

(2) 根据麦芽质量，设计糖化工艺方案，通过小型糖化试验，检查所制麦汁能否达到要求。

(3) 在小型试验基础上，进行中型或大生产试验，检查所制麦汁能否达到所制造啤酒类型的要求。

所谓糖化过程，原料加入水中，就是糖化的开始。整个糖化过程就是酶的反应过程。控制糖化条件，也就是要创造适合各种有关酶的最适作用条件。整个糖化过程概括地可分以下几个生产阶段: ①产酸阶段; ②蛋白质休止阶段; ③糖化阶段; ④糖化终了，酶钝化阶段。

以下所述的煮出糖化法和浸出糖化法均为传统的全麦芽糖化方法，糖化时间和温度应根据麦芽质量和所制啤酒类型灵活掌握。

二、煮出糖化法

(一) 三次煮出糖化法

1. 三次煮出糖化法的特点

(1) 整个糖化过程，温度小幅度地上升，可以更有利于发挥各种酶的作用。

(2) 下料温度低(35～37℃)，对酶活力低和溶解不良的麦芽来说，三次煮出糖化法因有部分醪液经受三次煮沸，有利于淀粉和其他物质的溶解，浸出物收得率比较高。

(3) 部分醪液经三次煮沸，使β－葡聚糖和麦皮所含的多酚物质及其他杂质多量溶出，麦汁色度相对较深，口感较醇厚，适宜于制造浓色啤酒而不适于制造淡色啤酒。

(4) 整个糖化时间比较长，可在4～6h内完成。

2. 示例图解

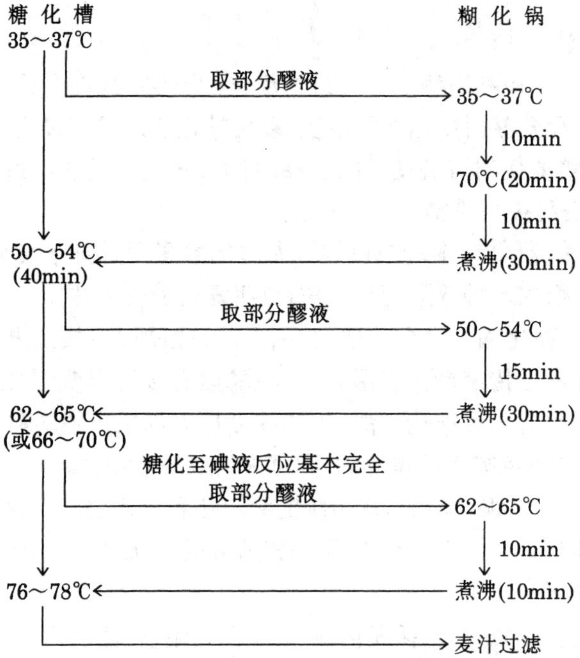

3. 糖化曲线(图2－5－6)

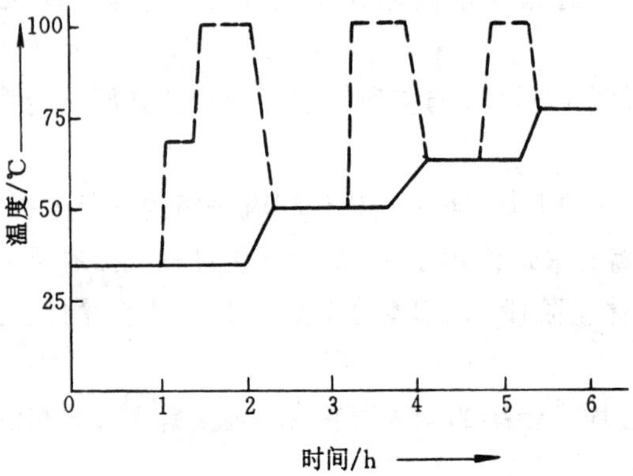

图 2－5－6 三次煮出糖化法糖化曲线

——糖化醪 －－－－糊化醪

(二) 二次煮出糖化法

1. 二次煮出糖化法的特点

(1) 二次煮出糖化法的灵活性比较大，适用于处理各种性质的麦芽和制造各种类型的啤酒。用淡色麦芽采用此法制造淡色贮藏啤酒是比较普遍的。

(2) 根据麦芽质量，下料温度可低(35～37℃)可高(50～52℃)。

(3) 整个糖化过程可在3～4h内完成。

2. 示例图解

3. 糖化曲线(图2－5－7)

(三) 快速短时间糖化法

1. 快速短时间糖化法的特点

(1) 本法是二次煮出糖化法的演变方法，适用于蛋白质分解良好和糖化力高的麦芽。

(2) 本法采用较高的起始温度，免去蛋白质分解时间，避免麦汁中存在过多的低分子含氮物质。

(3) 整个糖化过程可在2h内完成。

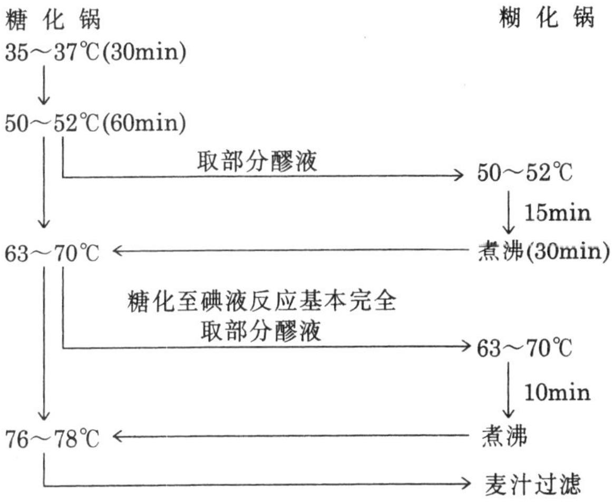

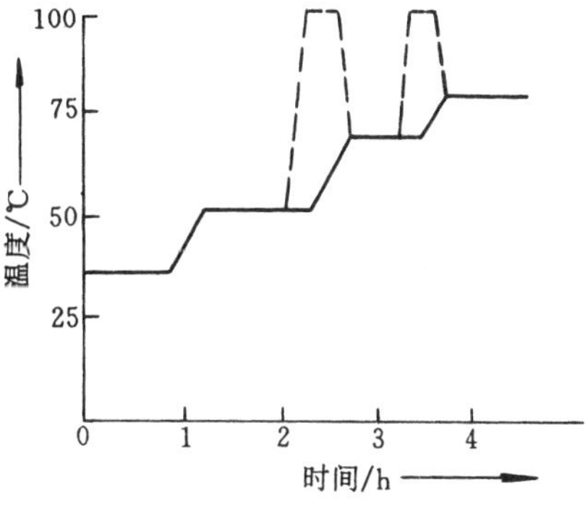

图 2-5-7　二次煮出糖化法糖化曲线

——糖化醪　- - - - 糊化醪

2. 示例图解

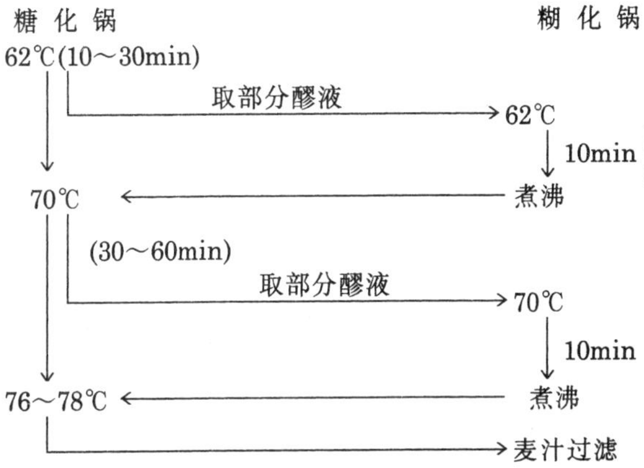

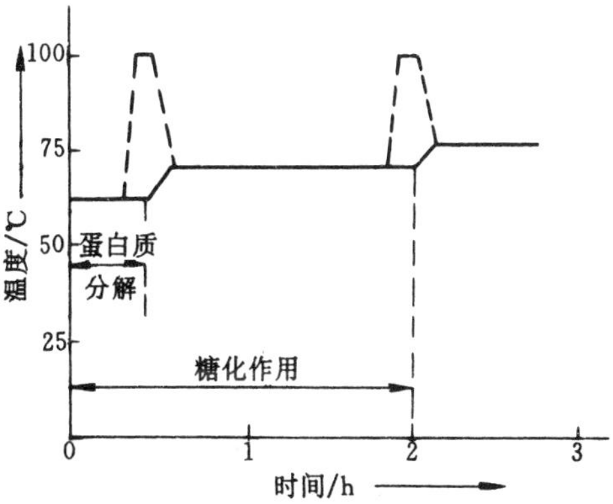

图 2-5-8　快速糖化法糖化曲线

——糖化醪　- - - - 糊化醪

3. 糖化曲线(图2-5-8)

(四) 一次煮出糖化法

1. 一次煮出糖化法的特点

(1) 起始温度采用30～35℃的浸渍温度，然后加热至50～55℃，进行蛋白质分解。也可开始即进行50～55℃的蛋白质分解。

(2) 50～55℃直接升温至65～68℃，进行糖化。

(3) 前两次的升温(35→50℃，50→65℃)系在糖化锅内直接进行。糖化终了，麦糟下沉，将1/3～1/2容量的上清液加入糊化锅，加热煮沸；或将浓稠的剩余醪液在糖化锅内加热至沸，而后混合，使混合后的醪温达到76～78℃。

2. 示例图解

(五) 煮出法糖化醪煮沸量的计算

煮出糖化法要求移取部分糖化醪进行煮沸，然后兑入其余醪液中，使其达到升温所要求的温度。煮沸醪液的数量可根据下列热平衡公式计算：

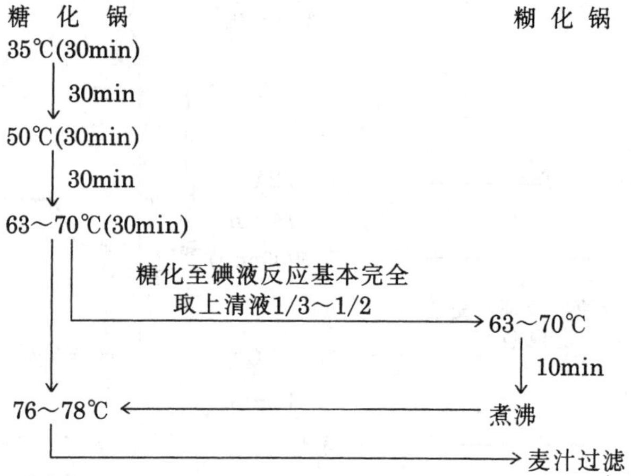

$$V=\frac{V_1(t_2-t_1)}{t_3-t_1}$$

式中 V——需移取的醪液量(hl)

V_1——兑醪后糖化醪总容量(hl)

t_1——留于糖化槽的醪液温度(℃)

t_2——混合糖化醪要求达到的温度(℃)

t_3——煮沸醪液的温度(℃)

在一般情况下，t_3可以100℃取代。

上式只是一个粗略的概算，没有考虑醪液的比热容和煮沸时水分蒸发量，也没有考虑管道热量损失和室温的影响。因此，在具体运用时，应根据季节和设备保温情况，适当调整。一般可根据上式计算出的醪液量，酌加2～3hl，通过几次操作后，就可掌握比较确切的数字。

三、浸出糖化法

(一) 浸出糖化法的特点

(1) 采用此法，全部糖化醪液自始至终不经煮沸，单纯依靠酶的作用浸出各种物质。

(2) 麦汁在煮沸前仍保留一定的酶活力。

(3) 浸出糖化法一般不经过蛋白质分解阶段，而是直接下料在65℃左右糖化。因此，采用此法，必须使用蛋白质分解比较完全的麦芽。

(4) 如果使用溶解不够完善的麦芽，浸出法也需经过蛋白质分解阶段，甚至生酸阶段，然后升温至糖化温度。升温的方法，传统方式因所用的糖化槽无加热设施，一般是往醪液内兑入热水，使达所需要的糖化温度。近代则利用带加热设施的糖化锅加热升温。

(二) 不同的浸出糖化法

1. 恒温浸出糖化法

糖化醪液保温在65℃左右，维持1.5～2.0h。然后通过糖化锅加热，或醪液中兑入95℃热水，升温至76～78℃，随即送入过滤槽。

2. 升温浸出糖化法

此法系利用低温水浸渍麦芽，浸渍1h左右，直接升温至蛋白质分解温度，保持30min。再缓慢升温至65～70℃，使之糖化，继而升温至76～78℃，送入过滤槽。

3. 降温浸出糖化法

此法是先在70℃糖化完全，再降温进行蛋白质分解，蛋白酶已受到破坏。这种先高温后低温的方法不够合理，已很少采用。

四、双醪糖化法

采用未发芽谷类为辅料的糖化方法，多采用双醪糖化法

(一) 谷类辅料的处理

1. 谷类辅料的糊化和液化

在添加谷类辅料的糖化方法中，要增加一道谷类糊化和液化的工序。未发芽谷类所包含的全部物质比麦芽物质难溶解，添加谷类辅料的糖化任务，比单用麦芽繁重得多。最普通处理谷类辅料的方法是煮沸(常压和加压)。辅料与20%麦芽混合，35～50℃下料;然后以1℃/min的速度缓慢升温，70～75℃时进行相应的休止;再加热至沸，煮沸20～40min，使辅料糊化和液化;最后兑入糖化醪中，进行糖化。

谷物原料要求糊化得好，应粉碎细一些，否则粗粒会只在颗粒外层糊化而内部不变。谷物颗粒单独进行糊化，只能得到极粘稠的糊粥;如果在糊化时，同时加入部分麦芽或耐高温α－淀粉酶，利用α－淀粉酶使谷类淀粉边糊化、边液化，最后得到一种稀薄的谷物醪液，这种醪液与麦芽醪混合是极易糖化的，而且在糊化过程中不易产生结锅巴的现象。

谷物辅料是否液化得好，可从糖化情况来判断。如果麦芽质量很好，而添加谷类醪液后的糖化情况不理想，那就是谷物的糊化和液化处理不当，应设法纠正。

2. 糊化醪液的加水量和液化剂添加量

采用麦芽为液化剂，糊化醪液以调稀薄些为宜，其用水量一般控制在每100kg辅料添加500L左右的水;采用细菌α－淀粉酶为液化剂，因其酶活力强，耐温高，更适于边糊化、边液化，其用水量可以减少为400L左右。糊化醪与糖化醪两种醪液所需的总用水量，应根据两种醪液混合后调制的第一麦汁所要求的浓度来确定。

糊化醪中麦芽的添加量视麦芽的酶活力而定，一般为麦芽总量的10%～20%。液化温度可控制在70℃，或适当提高至75℃。如果所用辅料淀粉的糊化温度高，需要更高的糊化和液化温度，则以添加耐高温的细菌α－淀粉酶为液化剂，效果更好。

3. 各种谷类淀粉的糊化温度

不同谷类的淀粉，因淀粉颗粒大小、细胞壁的强度以及其他结构上的不同，其糊化温度各不相同。同一品种的辅料在不同地区种植，其淀粉糊化温度也有差异。啤酒工业常用的几种辅料中，小麦和大麦的糊化温度与麦芽接近，下料时可与麦芽同时下在糖化锅内。

玉米和大米糊化温度较高，则须下料于糊化锅内单独糊化和液化。各类辅料的糊化温度如表2－5－3所示。

4. 辅料加压蒸煮

加压蒸煮，谷物糊化情况良好，但对含油量高的谷物，易使油皂化，产生脂肪酸，影响啤酒的风味和泡沫性能。因此，更普遍的是采用糊化锅，以常压煮沸的方法去处理。

(二) 双醪煮出糖化法

1. 双醪煮出糖化法的特点

根据糖化醪和糊化醪兑醪后，取部分醪液煮沸的次数，又分双醪一次煮出糖化法或双醪二次煮出糖化法。其特点是：

(1) 辅料的添加量为20％～30％，最高可达50％。

(2) 麦芽在糖化锅下料，辅料在糊化锅进行糊化和液化，然后兑醪，达到所需要的蛋白质分解温度(双醪二次煮出糖化法)或糖化温度(双醪一次煮出糖化法)。

(3) 第一次兑醪以后的糖化操作与全麦芽煮出法相同。

(4) 麦芽的蛋白质分解时间，应较全麦芽煮出糖化法长一些，以避免低分子含氮物质含量的不足。

(5) 因为谷类辅料粉碎得较细，麦芽粉碎物应适当粗一些，尽量使麦皮完整，防止麦汁过滤困难。

(6) 本方法制备的麦汁色泽较浅，口感柔和，发酵度高，更适合于制造淡色贮藏啤酒。

(7) 国内制造淡色啤酒过去多采用双醪一次煮沸糖化法；制造黑色啤酒或采用溶解不良的麦芽时，则采用双醪二次煮出糖化法。近年来采用耐高温细菌α－淀粉酶为液化剂后，淀粉的糊化、液化状况显著改善，则多采用双醪浸出糖化法，即糖化醪和糊化醪兑醪后，不再分醪煮沸。

2. 示例图解

(1) 双醪一次煮出糖化法

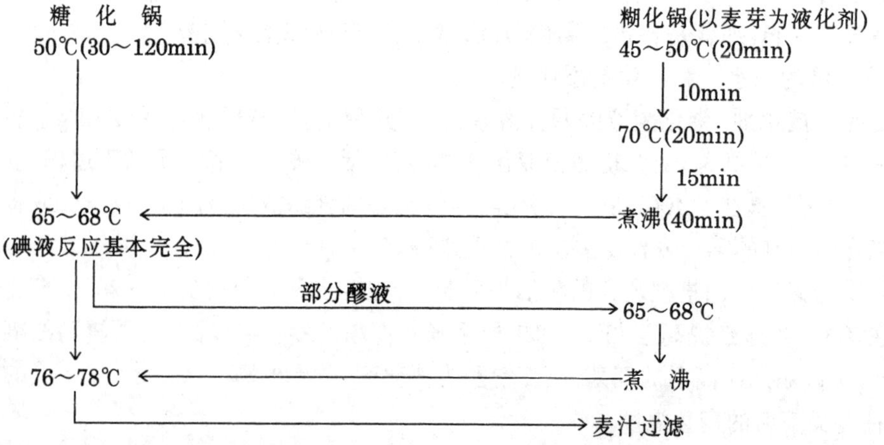

(2) 双醪二次煮出糖化法

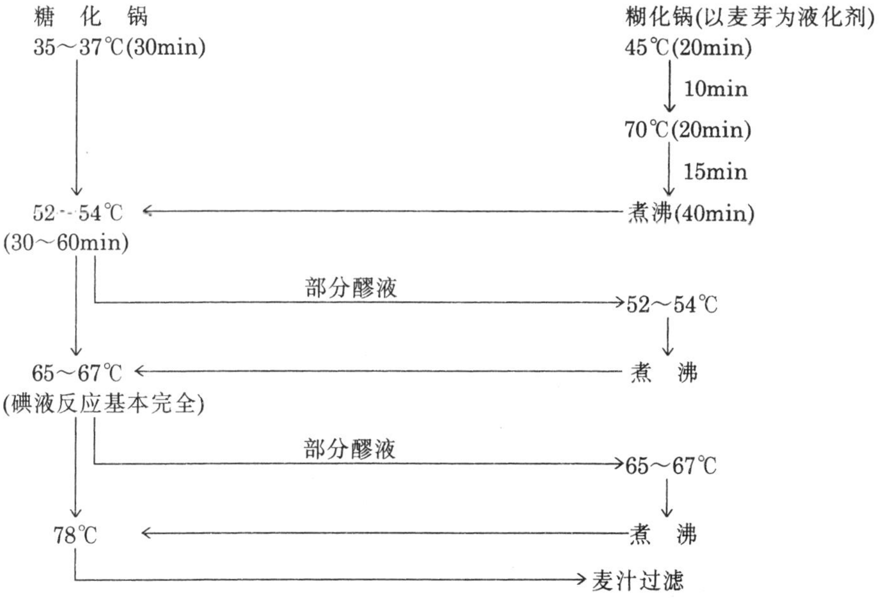

以上示例中所列温度和时间不是一成不变的,必须根据原料的实际情况灵活运用。

3. 糖化曲线

(1) 双醪一次煮出糖化法的糖化曲线(图2－5－9)

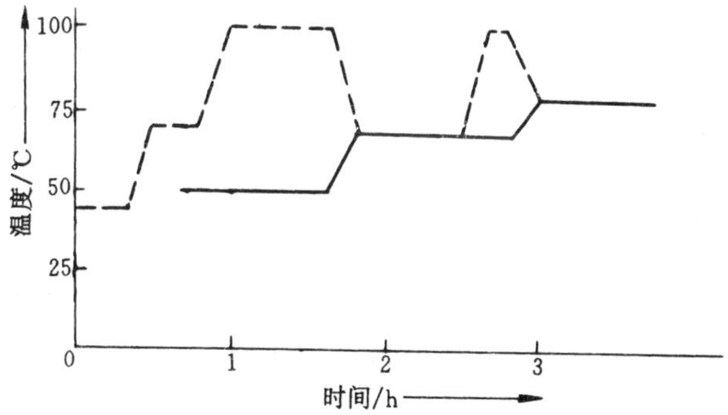

图 2－5－9　双醪一次煮出糖化法的糖化曲线

——糖化醪　－－－－糊化醪

(2) 双醪二次煮出糖化法的糖化曲线(图2－5－10)

(三) 双醪浸出糖化法

1. 双醪浸出糖化法的特点

糖化醪与糊化醪兑醪后,醪液不再有煮沸阶段。醪液在糖化锅直接升温,达到糖化各阶段所要求的温度。其特点是:

(1) 由于没有部分醪液的煮沸,麦皮中的多酚物质、胚乳细胞壁的高分子麦胶物质及其他杂质,溶出相对较少,所制麦汁色泽浅(特别是采用耐高温细菌α－淀粉酶为液化剂

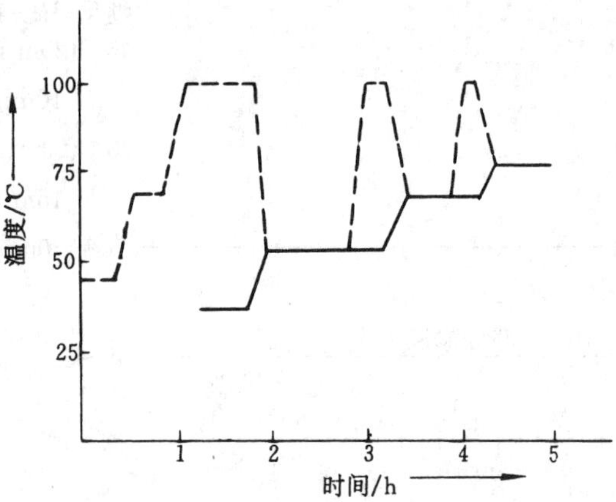

图 2-5-10 双醪二次煮出糖化法的糖化曲线

——糖化醪 ----糊化醪

时),粘度低,口味柔和,发酵度高,更适合于制造浅色淡爽型啤酒和干啤酒。

(2) 操作简单,糖化周期短,3h内即可完成。

2. 示例图解

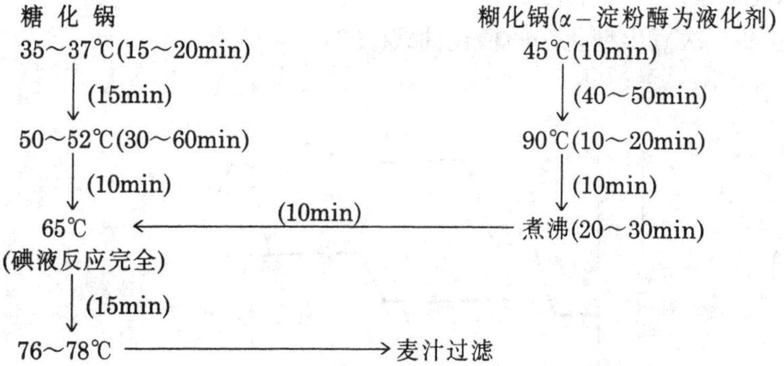

五、分级糖化法

由于麦芽粉碎后的谷皮、粗粒、细粒和细粉等组分的含酶量、溶解度和浸出率均不相同,且谷皮不宜长时间浸渍和煮沸,以免有害物质多量溶出,因而开发了此种糖化方法。

1. 操作过程

(1) 此糖化方法必须采用五辊或六辊、带有分级筛的麦芽粉碎机,以利麦芽粉碎物的分级,并将粉碎后的各组分,分别贮存在各自的贮箱内。麦皮的粉碎应完整,不含或少含粗粒或溶解不良的麦尖部分。

(2) 将溶解差、酶含量低和浸出率低的粗粒部分和辅料一起在糊化锅中下料,参与糊化和液化,以提高粗粒的浸出率。

糊化锅下料后，先在50℃左右经过或不经过蛋白质分解，再升温至70～72℃进行糖化，最后升温至沸，保持30min。如果添加耐高温细菌α－淀粉酶，则待升温至90℃时保温10 min。

(3) 将已充分溶解、酶含量较集中和浸出率较高的细粒和细粉在糖化锅中下料。经蛋白质休止后，将糊化醪泵入糖化锅，控制62～65℃，进行糖化；然后加入谷皮部分，醪液升温至70～72℃，继续糖化，直至碘试完全；再升温至76～78℃。

2. 优缺点

优点：

(1) 粗粒经过糊化和煮沸，得以充分溶解，麦汁收得率高。

(2) 麦皮的浸渍时间缩短，且不经煮沸，有害物质溶出少，麦汁色泽浅，口味柔和圆润。

缺点：此方法成功与否全在麦芽的粉碎质量。如果麦皮中附着较多的粗粒或坚硬的麦尖部分，则在糖化阶段不易充分溶解和糖化，将会出现碘试验不正常、β－葡聚糖分解不足和造成麦汁过滤困难等问题。

六、糖化方法的选择依据

在实际生产中采取什么糖化方法，取决于原料质量、产品类型和设备条件。不同的原料需要不同的糖化方法去处理；采用不同的糖化方法，可以制出不同风格的啤酒。糖化方法不是一成不变的，要根据原料和生产设备的具体情况，做出相应的调整，才能达到最大限度的设备利用率、较高的麦汁浸出率和较好的麦汁质量，既保证质量，又经济合理。

选择糖化方法应根据以下几方面考虑。

1. 原料

(1) 使用溶解良好的麦芽，可采用短时快速煮出糖化法或浸出糖化法。若需添加辅料，则应采取双醪糖化法。蛋白质分解时间可以适当控制短一些，蛋白质分解温度适当高一些(50～55℃)，以免麦汁中低分子氮含量过高。

(2) 使用溶解度一般的麦芽，以采用二次或一次煮出糖化法比较合适。若需添加谷类辅料，则应采用双醪一次煮出糖化法或双醪浸出糖化法，并适当延长蛋白质分解和糖化时间，以充分发挥酶的作用。蛋白质分解温度可控制稍低一些(45～50℃)。

(3) 使用溶解很差而酶活力又低的麦芽，以采用三次煮出糖化法为宜。增添麦芽低温(35～37℃)浸渍过程，降低蛋白质分解温度，延长蛋白质分解和糖化时间，以加强各种水解酶的作用，提高原料利用率。若需添加谷类辅料，则采用双醪煮出糖化法，辅料添加量应控制低一些。若麦芽质量太差，则不应添加谷类辅料，或添加辅料而采用相应的生物酶制剂(α－淀粉酶、中性蛋白酶、β－葡聚糖酶等)，以补救麦芽酶活力的不足。

2. 产品类型

(1) 传统的生产方法，制造上面发酵啤酒多采用浸出糖化法，制造下面发酵啤酒，多采用煮出糖化法。

(2) 制造浓色啤酒，要采用部分深色麦芽或结晶麦芽，其酶活力较低，以采用三次煮出糖化法为宜；制造淡色啤酒，则以采用二次或一次煮出糖化法为宜，如果麦芽质量好，也可采用短时快速糖化法或浸出糖化法。

(3) 制造高发酵度的啤酒，糖化温度要控制低一些(62～63℃)，或采用两段糖化法(62～63℃，67～68℃)，并适当延长蛋白质分解时间；若添加谷类辅料，麦芽的糖化力应要求高一些。

3. 生产设备

(1) 传统的浸出糖化法，醪液不经煮沸，只需一个有加热装置的糖化锅，便可满足生产需要；采用煮出糖化法或双醪糖化法，因有部分醪液或辅料醪液要煮沸，需增加一有加热设施的糊化锅。

(2) 糖化设备

① 单式糖化设备：使用这种设备，应尽量考虑采用短时间糖化方法，否则设备利用率太低。此设备陈旧落后，已逐渐被淘汰。

② 复式糖化设备：这种设备组合在生产上具有较大的灵活性。近代化的复式糖化设备已不局限于传统的三锅两槽(糊化锅、糖化锅、麦汁过滤槽、麦汁煮沸锅、回旋沉淀槽)组合方式，而是由不同数量的锅、槽穿插组合使用，合理调整糖化方法，以达到最高设备利用率。

第三节 糖化工艺技术条件

糖化是一生化变化过程，在此过程中，应提供一切可能的技术条件来发挥麦芽中各种酶的最大作用。但是，这些酶的最适作用条件并不完全一致，因此，要运用其综合性的有利条件，使制成的麦汁，在质和量上都达到要求。

糖化所要控制的主要工艺技术条件，有以下几方面。

一、糖 化 温 度

1. 糖化温度及其效应

为了防止麦芽中各种酶因高温而引起破坏，糖化时的温度变化一般是由低温逐步升至高温的。糖化不同阶段所采取的主要温度及其效应如表2－5－20所示。

表 2-5-20 糖化时的温度及其效应

温度/℃	效　应
35～37	酶的浸出；有机磷酸盐的分解
40～45	有机磷酸盐的分解；β－葡聚糖的分解；蛋白质分解；R－酶对支链淀粉的解支作用
45～52	蛋白质分解，低分子含氮物质多量形成；β－葡聚糖的分解；R－酶和界限糊精酶对支链淀粉的解支作用；有机磷酸盐的分解
50	有利于羧肽酶的作用，低分子含氮物质的形成
55	有利于内肽酶的作用，大量可溶性氮形成；内－β－葡聚糖酶、氨肽酶等逐渐失活

续表

温度/℃	效 应
53～62	有利于β－淀粉酶的作用，大量麦芽糖形成
63～65	最高量的麦芽糖形成
65～70	有利于α－淀粉酶的作用，β－淀粉酶的作用相对减弱，糊精生成量相对增多，麦芽糖生成量相对减少；界限糊精酶失活
70	麦芽α－淀粉酶的最适温度，大量短链糊精生成；β－淀粉酶、内肽酶、磷酸盐酶等失活
70～75	麦芽α－淀粉酶的反应速度加快，形成大量糊精，可发酵糖的生成量减少
76～78	麦芽α－淀粉酶和某些耐高温的酶仍起作用，浸出率开始降低
80～85	麦芽α－淀粉酶失活
85～100	酶的破坏

2. 糖化温度的控制

糖化温度可分几个阶段进行控制，如表2－5－21所示。

表 2-5-21 糖化温度的阶段控制

温度/℃	控制阶段与作用
35～40	浸渍阶段：此时的温度称浸渍温度，有利于酶的浸出和酸的形成，并有利于β－葡聚糖的分解
45～55	蛋白质分解阶段：此时的温度称为蛋白质分解温度，其控制方法如下： (1) 温度偏向下限，氨基酸生成量相对地多一些；温度偏向上限，可溶性氮生成量较多一些 (2) 对溶解良好的麦芽来说，温度可以偏高一些，蛋白质分解时间可以短一些 (3) 对溶解特好的麦芽，也可放弃这一阶段 (4) 对溶解不良的麦芽，温度应控制偏低，并延长蛋白质分解时间 在上述温度下，内－β－1,3葡聚糖酶仍具活力，β－葡聚糖的分解作用继续进行
62～70	糖化阶段：此时的温度通称糖化温度，其控制方法如下： (1) 在62～65℃下，生成的可发酵性糖比较多，非糖的比例相对较低，适于制造高发酵度啤酒；同时在此温度下，内肽酶和羧肽酶仍具有部分活力 (2) 若控制在65～70℃，则麦芽的浸出率相对增多，可发酵性糖相对减少，非糖比例增加，适于制造低发酵度啤酒 (3) 控制65℃糖化，可以得到最高的可发酵浸出物收得率 (4) 通过调整糖化阶段的温度，可以控制麦汁中糖与非糖之比 (5) 糖化温度偏高，有利于α－淀粉酶的作用，糖化时间(指碘反应完全的时间)缩短，生成的非糖比例偏高
75～78	糊精化阶段：在此温度下，α－淀粉酶仍起作用，残留的淀粉可进一步分解，而其他酶则受到抑制或失活

二、糖化时间

1. 糖化时间的含义

糖化时间有两种解释:

(1) 指从投料起,至麦汁过滤前这一段时间,这是广义的解释。

(2) 指醪液温度达到62～70℃后,至糖化完全(碘反应完全)这一段时间,这是狭义的解释。

2. 各种糖化方法的糖化时间

广义的糖化时间,因糖化方法不同而异。缩短糖化时间意味着提高设备利用率,如何合理安排糖化操作,以缩短糖化时间,是一项有经济意义的工作。

糖化时间与麦芽质量、是否添加辅料及其添加量有密切关系。传统的各种糖化方法所需的糖化时间可控制如表2－5－22所示。

表 2-5-22　不同糖化方法的糖化时间

糖化方法	糖化时间/h	糖化方法	糖化时间/h
三次糖化法	4～6	高温快速糖化法	2左右
二次糖化法	3～4	浸出糖化法	3左右
一次糖化法	2.5～3.5		

3. 糖化时间与麦芽质量的关系

狭义的糖化时间与麦芽质量密切有关,在正常操作条件下,醪液温度达到65℃后,在15min左右糖化完全者,麦芽质量为良好,麦汁过滤时一般是很顺利的;在30min左右糖化完全者,麦芽质量为一般,麦汁过滤不会遇到困难;1h仍不能糖化完全者,说明麦芽质量低劣,酶活力不足,麦汁过滤将遇到困难,需换用或掺用质量良好的麦芽,或添加相应的酶制剂。

添加辅料的糖化时间较全麦芽的糖化时间相对延长。

三、pH值

1. pH值与温度的关系

糖化醪的pH值,随温度而变化,温度愈高,缓冲物质离解的愈多,pH值愈低。因此,糖化醪的实际pH值,较20℃测定的数值要低。

糖化醪在不同温度下的pH值如表2－5－23所示。

表 2-5-23　糖化醪液温度与pH值的关系

糖化醪温度/℃	pH值	糖化醪温度/℃	pH值
18	5.79	70	5.17
40	5.65	80	5.05
50	5.54	85	4.91
60	5.29		

2. 糖化醪pH值的调节

pH值是酶反应的一项重要条件，麦芽各种主要酶的最适pH值一般都较糖化醪的pH值为低，为了改善酶的作用，有时要调节糖化醪的pH值。

(1) 调节糖化醪pH值的方法

① 处理酿造用水：对残留碱度较高的酿造用水应进行处理，方法有：加石膏、加酸以及其他水处理方法。详见啤酒生产用水一章。

② 取部分醪液进行生物酸化，菌株采用戴氏乳杆菌(*Lactobacillus delbrückü*)，然后加入糖化醪中。

③ 添加1%～5%的乳酸麦芽。

(2) 调节pH值的作用和影响　适当调低糖化醪的pH值后，可以达到：

① 淀粉酶分解淀粉的作用更快、更完全一些，麦汁收得率比较高。

② 有利于蛋白酶的作用，麦汁所含永久性可溶性氮多一些，麦汁澄清好，啤酒的非生物稳定性也比较好。

③ 多酚物质浸出少，麦汁色泽浅，啤酒口味柔和，不苦杂。

④ β－葡聚糖分解比较好，有利于麦汁过滤。

糖化醪pH值降低后，酒花树脂浸出率低，α－酸的异构率也较低，影响酒花的利用率，但酒花的苦味比较柔和。

3. 糖化过程中的最适pH值(表2－5－24)

表 2-5-24　　糖化过程中的最适pH值

项　　目	最 适 pH 值
最高的植酸酶活力	5.2左右(糖化醪)
最高的蛋白酶活力	4.6～5.0(糖化醪)
最高的α－淀粉酶活力(Ca^{2+}存在)	5.3～5.7(糖化醪)
最高的β－淀粉酶活力	5.3(糖化醪)
最短的糖化时间	5.3～5.6(麦汁)
最高的永久性可溶性氮含量	4.6左右(糖化醪)，4.9～5.1(麦汁)
最高的甲醛氮含量	4.6左右(糖化醪)，4.9～5.1(麦汁)
最高的可发酵性糖含量	5.3～5.4(糖化醪)
最高浸出率(浸出法)	5.2～5.4(糖化醪)
最高浸出率(煮出法)	5.3～5.9(糖化醪)

4. 糖化过程中的pH值变化示例(表2－5－25)

表 2-5-25　　糖化过程中的pH值变化

糖 化 过 程	pH 值	
	硬度较大的糖化用水	硬度较小的糖化用水
糖化用水	7.5～7.7	6.6～6.7
糊化(50℃)	6.5～6.7	6.0～6,1
糊化(70℃)	5.9～6.0	5.8～5.9

续表

糖化过程	pH 值	
	硬度较大的糖化用水	硬度较小的糖化用水
糊化(100℃)	5.8～5.9	5.6～5.8
蛋白分解	6.0～6.1	5.5～5.7
糖化(68℃)	5.7～5.9	5.7～5.8
糖化(75℃)	5.7～5.8	5.75～5.85
原麦汁	5.6～5.8	5.68～5.71
混合麦汁	5.6～5.8	5.5～5.65
煮沸并加酒花后麦汁	5.5～5.6	5.42～5.49

四、糖化用水和洗糟用水

糖化所需要的用水量,包括糖化用水和洗糟用水两部分,其用量由下列条件确定:

(1) 糖化的用料量及其浸出率;

(2) 制成麦汁的容量和浓度;

(3) 糖化方法和洗糟方法;

(4) 麦汁煮沸时的蒸发量(取决于煮沸时间和煮沸强度)。

1. 糖化用水

直接用于糊化锅和糖化锅的水,使原料组分得以溶解,并进行化学－生物转化所需的水量,称为糖化用水。

(1) 糖化用水量　如不使用谷类辅助原料,糖化用水量则以糖化锅用水量计算;如使用谷类辅助原料,糊化和糖化用水量分别计算。

糖化用水量多以原料和水之比(料液比)表示之,如每100kg原料用水的升数或公斤数。不同类型啤酒的糖化用水量是有差别的,如表2－5－26所示。

表 2-5-26　不同类型啤酒的糖化用水量

啤酒类型	料液比	100kg原料的用水量/L
淡色啤酒	1∶4～5	400～500
浓色啤酒	1∶3～4	300～400

(2) 糖化用水量的计算　为了便于掌握糖化用水量,可用下式计算:

$$w_P=\frac{100w}{w+V}$$

$$V=\frac{w(100-w_P)}{w_P}$$

式中　w_P——第一麦汁浓度(即过滤开始时的麦汁浓度)(%)

w——麦芽的浸出率(%,即100kg原料含有的可溶性物质的公斤数)

V——100kg原料所需糖化用水量(L)

例：已知麦芽的浸出率为75%，第一麦汁浓度要求达到15%，糖化用水量计算如下：

$$V=\frac{w(100-w_P)}{w_P}=\frac{75(100-15)}{15}=425(\text{L}/100\text{kg原料})$$

(3) 添加谷类辅料时的糖化用水　如果使用谷类辅料，应根据麦芽和辅料的分配比例，计算其混合浸出率，再用上式计算其总用水量。

糖化锅的料水比应比较高，一般控制在1∶3.5左右，浓醪有利于蛋白质分解。糊化锅的料水比则比较低，一般控制在1∶5.0左右，稀醪有利于淀粉的糊化和液化。根据辅料添加比例和兑醪后所要求达到的温度而适当调整两者用水的比例。

辅料用量过高，兑醪发生困难时，可采用两次兑醪办法，即糖化锅在35℃时兑入一部分糊化醪，使达蛋白质休止温度。经过蛋白质休止后，再将其余部分醪液兑入，使其达糖化温度。但第二部分糊化醪的温度，不能降至80℃以下，防止淀粉回生，难以酶分解。

实际生产中，因醪液在生产过程中，有部分水分被蒸发，其用水量应较计算量略高些，蒸发量多少按生产条件另行估定。

根据下列热量平衡式计算：

$$m_1c_1t_1+m_2c_2t_2=(m_1+m_2)c_3t_3 \tag{1}$$

式中　m_1——糊化醪量(kg)

m_2——糖化醪量(kg)

c_1、c_2、c_3——分别为糊化醪、糖化醪、混合醪之比热容〔J/(kg·℃)〕

t_1、t_2、t_3——分别为糊化醪、糖化醪、混合醪之温度(℃)

由于各醪之比热容和原料水分相差很小，蒸发的水分也很小，可略而不计，故上式可简化为：

$$m_2=\frac{m_1(t_1-t_3)}{t_3-t_2}$$

或

$$m_1=\frac{m_2(t_3-t_2)}{t_1-t_3}$$

以上计算式仍为估算数，在高辅料比糖化时，仍需按上述之两次兑醪办法进行。

(4) 料液比的影响

糖化醪液浓度对酶的反应、浸出物收得率和麦汁成分影响很大。

① 醪液愈浓，酶的耐温稳定性愈高，但其反应速率则较低，β－淀粉酶在浓醪情况下，能产生较多的可发酵性糖；蛋白分解酶也是在浓醪情况下比较稳定，产生较多的可溶性氮和氨基氮。

② 醪液浓度在8%～16%时，基本不影响各种酶的作用，浓度超过16%，酶的作用逐渐缓慢。因此，淡色啤酒的第一麦汁浓度以控制在16%以内为宜，浓色啤酒的第一麦汁浓度可适当提高至18%～20%。

③ 醪液浓度过浓或过稀，对浸出物收得率都有影响。醪液过浓，麦糟中残糖高，影响浸出物收得率；醪液过稀，洗糟用水少，洗不净，也影响浸出物收得率。

④ 制造淡色啤酒和浓色啤酒所采取的醪液浓度是不同的。淡色啤酒可采取较稀的醪液浓度，洗糟水相对较少，第一麦汁与最终麦汁的浓度差小。浓色啤酒则采取较浓的醪液

浓度，洗糟水相对较多，第一麦汁与最终麦汁的浓度差大。一般可根据表2－5－27所列情况加以掌握。

表 2-5-27 麦汁浓度的控制

啤酒类型	第一麦汁浓度/%	最终麦汁浓度/%	浓度差/%
淡色啤酒	14～16	12	2～4
浓色啤酒	18～20	12	6～8

(5) 使用糖化用水应注意的问题

① 使用溶解不良、糖化力弱和谷皮粗厚的麦芽，糖化醪应适当稀一些，使酶的作用充分发挥。

② 使用碳酸盐含量高的水制造淡色啤酒时，糖化醪液应稀一些，以减少洗糟用水，避免洗出较多麦皮中的不利物质。

③ 麦芽粉碎物较细，糖化醪液应稀一些，便于麦汁过滤和减少洗糟用水。

④ 采用麦汁过滤槽的糖化醪，应较采用麦汁压滤机者稀一些。采用压滤机，麦芽的粉碎物较细，麦糟内含有多量的可洗脱浸出物，需用较多的洗糟水洗脱，以保证正常收得率。

2. 洗糟用水

第一麦汁滤出后，用水将麦糟中残留的糖液洗出，其所用的水称洗糟用水，洗出的浸出物称第二麦汁。

(1) 洗糟用水量 洗糟用水量主要根据糖化用水量来确定。这部分水约为煮沸前麦汁量与头号麦汁量之差，其对麦汁收得率有较大的影响。制造淡色啤酒，糖化醪浓度较稀，洗糟用水量则少；制造浓色啤酒，糖化醪液较浓，相应地洗糟用水量大，如表2－5－28所示。

表 2-5-28 洗 糟 用 水 量

项目	洗糟用水量/(L/100kg原料)
稀醪糖化	400左右
浓醪糖化	500左右

(2) 洗糟的技术要求

① 洗糟用水温度：75～80℃。

② 洗糟残糖浓度：控制在1.0%～1.5%。对制造高档啤酒，应适当提高残糖浓度在1.5%以上，以保证啤酒的高质量。

③ 混合麦汁浓度：低于最终麦汁浓度1.0%～1.5%。过分地洗糟，从而增加麦汁煮沸时的蒸发量是不经济的。

五、麦水混合

1. 麦水混合的要求

(1) 麦芽粉散布水中后，调制成一种无结块的醪浆。

(2) 防止麦粉飞扬，以免造成损失和污染环境。

2. 麦水混合的方式

(1) 先放水于糖化槽内，调好水温，然后经过一输料筒，将贮箱中的麦芽粉缓慢送入糖化槽中，边混合，边搅拌，防止结块。

(2) 利用麦水混合器(图2－5－11)，使麦芽粉和水在进入糖化槽前，在麦水混合器中先行混合，再进入糖化槽。这样处理可以防止麦粉飞扬和结块现象。

3. 麦水混合的水温

(1) 冷水混合法　取2/3糖化用水(冷水)与麦芽粉混合，其他1/3糖化用水采用热水，在不断搅拌的情况下，缓慢兑入麦醪中，使其温度达到要求的麦芽浸渍温度(35～40℃)或蛋白质分解温度(50℃左右)。这种做法，一般说是无害的，但对酶活力很低的麦芽来说则不利。

冷、热水的数量和温度，可根据具体情况采用之。

(2) 温水混合法　这是最常用的方法，适用于任何生产情况，即将水放入糖化槽中，水温先已达到或稍高于混合后的要求温度，然后加入麦芽粉，边加边搅拌之。

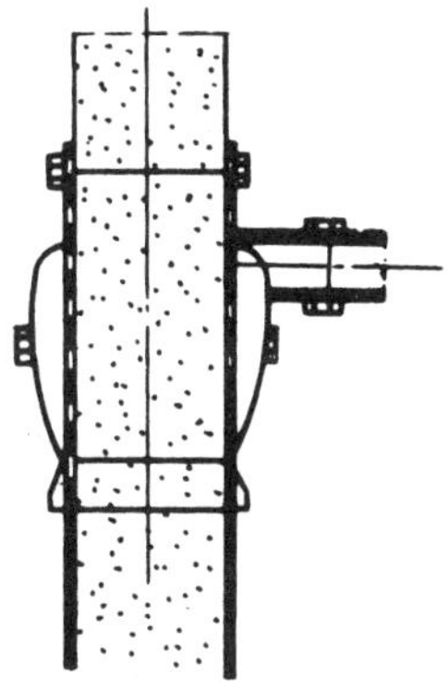

图 2－5－11　麦水混合器

(3) 热水混合法　此种方法只适用于快速短时糖化法。其作用是破坏部分蛋白酶活力，防止麦芽过分的蛋白质分解，有利于促进啤酒的适口性和泡持性。

第四节　麦汁过滤

一、麦汁过滤的目的和步骤

1. 目的

糖化工序结束后，应在最短时间内，将糖化醪中从原料溶出的物质与不溶性的麦糟分离，以得到澄清的麦汁，并获得良好的浸出物收得率。

2. 步骤

麦汁过滤分两步进行：

(1) 以麦糟为滤层，利用过滤方法提取的麦汁，称第一麦汁或过滤麦汁。

(2) 利用热水洗出第一麦汁过滤后，残留于麦糟中的麦汁，称第二麦汁或洗涤麦汁。

以上两个过程均属机械物理性质，酶的作用已很微弱。

二、麦汁过滤的方法

目前在生产上运用的麦汁过滤方法，可分以下三大类：

(1) 过滤槽法；

(2) 压滤机法；

(3) 快速渗出槽法(Strainmaster)。

前两种是传统的麦汁过滤方法，近年来，在设备结构、材质和过滤机理方面已有显著改进，特别是压滤机法，80年代推出的袋式麦汁压滤机(又名高压麦汁压滤机，HP wort filter)和90年代推出的膜压式压滤机(又名2001压滤机)，在设备结构和过滤机理方面更具新意，大大提高了工作效率。快速渗出槽法则是60年代建立的快速过滤方法。

(一) 过滤槽法

过滤槽是国内外麦汁过滤应用最普遍的设备，这是一种以液柱静压为动力的过滤方法。

1. 过滤槽法的过滤原理及影响因素

利用过滤槽过滤麦汁是通过筛分效应、滤层效应和深层过滤效应三方面作用而进行的。其过滤速度受以下因素制约：

(1) 穿过过滤层的压差；

(2) 滤层的渗透性；

(3) 滤层厚度；

(4) 麦汁粘度；

(5) 滤层面积。

对于一特定过滤面积的滤层来说，麦汁过滤速度可用下式表示之：

$$\text{麦汁过滤速度}=\frac{K\times\text{压差}\times\text{滤层渗透性}}{\text{滤层厚度}\times\text{麦汁粘度}}$$

式中 K——常数

压差系指麦汁表面与筛板之间的真实压力差。

滤层渗透性决定于原料的组成、粉碎方法和粉碎度以及糖化方法等。使用溶解不良的麦芽，糖化醪中含有大量未分解的小颗粒淀粉、分解不完全的胚乳细胞壁物质和蛋白质等，构成了一种细腻的粘性沉淀物质，它们充斥麦糟之中，将严重地削弱了麦层的渗透性。

麦汁粘度与使用的麦芽质量关系很大。麦芽溶解不良，胚乳细胞壁的麦胶物质分解不完全，就会增加麦汁粘度，造成麦汁过滤困难。此外，麦汁粘度与麦汁浓度和温度也有关系。浓度愈高，温度愈低，粘度愈高；反之，浓度愈低，温度愈高，粘度则愈低。

糟层厚度与过滤面积、投料量以及麦芽粉碎方法和粉碎度有关，单位面积的投料量愈大，则糟层愈厚，过滤速度愈慢。

2. 设备情况

麦汁过滤的速度、透明度和浸出物收得率与过滤槽的结构及其附件有极大关系。

(1) 过滤槽 过滤槽的槽身为圆柱体，使用的材质，过去多以铸铁或铜，现在则为不锈钢制。槽身上部配有弧球形或锥形顶盖，盖上带有可以开关闸门的排气筒。槽底为平底或浅锥底，槽底上部附有水平筛板。过滤槽中心有一带动2～4臂耕糟机的中心轴。过滤槽需有保温层，一般使用的保温材质有玻璃棉、石棉、有机保温材料等。

过滤槽的安装，槽底与筛板必须保持水平，使每一部位的糟层厚薄均匀，有利于过滤和洗糟。

过滤槽的有效容积为80％左右。糟层高度一般控制在30～35cm左右(干法粉碎)或40～50cm(湿法粉碎)。糟层过薄，虽能提高过滤速度，但会降低麦汁透明度；糟层过厚，则

影响过滤速度。糟层厚度可以下式表示:

$$糟层厚度=\frac{投料量\times麦糟产率}{过滤面积}$$

麦糟产率随麦芽谷皮含量、辅料添加比例和粉碎方式(干法或湿法)不同而有较大的出入。一般说,每吨麦芽可产麦糟1.8～2.0m^3,而每吨辅料所产糟体为0.3～0.4m^3,可以据此而估算出单位过滤面积的糟层厚度。

(2) 过滤筛板 传统的过滤筛板多采用黄铜或磷青铜制作,是由多块面积为0.7～1.0m^{2}的相互衔接的筛板拼接的。筛板上面用铣床铣出长形筛孔(狭缝,如图2－5－12所示)。筛孔上部宽度为0.7mm,下部孔宽为3～4mm,上下之间形成梯形,以减少流体阻力。筛板开孔率(流通面积)可达6%～8%。

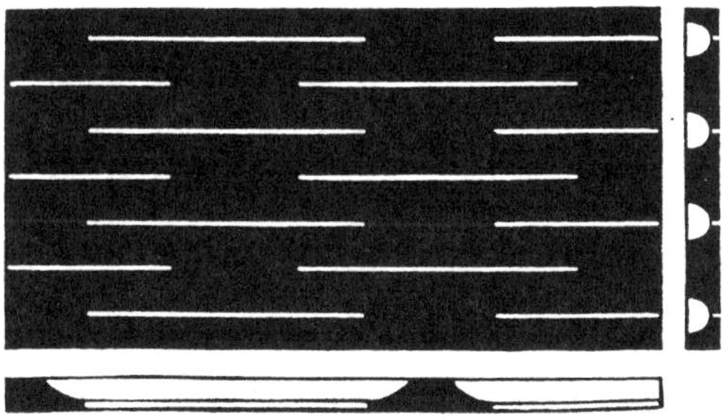

图 2－5－12 筛板筛孔

新型的筛板多为不锈钢制作,由于材质坚固,开孔率可达10%～15%。开孔率过高并不会明显增加过滤速度,反而会降低筛板强度。筛孔不宜过宽,否则滤液中固形物会明显增多。筛板并不是过滤层,只是麦糟过滤层的载体。

(3) 筛板与槽底的间距 传统过滤槽的筛板与槽底的间距一般控制在8～15mm,由筛板支脚构成此间距。此间距极小,在麦汁通过麦汁调节阀排出时,产生抽吸力,对过滤有利。但过滤时一些小颗粒和泥状物在此间堆集过多时(特别是筛孔过大易出现这种现象),会导致筛孔堵塞,麦汁流通不畅,影响过滤。

新型过滤槽,此间距稍大,并在槽底装置喷嘴和排污阀,以便清洗和排除沉淀物。

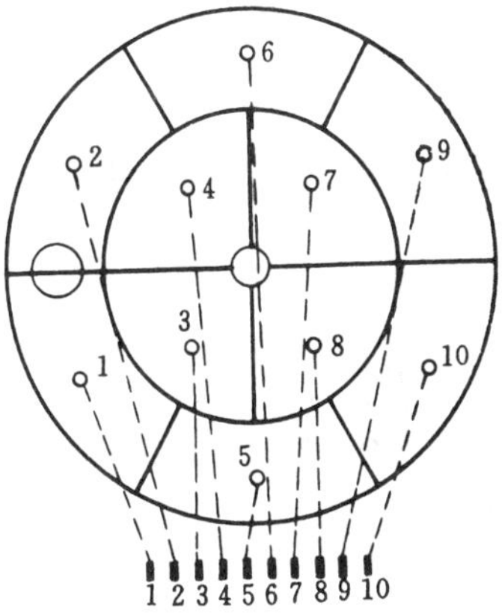

图 2－5－13 筛板与滤孔的位置

(4) 麦汁滤管与滤孔 平底过滤槽在每1.0～1.25m^{2}的面积范围内均匀布置一滤管和滤孔。布置的位置应使每一滤孔对麦糟的浸洗范围,既不重叠又无死角,并与每一块筛板部件的位置相对称(如图2－5－13所示)。滤管的内径为25～45mm,其自由流通截面积为5～15cm^2。对于浅锥形槽底的过滤槽来说,则只有一个麦汁流出口,如图2－5－14所示。

麦汁由滤管导出后,对于传统敞口的过滤槽来说,滤管的末端连接于一转芯麦汁流出阀,对流出的麦汁进行手动调节。麦汁流出量则取决于槽内液体高度和流出速度。在用此调节阀进行限流时,不得有空气进入过滤系统,以免造成过滤困难。因此,在麦汁流出阀上常安装一鹅颈弯管(见图2－5－15),弯管顶端出口需高于过滤筛板20～50cm,避免产生强烈的吸力,引入空气。

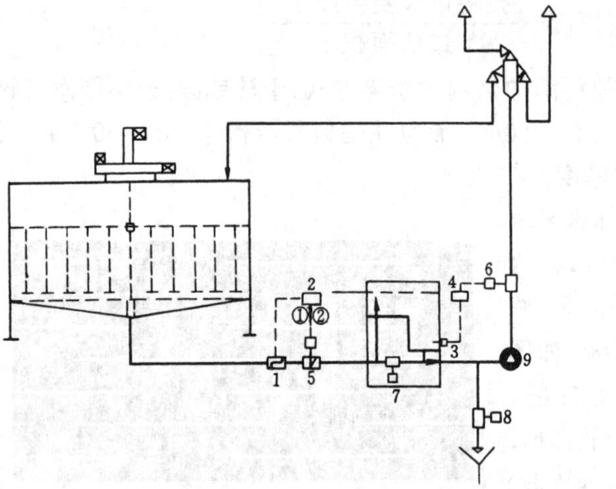

图 2-5-14 带有浅锥底和麦汁由中心流出的自动化过滤槽

1—流量计 2—带有2个额定值的调节器,额定值 ①用于头号麦汁,额定值 ②用于洗槽麦汁 3—液位测量0～500mm 4—固定值调节器 5—流量调节阀 6—液位调节阀 7—残液放出阀 8—排放阀 9—过滤泵

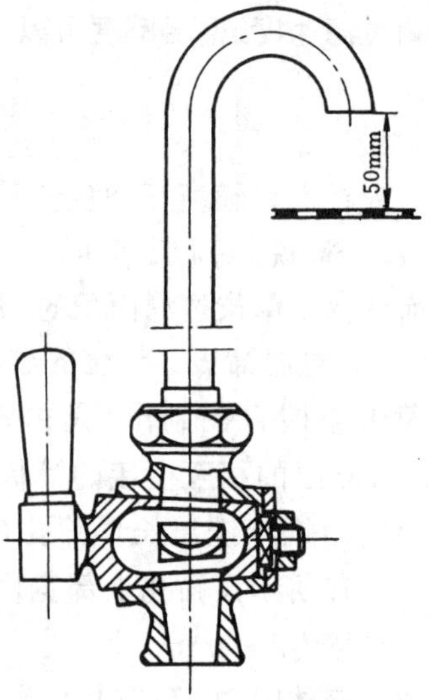

图 2-5-15 鹅颈弯管

新型的大型过滤槽,其直径最高可达12m以上。若按敞口过滤槽的结构布置麦汁滤管及手动调节阀,则数量过多,难以操作。新型过滤槽作了以下改进:根据槽的直径大小,在槽底下面布置1～4根同心环管,麦汁滤管分别就近插入环管内。此种结构可使麦汁滤管的长度基本一致,在排出麦汁时,管内产生的摩擦阻力基本是一致的,从而使槽层各部位的麦汁渗出均匀。此种过滤方式,结构密闭,隔绝了空气,减轻了麦汁的氧化。环管分别与相应数量的麦汁泵连接,利用泵将麦汁抽出。这样,过滤的压差增加了,过滤速度也相应加快。

洗槽时,也可利用泵控制各环管麦汁流量,使洗涤麦汁从几个环管流出的麦汁浓度趋向一致,从而使麦层各部位麦糟的洗涤均匀而彻底。

同心环管麦汁过滤槽的结构如图2-5-16所示。

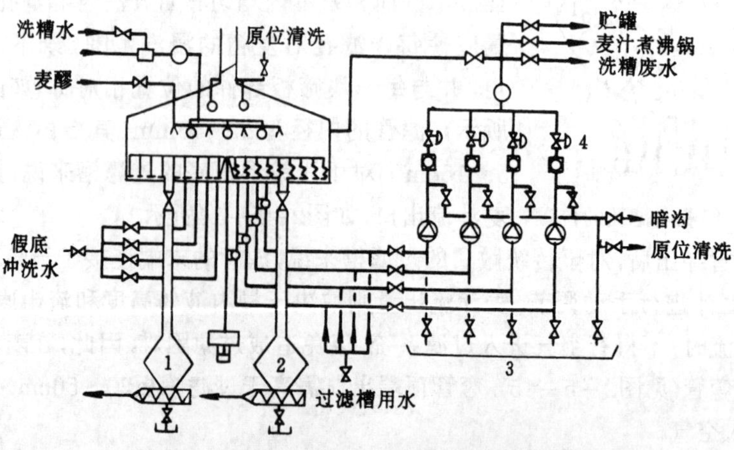

图 2-5-16 四圈同心环管麦汁过滤槽示意图

1,2—麦糟缸 3—明沟 4—麦汁流量控制器

另有一种过滤方式，即各环管的麦汁最后集中在一总管内，然后流经一麦汁缓冲罐，由缓冲罐流出，利用泵打入麦汁暂存槽或麦汁煮沸锅内。缓冲罐的麦汁液位应控制在过滤筛板之上20～50mm处，如图2－5－17所示。

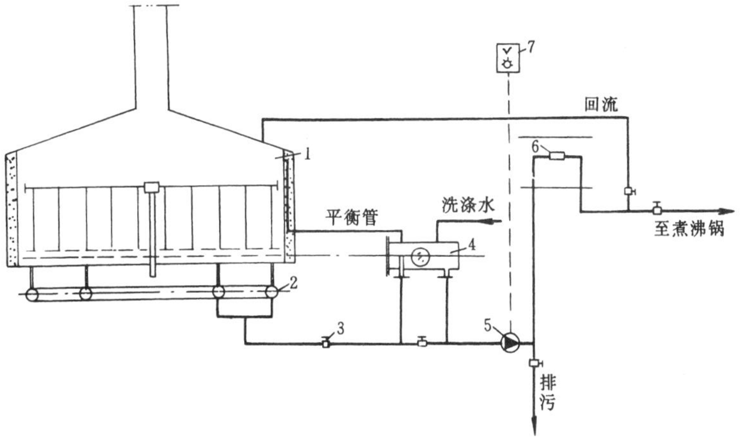

图 2－5－17 带麦汁缓冲罐的过滤槽

1—过滤槽 2—汇总管 3—碟阀 4—平衡罐 5—泵 6—视管 7—变频调节器

还有一种型式，即将麦汁滤管连接在过滤槽底部中心部位的圆形汇集罐上，如图2－5－18所示。过滤槽底内部范围的麦汁滤管连接在汇集罐的上部，外部范围的滤管连接在汇集罐的下部。然后集中由汇集罐将麦汁用泵导入麦汁暂存槽或麦汁煮沸锅内。

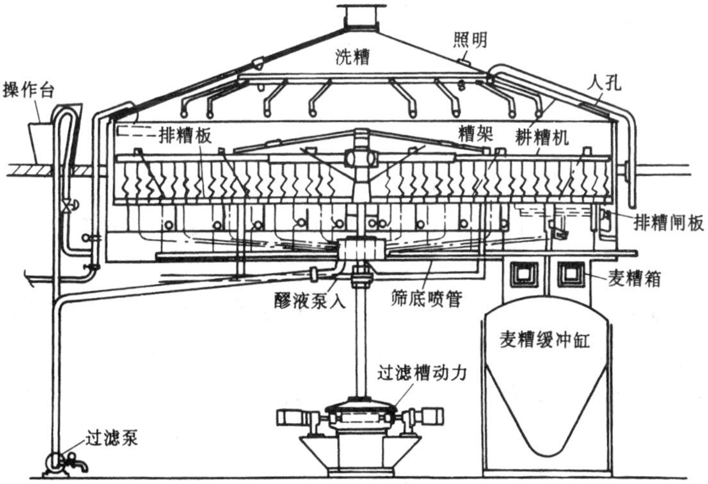

图 2－5－18 底部进醪和麦汁集中中心排放的过滤槽

(5) 糖化醪输送系统

① 传统方式：将糖化醪直接经管路由过滤槽的顶盖上部导入，自由落下或经一环形分配器分散落下，这种方式易造成糖化醪中各物质因相对密度不同而离析，使部分质轻的粘性物质(主要是蛋白质)。聚集在麦糟上部，增加了过滤阻力。这种导入方式也大大增加了麦汁与空气的接触。

② 改进方式：将糖化醪由过滤槽的底部泵入。由总醪液管泵至2～4个对称分布均匀的醪液管，然后导入过滤槽，此醪液管均位于距槽边缘1/3处。这种导入方式，可降低麦醪的流速，减轻麦醪物质的离析现象，并且减轻了麦汁与氧的接触。

(6) 耕糟装置 耕糟装置是由变速电机、变速箱、油压升降轴、耕糟臂和耕糟刀等所组成。耕糟臂在耕糟时为慢速(0.4～0.5r/min)，排糟时为快速(3～4r/min)。耕糟臂的数量是由投料量决定的，一般投料量2t左右时为2臂，4t左右为3臂，8t左右为4臂，16t左右为8臂。多臂耕糟是为了不使耕糟时间过长。耕糟臂的下方装有多种形式的耕糟刀，其间距为20～30cm(由粉碎情况决定，湿粉碎者大于干粉碎)，这种间距由内向外逐渐增大，以保证耕糟均匀和洗糟充分。耕刀最低位置距筛板为1～2cm。耕糟臂落于最低位置时，不能进入糟层。排糟时，可用单独的排糟铲板，固定安装在排糟壁上，排糟时落下，不用时提上去。

(7) 洗糟水喷洒装置 小型过滤槽在耕糟机轴顶端，装有洗糟水承受器，其两端连接两根水平喷水管，反向开孔，利用水力反作用，旋转喷水于糟层上。

大型过滤槽在顶盖内装有内、外二圈喷水管，上面安装喷嘴，洗糟水由喷嘴均匀地喷洒在麦糟层上。

3. 过滤槽法操作过程

过滤槽清洗干净，首先将滤板铺好按紧，按以下操作进行过滤：

(1) 将糖化终了的糖化醪液泵入过滤槽中，过滤槽事先铺好过滤板，并由槽底部引入少量78℃热水，以刚没过滤板为度，以便排除过滤板与槽底之间的空气。

(2) 糖化醪泵入过滤槽后，利用翻糟机翻拌均匀，然后静置20～30min，使麦糟下沉，形成过滤层，如果糖化情况良好，此时麦糟上面的麦汁如大理石一样漆黑清亮。

(3) 过滤开始，顺序打开一个或两个麦汁排出阀，然后迅速关闭，将过滤板与槽底之间的泥状沉淀物排出。此操作重复进行数次，然后将全部排出阀小开。开始流出的麦汁不清，用泵泵回过滤槽，待清亮麦汁流出后，即送入麦汁暂贮罐或麦汁煮沸锅，此时的过滤麦汁即第一麦汁。

(4) 过滤刚开始，麦汁排出阀小开，控制流速，以防吸力过大，使糟层抽缩压紧，造成过滤困难。麦汁排出阀应根据麦汁的流速逐步开大，以保持从麦糟层中渗出的麦汁和排出阀流出的麦汁达到平衡。

(5) 过滤一阶段后，麦糟层逐渐压紧，麦汁流速逐渐变小，此时应以翻糟机缓慢翻拌之。翻糟时，先从下部翻起，逐渐将翻糟机上升，使麦糟层再度疏松，麦汁流出畅通。

(6) 待第一麦汁流至露出麦糟时，在麦糟上喷洒78～80℃热水，开始洗糟，将糟层中残留糖液洗出。此洗涤麦汁即第二麦汁。

(7) 喷洒热水，可根据洗涤效果，分2～3次进行，最后的残糖浓度达到1.0%～1.5%为宜。

(8) 麦糟洗涤后，打开糟底部的排糟孔，利用翻糟机将麦糟排出。

(9) 排出的麦糟，先置麦糟贮仓内，然后以脉冲式高压气流输送至户外。

4. 投料量、过滤槽底面积与糟层厚度的关系

糟层厚度对麦汁过滤影响极大，单纯从糟层厚度还不能断定过滤槽的负荷是否正常，必须考虑麦芽的质量和粉碎程度。不同的麦芽粉碎度有不同的麦糟体积，一般说，麦芽粉

的百升质量愈小，所形成的糟层渗透性也愈大，愈有利于过滤。

对传统的过滤槽来说，全麦芽麦糟的糟层厚度一般控制在35cm左右。糟层厚度是由单位面积的麦粉量来确定的，通常每吨麦芽干粉碎后可形成麦糟$1.9cm^3$左右，由此可以求出不同单位面积麦粉量的糟层厚度，如表2－5－29所示。

表 2-5-29 单位面积麦粉量与糟层厚度

单位面积麦粉量/(kg/m^2)	过滤面积(m^2/kg)	糟层厚度/cm
150	0.67	28
175	0.57	33
200	0.50	38
225	0.45	42
250	0.40	47.5
275	0.36	53
300	0.33	57.5
325	0.31	61

湿法粉碎的糟层厚度一般较干法粉碎的糟层厚度高30％左右。

添加辅料的糟层厚度较全麦芽者低。每1t辅料(大米、玉米)形成的糟层体积为$0.3 \sim 0.4m^3$，可根据辅料的添加比例，计算出单位面积投料量的糟层厚度。

5. 麦汁过滤和洗糟与啤酒质量的关系

(1) 过滤或洗糟的麦汁均应清亮，如果不清，说明内含多量的不溶性物质。滤清的麦汁，其脂肪酸($C_6 \sim C_{18}$)含量约为4mg/kg，较滤前糖化醪内的脂肪酸含量约低10倍。混浊的麦汁含脂肪酸远高于滤清的麦汁，会给啤酒的泡沫和风味带来不良影响。

(2) 过滤和洗糟操作均应快速进行，防止多酚物质氧化而使麦汁色泽加深，口感变差。

(3) 应控制洗糟水的pH值，不宜用碱性水质，以防止麦皮中的多酚物质和苦味物质多量溶出，影响麦汁质量。洗糟时，洗糟水应淹没糟层，尽量防止氧化作用。

(4) 洗糟应慎重进行，洗糟不完全，糟内浸出物洗不净，影响产量;洗糟过分，麦皮中所含的硅酸盐、苦味物质、多酚物质和其他有害成分多量溶出，容易给啤酒带来风味和非生物稳定性的问题;同时也增加了麦汁煮沸的负担，经济上不合理。一般最终洗涤水的浓度应控制在1.0％～1.5％之间，制造高档啤酒应特别注意这一问题。

6. 保证麦汁过滤速度的措施

(1) 采用优质麦芽，这是最关键的因素，它影响着滤层的渗透性和麦汁粘度。如果麦芽溶解不好，糖化时应低温下料，添加适量的β－葡聚糖酶，加强β－葡聚糖的分解，并降低蛋白分解温度和延长蛋白分解时间进行补救。

(2) 加强麦芽粉碎操作。麦芽在粉碎前，采取增湿措施，或采用湿粉碎，增加麦皮水分，改善粉碎质量，使麦皮破而不碎，以改善糟层的渗透性，减少过滤阻力，既能增加麦汁得率，又可加速过滤速度。

(3) 正确的过滤操作，必须使麦汁流出量与麦汁通过麦糟的量平衡，避免过滤过快，尤其是开始过滤阶段，会由于吸力大，使糟层压紧，失去渗透性而难以过滤。

(4) 正确的耕糟操作，在过滤一定时间后，糟层会逐渐紧缩，此时应适当耕糟，从槽的底层(距离槽底5cm左右)耕起，耕刀线速度不应过高，最外缘耕刀线速度不宜超过每1转4min，大的过滤槽应控制在每1转7～10min。

(5) 过滤槽的安装应绝对水平，倾斜的过滤槽也会使糟层压紧，而且糟层厚薄不均，造成过滤麦汁混浊和过滤困难。

(6) 加强过滤槽的保温设施，避免糟层和槽底冷却，使麦糟收缩压紧而降低了麦糟的渗透性。

7. 造成过滤麦汁混浊的原因

(1) 麦芽溶解不良，糖化方法不理想，蛋白质分解不完全。

(2) 过高的过滤速度导致高的麦汁浊度，过滤速度以不超过0.16L/(m^2·s)为宜。

(3) 过薄的麦糟厚度，麦汁过滤不充分。

(4) 洗糟水温高于80℃。

(5) 过滤开始，回流麦汁不符合要求。

(6) 耕糟操作不当，例如耕糟机耕糟过深，耕刀线速过快或出现推糟现象，使麦糟层遭受破坏等。

8. 过滤槽过滤的技术条件

(1) 麦糟厚度　30～35cm(视辅料添加量而有增减)。

(2) 糖化醪液温度　75～78℃。

(3) 糟层沉淀情况　要求表面平整。

(4) 每1kg原料所需槽底面积　0.5～0.7m^2。

(5) 1号麦汁过滤时间　45～90min。

(6) 2号麦汁过滤时间　45～90min。

(7) 总过滤时间　3h内。

(8) 洗糟水温　75～80℃。

(9) 过滤时压差　2～3kPa。

(10) 防止糟层和槽底降温;过滤时避免震动。

(二) 压滤机法

根据压滤机结构的不同，又可分为三种类型：板框式麦汁压滤机，袋式高压麦汁压滤机，膜压式麦汁压滤机。

1. 板框式麦汁压滤机

(1) 设备情况　麦汁压滤机由如下构件组成:

① 底座和支架。

② 板框围成的滤框室(图2－5－19)，用来容纳泵入的醪液和滤后的麦糟。

③ 用以汇集并排出麦汁的沟纹板或栅板(图2－5－19)。

④ 用以分离麦汁和麦糟的滤布。

⑤ 顶板，其内面结构与沟纹板同，分装在支架两端，醪液进口一端是固定的，另一端是活动的。

操作时，板框和沟纹板相间安置在支架上，滤布装在沟纹板上，装后将顶板压紧备用。

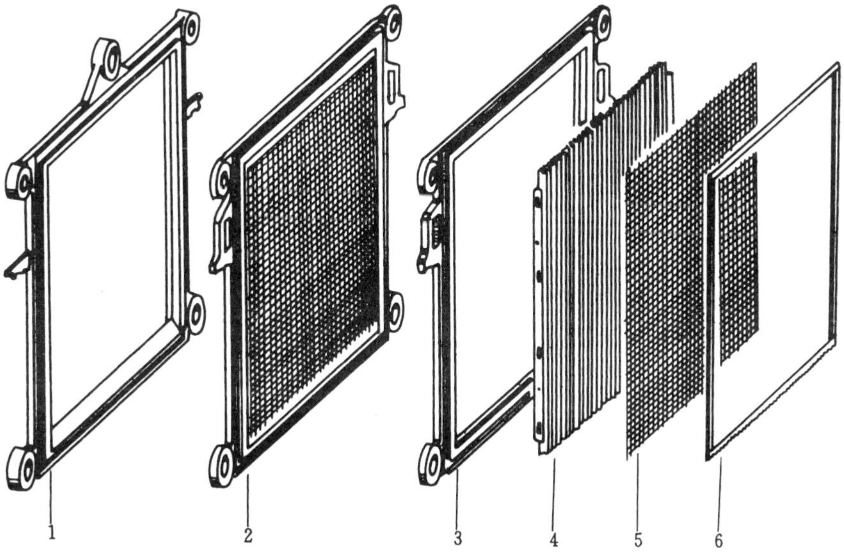

图 2-5-19 滤框与栅板

1—滤框 2—栅板 3—栅框 4—栅 5—支撑格筛 6—压盖框

(2) 操作过程

① 装后的压滤机内泵入80℃热水，排出空气，静置约0.5h，至压滤机变热为止。

② 热水排出时，即泵入醪液，醪液在泵送前应充分搅拌，使固液相混合均匀，以便达到装机均匀，使各板框所装的醪液相等，否则过滤时容易产生短路现象，泥状沉淀物多的滤框便会过滤缓慢，渗出困难。

③ 压滤机的麦汁排出阀在开始装料时就全部打开，使1号麦汁的排出与醪液的泵入同时进行，在未形成滤层前，麦汁比较混浊，可回流至糖化锅。30min左右，1号麦汁可以全部排完。

④ 在整个压滤过程中，过滤压力一般不应有明显的升高，如发现压力升高很大，说明麦糟层压紧，渗透性差，过滤也困难了。在麦芽质量不好的情况下，容易产生这种情况。

⑤ 1号麦汁排尽后，立即开始洗糟，洗糟水以与麦汁过滤相反的方向穿过滤布，经过板框中的麦糟层，将残留麦汁洗出。

⑥ 洗糟过程中的压力仍应控制，使其不超过0.1MPa，否则麦糟层易受压而形成渠道，洗涤麦汁将走短路而造成损失。

⑦ 最后的洗糟残水，可利用蒸汽或压缩空气将其顶出。洗糟完毕，即通入冷水冷却，然后卸机，滤框中的麦糟，落入麦糟排出槽，用螺旋输送机运走。

⑧ 清洗滤布，除去粘着物，再行安装备用。

(3) 压滤机过滤的技术要求

① 装置控制内部操作压力的压力计，以控制压滤时的压力。

② 安装滤框、沟纹板或栅板或滤布时，应前后压紧，受压要均匀，防止渗漏。

③ 泵入醪液需均匀，每间滤框必须装满醪液，各间滤框所装数量应相等。

④ 泵入醪液时应注意排除空气，可在沟纹板或栅板上设置排气阀。

⑤ 泵送醪液要求速度大，阻力小。泵送压力一般是：新滤布20～40kPa，旧滤布60～80kPa。根据麦汁排出量调节醪液泵入量，最好装置1台变速电动机，用以调节醪液速

度，防止压力升高。

⑥ 应控制麦芽粉碎度，使麦糟的积聚容积适应滤框容积。

⑦ 糖化醪及洗糟水温度：75～80℃

⑧ 第一麦汁过滤时间：0.5～1.0h。
洗涤麦汁时间：0.5～1.0h。
过滤总时间：1～2h。

⑨ 残糖浓度：0.5%(12%麦汁)。

⑩ 100kg原料所需滤框容积：120～140L。

(4) 新型麦汁压滤机及其特点　上述的老式压滤机有如下的缺点：①由于采用人工装卸，耗用人力多，劳动强度大；②清洗滤布繁琐而麻烦，耗用人力和耗水量均多；③机体笨重，占地面积大；④自动化程度低等。因此，50年代后已逐渐被淘汰。

近年来，在国外由于实现了压滤机全部操作自动化和采用聚丙烯滤布代替了棉布滤布，笨重的体力劳动减轻了，滤布的清洗工作减少了，生产时间也相应缩短，于是已趋淘汰的麦汁压滤机又重新被重视和被广泛采用。

新型麦汁压滤机的特点可归纳如下：

① 笨重的人工装卸工作，已全部实现机械化和自动控制，节省了人力。

② 全部操作过程实现自动控制，其中包括：过滤压力的自动控制和管理；过滤麦汁流速的调节；麦汁过滤量的测定；洗糟水温的调节和管理等等。

③ 用转换阀代替了上百个的麦汁考克，洗糟时免去了调节考克的麻烦。

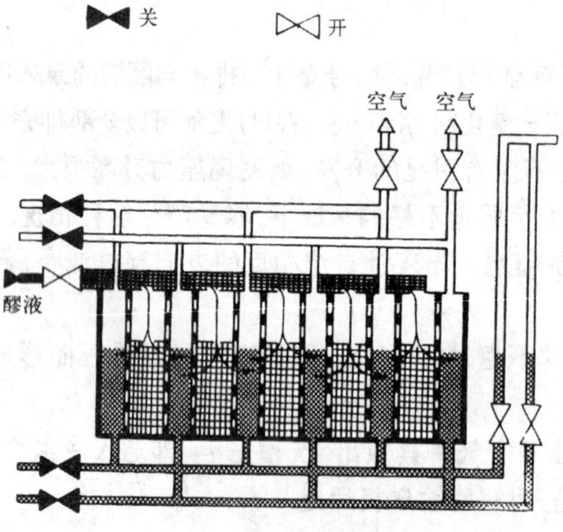

图 2-5-20　新型压滤机进料

④ 水、电、汽的需要量比较均衡，高峰负荷降低。

⑤ 缩短了压滤时间，提高了设备利用率。

(5) 新型压滤机的操作要点　新型压滤机的操作要点与旧法基本相似，只是自动化控制加强了，其操作过程可分5个步骤：

① 进料：麦醪泵入压滤机上部通道，进入各层压滤机板框，并利用一蝶形控制阀，使装料均匀，从视镜可以看到麦醪的流量，并用接触(液体)压力计阻止机内压力的上升(图2-5-20)。

② 第一麦汁的流出：麦醪泵压迫麦汁穿过滤布而流出，由沟纹板下方的出口管道直接流入麦汁预贮槽或麦汁煮沸锅内，麦汁流量用诱导流量计测定，麦糟则被滤布隔留在板框内(图2-5-21)。

③ 第一麦汁的移位：当麦醪泵完后，麦醪流经的管道也清洗完毕，洗糟水由沟纹板压入，第一麦汁移出，麦糟在板框内被水浸渍而呈悬浮状(图2-5-22)。

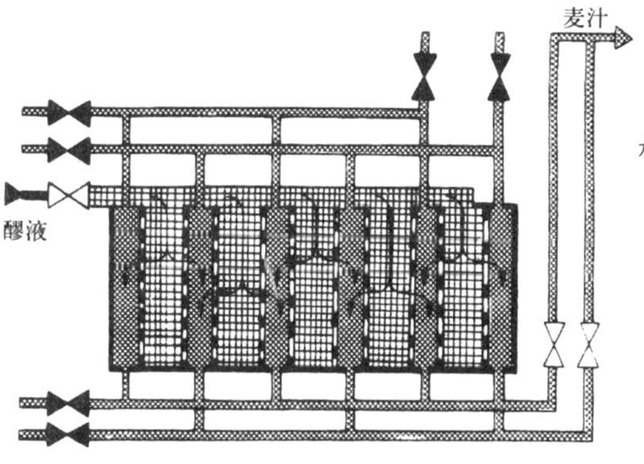

图 2-5-21　第一麦汁的流出

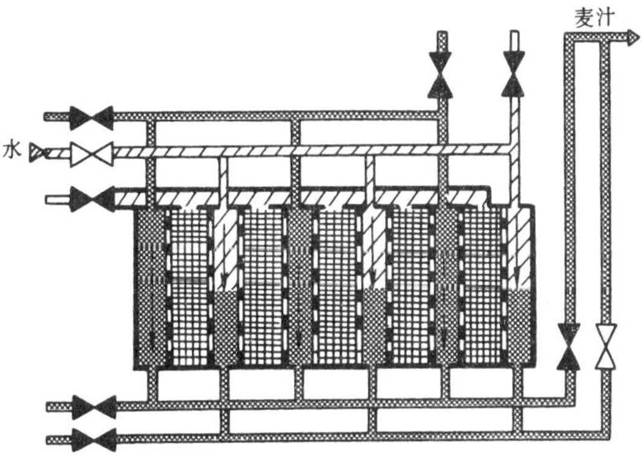

图 2-5-22　第一麦汁的移位

④ 洗糟：洗糟水的流量和温度系自动控制，直至洗糟彻底，全部浸出物回收，并利用接触液体压力计阻止在洗糟过程中，压滤机的压力不适当地升高(图2-5-23)。

⑤ 压力排空：在麦汁煮沸锅即将满量时，停止洗糟，用压缩空气将洗糟残水顶出(可作为下批糖化用水用)，尽量减少废糟中的水分含量(图2-5-24)。

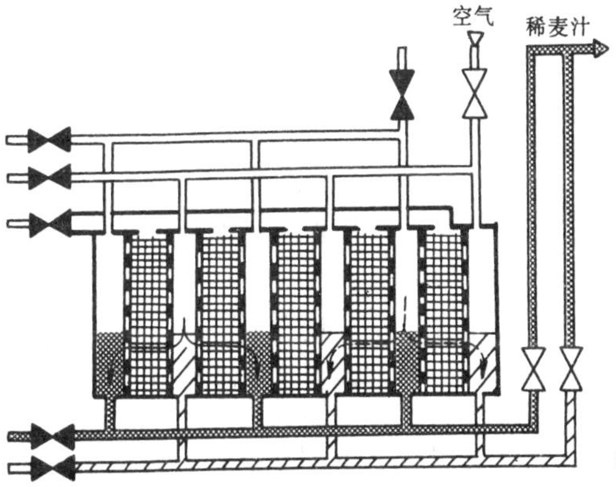

图 2-5-23　洗糟

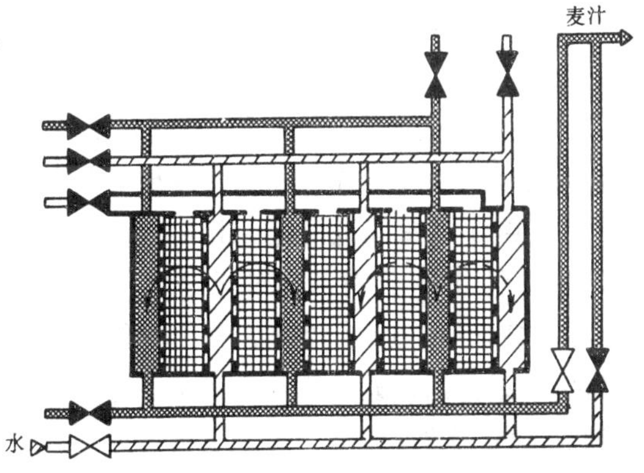

图 2-5-24　压力排空

(6) 聚丙烯滤布与棉布滤布的比较(表2-5-30)

表 2-5-30　聚丙烯滤布与棉布滤布的比较

名　称	使用寿命	过滤麦汁的质量	清洗情况
棉布滤布	100批糖化左右	麦汁过滤质量较好，相对浊度低，但过滤速度较聚丙烯滤布慢	清洗滤布繁琐，每批滤完都要卸下清洗，而且需设置滤布清洗设备，占地面积大
聚丙烯滤布	1000批糖化左右	过滤速度较前者快，但过滤麦汁质量较差，相对浊度较前者高数倍	废糟对聚丙烯滤布不粘附，可以不卸机，原位清洗，清洗方便，洗液采用1%～3%NaOH，温度60～80℃，循环清洗。若洗液中添加部分螯合剂和润湿剂，则效果更好。每星期用碱液洗涤1次即可，每两周在卸机时用高压水喷洗1次

2. 袋式麦汁压滤机(又名高压麦汁压滤机)

(1) 基本原理 这种压滤机系80年代初推出的新型麦汁压滤机。其结构基本与传统的麦汁压滤机相同,只是以滤袋取代滤框,用以装糖化醪液。基本工作原理为:将糖化醪液泵入聚酯或聚丙烯滤袋中,通过滤板缓慢地压榨滤袋,将第一麦汁滤出,麦槽在滤袋内形成滤层。然后用少量洗槽水(与滤袋同容量)将滤袋麦槽中残留的麦汁压出。最后通过高压压榨(1.5MPa),可得较高的麦汁浸出率。同时,麦槽经压榨后含水量少,其干物质可高达45%。此机所滤之麦汁较清,其压滤时间也较短。

(2) 设备结构 高压袋式压滤机与传统的麦汁压滤机结构基本相似,即在支撑架上装有滤板,滤板上刻有沟槽,便于麦汁流出。滤板宽130cm,高200cm,每两块滤板之间设置一聚丙烯滤袋,糖化醪液由滤袋上部泵入。过滤时,滤袋由一自动装置将其底部自动翻折夹紧。每一滤袋可容纳200kg原料的醪液。两滤板的间距为80mm,正好是滤袋全部胀满时的距离。高压袋式压滤机最后压榨的工作压力为1.5MPa。

(3) 技术条件

① 原料以细粉碎为宜,粗粉碎的醪液进入滤袋时,粗粒容易沉淀袋底,粗粒越多,沉积袋底的数量愈大,不易在袋内形成预涂层,过滤质量不佳。可用锤式粉碎机粉碎原料,细粉碎易形成均匀的滤层,并得到澄清的过滤麦汁。

② 糖化醪液应尽量避免氧化。醪液氧化将使蛋白质组分通过硫桥而形成高分子结构,从而使颗粒增大,堵塞滤孔。

③ 糖化醪液应尽量避免吸氧,否则泵送醪液的压力要提高,而且在洗槽时,压榨除水也比较困难,影响麦汁的收得率。洗槽用水也最好进行脱气处理。

④ 滤板压榨应缓慢,否则麦汁易混浊。

⑤ 糖化醪料液比为1∶3.3左右比较合适,相当第一麦汁浓度18%左右,混合麦汁14%左右,更适合制造高浓度稀释啤酒。

(4) 操作过程

① 细粉碎之糖化醪液,经醪液管泵入滤袋,直至充满,约需5min。此时滤板之间距为80mm(见图2-5-25 a)。

② 初滤出的麦汁如混浊,可进行回流。麦槽

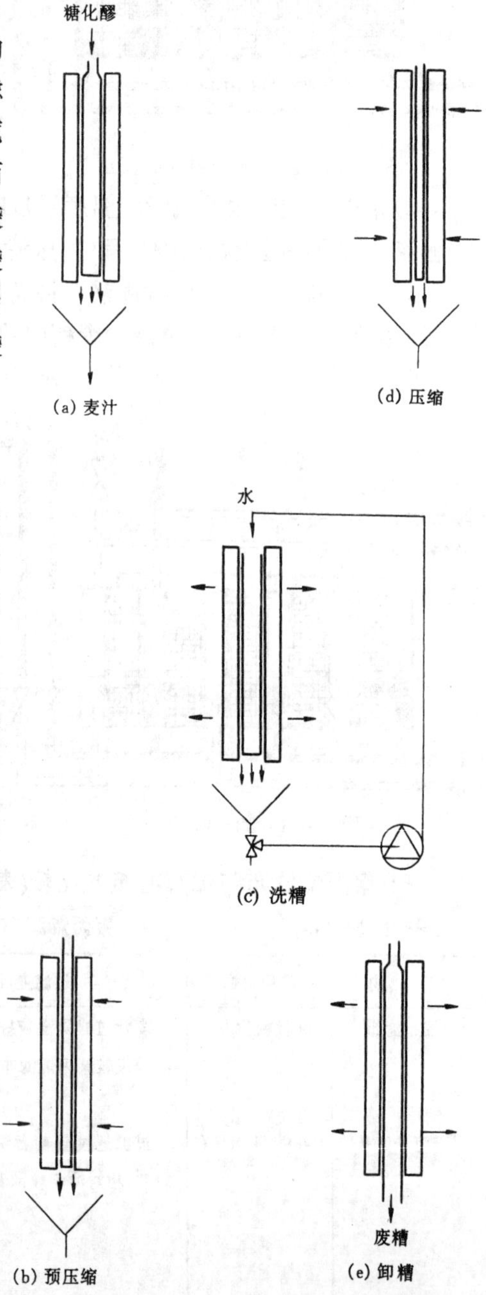

图 2-5-25 袋式压滤机操作过程示意图

在袋内形成滤层后，滤出之澄清麦汁，导入煮沸锅。一般细粉碎的糖化醪液，很快可滤得澄清麦汁，不需回流。

③ 随着糟层阻力增大，醪液泵送压力由30kPa升至80kPa，全部泵送时间为15min左右。

④ 全部醪液送完后，进行预压缩(见图2－5－25 b)。

⑤ 以每100kg原料加洗糟水1.0hl左右的量将洗糟水泵入滤袋，进行洗糟，需5～10min(见图2－5－25 c)。

⑥ 在30min内将滤板间距80mm以1.5MPa压力缓慢压缩至20mm，并在此压力下保持5min。压缩过急，麦汁易混，缓慢压缩，则麦汁很清(见图2－5－25 d)。

⑦ 卸机放麦糟，麦糟自动落入麦糟槽内输出(见图2－5－25 e)。

⑧ 高压水冲洗滤布，装机待用。

(5) 袋式压滤机的优缺点

优点：

① 过滤时间短，每日可压滤12批以上。

② 洗糟用水少，为传统压滤机的1/3～1/4;麦糟干物质含量高，可达40％左右;废水排放量少。

③ 所产麦汁浓度高而不影响麦汁收得率，适合酿制高浓度稀释啤酒。

④ 采用细粉碎，所得麦汁较传统压滤机清亮;麦汁含多酚物质也远低于后者，其口感也优于后者。

⑤ 麦汁收得率高于传统压滤机，甚至高于实验室协定法麦汁的收得率。

⑥ 自动化程度高。

缺点：价格高于传统压滤机。

3. 膜压式麦汁压滤机

膜压式麦汁压滤机又称2001麦汁压滤机，系90年代推出的新型麦汁压滤机

(1) 基本原理　麦汁过滤的目的有两个：快速的过滤速度和清亮的麦汁质量。要达到快速过滤，应采取薄层过滤，但这样又会失去过滤的深层效应(deep bed effect)，使滤过的麦汁混浊不清。为了截留麦汁中的混浊颗粒，必须缩小滤饼间的空隙，这样就需要原料细粉碎，其作用相当于硅藻土过滤。但细粉碎又将增加过滤阻力，必须给予滤饼一定的压力，才能使麦汁顺利透过滤层。为此，可采取弹性膜进行压滤。2001麦汁压滤机就是根据以上几方面机理，使麦汁在薄层过滤的条件下，既加快了过滤速度，又达到麦汁清亮的目的。

(2) 设备结构　2001麦汁压滤机的结构与传统压滤机相似，由60个左右的组件组成。这些组件的外形规格为2m×1.8m，全部由聚丙烯制作。每一组件包括一由两块弹性膜分离的中空框架，两膜之间可通压缩空气膨胀。此框架插在两块铺有聚丙烯滤布的滤板之间。滤膜与滤板之间的空隙为麦糟沉积的空间。糖化醪液和洗糟用水均由底部与滤膜成切线方向进料，使进料分布均匀，同时，由底部进料，也避免了醪液与空气接触。排糟设施与传统压滤机相同。其简单结构如图2－5－26所示。

(3) 技术要求

① 为了提高麦汁收得率和洗糟效率以及良好的麦汁澄清度，原料粉碎时以锤式粉碎机取代辊式粉碎机，进行细粉碎。此细粉通过真空输送，送入糖化锅。2001压滤机对麦芽粉的规格要求与过滤槽和传统压滤机的规格要求对比如表2－5－31所示。

表 2-5-31 各种麦汁过滤设备的麦芽粉碎度要求 单位：%

EBC标准筛	2001锤式粉碎	过滤槽6辊粉碎	传统压滤机6辊粉碎
筛1＋2	5	40	20
筛3＋4	35	40	60
筛5＋筛底	60	20	20

② 由底部以与弹性膜成切线方向进料，使麦糟不会在过滤时出现垂直分层现象。麦糟分层对麦汁过滤和洗糟都是有害的，底部进料还可避免醪液与空气接触。

③ 滤饼的形成和均匀度是提高洗糟效果的关键。当第一麦汁滤完后，在洗糟之前，可先对滤饼进行预压缩(precompression)，使糟层固定。可通过弹性膜通入压缩空气进行压缩，压力以0.1MPa左右为宜。

④ 第一麦汁过滤后，滤饼中尚存有约50％的麦汁，必须在最短时间内将其提取出来。理想的洗糟方式是采用活塞式流动(“plug flow”)，使残留麦糟中的麦汁被同量的水洗出。

⑤ 在麦汁过滤和洗糟时，进口压力保持恒定，因此，在过滤时出口的麦汁流量是逐步降低的；而洗糟时，因麦汁粘度降低，麦汁流量则逐步升高。

⑥ 过滤和洗糟时的进口压力，预压缩和最终弹性膜压缩的压力和时间，以及洗糟水的水量均由微机控制和调节。表2－5－32例示一个7t原料(90％麦芽，10％大米)的膜式压滤机的一些参数。

表 2-5-32 膜式压滤的有关参数

项目	时间/min	容量/hl	压力/MPa
麦汁过滤	35	150	0.6
预压缩	5	15	0.5
洗糟	60	150	0.6
压缩	10	25	1.2
放料	5	—	—
总计	115	340	

⑦ 滤饼脱水。为了避免摄取氧，不采用鼓风或吸风方式，而是以压缩空气膨胀弹性膜压缩脱水。

(4) 操作方法 全部操作自动化，分6步进行：

① 糖化醪进料(图2－5－26 A)：糖化醪以恒压充满压滤机的滤框内。此时，麦汁未流出，在压滤机的最前面滤板上有一鹅颈器形成水封。

② 糖化醪过滤(图2－5－26 B)：麦醪充满滤框后，以0.6MPa左右压力进行压滤，使麦糟在滤布上形成一麦糟滤层。滤出的麦汁，先经压滤机外一缓冲罐，用以调节流量。然后流入麦汁煮沸锅。

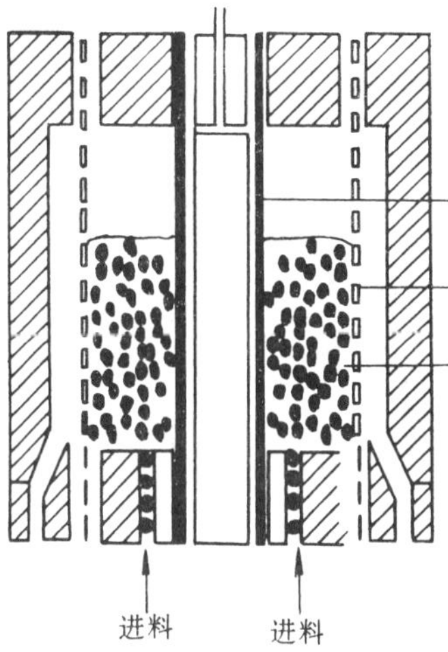

图 2－5－26 A　进料

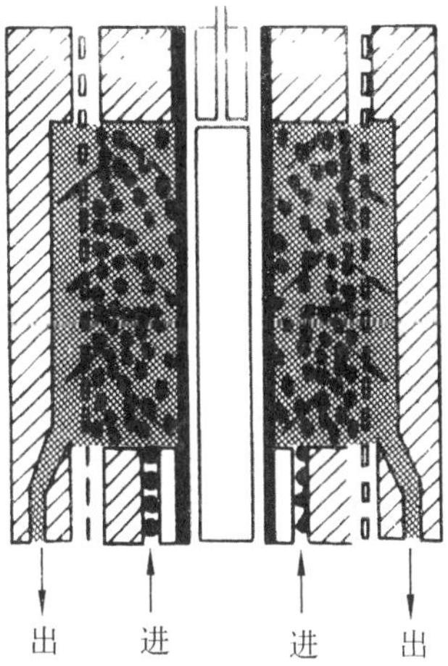

图 2－5－26 B　过滤

③ 预压缩(图 2－5－26　C): 第一麦汁滤完,将进口阀关闭,于两弹性膜之间通入压缩空气,使其膨胀,将最后的第一麦汁滤出,同时固定了麦糟滤层。预压缩时间5min。

④ 洗糟(图2－5－26　D): 打开进口阀,释放弹性膜间的压缩空气,同时将洗糟水以恒压引入滤框内。与此同时也清洗了进醪管路。洗糟水应均匀地分布在滤饼表面。

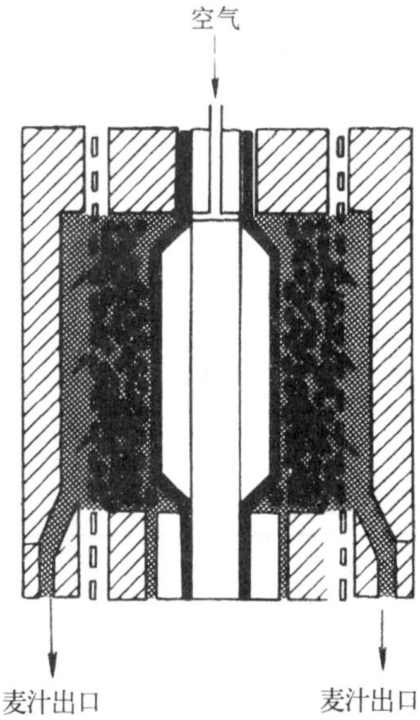

图 2－5－26 C　预压缩

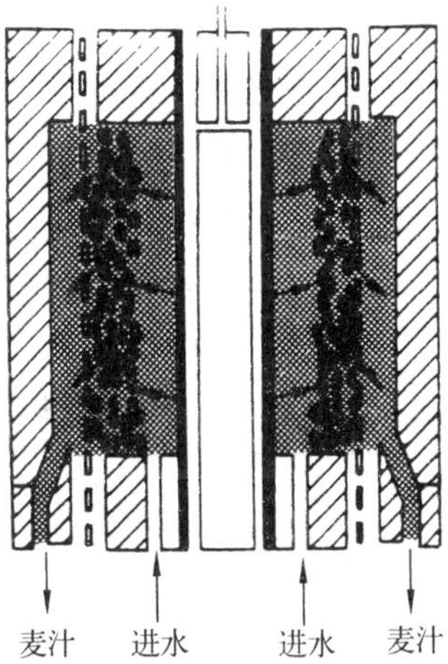

图 2－5－26 D　洗糟

⑤ 压缩(图2－5－26　E): 弹性膜之间通入高于洗糟压力的压缩空气(1.2MPa左右),进行压榨滤饼,同时回收最后的浸出液。压榨时间5min。经此压榨,增加了滤饼的相对密度,使其更易快速而彻底地排放。

最后麦糟的含水量由所使用的压滤压力和压滤时间决定。

⑥ 排糟(图 2－5－26 F)：卸开压滤机，不用人力，麦糟自动落入收集器内输出，排糟时间5min。滤布不需卸下，自动清洗。然后装机待用。

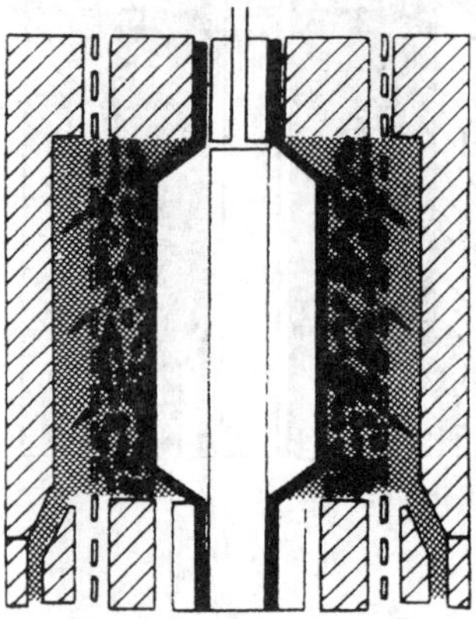

图 2－5－26 E 压缩

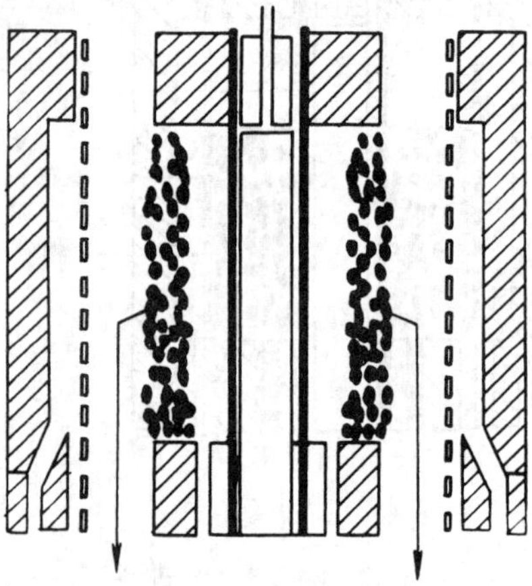

图 2－5－26 F 排糟

(5) 2001麦汁压滤机的特点 从技术和质量角度看，2001压滤机具有以下优越性：

① 由于原料粉碎细，麦糟紧凑，麦汁过滤4min后即可滤清，麦汁不需回流，浊度＜1°EBC，脂肪酸含量可降低至20mg/kg左右。

② 麦汁收得率高，可达到或超过化验室EBC协定法麦汁的收得率。此提高的浸出率一半来自细粉碎，一半由于膜压缩。

③ 此机洗糟效率很高，洗糟用水量远较传统压滤机为少，而洗糟彻底，废水减少。

④ 由于洗糟水少，过滤完毕的混合麦汁浓度，远较传统压滤机或过滤槽的混合麦汁浓度高，而且没有浸出物的损失。

⑤ 由于膜压缩，麦糟含水分极低，麦糟干重可达35％以上，从滤布上自动卸糟很容易。干糟便于运输，且不污染环境。

⑥ 2001压滤机的负荷有极大的灵活性，降低或增加负荷量(见表2－5－33)，改变辅料比例和辅料品种(见表2－5－34)，或生产高达25°P*浓度的麦汁均无困难，更适合于制造高浓度稀释啤酒的高浓度麦汁。

表 2-5-33　　2001压滤机负荷增减的参数影响

负荷量/(kg/m²)	26.4	29.7	32.4	39.5
进料时间/min	4	4	4	4
过滤时间/min	14	17	16	29
预压缩时间/min	6	6	4	4
洗糟时间/min	43	37	33	52
压缩时间/min	11	14	12	10
总耗时间/min	78	78	69	99

* 即用普拉图糖度表测定的普拉图浓度，表示在20/20℃下所测糖液相对密度的相应蔗糖的质量分数(%)。

表 2-5-34 **2001压滤机不同辅料及辅料比的参数影响**

啤酒品种	白啤酒		爱尔啤酒		司陶特啤酒	
辅料及辅料比	60%麦芽 40%小麦		88%麦芽 12%玉米		60%麦芽 10%烘烤大麦 30%大麦片	
生产参数	时间/min	浓度/°P	时间/min	浓度/°P	时间/min	浓度/°P
进　料	4		4		4	
过　滤	21	20.8	36	19.5	38	23.0
预压缩	8	20.8	8	19.5	4	23.0
洗　槽	61	1.2	75	0.4	70	1.7
最后压缩	8	1.2	6	0.4	6	1.6
总耗时间	102		129		122	

⑦ 采用不同原料及糖化方法的灵活性大，使用溶解不良的麦芽，也不会给过滤带来任何困难。

⑧ 过滤周期短，日过滤可达12批以上。

⑨ 没有热的辐射。

⑩ 自动化程度高，包括过滤、洗槽及清洗滤布整个生产过程。

⑪ 底部进料，降低了与氧的接触。

⑫ 粉碎技术简单，粉碎度的灵活性大。

(6) 3种麦汁过滤机各项参数的比较　在相同的原料条件下，麦汁过滤槽、传统压滤机和2001麦汁压滤机的各项参数对比如表2－5－35所示。

表 2-5-35 **3种麦汁过滤系统的参数对比**

项目		传统压滤机	2001压滤机	过滤槽
粉碎度(标准筛)	1+2	20%	10%	40%
	3+4	60%	40%	40%
	5+筛底	20%	50%	20%
单位面积负荷量/(kg/m²)		34	35	232
第一麦汁浓度/°P		21	22	17
洗槽水量/(hl/t)		36	22.4	32.1
残糖浓度/°P		1.5	0.8－1.1	1.5
混合麦汁浓度/°P		11.7	15.3	11.8
过滤时间/min		95	100	165
麦汁浸出物得率/%		77.3	80.2	78.3

(7) 3种麦汁过滤机的主要麦汁成分对比(表2－5－36)

表 2-5-36 3种麦汁过滤机的主要麦汁成分对比

分析项目	传统压滤机	2001压滤机	过滤槽
多酚物质含量/(mg/L)	216	218	223
脂肪酸含量/(mg/L)	143	24	27
总氮含量/(mg/L)	1013	982	980
β-葡聚糖含量/(mg/L)	217	214	208

(8) 两种麦汁过滤机所制啤酒的分析和品尝对比(表2-5-37)

表 2-5-37 两种麦汁过滤机所制啤酒的分析和品尝对比

分析项目	2001压滤机	过滤槽
多酚物质含量/(mg/L)	200	210
总氮含量/(mg/L)	700	695
酯含量/(mg/L)	31.5	32
泡沫/min	125	120
消糖度/%	85.4	85.0
啤酒品尝(分数1～9)		
新鲜酒品尝	6.35	6.30
40℃热处理3天后品尝	5.35	5.5

(三) 快速渗出槽法

(1) 设备情况 快速渗出槽为正方形、矩形或圆柱形槽，其底部截面为锥底，均为不锈钢制造。圆柱锥底槽(图2-5-27)的槽身下半部装有7层不锈钢渗滤管，滤管截面积为13cm×5cm，层数可根据槽的容积具体规定。渗滤管上铣有长形滤孔，规格为长1.27cm，宽0.63mm。单位面积负荷量约110kg/m²，每层渗滤管均与一汇流管连接，汇流管则与5个调速麦汁泵相连(下部渗滤管每两层与一麦汁泵相接，上部滤管每层与一麦汁泵相接)，导入麦汁受皿的混浊麦汁可以回流至渗滤槽。槽底部分为一出糟门，过滤槽底部有一麦糟排出仓，麦糟由此流入麦糟贮罐。洗糟水系通过上部喷淋系统及下部的一为三角铁覆盖的带孔管道加入。渗滤槽的上盖装有中压喷嘴，用于排糟和槽内元件的清洗。这种渗滤槽没有耕糟装置。

糖化醪泵入快速渗出槽，通过分配器，均匀地分布在槽内，在滤管周围形成助滤层，麦汁即通过此助滤层，流入滤管，滤出的麦汁经麦汁泵排出，流入麦汁暂存槽或麦汁煮沸锅内。

(2) 操作过程

① 预热槽身，需时3min左右。

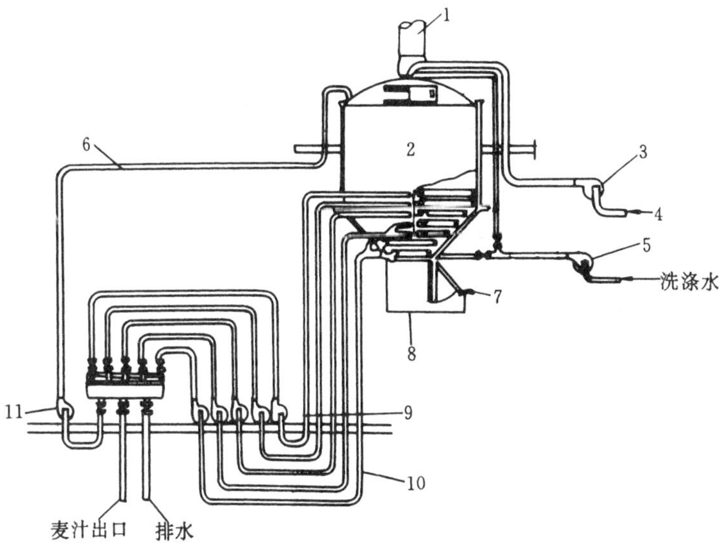

图 2-5-27　快速渗出槽

1—排气筒　2—快速渗出槽　3—糖化醪泵　4—糖化醪　5—洗涤水泵
6—回流管　7—废糟门　8—废糟出口　9—麦汁泵　10—麦汁管　11—回流泵

② 泵入糖化醪，通过两个分配器，将醪液均匀分布槽内，需时12min左右。

③ 当醪液盖没渗滤管后，开始用泵抽滤。开始滤出的麦汁混浊，进行回流，麦汁变清后，流入麦汁煮沸锅。第一麦汁的抽滤时间需15min左右。

④ 待第一麦汁大部分滤出后，开始自动洗糟。洗糟水是由上部和下部两方面进水的，两部分的加水量，由麦汁泵流出麦汁的残糖浓度进行控制。洗糟时间需60min左右。

⑤ 洗糟完毕，由槽底出糟，并清洗滤管上的麦糟，需时15min左右。

(3) 快速渗滤槽的特点和缺点

特点：

① 槽身直径较传统的麦汁过滤槽小，占地面积只有过滤槽的1/2。

② 以滤管代替了滤板，大大增加了单位容积的过滤面积，其滤出面积的4倍于过滤槽。

③ 利用泵抽吸麦汁，增加了过滤压差，使麦汁更易渗出。

④ 操作管理方便，平时不需拆洗，进出料及洗涤工作全部自动控制。

⑤ 出糟方便而快。

缺点：

① 麦糟含水分高，糟层中尚有较多的可洗出浸出物未被回收。

② 排糟时需要大量的水，产生多量废水，增加了环境污染。

③ 洗糟不彻底(尤其对过滤性能较差的醪液)，麦汁收得率低。需配备离心机将麦糟输送器产生的压榨液收集起来，离心回收麦汁，但仍达不到理想的收得率。这样处理对麦汁质量也很不利。

④ 过滤麦汁的透明度远不如采用麦汁过滤槽的。

(四) 5种麦汁过滤方法的比较

过滤槽法、传统压滤机法、快速渗出槽法、袋式压滤法和2001膜压滤法5种麦汁过滤方法的比较如表2－5－38所示。

表 2-5-38 5种麦汁过滤方法的比较

比较内容＼过滤方法	过滤槽法	传统压滤机法	快速渗出槽法	袋式压滤机法	膜式压滤机法
麦芽粉碎度	对麦芽粉碎度要求严格，粉碎过粗，影响麦汁收得率；粉碎过细；过滤困难	麦芽粉碎度可以适当细一些，但必须充分估计，使麦槽的容量与压滤机滤框的容积相适应	对麦芽粉碎度要求比较严格，但较过滤槽法灵活一些	要求原料粉碎细一些，否则粗粒易沉积，不易形成过滤层	原料粉碎度的灵活性大
过滤速度	过滤和洗涤时间较压滤机法长，排糟时间较短	过滤和洗涤时间较短，但排糟时间较过滤槽法长	过滤、洗涤和排糟时间均较短	过滤及洗糟速度快，时间短	过滤和排糟时间极短，优于其他方法，洗糟时间与压滤机法相当
劳动强度	操作简单，劳动强度较低	装拆设备、排糟、清洗滤布等，操作繁琐，劳动强度较大，但新型压滤机则全部操作实现了自动控制，其耗用人力和劳动强度均较低	操作简单，劳动强度较低	全部操作实现自动化，劳动强度低	全部操作实现自动化，耗用人力及劳动强度均较其他方法为优
投资费用	设备简单，占地面积小，投资较少	设备较复杂，投资较多	设备简单，占地面积小，投资较少	设备较复杂，投资与压滤机法相当	设备较复杂，投资费用较高
维持费用	较低	较高	最低	较低	较低
第一麦汁浓度	以不超过18％为宜，否则粘度过高，不易过滤	第一麦汁浓度可以控制在22％以内	可控制的第一麦汁浓度较压滤机低，较过滤槽高	第一麦汁浓度以控制18％左右比较合适	第一麦汁浓度可达25％
辅助原料使用量	辅助原料用量应较其他方法少	辅助原料用量可以多一些	辅助原料用量可较过滤槽法多一些	辅料用量可较过滤槽法多一些	辅料用量灵活性大
麦汁相对浊度	较好	用棉布滤布：较好 用聚丙烯滤布：较差	较差	麦汁相对浊度不如2001，与过滤槽法相当	麦汁含脂肪酸少，相对浊度较其他方法均优
日糖化批次	7～8	10～12	11～13	12批以上	12批以上
原料利用率/％	98.0～98.5	99.0～99.3	97.5～98.0	可达100％	可达40％
废糟水分含量/％	80左右	65～70	80～90	60以下	65以下
生产能力灵活性/％	－50～＋20	±4.5 （如改变滤框数，则不在此限）	－50～＋10	与压滤机法相当	－30～＋10

第五节　麦汁煮沸与添加酒花

一、麦 汁 煮 沸

麦汁煮沸是一项复杂的物理和化学变化过程。这些变化错综复杂，很难同时照顾到全部变化的有利作用条件，在很大程度上需要根据产品的类型和操作经验去掌握。

(一) 麦汁煮沸的目的和作用

麦汁煮沸的目的，主要是稳定麦汁成分，其作用如下：

1. 酶的钝化

破坏麦芽的酶活力，使之失去作用，主要是停止淀粉酶的作用，稳定麦汁中可发酵性糖和糊精的比例，以保持麦汁组分和发酵的一致性。

2. 麦汁灭菌

通过煮沸，消灭麦汁中存在的各种菌类，特别是乳酸菌，避免发酵时发生败坏，以保证最终产品的质量。

3. 蛋白质变性和絮凝沉淀

煮沸过程中，析出某些受热变性以及与单宁物质结合而絮凝沉淀的蛋白质，以提高啤酒的非生物稳定性。

4. 蒸发水分

蒸发混合麦汁中多余的水分，使麦汁浓缩到要求的浓度。

5. 酒花成分的浸出

在麦汁煮沸过程中添加酒花，将其所含的软树脂、单宁物质和芳香成分等溶出，以赋予麦汁独特的苦味和香味，同时也提高了啤酒的生物和非生物稳定性。

除以上作用外，同时也产生了以下反应：

(1) 降低麦汁的pH值　麦汁煮沸时，由于酒花的添加、酸性类黑素的形成以及水中钙、镁离子的增酸作用等因素，使麦汁pH值进一步降低，促进了麦汁中β－球蛋白的析出和成品啤酒pH值的降低，有利于啤酒的生物稳定性和非生物稳定性。

(2) 还原物质的形成　在煮沸过程中，麦汁色泽逐步加深，形成了一些成分复杂的还原性物质，如还原酮等，增强了麦汁的抗氧化能力，这些物质对保持啤酒风味稳定性和非生物稳定性作用很大。

(3) 蒸出不良的挥发性成分　煮沸过程中，把一些麦汁中原有的和新形成的蒸气挥发性恶味成分蒸出，其中也包括一部分酒花油中风味不良的碳氢化合物成分，如香叶烯等。

(二) 麦汁煮沸设备

为了提高麦汁煮沸锅的煮沸强度和设备利用率，近代化的麦汁煮沸，除麦汁煮沸锅有很大的改进外，还附设各种类型的加热装置和附属容器，使麦汁煮沸方法更趋多样化。

1. 麦汁暂贮槽

为了缩短麦汁煮沸锅的进料时间，提高其设备利用率，在糖化批次超过5批/天以上时，过滤后的第一麦汁在进入麦汁煮沸锅前，暂贮于一麦汁暂存槽或麦汁预煮锅内，以调剂煮沸锅的煮沸时间。此项设备也具有加热设施，可加热麦汁使其接近沸点，以便及时钝化残留的酶活力(多酚氧化酶、淀粉酶等)。其容积可容纳第一麦汁的容量而略有富裕。

2. 麦汁煮沸锅

麦汁煮沸锅具有多种形式，如圆筒球底、圆筒冋底和矩形不等边底等。其上部为球形或锥形盖，盖中央有一圆筒形通气管，通气管内附有可开关的闸板。

(1) 圆筒球底麦汁煮沸锅　传统的圆形麦汁煮沸锅，容积小，其加热面均以紫铜制作，布置在锅的底部，锅的内部只有搅拌器，有的锅内增设加热盘管。锅身及顶盖则由紫铜板、不锈钢或碳钢板制作。

近代的圆形麦汁煮沸锅，有采用锅底为冋形者(图2－5－28)，其加热面较球底者大得多，可以促进麦汁的对流和加强煮沸强度。这种型式的锅也有利于自动清洗。

圆形煮沸锅的液面高度与直径比一般为1∶1。

(2) 矩形麦汁煮沸锅(图2－5－29)　锅的上部为矩形，底部斜边具有非对称的加热面，其加热面较圆形煮沸锅的加热面大，有利于麦汁的对流和蒸发。矩形槽因加热面不对称，对流效果好，可以设或不设搅拌器。这种型式也有利于自动清洗。

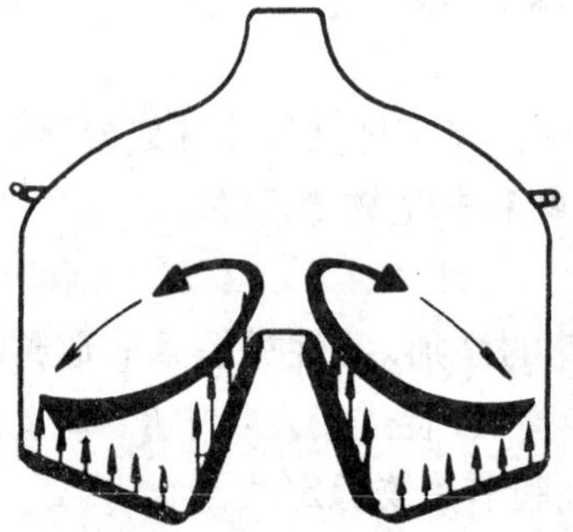

图 2－5－28　冋底麦汁煮沸锅

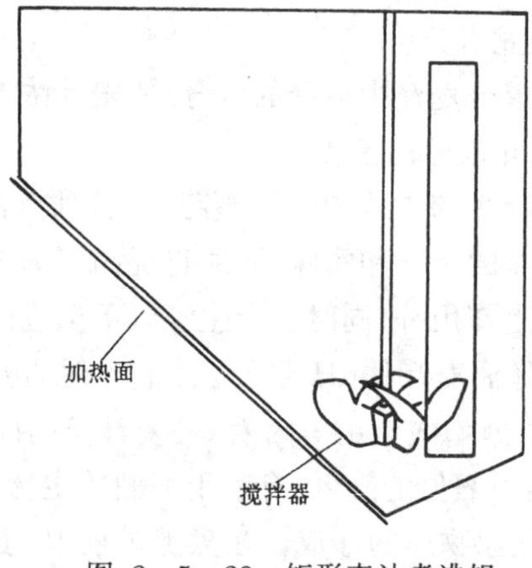

图 2－5－29　矩形麦汁煮沸锅

(3) 具有内加热器的圆形麦汁煮沸锅　圆形麦汁煮沸锅，随着容量不断增大，其底部加热面积的比例则相对减小。而且大型的铜锅不易加工，故使用的材料遂向不锈钢发展。不锈钢的热传导系数较紫铜的热传导系数低得多。为了加强煮沸效果，改善麦汁对流情况，不锈钢煮沸锅的锅壁常加设由半圆管或槽型钢组成的加热层。底部加热层与锅壁加热层通常是分开的，采用的蒸汽压力也不尽相同。此外，也可在锅内部装置各种型式的内加热器。内加热器型式多样，主要介绍以下几种：

① 列管式内加热器：这是目前啤酒厂普遍采用的内加热器。

此内加热器由许多加热排管所构成(图2－5－30)，占锅容积的4%～5%，加热面大，不锈钢制作一般为1.1～1.2m^2/m^3麦汁，每小时蒸发量可达10%左右。锅底为弧形或杯形。杯形底煮沸锅的加热器安装于杯中(图2－5－30),洗涤时洗涤液耗量少。

采用排管加热,管内麦汁受热上行,在加热管上部喷出,锅底部麦汁则不断进入加热管,使麦汁在锅内形成强烈的对流,从而强化了传热方式,提高了蒸发效率,有效地减轻管内结垢,并可省去搅拌系统。

加热器喷出的直径应与煮沸锅的直径成一定的比例。加热器直径过大,麦汁上窜,加热面积不能充分地被利用;直径过小,则会导致锅外缘的麦汁得不到充分煮沸。解决此问题的办法,常用一高度可调的伞形罩或平面罩放在加热器上面,将由加热管喷出的煮沸麦汁,引向锅的外缘,从而产生良好的对流效果。

加热器的清洗时间可每天或较长时间洗涤一次,根据沉淀的蛋白质积垢而定。不及时清除积垢,将导致加热管壁传热能力下降,甚至堵塞加热管,无法使用。

② 星式内加热器: 由许多块内加热板所组成(图2－5－31),板数可根据使用的材质和要求的蒸发量来决定。各板成放射状排列,加热板最多者达30块,如需进一步增加加热面,可在加热板周围围以环形加热器。

具有内加热装置的麦汁煮沸锅,因增强了麦汁的对流,改善了热的传导,故蒸发效率很高,锅的底部一般不需另设加热面;另外,设置内加热器的麦汁煮沸锅,由于强制快速对流,有利于防止管内结垢,清洗工作量减少,并可省去搅拌系统。

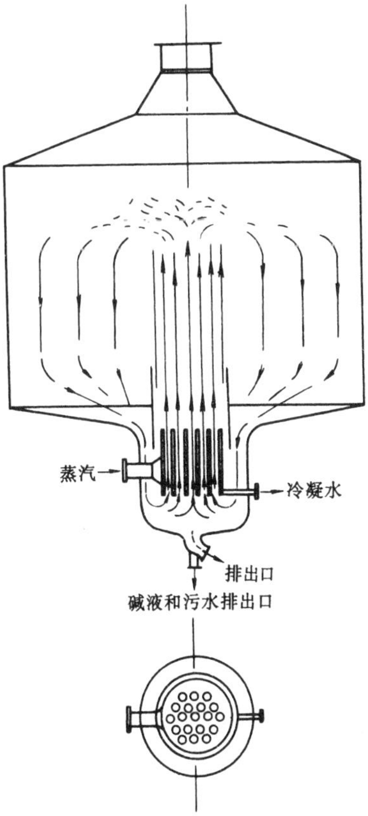

图 2－5－30　列管式内加热器

(4) 具有外加热器的麦汁煮沸锅(图2－5－32)　外加热器是一列管式热交换器,器

图 2－5－31　星式内加热器

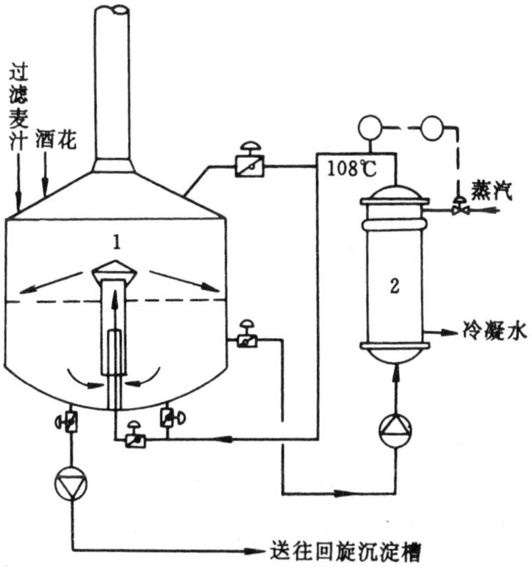

图 2－5－32　体外热交换器

1—麦汁煮沸锅　2—外加热器

内是一组直立的排管，蒸汽由器内上部进入，冷凝水由下部排出。麦汁由器内下部进入，在排管内部加热煮沸后，由上部排出，进入麦汁煮沸锅。外加热器与煮沸锅的组合也有多种型式，并形成多种功能，即煮沸锅可以兼作麦汁暂贮槽或回旋沉淀槽用。煮沸锅及外煮沸器均需保温。

体外煮沸的多种组合形式举例如下：

① 一个麦汁锅与一个外加热器组合方式。煮沸锅兼作回旋沉淀槽用，麦汁由外加热器顶部流出后，以切线方向进入麦汁煮沸锅，如图2－5－33所示。

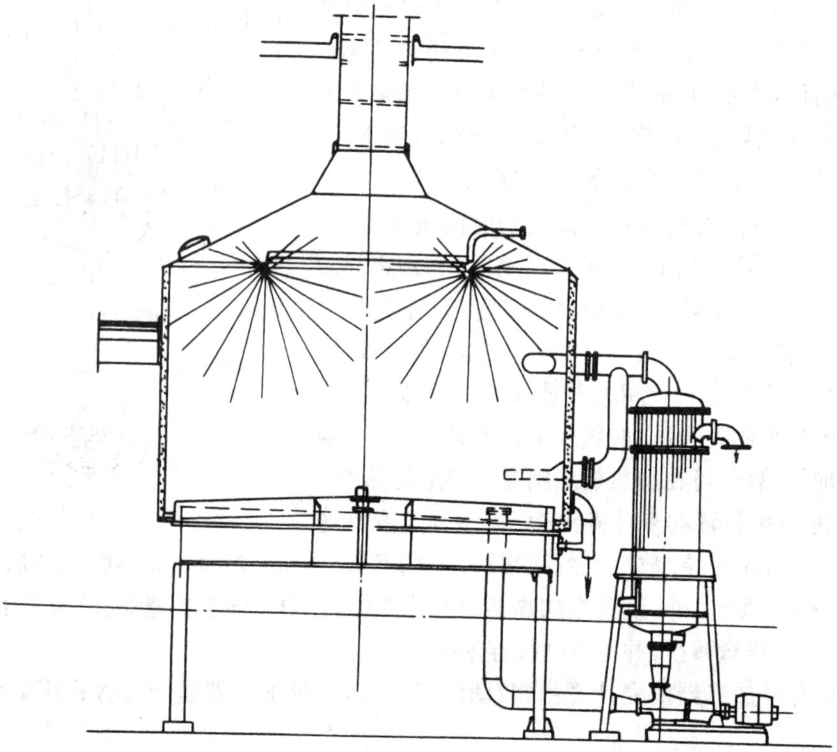

图 2－5－33 带外加热器兼作回旋沉淀槽的煮沸锅

② 两个麦汁煮沸锅与一个外加热器组合，煮沸锅兼作麦汁暂贮槽或预煮锅用，锅底设加热面，如图2－5－34所示。

③ 两个麦汁煮沸锅与一个加热器组合。煮沸锅兼作回旋沉淀槽和麦汁暂贮槽用。锅的结构形式与回旋沉淀槽相似，如图2－5－35所示。

(三) 麦汁煮沸锅的特征和要求

1. 麦汁煮沸锅的容量

每100kg原料所需麦汁煮沸锅的容量为800～900L(10％～12％的麦汁)。

大型锅的煮沸效率不如小型锅，批产容量超过800hl以上时，也可考虑采用两个小煮沸锅取代一个大型煮沸锅。

2. 制造麦汁煮沸锅使用的材质

传统制造煮沸锅的材质多采用紫铜板或铜底钢边及顶盖。在以蒸汽或过热水为加热介质的情况下，紫铜比不锈钢具有明显优越的导热性能。近年来，由于煮沸锅的容量不断

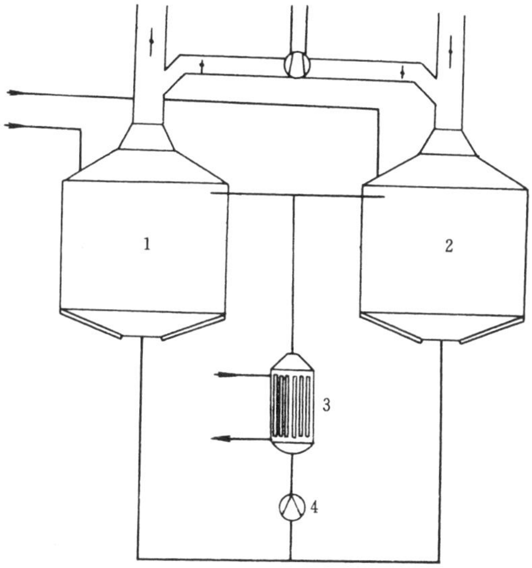

图 2-5-34 麦汁煮沸锅与外加热器组合方式(Ⅰ)

1,2—麦汁煮沸锅 3—外加热器 4—麦汁泵

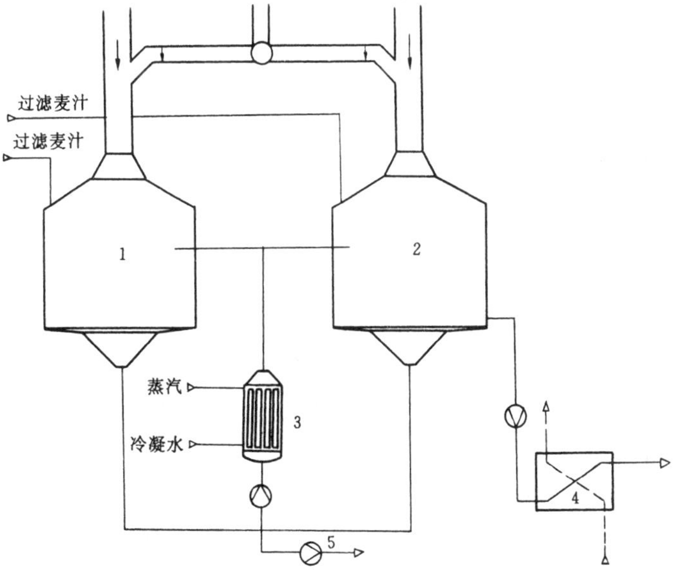

图 2-5-35 麦汁煮沸锅与外加热器组合方式(Ⅱ)

1—麦汁煮沸锅兼回旋沉淀槽 2—麦汁煮沸锅兼回旋沉淀槽 3—外加热器 4—薄板冷却器 5—残留麦汁泵

增大，紫铜的强度小，不易焊接，且耗用的材料多，价格昂贵，故已改为采用不锈钢板或复合钢板为制造材料。紫铜和不锈钢的性能对比，如表2-5-39所示。

表 2-5-39 紫铜和不锈钢的性能对比

对比内容	情况
(1) 热传导	紫铜的导热系数远高于不锈钢的导热系数: λ(紫铜): 383.8W/(m·℃) λ(不锈钢): 23.3W/(m·℃)
(2) 材料强度	不锈钢>紫铜
(3) 投资费用和维持费用	紫铜>不锈钢
(4) 清洗效果	不锈钢容易结垢,不易清洗
(5) 加热方式	圆形附有内加热器并采用蒸汽加热的麦汁煮沸锅宜采用紫铜为制造材料;矩形附有大的加热面并采用过热水加热的麦汁煮沸锅宜采用不锈钢为制造材料
(6) 氧化作用和麦汁色泽问题	紫铜较不锈钢具有较强的氧化反应的接触作用;麦汁在紫铜锅中加热较在不锈钢锅中加热色泽深一些

3. 麦汁煮沸锅的蒸发量要求

在无搅拌情况下: 40～50L/($h \cdot m^2$麦汁表面积)

在搅拌情况下: 60～70L/($h \cdot m^2$麦汁表面积)

要求蒸发量: 每小时为10%～12%。

4. 麦汁煮沸锅的清洗

过去系用人工以刷子刷洗,锅面一定要刷洗干净,防止存在积垢,影响导热。此种刷洗方式只能用于小型煮沸锅,且费工费时,效果不佳;近年来已趋向于利用洗涤剂自动清洗。关于麦汁煮沸锅自动清洗的有关事项分述如下:

(1) 自动清洗器　选用可转动的洗球或其他形式的清洗器,固定装置或自由装卸于煮沸锅的顶部。

(2) 清洗设施　包括4个罐: 1个碱液罐;1个酸液罐(洗涤铜锅最好用稀硫酸,不用硝酸,以防硝酸对铜的氧化作用而侵蚀锅的表面;而洗涤不锈钢锅最好用硝酸而不用盐酸,以防氯离子的腐蚀作用);1个洗涤水回收罐;1个清水罐;罐的大小根据清洗器的流量和管路的长短确定。罐和管路均由不锈钢制作。配备清洗液和洗涤水的供给泵和回收泵。

(3) 洗涤剂　除上述的碱液和酸液外,近年来各种以碱为基础,配以其他活性物质成分(主要是各种螯合剂)的洗涤剂问世,可供选用。总之,对洗涤剂的选用,既要选择对容器的材质无腐蚀,又能达到理想的清洗效果。

(4) 自动清洗程序　一般控制如下:

① 利用洗涤水回收罐的水进行预浸;预浸后,将供给和回收管路的水排净;

② 用碱液(浓度2%～3%)或以碱为基础的洗涤剂洗涤;洗涤后,将供给和回收管路的水排净。

③ 交替清水淋洗;淋洗后,将供给和回收管路的水排净。

④ 用酸液(浓度0.5%～1.0%)洗涤(起中和及杀菌作用)。

⑤ 用清水淋洗;淋洗后,将供给和回收管路的水排净。

整个清洗过程需90～100min,由自动控制系统自动程序控制。

(四) 麦汁煮沸的加热方式

1. 直接火加热

直接火加热的特点是煮沸强度大，蛋白质凝固好，酒花浸出好;但缺点也很多:

(1) 掌握不好，麦汁容易焦化，影响色泽和口味，清洗也不易。

(2) 煮沸锅过热易变形，产生渗漏现象。

(3) 锅内要有一定数量的麦汁才能起火，麦汁出锅前，必须撤火，操作不灵活，两次煮沸之间不衔接。

(4) 热利用效率低，只有40％～50％。

2. 蒸汽加热

蒸汽加热适用于各种类型的啤酒厂，近代啤酒厂多采用此种方式，其特点是:

(1) 热利用效率高，达65％～70％。

(2) 麦汁质量好。

(3) 便于控制，操作灵活。

(4) 维持费用较低。

结构良好的加热面，通以0.7MPa压力的蒸汽，完全可以达到直接火的煮沸效果，而且操作简便，维持费用低。

3. 油燃烧炉加热

其特点是热利用效率高(68％～70％)，利用阀门控制油量，便于操作。

4. 高压热水加热

此种加热方式具有较低的薄膜温度(film temperature)和较低的热流(heat flux)，可以减低形成薄膜煮沸和结垢的倾向，适用于矩形、大加热面、锅面金属(如不锈钢)不易被麦汁润湿的煮沸锅。

高压热水加热的热利用率也比较高，为65％～70％。

(五) 麦汁煮沸方法

1. 传统的煮沸方法

刚滤出的麦汁温度，多在70～75℃，流入麦汁煮沸锅后，温度逐渐降低。因此，在麦汁没过加热夹层以上时，开始通入蒸汽，缓慢升温，以钝化酶的残留活力。

洗糟完毕时，混合麦汁达到沸腾。

沸腾开始，麦汁中的麦白蛋白质开始凝固，在此情况下，麦汁极易起沫，应注意操作，最好加入少量酒花，防止窜沫;一旦窜沫现象消失，即可加大蒸汽量，使麦汁强烈沸腾，加强酒花浸出，并促进蛋白质凝固。此时应利用液漂或量尺，加强麦汁容量的控制。

2. 加压煮沸

麦汁煮沸温度每升高4℃，可以达到同样的蛋白质凝固效果而煮沸时间缩短一半，同时麦汁的色泽浅，氨基酸、维生素和生长素的破坏也少。在0.11～0.12MPa压力下进行煮沸，煮沸温度高达120℃，可以加速蛋白质凝固和酒花α－酸的异构化。但是在加压情况下，由于蛋白质的早期凝固和麦汁的沸腾度不够，使蛋白质和酒花树脂更易互相作用而沉淀下来，从而降低了α－酸的浸出量，也降低了酒花的利用率。因此，麦汁在加酒花煮沸时，加压煮沸是无益的。

如果在添加酒花前，先采取加压煮沸，并维持一定的蒸发量和煮沸强度，添加酒花后，则保持常压煮沸，并维持一定的煮沸时间，使酒花α－酸得以浸出和异构化，并将一些不利的挥发性物质蒸发掉，这样仍可以使煮沸时间缩短，并得到高质量的麦汁。

3. 体外煮沸

体外煮沸是采用强制循环方式给热，它比夹套或内加热器靠温差对流给热具有较高的传热系数，达到较高的蒸发效率。另外，麦汁在循环泵送过程中，系处于受压状态，加热蒸汽压力在0.2～0.25MPa条件下，麦汁可加热至104～108℃的过热温度，对加速酒花α－酸的异构化和加速麦汁中蛋白质凝结均为有利，从而可以缩短煮沸时间。

采用外煮沸系统，煮沸强度可达10%左右，煮沸时间可缩短至50～70min，最终麦汁的可凝固性氮含量可降低至2.0mg/100ml以下。

采用外煮沸应注意热交换器列管的结垢和堵塞问题。忌用整酒花，应采用粉碎酒花或颗粒酒花。选用的列管管径不应小于40mm。麦汁在列管内的流速是一个重要的设计参数。流速过低，容易结垢，影响传热。严重时将堵塞列管，无法使用。流速过高，动力消耗过大，不经济。最适流速为1.0～1.2m/s，通常它应使全部煮沸锅中麦汁每小时循环8～9次。在连续运转时，每糖化15～20批后，需用碱水清洗一次，以确保正常操作。

为达到上述最佳流速，又不致使换热器列管过长，可采用双程或多程列管换热器。在0.2～0.25MPa饱和蒸汽加热下，麦汁保持上述流速，其传热系数K＝1396～1745W/(m^2·℃)，每立方米容积的麦汁需1.0～1.1m^2的加热面积。

(六) 麦汁煮沸的技术条件

1. 麦汁煮沸时间

确定麦汁煮沸时间，应根据麦汁煮沸强度，掌握好麦汁混合浓度，以求在规定的煮沸时间内，达到最后要求的麦汁浓度。

麦汁煮沸时间对啤酒性质影响极大，在常压下煮沸，淡色啤酒(10%～12%)的煮沸时间一般控制在1.5～2h，浓色啤酒可适当延长一些；在加压0.11～0.12MPa条件下煮沸，时间可缩短一半左右。

合理地延长煮沸时间，对蛋白质凝固、提高酒花利用率和还原物质的形成是有利的，但对泡沫性能不利。

过分地延长煮沸时间，不仅经济上不合理，麦汁质量也会下降。例如：麦汁色泽深、口味粗糙、苦味减轻、泡沫不佳等，对淡色啤酒来说，影响更严重一些。

麦汁的煮沸时间与麦汁浓度有关，可参考表2－5－40。

表 2-5-40　　麦汁煮沸时间与浓度的关系

麦汁浓度/%	煮沸时间/min	麦汁浓度/%	煮沸时间/min
4～7	50～60	10～14	90～120
7～10	60～90	14以上	120

2. 煮沸强度

麦汁在煮沸时，每小时蒸发出的水分，相当于混合麦汁的百分数，即为煮沸强度：

$$\text{煮沸强度}(\%/h)=\frac{\text{混合麦汁量}(L)-\text{最终麦汁量}(L)}{\text{混合麦汁量}(L)\times\text{煮沸时间}(h)}\times 100$$

煮沸强度的高低，与煮沸锅的导热系数、造型、加热面积、蒸汽压力、麦汁的蒸发面积、煮沸方法等都有密切关系。对煮沸强度的评价可参考表2－5－41。

表 2-5-41 麦汁煮沸强度及其评价

煮沸强度/(%/h)	评价	煮沸强度/(%/h)	评价
4～6	不足	8～10	良好
6～8	一般	10～12	优

在同样煮沸时间和pH值下，煮沸强度是影响蛋白质凝结情况的决定因素。不同的煮沸强度，麦汁的透明度不同，其所含凝固性氮的量也显著不同，如表2－5－42所示。但过高的煮沸强度则无甚有利作用。

表 2-5-42 麦汁煮沸强度与凝固性氮含量的关系

煮沸强度/(%/h)	麦汁煮沸后外观情况	12%麦汁的凝固性氮含量/(mg/100ml)
4～6	麦汁不够清亮，蛋白质凝结差	2～4
6～8	麦汁清亮，蛋白质凝结物呈絮状沉淀	1.8～2.5
8～10	麦汁清亮透明，蛋白质凝结物呈絮状，颗粒大，沉淀快	1.2～1.7
10～12	麦汁清亮透明，蛋白质凝结物多，颗粒大，沉淀快	0.8～1.2

3. pH值

pH值对蛋白质凝结、麦汁的色泽和风味有密切的关系。

麦汁中的蛋白质在其等电点时最不稳定，容易凝结析出。麦汁中各种蛋白质的等电点各不相同，因此，在不同的pH值下，其析出也有先有后。麦汁煮沸时最理想的pH值为5.2，但在正常情况下，此值很难达到，采用硬水糖化，则更难达到。一般可在糖化开始或麦汁煮沸时，采取加酸酸化的办法，使其pH值降低。pH值在5.2～5.6范围内，蛋白质一般可以达到良好的凝结程度。蛋白质凝结情况愈好，对啤酒的非生物稳定性愈有利。

多酚物质与蛋白质之间的作用也是促使蛋白质凝结沉淀的重要方面。煮沸麦汁的pH值愈低，单宁和花色苷等多酚物质愈易与蛋白质作用而沉淀出来，从而降低了麦汁色度，改善了啤酒口味，并且提高了啤酒的非生物稳定性。

较低的pH值对蛋白质凝结虽然有利，但对酒花α－酸的异构化则不利，因而降低了酒花的利用率。

麦汁煮沸时的pH值，以掌握在5.2～5.4范围内是比较理想的。

(七) 最终麦汁产量与煮沸时间的计算

第一麦汁和第二麦汁共同混合在麦汁煮沸锅内，称混合麦汁。混合麦汁的浓度一般低于最终麦汁浓度，可通过混合麦汁的数量和浓度以及对最终麦汁浓度的要求，按下式计算出最终麦汁产量:

$$V_2=\frac{V_1 w_1 d_1}{w_2 d_2}$$

式中 V_2——最终麦汁产量(L)

V_1——混合麦汁体积(L)

w_1——混合麦汁浓度(%)

d_1——混合麦汁的相对密度(20℃)

w_2——最终麦汁浓度(%)

d_2——最终麦汁的相对密度(20℃)

比重可略而不计，上式可简化为:

$$V_2=\frac{V_1w_1}{w_2}$$

又煮沸强度

$$I(\%)=\frac{V_1-V_2}{V_1t}\times100$$

式中 t——煮沸时间(h)

若煮沸期间，煮沸强度保持恒定，则:

$$t=\frac{V_1-V_2}{V_1I}\times100$$

二、添加酒花

(一) 添加酒花的作用

1. 赋予啤酒爽快的苦味

此项苦味来自酒花软树脂，其主要成分是α－酸经异构化后形成的异α－酸。β－酸的氧化物希鲁酮也是苦味甚爽的物质。酒花树脂在麦汁煮沸过程中的演变很复杂，需要掌握独特的工艺，才能使啤酒具有理想的苦味。

2. 赋予啤酒特有的香味

酒花中含有酒花油，在麦汁煮沸过程中，酒花油中的一些不良的挥发性成分被蒸发，其存留的成分，在经过复杂的变化后，能赋予啤酒以独特的香味。

3. 提高啤酒的非生物稳定性

麦汁中某些高分子蛋白质和酒花溶出的多酚物质(单宁、类单宁)，在麦汁煮沸过程中缩合形成一些复杂的复合物而沉淀出来。这种缩合作用贯穿整个酿造过程。在麦汁煮沸时，有热凝固物析出;麦汁冷却时，又有冷凝固物析出;在发酵和贮酒过程中，冷混浊物和永久性混浊物又继续形成和析出。这些缩合物质在每一步工序中，都应设法使其析出而清除之，以增加啤酒的非生物稳定性。

(二) 酒花的利用效果

1. α－酸的异构化

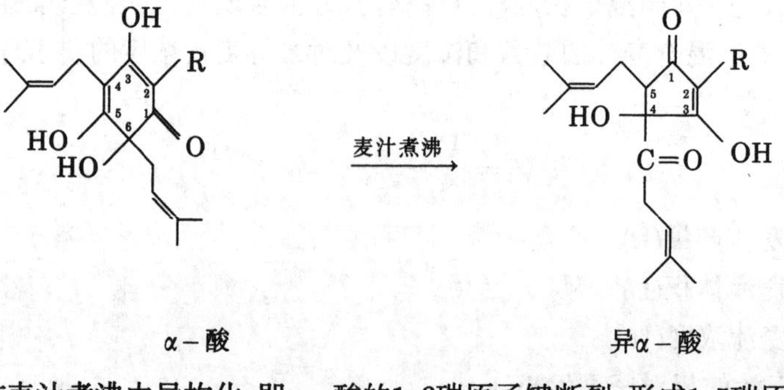

α－酸　　　　异α－酸

α－酸在麦汁煮沸中异构化，即α－酸的1,6碳原子键断裂，形成1,5碳原子键的异α－酸。

2. 酒花利用效果的表示方法

酒花的利用效果，主要以α－酸形成异α－酸的比率为衡量标准，可以下式表示之：

$$\text{酒花利用率}(\%)=\frac{\text{形成的异}\alpha-\text{酸量}}{\text{使用酒花的}\alpha-\text{酸量}}\times 100$$

3. 传统的酒花添加工艺的酒花利用效果

α－酸的溶解度比较低，在传统的酒花添加方法中，整酒花中的α－酸只有50%左右溶于麦汁中。在麦汁煮沸、冷却、发酵和贮藏过程中，由于温度和pH值的变化，以及被热、冷凝固物、酵母及助滤剂等物质的吸附，α－酸有很大一部分损失掉。根据采取生产工艺的不同，其最终利用率一般只有20%～30%，是比较低的。

4. 麦汁浓度和酒花添加量与酒花利用率的关系

低浓度麦汁较高浓度麦汁的酒花利用率高，低酒花添加量较高酒花添加量的酒花利用率高。由此也可说明，α－酸的溶解度是影响酒花利用率的最关键因素，如果将酒花中的α－酸在特定的条件下萃取出来，加以异构化，再用之于啤酒酿造中去，便可大大提高酒花的利用率，这也是制备各种酒花浸膏的主要原因之一。

(三) 酒花的添加量

1. 传统的酒花添加量

酒花添加量根据所制啤酒的类型，酒花本身的质量和消费者的爱好而不同，通常以每100L麦汁或啤酒所需添加的酒花克数表示之。一些典型啤酒的添加量如表2－5－43所示。

表 2-5-43 不同类型啤酒的酒花添加量

啤酒类型	100L麦汁的酒花添加量/g	100L啤酒的酒花添加量/g
淡色啤酒(11%～14%)	170～340	190～380
浓色啤酒(11%～14%)	120～180	130～200
比尔森淡色啤酒(12%)	300～500	350～550
慕尼黑浓色啤酒(14%)	160～200	180～220
国产淡色啤酒(11%～12%)	160～240	180～260

国内通常也用每吨啤酒所加酒花公斤数表示之，或以酒花与啤酒的质量分数表示之。如每吨啤酒耗用酒花2kg，即酒花添加量为0.2%。

近年来，由于市场口味要求的变化，消费者不喜欢太苦的啤酒，国内外的酒花添加量，除少数典型的传统啤酒外，均有所下降，国内热麦汁的酒花添加量一般保持在0.8～1.5kg/t。

2. 以α－酸为计算基础的酒花添加量

根据酒花的α－酸含量，确定酒花添加量，其目的是使用不同的酒花，仍可达到基本相似的酒花苦味度。现国际上多以此为根据，如德国各种啤酒以α－酸为基础的添加量是：

淡色贮藏啤酒(11.5%) 6～8g α－酸/100L麦汁

出口啤酒(12.5%) 8～12g α－酸/100L麦汁

比尔森型啤酒(12.0%) 12～16g α－酸/100L麦汁

(四) 酒花的添加方法

1. 整酒花的添加方法

(1) 整酒花的一般添加方法　每个国家，甚至每个厂都有自己的传统添加方法。由于目前对酒花在麦汁煮沸中的全部变化过程远未掌握，各厂多根据酒花的香味和苦味，凭经验去掌握。一般使用整酒花，多采用2次、3次或4次的添加方法，掌握的原则如下：

① 香型、苦型酒花并用时，应先加苦型酒花，以得到较高的酒花利用率；后加香型酒花，以提高酒花香味。

② 在使用同类酒花时，应先加陈酒花，后加新酒花。

③ 分几批添加酒花，开始批次添加量少些，以后批次添加量多些；若分4批添加，一般在麦汁初沸时，先加入全量的5%～10%，防止麦汁起沫，以后每两批添加的间隔时间，一般为25～45min。

④ 在煮沸终了前5～10min，添加最后一批香型酒花或质量较好的酒花，主要是萃取酒花油，增加酒花香。其添加量以相当酒花总量的30%～50%为宜(以α－酸计)。由此所引起的α－酸损失，可通过麦汁在回旋沉淀槽中的热负荷，α－酸进行异构化加以弥补。

分批添加酒花对酒花利用率来说，并不合理，但从苦味香味兼顾的角度考虑还是必要的。

添加整酒花，因其有效成分浸出较慢，通常有苦味物质利用率低的缺点。

(2) 整酒花的特殊添加方法　有的国家为了提高酒花香味，有以下的特殊添加方法：

① 将少量香味好的酒花置酒花分离槽或沉淀槽内，热麦汁通过时，浸出其中的有效成分。

② 贮酒阶段，添加一部分香型酒花，名曰干加酒花(dry hopping)，以尽量保持其酒花油的成分。

2. 酒花制品的添加方法

(1) 酒花树脂浸膏的添加方法　树脂浸膏可用来全部或部分取代传统用的整酒花。

① 取代部分的整酒花：

i 其添加方法基本和酒花的添加方法一致，只是浸膏添加时间应早一些；

ii 取代量在60%以内，啤酒质量与添加整酒花者基本相似；

iii 生产设备无须改变。

② 全部取代整酒花：

i 全部采用树脂浸膏，效果不理想，如果树脂浸膏与酒花的热水抽提物掺兑使用，仍可达到满意的结果。

ii 用酒花浸膏和热水抽提物全部取代酒花，因无酒花糟，酒花分离槽可停止使用。

使用酒花浸膏一般可较使用整酒花的利用率提高15%～20%。

(2) 酒花粉/颗粒酒花的添加方法　使用的酒花粉/颗粒酒花的利用率较使用整酒花提高10%～15%，蛋白质的沉淀情况也较使用整酒花迅速彻底。其添加方法与整酒花相同。

① 可在麦汁煮沸锅中添加，但需采用回旋沉淀槽代替酒花分离槽，酒花残渣与热凝固物同时被分离掉。

② 也可采用干加法，在贮酒时添加。

(3) 酒花油的添加方法

① 纯酒花油的添加方法：先用食用酒精溶解(1∶20)，然后在下酒时添加。

② 酒花油乳化液的添加方法：可在下酒时添加，也可在滤酒时添加在清酒罐内。

近年来，酒花制品新品种不断增加，需根据各种制品特点使用。总的要求，既要获得良好的酒花香和满意的酒花利用率，又要使蛋白质沉淀完全，以提高啤酒的非生物稳定性。

(五) 酒花主要成分的利用

1. 酒花软树脂

酒花苦味物质主要来自α－酸、β－酸及其衍生物，如异α－酸、希鲁酮、葎草灵酮(humulinones)等。

α－酸和β－酸在麦汁中的溶解度不高，随pH值和温度变化而不同，在pH5的情况下，其溶解度如表2－5－44所示。

表 2-5-44　α－酸和β－酸在不同温度下的溶解度(pH 5)

项目	溶解度/(mg/L)	
	25℃	100℃
α－酸	40	60
β－酸	1.2	9

α－酸经异构化后，异α－酸的溶解度高达200mg/L以上。成品啤酒的苦味主要来自异α－酸，α－酸的含量则甚微。

α－酸和异α－酸在长时间煮沸后，均能氧化为低苦味的葎草灵酮和无苦味的葎草素酸(humulinic acid)，苦味反而减轻。因此，酒花的煮沸时间不宜过长。

在使用新鲜酒花的情况下，麦汁煮沸形成的异α－酸进行氧化时，会失去氢原子(见下图)，放出电子给予类黑精，从而抑制了类黑精引起高级醇氧化为醛类的反应，起到保护啤酒风味的作用。

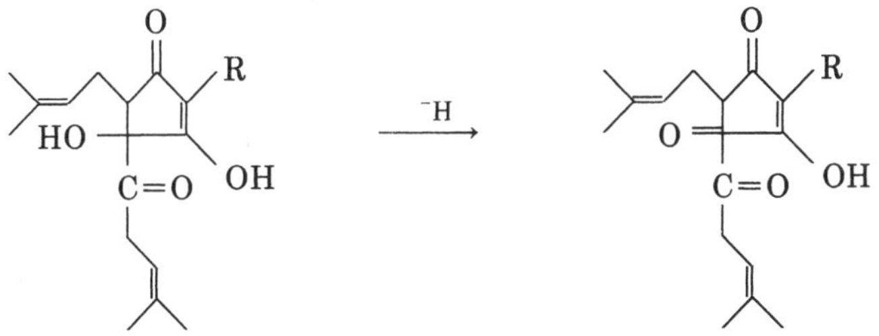

异α－酸　　　　异α－酸氧化物

在一般情况下，异α－酸的氧化将断裂其酰基侧链(见上图R)，产生有害的脂肪酸，如异戊酸、异丁酸、2－甲基丁酸，从而损害了啤酒的风味。

β－酸本身苦味不大，且溶解度甚低；但其氧化物希鲁酮的溶解度高达500mg/L以上，并具有细致而强烈的苦味，其苦味度与异α－酸近似。使用陈旧的酒花，α－酸损失很大，有时苦味度并不降低，原因就在于β－酸的氧化物补偿了α－酸的损失。

一般地说，酒花软树脂及其衍生物在废糟中的损失约为30%；在冷、热凝固物、酵母吸附及酒罐沉渣中的损失约为50%；真正存在于啤酒中的数量只有20%左右。

上述苦味物质在生产中的分布和变化情况举例如表2－5－45所示。

表 2-5-45 **苦味物质在酿造过程中的分布情况** (以0.1％全酒花计)

项　　目	α－酸	异－α－酸	希鲁酮	葎草灵酮	β－酸
全酒花含量	45	—	10	5	40
热凝固物中	3	2	1	—	10
废酒花糟中	5	5	3	1	20
冷凝固物中	5	2	1	—	5
冷麦汁中	5	18	5	4	3
酵母泡盖中	2	3	1	1	—
酵母吸附及酒罐沉渣中	2	3	2	—	1
成品啤酒中	1	12	2	3	1

2. 酒花油

酒花油是成分极为复杂的混合体，其中碳氢化合物约占70％，含氧化合物约占30％(详见本篇第二章)。其碳氢化合物的沸点较低，气味多数不佳，如果全部保留啤酒中，啤酒的风味是不好的，在麦汁煮沸时部分随水蒸气而挥发。酒花风味优良的啤酒，一般其碳氢化合物与含氧化合物的比值应小。

在啤酒酿造过程中，影响酒花油成分的因素很多，就是同一酒花品种，采用不同的酒花使用方法，也会使啤酒产生不同的酒花香味。在工业上采用的几种酒花油的利用方法如下。

(1) 传统的煮沸方法　麦汁煮沸时，添加整酒花，低沸点的碳氢化合物大部分随水蒸气被逸出，其碳氢化合物与含氧化合物的比值变小，有利于酒花香味。遗憾的是，经过强烈煮沸，酒花油的成分大部分损失掉，其香味成分虽转为有利，但含量很低，香味也不足。因此，酿造者都将大量酒花放在煮沸的最后几分钟添加。

根据国际风味术语，啤酒的酒花香型可分3类：①干加酒花的香型；②添加酒花油的香型；③麦汁煮沸锅中添加酒花的香型。前两者香味虽浓，但不太正，很容易被鉴别出。后一种被认为是正统的酒花香味，其主要成分被认为是倍半萜烯的环氧化物。近年来，葎草烯环氧化物Ⅱ被引起广泛注意。据报道，使用香型酒花所酿制的啤酒中所含葎草烯环氧化物Ⅱ远高于使用苦型酒花者。从酒花分析看，香型酒花所含倍半萜烯环氧化物与α－酸含量之比也远高于苦型酒花两者之比。

也有人试验证实，倍半萜烯环氧化物本身尚不具有真正传统煮沸的酒花香味，而是这些成分的水解产物中尚未定性的某些成分具有酒花香。例如，葎草烯环氧化物Ⅱ的水解产物中有些成分具有典型的煮沸酒花香。

酒花香的产生决定于水溶性酒花香味成分在麦汁和啤酒中的溶解。原始的酒花香味成分大都是疏水性的，难溶于麦汁和啤酒中。而其在贮存和酿造过程中产生的氧化物则是亲水性的。这些已氧化的香味成分在麦汁煮沸后仍有部分保留于麦汁中。而未被氧化的酒花油香味成分则在麦汁煮沸过程中大部分迅速蒸发。

上述芳香的水解产物，在pH4左右的水溶液中不稳定，其中有些逐渐衍变为无香味成分，这可能是啤酒在贮藏过程中酒花香味逐渐消失的原因。

使用整酒花、颗粒酒花和酒花粉，其赋予啤酒的酒花香较使用酒花浸膏者强烈，可能是酒花浸膏在麦汁煮沸中分散较快，其中一些萜烯物质尚未被氧化即在短时间内蒸发。而整酒花、颗粒酒花等，其芳香物质则需较长时间才能溶出，在此期间可使部分萜烯物质逐渐氧化为亲水性芳香物质而存留于麦汁中。这些芳香物质在热凝物分离不完全、发酵不正常、贮酒时间过长以及热麦汁大量接触氧的情况下，都会使酒花香气下降。

(2) 干加酒花法 此法系将全酒花或酒花粉/颗粒酒花在贮酒时添加，虽然避免了因煮沸而造成的酒花油损失，但酒花在极低的温度下与酒接触，酒花油的溶解度很低，只有极少量的酒花油溶解酒内，其中碳氢化合物的溶解度低于含氧化合物，两者的比值也发生变化，有利于酒花的香型。但其变化的情况与酒花煮沸时的变化情况还有不同，因此两种啤酒的酒花香味有所区别，很容易鉴别出来。

(3) 添加酒花油蒸馏液 用低温蒸馏的酒花油，在贮酒罐或清酒罐内添加，其风味类似于干加酒花者，与麦汁煮沸时添加酒花的香型则显然不同。

3. 多酚物质(单宁、类单宁)

多酚物质对啤酒酿造有几种作用：

(1) 对啤酒非生物稳定性的作用 如前所述，酒花的酚类物质主要由单体酚、单体多酚及聚合多酚所组成。单体酚是以游离或配糖体形式存在的，可以水解。单体多酚如黄烷醇、黄酮、儿茶酸和花色苷等则属于可缩合的多酚物质，也以游离或配糖体形式存在。

单体多酚可缩合或聚合为二聚体、三聚体或多聚体。在煮沸过程中，单体多酚的二聚体、三聚体明显减少(三聚体减少最多，仅少量存在)，主要是它们具有沉淀蛋白质的作用，煮沸时，与蛋白质形成共价键的复合物而沉淀下来。多聚体多酚沉淀蛋白质的活性较弱于二、三低聚体，麦汁煮沸后，仍有大量存在于麦汁中，说明低聚合度的多酚比高聚合度的多酚沉淀蛋白质的能力要强。这种聚合体多酚的相对分子质量在600～3000之间。由于它们具有沉淀蛋白质的作用，通常称之为“类单宁”。单体多酚在低温下也会与蛋白质的氢键结合，形成可溶性的多酚－蛋白质复合物。这些复合物的多酚，在以后的工序中经过氧化和聚合，又会析出而形成冷混浊或氧化混浊。从啤酒酿造角度看，类单宁在麦汁煮沸阶段沉淀蛋白质，对提高啤酒非生物稳定性是有利的，但在煮沸后的麦汁中应尽量减少单体多酚的含量，以免形成暂时性的可溶性多酚－蛋白质复合物，而在后期造成啤酒混浊问题。

(2) 对啤酒色泽的作用 单体多酚经过氧化和聚合作用，其色泽逐步加深，从而加重了麦汁的色泽，且口感粗糙。发酵以后，由于一部分多酚－蛋白质复合物逐步沉淀析出，酒的色泽又复变浅。不管怎样，在麦汁制备过程中，减少一些单体多酚(主要是花色苷)的含量，不但对啤酒非生物稳定性有利，对降低啤酒的色度也是必要的。

(3) 对啤酒风味的作用 与类黑精一样，啤酒中的多酚物质既是还原剂，又是氧化剂。在新鲜的啤酒中，尚未氧化的多酚物质能给予啤酒以丰满的酒体感，氧化了的多酚则使啤酒口味变得苦涩而粗糙。降低麦汁的pH值，麦汁中的多酚物质含量会少一些，麦汁的色泽也就浅一些，口味也会柔和一些。因此，过分地洗涤麦糟，或使用残留碱度高的水洗涤麦糟，都会增加麦汁中的多酚物质含量，对啤酒质量是不利的。但过分地排除多酚物质，啤酒口感虽然柔和，却又变得淡薄无味，缺乏酒体。例如，单纯使用酒花树脂浸膏或异构化浸膏的啤酒，都存在口味淡薄的问题。配合添加部分酒花热水萃取物后，提供了多酚物质的含量，就可大大改善这一缺点。因此，如何正确控制多酚物质的含量，也是一项非常细致的工作。

三、麦汁煮沸中的其他主要物质变化

(一) 蛋白质的变性和絮凝

蛋白质的变性和絮凝是麦汁煮沸过程中的一项重要变化。煮沸开始，麦汁变得失光、混浊，逐渐有细小絮状物析出。随着煮沸时间延长和麦汁的翻滚碰撞，细小物质互相凝集而形成大的碎片被分离出，此时麦汁变得较清亮。这些被分离出的絮凝物质中大部分是可凝固性蛋白质。

可凝固性氮的早期分离，使麦汁组分变得更趋合理，大大减轻了以后啤酒的早期混浊现象。蛋白质的凝聚可分两个阶段:

1. 蛋白质变性

水溶性的胶体蛋白质，其外围包着一层亲水性集团，这种“水合作用”使蛋白质处于一种稳定的溶解状态。当加热超过一定温度时，蛋白质分子内部发生变化，蛋白质的空间立体结构被破坏，从而失去了水合性和溶解性，此现象即蛋白质的变性。蛋白质变性实际在麦芽干燥和糖化时已经开始，麦汁煮沸，受高温的影响，更深化了此一过程。

2. 蛋白质的絮凝

脱水变性后的蛋白质，在其等电点，当两性的蛋白质物质带正电荷和负电荷的基团相互中和而丧失表面电荷时，此变性蛋白质就变成絮状析出。在强烈的煮沸条件下，絮状蛋白质互相碰撞增大，最后变为大的碎片析出。

由于溶解在麦汁中的蛋白质，其等电点各不相同，因而蛋白质的絮凝作用不会彻底。当其溶解条件改变时，如温度、pH值的下降以及氧化作用，蛋白质会不断地从酒液中析出，直至包装后的啤酒，从而造成啤酒的混浊沉淀问题。一般说，常压煮沸后的麦汁可凝固性氮含量应低于2.5mg/100ml以下。

(二) 影响蛋白质凝聚的因素

1. 煮沸时间

在常压下煮沸，时间愈长，愈促进蛋白质的凝聚(表2－5－46)，但此与煮沸温度有关。过长的煮沸时间，则凝固性氮的变化不大，而已凝聚的蛋白质，会重新被击碎而分散，使麦汁变得混浊。

表 2-5-46　　煮沸时间与蛋白质凝聚

煮沸时间/min	0	30	60	90	120
可凝固性氮含量/(mg/100ml)(12%麦汁)	5.5	4.0	3.4	2.7	2.2

2. pH值

在蛋白质等电点的pH下，蛋白质凝聚最好，但麦汁所含蛋白质的等电点pH并不相同，一般说，麦汁蛋白质的最佳综合pH值为5.2，麦汁pH愈接近此值，蛋白质的析出就愈强烈。因此pH值在一般情况下不易达到。所以在麦汁煮沸时通常进行酸化，以降低pH值。

3. 煮沸温度和煮沸方式

(1) 常压煮沸 加热面愈大，煮沸强度愈高，煮沸运动愈强烈，变性蛋白质和蛋白质－多酚复合物相互接触的机会愈多，愈容易凝聚成大片，如表2－5－47所示。

表 2-5-47 煮沸强度与凝固性氮

煮沸强度/%	4	6	8	10
可凝固性氮含量/(mg/100ml)(12%麦汁)	3.2	2.6	2.1	1.7

带内加热器的煮沸锅，其煮沸强度的效果优于夹套加热面的煮沸锅，如表2－5－48所示。

表 2-5-48 不同加热系统对蛋白质凝聚的影响

加热系统	夹套式	内加热器
可凝固性氮含量/(mg/100ml)(12%麦汁)	2.2	1.7

带内加热器的煮沸锅必须使麦汁在锅外侧循环充分，由内加热器喷出的麦汁在麦汁表面铺开，否则易形成麦汁只在加热器附近流动而造成短路，从而影响煮沸效果，如表2－5－49所示。

表 2-5-49 麦汁循环范围和蛋白质的凝聚

麦汁外侧回流麦汁的比例	1/3	1/2	2/3	4/5
可凝固性氮含量/(mg/100ml)(12%麦汁)	2.3	1.9	1.6	1.8

对于直径过小的内加热器，可通过在加热器上加一伞形或平面罩，促使由加热器喷出的麦汁在麦汁表面扩展散开，加强对流，克服造成麦汁的短路问题。

(2) 外煮沸系统 外煮沸系统可对麦汁加压而使麦汁温度升高，不但可达到较高的煮沸强度，使可凝固性氮迅速降低，而且煮沸时间可以缩短，如表2－5－50所示。

表 2-5-50 外煮沸与蛋白质凝聚的关系(温度104～105℃)

煮沸时间/min	30	45	60	75	90
可凝固性氮含量/(mg/100ml)(12%麦汁)	3.0	2.2	1.8	1.4	1.2

从表2－5－50可凝固性氮的含量看，煮沸60～70min已可达到要求。

如果对外煮沸的麦汁加大压力，使麦汁温度进一步升高，在相同的煮沸时间下，温度愈高，蛋白质的凝聚愈强烈，如表2－5－51所示。

表 2-5-51 外煮沸温度与蛋白质凝聚

煮沸温度/℃	106	108	110	112
可凝固性氮含量/(mg/100ml)(12%麦汁)	1.6	1.3	1.1	0.9

总的看，外煮沸系统由于麦汁温度升高，麦汁煮沸时间可以缩短，但受α－酸异构化和某些挥发性物质需要排除的影响，煮沸时间也不宜低于60～70min。

(三) 美拉德反应及其产物

美拉德反应(Millard reaction)又称“棕色反应”(Browning reaction)。此反应开始于麦芽干燥，而后在麦汁煮沸时又得到强化。由此反应所产生的化合物通常称为类黑精或类黑素(melanoidins)。此类物质在啤酒酿造中起着氧化剂和还原剂的双重作用，从而影响着啤酒的风味。

美拉德反应就是由糖(己糖和戊糖)与氨基酸、二肽、三肽反应而形成着色物质类黑精。在美拉德反应过程中也产生许多挥发性物质，特别是作为芳香物质的杂环物质，如吡嗪(pyrazine)和吡咯(pyrrole)等更具重要性。

美拉德反应的效率很高，麦汁煮沸时，麦汁中的1%的氨基酸和微量的糖反应，足以使麦汁色泽成倍增长。此反应并非酶促反应，全部系由外部热负荷所引起。其第一步先经阿马都雷(Amadori)重组，使糖和氨基酸形成复合物，再经多种不同反应过程，最后转化为类黑精和其他色素物质。

在中间反应过程中，氨基酸的史垂克(Strecker)降解颇具重要性。通过1－脱氧己糖和1－脱氧戊糖分解产生的α－二羰基物质，与氨基酸经史垂克反应生成比原氨基酸少一个碳原子的醛，形成了多种强烈的风味物质，如异戊醛、异丁醛、糠醛等。这些中间产物，有的随二次蒸汽挥发，有的则残留于麦汁中，影响着啤酒的风味。

吡嗪(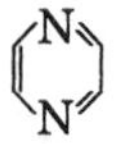)和吡咯()都是在美拉德反应中形成的N杂环物质，是具有强烈焦香味和生青味的风味物质。

吡嗪是在史垂克降解中由氨基酮(amino ketone)通过闭环、水解和脱水产生的。其含量决定于煮沸条件(温度、时间和蒸发情况)，深色麦芽的麦汁含量多于浅色麦汁者，具有焦香味。

吡咯也是在美拉德反应中形成的，具有焦香的面包气味，同时也给人以一种“生青”的味感。它的形成也取决于煮沸条件。

麦汁煮沸促进了这些芳香物质的形成，过分的煮沸时间或强烈的热负荷，足以使这些物质大量产生，从而损害啤酒的口味，同时也使麦汁色泽大幅度地上升。

麦汁色泽的上升，主要来自两方面。一方面来自多酚物质的含量及其氧化聚合情况，这种着色物质在发酵时会部分被再分离而使麦汁色度有所降低；另方面麦汁色度上升也来自美拉德反应不同阶段所形成的产物。这种反应在较低的麦汁pH值下进行不充分，使用负残留碱度水所制的麦汁或麦汁进行调酸，降低麦汁pH值，均有利于降低麦汁色度。类黑精产生的着色物质，占酿造过程中着色物质的大部分，而且是不可逆反应，也不能在发酵中被分离出去而脱色，因此它是啤酒色泽的主要来源。

美拉德反应中所产生的还原性物质，主要来自于类黑精形成过程中所产生的抗氧化物质，特别是烯醇或二烯醇。麦汁煮沸阶段，还原物质的增长(以I.T.T.值下降情况表示之)和色度的上升情况如表2－5－52所示。

表 2-5-52 麦汁煮沸中I.T.T.值和色度的变化

煮沸时间/min	I.T.T.值	色度/EBC单位	煮沸时间/min	I.T.T.值	色度/EBC单位
0	400	5.0	60	110	7.5
5	300	5.3	120	60	9.7
30	160	6.7			

四、麦汁煮沸中的其他添加剂

麦汁煮沸时，除酒花外，酿造者有时会根据需要添加某些添加剂，如：

(1) 添加酸类(乳酸、盐酸、磷酸、硫酸等)或钙盐(石膏)，以降低麦汁pH值，有利于蛋白质沉淀和减轻"棕色反应"，从而降低麦汁的色泽。

(2) 添加抗氧化剂(偏重亚硫酸钾、亚硫酸氢盐等)，以减轻麦汁煮沸时的氧化作用。

(3) 添加皂土或硅胶，以增加煮沸麦汁表面积，促进含氮物质的凝聚和吸附作用以及α－酸的异构化。

(4) 添加单宁，用以沉淀蛋白质，提高啤酒的非生物稳定性。

(5) 添加麦汁澄清剂，其有效成分是鹿角藻聚糖(carageenan，俗称卡拉胶)，是一种酸性多糖，用于澄清麦汁。

现就麦汁澄清剂的情况介绍如下：

1. 添加目的

添加麦汁澄清剂的目的是加速麦汁澄清，改善啤酒非生物稳定性。过去，麦汁澄清剂多用于上面发酵啤酒。生产贮藏啤酒的国家，由于贮酒期长，啤酒的澄清良好，一般不采用麦汁澄清剂。近年来，由于麦汁澄清剂不但有助于热麦汁中热凝固物的絮凝沉淀，麦汁冷却后，对一些极微小的冷凝固物粒子(＜2μm)也可以排除，可显著改善啤酒的过滤性能及非生物稳定性，效果明显。生产贮藏啤酒的国家也逐渐采用，国内目前则尚少采用者。

2. 作用机理

麦汁和啤酒的澄清，都是要求将其中的固体粒子分离出去，固体粒子排除愈彻底，则澄清度愈好。

液态中固体粒子的沉降速度，可用stoke法则表示：

$$u=\frac{2r^2(\rho_1-\rho_2)g}{g\eta}$$

式中　u——沉淀的最终速度
　　r——粒子的半径
　　ρ_1——粒子的密度
　　ρ_2——液体的密度
　　g——重力加速度
　　η——液体的粘度

从上式看，采用离心方法，提高g值，虽可改善粒子沉降速度，但对麦汁和啤酒来说，离心只能排除一些大的颗粒物质，对于一些极微小的胶体粒子物质，则作用不大，甚至通过精滤都难以将一些小于2μm的微小粒子排除，而这些微小的胶体粒子将直接影响啤酒的澄清和过滤性能。

如果采用麦汁澄清剂，带负电荷的酸性多糖与麦汁中带正电荷的亲水性蛋白质作用后，将增长颗粒的大小，也就是增加公式中的r值，不但可以有效地增长粒子沉降速度，并且将冷凝固物中极微小的粒子也排除出去。

最近，对机理方面又有新的设想：鹿角藻聚糖在热麦汁中具有随机盘绕(random coil)构象，在冷麦汁中又转化为双螺旋构象，并与亲水性蛋白质形成聚合物，存在于冷凝固物中。

不管怎样，添加麦汁澄清剂的作用，可以达到：

(1) 麦汁得到迅速而有效的澄清。

(2) 极微小的粒子(<2μm)也可以在冷凝固物中被排除出去。

3. 使用技术条件

(1) 添加麦汁澄清剂产生的冷凝固物体积决定于澄清剂的添加量，添加量愈大，形成的冷凝固物愈多，麦汁损失量愈大。因此，添加麦汁澄清剂应使麦汁损失和其澄清度取得一平衡量。

(2) 麦汁产生的冷凝固物与麦汁蛋白质含量有关。全麦芽的麦汁较加辅料的麦汁，或含高蛋白质麦芽较含低蛋白质麦芽所制的麦汁，澄清剂的添加量相对就要多一些。

(3) 过滤混浊的麦汁较过滤澄清的麦汁，麦汁澄清剂的添加量应适当多一些。

(4) 当麦汁pH值低于5.5时，麦汁澄清剂的澄清作用将随pH的降低而减弱，此时应适当增加添加量。

总之，许多因素都在影响着麦汁的澄清，当原料或生产过程有变化时，应经常检查澄清剂的最适添加量。一般说，在热麦汁中加入30～50mg/kg的麦汁澄清剂，即可有效地改善啤酒的冷混浊稳定性。

第六节 麦汁浸出物收得率

一、麦汁浸出物收得率的定义

每100kg原料糖化后的麦汁中，获得浸出物的质量分数，即为麦汁浸出物收得率，其表示方法如下：

$$\text{麦汁浸出物收得率}(\%)=\frac{\text{麦汁中浸出物数量}}{\text{投料量}}\times 100$$

二、麦汁浸出物收得率的计算

麦汁浸出物收得率可根据下列公式计算之：

$$E(\%)=\frac{Vw_{P}d\times 0.96}{m}\times 100$$

式中 E——麦汁浸出物收得率(%)

V——定型麦汁最终产量(L)

w_{P}——麦汁在20℃时的糖度表(plato)浓度(%)

d——麦汁20℃时的相对密度

m——投料量(kg)

0.96——常数，100℃麦汁冷却到20℃的容积修正系数

几点说明：

(1) 麦汁容积系指麦汁煮沸后所测之容积，其温度介于95～100℃之间。

(2) 热麦汁由100℃冷至20℃，采用收缩率为4％的依据是：

① 麦汁在不同温度阶段的收缩率：

100～80℃ ⟶1.4％

80～60℃ ⟶1.2％

60～40℃ ⟶0.9％

40～20℃ ⟶0.5％

100～20℃ ⟶4.0％

② 1kg酒花煮沸后所占的体积为0.7～0.8L，每批麦汁中，酒花所占的体积相当于麦汁容积的0.20％左右。

③ 煮沸锅因热膨胀的容积校正数应为0.20％左右。

④ 热凝固物所占体积可以略而不计。

因此，麦汁的收缩率(％)＝麦汁本身的收缩率－酒花所占容积校正数＋煮沸锅受热膨胀的容积校正数＝4％－0.2％＋0.2％＝4％。

糖化浸出物收得率计算示例：

投料量：	3800kg
麦汁产量：	24100L
麦汁浓度(20℃)：	11.62％
麦汁相对密度(20℃)：	1.0468

则产量校正数＝24100×0.96＝23136(L)

11.62％×1.0468＝12.16(体积分数％)

即每升麦汁含浸出物0.1216kg

总浸出物＝0.1216×23136＝2813(kg)

$$E(\%)=\frac{2813}{3800}\times 100=74(\%)$$

或直接代入上式：

$$E(\%)=\frac{Vw_{P}Pd\times 0.96}{m}\times 100$$

$$=\frac{24100\times 0.1162\times 1.0468\times 0.96}{3800}\times 100$$

$$=74(\%)$$

三、原料利用率

麦汁制备的原料利用率是用来评价糖化收得率的一种方法，也是啤酒厂的一项重要经济技术指标。

糖化室的原料利用率一般应保持在98.0%～99.5%，可用下式计算：

$$M(\%)=\frac{E}{E_1}\times 100$$

式中 M——原料利用率(%)

E——糖化浸出物收得率(%)

E_1——实验室标准协定法麦汁的浸出物收得率(%)

四、糖化室混合浸出物收得率的计算

在使用谷类辅助原料或着色麦芽的情况下，应按下式计算糖化室混合收得率：

$$\text{混合浸出物收得率}(\%)=\frac{\text{麦芽浸出物收得率}\times\text{麦芽量(kg)}+\text{辅助原料浸出物收得率}\times\text{辅助原料量(kg)}}{\text{投料总量(kg)}}\times 100$$

五、影响原料利用率的各种因素

1. 影响麦芽浸出率的因素

每降低1%的麦芽浸出物，减低0.7%～0.9%的糖化室收得率。影响浸出物降低的因素如下：

(1) 麦芽的因素

① 麦芽的水分含量：麦芽水分每增加1%，相当于减少约1%的实验室收得率或减少约1.2%的糖化室收得率。

② 麦芽的蛋白质含量：蛋白质含量愈高，麦芽浸出物愈低。以蛋白质含量9.5%为基础，则浸出物降低的情况如下所示：

蛋白质含量10.5%～11.4%，麦芽浸出物约降低0.2%；

蛋白质含量11.5%～12.4%，麦芽浸出物降低0.5%～0.6%；

蛋白质含量12.5%～13.4%，麦芽浸出物降低0.7%～1.0%。

③ 麦芽的溶解度：麦芽的粗细粉浸出率差，每增加1单位，约减少0.7%的糖化浸出物收得率。

(2) 粉碎的因素　由于粉碎不当，粉碎度过粗，可能造成2%以下的糖化浸出物收得率损失。

(3) 糖化的因素　①由于糖化温度高，糖化时间短，影响麦芽有效成分的浸出，可能造成1%左右的麦汁收得率损失。②搅拌机安装有缺陷，搅拌不良，醪液混合不均匀以及麦芽溶解不完全，可能会造成0～5%的损失。

2. 影响麦糟中浸出物洗出的因素

麦糟中残留的浸出物愈多，糖化的收得率愈低。影响浸出物洗出的因素如下：

(1) 麦芽的因素　使用溶解不良的麦芽，麦糟的渗透性差而造成过滤困难，洗糟不完全。

(2) 粉碎的因素　麦芽粉碎太细，麦糟体积小，不疏松，滤径被阻塞，渗透性差而造成过滤困难，洗糟不完全。

(3) 糖化的因素 糖化用水量大，洗糟用水量受到限制，洗糟不完全，残余浸出物洗不净。

(4) 麦汁过滤的因素

① 过滤槽安装倾斜，造成过滤和洗糟不均匀。

② 糖化醪进入过滤槽时，分布不均匀。

③ 开始过滤时，麦汁排出阀开得太大，吸力大，造成麦糟紧缩和粘性物质混入糟层内，使过滤和洗糟发生困难。

④ 过滤面积不够或滤孔被堵塞。

⑤ 麦糟翻动不均匀，破坏了滤径，麦汁渗出不均匀。

⑥ 洗糟水添加时间过早，不易洗净。

⑦ 糟层冷却，体积紧缩，渗出困难，洗涤不完全。

第七节 外加酶糖化法

由大麦制成麦芽，干物质约损失10%，价格则上涨80%以上。如果利用麦芽丰富的酶系，制备麦汁时添加辅料，可以节约原料，降低成本。在麦芽质量正常情况下，辅料(大米、玉米)添加量可达30%。若添加辅料过大，或麦芽质量较差，酶活力不足，常需补充由其他来源制备的工业酶制剂，才能克服糖化不完全、麦汁过滤困难、发酵度低以及口感不爽的问题。

近年来，由于生化技术的发展，多项工业酶制剂问世。为了进一步节省麦芽，多加辅料，制取廉价麦汁，国内外致力开发利用微生物或植物来源的工业酶制剂，直接对生谷类原料进行糖化，制取麦汁。这种制取麦汁的方法即为外加酶糖化法。其生谷料原料的用量可占全部原料的70%以上。

一、谷类原料和酶制剂的选择

(一) 谷类原料的选择

以大麦取代麦芽为宜，主要因为：

(1) 麦芽本身是由大麦制成的，使用大麦取代麦芽，大麦麦汁和麦芽麦汁的成分会更接近一些。

(2) 大麦本身含有多量的β－淀粉酶，此酶在糖化作用中不能缺少，取之于原料本身是合适的。

(3) 大麦有麦皮，可以像麦芽一样，形成自然的麦汁滤层。

(4) 大麦并非主粮，生长遍及全球，价格也比较便宜。

(二) 主要酶制剂的选择

1. α－淀粉酶

前些年一般都选用由枯草芽孢杆菌(*Bacillus subtilis*)提制的α－淀粉酶，原因是：

(1) 此酶的热稳定性远高于麦芽的α－淀粉酶，更有利于淀粉的糊化和液化。在基质含有300mg/kg左右钙离子情况下，其耐温可达100℃，大大超过了淀粉的糊化温度。

(2) 此酶的特异性和作用方式，与麦芽所含的α－淀粉酶基本一致。

近年来，采用由地衣芽孢杆菌(*Bacillus licheniformis*)提制的耐高温α－淀粉酶，其耐温性更胜于由枯草芽孢杆菌提制者。

细菌α－淀粉酶与麦芽α－淀粉酶的作用条件对比如表2－5－53所示。

表 2-5-53 细菌α－淀粉酶与麦芽α－淀粉酶的最适作用条件

最适作用条件	耐高温细菌α－淀粉酶	细菌α－淀粉酶	麦芽α－淀粉酶
最适pH范围	5.7～7.0	5.0～7.0	4.5～5.8
最适作用温度	70～90℃	60～70℃	50～65℃
有效作用温度	～110℃	～90℃	～70℃

2. 蛋白分解酶

宜选用由枯草芽孢杆菌提制的中性蛋白酶，其分解后的麦汁氨基酸组成与麦芽麦汁者比较接近，但各项游离氨基酸的含量相对较麦芽麦汁者低。

也可选用木瓜蛋白酶或菠萝蛋白酶等植物蛋白酶。木瓜蛋白酶对大麦的分解效果与麦芽蛋白酶很接近；菠萝蛋白酶的内肽酶活力较强，羧肽酶和氨肽酶活力相对较低，其分解产物中，可溶性氮的比例相对较高，而游离α－氨基氮的比例相对较低。

植物蛋白酶制剂的价格比微生物蛋白酶的价格贵。

以上各项蛋白酶制剂的作用条件如表2－5－54所示。

表 2-5-54 各种蛋白酶制剂的作用条件

作用条件	1398中性蛋白酶	木瓜蛋白酶	菠萝蛋白酶
pH范围	5.5～8.5	5～7.5	4.5～7.5
最适pH值	6.5～7.0		
最适作用温度	45～50℃	40～45℃	35～45℃

发芽后的麦芽，其蛋白分解后的游离氨基酸组成中，脯氨酸含量突出地高，此氨基酸在厌氧条件下不能被酵母所吸收利用。未经发芽的大麦，其蛋白质不如麦芽易降解，经外加酶制剂分解后，大麦麦汁中的脯氨酸含量较麦芽麦汁者大幅度地降低，其他游离氨基酸的含量也均较麦芽麦汁者有所降低，精氨酸含量则相对较高。

由于受大麦品种、制麦条件和糖化条件的影响，国内外麦芽麦汁和大麦麦汁中游离氨基酸的分析值差异比较大。但大麦麦汁的氨基酸总含量总是低于麦芽麦汁者，其中不易为酵母吸收的脯氨酸低的幅度比较大。虽然大麦麦汁的α－氨基酸总含量低些，但尚未见引起酵母问题。

3. β－葡聚糖酶

大麦的β－葡聚糖含量较其他谷类高，而大麦本身所含的β－葡聚糖酶活力则甚微，如果不外加β－葡聚糖酶，大麦β－葡聚糖分解不足，将导致大麦麦汁的粘度比麦芽麦汁的粘度高得多。一方面会造成麦汁和啤酒过滤困难，同时对啤酒的酒体和风味也会造成影响，必须添加β－葡聚糖酶解决之。其来源：

(1) 由细菌(枯草芽孢杆菌)中提制。细菌β－葡聚糖酶的特异性很强，与麦芽中的大麦β－葡聚糖酶(barley glucanase)的性质相似，只能分解大麦β－葡聚糖，不能分解昆布聚糖、羧甲基纤维素或其他只含β－1,4键或只含β－1,3键的基质。

(2) 由霉菌中提制。由黑曲霉(*A.niger*)或黄曲霉(*A.orazae*)提取的β－葡聚糖酶，其特异性不像从细菌提制者那么强，除分解大麦β－葡聚糖外，还能分解其他结构键的β－葡聚糖。

以上麦芽、细菌和霉菌三种来源的β－葡聚糖酶对基质作用的特异性和最适作用条件，如表2－5－55所示。

表 2-5-55　　不同来源的β－葡聚糖酶的特异性和最适作用条件

酶来源	最适作用条件	作用基质		
		大麦β－葡聚糖	昆布聚糖	羧甲基纤维素
枯草芽孢杆菌(*B.subtilis*)	最适pH6.8，在pH5.9～7.7范围内，其活力均不低于50%；在pH6.0～6.15时，最适作用温度58～60℃	+	－	－
霉　菌(*A.niger*)	最适pH4.3，最适作用温度63～65℃；pH6.0～6.15时，最适作用温度55℃	+	+	+
大麦或麦芽	最适pH4.8，在正常糖化pH值下，其活力仍可保持50%左右；pH5.6时，最适作用温度为43～45℃	+	－	－

细菌β－葡聚糖酶的耐温性强，以选用此酶比较合适。

国内7658细菌α－淀粉酶和1398细菌蛋白酶的酶制剂中，均具有非标准量的β－葡聚糖酶活力，在外加酶糖化法中，如果采用上述两种酶，则其中所含的β－葡聚糖酶可以部分补充大麦β－葡聚糖酶的不足。

4. 细菌普鲁兰酶(bacterial pullulanase)

大麦中含R酶活力甚微，不足以分解支链淀粉和支链糊精的α－1,6键。因此，大麦麦汁可发酵糖含量比较低，制出的啤酒发酵度也比较低，应加以改善。

从产气气杆菌(*Aerobacter aerogenes*)中可以提取普鲁兰酶。此酶与植物中的R酶有相似的特异性。添加此酶可以改善大麦中R酶的不足，以提高麦汁中可发酵性糖和提高啤酒的发酵度，改善外加酶法啤酒的质量。

细菌普鲁兰酶的作用范围如下:

pH值: 5.6～7.2

温度: 45～50℃

55℃以上其活力下降很快，60℃的剩余活力只有6.0%左右。

5. 糖化酶

糖化酶由黑曲霉中提取。此酶能分解支链淀粉和支链糊精的α－1,4键和α－1,6键，糖化时添加，对提高麦汁的可发酵性糖稍有补益。因其作用缓慢，一般不在糖化时添加，而在发酵时应用，其作用范围如下:

pH值: 4.3～5.6

温度: 58～62℃

糖化酶的分解产物为葡萄糖。

二、外加酶糖化法的工艺技术条件

以国内采用的方法举例如下。

(一) 原料配比

各厂采用的原料配比不尽相同，麦芽添加量一般为20%～30%，辅料中大麦添加量为40%～80%，大米或玉米添加量为0～30%。

原料配料中仍保留少量麦芽，其目的是利用麦芽中比较全面的酶系和在制麦过程中所形成的某些微量成分，这些成分被认为是酵母发酵和啤酒风味不可缺少的物质。

原料配比的根据，以能制出与对照啤酒的色泽、风味和酒体基本接近为原则。

(二) 原料粉碎

大麦性韧，未经发芽，其胚乳结构坚实，不疏松，较难粉碎。粉碎过细，则麦皮细，细粉多，虽然糖化易完全，但过滤极困难，麦汁得率很低；粉碎过粗，则麦粒易断为大的粗粒，胚乳牢附在麦皮上，不但糖化不易完全，过滤很慢，麦汁得率也低。理想的对辊粉碎要求是调节对辊间距，将麦粒压扁，麦皮裂成几片，破而不碎，胚乳部分尽量粉碎细一些，这样糖化和过滤情况均可改善，麦汁得率也能提高。或者将大麦先浸水洗涤数小时，水分达30%左右，然后低温风干再粉碎。这样麦皮中的多量有害物质被浸出，胚乳的结构也有所改善，有利于粉碎，也有利于降低麦汁色泽，改善麦汁质量。

如果采用湿粉碎，则先在50℃下浸泡10～20min，然后湿粉碎，不但有助于糖化和过滤，改善啤酒色泽和风味，原料利用率还能进一步提高，如表2-5-56所示。

表 2-5-56 不同的大麦粉碎效果

原料配比 \ 粉碎方式		对照	酶法糖化	
			干粉碎	湿粉碎
原料配比/%	麦芽	70	30	30
	大米	30	30	30
	大麦	—	40	40
过滤时间/min	第一麦汁	45	64	50
	洗糟	62	44	56
	总计	107	108	106
原料利用率/%(按原料浸出物计)		95.98	97.73	98.09

(三) 酶制剂的使用

1. 使用量

7658细菌α-淀粉酶(食用级)：5～6u/g大麦或大米

1398细菌蛋白酶(食用级)：60～80u/g大米

细菌β-葡聚糖酶(食用级)：0.4u/g大麦

细菌普鲁兰酶(食用级)：50u/g大麦

糖化酶(食用级)：根据原料质量及工艺条件酌情添加。

以上酶制剂的添加量，均系根据国产酶制剂的活力单位计。

2. 使用方法

(1) 用于分解大麦的α－淀粉酶、蛋白酶和普鲁兰酶(有时包括部分糖化酶)在下料前一次添加糖化槽内。

(2) 用于液化大米的α－淀粉酶，在下料前一次添加糊化锅内。或在醪液升温至70℃，淀粉开始糊化时添加。

糖化锅及糊化锅加水满量后，边搅拌边将酶制剂(固体酶需预先用水调制成浆)徐徐加入水中，添加完毕，继续搅动数分钟，然后下料。

(四) 料液比(12%麦汁)

糖化槽料液比: 1∶3.5左右;

糊化锅料液比: 1∶4～5;

第一麦汁浓度以掌握在15%～16%比较合适。

(五) 麦芽质量和使用方法

1. 麦芽质量要求

糖化力: 350°WK以上;

糖化时间: 10min左右;

粉状粒: 80%以上。

2. 使用方法

大麦与麦芽的糊化温度接近，全部粉碎的麦芽及大麦一起添加到糖化槽中。

(六) 糖化醪液的酸化

添加乳酸，适当降低糖化醪的pH值，适合各种酶的作用条件，并且可以减少大麦皮中多酚物质及其他有害物质多量浸出，以降低麦汁色泽和改善口味。

注1 普鲁兰酶(pullulanase, EC3.2.1.41)和异淀粉酶(isoamylase EC 3.2.1.68)是两种不同的解支酶，其区别在于: 普鲁兰酶因其能分解多糖普鲁兰(pullulan)而得名。普鲁兰的成分结构很特殊，完全是麦芽三糖以α－1,6键结合而构成的，如下所示: 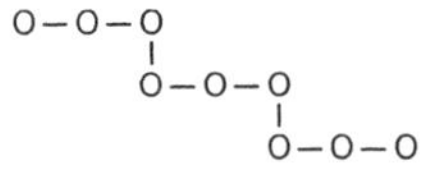 。

异淀粉酶也是解支酶，但它不能分解普鲁兰而能分解肝糖。

以上两种解支酶对分解底物有不同要求，示例如下:

底　物	普鲁兰酶	异淀粉酶
Pulluan	+	－
O | O－O－φ	－	－
O－O | O－φ	O－φ O－φ	－
O－O－O | O－O－O－O	O－O－φ O－O－O－φ	O－O－O O－O－O－O
O－O | O－O－O－O－O	O－φ O－O－O－O－φ	－
支链淀粉	+	+

从以上可以看出，两种酶均不能切下单独的$\alpha-1,6$键葡萄糖基，因此，其分解产物中不含葡萄糖。普鲁兰酶的最小分解底物为$\alpha-1,6$键连接的两分子麦芽糖，其分解产物为麦芽糖。异淀粉酶的最小分解底物为$\alpha-1,6$键连接的麦芽三糖和麦芽四糖(七碳糖)，但对以麦芽糖和麦芽五糖以$\alpha-1,6$键连接的七碳糖则不能分解。普鲁兰酶只能微弱地分解支链淀粉，而异淀粉酶则可分解支链淀粉。总的讲，两者比较，普鲁兰酶倾向分解相对分子质量小的底物，这一点在制定啤酒糖化工艺时应引起注意。

普鲁兰酶能将支链糊精分解为直链糊精，因此，普鲁兰酶对支链糊精的作用产物是麦芽糖、麦芽三糖和直链糊精，而异淀粉酶作用于支链糊精的产物则是麦芽三糖、一系列直链糊精和一系列带1个或多个带麦芽糖基的支链糊精。

注2 普鲁兰酶广泛地存在于高等植物中，如大豆、土豆等，最初被命名为R酶。后来发现产自pulluluria pullulans的多糖普鲁兰和能分解普鲁兰的细菌酶后，遂从分类上定名为普鲁兰酶。实际上，大麦麦芽中只有一种解支酶，其特异性与过去所指高等植物中的R酶是相似的，因其也能分解普鲁兰，在分类上应定位为普鲁兰酶。

第六章　麦 汁 处 理

第一节　概　　述

麦汁经煮沸和添加酒花后，应迅速进行处理，处理的内容包括：

(1) 迅速冷却，降低麦汁温度，使达到适合酵母发酵的要求。

(2) 麦汁冷却后，在发酵前，使麦汁吸收适量氧气，提供酵母合成其繁殖时所需的物质条件(不饱和脂肪酸、甾醇)。

(3) 析出和分离麦汁中的热、冷凝固物，以改善发酵条件和提高啤酒质量。

麦汁冷却本身是一比较简单的物理变化过程，并不复杂。但由于冷、热凝固物的析出和分离，合理的麦汁吸氧和严格防止麦汁冷却后易污染杂菌等问题，使冷却工艺变得复杂化了。根据冷却设备形式和使用冷却方法的不同，麦汁处理会有较大的波动，必须慎重处理。

第二节　麦汁冷却时的基本变化

一、麦汁中热、冷凝固物的形成

(一) 热凝固物

热凝固物又称煮沸凝固物或粗凝固物，是以蛋白质和多酚物质为主的复合物。在麦汁煮沸过程中，由于蛋白质变性和多酚物质的不断氧化和聚合而析出，同时吸附了部分酒花树脂及其他有机物。麦汁冷却开始后，在60℃以前，此项热凝固物仍继续析出。

热凝固物析出的量，随着麦芽的蛋白质含量、麦芽溶解度、辅料添加比例、糖化方法、过滤方法、煮沸方法和冷却方法不同而波动很大，一般波动在200～400g/100L麦汁范围内，其中含有80%的水分。

1. 热凝固物的化学成分(表 2－6－1)

表 2-6-1 热凝固物的化学成分(以干物质计)

成分	含量 /%
蛋白质	50～60
酒花树脂	16～20
多酚物质及其他有机物	20～30
灰分	2～3

2. 热凝固物的物理性质

(1) 相对密度 1.20～1.25。

(2) 粒子大小 30～80μm。

3. 热凝固物析出量

(1) 泥状热凝固物 1.5～3.5kg/100kg原料。

(2) 无水热凝固物 0.3～0.7kg/100kg原料。

(3) 11%～13%麦汁产生的热凝固物(以干物质计) 0.06～0.08kg/100L麦汁。

4. 影响热凝固物析出量的因素(表 2－6－2)

表 2-6-2 影响热凝固物析出量的因素

形成少量热凝固物的因素	形成多量热凝固物的因素
溶解不良的麦芽	溶解良好的麦芽
蛋白质含量低的大麦	蛋白质含量高的大麦
酒花添加量少(多酚含量少)	酒花添加量多(多酚含量多)
麦汁pH较高，煮沸强度低	麦汁pH较低，煮沸强度高
较高的麦芽焙焦温度	较低的麦芽焙焦温度
较稀的麦汁浓度	较浓的麦汁浓度

此外，浸出糖化法麦汁比煮出糖化法麦汁相对会有较多的热凝固物析出；大麦品种、年份、产地均与热凝固物的析出量有关。

5. 影响热凝固物沉淀的因素

(1) 麦芽溶解不良，糖化不完全。

(2) 麦汁煮沸强度不够，热凝固物颗粒细小。

(3) 麦汁浓度过高，粘度高。

(4) 麦汁pH值过低。

(5) 酒花添加量过少。

6 热凝固物对发酵的影响

(1) 大量的热凝固物被带入发酵麦汁中，将吸附大量的活性酵母，使发酵不正常。

(2) 在发酵液中，热凝固物被分散，微细的粒子将会进入啤酒中，使制出的啤酒色泽较深，口味粗糙，泡沫性能及口味稳定性和非生物稳定性均比较差。

7. 热凝固物的分离技术

传统分离热凝固物的方法，多利用冷却盘或沉淀槽等自然沉降法分离之。近代工厂多利用回旋沉淀槽法分离，也有采用硅藻土过滤法或离心机分离法者。

(二) 冷凝固物

冷凝固物又称细凝固物，也是以蛋白质和多酚物质为主的复合物。其性质与啤酒产生的冷混浊物基本相同，加热可以溶解。当麦汁冷却温度降至70～60℃时开始析出，直至冷却到麦汁定型温度这一过程，冷凝固物不断地从麦汁中析出，并且麦汁温度愈降低，其析出量愈大。冷凝固物的析出量与原料、糖化工艺、麦汁过滤和煮沸以及冷却方法都有关系。

在冷却过程中，开始析出的冷凝固物，常被热凝固物所吸附，随着热凝固物的分离而一同被分离出。

1. 冷凝固物的化学成分(表2－6－3)

表 2-6-3　冷凝固物的化学成分(以干物质计)

成分	含量/%	成分	含量/%
蛋白质	48～57	碳水化合物(主要是β－葡聚糖)	20～36
多酚物质	11～26	灰分	2～5

2. 冷凝固物的物理性质

(1) 形状　不定形物质。

(2) 粒子大小　1.0μm以下。

(3)对热的作用　加热后能重新溶解，与啤酒的冷混浊物同一性质。

3. 冷凝固物析出量

(1) 无水冷凝固物量为0.03～0.07kg/100kg原料。

(2) 大量析出冷凝固物的温度开始于30℃。

(3) 不同温度下析出冷凝固物的量如表 2－6－4所示。

表 2-6-4　不同温度下冷凝固物的析出量

麦汁温度/℃	12%麦汁析出的冷凝固物		麦汁温度/℃	12%麦汁析出的冷凝固物	
	mg/L	相当于0℃析出量的%		mg/L	相当于0℃析出量的%
80	30	10.4	20	150	51.9
60	46	15.9	10	189	65.3
40	87	30.1	5	249	86.1
30	107	37.0	0	289	100

4. 影响冷凝固物析出量的因素

(1) 蛋白质含量低或蛋白溶解度低的麦芽,冷凝固物析出少。

(2) 采用谷类辅助原料的麦汁,冷凝固物析出少。

(3) 粗麦芽粉较细麦芽粉的冷凝固物析出少。

(4) 稀醪糖化的麦汁,冷凝固物析出少。

(5) 低浓度麦汁较高浓度麦汁析出的冷凝固物少。

(6) 糖化开始温度高的麦汁,冷凝固物的析出量少。

(7) 酒花添加量少,麦汁煮沸时间短的麦汁,冷凝固物析出少。

(8) 麦汁液位低,冷凝固物析出多。

(9) 麦汁温度愈低,析出量愈多;下面发酵麦汁(6~7℃)较上面发酵麦汁(15~20℃)析出的冷凝固物多。

二、麦汁吸氧

1. 麦汁吸氧

(1) 在高温下,麦汁系通过其所含成分的氧化而吸氧,其结果将导致麦汁色度上升,口味变粗,麦汁中所含的还原物质减少,抗氧化的能力降低。因此,酿造者都尽量避免在整个麦汁制备过程中物料与氧的接触。

麦汁中各项成分的吸氧量相差很大,例如,麦汁浓度10%、pH值5.3、在60℃下保温1h的吸氧情况如表 2-6-5所示。

表 2-6-5 麦汁各种成分的吸氧量

麦汁成分	相对吸氧率	麦汁中含量/(g/L)	吸氧量/(ml/g)	总吸氧量/(ml/L)
麦芽糖	1	60	0.023	1.380
葡萄糖	4.1	5	0.096	0.480
果糖	50	3	1.165	3.495
酒花树脂	84	0.4	1.940	0.776
多酚物质	12.5	0.12	0.315	0.0315
含氮物质	2.3	5	0.054	0.270
1L麦汁1h"吸氧"总量				6.4325ml

(2) 在低温(40℃以下)下,氧主要通过物理作用而溶解于麦汁中,其溶解量与麦汁的温度和浓度成反比。例如,麦汁在85℃的溶解氧为在45℃的溶解氧的1/5~1/10;在5℃下,14%麦汁的饱和溶解氧为4.55ml/L,而7%麦汁的溶解氧则为5.6ml/L。

2. 麦汁吸氧量

同等浓度麦汁的溶解氧量与麦汁温度、麦汁运动情况、空气压力以及麦汁的浓度有关。12%的麦汁,在0.1MPa压力下,其不同温度的饱和溶解氧如表 2-6-6所示。

表 2-6-6 不同温度下的麦汁溶解氧

温度/℃	0	5	10	15	20
溶解氧量/(mgO_2/L麦汁)	11.6	10.4	9.3	8.3	7.4

3. 麦汁吸氧与色度的关系

麦汁在高温下通风，易因氧化作用(主要是多酚物质的氧化作用)而使色泽加深。因此，麦汁在冷却之前，以不通风为宜，待麦汁冷却至40℃以下再通风是适宜的。

三、水 分 蒸 发

麦汁在冷却过程中有部分水分蒸发，其蒸发量与设备条件、麦汁浓度、通风情况和外界气候条件有关。由于水分的蒸发，麦汁浓度相应地有所提高。使用不同冷却设备的水分蒸发量如表 2－6－7所示。

表 2-6-7　　不同冷却设备的麦汁蒸发量

设 备 名 称	蒸 发 量 /%	设 备 名 称	蒸 发 量 /%
冷 却 盘	3～8	喷淋冷却器	0.5
沉 淀 槽	0.5～2	薄板冷却器	0.0
回旋沉淀槽	0.2		

为了使麦汁冷却后，浓度达到技术规定的浓度，事先应通过标定工作，决定热麦汁的浓度，避免发生定型麦汁浓度忽高忽低的现象，影响成品的一致性或造成不应有的浪费。

第三节　麦汁冷却与凝固物的分离

麦汁冷却与凝固物的分离一般分两步进行:

(1) 麦汁预冷却与热凝固物的分离　降低麦汁温度，促进热凝固物的沉淀并除去之。此项工作在预冷却设备(冷却盘、沉淀槽、回旋沉淀槽)中进行。

(2) 麦汁冷却和冷凝固物的析出和分离　预冷却的麦汁通过激冷，最后达到发酵要求的温度，同时析出冷凝固物，设法排除之。

一、冷却设备与凝固物的分离

1. 预冷却设备和热凝固物的分离

传统使用的预冷却设备有冷却盘和沉淀槽。这些设备都是采用自然沉降法排除热凝固物的。60年代以后，啤酒厂大都改用回旋沉淀槽(whirlpool)。也有部分厂使用麦汁离心分离机(包括中间静置槽)和硅藻土过滤机等设备，对全部麦汁进行处理，兼有预冷却和去除热凝固物的作用。离心机和硅藻土过滤机也可单独用于从湿凝固物中回收麦汁。

2. 冷却设备

(1) 开放式冷却　喷淋冷却器。

(2) 密闭式冷却　薄板冷却器。

以上预冷却和冷却设备可以分别组合使用。新型的啤酒厂大都采用回旋沉淀槽和薄板冷却器的组合方式。

二、麦汁预冷却与热凝固物分离的生产工艺

以国内使用过的几种方法示例如下。

(一) 冷却盘法

冷却盘是一浅正方形或矩形的敞口平底容器，面积很大而器壁只有20～35cm高，由不锈钢板或铜板制作，安装于发酵室上层，有利于冷空气进入和水蒸气排出。一般多用无菌空气通风，避免染菌。其操作如下：热麦汁经酒花分离后，泵入此敞口的冷却盘中进行预冷却，并使热凝固物沉降下来而分离之；将分离后的热凝固物迅速卸入一压力桶，用压缩空气将其压入压滤机，提高压力至0.1～0.2MPa，压干凝固物，回收其所含的麦汁。

冷却盘法的技术条件要求如下：

(1) 麦汁液层高度 10～20cm。

(2) 100L麦汁需要冷却面积 0.7～1.0m^2。

(3) 预冷却和凝固物沉淀时间 1.0～2.0h；夏季应尽量缩短时间，以防感染杂菌。

(4) 麦汁开始激冷却温度 60℃左右。

(5) 防止杂菌污染的措施 无菌空气送入室内。

(二) 沉淀槽法

沉淀槽是由钢板或不锈钢板制作的圆柱锥底槽，带有伞形顶和排气筒，槽内设有冷却盘管，以井水为冷却剂，可使麦汁预冷却至60℃左右，在此通过自然沉降，热凝固物及少量冷凝固物沉淀下来。其操作如下：热麦汁经酒花分离后，泵入沉淀槽，使之静置约60min，然后使上清液经浮球活动排料管流出，进行激冷却；其沉淀的湿凝固物用热凝固物分离设备(离心机或小型压滤机)分离之，并回收麦汁。

沉淀槽的技术条件要求如下：

(1) 麦汁液层高度 1～1.5m。

(2) 冷却水温度 15℃左右。

(3) 通入冷却水时间 60min左右。

(4) 麦汁预冷却温度 60℃左右。

(5) 麦汁静置沉淀时间 60min左右。

(6) 麦汁开始激冷却温度 60℃左右。

(7) 防止杂菌感染的措施 无菌空气吹送麦汁表面。

(三) 回旋沉淀槽法

回旋沉淀槽是一直立的圆柱平底槽。热麦汁与槽壁成切线方向泵入槽内，泵入时与槽内液面水平，使麦汁进入槽内形成回旋运动，产生回旋效应，凭借离心力在槽内运动反作用力的作用，使凝固物沉集槽底中心，形成坚实的锥形沉淀物，与麦汁分离；待固液相分离完毕，麦汁由槽底边口流出；沉集槽底的凝固物，如果凝集不够坚实，可进一步利用不同型式的分离设备，回收其所含的麦汁。

此槽特别适用于使用酒花制品而非全酒花的麦汁。

1. 回旋沉淀槽的设备结构(图2－6－1)

近年来，各国对回旋沉淀槽的结构已有多方面的改进，主要是槽底的改进，便于收集和排除凝固物。

(1) 槽的平底向麦汁出口一边微倾斜(1％～2％)，便于排除麦汁和废水。

(2) 槽底中心增设一高压喷嘴，麦汁排出后，可用此喷嘴将沉淀其上的凝固物打散，便于自动排放。

(3) 槽柱体的底部另设一管径较粗的进口管，使初进槽的麦汁流速缓慢，不易引起涡流；待液面达切线进口处，再开切线进口管阀。

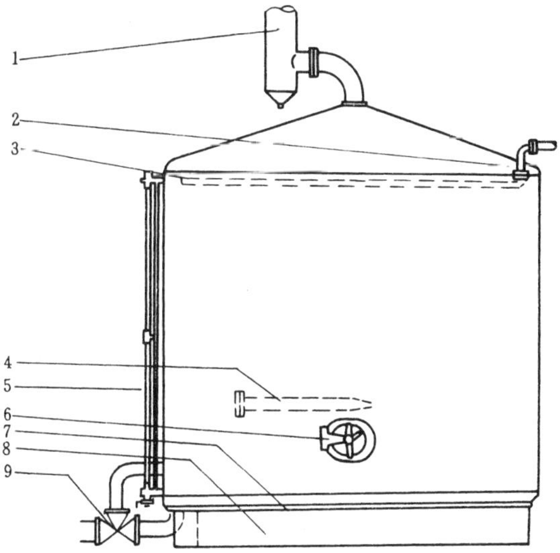

图 2－6－1　回旋沉淀槽

1—排气筒　2—洗涤水进口　3—喷水环管及喷嘴
4—麦汁切线进口　5—液位指示管　6—人孔
7—钢筋混凝土底座的水防护圈
8—底座　9—麦汁及废水排出阀

(4) 槽底内部的外缘，加设一深宽均为70～100mm的环形槽，将凝固物中的麦汁导出。

(5) 槽底中心设置凹形杯底或锥形底，以利于在使用较多的酒花量时，将凝固物回收送至糖化室再利用(图 2－6－2、图 2－6－3)。

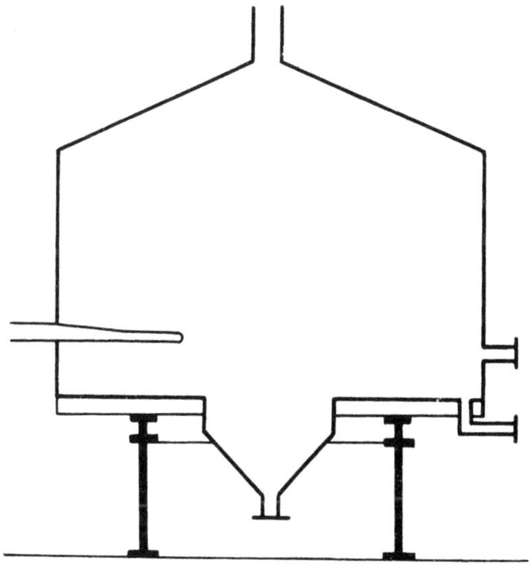

图 2－6－2　槽底具凹形杯的回旋沉淀槽

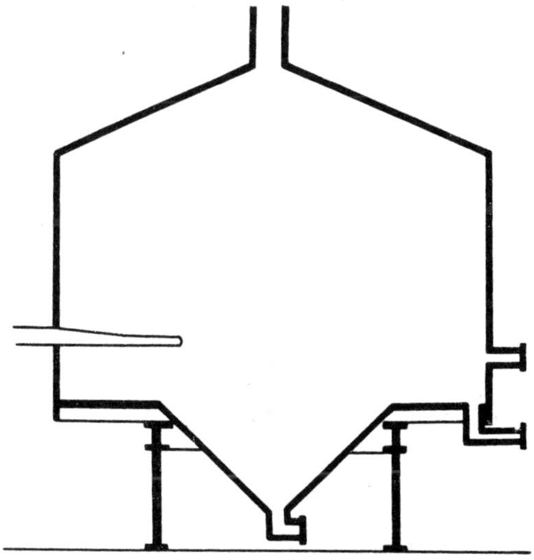

图 2－6－3　槽底为锥形底的回旋沉淀槽

2. 回旋沉淀槽的技术条件

(1) 麦汁液面高度：槽的直径 1∶2～3。

(2) 槽底部向出口倾斜1%～2%，便于凝固物中麦汁缓慢流出。

(3) 麦汁进口速度 10～15m/s。

(4) 进料时间 12～20min。

(5) 麦汁静置时间 30～40min。

(6) 麦汁高度 一般<3m。

(7) 麦汁切线进口位置 约在麦汁高度的1/3处。

(8) 麦汁在槽内旋转速度 10r/min左右。

(9) 麦汁出口位置 上部出口位置在麦汁高度的2/3处；中部出口位置低于上部出口的20cm左右；下部出口管在槽的底部，麦汁在底部出口流出时，速度应减小，以免混入热凝固物。

(10) 由煮沸锅至回旋沉淀槽的输送管径比较大，麦汁在切线进入沉淀槽时，应缩小管径，以达到要求的进口流速。

(11) 切线进入槽内的管口应保持原状，不宜切成椭圆形，从而破坏麦汁的离心力。

(12) 回旋沉淀槽的位置应尽量靠近煮沸锅，以缩短两者之间的管路距离。

(13) 槽壁要求光滑，否则易产生涡流，干扰麦汁的自由流动。

3. 分离热凝固物易发生故障的原因

(1) 麦汁液面高度与槽身直径的比例不合适，液面过高，直径过小。

(2) 泵送速度不足，达不到要求的麦汁进口速度和在槽内的回旋速度，凝固物沉淀不坚实。

(3) 泵送速度过高，导致过多和持续时间过长的旋涡。

(4) 泵送时混入空气，形成涡流，使热凝固物沉淀不良，酒花糟易漂浮。

(5) 麦汁中含有较多的凝固物(由于较高的麦芽蛋白质含量，较多的麦汁过滤混浊物和酒花残渣等)，负荷过重。

(6) 麦汁粘度过高，热凝固物沉降缓慢。

(7) 麦汁静置时间过短，热凝固物沉降不完全。

(8) 麦汁进入槽内不呈切线方向，导致涡流。

(9) 泵送管路中有过多的弯管和截面的变化，或过长的管路，导致热凝固物再度被分散而难以沉淀。

(10) 设备不平衡，在后工序的冷却器中，麦汁冷却慢，以至延长了回旋槽麦汁的排放时间，麦汁在回旋槽较高的温度下，易形成多量的羟甲糠醛和类黑精，导致麦汁色度上升，口感粗糙。二甲基硫的前体物质在麦汁受热阶段，不断发生分解，形成较多的二甲基硫，但在槽内却不易蒸发掉。

(四) 上述几种方法的比较

3种麦汁预冷却方法的比较如表 2-6-8所示。

(五) 从热凝固物中回收麦汁的方法

预冷却后沉淀的凝固物中，含有80%以上可以回收利用的麦汁，回收的方法如下：

1. 压滤机法

表 2-6-8 3种麦汁预冷却方法的比较

沉淀槽法	冷却盘法	回旋沉淀槽法
(1) 占地面积小，投资少	占地面积大，土建费用大	占地面积小，加工容易，投资少
(2) 卫生条件较易控制	较难控制空气对麦汁的污染	卫牛条件较易控制
(3) 液层深，凝固物沉淀慢，沉淀不坚实	液层浅，凝固物沉淀快，沉淀尚不够坚实	凭借离心力，凝固物沉淀快而坚实
(4) 与空气接触面小，麦汁色泽较浅	与空气接触面大，麦汁色泽较深	与空气接触面小，麦汁色泽较浅
(5) 槽内有冷却管，洗刷不易，杀菌不易彻底	洗刷容易，杀菌彻底，不易采用自动清洗	洗刷容易，杀菌彻底，可采用自动清洗
(6) 工艺条件比较复杂	工艺条件比较简单，麦汁损失大	工艺条件要求比较高，槽身比例不当，泵送能力不足，均易造成困难

利用小型板框压滤机，以滤布过滤之。回收的麦汁，为了防止感染，最好于下一锅麦汁定型前加入麦汁煮沸锅，让其煮沸杀菌，但在计算下一锅的麦汁收得率时，应扣除这部分麦汁量。

2. 离心分离机法

用转速5000r/min的离心机，可将凝固物中的麦汁回收。其利用方法同压滤机法。

三、麦汁冷却与冷凝固物的析出

预冷却后的麦汁，通过麦汁冷却器，迅速冷却至发酵所需要的温度，同时冷凝固物继续析出并排除之。

麦汁冷却器的基本要求如下：

(1) 麦汁和冷却水流经的部位要便于清洗；

(2) 要密封，严防冷却水的渗漏；

(3) 冷却面积大，冷却时间短，冷凝固物析出多。

麦汁冷却有以下几种方式：

(一) 开放式冷却

传统的开放式表面喷淋冷却器通常为排管式。为了扩大冷却面积和减低设备高度，常制成波浪形，排管由紫铜管或不锈钢管连接而成，排管上有一分配沟槽，预冷的麦汁，由此分配槽沿管壁形成薄膜流下。冷却管分上下两部分冷却，上部走井水，下部采用人工冷却的乙二醇或酒精溶液，均自下而上，与麦汁逆向流动。调节好麦汁的流速、冷却水温和流速，使麦汁最后冷却至发酵所需要的温度。冷水经热交换后，可作温水使用。

开放式冷却器的技术条件要求如下：

(1) 冷却器高度 2～3m，不宜过高。

(2) 冷却器长度 3～6m，不宜过长。

(3) 冷却器工作能力 1200～1800L/(h·m^2)。

(4) 冷却井水温度 20℃以下。

(5) 乙二醇或酒精溶液温度 −2.5℃以下。

(6) 冷却井水消耗量 100～200L/100L麦汁。

(7) 乙二醇或酒精溶液消耗量 200L/100L麦汁。

(8) 麦汁冷却后的无菌要求 开放试验在5天以上。

(9) 冷却管截面积 圆形或椭圆形ϕ50～70mm。

(10) 冷却室无菌要求 通入无菌空气,室内保持正压。

(二) 密闭式冷却

1. 薄板冷却器

(1) 薄板冷却器的操作原理 薄板冷却器是新型的密闭冷却设备,其操作原理如图2-6-4所示。薄板冷却器采用不锈钢板制作,由许多片两面带沟纹的沟纹板所组成,两块一组,中间用胶皮圈作填料紧密贴牢,防止渗漏。麦汁和冷却剂通过泵送压力,以湍流形式运动,循着沟纹板两面的沟纹逆向流动而进行热交换。各冷却板对可以并联、串联或组合使用。因此,可以使流量和热交换在较大的范围内变动。各板角上均穿孔,构成麦汁和冷却剂的分配通道,麦汁和冷却剂可由此导入各板对,经热交换后,再使之导出。

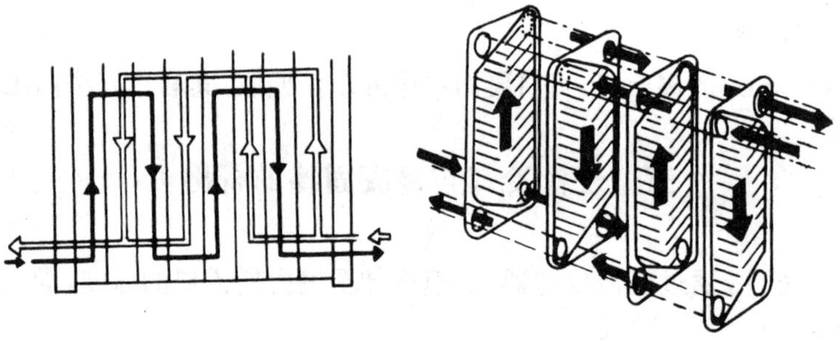

图 2-6-4 薄板冷却器的操作原理

(2) 薄板冷却器的冷却方式

① 两段冷却:薄板冷却器可分两段冷却,前段冷却用冷水,后段冷却用乙二醇或酒精溶液。前段冷却水温要求在20℃以下,麦计温度要求降至40～50℃;后段冷却冷却剂温度要求在-3～-4℃,麦汁温度要求降至发酵所需要的温度。在这两段冷却区域之间安装一转向部件。冷水经热交换后可作温水使用。

薄板冷却器具有250～350kPa的阻力,麦汁和冷却剂均需用泵送入,将回旋沉淀槽流出的90～95℃的麦汁,直接冷却至定型温度。冷却时间最好控制在1h之内,以配合回旋沉淀槽的生产能力。因此,薄板冷却器的生产能力要求大一些。

薄板冷却器用过之后,必须用热水和热碱水充分循环泵送洗涤和灭菌,防止结垢,影响热交换效果。

② 一段冷却:先采用制冷剂将酿造用水冷却至3～4℃(此水俗称冰水),然后与热麦汁在薄板冷却器内,进行一次性热交换,使麦汁冷却至发酵工艺要求的温度。冰水则被加热至75～80℃左右,可直接用作洗糟用水。

冰水的制备:酿造用水经泵送至氨蒸发器,在此冷却至3～4℃,贮于冰水罐中备用。氨蒸发器采用管板结构的多程热交换器。管内为水流道,制冷剂在管间蒸发。制备冰水时应防止结冰,管内水的流速应大于0.8m/s,操作时不允许低于水在管内不冻结的最低流速。氨蒸发压力控制在0.2～0.3MPa范围内操作。氨蒸发温度与出口水温以保持7～8℃的温差为宜。

麦汁一段冷却的工艺流程图如图 2-6-5所示。

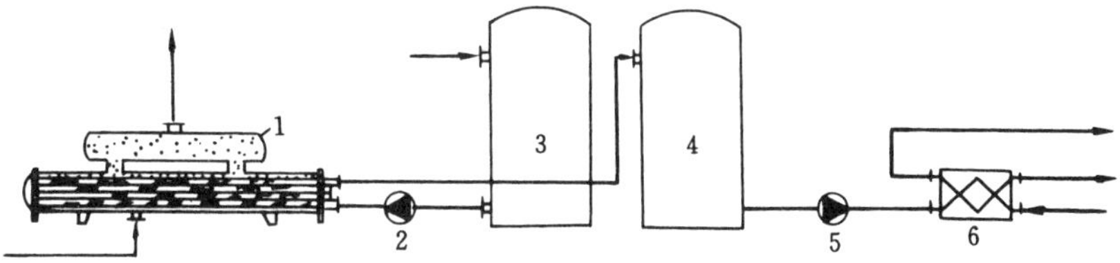

图 2-6-5 麦汁一段冷却工艺流程图

1—氨蒸发器 2—泵 3—酿造水罐 4—冰水罐 5—泵 6—薄板冷却器

薄板冷却器一段冷却的技术条件:

i 麦汁进口温度: 95℃左右。

ii 冷却时间: 1h以内,过长的冷却时间将影响回旋沉淀槽的利用率和麦汁质量。

iii 麦汁和冰水的泵送压力: 0.1～0.15MPa。

iv 麦汁和冰水耗量比例: 1∶1.2～1.4。

v 清洗和杀菌用水温: 85～90℃;碱水洗涤温度: 75～80℃。

vi 清洗杀菌时间: 循环泵送20～30min。

vii 冷却介质: 3～4℃冰水。

薄板冷却器的优点:

i 占地面积小。

ii 麦汁不易污染。

iii 清洗和杀菌比较简单。

iv 强制对流的热交换,冷却效率高。

v 麦汁中的热能可通过冷却水的升温,回收利用。

③ 一段麦汁冷却与两段麦汁冷却的比较:

i 两段麦汁冷却工艺,其冷冻机的冷冻对象为冷却高于当地水温的热麦汁;一段冷却工艺的冷冻对象则是冷冻当地酿造用水。冷冻对象的转变,使一段冷却大幅度地降低了冷冻机的能耗(对低水温地区则更为有利),两者冷冻机负荷如表 2-6-9所示。

表 2-6-9 两种冷却方式的冷冻机能耗比较

项 目	一段冷却	两段冷却
麦汁量m	$1.2m$	m
温度差$\triangle t$	20～40℃	40～80℃
冷却负荷Q	$Q=1.2mc\cdot\triangle t=19.2m$	$Q=mc\cdot\triangle t=32m$($c=0.8$,为水的比热容)

一般一段冷却较两段冷却可节电30%～40%。

ii 一段冷却利用酿造水作载冷剂,无须使用酒精或乙二醇作载冷剂,避免了辅助材料的消耗。

iii 一段冷却与两段冷却热麦汁相比,其热能得到了充分的回收利用。

iv 两段冷却的载冷剂，在冷却过程中其温度是变量，很不稳定；一段冷却在冷却过程中冷、热介质的基础参数不变，操作稳定，易于控制。

v 一段冷却过程由于冷、热介质热交换时的对数平均温度差比两段冷却的小，故热交换面积需较两段冷却者加大45%。但一段冷却冷冻机的负荷较轻，装机容量可小，两者的投资基本相同。

2. 列管式冷却

列管式冷却器是利用单程或多程的直管排列组成的，管内走麦汁，外部围以壳管，壳管内走冷却剂，或以液氨直接蒸发冷却。

四、分离冷凝固物的生产工艺

麦汁冷却后产生的冷凝固物，为避免玷污酵母，应分离之，以保证发酵顺利进行。冷凝固物的分离方法分述如下。

1. 酵母繁殖槽法

冷麦汁在酵母繁殖槽添加酵母后，停留20h左右，待麦汁表面泛起白沫时，将上部麦汁泵入发酵池，沉淀槽底的冷凝固物，随同死酵母及残留的热凝固物即可分离之。对12%浓度的麦汁来说，其分离数量约占凝固物的30%左右。国内过去传统发酵多采用此法。

2. 冷沉降法

未加酵母的冷麦芽汁，置无菌贮槽中，经12～16h沉降后，可分离50%左右的冷凝固物；如果冷麦汁中添加硅藻土(20g/100L)，则冷凝固物的去除量可达60%～65%。沉降完成后，换池，加酵母，通风，发酵。采用此法需防止杂菌污染。如果静置时间过长，需先经巴氏杀菌，冷却后再添加酵母发酵。

3. 冷麦汁离心分离法

采用盘式离心分离机，分离麦汁能力可达100hl/h，在热凝固物去除良好的情况下，用此法可去除50%以上的冷凝固物。离心机在每次使用后必须以热水进行反洗，并用碱水将残留的冷凝固物溶解。其耗电量一般为12kW/100hl。采用此法的优点：封闭分离，不易污染，体积小，自动化程度高，操作简单；缺点：投资大，消耗能量大，麦汁损失大，维修费用高。

4. 冷麦汁过滤法

用硅藻土过滤机过滤冷麦汁，可以分离75%～85%的冷凝固物。硅藻土消费量为60～80g/100L。冷凝固物的大量去除，对于发酵和贮酒期短的啤酒是有利的，可以加速成熟，并使硫化氢排除干净。但100%的用硅藻土过滤冷麦汁，所制啤酒一般缺乏醇厚性，口感不协调，泡沫欠佳。一般采用麦汁只过滤2/3，与其他1/3不过滤的麦汁混合使用，效果较好。用过滤法去除冷凝固物，必须大量通风，使酵母快速起发，进入旺盛发酵，以防污染。通风量控制在15～25L/100L。采用此法的优点：去除冷凝固物的能力大，能耗低，麦汁损耗低；缺点：消耗硅藻土量大，提高了成本，增加了污染的机会。

5. 浮选法(Floatation process)

热凝固物去除完全并经冷却后的麦汁，利用文丘里管(Venturi tube)将无菌空气(30～70L/100L)通入麦汁中，用一充氧混合泵使此通风麦汁形成乳浊液状，泵入浮选罐内。罐内背压为0.05～0.09MPa，待麦汁泵完时，再缓慢减压，麦汁静置6～16h后，约60%的冷凝固物随同细匀的空气浮于麦汁表面，形成一厚层覆盖物；然后将麦汁泵入另一发酵罐内，与冷凝固物分离，添加酵母。

此法可去除50%～70%的冷凝固物，其分离效果与空气量、形成气泡的大小、浮选罐的液层高度以及静止时间均有关系。泵送操作中，浮选罐内形成大量的细小泡沫，因此，浮选罐上部至少应有30%～50%的空间。浮选罐的型式采用立式或卧式罐均可。

浮选法的生产流程如图2－6－6所示。

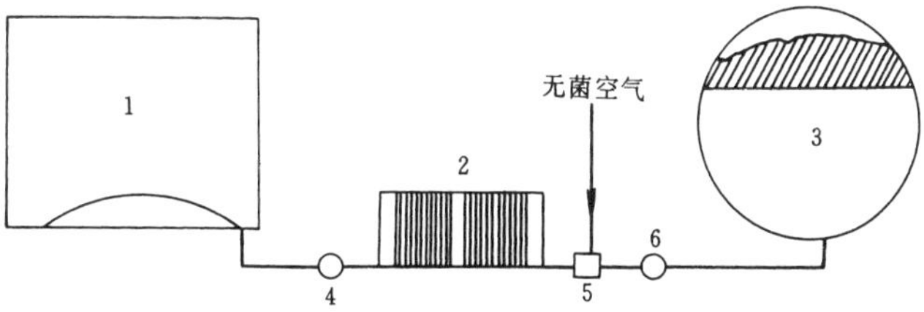

图 2－6－6 浮选法除冷凝固物的生产流程图

1—回旋沉淀槽 2—薄板冷却器 3—浮选罐 4—麦汁泵 5—文丘里管 6—充气混合泵

通过浮选法去除冷凝固物，可降低麦汁中可凝固氮2mg/100L，而麦汁煮沸1.5～2h，也只能去除46mg/100L的可凝固性氮；通过浮选法，麦汁中可去除约20%的β－葡聚糖，有利于后工序的啤酒过滤。

采用浮选法可以同时加酵母(缓慢地加入充气混合泵后的管道中)或不加酵母。若加酵母，由于酵母的直径为6～8μm，不会被微细的空气泡吸附，带到冷凝固物的泡盖中去，不会造成酵母损失，而酵母在充气过程中，充分接触空气，更有利于提高其繁殖能力和物质转化活力。

此法最大优点：操作费用低，麦汁损耗少，去除冷凝固物的量适中。从所制啤酒口味的比较看，浮选法优于其他方法。

对于冷凝固物究竟去除到什么程度对发酵和酒的质量最为有利的问题，至今尚有争议。总的看起来，去除大部分冷凝固物，同时又能掌握大的麦汁通风量的话，对发酵和啤酒质量还是有利的。如果生产采取优质麦芽，麦汁本身冷凝固物的含量就比较少，而后工序又采用其他非生物稳定性的措施(添加硅胶、皂土等)，则不一定再进一步在冷麦汁中排除更多的冷凝固物。

6. 不同冷凝固物分离方法的比较

不同的冷凝固物分离方法，分离冷凝固物的量不一样，所分离的冷凝固物成分也不一样，现以沉降法和浮选法为例对比说明(表 2－6－10)。

表 2-6-10 不同冷凝固物分离方法的比较

项　目	煮沸终麦汁	冷沉降法	浮选法
冷凝固物含量/(mg/L)	197	131	87
分离率/%	—	33.5	55.7
冷凝固物的组成/%			
蛋白质	49.1	45.0	39.1
多　酚	21.7	21.8	26.1
碳水化合物(β－葡聚糖)	27.3	31.3	31.9

五、国际上采用的几种麦汁冷却处理系统

根据上述麦汁处理设备的特点，各国采用的组合方式各不相同。现择数种介绍如下：

1. 快速过滤槽、回旋沉淀槽与离心机组成的麦汁分离系统

其生产流程如图2－6－7所示。

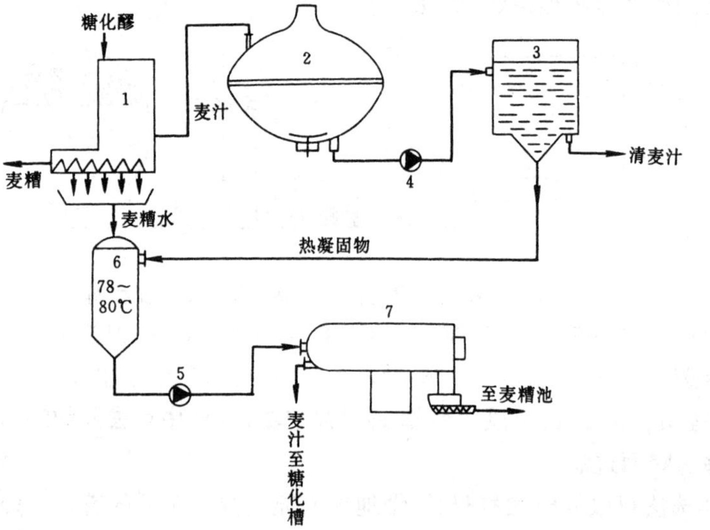

图 2－6－7 麦汁分离生产流程

1—快速过滤槽 2—煮沸锅 3—回旋沉淀槽 4，5—泵 6—麦汁回收桶 7—离心分离设备

此方法的特点：

(1) 这样的组合形式生产效率高，麦汁损失少，麦汁与凝固物接触的时间短。

(2) 洗槽残水中所含的浸出物和经回旋沉淀槽分离的湿热凝固物所含的麦汁，均可经离心机回收。离心后的废凝固物送往麦糟池与麦糟混合，作为饲料用；回收的麦汁则泵入糖化槽与下批糖化醪混合，可以提高麦汁产量。

2. 由薄板冷却器、离心机组成的冷热凝固物分离系统

其生产流程如图2－6－8所示。

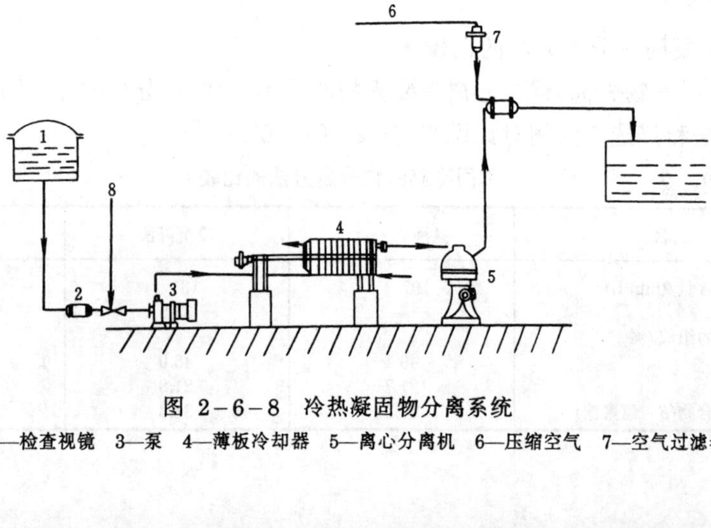

图 2－6－8 冷热凝固物分离系统

1—热麦汁受器 2—检查视镜 3—泵 4—薄板冷却器 5—离心分离机 6—压缩空气 7—空气过滤器 8—热水管

此方法的特点是:

(1) 麦汁不易感染杂菌;麦汁与凝固物接触的时间短,生产时间短。

(2) 降低麦汁损耗。

(3) 麦汁冷却工序所占面积大为减少。

(4) 全部操作可以自动控制。

分离的冷热凝固物,可掺入下批酒糟中,作饲料用。

此法最大缺点是离心机的费用比较高,电力消耗比较大。

3. 硅藻土过滤机和薄板冷却器组合的麦汁处理系统

利用硅藻土过滤机过滤全部热麦汁,以除去麦汁中的凝固物,其生产流程如图2-6-9所示。

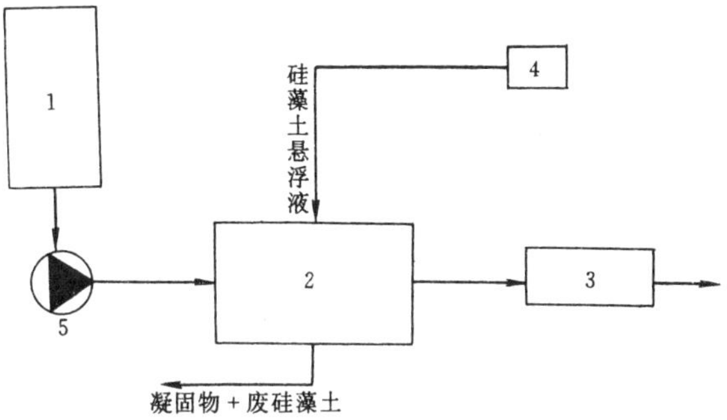

图 2-6-9　硅藻土过滤机麦汁处理系统

1—热麦汁贮槽　2—硅藻土过滤机　3—薄板冷却器　4—硅藻土供给槽　5—泵

此方法的特点是:

(1) 麦汁不易污染,麦汁与凝固物接触的时间短,生产时间短,麦汁损耗低。

(2) 麦汁冷却工序所占面积小;全部操作可以自动控制。

硅藻土过滤系统是由麦汁泵、硅藻土计量器、硅藻土悬浮液供给槽和硅藻土过滤机等所组成。

4. 回旋沉淀槽冷分离法

热麦汁先冷却到5~8℃,经回旋沉淀槽处理,沉降4~8h后,再将麦汁与凝固物分离。

此法的特点是,简化了生产过程;人工和能源的消费低;凝固物沉淀稠密;缩短发酵和贮酒时间;啤酒的色泽浅、泡沫好、口味纯正,非生物稳定性和口味稳定性均比较好。

六、麦汁通风

1. 麦汁通风的作用

任何密闭的麦汁冷却系统,都需要对麦汁进行单独的通风,其目的是供给酵母繁殖所需的氧。酵母繁殖需要合成新的形成细胞膜的不饱和脂肪酸和甾醇,而这些物质是需要在氧的参与下才能进行生物合成的。

为了避免氧化作用,麦汁通风是在麦汁冷却后进行的,通风后的溶解氧含量需达6~10mg/L。过量的通风,氧含量超过10mg/L,发酵时将产生过多的酵母量而降低了乙醇含量;过低的溶解氧含量(<6mg/L),将影响酵母的繁殖和发酵性能。因此,麦汁通风是一项非常重要的工作,也是啤酒酿造过程中唯一需要接触氧的步骤。

2. 麦汁通风的措施

(1) 在冷麦汁通过浮选法(已如前述)去除冷凝固物的同时,通过充气混合泵的加压,文丘里管的变速,使麦汁与被分散极细密的空气泡充分接触,即可达所需的空气溶解度。麦汁与空气的混合比一般为1∶(0.3~0.7)。

(2) 如图 2-6-10所示,通风装置一般都安装在薄板冷却器冷麦汁的出口,压缩空气减压后,经空气流量计,然后经空气过滤器除菌后进入麦汁管路,再经一文丘里管,使麦汁与空气充分混合后,进入发酵罐。酵母最好在麦汁管路中添加,以与麦汁更好地混合均匀。

另外,也可用陶瓷或烧结金属棒取代文丘里管,使空气在麦汁中细密地分布均匀,达到溶解良好的目的。

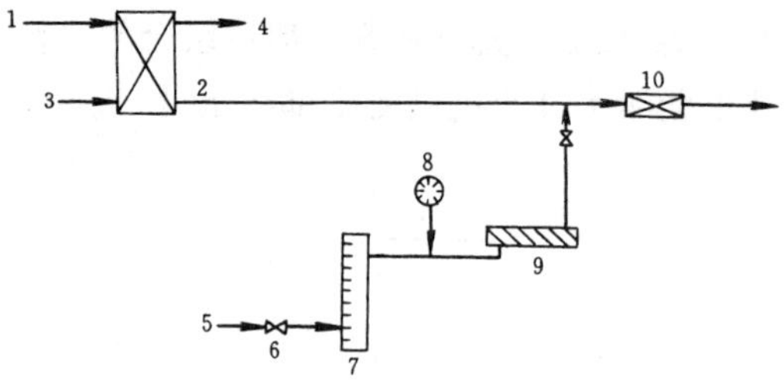

图 2-6-10 麦汁通风装置

1—热麦汁入口 2—冷麦汁出口 3—冷媒入口 4—冷媒出口 5—压缩空气 6—减压阀 7—空气流量计 8—压力计 9—空气过滤器 10—文丘里管

第三篇　啤 酒 发 酵

冷麦汁添加酵母后，开始营发酵作用。啤酒发酵是一项非常复杂的生化变化过程，在啤酒酵母所含酶系的作用下，其主要代谢产物是酒精和二氧化碳，另外还有一系列发酵副产物，如醇类、醛类、酸类、酯类、酮类和硫化物等。这些发酵产物决定了啤酒的风味、泡沫、色泽和稳定性等各项理化性能，使啤酒具有其独特的典型性。

不同的酿造者，由于采用了不同的酵母菌株，从而衍生出不同的发酵工艺和生产出不同类型的啤酒。传统的啤酒发酵方法，可分上面发酵和下面发酵两种类型。前者采用上面酵母和较高的发酵温度；后者采用下面酵母和较低的发酵温度。这两类啤酒风味不同，各具特点。

下面发酵方法虽然出现较晚，却较上面发酵更为盛行。目前除英国、加拿大、澳大利亚、比利时、美国等部分国家尚采用部分上面发酵啤酒外，多数国家均采用下面发酵法制啤酒。国内啤酒几乎全部采用下面发酵方法生产。

根据传统生产方法，啤酒发酵过程分主发酵(又名前发酵)和后发酵两个阶段。酵母繁殖和大部分可发酵性糖类的分解以及酵母的一些主要代谢产物，均在主发酵阶段完成。后发酵是前发酵的延续，必须在密闭容器中进行，使残留糖分分解所形成的二氧化碳溶于酒内，达到饱和；并使啤酒在低温下陈酿，促进酒的成熟和澄清。

由于科学技术的不断发展，啤酒发酵过程的一些变化机制，正逐步为人们所掌握。为了缩短发酵周期，提高发酵设备利用率，人们在传统的发酵技术上，又创造了许多新型发酵方法，如高温发酵、搅拌发酵、加压发酵、连续发酵、固定化酵母发酵等，并且开发了多种新型发酵容器。这些新技术，不仅打破了传统的上面发酵和下面发酵的严格界限，还可以使主发酵和后发酵在同一容器中进行，既简化了管理和操作，又可以制出品质优良的啤酒来。

第一章 啤 酒 酵 母

麦汁经啤酒酵母营发酵作用后，便酿制成啤酒。啤酒生产中利用的微生物，主要是纯粹培养的啤酒酵母。

第一节 啤酒酵母概况

一、啤酒酵母在分类学上的位置

在微生物分类系统上，通常分为门、纲、目、科、属、种。种以下有变种、型、品系等。有的还分亚纲、亚目、亚科。

以啤酒酵母为例，它属于:

门: 真菌门(Eumycophyta)

纲: 子囊菌纲(Ascomycetes)

亚纲: 原子囊菌亚纲(Protoascomycetes)

目: 内孢霉目(Endomycetales)

科: 内孢霉科(Endemycetaceae)

亚科: 酵母亚科(Saccharomyceotdeae)

属: 酵母属(*Saccharomyces*)

种: 啤酒酵母(*Saccharomyces cerevisiae*)

根据劳德(Lodder)的分类，酵母有39属，350种。工业生产上应用的酵母菌都属于*Saccharomyces*属，在自然界分布很广，有很多菌种，其中以啤酒酵母为最重要。啤酒酵母总称S.*cerevisiae*，种类较多，不同品种的菌株，在形态及生理上都有明显的区别。

二、啤酒酵母的命名

啤酒酵母是根据国际命名法则命名的。

各种微生物均有一个学名，是由属名和种名组成的，属名在前，种名在后，这种命名法称双名制。

在国际上通用的微生物名称，属名要用拉丁文表示，第一个字母要大写，并且要用名词、种名第一个字母小写，一般用形容词、地名或人名以及其他专有名词。学名后附命名者的姓名。

啤酒酵母的学名叫*Saccharomyces cerevisiae*，拉丁语*cerevisiae*意为麦酒。酵母是属名，啤酒是种名，习惯译法，以种名放在前，属名放在后，译为啤酒酵母。

啤酒酵母又分上面发酵酵母和下面发酵酵母。汉生氏(Hansen)首先从苏格兰爱丁堡啤酒厂分离出上面发酵的纯粹培养酵母。此类啤酒酵母即命名为*Saccharomyces cerevisiae* Hansen。而后，汉生氏又在丹麦卡尔斯伯啤酒厂分离出下面发酵的纯粹培养酵母，命名此类啤酒酵母为*Saccharomyces carlsbergensis* Hansen。

近年来，Van der Walt认为*Saccharomyces carlsbergensis* Hansen和*Saccharomyces uvarum* Beijerinck是同一菌种，应引用*S.uvarum*为此类酵母的学名。最近，文献中又将*S.uvarum*归类于*S.cerevisiae*种中。在啤酒酿造界，出于习惯，则仍沿用*S.carlsbergensis*这一学名。

许多菌种，在种内包括有变种。表示变种的学名，是在该菌种学名后面加变种名称，并在变种名称前加var.(variety的缩写，意即变种，如啤酒酵母混浊变种的学名为*Saccharomyces cerevisiae* var.*turbidans*)。

三、啤酒酵母的形态与结构

(一) 啤酒酵母的形态

啤酒酵母呈圆形或卵圆形，细胞大小一般为(3～7)μm×(5～10)μm。培养酵母的细胞平均直径为4～5μm，不能游动。

啤酒酵母细胞的形态往往受环境影响而有变化，但在环境好转后，仍可恢复原来的形态。

啤酒酵母在麦芽汁固体培养基上，菌落呈乳白色，不透明，但有光泽，菌落表面光滑、湿润，边缘整齐。随着培养时间的延长，菌落光泽逐渐变暗。菌落一般较厚，易被接种针挑起。

啤酒酵母在液体培养基中，会在液体表面产生泡沫。常因菌种悬浮在培养基中而呈混浊状。发酵后期，有的酵母悬浮在液面，形成一厚层，如上面发酵啤酒酵母；有的沉积于器底，如下面发酵啤酒酵母。

(二) 啤酒酵母细胞的结构

成熟啤酒酵母细胞的质量约40g/10[12]个细胞干物质。在显微镜下观察啤酒酵母细胞的结构(图 3－1－1)，主要具有细胞壁、细胞膜、细胞核、细胞质、液泡、颗粒、线粒体等。

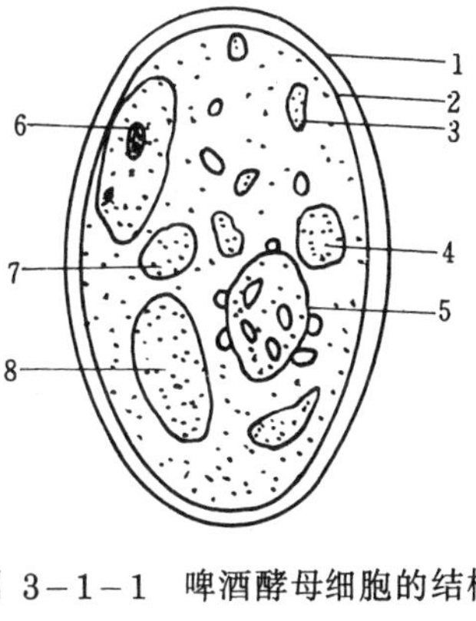

图 3－1－1 啤酒酵母细胞的结构

1—细胞壁 2—细胞膜
3—蛋白质性假晶体 4—脂肪粒
5—液泡 6—细胞核
7—油滴 8—肝糖空泡

1. 细胞壁

细胞外围覆以细胞壁，约占细胞质量的30%，壁厚100～200nm。幼年细胞的细胞壁不明显，几乎看不出来；酵母衰老时，细胞壁较厚。常利用细胞壁的厚薄，来鉴定酵母的性质。细胞壁的组成包括：约40%β－葡聚糖、40%甘露聚糖、8%蛋白质、7%类脂、3%无机物、2%己糖胺(hexosamine)和壳多糖(chitin)。β－葡聚糖与蛋白质紧密结合，是细胞壁的主要构成物质，位于细胞壁内部；甘露聚糖也与蛋白质结合，位于细胞壁外部，与细胞的凝聚性有关。细胞壁的表面，由于羰基和磷酸盐的存在，在啤酒的pH下带有负电荷。

2. 细胞膜

紧贴细胞壁的内面，有一层活性细胞质膜，厚约150nm，具有半渗透性。其主要构成物包括类脂、磷脂、蛋白质、甾醇等。其功能主要用来摄取周围环境的养分及发酵必需的物质，如糖、无机盐、低分子氮化物等都能通过细胞膜进入细胞内，并将一些代谢产物如乙醇、二氧化碳、酸、酯等排出细胞外；但对高分子蛋白质不具渗透作用，死酵母的细胞膜染料可以透入。啤酒酵母凝集性的形成也与细胞膜的组成有关。

3. 细胞核

细胞核直径为0.5～1.5μm，经染色后可以观察到。细胞核外部覆以双层核膜，核内有月牙状的核仁，双倍体细胞内具有显微镜下不易看到的具有基因作用的17对染色体。

细胞核内含脱氧核糖核酸，是酵母遗传变异的主要物质基础，在酵母繁殖和遗传上起着非常重要的作用。

4. 细胞质

细胞内充满着细胞质，为蛋白质类物质，对维持细胞的生命活动很重要。当细胞发育时，细胞质的变化很大。幼细胞的细胞质浓缩而均匀，衰老的细胞，细胞质中呈现许多颗粒和空泡。

5. 液泡

快速生长的细胞内，可含有几个液泡，成熟的细胞一般只有一个液泡。在单层的液泡膜内有密积的聚磷酸盐颗粒(俗称异染粒)及其水溶液。幼细胞的液泡不太明显，在细胞衰老或营养缺乏时，液泡逐渐变大。

6. 颗粒

细胞中的颗粒是酵母的贮藏物质和细胞的代谢产物，包括异染颗粒、肝糖和脂肪粒等。

异染颗粒中含有较多的核酸或核酸化合物，主要为核糖核酸。幼细胞生活力强，不易积累，含异染颗粒较少，老细胞中积累较多。

肝糖是酵母的贮藏物质，在旺盛繁殖的幼细胞中很明显。一般酵母培养48h，肝糖含量达到高峰。用碘化钾液可染成棕色。

脂肪粒分散于细胞中，大小不等。当酵母形成子囊孢子时，细胞中含脂肪粒最多，可作为子囊孢子的养料。脂肪粒用苏丹液可染成红色。

7. 线粒体

线粒体的直径约0.2μm，一般是看不到的，形状随培养条件而改变。在好气条件下，特别是葡萄糖含量很低时，线粒体均匀分布在细胞质内；在厌气条件下，线粒体粘附成厚束，分布在细胞外围。线粒体含有细胞色素和呼吸酶，负责糖类的氧化代谢，分解为二氧化碳和水，同时在产生、积累和分配细胞的能量方面起重大作用。

四、啤酒酵母的繁殖方法

啤酒酵母的繁殖方法有无性繁殖和有性繁殖两种。在正常营养状态下，都以无性繁殖方法进行繁殖。

(一) 无性繁殖

啤酒酵母主要以发芽方式进行繁殖。芽殖过程，在母细胞表面先长出一个小突起，叫做芽细胞。此时，细胞核分裂为两个子核，其中一个随母细胞的细胞质进入芽细胞。当芽细胞的体积长大到接近母细胞一般大时，从母细胞脱落成为独立生存的子细胞。

酵母细胞可以一端出芽，也可以两端或二端出芽。下面啤酒酵母一般是一端出芽，芽和母细胞的纵轴之间，约成30°左右的夹角。

当酵母生长旺盛时，芽细胞尚未从母细胞脱落前，又在芽细胞上长出新的芽细胞，如此连续出芽，就会形成短链或丝状，称假菌丝，又叫芽簇。

(二) 有性繁殖

啤酒酵母的有性繁殖产生子囊和子囊孢子。通过两个细胞接合进行有性繁殖，其过程是两个邻近的细胞彼此相向地产生一根管状突出物，逐渐接近，突出物相互接触后形成一个通道，两个细胞的细胞核在此通道内结合。结合的核进行减数分裂。形成2～4个或8个子核，每一个子核和其附近的细胞质形成孢子，称子囊孢子，包孢子的囊称子囊。

子囊孢子萌芽时，先吸水膨胀，然后囊壁破裂，孢子脱出，以芽殖方式繁殖。

一般，野生酵母易形成孢子，啤酒酵母不易形成孢子。啤酒厂常利用这一特性鉴别培养酵母是否被野生酵母所污染。在生产上可利用子囊孢子进行杂交，选育新菌种。

(三) 啤酒酵母的生活史

几乎所有形成有性孢子的酵母菌都属子囊菌，其中又分双倍体种属和单倍体种属。啤酒酵母的生活史为单双倍体型，其生活史又有“同宗接合”和“异宗接合”两种类型。其过程如图3－1－2所示。

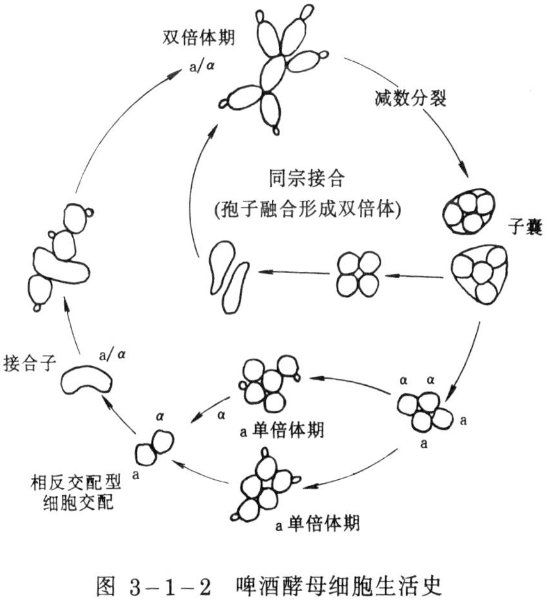

图 3－1－2　啤酒酵母细胞生活史

(1) 啤酒酵母主要是以双倍体营养细胞进行芽殖繁殖。在双倍体营养细胞核中含有双倍(17对)的染色体。

(2) 在环境条件不良的情况下，某些双倍体细胞会停止营养增殖，转向成熟分裂，细胞本身变为子囊，核进行减数分裂，一般形成4个单倍体核，每个单倍体核具有17条染色体。4个单倍体核与原生质结合，形成4个子囊孢子。在减数分裂时，基因物质进行分异，4个子囊孢子具有两个性结合反应“a”和两个性结合反应“α”的子囊孢子。

(3) 啤酒酵母的子囊孢子在子囊壁破裂前，在子囊进行融合，又产生双倍体，此为“同宗接合”。

(4) 不同性结合反应的子囊孢子分离后，各单独培养，就形成“a”和“α”性结合的单倍体营养细胞，进行单倍体芽殖繁殖。

(5) 若将“a”和“α”单倍体细胞混合培养，两种不同交配型的单倍体进行融合，即为“异宗结合”，所形成的双倍体细胞(又叫杂合子)含有“a”和“α”两种交配型的基因。

在啤酒酵母生活史中，单倍体及双倍体营养细胞都可进行芽殖繁殖。通常双倍体营养细胞生活力强，在一个群体内的单倍体细胞随时间而渐渐消失。啤酒酵母发酵都是利用培养的双倍体细胞。

五、啤酒酵母的化学成分

啤酒酵母细胞的化学组成，有碳、氢、氧、氮和种种矿质元素，由这些元素组成细胞干物质中90％～97％的有机物质和3％～10％的无机成分。

(一) 水分

啤酒酵母的营养细胞含水分75％～85％。这些水分分游离水和结合水。细胞中结合水含量较稳定，游离水往往随培养条件而变动较大。游离水的生理功用很大，细胞中的生物化学变化都在游离水中进行。

酵母细胞中的水分不是固定不变的，生长旺盛时，细胞含水分较多。在芽细胞或孢子中含水分较少，为38％～40％。因芽细胞中含水大都是结合水，因此，芽胞中表现的生理活性较营养体低。

(二) 无机元素

啤酒酵母的干物质占菌体湿重的15％～25％。主要是由碳、氢、氧、氮和少量矿质元素组成的，其含量如表3－1－1所示。

表 3-1-1 啤酒酵母细胞中四种元素的含量 单位:％

碳	氢	氧	氮
49.8	6.17	31.1	12.7

在矿质元素中，以磷的含量为最高，可达全部灰分的50％，主要是以植酸盐的形式存在。其次为钾、镁、钙、硫、钠等。铁、铜、锌、锰、硼、钼、硅等含量极微，又称微量元素。各矿质元素的含量如表 3－1－2所示。

(三) 有机化合物

组成啤酒酵母细胞的化学元素，除少数元素以离子状态存在外，绝大多数是组成细胞的有机物质。有的组成细胞的种种结构物质，如细胞壁、细胞质、细胞核等;有的则作为细胞内的贮藏物质而存在。酵母细胞中的主要有机物含量如表 3－1－3所示。

表 3-1-2 啤酒酵母细胞中矿质元素的含量(占灰分的％)

P_2O_5	K_2O	Na_2O	MgO	CaO	SO_3	SiO_2	FeO
51.09	33.66	1.82	4.16	1.69	0.57	1.6	0.06

1. 蛋白质

蛋白质是组成细胞质的基本物质，是由20多种氨基酸所组成的大分子。在细胞中，蛋

表 3-1-3 **啤酒酵母的主要有机物含量**(占细胞干重的%)

蛋白质	核　酸	碳水化合物	脂　肪
32～75	6～8	27～63	2～15

白质大都与其他物质结合在一起，成为结合蛋白，如与核酸结合成为核蛋白；与脂类结合成脂蛋白。核蛋白一般以颗粒状分散在细胞质内，称核蛋白体或微粒体，是细胞中最微小的结构物质，在蛋白质合成方面起重要作用，占细胞蛋白质总量的1/3～1/2，细胞核内含量较少。以卵磷脂与蛋白质结合而成的脂蛋白，是组成细胞质膜、线粒体膜的基本成分。

啤酒酵母细胞中的酶都是由蛋白质组成的，有些酶就是简单的蛋白质，有些酶是蛋白质与金属或其他有机物结合而成的。酶推动着细胞中一切生物化学的变化。

啤酒酵母在生长繁殖过程中，具有合成蛋白质的能力，需要含氮的营养物质作为养料。

2. 核酸

啤酒酵母细胞中核糖核酸含量占6%～8%，脱氧核糖核酸含量不超过0.3%。核糖核酸的含量随不同生长时期而变化，脱氧核糖核酸则无甚变化。

脱氧核糖核酸主要存在于细胞核内，具有传递遗传特性的功能。核糖核酸主要存在于细胞质内，大多数与蛋白质结合成核蛋白体，主要功能是控制蛋白质，包括酶的合成。

3. 碳水化合物

在啤酒酵母生长繁殖及发酵过程中，对碳水化合物的需要量是很大的。但酵母细胞内碳水化合物的含量并不多，因碳水化合物被酵母吸收后，在细胞内立即进入物质转化代谢过程。

啤酒酵母细胞内的碳水化合物，除少量以可溶性单糖、双糖形式存在外，大多数以多糖形式存在。己糖是组成多糖的基本单位，又是能量的来源。戊糖除作能源外，也是核酸的组成成分。细胞中的多糖以两种形式存在：一种参与细胞结构，构成细胞壁等物质；另一种存在于细胞内，以不溶性颗粒形式存在，作为细胞的贮藏物质，如肝糖，在营养缺乏时可被利用。

4. 类脂物质

包括脂肪、磷脂和固醇等脂溶性化合物。

脂肪是甘油和脂肪酸组成的甘油三酸酯，在酵母细胞中作为贮藏物质，以油滴状态出现。细胞中脂肪含量受培养条件影响很大，当培养基的碳/氢比值大时，积累的脂肪就多。

磷脂在细胞中主要是卵磷脂，既溶于水，又溶于脂肪溶剂。卵磷脂与蛋白质结合成脂蛋白，它是细胞质膜和线粒体膜的组成成分。

固醇在酵母细胞中含量较多，约占干重的1%，主要是麦角固醇，它是维生素D的前体，可利用酵母细胞提取麦角固醇，作为医药上制造维生素D的来源。

5. 维生素

啤酒酵母细胞中含维生素较多，主要是水溶性的B族维生素，常作为制备B族维生素的来源。B族维生素是种种酶活性基的组成部分，对酵母的生理活动非常重要。

细胞内所产生的维生素以结合状态存在，也可以游离状态分泌于体外。

啤酒酵母细胞中主要维生素的含量如表 3-1-4所示。

表 3-1-4 啤酒酵母细胞中维生素的含量 单位:μg/g干重

维生素	含量	维生素	含量
胆碱	4850	烟酰胺(维生素B_5)	25～100
肌醇	2700～5000	吡哆醇(维生素B_6)	25～100
硫胺素(维生素B_1)	50～360	叶酸(维生素B_c)	19～30
核黄素(维生素B_2)	36～42	对氨基苯甲酸	9～102
泛酸(维生素B_3)	40～200	生物素(维生素H)	0.8～1.1

六、啤酒酵母体内的主要酶类及其性质

啤酒酵母体内含有多种酶类，其性质如表 3－1－5所示。

表 3-1-5 啤酒酵母细胞所含主要酶类及其性质

酶类	性质
类胰蛋白酶(Tryptase)	与胰蛋白酶的性质相似，能分解蛋白质为氨基酸，引起酵母自溶。在酸性溶液中作用力较强，在0.2%盐酸溶液中作用最为适宜
胃蛋白酶(Peptase)	能分解蛋白质、多肽及肽类，成为各种氨基酸。最适作用pH为7.8
脂肪酶(Lipase)	存在于酵母体中，能分解脂肪成为甘油和脂肪酸
糊精酶(Dextrinase)	Logos型啤酒酵母能分解糊精成为葡萄糖
肝糖酶(Glycogenase)	能分解酵母体内的肝糖为麦芽糖、异麦芽糖或葡萄糖，用以调节细胞内肝糖的含量
转化酶(Invertase)	能转化蔗糖为葡萄糖和果糖，最适作用pH为4.2～5.2，最适温度为55℃。转化酶是胞内酶，部分渗透到细胞外，由于受巴氏灭菌的破坏，啤酒中检查不到
麦芽糖酶(Maltase)	虽不是典型的胞内酶，但在细胞外面的活动能力有限，能分解麦芽糖为葡萄糖，最适pH为6.1～6.8，最适温度为35℃
棉子糖酶(Raffinase)	能分解棉子糖为果糖和蜜二糖，上面啤酒酵母和下面啤酒酵母都含有此酶，最适pH为4.0～5.0
蜜二糖酶(Melibiase)	能分解蜜二糖为葡萄糖和半乳糖。此酶只有下面啤酒酵母含有，上面啤酒酵母不含有，可用以鉴别这两类酵母。其最适pH为6.5，最适温度为42℃
酸氧化酶(Acidoxydase)	能氧化葡萄糖、蔗糖、麦芽糖、半乳糖等成为各种有机酸，如草酸、柠檬酸和葡萄糖酸等
脱羧酶(Decarborylase)	能分解酮酸产生相应的醛类和二氧化碳
磷酸化酶(Phosphorylase)	当无机磷酸盐存在时，可使肝糖转变为葡萄糖－1－磷酸酯
辅酶A(Co－enzymeA)	是转移酰基的辅酶，对于糖类和脂肪的代谢作用是不可缺少的
辅磷酸化酶(Co－phosphorylase)	在酵母体内含有ATP、ADP和AMP三种不同的磷酸腺苷。它们在此酶的存在下，参与到已糖酒精发酵的作用中去
细胞色素氧化酶(Cytochromeoxidase)	是重要的氧化还原酶，也是生物细胞呼吸作用的重要酶。它是由几种色素复合体蛋白质和含铁嘌呤化合物所组成，细胞呼吸时，由铁的氧化与还原而传递氢原子
辅酶Ⅰ(Co－enzyme Ⅰ)	即二磷酸吡啶核苷酸，当加热沸腾时即被破坏，同时易被酵母中的磷酸酶破坏
辅酶Ⅱ(Co－enzyme Ⅱ)	又称三磷酸吡啶核苷酸，在生理氧化过程中传递氢，使物质起还原作用
黄酶(Yellow enzyme)	又称脱氢酶，其作用是从还原型辅酶Ⅱ分子式上脱氢，还原成无色，如再氧化，又变成黄色，这种反应称黄酶反应
辅羧酶(Co－carboxylase)	为硫胺素的焦磷酸酯，具有使丙酮酸脱羧的能力

七、啤酒酵母的营养

啤酒酵母细胞的生命活动首先需要适当的营养物质和环境条件，如温度、通风等。营养物质包括水分、碳水化合物、氮素化合物、矿质元素、生长素等。

(一) 水

啤酒酵母的生长需要有水，主要是由于细胞吸收营养物质和排泄废物以及体内各种生化反应都需要通过水才能实现。水是细胞质胶体的结构成分，并直接参与代谢作用中的许多反应。水的比热容高，能有效地吸收代谢过程中所放出的热量，使细胞内温度不致骤然上升。水又是热的优良导体，有利于散热，可调节细胞的温度。

(二) 碳水化合物

麦汁是啤酒酵母的天然基质，其中有酵母生长所需的各种糖类，如蔗糖、葡萄糖、果糖、麦芽糖等。双糖需先分解为单糖后才能被酵母同化，单糖可直接被酵母吸收利用。这些糖类是以葡萄糖、果糖、蔗糖、麦芽糖和麦芽三糖的次序先后为酵母细胞所吸收和利用的。

麦芽四糖、麦芽多聚糖、异麦芽糖、潘糖和戊糖均不被酵母所发酵。典型的啤酒中，基本不含单糖，含有微量麦芽糖、少量麦芽三糖和大比例的糊精。这些未被发酵的糖类和酒精是构成成品啤酒热量的最主要成分。

相对其他糖类，含过高浓度葡萄糖的麦汁，常引起一种拖延发酵的遏制现象，因为高浓度的葡萄糖能抑制酵母酶的合成而不能有效地同化其他糖类。高浓度的果糖也会引起类似的发酵问题。

(三) 氮素化合物

氮是构成啤酒酵母细胞蛋白质和核酶的主要元素，也是细胞质的主要组成成分，是酵母发育必需的营养物质。

麦汁中的含氮物质必须相对分子质量小、渗透度大，才能通过细胞膜被酵母利用。酵母的胞外蛋白酶活力很微小，所以酵母主要利用麦汁中的氨基酸为氮源进行同化。酵母是以氨基氮摄取氮的，而硝酸态氮不能被绝大多数酵母利用。

麦汁中含有19种氨基酸，在发酵过程中，酵母是按顺序吸收各种氨基酸的。在发酵后期，酵母繁殖停止，酵母对氮的吸收逐渐缓慢而停止。

麦汁中含可同化氮为总氮的30%～40%，因麦汁制备方法而异。在正常发酵条件下，约50%的麦汁α－氨基氮被酵母所同化，其中约1/3又被分泌至酒液中，真正被酵母所利用的不过20%左右。

酵母的生长发育是以氨基氮为唯一氮源的。一般说，正常麦汁中是不缺乏酵母所需的氨基氮的，但含辅料过多的麦汁，有时也会相对地缺乏氨基酸，此时发酵糖类的能力显著下降。

(四) 生长素

生长素一般包括氨基酸、嘌呤、嘧啶、维生素等。与啤酒酵母生长有关的维生素，主要是B族维生素中的硫胺素、核黄素、泛酸、烟酰胺、吡哆醇、叶酸、生物素等。它们是组成各种酶的活性基的成分，没有它们，酶不能活动，生命就停止。

(五) 矿质元素

矿质元素包括主要元素和微量元素两类。

1. 主要元素

主要元素有磷、硫、镁、钾、钠、钙等(如表3－1－6所示)。它们参与细胞结构物质的组成、能量的转移、控制细胞质胶态和细胞的渗透性等,酵母对它们的需要量比较大。

表 3-1-6　酵母所需主要矿质元素的作用

名　　称	作　　　　用
磷	磷是组成核酸和磷脂的成分,也参与碳水化合物转化中的磷酸化过程,生成高能磷酸化合物,转移能量。许多重要酶的活性基中都含有磷。酵母对磷的需要量较大,主要从无机磷化物中获得磷,进入细胞后,即迅速同化为含磷有机化合物 磷酸盐对于培养基pH值的变化有缓冲作用
硫	存在于细胞的蛋白质中,是含硫氨基酸,如胱氨酸、半胱氨酸和蛋氨酸的组成成分,一些酶的活性基,如辅酶A、生物素辅基、硫辛酸和谷胱甘肽也含有硫
镁	不参与任何细胞结构物质的组成,只是以离子状态激活许多酶的反应
钾	不参与细胞结构物质的组成,它是许多酶的激活剂,促进碳水化合物的代谢,控制细胞质的胶态和细胞膜的渗透性
钠	在细胞中不参与生理作用,可能与维持渗透压有关
钙	不参与细胞结构物质的组成,而以离子状态控制细胞的生理状态,如降低细胞膜的渗透性、调节酸度、细胞凝聚等

2. 微量元素

微量元素与酶的活动密切相关,它们或是酶的活性基的成分,或是酶的激活剂,其作用如表3－1－7所示。

表 3-1-7　酵母所需微量元素的作用

名　　称	作　　　　用
铁	是细胞色素、细胞色素氧化酶和过氧化酶活性基的组成成分
铜	是多酚氧化酶的活性基,含量过高则对酵母有毒害作用
锌	是乙醇脱氢酶和乳酸脱氢酶的活性基,许多酶活性靠锌来激活
锰	是多种酶的激活剂
钼	参与硝酸还原酶的结构
钴	含于维生素B_{12}中,以辅酶形式发生作用

酵母对于各种微量元素的需要量极微,一般在培养基中含有0.1～0.2mg/kg或更少就可满足了。过量反而会引起毒害作用,特别是一种微量元素单独存在时更为严重。因此,在各种微量元素之间需要恰当的配比。

八、培养酵母和野生酵母

1. 培养酵母

啤酒工厂使用的啤酒酵母属于有孢子真酵母菌,是由野生酵母经有系统长时间的驯养,经过反复使用和考验,具有正常的生理状态和特性,适合于啤酒工厂生产要求的培养酵母。

2. 野生酵母

一般,啤酒工厂将凡是与培养酵母的形态和特性不一样,不为生产所控制利用的酵母称为野生酵母。如巴氏酵母(*S.pastorianus*),在自然界分布很广,存在于啤酒工厂,妨碍啤酒的正常发酵,对啤酒生产有很大危害。

3. 培养酵母与野生酵母的区别

单纯从外观形态上区别培养酵母和野生酵母是困难的,主要应从抗热性能、发酵糖类的性能、形成孢子的情况、在选择性培养基的生长情况等生理特性上,以及利用免疫荧光技术加以区别。两者的区别如表3－1－8所示。

表 3-1-8　　培养酵母和野生酵母的区别

区别内容		培养酵母	野生酵母
细胞形态		圆形或卵圆形	有圆形、椭圆形、柠檬形等多种形态
抗热性能		在水中53℃,10min死亡	能耐比较培养酵母较高的温度
孢子形成		较难形成	较易形成,有的野生酵母不形成孢子,但可从细胞形态区别
糖类发酵		对葡萄糖、半乳糖、麦芽糖、果糖等均能发酵,能全部或部分发酵棉子糖	绝大多数野生酵母不能全部发酵左述的糖类
对选择性培养基的生长情况	1. 含放线菌酮(Actidione)的培养基	放线菌酮含量达0.2mg/kg即不能生长	非酵母属的野生酵母可耐此酮
	2. 以赖氨酸为唯一碳源的培养基	不能生长	非酵母属的野生酵母可以生长
	3. 含结晶紫(Crystal violet)的培养基	结晶紫含量达20mg/kg不能生长	酵母属的野生酵母可以生长
免疫荧光试验		可以区别	

九、啤酒酵母的类型

(一) 上面酵母和下面酵母

上面酵母又称顶面酵母,啤酒厂使用的上面酵母是纯粹培养酵母。

下面酵母又称底面酵母或贮藏酵母,啤酒厂使用的下面酵母也是纯粹培养酵母。

下面酵母是在不断变化的外界因素影响下,由上面酵母演变而来的。

上面酵母和下面酵母的形态和生理特性区别如表 3－1－9所示。

除上述不同外,两类酵母还有下列区别:

(1) 在同等浓度麦芽糖和半乳糖的基质中,上面酵母对麦芽糖发酵甚快,而对半乳糖很少作用;下面酵母与此相反,在发酵麦芽糖前先发酵半乳糖。

(2) 两类酵母细胞对葡萄糖、麦芽糖和半乳糖的渗透能力也有区别。两类菌株均需在前期培养基有半乳糖存在时,才能渗透半乳糖。若前期培养系在半乳糖培养基中培养,则下面酵母渗透葡萄糖和半乳糖的速率约2倍于上面酵母;上面酵母对麦芽糖的渗透能力约20倍于下面酵母。

(3) 在麦汁中,上面酵母只能产生少量SO_2,在同样条件下,下面酵母则能产生较多的

表 3-1-9　　上面酵母与下面酵母的区别

区别内容	上面酵母	下面酵母
细胞形态	多呈圆形,多数细胞集结在一起	多呈卵圆形,细胞较分散
发酵时生理现象	发酵终了,大量细胞悬浮在液面	发酵终了,大部分酵母凝集而沉淀器底
芽细胞分支	生长培养时,生出有规则的芽细胞分支,易形成芽簇	芽细胞分支不规则,且易分离,不易形成芽簇
对棉子糖发酵	能将棉子糖分解为蜜二糖和果糖,只发酵1/3果糖部分	能全部发酵棉子糖
对蜜二糖发酵	缺乏蜜二糖酶,不能发酵蜜二糖	含有蜜二糖酶,能发酵蜜二糖
37℃培养	能生长	不能生长
孢子的形成	培养时相对较易形成孢子	很难形成孢子,只有用特殊培养方法才有可能
产生H_2S或甲基硫醇	较低	较高
呼吸活性	高(存在较多的琥珀酸脱氢酶)	低
对甘油醛发酵	不能	能
利用酒精生长	能	不能

SO_2;只有在蔗糖存在而无泛酸盐的存在下,上面酵母才能产生较多的SO_2;而下面酵母则不管存在任何糖类或是否存在泛酸盐,均能产生较多的SO_2。

(二) 凝聚酵母和粉状酵母

1. 凝聚酵母

啤酒酵母的凝聚性是酵母的生理特征之一,凝聚的强弱,受基因控制极不一致。凝聚性强的酵母,从酒液中分离早,沉淀快,酒液中的细胞密度低,发酵慢,发酵度低。凝聚性弱的酵母,与酒液分离晚,酒液中细胞密度高、沉淀慢、发酵快、发酵度高、回收酵母量少、滤酒困难。介于强弱之间的凝聚性则有较大的范围,酿造者应根据自己生产啤酒的类型进行选择。

每一菌种均有其一定的凝聚特点,在其他条件不变的情况下,凝聚性的改变往往是菌种变异的象征。

2. 粉状酵母

粉状酵母又称絮状酵母。酵母长时间地悬浮在发酵液中而不易沉淀,发酵结束时也只有极少量松散的酵母沉淀者是为粉状酵母。上面酵母和下面酵母中均有粉状酵母。粉状酵母发酵快,发酵度高,但回收困难,需用离心机回收酵母。

凝集酵母和粉状酵母的比较如表3－1－10所示。

表 3-1-10　　凝集酵母和粉状酵母的区别

区别内容	凝集酵母	粉状酵母
发酵时情况	酵母易于凝集沉淀(下面酵母)或凝集后浮于液面(上面酵母)	不易凝集
发酵终了	很快凝集,沉淀密致,或于液面形成密致的厚层	长时间地悬浮在发酵液中,很难沉淀
发酵液澄清情况	较快	不易
发酵度	较低	较高

(三) 啤酒工厂常用的传统酵母菌种

纯粹培养的啤酒酵母菌株很多，近年来，通过杂交和诱变，新的优良菌种不断出现。有的用传统使用的名称，有的则用研究机构或菌种保藏单位的名称。今举几种传统使用的下面和上面酵母，如表3－1－11，3－1－12所示。

1. 传统的下面啤酒酵母的几种主要菌种(表 3－1－11)

表 3-1-11 传统的下面啤酒酵母的几种主要菌种

酵母品种	性状
弗罗倍尔酵母(*S.frohberg*)	发酵度高，沉淀慢而不凝集
萨士酵母(*S.saaz*)	发酵度低，凝集性强，沉淀快
卡尔斯倍酵母(*S.carlsbergensis*)	有两种类型： 卡尔斯倍1号，细胞椭圆形，大小为(7～10)μm×(3～5)μm，发酵度高，沉淀慢，称*S.carlsbergensis*；卡尔斯倍2号，细胞圆形，大小为(5～14)μm×(5～8)μm，发酵度低，沉淀快，称摩拿酵母(*S.monacensis*)或卡尔斯倍酵母摩拿变种(*S.carlsbergensis* var. *monacensis*)
U酵母(Rasse U I.F.G.)，又名多特蒙德酵母	由柏林发酵学院分离出来，细胞卵形，大小不整齐，发酵度很高，为德国多特蒙德啤酒厂的典型酵母，国内许多厂采用此种酵母，其发酵力和凝集性都很好
E酵母(Rasse E I.F.G.)	由柏林发酵学院分离出来的，细胞圆形，较大，发酵度高，沉淀较慢，不易澄清，往往与其他酵母合用，或用于后发酵，以获得高发酵度
776号酵母(Rasse 776 I.F.G.)	由柏林发酵学院分离出来的，细胞椭圆形，互相胶着，比U酵母略大，发酵力强，适用于添加非发芽谷类原料的啤酒，国内许多大厂使用的酵母与此相似
荷兰酵母(Rasse 547 I.F.G.)	由荷兰阿姆斯特丹啤酒厂分离出来的，形态同U酵母，大小较整齐，发酵力中等，为欧洲一般啤酒厂所采用
1103号酵母(Rasse 1103 I.F.G.)	由柏林发酵学院分离出来的，细胞卵形，较大，凝集性好，澄清快，香味好，适宜低浓度麦汁的浓色啤酒发酵

2. 传统的上面啤酒酵母的几种主要菌种(表 3－1－12)

表 3-1-12 传统的上面啤酒酵母的几种主要菌种

酵母品种	性状
啤酒酵母(*S.cerevisiae* Hansen)	又称爱丁堡酵母，细胞呈圆形或卵圆形，大小为6μm×(6～10)μm，常结成短链，发酵度高，沉淀慢，在石膏培养基上25℃即可形成孢子，1～4个孢子，呈球形，有光泽。麦汁琼脂培养基上呈淡灰褐色、粘质、湿润有光泽的菌落，表面光滑，边缘呈锯齿状。能发酵葡萄糖、半乳糖、蔗糖、麦芽糖和1/3棉子糖，不能同化硝酸盐，以乙醇为养分，仅有微弱发育和发酵现象
萨士型啤酒酵母(*S.cerevisiae* Hansen Rasse *saaz*)	是从上面发酵啤酒中分离出来的。细胞呈圆形至卵圆形，大小为(3～6)μm×(4～8)μm，细胞不连结，发酵度高，沉淀慢。在石膏培养基上不形成孢子。在麦汁斜面培养基上，菌落呈淡灰色，质软，有光泽，有皱纹，边缘锯齿状。能发酵葡萄糖、麦芽糖、蔗糖及1/3棉子糖，半乳糖仅能微弱发酵，不能同化硝酸盐，用乙醇为养分仅微弱发酵
弗罗倍尔型啤酒酵母 (*S.cerevisiae* Hansen Rasse *frohberg*)	细胞卵圆形，大小为(3～5)μm×(5～7)μm，单独生长或两个连接。在石膏培养基上不形成孢子。菌落呈淡灰褐色，质软，湿润，有光泽，表面光滑，周边呈锯齿状。对葡萄糖、麦芽糖、半乳糖、蔗糖完全发酵，发酵1/3棉子糖，不同化硝酸盐，以乙醇为养分，仅微弱发酵

第二节 啤酒酵母的选育和保藏

一、啤酒酵母的选育

不同菌株的啤酒酵母，其性质区别很大，啤酒厂应根据本身的生产特点，选择理想的菌株，以适应生产上的需要。

优良啤酒酵母应具备的特点，原则地讲是：(1)能有效地从麦汁中摄取和代谢所需要的营养物质;(2)其代谢产物能赋予啤酒以良好的风味;(3)发酵完毕后，能顺利地从发酵液中分离。啤酒酵母的发酵性能，不只受环境条件如麦汁成分、发酵温度、发酵容器、通风量等的影响，也受其遗传特性的控制。改变细胞中脱氧核糖核酸的组成，可以改变某些受遗传因子控制的酵母性能，如凝集性、发酵速度和代谢产物等。因此，如果能科学地控制啤酒酵母的遗传特性，并使其变得符合要求，就能使啤酒酿造技术变得更为合理，便于控制。

在啤酒工业中，酵母遗传学主要应用于鉴定和控制酵母菌株的特性。要选育优良啤酒酵母菌株，除从生产或保藏的大量已有的菌株中筛选理想的菌株外，还可以通过杂交、诱变等，使用脱氧核糖核酸变异的育种手段，以及基因工程的实施，寻找性能改良的新菌株。

(一) 菌种筛选

新建厂或工厂的生产方式改变，需要筛选新菌种时，可从已有的菌株中筛选较理想的菌种，筛选的方法如下：

(1) 将已有的30～50株菌株分别接种在150ml麦汁中，进行发酵试验，从中选出12株。筛选的根据是观察和测定其发酵力、收获量和凝集性。

(2) 将上述12株筛选菌株，进行500ml发酵试验，重复4次，从中选出4株较好的菌株。筛选的根据除上述几项内容外，增加酵母活性测定、风味物质分析及品尝鉴定。

(3) 将上述4株菌种进行EBC管(一种内径55cm，长2m的不锈钢或有机玻璃管，专做发酵试验用)规模的发酵试验，从中选出1～2株比较理想的菌种，先进行扩大规模的发酵试验，比较满意时，再进行生产规模试验。选择的根据是按工厂生产方式和产品质量的要求进行的，一般包括以下内容：

① 特定发酵温度下的繁殖能力、发酵速度和发酵度：

繁殖能力：要求酵母具有短的平均世代时间;高的低分子氮同化能力和甾醇合成能力，使细胞倍增时间缩短，细胞密度增长快，以缩短接种后的停滞期，很快进入对数生长期。

发酵速度：除与酵母细胞密度密切相关外，酵母本身应具有良好的合成麦芽糖渗透酶和麦芽三糖渗透酶的能力，使麦芽糖和麦芽三糖得以进入酵母细胞，进行分解和发酵。

发酵度与最终发酵度：要能达到较高的发酵度，从现代啤酒风格趋向淡爽型的情况看，发酵度一般要求接近麦汁的最终发酵度。

② 酵母的凝聚性和沉降速率：要求酵母凝聚性适中，既能达到较高的发酵度，又沉淀坚实，容易分离。

③ 双乙酰前体物质的峰值：要求酵母具有较低的α－乙酰羟基酸合成酶的活力和较高的α－乙酰乳酸还原异构酶的活力，以降低双乙酰前体物质的峰值。

④ 酵母抗变异的稳定性：要求酵母在连续发酵10代以上，其发酵模式、双乙酰含量、酒的风格基本无变化。

⑤ 产品的风味物质分析和品尝鉴定：分析内容重点包括双乙酰、有关高级醇、有关酯类及硫化物等。

(二) 杂交育种

杂交育种是依靠酵母的生活史，并利用其具有不同遗传特性和相反交配型的细胞能产生新的双倍体这一特点去进行的。杂交后的新菌株应具有稳定的遗传特性，否则就没有实用价值。

通过杂交，要求获取全面良好的新菌株是不容易的，但是要求获取满足生产需要的某些特有性能的菌株还是可能的，例如凝聚力适中的新菌株，风味优美的新菌株或发酵度比较高的菌株等。

(三) 诱变育种

对啤酒酵母采用各种剂量、种类的化学诱变剂，如M－甲基－N－亚硝基硝基胍(M－methyl－N－nitroso nitroguanidine，简称NTG)，乙基甲烷磺酸酯(ethyl methane sulfonic acid ester，简称EMS)，亚硝酸，或采用物理方法如紫外光照射，均可以获得改变了遗传特性的变异菌株。一般说，这种诱变常常是破坏性的，使变异株缺乏某些亲株所特有的酶，从而有可能获得去除了某些不良性质的新菌株，例如产硫化氢、双乙酰和酯类少的新菌株。下面介绍几种诱变处理方法和实例。

1. 诱变方法

(1) 培养基　采用3种基本培养基：

① 酵母完全培养基(ZYCM)：3g/100ml蛋白胨(Difo)，0.5g/100ml酵母浸膏(Difo)，0.5g/100ml酪蛋白分解物，4.0g/100ml葡萄糖，0.4g/100ml硫酸锌。

② 酵母最低培养基(ZYMM)：0.67g/100ml酵母氮(Difo)，4g/100ml葡萄糖，0.4g/100ml硫酸锌。

以上两种培养基均调节pH值为5.8

③ 酒花麦汁培养基：相对密度1.040的加酒花麦汁，其中添加0.4g/100ml硫酸锌。

必要时在上述3种培养基中各加1.5%琼脂。

上述培养基均在68.95kPa压力下加压灭菌10min，如需添加氨基酸，在灭菌前加入。如需添加双乙酰，要在冷却的(49℃)培养基倾于平板前迅速加入。

(2) 菌种　酵母菌种保存于40℃完全培养基的斜面上，在进行诱变处理前，移植于28℃完全培养基中培养24h。

(3) 诱变剂处理　上述培养24h的酵母液，悬浮在等压食盐水下，使其浓度为2×10^6细胞/ml。对照菌株用同样方法制备，但不经诱变处理。

① NTG诱变处理：将NTG制成1mg/ml的贮备液，并以25μg/ml的最终浓度加入酵母悬浮液中。悬浮液在30℃下搅拌培养70min。用10ml食盐水洗涤4次，停止其诱变作用。

② EMS诱变处理：细胞悬浮液用2%(体积分数)的EMS在30℃下搅拌处理70min，用10ml 2%硫代硫酸钠洗1次，10ml食盐水洗3次，停止其诱变作用。

③ 亚硝酸诱变处理：将培养好的菌体悬浮于9ml 0.1mol/L醋酸钠缓冲液

(pH4.5)中，使其浓度为10^6细胞/ml。往此悬浮液中加入1ml 0.2mol/L亚硝酸钠，于20℃振荡培养10min。悬浮液在10ml食盐水中洗涤4次，并再次悬浮于10ml食盐水中。

④ 紫外线照射：浓度为10^6细胞/ml的酵母悬浮液20ml，置于9cm平面皿中，用高能紫外光源(Anderman G8, TS UFA)照射10s。紫外光与平面皿的距离为12cm，诱变处理时，用磁力搅拌，使细胞保持悬浮。

2. 诱变实例

(1) 抗双乙酰变异菌株的选育　从高浓度双乙酰含量(250μg/ml)的培养基中，筛选分离抗双乙酰的啤酒酵母变异菌株。这样的菌株有可能增加对双乙酰的还原速率，使发酵完了的啤酒中双乙酰含量很低。

将含250μg/ml双乙酰的完全培养基(约10ml)注入一个与水平面成30°角度的平面皿中，制成双乙酰梯度平板。待此培养基固化后，马上注入一层约10ml的完全培养基在其上，并将平面皿放置水平。所形成的楔形双乙酰培养基造成了双乙酰的梯度浓度，随着培养基横截面的不同，双乙酰浓度由50μg/ml增加到250μg/ml。

变异菌株悬浮细胞在每个梯度平板上的分布浓度约为10^5细胞/平板，在18℃培养3～5天，生长在合适生长区前沿的单菌落，再次移植作进一步试验用。

(2) 降低H_2S合成能力变异株的选育　将已经变异处理的培养物，以40～50细胞/平板的浓度接种于含0.05%醋酸铅的完全培养基上，在30℃培养4天。凡产生H_2S的菌落，由于形成硫化铅而变黑，白色或淡棕色菌落则作为不产生H_2S或少产生H_2S者而被选用，并再次培养于含醋酸铅的完全培养基中进行纯化，备做进一步试验。

(3) 凝集性变异菌株的选育　将经过诱变处理的酵母悬浮液10ml，接种于加酒花麦汁(相对密度1.040)中，在实验室的连续发酵罐中，用间歇培养方式，进行连续通风培养。2天以后，开始往罐中添加麦汁。开始稀释率为0.05/h，6天以后增至0.1/h，10天以后增至0.15/h，在经过2～4周连续操作后，从罐中取出发酵液进行分离，分离所得的酵母用海尔姆(Helm)法进行凝集性试验，从中选出凝集力强的菌株。

(四) 基因工程的实施

基因工程在酵母方面的研究始于1978年，直至1985年才在啤酒酵母的研究中运用。近10年来，此项技术进展很快，人们普遍认为，由于酵母基因重组技术的开展，根据生产需要，可以改变酵母的某些特性，这将有利于改变啤酒工业的面貌。

通过基因重组培育酵母菌种的研究(试验阶段)已有下列几方面：

1. 高发酵度的酵母菌种(英国)

高发酵度的酵母菌种用来做高发酵度的干啤酒和淡爽型啤酒，比借助于加酶制剂的方法好。从细菌或霉菌中提制的酶，往往不是单一的酶，混有其他成分，有时会带来副作用或使生产不稳定。

从许旺氏酵母菌(*Schwaniomyces*)将编码糖化酶的基因转化到啤酒酵母中，可以提高啤酒的发酵度，重点是提高分解麦芽三糖的能力。此酶在啤酒杀菌时可以钝化。

2. 具有β－葡聚糖酶的酵母菌种(芬兰)

啤酒中的β－葡聚糖含量，常引起滤酒困难，且易导致沉淀问题。要克服这一困难，一般做法，常在糖化或发酵时添加从霉菌或细菌提制的β－葡聚糖酶。这些酶制剂也不是单一性的酶，常含有一些非需要的酶。采用基因重组技术，将木霉编码β－葡聚糖酶的基因或枯草芽孢杆菌β－葡聚糖酶的基因转移到啤酒酵母中去，使啤酒中的高分子β－葡聚糖得以分解，啤酒粘度降低，这将加快啤酒过滤速度，而对啤酒其他质量方面无何影响。

3. 改善酵母凝聚性的菌种(日本)

现在一般公认酵母的凝聚性是由酵母的凝聚性基因所控制。已知的至少有12种染色体基因控制凝聚性，其中以FLO_1基因的作用是主要的。如果将含此基因的多复制质粒转移到非凝聚性酵母中去，将改善其凝聚性，而对原有酵母的其他参数无何影响。改善酵母的凝集性不但对现有的啤酒发酵方法有利，对将来的连续发酵也是重要的。

4. 产生胞外蛋白酶的菌种(英国)

将野生酵母中编码胞外蛋白酶的基因克隆到啤酒酵母中去，发酵时，蛋白酶分泌到细胞外，分解形成混浊的高分子蛋白质，这对啤酒非生物稳定性是有利的，省去了蛋白酶制剂的应用。根据试验结果，证实无其他副作用。

5. 具有α－乙酰乳酸脱羧酶的啤酒酵母菌株(日本、芬兰)

啤酒酵母本身是不含α－乙酰羟基酸脱羧酶的，将肠气杆菌编码α－乙酰羟基酸脱羧酶的基因克隆或整合到啤酒酵母中去，可以大大减少双乙酰的形成，发酵的其他参数无何变化。

6. 具有编码α－乙酰羟基酸还原异构酶多复制基因的啤酒酵母(比利时)

将载有编码α－乙酰羟基酸还原异构酶多复制基因的质粒转移到啤酒酵母中去，可以强化α－乙酰乳酸合成缬氨酸的合成代谢流，减少α－乙酰乳酸在酵母细胞中的积累，也就减少了双乙酰的形成。

除上述菌种外，还将开发耐高酒精度、耐高渗透压的菌株，抗污染的菌株，耐高温的菌株，改善泡沫的菌株等等。

二、啤酒酵母的保藏

在啤酒工厂，酵母的保藏和酵母的分离培养具有同等重要的意义。如酵母保藏不当，不但会使酵母污染、衰老，而且会使酵母退化、变异、死亡，直接影响生产。保藏酵母的基本要求就是避免酵母出现上述问题，从而使酵母长期保持良好的发酵性能。

酵母应在低温、缺氧和缺水的条件下保藏，以降低其新陈代谢作用，防止不必要的生长和变异的危险。

啤酒工厂酵母的保藏分两方面：即纯种原菌的保藏和生产用酵母的保藏。

(一) 纯种原菌的保藏法

1. 固体斜面保藏

将要保藏的酵母接种在麦汁琼脂培养基或MYPG琼脂培养基(3g麦芽浸出物、3g酵母浸出物、5g蛋白胨、10g葡萄糖和20g琼脂溶于1L水中)斜面上，25℃保温培养2～3天，待酵母繁殖成菌落，经检查无杂菌污染后，即放入4℃冰箱中，不得低于冰点以下。每年移植3～4次，过频的移植，易增加变异机会。在移植之前，宜先在无菌麦汁中进行一次活化。

此法的缺点是菌种在营养丰富的培养基上容易衰退，而且保存时间短，主要是斜面培养基的水分蒸发后，会因干结而使酵母坏死。为了不使培养基的水分蒸发，可将试管口用灭菌的橡皮塞塞紧，或采用带螺旋盖的Mecaxtney瓶。但作为长期保存仍不适宜。

2. 液体石蜡斜面保藏

酵母菌种在生长成熟的斜面试管中，加入已灭菌、不含水分的液体石蜡，防止培养基水分蒸发，并隔绝与空气的接触，然后置于2～4℃下保存。

3. 液体试管保藏

将要保藏的酵母菌种接入10％蔗糖溶液中，在25℃保温培养24h后，置于4℃冰箱中或后发酵室低温保藏，每年移植2～3次。酵母在此条件下，可以存活，但因无氮源，不生长，其变异率也很低。

此法简便易行，如保藏得当，菌种在保藏期内尚不致失去固有的性能。在保藏期内应严格执行定期移植，移植时，先经一次麦汁培养，然后再按上述方法，返回蔗糖溶液保藏。

采用上述几种方法，每年均需进行一次酵母特性的检查。

4. 真空冷冻干燥保藏

这是一种目前认为较理想的菌种保藏方法，特别适用于大量菌种的保藏。经过冷冻干燥的菌种，已失去了代谢作用所必需的水分、氧气和适宜的温度，其变异率低于斜面保藏，保藏期长，也避免了定期移植的问题。

真空冷冻干燥法也不无缺点，其主要缺点是死亡率高、易导致呼吸缺陷型变异株的产生及改变对营养物质的需求。在制备冷冻干燥菌种时，酵母容易死亡，存活率低；但真正发生在保存期中的死亡率并不高。因此，应加强此项保藏方法的操作和选择适合不同菌株的保护培养基(Protective medium)。

经冷冻干燥的酵母菌，因死亡率高，在使用前，需先经多次活化。

5. 液氮保藏法

液氮冷冻保藏系将酵母细胞冷却，在－196℃下保藏，酵母的存活率远较真空冷冻干燥法为高，可达80％以上，变异率则极低。此法对每一菌株的冷却速率和保护培养基的选择，也应区别对待。目前，此法在酵母应用方面尚不普遍。

啤酒厂保藏酵母大都采用前三种方法，因其简单易行。但对保藏的原菌应每年进行一次重新筛选，以保证保藏酵母是单一品种，无变异细胞存在。此重新筛选的菌株，应具有原菌种所有的发酵性能。其筛选方法基本同前述的菌种筛选方法，归纳如下：

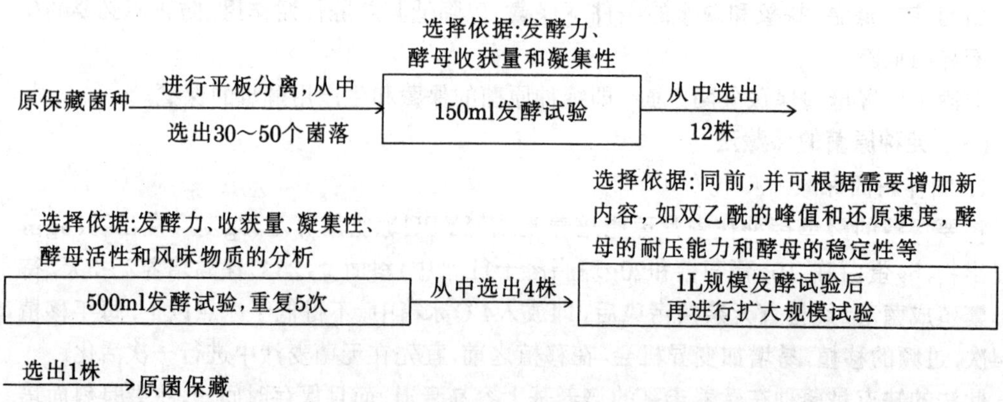

凡保藏大量菌种和长期保藏的单位，则以采用真空冷冻干燥法和液氮保藏法为宜。

(二) 生产现场酵母保藏法

1. 汉生罐保藏法

大型啤酒厂一般都采用此法。纯种酵母扩大培养至汉生罐后，即分割大部分(85%左右)进行扩大培养，投入生产使用。汉生罐中剩余的酵母，再添加灭菌的麦汁，控制培养温度10～12℃，通风保温培养，达高泡期后，进行冷却，在2～4℃下保温培养，作为保存酵母用。此保藏的酵母应定期检查，并每月更换新麦汁。

每次扩大培养汉生罐保藏的酵母，应先做镜检和做一般的酵母生理特性检查，以确定是否适于扩大培养，或需重新培养新菌种。

也有人提出，下面酵母在培养罐接种前，先冷却至0℃，可有效地缩短培养罐中的生长停滞期。

每次进行扩大，最好按上述培养步骤先培养一次，再进行扩大移植。

汉生罐保藏法实用易行，优点如下：

(1) 节约时间，减少了实验室阶段复杂的分离培养工作；菌种保藏方便；可随时进行扩大培养，为生产提供发酵力旺盛的酵母。

(2) 将酵母长期驯养在现场麦汁中，对保持发酵质量和口味一致性有重大意义。

(3) 保存得当，无杂菌污染，酵母性能保持不变，可连续使用，不必更换新菌种。当发现保藏酵母有衰退和变异现象，或污染杂菌时，则应弃置不用，另换新菌种。

2. 压榨酵母保藏法

将酵母泥洗涤、压榨去水，破碎成小块，置于浅盘，于低温保藏。压榨时必须保持低温(2～4℃)和无菌。压榨酵母使用时，应先调成泥状。此法容易污染，一般不采用。

3. 酵母泥的保藏

(1) 传统方法　将洗净过筛的酵母泥浸泡在0.5～2℃无菌水中，每天换水2～3次，最多保存2～3天。此法简单易行，一般现场短期内使用的酵母采用此法保存。

现代化的啤酒厂多增设酵母泥回收罐，罐内备有搅拌器和夹套冷却设施，回收酵母后冷却(4℃)，不洗涤，1～2天内使用。

(2) 停产期间，如需延长酵母保存时间，可将酵母泥置10%的无菌蔗糖溶液内，2～4℃低温保藏。

(3) 在贮酒罐内，直接用第一麦汁于2～3℃下贮藏大量泥状酵母，保藏期可达2周以上。

(4) 发酵液保藏法　从酵母繁殖达高峰的发酵液中，取出10%，速冷至2～4℃，进行保藏，用于接种下批发酵。在保藏期中，严格控制温度，按时通风供氧，保藏时间可达2周。

第三节　啤酒酵母的分离培养和扩大培养

一、啤酒酵母的分离培养

啤酒酵母的分离培养就是利用特殊的分离技术，将优良强壮的单细胞酵母菌从原菌中分离出来，加以扩大培养，供生产使用。分离培养的方法很多，工厂常用的是平板分离法或划线分离法。这两种方法比较简单，但不一定能获得单一纯种。如果需要，还可以以平板分离法获得的菌落出发，进一步采用单细胞分离法，选出若干菌株，进行选择。今将分离培养方法简述于后。

(一) 待分离的原菌

(1) 从实验室保存的原菌种中分离，原菌种必须先经过几次培养活化后再行分离；

(2) 从生产中的酵母泥或主发酵液中分离。

(二) 分离培养方法

1. 平板分离培养法(又称稀释分离法)

这种方法简单易行，适合于工厂现场使用。

先将盛有麦汁的琼脂试管培养基放在热水中融化，冷却至42～45℃，再将准备分离培养的酵母原菌用白金针移植到已融化的培养基内。如分离培养发酵液的酵母，则先使之静置，倾出上部清液，留少量发酵液，混合均匀后接种。如分离培养酵母泥，需加少量无菌水或麦汁，稀释后再接种。

将分离培养的酵母移植于融化的培养基内后，充分振荡，使混合均匀，用白金针从该试管挑少许移植到第2支试管中，随即将第1支试管中的培养基倾注在已灭菌的培养皿中，均匀分布在培养皿底面，使之凝固。用同样方法再从第2支试管移植到第3支，而后第4支试管内，分别将取样后的培养基倾注在培养皿内，如图 3－1－3所示。然后，将培养皿置25～27℃保温箱中培养2～3天，每天检查菌落生长情况，剔除形态上有改变的菌落，选择菌落形态正常、细胞大小均匀的菌落进行培养。必要时应进行2～3次重复分离。

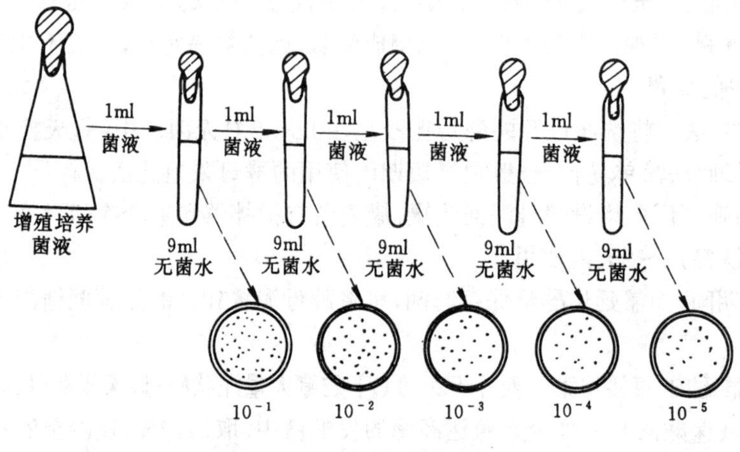

图 3－1－3 平板分离培养法

2. 划线分离培养法

此法和平板分离法的根据是相似的，各有优点。划线法简单，速度较快；平板法在平板上分离的菌落单一均匀，纯种的获得率高。

用接种针挑取适当稀释的菌液，直接在已灭菌的平面皿培养基上划线(图3－1－4)，在第3或第4划线区可能得到单一菌落。然后将所需要的菌落移植到斜面培养基上，以待进一步检查。这个方法一般用于分离纯化生产上已有的菌种。

3. 汉生氏单细胞分离培养法(又称湿室培养法)

用载玻片、玻璃环和刻有方格子的盖玻片组成湿室。将需要分离培养的酵母，用白金

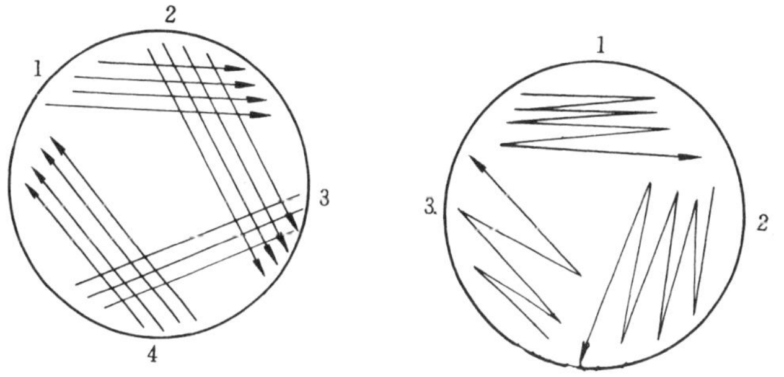

图 3－1－4 划线分离培养法

1,2,3,4—分别表示第1,2,3,4次划线区

针移植到麦汁试管中，振荡，使酵母细胞均匀分布在培养基中，取一滴带酵母的培养液，涂在载玻片上。用显微镜检查酵母细胞数，如细胞数不过20个，即取1滴滴在盖玻片的内面，均匀地涂在刻有方格的范围里。而后在玻璃环周围涂上明胶或凡士林，粘于载玻片上，环内加1滴无菌水，使环内空气湿润，将盖玻片覆在玻璃环上，周围用凡士林将玻璃环与盖玻片严密粘牢，如图3－1－5所示。

将做好的检片，放在显微镜下，检查每个小方格内的细胞数，将小方格内有单一细胞的位置记在与盖玻片画有同样格子的纸上。

检片必须同样做3个以上，放在25℃保温箱中培养2天以上，每天定时镜检细胞生长情况。待单一细胞已发育生成菌落时，比较各个单一菌落的大小、形状是否整齐，选择优良者，用白金针移植到已灭菌的麦汁试管内，使之增殖。每个菌落要接种3～4个试管。移植的菌落一般不少于10个。而后在25℃保温箱中保温培养，并进行生理特性鉴定，选择最优者加以扩大培养，供生产使用。

4. 林德奈氏单细胞分离培养法(小滴培养法)

此法是由汉生氏单细胞分离培养法演变而来的。将准备分离培养的酵母或发酵液，移植到已灭菌的麦汁培养基中，经多次稀释至每1滴麦汁仅含1个细胞为止。

在无菌室中用白金针取稀释液滴在盖玻片上，或凹形载玻片孔内，可滴3～5排，每排3～5个小点，点要均匀，距离要一致。

将盖玻片翻过来，使有小滴的一面面向凹形载玻片的孔穴，穴内加1滴无菌水，盖玻片和载玻片间用凡士林密封。在显微镜下检查每个小滴，将只有1个细胞的小滴位置记下，如图3－1－6所示。将检片置25～27℃培养箱内，培养2～3天，每天检查酵母细胞生长情况。

小滴培养每次应做3个以上的检片，经过培养后，加以选择。挑选发育正常的菌落，用灭菌的三角形滤纸，把菌落吸出，移植到已灭菌的麦汁中，扩大培养，经生理特性鉴定后供生产使用。

5. 单孢子分离法

先将需要形成孢子的酵母放在石膏块上，在保温箱中至少培养30h，在无菌室内接种到有盖玻璃的麦汁小滴内，而后将盖玻璃放在特制的玻璃柜内。

分离时采用两根特制的显微针，一根针的针尖直径为7μm，由手术柜的一端插入，另一根针的针尖直径2.5μm，由手术柜的另一端插入。使用高倍显微镜及显微操纵器，利用显

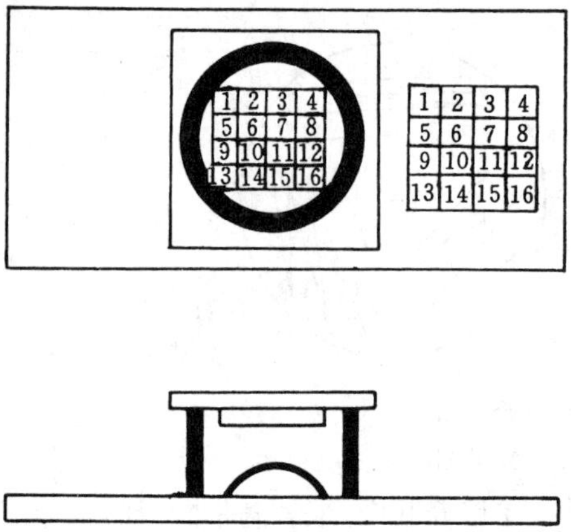

图 3-1-5 汉生氏湿室培养装置

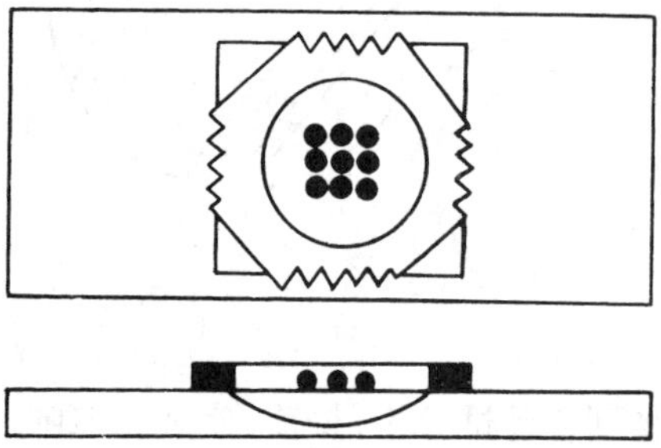

图 3-1-6 林德奈氏小滴培养装置

微针切割一个子囊壁，取出单个孢子，接种到注有麦汁的盖玻片上。这种显微操纵器可以缩小手的移动距离几千倍。单孢子的分离方法，可分5个阶段，如图3-1-7所示。

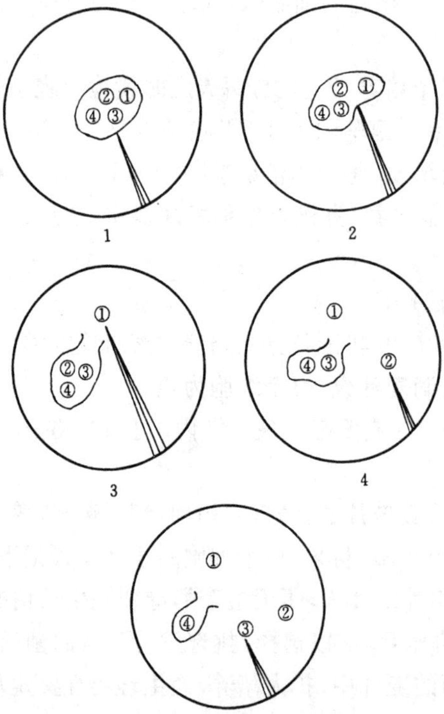

图 3-1-7 酵母菌单孢子显微解剖分离图

1—细胞中原样未动的4个孢子
2—用显微针点破细胞壁 3—用显微针取出孢子①
4—用显微针取出孢子② 5—用显微针取出孢子③

待分离出来的孢子发芽产生菌落后，用白金针移植到培养瓶或试管中进行扩大培养。

二、啤酒酵母的扩大培养

啤酒酵母纯正与否，对啤酒发酵和啤酒质量的影响很大。啤酒工厂生产使用的酵母由保存的纯种酵母，经过扩大培养，达到一定数量后，供生产现场使用。每个啤酒厂都应保存适合本厂使用的纯种酵母，以保证生产的啤酒具有稳定的风格和特性。

啤酒酵母扩大培养的顺序如下：

斜面试管(原菌种)⟶富氏瓶或试管培养⟶巴氏瓶或三角瓶培养⟶卡氏罐培养⟶汉生罐培养⟶酵母扩大培养罐⟶酵母繁殖罐⟶发酵罐。

以上从斜面试管到卡氏罐培养为实验室扩大培养阶段；汉生罐以后为生产现场扩大培养阶段。

(一) 实验室的扩大培养

1. 斜面试管

一般是啤酒工厂保藏的纯粹原菌或由科学研究机构和菌种保藏单位供给。

2. 富氏瓶培养

富氏瓶内盛麦汁10ml，灭菌后备用。将种酵母用白金针或巴氏滴管接种于富氏瓶内，在25～27℃保温箱中培养2～3天，每天定时摇动之，使沉淀的酵母重新分布到培养基中。同一种酵母每次培养2～4瓶，扩大时加以选择。

富氏瓶小而高，容易倾倒，使用不方便，目前，啤酒厂多采用20ml试管代替之。

3. 巴氏瓶培养

取500～1000ml的巴氏瓶，加入250～500ml麦汁，加热煮沸，使瓶内蒸汽从侧管喷出，30min后，吸去弯曲管内的凝结水，塞上棉花塞，冷却备用。

在无菌室内，将试管中的酵母液由侧管接种入巴氏瓶中，在25℃保温箱中培养2天，每天检查培养情况。

为了使啤酒酵母能逐渐适应低温的环境，可将培养温度适当调节到20℃左右，但培养时间要略长一些。

巴氏瓶也可用大三角瓶或平底烧瓶代替。

4. 卡氏培养罐

卡氏培养罐容量一般为10～20L，放入约半量的麦汁，加热煮沸灭菌，冷却备用。在加热灭菌时，先拔去侧管的棉塞，使蒸汽从侧管和弯曲管喷出30min，停止加热，然后塞上棉塞，吸去弯曲管内的凝结水。麦汁中增添1L无菌水，以补充水分的蒸发。

卡氏罐一般接入1～2个巴氏瓶的酵母液，摇动混合均匀后，置于15～20℃下保温3～5天，即可进行扩大培养，或可供约100L麦汁发酵用。

5. 实验室扩大培养的技术要求

(1) 一切培养用具必须彻底刷洗干净，塞好棉塞，干热灭菌，灭菌温度170℃左右。

(2) 培养用的培养基，应使用现场加酒花的麦汁，加热煮沸并加蛋白澄清，利用蒸汽间歇灭菌后，在25℃保温箱中贮存2～3天，证明无污染后，方可使用。

(3) 每次扩大稀释倍数约20倍左右。

(4) 每次移植接种后，要镜检酵母细胞的发育情况。

(5) 随着每阶段的扩大培养，培养温度逐步降低，以适应现场发酵情况。

(6) 每个扩大培养阶段，均应做平行培养：试管4～5只，巴氏瓶2～3个，卡氏罐2个，选择优者进行扩大培养。

(二) 生产现场的扩大培养

卡氏罐培养后，酵母进入现场扩大培养。酵母扩大繁殖的方法可根据工厂具体条件进行。啤酒厂一般都有汉生(Hansen)罐培养设备，可连续使用1株酵母，反复多次扩大培养而不需换种，直至酵母出现衰退和染菌等异常情况。传统法下面发酵，一次扩大培养的酵母，可使用7～8代，甚至10代以上。采用大罐发酵，酵母受压较重，一般只能使用5～6代，深层大罐有时只能使用3～4代，即需另扩大培养酵母。换种和扩大培养的频率完全根据使用酵母的具体情况而定。生产旺季和产量大的工厂一般扩大培养和换种的次数比较频繁。

1. 汉生罐的扩大培养

汉生培养罐系统是由1个麦汁杀菌罐和1～2个酵母培养罐组成(图 3-1-8A)。上述罐可用紫铜板内镀锡或不锈钢板制作，容积为200～300L(有效容积)，或更大一些。各罐均具有夹套，可用以杀菌(杀菌罐可另设蛇管杀菌)、冷却和保温。罐内装有手摇搅拌器或以通风搅拌，罐侧有1根液位管，管上连接棉花或其他空气过滤器，用以过滤压缩空气。罐上部有一排气管，排气管下端置酒精水中密封，防止空气污染，罐的中部有酵母接种口和温度计。

近代化的酵母培养设备也都是在汉生罐的基础上加以改进的，在操作的自动控制方面日臻完善，如图 3－1－8B所示。

汉生罐培养系统的操作如下：

(1) 由冷却室来的冷麦汁200～300L加入麦汁杀菌罐内，在杀菌罐的蛇管内通入蒸汽，在0.08～0.10MPa汽压下，保温灭菌60min。杀菌后在夹套和蛇管中通入冰水冷却，并以无菌空气保压。待麦汁冷却至10～12℃时，先从麦汁杀菌罐出口排出部分沉淀物质，再用无菌压缩空气将麦汁压入汉生罐内。

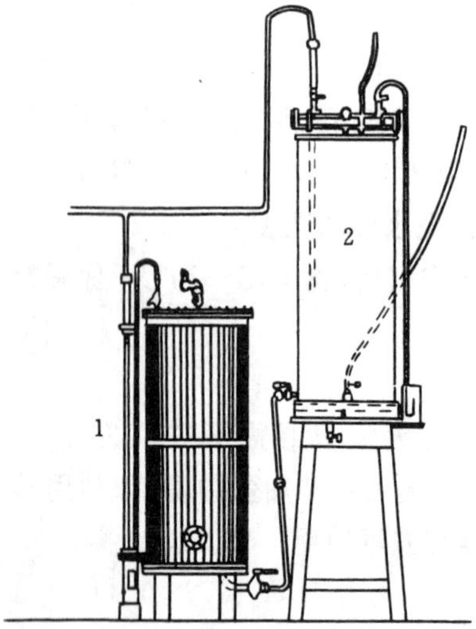

图 3－1－8A 汉生－库勒氏酵母培养设备

1—汉生培养罐 2—麦汁杀菌罐

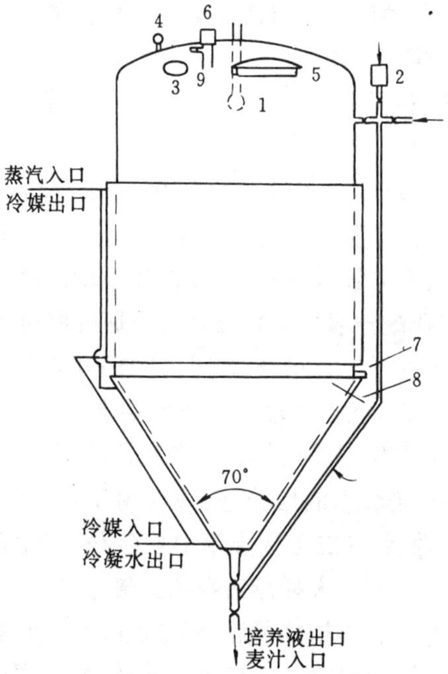

图 3－1－8B 新型酵母培养罐

1—喷淋洗球 2—二级空气过滤器 3—视镜 4—压力计 5—人孔 6—压力/真空呼吸阀(带空气无菌过滤) 7—取样口 8—温度传感器 9—可关闭的排气阀

(2) 麦汁杀菌时，汉生罐即进行空罐灭菌，通入蒸汽，打开排气阀，接种管阀处不断排出蒸汽，空罐灭菌1h后，通入无菌空气保压，并在夹套内通冷却水冷却备用。

(3) 卡氏罐排料口和汉生罐接种管用酒精严密灭菌后，将卡氏罐与汉生罐连接，用无菌压缩空气将卡氏罐内酵母液压入汉生罐，通无菌空气5～10min。然后加入已灭菌冷却的麦汁，再通无菌空气10min，保持品温10～13℃，室温维持13℃。培养36～48h左右，在此期间每隔数小时通风10min。当汉生罐的培养液进入旺盛发酵期(即酵母的对数生长期)时，酵母的出芽率最高，死亡率最低。然后边搅拌，边将85％左右的酵母培养液移植到已灭菌的一级酵母扩大培养罐，最后逐级扩大至一定数量，供现场发酵使用。

(4) 从汉生罐压出大部分酵母液后，仍保留约15％左右的酵母培养液于罐内，再加入灭菌冷却的麦汁，待起发后，冷却，准备下次扩大培养用。保存种酵母的室温一般控制在

2～3℃，罐内保持正压(0.02～0.03MPa)，防止空气进入污染。

汉生罐留种酵母下次再扩大时，最好按上述培养过程先培养一次后再移植，使酵母恢复活性。

汉生罐内保存的种酵母，应每月换一次麦汁，并检查保存的酵母是否正常，有否污染和变异。正常情况下此种酵母可连续使用半年左右。至于如何以更精确的方法判断酵母菌种活性，何时应予以更换，尚待研究。

2. 扩大培养的几项原则和问题

(1) 酵母扩大培养的关键在于使用优良的单细胞出发菌。此出发菌应先经生理特性和生产性能鉴定，然后投入应用，并保证在扩大培养过程中无污染、无变异。每一步扩大后的残留液都应进行无污染和无变异的检查。

(2) 培养前期，为了提高酵母增殖速率，缩短培养时间，实验室扩大培养阶段，采用酵母最适繁殖温度25℃。而后每扩大一次，温度均相应有所降低，使酵母逐步适应低温发酵的要求。但每次降温幅度不能太大，以防酵母活性受到抑制。随着培养温度的降低，培养时间视稀释倍数而相应延长。

(3) 为了缩短酵母生长停滞期和缩短培养时间，每阶段扩大培养的酵母，最好在酵母对数生长期的移植，具体地说，就是在酵母增殖率开始回降以前移植。此时的酵母出芽率最高，死亡率最低，移植后，迅速增殖。

(4) 酵母增殖是依靠糖的生物氧化，即呼吸作用而获取能量的。因此，在酵母扩大培养时，通风供氧是绝对必要的，从三角瓶到卡氏罐培养阶段，一般是依靠定时摇动容器(或使用振荡器)，使酵母液与空气接触，容器上部空间的空气也使酵母与氧有接触的机会。移植到生产现场扩大培养后，即需注意通风供氧。每次追加麦汁后均需适量通风，使发酵麦汁具有8～10mg/L的含氧量。

(5) 培养酵母，应使用营养丰富的优质培养基。实验室培养阶段应选择α－氨基氮含量高的优级麦芽，不加辅料，自制培养基。制取的麦汁在煮沸时加入1～2个预先打成泡沫的蛋清，煮沸45min，用滤纸过滤，分装培养容器中，在0.1MPa压力下，蒸汽灭菌30min，连续灭菌3次，冷却备用。生产现场的扩大培养则采用生产麦汁，麦汁的α－氨基氮应保持在200mg/L以上。

(6) 关于合理的扩大倍数问题，说法不一。有人主张5～10倍；有人认为更高的扩大倍数也无问题。笔者认为，实验室阶段，由于培养温度高，增殖时间短，无菌操作条件较好，扩大倍数可以较高，例如1∶10～20，甚至更高一些。汉生罐以后的扩大培养，由于温度逐步降低，酵母倍增时间延长，为了很快地使酵母起发，保持酵母的生长优势，增强其抗污染能力，扩大倍数以1∶5左右为宜。根据这一原则，中间扩培罐的数量和容积也就容易确定了。

(7) 关于通风问题，看法也不一致。有人主张连续通风，酵母收获量大；也有人主张间歇通风。笔者认为，培养初期，培养液中葡萄糖含量高，受克拉勃垂效应(Crabtree effect)的影响，连续通风，酵母的增殖效果未必如理想的那么好，以间歇通风为宜。总之，通风宜足，但不必过多。传统的做法，上面酵母多采用连续通风，而下面酵母则不采用连续通风，这可能与两者的发酵温度不同(9℃与20℃)和发酵时间不同(3天与10天)有关。

(8) 关于扩大培养麦汁的无菌问题。生产现场扩大培养一般都采用生产现场的冷麦汁。此冷麦汁经过管道容易染菌，特别是在远距离输送情况下更易染菌。因此，应采取措施，防止染菌。措施一是：在培养室或附近设置1台小薄板热交换器，由回旋沉淀槽放出的热麦汁(95℃左右)，直接经此小薄板冷却器冷却后使用。措施二是：采用瞬间灭菌的办法，将生产现场的冷麦汁，经过薄板热交换器，先经103℃的短时间杀菌，再经冷却后使用，如图 3－1－9所示。

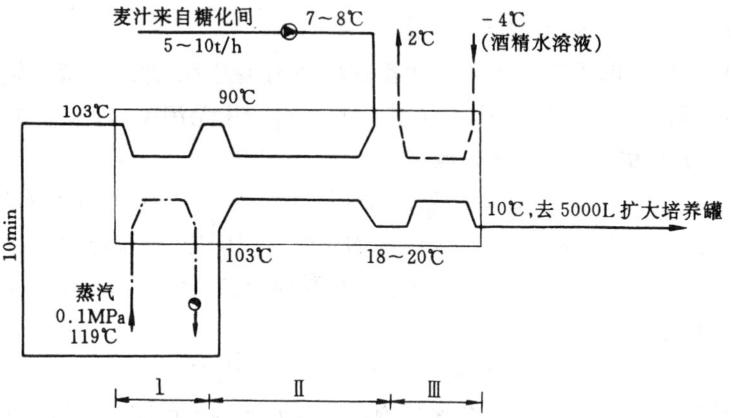

图 3－1－9　酵母扩大培养麦汁灭菌流程图

第四节　酵母的检查与鉴定

啤酒厂酵母的质量直接关系到发酵和啤酒的质量。啤酒酵母如被杂菌污染或发生变异，就会产生不正常的发酵现象和啤酒口味。啤酒酵母的自然突变率是比较低的，但在长期的酵母培养和发酵过程中，酵母的变异还是存在的。因此，不论在酵母培养过程中，或在发酵过程中，必须从各方面对酵母进行检查，防止产生不正常的发酵现象。在酵母纯粹分离培养过程中，必要时，应对分离的酵母进行全面鉴定。

要确切地鉴定1株酵母，需在形态和生理方面做很多试验。酵母菌鉴定的具体方法比较复杂，主要以洛德(Lodder)氏1952年的方法为主，结合我国具体情况分形态和生理两部分加以鉴定。

酵母菌形态较简单，缺乏明显分化的器官，所以分类只依靠形态是很不够的，要区分属以下的种时，主要依靠生理特性，以糖的发酵和同化为最重要，在氮源方面是否同化硝酸盐也作为分类依据，因这一性状很稳定。其他生理特性则在区分某些属、种时用。

一、啤酒酵母生产方面的检查

在生产中，为了保证使用酵母的活性和纯度，需要经常进行镜检和酵母某些生理特性的试验。这些常规的检验内容，必须简而易行，同时又结合生产特点。一般说，镜检只能起辅助作用，检查酵母的某些生理特性更具重要性。

(一) 形态观察

1. 液态培养的观察

在液体培养基中，观察发酵液混浊的快慢、澄清情况、酵母沉淀情况并进行显微镜检查。优良健壮的酵母细胞，具有均匀的形状和大小，平滑而薄的细胞壁细胞质透明均一；年幼少壮的酵母细胞内部充满细胞质；老熟的细胞出现液泡，内贮细胞液，呈灰色，折光性强；衰老的细胞中液泡多，内容物多颗粒，折光性较强。

衰老的酵母死亡率高，可通过美蓝液染色试验，检查酵母死亡率。一般生产上使用的酵母，死亡率应在3%以下，新培养的酵母死亡率应在1%以下。

在镜检中，若酵母中混有特殊的菌体，说明可能有杂菌污染，需另做较细致的细菌或野生酵母鉴定。

2. 巨大菌落的观察

在酵母品种鉴别上，一般的形态不易区别，但形成的巨大菌落则不同，菌落越大，形态越易区别。

将酵母接种到麦汁琼脂培养基表面的中央，植点要圆。接种后，培养皿用无菌纸包好，放在25℃下保温2～4星期。待巨大菌落形成后，观察菌落大小、颜色、形态、光泽、周缘形状等。啤酒酵母的巨大菌落为白色或灰白色，表面平滑有光泽，呈扁平或半透镜状隆起，有时中部略呈凹形。

一般说，巨大菌落表面平滑者多为分散型酵母，而表面皱褶者多为芽簇型酵母。巨大菌落与发酵性能之间无何联系，有的菌种巨大菌落外观相似而发酵性能不同，反之亦然。

(二) 生理特性试验

1. 凝聚性

啤酒酵母的凝聚性在生产上具有特殊的重要性，也是区别菌株的一项重要内容。啤酒酵母凝聚现象的机理已经研究多年，至今尚未有肯定的结论。酵母的凝聚性是受酵母凝聚基因控制的。凝聚性不同，酵母的沉降速度就不一样，发酵度也有差异。酵母变异或污染野生酵母，会改变其凝聚性，给生产带来困难。凝聚性的检查方法采用本斯值(Burns value)测定法(Helm改良法)：

取5g沉淀酵母泥，加入30ml0.051%的硫酸钙溶液中，洗涤后离心，再重复洗涤和离心。

准确称取上述的离心酵母泥1.0g，置于15ml锥底带刻度及盖的离心管中，加入10ml含硫酸钙、pH4.5的醋酸缓冲液(0.51g水合硫酸钙＋6.80g醋酸钠＋4.05g冰醋酸，溶解后，定容1.00L)中，于20℃水溶保温20min。然后充分振荡之，使酵母重新悬浮起来，再于20℃下保温10min，观察沉于离心管锥底部的沉淀毫升数，即为本斯值。

一般凝聚性强的酵母，在离心管锥底易形成＞1.0ml的结实沉淀，弱凝聚性的酵母沉淀＜0.5ml。离心管液呈清液、混液和沉淀3层。记下静止10min后各界面的毫升数，再保温10min。3层的界面会发生变化：强凝集性酵母的清液－混液界面下降，混液－沉淀的界面上升。

本斯法不能判别非凝聚性酵母，非凝聚性酵母在本斯法测定中几乎无沉淀，只呈明显两层，上层较清，下层较混。记下两层的界面刻度，再静置保温10min，界面上升的属非凝聚性酵母，若界面下降明显，则属弱凝聚性酵母，但不属沉淀型酵母。

凝聚性强的酵母虽然便于回收，啤酒过滤快，但发酵度偏低，双乙酰还原慢。制造淡爽型的贮藏啤酒，以采用中等强度的凝聚性酵母为宜。

2. 发酵度

酵母的发酵度反映酵母对各种糖类的发酵情况。正常的啤酒酵母能发酵葡萄糖、果糖、蔗糖、麦芽糖和麦芽三糖等。制造不同类型的啤酒，需要有不同的发酵度，从而需要选用不同的酵母菌株。有的酵母(包括啤酒酵母的一些菌株在内)不能或较少地发酵麦芽三糖，表现为低发酵度;也有的酵母甚至能发酵麦芽四糖或异麦芽糖等，表现为高发酵度。

各啤酒厂采用的酵母均有自己基本恒定的发酵度，如果发酵度出现异常现象，说明酵母有变异，或被杂菌污染，或者已经退化，必须引起重视。测定发酵度的方法如下：

用250ml三角瓶，盛麦汁150ml，经灭菌冷却后，加入泥状酵母1g，置25℃保温箱中发酵，每8h摇动1次，3～4天后发酵终了，滤去酵母，并将乙醇蒸馏除去，添加蒸馏水恢复原容量，测相对密度，求出残留浸出物的浓度，则可求得发酵液的真正发酵度，如下式所示：

$$w_r(\%)=\frac{w-w_1}{w}\times 100$$

式中 w——发酵前麦汁浓度(%)

w_1——发酵后，排除酒精后的发酵液浓度(%)

w_r——真正发酵度(%)

若不排除乙醇，直接测发酵液相对密度，求出残留浸出物浓度，则可求得外观发酵度。

$$w_a(\%)=\frac{w-w_2}{w}\times 100$$

式中 w——发酵前麦汁浓度(%)

w_2——发酵液外观浓度(%)

w_a——外观发酵度(%)

外观发酵度一般比真正发酵度约高20%，可按下式粗略换算：

$$w_r=w_a\times 0.819$$

在正常情况下，外观发酵度一般为75%～87%，真正发酵度为60%～70%。按照淡色啤酒发酵度的差别，酵母可区分为表 3-1-13所示的3类。

表 3-1-13 淡色啤酒高、中、低发酵度区分

啤酒酵母类别	淡色啤酒	
	外观发酵度/%	真正发酵度/%
低发酵度酵母	68～74	55～59
中发酵度酵母	75～82	60～66
高发酵度酵母	82以上	66以上

3. 发酵速度

发酵速度与酵母品种有关。酵母的麦芽糖渗透酶活力和麦芽三糖渗透酶活力是控制麦芽糖和麦芽三糖发酵的重要因素，对发酵速度关系很大。另外，发酵速度也与环境条件有关，如麦汁成分、发酵温度、通风条件、发酵容器等。一般要求酵母在同一条件下，发酵速度愈快愈好。发酵快的菌株不但能缩短酒龄，pH降低快，有利于制取淡爽型啤酒，而且也有利于提高啤酒的稳定性。

为了求得与现场发酵条件相似的发酵速度，其测定方法如下：

在前述的EBC发酵管内，加2L麦汁，接种酵母后，按现场发酵条件控制：上面酵母控制20～25℃，下面酵母控制10℃左右发酵。每天测定其外观浓度，观察对比其发酵速度。

4. 死灭温度

每一酵母菌株，在特定的条件下都有自己的死灭温度，因此，死灭温度也可以作为鉴别酵母菌株的内容之一。一般说，培养酵母的死灭温度较低，在52～53℃之间。若死灭温度升高，往往是酵母变异或污染野生酵母所致。这样的培养酵母应弃置不用，另培养新酵母。

酵母的死灭温度与加热时间有关，其测定方法如下：

取3支盛5ml已灭菌的12％麦汁试管，分别接入培养24h的发酵液0.1ml。将试管浸入同一温度的水浴中，其中1支试管插有温度计，当温度加热达到要求温度时，保持10min。然后放入冷水中冷却。再以同样方法测其他温度。

温度试验范围为48～56℃，温度间隔2℃，或在缩小温度试验范围后，可将温度间隔改为1℃进行试验。

加热后的每支试管注明试验温度，在25℃保温5～7天，不能发酵的加热温度即为死灭温度。

5. 对维生素的需要

酵母培养在缺乏某些维生素的培养基中，有的能正常生长；有的开始生长很慢，以后又恢复正常；有的生长很慢，酵母量减少；有的完全不能生长。大多数啤酒酵母需要有生物素(biotin)和肌醇(inositol)存在才能生长，但不同的菌株对泛酸盐(pantothenate)、硫胺素(thiamine)、烟酸(nicotinic acid)、吡哆醇(pyridoxine)和对氨基苯甲酸的需求则不同，因此可以利用酵母对维生素的不同需求来区别菌株。

6. 酒的风味

不同的酵母菌株，其发酵代谢产物不尽相同，因而酒的风味也不一样。理想的酵母要求能产生风味优美的啤酒，不仅风味要好，而且要求风味保持一致，如果产生异味和怪味，那就要检查酵母是否变异或染菌。

酒在风味上的差别常常与某些挥发性成分的变化有关，如酯、高级醇、乙醛，双乙酰和挥发性硫化物等。这些成分虽然可以通过仪器去分析，但目前主要还是通过品尝去评定。因此，有效地组织品尝也是鉴别菌种的一个重要内容。

二、啤酒酵母的鉴定方法

鉴别培养酵母中存在不同属种的酵母是比较容易的，而鉴别培养酵母中啤酒酵母(*S. cerevisiae*)或卡尔斯倍酵母(*S.carlsbergensis*)的变异菌株则是比较困难的。在酵母鉴定中，每一鉴定方法都是用来鉴别不同菌种某一特定性质的差异的，应逐项进行，才能对被鉴定的菌株有概括的认识。

(一) 形态特点

从以下几方面进行判别：

(1) 在选择性固体培养基上的生长形态；

(2) 在液体培养基中细胞的形状和大小;

(3) 形成孢子的形状和数目;

(4) 在液体培养基表面形成菌膜或菌皮的情况。

(二) 生理特点

1. 发酵糖类

检查在单一糖类为碳源的合成培养基上的发酵情况。

测定发酵的容器,以杜氏发酵管为主,艾氏发酵管为辅(图3-1-10)。

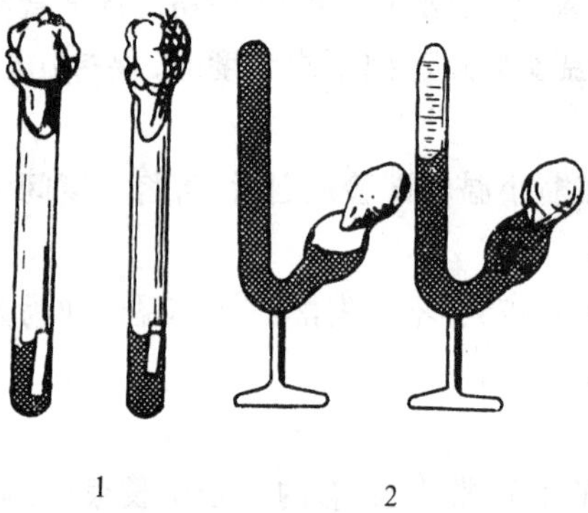

图 3-1-10 杜氏发酵管和艾氏发酵管

1—杜氏发酵管 2—艾氏发酵管

左:不发酵 右:发酵 左:不发酵 右:发酵

所测定的糖类,按照Lodder氏1952年的方法只用6种糖,即葡萄糖、半乳糖、蔗糖、麦芽糖、乳糖、棉子糖。1970年增加了好几种碳源,如蜜二糖、纤维二糖、海藻糖、松三糖、菊芋糖、可溶性淀粉、石蜡、葡萄糖苷等。糖类在培养基中的浓度一般为2%(用10%豆芽汁配制),棉子糖为4%。在配培养基时,糖液应预先配成10%溶液,使用时再用无菌豆芽汁稀释。

接种要用新培养的菌种,在25~28℃下发酵,每天观察是否发酵产生CO_2,一般2~3天即可,凡不发酵的可延长观察至10天。因半乳糖酶是适应酶,故发酵半乳糖时间可延长至10天、2周或1个月。

凡能发酵葡萄糖的酵母,都能发酵果糖和甘露糖,所以测定葡萄糖后,不必再测定后两种糖。

2. 同化碳源

检查在单一碳源培养基上的生长情况。

酵母如能发酵某种糖,就一定也能同化这种糖,所以做同化测定时,只需做那些不能被发酵的碳源。至于碳源的种类,1952年Lodder氏只用5种,即葡萄糖、麦芽糖、半乳糖、乳糖、蔗糖。1970年发展为30多种,增加了其他糖类、醇类、糖苷、有机酸,如葡萄糖、半乳糖、L-山梨糖、蔗糖、麦芽糖、纤维二糖、海藻糖、乳糖、蜜二糖、棉子糖、松三糖、菊芋糖、可溶性淀粉、D-木糖、L-阿拉伯糖、D-阿拉伯糖、L-鼠李糖、乙醇、甘油、赤藓糖醇、阿东醇、卫予醇、D-甘露醇、D-山梨醇、α-甲基-D-葡萄糖苷、水杨苷、杨梅苷、DL-乳糖、琥珀酸、柠檬酸、肌醇等30多种碳源。

测定同化碳源的方法,可采用生长图谱法。培养基为无碳源的基础培养基。先在无菌生理盐水中接入新培养的酵母少许,制成悬浮液,全部倒入经溶化并冷却到45℃的20ml基础培养基中,注入培养皿,混合均匀,静置凝固,在25℃将培养皿倒置几小时,使表面不致太湿。然后在培养皿底部做上碳源名称的标记,分别用无菌不锈钢匙按标记加糖少许,约米粒大。如结果不明显,可于次日再补加一次糖。观察结果时,以葡萄糖作对照。一般在25~28℃培养1~2天,观察结果,凡能同化的在加碳源的周围形成生长谱。

3. 同化乙醇的液体法

如在上述生长图谱法中,测试乙醇结果不明显时,可再做同化乙醇的液体培养法。

在试管中装有不含碳源的培养基，加入3％乙醇，接入新培养的酵母，在25～28℃培养3天至1周后观察，注意生长情况，是否形成醭、环或岛等，必要时可延长观察到3周。

4. 同化硝酸盐

检查以硝酸盐为唯一氮源的生长情况。

与同化碳源一样采用生长图谱法，只是改用无氮源培养基。当培养基表面凝固后，用无菌不锈钢匙加上硝酸钾，另外以硫酸铵作对照，酵母都能利用硫酸铵。

5. 分解杨梅苷(Arbutin)

区别酵母是否有β－糖苷酶活力。

使用时将含杨梅苷固体培养基的试管先溶化，加1滴10％$FeCl_3$溶液，混合均匀后放置斜面，凝固后划线接种酵母，在25～28°C培养1周就能看到结果。凡能分解杨梅苷的酵母，在培养几天后，培养基呈现褐色。

6. 产生类淀粉化合物

(1) 固体法　在合成的固体培养基上接种酵母，在25～28℃培养1～2周后，在表面注入乐歌(Lugol)氏碘液(碘化钾2g溶于20ml水中，加碘1g，待碘溶解后，再加水使总容量为300ml)。凡能产生类淀粉化合物的酵母，在菌落周围呈蓝色。

(2) 液体法　在合成液体培养基中，接种酵母，在25～28℃培养3周，加碘液1～2滴，如颜色变蓝或紫色，证明此酵母能产生类淀粉化合物。

7. 产酯

在含5％葡萄糖培养基中接入酵母，在25～28℃培养3～5天，用嗅觉判断是否有酯香气。

8. 石蕊牛奶反应

试管内装5ml新鲜去乳皮的牛奶，灭菌后，加入1ml 1％石蕊液，必要时加入5％乳酸钙。接种后，在25～28℃培养2～4周，观察牛奶颜色的变化以及是否凝集或胨化。另做一个不加乳酸钙的样品作对照。

9. 分解脂肪

溶化的牛板油经过滤灭菌，取0.5ml注入热的无菌培养皿中，使皿底有极薄而均匀的油层，过剩的油立即吸去，放入冰箱冷却2h。取18～20ml含0.1％碳酸钙的高氏(Gorodkowa)培养基熔化并冷却到45℃，小心倒在油层上。冷却凝固后，划线培养，在25～28℃培养几天，观察结果。凡能分解脂肪的，在划线处由于形成脂肪酸钙而呈现反垩状区域。

10. 产酸

在含碳酸钙的培养基中，接种酵母，在25～28℃下培养10天后，观察结果，凡能产酸的，碳酸钙就溶解而呈透明状。

第二章 啤酒发酵过程和酵母的代谢作用

第一节 啤酒发酵过程

冷却的麦汁添加酵母后，便是发酵的开始。整个发酵过程笼统地可分为3个阶段：(1)酵母恢复阶段；(2)有氧呼吸阶段；(3)无氧发酵阶段。此3个阶段并非截然分开。

酵母接种后，开始在麦汁充氧的条件下，恢复其生理活性。然后以麦汁中的氨基酸为主要氮源和以可发酵性糖为主要碳源，进行呼吸作用，并从中获取能量而生长繁殖，同时产生一系列代谢副产物。此后便在缺氧的条件下，进行酒精发酵。

酵母进行繁殖，必须从麦汁中吸取营养(可发酵性糖和可同化氮)，这些营养物质要进入细胞内，需依靠酵母细胞膜的渗透性。酵母细胞膜的主要构成物质之一是甾醇，当酵母细胞在上一轮繁殖完毕后，其甾醇含量已下降至很低(1mg/g干酵母以下)，甚至没有。因此，当酵母再接种时，首先需合成甾醇，使达一定含量(10mg/g干酵母左右)，才能合成新的细胞膜，恢复其渗透性和进行繁殖。甾醇的生物合成反应是在不饱和脂肪酸和氧的参与下进行的，示例如下：

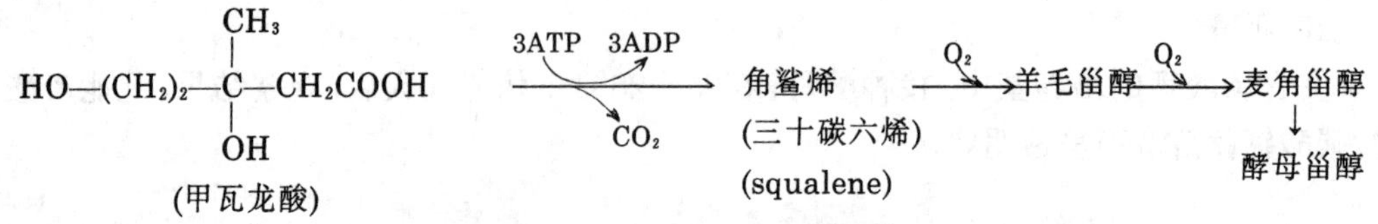

羊毛甾醇(lanosterol)、麦角甾醇(ergosterol)和酵母甾醇(zymosterol)是细胞内的主要甾醇。

上述甾醇合成代谢所需能量暂由细胞内部贮藏的肝糖和海藻糖提供。

在此恢复期中，酵母基本不繁殖，即所谓的酵母停滞期。一旦细胞膜恢复其渗透性，营养物质进入细胞，酵母即利用吸收的糖类提供能量，肝糖再行积累，以供下次接种使用。在酵母贮藏过程中，肝糖极易消耗，因此酵母收获后，应在1～2日内接种。酿造者常从测定酵母肝糖含量，决定是否用于再接种。

酵母属兼性微生物，在供氧和缺氧的条件下都能生存。酵母生命活动所需要的能量，可通过两方面获得:

(1) 在有氧条件下，酵母行有氧呼吸，糖被分解为水和二氧化碳，并释出能量。在呼吸作用下，每氧化1mol葡萄糖的燃烧热为2822kJ，大部分转移到ATP高能键中，作为酵母繁殖获取能量的来源。

(2) 在无氧条件下，酵母行无氧发酵，糖被酵解，产生乙醇和二氧化碳，并释出能量。发酵过程是糖的生物氧化过程，每1mol葡萄糖发酵时释出的能量约209kJ，其中约96kJ的热量转移至ATP高能键中，其余部分则以热能形式而散失。

酵母繁殖阶段，主要属前一种情况，啤酒发酵主要属后一种情况，两种情况的反应式可简化如下所示:

$$C_6H_{12}O_6+6O_2+38ADP+38Pi \longrightarrow 6CO_2+6H_2O+38ATP+\text{热能(有氧呼吸)}$$

$$C_6H_{12}O_6+2ADP+2Pi \longrightarrow 2C_2H_5OH+2CO_2+2ATP+\text{热能(无氧发酵)}$$

显然，葡萄糖好气代谢所获的能量，远较厌气代谢所获的多，因此只需少量葡萄糖进行好气代谢，即可满足酵母生长和维持生命所需要的能量。

第二节　糖类的发酵

一、发 酵 机 制

在啤酒发酵过程中，绝大部分可发酵性糖，被分解为最终产物乙醇和二氧化碳。这些糖类被酵母吸收，进行酵解是按下列顺序进行的: (1)葡萄糖，(2)果糖，(3)蔗糖，(4)麦芽糖，(5)麦芽三糖。

葡萄糖和果糖首先渗入细胞内，直接进行发酵。蔗糖需经酵母分泌在细胞表面的蔗糖酶转化为葡萄糖和果糖后，才能进入酵母细胞，进行发酵。啤酒酵母对麦芽糖和麦芽三糖的作用，因酵母不同而异。对下面酵母来说，当麦汁中含有较多的葡萄糖时，会抑制酵母细胞分泌麦芽糖渗透酶。没有这种渗透酶的运载，麦芽糖不能进入细胞内，须待葡萄糖和果糖的浓度发酵降至一定程度后，才能消除这种抑制作用，酵母细胞开始分泌麦芽糖渗透酶，使麦芽糖得以进入细胞内，再经α-葡萄糖苷酶分解为单糖后，始能酵解。葡萄糖的这种抑制作用称为“分解代谢抑制(catabolife　repression)”或“葡萄糖阻遏效应(glucose　effect)”。同样地，只有麦芽糖浓度降低至一定程度后，酵母细胞才能分泌麦芽三糖渗透酶，使麦芽三糖进入酵母细胞，进行发酵。

在正常麦汁中，这种抑制效用并不突出，但麦汁中如加入多量的葡萄糖或蔗糖，则将严重抑制麦芽糖和麦芽三糖的发酵。

有些上面酵母，在有葡萄糖的存在下，仍能保持其发酵麦芽糖和麦芽三糖的能力，因此，上面酵母的发酵速度相对是比较快的。

葡萄糖的发酵过程是复杂的，系在酵母所含多种酶的作用下，先由1分子葡萄糖降解为2分子丙酮酸，再经一系列中间变化，最后生成乙醇和二氧化碳。由葡萄糖演变为丙酮酸的过程称为EMP途径(Embden－Myerhof－Parnas pathway)，其整个变化过程如图3－2－1所示。

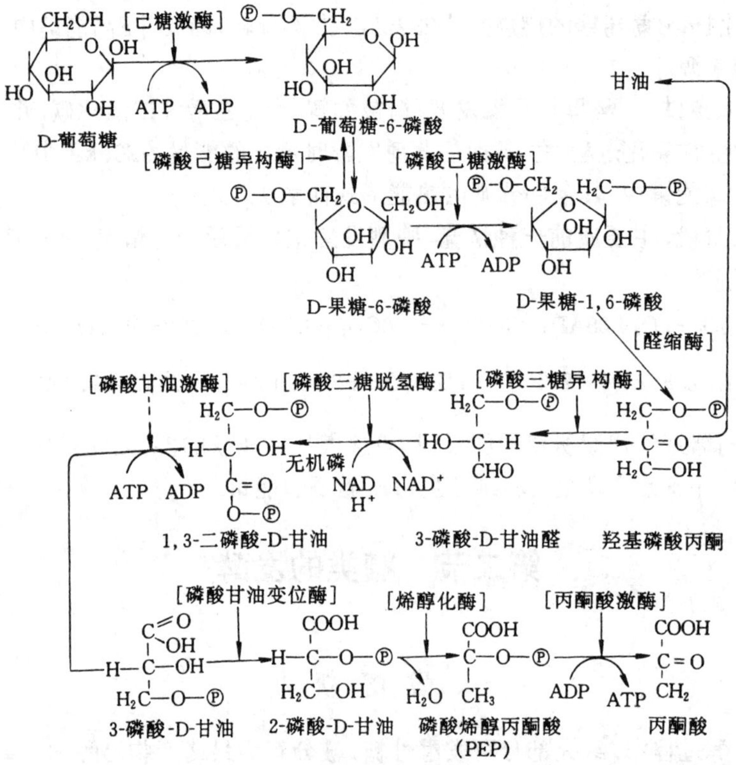

图 3－2－1 由葡萄糖到丙酮酸的EMP代谢途径

葡萄糖在有氧和缺氧条件下，均能通过EMP途径，生成丙酮酸。在有氧条件下，丙酮酸的有氧分解分为两个阶段：首先丙酮酸经氧化脱羧，形成乙酰辅酶A，如下式所示：

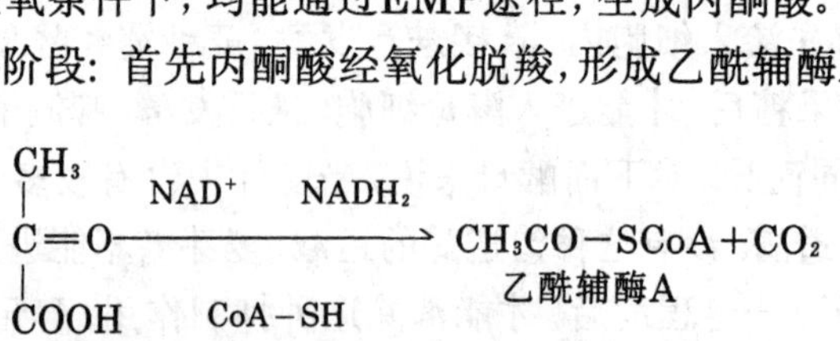

然后乙酰辅酶A参与三羧酸循环(TCA cycle，又名Crebs cycle)，丙酮酸最终形成CO_2、H_2O、代谢能量(用于细胞合成)及形成多种有机酸排泄于发酵液中。同时，乙酰辅酶A又经其他支路代谢作用，产生多种副产物，如酯类和脂肪酸。

丙酮酸在缺氧条件下则生成乙醇和二氧化碳，如图3－2－2所示。

酵母在有氧条件下，进行呼吸作用，无氧发酵就会受到抑制，此种抑制作用称“巴氏德效应”(Pasteur effect)。当麦芽汁中含有较高浓度的葡萄糖(>1mg/100ml，因酵母而不同)时，分子氧不能完全抑制发酵，有氧呼吸反而受到一定程度的抑制，这种现象称

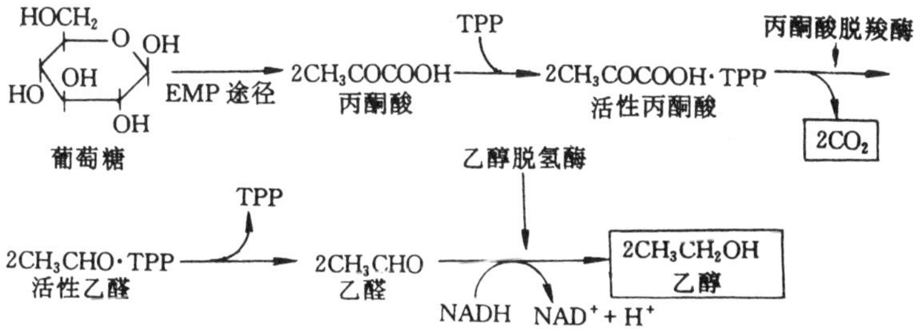

图 3-2-2 葡萄糖经EMP途径发酵为乙醇

为"克拉勃垂效应"(Crabtree effect)。因此，酵母接种麦汁后，在开始阶段，麦汁中有较多的葡萄糖存在，过分的通风，并不一定能形成多量的酵母，原因就在此，因为此时还会伴有部分酒精发酵。

二、麦汁的可发酵糖组成及其发酵产物

麦汁中可发酵糖的组成，因使用原料和糖化方法不同而异。一般情况下，全麦芽麦汁的可发酵糖组成如表3-2-1所示。如果添加其他辅料，则成分有些改变。如采用部分未发芽谷类或淀粉糖浆为辅料，葡萄糖含量就高些;如添加部分蔗糖，蔗糖含量就高些。

表 3-2-1 全麦芽麦汁的可发酵糖组成

成分	含量/%(浸出物)	成分	含量/%(浸出物)
麦芽糖	4~6	果糖	0.1~0.5
麦芽三糖	1.1~1.8	蔗糖	0.1~0.5
葡萄糖	0.5~1.0		

在啤酒发酵过程中，可发酵糖约96%发酵为乙醇和CO_2，2.0%~2.5%转化为其他发酵副产物，1.5%~2.0%作为碳骨架合成新酵母细胞。发酵副产物的一些主要成分包括如下:

甘油、琥珀酸、高级醇(其中主要是异戊醇)、羰基化合物(主要是乙醛、双乙酰，其量虽微，但对啤酒风味影响很大)，其他有机酸(主要是乙酸)、酯类(主要是乙酸乙酯)。

三、麦汁糖类的组成与发酵度

麦汁中麦芽四糖以上的寡糖、异麦芽糖、潘糖和戊糖等均不能被酵母所发酵。麦芽三糖因酵母的麦芽三糖渗透酶分泌较晚，其发酵顺序是滞后的，因而麦芽三糖的发酵是不完全的。啤酒酵母各菌株之间分泌麦芽三糖渗透酶的能力有所区别，同时也受酵母本身凝聚性强弱的影响，凝聚性强的酵母发酵麦芽三糖的能力相对较低。因此，在相同麦汁成分和发酵条件下，使用不同酵母，会出现较大的发酵度差异。

第三节 氮的同化

酵母增殖必须有合成细胞的含氮物质存在。麦汁中含有氨基酸、肽类、蛋白质、嘌呤、嘧啶以及其他多种含氮物质。这些含氮物质很重要，可供酵母繁殖同化之用，并且对啤酒的理化性能和风味质量起主导作用。

健康的酵母，其胞外蛋白酶活力是很微弱的，因此，在啤酒发酵时，麦汁中的蛋白分解作用极弱。酵母繁殖所需氮源主要依靠麦汁中的氨基酸和低肽，它们不仅对合成酵母蛋白质是重要的，对形成酵母细胞内的各种酶也是重要的。

一、啤酒酵母对氨基酸的同化作用

啤酒酵母对各种氨基酸和亚氨基酸的同化情况是不同的。如天冬氨酸、谷氨酸和天冬酰胺，可以有效地作为唯一氮源被同化，而甘氨酸、赖氨酸、半胱氨酸则不能作为唯一氮源而被啤酒酵母所利用。

培养基中，两种氨基酸同时存在，较一种单独氨基酸的同化率可提高10%，如用3种氨基酸，同化率可进一步提高8%。因此，含有多种氨基酸的麦汁，其氮的同化率是比较高的。

二、啤酒酵母对不同氨基酸的同化速率

酵母吸收麦汁中的氨基酸如吸收可发酵性糖一样，是按顺序吸收的。根据啤酒酵母对氨基酸的不同同化时间和不同同化速率，氨基酸可划分为4类：

A组(同化较快，在酵母生长期结束时基本消失)包括：天冬氨酸、天冬酰胺、谷氨酸、谷氨酰胺、丝氨酸、苏氨酸、赖氨酸、精氨酸；

B组(中等同化速率)包括：缬氨酸、蛋氨酸、亮氨酸、异亮氨酸、组氨酸；

C组(同化速率较低，在A组氨基酸被利用后才被吸收)包括：甘氨酸、苯丙氨酸、酪氨酸、色氨酸、氨、丙氨酸；

D组(极微或不同化)：脯氨酸。

(1) 以上同化顺序并不因个别氨基酸的浓度改变而受影响。

(2) 酵母对个别氨基酸的同化速率，与酵母浓度和个别氨基酸的浓度成正比，氨基酸浓度愈低，酵母吸收此氨基酸的速率也愈慢。如果麦汁中含此氨基酸不足以吸收，必然要促使在酵母细胞内从其他途径合成所需的氨基酸，例如由酮酸合成氨基酸。

(3) 酵母对氨基氮的吸收，主要决定于麦汁中可同化氮的总量，其次是个别氨基酸的浓度。

(4) 含高氨基酸浓度的麦汁，发酵后，啤酒中含有较多量的C组氨基酸和脯氨酸。

三、啤酒酵母对氨基酸的同化模式与啤酒质量

(1) 氨基酸被酵母吸收后，并非整体直接用于细胞蛋白质的合成，而是由酵母将氨基酸转化为相应的酮酸同类物(oxo acid aualogues)。当合成细胞蛋白质需要某种氨基酸时，通过转氨作用(transamination)由相应的酮酸接受由其他已被吸收氨基酸脱下的NH_2，构成所需要的氨基酸。麦汁中的单糖，通过EMP代谢途径，能提供适当的酮酸，在合成酵母细胞蛋白质中，也起重要的作用。

(2) 氨基酸根据它们的酮酸同类物在酵母代谢中的重要性，可分为3类，如表3－2－2所示。

表 3-2-2　氨基酸的分类(根据其酮酸同类物在酵母代谢中的重要性)

第 1 类	第 2 类	第 3 类
天冬氨酸	异亮氨酸	赖氨酸
天冬酰胺	缬氨酸	组氨酸
谷氨酸	苯丙氨酸	精氨酸
谷酰胺	甘氨酸	亮氨酸
苏氨酸	丙氨酸	
丝氨酸	酪氨酸	
蛋氨酸		
脯氨酸		

(1) 第1类氨基酸在麦汁中的浓度不重要，它们的酮酸同类物在发酵开始时系来自氨基酸本身，而后，来自糖的合成。因此，第1类氨基酸其浓度高低不会影响酵母的氮代谢作用。

酵母吸收脯氨酸的量是极微小的，它在酵母代谢中不重要。因此，脯氨酸也列入此类。

(2) 第2类氨基酸在麦汁中的浓度是重要的。因为在发酵后期，由糖类合成此类相应氨基酸的酮酸同类物受到抑制，此类氨基酸的酮酸同类物主要来自麦汁中所含的此类氨基酸，麦汁中改变这一类氨基酸的浓度，将大大影响成品啤酒的质量。

(3) 第3类氨基酸在麦汁中的含量比例是更为重要的。因为此类氨基酸的酮酸同类物几乎全部来自麦汁氨基酸本身，很少来自糖的合成。缺乏此类氨基酸将引起酵母氮代谢作用的极大改变，从而影响啤酒质量。

因此，要求得到质量均一的啤酒，除去控制氨基酸的总含量外，对第2、第3两类氨基酸的含量比例也要控制。

四、啤酒发酵过程中含氮物质量的变化

正常啤酒发酵过程中，麦汁中含氮物质约下降1/3，主要是约50％的氨基酸和低分子肽为酵母所同化。同化的量随酵母品种、接种量、麦汁中α-氨基氮含量及发酵条件不同

而有较大差异。另外，由于pH值和温度的降低，引起一些凝固性蛋白质和多酚物质复合物质的沉淀，在酵母细胞表面也吸附了少量的蛋白质颗粒。

酵母除去同化氨基酸外，也分泌出一些含氮物质，其量约为其同化氮的1/3，衰老的酵母更有此分泌倾向。高浓度麦汁所形成的高渗透压也会引起酵母同化的氨基氮再次分泌回发酵液中。此种效应叫做“冲击分泌(shock excretion)”。可以说，啤酒中的含氮物质约75%来自麦汁，25%来自酵母分泌物。

五、嘌呤、嘧啶等物质的作用

嘌呤和嘧啶是构成细胞中核糖核酸和脱氧核糖核酸的重要物质。大麦和麦芽含有0.2%～0.3%的核酸干物质，在糖化时，受各种磷酸酯酶的降解而形成核苷酸、核苷、嘌呤和嘧啶等多种降解物，其中只有嘌呤和嘧啶进入酵母细胞，构成核糖核酸、脱氧核糖核酸、三磷酸腺苷和某些辅酶，核苷酸很难被吸收。若培养基中缺乏嘌呤和嘧啶，就得依靠碳水化合物和氨基酸去合成，这样就要消耗很多能量和影响酵母的增殖。一般说，麦汁中不会缺乏需要的嘌呤和嘧啶。

第四节 其他代谢产物

麦汁经过发酵，其主要代谢产物是乙醇和CO_2，同时还产生了一系列的代谢副产物。这些副产物，数量虽少，除去少数呈异味者外，却是构成啤酒风味不可缺少的物质。但是这些微量物质超过一定范围，也会造成啤酒口味上的缺陷。啤酒酿造者就是要掌握好这些不同风味阈值的微量成分，在其协同作用下，所呈现的是使人们乐于接受的良好啤酒风格。

衡量这些微量成分对啤酒风味的影响，不仅仅要考虑它们在啤酒中的浓度，也要考虑其本身的味阈值(单独存在足以品尝出的浓度)。梅尔葛德(Meilgaad)曾系统地研究了啤酒个别成分的味阈值，提出了“风味值”(flavour unif，简称*Fu*)这一概念，即：

$$Fu=\frac{\text{风味物质在啤酒中的浓度(mg/L)}}{\text{风味物质的味阈值(mg/L)}}$$

并根据风味物质的*Fu*值，将其划分为3类：

第1类：*Fu*值>2.0，根据梅尔葛德的研究，这类成分的排除，将严重改变啤酒的风味。例如：异α-酸的风味阈值为7.5mg/L，而在啤酒中的浓度远高于此值。

第2类：*Fu*值0.5～2.0，排除任何这类物质，将改变啤酒的风味，但变化不严重。

第3类：*Fu*值<0.5，排除此类物质不会影响啤酒风味。

*Fu*值这一概念未考虑某些成分的协同作用或抵消作用对风味的影响，仍有其一定的局限性。不管怎样，*Fu*值仍不失为酿造者评价其产品和生产方法的有用参考数据。

一、高级醇类

高级醇(俗称杂醇油)是啤酒发酵代谢副产物的主要成分。它们来自酮酸，与酵母合成细胞蛋白质有关，对啤酒风味具有重大的影响，超过一定含量，具有明显的杂醇味，饮用过量还会导致人体不适。除去某些特种啤酒外，一般的啤酒，多量高级醇是不受欢迎的。

高级醇的形成，与酵母菌种、麦汁成分及发酵条件有密切关系。

(一) 高级醇形成的代谢途径

啤酒中绝大多数的高级醇是在主发酵期间，酵母繁殖过程中形成的，也就是酵母在合成细胞蛋白质时形成的。根据前面章节关于啤酒酵母对氨基酸的同化模式中所述，形成高级醇的代谢途径有两方面：

1. 降解代谢途径[又名埃尔利希(Ehrlich)代谢机制]

此代谢途径中，高级醇由氨基酸形成。其代谢过程包括：

(1) 氨基酸被转氨为α-酮酸；

(2) 酮酸脱羧成醛(失去一个碳原子)；

(3) 醛还原为醇。

以上过程可用下式表示之：

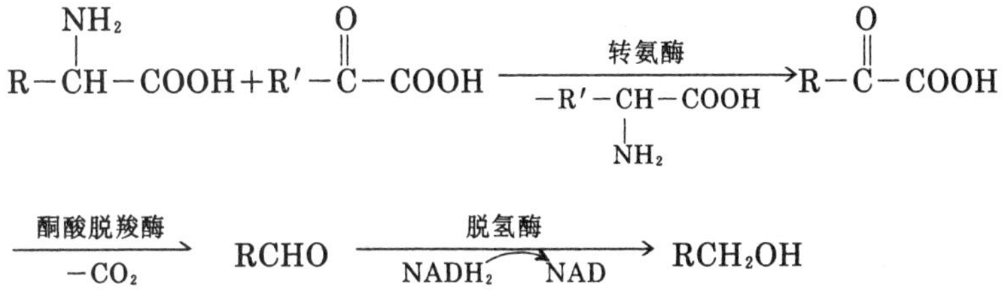

2. 合成代谢途径

由糖类提供生物合成氨基酸的碳骨架(carbon skeleton)，在其合成中间阶段，形成了α-酮酸中间体，由此脱羧和还原，就可形成相应的高级醇。其代谢过程如下式所示：

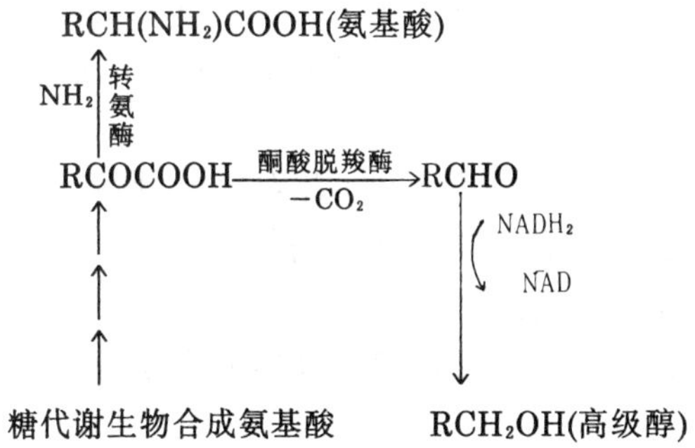

由上式可以看出，由糖类生物合成高级醇，其变化末期与从氨基酸形成高级醇的途径一样，均由相应的α-酮酸脱羧成醛，再还原为醇。

多种氨基酸的存在能抑制由糖类生物合成高级醇。当氨基氮含量超过600mg/L时，抑制作用即很明显。

不同的高级醇来自上述不同代谢途径的比例各不相同。碳链愈长的高级醇来自埃尔利希途径的比例较短链者大；生物合成路线中丙酮酸更倾向于转化为低级α-酮酸。目前尚不明确，在一定的发酵条件下，两种路线合成高级醇量的比例。

(二) 影响高级醇形成的因素

1. 酵母菌种

不同酵母菌种生成高级醇的差别是很大的，可达50％以上。高发酵度的菌种倾向于形成较多的高级醇。因此，制造不同类型的啤酒，酵母菌种的选择是很重要的。

2. 酵母增殖的影响

高级醇是酵母增殖，合成细胞蛋白质时的副产物。酵母增殖倍数愈大，形成的高级醇愈多。啤酒中含高级醇过量是不适宜的，因此，限制酵母的增殖密度就很重要。一般酵母的增殖倍数以控制在3～4倍较好，即接种酵母在$(1.2\sim1.8)\times10^7$个时，酵母的最高繁殖密度以达6.0×10^7个左右为宜。

3. 麦汁浓度与麦汁成分

麦汁中氨基酸的含量和组成都与高级醇的形成有关。一般说，麦汁中氨基酸含量愈高，酵母增殖密度愈大，形成的高级醇也愈多。但氨基酸含量过高，也会抑制糖类的生物合成代谢，从而影响高级醇的生成；麦汁中可同化氮的含量低，形成高级醇的量也低。但可同化氮含量过低，使酵母必须通过糖代谢的酮酸路线去合成必需的氨基酸，用以合成细胞蛋白质，这样也会产生较多的高级醇。

个别氨基酸的浓度高，则增加其相应高级醇的形成。

糖化配料中，加入过多的糖液或添加辅料过量，都会降低麦汁中的α-氨基氮含量，增加高级醇的生成，但此效应也与酵母菌种有关。从降低啤酒中高级醇含量出发，下面发酵的啤酒，其麦汁α-氨基酸含量以控制在180±20mg/L比较合适。

4. 发酵条件

(1) 通风量　一般认为，增加冷麦汁通风量，有利于酵母繁殖，从而会导致产生较多的高级醇；在发酵过程中通风，会产生更多的高级醇。因此，采用多批糖化麦汁满罐的大罐发酵，后几批麦汁应少通风或不通风。

(2) 发酵温度　提高发酵温度，有利酵母增殖，也有利于高级醇的形成。高温发酵对芳香醇(β-苯乙醇、酪醇、色醇)的增加较对脂肪醇更为有利。这种温度影响的差别也与酵母菌种有关。

(3) 接种量　接种量高，新生长的酵母细胞相对较少，有利于降低高级醇的形成；接种量过低，新生酵母细胞繁殖多，易形成较多的高级醇。

(4) 搅拌发酵与加压发酵　搅拌发酵，酵母与麦汁和氧的接触多，发酵速度加快，有利于高级醇的形成；加压(0.08～0.2MPa)发酵，抑制了酵母的繁殖，高级醇的生成量相对减少。

(5) 高级醇与氧　高级醇主要在前发酵的酵母繁殖期形成，啤酒进入后发酵期，高级醇的变化不大。传统的两罐法发酵，倒罐时，如果摄取的氧比较多，高级醇会有所升高。成品酒的高级醇很少变化，甚至在类黑精的氧化作用下会有所降低，形成了所谓氧化味的醛类。

(6) 发酵度与高级醇　高级醇主要产生在酵母繁殖阶段。当发酵度达30％～35％时，70％以上的高级醇已经形成；当发酵度达60％～65％时，全部高级醇已基本形成。主发酵后期适当升高发酵温度，对高级醇含量影响很小，但对双乙酰还原则非常有利。

5. 大麦品种

采用不同的大麦品种，或在不同地区种植的同种大麦，其含氮量有时会有较大的差别，其所制的麦芽和麦汁的含氮量也不相同，也会造成不同的啤酒高级醇含量。

(三) 啤酒发酵中产生的主要高级醇类

啤酒发酵中形成的高级醇，以异戊醇(3－甲基丁醇)含量最高，约占高级醇含量的50%以上，其次为活性戊醇(2－甲基丁醇)、β-苯乙醇、异丁醇、正丙醇和正丁醇等，其他高级醇含量则较少。根据文献记载，高级醇的味阈值和下面发酵啤酒高级醇的含量范围如表3－2－3所示。

表 3-2-3　高级醇的味阈值和下面啤酒高级醇的含量

高级醇	味阈值/(mg/L)	下面啤酒中的含量/(mg/L)	高级醇	味阈值/(mg/L)	下面啤酒中的含量/(mg/L)
异戊醇	50	30～100	正丙醇	25	5～25
活性戊醇	75	15～30	正丁醇	50	1～10
β-苯乙醇	50	5～80	酪醇	10	1～3
异丁醇	75	15～30	色醇	1	0.1～1

对啤酒风味影响较大的高级醇是异戊醇和β－苯乙醇，它们和乙酸乙酯、乙酸异戊酯、乙酸苯乙酯是构成啤酒酒香的主要成分之一。

二、挥　发　酯

啤酒中的挥发酯含量虽少，但对啤酒风味影响很大，大都在主发酵期间形成。酯类的形成与酵母的生长和脂肪酸的代谢有关。啤酒中最重要的酯类包括乙酸乙酯、乙酸异戊酯、己酸乙酯和辛酸乙酯等。

(一) 酯的形成

酯类的生物合成是酵母先在细胞内形成酰基辅酶A，然后在酯酶的催化下与醇类反应而成，如下式所示：

$$R_1CO{\sim}SCoA + R_2OH \xrightarrow{\text{酯酶}} R_1COOR_2 + CoA{\sim}SH$$

泛酸盐对其形成有促进作用。

酰基辅酶A是酯类合成的关键物质，其来源可以通过脂肪酸的活化、α-酮酸的氧化脱羧及高级脂肪酸合成的中间产物等途径形成，示例如下。

(1) 麦汁中脂肪酸的活化

$$R'COOH + CoA{\sim}SH \xrightarrow{ATP \quad AMP+PPi} R'CO{\sim}SCoA + H_2O$$

(2) α-酮酸的氧化脱羧

$$R'COCOOH + CoA{\sim}SH \xrightarrow[NAD \quad NADH_2]{} R'CO{\sim}SCoA + CO_2$$

例如：乙酸乙酯和乙酸异戊酯主要是由丙酮酸氧化脱羧机制形成的。

(3) 高级脂肪酸合成的中间产物

$$R'CO{\sim}SCoA + HOOC{\cdot}CH_2CO{\sim}SCoA \xrightarrow[2NADH_2 \quad 2NAD]{}$$

$$R'CH_2CH_2CO{\sim}SCoA + CoA{\sim}SH + CO_2 + H_2O$$

乙酰辅酶A和丙二酰辅酶A作用，可使乙酰辅酶A的碳链延长为丁酰辅酶A。丁酰辅酶A再与丙二酰辅酶A作用，形成乙酰辅酶A，每次按两个碳链延长其碳链。例如：己酸乙酯和辛酸乙酯主要是通过脂肪酸合成机制产生的。

任何影响乙酰辅酶A的生物合成或消耗乙酰辅酶A的反应都会影响酯的生物合成。

酯的生物合成与其他代谢途径的关系可综合如下式所示：

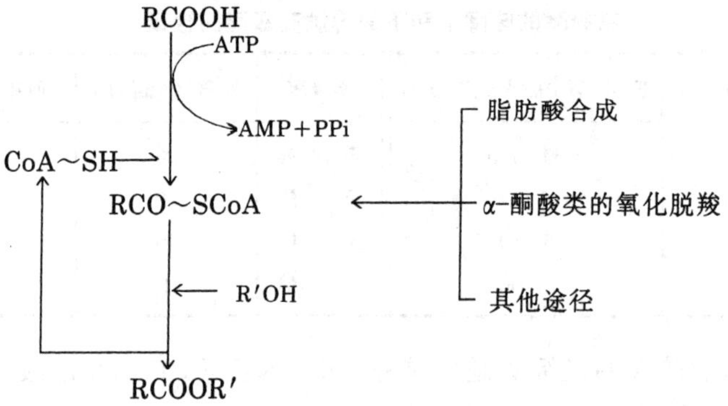

乙酰辅酶A是生物合成脂肪酸的基础，也是生物合成酯类的构成物，酯的合成与脂肪酸的合成存在着对酰基辅酶A的竞争机制，因此，有利于脂肪酸的合成，会影响酯的合成。当环境条件有利于酵母的生长繁殖时，例如麦汁中含有足量的可同化氮并在好气条件下，酵母需要合成较多的脂肪酸来合成细胞膜进行繁殖时，酯的合成就会减少。

酰基辅酶A存在于酵母体内，长链脂肪酸来自麦汁，可被酵母吸收，也可由酵母自身合成，中、低链脂肪酸则主要由酵母合成。酯类是在酵母细胞内形成的。形成的酯一部分通过细胞壁，返回发酵液中，一部分被酵母细胞壁吸附，滞留于细胞体内。被酵母吸附的酯随酯的相对分子质量增加而增多。因此，高于己酸乙酯的酯类在啤酒中含量较少，癸酸乙酯以上的酯类几乎均在细胞内。当酵母自溶时，高碳链脂肪酸的酯类才能被释放出来。

醇类在各种条件下均易形成酯，直链醇和低链醇较侧链醇和高链醇易形成酯。低链脂肪酸较高链脂肪酸易与醇形成酯。

(二) 影响酯类形成的因素

1. 酵母问题

酯的形成在很大程度上与酵母菌种的遗传特性有关，上面酵母较下面酵母产生的酯多。另外，也与酵母的活性有关，健康酵母的代谢作用，有利于合成更多的酰基辅酶A，从而也有利于形成较多的酯。

2. 麦汁浓度

一般说，麦汁浓度愈高，酯的形成愈多，12°P以下的麦汁发酵，一般不存在酯多的问题，超过一定限度(如>15°P)，即便麦汁的溶解氧和接种量也按比例增加，由于代谢产物特别是乙醇含量增加，酵母增殖明显受到抑制，不是按浓度增长的比例增长，从而脂肪酸的合成减少，酯的形成增加。高浓度稀释啤酒较同浓度发酵的啤酒含有较多的酯类，造成高浓度稀释啤酒的风味缺陷。通过适当控制高浓度麦汁的通风量(分批通风)，可以相应地提高酵母的生长，从而降低酯含量。

3. 通风量

脂肪酸合成和酯的合成，对酰基辅酶A存在竞争，通风量较正常通风量(6～8mg/L)少，增殖的酵母减少，形成的酯就增多，如表3－2－4所示。加大通风量，促进了酵母生长，酵母需合成较多的不饱和脂肪酸，消耗较多的乙酰辅酶A，酯类的合成也随之减少。

表 3-2-4　通风与酯含量　单位: mg/kg

酯种类	通风量		酯种类	通风量	
	正常(7mg O_2/L)	通风量低		正常(7mg O_2/L)	通风量低
乙酸乙酯	17.2	20.5	己酸乙酯	0.12	0.14
乙酸异戊酯	1.1	1.4	辛酸乙酯	0.19	0.27
乙酸苯乙酯	0.33	0.44			

4. 麦汁成分

(1) 可发酵糖问题　全麦芽麦汁中加入部分可发酵性糖取代部分麦汁，会抑制某些呼吸酶的合成，使三羧酸循环趋弱(克拉勃垂效应)。即使在好气条件下，多量的糖将抑制酵母生长，同时也减少了酯的形成，如表3－2－5所示。

表 3-2-5　麦汁成分对酯类形成的影响

挥发酯	麦汁浓度1035*		挥发酯	麦汁浓度1035*	
	全麦芽麦汁	40%葡萄糖取代同量麦汁		全麦芽麦汁	40%葡萄糖取代同量麦汁
乙酸乙酯含量/(mg/L)	6	4	丁酸乙酯含量/(mg/L)	0.01	0.01
乙酸异戊酯含量/(mg/L)	0.61	0.30	接种量/(g/L)	2.5	2.5
乙酸异丁酯含量/(mg/L)	0.03	0.01	酵母回收量/(g/L)	22.2	18.0
己酸乙酯含量/(mg/L)	0.02	0.02			

* 此为英国麦汁浓度的表示方法，即所测麦汁的相对密度乘以1000。

(2) 可同化氮问题　全麦芽麦汁中以可发酵糖取代同量麦汁，意味着淡化了麦汁中可同化氮的比例，酵母生长和酯的形成均受到抑制，如果加糖的同时补充可同化氮(如甘酪素水解液)，使可发酵糖/可同化氮仍然维持原全麦芽麦汁中的比例，则酵母生长与酯的合成均与全麦芽麦汁者相似，如表3－2－6所示。由此说明可发酵糖/可同化氮对酵母

表 3-2-6　可发酵糖/可同化氮对酯类形成的影响

酯种类	麦汁浓度　1040		
	全麦芽麦汁	40%葡萄糖取代麦汁	40%葡萄糖及相应甘酪素水解液取代麦汁
乙酸乙酯含量/(mg/L)	34	25	40
乙酸异戊酯含量/(mg/L)	3.0	2.2	4.3
乙酸异丁酯含量/(mg/L)	0.03	0.01	0.03
己酸乙酯含量/(mg/L)	0.03	0.07	0.05
丁酸乙酯含量/(mg/L)	0.01	<0.01	<0.01
酵母回收量/(g/L)	25.3	20.9	26.7

生长和酯形成的重要性。

5. 发酵温度

高温发酵有利于酯的形成，发酵温度由12.5℃提高到25℃，乙酸乙酯的浓度增加60%，乙酸异戊酯增加30%。上面发酵的温度高于下面发酵温度，其接种量虽低于下面发酵，酯含量却高于下面发酵者。不同的酯受酵母菌种和温度的影响也不相同。

6. 添加糖化酶问题

近年来制造干啤酒，酿造者多喜在发酵时添加糖化酶，将麦汁中大部分糊精水解为葡萄糖，其对酵母代谢的影响，相当于在可同化氮未变的情况下，增加了一部分可发酵糖的高浓度麦汁发酵，酵母的生长和酯的合成均较原全麦芽麦汁有所增长，如表3－2－7所示。

表 3-2-7　　发酵时添加糖化酶对合成酯的影响

酯种类	麦汁浓度 1035		
	全麦芽麦汁	添加糖化酶	全麦芽麦汁另加葡萄糖(浓度为2.5g/L)
乙酸乙酯含量/(mg/L)	6	10	9
乙酸异戊酯含量/(mg/L)	1.41	2.0	2.19
乙酸异丁酯含量/(mg/L)	0.05	0.07	0.09
己酸乙酯含量/(mg/L)	0.02	0.04	0.05
丁酸乙酯含量/(mg/L)	0.02	0.03	0.03
酵母回收量/(g/L)	20.8	28.3	27.5

7. 发酵方法

(1) 加压发酵　主发酵采取加压发酵，酒液中饱和的CO_2增加，将抑制活性酵母的增长，有利于酯的形成。

(2) 搅拌连续发酵　搅拌连续发酵的酯含量较间歇法发酵的酯含量高，提高的程度随酵母菌种的不同而异。

酵母在发酵中的代谢作用是复杂的，有时会出现一些目前难以解释的现象。有时麦汁中加入不饱和脂肪酸，酯的形成反而减少。可能的解释是酵母细胞膜的渗透性可能发生变化，妨碍了酯的分泌；或者是多余的辅酶A用于其他代谢途径，减少了对合成酯的供应。

总之，啤酒发酵中，酯类的合成与酵母生长与可同化氮的供给有关。控制啤酒中酯类含量的措施，主要是根据麦汁中可同化氮的供给情况，以供氧为调节手段，来调节酵母的生长程度。

(三) 酯与啤酒质量

适量的乙酸乙酯、乙酸异戊酯、己酸乙酯和乙酸苯乙酯给啤酒增添一些酯味或酒香味，使酒体丰满协调是可取的，过量而超过味阈值，形成不愉快的异香则不宜。至于其他酯类，有些在上面发酵啤酒和黑啤酒中是可取的，在下面发酵啤酒和淡色啤酒中就会被视同异味。

在啤酒贮藏期间，由于醇和酸的化学反应，酯的含量会有所增加，但此化学反应极缓慢，在贮藏期中(3个月以上)，乙酸乙酯和乙酸异戊酯含量增加10%左右，乙酸苯乙酯则无任何增加。

酯在啤酒中的风味阈值(mg/L)及文献上报道的一些贮藏啤酒的酯含量如表3-2-8所示。

表 3-2-8 酯类的味阈值及在贮藏啤酒中的酯含量 单位: mg/L

酯种类	味阈值	贮藏啤酒的酯含量	味感
乙酸乙酯	30	15～25	水果味，溶剂味
乙酸异戊酯	2	1～3	香蕉味
乙酸异丁酯	0.2	0.05～0.1	
乙酸苯乙酯	3	0.1～1.5	玫瑰花味
己酸乙酯	0.3	0.1～0.6	苹果味
辛酸乙酯	1	0.08～1.4	
丙酸乙酯	10	1～5	

贮藏啤酒中的酯含量一般波动在25～50mg/L之间。

三、连 二 酮

连二酮是双乙酰和2,3-戊二酮的总称。两者化学性质相似，2,3-戊二酮在啤酒中的含量远较双乙酰低，其味阈值(1mg/L)又远较双乙酰(0.1mg/L)高，对啤酒风味不起什么大的作用。对啤酒风味起主要作用的是双乙酰。

啤酒口味不成熟不是由于缺少某些物质，而是由于在主发酵期间，酵母代谢产生影响啤酒风味的某些代谢物质没有排除到人们能够接受的程度。在众多影响啤酒风味成熟的物质中，双乙酰是关键，被认为它是衡量啤酒成熟与否的决定性指标。

双乙酰在啤酒中含量超过其味阈值，会给啤酒带来不愉快的馊饭味。其风味阈值也比较低，对淡爽型的淡色贮藏啤酒来说，双乙酰含量以控制在0.1mg/L以下为宜;对高档啤酒的要求，最好控制在0.05mg/L以下。

连二酮的前体物质α-乙酰乳酸(α-acetolactic acid)和α-乙酰羟基丁酸(α-acetohydroxy butyric acid)主要是在主发酵酵母繁殖阶段形成的。发酵的前2～4天内形成高峰值。当主发酵接近完毕，酵母停止繁殖时，即逐渐消减。其消减的速度，受温度、pH值、*rH*值、酵母密度和搅拌等诸多因素的影响。在正常发酵情况下，游离的连二酮只在发酵开始的短时间内出现，在整个主发酵过程中是不易测出的。其原因是主发酵时酒液的*rH*值非常低，抑制了α-乙酰羟基丁酸的氧化脱羧作用。而且酵母还原连二酮的速率远远超过α-乙酰羟基丁酸分解为连二酮的速率达10倍以上，使游离的连二酮不易存在。

(一) 连二酮的形成机制

连二酮是由其前体物质α-乙酰乳酸和α-乙酰羟基丁酸经非酶氧化脱羧而来，此两种前体物质系酵母细胞合成缬氨酸和异亮氨酸途径的中间产物。

1. 双乙酰

由α-乙酰乳酸的非酶分解形成双乙酰，其代谢途径如下式所示。

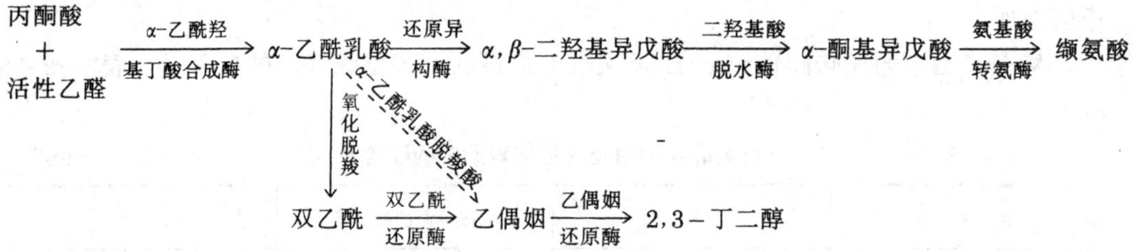

α-乙酰乳酸是由丙酮酸和活性乙醛经α-乙酰羟基丁酸合成酶、还原异构酶、二羟基酸脱水酶的作用以及氨基酸转氨酶的转氨作用形成缬氨酸。其中一部分α-乙酰乳酸泄出酵母细胞外，进行氧化脱羧反应形成双乙酰，而后双乙酰又被酵母吸收，在细胞内通过双乙酰还原酶和乙醇脱氢酶还原为乙偶姻，进一步还原为2,3-丁二酮，排出酵母细胞外。乙偶姻和2,3-丁二酮对啤酒风味的影响极小。

2. 2,3-戊二酮

形成2,3-戊二酮的代谢途径与双乙酰相似，它是由丁酮酸合成异亮氨酸的支路代谢中产生的，如下式所示：

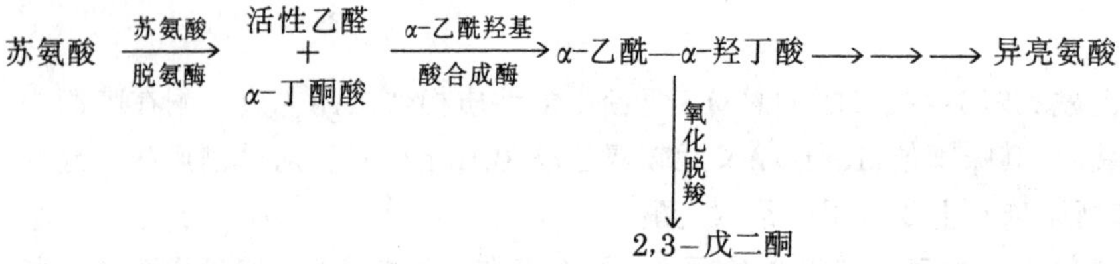

(二) 影响啤酒中双乙酰含量的因素

1. 酵母菌种

(1) 不同酵母菌株具有不同的α-乙酰羟基丁酸合成酶活力，其形成连二酮前体物质的差异也很大。在相同发酵条件下，有的酵母生成连二酮前体物质的峰值很低，仅0.3mg/L左右，有的酵母形成的前体物质则高达1.0mg/L以上。

(2) 同一酵母菌株，其接种量愈高，则新生细胞愈少，连二酮前体物质形成的峰值也愈低。

(3) 衰退、发酵迟缓的酵母，贮存日久或高温贮存的酵母，发酵力不强，其还原双乙酰的能力低。

(4) 凝集性强、沉淀快和分散不良的酵母，还原双乙酰慢。

(5) 酵母变异，混有呼吸缺陷型的小菌落变异株(Petite)。此种变异株不同程度地降低了缬氨酸、异亮氨酸生物合成途径中的各种酶的活力，还原异构酶和琥珀酸脱氢酶活力降低将显著增加α-乙酰乳酸的积累和减少对双乙酰的还原，足以使双乙酰含量远远超过其味阈值。

(6) 酵母被杂菌(球菌和乳酸菌)污染后，易产生多量的双乙酰。此类污染菌能继续在沉淀酵母中生长，因此也存在于接种酵母中。

2. 原料和麦汁组成

溶解不良的麦芽所制麦汁和高辅料的麦汁中易缺乏缬氨酸，相应地，所制啤酒中的双乙酰含量则较高。据文献报道，在同一发酵条件下，含游离α-氨基氮130mg/L的麦汁，主发酵期形成的α-乙酰乳酸高峰值(2.1mg/L)是含游离α-氨基氮为220mg/L的麦汁所形成的α-乙酰乳酸高峰值(0.5mg/L)的4倍以上。

3. 发酵条件

(1) 高接种量和高温发酵，α-乙酰乳酸形成得快，消减得也快。

(2) 高接种量，低温发酵，当大部分可发酵糖发酵后再升温还原双乙酰，这样的工艺，α-乙酰乳酸形成少，双乙酰还原得快，酒中含双乙酰相对较低。

(3) 麦汁溶解氧含量高，酵母繁殖快，双乙酰前体物质形成得快，消失得也快。如麦汁溶解氧含量过低，酵母繁殖不良，发酵不旺盛，α-乙酰乳酸高峰值虽不高，但双乙酰还原慢，酒液中双乙酰含量相对较高。

(4) 大罐发酵较传统发酵，悬浮于酒液中的酵母密度大，沉淀时间长，双乙酰还原相对较快。

(5) 其他方面 发酵以后的酒液中总含有或多或少的双乙酰前体物质，啤酒过滤后，应尽量避免酒液与氧的接触，如：酒液管道中空气的排除、硅藻土调浆用水的除氧、滤酒机和助滤剂中空气的排除以及瓶颈空气的排除等等，否则啤酒过滤后，残留的前体物质将继续氧化分解为双乙酰，此时酒内已无酵母存在，将导致包装后的啤酒双乙酰回升。

(三) 降低双乙酰，加速啤酒成熟的主要措施

1. 酵母选育

通过诱变、变异和基因工程的办法，选育形成α-乙酰乳酸高峰值低的酵母菌株，也就是说选育α-乙酰羟基丁酸合成酶活力低的菌株，以减少双乙酰前体物质的积累。

2. 提高麦汁中α-氨基氮水平

提高麦汁的α-氨基氮含量，也就相应地提高了麦汁中缬氨酸的含量。从由丙酮酸合成缬氨酸的途径中可以看出，提高缬氨酸的含量，通过它对乙酰羟基丁酸合成酶的抑制反馈作用，可减少α-乙酰乳酸的合成和积累，相对地也就降低了α-乙酰乳酸分解为双乙酰的支路代谢。一般对12°P麦汁来说，加辅料麦汁的α-氨基氮，至少应达到180mg/L左右;全麦芽麦汁的α-氨基氮含量则可高达220mg/L以上。α-氨基氮过高也是不必要的，这会导致酵母营养过剩和高级醇的含量过多。一般情况下，麦汁中α-氨基氮含量以控制在(180±20)mg/L为宜。辅料的用量需根据麦芽的具体情况而定。

3. 调整主发酵的酵母接种量和发酵温度

双乙酰的前体物质和其他一些酵母代谢副产物(高级醇、酯类等)大都是在酵母繁殖过程中产生的，如果降低酵母接种温度(5～7℃)，加大酵母接种量〔(15～18)×10^6细胞/ml〕，采取主发酵前期低温(9～10℃)发酵，以降低酵母的增殖率，可以减少α-乙酰乳酸和一些挥发性风味物质的形成。当主发酵外观发酵度达65%左右时，酵母的一些挥发性风味物质已基本形成，然后提高主发酵后期双乙酰的还原温度(12～13℃，甚至更高一些)，并推迟升压时间(外观发酵度达70%以上)，避免酵母过早沉降，保持双乙酰还原阶段悬浮酒液中一定的酵母密度。待双乙酰降至0.05～0.06mg/L时，开始降温，使酒液逐步降温至0～1℃。采取这样的工艺，既有利于缩短主发酵期和成熟期，挥发性高级醇和酯类含量也不会增加，又可加速双乙酰的还原，降低酒液中双乙酰含量，加速成熟期。

4. α-乙酰乳酸脱羧酶的应用

α-乙酰乳酸在无氧和低pH值条件下，也有少量直接脱羧形成乙偶姻。如果酵母本身具有α-乙酰乳酸脱羧酶，便可在细胞内温和的条件下，直接将α-乙酰乳酸脱羧为乙偶姻而不经过双乙酰这一步骤，这样将大大降低酒液中残留的α-乙酰乳酸，使酒很快成熟。遗憾的是，酵母细胞不含编码此酶的基因。但在很多细菌中，如芽孢杆菌、产气肠杆菌等均含有此酶，这样便有两种措施可行：

(1) 酶工程 从含有α-乙酰乳酸脱羧酶的菌种中提制此酶，应用到发酵中去。丹麦的卡斯伯研究室(Carlsberg Laboratory)成功地首先从产气肠杆菌(*Enterobacter aerogenes*)和短杆芽孢杆菌(*B.brevis*)中提制此酶，并进行了纯化。此酶可在酵母接种时添加。

从细菌中提制此酶，首先应选择适宜的菌种来源，提制的酶应适应啤酒发酵条件，并对人体无害。其提制过程要相对比较简单，酶的得率高。从目前研究情况看，从芽孢杆菌的菌种提制此酶还是有前途的。

(2) 基因工程 采取基因重组技术，使啤酒酵母获得编码此酶的基因。日本和芬兰从产气肠杆菌中，将编码α-乙酰乳酸脱羧酶的基因转移或整合到啤酒酵母中去并得到表达，取得成功。经过修饰的酵母，发酵正常，酵母细胞内引进编码此酶的基因，并未干扰酵母的正常代谢。重组菌的α-乙酰乳酸脱羧酶位于细胞的原生质部位，缬氨酸和异亮氨酸的生物合成是在细胞的线粒体部位进行的，重组菌产生的α-乙酰乳酸脱羧酶对上述生物合成不产生什么影响。

5. 强化缬氨酸的合成代谢流(anabolic flux)

由丙酮酸生物合成缬氨酸的途径中，其代谢流分别由基因iLV_2、iLV_5、iLV_3所编码的α－乙酰羟基丁酸合成酶、还原异构酶、二羟基酸脱水酶以及转氨酶所控制。在此合成途径中，相对α-乙酰基丁酸合成酶的活力来说，还原异构酶是此合成代谢流的限制因素。就是说，iLV_5的代谢周转率(metabolic turnover rate)比较低，导致有较多的α-乙酰乳酸积累，也就导致了更多的α-乙酰乳酸转化为双乙酰。如果采用基因重组方法，将载有多复制(multi copy)基因ILV_5的质粒转移到啤酒酵母中去，并得到表达，则此经过扩增基因ILV_5的转移株，提高了还原异构酶的活力后，将大大减少α-乙酰乳酸的积累和泄漏，从而降低了双乙酰的形成。

比利时在这方面进行了研究，取得成功。

四、硫 化 物

硫是酵母生长和酵母代谢过程中不可缺少的微量成分，某些硫的代谢产物含量过高时，常给啤酒风味带来缺陷，因此，引起人们的重视。

(一) 挥发性硫化物和非挥发性硫化物

非挥发性硫化物对啤酒风味的影响较小，但它们却是啤酒中挥发性硫化物的来源。

挥发性硫化物对啤酒风味有重大影响，某些挥发性硫化物的味阈值又比较低，这些物质在啤酒中的微量变化，都会影响啤酒的质量问题。

存在于啤酒中的挥发性硫化物主要有硫化氢、二甲基硫(DMS)、甲基和乙基硫醇、二甲基二硫化物、二氧化硫以及某些硫代羰基化合物。其中硫化氢和二甲基硫对啤酒风味的影响最大，其味阈值也最低(H_2S为10μg/kg，DMS为30μg/kg)。这些硫化物对啤酒风味往往有双重作用，即微量存在时，是构成啤酒风味某些特点的必要条件，过量则不利。

(二) 硫化物的来源

啤酒中的硫化物，部分来自原料。在麦芽制造和麦汁制备过程中也可能形成部分挥发性硫化物，但这些硫化物在麦汁煮沸过程中绝大部分被蒸发掉。麦汁中含有的非挥发性有机硫化物，包括含硫氨基酸、生物素、硫胺素和含硫的蛋白质、肽类等，其总含量约为50mg/L。另外，还存在一部分无机盐硫酸根离子，其含量也约为上数。

啤酒中的挥发性硫化物大都是在发酵过程中形成的。酵母对硫化物的代谢作用首先利用有机硫化物，在可代谢的有机硫化物存在下，硫酸根离子很少被利用，因为无机硫的摄入需要能量和氮源。

(三) 啤酒中的主要挥发性硫化物

1. 硫化氢

(1) 硫化氢的形成　啤酒中的大部分硫化氢系来自酵母对半胱氨酸、硫酸盐和亚硫酸盐的同化作用及酵母合成蛋氨酸受抑制时的中间产物。

①半胱氨酸被酵母的半胱氨酸脱巯基酶催化分解为H_2S。蛋氨酸对半胱氨酸脱巯基酶有抑制作用，从而影响半胱氨酸的分解作用。

②硫酸盐进入酵母细胞后，在ATP－硫酸化酶的催化下，首先被三磷酸腺苷活化，经过一系列酶促反应后，变为亚硫酸盐。亚硫酸盐是中间产物，进一步被亚硫酸盐还原酶还原后，形成硫化氢。蛋氨酸对ATP－硫酸化酶和亚硫酸盐都有抑制作用，从而限制了硫酸盐的分解。泛酸对亚硫酸盐还原酶也有抑制作用。

③硫化氢也是蛋氨酸生物合成受到抑制时的中间产物。

麦汁中含半胱氨酸的量比较少，大部分H_2S系来自酵母对硫酸盐的同化作用。

(2) 酵母菌种与硫化氢　不同酵母的H_2S产率也不一样，下面酵母的硫化氢产率远高于上面酵母。

生产上可通过变异的方法选育形成H_2S少的菌株。

在酵母代谢过程中，硫化氢的产率与酵母代谢活性是相平行的，酵母生长率愈高，硫化氢的产率也愈高。

(3) 形成硫化氢的条件

① 麦汁成分：麦汁中要有一定浓度的硫酸盐和亚硫酸盐。

② 维生素：啤酒酵母合成蛋氨酸需要泛酸盐的存在(对某些酵母来说，需要维生素B_6)，麦汁中如缺乏此盐，蛋氨酸的生物合成将受到抑制，遂有多量硫化氢产生。

③ 氨基酸：当麦汁中蛋氨酸含量不足而需合成蛋氨酸时，多量的苏氨酸、甘氨酸和其他一些氨基酸能抑制蛋氨酸的合成，引起多量硫化氢的形成。

即便麦汁中的氨基酸成分恒定，发酵时蛋氨酸也会很快被消耗，剩下相对多量的其他氨基酸，也将抑制蛋氨酸的合成，激发硫化氢的形成。

一般，当麦汁发酵至发酵度为50％时，硫化氢的生成量最高。因低于此发酵度，发酵液中蛋氨酸仍有多量存在，不需合成。高于此发酵度，蛋氨酸虽然减少，其他氨基酸也很快被利用，减轻了对合成蛋氨酸的抑制作用。

(4) 生产工艺与硫化氢

① 麦汁中的含硫氨基酸多来自麦芽，如采用辅助原料取代部分麦芽，可以减少啤酒中硫化氢的含量。

② 过去人们都认为采用铜制的麦汁煮沸锅和管道，制出的啤酒风味好。实践证明，麦汁中含有铜离子，所制啤酒中的H_2S含量的确低。但是铜离子对啤酒风味稳定性的危害也是严重的，人们还是不愿在麦汁中含有过多的铜离子。

③ 冷、热凝固物分离完全的麦汁，硫化物含量减少，发酵时可以减少硫化氢的生成。

④ 低温或低接种量的缓慢发酵，可以减少H_2S的生成量。

⑤ 贮酒时添加的高泡酒中往往带有较多的硫化氢。

⑥ 在发酵完毕时，作为抗氧化剂添加亚硫酸盐，或采用以SO_2灭菌的贮酒容器，都易引起生成较多的H_2S。

⑦ 用磷酸活化酵母泥，虽能消除大部分污染细菌，但也容易改变酵母细胞壁的渗透性，使硫酸盐易进入细胞内而被利用，促进了H_2S的生成。

⑧ 在生产中，降低啤酒H_2S含量最有效的措施是：贮酒期中，伴随着大量CO_2的排放，可将大部分挥发性的H_2S随之排除。一般说，啤酒中H_2S的最后含量可控制在0～10μg/L的范围内。但污染了杂菌(大肠菌群、发酵单胞菌等)的麦汁，会使啤酒含有多量的硫化氢。

⑨ 啤酒经过杀菌，特别是延长杀菌时间，会使H_2S大量增加，甚至超过滤酒后H_2S含量的100％，以致使杀菌啤酒又出现不成熟的啤酒味感。经过一段时间的放置，H_2S浓度会逐渐消失至未杀菌前的浓度或更低一些。

硫化氢的味阈值：下面发酵的贮藏啤酒为10μg/L;上面发酵的爱尔啤酒为30μg/L。

2. 二甲基硫(CH_3-S-CH_3)

二甲基硫(di methyl sulfide，简称DMS)是对啤酒风味影响较大的硫醚化合物，其味阈值极低(30μg/L，超过此值，将给啤酒带来一种煮菜的异味)。

二甲基硫是由两种前体物质，硫甲基蛋氨酸(简称SMM)和二甲基亚砜(简称DMSO)形成的。SMM是蛋氨酸在大麦发芽过程中，通过有关酶的作用合成的。在麦芽干燥和麦汁煮沸，特别是麦汁煮沸后至麦汁冷却这一停留过程中，分解为二甲基硫和高丝氨酸。其形成过程如下所示：

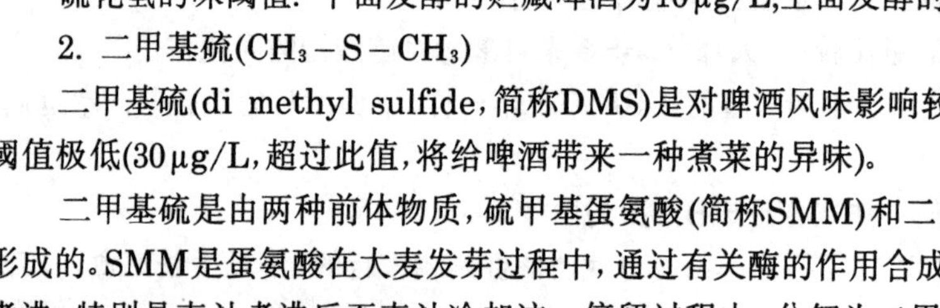

蛋氨酸　　　　　　　　　　　　硫腺苷蛋氨酸(SAM)

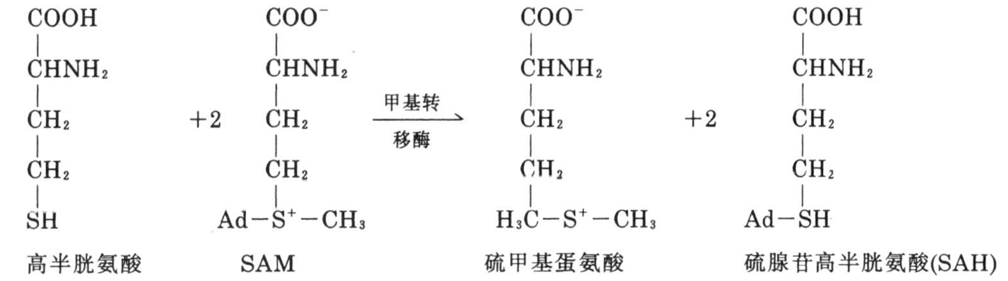

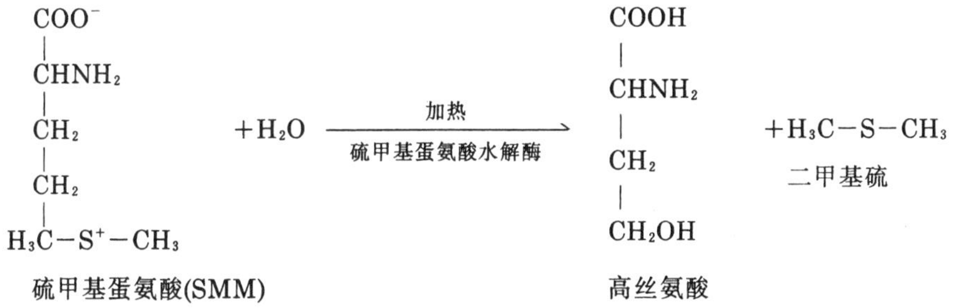

从上式可以看出:

(1) 必须在ATP的参与下,蛋氨酸才能形成活化的硫腺苷蛋氨酸(SAM),由于高能键的存在,SAM极易转变为甲基供体。

(2) 在甲基转移酶的作用下,SAM的甲基被转移至高半胱氨酸,形成硫甲基蛋氨酸(SMM)和硫腺苷高半胱氨酸(SAH)。

(3) SMM在加热的条件下,经硫甲基蛋氨酸水解酶水解后,分解为高丝氨酸和二甲基硫。

(4) SMM和高半胱氨酸是二甲基硫的前体物质。高半胱氨酸是酵母从有机硫源合成蛋氨酸的中间体,因此,二甲基硫的形成是能被蛋氨酸的代谢作用所控制的。

SMM的形成与蛋白质分解有关。低蛋白质含量的二棱麦芽所形成的SMM较高蛋白质含量的六棱麦芽为低。如英国的浅色二棱麦芽,其SMM含量为1～2μg/g麦芽,而北美的六棱麦芽,其SMM含量可达8～10μg/g麦芽。

高温焙焦的麦芽(如Ale麦芽和着色麦芽),其SMM含量低;低温焙焦的浅色贮藏啤酒麦芽,其SMM含量相对较高。

发芽时限制根芽的生长(但又不能抑制麦芽的溶解),可以减少SMM的形成。英国制造麦芽采用赤霉酸和溴酸钾相结合的处理方法可以达到此目的,既抑制了根芽的生长,又不影响麦粒的溶解。

采用擦皮处理的大麦,并降低其浸麦度也可制成根芽生长短、而溶解度良好的麦芽。

也有人试图以基因修饰的办法改良大麦品种,使其在发芽时产生低浓度的SMM。

DMSO是在麦芽干燥和麦汁煮沸时,SMM分解为DMS后,又经氧化形成的。在发酵过程中,它又被酵母还原为DMS。DMS的整个形成过程可如下式所示:

$$\text{SMM}\xrightarrow[\text{加热分解}]{\text{麦芽干燥时}}\text{DMS}\underset{\text{发酵时的酵母还原作用}}{\overset{\text{麦芽干燥和麦汁煮沸时加热氧化}}{\rightleftharpoons}}\text{DMSO}$$

酵母对DMSO的还原作用需要能量，在正常发酵情况下其还原量约为20%左右，占啤酒中DMS含量的80%左右，接种时麦汁中含DMSO愈高，啤酒中DMS的含量也愈多。此与酵母品种和发酵温度有关。

近年来也有人研究证实，在正常发酵情况下(无杂菌污染)，并不存在酵母还原DMSO的问题。只有在麦汁污染了革兰氏阴性菌(大肠菌群等)后，才会从DMSO产生大量的DMS。这些杂菌在酒液pH值下降至4.4以下不能生存，但在此前所形成的DMS则存留在酒液中。表3－2－9所示为正常麦汁发酵和污染细菌的麦汁发酵后啤酒中DMS和DMSO的含量情况。

表 3-2-9　啤酒中的DMS和DMSO含量情况　单位：μg/L

啤酒类别	DMSO	DMS
正常麦汁发酵的啤酒	474	31
污染细菌发酵的啤酒	74	219

以上两种不同结论，尚待进一步证实。

在杀菌和啤酒贮存过程中，杀菌的热量能使残留在酒液中的SMM继续分解为DMS。成品啤酒在贮藏过程中，也会有微量的DMS增长。

五、脂肪酸和其他有机酸

啤酒中含有各种酸类约100种以上。生产原料、糖化方法、发酵条件、酵母菌种均影响着啤酒中的含酸量，其中包括挥发性的(甲酸、乙酸)、低挥发性的(C_3、C_4、异C_4、异C_5、C_6、C_8、C_{10}等脂肪酸)和不挥发性的(乳酸、柠檬酸、琥珀酸、苹果酸以及氨基酸、核酸、酚酸等)各种酸类。

啤酒中的酸及其盐类控制着啤酒的pH值和总酸含量。适宜的pH值和适量的可滴定总酸，能赋予啤酒以柔和清爽的口感；同时这些酸及其盐类也是酒中的重要缓冲物质，控制着pH值的变化，有利于各种酶的作用。

啤酒酵母在其代谢过程中，伴随产生的酸有饱和的和不饱和的脂肪酸以及其他有机酸，主要是酮酸、羟基酸、二元羧酸、三元羧酸等。

(一) 脂肪酸

在啤酒酿造中，最重要的类脂是脂肪酸，它主要来自三方面：①来自原料麦芽的长链不饱和脂肪酸；②来自陈酒花的脂肪酸，如异戊酸、异丁酸、2－甲基丁酸等；③来自酵母代谢产生的中、短链(C_2～C_{12})饱和脂肪酸。

(1) 啤酒中含有C_1～C_{18}的游离脂肪酸，其中主要成分是乙酸。乙酸是啤酒的正常发酵产物，它是由乙醛和乙醇氧化而来，其正常含量在50～80mg/L之间。下面发酵啤酒含乙酸较上面发酵约高1倍。污染野生酵母或醋酸菌的麦汁和后发酵期污染乳酸菌的啤酒，都会产生大量乙酸，从而破坏了酒的质量。啤酒总酸过高(>2.6ml1mol/LNaOH/100ml)或酸味明显(挥发酸过高，其含量>100mg/L)，都是污染了杂菌的标志。

(2) 麦汁本身含有的脂肪酸，主要来自麦芽，多为长链不饱和脂肪酸。其含量与麦汁过滤的清浊、麦汁煮沸强度以及在回旋沉淀槽中和冷却后的热、冷凝固物分离情况有关。滤清的麦汁和凝固物分离完全的麦汁，其脂肪酸含量要比混浊和凝固物分离不完全的麦减少几十倍。更多的脂肪酸来自酵母的糖代谢作用。其合成的长链不饱和脂肪酸，主要用于合成酵母细胞膜；合成的中、短链饱和脂肪酸则部分分泌到啤酒中，对啤酒的风味影响很大。

乙酰辅酶A是脂肪酸代谢过程中的关键性中间产物，它来自丙酮酸的氧化脱羧，并与辅酶A化合，如下式所示：

$$\underset{\text{丙酮酸}}{CH_3COCOOH} \xrightarrow[\underset{\text{辅酶A}}{CoA\sim SH}]{NAD^+ \quad NADH_2} \underset{\text{乙酰辅酶A}}{CH_3CO\sim SCoA} + CO_2$$

通过乙酰辅酶A碳链的不断延长，而形成不同链长的偶数脂肪酸；奇数脂肪酸则由丙基同系物衍生而来。侧链脂肪酸如异丁酸、异戊酸则来自氨基酸埃尔利希代谢途径形成的异丁醇、异戊醇。

(3) 除乙酸外，啤酒中含量较高的脂肪酸有：异C_4、C_4、异C_5、C_6、C_8、C_{10}等微挥发性脂肪酸。这些脂肪酸均与啤酒的风味有关，其含量顺序为C_8、C_6、异C_5、异C_4、C_4、C_{10}。下面发酵啤酒的脂肪酸含量较上面发酵啤酒约高1/3。

表3－2－10是一些酵母代谢产生的脂肪酸的味阈值及其风味特点。

表 3-2-10　　某些低、中级脂肪酸的味阈值及风味

名　称	结　构	味阈值/(mg/L)	风　味
乙　酸	CH_3COOH	175	醋味
丁　酸	$CH_3(CH_2)_2COOH$	2	橡皮味
己　酸	$CH_3(CH_2)_4COOH$	8	膻味、脂肪味、汗臭味
辛　酸	$CH_3(CH_2)_6COOH$	13	膻味、脂肪味
癸　酸	$CH_3(CH_2)_8COOH$	10	肥皂味

(4) 上述中链脂肪酸(C_4～C_{10})主要是在发酵的前几天与相应的高级醇同时形成，酸和醇的前体物质都是相应的醛类。

(5) 在发酵过程中，麦汁中所含的高分子脂肪酸逐渐减少，它们系被酵母吸收利用，用以合成酵母繁殖所需的细胞膜；而酒液中的中、低分子脂肪酸含量，则由酵母细胞不断分泌而逐步增加。

(6) 原料麦芽、酵母菌种和发酵条件不同，均能影响啤酒中脂肪酸含量。一般说，快速发酵方法(提高发酵温度、增加接种量、搅拌发酵、加大通风量)有利于降低啤酒中游离脂肪酸的含量。

(7) 酵母自溶后，会从细胞内溶出大量的中链脂肪酸，对啤酒风味影响极大。

(8) 啤酒中含有过多的脂肪酸，对泡沫性能是不利的。

(二) 其他有机酸

在啤酒发酵过程中，除脂肪酸外，在有氧呼吸阶段还形成多种其他有机酸，使发酵麦汁的pH值很快降低，口感愈趋协调。啤酒中的主要其他有机酸包括乳酸、琥珀酸、柠檬酸、苹果酸、酒石酸及有关的酮酸等。其中以琥珀酸的含量最高，它是发酵初期酵母糖代谢在三羧酸循环中形成的。

这些有机酸多数对啤酒风味有一定的影响。丙酮酸则是酵母多种代谢途径的汇合点，它是糖的EMP代谢途径的主要产物，也是多种酵母代谢产物的前体物质。

六、羰基化合物(醛类和酮类)

啤酒中有多种羰基化合物具有风味潜力，形成了一组重要的啤酒挥发物质。在啤酒中已证实的有50多种醛类和40多种酮类，其中乙醛、双乙酰(已在另节中叙述)和一些成品啤酒在氧化过程中形成的不饱和醛类，如反2－壬烯醛等，对啤酒风味都具有特殊的重要性。

在啤酒生产过程中，美拉德反应(Millard reaction)也产生乙醛和其他羰基化合物。

啤酒中的羰基化合物含量大都低于其味阈值，个别超过其味阈值者，则会给啤酒带来异味，如双乙酰。

(一) 乙醛

(1) 乙醛是啤酒发酵过程中产生的主要醛类，也是啤酒中含量最高的醛类。它是酵母进行乙醇发酵的中间产物，是由丙酮酸脱羧基而形成的，如下式所示。

$$CH_3COCOOH \xrightarrow[-CO_2]{} CH_3CHO$$

(2) 乙醛是乙醇和乙酸的前体物质，在主发酵前期大量产生，形成高峰，而后很快下降。下面发酵至外观发酵度为35％～60％时，乙醛含量最高；上面发酵乙醛形成较早，当发酵度为10％时，乙醛含量即可达最高值。乙醛的味阈值为10mg/L，成熟啤酒的正常含量一般＜10mg/L。优良的贮藏啤酒，乙醛含量一般在1.5～2.5mg/L范围内。酒精含量愈高的啤酒，由酵母溢出的乙醛也愈多，在贮藏过程中会逐渐减少。

(3) 提高麦汁pH值，增加麦汁通风量和增加酵母接种量，均有利于乙醛的形成；发酵温度愈高，乙醛生成量愈低，发酵后期其含量下降也快。相反地，压力发酵的压力愈高，乙醛生成量也愈高(图3－2－3)，而且发酵后期其含量下降也慢。适当调节发酵温度和发酵压力，可以达到正常发酵的乙醛含量。酵母菌种对乙醛形成的影响，不是重要因素。

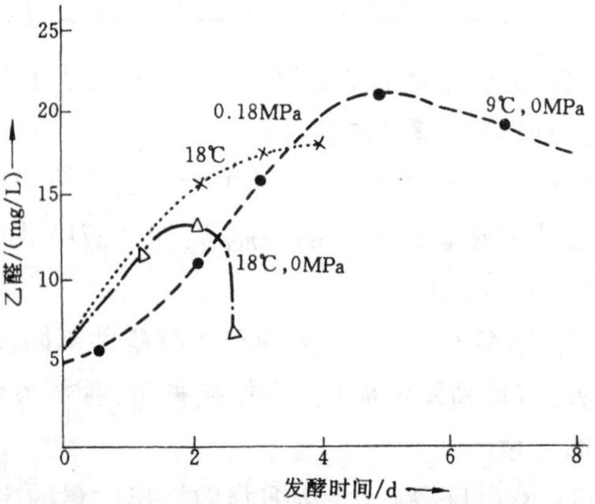

图 3－2－3 发酵温度和压力与乙醛形成的关系

(4) 乙醛影响啤酒口味的成熟，当乙醛含量超过界限值(＞10mg/L)时，给人以不愉快的粗糙苦味感觉；含量过高，有一种辛辣的腐烂青草味。未成熟的啤酒，乙醛与双乙酰和硫化氢并存，构成了嫩啤酒那种固有的生青味。因此，在后发酵期中，应采取措施，大量排除这些劣味物质的含量。

(5) 乙醛在后发酵期，伴随CO_2的排放，迅速减少。采用CO_2洗涤，可以促进乙醛挥发(乙醛沸点为21℃)。

(6) 啤酒发酵时产生的SO_2或作为抗氧化剂添加的SO_2，能与乙醛(也包括其他醛类)形成加合物(aducts)，从而减少了游离的乙醛，当SO_2被氧化后，乙醛又会被游离出来。

(7) 瓶啤酒杀菌，特别是在瓶颈空气和溶解氧含量高的情况下，乙醛含量会有所增加。

(8) 成品啤酒在贮存中，乙醛含量也会因氧化而增加，而后又逐渐减少。

(9) 麦汁染菌或酵母染菌，都可能增加酒中的乙醛含量。污染厌气微生物，如发酵单胞菌，会产生多量的乙醛。

(二) 其他醛类

啤酒中所含的其他醛类也是相应高级醇类的前体物质。它们在啤酒中的含量不多，像乙醛一样，也是随着啤酒成熟而含量逐步减少。

成品啤酒在存放过程中，由于氧化，产生所谓氧化味、老化味、纸板味等劣味，绝大部分来自一些不饱和醛类的形成(将在啤酒风味稳定性一节中叙述)，当然也有其他物质参与其中。

(三) 酮类

啤酒中的主要酮类是丙酮，含量甚微，来自乙酰乙酸，可能是异丙醇的前驱物质，对啤酒风味无何影响。

第三章 啤酒发酵工艺

传统的啤酒发酵工艺分下面发酵和上面发酵两大类型。两者由于所采用的酵母菌种不同，其发酵工艺和设备条件也均不相同，制出的啤酒风味也不同，各树一帜。一般说，下面发酵啤酒的发酵过程分为主发酵和后发酵(包括贮酒和成熟)两个阶段，生产时间比较长；上面发酵啤酒的发酵过程，大都只有主发酵，不采用后发酵，只是进行一些后处理，便于过滤和包装，生产时间相对较短。

近年来，由于啤酒制造理论和发酵技术的不断发展，上面发酵和下面发酵各取对方的优点，传统工艺已经有了很多改革，发生了很大的变化。例如：采用密闭发酵罐的新型上面发酵啤酒也采用了从沉淀酵母中回收酵母，或用离心机回收酵母；下面发酵为了缩短生产时间，也适当提高了主发酵温度，缩短或免除了后发酵的贮酒成熟阶段。当然，这些改革都是在一定的理论基础上进行的，既要达到提高生产能力的目的，又不失去各自啤酒原有的风格。

为了系统了解啤酒发酵工艺的演变情况，下面将先介绍传统发酵工艺的概况。

第一节 下面发酵

传统的下面发酵法，主发酵容器安置在空气过滤、绝热良好和清洁卫生的发酵室内。发酵室内墙和天花板贴磁砖或涂防霉涂料；备有通风设施，以排除发酵产生的CO_2；室温保持5～6℃；采用开放式或密闭式、圆形或方形的，金属制的、木制的、或混凝土浇注的主发酵容器。后发酵则设置在单独的贮酒室内，采用金属或木制的贮酒罐，作后发酵和贮酒用。贮酒室温保持在0～1℃。

发酵室和贮酒室内均设有良好的降温设施。降温方式采用氨直接蒸发的冷排式；或采用集中空调和冷风道的冷风式；也有采用吊顶式冷风机者。

下面发酵的工艺特点是:

(1) 采用下面酵母,主发酵温度比较低,发酵进程比较缓慢,发酵的代谢副产物相对较少。主发酵完毕后,大部分酵母沉降发酵容器底部。

(2) 下面发酵啤酒的后发酵和贮酒期比较长,酒液澄清良好,CO_2饱和稳定,酒的泡沫细微,风味柔和,保存期较长。

一、主　发　酵

主发酵又称前发酵,简称发酵。主发酵前期为酵母繁殖阶段。酵母通过呼吸作用,利用糖类分解所释放的能量、麦汁α-氨基氮所提供的氮源,以及麦汁中的溶解氧,生物合成酵母细胞而进行繁殖。此阶段酒液降糖较慢、α-氨基氮迅速被同化,酵母细胞密度逐步上升。而后,溶解氧很快被消耗殆尽,酒液转入发酵阶段。此时酒液降糖甚快,释放的热量使酒温上升,需进行冷却。待达到一定的发酵度后,酵母开始凝聚沉淀,酒液中悬浮的酵母密度逐步下降,降糖转缓,液面形成泡盖。捞去泡盖,即可下酒至贮酒罐,进行后发酵。酵母则回收再利用。酵母的一些代谢副产物主要在主发酵期内产生。

传统的下面发酵方法有敞口发酵和密闭发酵两种方式,以散口发酵更普遍一些。两者的发酵工艺技术条件相差不多,密闭发酵与敞口发酵相比较有以下的优缺点:

优点:

(1) 密闭发酵产生的二氧化碳可以回收;发酵室空气中的二氧化碳浓度低,卫生条件好;空气干燥;冷能的消耗量较低。

(2) 密闭发酵的发酵液与空气接触机会少,杂菌污染的机会相对也少;形成的泡盖少,酒花树脂损失少,酒花利用率高;双乙酰前体物质α-乙酰乳酸的峰值也较敞口发酵者低,双乙酰形成少。

缺点:

(1) 密闭发酵槽入孔比较小,不能撇取泡盖。

(2) 管理工作不如敞口发酵者灵活。

以下介绍的主发酵工艺,均以传统的敞口发酵为例。

(一) 传统的主发酵工艺过程

啤酒发酵工艺的控制不是一成不变的,每个国家,每个地区,甚至每个厂都有自己的具体情况,很难作统一的规定。今将传统的12%麦汁低温下面发酵过程简述如下:

(1) 将麦汁冷却至接种温度(6℃左右),待部分麦汁流入酵母繁殖槽后,将所需的酵母量〔为麦汁量的0.5%(体积分数)左右〕加入,使酵母尽快起发。也可将酵母在冷却麦汁管道中,以定量泵直接加入麦汁中,使酵母与麦汁混合更均匀。

(2) 麦汁通风(无菌空气),以充氧器将无菌空气通入酵母繁殖槽中,供给酵母繁殖所需的溶解氧,同时使酵母在麦汁中分散均匀。此充氧器供氧往往达不到要求的溶解氧,近代的做法,麦汁通风系在麦汁冷却过程中进行,将无菌空气通过微孔钛棒、陶瓷棒,使空气分散细密,在管道与麦汁混合均匀,或空气与麦汁接触后,经过一文丘里管,也可达到空气在麦汁中分散均匀的目的。接种后的麦汁,溶解氧含量应控制在8mg/L左右。

(3) 添加酵母后，繁殖槽内继续流加麦汁，使达满量。麦汁液面应距繁殖槽口30cm，以防溢出。

(4) 酵母经繁殖20h左右，麦汁表面已形成一层白色泡沫，此时即行换槽，将发酵麦汁泵入发酵槽内，以分离沉淀在繁殖槽底部的酵母死细胞、蛋白质凝固物和酒花树脂等杂质。

(5) 换槽后，麦汁中的溶解氧已基本为酵母所消耗，开始进行厌氧发酵。此后应定时检查发酵液温度和消糖情况。

(6) 发酵进行2～3天左右，发酵液温度即升至规定的发酵最高温度，此时应适当开启发酵槽内冷却管，通入冰水(2℃左右)，检查液温，使不超过规定的最高液温，并维持此温度2～3天。此时为发酵旺盛期，消糖较快，每日酒液外观浓度下降1.5%～2.0%，视酵母菌种和控制的温度条件而不同。

(7) 此后，冷却量逐步加大，发酵温度逐步回降，消糖逐渐缓慢。按工艺要求，温度降低情况应与消糖情况互相配合，使主发酵完毕时，酒温和浓度均达到规定要求。一般12%麦汁的下酒外观浓度控制在4.0%～4.2%，下酒温度控制在4.0～4.5℃。

(8) 主发酵最后一天应急剧降温，使大部分酵母沉降槽底，发酵液中仅保留适当酵母浓度(12×10^6个/ml)，而后送入贮酒罐，进行后发酵。

(9) 将沉淀的中层质量良好的酵母回收，经过筛洗涤，于低温(2℃左右)下保存，留作下批接种用。保存时间不宜超过2天，以防酵母细胞贮藏的肝糖逐渐消耗，导致酵母繁殖力下降，死细胞增加。

(二) 主发酵过程的现象和要求

主发酵期从外观检查，可分5个阶段，如表3－3－1所示。

表 3-3-1 主发酵现象和要求

发酵阶段	外观状态和要求
1. 酵母繁殖期	麦汁添加酵母8～16h后，液面上出现二氧化碳小气泡，逐渐形成白色的、乳脂状的泡沫。酵母繁殖20h左右，即移入主发酵槽，与繁殖槽底部所沉淀的杂质分离 如果麦汁添加酵母16h后尚不起泡，可能是室温或接种温度太低、酵母衰老、酵母添加量不足、麦汁通风不足、麦汁中α-氨基氮和嘌呤、嘧啶等含氮物质不足等原因所引起，应采取相应措施补救之。一般是适当提高液温、增加麦汁的通风量、增加酵母量以及改进糖化方法，加强蛋白质分解作用，提高麦汁的α-氨基氮含量，如系酵母问题，则应更换酵母
2. 起泡期	换槽4～5h后，在麦汁表面逐渐出现更多的泡沫，由四周渐渐拥向中间，洁白细腻，厚而紧密，如花菜状。此时，吹开液面，可以看到无数二氧化碳气泡上涌，并将一些析出物带至液面 此时发酵液温每天上升0.5～0.8℃，消糖0.3～0.5°P，维持时间1～2天，不需人工降温
3. 高泡期	发酵2～3天后，泡沫增高，形成卷曲状隆起，高达25～30cm，并因酒内酒花树脂和蛋白质－单宁复合物开始析出而逐渐变为棕黄色，此时为发酵旺盛期，大量释出热量，需要用冰水冷却。降温应缓慢进行，不宜太剧，否则会引起酵母早期沉淀，影响发酵作用。高泡期一般维持2～3天，每日降糖1.5°P左右
4. 落泡期	发酵5天以后，发酵力逐渐减弱，二氧化碳气泡减少，泡沫回缩，酒内析出物增多，泡沫由棕黄色变为棕褐色 此时应控制液温每日下降0.5℃左右，每日消糖0.5～0.8°P，落泡期一般维持2天左右
5. 泡盖形成期	发酵7～8天后，泡沫回缩，形成一层褐色苦味的泡盖，覆于液面，厚度为2～4cm。泡盖系由泡沫、蛋白质－多酚物质复合物、酒花树脂、酵母细胞和其他杂质所组成，应及时撇去，以防沉入酒内。此时，发酵已进入末期，在大幅度降温情况下，酵母大量凝集沉淀，可发酵性糖已大部分解，每日消糖0.2～0.4°P。发酵最后一天，急剧降温，使酵母沉淀良好，此时，液面呈静止的暗褐色状

(三) 主发酵的技术条件

以国内外12%麦汁，低温发酵为例，如表3－3－2所示。

表 3-3-2　主发酵技术条件

	技术条件	
	例一	例二
发酵室温/℃	5～6	
冷麦汁pH值	5.2～5.6	
冷麦汁溶解氧含量/(mg/L)	8左右	
接种温度/℃	5～7	
酵母添加量/%	0.4～0.6泥状酵母	0.8～1.0
酵母浓度/(细胞数/ml)	$(1.0\sim1.5)\times10^{7}$	
酵母使用代数	不超过7代	
酵母增殖时间/h	20左右	
发酵过程中酵母最高浓度/(细胞数/ml)	$(5\sim7)\times10^{7}$	
主发酵最高温度/℃	7.5～9.0	9～10
冷却水温/℃	0.5～1.5	
消糖量/(°P/d): 起泡期	0.3～0.5	
高泡期	1.5左右	
落泡期	0.5～0.8	
泡盖形成期	0.2～0.4	
发酵终了温度/℃	4～5	
主发酵时间/d	8～10	6～8
下酒时外观发酵度与最终发酵度之差/%	3～5(添加高泡酒) 约10(不加高泡酒)	
下酒酵母浓度/(细胞数/ml)	$(5\sim10)\times10^{5}$(添加发酵度20%～25%的高泡酒10%左右) $(10\sim15)\times10^{6}$(不加高泡酒)	
主发酵终了时的pH值	4.2～4.4	
发酵室，酵母室空气	无菌过滤	
嫩啤酒生物稳定性(25℃保温无杂菌生长)/d	3～5	

注：例二的特点是适当增加酵母量，提高发酵温度，缩短发酵时间。

(四) 酵母接种

酵母接种工作在备有空气过滤和绝热的酵母添加室内进行。传统下面发酵的接种温度一般控制在5～7℃，酵母添加室室温维持略高于接种温度。

1. 酵母繁殖室、酵母繁殖槽和酵母接种器

酵母繁殖室一般位于发酵室的上层楼上，利用位差换槽。也有位于同一层楼上，则需利用泵换槽。酵母繁殖室室温保持在5～8℃，并有空气过滤设施。

酵母繁殖槽内不设冷却管，其总容量至少应能容纳1～2锅所生产的糖化麦汁量。采用酵母繁殖槽的作用，就是能在换槽时，使酒液与所含的杂质分离，以期发酵旺盛，并制出口味较好的啤酒来。

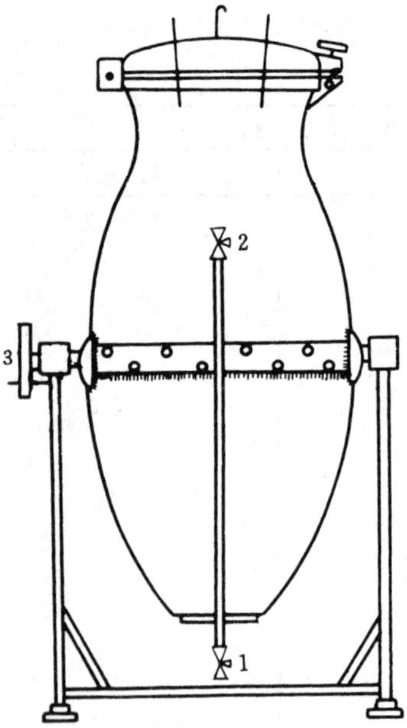

图 3－3－1 酵母接种器
1—充气进口及酵母出口 2—压气进口
3—移转角度45°

酵母接种器(图3－3－1)的容量，一般为100～200L或更大一些。使用时，先采用少量6～10℃麦汁加在麦汁接种器内，接种酵母后，通入无菌压缩空气，充分搅拌均匀，促使酵母在添加到酵母繁殖槽后，很快就出芽增殖。

2. 酵母接种方法

传统的酵母接种方法有以下几种：

(1) 干加法 在酵母接种器内，放入适量的冷却麦汁，再将洗涤保存的酵母泥，倾去上部清水，量出需要量的酵母(0.5％左右)，加入接种器内，吹送无菌压缩空气，使麦汁与酵母混合均匀，然后用无菌压缩空气将酵母压入繁殖槽的麦汁中，使之混合均匀。

(2) 湿加法 在酵母接种器内，加入部分10～15℃的麦汁，再加入需量的酵母，保持此温10～12h，使酵母充分恢复其繁殖活性，待酵母出芽繁殖后，利用无菌压缩空气，将酵母压入酵母繁殖槽中，与冷麦汁充分混合。

(3) 递加法 此法的特点是发酵一开始就有多量的酵母存在，有利于酵母早起发的优势，减少杂菌污染机会。

① 二次递加法：两槽需要的全量酵母一次加入1个繁殖槽内，加麦汁使满槽，经12h左右繁殖后，分为两槽，分别追加麦汁到满槽，再经繁殖20h左右，分别移入发酵槽，进行发酵。

② 多次递加法：全量酵母一次加入1个繁殖槽内，加入1/4～1/3的麦汁，然后每隔4～8h加入1/4～1/3的麦汁，直至满量，再经繁殖12h左右，即可转入发酵槽。

(4) 分割法 此法多在培养和扩大第1代种酵母，或生产现场酵母供应不足时使用。方法如下：

全量酵母一次加入繁殖槽内，加麦汁到满量，繁殖20～24h后，分为两槽，各追加麦汁到满量。

递加法和分割法所追加的麦汁温度，应等于或稍高于原发酵液的温度，以防抑制酵母活性。为了防止杂菌污染，递加和分割时间均应在酵母繁殖达到一定密度[$(5\sim10)\times10^6$细胞/ml]后进行。

一般说，湿加法较干加法有利于缩短发酵初期的酵母停滞期，使酵母较快地进入对数生长期。

3. 供氧

冷麦汁添加酵母后，用充氧器通入无菌压缩空气，使麦汁的rH值(氧化还原值)大于20，溶解氧应达8mg/L左右。此项操作在递加法和分割法中，每次追加麦汁后，都要通入适量空气，使酵母分布均匀，并有助于酵母增殖。

充氧器很难使麦汁达到8mg/L的溶解氧，近代的做法，已改为用无菌压缩空气直接在冷麦汁管道中与麦汁混合充氧。

4. 酵母添加量

酵母添加量应根据酵母活性、麦汁浓度、发酵温度不同而异，以添加酵母后能很快起发为度，过多过少均不宜。添加过少，起发慢，酵母增殖停滞期延长，容易引起染菌和发酵时间延长；添加过量，能影响啤酒口味（酵母味、苦味），并引起酵母退化和自溶。在正常酵母活性情况下，一般麦汁浓度愈高，发酵温度愈低，接种量相对愈高。根据传统方法，不同麦汁浓度的酵母添加量可参考表3－3－3。

表 3-3-3　不同麦汁浓度的酵母添加量

麦汁浓度/°P	酵母泥添加量/%
7～9	0.3～0.4
10～12	0.4～0.6
13～15	0.5～0.7
16～20	0.6～1.0

5. 种酵母的技术要求

种酵母的技术要求如表3－3－4所示。

表 3-3-4　种 酵 母 的 技 术 要 求

项　目	技 术 要 求
外观	色泽洁白，气味正常，凝集性良好，无粘着现象，无杂质，无变异
镜检	细胞大小整齐，健壮，无杂菌感染*
酵母细胞活性	97%以上(0.1%美蓝液染色，呈深蓝色细胞＜3%)
冷水低温(1～2℃)保存时间	不超过3天
使用代数	不超过7代

*杂菌检查：用0.1%EDTA－Na适当稀释酵母泥，使每一镜检视野有酵母细胞50个左右，检查20个视野1000个酵母细胞中含杆菌应≤1个。

(五) 酵母的回收、处理和保存

主发酵完毕，大量酵母沉降发酵槽底，酒液逐渐澄清。下酒后，应将沉淀的酵母及时回收和处理，供作下批发酵接种用。

1. 酵母回收方法

(1) 人工回收　沉降于发酵槽底的酵母，粗分三层。上层多轻质细胞，混有蛋白质和酒花树脂的析出物及其他杂质，分离后，可作饲料或进行其他综合利用；中层为发酵力强的新细胞，其量占75%左右，应单独取出，留作下批种酵母用；下层为弱细胞和死细胞，混有大量沉渣杂质，可作饲料或弃置不用。酵母分层回收，需用人工以木刮子、塑料刮子或橡皮刮子分别将各层酵母从槽底排出口刮出。采用此法，劳动强度大，也不容易分得那么清楚，多数还是将酵母泥笼统刮出，然后再经洗涤、过筛、去杂。

(2) 利用酵母离心机回收　利用酵母和发酵液的不同相对密度，用离心机分离酒液和酵母。离心机的型式有多种，分离酵母的离心机多采用自开式盘式离心机。

为了保持下酒时酒液中的酵母浓度，采用此法，部分酒液不经离心，直接与其他离心后的酒液混合，使酵母浓度保持在10×10^6细胞/ml左右。离心后的酵母则泵入贮存罐内处理。采用此法，操作方便，但离心机及所属设施不易灭菌，而且离心过程中，酒液容易摄取多量的氧(0.2mg/L)，酒温升高0.4～0.8℃，酵母温度升至10℃以上，酵母死亡率显著增加，这是其缺点。

2. 回收酵母的处理和保存

(1) 将回收的酵母泥，置于罐身可回转倾斜的酵母贮存罐内，迅速添加2～3倍 1～2℃的无菌水，使其降温并稀释之。

(2) 稀释后的酵母经100目(孔径0.49mm)的铜丝网或不锈钢筛，除去酵母中的杂质，对下面酵母来说，过筛甚为必要，而且应在绝对卫生的条件下进行，以防染菌。

(3) 过筛后的酵母静置沉淀，倾去上清液，将其中所含的酵母死细胞和其他杂质除去。再加1.0～2.0℃无菌水漂洗，静置1～2h酵母沉淀后，倾去上清液，再加无菌水保存之。此后每天洗涤2～3次，直至使用。

洗酵母用的无菌水，可采用砂滤棒过滤或紫外灯照射灭菌。

保存酵母用的无菌水，应具有一定离子浓度的硬水，其中钙离子浓度应≥50mg/L。缺乏无机离子会加速酵母衰退，缺乏钙离子将损害酵母的凝聚性。

(4) 用低温水洗涤和保存酵母，可以降低酵母的代谢作用，防止衰老，还可减少杂菌感染，并提供一定的溶解氧，防止酵母因缺氧而自溶。在1～2℃保存酵母，一般不宜超过2天，长时间贮养水中，酵母将损失积累的肝糖，延长下批接种后的生长停滞期。

(5) 黑啤酒回收的酵母，因细胞吸附的残留焦糖，不易消失而滞留积累，不利于发酵，一般不再作种酵母用。

(6) 若生产短期停产，可采用本篇第一章中所述的麦汁保藏法和发酵液保藏法，保存期可达2周以上而不致显著影响酵母的活性。

(7) 如需保存更长时间，可采用本篇第一章中所述的压榨酵母保藏法。

3. 酵母回收量

(1) 酵母回收总量与原麦汁浓度、麦汁含氧量和酵母增殖力有关；与酵母接种量则不成比例关系。原麦汁浓度愈高，含可同化氮愈多，愈有利于酵母增殖；含氧量愈高，酵母的增殖力愈旺盛，其回收量也愈多。酵母接种量愈高，在有限度的麦汁营养条件下，新生酵母的增殖愈少，则酵母回收比率相对减少，如表3－3－5所示。

表 3-3-5　　酵母添加量与回收量

酵母添加量/(L泥状酵母/100L)	酵母回收量/(L泥状酵母/100L)	回收比率
0.5	约2.0	1∶4
1.0	约2.5	1∶2.5
2.0	约3.0	1∶1.5

(2) 在正常情况下，麦汁经发酵后，酵母的实际收获量和可留用酵母量如表3－3－6所示。

4. 种酵母的洗涤和保存技术要求(表3－3－7)

近代的酵母回收，多直接回收在酵母回收罐内，罐的容量可容纳2～3批同代酵母。回收罐内附有搅拌器和冷却设施。酵母回收后，经洗涤或不经洗涤、冷却降温，在1～2天内使用。

表 3-3-6　酵母收得量和留用量

项　目	每100L发酵液酵母回收量/L	说　明
一般回收量(泥状)	1.75～2.5	包括上、下层不纯酵母25%
中层酵母回收量	1.3～1.8	占回收量75%
经筛选后留用酵母	1.2～1.5	作种酵母用

表 3-3-7　种酵母的洗涤和保存技术要求

项　目	技 术 要 求
(1) 酵母室温/℃	0～2,最高不超过3
(2) 洗涤用水	必须保持无菌,水温0.5～2.0℃,用砂滤棒过滤器除菌,或再经颗粒活性炭过滤,去氯和酚类物质,并经常做细菌检查
(3) 酵母洗涤次数	
第1天	3～4次
第2天	2～3次
(4) 酵母保存温度和时间	无菌水保存酵母泥,0.5～2.0℃,3天内使用
	以麦汁保存酵母,2℃,2周内使用
	以发酵旺盛的发酵液保存酵母,2～4℃,2周内使用
	以压榨法保存酵母,0℃,1月内使用

也有回收后直接用于下批接种的,这样做可以保持酵母肝糖不受损失,操作方便,但用量往往不易准确。

(六) 啤酒酵母的退化现象和防治方法

在啤酒发酵中,常会出现酵母退化现象,表现在形态变化、增殖不良、凝集性差、回收量低、容易自溶和染菌、发酵力低、发酵时间一批比一批长。

啤酒酵母退化的原因,一种是由于环境因素的影响,一种是细胞本身生理机能的衰退。环境的影响往往会造成酵母细胞机能的衰退。引起酵母退化的外界条件很多,如繁殖时麦汁缺氧;培养基中缺乏某些必要的成分,如钙、磷、锌、氨基酸、生长素等;培养基中存在某些毒害离子;长期生长在混浊的麦芽汁中;发酵温度过高或发酵末期冷却过急等等。一般说,在啤酒生产中,酵母退化的主要原因是:

(1) 酵母繁殖时麦汁缺乏足够的可同化氮或溶解氧。麦汁大量通风,或在接种后24h内经常通风,常常可以克服退化现象。

锌是乙醇脱氢酶的辅助因子,麦汁中缺锌也会造成酵母严重退化现象。一般说,麦汁中的锌含量应保持在0.2mg/L左右。

(2) 酵母的变异和自然淘汰(natural selection)或感染了其他野生酵母,均能产生酵母退化现象。如凝集性酵母在连续几代使用后,逐渐变为非凝集性酵母;能发酵麦芽三糖的酵母逐渐变为不能发酵麦芽三糖的酵母;酵母的生长速率和发酵力逐步降低等等均能导致出现发酵异常和发酵迟缓现象。在此情况下,发酵车间应彻底灭菌,并重新培养新菌种。

(3) 啤酒酵母感染了细菌也会出现不正常的发酵现象。此种酵母应先进行酸化处理,再用于生产。若染菌严重,则弃置不用,车间彻底灭菌,另培养新菌种。

酵母酸化处理的方法:

用0.7%的酒石酸,0.23%的磷酸,0.08%的硫酸,或用经酸化的0.75%过硫酸铵(钠)洗涤酵母,均可达到消除细菌,使酵母复壮的效果。其中以过硫酸铵法效果较好,简述如下:

酵母泥中添加0.75%的过硫酸铵,以磷酸酸化,调节pH值为2.2、2.5或2.8。在各pH值下的停留时间,则视杀菌效果和对酵母的影响两方面来定。一般说,pH值愈低者,停留时间愈短。pH2.2,停留4h,pH2.5,停留8h,pH2.8,则需停留16h。此法至少可杀灭细菌99%以上,但也会严重有损于酵母的活性。不同的酵母菌种耐酸洗的情况也不一样,一般说,新收获的酵母较贮存的酵母耐酸力强一些。

解决酵母退化的根本方法,一方面应找出酵母退化的原因,加强酵母管理;另方面在生产中不断选育新菌种,经分离纯化后用于生产,使生产用的酵母经常保持旺盛的活力。

(七) 发酵过程中的主要物质变化

1. 糖类的变化

*Saccharomyces*属的酵母菌不能同化戊糖,此处所指的糖系指己糖。

麦汁中所含糖类,随使用的原料和糖化方法不同而异。一般讲,麦汁中的总糖约占浸出物的90%,而可发酵糖占总糖的80%左右,其中葡萄糖和果糖约占总糖的10%,蔗糖约占5%,麦芽糖占45%～50%,麦芽三糖占10%～15%。80%以上的可发酵糖在主发酵过程中为酵母所同化,或发酵为酒精和CO_2及其他代谢产物,只残留少量麦芽糖和麦芽三糖留待后发酵中分解。至于麦汁中含4个葡萄糖基以上的寡糖,除去个别酵母菌,如糖化酵母(*S.diastaticus*)具有胞外淀粉葡萄糖苷酶,能分解四糖以上的寡糖外,对啤酒酵母来说,其寡糖含量基本不变。麦汁发酵过程中糖类的变化如表3－3－8所示。

表 3-3-8 麦汁发酵过程中糖类的变化 单位: g/100ml

糖类	麦汁	啤酒	糖类	麦汁	啤酒
果糖	痕迹	0	7个葡萄糖基	0.27	0.27
葡萄糖	0.48	痕迹	8个葡萄糖基	0.23	0.24
蔗糖	0.44	0	9个葡萄糖基	0.40	0.36
麦芽糖	3.55	0.26	10个葡萄糖基	0.23	0.23
麦芽三糖	1.42	0.12	11个葡萄糖基	0.24	0.20
麦芽四糖	0.55	0.53	12个葡萄糖基	0.09	0.10
5个葡萄糖基	0.27	0.25	13个葡萄糖基	0.14	0.14
6个葡萄糖基	0.23	0.27	14个葡萄糖基	—	—

在发酵过程中,同等条件下,发酵度随可发酵糖与总糖的比例而变化。可发酵糖含量愈高,发酵度愈高。发酵速度则随发酵温度、发酵压力和酵母接种量而变化,发酵温度愈高,压力愈低,酵母接种量愈多,发酵愈旺,发酵速度愈快。

主发酵结束时,嫩啤酒中还应存有1/6～1/8的可发酵浸出物,相当于嫩啤酒的外观发酵度低于最终外观发酵度10%～12%,如表3－3－9所示。

表 3-3-9　不同发酵阶段的外观浸出物和外观发酵度　单位：%

发酵阶段	外观浸出物	外观发酵度
原麦汁浓度	12.0	0
主发酵完毕	3.8	68
最终发酵度	2.4	80

2. 含氮物质的变化

麦汁中所含可同化氮或不可同化氮的成分，均与啤酒质量有关，前者影响着发酵进程和酵母代谢所产生的风味物质；后者则关系到啤酒的物理性能，如啤酒的澄清、非生物稳定性和泡沫性能等等。

在发酵过程中，麦汁中的部分氨基酸和低肽被酵母所同化，但也由酵母合成了部分新的肽类和蛋白质。这些生物合成产物，其成分与原麦汁所含者不同，对啤酒的风味和各项理化性能均产生影响。另外，麦汁中原有的一部分高分子含氮物质，在发酵过程中因受温度和pH值降低的影响而凝结析出。这部分凝固性氮的析出，对啤酒的非生物稳定性有明显的好处。

从麦汁含氮总量来看，发酵后约减少1/3以上，其中相对分子质量愈高的含氮物质，其降低的比例愈小，如表3－3－10所示。

表 3-3-10　麦汁与啤酒含氮物质的对比　单位:mg/L

项目	麦汁		啤酒	
	总氮	氨基氮	总氮	氨基氮
1	760	188	450	23
2	820	230	500	48

3. 苦味物质的变化

在发酵过程中，麦汁中近1/3的苦味物质损失掉，影响的因素有：

(1) 麦汁通风量　麦汁中含溶解氧愈多，酵母繁殖愈旺盛，酵母新生细胞表面吸附的苦味物质愈多。适当调低含氧量，可以减少苦味物质的损失。

(2) pH值　在发酵过程中，酒液的pH值和发酵温度愈低，尚未异构化的α-酸析出愈多。pH值对异α－酸的影响相对较小。

(3) 发酵时间　高温短时间的强烈发酵较低温长时间的缓慢发酵，苦味物质相对损失较大。

(4) 酵母品种　粉状酵母在酒液中分散比较均匀，有较大的接触面，因此较凝集性酵母吸附的苦味物质多；不同的粉状酵母或凝集性酵母也有不同的吸附量。

(5) 酵母接种量　在发酵过程中，苦味物质的损失与酵母接种量无关，而与酵母增殖量有关。增殖量愈大，损失愈大。

(6) 发酵泡盖　在正常情况下，麦汁中10％～11％的苦味物质随泡盖而析出。泡盖中苦味物质的含量主要与α－酸的异构度有关，从而与麦汁的pH值有关。麦汁pH值愈低，α－酸的异构度愈低，α－酸在发酵过程中的析出量愈多。

(7) 发酵温度和压力　敞口高温发酵导致酵母强烈繁殖，形成较多的泡盖和析出较多的苦味物质；在密闭低温发酵罐中，在40～200kPa的压力下发酵，苦味物质的损失减少。

(8) 发酵容器　采用锥形发酵罐，下面发酵啤酒可以减少10%的苦味物质损失；上面发酵可以减少20%的苦味物质损失。

4. 二氧化碳的产生

在发酵过程中产生大量二氧化碳，部分溶解酒内，部分逸散空气中。二氧化碳在酒液中的溶解度视发酵温度和罐压的变化而有增减。低温、密闭加压发酵酒的二氧化碳含量高；高温、敞口发酵酒的二氧化碳含量低。在传统的敞口低温发酵完毕的酒液中，二氧化碳含量一般为0.25%～0.30%。

5. pH值的变化

冷麦汁的pH值一般为5.2～5.6，随着发酵进程而逐步降低。pH值的下降主要由于在发酵过程中，二氧化碳和有机酸的形成，同时也由于磷酸盐缓冲物质的减少。

麦汁的pH值愈高，酵母代谢所形成的有机酸愈多；麦汁的缓冲指数(Buffer index)愈低，pH值降低的幅度愈大。

麦汁发酵以后，pH值降低甚快，发酵24h后，如经二氧化碳饱和，pH值即可降低至4.4。在此值以下，二氧化碳对pH值的影响即甚微弱。

下面发酵的pH值，在发酵终了时，一般为4.2～4.4，很少低于4.0者；上面发酵的pH值则较下面发酵者为低。添加未发芽谷类原料的麦汁或麦汁煮沸时添加蔗糖均有利于降低酒液的pH值。

低的酒液pH值有利于抑制乳酸菌，有利于蛋白质凝固，有利于酵母凝集。

影响酒液pH值下降的因素，除水质、麦芽质量和糖化方法外，下列因素很重要：

(1) 溶解氧　麦汁中的溶解氧含量愈高，酵母繁殖愈旺，pH值下降愈快。

(2) 酵母品种　采用粉状酵母较采用凝集酵母的pH值下降快。

(3) 酵母添加量　酵母添加量愈高，pH值下降愈快。

(4) 发酵温度　发酵温度愈高，pH值下降愈快。

上述因素均与酵母繁殖速率和发酵速度有关。发酵速度愈快，pH值下降愈快，反之则慢。缓慢地降低pH值，苦味物质损失少，有利于酒的泡持性。

6. 氧与rH值

rH值是表示溶液中氢压的负对数值，是表示溶液氧化还原势(EH)的一种方式，rH值愈高，溶液的氧化力愈高，还原力愈低，反之亦然。

rH, EH和pH值三者的关系如下式所示：

$$rH = \frac{EH}{0.03} + 2\text{pH} \quad (30℃)$$

冷麦汁通氧后，其rH值一般在20以上。麦汁添加酵母开始繁殖以后，在1～2天内，麦汁中的溶解氧迅即被酵母吸收，或参与了其他氧化作用，麦汁的rH值由20很快下降至10～11。

当啤酒为二氧化碳所饱和时，酒内即不易溶解氧，即使有少量氧溶解酒内，也迅即为酵母所同化。

7. 色度变化

麦汁的色度在发酵过程中有所降低，降低的原因，部分由于pH值的变化，原溶解于麦汁中的色素物质又被凝析出来，与蛋白质、酒花树脂等物同存于液面泡盖中；部分原因是由于酵母对单宁物质的还原作用。

麦汁色度降低的幅度，随原麦汁色度深浅而变化，色度深者降低幅度大，色度浅者降低幅度小。

8. 草酸钙的形成

草酸是糖代谢的中间产物。在发酵过程中，草酸钙由酒液中析出，以晶体状附于酵母上和发酵容器上，它是构成所谓“啤酒石”的主要成分。

(八) 发酵过程的控制

在主发酵期间，技术控制的重点是温度、浓度和时间，三者互相制约，又是相辅相成的。发酵温度低，浓度下降就慢，发酵时间长；反之，发酵温度高，浓度下降快，发酵时间短。三者控制的根据与产品种类、酵母菌种、麦汁成分均有关系，控制的目的就是要在最短的时间内达到要求的发酵度和代谢产物。

1. 温度的控制

(1) 接种温度　下面发酵的接种温度一般控制在5～8℃。凡酵母菌种起发快，酵母添加量大或主发酵最高温度要求比较低者，接种温度应低一些，如5～6.5℃；反之，则需要偏高一些，如6.5～8.0℃；通常淡色啤酒的接种温度较浓色啤酒要高一些，发酵快，有利于口味清爽。

(2) 发酵最高温度　低温发酵的最高温度控制在7.5～9.0℃；高温发酵的最高温度控制在10～13℃。

所谓高低温是相对而言的，没有明确的界限，实际上均较上面发酵的温度为低。对啤酒发酵来说，在13℃温度内，酵母的代谢过程没有显著差异，都可制出优质的啤酒来。温度偏低，有利于降低酯类、高级醇、硫化氢、二甲基硫等物质的形成，α-乙酰羟基丁酸的形成量也降低，从而减少了双乙酰的含量，使啤酒口味更好一些，另外泡沫也更好一些，更适于淡色啤酒的发酵；而温度偏高，发酵时间短，设备利用率高，经济上比较合理。实际上各国采取的发酵最高温度并不一样，示例如下：

丹麦　9～10℃

德国　8～9℃

美国　10～13℃

中国　8～10℃

当然，各国内部的情况也不完全一样。因此，根据自身的情况，采取更有利的条件，才是现实的态度。

(3) 发酵终了温度　发酵终了温度一般控制在4～5℃，要求：

① 降低温度，使酵母凝集沉淀，酒液中只保留一定浓度的酵母量〔$(5\sim10)\times10^6$细胞/ml〕，便于后发酵和双乙酰还原。

② 继续降低温度至0～－1℃，便于低温贮藏，以利酒的澄清和二氧化碳饱和，否则将延长贮酒期。

2. 浓度的控制

在一定的酵母菌种和麦汁成分条件下，浓度的控制是由调节发酵温度和发酵时间来控制的。如果发酵旺盛，消糖快，则需适当降低发酵最高温度和缩短最高温的保持时间；反之，则需延长最高温保持时间或采取缓慢降温的办法，以促进消糖。

3. 时间的控制

在一定的麦汁成分、酵母活性和一定的发酵度要求下，发酵时间主要取决于发酵温度。发酵温度高，则发酵时间短，反之亦然。

下面发酵的主发酵时间一般控制在7～10天。低温缓慢发酵的酒，风味柔和醇厚，泡沫细腻持久，质量比较好，但设备利用率低。

近年来，各国相继研究缩短发酵时间的措施，早已打破了上述的控制界限，将在另章叙述之。

(九) 嫩啤酒检验

主发酵完毕后，通过下述检验内容，评定发酵过程。

1. 外观发酵度

12°P的淡色啤酒其嫩啤酒的外观发酵度应达65％以上。

2. 发酵液澄清情况

将主发酵液置玻璃杯中，在室温下放置0.5h，酒内酵母、蛋白质迅速沉淀，发酵液应较澄清，并富有光泽。

3. 嫩啤酒品尝

嫩啤酒应有麦芽香和酒花香味，没有突出的酵母味和其他杂味，口味不应过于淡薄，有轻微的二氧化碳刺激感，没有过苦的口味和后味。

4. 生物稳定性

用无菌吸管吸取嫩啤酒50ml，注入300ml带棉塞的无菌三角瓶中，25℃培养3星期，无细菌混浊，镜检无杂菌；采样做平板培养，如无其他杂菌发现，则肯定啤酒未受污染。

(十) 影响发酵的因素

影响发酵和啤酒质量的主要因素有以下几方面，这些因素的重要性往往因不同类型的啤酒或不同的工厂情况而分主次。

1. 酵母菌种的选择

酵母的选择系由许多参数所决定，理想的菌株至少应具备以下几点：

(1) 满意的收获量，可供继续接种使用。

(2) 正常的发酵速度和极限发酵度，在一定的发酵时间内，可以达到一定的发酵度。

(3) 代谢副产物合理，具有理想的啤酒风味和泡沫性能。

(4) 适当的凝集能力，能使酒液澄清良好。

(5) 在发酵过程中最低的啤酒损失率。

(6) 较高的抗变异稳定性。

(7) 产生α－乙酰乳酸的峰值低，双乙酰还原快。

2. 接种酵母的状态

(1) 酵母接种时的状态与前期使用情况有关。酵母连续几代使用，而缺乏与氧的接触，将产生深远的累积效应，使发酵度逐步下降。而且连续使用的代数愈多，下降幅度愈大。例如酵母连续3代在只含0.5 μl/L溶解氧的条件下发酵，其外观发酵度分别为67%、65.5%、44%;高级醇类、酯类、连二酮等含量之间的平衡也不正常。

(2) 酵母缺氧，同时麦汁中又缺乏不饱和脂肪酸(5 μg/ml以下)，将明显地导致酵母活性逐步下降，增殖率降低，酵母细胞缺乏所含的各种酶和诱导酶，有待重新合成，因而延长了酵母的生长停滞期，从而使酵母生长迟缓，发酵不良。

3. 酵母接种量

酵母接种量对发酵速度有极大影响，4倍于正常的酵母用量，发酵时间几乎可以缩短1/2，如表3－3－11所示。

表 3-3-11　酵母接种量与发酵时间

接　种　量/(L/100L)	发 酵 时 间/d
0.5	9
1.0	7
2.0	4～5

但过高的酵母用量，使酵母新细胞的繁殖减少，最终的酵母收获量将与接种量不成原比例；而且接种量愈高，收获量的比例愈小，既容易使酵母衰退，在生产上也没有实用价值。

4. 酵母在麦汁中的分布情况

酵母在麦汁中的分布情况与下列条件有关:

(1) 菌种　啤酒酵母的沉浮性质大体可分为6种情况:

① 酵母很快凝聚沉降，但沉降的酵母仍继续营发酵作用。

② 酵母在主发酵接近完毕和达到一定的发酵度后沉降。

③ 酵母在发酵终了时，只有少量沉降，大部悬浮于酒液中。

④ 酵母很早浮于液面，发酵早期停止。

⑤ 酵母部分浮于液面，大部悬浮于酒液中，发酵至要求的发酵度后，悬浮的酵母沉降下来。

⑥ 酵母部分浮于液面，大部悬浮于酒液中，不再沉降。

总的讲，开始悬浮，发酵终了大部分沉降(下面酵母)或升至液面(上面发酵)都是正常现象;早期沉降或升至液面者，往往其发酵度不足;长期悬浮而不沉降或浮出者，则发酵度过高。发酵度过高过低均不适宜，影响啤酒质量。酵母长期悬浮而不沉降将给滤酒造成困难。

(2) 发酵容器的大小与形状　很难归纳容器形状对发酵的影响，总的讲，主要是容器深度问题。容器过深会影响酵母的沉降，造成酒中二氧化碳的梯度，酒液在容器中的对流问题。从锥形罐的实践情况看，上述问题都可以解决，将在另章叙述之。

5. 麦汁组成

麦汁成分对发酵速度、发酵度、酵母回收量和酒的品质都有影响，起主要作用的成分是:

(1) 碳水化合物　麦汁成分系由原料和糖化方法所决定，低温糖化，产生较多的可发酵性糖，酒的发酵度高，高级醇的含量也高。

(2) 可同化氮化物(氨基酸、嘌呤、嘧啶等)　氨基酸的含量和图谱决定酵母的生长速率，发酵速度和酵母回收量，同时也影响酵母代谢所产生的风味物质，如双乙酰和高级醇等。

6. 通风供氧

前面已经讲过，酵母要繁殖，需要合成新的细胞膜。细胞膜的关键成分是甾醇和不饱和脂肪酸，发酵后的酵母，其甾醇和不饱和脂肪酸含量已经降至极低，麦汁中不含甾醇，如果麦汁中不饱和脂肪酸(主要是油酸和亚油酸)含量也不足，酵母需要在分子氧的参与下，才能重新合成这些成分，恢复其繁殖能力和活性。因此氧在发酵过程中，也是限制性因素。接种麦汁中理想的溶氧量是8mg/L左右。过低(<6mg/L)酵母繁殖不良；过高(>10mg/L)将产生大量酵母而降低了酒精含量，对啤酒发酵来说，这是不经济的，而且供氧过多，也会促使酵母退化和变形，代谢不正常，产生较多的双乙酰和酯含量。

7. 发酵温度

高温发酵虽能加速发酵速度，但酒内酯和高级醇的含量均较低温发酵者高，酒的pH值偏低，口感淡薄，苦味低；泡沫性能和酒的保存期均不及低温者好，而且容易染菌。

8. 加压发酵

加压发酵的主要目的是可以降低高级醇和酯类的形成，使啤酒在较高的温度下发酵，既能达到提高发酵速度的目的，又可控制酒内高级醇和酯类含量不致过高，在有利于保证啤酒质量的条件下缩短酒龄。但是酵母在加压的情况下，受高浓度二氧化碳的抑制，容易衰退。酵母繁殖和发酵速率也会受到影响，所产的酒在口感上也与不加压酒有所区别。

(十一) 啤酒的异常发酵现象和防治

在传统的敞口主发酵期中，常遇的异常发酵现象和防治方法，如表3－3－12所示。

表 3-3-12　　异常发酵现象和防治方法

名　称	异常现象	产生原因	防治方法
1. 沸腾发酵	常在发酵后期出现沸腾发酵现象。大量二氧化碳气泡上涌，犹如喷泉，把液面泡沫推向一边，部分液面变白，泡盖消失。此现象多在矩形容器的一角发生。由于二氧化碳急速上逸，有时将已沉淀的酵母带至液面	对此现象有多种解释，但都难使人完全信服。发生的原因可能有以下几方面：麦汁组成有问题；麦汁混浊不清，固形物太多；发酵容器表面不光洁，有结垢，特别是矩形容器的四角容易有此现象，使二氧化碳在酒液中留不住，易逸出；可能酵母污染杂菌。沸腾发酵对啤酒的质量一般不致于有多大的影响	改进糖化方法，使麦汁组成合理；加强麦汁过滤，使麦汁澄清透明；清除发酵槽表面结垢，使槽壁光滑易清洁；重新培养酵母，加强各工序灭菌工作和加强酵母的洗涤和纯化

续表

名　称	异常现象	产生原因	防治方法
2. 异泡发酵	大明泡发酵，发生在高泡期或发酵终了期，使已凝结出来的树脂和夹杂物下沉，液面由棕褐色变成白色。此外，还有混浊泡沫发酵现象，主要在落泡期发生	大明泡发酵是由于麦汁内存在亚硝酸盐之故，此种酒一般不损及质量。混浊泡沫发酵的主要原因是酵母不纯，污染野生酵母或其他杂菌，也可能是糖化不完全，发酵终了，嫩啤酒不易澄清。此种发酵现象一般不致于严重损害质量，但保存期短	亚硝酸盐多来自糖化用水，应改善之；改进糖化方法，使糖化完全；弃置染菌的酵母，换用新酵母；加强酵母的纯化处理；加强发酵室的清洁灭菌工作
3. 发酵中止	发酵高泡期开始不久，泡沫升起后忽又回缩，糖度下降缓慢，严重时发酵中止，发酵液澄清	麦汁中α－氨基氮、嘌呤、嘧啶等物质含量不足，可发酵性糖含量过低；麦汁酸度过高或过低，酵母容易沉降；糖化时pH值过高，使植酸钙和镁盐不能充分分解为肌醇和磷酸盐，缺乏生长素；发酵温度调节不当，骤然下降，酵母变异，不能发酵麦芽三糖 制成的啤酒发酵度低，残糖高，口味淡薄不爽，有甜味，泡持性差	在糖化用水中加乳酸，降低麦汁的pH值，提高可同化氮化物和可发酵性糖的含量以及生长素的含量，并促进蛋白质的分解（糖化时）和凝结（麦汁煮沸时）；正确控制发酵温度；另换新酵母
4. 缺泡开裂	一般发生在起泡期和高泡期之间。液面出现缺泡开裂，犹如融裂的冰山，发酵不旺盛，泡盖不均	酵母贮存水温高，缺氧，发酵力减退；麦芽汁含α－氨基氮不足，接种温度过低，溶解氧含量不足，酵母表面吸附过多的蛋白质和树脂等原因使发酵迟缓；发酵室温过低	提高麦汁接种温度和麦汁中的溶解氧；增加酵母添加量，加强酵母的处理和保存或换用新酵母；糖化添加乳酸，延长蛋白质休止时间，提高α－氨基氮含量

二、后　发　酵

麦汁经主发酵后的发酵液叫嫩啤酒(green beer)，又叫新啤酒。此时酒的二氧化碳含量不足，双乙酰、乙醛、硫化氢等挥发性风味物质尚未降至合理程度，酒液口感不成熟，不适于饮用；大量的悬浮酵母和凝结析出的物质尚未完全沉淀下来，酒液不够澄清，一般还需数星期或数月的后发酵和贮酒期。啤酒的成熟和澄清均在后发酵和贮酒期内完成。

（一）后发酵和贮酒期的作用

在后发酵过程中，一些生化、化学和物理变化仍在缓慢进行，其主要作用如下：

(1) 嫩啤酒下酒后，开始的后发酵温度仍维持在3～5℃，使残留的可发酵糖（主要是麦芽糖和麦芽三糖）继续发酵，产生的二氧化碳在密闭的贮酒容器中，不断溶解酒内，使达饱和状态。同时在比较高的后发酵温度下，双乙酰仍可较快地还原。

(2) 后发酵初期产生的二氧化碳，在排至贮酒罐外时，将酒内所含的一些生酒味挥发物质，如双乙酰、硫化氢和乙醛等同时大量排出，减少啤酒的不成熟味觉，加快啤酒成熟。

(3) 后发酵维持7～10天后，逐步降低酒温至0～1℃，进入贮酒成熟期。在较长的贮酒期中，悬浮的酵母、冷凝固物和酒花树脂等，在低温和低pH值下，缓慢沉淀下来，使酒液逐渐澄清，酒的口感愈趋成熟。

(4) 在较低的贮酒温度下，一些易形成混浊的蛋白质－多酚复合物逐渐析出而先行沉淀下来或被过滤除去，改善了啤酒的非生物稳定性，从而提高了成品啤酒的保存期。

在后发酵期内，啤酒应绝对防止接触空气，保持酒的还原状态，否则不但啤酒的风味、泡沫、色泽和非生物稳定性要因氧化而受到严重影响，而且易感染杂菌，甚至败坏。

1. 二氧化碳饱和

传统的啤酒制造方法，都依靠发酵本身产生二氧化碳，溶解酒中，使达饱和；后来有用人工充二氧化碳的办法，补救发酵本身所产二氧化碳的不足，使达较高的二氧化碳含量；或在主发酵期将可发酵性糖发酵完，没有后发酵期，酒液用人工充二氧化碳，在一定的罐压下，使达饱和，这样做法可以大大缩短生产时间。

二氧化碳饱和以后，贮酒时间愈长，酒对二氧化碳的吸附作用愈稳定，对啤酒质量愈有利。

饱和啤酒中的二氧化碳，一般认为呈3种状态：根据亨利定律，在不同酒温和压力下溶解酒内的气态二氧化碳；被啤酒中胶体物质所吸附的二氧化碳；与啤酒成分化合的二氧化碳。

(1) 残糖和二氧化碳　每公斤葡萄糖分解，产生二氧化碳的理论数为0.514kg。敞口发酵嫩啤酒的二氧化碳含量为0.25％左右，成品啤酒的二氧化碳含量一般要求在0.50％左右，说明约0.25％溶解在酒中的二氧化碳需在后发酵期产生，相当约0.5％的可发酵性糖含量。加上后发酵初期及后发酵过程中排放的二氧化碳，在后发酵期内至少应有约1.2％的可发酵糖存在，始能满足对二氧化碳含量达到0.5％左右的要求。

(2) 影响二氧化碳含量的主要参数　二氧化碳溶解酒中的量与罐压和贮酒温度有关，罐压愈高，温度愈低，二氧化碳溶解酒内的量愈多，反之则少。

①二氧化碳含量是温度和压力的函数，在等压条件下，温度每升1℃，二氧化碳含量减少0.01％；在等温条件下，压力每增加10kPa，二氧化碳含量增加0.03％～0.04％。

②二氧化碳含量可按下式计算

$$CO_2(\%)=0.298+4p-0.008t$$

式中　p——罐压(MPa)

t——酒温(℃)

在不同罐压和贮酒温度下，二氧化碳含量如表3－3－13，图3－3－2所示。

在正常后发酵情况下，一般罐压维持在0.05～0.08MPa，贮酒温度维持在－1～1℃。

(3) 二氧化碳与贮酒容器　二氧化碳含量与贮酒容器深度有关。体型高的贮酒罐底部啤酒的二氧化碳高于表面啤酒的二氧化碳，每深1m处的酒液压力增加0.01MPa，二氧化碳含量增高0.03％～0.04％，使不同深处酒液的二氧化碳含量形成梯度，贮酒罐愈高，形成的梯度范围愈大。

表 3-3-13 罐压、酒温与二氧化碳含量的关系

罐压/MPa	二氧化碳含量/%		
	1℃	2℃	3℃
0.020	0.37	0.36	0.35
0.025	0.39	0.38	0.37
0.030	0.41	0.40	0.39
0.035	0.43	0.42	0.41
0.040	0.45	0.44	0.43
0.045	0.47	0.46	0.45
0.050	0.49	0.48	0.47
0.060	0.53	0.52	0.51
0.070	0.57	0.56	0.55
0.080	0.61	0.60	0.59

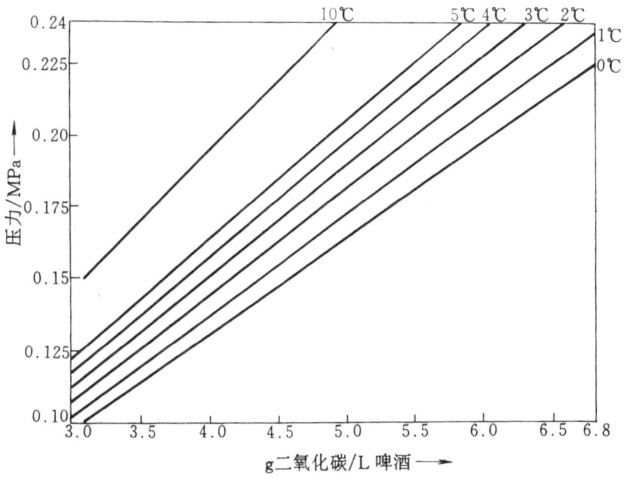

图 3-3-2 啤酒二氧化碳饱和曲线图

(4) 二氧化碳与啤酒质量

① 低温长时间缓慢溶解酒内的二氧化碳，有利于被胶体物质吸附和与酒内某些成分结合，在酒中更趋稳定，有利于泡沫的形成、持久性和稳定性。

② 二氧化碳赋予啤酒以杀口的刺激感，并有利于防止酒的氧化。

③ 二氧化碳有助于降低啤酒pH值，使啤酒更显淡爽；析出部分酒花树脂，使啤酒苦味更加柔和。

④ 溶解酒内的二氧化碳有利于防止杂菌污染。

(5) 二氧化碳的自然饱和和人工饱和

① 自然饱和：采用二氧化碳自然饱和的啤酒，在主发酵完毕时，应保留适量的可发酵性糖和适当的酵母浓度，或不残留可发酵糖而于后发酵时添加10%～20%的高泡酒，在长时间的后发酵和贮酒过程中，使发酵产生的二氧化碳，自然地饱和于酒液中。

②人工饱和：人工饱和系将酒液冷却至0℃左右，机械充入二氧化碳，使其含量达

0.5%左右。

人工充气的二氧化碳应纯净无氧，不含其他杂质，二氧化碳纯度应达99.99%以上。

人工充二氧化碳的效果与原麦汁组成、充气温度、充气时间和充气方式有关。充气的二氧化碳分配愈细(通过罐内二氧化碳扩散器)，温度愈低，效果愈好。充气后应保持一段时间，以利二氧化碳溶解于酒内。人工充二氧化碳的消耗量约为150g/100L啤酒。

③ 自然饱和与人工饱和二氧化碳的效果对比：

i 对啤酒澄清的效果：人工饱和者较自然饱和者略好一些，随着贮藏时间的延长，两者差距逐渐缩小。以单位时间的滤酒量来衡量，可比较如表3－3－14所示。

表 3-3-14 人工和自然饱和啤酒澄清效果对比

贮酒时间/d	滤酒量(相对数字)	
	自然饱和酒	人工饱和酒
7	100	129
14	100	110
21	100	106.5

ii 对啤酒非生物稳定性的效果：两者无何差异。如表3－3－15所示。

表 3-3-15 人工和自然饱和啤酒对非生物稳定性的影响

贮藏时间/d	开始澄清度/EBC单位		冷混浊度(保存时间60d)/EBC单位	
	人工饱和酒	自然饱和酒	人工饱和酒	自然饱和酒
0	0.4	0.4	0.9	1.1
7	0.5	0.5	0.7	0.7
14	0.5	0.6	0.7	0.7
21	0.6	0.6	0.6	0.6
28	0.4	0.4	0.5	0.5

iii 对啤酒成熟的效果：人工饱和较自然饱和有利。经人工饱和的酒，硫化氢和乙醛含量远较自然饱和者低；双乙酰的含量两者相差不多，人工饱和的酒含量略高一些；高级醇类的含量则甚接近。

iv 对啤酒泡沫稳定性和异α-酸含量的影响：两者无何差异。

v 对口味的影响：两者风味稍异，各具特点，评价接近。

2. 啤酒的成熟

在后发酵期中，促进啤酒成熟的作用，主要是利用二氧化碳排放，排除嫩啤酒中所含的生青味物质双乙酰、乙醛、硫化氢。

过去认为，长期的后发酵过程，能促进脂肪酸与醇类的化学酯化反应而使酒达到成熟，这种观点是不全面的。在贮酒的温度和pH值下，化学的酯化反应是很微小的。啤酒的生青味主要来自主发酵期间酵母代谢所形成的某些挥发性代谢副产物，其中最主要的成分是双乙酰、硫化氢和乙醛。乙醛是乙醇发酵的前驱物质；硫化氢是酵母对麦汁中硫化物代谢作用的中间产物；双乙酰则主要是酵母生物合成缬氨酸的支路代谢产物。这些产物大部分是在发酵旺盛期形成的，在后发酵过程中，其含量均逐渐降低。

(1) 乙醛 啤酒中的乙醛含量波动很大，淡色啤酒的乙醛味阈值<10mg/L。乙醛含量在发酵旺盛期达到高峰，而后逐渐降低。贮酒初期，随着二氧化碳的排放，乙醛含量开始锐减，直至贮酒完毕，均保持低含量，减低的幅度则因酒而异。

啤酒的氧化－还原势与乙醛含量有关。啤酒愈处于氧化状态，乙醛含量愈高。在后发酵期中，添加还原剂对降低乙醛含量是有益的。

(2) 硫化氢 硫化氢在啤酒中的味阈值极低，<10μg/L。极微量的硫化氢是啤酒风味物质的必要成分，过量则有害，能赋予啤酒一种不愉快的生青味，必须排除之。

硫化氢在发酵旺盛期含量最高，以后逐渐降低。贮酒初期，由于后发酵作用排出的二氧化碳，或经人工二氧化碳洗涤，可将大部分硫化氢排除。成熟的啤酒，硫化氢含量应降至5μg/L以下。

(3) 双乙酰 成熟的啤酒，双乙酰含量应在0.1mg/kg以下。后发酵期中降低双乙酰的措施如下:

①下酒时保存适量的酵母浓度〔$(10\sim15)\times10^6$细胞/ml〕，利用酵母的还原酶，将双乙酰还原为丁二醇，如酵母浓度不足，下酒后，可追加适量高泡酒(10%左右，发酵度为20%～25%)。

② 适当延长后发酵前期，保持较高的酒温(4～5℃)，促进双乙酰还原。

③ 利用后发酵排放产生的二氧化碳时，将挥发性的双乙酰排出，或用99.99%以上纯度、经过除氧净化的二氧化碳洗涤，也可排除双乙酰。但双乙酰的前体物质α-乙酰乳酸是非挥发性物质，不易排除，只能分解为双乙酰后，才能排除。因此，在后发酵前期应尽量加强α-乙酰乳酸的转化。

3. 啤酒的澄清

(1) 啤酒澄清的作用 啤酒澄清是在贮酒期间，将酒中所含的悬浮物沉淀下来。澄清的目的是使滤酒时顺利，产量高;滤后的酒透明度好(浊度<0.3EBC单位)，酒的稳定性好，保存期长。

(2) 啤酒中的主要悬浮物质

① 酵母细胞: 啤酒澄清与酵母菌种有关。凝聚性酵母易沉淀，有利于酒的澄清;粉状酵母则沉淀很慢或根本不沉淀，需要采取其他措施，如加胶吸附，使其沉淀，或经离心机离心分离。

② 冷凝固性蛋白质: 随着贮酒温度和pH的降低，一些冷凝固性蛋白质逐渐析出而沉淀。

③ 酒花树脂: 已溶解的酒花树脂，在温度和pH不断降低情况下，部分复又析出而沉淀下来。

④ 蛋白质－多酚复合物: 此物质是形成成品啤酒混浊沉淀的前体物质。其多酚部分因不断氧化聚合，相对分子质量增大，遇冷则析出，成雾状混浊(又名冷混浊)，加热至20℃复溶。再进一步氧化聚合，相对分子质量大到一定程度，便成永久性混浊，加热不能复溶，长时间放置后，即沉淀下来。

上述悬浮物质均随贮藏温度降低和贮藏时间延长而逐渐沉降下来，使酒变得比较澄清。但是，单纯依靠贮酒期间的自然沉降，只能使酒达到一定程度的澄清。要使啤酒达到清澈透明，有光泽，最后需经过机械处理(离心分离和过滤等方法)，除去最小的微细粒子。

(3) 影响啤酒澄清的因素　啤酒的澄清度，取决于下列因素：

① 悬浮物的性质：酵母是根据其不同的凝聚性而有不同沉降效果的。蛋白质和酒花树脂的析出物，开始都很微小，这些微粒互相接触、吸附和凝聚，形成较大的颗粒，最后沉淀下来。其沉降速度除与本身所形成的颗粒大小有关外，还受酒液的条件如pH值、温度、粘度、对流情况等影响而不同。冷混浊物和永久性混浊物不容易在短时间内析出，但这些物质早期析出，对成品啤酒的保存期非常有利，应在滤酒时除去之。

② 贮酒温度：高温(3℃以上)贮藏的酒，比低温(0℃以下)贮藏的酒澄清得快。因为在较高温度下，冷混浊物析出较少。但这样的酒装出后，保存期短。贮酒温度愈低，遇冷析出的物质愈多，澄清度虽不及高温者好，但在滤酒时可将悬浮混浊物除去，对成品啤酒的保存期是极为有利的。因此，滤酒前利用过冷却器将酒温降至 −1.5℃(接近啤酒的冰点)，尽量使冷混浊物较多地析出再过滤，是一项极好的措施。

③ pH值：酒液的pH值在4.2～4.4时，有利于酒的沉淀和澄清。下面发酵啤酒的pH值一般在4.0～4.5，澄清较快;上面发酵啤酒的pH值低一些，可达4.0以下，澄清较慢。

④ 容器大小：贮酒罐直径过大者，内部酒温不易很快下降，影响悬浮物质的析出、凝聚和沉淀;液柱高的贮酒罐，沉淀物不易很快沉降罐底，较液柱低者澄清慢。因此，小贮酒罐有利于酒的澄清。

对于容量过大的贮酒罐，仍采取用室温来降低酒温是不合理的，应采取体外降温，即利用热交换器进行循环冷却，或冷却后另置一贮酒罐后，然后进行贮酒。

⑤ 酒液粘度：啤酒粘度大者较粘度小者澄清较慢。粘度过高，有时甚至难以过滤。造成粘度高的原因主要是酒内含β-葡聚糖过多，这直接关系到选用原料和糖化方法的问题。采用溶解不良的麦芽和β-葡聚糖分解不足的糖化方法往往会产生这种情况。

(4) 加速啤酒澄清的措施　除去对酵母菌种、大麦品种、制麦和酿造加工工艺进行研究和选择外，行之有效的措施是添加吸附剂和胶体物质。

① 吸附剂：利用其表面活性，将酒液中的细微悬浮物吸附在其表面上，以加速悬浮物的沉淀，常用者有山毛榉(beechwood)木片等。

② 胶体物质：常用的有鱼胶(isinglass)、明胶等，以使用鱼胶较普遍。鱼胶带正电荷，与酵母及多酚物质的负电荷直接作用，相互聚合形成小的颗粒，随后这些小颗粒又通过氢键聚合成更大的絮凝物而沉淀下来，沉淀的同时将酒中其他的悬浮物一并吸附而沉淀下来。

下面发酵啤酒一般是低温长时间贮酒和采用凝聚性酵母，澄清较快，一般不需加上述澄清剂，滤酒不致发生困难。上面发酵因贮酒期短、温度高、酵母不易沉降等原因，或根本无贮酒阶段，酒的澄清较差，需加澄清剂处理。

(二) 后发酵的工艺要求和操作方法

1. 下酒

(1) 下酒工艺要求

① 发酵完毕的发酵液，经输酒导管，送入事先已灭菌的贮酒罐内。贮酒罐可用单批发酵液装满，也可几批发酵液混合分装几个贮酒罐内，每个罐分2次、3次或4次加满。混合分

装的目的是为了得到质量均一的啤酒，同时酵母分布较好，加速后发酵作用。分装不宜拖延时间，应在1～3天内装满。

理想的下酒方法是贮酒罐内的氧，先经水置换，再经CO_2与水置换，使下酒的嫩啤酒尽量不与氧接触，防止酒的氧化。

② 嫩啤酒下酒入罐后，液面上留出10～15cm空距，有利于排除液面上的空气。

③ 如果嫩啤酒含残糖过低，不足以进行后发酵，可添加10％～20％的起泡酒(发酵度20％左右)，贮酒罐在下酒时应留出起泡酒的空间，经过2～3天敞口发酵，再添加起泡酒，然后封罐，进行后发酵。

添加起泡酒的目的是使后发酵旺盛，有利于排除生酒味物质，促进酒的成熟。同时提供发酵旺盛的酵母，有利于双乙酰还原。

④ 输酒的动力可利用发酵室与贮酒室的位差，也可采用离心泵输送，但应注意泵的清洁灭菌，以防感染杂菌。

⑤ 传统操作方法，下酒酵母浓度应控制在10×10^6细胞/ml左右，过高过低均不宜。如果主发酵后期，酵母沉淀不良，下酒时，可通过酵母离心机分离掉部分酵母，以控制酵母浓度。如果用凝集性很强的酵母，或下酒过晚，酒液内酵母浓度不足，下酒后可适量添加些新鲜酵母泥或适量添加起泡酒。

(2) 下酒操作　有两种方式：

① 上面下酒法：发酵液从贮酒罐上面排气口处送入贮酒罐内。此种方式容易起沫，不易控制液面上的空间，而且会吸收多量氧气，多不采用。

② 下面下酒法：发酵液从贮酒罐下部出口处送入。此种方式液流平衡，不易起沫；液面上空间容易控制，吸氧少，多采用此法。

2. 封桶升压

下酒满桶后，敞口发酵2～7天，发酵正常情况下为2～3天，以排除啤酒中的生青味物质。一般在下酒24h后，顶部气孔即冒出白色泡沫，数天后，泡沫变黄回缩，即行封罐，并在罐上口连接压力计，控制一定压力(50～80kPa)，使二氧化碳气压逐步上升，待达到一定要求，即控制稳定不变。后发酵产生的二氧化碳，部分溶解酒内，达到饱和，多余的通过压力计缓慢逸出。罐压应根据要求控制，不得过高过低。过低则二氧化碳含量不足，酒味平淡，过高则滤酒减压时容易串沫。

3. 温度控制

后发酵多利用室温控制酒温，或贮酒罐本身具备冷却设施，自身冷却。传统生产方法，后发酵多控制先高后低的贮酒温度，前期控制3～5℃，而后逐步降温至－1～1℃，降温速度则由不同类型啤酒的贮酒时间而定。新型的后发酵工艺，前期温度控制范围波动很大(3～13℃)，以期尽快降低双乙酰含量；后期则保持一定时间(7～14天)的低温(－1～0℃)贮藏，以利二氧化碳饱和酒内和酒的沉淀及澄清。

4. 后发酵时间

后发酵时间根据啤酒类型、原麦汁浓度和贮酒温度而异，情况如下：

(1) 淡色啤酒要求酒花苦味柔和，一般贮酒时间较长；浓色啤酒要求麦芽香味突出，一般贮酒时间较短；外销啤酒较内销啤酒贮酒期长。

(2) 原麦汁浓度高的啤酒较低浓度啤酒贮酒期长;低温贮酒较高温贮酒的贮酒时间长。

国内外传统的啤酒酒龄规定如表3－3－16和3－3－17所示。

表 3-3-16 国内传统啤酒生产酒龄

啤酒种类	原麦汁浓度/°P	酒龄/d	啤酒种类	原麦汁浓度/°P	酒龄/d
鲜啤酒	10～12	30～40	黑鲜啤酒	13～15	40～50
熟啤酒	11～14	50～75	黑啤酒	13～18	75～90
出口啤酒	12～14	75～90	出口黑啤酒	16～18	75～100

表 3-3-17 国外传统著名啤酒酒龄

啤酒种类	原麦汁浓度/°P	酒龄/周	啤酒种类	原麦汁浓度/°P	酒龄/周
捷克比尔森啤酒	10	6～8	维也纳啤酒	10	6～8
捷克比尔森贮藏啤酒	12	6～16	维也纳贮藏啤酒	13～14	12～16
捷克比尔森外销啤酒	12～14	26～39	慕尼黑黑啤酒	13～14	6～12

5. 加入添加剂

为了改善啤酒的泡沫、风味和非生物稳定性，许多国家准许在啤酒中加入适量的添加剂。这些添加剂多在贮酒时滤酒过程中或清酒罐内添加。常用的添加剂如表3－3－18所示。

表 3-3-18 后发酵期中常加的啤酒添加剂

名称	作用	用量
1. 鱼胶*	澄清剂	0.2～0.3L鱼胶澄清剂/100L啤酒
2. 鹿角菜(carragheen)	澄清剂	3.6g/100L
3. 海藻酸钠	泡沫稳定剂	40～80mg/L
4. 硅胶	非生物稳定剂(蛋白质吸附剂)	0.1%
5. 聚乙烯聚吡咯烷酮	非生物稳定剂(多酚物质吸附剂)	10～25g/100L
6. 棓单宁	非生物稳定剂(蛋白质沉淀剂)	3～5g/100L
7. 蛋白酶制剂(木瓜酶菠萝酶等)	非生物稳定剂(蛋白质分解剂)	根据酶活力使用
8. 抗坏血酸(维生素C)	风味稳定剂(抗氧化剂)	1～3g/100L(每1ml氧需添加7.29mg抗坏血酸)

* 鱼胶澄清剂的制造方法如下所示:

先将鱼胶切成小块，浸入酒石酸、硫酸或乙酸中。例如将1kg鱼胶浸入30L含250～500g酒石酸的溶液中。酒石酸的作用主要是调节pH值，酒石酸的用量应使鱼胶达到最高的膨胀率为度，因此应先做小试验，确定其用量。鱼胶放入酸液中膨胀数天，温度控制15.5℃。然后将全部溶液加压，使之通过细筛，并加上1%硫酸或1%亚硫酸氢盐，作为防腐剂。

第二节 上面发酵

啤酒发酵系以上面发酵为起源，而后由于选用的纯粹培养酵母不同，划分为上面发酵与下面发酵两种啤酒发酵类型。上面发酵在发酵外观、技术操作和发酵设备方面与下面发酵有所不同,但两者的发酵机理是一致的。

一、上面发酵工艺的特点

(1) 上面发酵系采用上面酵母,是在较高的温度(15～20℃)下进行的。酵母起发快,接种量可以减少,形成的酵母新细胞较多。发酵终了,大部分酵母浮在液面,酵母回收工作虽较下面发酵复杂,但酵母使用代数远较下面发酵为多,长久没有衰退现象。

(2) 上面发酵的麦汁接种温度为13～16℃,比较高。发酵2～3天,当酵母升至液面时,为发酵旺盛阶段,此时应开始降低液温,可采用12～14℃冷水冷却,并在酵母形成泡盖时立即撇去,发酵4～6天即行结束。

(3) 发酵结束后,酵母成紧密的一层浮在液面上,厚为3～4cm。优良的酵母,其酵母层具有皱褶状的外观。

(4) 上面发酵在发酵过程中通风时间长,目的是使酵母分散悬浮在发酵液中,对凝集性强的酵母,通风尤属必要。

(5) 上面发酵一般不采用后发酵,主发酵的发酵度接近最终发酵度。分离酵母后,加胶处理,贮藏澄清一阶段,采用人工充二氧化碳,使达饱和。若上面发酵采用后发酵工艺,下酒时,酒液中保留部分残糖,继续发酵,产生的二氧化碳饱和在酒中。

(6) 上面发酵酿制的啤酒成熟快,设备周转快,啤酒有独特的风味,但保存期短。

二、上面发酵方法

根据酵母分离方法和发酵容器的不同,分为4种类型。

(一) 传统的撇去法

采用上面啤酒酵母,在圆形或矩形敞口发酵槽中进行发酵,当发酵液面形成泡盖时,即行撇去,故名撇去法(Skimming system)。

1. 工艺过程

麦汁接种酵母后,在酵母繁殖槽中繁殖8～16h后,移入发酵槽进行发酵。液面泡盖形成后即行撇去,而后每天撇沫两次。发酵3天左右,即达发酵旺盛阶段,酵母上浮到液面,发酵液开始澄清,撇沫停止,并开始用12～14℃水降温。发酵4～6天,即行结束,撇去上浮泡盖,回收泡盖下面的酵母层,留作下批发酵用。然后将发酵液移入贮酒罐,进行后处理。

回收酵母,采用一锥形收集器(图3－3－3)。置于槽中央或周边。收集器的位置可上下调整,

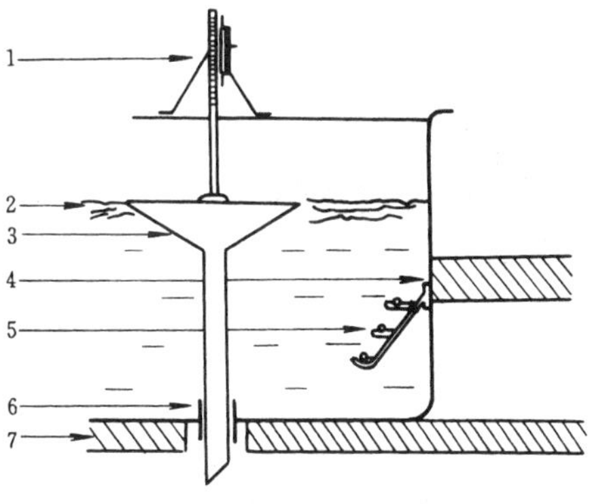

图 3－3－3　撇去法上面发酵

1—调节酵母收集器的架和齿轮　2—酵母层
3—酵母收集器　4—假底　5—冷却管
6—套筒　7—槽托架　8—酵母车

使器口与液面取齐，便于撇去酵母。根据酵母菌种和啤酒种类，在发酵过程中可收集1次、2次或3次。一般开始收集的酵母发酵力弱，后来收集的酵母发酵力强，可用于下批接种。

发酵速度是由适当调节温度来控制的。在发酵槽内装有冷却夹套或盘管，以控制发酵所产生的热量。

淡色上面发酵啤酒的发酵过程如图3－3－4所示。

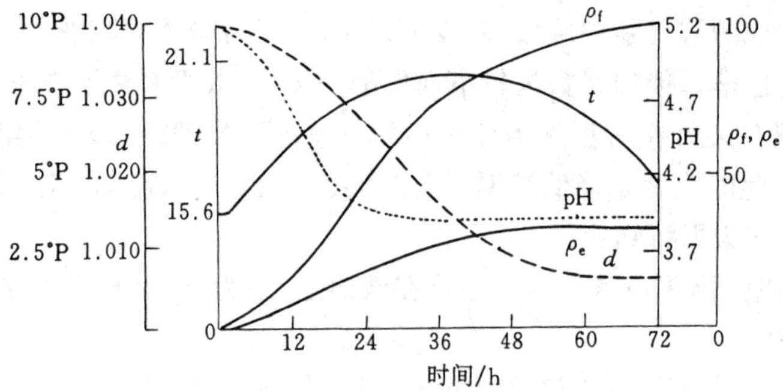

图 3－3－4　淡色上面发酵啤酒的发酵过程

d—麦汁相对密度(或麦汁浓度°P)　t—发酵温度(℃)　ρ_f—高级醇(μg/ml)　ρ_e—酯类(μg/ml)

2. 撇去法的改进

(1) 发酵设备的材料与构造方面　传统使用的材料为石板、木材、铁板、铝板等，多数存在设备费用高，强度不够好，清洗困难等缺点。新型的发酵容器，多采用不锈钢板制作的密闭发酵容器(图3－3－5)，并采用侧壁冷却夹套、温度自动程序控制记录器、罐内自动清洗器、二氧化碳收集器等设施。

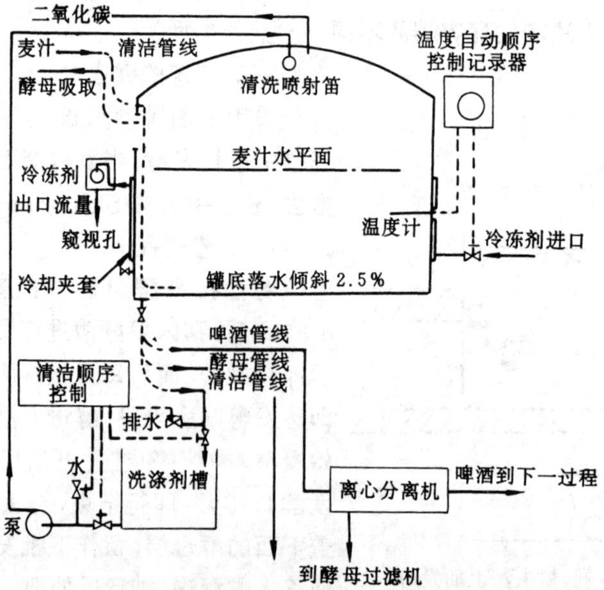

图 3－3－5　上面发酵密闭发酵罐

(2) 发酵工艺方面　采用密闭发酵容器，传统的撇沫法发生困难，因此从酵母选择上进行解决：

①酵母不形成液盖，下酒时利用酵母离心机回收酵母。

②采用沉淀性的酵母，发酵完毕，沉于器底，进行回收。

(3) 免去通风系统　传统上面发酵的特点需要不断通风，但通风对卫生管理是不适宜的，改用新酵母后，不通风也可以生产出风味良好的啤酒来，遂改革了这一传统操作。

(二) 落下法

落下法(Dropping system)是撇去法的改良法。

1. 工艺过程

麦汁接种酵母，发酵24～36h，待液面泡盖形成后，将发酵液直接由槽底借重力落入下面另一发酵槽内，使泡盖留于上层发酵槽内而分离之。在落下过程中，发酵液获得有效搅拌，充分接触空气，并排除部分二氧化碳，促使酵母旺盛发酵。而后仍按撇去法操作，每日撇去液面泡盖2次，直至发酵完毕。发酵时间一般为3～5天，酵母接种量较撇去法高一些。

2. 落下法的优点

(1) 酒内凝固物及其他杂质，在落下时，留于第1槽底，得到分离，从而使回收的酵母比较清洁。

(2) 酒液落下时，达到酒液混合和通风的目的，使发酵旺盛。

撇去法和落下法的共同优点是：设备简单；适于制造各种上面啤酒；啤酒损失率低($<2\%$)。

(三) 巴顿联合法

巴顿联合法(Burton Union system)专制英国传统特产淡色爱尔啤酒，有地区性，巴顿地区的水质含硫酸钙特别高，构成了巴顿淡色爱尔啤酒的特点，世界闻名。

1. 工艺过程

麦汁接种后，发酵36h左右，即发酵达到高峰时，将发酵液落于下面二组橡木桶内(每组12个，每个容量约250hl)，桶内设冷却管，桶上设一鹅颈管，当发酵旺盛时，二氧化碳上升，使酵母和部分酒液经鹅颈管流于木桶上面一收集槽内，槽温较木桶低，略倾斜，酵母沉集其中，酒液又经一边管流回木桶，继续发酵。木桶可冷却调温，以控制发酵速度、酒液浓度和酵母浓度。发酵完毕，酵母几乎全部紧密地留在收集槽内，取其中层作为下批接种用。酒液则由木桶流入贮藏容器中，进行后处理。

巴顿联合法的设备组合情况如图3－3－6所示。

2. 优缺点

(1) 优点　回收酵母的质量好；产品富有特殊风味，质量好。

(2) 缺点　占地面积大；设备费用、维持费用和清洁费用高；酒的损失大。

近代化生产已将一组木桶改为不锈钢卧式柱形罐。

(四) 约克夏法

传统的约克夏法(Yorkshire Stone Square system)系采用石头制的发酵槽，近代化的约克夏法已将石头容器改为不锈钢槽。

利用隔板将一个发酵槽分为上下两层(图3－3－7)。隔板中间有一人孔，人孔周边有15cm高的挡板，并有一组输酒导管，可将上层酒液流入下层。麦汁和酵母放入下层，发酵在下层开始，发酵液面距离隔板只有2.5cm左右。当发酵24～36h后，利用泵不断将酒液由

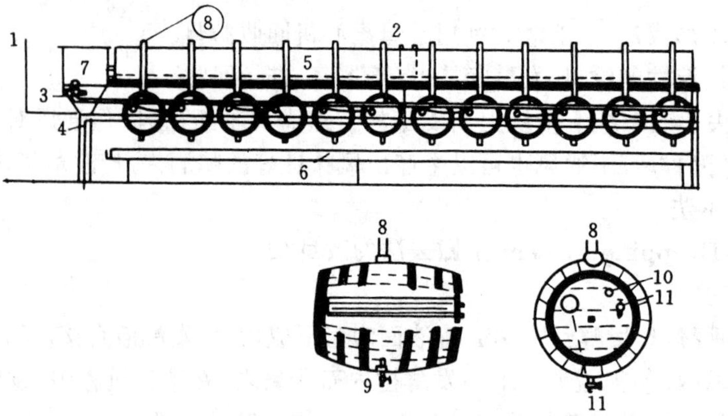

图 3-3-6　巴顿联合法上面发酵

1—冷却水(啤酒用)　2—冷却水(酵母用)　3—边管　4—废水　5—酵母收集槽　6—底槽
7—进麦汁器　8—鹅颈管　9—底部旋塞　10—边部旋塞　11—样品旋塞

下层打入上层，起通风搅拌作用，每2～4h泵送10min，直至达到要求的发酵度。

发酵旺盛时，酵母由中间人孔流入上层，酒液则由导管流回下层。发酵完毕时，酵母全部收集隔板上，并由排出孔回收之，酒液则送至贮酒容器。

此法适用于凝聚性酵母，较撇去法费用高，制出的啤酒具有特殊的风味。

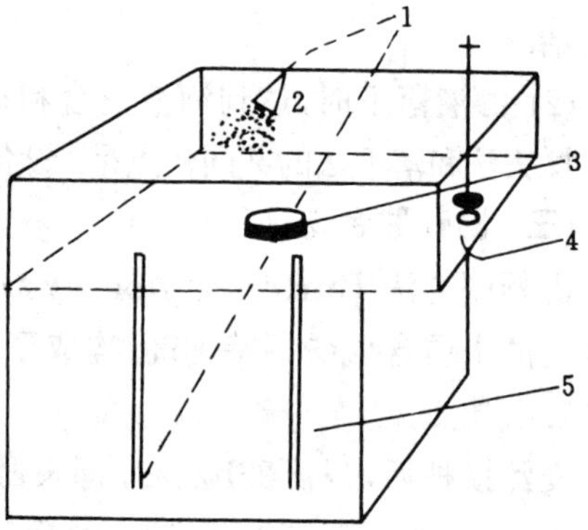

图 3-3-7　约克夏法上面发酵

1—泵　2—鱼尾输酒器　3—人孔
4—酵母排出孔　5—导酒管

三、上面发酵的技术条件

以12°P麦汁为例，要求如下：

项　目	技术条件
麦汁接种温度/℃	14～16
酵母添加量/%	0.15～0.30
酵母增殖时间/h	8～16
主发酵最高温度/℃	18～20
冷却水温/℃	12～14
发酵室室温/℃	15左右
发酵室空气	无菌过滤
主发酵时间/d	4～6
主发酵终了浓度/%	3.5～4.0
下酒时可发酵糖浓度/%	0.5～1.0
下酒时温度/℃	11～12
升降温度	要求平稳防止骤升骤降

项　目	技术条件
	升温：1℃/h　降温：1℃/8h
通风(撇去法)	发酵12h后至撇沫前，每3h通风10min
麦汁溶解氧(μl/L)	5～10

四、上面发酵的后处理

上面发酵啤酒一般不进行后发酵，而进行一些后处理。后处理过程系在完成罐(直立的贮酒罐)内进行，后处理的内容包括：

1. 加鱼胶澄清

后处理的时间远较后发酵的时间为短，为了加速酒的澄清，上面发酵啤酒都要添加鱼胶澄清剂，使酒内悬浮的酵母、蛋白质等微细粒子和鱼胶凝集成较大的粒子而沉淀下来，酒液可以很快得到澄清。

添加鱼胶时，先将前述的鱼胶澄清剂放在6倍量的啤酒中搅拌均匀，然后加入完成罐内，使其均匀地分布在酒内。

2. 啤酒冷却和充二氧化碳

上面发酵不进行后发酵，酒内的二氧化碳系利用人工充二氧化碳，使其饱和酒内。在充二氧化碳时应先将酒温降下来，也就是边冷却，边充二氧化碳，直到冷却至0℃为止，使二氧化碳充分饱和酒内。

充二氧化碳的方法系采用二氧化碳压缩泵，通过烛柱形二氧化碳扩散管将二氧化碳充入完成罐的啤酒内。充气后，需放置1～2天，使二氧化碳与酒内胶体物质很好地结合，即可过滤包装出厂。

第四章 啤酒发酵设备

啤酒发酵工艺分主发酵和后发酵，这些发酵过程分别在不同的发酵容器中进行。自从单罐发酵法问世后。主、后发酵就不再那么明确划分。本章所叙系指传统的发酵设备而言。

第一节 发酵室和发酵容器

一、发 酵 室

发酵室的位置应设置在便于输送麦汁和发酵液的地点，输送导管也应采取最短距离，而且以利用自然位差输送为最适宜。

(一) 发酵室的技术要求

发酵室室温应常年保持在5～7℃恒温，必须具备良好的隔热条件，以保证室温变化很小，并减少冷能损失。绝热材料一般采用软木砖、珍珠岩、泡沫塑料(聚氨酯、聚苯乙烯)等。暴露在外边的四周墙、平顶和地面，一般采用厚度200mm的绝热层。室内隔热层可根据需要设置。北方和南方气温不同，应因地制宜，绝热层材料也应就地取材。

为了防止杂菌污染、操作方便、经济合理，发酵室应具备如表3－4－1所示的技术条件。

(二) 发酵室的冷却方式

发酵室室温采用人工制冷降温，冷却方式分直接冷却与间接冷却两种。

1. 直接冷却

直接冷却又称排管冷却。排管设置在发酵室内，内通25％左右的酒精溶液或乙二醇，冷媒液温控制在－5～－7℃，用以调节发酵室室温。大型厂多用液氨直接蒸发冷却，但需严密防止氨的泄漏。

表 3-4-1 发酵室应具备的技术条件

项目	技术条件
墙、顶、地板	热的绝缘性能良好，冷能消耗低；墙和地面应平整，耐酸耐水，洁净光滑，便于清洗灭菌，无霉菌生长
高度与面积	传统的发酵室高度一般为4～6m，视发酵容器的高度而变；发酵室所需面积，平均为$0.1m^2/100L$啤酒
地坪落水	应有适当的坡度，以利排水迅速
天棚	应有一定的斜度，防止冷凝水滴入酒内
污水道和排水口	污水道应便于清洗，保持干净；排水口应设置水封式，防止逆流装置，防止外界空气进入室内
排除二氧化碳的通风换气设备能力	应在5min内使二氧化碳浓度降至9mg/L以下
照明	应有防水灯罩，行灯电压在36V以下
出入口	出入口处设缓冲间，门上插销内外均能开关
空气	无菌要求达到培养皿麦汁琼脂暴露5min无菌落发生

排管一般都设置在人行通道的顶部，防止排管表面的冷凝水滴落酒内。

2. 间接(空气)冷却

间接冷却又称冷风式冷却。另设空气冷却室，集中空调，用风道连通发酵室，用送风机将已冷却的空气输送到发酵室，进行循环。新型厂多采用此种方式。

发酵室分上下两层，冷风循环方式有两种：

(1) 由下层风道进冷风，上层风道回热风，另设二氧化碳排出口，将发酵产生的二氧化碳排出室外。

(2) 上层风道进冷风，下层风道回热风，同时将二氧化碳陆续排出室外。如需补充新鲜空气，需经过滤除菌。

采用间接冷却，应注意以下几点：

(1) 发酵室室内保持正压，防止室外不洁空气侵入室内。

(2) 进入发酵室的空气，必须经过滤器除菌，防止杂菌污染。

(3) 冷却空气进入发酵室内要分布均匀。

(4) 风道及发酵室上层温度变化要小，以保持恒定的室温。

(5) 下层进入发酵室的冷风通路，不能使发酵槽局部受冷而影响发酵。金属发酵槽直接接触冷风的位置，应做好保温措施。

也有厂采用直接氨吊顶式冷风机用于发酵室，进行空调，比较节省，既便于溶霜，占地面积又小。

二、发酵容器

随着科学技术的发展，发酵容器变化很大。早期的啤酒厂多采用木板槽或木桶，早已放弃。后来改用水泥槽和金属槽(铝板、钢板)。铝板因强度差，需要支撑物，且易引起电腐蚀，已不多用；水泥槽和钢板槽需做内壁涂料层，易脱落，需年年大修，费工费时，近年来也不多见，改用不锈钢制作的敞口或密闭发酵槽。近代化的啤酒厂则多采用新型的圆柱锥底发酵罐，或其他类型的大型发酵罐，利用微机自动控制发酵温度、压力和液位以及自动清洗等新技术。

1. 不锈钢发酵槽

不锈钢发酵槽在国内外早已被广泛采用，主要是清洁卫生，不需涂料，可以采用侧壁夹套冷却，密闭的发酵槽可设二氧化碳回收装置，槽内设自动清洗器，节省繁重的人工洗刷。

不锈钢槽多用耐酸和耐氯腐蚀的不锈钢板制作；也有采用复合钢板代替不锈钢板者，价格比较低廉，但必须采用复合严密的复合钢板，防止复合层中有空隙，发酵液渗漏其中，引起腐蚀，将给啤酒质量带来严重危害。

2. 圆柱锥底发酵罐

将在第五章中叙述。

第二节 贮酒室和贮酒容器

一、贮 酒 室

传统的贮酒室一般设在发酵室下面，分地下与地上两种。近年来，由于绝缘材料不断发展，容易做到高度的对热绝缘，从建筑费用、排水防潮、换气及操作方便各方面考虑，贮酒室以建在地上为宜。整个贮酒罐应分置数室，以便控制不同贮酒时间和温度，便于进酒和出酒。

(一) 贮酒室的技术条件

贮酒室的技术条件如表3－4－2所示。

表 3-4-2 贮酒室的技术条件

项 目	技 术 条 件
对热的绝缘	墙加厚，用软木、聚苯乙烯、聚氨酯泡沫塑料等为热的绝缘材料
最低室温保持范围/℃	0～－1
地面要求：抗酸措施	铺沥青或铺耐酸瓷砖，以环氧腻子抹缝
坡度	1∶30
通道坡度	1∶20
建筑要求：通道阔	不小于1m
贮酒桶后	空隙不小于0.5m
桶的间距	不小于0.3m
污水道及排水口	污水道应便于清洗，保持干净，排水口应设置水封装置

(二) 贮酒室的冷却方式

一般均采用酒精溶液或直接氨排管冷却以及冷风空调等。贮酒室采用冷风冷却时，鼓风机应设在贮酒室楼上，利用冷空气下降，热空气上升的对流方式，以节约动力消耗。

二、贮 酒 容 器

传统的贮酒容器曾采用木桶、水泥槽和各种金属罐。由于啤酒工业的生产规模日益扩大，近代化的工厂，多采用大容量贮酒罐，有多种形式，其规模及自控设施远非传统的贮酒容器所能比拟。本节专述传统贮酒容器的情况，大容量贮酒罐将在第五章中叙述。

(一) 传统的贮酒容器

传统的贮酒容器有木桶、钢筋混凝土贮酒槽和各种金属贮酒罐。

1. 木桶

在盛产橡木的地区或保持传统风格的小型啤酒厂尚有使用者。其特点是，由于冷却缓慢，双乙酰及硫化氢等挥发性物质容易排除，后发酵的效果好，生产的啤酒具有一种独特的风格。其缺点是桶的容量有限，易坏，每年需要修复，工作量大;不耐压，酒内的二氧化碳含量相对较少;使用年限短，不易洗刷，维持费用高。因此，大型厂和近代化的工厂已不采用这种贮酒桶。

2. 水泥贮酒槽

此种贮酒容器容量比较大，占地面积相对较少，需设置内冷却管进行冷却。其投资费用大，钢材并不节省，又容易漏气，使用劳力多，维持费用高，贮酒的质量又远不如木桶，啤酒工厂已不采用此种贮酒容器。

3. 金属贮酒罐

金属贮酒罐系指采用钢板、不锈钢、搪瓷和铝等金属材料制成的贮酒罐。其中，不锈钢罐的质量最理想，但是投资费用大;铝制的贮酒罐内部光洁，但强度不够，耐压差，在内外压力变化较大的情况下，容易变形，造成器壁皱折而难于清洗;搪瓷贮酒罐的质量很好，但使用不妥，容易破裂而不易修复;利用钢板制造的贮酒罐，在强度上是好的，但需要有比较理想的涂料。国内采用钢板制造的贮酒罐，多内涂国漆(大漆)或环氧树脂涂料;或采用不锈钢贮酒罐。

80年代后，国内引进和仿制国外的无毒环氧树脂涂料，性能良好，使用时间久不脱落，涂布平滑，便于清洗，价格略低于不锈钢罐。

贮酒罐的型式有立式和卧式两种，封头有球形、碟形和锥形等多种型式。卧式罐和立式罐的外形如图3－4－1和图3－4－2所示。

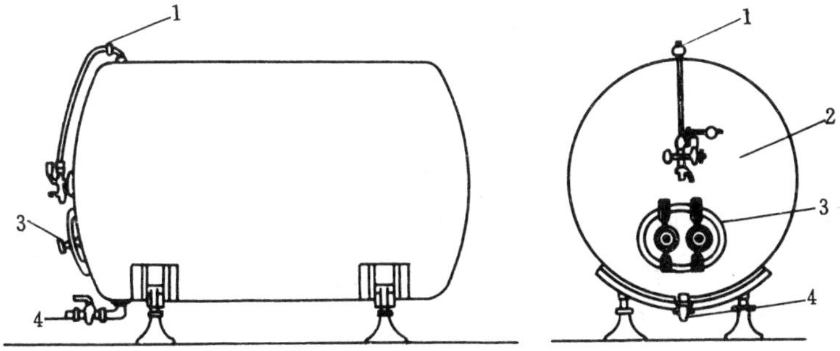

图 3－4－1　卧式贮酒罐

1—压力(排气)旋塞　2—取样旋塞　3—人孔　4—进出酒口

卧式罐可采用吕字形或品字形重叠安装。两只罐重叠安装时，中间要用钢枕架开，罐与罐间距不少于300mm。

关于金属贮酒罐的安装方式如图3－4－3所示。

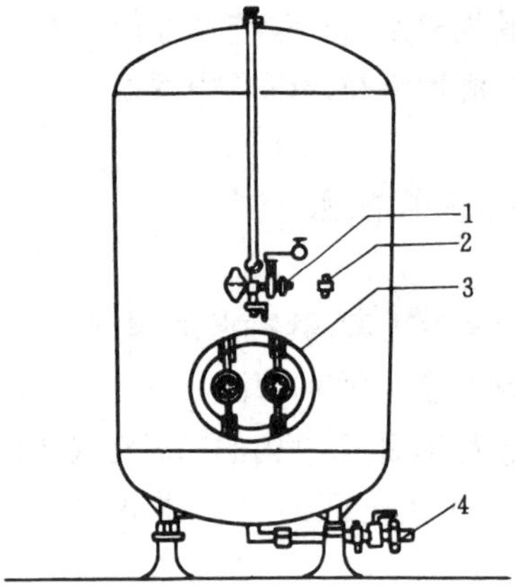

图 3－4－2 立式贮酒罐

1—压力(排气)旋塞 2—取样旋塞 3—人孔 4—进出酒口

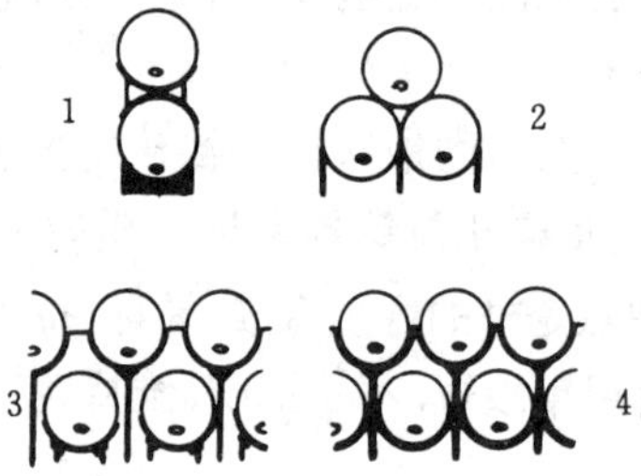

图 3－4－3 贮酒罐的安装方法

1—吕字安装 2—品字安装 3—底罐安装在脚架上，上罐相间安装在中心柱上 4—底罐悬浮安装，上罐相间安装在中心柱上

两排贮酒罐之间留有工作通道。有的贮酒室罐与通道之间设一隔墙，将罐隔离，只将罐的进出酒部分置于墙外通道间，便于人工操作。冷却系统只提供墙内罐身冷量，墙外通道间的温度则适于操作。

(二) 贮酒罐的附属设施

(1) 罐底部旋塞是进酒和出酒用，安装位置越近底部越好，最后可以将沉淀物全部放出。

(2) 在罐底部流出口处安装一短管，控制液位，使酒内沉淀的酵母及其他杂质在滤酒时不致流出。

(3) 顶部排气旋塞是用于排出或进入二氧化碳以及压入无菌空气之用的。

(4) 取样旋塞要易于拆卸、清洗和灭菌。旋塞感染会引起对酒的错误判断。

(5) 弹簧式二氧化碳压力调节器(图3－4－4)，系用弹簧松紧调节二氧化碳压力。每个罐配装1只压力调节器。

(6) 近代化的贮酒罐身备有安全阀和真空阀；有的罐内备有二氧化碳分散器，准备充二氧化碳之用。

(7) 贮酒罐备有二氧化碳背压管道，用于罐内二氧化碳背压之用；新式贮酒室备有二氧化碳排空系统，在人入罐之前，用以排除罐内二氧化碳，并避免二氧化碳排于操作空间；另外还备有自动清洗系统。

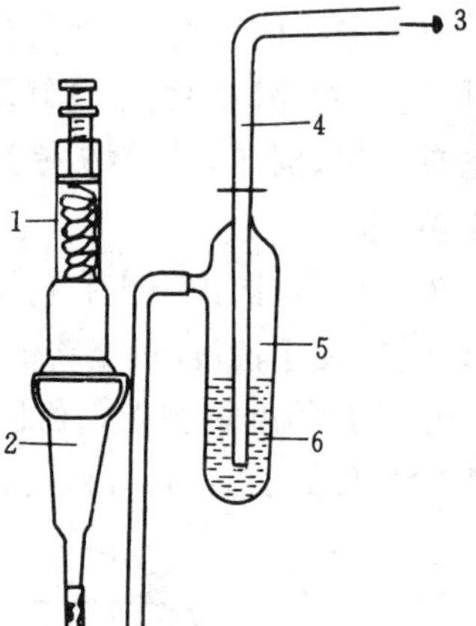

图 3－4－4 弹簧式二氧化碳压力调节器

1—弹簧 2—玻璃阀 3—连接贮酒罐 4—乳胶管 5—陷阱 6—水

(8) 进出酒的管路通常用耐压橡皮管输酒，用之方便，但耗用人力和劳动强度大。有

的厂设不锈钢固定管路，投资较大，但生产费用低，并能改善卫生条件。设计固定管路，必须合理，以免附件多和留有清洗死角。

(9) 使用的阀门必须保证卫生，以使用蝶阀较普遍。适于远距离控制的自动阀也已应用。

(三) 贮酒罐的容量和总容量

贮酒罐的容量应和啤酒过滤能力相配合，1天的滤酒量相当1个罐或几个罐的贮酒量。不能滤半个罐就停下来，那样将大量增加酒内溶解氧，降低了酒内的二氧化碳含量，导致酒的氧化。滤酒时，贮酒罐应采用二氧化碳背压。

贮酒室的全部贮酒总容量，应根据不同的啤酒品种，不同的发酵工艺和不同的贮酒酒龄来决定。

贮酒罐的费用，在啤酒厂的总投资中占有重要位置，如能缩短酒龄，提高贮酒设备利用率，对发展啤酒工业是极有利的一个方面，世界各国都在这么做，并已取得显著成果。

第五章 啤酒发酵技术的进展

为了扩大生产、减少投资、保证质量、满足消费等各方面的需要,60年代以后,国际上啤酒发酵技术在传统方法基础上,有了飞跃的进展,其最大特点是:

(1) 在科学研究基础上,进一步认识啤酒发酵机理,改进了发酵工艺,主发酵温度有所提高,后期不降温,加速双乙酰还原和啤酒的成熟,大大缩短了生产时间。

(2) 设计和采用了多种型式的大容量发酵罐。这些大容量发酵罐,不再依靠室温调节酒温,而是自身冷却,控制酒温。一般,大罐设置在露天,具有完善的自控设施,可以做到产品质量均匀一致;节约投资和生产费用;降低劳动强度,提高劳动生产率。

(3) 采用了一罐发酵法,简化了生产工序,前、后发酵不再严格划分,缩短了生产时间;降低了生产成本和啤酒损失;节约了劳动力和清洗费用。

(4) 研究固定化酵母技术,采用连续发酵,缩短发酵周期。

目前,国际上啤酒工业总的发展趋向是扩大生产规模,采用大容量发酵罐;改革生产工艺,大力缩短生产周期。综观啤酒酿造各工序,生产周期最长的是啤酒成熟期,其次是主发酵,要缩短整个生产周期,首先应从这两方面解决。

下面将以大容量罐发酵,结合改进生产工艺方法,叙述如下。

第一节 新型的大容量发酵罐

为了适应大生产的需要,各种型式的大容量发酵罐应运而生。这些大罐具备自身冷却的条件,可以设置在露天,在经济上是合理的;工作环境有所改善,对啤酒质量也是有保证的。并且适用于两罐发酵法,也适用于一罐发酵法,可以根据工厂具体情况和要求,选择使用。兹将几种主要大容量罐的情况介绍如下。

一、圆柱锥底发酵罐

早在1908年和1927年，德国纳旦(L. Nathan)博士就申请了立式密闭圆柱锥底罐的单罐发酵专利。1930年纳旦建成了他的第一个“纳旦罐”。该罐内涂搪瓷，罐体高与直径比为2∶1，罐身及锥底设有冷却夹套。纳旦强调，在无菌条件下，麦汁冷却和通风，以及在发酵前去凝固物的重要性，采取低温发酵，罐内保压0.05MPa。他注意到酒液在此罐的流动要比在传统的平底发酵槽强烈得多，发酵很快。发酵完毕，先经锥底冷却排酵母，再用二氧化碳洗涤酒液24～36h，排除生青味。12°P麦汁全部发酵和成熟过程只需12天即可完成。他的创造在当时未被认可和推广，主要由于人们的保守思想，认为罐身过深，酵母不易沉降，且铝制的罐易腐蚀，也没有合理的清洗设施和合适的清洗剂。

60年代以后，圆柱锥底发酵罐(简称圆柱锥底罐或锥形罐)开始引起各国注意，在纳旦罐的基础上，进行了改进和仿制，并由室内走向露天，取得成功。同时，也相继出现了其他类型的大型发酵罐，如日本的朝日罐(Asaki　tank，1965年)，美国的通用罐(Uni－tank，1968年)，西班牙的球形罐(Sphero tank，1975年)，这些罐都具有一定的优越性。

我国在70年代末，开始采用室外锥形罐，逐步取代了传统的室内发酵。目前全国新建厂和改建的啤酒厂已全部采用了圆柱锥底罐的发酵方式。

(一) 圆柱锥底发酵罐的特点

(1) 该罐具有锥底，主发酵后回收酵母方便，所采用的酵母也应该是凝聚沉淀型的酵母菌株。

(2) 罐本身具有冷却夹套，冷却面积能够满足工艺上的降温要求。一般在圆柱体部分，视罐体高度，可分设2～3段冷却，锥底部分设有一段冷却，有利于酵母沉降和保存。

(3) 圆柱锥底罐是密闭罐，可以回收二氧化碳，也可进行二氧化碳洗涤；可以作发酵罐，也可以作贮酒罐。

(4) 罐内的发酵液，由于罐体高度而产生的二氧化碳梯度，以及冷却方位的控制，可以形成自下而上或自上而下的自然对流。罐体愈高，对流作用愈强。对流情况与罐体形状、大小和冷却系统的控制都有关系。一般说，罐体高度也应适当控制，以免对流过盛，形成搅拌发酵，影响酵母沉淀和酒的质量。

(5) 圆柱锥形罐具有相当高度，凝聚力较强的酵母可以沉淀，凝聚性差的酵母就需要离心分离。

(6) 圆柱锥底罐适用于下面发酵，也适用于上面发酵；但应用于上面发酵，需选择凝聚沉淀型上面酵母，便于回收。

(二) 圆柱锥底发酵罐的结构基本情况

锥形罐的结构如图3－5－1所示。

(三) 影响圆柱锥底发酵罐设计的主要因素

1. 罐身问题

(1) 液位高度　液位高度应该适当，过高的液位，罐内发酵液的对流运动，可以强烈到与搅拌比拟。液位高度如达到20m以上时，会引起下列情况：

① 由于流体的静压作用，二氧化碳在酒液中形成梯度，分布很不均匀。在发酵初期，控制柱体冷却夹套的情况下，下层酒液的二氧化碳含量高，温度高，相对密度小。上层酒液温度低，相对密度，二氧化碳含量低，酒液形成自下而上的自然对流，使酒液起到搅拌作用，有利于酒液混合均匀，也有利于冷量的传导和酵母的分散。液位愈高，二氧化碳梯度愈大，向上的提升力也愈大，对流作用也愈强烈，发酵也愈快。

② 酵母在较长的时间内处于悬浮状态，就是凝集性良好的菌种，由于酒液对流强烈，也不易很快沉降下来。

③ 过强的对流，类似搅拌发酵，虽然酵母生长旺盛，发酵快，但酒液的酯含量低，pH低，含氮量低，高级醇高，这样的酒往往缺少酒体和酒香，口味淡薄，质量不佳。

因此，过分细长的罐型应该避免，目前的倾向是液位高度在12m以下甚至更低些比较合适。

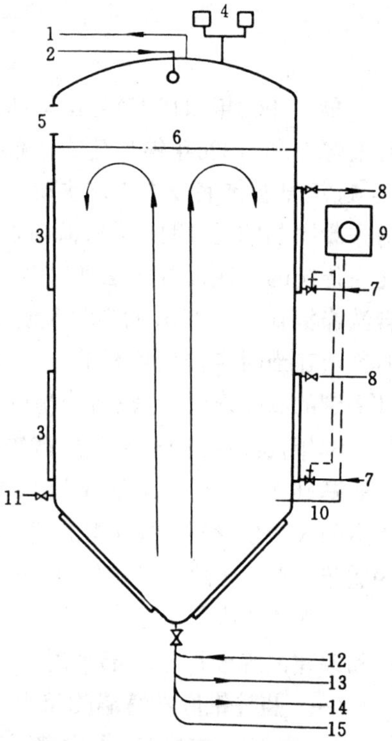

图 3-5-1 圆柱锥底发酵罐的示意图

1—二氧化碳排出 2—洗涤器 3—冷却夹套 4—加压或真空装置 5—人孔 6—发酵液面 7—冷冻剂进口 8—冷冻剂出口 9—温度控制记录器 10—温度计 11—取样口 12—麦汁管路 13—嫩啤酒管路 14—酵母排出 15—洗涤剂管路

(2) 高度与直径比 这是罐体结构的主要参数，应根据整个罐的容量，在理想的冷却速度下来确定。冷却速度应根据采取的工艺来决定，上面发酵和下面发酵的要求就不一样。从数学上讲，直径等于圆柱高度的罐，用料最省，单位面积容量大，洗涤面积小，是比较合理的。直径大小对冷却效果的影响不大，酒液的自然对流，可以保证罐内整个酒液的温度是比较均匀的。当然，过大的直径是不适宜的，占地面积大，加工也有一定困难。从已有的实践经验来看，用于一罐法的发酵罐高度：直径以1.5～2.0∶1较好；用于两罐法的发酵罐(包括前、后发酵)高度：直径以2～3∶1为宜，贮酒罐(单纯用于成熟和澄清)以1～2∶1比较理想。增加罐的高度有利于发酵，降低罐的高度有利于酒液澄清。

(3) 锥角 一般认为锥角以采用70°～75°为适宜，沉降酵母在锥底所占比表面积小，与器壁的摩擦力也最小，有利于酵母的沉降和排放。如单作贮酒罐用，因酵母沉淀少，从节省材料出发，常采用150°角。

2. 冷却方式

圆柱锥底罐的冷却夹套可采用半圆形、弧形无缝钢管盘成蛇管，或采用米勒板夹套。先进的锥形罐则采用爆炸成型的换热片夹套，安装在罐体外壁。采用间接冷却法冷却(冷却剂采用乙二醇、丙二醇或酒精溶液)或用直接氨蒸发冷却。冷媒温度保持-3℃左右，过低的冷媒易造成罐内上部结冰。用液氨直接冷却的优点是：①消耗能量低；②免去一套制冷过程；③投资费用虽稍高于间接冷却，而生产费用却低于前者。但直接氨冷却，夹套需耐高压(1.0～1.5MPa)，制作比较困难，为了避免泄漏，管理要求也比较高。

圆柱体部分，根据罐身高度，可设二段或三段夹套冷却;圆锥部分设置一段夹套冷却，冷却面积则根据工艺要求的最高负荷来决定。

罐体冷却夹套面积的计算比较复杂，主要从3方面考虑: ①外界环境的影响; ②有氧呼吸和厌氧发酵所产生的热量; ③啤酒降温时放出的热量。①项如罐的绝缘良好，其影响不是太大，需根据环境条件考虑，②、③两项所需冷量并不发生在同时，可根据需冷量大的部分计算。

冷却夹套的位置: 柱体上段夹套的顶部一般设置在酒液液面以下15cm;下段夹套的顶部则设在50％酒液总容以下15cm。锥角夹套尽量靠近锥底，向上排列。

冷却夹套采用大冷却面积、小冷媒流量或采用小冷却面积、大冷媒流量，其耗冷量是一致的。以采用前者为宜，使冷却均匀，温度容易控制，且避免冷却过激，刺激酵母。冷媒的流向以串联较并联为好，可以保证所有夹套的流量是一致的。可设2个温度传感器，其位置底部1个设在柱体的底部，上面1个则设在上部冷却夹套的下面。

冷媒的温度: 酒液冷却温度不能低于酒液的冰点，否则酒液易在罐壁结冰。酒液的冰点因酒而异，可按下式计算:

$$t=-(w\times 0.42+P\times 0.04+0.2)$$

式中　t——啤酒冰点(℃)

w——酒精浓度(g/100g)

P——原麦汁浓度(°P)

为了避免酒液在罐壁结冰，冷媒温度不宜过低，以控制在－3℃左右为宜。

3. 罐的绝缘

为了减少土建费用和节省冷量，锥形罐宜放置在露天，只锥底部分设置在室内，露天的罐体则应做好保温设施。所用绝缘材料应具有导热系数低、体积质量低、吸水率低和不易燃等特性。目前，广泛应用的绝缘材料及其特点如表3－5－1所示。

表 3-5-1　绝缘材料的性能

绝缘材料名称	导热系数/[kW/(m·℃)]	体积质量/(kg/m³)	吸水性
聚苯乙烯泡沫塑料	0.029～0.035	20～30	极　低
聚酰氨树脂	0.021～0.042	30～40	较　低
膨胀珍珠岩	0.035～0.047	40～130	易吸水

聚苯乙烯泡沫塑料是最佳绝缘材料，但价较贵。聚酰氨树脂价格较便宜，可现场发泡喷涂，施工方便，但易燃。此两种材料可采用的厚度为15～20cm。膨胀珍珠岩因其易吸水，非上选材料，但价格低廉，使用厚度可采用20～25cm。绝缘材料的厚度应根据地区气温而定。

绝缘材料外部需设一外防护层。一般采用铝合金板或薄型不锈钢板，以瓦楞型板材较美观，受欢迎。

4. 罐的容量

发酵罐的容量应与麦汁制备能力相配合，以12h以内满罐为宜，最多不宜超过20h。否则糖化批次太多，连续追加麦汁，满罐时间拖长，酵母长时间不易吸收麦汁中的缬氨酸和异亮氨酸，势必自己去合成，造成酒内双乙酰前体物质上升和高峰值后移。有人试验，24h

满罐的酒较4h满罐的酒，双乙酰含量约高3倍。目前国内采用的罐容一般为100～600t。过大的罐容，加工后运输不便，使用时周转不灵活。

5. 罐的耐压

锥形发酵罐是密闭罐，二氧化碳可以回收，罐内需要维持一定的压力；另外，在进行加压发酵工艺时，也需要承受一定的压力。因此，在设计锥形罐时，需要根据工作压力的要求设置安全阀。

大型发酵罐在大的放料速度下空罐，有时会形成真空；另外，罐内的二氧化碳在进行碱水洗罐时，会被碱液吸收，或热碱水洗罐后，用冷水淋洗，也能形成真空，对罐造成损伤。因此应设置薄膜真空阀，便于空气进入罐内，平衡罐内外的压力。开口清洗就不存在此问题。

涉及温度、压力对罐壁厚度的要求，可参阅国内外各项设计规范。一般说，封头和锥底的壁厚承受压力大一些，应厚一些，耐压强一些，柱体下部较上部应耐压强一些。

为了市场竞争，各国制罐厂家都希望节省制罐材料，降低造价。下面介绍制造一罐容为130t、直径4m、工作压力0.2MPa、操作温度分别为130℃和20℃的锥形罐，英、法、德、美各国所采用的设计规范，供参考(表3－5－2、表3－5－3)。

表 3-5-2　130℃温度的设计规范

规　范	封头壁厚/mm	柱体上部壁厚/mm	柱体下部壁厚/mm	锥部壁厚/mm	总质量/t
BS5500(英)	9	4	5	7	7.5
ADM(德)	8	6	8	8	9.6
ASME(美)	5	5	6	7	7.8
CODAP(法)	5	4	5	7	7

表 3-5-3　20℃温度的设计规范

规　范	封头壁厚/mm	柱体上部壁厚/mm	柱体下部壁厚/mm	锥部壁厚/mm	总质量/t
BS5500	9	4	5	6	7
ADM	7	4	7	7	7.8
ASME	5	5	6	7	7.8
CODAP	5	4	5	6	6.7

6. 罐的材质

啤酒是酸性饮料，易造成钢铁腐蚀。目前发酵罐普遍采用的材质是AISI316不锈钢，耐氯腐蚀；或用钢板，内涂环氧树脂涂料(meuracoat)。后者较前者约便宜25％，喷涂方便。喷涂前需打光表面，不需热处理。在膨胀或收缩情况下不易断裂，耐酸、碱、糖液、酒精、碳氢化合物、清洗剂和盐类，且耐高温至125℃，使用寿命至少达10年以上。间或也有采用爆炸不锈钢复合钢板者，内层钢板，外层不锈钢板，其复合界面必须达到要求的结合率，其价格较不锈钢板便宜。

7. 出酒管的设置

啤酒成熟，出酒时先排酵母，然后由导管出酒。为了避免出酒时有大量酵母混入酒内，造成滤酒困难，可通过两项措施解决：①在锥部中间插入一弯管，弯管出口刚好在沉淀酵母层之上；②在锥底出口管内加一套管，作为出酒管。此套管插入罐内，管的上口也需在沉淀酵母层的上部。两种方法出酒时，先将酵母层上部的澄清酒液全部导出后，再从锥底的出口管排出残留酵母。

8. 罐的附件

除应设置温度传感器外，在圆柱体下部装有可清洗灭菌的取样阀，锥底设快开人孔及视镜等。

(四) 酿造者对圆柱锥底发酵罐的要求

采用锥形发酵罐，应能满足酿造者以下的要求：

(1) 收集冷麦汁无污染，先进的工厂设置固定的不锈钢管路，便于自动清洗和灭菌。

(2) 酒液易混合，避免分层，同时也有利于酵母分散。

(3) 通过微机，在控制的温度和压力下进行发酵。

(4) 便于回收多余的二氧化碳，容易排除空气。

(5) 绝缘良好，能利用后期发酵产生的热量，提高发酵后温度，以利快速还原双乙酰，加速酒的成熟。

(6) 能使酒液均匀顺利地降温至酒液对流的转折点3℃左右，以利酒的成熟和酵母沉降。

(7) 二氧化碳饱和酒内，但不过量。

(8) 酵母沉淀锥底，便于回收。

(9) 有利于二氧化碳排放和二氧化碳洗涤，清除酒内的生青味物质。

(10) 采用一罐法时，能使酒液降温至0～－1℃，进行贮酒，不受干扰。

在这里，需要提出的是啤酒最大密度时的酒温及其对酒液对流和降温的影响。

威斯勒(Weissler)提出，啤酒最大密度时的温度(简称TMD)，可通过下式计算：

$$TMD(℃)=4-(0.65w_P-0.24w)$$

式中　w_P——啤酒真正浓度(°P)

w——酒精浓度(g/100g)

啤酒的TMD在3℃左右，因酒不同而稍有差异。TMD对设计罐的冷却夹套和温度传感器放置的方位非常重要。

啤酒发酵开始，产生于酒液底部的二氧化碳，其向上移动的拖拉力形成酒液自下而上的自然对流，使整个酒液温度趋于平衡。当主发酵完毕，酒液进行冷却时，情况发生变化。此时，发酵基本结束，二氧化碳不再大量产生，酒液的对流主要依靠冷却夹套冷量控制所形成的温度差，使酒液密度发生变化而产生对流，进行冷量传递。当酒液继续降温，冷却至酒液最大密度时，将形成相同密度而温度不同的酒液，在最大密度酒液的两侧，自行区域性对流(图3－5－2)，使冷却夹套的冷量传递达不到要求，整个酒液温度形成梯度，冷却速度下降，酒液温度下降缓慢。此时，开启锥部冷却夹套很重要，不仅是为了消除酵母本身产生的热量，也是为了使锥部酒液冷却至0℃，以降低酒液密度，使其上升，产生酒液对流，打破形成的温度梯度。此时温度的控制，应以酒液上部的温度传感器为准，以免产生误导，在长时间冷却下，罐的上部出现结冰现象。

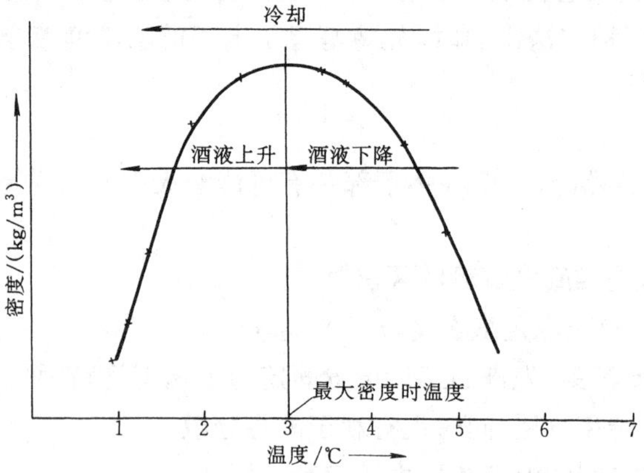

图 3-5-2 啤酒冷却时，温度、密度与酒液运动的关系

改善上述酒温出现梯度，冷却缓慢的现象，可采取以下措施：通过一安装在罐底部的二氧化碳分散器(烧结的不锈钢柱或陶瓷柱)，将纯净的二氧化碳缓慢($100gCO_2/min$)地通入罐内。由二氧化碳上升的提升力所引起的酒液对流，与酒液达最高密度前的对流情况相似，160t的罐，通二氧化碳6～7min，即可达到酒液充分混合，温差消失，从而提高了夹套的冷却效果，冷却时间可缩短50%(见图3-5-3)。

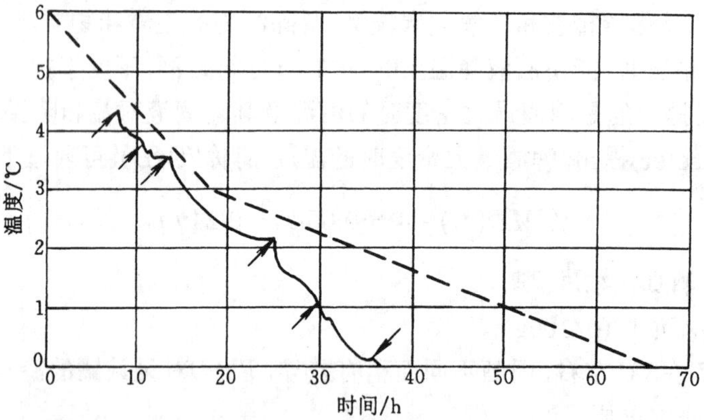

图 3-5-3 通二氧化碳与不通二氧化碳酒液降温比较图

——通二氧化碳

----不通二氧化碳

箭头指示处表示此时每次通二氧化碳4min

通二氧化碳并不会影响酵母的沉降，相反地，酒液循环还有利于减少酵母悬浮量。

通过以上措施，深冷时间可缩短50%。同时，在滤酒前，通过酒的充分混合，酒温的梯度消失，使酒能在-1℃下贮存，有利于提高酒的非生物稳定性和风味的一致性。

(五) 圆柱锥底发酵罐的生产方式

圆柱锥底发酵罐可进行一罐法发酵工艺，也可采用两罐法。

一罐法发酵：包括主、后发酵和贮酒成熟全部生产过程在一个罐内完成。

两罐法发酵：分两种方式：

(1) 主发酵在发酵罐内完成，后发酵和贮酒成熟在贮酒罐内完成。

(2) 主、后发酵在发酵罐内完成，贮酒成熟单独在贮酒罐内完成。

作为两罐法使用的锥形罐和单作贮酒罐用的锥形罐在罐的设计上有所不同：

(1) 发酵罐的有效容积，因受发酵时泡沫及酒液对流的影响，罐的有效容积为总容的80%左右；单作贮酒罐的有效容积则可达92%～95%。需加高泡酒的贮酒罐，则预留空容要大些，视添加高泡酒的容量而定。

(2) 发酵罐因主发酵时释放的热量大，降温时所需冷量多，其冷却夹套的冷却面积较单作贮酒罐用者大，夹套设置的位置也略有差别，贮酒罐的上夹套略往上提，大型的罐可在柱体上部另加一小的冷却夹套。

单作贮酒罐用的罐，也可采用带冷却夹套的卧式贮酒罐。

目前，国内多数厂采用一罐发酵法，也有少数厂采用两罐法。

(六) 圆柱锥底发酵罐的一罐法发酵工艺

因各厂采用的酵母菌种不同，所制啤酒类型也不同，采取的发酵工艺不可能完全相同，今就一些典型情况介绍如下：

1. 酵母添加方法和添加量

锥形罐的容量一般是麦汁批产量的几倍(从3～4倍到7～8倍)，麦汁都是连续追加满罐。添加酵母时应考虑尽量缩短酵母繁殖期，酿造家们对此做法不同，采取的措施有：

(1) 加大酵母量　通过加大酵母接种量，从传统生产的0.5%提高至0.8%左右[$(15\pm3)\times10^6$细胞/ml]，使麦汁在接种后很快起发，缩短酵母停滞期。但增加酵母量应有所限制，否则酵母回收量将相对减少，不足以供应下批接种用。而且接种量愈高，相对地说酵母新生细胞愈少，酵母容易衰退、自溶，使用代数降低，酒质下降。

(2) 改变酵母接种方法，缩短酵母生长停滞期　酵母在前批发酵增殖后，单个细胞中所含细胞增殖所需的甾醇和不饱和脂肪酸已耗用殆尽。用于下批接种需重新合成，才能使酵母恢复增殖，这段时间为酵母生长停滞期。目前有多种接种方法：

① 接种起泡发酵液：这种起泡发酵液的酵母，已积累了增殖细胞所必需的甾醇和不饱和脂肪酸。用以取代接种酵母泥，可以排除酵母的生长停滞期，使酵母很快进入对数生长期。此法类似传统发酵中的酵母湿加法，起泡发酵液的接种量为20%。此法操作比较麻烦，虽然行之有效，但多数厂不愿用。

② 麦汁添加通风酵母泥：待添加的种酵母，先与少量麦汁混合，强烈通风供氧，使种酵母合成繁殖所需的甾醇和不饱和脂肪酸，然后添加少通风或不通风的麦汁，即可克服酵母繁殖的生长停滞期。其发酵速度较快于酵母泥加通风麦汁，从而缩短发酵时间。此法类似①法，虽然效果好，但操作麻烦，故一般工厂也不愿用。

③ 分批接种酵母：在连续几批追加满罐的麦汁中，第1批麦汁根据正常要求通风(溶氧达8mg/L左右)，添加全量酵母(0.8%)的少部分。酵母在5h后即可合成所需的甾醇和不饱和脂肪酸。第2批追加麦汁时，将余量酵母全部加进去，仍按常规通风。以后继续追加麦汁，每次少量通风或不通风，最后1～2批可不通风(视满罐批次而定，以免双乙酰高峰值后移，同时也避免酒液其他成分的氧化和泡沫溢出罐外。

④ 一次性添加酵母：第1批麦汁中，一次性添加全部酵母。国内的啤酒厂多采用一次性直接进罐体，将前罐回收的酵母，通过计量罐或计量泵，直接添加发酵罐内，然后添加通风冷麦汁；或将酵母在已通风的冷麦汁管道中添加，经过文丘里管，使麦汁、酵母和空气充分混合，进入罐内，然后追加麦汁满罐。这种一次性添加法，操作方便，酵母起发快，染菌机会少，缩短酵母的生长停滞期，类似传统发酵中的递加法。但添加麦汁时批与批之间应缩短时间，避免氮源不足，影响酵母的繁殖和产生较多的酯类和双乙酰前体物质。满罐时间应控制在12h以内，愈短愈好。

接种温度一般控制在满罐时较拟定的主发酵温度低2～3℃，使酵母在较低温度下繁殖，减少酵母代谢物质的形成。

2. 通风供氧

酵母细胞生物合成类脂(甾醇、不饱和脂肪酸)是在氧的参与下才能进行的，同时酵母只有在母细胞的类脂含量达到一定水平时，才能出芽增殖。在不通风(缺氧)的麦汁中，酵母虽然也能增殖，只是利用其本身残留的类脂进行繁殖，不可能增长到其接种量的1倍。麦汁通风的目的，就是为酵母生物合成类脂提供必需的氧，以促进酵母的增殖和发酵活性。

根据上述一次性添加酵母的范例，前面两批麦汁可按正常通风量要求(8mg/L溶氧)进行，后几批可逐步减少通风量或不通风。最后1～2批麦汁可不通风(视麦汁满罐需多少批次而定)。过量通风，酵母增殖过多，将影响酒精产量，对啤酒酿造来说，属于损失，同时也产生多量的酵母代谢物质，对啤酒质量无益。双乙酰高峰值还会后移，推迟了双乙酰的还原期；过多的氧还会引起发酵液中其他物质的氧化。因此，麦汁通风既是必需的，又需适量。

3. 主发酵温度

当前，为了加速发酵，缩短酒龄，国际上有提高发酵温度的倾向。一般说，麦汁在9～12℃发酵，其代谢产物不致于有太大的变化。

过去传统的主发酵最高温度，多采用8℃左右，所用的酵母菌株也多适应此温度范围，啤酒的发酵度也相对较低。采用大罐发酵以后，为了缩短酒龄，采用的主发酵温度有所提高，各厂并不一致。有的厂采用9～10℃，仍属低温发酵；有的厂则采用更高一些的温度，如11～12℃；甚至有的厂采用13℃以上的发酵温度。其所选用的酵母也多属新的快速发酵菌株，发酵速度和双乙酰还原速度都相对较快，要求的发酵度也相应较过去传统法提高，真正发酵度＞65％，甚至高达70％，适合于酿制目前国际流行的淡爽型啤酒。发酵周期也由过去传统发酵的2～3月，缩短至20天左右。

各厂采用的发酵方法也不一样。若主发酵采取恒温发酵，发酵后期不降温也不升温，以采用较低的发酵温度(9～10℃)为宜。酵母接种温度和发酵温度太高，会产生较多的挥发性代谢物质，影响口感。啤酒的挥发性风味物质，主要在酵母繁殖和发酵前期形成，酵母停止繁殖以后，则形成量有限。许多酿造家都喜欢采用低温(6～7℃)接种、前低温(9～10℃)后升温(12～13℃)的发酵工艺，主要是为了既不使形成过多的代谢产物，又利于加速双乙酰还原。

4. 双乙酰还原

双乙酰还原是啤酒成熟和缩短酒龄的关键。酵母在接近完成主发酵时(外观发酵度达60%～65%)，已停止繁殖，其代谢过程已接近尾声，此时提高发酵温度，不会影响啤酒正常风味物质的含量，而双乙酰还原时间将显著缩短。温度升高的幅度，各厂控制也不一样，从9～10℃升温至12～13℃，如果发酵罐保温良好，单纯依靠发酵本身产生的热量，一般自然升温就可达到此温度。有的厂采用更高的还原温度(14～18℃)，则需借助薄板热交换器升温，双乙酰还原速度虽可加快，但酵母容易衰退自溶，死亡率增加，使用代数明显降低。

低温发酵，升温还原双乙酰是科学家们长期研究啤酒发酵机理的重大发现。采用的温度要根据不同酵母菌种特性进行控制，才能达到既缩短酒龄，又不影响啤酒质量的目的。

一罐发酵法的主发酵和后发酵的界限不很明显，双乙酰还原程度，各厂控制也不一样，以达到双乙酰含量愈低愈好。一般都控制在连二酮(常规分析法)达0.08mg/L以下，开始冷却降温，最好连二酮达0.05mg/L以下开始冷却降温，这样成品啤酒双乙酰回升的幅度就很小了。

在正常发酵情况下，游离的连二酮只在发酵开始短时间存在，在整个主发酵过程中是不易测出的，因为主发酵液rH值很低，抑制了α－乙酰羟基丁酸的氧化脱羧作用，而酵母还原连二酮的速率又远远超过α－乙酰羟基丁酸氧化脱羧为连二酮的速率，使连二酮不易存在。国内常规分析方法(邯三酮法)所测的连二酮可能是其部分前体物质在分析条件下转化而来的，连二酮的前体物质α－乙酰羟基丁酸可能还会大量存在，以致造成啤酒装瓶后，在酒内溶解氧和瓶颈空气以及杀菌和高温长时间贮藏的影响下，α－乙酰乳酸继续氧化为双乙酰，使双乙酰含量超过其味阈值，造成啤酒风味的败坏。因此，在生产中连二酮还原应控制更低些(0.06mg/L以下)，再开始缓慢降温，使连二酮继续还原，以最后成品酒中连二酮含量在0.03mg/L以下为佳。

5. 冷却降温

双乙酰还原达到要求指标后，酒液开始冷却降温，此时双乙酰还原仍继续进行。当酒液降温至5～6℃时，保持24～48h，回收酵母。回收的酵母目前国内多用以直接接种。直接接种有利于保持酵母积累的肝糖，不致过分消耗，对接种后缩短酵母生长停滞期是有利的。最后继续降温至0～－1℃，贮酒7～14天。

在主发酵和成熟阶段，酒液利用开启柱体冷却夹套的上段或上下两段进行降温和保温。当只开上部夹套时，由于上部酒液温度低，相对密度大，酒液沿罐壁向下流动，底部酒液温度高，相对密度小，同时借助于酒液底部二氧化碳的上升拖拉力，使酒液由罐中央向上流动，形成自上而下的自然对流，使酒液进行热交换，达到温度均衡。待酒液温度降至3℃左右，酒液达最高密度后，则主要开启锥部夹套和柱体下部夹套，使下部酒液温度低、相对密度小的酒液沿罐壁向上流动，形成自下而上的对流。此时，二氧化碳的上升拖拉力已基本消失，在最高密度两侧的酒液会形成区域对流，酒液温度逐渐形成梯度，下部酒温低，上部酒温高，温度下降比较缓慢，直至达到0℃以下，在此温度下贮酒，只需开启锥部夹套即可。

如前所述，温度传感器的位置，设置在罐体的上(柱体上夹套底部)下(柱体下夹套下部)两处。酒液降温至3℃以前，以下部温度传感器控制酒温，<3℃后，则以上面温度传感器控制酒温，否则将会引起误导，在长时间的贮酒情况下，导致罐的上部酒液结冰。

综合以上情况，圆柱锥底罐冷却夹套和温度传感器的位置及使用情况如表3-5-4所示。

表 3-5-4 圆柱锥底罐冷却夹套和温度传感器的位置及使用情况

罐的作用	使用夹套	使用温度传感器
发酵阶段控制温度	柱体两个冷却夹套	下部传感器
由双乙酰还原温度冷却至>3℃	柱体两个冷却夹套	下部温度传感器
深冷至<3℃	锥部冷却夹套及柱体下部冷却夹套	上部温度传感器
贮酒阶段	锥部冷却夹套	上部温度传感器

6. 罐压控制与加压发酵

利用锥形罐发酵，发酵开始采用无压发酵，以利某些劣味挥发性物质(硫化氢、乙醛、双乙酰等)的排放。二氧化碳回收时采用微压(<0.01～0.02MPa)。至发酵后期，外观发酵度达70％以上时，封罐，逐渐升压至0.08MPa左右，使二氧化碳逐渐饱和酒内。过早升压，酵母沉降快，不利于双乙酰还原。

加压发酵总是与高温发酵相伴而行的。高温发酵(13℃以上)虽然可以加快发酵速度，但酵母增殖强烈，将产生过多的代谢副产物，影响啤酒质量。高温发酵通过加压措施，可抑制酵母过多增殖，避免产生过多的代谢副产物。加压发酵控制加压时间很重要，加压过早，酵母增殖受到抑制，影响发酵速度；加压太晚，又会增加代谢副产物的产生。因此，分段缓慢升压是可取的。酵母接种时无压，温度控制在10～12℃，当发酵度达25％～30％时(此时细胞数可达30×10^6细胞/ml左右)，缓慢升压至0.03MPa左右，然后升高发酵温度至16℃左右(此时发酵度为50％左右)，压力也相应提高至0.16MPa左右。温度与压力的关系可以下式表示之：

$$罐压(MPa)=温度(℃)\times0.01$$

由此而产生的啤酒，其高级醇和酯类含量明显较单纯高温发酵者低，(苯乙醇含量并未降低，反而升高)，但仍高于低温发酵酒，啤酒的风味仍然与低温发酵者有所区别，比较粗、苦、涩，双乙酰则有所降低。

(七) 圆柱锥底发酵罐的两罐法发酵工艺

圆柱锥底罐除可进行一罐法发酵外，也可用于两罐发酵法。用于发酵的罐和用于贮酒的罐，在罐的冷却面积和有效容积上稍有不同。另外，贮酒罐作为后发酵、成熟和贮酒兼用罐和单作贮酒罐用，也有所不同。

1. 主发酵和后发酵、成熟、贮酒分罐进行

在主发酵结束，外观发酵度达65％左右，酒温降至5～6℃时，先回收酵母，再将嫩啤酒送入贮酒罐内。此时双乙酰还原需在贮酒罐内继续进行，贮酒罐兼有后发酵、成熟和贮酒三重作用。贮酒罐需设有和发酵罐同样的冷却夹套降温设施。倒罐之后，进行后发酵和双乙酰还原，气压缓慢上升至0.08MPa左右，待双乙酰下降达到要求后，急剧降温至0～-1℃，进行贮酒。贮酒时间7～14天。如需添加高泡酒，在倒罐的同时加入。贮酒期间注意经常排放酵母。

2. 贮酒罐单作贮酒用

在发酵罐进行主、后发酵和成熟时，待双乙酰还原达到指标后，酒温降至5～6℃，回收酵母，然后酒液经薄板冷却器降温至0～－1℃，进入贮酒罐；或酒液在发酵罐直接缓慢降温至0～－1℃时，排放酵母，进入贮酒罐。如需添加其他添加剂，可同时加入。

单作贮酒罐用的锥形罐，其有效容积可控制92%以上，此时酒液释放热量极少，主要用于保温，冷却面积可较发酵罐大为减少。

也可采用其他类型的大型罐，如通用罐(Uni－tank)或带夹套冷却的卧式罐作为贮酒罐。如卧式罐容积小，可分装在几个卧式罐内。

进入贮酒罐的酵母浓度，一般控制在3×10^6细胞/ml以下。倒罐时应注意避免接触空气，防止双乙酰回升。贮酒罐内应以二氧化碳为背压，进罐的二氧化碳采用“水置换法”，即先用水置换空气，再以二氧化碳置换水。贮酒时间7～14天。贮酒期间注意排放酵母。

两罐法因贮酒罐内沉淀的酵母减少，为了提高啤酒的澄清度，便于过滤和提高酒的稳定性，在罐周转允许的条件下，可适当延长贮酒期至20～30天。

采用两罐法发酵工艺发酵罐和贮酒罐配备的数量，应在确定采用哪种工艺和制备哪种类型的啤酒后，才能确定。

(八) 圆柱锥底发酵罐的清洗和灭菌

圆柱锥底罐的清洗，必须具备完善的原位自动清洗装置，包括碱液罐、酸液罐(稀硝酸)、杀菌剂罐和清洗喷头及送液泵等，通过自动程序控制系统，利用泵送，循环清洗，完成罐的清洗灭菌工作。碱液用以清除粘着在罐壁、管道的酵母及蛋白质等杂质；稀硝酸可以去除附着罐壁的酒石；杀菌剂一般可用1%的甲醛溶液或使用过氧化氢、二氧化氯；如果采用85℃热水灭菌，罐内应有排气孔，排除二氧化碳，以免罐冷却时，产生真空而造成罐的损伤。

所有管道和阀门需经过同样的清洗灭菌过程。

1. 自动清洗装置

在罐顶部装设洗涤液喷头(图3－5－4)，利用洗涤液喷洗时的反作用力，促使喷头旋转，必须使洗涤液能喷射和淋洗到全部管壁。目前各种类型的喷头很多，可根据罐的具体情况选用。

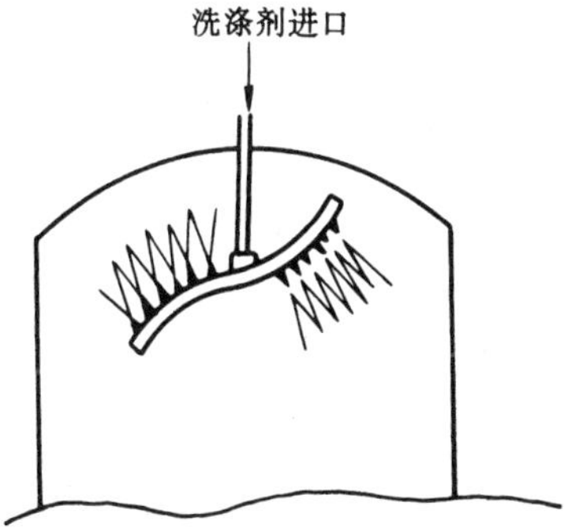

罐径大于3m采用的洗涤装置

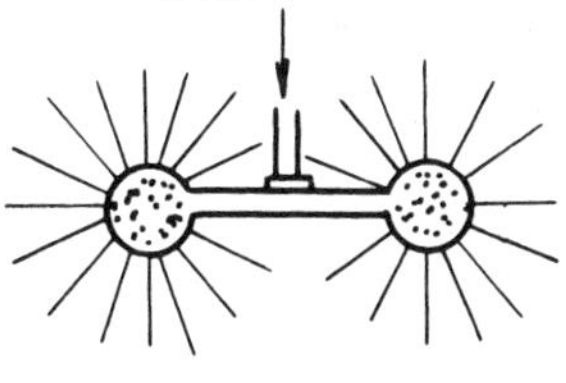

罐径小于3m采用的洗涤装置

图 3－5－4　自动洗涤喷头

为了使罐清洗干净，在清洗前，要将罐内能卸下的附件全部卸下，另行清洗和灭菌。

在洗涤液进口管上，安装一装卸方便的短管(图3－5－5)，在洗罐完毕后即拆除，以防阀门关闭不严时，洗涤液进入发酵罐，造成事故。

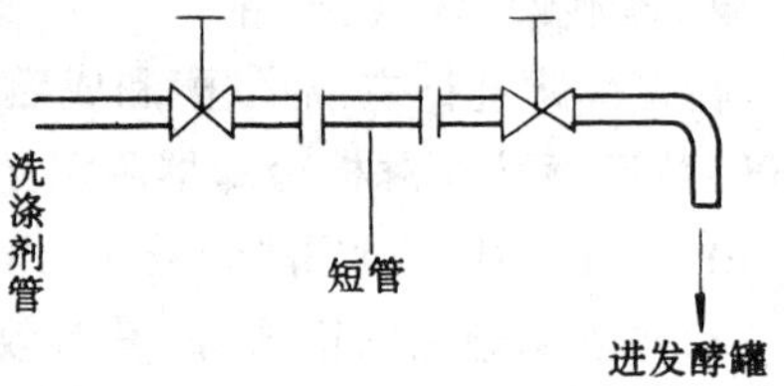

图 3－5－5　连接洗涤液的短管

2. 洗涤过程

(1) 洗涤开始前，用空气将罐内二氧化碳排出，可以避免清洗时，碱液吸收二氧化碳，罐内形成真空而造成罐的损伤。

(2) 用清水喷洗罐壁20min。

(3) 用1％碱液喷洗罐壁20min。

(4) 用清水喷洗罐壁20min。

(5) 用杀菌剂溶液喷洗罐壁30min。

(6) 用无菌水淋洗20min。

(7) 发酵罐每使用3次，可在碱洗之后，加一道1％硝酸酸洗过程，以防酒石结垢。

(九) 圆柱锥底发酵罐的优缺点

1. 优点

(1) 可进行一罐法发酵，集发酵、成熟和贮酒于一身，简化了生产工序和操作，又能适应两罐发酵法。

(2) 具备采取加压、升温和前低温后升温的发酵条件，有利于缩短发酵时间和加速酒的成熟，生产灵活性大。

(3) 圆柱锥底罐是密闭罐，其几何形状是细高型的，面积/容积比值小，适合气体的排放，便于排除罐内空气，进行二氧化碳回收和二氧化碳洗涤，去除生青味。酒液的二氧化碳含量较传统敞口发酵者高。

(4) 酵母回收方便，发酵完毕，沉淀的酵母，集中在锥底内，回收酵母既简单又卫生。锥角愈小，回收效果愈好，但不能过小，以70°～75°角为宜，以免罐体过高，影响罐的单位容量和表面积的比值，增加罐的造价和影响酒的质量。

(5) 降低了酵母回收时的啤酒损失;实现单罐发酵法，避免了倒罐的啤酒损失。

(6) 无菌操作好，污染机会少。

(7) 便于自动清洗和灭菌，节省人力和洗涤费用。

(8) 异α－酸损失降低，酒花利用率较传统敞口发酵者可提高15％。

(9) 发酵罐设置在露天，降低了建筑费用;利用夹套自身冷却酒液，较传统法靠室温冷却，耗冷量可节约40％以上。

(10) 缩短生产时间，罐的利用率提高，便于实现生产自动化。

2. 缺点和改进措施表(3－5－5)

表 3-5-5　锥形罐的缺点和改进措施

缺　　点	改进措施
(1) 液层高，由于流体静压关系，发酵后期，二氧化碳在酒内形成梯度，液面和底部酒液二氧化碳含量相差大，不均匀	(1) 尽量控制罐的高度；酒液降温至3℃左右(达酒液最高密度)时，缓慢轻微冲二氧化碳，恢复酒液对流，可以缩小二氧化碳梯度
(2) 罐体高，酵母不易很快沉降，酒液澄清较慢	(2) 选择凝集性适中的酵母，加强啤酒过滤；如使用凝聚性差的酵母，过滤前，采用离心分离机分离酵母
(3) 罐体高，受酒液静压影响，酵母容易衰退	(3) 选用耐压酵母；酵母使用代数应较传统法少，一般使用4～5代
(4) 在发酵过程中，特别是高温发酵时，因产生多量泡沫之故，罐的有效容积降低；单罐发酵作为贮酒罐用时，因为嫩啤酒的容量少，罐的利用不够合理	(4) 在多批麦汁满罐时，最后1～2批麦汁可不通风，减少泡沫；贮酒时的空容，可通过添加高泡酒，或利用其他罐的酒液，填补解决
(5) 锥形罐的表面积/容量比值较其他大型罐小，造价相应高一些。	(5) 圆锥罐的造价虽高一些，但生产费用较低，可以抵偿这方面的不足

二、朝　日　罐

朝日罐(Asahi tank)，是日本为适应一罐发酵法而制造的一种大容量发酵罐，并采用了一种新的生产工艺，大大缩短了贮藏啤酒的成熟时间。

(一) 朝日罐的基本结构与生产特点

(1) 朝日罐为一柱形罐，其高度与直径比为1∶1～2∶1。

(2) 朝日罐是利用夹套冷却，其冷却夹套包围罐身与罐底(图3-5-6)。

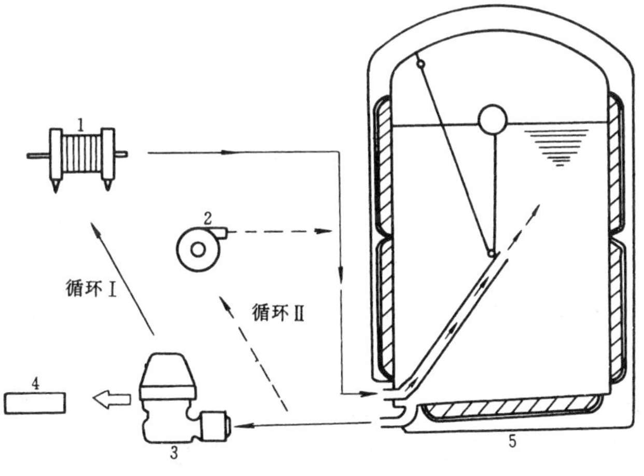

图 3-5-6　朝日罐单罐发酵法生产系统

1—薄板热交换器　2—循环泵　3—酵母离心机　4—酵母　5—朝日罐

(3) 罐内设一带转轴的不锈钢管(图3-5-6)，其出口位于液柱中间，可以使放出的酒，二氧化碳含量比较均匀。

(4) 与一般锥底罐不同，朝日罐是罐底微倾斜的平底罐，但仍适用于一罐发酵法。其特点是利用酵母离心泵、薄板热交换器和循环泵三项设备的组合(图3－5－6)，可以顺利解决从主发酵到贮酒时的温度控制问题、酵母回收问题、贮酒时酵母浓度的控制问题以及嫩啤酒消除生青味的排气问题。

(5) 因为用离心机分离酵母，可以采用凝集性较弱的酵母，使啤酒与悬浮的酵母有更多的接触机会，从而降低更多的乙醛和连二酮含量；另外，采取间歇的啤酒循环，可以使酒内更多的二氧化碳释出，将啤酒中的一些生味物质排除掉。

(二) 朝日罐一罐发酵法的工艺技术条件

(1) 酵母菌种　采用高发酵度，低凝集性的下面酵母菌株(*S.carlsbergensis*)。

(2) 麦汁处理　热麦汁先经离心，除去热凝固物，然后冷却至5℃，利用浮选法或过滤法除去冷凝固物。

(3) 酵母添加量　冷麦汁应在20h内满罐，液面与罐顶保留2.6m的距离(罐高11.8m)，酵母添加量0.4％，在第1批麦汁入罐时加入。

(4) 酵母浓度　满罐后的酵母浓度应达到(12～15)×10^8细胞/ml。

(5) 温度控制　发酵温度进程为6℃/9℃/5℃，主发酵时间8天，然后逐渐降温，进行贮酒。10天后降到0℃，20天后降到 －1℃。在发酵和贮酒期间的温度和浓度变化见图3－5－7。

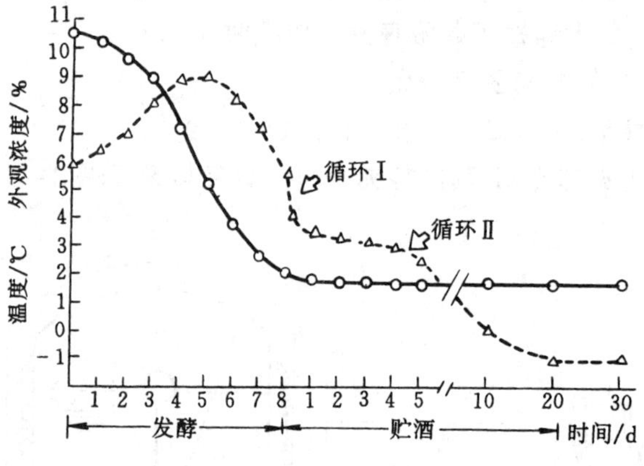

图 3－5－7　朝日罐一罐发酵法的温度和浓度变化

○—外观浓度　Δ—温度

(6) 啤酒循环　啤酒循环的目的是为了回收酵母，降低酒温，控制酵母浓度和排除嫩啤酒中的生味物质。

① 第1次啤酒循环时间在主发酵完毕的第8天。酒液经离心机分离酵母，再经薄板热交换器降低酒温至4～5℃后，返回原罐，循环时间约7h，酵母浓度降至25×10^6细胞/ml。

② 第2次啤酒循环时间在贮酒后的第4天进行，此时酵母浓度已降至15×10^6细胞/ml以下，第2次循环时间为4～24h。循环时因酵母被重新搅动，酒液中悬浮的酵母浓度有回升，有利于加速连二酮的还原和生味物质的排除(表3－5－6)。循环后，酵母浓度很快下降，形成坚实的沉淀。

表 3-5-6　　贮酒期间生味物质的变化(与传统多罐法啤酒对比)

物质名称	生产方法	贮酒时间/d				
		0	5	10	15	20
乙醛含量/(mg/L)	一罐发酵法	7.6	3.5	2.8	2.6	1.9
	传统法	7.6	4.2	3.4	3.2	2.5
连二酮含量/(mg/L)	一罐发酵法	0.17	0.07	0.06	0.04	0.03
	传统法	0.17	0.09	0.08	0.05	0.03
硫化氢含量/(μg/L)	一罐发酵法	35	10	6	6	4
	传统法	34	14	10	7	7

③ 必要时在贮酒10天后再进行一次循环，视生味物质排除情况而定。

(7) 加酒满罐　主发酵完毕后，从其他罐加入部分新啤酒，使液面上空隙只保留1.3m，罐容量的利用率可达96%。

(三) 采用朝日罐一罐发酵法的效果

1. 贮藏期中二氧化碳的变化问题

(1) 第1次循环后，二氧化碳含量下降约0.03%，是传统法二氧化碳降低量(下降0.06%左右)的1/2左右。

(2) 第2次及以后的循环，酒内二氧化碳含量无何显著变化。

(3) 由于朝日罐表面积大，表层酒液所含的二氧化碳易散失，随着贮藏时间的延长，上层二氧化碳有所降低，中层和底层基本无变化。

2. 贮藏期中的酵母活性

利用朝日罐采取一罐发酵法对酵母活性无何影响，无酵母自溶现象。啤酒循环虽使酵母重新悬浮起来，但对啤酒质量并未发生影响。

3. 挥发性风味物质的变化

采用一罐发酵法，酵母代谢所产生的挥发性物质与传统法无何差异，如表3-5-7所示。

表 3-5-7　　两种成品啤酒中挥发性物质的比较　　单位: mg/L

挥发性物质	一罐发酵法		传统法	
	平均值	标准误差	平均值	标准误差
乙醛	1.2	±0.2	1.4	±0.2
乙酸乙酯	10.3	±2.1	9.9	±1.7
乙酸乙戊酯	1.1	±0.3	1.1	±0.3
正戊醇	51	±3	52	±3
己酸乙酯	0.17	±0.04	0.17	±0.04
辛酸乙酯	0.32	±0.01	0.30	±0.03
乙酸苯乙酯	0.50	±0.15	0.50	±0.15
β-苯乙醇	35	±5	36	±3
连二酮	0.01		0.01	

4. 成品啤酒质量与传统法啤酒的对比

两者无显著差异，如表3－5－8所示。

表 3-5-8 成品啤酒质量与传统法啤酒的对比

项目	朝日罐一罐发酵法		传统法	
	平均值	标准误差	平均值	标准误差
原麦汁浓度/%	10.5	±0.05	10.55	±0.07
外观浓度/%	1.54	±0.06	1.49	±0.05
真正浓度/%	3.26	±0.05	3.22	±0.04
酒精含量/%	3.73	±0.03	3.75	±0.03
外观发酵度/%	85.4	±0.6	85.9	±0.2
发酵度极限/%	86.1	±0.5	86.4	±0.4
pH值	4.38	±0.02	4.35	±0.04
色度/EBC单位	7.1	±0.3	7.3	±0.3
苦味度/EBC单位	28	±1.0	27	±1.0
总氮含量/(mg/100ml)	51.5	±2.0	50.0	±1.2
α－氨基氮含量/(mg/100ml)	7.6	±0.6	7.3	±0.5
总多酚物质含量/(mg/L)	144	±9	137	±7
花色苷含量/(mg/L)	21	±2	21	±2
泡持性/s	107	±5	107	±10

(四) 朝日罐—罐发酵法的优缺点

优点：利用朝日罐进行一罐发酵，加快了酒的成熟，提高了设备利用率；避免了酒液转移造成的损失和减少了罐的清洗，显然，在经济上是合理的。除去耗用电力有所增加外，一罐发酵法的投资和生产费用均比传统生产方法低，如表3－5－9所示。

表 3-5-9 朝日罐—罐发酵法的经济效果

项目	朝日罐一罐发酵法/%	传统方法/%
1. 投资	88	100
2. 生产费用		
水	50	100
污水处理	50	100
洗涤剂	50	100
人力	72	100
啤酒损失	50	100
电力	141	100
总生产费用	65	100

缺点：每一个罐都要根据主发酵降温要求，具备相适应的冷却能力，而贮酒时所需的冷却能力，只相当前者的一半，用作一罐法的贮酒设备，显然是浪费了一些，但和节省下来的罐数费用相比，还是合算的。

三、通　用　罐

通用罐(Uni　tank)适用于多方面的要求，既可作发酵罐，又可作贮酒罐或完成罐(Finishing　tank)，既能用于多罐法生产，又可用于一罐法生产，它对缩短生产周期、节省投资和生产费用有显著效果。

(一) 通用罐的设计要点

通用罐的罐型如图3－5－8所示，其设计根据如下。

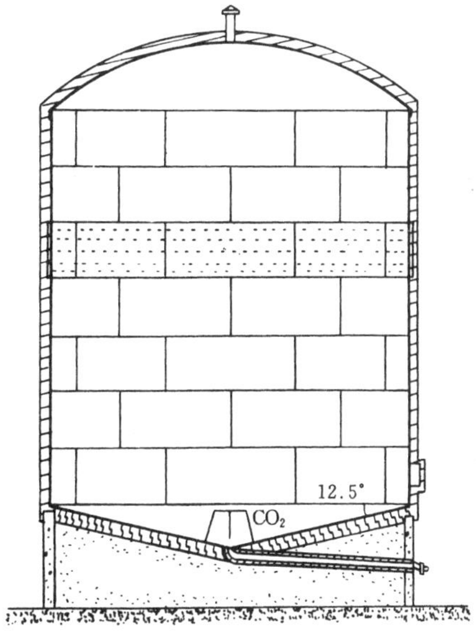

图 3－5－8　通用罐的示意图

(1) 作为柱形罐来说，单位容量最小表面积的尺寸是直径等于高度，表面积/容量的比值愈小，罐的造价愈低，经罐壁损失的热量也愈小。

(2) 通用罐被设计为直立柱形罐，圆顶或锥顶，浅盘底，罐底中央微倾斜(12.5°)，便于回收酵母和排除洗涤水。

(3) 此罐采用4.76mm厚的不锈钢板制造，为了减低投资，未设计成压力罐。也可采用钢板制造，内涂涂料。

(4) 罐身安置在钢筋混凝土底座上，罐底与底座之间垫一层254mm厚的珍珠岩作为绝缘层。

(5) 采用冷却夹套，用液氨直接冷却，冷却能力要求能在24h内，从15℃下降至5℃。此冷却夹套位于罐的中上部，便于上部酒液冷却后，相对密度增加，沿罐壁下降，底部酒液从罐中心上升，形成对流，使酒温能很快下降。一个5500hl的罐，只需约27m^2的冷却面积，相当于0.005m^2/hl。冷却夹套采用单块压纹板设计。但也有采用Bishopric设计的冷却夹套，这种低压夹套设计只适用于采用乙二醇等为冷却剂的间接冷却。

(6) 用150mm厚的聚氨基甲酸酯作为热的绝缘层，外部用抗腐蚀的铝板固定之。

(7) 为了加强冷却时酒液的自然对流，改善热的传导和加速酵母的沉降，在罐中心高于酵母层的位置上设一二氧化碳喷射环。当二氧化碳在罐中心向上鼓泡时，酒液运动的结果，加速了酵母沉降，使在底部出口处的酵母浓度增加，便于回收，同时挥发性的物质被二氧化碳带走。二氧化碳可排放空气中或回收利用。

(8) 设有自动清洗设备，固定在罐的顶部，在生产过程中，它被浸没在酒液中。

(9) 设有压力安全装置，在2kPa压力时开始起作用。它是一块塑料薄片或膜，覆盖着罐顶上一203～254mm直径的孔洞，塑料膜的上下均有穿刺装置，此装置的位置使它在罐内有＋1.5kPa或－0.5kPa的压力变动时，可以刺破塑料膜，降低罐内压力。如果通用罐要设计成比上述耐压高的罐，就必须安装压力阀或真空阀。

在高压清洗过程中，此膜换用一其他装置或盖子，防止清洗剂溅出罐外，同时让罐内空气排出。

(10) 此罐可设计为全自动控制。

(二) 通用罐的工艺操作要点

(1) 麦汁处理　热麦汁经离心并冷却至12℃后，进行通风，满罐所需的前半罐麦汁需要通风，后半罐则不需通风。

(2) 接种酵母　接种的酵母在冷却麦汁的管路中加入，如需10批糖化麦汁满罐，全量酵母在前2批麦汁中加入，酵母添加量为0.4%～0.5%，满罐后酵母浓度要求达到(12～15)$\times 10^6$细胞/ml。

要求16h内满罐。

(3) 发酵温度的控制　当温度上升至13℃时，开始用温度控制器控制温度，每罐都有一高低温报警器，准确控制温度在(13±0.5)℃。

(4) 发酵时间　发酵4天完毕，保持2～3天，加速连二酮还原。第6天分离酵母，酵母为稠浆状。罐内85%左右的酵母被回收，回收时间2.5h左右。此时酒液中尚保留的酵母浓度为(6～8)$\times 10^6$细胞/ml。

(5) 降温　当连二酮含量降低到要求浓度时，酒液开始缓慢冷却，在6天内使温度降至－1.5℃，冷却完毕后的酵母浓度为(1.5～3.5)$\times 10^6$细胞/ml;在将酒打入另一完成罐前，第2次排除酵母。

(6) 充二氧化碳　在冷却的同时，由喷射环通入二氧化碳，加强酒液对流，改善热的传导，去除生酒味挥发物质，并使沉淀物浓集在罐的底部，便于排除。充二氧化碳的程度，由酒温和二氧化碳喷射处的静压所决定，冷却完毕后的二氧化碳含量为0.4%～0.45%。

(7) 完成处理　在通用罐内酒达成熟后，即打入另一完成罐，添加抗冷剂，进一步充二氧化碳，使其含量达0.5%，即可滤酒包装。

(三) 通用罐的工艺特点和效果

(1) 通用罐的降温过程比较缓慢，其加速啤酒成熟的效果与其他方法开始保持高温，然后急速降温的效果是一致的。

(2) 采用此项技术，罐内各层酒液质量比较均匀，包括酵母数、二氧化碳、浸出物及连二酮的含量等。

(3) 啤酒质量与传统法的啤酒对比，无显著差异，如表3－5－10，3－5－11所示。

表 3-5-10　　通用罐啤酒与传统法啤酒的对比

项　目	通用罐法	传统法	项　目	通用罐法	传统法
原麦汁浓度/%	10.63	10.63	异葎草酮含量/(mg/L)	14.5	14.5
外观浸出物/%	2.41	2.38	连二酮含量/(mg/L)	0.09	0.04
酒精含量/%	3.40	3.36	总蛋白质含量/%	0.33	0.33
真正发酵度/%	62.6	62.7	还原糖含量/%	0.87	0.89
色度(拉维邦)*	2.4	2.3	二氧化碳含量/%(体积分数)	2.47	2.49
pH值	4.14	4.20			

* 拉维邦比色计(Lovibond Tintometer)的单位，°Lovibond×0.086=0.1mol/L($\frac{1}{2}I_2$)的毫升值。

表 3-5-11　通用罐啤酒与传统法啤酒挥发性物质的比较　单位: mg/L

挥发性物质	通用罐法	传统法	挥发性物质	通用罐法	传统法
乙酸乙酯	17.3	17.4	正丙醇	12.3	11.6
乙酸乙戊酯	2.2	1.8	异丁醇	12.3	11.8
乙醛	2.2	3.4	α-戊醇	13.4	13.2
丙酮	0.73	0.76	异戊醇	55.0	44.0

(4) 生产时间缩短约1/2,设备利用率高,投资费用降低。

(5) 清洗方便,节省人力、用水量和洗涤剂。

(6) 动力和冷冻能量的消耗降低。

(7) 酵母回收方便,有利于采用一罐发酵。

(8) 啤酒损失较传统法减少20%以上。

(9) 通过实践,此法更适用于中小型厂。

四、球形锥底罐

球形锥底罐(简称球形罐)也是为适应大生产需要而产生的一种新型大容量发酵罐。因为它具有锥底,排除酵母方便,也适用于一罐发酵法。

该罐所有操作,包括清洗、进料、温度和压力调节均可实行自动控制。

(一) 球形锥底罐的特点

(1) 具有较大的容量/表面积比值,造价比较低。

(2) 采用同类制罐材料,较其他类型大容量罐能承受较高的工作压力,可使酒内饱和更多的二氧化碳。

(3) 冷却时酒液在罐内自然对流,使酒液混合均匀,不易形成温度梯度。

(4) 酵母在酒液对流过程中,凝聚沉淀在锥底部,便于回收。

球形罐的简单结构情况如图3-5-9所示。

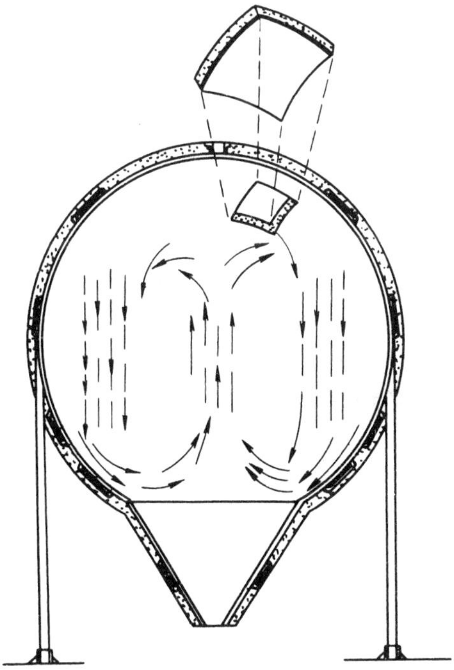

图 3-5-9　球形罐的示意图

(二) 球形锥底罐的设备技术条件

以5000hl罐为例说明如下:

制罐材料	采用不锈钢板(AISI304),上部1/3用6mm厚规格,下部2/3用8mm厚规格
高　度	11.95m
直　径	10.00m
表面积	314m^2

容　量	523.3m^3
工作容量	500m^3
容量/表面积比值	1.667
工作压力	0.13MPa
冷却面积	150m^2，环绕球体有1条冷却环，锥底上有1条冷却环
冷却剂	25％乙二醇溶液，温度－4℃
热绝缘体	泡沫玻璃，220mm厚
外体保护层	环氧树脂

(三) 球形锥底罐单罐发酵法的生产工艺条件

麦汁浓度	11.2～11.6°P
溶解氧	3～5mg/L
酵母菌种	为避免使用酵母离心机，采用凝集力强、发酵度高的菌株
接种浓度	30×10^{6}细胞/ml
接种温度	12℃
最高发酵温度	14℃
发酵终了温度	在20h内降温至8℃，便于酵母沉淀回收、二氧化碳饱和、双乙酰还原
发酵时间	4天
外观发酵度极限	80％～82％
真正浓度	2.4％左右
回收酵母	由锥底回收，回收量相当接种量的3倍左右，酵母回收后，酒液温度降至0℃
二氧化碳含量	在0℃，0.1MPa背压下，上部酒液为0.53％，中部为0.55％，底部为0.57％

(四) 球形锥底罐的洗涤

设置固定的回转喷头，自动清洗程序如下：

(1) 热水(45～50℃)淋洗10min。

(2) 热碱溶液(＜1.0％)清洗20min。

(3) 热水淋洗5min。

(4) 酸液清洗，防止形成啤酒石。

(5) 冷水淋洗10min。

(五) 球形锥底罐的使用效果

(1) 改进了发酵罐的容量/表面积比值，与其他类型的发酵罐对比如表3－5－12所示。

因为球形罐的容量/表面积比值大，相对地用料省，造价低，如表3－5－13所示。

(2) 分离酵母方便，可以采用一罐发酵法，缩短生产时间。

表 3-5-12　各种类型发酵罐的几何数据对比

罐　型	高度/m	直径/m	表面积/m^2	容积/m^3	工作容量/m^3	容量/表面积	工作压力/kPa
卧式罐	21.3	3.50	253.3	204.8	2000	0.809	150
圆柱锥形罐	19.55	3.80	255.9	221.6	1932	0.866	150
通用罐	9.0	9.00	381.5	572.2	4680	1.500	5
	10.5	8.50	393.6	595.5	4800	1.513	5
球形锥底罐	11.95	10.00	314.0	523.3	5000	1.667	130

表 3-5-13　各种大容量发酵罐的造价对比

罐　型	工作容量/hl	造价相对比值/hl	罐　型	工作容量/hl	造价相对比值/hl
卧式罐	6000	100	通用罐	5000	53
球形锥底罐	5000	41	圆柱锥底罐	2000	65

(3) 可以在大容量下采用较高的工作压力，有利于二氧化碳饱和。

(4) 清洗工作简单有效。

(5) 冷却费用降低。

(6) 啤酒质量与传统法啤酒对比，无何显著差异，如表3-5-14所示。

表 3-5-14　球形罐啤酒与传统法啤酒的质量对比

项　目	球形罐啤酒	传统法啤酒	项　目	球形罐啤酒	传统法啤酒
二氧化碳/%	0.55	0.55	高级醇含量/(mg/L)	90～101	110
泡持性/Singma值	135	140	酯类含量/(mg/L)	30～31	26～28
苦味度/EBC单位	28	27	生产时间/d	21	21
双乙酰含量/(mg/L)	0.12	0.10			

球形罐本身虽然制作省料，但加工比较困难，制作时材料多有浪费，是其缺点。

第二节　线上监控技术的应用

60年代，啤酒生产过程的控制，主要依靠现场操作人员和仪表。随着科学技术的发展，精密检测仪器的不断开发，为了适应现代化高速、大规模的生产，又能保证质量，啤酒生产过程已逐步建立起完整的过程控制系统，使检测工作既快速，又准确。

一、线下和线上检测

在整个啤酒酿造过程中，衡量生产过程是否正常，产品质量是否稳定，需要对生产过程的一些重要参数，进行及时而准确的检测，发现检测数据背离要求，就要采取措施，进行及时的调控。

过去对生产中重要参数的检测，大都是在生产过程中或成品酒中取样，拿到实验室去检测，这种做法叫线下(off－line)检测，就是发现问题，解决问题也未能及时。现在人们研究，对有关技术参数在生产现场的设备或管线上，直接进行检测，发现问题，及时调控，这叫线上(in/on line)检测，对保证产品质量和提高工作效率是一大进步。

目前，行之有效的线上监控，除过去早已实现的温度、压力、液位、流量、浊度、二氧化碳含量、溶解氧、氮气、相对密度、酒精浓度等外，色度、苦味质、酵母接种量和一些主要挥发性和非挥发性发酵代谢物质的线上检测也正在进行中。将来还可利用气相色谱、液相色谱、质谱仪、远红外线光谱仪、激光技术、流体喷射分析技术等先进技术，只要仪器坚固耐用、准确可信、连续有重复性、数据快速、不需校正，都可在线上进行更多参数的检测。届时，啤酒发酵将形成一套更完善的生产体系。

二、线上检测方法

线上检测方法，最简单的是把有关传感器，直接接在流动酒液的管道或设备中；或者酒样经过一旁路，自动定时取样至设备或管路旁边附设的有关仪器进行分析。分析所需时间很短，不过几秒钟到几分钟。另外，光有检测不行，还应与调控系统联网，形成一套完整的检测调控系统。做到这一步，生产连续化就容易实现了。例如：高浓度稀释啤酒，需要精确的兑制，有的厂就是利用线上检测，控制相对密度、酒精浓度和二氧化碳含量等几项参数。有了酒精浓度，就可同时利用计算机精确算出原麦汁浓度、真正浓度和热值等，自动进行调控。又如酵母接种量，常用的重量法、容量法、血球计法以及近年采用的近红外线线上测定，都还不够准确。准确的方法是要测酵母的活细胞数，即利用酵母电解质的性质，在适当的电频率下，测活细胞的电容率来控制接种酵母中的活细胞数，以达到准确的接种量。又如麦汁的充氧量，如果显示偏离要求数字，应能及时自动反馈调控。过滤啤酒的浊度也是这样，达不到要求的浊度，能自动调控重滤，等等。

第三节 连续发酵

1906年凡雷金(Van Rijn)在新加坡第一个申请了啤酒连续发酵专利，当时未获得推广应用。二次世界大战后，由于啤酒需要量激增，生产满足不了市场需要，酿造家们相继研制快速的连续发酵生产方法。直至1957年后，啤酒连续发酵才开始在少数国家的少数厂中应用于生产。当前在生产上采用的连续发酵方法，主要有两类：

1. 多罐式连续发酵(开放式系统)

多罐式连续发酵的特点是发酵罐内装有搅拌器，酵母悬浮酒液中，连续溢流的酒液将酵母带走，无法使发酵罐内保持较高的酵母浓度，故名开放式系统。多罐式又分：

(1) 柯茨(Couts)四罐式连续发酵　新西兰多米尼翁(Dominion)啤酒厂最早采用此法。

(2) 毕绍普(Bishop)三罐式连续发酵　新西兰的新西兰啤酒厂、加拿大的兰伯特(Lambatt)啤酒厂、英国的威纳门(Watney mamn)啤酒厂以及其他厂均有采用。

2. 塔式连续发酵(半密闭系统)

塔式连续发酵的特点是塔内不具搅拌设备，酵母大部分保留在发酵塔底，形成酵母柱;溢流酒液中的酵母浓度,远低于塔内酵母浓度,故名半密闭系统。

塔式发酵罐系60年代英国APV公司设计,因此又名APV塔式发酵罐,在英国、荷兰、西班牙以及其他国家均有采用。

一、多罐式连续发酵

(一) 四罐式连续发酵

1. 工艺流程和主要设备(图3－5－10)

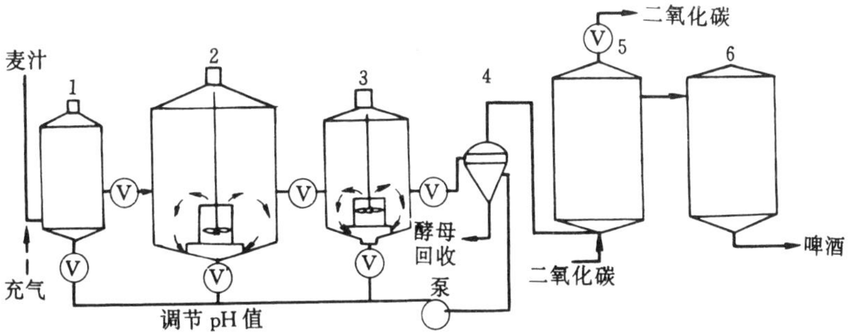

图 3－5－10　四罐式连续发酵工艺流程图

1—酵母繁殖罐　2—发酵罐Ⅰ　3—发酵罐Ⅱ　4—酵母分离罐或酵母离心机　5—二氧化碳洗涤罐　6—贮酒罐

其中1、2、3号罐均备有搅拌器;1号罐可视为酵母繁殖罐;2号罐为一较大的发酵罐,主发酵主要在此罐内进行;3号罐为一较小的发酵罐,发酵液在此罐内达到要求的发酵度;4号罐为一设有冷却设施的锥底罐,酵母在此冷却沉降,酒液由上部溢出,或采用酵母离心机代替此罐。

2. 发酵过程

(1) 麦汁经冷却后,在0℃贮罐中存放48h,使冷混浊物充分析出。

(2) 此麦汁经硅藻土过滤,除去冷混浊物,移入2℃贮罐中备用(如系高浓度麦汁,则在流加至酵母繁殖罐前先进行稀释)。

(3) 麦汁经薄板热交换器,加热至发酵起始温度,然后流加加入酵母繁殖罐,同时通入适量空气。

(4) 发酵液由酵母繁殖罐流入发酵罐Ⅰ,待发酵度达50%左右,流入发酵罐Ⅱ。

(5) 发酵液在发酵罐Ⅱ发酵至要求的发酵度,流入酵母分离罐(4号罐)分离酵母,酒液溢流至贮酒罐,进行后处理。

(6) 在酵母分离罐分离的酵母,部分回收,部分酵母重新送回酵母繁殖罐和发酵罐Ⅰ,以增加酵母浓度。

3. 技术条件

以多米尼翁啤酒厂四罐连续发酵法为例,说明如表3－5－15。

(二) 三罐式连续发酵

1. 工艺流程和主要设备(图3－5－11)

表 3-5-15 四罐连续发酵法的技术条件

项目	技术条件	项目	技术条件
麦汁浓度/%	17左右	发酵罐Ⅱ容量/m^3	41
进入1号罐前稀释浓度/%	12.9	发酵罐Ⅰ溢流酒液的发酵度/%	50左右
冷麦汁处理温度/℃	0	发酵罐Ⅱ溢流酒液的浓度/%	3.1
冷麦汁处理时间/h	48	发酵温度/℃	15
冷麦汁过滤(硅藻土过滤机)	去除冷混浊物质	酵母浓度/(g/L)	12～100
麦汁贮备温度/℃	2	酒液逗留时间/h	30
酵母繁殖罐容量/m^3	23	产量/(t/h)	6.8
发酵罐Ⅰ容量/m^3	164		

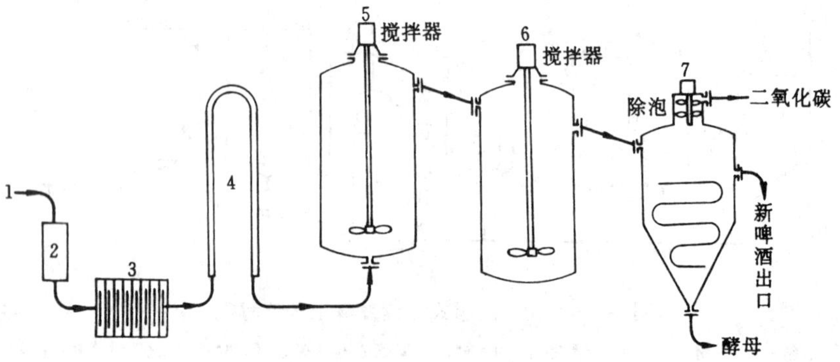

图 3-5-11 三罐式连续发酵工艺流程图

1—麦汁进口 2—泵 3—薄板热交换器 4—柱式充氧器 5—发酵罐Ⅰ 6—发酵罐Ⅱ 7—酵母分离罐

2. 发酵过程

(1) 麦芽汁在0℃贮存，再经热交换器灭菌后，冷却到20～21℃。

(2) 麦汁通过倒置的U形供氧柱摄取氧气。

(3) 麦汁进入发酵罐Ⅰ(需氧)，罐中装有搅拌器，然后加酵母在麦汁中。待发酵罐Ⅰ可发酵糖发酵到50%左右时，酒液开始溢流到发酵罐Ⅱ。

(4) 随后连续地将麦汁供给发酵罐Ⅰ，待发酵罐Ⅱ的发酵液达到要求的发酵度时，则转流到酵母分离罐。

(5) 酵母分离罐内设冷却设施，发酵液冷却后，可使酵母沉淀，并由罐的底部排出，酵母浓度可以麦汁流量和温度酌情调整，在正常连续发酵期间，发酵罐Ⅰ和发酵罐Ⅱ的酵母浓度均甚稳定。

(6) 在连续操作过程中始终开动搅拌器，使酵母保持悬浮状态。

(7) 发酵产生的二氧化碳，最后经酵母分离罐上部排出；由酵母分离罐溢流出的嫩啤酒最后送到贮酒室，进行后处理。

3. 技术条件

以英国威纳门啤酒厂的三罐法连续发酵为例，说明如表3-5-16所示。

4. 三罐法连续发酵过程中的物质变化情况(表3-5-17)

5. 产品化学分析(与间歇法比较)

两者的产品分析对比如表3-5-18所示。

表 3-5-16　三罐法连续发酵的技术条件

项　目	技术条件	项　目	技术条件
工作容量/(hl): 发酵罐Ⅰ	262	酵母浓度/(细胞/ml): 发酵罐Ⅰ	5.4×10^7
发酵罐Ⅱ	262	发酵罐Ⅱ	6.0×10^7
酵母分离罐	142	酵母分离罐	2×10^6
麦芽汁流速/(hl/h)	24.57	发酵温度/℃: 发酵罐Ⅰ	21
原麦汁浓度/(g/100ml)	9.5	发酵罐Ⅱ	24
嫩啤酒浓度/(g/100ml)	2.3	酵母分离罐	8～7
麦汁溶解氧含量/(mg/L)	6～10	逗留时间/h	14～18
		制罐材料	铝或不锈钢

表 3-5-17　三罐法连续发酵过程中的物质变化

项　目	麦　汁	发酵罐Ⅰ	发酵罐Ⅱ	酵母分离罐
工作容量/hl	—	262	262	142
麦汁浓度/(g/100ml)	9.5	5.58	2.3	2.3
酒精浓度/(g/100ml)	0	1.6	2.9	2.9
总氮含量/(mg/L)	700	500	400	400
α-氨基氮含量/(mg/L)	150	37	25	25
可发酵糖含量/(g/L)	60.5	30	7.5	7.5
溶解氧含量/(mg/L)	9.5	0	0	0
pH值	5.0	4.0	3.9	3.9
酵母浓度/(细胞/ml)	0	5.4×10^7	6×10^7	2×10^6
温度/℃	7	21	24	3～7
压榨酵母质量/(kg/hl)	—	1.25	1.43	—
流速/(L/h)	2457	2457	2457	2457

表 3-5-18　三罐法连续发酵与间歇发酵的产品分析对比

项　目	麦　汁	连续发酵			间歇发酵啤酒
		发酵罐Ⅰ	发酵罐Ⅱ	酵母分离罐	
麦汁浓度/(g/100ml)	9.95	4.93	4.08	2.89	2.89
总氮含量(mg/L)	877	610	554	532	535
游离氨基氮含量/(mg/L)	205	45	31	36	71
总多酚含量/(mg/L)	351	362	366	362	340
苦味质(异葎草酮)含量/(mg/L)	27.5	25.5	25.5	27.5	24.0
二甲基硫含量/(mg/L)	0	0.03	0.004	0.001	0.001
乙醛含量/(mg/L)	0	<1	1	2	1
双乙酰含量/(mg/L)	0.1	0.3	0.2	0.2	0.2
异丁醇含量/(mg/L)	0	3	4	4	4
戊醇含量/(mg/L)	0	5	5	7	9
异戊醇含量/(mg/L)	0	0.5	1.5	1.5	1
己酸乙酯含量/(mg/L)	0	<0.1	<0.1	<0.1	<0.1

(三) 多罐式连续发酵的优缺点

1. 优点

(1) 缩短发酵周期，提高设备利用率，降低土建和设备费用。

(2) 节省劳动力和减少洗刷费用。

(3) 减少啤酒损失。

(4) 提高酒花利用率，节约酒花用量约25%。

2. 缺点

(1) 每个发酵罐都配备搅拌器，耗用动力多。

(2) 耗用冷量大。

(3) 管理比较繁琐，麦汁、啤酒易染菌。

(4) 生产灵活性差，一套设备只能生产单一品种。

二、塔式连续发酵

(一) 塔式连续发酵生产上面啤酒

1. 工艺流程(图3－5－12)

2. 发酵过程

(1) 酵母可参照传统方法进行培养，然后移入发酵塔内，稍加通风，分批加入无菌麦汁；麦汁在塔内一边上升，一边发酵，直到放满发酵塔为止；在塔底形成沉积的酵母层，并达到要求的酵母浓度梯度后，用泵连续泵入无菌麦汁；调节麦汁流量，使达塔顶时，恰好达到所要求的发酵度。麦汁开始流速较慢，1周后，可达全速操作。

(2) 麦汁经过48h0℃贮藏澄清处理，再经硅藻土过滤，泵入热交换器连续灭菌、冷却、充氧后，从塔底进入发酵塔；塔内装有多孔板(水平式缓冲折流挡板)，使麦汁可以均匀地分布到塔内各个横断面。麦汁在塔底通过疏松的酵母层进行发酵。

(3) 嫩啤酒的发酵度取决于麦汁流速和酵母浓度。流速低，发酵度高；流速过高，溢流的啤酒发酵度不足，并会将酵母带出，使发酵受阻。因此，必须根据发酵度来控制流量。

(4) 发酵温度是通过塔身周围三段夹套或盘管的冷却来控制恒温，冷冻剂用直接氨或其他间接冷却方法，如采用乙二醇溶液或酒精溶

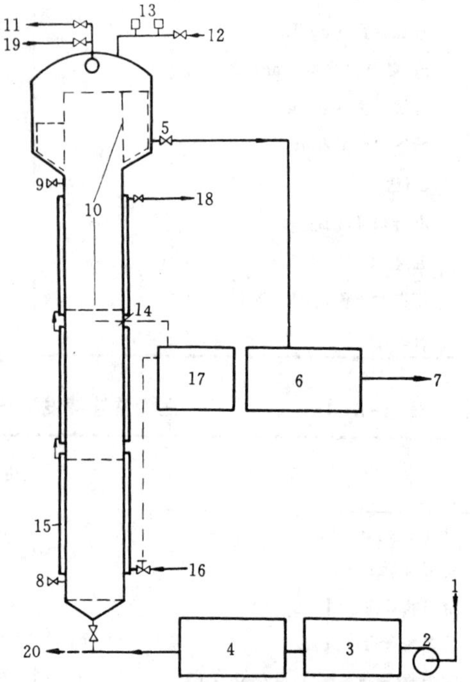

图 3－5－12　塔式连续发酵工艺流程图

1—麦汁进口　2—泵　3—麦汁流量计　4—薄板热交换器　5—嫩啤酒出口　6—酵母分离器　7—嫩啤酒出口　8—取样点　9—取样点　10—折流板　11—二氧化碳排出　12—蒸汽入口　13—压力/真空装置　14—温度计　15—三段冷却夹套　16—冷冻剂入口　17—温度记录控制仪　18—冷冻剂出口　19—自动清洗设备　20—洗涤剂出口

液。塔顶的圆柱体部分是沉降酵母的离析器装置，用以减少酵母随啤酒溢流而流失，使酵母浓度在塔身形成稳定的梯度，以保持恒定的代谢状态。如麦汁流速过高时，酵母层会上移。

(5) 连续发酵到一定时间后，酵母会发生自溶，死亡率增高，啤酒内氨基氮含量上升，此时，可在塔底排出部分老酵母，仍可继续进行发酵。

(6) 流出的嫩啤酒，经过酵母分离器后，再经薄板热交换器冷却至 −1℃，然后送入贮酒罐内，经过充二氧化碳后，贮存4天，再经过滤，即可包装出厂。

(7) 须经常从塔底通入二氧化碳，以保持酵母柱的疏松度。

3. 技术条件

以英国伯顿(Burton)啤酒厂的塔式发酵为例，说明如表3－5－19。

表 3-5-19　　塔式连续发酵的技术条件

项　　目	技术条件
塔身直径：高	1.8：15
塔顶酵母离析器直径：高	3.6：1.8
塔底锥角	60°
容量/m^3	45
麦汁流量/(m^3/h)	4～5
新啤酒产量/(m^3/d)	96～120
原麦汁浓度/%	9～10
酵母要求	絮凝沉淀
酵母品种	上面酵母
酵母沉积柱占塔总容量/%	15～20
麦汁流速低时塔底酵母浓度/(g/L)	350～400
麦汁流速低时塔顶酵母浓度/(g/L)	11～30
麦汁0℃贮存时间/h	48
麦汁热交换器灭菌温度/℃	60
麦汁含氧量/(mg/L)	6
塔底麦汁发酵温度/℃	16
塔顶新啤酒双乙酰还原温度/℃	22～24
逗留时间/h	7～9
麦汁进塔4h后可发酵糖的发酵度/%	75
制塔材料	不锈钢或钢板加涂料
新啤酒分离酵母	离心机
贮酒罐－1℃贮存时间/d	4

(二) 改进型塔式连续发酵

改进的要点如下：

(1) 从冷却的酵母贮器(图3－5－13)中，将酵母循环送入发酵塔，以保持高的酵母浓度。

(2) 只需中等凝聚性的酵母，即可保持塔内一定的酵母浓度，可供选用的酵母范围比较广。

(3) 酵母的增殖量和增殖速率，通过调节酵母接种量、麦汁组成和通风量、容易控制。

(4) 改进型的塔式发酵，酵母沉降在塔顶的冷却贮器中。过去的APV塔，则要求酵母沉集于温度较高的塔底，酵母容易衰退。

(5) 通过控制酵母的循环率，可使酒液在不同的流速下，达到质量一致。

(6) 由于增加了5块多孔折流挡板的作用，限制了酒液的回流，可形成良好的发酵梯度，不致于形成过量的酯；使麦汁所含葡萄糖在第1块多孔挡板上，即可消耗殆尽，克服了由于多量葡萄糖存在，影响酵母对麦芽糖的同化；也克服了酵母不凝聚，易变形等问题。

改进型的连续发酵塔如图3－5－13所示。

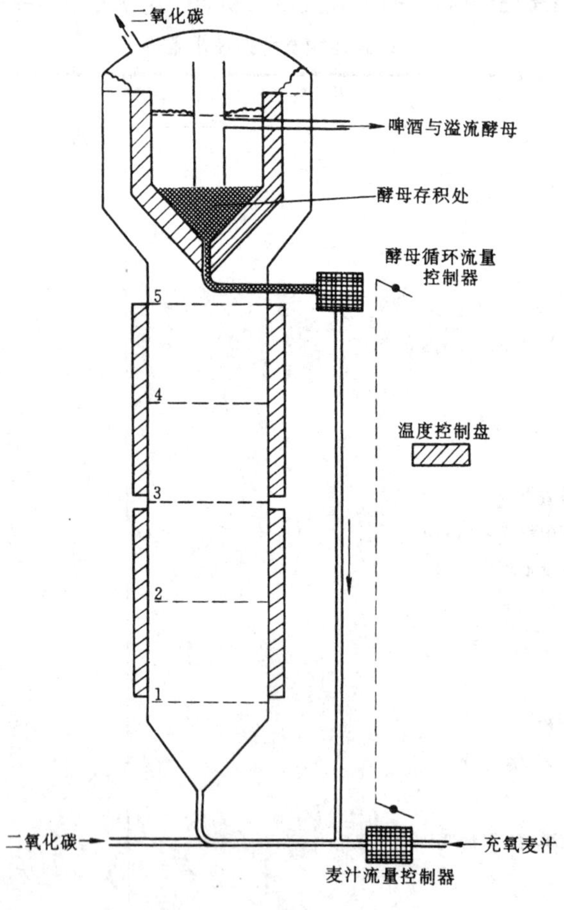

图 3－5－13 多级连续发酵塔

(三) 影响塔式连续发酵的主要因素

1. 酵母菌种

选择的酵母应具备下列条件：

(1) 具有较高的凝集性和发酵力，能沉淀到塔底，形成一定的发酵酵母柱，在整个发酵塔内达到一定的酵母浓度梯度。

(2) 酵母繁殖率低，降低酯类、高级醇、双乙酰等成分的含量。

(3) 赋予啤酒良好风味。

2. 麦汁的无菌条件

麦汁应严格控制其清洁灭菌操作，避免污染，否则连续发酵将无法进行。一般，麦汁在进塔前需经灭菌(80℃/1min或63℃/8min)，再冷却至发酵温度使用。

3. 控制麦汁中的含氧量

塔式发酵，麦汁中应保持适宜的含氧量，使酵母生长正常，既能保持塔底稳定的酵母柱和发酵速度，又不过分繁殖，以减低啤酒中的酯含量和不形成过量的双乙酰，同时也可减少酵母形态上的变异。

通气量一般控制在麦汁：空气＝10：1(体积计)，溶解氧可达6mg/L以上。

4. 控制塔底通入的二氧化碳

合理控制塔底通入的二氧化碳，使酵母柱保持疏松。

5. 控制流速稳定

控制麦汁流速稳定是连续发酵稳定生产，保证质量的重要方面。流速较慢，则流出的新啤酒发酵度高，相对密度低，粘度也低，酵母相对容易凝集沉淀;反之，流速较快，则新啤酒的相对密度高，发酵度低，酵母不宜凝集沉降，酵母流失多，不能维持正常发酵。在塔式连续发酵中，要保持塔内的酵母浓度，除应选择凝集性酵母外，按嫩啤酒的发酵度要求，稳定地控制相适应的最高流速，是塔式连续发酵稳定生产的一个重要因素。

(四) 塔式连续发酵的优缺点

1. 优点

(1) 发酵时间短，产量高，相对地讲，单位产量投资低。

(2) 大量节省厂房建筑和用地面积。

(3) 便于自动控制，减少容器清洗和酵母处理工作，节省人力。

(4) 酒花利用率高。

(5) 二氧化碳回收效率高。

(6) 啤酒损失较少。各种发酵方法的啤酒损失率对比如下：传统间歇法：1.5%～2.5%；圆柱锥底罐：1.5%～2.0%;多罐式连续发酵：1.5%;塔式连续发酵：0.6%～1.2%。

(7) 麦汁的pH值下降快，1h的下降数相当间歇法3天，而且没有酵母生长停滞期，因而污染的机会较少。

(8) 产品比较均一。

(9) 设备满负荷，利用率高，比较合理。

2. 缺点

(1) 生产灵活性不如间歇法，1套设备同时只能生产1种产品。

(2) 麦汁必须严格灭菌，管理要求高，否则易污染。

(3) 设备的要求高，造价高，虽然产量也高，但对小规模生产来讲是不经济的。

(4) 对酵母既要求发酵度高，又要求凝集性强，因此，选择适宜的酵母菌株较间歇法难度大。

(5) 贮酒期间，塔式连续发酵啤酒容易产生较强的氧化味，可能因酵母繁殖率低，酵母细胞膜形成多量类脂，引起自氧化所致。

关于连续发酵啤酒质量，说法不一，从分析数据看，与间歇法啤酒是接近的，从风味上品评，两者区别较大。连续发酵啤酒的风味比较更适宜于制造上面啤酒，制造下面贮藏啤酒则需严格控制双乙酰含量和解决啤酒的氧化问题。

三、连续发酵有效操作所需具备的条件

连续发酵有效操作所需具备的条件如表3－5－20所示。

表 3-5-20 连续发酵有效操作所需具备的条件

操作条件	需要的理由	如何达到	现有连续发酵系统的情况		
			多罐式	塔式	改进型塔式
1. 高酵母浓度	快速发酵	限制酵母流失，或酵母循环使用	部分具备	具备	具备
2. 正常的酵母生长率/[g酵母产量/(g酵母·h)]	调节新旧细胞，保持酵母活性	控制细胞浓度，控制细胞生长率	具备	部分具备	具备
3. 选择的酵母生长率/(g酵母产量/单位容量啤酒)	减低酵母生长率就是减少损失 使啤酒的风味物质产生在理想的浓度范围内	供氧率合理 麦汁组成合理	具备	具备	具备
4. 流速稳定	操作无困难，产品均匀	维持恒定的操作条件，如温度 流速改变，调节酵母浓度，良好的发酵梯度	具备	部分具备	具备
5. 发酵梯度	避免过量酯的形成，避免不稳定情况的产生	采用多罐式搅拌发酵 采用长的管道或分段塔式发酵	部分具备	部分具备	具备
6. 酵母与麦汁混合良好	最高的生产效率 酵母与基质有最大的接触机会，避免出现停滞区	完善的机械搅拌 气体搅拌	具备	不具备	具备

四、连续发酵与间歇发酵的比较

60年代，为了缩短酒龄，加速生产，连续发酵和大型罐间歇式发酵曾进行了一段时间的竞争 尽管连续发酵的发酵时间较大罐发酵大幅度缩短，最后消费者还是接受了大罐间歇发酵而冷淡了连续发酵。两者的比较有以下几点：

(1) 连续发酵所需的麦汁和设备，需要长时间处于高度无菌状态，否则极易染菌而失败；间歇发酵可以每批进行无菌处理，而连续发酵做不到。

(2) 连续发酵的生产率，受很多因素制约，不易改变，同时也只能生产单一品种，生产不灵活；间歇发酵每批生产，发酵容器可任意增减，可同时生产不同数量的不同啤酒品种，

生产灵活性强。

(3) 连续发酵的酵母易变异，不易沉降和不易发酵麦芽三糖，长期运转，染菌问题不易控制;间歇发酵的染菌问题较易控制。

(4) 两者的啤酒风味不同，连续发酵生产的啤酒，酯类和双乙酰含量高，不易为人们所接受。

(5) 连续发酵的生产准备时间长，从停产到生产需1～2周准备时间;间歇法仅需1～2天。

(6) 连续发酵的设备和操作比较复杂，操作人员需具有一定的工程和科学知识;间歇法操作比较简单，对操作人员素质要求相对较低。

(7) 在没有实现连续糖化之前，连续发酵的一些优点被掩盖了，麦汁和嫩啤酒仍需间歇处理，人们对它不感兴趣。

就目前条件而言，连续发酵的优越性不及大罐间歇发酵;将来，通过酿造技术的积累，相对先进的发酵工程以及电子控制设备的实现，最后的发展方向，也许仍然会趋向连续发酵。

第四节　利用固定化酵母制啤酒

30多年前，国际上许多研究单位开始研究啤酒的连续发酵。后来，因连续发酵啤酒存在质量问题而大都放弃了。70年代初，Narziss等人首先提出将固定化酵母用于啤酒酿造的设想，从而又引起啤酒酿造界研究固定化酵母应用于啤酒连续发酵的兴趣，并且进展很快。在这方面，芬兰、比利时、日本等国家比较领先，已具备了小规模试生产的条件，虽然还存在一些问题有待进一步解决，但前景乐观。

一、利用固定化酵母进行啤酒连续发酵的优越性

(1) 减少设备投资，缩短生产时间;增产啤酒，优化效率。

(2) 生产连续化，简化了生产过程和操作。

(3) 上面酵母和下面酵母均可应用，生产灵活性大，产品多样化。

(4) 便于酵母的分离和回收。

(5) 由于高细胞密度和酵母在固定化状态下不易扩散，减轻了污染。

(6) 酵母增殖减少，使麦汁获得理想的利用率。

(7) 强化了麦汁与酵母的接触;酵母细胞固定在载体表面上，减少了质量转移问题。

二、固定化系统和载体

细胞固定化的形式可分4类:

(1) 表面附着在预先形成的基质(Matrices)上;

(2) 包埋在预先形成或聚合的基质上;

(3) 包含在载体内,如胶囊;

(4) 与凝絮剂或交联剂的自聚集。

很多不同的载体成功地用于酵母属的固定化,例如:木片、硅藻土、陶瓷、多孔烧结玻璃板、多孔玻璃珠、DEAE-纤维素、PVC片、棉布、玻璃纤维等等。固定在载体表面的细胞,可直接与液体基质接触,减少了质量转移问题。但高流量的液体也会使生物反应罐产生剪切力,而使酵母从载体上脱落。采用疏松多孔的载体颗粒,细胞在疏松多孔的载体环境里得到保护,可以克服外部液体剪切力的问题。一般说,疏松的孔径需要大一些,固定化也包括着吸附作用,使酵母细胞先生长,再凝集,形成多量的生物量(biomass)。这样的结构空间也可使产生的二氧化碳自由逸出,而不影响被包埋聚集物的完整性。只有靠近载体表面的细胞,才有可能脱落。

在固定化酵母系统中,生物反应罐(bioreactor)的设计是很重要的。它受应用范围的不同、载体的选择和理想的质量转移要求等方面的支配而有多种类型:如静止载体反应罐,包括填充床、中空纤维和螺旋卷绕膜等构型;移动的或混合载体反应罐,包括流化床和搅拌反应罐以及其他类型等等。每种构型对不同的酿造应用来说都有其优缺点,必须从使用的效率和简易程度进行选择。

三、芬兰的应用情况

1. 概述

采用固定化酵母进行啤酒主发酵是比较困难的。由于只有固定在载体表面的酵母与氧接触,繁殖旺盛,而包埋在载体内面的酵母与氧的接触少,或因酒精在载体内的积累,使酵母繁殖受到抑制,因而酵母对α-氨基氮的同化率低,主发酵完毕的酒液存在着游离α-氨基氮和双乙酰含量过高的质量问题,不易解决。而后发酵是啤酒酿造耗时最长的工序,芬兰的酿造家为了缩短后发酵及成熟期,采取了主发酵和啤酒后处理仍沿用传统生产方法,后发酵采用固定化酵母生产方法进行了生产规模的研究和应用。同时继续进行主发酵的研究,主要是采用经过基因修饰,具有编码α-乙酰乳酸脱羧酶基因的酵母取代原用酵母,主发酵时间可在1~2天内完成,双乙酰的前体物质含量极低,甚至可以取消后成熟期。此项研究已取得初步成果。

2. 利用固定化酵母进行后发酵的工序流程

从1990年开始,芬兰即建立了40hl/h规模的试生产,其后发酵的生产流程图如图3-5-14所示。

图中所用设备全部为不锈钢制作,包括自动控制阀和流量控制计等。

此生产流程包括:

(1) 主发酵仍按传统方法进行,使酵母代谢产生的风味物质不致有大的变化。

(2) 主发酵后的嫩啤酒先经密封离心机,分离啤酒中的大部分酵母,避免后面热处理时,酵母产生自溶而损及啤酒质量。离心后酒液中的酵母浓度控制在10^5细胞/ml以下,然后,酒液进入缓冲罐。离心后的酵母含固形物为18%,较传统回收酵母的浓度约提高1倍,可用作下批主发酵接种。

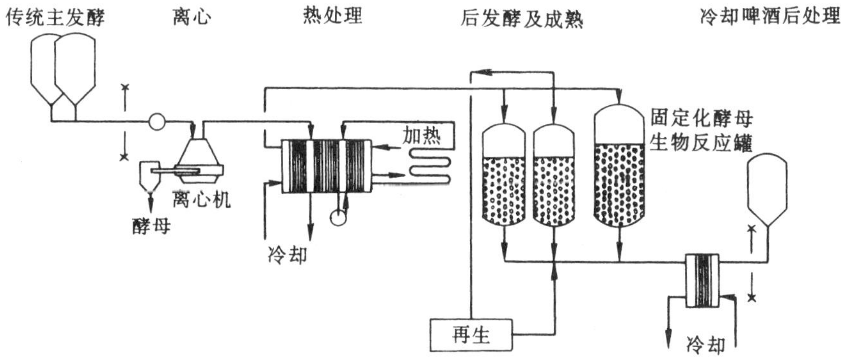

图 3－5－14　利用固定化酵母进行后发酵流程图

离心机：100hl/h
热处理：90℃，7min，0.6MPa
固定化酵母生物反应罐：15℃，2h，0.3MPa，1×60hl，2×10hl
啤酒冷却：4℃
生产能力：40hl/h，1000hl/d，250000hl/a

酒液经离心处理，啤酒损失较传统回收酵母方法减少1%。

(3) 分离酵母后的酒液，通过热交换器，进行加热处理(包括升温、保温、冷却三部分，保温时间随酒液的保温温度和流速而不同)，使酒内的α－乙酰乳酸通过氧化脱羧转变为双乙酰。实践证明，保温温度愈高(80～90℃)，由于部分前体物质直接形成乙偶姻，反较低温(60～70℃)保温形成的游离双乙酰为低。

加热也对进入酵母柱的酒液起到巴氏灭菌作用。

(4) 经热处理的酒液进入固定化酵母柱时，酒温保持10～15℃，啤酒中的双乙酰被酵母的还原酶还原为乙偶姻。此时，由于酒液消糖已近完全，酵母的生长和发酵接近停止，相当于传统发酵中的酵母停止繁殖期，除双乙酰继续降低(可降至0.05mg/kg以下)外，其他风味物质不再有大的变化。

(5) 在酒液流加期间，对酵母柱施压，以使二氧化碳饱和，同时也避免流加酒液时，酵母柱产生短路(channelling)。酒液流加方式以自上而下为好，更有利于避免酵母柱产生短路。

(6) 由酵母反应罐流出的啤酒，按传统常规方法进行过滤和稳定性后处理。

以上填充式酵母柱采用DEAE－纤维素为载体，酒液自上而下流动，酒液与酵母接触良好，接触时间2h左右，双乙酰可由0.2mg/kg以上降低至0.05mg/kg以下。由于接触时间短，限制了酵母生长，不再有新的双乙酰前体物质形成及风味的改变。

DEAE－纤维素带正电荷，与带负电荷的某些细胞壁化合物有很强的亲和力，可以使酵母牢固地被吸附在载体上。此载体使用后，可经热碱液再生和灭菌，重复使用。

控制酒液在酵母柱的流速非常重要，双乙酰的降低程度与此有关。流速也决定酵母附着在载体上的数量，高流速溢流出的酵母细胞将增加。双乙酰的还原不只决定于酒液的流速，也决定于固定化系统中的细胞数。不管怎样，足够的流速还是需要的，以便将死细胞泄出，避免自溶现象。

固定化酵母反应罐系统的运转简单而灵活。当反应罐中的酵母处于稳定期时，酵母只被用来使酒液达到最终消糖度(浸出物0.2%～0.05%)和还原双乙酰，其他风味物质无变化。酵母柱处于此稳定状态下，可以关闭停留1星期以上，并在2h内恢复运转，不受影响。

反应罐的启动很方便，酵母的固定化可在反应罐内进行，酵母加入反应罐上部，用啤酒进行循环，以达到酵母在罐内均匀分布。

载体使用后，可用80℃热碱水洗涤和再生，用水淋洗，用弱酸(亚硫酸盐)中和，重新接种。洗涤、再生和重新接种的时间约需2天，载体一般可再生15次，并未降低其亲和酵母的能力。

芬兰利用此固定化酵母系统生产的啤酒，大部分与传统生产的酒混合销售，部分单独供应市场，听取反映。

3. 应注意的问题

(1) 进入固定化反应罐的酒液，其可发酵浸出物含量不应太高，应控制在0.5%以下，以免促使酵母生长，形成新的双乙酰前体物质。同时也不应流速太低，以免接触时间过长，促使酵母生长。

(2) 在此系统中应避免吸氧，以防止促进酵母生长和酒液加热时带来的风味负面影响。

(3) 流量过速，酒与酵母接触时间过短，双乙酰还原不易完全，游离的酵母也易泄于反应罐外。

(4) 避免使用高蛋白质含量的麦芽，以免引起系统中设备的结垢问题，也应避免反应罐内升压过速。

(5) 应加强麦汁的卫生管理，避免染菌。

4. 与传统生产方法的对比

(1) 减少投资，同等产量，较大罐生产方法可节省投资80%左右，所需建设地面很小。

(2) 啤酒损失减少。

(3) 适应市场变化的能力大。

(4) 与传统啤酒对比，风味及风味稳定性无显著差别。

第六章　啤酒生产的病害微生物及清洁灭菌工作

第一节　啤酒生产的病害微生物及其检查和防治

一、污染菌的来源

啤酒生产中的污染菌，主要来自空气、水、原料、冷麦汁、种酵母、设备和管路、助滤剂和添加剂、包装物料，以及各种用具和操作人员等。

空气和水应是第一污染源。

啤酒生产有时需要通风，如压缩空气不洁，易染菌；开放操作，物料常与环境空气直接接触，容易造成染菌。因此，啤酒工厂搞好环境卫生，以及必要时的空气灭菌操作都是非常重要的。

工厂用水如用河水或浅井水，水质不清洁，用以洗涤发酵池、贮酒罐、酵母、瓶子等，就可能造成啤酒严重染菌。特别是洗涤酵母的水，应绝对无菌（<10细胞/100ml），否则酵母会造成大面积染菌，且会蔓延到成品啤酒中，引起败坏。

原料也带入一部分杂菌，在麦汁制备过程中，经过麦汁煮沸，杂菌已被消灭掉。

经冷却后的冷麦汁，营养丰富，极易感染好气性和微好气性杂菌，如大肠菌群、多变黄杆菌和醋酸菌等。

扩大培养的种酵母，因扩大培养后期采用了现场冷麦汁，故也有染菌的机会；回收再用的酵母泥，都有不同程度的染菌，回用代数愈多，污染程度也相对愈严重。

不洁的设备和管路会带来污染，特别是与麦汁、啤酒接触的不暴露部分，如管道的弯头、阀门、连接等处，设备中的死角和排污口，均易造成积累性污染，应注意彻底清洁灭菌。

二、啤酒病害微生物的种类及其特性

根据微生物的需氧性,微生物可分4种不同的生理学类型:

(1) 严格需氧菌(strict aerobes) 它在生长过程中,必需有氧的存在,否则不能生长。霉菌是典型的需氧菌。

(2) 微需氧菌(microaerophiles) 它在微量含氧情况下能生存。醋酸杆菌和醋酸单胞菌属于此类。

(3) 兼性厌氧菌(facultative anaerobes) 在存在氧或缺少氧的情况下,都能生长。酵母属于此类。

(4) 绝对厌氧菌(strict anaerobes) 在氧的存在下,不能生存,如短螺状菌(*Pectinatus cerevisiphilus*),啤酒巨形球菌(*Wegasphaern cerevisiae*)。

啤酒厂的病害微生物,主要是各种野生酵母和某些属的细菌。它们均属微需氧菌和兼性厌氧菌。霉菌和放线菌在麦汁(酸性)和啤酒(厌氧)的条件下,很难生长繁殖。

(一) 野生酵母

野生酵母系指不为啤酒正常生产所用,在啤酒酿造过程中,易引起不正常发酵或产生病害的异种酵母。有的野生酵母在啤酒生产中能引起严重污染,但不是所有野生酵母都对啤酒有害。有的野生酵母对这一类啤酒可能是无害的,但对另一类啤酒则可能是有害的,如酒香酵母属(*Brettanomyces*)能赋予上面发酵兰比克啤酒(Lambic beer)的特殊风味,但对下面发酵啤酒来说,能引起异味,就是有害的了。

1. 啤酒厂常遇的野生酵母

啤酒厂常遇的野生酵母有:

(1) 酵母属(*Saccharomyces*)中的非培养酵母。

(2) 非*Saccharomyces*的其他酵母属如克氏酵母属(*Kloeckera*)、汉逊氏酵母属(*Hansenula*)、假丝酵母属(*Candida*)、毕赤氏酵母属(*Pichia*)、圆酵母属(*Torulopsis*)、红酵母属(*Rhodotorula*)、酒香酵母属等。

2. 啤酒厂主要病害野生酵母菌的名称和特征(表3-6-1)

3. 野生酵母检查要点

野生酵母能污染于冷麦汁、发酵、贮酒各阶段,因此,啤酒工厂对野生酵母需进行经常性的检查。其检查要点是:

(1) 野生酵母的主要污染来源是种酵母,尽管接种时的污染率很低,但发酵完毕,回收的酵母中,野生酵母的污染率就大了。因此,种酵母的检查是重点。

(2) 野生酵母在种酵母所占的比率虽甚小,而在啤酒中的野生酵母比率则较大,因此检查两者所含野生酵母的方法也不同。

(3) 啤酒样品需要做野生酵母检查时,根据其所含细胞数多少确定是否需做预处理。

(4) 在已经过无菌过滤或经巴氏灭菌的啤酒样中,只含有极少数酵母细胞,需先经薄膜过滤,进行浓缩,然后在麦汁琼脂培养基上培养,由此形成的细胞,再进行野生酵母的检验。

表 3-6-1　**啤酒厂常遇野生酵母的特征表**

野生酵母名称	形态特征				生理特征								病害
	假菌丝	细胞形状与大小	形成孢子	培养特征	液体培养基中形成菌膜	发酵：葡萄糖	半乳糖	麦芽糖	蔗糖	棉子糖	蜜三糖	其他生物特征	
1. 啤酒酵母混浊变种 (*S.cerevisiae* var. *turbidans*)	+	卵形，椭圆形，有时腊肠形 (2.5～8) μm×(5～12) μm	圆形，滑面，1～4个孢子，1.5～5 μm，25～30℃，40h内形成	琼脂斜面培养，菌落呈淡黄色，软质，润湿，光滑，边缘为锯齿状	+ 13～15℃，8～10 d形成；26～28℃，4～5天形成	+	+	+	+	1/3	−	上面酵母，不能同化硝酸盐，以乙醇为碳源，发育良好	能引起啤酒顽固混浊及刺鼻难闻的气味，在上面发酵啤酒厂经常遇到
2. 巴氏酵母 (*S.pastorianus*)	+	长卵圆形或腊肠形 (2.5～4) μm×(7～26) μm	圆形，平滑，1～4个孢子，1.5～5 μm，25～30℃，40h内形成	琼脂斜面培养，菌落呈白色，湿润，光滑，边缘弯曲	+ 13～15℃，15～30 d形成；26～28℃，7～10天形成	+	−	+	+	2/3	−	下面发酵，不能同化硝酸盐，能稍微同化乙醇	是下面发酵啤酒厂危害较大的野生酵母，引起混浊，妨碍酒液澄清，产生可厌的苦味及不愉快的气味
3. 魏氏酵母 (*S.willianus*)	+	长卵圆形 (4～8) μm×(9～18) μm	球形，滑面，形成孢子最适温度34℃，11h内形成	琼脂斜面培养，菌落软泥状，有光泽，稍皱，边缘弯曲	+ 形成薄的菌膜	+	+	+	+	+	−	下面发酵，以乙醇为碳源，发育良好	使啤酒产生特殊甜味，并有苦涩味，烂水果味，产生混浊
4. 强壮酵母 (*S.validus*)	+	细胞伸长成腊肠形 (2～3) μm×(9～10) μm	球形，滑面，25℃，40h内形成2～3个孢子，2～4 μm	琼脂斜面培养，菌落淡黄色，软质，光滑润湿，波纹状，边缘锯齿状	+ 13～15℃，10～15 d形成；26～28℃，7～10天形成	+	−	+	+	+	−	下面发酵，以乙醇为碳源，发育良好	能使啤酒发生混浊，危害较大
5. 糖化酵母 (*S.diasticus*)	−	圆形或椭圆形 (3～7) μm×(4～10) μm	+		−	+	+	+	+	+	−	能发酵糊精，使酒的发酵度异常高	形成混浊，酒味淡薄并形成异味
6. 柠檬形克氏酵母 (*Kloeckera apiculata*)	−	柠檬形的长椭圆或短椭圆状 (2～4.5) μm×(5～8) μm	−		有时形成薄粘菌膜	+	−	−	−	−	−		对啤酒引起异味

续表

野生酵母名称	形态特征				生理特征								
	假菌丝	细胞形状与大小	形成孢子	培养特征	液体培养基中形成菌膜	发酵						其他生物特征	病害
						葡萄糖	半乳糖	麦芽糖	蔗糖	棉子糖	蜜三糖		
7. 异常汉逊氏酵母 (*Hansenula anomala*)	+	圆、椭圆或柱形，(2.5～6)μm×(4.5～10)μm	草帽状，角状 1～4个	琼脂斜面培养，菌落乳白色，平坦，无光泽，边缘丝状	+ 25℃，3d，液面有白色菌膜	+	+	+	+	+	−	能同化乙醇，硝酸盐，在空气存在下生长很快	形成混浊
8. 菌膜假丝酵母 (*Candida mycoderma*)	+	卵圆形，圆筒形，有时伸长 (3～4.5)μm×(4.5～10)μm	−	菌落灰色，软质平滑，中央略高起，周缘透明有微细皱纹	+ 鲜黄色菌膜，初平滑，后变为皱褶	+	−	−	−	−	−	在空气存在下氧化乙醇，能同化葡萄糖、果糖、有机酸	使啤酒混浊并产生不良气味
9. 膜醭毕赤氏酵母 (*Pichia membranaefaciens*)	+	圆、椭圆或圆柱形，(3～5)μm×(5～12)μm	球形，半圆形 1～4个	琼脂斜面培养，菌落白色或乳白色	+ 白色干燥皮膜	+	−	−	−	−	−	在空气存在下能氧化乙醇	生长很快，形成混浊，产生异味
10. 球拟圆酵母 (*Torulopsis colliculosa*)	−	圆形或卵圆形 (3.5～5.5)μm×(4～6.5)μm	−		−	+	−	+	+	+	−	好气酵母	不暴露空气中，对啤酒的危害小一些
11. 平常球拟圆酵母 (*Torulopsis inconspicua*)	−	卵圆形 (2～3.5)μm×(3～6)μm	−		偶尔形成薄菌膜	+	−	−	−	−	−		不暴露空气中，对啤酒的危害小一些
12. 胶红酵母 (*Rhodotorula mucilagmosa*)	−	卵圆形 (2.5～5)μm×(4～7)μm	−		−	−	−	−	−	−	−		同 上
13. 布鲁塞尔酒香酵母 (*Brettanomyces bruxellensis*)	+	卵圆形 (2.5～4)μm×(3～9)μm	−		形成薄菌膜	+	−	+	+	+	−	能同化硝酸盐	对兰比克上面啤酒是必需的，对下面发酵啤酒则有害

(5) 若酒样中含有大量酵母细胞(如发酵完毕下酒时的酒样)，则先经离心分离，取沉淀物，加一点碱液进行镜检，并在如下不同培养基上进行培养：

① 麦汁：所有酵母均可生长。

② 麦汁＋10mg/L放线菌酮(Actidione)：非酵母属的酵母菌株可以生长。

③ 啤酒＋糖(满瓶，无瓶颈空气存在)：只有微需氧的酵母可以生长。

由此培养所得样品，进行麦汁琼脂培养基的平面培养，再以所得菌落进行野生酵母的检查。

4. 野生酵母的检验方法

区别野生酵母和培养酵母的关键，在于区别两者的某些形态和生理上的特点。检验内容主要有：

(1) 外观形态　一般说，只通过镜检形态，较难区分野生酵母和培养酵母，特别是酵母属的野生酵母。但对有些非酵母属的野生酵母，如毕赤氏酵母、圆酵母、假丝酵母、酒香酵母等，由于形态差别大，还是比较容易区分的。

通过镜检，检验出野生酵母，这种污染往往已经是比较严重了，在生产中也会出现异常现象，如风味变异、酒不澄清等等。

(2) 抗热性能　啤酒酿造中遇到的一些野生酵母，其死灭温度均较培养酵母为高。将含一定细胞数待检样品的悬浮液，先进行50℃、20min的加热处理，排除培养酵母。冷却后，摇动均匀，取1ml悬浮液进行固体平面培养，生存的细胞都是野生酵母，主要有圆酵母、汉逊氏酵母、毕赤氏酵母、假丝酵母和一些易形成混浊的酵母属野生酵母。

(3) 孢子形成试验　野生酵母较培养酵母易生成孢子，先按上述抗热性能试验，将待检样品进行处理，排除培养酵母。冷却后，取2.0ml待检悬浮液，移植至10.0ml麦汁中，在25℃保温48h，然后，取沉淀的酵母移植到醋酸钠琼脂培养基上，进行孢子形成试验。在25℃、48h内形成孢子者为野生酵母。利用此法，野生酵母可以在1/500000的低浓度下被检出。

此方法有局限性，因很多野生酵母如克氏酵母、假丝酵母、圆酵母等并不形成孢子，但这些酵母在形态上还是比较容易区分的。

醋酸钠琼脂培养基的组成：

葡萄糖	0.06％	醋酸钠	0.5％
胨	0.25％	琼脂	2.0％

调节pH值至7.0

(4) 糖类发酵　上面发酵啤酒酵母能发酵葡萄糖、果糖、甘露糖、半乳糖、蔗糖、麦芽糖、棉子糖(1/3)，但不能发酵蜜二糖；下面发酵啤酒酵母则能全部发酵上述糖类；野生酵母大都不能全部发酵上述糖类。如果再采用一些培养酵母不能利用而野生酵母可以利用的糖类，如阿戊糖、甘露醇糖、鼠李糖、山梨糖等作为选择性培养基，一些酵母属的野生酵母和假丝酵母、圆酵母都可以检出。

(5) 选择性培养基鉴别法　利用不同酵母在不同培养基上的生长情况进行鉴别，这是目前最常用而有效的方法。啤酒厂常用于检验野生酵母的选择性培养基有以下几种(表3－6－2)。

表 3-6-2 啤酒厂常用的选择性培养基(检查野生酵母)

培养基名称	活性成分	作用
赖氨酸培养基(以赖氨酸为唯一氮源)	盐酸赖氨酸	检出非酵母属的野生酵母
放线菌酮培养基	2～4mg/L放线菌酮	作用同赖氨酸培养基，但放线菌酮浓度在0.2mg/L以下时培养酵母也能生长
结晶紫培养基	20mg/L结晶紫	能检出赖氨酸培养基不能检出的大多数野生酵母
史娃兹培养基 (Schwarz Differential Medium，简称S.D.M)	品红亚硫酸盐混合物(0.3%～0.5%)	应用于所有野生酵母
林氏培养基 (Lin's Medium)	品红亚硫酸盐＋结晶紫	与赖氨酸培养基协同作用，检出非酵母属的野生酵母

以上选择性培养基，可做成液体或固体培养基备用。

① 赖氨酸培养基：此法简单易行，很多野生酵母可以检出，但酵母属的野生酵母不能检出，是其缺点。此类酵母是啤酒厂常遇的野生酵母，容易形成混浊。

赖氨酸培养基的配方和制备方法如下所述：

溶液A：硼酸0.1g，硫酸锌0.4g，钼酸铵0.02g，硫酸锰0.04g，硫酸亚铁0.25g，加水至1000ml。

基础培养基B：葡萄糖50g，磷酸二氢钾2g，硫酸镁1g，氯化钙(熔融)0.2g，氯化钠0.1g，腺嘌呤0.002g，DL－蛋氨酸0.001g，L－组氨酸0.001g，DL－色氨酸0.001g，溶液A1.0ml，乳酸钾(50%)12.0g，琼脂20g，加水至1000ml，以乳酸调节pH至5.0～5.2。

赖氨酸溶液C：L－赖氨酸10g加水至1000ml。

溶液D：肌醇2g，乳酸钙0.2g，盐酸硫胺素0.04g，吡哆醇0.04g，对氨基苯甲酸0.02g，烟酸0.04g，核黄素0.02g，生物素0.0002g，叶酸0.0001g，加水至1000ml。

上述溶液B、C、D，分别间歇蒸汽灭菌30min，连续3天，取溶液B89份，溶液C10份，溶液D1份，在45～50℃下混合均匀。每100ml混合液可制备8套培养皿，在37℃下保温过夜备用。

检查方法：将待检酵母试样，用无菌水离心洗涤3次，取0.2ml悬浮液，以上述培养基做划线平面培养，25℃保温，每天观察其生长情况，计算菌落生长数，即为野生酵母，并按原接种量换算每百万细胞内的野生酵母数。

② 放线菌酮培养基：培养基中添加2～4mg/L放线菌酮，就可抑制培养酵母，很多野生酵母，如毕赤氏酵母、圆酵母、酒香酵母等，可以检出。酵母属的野生酵母不能检出。

放线菌酮不耐热，制备培养基需用薄膜过滤，不能加热灭菌。

③ 结晶紫培养基：结晶紫培养基中含20mg/L结晶紫，能抑制啤酒酵母生长，而一些酵母属的野生酵母，如巴西酵母、啤酒酵母椭圆变种和糖化酵母等均可以检出。

大多数赖氨酸培养基不能检出的酵母属野生酵母，用结晶紫培养基可以检出，而赖氨酸培养基可以检出的多数野生酵母用结晶紫培养基不能检出。此两种培养基结合起来运用,可以达到很好的互补检出效果。

④ 史娃兹培养基:啤酒酵母在此培养基内受到抑制,不生长或生长很慢,只形成不明显的菌落,而野生酵母的生长不受抑制,可以形成巨大菌落。从菌落的形态、大小和色泽可以检出某些野生酵母,如假丝酵母、汉逊酵母、糊精酵母和啤酒酵母椭圆变种等。

i 培养基的配方:

(i) 基础培养基:麦芽浸膏0.3%,蛋白胨0.5%,葡萄糖1.0%,酵母浸膏0.3%,琼脂2.0%;

(ii) 品红－亚硫酸混合物(0.3%～0.35%):碱性品红4g,无水亚硫酸钠25g,糊精1g,在乳钵中混合研磨后,在干燥器中贮放3日,然后置于密封的黑棕色瓶中备用。

ii 培养基的制备:将以上成分混合,加入需量的蒸馏水,煮沸15min,冷却至45℃,将培养基倒入已灭菌的平面皿中,在室温下固化,然后在30℃下保温贮存,过夜备用。

此培养基的效果能随贮存时间延长而降低,在检查时,必须采用新制的培养基。

⑤ 林氏培养基:啤酒酵母在此培养基内受到抑制,不易生长,而野生酵母则能形成明显的巨大菌落。有少数野生酵母在林氏培养基中不能检出,在赖氨酸培养基中可以检出。此两种培养基协同运用,可以达到良好的检出效果。

i 培养基的配方:

(i) 基础培养基:麦芽浸膏0.2g,酵母浸膏0.4g,蛋白胨0.2g,葡萄糖1.0g,磷酸氢二钾0.1g,氯化铵0.05g,琼脂2.0g,蒸馏水100ml。

(ii) 品红－亚硫酸盐混合物0.1g(处理方法同史娃兹培养基)。

(iii) 结晶紫0.4～3.5mg/L。结晶紫原液的制备方法如下:含88%的结晶紫0.1136g,溶于0.5ml 95%酒精内,用蒸馏水稀释成100ml,置2℃保存。使用时,将原液稀释成需要的浓度。

ii 培养基的制备:将上述成分悬浮在需量水中,加热至沸;在0.1MPa汽压下,加热15 min,冷却,倒入培养皿中;此培养皿置5℃左右温度下静置24～48h备用。

iii 应用:每一培养皿中加入0.2～0.3ml含1×10^6以下细胞数的接种体,使其均匀分布培养基表面上,置25℃保温,观察4～6天后,培养基上形成的明显菌落为野生酵母。

(6) 免疫荧光法　这是当前检出野生酵母灵敏度最高的方法,它不但可以检查出用其他方法不易检出的酵母属野生酵母,而且其检出灵敏度非常高,可以在百万个以上的培养酵母中检出个别的野生酵母。但此法必须制备必需的抗血清,一般不作为常规方法使用。

免疫荧光试验的程序简述如下:

选择一株酵母,将其抽提物在一定间隔时间内,给兔子注射,则兔子血液中产生相应于此酵母表面上某些抗原的抗体。经过一相当时间的注射后,从兔子身上抽取血液,将血液的血球除去,所得血清(又名抗血清)与原酵母的悬浮液很易凝集,或与原酵母具有相同抗原的酵母,也同样会呈现凝集现象。如果另一种酵母的抗原与原酵母的抗原并非全部相同,则另一种酵母在抗体－抗原反应以后,除去凝集物后的血清仍能与原酵母抗原起凝集作用。

此项技术可以应用于一组酵母交互吸附的试验中,检验出哪些酵母与原酵母具有相同的抗原;哪些具有异常的抗原;哪些具有部分相同的抗原。

此项抗血清试验一般需要有较多的细胞数才能观察到凝集现象。如果将抗体与荧光素进行偶联结合,形成抗体－荧光素复合物,则抗体与抗原的反应,不需依靠大量细胞的凝集现象进行观察，而是通过观察个别具有此种抗体－荧光素复合物的细胞的荧光现象(通过石英－碘照明的显微镜进行观察)，可以从百万个细胞中检出异常酵母。

此项技术可用以检查纯粹培养酵母中污染的个别野生酵母，其检出灵敏度显然是非常高的。

5. 野生酵母的鉴定

检出野生酵母，应及时采取防治措施，一般不需再做进一步鉴定。因为那是一项细致而复杂的工作程序，如果需要对检出的野生酵母做全面鉴定，需依据前述的野生酵母特征表中所列的形态特征和生理特征，按威尔斯(Wiles.A.E.)*操作程序进行。

(二) 细菌

在整个酿造过程中，由于操作不慎，或卫生条件不利，细菌污染随时都可发生。麦汁中虽含有具有一定防腐力的酒花树脂，对革兰氏阳性菌较敏感，但有些细菌对酒花树脂能变成习惯性忍受，仍不免有污染。发酵后期的啤酒，含有4%左右的酒精和较多的二氧化碳，并且处在厌氧状态(溶解氧＜0.03mg/L)以及低温(0℃左右)、低pH值(43左右)的条件下，对细菌生长是不利的，但仍难免有某些厌氧菌和微需氧菌污染。

1. 啤酒厂常遇的细菌

啤酒厂常遇的细菌主要有:

(1) 革兰氏阳性菌

乳酸菌属(*Lactobacillus*)

片球菌属(*Pediococcus*)

(2) 革兰氏阴性菌

醋酸杆菌属(*Acetobacter*)

醋酸单胞菌属(*Acetomonas*)

发酵单胞菌属(*Zymomonas*)

黄杆菌属(*Obesumbacterium*，又名*Flavobacterium*)

大肠菌群(*Coliform bacteria*)

2. 啤酒厂主要病害细菌的名称及特征(表3－6－3)

表 3-6-3 啤酒厂常遇细菌的特征表

细胞名称	细胞特征	培养特性	生理特性	病害
1. 巴氏乳酸杆菌(*Lactobacillus pastorianus*)	通常为长杆状，(0.5～1.0)μm×(5～120)μm，形态多变，有时在麦汁中为短杆状而在啤酒中为长杆状，细胞常连接成钝角形，革兰氏阳性，不运动	在酵母琼脂培养基上，菌落边缘光滑，培养120～144h后即布满整皿，在麦汁明胶上呈树枝状灰白色隆起，3%酒精能促使发育，10%酒精即抑制其生长	营异型乳酸发酵，能发酵阿戊糖、葡萄糖、果糖、半乳糖、麦芽糖、蔗糖、糊精、棉子糖、海藻糖和甘露糖，形成乳酸，乙酸及二氧化碳，不还原硝酸盐，兼性厌气菌，最适温度30℃，最适pH4～5，不抗热，0.15*PU*值左右可以致死，在加酒花啤酒中仍能生长	使啤酒产生丝光样混浊，变味变酸

* Journal of the Institute of Brewing, 1953,59:265.

续表

细胞名称	细胞特征	培养特性	生理特性	病害
2. 四联片球菌 (*Pediococcus damnosus*)	球形很小，0.8～1.0μm直径，排列成对，四联，也有单个的，在酸性培养基趋向四联，中性呈双球状，不运动，革兰氏阳性，荚膜染色可见到细胞周围有一层明显的圆形荚膜	麦汁培养基上菌落小，2～3mm，圆形凸起，光滑，边缘整齐。穿刺培养沿穿刺线生长，表面生长微弱，马铃薯上很少生长，在加有碳酸钙的麦汁培养基上，菌落周围形成透明圈，能使麦汁混浊，产生沉淀，肉汤琼脂上生长不良	能发酵葡萄糖、果糖、半乳糖、麦芽糖、蔗糖、棉子糖、阿戊糖、不发酵菊芋糖、糊精、淀粉，能产生双乙酰，不分解尿素，最适生长温度18～25℃，30℃以上不易生长，最适pH5.8，超过7.1不能生长，不抗热，2*PU*值可以致死	是啤酒中危害较大的细菌，能使啤酒变酸，混浊，甚至粘稠，变味(双乙酰味)，多发生在下面发酵啤酒中
3. 多变黄杆菌 (*Obesumbac－terium proteus* 原名：*Flavobacterium proteus*)	短肥杆菌，(0.8～1.2)μm×(1.5～4.0)μm，单个或成链状，形态多变，不运动，革兰氏阴性	在麦汁琼脂中形成一种黄色到橙黄色的色素，不产生孢子	能同化多种单糖和双糖，对加酒花或不加酒花的麦汁能产生少量挥发酸、不挥发酸、双乙酰、痕迹酒精，并释放氢及二氧化碳，兼性厌氧菌，在麦汁中生长最适温度32℃，最适pH5.0，发酵初期生长很快，但在pH4.4以下即不生长	很少啤酒厂不污染此菌，酵母发酵不旺时，此菌发展较快，能使啤酒产生轻微的胡萝卜味，种酵母中常染此菌，浓度可达0.1%～10.0%，因此菌在pH4.4以下即不生长，故危害尚不严重，但发酵起发慢，能产生明显的欧洲防风根(Parsnip)味，防止的办法就是让麦汁很快起发，发酵旺盛，pH值很快下降
4. 醋酸杆菌属 (*Acetobacter*)	粗壮杆菌，(0.4～0.8)μm×(1.0～2.0)μm，细胞单独，成对或链状生长，有的菌株运动，运动性易变，运动菌株周生鞭毛，革兰氏阴性	在啤酒中生长集中在液面，形成强的纤维状菌膜，不生孢子，一般为短杆状，有的菌株在麦汁和啤酒中呈球状	好气或微好气性菌，适应广泛的pH值，最适温度30℃，对酒花树脂不敏感，耐酸，能同化葡萄糖、乙醇、丙醇、乙二醇等产生乙酸，具有柠檬酸循环的酶，能进一步氧化乙酸为二氧化碳和水，酒精含量达8%～10%，受到抑制，能氧化乳酸钙为碳酸钙	能使啤酒混浊，变味，发粘
5. 醋酸单胞菌属 (*Acetomonas*)	粗壮杆菌，(0.4～0.8)μm×(1.0～2.0)μm，细胞单独，成对或链状生长，一般都运动，极生鞭毛，革兰氏阴性	液体培养形成菌膜，不生孢子，一般为短杆状，有的菌株在麦汁和啤酒中呈球状	好氧或微好氧性菌，有的菌株在绝氧条件下也生长，最适温度30℃，适应广泛的pH值，对酒花树脂不敏感，耐酸，能同化葡萄糖、乙醇、乙二醇等，产生乙酸，有限的氧化能力，只能氧化乙醇到乙酸，因缺乏柠檬酸循环的酶，不能进一步氧化，不能氧化乳酸钙为碳酸钙，酒精含量6%以上受到抑制	啤酒厂最危险的粘败菌，能使啤酒混浊，变味，发粘

续表

细胞名称	细胞特征	培养特性	生理特性	病害
6. 发酵单胞菌（*Zymomonas anaerobia*）原名嫌气无色杆菌（*Achromobacter anaerobia*）	中等长度粗壮杆菌（1～1.5）μm×（2～3）μm，有时分散呈玫瑰花瓣状，幼细胞具运动性，丛鞭毛，在啤酒中不运动，革兰氏阴性	在麦汁中，即使酒花率高，pH在4.0以下，也能生长，无糖啤酒中不能生长，葡萄糖啤酒明胶培养基穿刺培养，沿穿刺线成浓密的丝状至念珠状，表面不生长，2%葡萄糖啤酒培养液中生成浓密的混浊物，最后形成大量沉淀，液清	不发酵糊精、麦芽糖、乳糖，但能微弱发酵葡萄糖、果糖、蔗糖，生成微量酒精和二氧化碳，生长pH2.5～7.5，最适温度30℃，不还原硝酸盐，不形成乙酰甲基甲醇及双乙酰，不液化明胶，不产生吲哚，不抗热，2.0*PU*值可以致死，耐酒精含量6%，8%的酒精含量可以完全抑制其生长	使啤酒产生浓密的一丝丝混浊物，破坏啤酒风味，并产生硫化氢和乙醛等不愉快味道，是啤酒厂中严重的兼性厌氧病害菌，危害甚大，且不易控制。因其生长和发酵条件与酵母相似，一旦污染，很难排除
7. 大肠菌群（*Coliform bacteria*）主要包括：克氏杆菌属（*Klebsiella*）埃希氏杆菌属（*Escherichia*）	短杆菌（0.5～0.8）μm×（1～2）μm，不运动，革兰氏阴性	不形成孢子	兼性厌氧菌，在猪胆盐存在下，培养在乳糖中，37℃，48h内产酸产气，最适pH5.0～7.5，pH4以下即不生长，通过不同代谢途径，能分解葡萄糖，产生乳酸、乙酸、乙醇、二氧化碳和氢，在上述反应中，埃希氏杆菌生成等量的二氧化碳和氢，克氏杆菌则生成多量的二氧化碳，较少的乳酸和乙酸	此类菌的污染来源为土壤和水，在麦汁中生长很快，产生异味，危害甚大，在啤酒中因pH值低，不易生长，麦汁冷却到1.7℃以下可以抑制其生长。防止的办法是麦汁应及时接种酵母，不要延误时间

3. 啤酒厂常遇细菌在不同生产阶段的污染情况

在不同生产阶段，污染细菌的可能性综合如表3-6-4所示。

表 3-6-4　啤酒生产中细菌的污染情况

生产阶段	染菌种类	说明
糖化	适热乳酸菌	糖化初期，醪液保温50℃以下，易染适热乳酸菌，如戴氏乳酸菌（*L.debruckii*），产生乳酸，对降低醪液pH值有利，50℃以上，此菌不易生长，因此不易染菌，除非生产发生故障，使醪液温度再次降低下来
麦汁冷却至接种前	大肠菌群	此类菌在40℃仍可生长，应防止不洁的水混入麦汁中，此类菌繁殖极快，7h内可繁殖几百万倍，感染少量菌即可铸成大害，并且不易消灭。连续发酵所使用的间歇麦汁，更应注意此菌污染
	醋酸菌、乳酸菌	此两菌在麦汁中也能污染，但生长速度较慢
发酵阶段	变性黄杆菌	此菌主要在酵母接种时污染，种酵母中一般均染有此菌，此菌能与酵母竞争繁殖，在发酵完毕前停止生长
	巴氏乳酸菌、醋酸菌	接种酵母中常含有此两菌，发酵时此两菌可以生长，敞口发酵有利于醋酸菌生长，密闭发酵有利于乳酸菌生长
贮酒阶段	醋酸菌	好气或微好气醋酸菌在下酒时或酒液上部存在空气时繁殖较快，半满的酒桶常会导致醋酸菌的污染
	乳酸菌、嫌气发酵单胞菌	此两菌在厌气条件下生长，乳酸菌虽对酒花树脂敏感，但易形成习惯性忍受。发酵单胞菌较少发现，但一旦污染，发展很快，补救的办法多采用巴氏灭菌和过滤等措施

4. 细菌污染的检验方法

(1) 采用多种选择性培养基以区别各类细菌。兹将不同待检样品的细菌污染检验方法列表如3－6－5所示。

表 3-6-5　细菌污染的检验方法

待检样品	主要污染菌	选择性培养基
麦汁	醋酸菌 大肠菌群 多变黄杆菌	① 采用Mac Conkey琼脂培养基：大肠菌群可以在1天内检出，多变黄杆菌在3～4天内检出 ② 采用葡萄糖－酵母浸膏琼脂，内含10mg/L放线菌酮为基础培养基： i 在绝氧情况下培养，醋酸菌不生长 ii 培养基中添加10mg/L多粘菌素(Polymyxin)，可全部抑制多变黄杆菌的生长 iii 若将基础培养基的pH值调节为4.0，大肠杆菌和多变黄杆菌不能生长，在供氧情况下，醋酸菌以黄色菌落出现
种酵母	多变黄杆菌 乳酸菌 醋酸菌	① 醋酸菌的检查：啤酒琼脂加酵母浸膏，调节pH值为4.0，添加10mg/L放线菌酮，在倒入培养皿前，添加4％酒精，30℃好气条件下培养 ② 乳酸菌的检查：不加酒花的啤酒琼脂培养基，添加酵母浸膏、麦芽糖、酪蛋白水解物和肝浸膏，调节pH值为6.5，添加10mg/L多粘菌素和10mg/L放线菌酮，以抑制多变黄杆菌和酵母的生长，在25℃，二氧化碳绝氧条件下培养，以抑制醋酸菌 ③ 多变黄杆菌的检查：深层肝琼脂(deep－liver agar)添加10mg/L放线菌酮，在30℃下供氧培养，多变黄杆菌生长极快，乳酸菌和醋酸菌生长较慢，容易区别。 上述方法需培养几天才能得到菌落，乳酸菌则需培养7天以上，时间太长，作为常规检查可采用快速方法如下： 利用Fuchs－Rosenthal载片(室容量3.2mm³)，用未加酒花的啤酒明胶培养基，调pH值为4.0，添加10mg/L放线菌酮，在30℃下培养24～36h，变性黄杆菌因pH值低受到抑制，不易形成菌落，乳酸菌和醋酸菌形成的小菌落可以镜检，也可从菌落形状区别，醋酸菌为球形，乳酸菌为分支状
啤酒	嫌气发酵单胞菌 乳酸菌 四联球菌	① 啤酒培养基＋葡萄糖(2％)＋酵母浸膏(0.05％)＋放线菌酮(10mg/L)，在绝对厌氧条件下，可以检出嫌气发酵单胞菌 ② 葡萄糖加酵母浸膏琼脂培养基＋10mg/L放线菌酮＋0.3％(体积分数)苯乙基醇，在嫌气条件下可以检出乳酸菌和四联片球菌
洗涤水	上述各种菌	分别采用上述各选择性培养基进行检验

(2) 利用同一选择性培养基对细菌污染的检验，如表3－6－6所示。

利用李氏多级选择性培养基可鉴别出多种污染细菌，培养基中加放线菌酮是为了抑制酵母生长；加碳酸钙是为了鉴别产酸菌；加溴甲酚红绿是为了鉴别着色物质。每个培养皿可装15ml培养基，凝固后，于30℃避光保存，避免干燥。培养基应及时使用，或放在5℃下保存。

此培养基除对醋酸菌进行有氧培养外，都采用厌氧培养，如果加入苯乙醇0.3％，只能用于分离革兰氏阳性菌。

培养时，最初两天出现大肠杆菌和多变黄杆菌，4天后，大多数醋酸菌被检出，四联片球菌的检出则需较长时间。

表 3-6-6　　利用同一选择性培养基对细菌污染的检验

培养基名称	培养基成分	各类污染细菌菌落的检出特征
李氏多级选择性培养基(Lee's Differential Agar)，简称LMDA	番茄汁固形物　2% (Difco6035或同类产品) 胨化牛奶　2% 酵母浸膏　1% (Difco0127或同类产品) 葡萄糖　1% 泛酸钙　0.2% 柠檬酸　0.11% 碳酸钙　0.5% 磷酸氢二钾　0.05% 磷酸二氢钾　0.05% 硫酸镁　0.02% 硫酸锰　0.001% 硫酸铁　0.001% 氯化钠　0.001% 吐温80(tween 80)　0.05% 溴甲酚红绿　0.0022% (Bromocresol green) 放线菌酮　0.0007% 琼脂　1.5% 121℃蒸汽灭菌10min，温度不宜过高	乳酸杆菌属: 菌落周围有明显的晕区，晕区大小因菌种而异，培养基颜色由绿变棕黄，菌落圆形，中心深绿色，表面由光滑到粗糙，因品种而异 四联片球菌: 菌落较乳酸菌属小，呈黄绿色，极易和乳酸菌属区分，菌落周围也有清晰晕区，晕区只限于菌落周边，延长培养时间，晕区增大，菌落颜色无改变，菌落为圆形，表面光滑 大肠菌群: 埃希氏属菌落圆形，透明，表面极光滑，无晕区，肠杆菌属较啤酒厂其他细菌大得多，光滑，明亮，伸延培养基表面似煎蛋状，色蓝绿到黄绿，因品种而异，无晕区 多变黄杆菌: 菌落蓝绿色，圆形，周边及表面粗糙，无晕区，中心颜色略深 醋酸菌属: 在好氧条件下生长，产酸，菌落周围有晕区，菌落光滑到粗糙，因品种而异，菌落底部呈蓝绿色而乳酸菌菌落底部呈黄色，容易区别(在延长培养时间时，乳酸菌也能在好氧条件下生长)，进一步还可利用过氧化氢反应区分，醋酸菌为过氧化氢酶阳性，而乳酸菌为阴性 发酵单胞菌: 菌落圆形，光亮，蓝绿色，较大肠菌群菌落小，不伸延，无晕区，延长培养时间，色泽无变化

5. 病害细菌属的检查和鉴别

病害细菌属的鉴别程序，可按下列图解程序进行:

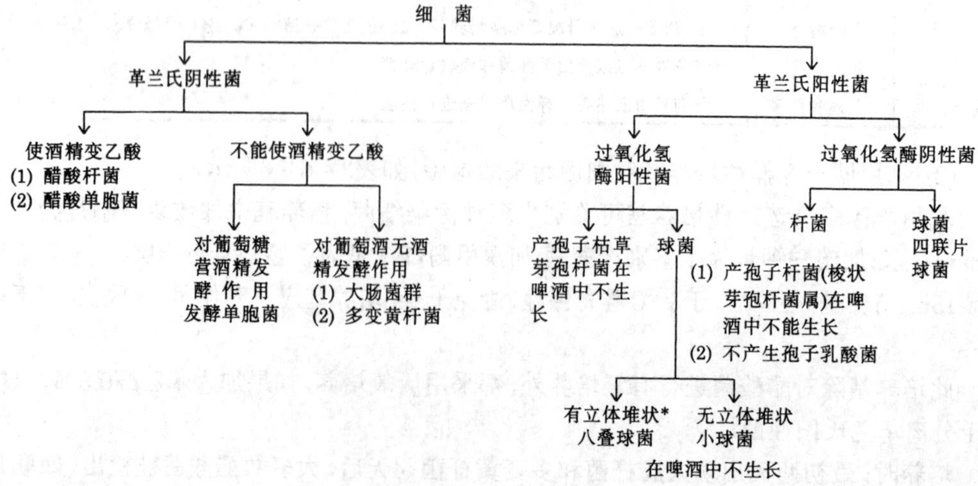

图 3-6-1　细菌属的鉴定程序图解

* 立体堆状原文cubical pocket。

通过上述程序，病害细菌的属明确后，再进一步利用形态和生理特点鉴别菌株。

需氧菌和兼性厌氧菌含有过氧化氢酶，能分解过氧化氢，在活性检查时呈阳性反应。

微需氧菌和厌氧菌不含过氧化氢酶，不能分解过氧化氢，在活性检查时，呈阴性反应。

三、啤酒生产中病害微生物的防治

啤酒厂要防止杂菌污染，需要进行经常性的微生物检验和加强清洁灭菌工作。

(一) 对微生物检验工作的要求

(1) 对微生物检验工作要取得好的效果，首先要做到以下几点：取样的合理性，样品的处理方法(检验方法的选择)和检验结果的表示方法。

(2) 在实际生产中，每天进行详尽的检验是不可能的，可定期在重点部位取样检查，发现有污染，即进行详细检查，找出污染来源，设法处理。

(3) 作为常规控制，应对啤酒厂经常发生的杂菌污染有所了解，这样可以节省检验工作的时间，使检验工作进行得更集中、更细致。

(4) 日常的检验，只求总污染度即可，必要时再按前述的方法，分别进行野生酵母和细菌的系统检验。

(二) 啤酒厂生产工艺中的卫生管理

蒸汽灭菌是发酵工厂应用最广泛而效果良好的灭菌方法。但在啤酒厂，只有糖化、冷却、酵母培养、洗棉、空气过滤等工序的设备及某些输送管路，可用蒸汽灭菌。而发酵室和贮酒室的设备和管路不能用蒸汽灭菌，因为发酵室和贮酒室是低温操作，不允许用高温蒸汽，否则会影响室温和损失发酵容器的涂料。发酵、贮酒工序及其设备常用化学药剂灭菌。

啤酒厂常用的化学灭菌剂有：甲醛、漂白粉、高锰酸钾、酒精、亚硫酸、石灰、碱、硫酸、石炭酸、硅氟酸及季铵化合物等。

(三) 重点部位的取样和检验

1. 发酵工段

在发酵工段中，空气和水是第一污染源，冷麦汁、种酵母和嫩啤酒均易受杂菌感染，洗涤发酵容器和管路不彻底，最后的洗涤水中，也会存在杂菌，均需经常进行病害微生物的检验。

(1) 空气　空气系指环境空气和压缩空气。啤酒厂使用的压缩空气，需先经空气压缩机的总过滤器。输送至各使用车间时，再配备以2级过滤器。在某些设备(如酵母培养罐和装酒机等)上还需配以3级空气过滤器。2、3级空气过滤器，过去多采用棉花、活性炭、玻璃纤维等为过滤介质，如今则多采用0.2 μm的多层无菌过滤膜，或金属钛棒过滤器。

环境空气指发酵车间内的空气，这里的空气与麦汁和发酵液直接接触(如敞口发酵)，与酒液接触的管路和容器也存在空气空间，因此，车间内空气的灭菌和检测也十分重要。

环境空气中微生物的测定，可用UBA培养基和LMDA培养基的培养皿，在室内暴露5～10min，UBA培养皿置37℃培养2～3天，LMDA培养皿置28℃厌氧培养箱培养5天，按下列公式计算每立方米空气中的杂菌数n:

$$n=1000\div(\frac{A}{100}\cdot t\cdot\frac{10}{5})N$$

式中 A——培养皿面积(cm^2)

t——暴露空气中时间(min)

N——培养皿中细菌菌落数

上式可表示为100cm^2培养表面积暴露空气中5min，相当10L空气中的细菌数。

正常指标应为：≤1500个/m^3(发酵室)

≤500个/m^3(酵母培养室)

(2) 水 这里所指的水系指一切与麦汁和啤酒可能接触的水，以及清洗罐、管路和容器的水。这部分水应该是经过二次除菌的无菌水(<10个/100ml)，但这部分水用水量大，控制无菌有一定困难。但至少也应经过砂滤除菌，指标应达到10个/ml的要求。培养酵母和洗涤酵母的水，最好采用二次除菌的无菌水，其总菌数应为零。

(3) 冷麦汁 在传统生产方法中，冷麦汁与空气接触的机会多，容易污染的细菌有肠道细菌、醋酸菌、醋酸单胞菌、多变黄杆菌和发酵单胞菌等。现代化的啤酒生产，冷麦汁与空气接触的机会很少，常出现的污染菌为肠道细菌和发酵单胞菌等。检验内容如下：

取样：冷麦汁出口处，在麦汁开始流出时和流出30min后取样。

检验内容：生物稳定性，总污染度，大肠菌群。

① 生物稳定性的测定：在无菌条件下，迅速取冷麦汁样品，装入无菌试管中，立即用棉塞塞好，将试管置25℃保温箱中，记下麦汁开始发生变化的时间。麦汁的生物稳定性指标判断如下：

麦汁开始发生变化时间	评价
<24h	不好
<24～36h	可以
<36～72h	良好
>72h	优良

当麦汁发生变化后，应对产生的菌膜或混浊沉淀物进行镜检，观察引起病害的微生物种类。

② 总污染度(细菌总数)：取1.0ml麦汁，在葡萄糖－酵母浸膏琼脂培养基(添加10mg/L放线菌酮)上进行平面培养，可以求得总污染度。最好从两次不同稀释度中取平均值。总污染度<10个/ml为良好。现在国外先进工厂要求控制<5个/100ml。

若30min后取样的总污染度仍很高，说明设备和管路的灭菌工作有问题，应进行彻底清洁灭菌。

③ 大肠菌群的检查：麦汁中最易感染大肠菌群，可用Macconkey培养基进行检查。

以上检验内容应每周进行1次。

(4) 种酵母 培养酵母至后期扩培阶段，多采用现场冷麦汁，难免有污染，导致种酵母带菌；在日常生产中，由于发酵染菌，从发酵罐回收的酵母泥，作为种酵母，也必然染菌。工厂一般使用回收酵母泥多达4～6代，回收代数愈多，染菌情况也会愈严重，甚至导致发酵失败。因此，对种酵母和酵母泥染菌情况的检验也很重要。

取样：用无菌吸管取接种酵母试样，注入无菌粗试管中备用。

检验内容：镜检，总污染度。

① 镜检：种酵母经无菌0.01%EDTA—Na稀释后镜检，每次镜检应不少于20个视野，每个视野内约有50个酵母细胞。根据20个视野的杂菌数，作以下规定：若在1000个酵母细胞中混有1个以上的污染杂菌，此种酵母最好弃置不用。

② 总污染度：按上述选择性培养基(放线菌酮培养基)的方法，进行野生酵母和细菌的检查，如总污染度超过0.1%，则需弃置不用，更换酵母，车间进行彻底灭菌。

(5) 嫩啤酒　发酵完毕下酒时，从发酵罐中取出试样，进行离心分离，将液体倒掉，其沉淀物加1滴碱液，进行镜检，当发现有杂菌存在时，进行麦汁琼脂(加酒花及10mg/L放线菌酮)的平面培养，求其杂菌总数。如果已经掌握污染是属于哪一种杂菌时，检验范围可以回缩小到只针对这一种杂菌的检验，其效果较测总污染度更好些。

在啤酒发酵中，常遇到的乳酸菌(乳酸杆菌和啤酒片球菌)危害较大。它们是兼性厌氧菌，能忍受酒花和乙醇以及低的pH值范围，适合在啤酒发酵液中存活。如酒液中残存多量单糖时，发酵单胞菌在酒液中也有存活能力。这些污染菌的检测方法见本节(四)厌氧菌的培养方法。

(6) 洗涤水　检查洗涤水的目的是为了检查设备洗涤的质量。设备洗涤后，从最后1次洗涤水中取样，检查细胞数。一般重点检查冷却器、酵母槽，发酵罐、贮酒罐、清酒罐、灌酒机、橡皮管、麦汁管路和啤酒管路的洗涤水。

① 镜检：取最后1次洗涤水5～10ml，离心分离，将上层液弃去，取底层进行镜检，在不少于10个视野的观察中，如每个视野都有微生物，证明设备洗涤不干净，必须重洗。

② 固体培养：用无菌吸管取最后1次洗涤水0.1～1ml，立即进行平面培养，当洗涤质量良好时，洗涤水中的细胞总数，不应与原洗涤用水中的微生物数有大的差别。

2. 贮酒工段

由于贮酒罐、输送啤酒的管道或橡皮管洗涤不洁，或助滤剂处理不当，都会使啤酒在最后生产阶段受到污染。因此，对这一工段的有关样品应进行经常性检验。

(1) 贮藏啤酒及滤过啤酒的检验

① 取样地点：滤酒前及滤酒后的酒样。

② 检验内容：滤酒前酒样的检验同嫩啤酒，滤酒后的酒样，需先经薄膜过滤，富集样品，然后进行平面培养。

(2) 洗涤水的检验　同发酵工段水的检验。

(3) 滤饼的检验　成品啤酒的生物稳定性，与滤饼的洗涤质量关系很大，需要定期检查滤饼在麦汁中的生物稳定性及其总污染度。

① 在麦汁中的生物稳定性：用无菌镊从滤前的滤饼上，取豌豆大小一小块滤棉试样，放入10ml无菌麦汁中，在20℃下放置，每天观察麦汁变化，并记下出现菌膜、混浊、发酵或沉淀的时间。其生物稳定性指标可规定如下：

生物稳定性/d	1～2	3	4	5或5以上
洗涤质量评价	不好	可以	良好	优良

当麦汁发生变化时，进行镜检，观察所污染的微生物类别。

② 总污染度：用无菌镊取豌豆大小一小块滤棉，放入装有10ml无菌水的试管中，摇动5min，取0.1～1.0ml，进行平面培养，计算杂菌总数。

3. 灌酒工段

洗涤装酒容器的洁净程度，对于啤酒的生物稳定性有重大意义，应经常进行微生物检验。

(1) 啤酒

① 取样地点：进入装酒机前后的酒样。

② 检验内容：同滤过啤酒。

(2) 酒瓶 从传送带上取5个洗过的酒瓶，将瓶中残留的水，倒入无菌试管中，将此洗涤水进行固体平面培养，如瓶中残留洗涤水中的微生物与用于洗涤的水中微生物无何区别，说明酒瓶洗得干净。

另一方法是测定洗瓶中的微生物总数，即在5～10个洗过的酒瓶中，依次倒入20ml无菌水，摇动5min，将此水取样进行平面培养，最后折算每1瓶中所含的微生物总数。

(3) 瓶盖 用无菌镊取瓶盖10个，放入无菌的广口瓶中，注入100ml无菌水摇动5min，取此水进行平面培养，并折算每个瓶盖上的微生物总数。

(4) 洗涤水的检验 同前。

(四) 厌氧菌的培养方法

啤酒的污染多为细菌污染，主要是乳酸杆菌和啤酒片球菌所引起。这些菌均属兼性厌氧菌，一般要在厌氧培养条件下才能检出。兹将厌氧菌的培养方法介绍如下：

1. 厌氧培养原理

利用物理和化学方法，对培养环境进行除氧，创造有利于厌氧微生物生长的条件，用以培养检测啤酒、发酵液、种酵母及洗涤(罐、管路及容器)水中的厌氧菌。

2. 培养设备

(1) 厌氧罐 厌氧罐(gas pak)是一操作安全、高强度塑料制作的厌氧菌培养罐，罐体透明，便于观察，罐内含有低温催化剂、气体发生袋和快速无氧指示剂。罐的结构如图3-6-2所示。

兹将国内生产的825-A型厌氧罐的使用情况介绍如下：

① 将催化剂活化后，装入催化剂笼内，固定在罐盖内壁上。

② 将需厌氧培养的培养皿，倒放在厌氧罐中。

③ 将煮沸脱色的美蓝无氧指示剂，挂在培养皿架的横梁上。

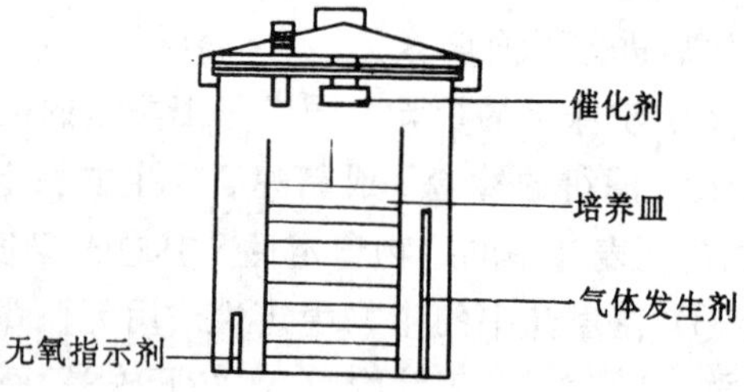

图 3-6-2 厌氧培养罐

④ 将已剪开的氢气产气袋放在托架上，用注射针或滴管注入10ml水，立即加盖紧固。

⑤ 30s后，即可见有水滴附着在罐盖内壁上，说明已发生催化反应。

⑥ 液体美蓝指示剂在30min内脱色，说明罐内已脱氧，能达到一般的厌氧条件，可用

于兼性厌氧菌的培养。

⑦ 然后，将厌氧罐置生化培养箱内，于30℃下培养4～5天。

注：

① 上述使用之仪器，均需灭菌。

② 催化反应剂每次使用后，经160℃ 1h再生，再生后，置干燥器中存放备用，可重复使用。

③ 气体发生剂和无氧指示剂，均为一次性使用。

(2) 机械方法除氧　对于专性厌氧微生物的培养，则需要严格的厌氧条件，可采用机械方法除氧，以达到无氧或微氧的培养条件，方法如下：

将待培养的微生物培养皿置于一密闭罐(厌氧培养罐)内，此罐通过小管道，与气压计和三通阀相连(图3－6－3)，用特种油脂，将罐的所有接口和盖的四周密封。操作如下：

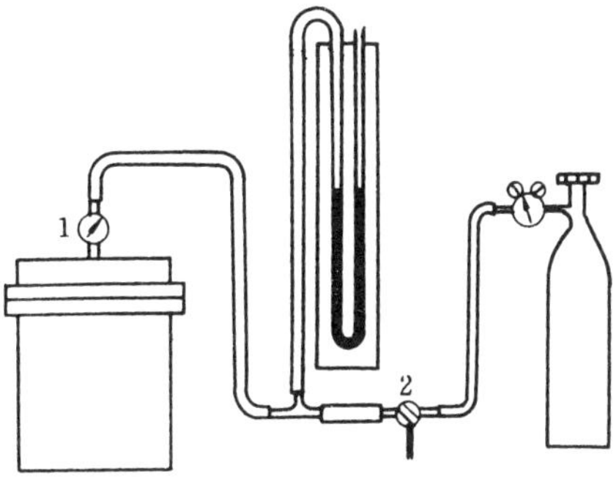

图 3－6－3　带有小管道的罐
(适用于机械除氧)

① 关闭阀2，打开阀1。

② 阀2连接水力真空泵。

③ 打开阀2，使罐抽真空。

④ 当罐内真空度达93.3kPa时，关闭阀1，再关阀2。

⑤ 关真空泵，将阀2与气体钢瓶连通。

⑥ 开钢瓶阀，调节减压阀，使气体缓慢流出。

⑦ 打开阀1，并调节阀1，控制气体流量(当气体充满罐内时，压力增加)。

⑧ 用调节器减少气体的输入。

⑨ 关闭阀1。

⑩ 关闭气体钢瓶。

可重复上述排气操作数次，以达到厌氧条件。钢瓶气体可采用CO_2；N_2；H_2和CO_2混合气体；N_2和CO_2混合气体；或N_2、H_2、CO_2的混合气体。此法适用于厌氧和兼性厌氧微生物的培养。重复排气操作，可进一步改善厌氧条件。

此厌氧培养罐可用真空干燥器代替，器内放无氧指示剂，可直观地看到器内的无氧状况。

利用厌氧设备创造的无氧环境，和利用LMDA选择性培养基进行培养，即可对啤酒生产过程中的种酵母、发酵液和啤酒污染的兼性厌氧菌进行检测。

随着科学技术的发展，啤酒中的溶解氧含量愈来愈低，增加了某些专性厌氧菌对啤酒污染的可能性。如1976年发现的短螺状菌(*Pectinatus cerevisiphilus*)即属专性厌氧菌，当氧浓度低于0.2mg/L时，在啤酒(pH值、酒精含量)条件下，即能生长，使啤酒混浊，产生异臭和大量丙酸。此菌不耐热，1*PU*值(60℃，1min)即可杀死，对含氧、含碘的杀菌剂比较敏感。另外，也发现另一专性厌氧菌——啤酒巨形球菌(*Wegasphaern cerevisiae*)，该菌革兰氏阴性菌，耐酒花和乙醇，能代谢形成多种短链脂肪酸和氢、二氧化碳，使啤酒恶臭难闻。此菌也不耐热，巴氏灭菌可以杀死。

四、啤酒厂主要生产工序微生物控制指标

啤酒厂主要生产工序微生物控制指标如表3－6－7所示，仅供参考。

表 3-6-7　　啤酒厂主要生产工序微生物控制的参考指标

编号	工序	样　品	取样点	取样周期	微生物控制指标	
					总菌数/(个/ml)	大肠菌群/(个/100ml)
1	原　料	水	贮　罐	每周	≤100	<3
		处理洗涤用水		每周	≤10	0
		无菌水		每天	0	0
2		大麦	贮　仓	使用前	赤霉病粒	≤3%
		麦芽	贮　仓	使用前		
3		空气	酵母培养室	使用前	<500个/m³或5个/10min	
			酵母扩培室	使用前	<500个/m³或5个/10min	
			主发酵室	每月	<1500个/m³或10～12个/10min	
			清酒室	每周	<1000个/m³或10～12个/10min	
4		压缩空气	总过滤器出口	每周	100个/min	
			酵母培养罐空气			
			过滤器出口	使用前	0	
			主发酵空气过滤器出口		5个/10min	
			后发酵空气过滤器出口		5个/10min	
			灌装空气过滤器出口		5个/10min	
					(直接暴露法测总菌数采用φ9cm平皿)	
5	原　料	气体二氧化碳	使用前或每月		5个/10min	
		充二氧化碳管				
6	糖　化	热麦汁	薄板热交换器进口	每批	0	0
		冷麦汁	主发酵前	每批	<100个/100ml	0
7	主发酵	无菌水	贮　罐	使用前	0	0
		洗涤灭菌后残水	酵母培养罐	使用前	<5	0
			发酵罐	使用前	<5	0
			酵母回收罐	使用前	<5	0
			薄板冷却器	每　批	<20	0
			清酒罐	使用前	<5	0
			过滤机	洗涤后	<10	0

续表

编号	工序	样　　品	取 样 点	取 样 周 期	微生物控制指标	
					总菌数/(个/ml)	大肠菌群/(个/100ml)
			PVPP机	洗涤后	<10	0
			软管及管接头			
			浸泡池	定　期	<20	0
			冷麦汁管道	使用前	<10	0
			清酒管道	使用前	<10	0
			酵母回收管道	使用前	<10	0
			酵母添加管道	使用前	<10	0
		主发酵液	发酵罐	接种后2～4天	<50	0
8	后发酵	嫩啤酒	发酵罐	过滤前	<50	0
9	灌　装	清酒	清酒罐	过滤后	<20	0
		巴氏灭菌啤酒	清酒罐	每天或每批	<20	0
			瓶装啤酒	每天或每批	<10	0
			已装啤酒的瓶或罐	抽查	<10	0
		瞬时巴氏灭菌的啤酒	硅藻土过滤机出口处	抽查	<20	0
			清酒罐	抽查	<20	0
			纸板过滤机进口处	抽查	<20	0
			纸板过滤机出口处	每天定时	<10	0
			无菌啤酒罐	每批	<10	0
			灌装机进口处	抽查	<10	0
			空瓶或桶	抽查	<10	0
			装瓶后或压盖前	抽查	<10	0
			无菌喷淋水	抽查	0	0
			瓶装或桶装啤酒	每批	<10	0
		无菌过滤的啤酒(包括精过滤啤酒)	无菌过滤机进口	抽查	<20	0
			无菌过滤器出口	每天定时	<10	0
			无菌啤酒罐	每批	<10	0
			进入罐装机的啤酒	抽查	<10	0
			空　瓶	抽查	<10	0
			装瓶后压盖前	抽查	<10	0
			压盖机	抽查	<10	0
			无菌喷淋水	抽查	0	0
			瓶装或桶装啤酒	每批	<10	0

续表

编号	工序	样品	取样点	取样周期	微生物控制指标	
					总菌数/(个/ml)	大肠菌群/(个/100ml)
10	酵母	斜面纯种酵母	实验室	每批	0	
		种母液	卡氏罐	每批	0	
		种母液	酵母扩培罐	每批接种前	0	
		回收酵母乳	主发酵室	每批接种前	细菌<100个/10^6个啤酒酵母 野生酵母<100个/10^6个啤酒酵母 已产孢子的啤酒酵母<100个/10^6啤酒酵母 酵母死亡率<5%	

第二节 啤酒生产的清洁灭菌工作

一、清洁与灭菌

清洁无菌是啤酒生产中卫生管理的基本要求。为了使成品啤酒具有高度的生物稳定性，必须保证在每项工艺过程中避免污染杂菌。

近年来，国内外啤酒工业在清洁灭菌工作方面，取得不少进展：

(1) 采用了新型的螯合剂，如羟基羧酸盐(hydroxy carboxylates)，如葡萄糖酸、葡庚糖酸(glucoheptonic acid)等；氨基羧酸盐(amino carboxylates)；羟基氨基羧酸盐，如乙二胺四醋酸(EDTA)及羟乙基乙二胺三醋酸等。这些盐类使洗涤剂的去垢能力大大加强。

(2) 采用了季铵化合物(quaternary ammonium compound)、含碘杀菌剂(iodophors)、两性表面活性剂和氯代有机物，进一步改善了啤酒工业的无菌条件。

(3) 采用了原位清洗法(cleaning in place，简称CIP)的清洗新技术，大大提高了啤酒生产清洁灭菌的工作效率。

清洁与灭菌是工业管理的两个不同方面。现代化的啤酒厂，由于采用了新型的洗涤灭菌剂和机械化、自动化的洗涤方式，清洁与灭菌已可合并为一个操作过程，做到既清洁又无菌。

二、洗 涤 剂

(一) 洗涤剂应具备的技术条件

良好的洗涤剂应具备如下要求：

(1) 对清洗物表面污垢，有疏松的能力(有机物溶解能力)。

(2) 有良好的湿润能力，使洗涤剂能穿透到污垢中去，促使其崩解，发挥作用快而有效。

(3) 使疏松的污垢成为细颗粒，并使之成悬浮状态，而不再沉积于清洁物体的表面。

(4) 残留的洗涤剂与悬浮的污垢，能被迅速冲洗除去，不再重新污染。

(5) 有良好的螯合能力，使硬水中或清洗表面的矿物质污垢带来的钙、镁盐，均能保持在溶液中。

(6) 在碱性溶液中，具有溶解沉淀钙、镁盐的能力(钙溶解力)。

(7) 有一定的杀菌能力，使污秽的洗涤剂溶液和被清洗的设备无菌。

(8) 对被清洗的设备，不应产生腐蚀作用或其他有害作用，应具有缓冲力和皂化能力。

一种包含有碱类、磷酸盐、润湿剂、螯合剂和适当配比杀菌剂的洗涤剂，基本能满足上述要求。上述成分的优点，在于其相互间的协同作用，即当两种物质混合使用时，具有比两者单独使用更高的效果。

(二) 洗涤剂的种类

1. 碱类

(1) 氢氧化钠　氢氧化钠具有很好的有机物溶解能力、皂化能力和强烈的杀菌效果，而且价格便宜。

(2) 纯碱　纯碱的腐蚀性低于氢氧化钠，去污能力也差些，能用于手工洗涤操作。

(3) 硅酸钠(偏硅酸钠、原硅酸钠)　具有较好的有机物溶解力与湿润性，以及分散与漂洗能力。

2. 磷酸盐

啤酒厂常用的洗涤剂中有磷酸三钠、焦磷酸四钠(tetrasodium pyrophosphate)、三聚磷酸钠(sodium tri－polyphosphate)和六偏磷酸钠等。

磷酸三钠具有良好的去垢能力、污垢悬浮能力和漂洗能力。焦磷酸四钠具有相似性质。三聚磷酸钠和六偏磷酸钠具有良好的螯合力和分散能力。三聚磷酸钠还具有良好的增效作用。

磷酸盐是大多数碱性洗涤剂中的有效成分。

3. 湿润剂

湿润剂一般称为合成洗涤剂，可分为三种类型：阳离子型、非离子型和阴离子型。洗涤剂中最普遍用的是阴离子型，其中最重要的有硫酸化醇类(sulphated alcohols)和烷基芳基磺酸盐类(alkyl aryl sulphonate，如Teepol)。主要的非离子型湿润剂是聚环氧乙烯(polyethylene oxides，如Lissapol N)，它能与阴离子型或阳离子型湿润剂并用，缺点是会产生过多的泡沫。阴离子型和非离子型湿润剂，都具有良好的湿润、分散和漂洗能力，但单独使用时去垢能力较差。阳离子型湿润剂主要是季铵化合物，更多地作为灭菌剂而不是作为湿润剂使用。

4. 螯合剂

名称来源于聚磷酸盐，能阻止水中钙、镁盐的沉淀反应，现已应用到有机物中。有机螯合物主要有三类：

(1) 羟基羧酸盐类　如葡萄糖酸、柠檬酸、葡庚糖酸等。

(2) 氨基羧酸盐类　如乙二胺四醋酸、氮基三醋酸(nitrilotriacetic acid)、二乙撑三胺戊醋酸(diethylenetriamine penta－acetic acid)等。

(3) 羟基氨基羧酸盐类　如羟乙基乙二胺三醋酸。这类化合物与氨基羧酸盐很相似，在高pH值范围内,对铁离子有较好的螯合作用。

无机和有机螯合剂在不同pH值条件下效果不同,例如:聚磷酸盐在中性和低碱性pH值范围内效果甚佳,在强碱性范围内,螯合作用显著下降。又如在中性和微碱性pH值范围内,EDTA较葡萄糖酸盐的螯合作用强,当pH值升高时,葡萄糖酸盐的螯合作用又迅速超过EDTA。葡萄糖酸盐在高pH值范围内,对铁离子有良好的螯合作用。

氢氧化钠的有机物溶解能力和杀菌作用,以及偏硅酸钠的湿润力和分散漂洗能力,再加上三聚磷酸盐的螯合作用,可以组成有效而经济的现场洗涤剂。如果要清除啤酒石或加热管的积垢,上述配方再配以EDTA和葡萄糖酸盐,效果更好,但费用较高一些。

5. 去积垢剂

啤酒石中含有不同比例的草酸钙、磷酸钙和有机物质,可用0.5%~1.0%的硝酸将不锈钢或铝制容器表面的啤酒石除去。钢制容器的啤酒石可以用硫酸或者氨基磺酸($R·NH·SO_3H$,sulphamic acid)除去。氨基磺酸用于大多数材料表面是安全的。搪瓷表面可使用2.5%的冷溶液,或采用0.2%~2.0% 65~70℃的热溶液。啤酒石长时间与热碱液接触也会疏松起来。要彻底去除啤酒石,最好做成含有EDTA的糊状体使用,经1~2h后,用水冲去。

(三) 用于不同材质的洗涤剂

上述泛用的洗涤剂,适用于钢制和不锈钢制容器表面,也可用于橡胶管。如用于铜和锡制容器,可再加些还原剂,如亚硫酸钠,免受强碱的腐蚀。对于铝制和搪瓷容器,不适宜用强碱,通常使用较柔和的洗涤剂,如1%纯碱与硅酸钠的热混合液,使pH值不超过11。一般说,由于金属材质总是含有微量的其他金属,在选用洗涤金属容器的洗涤剂时,要考虑采用合适的品种。

洗涤木桶最好使用热水,而不用碱液。在清洗过程必须用手接触碱性洗涤剂时,宜用纯碱和磷酸三钠的混合液代替苛性钠。

洗瓶的洗涤剂最好具有:(1)良好的杀菌、分散和漂洗力;(2)能有效地去除积垢;(3)良好的钙镁螯合力。采用3%的苛性钠,加0.2%的葡萄糖酸钠基本可以满足要求,对洗掉铝箔商标也是有效的。

根据以上所述,洗涤剂各项成分的性质和作用可综合如表3-6-8所示。

表 3-6-8 洗涤剂各项成分的性质和作用

成分	有机物溶解力	湿润力	分散力	漂洗力	灭菌力	钙螯合力	钙盐溶解力
氢氧化钠	×××××	×	×	×	×××××		
碳酸钠(纯碱)	××	×	×	×	×		
偏硅酸钠	×××	×××	××××	×××	××		
原硅酸钠	×××	××	××××	×××	×××		
磷酸三钠	××	××	××××	×××	××		
湿润剂(合成洗涤剂)		×××××	××××	×××××			
三聚磷酸钠	××	×	×××	××		×××	
六偏磷酸钠			××××	××		×××	×
葡萄糖酸钠						××××	×××
EDTA						××××	×××××

×:表示作用能力。

三、灭　菌　剂

啤酒厂使用的灭菌剂，应无毒无味，没有腐蚀性。由于这种原因，有些厂愿意采用蒸汽或热水灭菌。但是蒸汽灭菌，需保持设备在100℃，至少15～20min方为有效。而且蒸汽灭菌，必须先将设备清洗干净，否则污垢会被粘固在容器表面上，反而造成以后灭菌的困难。在不宜采用蒸汽或热水的场所，则必须采用其他化学或物理的灭菌方法。啤酒厂常用的化学灭菌剂如下所示:

1. 氯及氯化物

一般使用次氯酸钠、二氧化氯(ClO_2)、氯胺T、氯化的磷酸三钠(含有效氯3.5%)、三氯化异氰尿酸等。

采用氯灭菌，对金属有腐蚀性，在有机物存在下，或在高pH值条件下，会降低其灭菌效果。对某些涂料，如酚醛树脂，由于会形成氯酚，将大大影响啤酒口味。

所有氯灭菌剂的能力，都以有效氯表示。通常配制成50～100mg/kg的有效氯溶液，因为在此浓度下腐蚀作用很小。

2. 碘递体(Iodophors)

碘递体是一种酸性的含碘灭菌剂，国外早已普遍应用。含碘灭菌剂腐蚀性小，无毒，对啤酒风味无影响。其成分中通常含有元素碘、一种湿润剂和一种酸，如磷酸。湿润剂能大量减少碘的治污和腐蚀性能。在相同浓度下，碘的灭菌能力较氯高。游离碘浓度在12.5～25mg/kg，即能达到有效的灭菌作用。

3. 甲醛

甲醛为40%的水溶液，是一种有效的灭菌剂，没有腐蚀性，也不受有机物的影响，但有强烈的刺鼻气味。用过后，最后要充分冲洗干净，否则有微量带入啤酒内，就会影响啤酒的风味和引起混浊。杀菌时，通常采用0.1%溶液。

4. 碱性溶液

碱性洗涤剂也具有灭菌作用，当pH值和温度升高时，灭菌效果增长很快。如使用苛性钠和硅酸钠，在43℃以上，温度每升高7℃，其灭菌效果增长1倍。

5. 季铵化合物

季铵化合物已大量用于啤酒工业，它在低浓度下，即能快速灭菌(100mg/kg，15min)，而且无臭无味无毒，且具有湿润能力，故又作为洗涤灭菌剂。但是这种灭菌剂能附在容器表面上，用水冲洗后，留下色斑，且对啤酒泡沫稳定性有影响，不适宜洗刷酒杯用。

季胺化合物的杀菌性能，在使用硬水时有所下降，但温度升高，碱性加大，则能提高其灭菌能力。

6. 两性表面活性剂

这类化合物(如十二烷基二氨基乙基甘氨酸，dodecyldiaminoethyl glycine，简称dodicin)，无腐蚀性，毒性很小，无味无臭，不影响啤酒泡沫稳定性，具有广泛的灭菌性能，对酵母菌、霉菌和细菌的灭菌效果都很好，并且具有良好的分散能力，只要容器表面光滑，其清洗与灭菌工作，能在同一操作中一次完成。采用1%～2%苛性钠溶液，内含0.05%～

0.1%十二烷基二氨基乙基甘氨酸，温度保持50～60℃，即能达到良好的灭菌效果。

制备无菌原水(灭菌后冲洗用)，通常采用1～2mg/kg氯杀菌，或使用经砂滤棒或反渗透法处理的无菌水。

空气灭菌一般采用紫外线或臭氧处理的灭菌方法，也可采用化学灭菌剂如甲醛、过氧化氢及二氧化氯等，目前已广泛利用无菌过滤取代之。

四、洗涤灭菌剂

某些物质虽然同时具备洗涤和灭菌双重作用，但不一定这两方面作用都很显著。如果用效果好的洗涤剂和灭菌剂结合起来用，可以制出效果更好的混合制剂，又叫洗涤灭菌剂。如碱性洗涤剂，除洗涤能力外，尚具有一定的灭菌能力，如果与氯化化合物结合使用，则显示更有效的灭菌效果；又如季胺化合物是灭菌剂，也有些洗涤作用，如果和碱液结合，其灭菌和洗涤作用则更明显。

上述洗涤灭菌剂，可以使清洁与灭菌两个过程一次完成。

五、清洗方式

采用洗涤剂清洗容器和管路，清洗之前，先用水冲洗，除去大部分污垢，然后再用洗涤剂洗涤，以节省洗涤剂用量。用洗涤剂清洗完毕后，再用水淋洗干净；如需灭菌，待用灭菌剂灭菌后，再以无菌水淋洗干净；如果用洗涤灭菌混合剂，则清洗和灭菌一次完成，然后用无菌水淋洗干净。

过去，传统的清洗方法，需拆卸管道，用手工以刷子刷洗，再用水冲去污垢。这种清洗方法，劳动强度大，费时而难达到无菌要求。近代的清洗方法，普遍采用原位清洗法(cleaning in place，简称CIP)，以代替手工操作，并使全部清洗过程往自动化和程序控制过渡，清洗效果较过去有飞跃的发展。同时，由于人不需进入容器内，也容易做到无菌。

原位清洗法有两种清洗方式：原位循环清洗法和原位机械清洗法。

(一) 原位循环清洗法

原位循环清洗法(In－place circulation cleaning)是指洗涤液在管道、设备或容器不动的情况下，进行循环清洗。

原位清洗法的优越性是不需拆卸管路和设备。清洗液和被清洗的设备管路用固定管路连接，形成一密闭系统，然后进行循环清洗，免除了人工刷洗。洗涤液的容量至少要达到被清洗空间的50%以上，因此，此法适用于清洗管路和较小的容器，特别对薄板冷却器这样手工洗涤较麻烦的设备，采用此法清洗优点表现更为突出。

循环清洗方法的应用，现已普及到生产的各个方面，只要被清洗的设备或管道和洗液有一循环导管和泵，就可进行原位循环洗涤，达到高标准的清洁和无菌条件。如用热的洗涤剂溶液进行循环洗涤(如85℃以上的热水、70℃的热碱液或热酸液)，则效果更好。

采用原位清洗，可以将洗涤剂和灭菌剂，组合在一次清洗中进行，也可以分别进行，先洗涤，后灭菌。不管采用哪种方法，洗涤灭菌剂必须具备足够的泵送容量、合适的压力

(0.07MPa以上)和速度，才能得到有效的结果。关于管道的清洗，主要应使洗液在管道内的流速形成涡流(雷诺准数$Re>30000$)，因为涡流的液流，具有更大的能量，其对管道的擦洗作用，将增强洗液的各项有关性能。一般洗液流速控制在2m/s(管道)比较合适。当然，这不是一成不变的，必要时，还需根据管径、液体的相对密度和粘度进行适当调整。

固定的CIP清洗系统如图3－6－4所示。

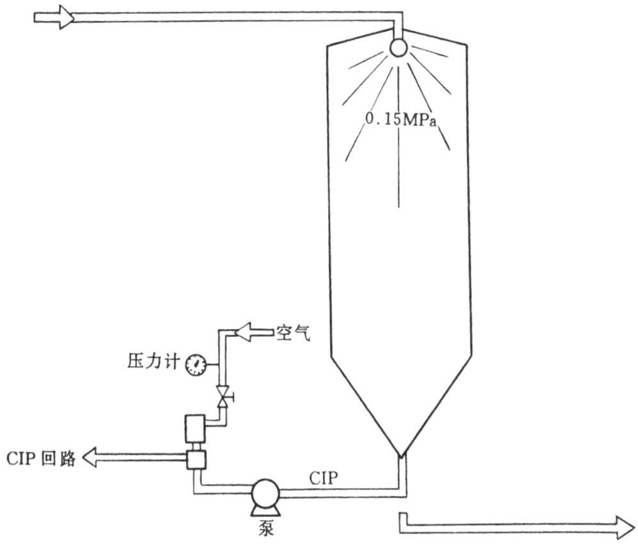

图 3－6－4 固定的CIP清洗系统

(二) 原位机械清洗法

原位机械清洗法主要用于大的密闭容器，如发酵罐、贮酒罐、糖化锅、麦汁煮沸锅、回旋沉淀槽及槽车等大容量设备，这种设备需用洗涤液的量很大。其作用是将洗涤剂喷射到整个容器内表面，有以下两种不同的方法，可以达到清洗的目的：

1. 喷淋清洗法(spray cleaning)

使用固定的多孔喷头，洗涤时，将洗液喷淋到容器的顶部和上壁，借重力作用，使洗液往下流时，除去下壁的污垢。这种清洗方法，洗液的压力比较低(0.15～0.25MPa)，对器壁的冲击力小，去垢的效果也比较小。

2. 喷射清洗法(jet cleaning)

利用高压回转多孔喷射器，使喷出的液流，集中在容器的某一表面，起冲击摩擦作用，并维持一定的时间。在喷嘴回转360°时，就可以使容器全部内壁都被喷射到。这种清洗方法，洗液的压力比较高(0.30～0.70MPa)，对器壁的冲击力大，去垢的效果也较强。

采用机械清洗法，泵送的能力和位置，管路的规格和距离，以及清洗液的温度都应考虑进去。

利用高压喷射器，清除麦汁煮沸锅锅壁和加热器上的污垢及有机沉淀物，或洗涤不锈钢发酵罐和啤酒槽车上的啤酒石，可采用葡萄糖酸钠或EDTA的碱性洗涤剂。如为搪瓷容器，只要将洗液中的苛性钠，代以没有腐蚀性的纯碱和硅酸钠，效果也很好。

采用原位清洗法，也可采用移动清洗车，将清洗灭菌液配好，自身循环清洗，清洗完毕，将清洗液放掉，再用水冲洗干净。

六、传统工艺生产中的卫生条件与操作

1. 冷却设备

回旋沉淀槽每次使用前后，均用清水冲洗，以除去污垢和啤酒石。停产再用时，应把糖化设备的最后冲洗热水，在煮沸锅加热后，泵送至回旋沉淀槽，以清洗热麦芽汁管路。

薄板冷却器和冷麦汁管路，每次使用完毕，需用热碱水冲洗，或通入90℃热水，使出口温度达80℃以上，保持15min(可用热水循环)，然后用冷水冲净备用。每周用2%热碱水循环半小时，然后用冷水冲净备用。生产间歇应定期拆开薄板冷却器，清除酒泥和水垢，以保持良好的冷却效果。

2. 发酵室

根据国内情况分述如下:

(1) 发酵室在连续使用过程中，每周用石灰水或漂白粉涂刷墙壁和地面，次日冲刷干净;每2周利用甲醛杀菌1次，每1m^{3}空间使用甲醛5～25g。

(2) 停产后再用时，瓷砖墙和地面，用石灰、漂白粉混合乳液(5：1)涂刷1次，24h后冲刷，地面再用漂白粉灭菌1次;然后用甲醛熏蒸灭菌，每1m^{3}空间，使用甲醛5～15ml。如不用火熏蒸，可在甲醛容器中，加少量高锰酸钾，任其挥发即可。利用气体灭菌比液体效果好，穿透力强，不易留下死角。

3. 发酵罐或槽

(1) 每次放料后，用水冲洗，并刷净器壁附着物，然后涂刷石灰乳，保持15min后冲净。

(2) 圆柱锥底罐采用CIP清洗法，清洗方法已如前述。洗涤剂一般采用1%氢氧化钠(或纯碱)和硅酸钠混合液，也可用磷酸三钠取代氢氧化钠。如为搪瓷发酵槽或罐，可用纯碱取代氢氧化钠。

(3) 发酵槽或罐在停产后再用时，先用甲醛喷洒，保持24h，再用石灰乳涂刷3次，冲洗后拭干备用。或采用机械清洗，最后用灭菌剂喷淋杀菌后，再用无菌原水冲洗干净。

4. 管道

(1) 麦汁管道和连接的耐压橡皮管，在连续使用时，使用前后均需顶水冲洗，每周刷洗后，要用0.1%甲醛溶液灌入管内，浸泡一夜，翌日冲洗后使用。如在1周以上未使用，在投产前，先用水和刷子刷洗干净，再用0.1%甲醛溶液浸泡12～24h，冲净后使用。

(2) 麦汁管道也可采用碱性洗涤剂加新洁尔灭进行原位清洗。国内习惯用泡沫橡皮球，蘸碱性洗涤剂洗涤，即球从管的一端放入，开洗涤剂泵或压缩空气，使球从另一端射出。啤酒管道也可用此法清洗。钢管的清洗，也可先用5%硫酸加酵母，采用球法刷洗，冲净酵母泥，再用甲醛浸泡12～24h，然后冲净使用。

(3) 倒酒和下酒管道的清洗同麦汁管道。

5. 倒酒泵

(1) 连续使用时，和管道连在一起清洗。每周用0.5%～1.0%甲醛溶液浸泡过夜，冲洗后使用。也可用碱性洗涤灭菌剂进行原位清洗。

(2) 酒泵每月拆洗1次。

(3) 停产后再用时，先用碱液洗涤剂进行原位清洗，用水冲净后，再用0.1%～1%甲醛溶液杀菌，冲净甲醛后再用。

6. 酵母桶和酵母添加器

(1) 木制酵母桶使用后，用水冲洗干净，并用无菌水冲洗2～3次；每周用碱性洗涤灭菌剂(纯碱＋硅酸钠＋新洁尔灭)洗涤，用水冲洗干净，再用无菌水冲洗2～3次；或用1%甲醛溶液喷淋灭菌后，用无菌水冲洗干净。

(2) 金属酵母桶和酵母添加器每次使用后应刷洗干净，再用无菌水冲洗2～3次；每周用碱性洗涤灭菌剂(纯碱＋硅酸钠＋新洁尔灭)洗涤，并用水冲洗干净，再用无菌水冲洗2～3次；或用1%甲醛溶液喷淋灭菌后，用无菌水冲洗干净。

7. 无菌水贮存罐

(1) 每周刷洗1次，先用石灰乳涂刷，保持1～2h，冲洗干净，再用1%甲醛溶液喷淋灭菌，12～24h后，用水冲洗干净，再用无菌水冲洗1～2次。

(2) 无菌水贮存罐最好置备多套，交替使用。

8. 滤水器

(1) 连续使用，每3天拆刷1次。

(2) 如进水水质混浊，每天拆刷1次。

(3) 滤水器每次拆刷清洁，即用1%甲醛溶液浸渍12h，再用无菌水冲洗干净。开始1h滤出的水弃置不用。

(4) 如采用薄膜过滤除菌器时，可采用原位清洗法清洗，再用无菌水洗净。

9. 无菌空气贮存罐

(1) 无菌空气贮存罐和管道，每半个月用蒸汽灭菌30min。

(2) 无菌空气棉花过滤器，每半个月换棉花1次，棉花先用1%水杨酸溶液浸湿压干后，在130～150℃干热杀菌1h以上。

(3) 如采用超玻璃纤维过滤器，在夹层中通蒸汽，再用蒸汽将过滤器灭菌。

(4) 如采用滤芯空气过滤器，则应定期更换滤芯。

10. 贮酒室

(1) 贮酒室长时间停产后再使用，室内墙壁和地面应涂漂白粉或石灰漂白粉(5∶1)混合剂，保持一昼夜，然后用水冲洗，再熏硫磺或甲醛进行杀菌，保持一昼夜。硫磺用量20～25g/m^3，甲醛用量5～15g/m^3。

(2) 贮酒室在啤酒全部出清后，进行一次大刷洗，清洗灭菌方法同前。

(3) 贮酒室在使用期间要保持整洁，地面干燥，地上残酒随时用水冲洗。

11. 贮酒罐

(1) 贮酒罐在长期停产再使用时，先用清水刷洗干净，再用石灰乳涂刷，保持4～6h后，用水冲洗干净，然后用1%甲醛溶液喷洒，次日用清水冲净，使用时再用硫磺麻袋片燃烧灭菌(硫磺用量1～2g/m^3)。

(2) 使用后的贮酒罐，先用空气排出罐内二氧化碳，再将沉淀酵母泥排出，用清水冲净，以人工用刷子仔细刷洗干净。刷洗时，要注意刷净酒罐上部的泡盖树脂和下酒口积存的酵母，而后用灭菌布擦干罐内积水，关闭人孔，从上口燃烧硫磺麻袋片灭菌，硫磺用量1～2g/m³。

(3) 贮酒罐采用机械清洗法时，先用水喷淋干净，再用苛性钠和硅酸钠各1%～5%，加入0.1%新洁尔灭进行喷淋清洗和灭菌，然后用无菌水冲洗干净。

(4) 贮酒罐在后发酵封罐时，用75%酒精将罐口擦洗灭菌，进行封盖，并用水将溢出的酒花树脂泡盖冲洗干净。

12. 下酒用的橡皮管和工具

(1) 下酒用的橡皮管在使用前，先用清水刷洗干净，使用后立即走水冲净，用海绵橡胶球蘸5%硫酸和酵母泥，用压缩空气顶出，重复几次后，用水冲净，灌入1%甲醛溶液，放置过夜，用无菌水冲洗干净。或用水洗净后，置甲醛水槽中浸泡，用时先用清水，再用无菌水冲洗干净。

(2) 发酵过程使用的工具，用后均应及时刷洗，置甲醛液水槽内浸泡，用时用无菌水冲洗干净。

13. 走道和下水道

(1) 走道和下水道在刷罐后，及时冲洗干净。

(2) 走道和下水道，每星期用石灰乳和漂白粉乳涂刷1次，次日冲净。此项工作与地面的清洗灭菌同时进行，已如前述。

第四篇　啤酒包装与成品啤酒

啤酒经过后发酵或后处理，口味已经达到成熟，二氧化碳已经饱和酒内，酒液也已逐渐澄清，此时再经过机械处理，使酒内悬浮的轻微粒子最后分离，达到酒液澄清透明的程度，即可包装出售。啤酒的包装方式系根据销售的需要而为，有瓶装啤酒，罐装啤酒和桶装啤酒;又分鲜啤酒和熟啤酒等等。

第一章　啤酒的澄清

啤酒的澄清系指啤酒与其所含的固体粒子分离的过程。

啤酒在贮藏期间，因酵母逐渐沉降和部分不稳定的蛋白质－单宁复合物的析出、凝集、沉淀而逐步变得澄清。这种自然澄清的现象，主要由于固液相的不同相对密度而产生，沉降速度较慢，只能使啤酒达到一定的澄清程度，对其中极轻微的粒子则很难在较短时间内完全沉淀下来。要使成品啤酒达到澄清透明，富有光泽的程度，则必须通过机械方法进行处理。这些机械澄清方法可以除去啤酒中的酵母和细菌以及微小的混浊物质粒子，不仅使啤酒外观富有吸引力，而且大大改善了啤酒的生物稳定性和非生物稳定性。

啤酒机械澄清的方法粗分两类: (1) 啤酒过滤; (2) 啤酒离心分离。

不管采用哪种方法，对机械澄清总的要求是:产量大，质量好，酒和二氧化碳的损失少;不吸氧，不污染，不影响酒的风味。

第一节　啤 酒 过 滤

一、过 滤 原 理

过滤的定义是让流体通过分离介质，使其中的固体从流体中分离出来。

过滤的进行主要依靠过滤前后的压差($\triangle p$)。啤酒穿过过滤介质的压差是在不断的变化着，在流体进入介质处为最大，而在离开介质处为零值，并且随着过滤介质的孔隙度而变化。流体过滤时各项参数的关系式可如达赛(Darcy)公式所示。

$$Q=\varphi\frac{\triangle pA}{L\eta}$$

式中　Q——流量(ml/s)

η——粘度(Pa·s)

$\triangle p$——压差(Pa)

L——过滤介质厚度(cm)

A——过滤面积(cm^2)

φ——过滤介质的透性系数(Darcies)

上式说明，过滤速度与压差和过滤面积成正比，与流体粘度和过滤介质厚度成反比。

啤酒中的悬浮物质被过滤介质分离出来的作用有3种情况。

1. 筛分(或表面)作用

此种过滤方式属绝对级过滤(absolute rated filtration)，啤酒中比过滤介质孔隙大的颗粒，不能通过介质空隙而被截留下来。这类过滤介质的孔径由上而下都是均一的，如滤网过滤(screen filtration)、薄膜过滤(membrane filtration)均属此类。这些被截留在介质表面的颗粒，如果其性质是坚实的，不变的，则其作用像一层附在介质表面的粗滤层，可以减轻过滤介质本身的负担，加速过滤效应；如果其性质是易变形的软粘性物质，则将在介质表面形成一层难透层而使过滤效率降低。因此，筛分过滤不适合软粘性物质和纤维物质的过滤。

2. 深层效应(depth effect)

由于过滤介质深而曲折的微孔途径，对流体中的悬浮颗粒起阻留作用，虽然粒子比过滤介质的孔隙小，仍有可能被截留在微孔结构中。如硅藻土过滤、纸板过滤和滤棉过滤都存在这种现象。此种过滤方式属非绝对级过滤(non－absolute rated filtration)，其对杂质的捕捉量通常远大于表面型过滤，其使用寿命也较长。

深层效应过滤适用于各种硬、软纤维杂质的过滤。

3. 吸附作用

有些比过滤介质孔隙小的颗粒，由于所带电荷与过滤介质本身所带电荷不同，能被过滤介质吸附而截留下来。例如正常情况下的微生物带阴电荷，能被带阳电荷的过滤介质所吸附。过去硅藻土、纸板和滤棉中添加石棉(已被禁用)的作用就在于此。过滤介质中添加不溶性的聚乙烯聚吡咯烷酮(polyvinyl polypyrrolidone)，就会吸附啤酒中的部分多酚物质:另一种情况是粒子之间的相互吸引,形成链团而粘附在过滤介质上。

薄膜过滤及深层过滤的滤材,均分带电和不带电两种情况。

除去悬浮的颗粒体外,在酒中凡具有较高表面活性的物质,如蛋白质、酒花物质、色素物质、高级醇、酯类等都易被过滤介质吸附一定数量。

二、啤酒过滤方式

(一) 滤棉过滤

啤酒采用滤棉过滤是比较旧的方法,目前在国内外除少数小厂外已极少使用。

1. 滤棉的性质

滤棉是用木纤维或棉纤维纸浆,经过脱脂,制成滤棉,作为啤酒过滤介质用。国内外滤棉已达到的技术指标如表4－1－1所示。

表 4-1-1　国内外滤棉技术指标

内　容	指　标　/　%		
	日　本	英　国	国　产
灰　分	0.1	0.45	0.28
水　分	5.8	6.51	6.5
水溶物	0.17	0.16	0.35

2. 过滤设备

采用滤棉过滤的设备包括:洗棉机、压棉机、合流器、滤酒泵(往复泵或离心泵)、过冷却器、压滤机、清酒罐等。

3. 滤饼的制备

(1) 洗棉　过滤后的滤饼已被酒内的微粒和胶体物质所饱和,回收后,应及时洗涤(防止染菌),重新制成滤饼。

① 洗棉操作方法: 如表4－1－2所示。

表 4-1-2　洗 棉 操 作

	操　作　方　法
撕开滤棉	在洗棉锅内放清水2/3,启动循环泵,开始将滤棉撕开,投入洗棉锅中,滤棉很快分散,并继续加入清水
进水漂洗	连续放入清水,使滤棉中的啤酒、附着的蛋白质、酵母和夹杂物质走水漂洗干净,直到没有泡沫和夹杂物为止
加热杀菌	停止进水,用蒸汽加热,升温到80～95℃,保温30～60min
添加新滤棉	添加部分新滤棉,以补充滤棉的损失,增强滤棉强度,每40块滤饼添加滤棉0.5～2.0kg
降　温	滤棉在杀菌后,放入清水降温,走水直至洗水清亮透明,没有泡沫和短纤维,并使水温降至25～35℃
回流去水	滤棉洗涤干净后,利用循环泵连续循环,使多余的水排出,直到适于压棉的滤棉浓度为止

② 滤棉的再生方法：滤棉经长期使用后，由于吸附酒花树脂、色素物质和多酚物质等而色泽变深，同时有些滤棉还有结团现象，影响啤酒过滤质量，可进行再生处理。处理方法如表4－1－3所示。

表 4-1-3 滤棉的再生方法

	处理方法
方法Ⅰ	将滤棉撕开，放入洗棉锅内，加水和开动循环泵，使之混合均匀。然后添加2.5%高锰酸钾(根据滤棉干质量计算)，加热到50℃，保持60min。再添加硫酸2.5kg，搅拌混合均匀，再加偏重亚硫酸钾溶液，混合后，使紫色洗涤水变成无色，停留5～6min，最后用清水流洗20～30min，则褐色滤棉再生为洁白疏松的滤棉
方法Ⅱ	将0.2%～0.4%漂白粉溶于清水内，搅拌均匀，将滤棉浸漂30～60min，而后用清水洗涤，最后添加0.05%～0.1%的盐酸，浸渍30～60min，再用清水流洗至不含盐酸为止，此法也可将旧滤棉再生为洁白疏松的状态

(2) 压棉

① 压棉操作：将洗净的滤棉放入压棉机框内，用手均匀翻动，使中间部分堆得稍高，控制一定数量后，即可用风压或水压，缓慢加压至0.35～0.5MPa，稍停，流尽水分，压棉即成。

压棉操作应缓慢，否则压制的滤饼，中间薄，四周隆起，影响过滤。

② 滤棉规格：厚度4.0～4.5cm；厚度差不超过±0.5cm；中间略厚，边缘整齐，没有飞边。

③ 滤饼存放条件：压制好的滤饼，应放在低温(0～2℃)和清洁卫生处，存放时间一般不宜超过24h，否则容易染菌，发热变酸。

4. 啤酒过滤

(1) 过滤能力 过滤能力决定于滤棉的质量、滤饼的厚度以及啤酒本身的澄清度。正常的生产能力约为500L/m^2过滤面积。

(2) 技术条件(表4－1－4)

表 4-1-4 滤棉过滤技术条件

项目	技术条件	
	CO_2(或压缩空气)加压过滤	滤酒泵过滤
贮酒罐压力/MPa	0.14～0.18	0.4～0.6
清酒罐压力/MPa	0.06～0.8	0.6～0.8
合流器压力/MPa	0.14～0.18	0.4～0.6
滤酒泵压力/MPa	—	0.4～0.6
过滤速度/[L/(h·40块)]	1500～5000	1500～4000
过冷却器酒温/℃	0～－1	0～－1.5

当压力差达到0.1～0.15MPa时，滤棉的孔隙和吸附能力已经基本达到饱和，过滤发生困难，必须更换新滤饼；滤后的啤酒要求达到清亮透明，EBC浊度计读数应在0.5EBC以下，无明显的悬浮颗粒和短纤维。

(3) 操作方法(表4－1－5)

表 4-1-5　滤酒操作方法

项　目	操　作　方　法
走　水	滤棉装入压滤机后，把待过滤的酒和水管接到合流器上，通过滤酒泵或利用水压冲洗管道和滤棉，走水20～30min，检查管道和设备是否漏酒，并排除管道设备和滤棉中所含的空气。流出的水应清亮透明，无悬浮物和短纤维
加　压	在滤棉走水的同时，向贮酒罐和清酒罐中送二氧化碳或压缩空气，使达到规定的压力
顶　水	滤棉走水后，压入啤酒，将管道和滤棉中的积水慢慢顶出，当水和啤酒的混合液排出时，根据啤酒的色泽或以混合液排出的时间加以控制，一般顶水时间为5～10min
滤　酒	顶水之后，打开过冷却器阀门，降低啤酒温度至－1.0℃左右。在滤酒过程中，经常检查贮酒罐、合流器、清酒罐的压力，使之保持稳定不变。滤酒开始的压差为0.02～0.03MPa
滤酒结束	当过滤压差达到0.1～0.15MPa时，过滤即行结束，关闭过冷却器，利用二氧化碳将管道和滤棉中的啤酒慢慢顶出，或利用酒头或清水顶酒。根据啤酒液色泽或顶水时间控制酒尾浓度，部分酒尾送往清酒罐，其余则流入酒尾贮存罐或排放下水道中。酒尾顶出后，继续走水，冲洗滤棉，至水清为止，而后将滤饼卸出，送入洗棉室

5. 清洁卫生工作(表4－1－6)

表 4-1-6　滤酒工序的清洁卫生工作

项　目	清　洁　卫　生　工　作
洗棉机和压棉机	每次使用后，冲洗干净，每半个月彻底刷洗1次
滤 酒 机	滤酒机在使用前，用清水冲洗干净；使用后，及时刷洗；每周彻底刷洗1次，并用2%甲醛溶液喷雾灭菌，放置一夜，而后冲洗使用
输酒导管	滤酒结束后，用水冲洗干净；每周用海绵球刷洗，而后用2%甲醛溶液浸泡过夜，冲洗后使用
滤酒泵	每次用毕，用水冲洗干净；每2周拆洗1次，并用甲醛溶液灭菌，冲洗后使用
绢 滤 器	使用后用水冲洗干净，取出滤袋，用热水洗涤灭菌，烘干后备用
墙壁和地面	洗棉室墙壁和地面，每月用石灰乳和漂白粉混合液刷洗灭菌 滤酒室地面每天刷洗后，用石灰乳和漂白粉乳液涂刷，次日冲洗干净 滤酒室墙壁每月用石灰乳和漂白粉乳液刷洗灭菌1次
压缩空气	棉花每2周换1次，换出的棉花干热灭菌2h后备用
过 滤 器	过滤器用的活性炭用蒸汽活化和灭菌

6. 滤棉滤酒的优缺点

优点：滤棉利用其深层效应，过滤的效果是好的，能滤出稳定性较好的啤酒，清亮透明。过去常在滤棉中添加1%～5%的石棉，加强吸附作用，自石棉被定为易致癌物质后，已禁止使用。

缺点：制取滤饼费工费时，不易实现自动化，劳动生产率低，费用高。

(二) 硅藻土过滤

1. 硅藻土的性质

硅藻土由第三纪中新世时期和中新世以后沉积在湖底和海底的微生植物骨架所构

成。硅藻土的直径只有数微米，有一层薄而坚硬的壳，形状多样，是一种松软而质轻的粉状矿物。

天然硅藻土含有机物、砂石、粘土、可溶性碳酸盐和铁等。这些杂质都必须充分锻烧除去，其法是将矿石粉碎，然后在转炉内以800～1100℃锻烧，再用旋风分离器分成不同粒级，分别收集，即得到容易渗透的助滤剂。这种精制的助滤剂实际上是纯粹的无定形硅，是一种惰性的助滤剂，它对啤酒的风味没有影响。

硅藻土作为助滤剂主要因其具有结构形状不同的微粒，互相交错形成85%～90%的空间，它的密度很小(100～250kg/m^3)，表面积很大(10000～20000m^2/kg)，颗粒大小为2～100μm，具有一定的吸附能力，能滤除0.1～1.0μm以下的粒子。

2. 硅藻土过滤的特点

(1) 在过滤机的滤床上先涂一层预涂层，起到过滤介质的作用。

(2) 在滤酒过程中，啤酒中另加入部分硅藻土，起到连续更新滤床的作用，使过滤保持快速和稳定。

3. 硅藻土使用量

(1) 过滤面预涂层: 800～1000g/m^2(2.5～3.0mm厚)

第1次预涂层: 400～500g/m^2(粗粒)

第2次预涂层: 400～500g/m^2(粗细粒混合)

(2) 过滤啤酒中使用量: 80～300g/100L(根据啤酒中所含悬浮粒子的大小和浓度而定)。

4. 硅藻土用于预涂和过滤的粒度分布

预涂:	>50μm	20%～25%
	5～50μm	60%～70%
	<5μm	5%～10%
过滤:	>50μm	5%～10%
	5～50μm	40%～50%
	<5μm	40%～50%

5. 硅藻土中的添加物

添加非生物稳定剂: 20～100g/100L(采用的非生物稳定剂，其滤水量与硅藻土相同时，可取代50%的细粒硅藻土)

6. 硅藻土的检验

(1) 显微镜观察 观察硅藻土的结构以及是否污染砂土等。

(2) 物理测定

① 在水中沉降速度愈慢者，过滤性能愈好;

② 真实密度和外观密度愈低者愈佳;

③ 筛选残留物(2000目/cm^2): <6%;

④ 砂土含量: <2%;

⑤ 体积质量: 71～146g/L，体积质量愈低，容积和表面积愈高;

⑥ 湿容质量: <300g/L。

(3) 化学分析

① 水分：<5%；

② 硫含量、锻烧损失及酸可溶性物愈低者愈好；

③ 硅酸含量：>90%；

④铁含量：<1.5%。

7. 硅藻土的分级

根据在15°C，50kPa，1kg/m²的涂层，每分钟每平方米滤过的水量进行分级：

<20L	极细	350～1000L	粗
20～100L	细	>1000L	极粗
100～350L	中等		

8. 硅藻土过滤机的类型

硅藻土过滤机的类型很多，可根据不同情况选用。分类如下：(1)板框式硅藻土过滤机；(2)叶片式硅藻土过滤机(垂直与水平滤叶)；(3)环式(烛式)硅藻土过滤机。

(1) 板框式硅藻土过滤机

① 结构与操作：传统的硅藻土过滤机是板框式的(见图4－1－1)。多采用不锈钢制作，它由滤板和滤框交替排列而成，板框由导轨支承，滤板表面有滤槽(横或直)，它的边缘稍许有突起，并经过机械加工。滤布使中空的滤框和滤板隔开，在每个排列的滤板之间形成一个小室。滤布安装后，用人力或液压压紧。

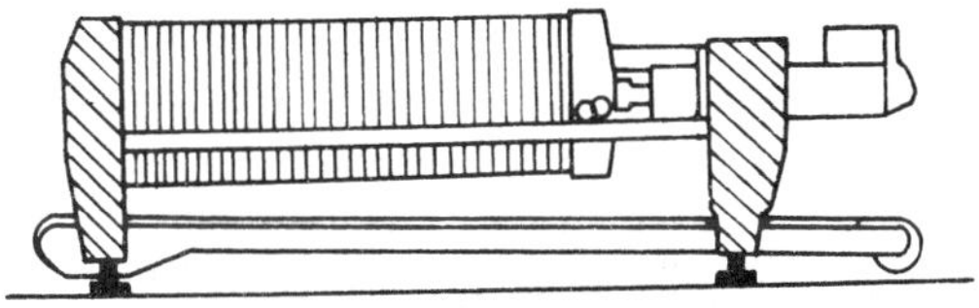

图 4－1－1　板框式硅藻土过滤机

过滤机装妥后，利用泵将藻硅土和水的混合液送到滤框入口，穿过滤框，在滤板两边同时形成两块助滤层(即预涂层)，平整均匀地附着在滤布表面，为此滤床预涂过程，滤布起着过滤和载体的双重作用。预涂工作完成后，再送入啤酒加硅藻土的混合液。开始滤出的酒若不够清亮，可返回混合罐，直至滤清后，达到要求的澄清度，再送往清酒罐。硅藻土预涂层的情况如图4－1－2所示。

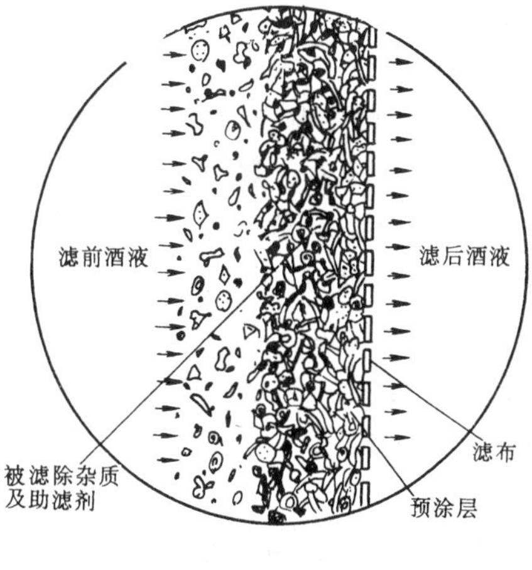

图 4－1－2　硅藻土预涂层及滤除杂质示意图

过滤期间，压差每小时上升0.02～0.04MPa，待滤至一定程度，滤框充满硅藻土，两块形成的滤饼会连接起来。在过滤期间应注意酒液清亮程度和过滤压力，待压力达到0.3～0.4MPa时，即需停止，更换新滤层。

停止过滤后，先用水将硅藻土中残留啤酒压洗出来，而后开启过滤机，将藻硅土冲洗下来，过滤机重新安装备用。用过的硅藻土一般弃置不用。

硅藻土过滤机预涂层的工艺流程如图4－1－3所示。

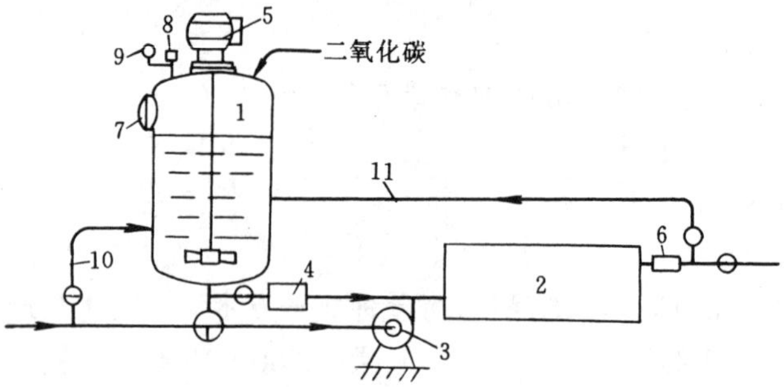

图 4-1-3 硅藻土过滤机预涂层工艺流程

1—硅藻土混合罐 2—硅藻土过滤机 3—啤酒泵 4—硅藻土供料泵 5—搅拌机电动机 6—视镜 7—硅藻土进料口 8—通风 9—压力计 10—混合罐添加啤酒的设施 11—开始进行硅藻土预涂层时的回流

② 优缺点:

优点:

i 构造简单,活动部件少,维护费用低;

ii 过滤能力可通过增加过滤板框而提高,迅速方便;

iii 可以卸除较干的滤饼,卸到过滤机下面的输送器上运走。

缺点:

i 对于较大的板框组件,清洗时需要2人操作,劳动强度比较大;

ii 需经常更换滤布。

(2) 叶片式硅藻土过滤机

① 立式叶片硅藻土过滤机:

i 结构: 叶片均为不锈钢筛网制作,筛孔40～120μm,可以装在垂直罐(图4-1-4)或水平罐中(图4-1-5)。对于流量较小者(<25m^3/h),一般设置在垂直罐中,以减少设备费用。对于50m^3/h以上流量者,总是采用水平罐。过滤面积6～34m^2,过滤速度600～1000L/(m^2·h)。这种过滤机有两种构型:可前后移动的机壳及固定的机头和叶片;可前后移动的机头和叶片及固定的机壳。

过滤完毕,用水清洗,然后用80～90℃热水杀菌15～20min,每周用60～70℃ 1%～2%的NaOH循环清洗20～30min,再用热水灭菌。

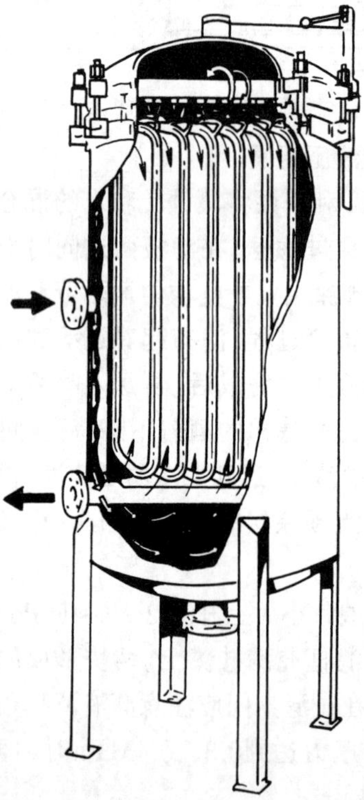

图 4-1-4 垂直罐立式叶片硅藻土过滤机

ii 优缺点:

优点: 容易实现自动化控制;立式叶片可以使硅藻土在叶片两面沉积,过滤效果高,过滤机的容积相对较小,利用顶部冲洗喷管,可以用湿法

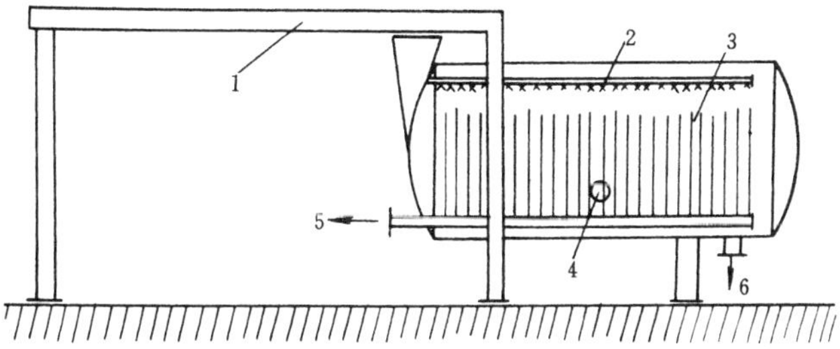

图 4－1－5　水平罐立式叶片硅藻土过滤机

1—机头和叶片能向前移动的拖引滑架　2—摆动喷水管　3—过滤叶片
4—啤酒进口　5—滤清啤酒出口　6—滤渣出口

清除叶片上的滤饼，喷管可以在静止的叶片上往复运动，或者叶片运动，经过静止的喷管。

缺点：不打开机壳，难以清除滤饼；由于叶片垂直，滤床的稳定性不如板框式和水平式叶片过滤机，后两种的滤饼较易附着在载体上，因此，垂直式叶片过滤机应采取措施，避免压力波动。

②水平式叶片硅藻土过滤机(图 4－1－6)：

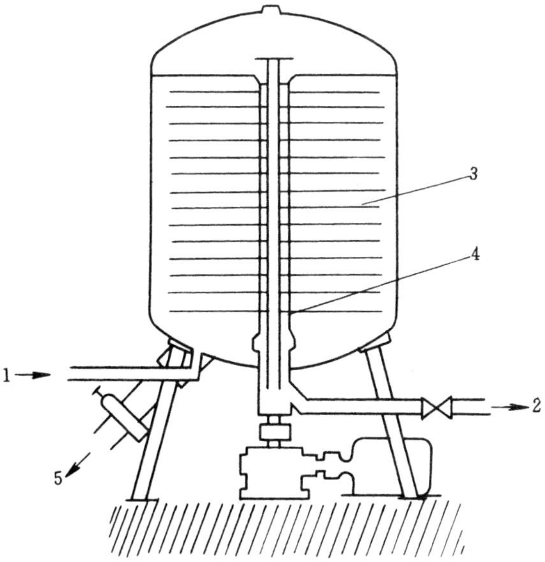

图 4－1－6　水平式叶片硅藻土过滤机

1—啤酒入口　2—滤清啤酒出口　3—过滤叶片　4—空心轴　5—滤泥排出口

i 结构：有两种构型：

一种是具有圆形的叶片，叶片装在中心轴上，安装在立型罐内。卸除滤饼的方法是先冲少量定量的水，将滤饼抬起，然后让叶片与中心轴一起转动，将滤饼摔出，在罐内加压，滤泥可像牙膏状挤出。

另一种是将叶片装在水平罐内，卸除硅藻土滤泥时，将罐内的叶片转动到垂直面，或将机壳转动90°，然后反冲洗。

ii 生产能力与操作：水平式叶片硅藻土过滤机的过滤面积20～100m^2。过滤开始，先做硅藻土预涂层(1kg/m^2)，过滤速度600～1000L/(m^2·h)，每过滤6～7h，压出滤泥1次。每次过滤结束，先通入二氧化碳(压力0.6MPa)，将硅藻土滤泥压干，回收啤酒。然后打开浮阀，送入定量的水，并使水平叶片旋转(200～350r/min)，借离心力使橡胶垫料密封圈向外扩张，这样就从切线方向进水，叶片上部的滤泥因离心力而抛向四壁，落于底部。加压使滤泥从底部挤出。滤泥含水分80%，挤完后，加入定量无菌水清洗，最后用二氧化碳压干，再做硅藻土预涂层备用。

滤后的清洗和灭菌工作与上述立式叶片过滤机相同。

iii 优缺点：

优点：容易实现自动化控制；尽管压力波动，但叶片上的硅藻土滤层可保持稳定(压力过大时会使滤层压紧)；装有圆形叶片的垂直罐型，滤泥的卸除大都是半干的滤饼。

缺点：硅藻土只能沉积在叶片的上表面，单位机壳体积的物料通过率低；垂直罐的构型对罐上部的空间高度要求高，因为叶片有时需要卸下维修或更换新的叶片。

(3) 环式(烛式)硅藻土过滤机(Metafilter)

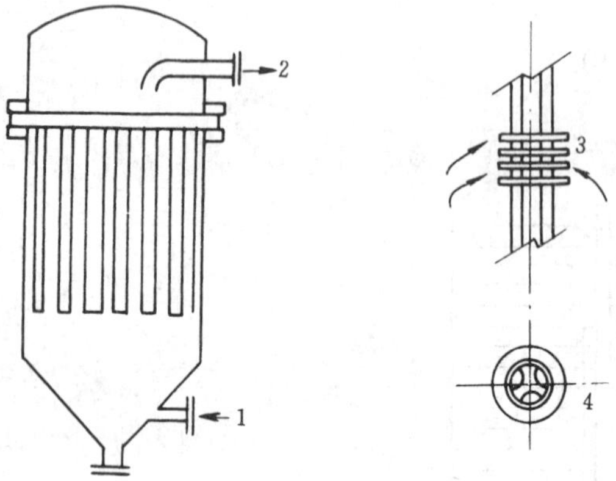

图 4-1-7 环式硅藻土过滤机

1—啤酒进口 2—滤过啤酒 3—用顶面扇形突起分隔的叠装圆环 4—圆环与开槽的中心柱

① 结构(图4-1-7)：每根烛形柱由很多不锈钢环组成(环厚0.65～0.8mm，直径22～28.6mm)，作为滤层的支承。圆环底面扁平，顶面有扇形突起，突出高度为0.075～0.100mm。圆环一个个叠装在开槽的Y形中心柱上(图4-1-8)，并且用端盖将位置固定。在环面之间沉积硅藻土，形成硅藻土架桥而起着滤器作用。环的表面要平整，以保证滤层附着均匀。

② 生产能力：烛式硅藻土过滤机生产的特点是，其过滤元件为圆柱形，随着过滤的进行而过滤面积不断增大(滤饼增厚)。例如：一直径25mm，长度1220mm，预涂层为1.5mm的烛芯，开始时其过滤面积为：$S=3.14\times28\times1220=1072(cm^2)$。随着滤饼的增厚(最多为25mm，再厚滤芯将互相接触而无法过滤)，以增厚25mm计，其过滤面积将达到：$S=3.14\times(25+25\times2)\times1220=2873(cm^2)$，为原始过滤面积的近3倍，远高于其他形式(矩形或正方形)支撑元件所能达到的数字。

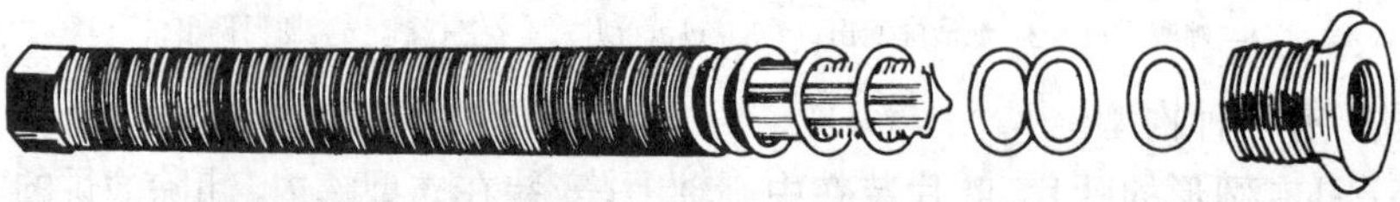

图 4-1-8 烛式硅藻土过滤机环的安装示意图

当滤饼增厚至25mm时，硅藻土及其截留的固体粒子的容积将达到：$V=\frac{3.14}{4}(75^2-25^2)\times1220=4788(cm^3)$。显然，其他形式硅藻土过滤机要达到同样滤饼容积，滤饼厚度要较烛式者增加，过滤压差要增加，过滤时间要延长。

③ 生产操作：

i 硅藻土预涂：预涂2～3mm厚，耗硅藻土量0.8～1.0kg/m^2，预涂时间15～20min。

ii 过滤完毕，排除废土时，利用空气或水，按逆流方向，剧烈反冲，压力为0.5～0.6MPa，时间10min。

iii 排土完毕，过滤机用清水冲洗，再用80～90℃热水杀菌20～30min(以反方向进入机内)，整个清洗及杀菌约需1h。每星期用60～70℃ 1%～2%NaOH进行清洗，碱水可置密闭机内，度过周末。

④ 优缺点：

优点：由于滤层铺设在刚硬的支承环上、故管路压力波动，不致于引起预涂层折裂变形；滤柱是圆形截面，过滤表面积随着滤层厚度而增加，当滤层积聚成大的外直径时，不仅外表面的硅藻土起过滤作用，在较小直径的内部也起过滤作用；在机壳内部没有任何活动部件，这对灭菌是有利的；易于实现自动化控制。

缺点：立型罐壳可能对净空高度有高的要求；因硅藻土附着在垂直的表面上，必须采用准确的控制系统，以保证不发生压力波动而引起滤床的破坏。

9. 硅藻土过滤机可采用的其他助滤剂

珍珠岩是由火山爆发的作用形成的，是密致的玻璃状岩石，经粉碎后锻烧，体积可膨胀20倍以上，其密度低达32kg/m^3，膨胀后的化学组成，类似流纹岩。

珍珠岩粉碎后，按颗粒大小分级，供作助滤剂用。它是一种惰性非晶态矿物，由钠钾的铝硅酸盐熔融产物所构成。珍珠岩不含有机物，在锻烧过程中达到灭菌。它的密度比硅藻土轻20%，用作助滤剂，对啤酒风味无影响。

(三) 板式过滤机

1917年德国首先开发了“无菌过滤纸板”，开始时，只应用于过滤水。而后，逐渐推广应用于葡萄酒和果汁生产。至于较大规模的啤酒过滤，直至1930年后，才开始应用“纸板过滤”。

1. 性能

板式过滤机(sheet filter)类似板框式过滤机，只是没有滤框，只有滤板，是滤棉过滤机的一种发展形式。板式过滤机滤酒时，将预制的纸板插在滤板之间，啤酒穿过纸滤板，沿着滤板表面的沟槽，流到啤酒出口导管。

纸滤板主要由木材纤维或棉纤维和硅藻土组成，孔径4～6μm，具有较高的渗透性。过去制作纸板均掺入一定数量的石棉，其吸附能力极强，后因石棉对人体有害，已被禁止使用。硅藻土的作用是提高滤板的渗透性能，也有一定的吸附能力。有的纸滤板中常加入一些啤酒稳定剂，如聚乙烯聚吡咯烷酮(PVPP)，在滤酒时，PVPP从酒中吸附一部分多酚物质，以提高啤酒的非生物稳定性。这种纸板滤酒后，可在常温下用0.5%的氢氧化钠溶液进行洗涤，使PVPP再生，可以重复使用。所采用的木或棉纤维，宽为30～50μm，用以形成骨架结构，便于硅藻土或其他添加物包埋。

上述纸板是已经加工了的制品，根据所采用过滤介质的可适性系数(darcies)，可以制成不同规格的纸板等级，其平均孔径为5～120μm，在质量上是有保证的，不像滤棉过滤机的滤饼那样，要现做现用，由于工人操作上的问题，很难控制滤饼的质量完全一致。

板式过滤机主要适用于精滤。要提高其过滤性能，应在过滤前，先用硅藻土过滤机或滤棉过滤机进行粗滤，或采用离心分离的办法，去除啤酒中较大的颗粒物质和酵母，再用板式过滤机精滤，可以达到很好的效果。也可采用两段的板式过滤机，第1段用的纸板孔隙大，作粗滤；第2段用的纸板孔隙小，作精滤。但纸板较硅藻土昂贵，所以多用硅藻土过滤机作粗滤。

板式过滤机只在换新纸板时才拆卸机台，纸板的寿命一般为100hl/m^2左右，视粗滤质量如何而变动。如果在滤酒前，纸板上预涂一层硅藻土，可以延长纸板使用寿命。纸板过滤机因纸板孔径上，预涂硅藻土不需循环管路，因系精滤，滤酒中也不需另加硅藻土。

典型的板式过滤机，滤板面积为60×60cm^2，过滤机的两端，每端具有滤板240块，其生产能力为160hl/h。此外也有滤板面积为80cm×80cm或100cm×100cm的板式过滤机。

板式过滤机的滤板均用不锈钢制作。

2. 操作

(1) 安装纸板。

(2) 小心压水经过滤板，驱逐空气。

(3) 用80～90℃热水杀菌20min或用蒸汽灭菌，杀菌后，冷却至与酒同温，方可滤酒。

(4) 过滤过程中阻力不断增大，当过滤完毕时，过滤压差应不超过0.13MPa。

(5) 过滤啤酒时，要适当施以反压，以防二氧化碳在板内膨胀，破坏纸板的强度。

(6) 滤酒完毕，用50～60℃水反冲洗，如采用硅藻土预涂，则先开机，排废土后再关机进行清洗。

(7) 纸板经80～90℃热水杀菌15～20min后，可重复使用。

板式过滤机的过滤效果，包括筛分、深层效应和吸附三方面的作用，因此，其过滤效果是比较好的。

表 4-1-7 滤酒与啤酒质量综合表

变化内容	变化原因及幅度
1. 色泽	部分色素物质、多酚物质被过滤介质所吸附，色度降低0.5～1.0EBC色度单位，色泽愈深的酒，降低幅度愈大
2. pH值	过滤棉经硬水洗涤后，往往附有多量的碳酸钙，啤酒过滤时，溶于酒内，使酒的pH值升高，一般酒头的pH值变化较大，过滤一定数量后，即逐渐恢复正常
3. 泡沫稳定性	受两方面作用的影响，过滤后泡沫变好变坏，要看这两方面作用的结果： (1) 将降低泡持性的混浊物质除去，可以改善泡沫稳定性 (2) 将泡沫物质吸附掉，则使泡沫稳定性变坏
4. 苦味物质	啤酒的苦味物质经过滤后，损失为0.5～1.5EBC单位，视过滤介质的具体情况而定
5. 粘度	由于过滤介质对胶体物质的吸附作用，啤酒粘度有所降低，过滤开始时，啤酒粘度降低幅度较大，其平均粘度降低值为(0.01～0.02)×10^{-3}Pa·s
6. 蛋白质含量	用硅藻土过滤，蛋白质含量平均降低约为4%
7. CO_2含量	由于压力和温度的变化，管路和过滤介质的阻力，二氧化碳降低值约为0.02%
8. 含氧量	啤酒经过滤后，一般其含氧量要增加，增加幅度则视过滤的处理方法而变化很大

三、滤酒与啤酒质量

由于过滤介质的吸附作用和其他方面的影响，啤酒经过滤后，其成分和性能微有变化，如表4－1－7所示。

四、啤酒过滤控制要点

重点控制以下几个方面:

(1) 压力差;

(2) 过滤前后啤酒的混浊度;

(3) 菌含量(特别对无菌过滤要求而言);

(4) 生物和非生物稳定性的试验;

(5) 啤酒损失;

(6) 二氧化碳含量的降低值;

(7) 含氧量的升高值;

(8) 助滤剂对风味影响的试验。

第二节　啤酒离心分离

一、离心分离的原理

离心分离机是由高速旋转的容器所构成。在这个容器内，利用离心力将固体粒子从液体中分离出来。可以说，离心分离实质上是变革的沉降方法。

通常，自然沉降的速度可用下式表示:

$$v_s = \frac{d^2 \cdot \Delta\rho \cdot W}{18\eta} \tag{1}$$

式中　v_s——自然沉降速度(m/s)

W——重力(N)

d——固体粒子直径(m)

η——粘度(Pa·s)

$\Delta\rho$——固液相对密度差

离心机的沉降速度用下式表示:

$$v_c = \frac{d^2 \cdot \Delta\rho \cdot r \cdot \omega^2}{18\eta} \tag{2}$$

式中　v_c——离心分离速度(m/s)

r——离心机半径(m)

ω——角速度(1/s)

从(1)式与(2)式比较，如果采用离心机代替自然沉降，则(1)式中的W将被(2)式中的$r \cdot \omega^2$所取代。两者的比值$(r \cdot \omega^2/W)$为4000～6000，不难看出，采用离心机分离固液相的速度远远高于自然沉降的分离速度。

二、啤酒离心机及其分离过程

啤酒离心机多采用锥形盘式的自开式离心分离机(图4－1－9)，转速7000r/min左右。该机的主要部件是机内有许多层用不锈钢制的锥形盘，盘的间距约为0.5mm，根据被分离物料中的固体粒子含量和颗粒大小不同，间距可以增减。每一间距形成各自的离心空间，其分离过程如下：利用泵压(0.3MPa左右)将啤酒从机身顶管送入转鼓，通过锥形盘表面，将液体分割成许多细小支流，利用较大的离心力，在锥形盘间隙之间向上流去，(图4－1－10)，直到中心顶部出口。固体粒子沿锥形盘边缘向下移动到转鼓壁部的泥浆集结室，这时啤酒已呈现澄清。待沉渣达一定量时，进料口自动封闭，转鼓自动开启，排出沉渣。为了减少啤酒损失，应在沉渣较干的情况下进行排渣。如果二次排渣时间相隔过长，转鼓内的沉渣就会上升溢出，已离心分离的啤酒内的酵母数就会急剧上升。反之，排渣时间相隔太短，沉渣内的啤酒含量就会增加，使啤酒损失增高。排渣时间可采用浊度计，监视啤酒的浊度进行控制，在调定的控制点开始排放沉渣。

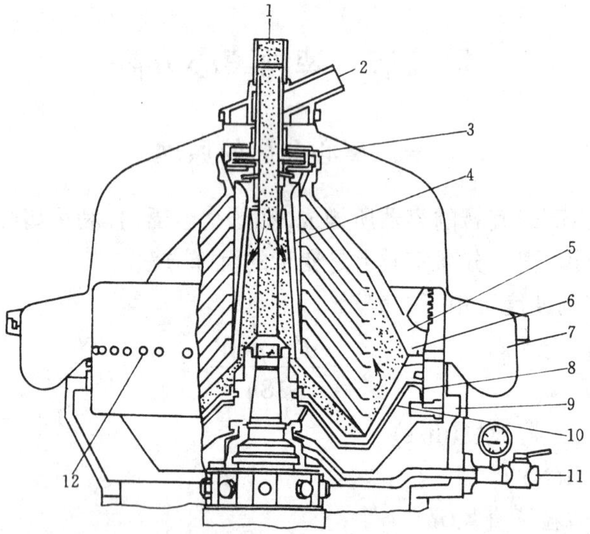

图 4－1－9　锥形盘式啤酒离心分离机

1—成熟啤酒　2—滤清啤酒　3—瓣式离心泵　4—分配器
5—沉淀部位处凝集的固体物　6—离心转筒密闭圈　7—沉渣收集器　8—滑动活塞片
9—运转时放水喷嘴　10—运转时用水室　11—运转水进口　12—固体物排出口

三、使用啤酒离心机应注意的问题

(1) 离心机在安装时，应为1台1个基础，以免发生在工作时的共震现象。

(2) 在启动开始时，应先走水，保持转鼓贮满水，待达到全速时，开始进料，并把水关闭。

(3) 运转过程中,全系统应密闭,啤酒出口施反压,以保证二氧化碳不致损失。

(4) 澄清良好的啤酒可以快速离心,接近贮酒罐底较混浊的酒,则应减低分离速度,以保证啤酒的澄清度。

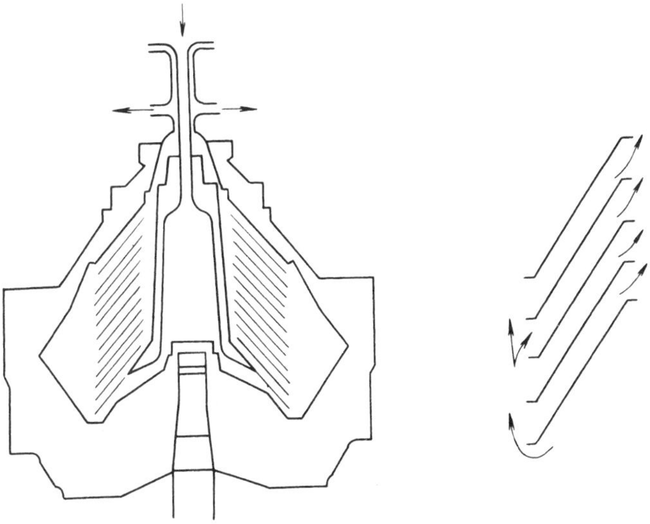

图 4－1－10　啤酒离心机的运转示意图

四、离心机的优缺点

优点:

(1) 离心分离机转鼓体积小,啤酒损失减少。

(2) 无酒、水混合的问题。

(3) 不易污染。

(4) 劳动力省,管理方便。

缺点:

(1) 价格高。

(2) 操作时,由于转鼓和空气摩擦生热,酒温稍许升高(0.5～3.0℃),会使已析出的部分啤酒混浊物质再度溶解,降低了啤酒的非生物稳定性。如果离心机的转动部分能抽真空,可以减少空气摩擦的升温现象。

(3) 有吸入空气的危险性,采用密闭式离心分离机可以减少这种可能性。

第三节　各种啤酒澄清设备的特点及其组合使用

一、各种啤酒澄清设备的特点及生产能力

各种啤酒澄清设备的特点及生产能力综合如表4－1－8所示。

表 4-1-8 啤酒澄清设备的特点及生产能力

设备名称	特点	生产能力
1. 滤棉过滤机	过滤质量好，具有筛分、深层效应和吸附三重效用。但费工费时，不易实现自动控制，劳动强度大。可用作粗滤、精滤或单一使用，既作粗滤，又作精滤用	5hl/(m^2·h)，停机压差要求为0.15MPa
2. 硅藻土过滤机	除具有一定的吸附能力外，其最大特点是能改善滤床的透性，适应各种混浊度啤酒的过滤，始终保持快速过滤。但处理啤酒的澄清度不如滤棉过滤机，可用作粗滤，对生物和非生物稳定性要求不高的啤酒也可单独使用	粗滤:4～5hl/(m^2·h) 单独使用:3～3.5hl/(m^2·h) 硅藻土细粒与粗粒混合比例:1∶1～1.5∶1
3. 板式过滤机	过滤质量高，具有筛分、深层效应和吸附三重效用。但易堵塞，宜作精滤机，滤前先用其他设备进行粗滤	在具有良好粗滤条件下的生产能力为:1～1.7hl/(m^2·h)，平均1.2 hl/(m^2·h)
4. 离心分离机	经此法处理的酒澄清度比较差，易产生冷混浊，可作为粗滤用，对非生物稳定性要求不高的啤酒也可单独使用。采用此法完全免去了过滤介质的预处理和回收问题，酒的损失少，不易污染	作为粗分离的生产能力:100～200hl/h 单独使用的生产能力:60hl/h

二、各种啤酒澄清设备的组合使用

根据啤酒在贮酒期的澄清情况和对啤酒澄清度的需要，可采取下列组合方式:

组合方式	粗　滤	精　滤
组合1	滤棉过滤机	滤棉过滤机
组合2	硅藻土过滤机	滤棉过滤机
组合3	离心分离机	滤棉过滤机
组合4	滤棉过滤机	板式过滤机
组合5	硅藻土过滤机	板式过滤机
组合6	离心分离机	板式过滤机

对于非生物稳定性要求不高的啤酒，可以单独采用硅藻土过滤机进行过滤。

对澄清度要求极高的啤酒，如果经粗滤和精滤后，仍残存极少的微细粒子，最后可采取一道孔径合适的薄膜滤芯(membrane cartridge)滤除之。有关薄膜滤芯的情况将在第四节中叙述。

第四节 无菌过滤

一、概　述

在啤酒生产过程中，啤酒的最后一道过滤非常重要。它关系着啤酒的生物稳定性、非生物稳定性以及外观和口感等。传统制取高度生物稳定性的啤酒都是采取巴氏杀菌的办法，但经过巴氏杀菌，啤酒将丧失其新鲜的口感。因此，消费者更倾向于饮用口感新鲜又澄清透明的冷过滤纯生啤酒，这种倾向将会愈来愈明显。

过去制作生啤酒多采用硅藻土粗滤和纸板精滤相结合的办法，但仍难达到较长时间的生物稳定性。硅藻土过滤和纸板过滤都是利用其深层过滤效应、吸附作用以及其较小的渗透空间。硅藻土过滤的渗透空间较纸板过滤大，适合作粗滤，滤除绝大部分较大的固体粒子(包括酵母菌)。在此前提下，纸板过滤则利用其较小的渗透空间，可以滤除绝大部分微细粒子(包括残余的酵母菌和一些污染微生物)，使啤酒的生物稳定性相应提高。纸板虽有各种孔径规格，但纸板过滤非绝对级过滤*(absolute rated filtration)，在其吸附能力达到饱和或受压力冲击时，仍避免不了有少许微粒渗透过去，难达无菌状态。

60年代后，国际上常采用以醋酸纤维(cellulose acetate)薄膜过滤的办法，作为最后一道过滤，滤除这些微粒。但其生产能力受到限制，价格昂贵，应用不普遍。

80年代后，欧美国家开始以尼龙66(nylon 66)制作的薄膜滤芯，用以截留精滤后的微粒子。对啤酒来说，通过选择绝对过滤值为0.45 μm孔径的薄膜，可以滤除酵母菌和污染微生物，基本上达到无菌状态，同时不影响啤酒风味，但过滤费用是比较高的。

80年代后期，已有多种滤材制作的多种形式和多种功能的薄膜滤芯(membrane cartridge)和深层滤芯(deep cartridge)问世，加上在线薄膜完整性检测手段，使无菌过滤(Sterile filtration)变为现实。

二、滤芯的分类

滤芯(cartridge)有薄膜滤芯和深层滤芯。

1. 薄膜滤芯

(1) 性能　薄膜过滤是两相空间操作，过滤只穿过一个膜平面，就能像筛子一样筛除直径比膜孔径大的微粒。此类滤材的孔径自上而下都是均一的，其滤除效率可以达到接近绝对级过滤(>99.99%)。某些滤材经过特殊处理，还可制成带正电的滤膜，增强了对污染微生物的吸附作用，过滤效率更趋完善。

薄膜过滤在过滤初期，压差较低，而后孔径受阻，压差上升很快，流速降低。此类滤芯适合作无菌过滤的最后一道过滤用。

1.2 μm孔径的薄膜能滤除酵母菌，而很多细菌则需孔径0.8、0.6 μm的薄膜，甚至更小一些孔径的薄膜将它滤除。采用0.8 μm薄膜过滤啤酒，虽具有很好的生物稳定性，但达不到无菌程度。

微孔薄膜的孔隙率(过滤面积)高达70%～80%，其孔径均匀度如下所示：

微孔孔径/μm	均匀度/± μm
3	0.9
1	0.1
0.8	0.05
0.45	0.02

(2) 材质　应用于薄膜滤芯的材质很多，有亲水性的尼龙66(nylom 66)薄膜；疏水性

* 绝对级过滤又称绝对精密度过滤，系指100%滤除标示精度之颗粒。

的聚四氟乙烯(poly tetra fluoroethy lene)薄膜;纯聚丙烯(poly propy lene)薄膜;亲水性的聚偏二氟乙烯(poly vinyliolene fluoride)薄膜;纤维质(cellulose)薄膜;陶瓷薄膜(硅酸铝)薄膜以及玻璃纤维薄膜等,可制成各型孔径规格,供不同工业的不同用途选用。具体用于啤酒工业的多为尼龙66、聚偏二氟乙烯、陶瓷、聚丙烯和纤维质薄膜。

薄膜滤芯成型的剖面图如图4-1-11所示。

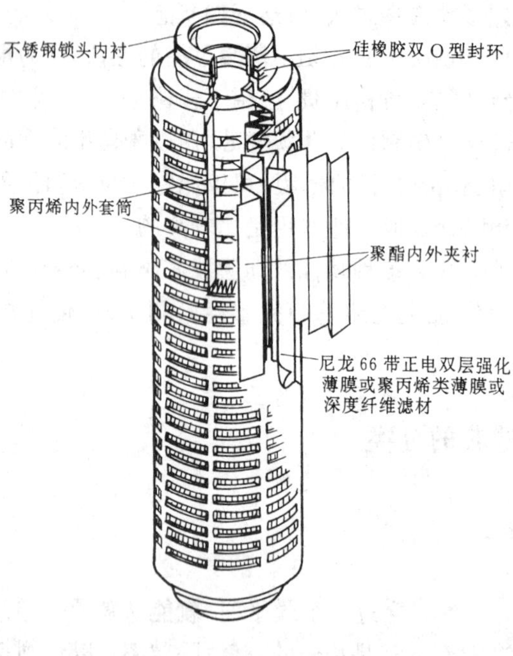

图 4-1-11 成型薄膜滤芯剖面图

2. 深层滤芯(depth cartridge)

(1) 性能 所谓深层滤芯是指杂质颗粒不仅仅受阻于滤材表面,且被捕捉于滤材的深层之中。因此,其杂质捕捉量远大于薄膜滤芯,其寿命也较薄膜滤芯为长。深层滤芯过滤时压差上升较慢,流速也可维持较长时间不变,因此适用于无菌过滤中的预过滤(精滤)。

(2) 材质 制作深层滤芯多用纤维质滤材,由木质纤维、硅藻土(或珍珠岩)以蜜胺树脂(melamine)固着成型,经特殊处理也可使之带正电,便于捕捉污染微生物和胶体物质等。此类滤芯根据选用纤维之粗细和成型时间之长短,可以制成孔径从0.1 μm至10 μm的多种规格系列供使用。深层滤芯具备机械过滤和静电吸附双重作用,其吸附效率根据滤液的流速、pH、浓度、杂质大小和负荷量而变化,应根据使用条件及灭菌操作的要求选择使用,既可作粗滤,又可作精滤用。

深层滤芯成型的剖面如图4-1-12所示

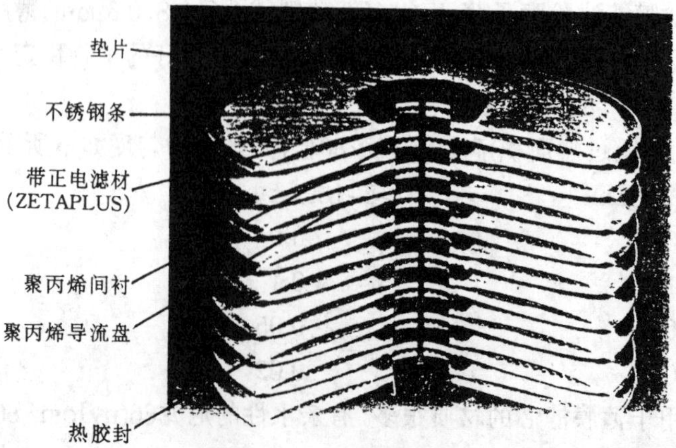

图 4-1-12 成型深层滤芯剖面图

三、用于无菌过滤滤芯应具备的条件

(1) 具有接近于绝对除菌效果的薄膜滤芯。
(2) 无影响产品风味的释出物。
(3) 耐受121℃重复蒸汽杀菌和85℃热水杀菌。
(4) 滤芯的组成成分需完全符合FDA的卫生标准。
(5) 能够逆流再生,重复使用。
(6) 相对而言,流量大,压差小。
(7) 薄膜滤芯可以做完整性测试(interity test),检查滤膜是否完整无破漏。

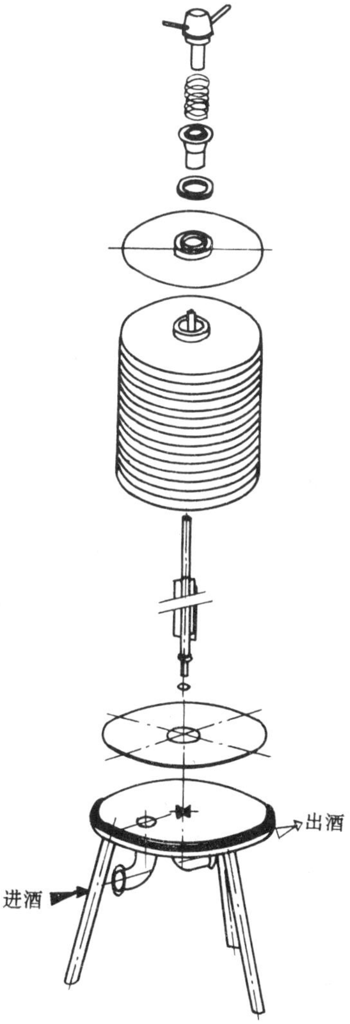

图 4-1-13 滤芯安装示意图

图 4-1-14 安装后的深层滤芯及滤筒

四、滤芯的安装

各种滤芯均安装于规格与之相适应的立式密封滤筒内。此项滤筒系由316不锈钢制作，筒的内外均经处理，包括电子抛光，达到卫生级设计，无死角，保证滤液流通顺畅；密封严密，耐背压，能承受过滤的流速和压降；耐蒸汽和热水杀菌；容易装卸；根据啤酒产量决定滤芯安装数量，可以一筒装一芯或多芯。滤筒及滤芯的安装如图4－1－13和图4－1－14所示。

五、无菌过滤的生产流程

无菌过滤在滤芯过滤前必须增加一道粗滤和精滤，滤除酒液中的绝大多数大、小微粒和污染微生物、胶体物质等，这样才能保证最后滤芯过滤的生产能力和使用寿命。目前欧美国家已有多种滤材和多种规格的滤芯可供采用，如美国的Cumo公司，Pall公司，millipore公司，德国的Gelman公司，美国的Domnick Hunter公司等所提供的滤芯可用于酒液、水、空气、二氧化碳的无菌过滤。

根据滤芯性能，生啤酒的过滤可采用多种组合方式，如：

组合方式	粗 滤	精 滤	无菌过滤
1	硅藻土过滤	纸板过滤	薄膜滤芯过滤
2	硅藻土过滤	深层滤芯过滤	薄膜滤芯过滤
3	硅藻土过滤	深层滤芯过滤	深层滤芯过滤

粗滤后的酵母菌应降低至100个/100ml以下；

精滤后应达到酵母菌数基本为零，污染菌去除率达50％以上；

最后一道过滤，采用薄膜滤芯或深层滤芯，均应达到酵母菌数为零，污染菌去除率达99.9％以上。

以上工艺流程示例如图4－1－15所示。

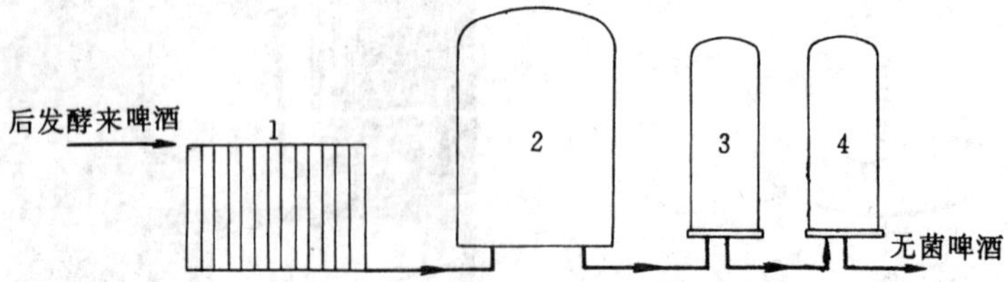

图 4－1－15 无菌过滤的工艺流程图

1—硅藻土过滤机 2—缓冲罐 3—深层滤芯过滤机 4—薄膜滤芯过滤机

六、滤芯过滤的操作及灭菌

(1) 滤芯过滤系统组装完毕后，先用已通过0.45μm孔径薄膜的无菌水冲洗20min，以防滤孔堵塞。

(2) 冲洗后，以无菌二氧化碳顶出过滤系统中的水，进行完整性测试，如有破漏，需重新组装。

(3) 滤筒内以二氧化碳背压，将啤酒输入滤筒。滤筒内的二氧化碳压力应不低于二氧化碳在啤酒中的饱和压力。

(4) 滤酒时，进酒和出酒的压差保持在5kPa左右。

(5) 滤酒完毕，以二氧化碳将此滤酒系统内残存的酒顶出，进入缓冲罐或直接进入灌装设备。

(6) 用65℃热水冲洗此过滤系统。

(7) 滤芯的情况，需根据啤酒的可滤性在规定的时间内清洗。

(8) 用85℃热水进行杀菌。

(9) 杀菌后用无菌冷水淋洗，使温度降低，以便进行滤芯的完整性测试。

(10) 将所有此系统内的水排除干净。

(11) 滤芯进行完整性测试，确定是否可继续使用。

(12) 以二氧化碳冲洗所有此系统及管路，然后以二氧化碳背压备用。

所有以上操作过程均需符合滤芯规定之要求，包括正确掌握淋洗、清洗、灭菌各项温度;清洗用水和二氧化碳均需先经无菌处理。

第五节　错流微过滤

一、概　　述

错流微过滤技术(简称错流技术或微过滤技术，cross－flow　microfiltration，简称CMF)是90年代正在开发的新技术。它的成功将使啤酒过滤不再依靠助滤剂，可以使整个啤酒一次过滤完成，不必再从酵母中回收啤酒，而且可以使滤过的啤酒达到无菌状态，不需巴氏灭菌。

目前，几乎全世界的啤酒，一直都采用硅藻土过滤，其耗量为1.3～1.4kg/t啤酒。生产1000万吨啤酒，将消耗130000～140000t硅藻土，并产生大量废土有待处理。随着世界啤酒产量日益增长，硅藻土资源日益枯竭，啤酒酿造界不得不考虑另寻其他助滤剂或不使用助滤剂的滤酒方法。错流过滤就是在这种背景下，于80年代末开始进行研制和开发的。目前此项技术还只限用于酵母啤酒(barm beer)的回收，啤酒过滤已进行到中、小型规模试验，还存在着容易产生积垢、堵塞薄膜滤孔及生产费用昂贵等问题有待解决。此项技术也将扩展其应用范围于麦汁过滤和从回旋沉淀槽回收麦汁等方面的开发。

微过滤技术的应用，不仅具有改善啤酒过滤质量、减少啤酒损失和减少环境污染的巨大潜力，并且还是促进啤酒生产连续化的一个重要组成部分。

二、错流薄膜微过滤技术的理论

传统的过滤技术是静态的，在过滤过程中，由于滤液中的固形物不断沉积，滤层厚度愈来愈厚，过滤压差愈来愈大，以致最后压差增大至无法过滤。错流过滤是动态的(图4－1－

16),滤液以切线方向流经滤膜,未滤液和已滤液的流向是垂直的。由于未滤液高流速形成湍流的摩擦力,可以将附在滤膜上少量沉积物带走,不致堵塞滤孔,未滤液中的固形物则不断增长。此未滤液经过不断回流(图4－1－17),固形物浓度不断增长,最后达到固、液分离。由于靠近器壁流体的拖拉作用,流速减慢,在实践中仍会有薄的沉积物形成在滤膜的表面上,此与过滤物质的粘度和错流速度有关,利用定时逆流,就可解决此问题而不致堵塞滤孔。

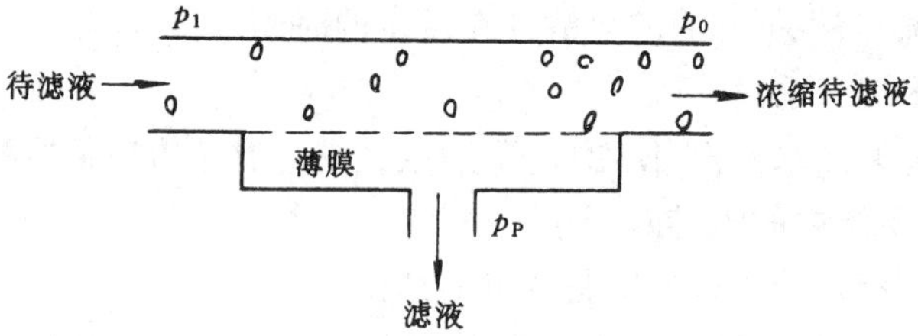

图 4－1－16　错流过滤示意图

p_1—待滤液进口的压力　p_0—浓缩待滤液的压力　p_p—滤液的压力

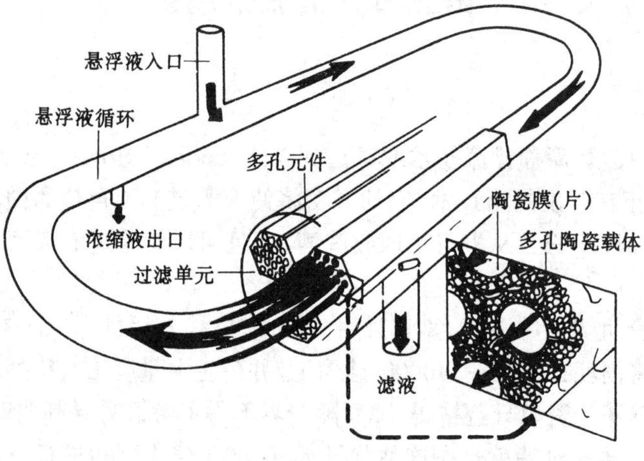

图 4－1－17　错流过滤滤液循环浓缩图

三、错流过滤回收酵母啤酒的应用

啤酒过滤后,发酵罐残留的酵母量,除部分回收用作种酵母用外,剩余的酵母液占啤酒总量的1%～2%,其中大部分为啤酒,固形物(酵母及蛋白质沉淀等)仅占10%～12%。过去,多采用酵母压榨机或离心机回收这部分啤酒,质量很差,不适饮用;或者弃置不用,增加了污水处理的负担。如果采用错流过滤技术,则可将这部分酒保质保量地从酵母中回收回来,少量掺入正常酒内出售,并不影响质量。此技术国外啤酒厂早已采用,国内有的啤酒厂也引进了此项技术,取得了良好的效果。今就国内外的应用情况简述如下。

(一) 滤膜材质与滤柱的结构

1. 滤膜材质

目前，错流过滤倾向于采用陶瓷($\alpha-Al_2O_3$)滤膜，它具有以下特点：

(1) 滤膜及其支撑物均由陶瓷制作，具有高机械强度，经久耐用。

(2) 耐啤酒厂常用的酸、碱及化学物品的腐蚀。

(3) 耐高温，可用热水或蒸汽灭菌。

(4) 耐压力突变。

(5) 易于逆流清洗。

2. 滤柱结构

错流过滤的主体设备是陶瓷滤柱，其横断面为六角形(图4-1-18)，沿其轴向排列19个直径为6mm的孔道(孔道多少和直径大小可根据需要选择)，孔道长度850mm，由多孔陶瓷载体支撑。陶瓷薄膜的微孔直径为0.45～1.3μm，可根据需要选择。孔道的直径与滤液的流速和压降有关，而压降又与滤液粘度有关，高的压降，降低流速，又会造成滤孔积垢增加，过滤液减少。因此，为了降低粘度，酵母液浓度以控制在10%～12%为宜。孔道直径以选用6mm或6mm以上者为适宜，过小的孔道直径会降低湍流，增大压降，造成积垢的堆积。柱体一般分为多段，进行逐段分离，分离后的固形物可达16%～20%。错流过滤全部运行过程，由电脑程序控制，可以自动排除故障，做到安全生产。

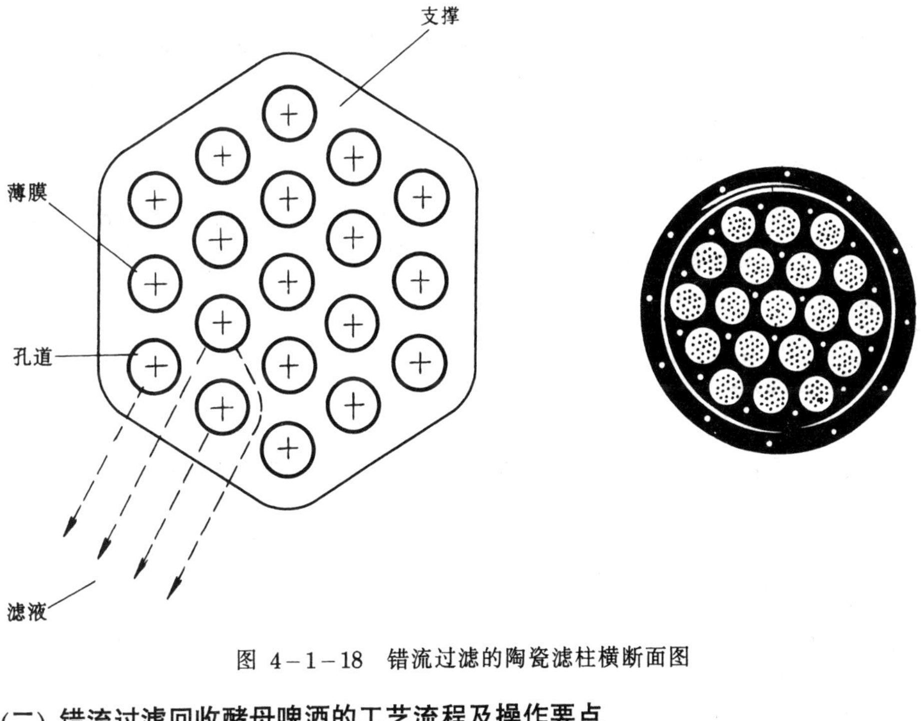

图 4-1-18　错流过滤的陶瓷滤柱横断面图

(二) 错流过滤回收酵母啤酒的工艺流程及操作要点

1. 工艺流程(图4-1-19)

2. 操作要点

(1) 用酵母泵将酵母液送入酵母罐，并回流30min，使其混合均匀。

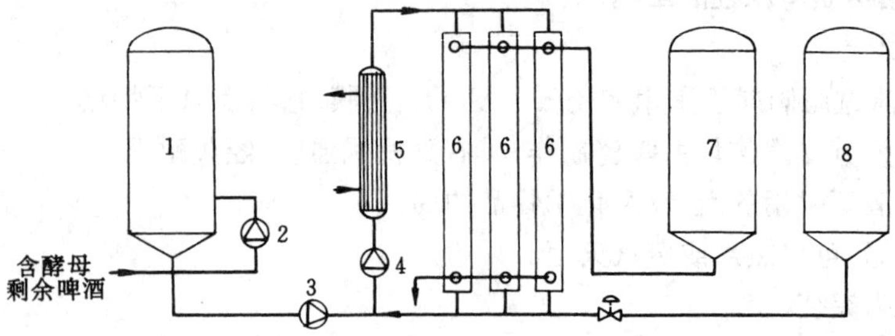

图 4－1－19　错流过滤回收酵母啤酒工艺流程图

1—酵母罐　2—回流泵　3—供料泵　4—浓缩液回流泵
5—循环浓缩液冷却　6—陶瓷薄膜装置　7—滤液罐　8—浓缩液罐

(2) 以供料泵将酵母液送入错流过滤系统，并由冷却夹套控制酵母液的温度，使达与流速相适应的最佳粘度。

(3) 由滤液循环泵完成酵母液在滤柱内的循环，并保证酵母液通过滤柱的流速达到理想的流速3～5m/s。

(4) 待流量达到预期值，各段滤柱压力及流量达到稳定时，开始正常过滤；回收的啤酒和浓缩的酵母分别汇集于啤酒贮罐和酵母贮罐内。

(5) 滤柱每段都有节流阀，自动调节开启大小，以保证流出酒液稳定及滤柱内的压力稳定。

(6) 废酵母泵及酵母排出阀，由压力控制，当排出口压力达0.2MPa时，排出阀和泵自动开放，排出浓缩酵母，然后自动关闭，整个过滤系统处在一个稳定的压力状态下。

(7) 每次过滤完毕后，自行清洗。

(三) 自动清洗和灭菌

自动清洗分普通清洗和化学清洗两种，每次滤前滤后都需进行普通清洗；过滤1周后进行1次化学清洗，以保证整个滤酒过程的无菌要求。

1. 普通清洗

普通清洗包括：

(1) 水洗　10min；

(2) 反冲洗　10min；

(3) 热水洗(要求逐步升温：常温⟶45℃⟶65℃⟶85℃)　10min；

(4) 杀菌(85℃热水)　20min；

(5) 降温　10min；

(6) 二氧化碳排空。

2. 化学清洗

化学清洗包括：

(1) 水洗　10min；

(2) 反冲洗　10min；

(3) 热水洗(要求同上)　10min；

(4) 热碱水(3％NaOH，85℃)　20min；

(5) 热碱水反洗　20min;
(6) 降温到30℃　10min;
(7) 酸洗(1%HNO_3溶液)　20min;
(8) 顶水　10min;
(9) 二氧化碳排空。

(四) 啤酒回收率

啤酒回收率可以下式表示之:

$$啤酒回收率(\%)=\frac{w_c-w_f}{w_c-w_p}\times 100$$

式中　w_c——浓缩液中总干物质含量(%)
w_f——酵母液中总干物质含量(%)
w_p——回收啤酒中总干物质含量(%)
（以上）包括可溶性及不溶性物质

举例: 待滤酵母液中总干物质含量为11%,浓缩液中总干物质含量为20%,回收啤酒中总干物质含量为3%,则:

$$啤酒回收率(\%)=\frac{20-11}{20-3}\times 100=53\%$$

在回收啤酒浓度不变的情况下,酵母液的浓度愈低,啤酒的回收率相对愈高。

(五) 回收啤酒的质量

为保证回收啤酒的质量,回收酵母应低温存放,尽可能随回收,随过滤。微过滤时应在低温下(10℃以下)进行。

回收啤酒的主要特性并未降低,远较离心机或酵母压榨机处理者好,如表 4-1-9所示。

表 4-1-9　回收啤酒质量分析

质量参数	常规过滤啤酒	回收啤酒(CHF)	离心回收啤酒
原麦汁浓度/°P	11.2	10.9	11.6
真正浓度/°P	3.4	2.9	3.7
酒精含量/%(体积分数)	5.1	5.2	5.2
色度/EBC单位	7.4	7.8	10.5
pH值	4.23	4.55	4.62
苦味质/EBC单位	24.4	19.6	29.6
浊度/EBC单位	0.4	0.2	1.5
酵母数/(细胞/100ml)	<5	0	>10

错流过滤啤酒中无酵母菌,不需再经巴氏灭菌。不摄氧,浓度稍有降低,主要是某些大分子物质被滤除了,包括部分β-葡聚糖,粘度有所降低。经品尝略有酵母味(含辛酸较高),泡沫稍受影响,可能系酵母自溶所致,但pH值无大的变化,说明酵母细胞在微过滤中未承受大的机械损伤,酵母自溶现象不明显。一些主要风味物质成分与原啤酒和掺兑啤酒(原啤酒中掺兑2.5%的回收啤酒)的对比情况如表4-1-10所示。

表 4-1-10 回收啤酒的风味物质成分表 单位: mg/L

成　分	味阈值	回收啤酒	原啤酒	掺兑啤酒(掺兑2.5%)
乙酸乙酯	40.0	24.5	14.7	10.5
乙酸异戊酯	6.0	2.43	4.41	4.13
乙酸苯乙酯	0.6	0.11	0.27	0.40
己酸乙酯	1.0	0.31	0.48	0.43
辛酸乙酯	0.5	0.38	0.38	0.32
异丁醇	25.0	11.3	15.4	14.6
异戊醇	90.0	56.5	79.2	71.8
β-苯乙醇	40.0	41.2	35.0	37.0
辛　酸	8.0	12.2	3.6	4.1

(六) 掺兑量和掺兑时间

回收啤酒可根据质量分析,以适当比例(2.5%～10%)掺于正常啤酒中,经硅藻土过滤后包装出售,对啤酒质量无何影响。

掺兑时间以贮酒后过滤前掺兑,或于贮酒时掺兑比较合适。

(七) 错流过滤回收啤酒的优越性

(1) 回收啤酒的质量较压榨法或离心法高(浊度<0.3EBC单位;不含酵母,不摄氧;无污染),可不经处理,直接掺兑正常啤酒中。

(2) 啤酒损失明显降低,经济效益显著。

(3) 排污量降低,减少了工厂污水处理费用。

(4) 自动化程度高,操作方便可靠。

(5) 扩建只需增装一套微过滤设备,不需改动其他设备。

(6) 根据国内外工厂的实践,2年内投资即可全部偿还。

第二章 啤 酒 包 装

啤酒包装是啤酒生产的最后一道工序，对啤酒质量和外观有直接影响。

啤酒包装是根据市场需要而选择包装形式的，一般当地产销啤酒以瓶装、罐装或桶装的鲜啤酒(不经巴氏灭菌)为主;而外销或出口啤酒则多采用瓶装或罐装的杀菌啤酒。

啤酒在包装过程中应做到以下要求:

(1) 严格的无菌要求，包装后的啤酒应符合卫生标准。

(2) 在包装过程中应尽量减少二氧化碳损失，以保证啤酒口味和泡沫性能。

(3) 在包装过程中应尽量避免与空气接触，防止因氧化作用而影响啤酒的风味稳定性和非生物稳定性。

第一节 瓶 装 啤 酒

一、瓶装啤酒包装工序的生产流程

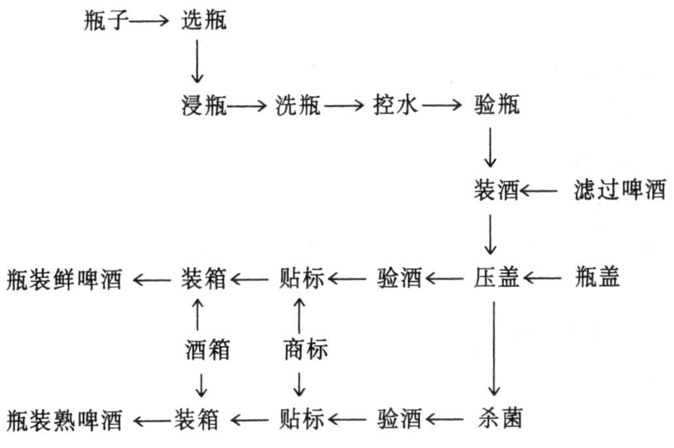

二、瓶 子 处 理

1. 新瓶

新瓶本身是灭菌的，如未经其他污染，则不需碱水浸渍，只经高压水冲洗后，即可使用。

2. 回收瓶

回收瓶均有不同程度的沾污，需经过选择，分别存放使用。选择合格的瓶，使用时，需经浸瓶和洗瓶，浸瓶碱液浓度视瓶子污秽程度进行调整，以达到洁净无菌。

凡拣出的油瓶、杂色瓶、异形瓶和毛口瓶等不合规格的瓶子，均应另外存放处理，不得使用。

三、浸瓶与洗瓶

1. 浸洗瓶过程

浸洗瓶的顺序一般是:

(1) 浸泡或淋洗预热。

(2) 热碱水浸泡(新型设备在浸泡后用热碱水喷洗)，逐步升温。

(3) 洗掉碱水(用浸泡或喷洗方式)。

(4) 瓶内外刷(喷)洗，逐步降温。

(5) 清水喷洗。

(6) 倒立沥干。

过去的洗瓶机多用刷洗法，新型的洗瓶机多用高压喷水冲洗法。

2. 浸洗瓶的要求

(1) 洗掉粘在瓶上的残存物。

(2) 灭菌。

(3) 最后将洗瓶时瓶内附着的水尽量滴出沥干，滴水应无碱性反应。

(4) 保持最低的瓶子破损率。

3. 浸瓶

(1) 浸瓶用碱性洗涤剂的选择

① 选择的依据:

i 洗涤用水的硬度。

ii 酒瓶污垢的类型。

iii 洗涤商标。

iv 脱脂。

v 使粘附瓶上的秽物疏松悬浮。

vi 灭菌作用。

vii 经济安全。

② 常用的洗涤液配方：碱性洗涤液多采用苛性钠、硅酸钠、聚磷酸盐、葡萄糖酸钠等单一或混合溶液，混合使用的效果较好。洗涤液的使用一定要做到高效、低泡、无毒。常用的浸瓶液配方有：

i 3%的碱性洗涤液:碱液中NaOII含量不低于60%。

ii 3%NaOH，0.2%葡萄糖酸钠。

iii 3%KOH，0.3%葡萄糖酸钠，0.2%连二亚硫酸钠。

iv 1%～2%的碱性洗涤剂，其组成为：85%NaOH，10%聚磷酸盐，4%硅酸钠，1%三乙醇胺与环氧丙烷缩合物。

v 配制7t洗涤液中含有：0.1%NaOH，橄榄油皂1.7kg，洗衣粉7kg，平平加2kg，二甲基硅油30ml。

vi 配制5t洗涤液中含有：3%～5%NaOH，工业洗衣浆3kg，平平加0.3kg，三聚磷酸钠1kg，磷酸三钠1kg，51°皂用泡化碱3kg。

(2) 浸瓶温度的控制

① 浸瓶的升降温度应平稳，瓶温与液温的温差不能太大(不应超过35℃)，以防引起瓶子破裂。因此，应根据气温适当调节浸瓶温度。

② 碱性洗涤液的最高浸泡温度一般控制在65～70℃，不得低于55℃。

4. 洗瓶

浸瓶后，瓶子进入洗瓶机部分。洗瓶的方式有两种：

(1) 机械刷洗

瓶子经碱液浸泡后，利用刷子刷洗瓶子内外部，除去附着的污物和商标。

① 操作过程：

i 用较硬的鬃刷，刷洗瓶子外部，同时用清水冲洗。

ii 以高压清水冲洗瓶子内部，一般冲洗1～2次。

iii 以高速转动的鬃刷或尼龙刷刷洗瓶子内部，同时喷水冲洗，一般洗刷2～3次。

iv 继续用高压清水冲洗2～3次。

v 用无菌压缩空气吹出瓶内积水，再经短时间控水，以减少瓶内含水量。

② 技术要求：

i 瓶外刷子规格：尼龙丝刷毛规格:25～28cm。

ii 瓶内刷子规格： 边毛直径要比瓶径略长，顶毛要求能刷到瓶底。

iii 刷子转速：250～600r/min。

iv喷水压力：0.2～0.4MPa。

v 压缩空气压力：0.3～0.5MPa。

(2) 高压喷洗

利用高压水喷洗瓶子内外部，除去附着的污物和商标。

① 操作过程：

i 瓶子经碱液浸泡后，利用高压碱性洗涤液，喷洗瓶子内外部，使附着的不洁物和商标脱落。

ii 利用热水和温水喷洗瓶子内外部，除去不洁物和洗涤液，并使瓶温逐步降低。

iii 用无菌清水淋洗。

iv 为了保证瓶内少含水或不含水,可用无菌压缩空气除去瓶内积水。

② 技术要求:

i 喷洗和淋洗温度:

温水淋洗	15～25℃
热水淋洗	50℃
热碱水喷洗	70℃
热水喷洗	50℃
温水喷洗	25～35℃
清水淋洗	15～20℃

ii 喷洗和淋洗压力:

喷洗: 0.2～0.25MPa(表压)

淋洗: 0.10～0.15MPa(表压)

iii 无菌压缩空气压力: 0.4～0.6MPa

5. 排污

在洗瓶过程中,喷洗用的碱水可循环使用,所有脱落的旧商标,破碎的瓶子以及洗涤下来的污泥等,必须及时利用离心泵进行滤除,以防堵塞喷嘴。

以上浸洗瓶过程可综合如图4－2－1所示。

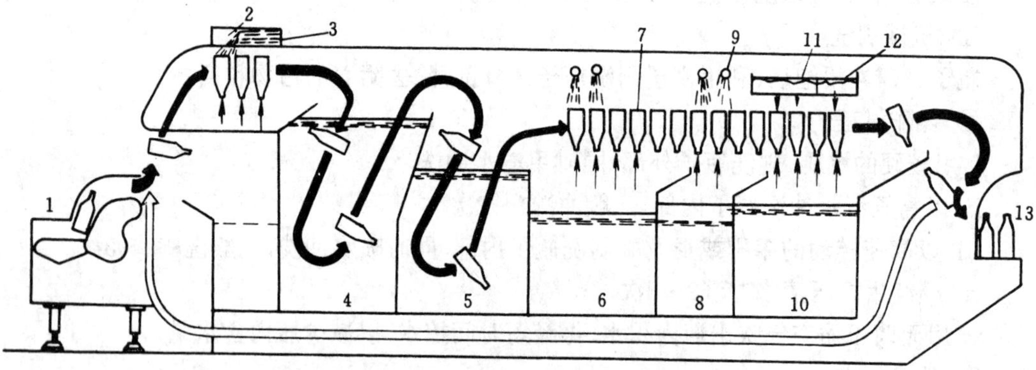

图 4－2－1　浸洗瓶过程示意图

1—进瓶　2—第1次淋洗预热(25℃)　3—第2次淋洗预热(50℃)　4—洗涤剂浸瓶Ⅰ(70℃)　5—洗涤剂浸瓶Ⅱ(70℃)　6—洗涤剂喷洗(70℃)　7—高压洗涤剂瓶外喷洗 (70℃)　8—高压水喷洗(50℃)　9—高压水瓶外喷洗(50℃)　10—高压水喷洗(25℃)　11—高压水瓶外喷洗(25℃)　12—清水淋洗(15～20℃)　13—出瓶

四、验　瓶

验瓶方法如下:

(1) 人工验瓶　验瓶时,利用灯光照射,检验瓶口、瓶子中部和底部,发现瓶子洗刷不洁,有污物或规格不一,有破损时,一律挑出,另行处理。验瓶人员应定时轮换,验瓶时思想要集中。

(2) 光学检验仪验瓶　利用光学验瓶装置,可自动将污瓶及不合格瓶排除。

五、灌　酒

灌酒就是将清酒罐中的啤酒输送到灌酒机的贮酒槽中，由此将酒分配至灌酒阀，在等压条件下，缓慢而平稳地将酒装入酒瓶内，并排除瓶颈空气，保持啤酒质量。

(一) 灌酒机

灌酒机的结构比较复杂，它主要具备：(1)密闭的啤酒贮酒槽，此槽有一引酒管与灌酒阀连通，另有一通道可将二氧化碳(或空气)压入瓶内，并维持槽内压力和灌酒时瓶内压力相等；(2)导酒管；(3)灌酒阀。

瓶装啤酒是在瓶内具有反压条件下进行灌装的，以避免二氧化碳损失和起沫。装酒之前先令瓶内充气受压，压力大小与啤酒在贮槽内所受压力相等。当啤酒灌入瓶内时，瓶内气体随之逸出，返回贮酒槽或另设置的回风室内。

灌酒机的类型很多，不同类型的灌酒机采用不同型式的贮酒槽、导酒管和灌酒阀，从而形成了不同的灌酒方式。

1. 贮酒槽

其基本型式可分为中心式贮酒槽(见图4－2－2)和环式贮酒槽(图4－2－3)两种。

(1) 中心式贮酒槽　一般用一回转接头将导酒管与贮酒槽底连接起来。槽内有一浮飘控制液位，浮飘与酒液接触面大，从而减少了酒液与上部气体的接触。对以压缩空气为背压的灌酒机来说，这种型式有利于防止酒的氧化。

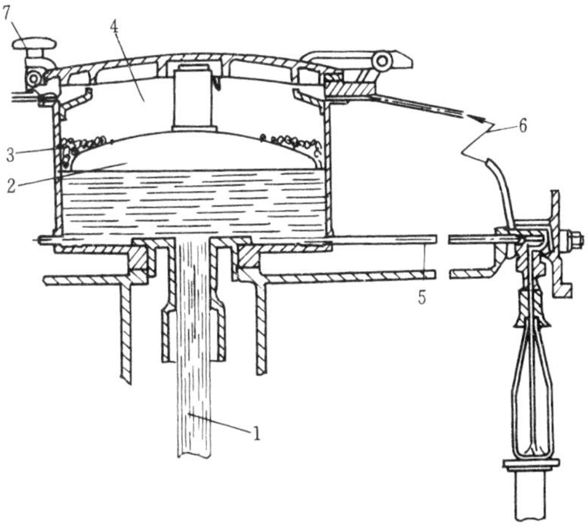

图 4－2－2　中心式贮酒槽的灌酒机结构示意图

1—啤酒进口　2—浮飘　3—泡沫
4—贮酒槽　5—至装酒头的引酒管
6—背压与返回空气的通路　7—开槽螺丝

(2) 环式贮酒槽　此类灌酒机有三室和单室之分，并配备三室灌酒阀或单室灌酒阀。所谓三室，即进风、酒液和回风分别置于3个环形室内，严格分开。由瓶内排出的回风不再排入环形贮酒槽内，因此贮酒槽内的酒总是满的，避免了酒与氧的接触。单室灌酒机只有1个环形贮酒槽，灌装时，进风、灌酒和回风共用，贮酒槽内的酒是不满的，酒液上面应采用二氧化碳为背压气体。

贮酒槽的液位和压力必须保持稳定，才能保持良好的灌酒效果，此压力一般可用气压调节阀控制，而液位则用浮飘、电导探测法或压差管法进行控制。

2. 导酒管

不同的灌酒机采用不同型式的导酒管，从而产生不同的灌酒方式。

(1) 移位式灌酒　这种灌酒方式系采用长的导酒管，导酒管末端距瓶底约2cm。所谓移位式灌酒，即啤酒装满酒瓶后，酒瓶下落，当导酒管从瓶中抽出后，瓶颈即出现一定的空间，此空间随导酒管伸入瓶内之体积而定，瓶内液位则随瓶容量不同而变化。

移位式灌酒的过程如图4－2－4所示。

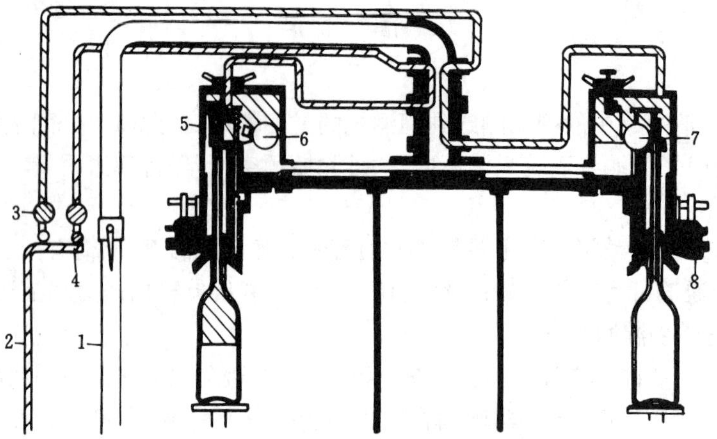

图 4-2-3　环式贮酒槽的灌酒机示意图

1—进酒管　2—压缩空气接管　3—灭菌管道　4—背压管
5—环状槽　6—背压浮球　7—排气浮球　8—Trinox灌酒阀

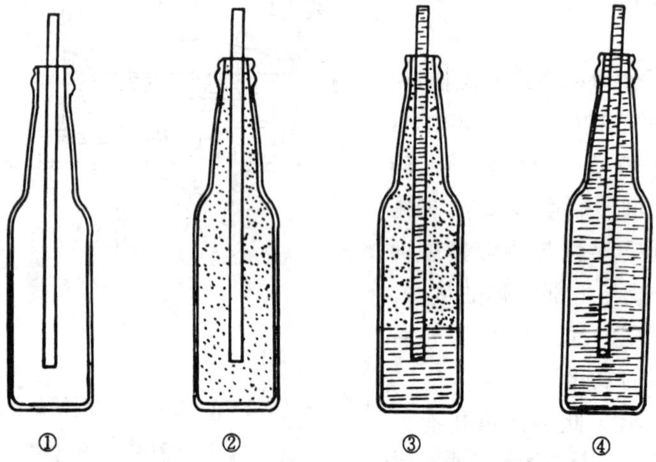

图 4-2-4　移位式灌酒的过程示意图

① 酒瓶进入灌酒机，瓶口对准灌酒阀，瓶内预抽真空，排除空气。

② 打开灌酒阀的压力气阀，瓶内送入二氧化碳形成一定的背压，防止酒内二氧化碳逸失。

③ 打开灌酒阀，酒液输入瓶内，同时背压气体从回风管不断排入贮酒槽、回风室或大气中(根据不同灌酒机的结构而异)。

④ 酒液装满酒瓶时，停止导酒和回风，瓶子离开灌酒阀，瓶颈形成一定空位，有的灌酒阀设置有瓶颈空气减压阀，使酒瓶离开灌酒阀时先放气，降低瓶颈压力，以防酒瓶离开灌酒阀时，压力骤然降低，引起喷涌现象。

(2) 定位式灌酒　有两种方式：

① 采用长导酒管，酒管上有两条通路(见图4-2-5)，啤酒经过导酒管的大通道，从导酒管底部流出，当啤酒液位逐渐上升时，液面上部的背压气体不断由导酒管上部的小通路

排出。当酒液液位达到此小通路口时，通路口被酒堵死，瓶内气体无法由此再排出，酒也就停止流进。

② 灌酒阀上只有一短的回风管，灌酒时酒阀打开，酒液沿回风管外流至分散罩，散开，再沿瓶壁顺流而下，瓶中气体则从此小直径的回风短管排出。此短管下部开口位置正是啤酒停止装入时的液位。此种装酒方式在灌酒前瓶内应预先抽真空，再输入二氧化碳为背压，以免酒液沿瓶壁流下时与大量空气接触，从而影响啤酒质量。其灌酒过程如图4－2－6所示。

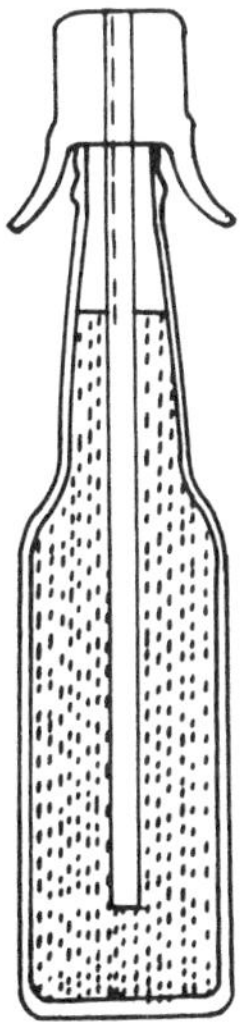

图 4－2－5 长管定位式灌酒装置示意图

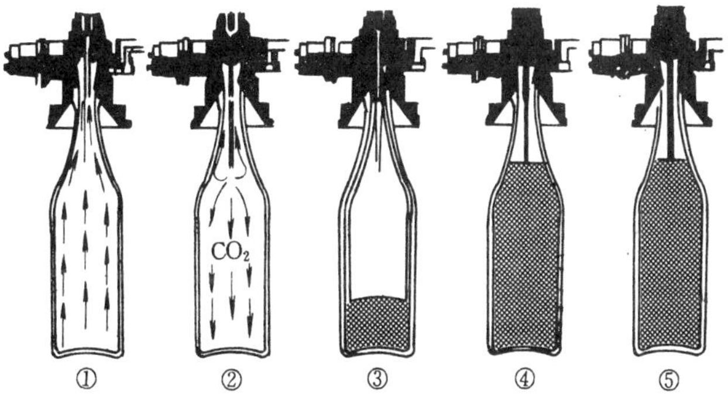

图 4－2－6 短管定位式灌酒过程示意图

图中①②③④⑤表示灌酒过程的顺序

采用长管灌酒，酒液流动比较平稳，酒与背压气体的接触面比较小，采用压缩空气为背压气体时对啤酒氧化的影响比较小。采用带短回风管的灌酒阀进行灌装，酒液势必大量与背压气体接触，在此情况下，灌酒阀本身应具有预抽真空的装置，在灌酒前，将瓶内空气抽去，并压入二氧化碳为背压，这样才能避免啤酒严重的氧化问题。

三室系统或单室系统的灌酒阀均可采用长导酒管和短回风管的灌酒方式。不管采用哪种方式，关键在于应设法避免酒液与空气大量接触，以保证啤酒质量。

3. 灌酒阀

灌酒阀的类型很多，其本身具有充气、灌酒和回风等多种通路。这些通路有的灌酒机是用一旋塞阀来控制;有的灌酒机则由更复杂的进气、进酒和回风多种单一阀来控制。

(1) 旋塞灌酒阀　旋塞灌酒阀是结构比较简单的灌酒阀，阀门芯上具有进气、灌酒和回风3个通路，采用长的导酒管，大都用于生产能力较低的灌酒机上。

(2) 弹簧灌酒阀　此种灌酒阀适用于具有环形贮酒槽的灌酒机，有带预抽真空装置和不带预抽真空装置两种型式。弹簧阀有单室灌酒阀和三室灌酒阀两种型式，各厂所设计的此类灌酒阀，结构虽有不同，但基本原理是相似的。

(二) 灌酒操作

(1) 灌酒机事先刷洗、灭菌、走水洗净。

(2) 灌酒机上的贮酒槽内，送入二氧化碳(0.05～0.12MPa)或无菌压缩空气，然后缓慢平稳地将啤酒由清酒罐输送至贮酒槽内。

(3) 在灌酒过程中，随时掌握进酒数量、贮酒槽内压力和灌酒速度，保持平稳运转。

(三) 灌酒的技术要求

(1) 啤酒应在等压条件下灌瓶，酒温要低(－1～3℃)，压力要稳，应尽量避免二氧化碳的散失。

(2) 酒管口距瓶底距离，保持1.5～3.0cm。

(3) 瓶托风压要足，风压保持在0.25～0.30MPa。

(4) 灌酒阀密封性好，酒管畅通。

(5) 灌酒后，应采取措施(滴酒引沫或瓶颈内喷射二氧化碳等)排除瓶颈空气，使其降至1ml/瓶以下。

(6) 灌酒容量应符合标准，大瓶(640±5)ml，小瓶(350±5)ml(国内酒瓶容量标准)。

(四) 灌酒时应注意的问题

灌酒过程中，容易出现灌酒不满或冒酒现象，解决的办法是:

1. 控制酒温

严格控制灌酒温度在－1～3℃，过高的酒温易引起二氧化碳逸散，而产生冒酒现象。

2. 控制酒压

灌酒时酒压要稳定，因此要加强啤酒后发酵的管理和酒压的调节，使酒压保持稳定。

3. 送酒压力的控制

送酒压力的控制，决定于灌酒机的构造、输酒管路的长短和啤酒内二氧化碳的含量，以使贮酒槽内的酒平稳为度。

4. 瓶托风压的控制

瓶托风压以保持0.25～0.30MPa为宜，压力过低，瓶子上去压不紧，容易漏酒和起沫，酒装不满;压力过大，瓶子落下时震动大，易引起冒酒现象。

5. 灌酒阀要密封

灌酒过程中，要求密封和等压。如果灌酒阀漏气和串气，将引起泡沫过多，造成灌酒不满和冒酒现象。

(五) 排除瓶颈空气的措施

灌酒后，可采用超声波起沫，或利用一喷射装置，喷射定量的啤酒、无菌水或二氧化碳于酒中，引起串沫而将瓶颈空气排除，然后压盖。

(六) 热装瓶与无菌灌装

此种灌装方式的目的，是为了省去灌酒后的巴氏灭菌工序。

1. 热装瓶

(1) 在灌装前，啤酒先经薄板热交换器，加热至65℃，进行巴氏灭菌。

(2) 啤酒在65℃下灌装，同时也使瓶子灭菌，但所用酒瓶须绝对洁净，在此高温情况下，瓶内含有任何微小杂物都足以引起串沫现象。

2. 无菌灌装

有两种方式:

(1) 啤酒先灭菌后灌装

① 啤酒在灌装前,先经薄板热交换器加热,进行高温瞬间灭菌,然后再冷却至0℃左右。

② 洁净无菌的酒瓶,经无菌隧道输送到具有空调设施的灌酒和压盖室,进行灌装。

(2) 啤酒经无菌过滤后灌装

① 啤酒经强制性的无菌过滤。

② 洗净的瓶子通入二氧化硫灭菌,然后以无菌空气将二氧化硫排除,保持无菌状态。

③ 全部灌装设备灭菌,保持无菌灌装。

④ 无菌压盖,瓶盖垫片以甲醛蒸汽灭菌后使用。

⑤ 此种无菌灌装方式与加热杀菌啤酒比较,可以改进酒的风味和非生物稳定性。

六、压　　盖

啤酒灌装后必须立即压盖,因此压盖机的位置总是与灌酒机紧密相邻。

1. 压盖机的类型

自动压盖机按其运行特点可分两类: 一类是瓶子不动,压盖机头下落,把瓶盖压到瓶口上去;另一类是压盖机头不动,瓶子随瓶托升降,达到压盖的目的。啤酒厂采用的压盖机大都属于前一种。

2. 压盖操作

(1) 瓶盖经过压缩空气除尘处理,即送入压盖机上的贮斗,沿滑道流入压盖机。

(2) 压盖机与灌酒机相距较近,在装酒满瓶,并经排氧措施,当酒沫串至瓶口时,即应将盖压上。

3. 压盖的技术要求

(1) 弹簧压力　使用前应将盖模弹簧压力调整一致。根据瓶盖性质,调节弹簧压力大小和盖模高度。瓶盖内垫厚时,压力要大;瓶垫薄时,压力要小;瓶盖马口铁厚时,压力要大;薄时压力要小。

(2) 压盖后的要求　压盖应严密端正,密封性能好,压盖后,瓶盖的周边突起必须紧压在瓶口上,不得有单边隆起现象。

(3) 盖垫的要求　瓶盖内的垫片,一般采用软木片(中央粘贴一片铝箔或塑料片)、橡皮垫片或塑料垫片。垫片应具有良好的弹性。

七、杀　　菌

(一) 目的和要求

啤酒杀菌的目的是为了保证啤酒的生物稳定性,有利于长期保存;啤酒杀菌的要求,就是在最低杀菌温度和最短杀菌时间内,杀灭酒内可能存在的生物污染物。不必要的提高杀菌温度或延长杀菌时间,对啤酒质量都是很不利的。

(二) 啤酒工业采用的巴斯德灭菌单位

啤酒在灭菌过程中,由热力引起的灭菌效应,可用巴斯德灭菌单位(缩写PU,简称巴氏灭菌单位)表示之。凡在60℃经历1min所引起的啤酒灭菌效应为一个巴氏灭菌单位，即1个PU值。巴氏灭菌单位值是在一定灭菌时间下的温度对数函数值，其表示公式如下：

$$PU = Z \cdot 1.393^{(t-60)}$$

式中 Z——时间(min)

t——温度(℃)

(三) 灭菌温度与时间的关系

50℃以上的灭菌温度，每提高7℃，灭菌时间可缩短9/10，即在同样灭菌时间下，温度提高7℃，PU值增加10倍。

不同灭菌温度下，每处理1min的PU值或致死率如表4－2－1所示。

表 4-2-1 处理1min的灭菌温度与PU值的关系

温度/℃	致死率或PU值	温度/℃	致死率或PU值	温度/℃	致死率或PU值	温度/℃	致死率或PU值	温度/℃	致死率或PU值
46	0.01	53	0.1	60	1	67	10	74	100
46.5	0.012	53.5	0.12	60.5	1.2	67.5	12	74.5	119
47	0.014	54	0.14	61	1.4	68	14	75	139
47.5	0.016	54.5	0.16	61.5	1.6	68.5	16	75.5	166
48	0.019	55	0.19	62	1.9	69	19	76	196
48.5	0.023	55.5	0.23	62.5	2.3	69.5	23	76.5	231
49	0.027	56	0.27	63	2.7	70	27	77	268
49.5	0.032	56.5	0.32	63.5	3.2	70.5	32	77.5	320
50	0.037	57	0.37	64	3.7	71	37	78	373
50.5	0.045	57.5	0.45	64.5	4.5	71.5	45	78.5	445
51	0.052	58	0.52	65	5.2	72	52	79	519
51.5	0.062	58.5	0.62	65.5	6.2	72.5	62	79.5	620
52	0.072	59	0.72	66	7.2	73	72	80	720
52.5	0.086	59.5	0.86	66.5	8.6	73.5	86	80.5	860

(四) 啤酒的巴氏灭菌过程

啤酒的巴氏灭菌过程分预热、灭菌和冷却3个步骤，即啤酒由低温逐渐升温至灭菌温度，在此温度下保持一定时间，而后逐渐冷却至较低温度。

试验室的灭菌试验，一般为5～6PU值，即可达到有效的灭菌效果。但为了安全起见，生产上灭菌一般控制在15～25PU值。过高就会给啤酒风味带来影响。因此，在设计啤酒的巴斯德杀菌设备时，应考虑这些因素。

(五) 杀菌方式

杀菌方式可分装瓶前杀菌和装瓶后杀菌两种。

1. 装瓶前杀菌

装瓶前杀菌又叫瞬间杀菌(flash pasteurization)，多在薄板热交换器内进行。其流程如图4－2－7所示。

(1) 杀菌过程 分3段进行：

① 预热：泵入热交换器的啤酒与已杀菌完毕的啤酒对流，进行预热。

② 杀菌：已预热的啤酒，与热水或蒸汽对流，提高至杀菌温度(71～79℃)，维持要求的杀菌时间(15～60s)，进行瞬间杀菌。

③ 冷却：杀菌完毕的啤酒，与刚进入热交换器的冷啤酒对流，降温后，再与致冷剂对流，使温度降至装酒要求的温度。

如装酒采用热装瓶，则冷却过程可以取消。

(2) 优缺点　与装瓶后杀菌比较如下：

优点：

① 占地面积小。

② 设备费用低，生产费用低(热能量和冷能量消耗低)。

③ 杀菌时间短。

缺点：杀菌后必须进行无菌包装，包装的要求条件高。

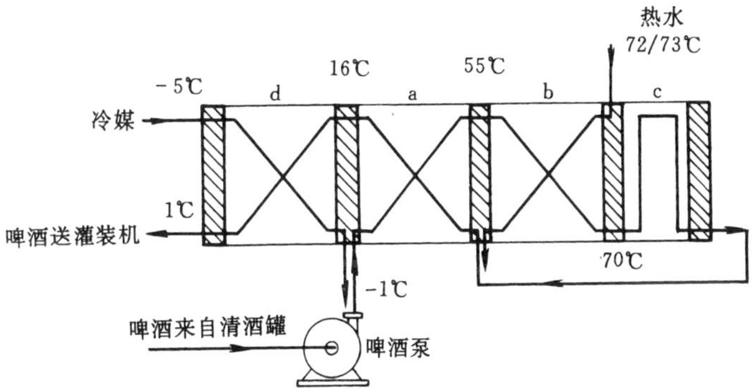

图 4-2-7　瞬间杀菌流程图

a—热交换区　b—升温区　c—保温区　d—深冷区

2. 装瓶后杀菌

国内外绝大多数厂采用此种杀菌方式。所采用的设备主要是喷淋巴氏杀菌机。

(六) 喷淋巴氏杀菌机

1. 喷淋杀菌机的结构

现代化啤酒厂所采用的巴氏杀菌设备大都是隧道式的喷淋杀菌机。该机是一大型的隧道式金属槽。瓶酒进入槽内后，由输送带载运，不断向前移动，直至出口。槽里面根据灭菌要求，分为几个温度区域，各区温度均可采用自动调温阀调节温度，并自动记录之。几个区域的温度分布是先由低温加热至杀菌温度，瓶酒达到一定的PU值后，再由杀菌温度逐步冷却至接近室温，然后出槽。各个温度区域内备有不同温度的热水槽或冷水槽和热水管或冷水管。用不锈钢制的喷头或特种黄铜制成的喷嘴，将水喷成水雾，喷淋瓶子外部，达到加热、杀菌和冷却的作用。水雾越细，热交换的效果越好。但使用硬水，必须先经软化，防止喷头或喷嘴结垢，造成堵塞现象。玻璃瓶的加热和冷却应逐渐进行，每分钟内温度变化应控制在2～3℃，以防升降温过激，引起瓶子爆破。喷淋后的水分别流入下部相应温度的水槽中，可以用蒸汽或热水加热后循环使用。各区的水温按杀菌升降温要求程序严格控制。为了防止热量散失，机壳可以做成夹壁形式。设备的体积愈大，热能的利用愈完善。机内装有各种信号系统和安全指示装置。

2. 喷淋杀菌机的型式

喷淋杀菌机的型式有多种。

(1) 按层数和运行方向分　有单层与双层之分。

① 单层喷淋杀菌机：又有同侧进出口和对侧进出口之分。同侧进出口的单层喷淋杀菌机，瓶酒的运行路线为U字形；对侧进出口的单层喷淋杀菌机，瓶酒运行方向为直线型，如图4－2－8所示。

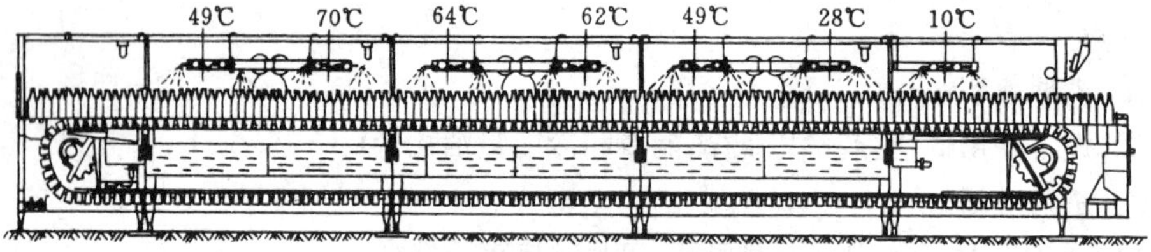

图 4－2－8　直线型单层喷淋杀菌机侧面图

② 双层喷淋杀菌机：也有同侧进出口和对侧进出口之分。同侧进出口的双层喷淋杀菌机，瓶酒运行方向系先经上层，行至对侧后，酒瓶落至下层，继续运行，返回原侧〔如图4－2－9(a)所示〕。两层各自喷淋水或上层喷淋后下层继续使用，以回收热量。对侧进出口之双层喷淋杀菌机，瓶酒在上下二层各自运行至对侧出口〔如图4－2－9(b)所示〕。双层各自喷淋水，每层装置相同的喷淋设备。其示意图如图4－2－10所示。

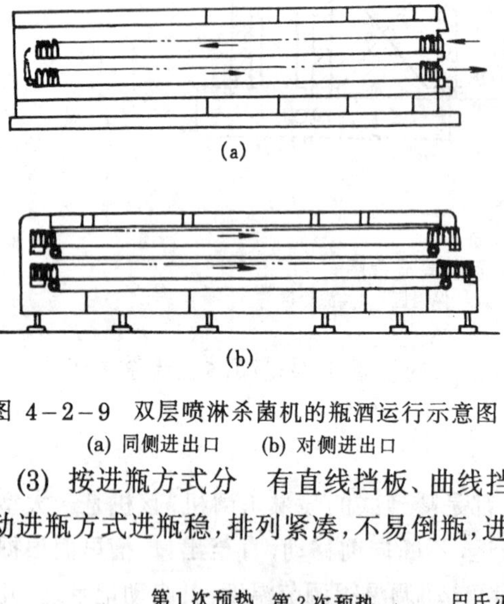

图 4－2－9　双层喷淋杀菌机的瓶酒运行示意图
(a) 同侧进出口　(b) 对侧进出口

(2) 按酒瓶的输送系统分　喷淋杀菌机内的输送系统分链带式和步移式两大类。前者结构比较简单，运行为连续式，移动缓慢，消耗动力较大；后者运行为间歇式，消耗动力小，热损失少，运行时比较平稳。

(3) 按进瓶方式分　有直线挡板、曲线挡板、气动推杆和高速振动等多种型式。高速振动进瓶方式进瓶稳，排列紧凑，不易倒瓶，进瓶速度可以调节。

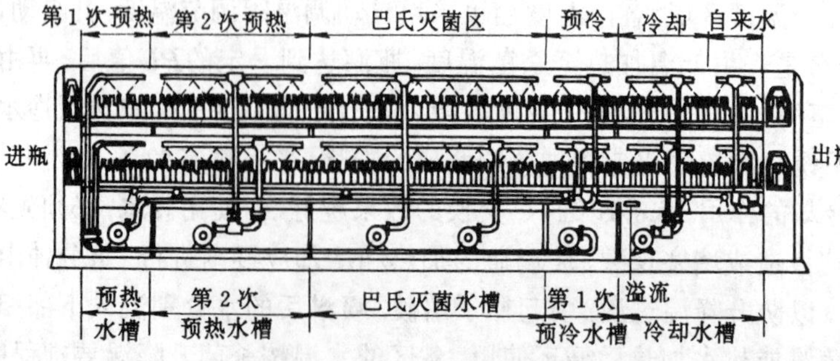

图 4－2－10　双层对侧进出口喷淋杀菌机的喷水系统示意图

(4) 按喷淋水的形式分　喷淋杀菌是以水为热交换媒介的，有筛板喷淋和喷嘴喷淋两种类型。前者水垢较易清除，后者传热效果好，耗水量及耗热能少，但易堵塞。喷淋水的加热方式可用蒸汽或热水加热，也可通过热交换器加热。

3. 喷淋杀菌机升、降温区域的分布

喷淋杀菌机加热区、保温区和冷却区的具体分布和区数系根据杀菌机的生产能力而定，新型的杀菌机，加热区和冷却区都有所延伸，以防骤热骤冷，造成瓶损。各喷淋区域升降温情况举例如下：

(1)	预热水温/℃	40左右	(4)	降温(Ⅰ)水温/℃	60
	预热时间/min	6		降温时间/min	6～7
(2)	升温水温/℃	60左右	(5)	降温(Ⅱ)水温/℃	40
	升温时间/min	6～10		降温时间/min	6～7
(3)	杀菌水温/℃	65±1	(6)	冷却水温/℃	25以下
	杀菌时间/min	26～30		冷却时间/min	6～10

以上杀菌过程的温度变化曲线如图4－2－11所示。

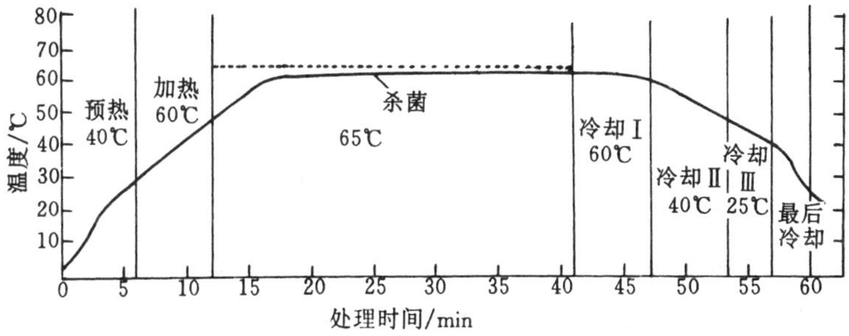

图 4－2－11 喷淋杀菌过程的温度变化曲线

实线表示瓶内酒液温度，虚线表示杀菌水温

新型的杀菌机加热区和冷却区所用的热水和冷水分别集中在杀菌机外的热、冷水槽内，重复循环使用，以节省热、冷交换区的供汽和供水，只在加热区和保温区需供蒸汽，最后一道瓶酒冷却时需供冷水或冷媒。

(七) 喷淋杀菌中应注意的问题

1. 喷淋水的循环使用和有机沉积物的形成

用于杀菌的水往往不像酿造用水那么被重视，常使用河水、井水、洗瓶喷淋水，洗涤水或冷却水等。这些水在进入杀菌机前未进行处理，并且被长时间循环使用，极易导致微生物污染，促使藻类和细菌大量繁殖，形成粘性的有机物沉积。这种沉积物使循环水的流量不能正确控制，从而影响各水槽水位不正常和杀菌温度不正常，并且产生恶臭。因此，水槽应设水位控制器，维持正常水位。水槽内的筛网应每班定时用高压水冲洗，洗去筛网上的粘性沉积物。

2. 灌酒机和贴标机的均衡生产

灌酒机和贴标机是否均衡生产对杀菌的正常运转非常重要。贴标机经常停机对杀菌不利。杀菌机和贴标机之间应维持有较大的缓冲空间(如设置缓冲转盘)，或在加温区和保温区有自动停水的设施。现代化的杀菌机常备有冷水喷嘴，在停机时，自动引发喷淋以降低酒温。或者设置引发切断热交换器热水供应的设施，使热区的喷水自然冷却。

灌酒机停车将使杀菌机不能满负荷，从而导致瓶酒过杀菌和倒瓶易碎的问题。破碎的瓶酒，其酒液又助长了微生物的繁殖，形成粘性有机沉积物，使杀菌机的运行不正常。

3. 如何掌握杀菌温度

60℃的杀菌温度不能降低，最短的杀菌时间不能缩短。啤酒酵母承受53℃的温度后，仍能在20～30℃的液体培养基中恢复。若提高温度7℃，*PU*值可增加10倍，大大加强了保险系数。但不管保险系数多高，仍会有极个别的菌体存活，如非正常的野生酵母、片球菌或异质乳酸发酵菌等，如发现这种极个别情况应另外处理。任意加大保险系数从而破坏酒的质量，增加能源消费也是不合理的。

从理论上讲，通过杀菌机来排除任何活细胞是困难的，延长杀菌时间只能增加杀菌酒的比例，不能做到所有瓶酒都完全无菌。问题在于残留的细胞数要降低到什么程度才算达到实用上的“无菌”，有人把活细胞数降至10^{-3}个/ml，就算达到无菌，当然这个数字是因厂而异的。

对工厂来说，杀菌供给的热量，都大于杀菌所需要的热量，以维护啤酒的生物稳定性。此热量界限值应控制在达到实用的“无菌”，而又最小程度地影响啤酒质量。

实验室对瓶啤酒杀菌前的微生物检查是很重要的。

4. 清洗灭菌工作

应防止有机沉积物的形成，因其堵塞喷嘴，堵塞水槽的筛板，干扰水槽水位的控制，使泵送缺水，或与无机物沉淀附着在温度计的探头上，使其反应不灵敏，还易聚集在冷却区壁上引起腐蚀，并污染产品。因此，喷淋水中可适当添加防腐剂，如季胺化合物或水中保留0.5～1mg/L的余气。此外，应做好杀菌机的清洗灭菌工作。每班定时用高压水冲洗筛网，去除有机沉积物;杀菌机内部1天清洗1次，喷头或筛板应每日检查有无堵塞现象;1周1次大清洗，并以热碱水灭菌;清洗前所有水槽的杂物须排除干净。

(八) 啤酒杀菌的工艺要求

(1) 经杀菌的啤酒不得发生酵母混浊。

(2) 经杀菌的啤酒，色、香、味不得与原酒有显著变化。

(3) 升温降温应和缓，防止骤升骤降，引起瓶子破损而造成酒和瓶子的损失;升温时水温与酒温差不得超过30℃，降温时水温不能低于酒温22℃。

(4) 杀菌过程中，温度上升，引起瓶中二氧化碳压力变化，有时可达近1.0MPa，因此酒瓶必须耐压。

(5) 瓶酒出槽温度应控制低一些，以不超过25℃为宜;在热湿的夏季，出槽温度允许在露点以上3℃，以利贴标。

(6) 为防止微生物粘性物质沉积和水垢的产生，水中应适当添加防腐剂和螯合剂。

(7) 水箱中备有双层滤筛，定时轮流以高压水冲洗。

(8) 喷淋水压为0.2～0.3MPa。

(9) 喷淋用水须洁净，可适当添些碱液，使pH值接近8。

(10) 装瓶后，在进入杀菌机前，用水喷洗瓶外部残留的酒液。

(九) 灭菌温度和*PU*值的测定

(1) 被测酒1瓶，随其他酒瓶通过杀菌机内，被测酒瓶内插一温度计，温度变化直接传送至记录器，此记录器紧贴酒瓶，也通过杀菌机。杀菌完毕，取出仪器，得到温度记录，将此温度曲线绘制在特制的PU值图纸上，然后计算出其PU值。

(2) 将电阻温度计插入待测酒瓶内，温度计连接一发送器，温度计所测的温度，由发送器转变为电磁波，发出信号，在杀菌机外，利用短波接受器，接受和放大信号后，记录在记录器内。此项装置可同时测出灭菌温度和PU值，并且不需等酒瓶出杀菌机前，就可了解杀菌情况，比较准确而快速。

八、验　　酒

杀菌后的啤酒应进行检验，将不合格的酒挑出来，其具体要求如下：

(1) 酒液清亮透明，无悬浮物和杂质。

(2) 瓶盖不漏气、不漏酒。

(3) 瓶外部无泥污或不洁附着物。

(4) 瓶内酒容量合乎标准，上部空隙保持6～8cm，浅满不超过±10ml，液位整齐划一。

用人力验酒往往由于人的视力容易疲劳，难以达到理想的效果。日本麒麟公司推出的机械验酒方法值得借鉴。

1. 检查缓慢漏气酒

不漏气的瓶酒因瓶颈空间保持一定压力，酒内气泡不易释放。漏气酒因瓶颈压力降低，可以从酒液面产生的气泡检验出来。但轻微缓慢的漏气，有时用人力难以检查出来，可以在验酒的上线输送带下面安置超声波震荡器，促使酒液面产生多量气泡，以被自动检瓶仪检出排除之，如图4－2－12所示。

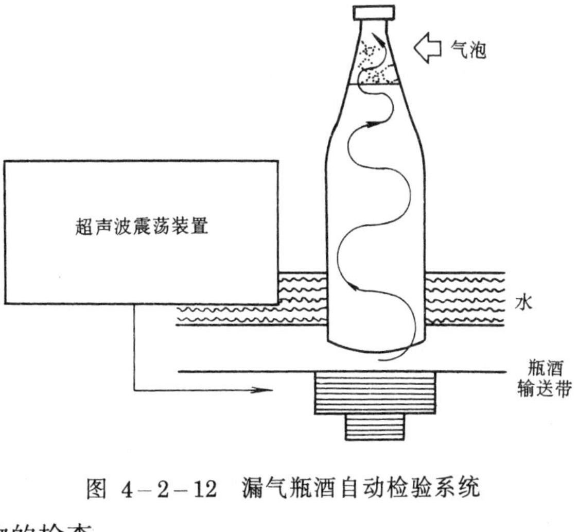

图 4－2－12　漏气瓶酒自动检验系统

2. 酒内微细异物的检查

用人力从瓶外检查瓶酒内极微细的异物是比较困难的，特别是已经沉淀在瓶底的异物。当瓶酒灌装和压盖后，瓶中的异物会在酒瓶的高速运转中悬浮起来，然后用CCD摄影机在汞灯的照射下，被检出而自动排除之，如图4－2－13所示。

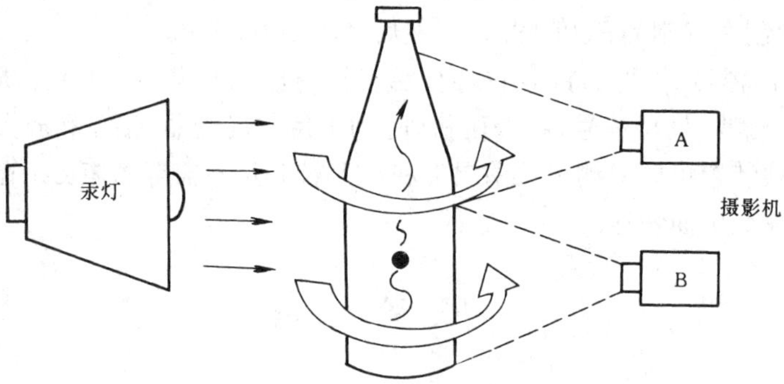

图 4-2-13 瓶酒异物检验系统

九、贴 商 标

贴标机是用来粘贴商标的，高效的贴标机可贴身标、颈标、背标以及锡箔套等。

贴标机有各种型式，从取标方式分，有真空吸标和机械取标两种。

1. 真空吸标式贴标机

真空吸标式贴标机的主要组成部分包括：真空取标圆筒、主体贴标圆柱、商标匣、胶水台、压标装置及传动装置等。当贴标机运转时，处在真空下的吸标圆筒从商标匣中吸取商标1张，立即送到贴标签用的主体圆柱上，然后转至胶水台，由胶水辊涂上几条胶水横线。当酒瓶由导瓶装置送入贴标机时，圆柱上的真空吸标变为风压吹标，使商标粘贴在玻璃瓶预定的位置上，然后玻璃瓶送至压标装置处，商标被平整地压贴在瓶面上。

2. 机械取标贴标机

机械取标机的主要组成部分包括：商标匣、胶水辊、回转的取标装置、主体贴标圆柱、传动装置等。回转取标装置本身是旋转的，先经胶水辊，再经商标匣取标，取标后以机械方式将商标转移至主体贴标圆柱上，当玻璃瓶通过时，由主体贴标圆柱将商标粘贴在玻璃瓶预定的位置上。其操作原理如图4-2-14所示。

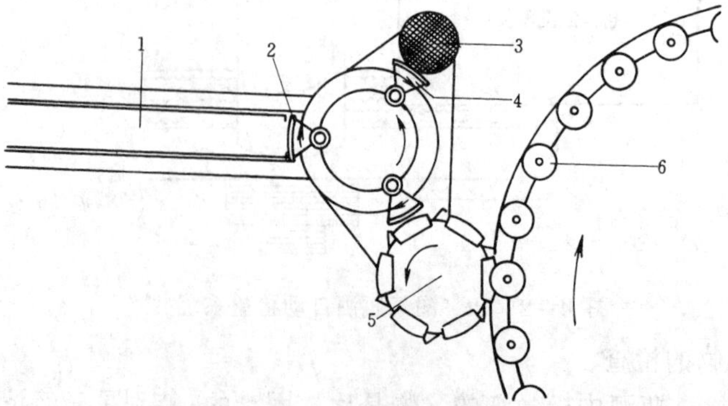

图 4-2-14 机械取标贴标机的操作示意图

1—商标匣 2—取标 3—胶水辊

4—回转取标装置 5—主体贴标圆柱 6—玻璃瓶

在变更瓶型或标签规格时，只需更换必要的部件，即可投入生产。

贴标机应附设计数器，统计贴标瓶数。

商标应贴得整齐美观，具体要求如下：

(1) 商标整齐美观，紧贴瓶面，不脱落，不歪斜。

(2) 贴标位置

圆形商标：下端距瓶底为2.7～3.0cm

方形商标：下端距瓶底为3.7～4.0cm

小瓶商标：下端距瓶底为1.7～1.9cm

(3) 商标用纸应具备耐湿性能，并尽可能选用耐碱性的纸张，其规格为70～80g/m^2，在特殊情况下采用较轻(60g/m^2)或较重(100g/m^2)的纸。

(4) 有选择地使用粘着剂，一般采用糊精、酪素或醋酸聚乙烯酯乳液等。

十、装 箱

1. 人工装箱

人工装箱是繁重的体力劳动，具体要求如下：

(1) 瓶酒装入箱内要轻装、轻拿、轻放。

(2) 商标不端正，酒瓶不整洁者不能装箱。

2. 机械装箱

(1) 装箱机的类型

① 根据箱子特点分类：有装纸箱机、装塑料箱(木箱)机、装托盘外加收缩薄膜的包装机、全自动装箱机、装箱与堆垛箱联合机、装箱与卸箱两用机。

② 根据装箱工艺特点分类：有推入式、装入式、落下式、裹包式。

(2) 选用装箱机的依据

① 生产规模。

② 瓶子特点(瓶形，容量，商标等)。

③ 箱子的特点。

④ 通用性。

⑤ 车间场地特点，并结合发展规划考虑。机械装箱的过程如图4－2－15所示

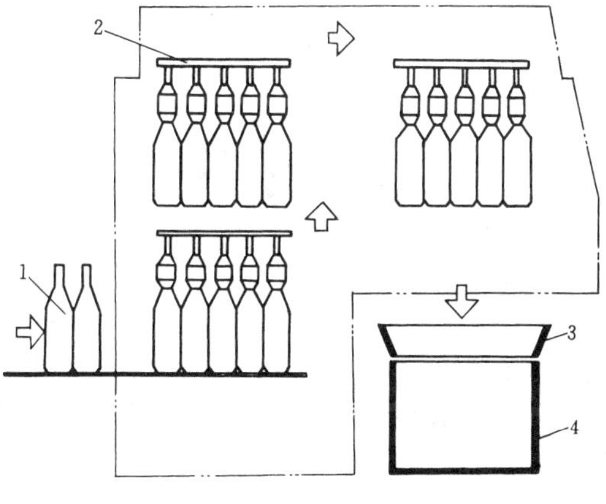

图 4－2－15 机械装箱过程示意图

1—酒瓶 2—气夹头组 3—导向器 4—箱子

第二节 罐装啤酒

罐装啤酒体轻，运输、携带和开启方便，深受广大消费者的欢迎，因此发展很快，已具有和瓶装啤酒并驾齐驱的地位。

一、制 罐

1. 制罐材料

镀锡薄铁皮(俗称马口铁),铝合金。

2. 制罐方法

(1) 3片制罐法(图4-2-16)

① 由罐身、罐底和罐面3片组成,罐身边缝焊接,罐底机械封闭在罐身上。

② 3片罐一般用马口铁制作,马口铁耐压0.6MPa以上。

③ 马口铁内涂含油树脂涂料(Oleoresinous lacquer),使酒与罐壁接触后,不致影响啤酒的风味和非生物稳定性;含油树脂在罐身焊接时不致焦化。

④ 罐制成后,罐身边缝处和罐内部均喷以无色乙烯树脂。

⑤ 经过修饰,罐身加印刷。

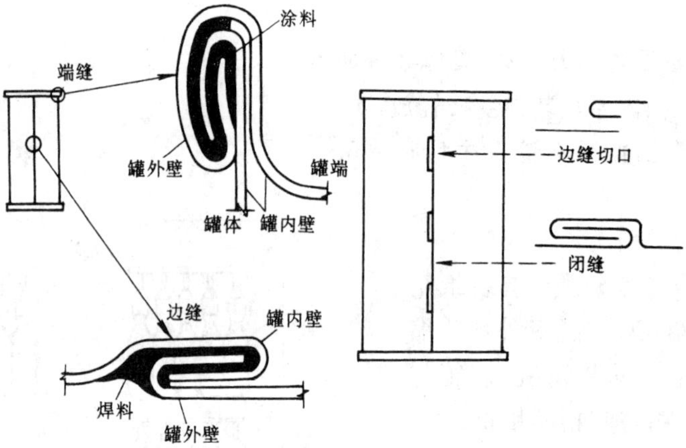

图 4-2-16 3片制罐法

(2) 2片制罐法

① 包括罐面1片,罐身与罐底合为1片,用冲拔工艺制作,可分浅冲罐(一次冲制),深冲罐(多次冲制)和冲拔罐(罐壁拉伸)3种。

② 制罐材料用铝合金或马口铁。

③ 2片法加工过程如下:铝合金进入机器,首先冲压成碟形,再一次拉伸成杯形,然后杯身经延压抽拔成薄的罐身,罐底仍保持原金属片的厚度,其外形变成向外凸起的半球面形或扁球弧形。

④ 经过修饰,罐身加印刷。

3. 空罐检验

(1) 空罐是否完整,有无漏气现象。

(2) 空罐修边后是否平整,有否歪斜。

(3) 罐底形状是否符合要求。

(4) 空罐加压到0.6～0.7MPa时，罐身和罐底有否变形。

(5) 用电解仪测定罐内涂料是否完整，有无金属露点。

(6) 涂层及罐身厚薄。

4. 易开罐的类型

易开罐的特点是罐面上增加易开装置，不需工具，可随时启用，方便消费者。

常用的易开装置有：

(1) 手拉式

① 盘旋形手拉式。

② 简易手拉式。

(2) 拉环式

① 全开启拉环式：在罐面沿罐边有一圈冲刻的槽，开罐时，一次将罐面全部拉起。

② 开小口拉环式：拉环与铝片连在一起，然后用机械扣压在罐面相应形状的缺口上。其特点是可与罐面分开加工。

③ 罐身拉环式：由罐身横的方向将罐头开启，开启后，罐盖、罐身与罐底完全分离。

(3) 按钮式　在罐面上冲刻有比手指略大的两个小圆圈的槽，开启时，用手指将小圆圈的金属片按入罐内，但仍连在罐面上。

(4) 杠杆推启式　用一个起杠杆作用的拉攀，将罐盖戳个刻痕的开孔，然后将拉攀折回原处，保持不可折开，这比按钮式更易开启。

二、包　装

1. 罐装啤酒工艺流程

空罐卸箱托盘机⟶链式输送器⟶洗涤机⟶灌装机⟶封罐机⟶自动定量仪⟶分道器⟶杀菌机⟶风干机⟶喷码机⟶装箱机⟶测重仪⟶垛装

2. 工艺操作要点

(1) 空罐清洗　空罐用80℃热水冲洗，淋干，达到无菌。

(2) 灌装封盖　采用二氧化碳等压灌装，利用二氧化碳置换罐内空气，灌装后，喷二氧化碳引沫到罐口，迅速封盖，要求封盖严密不漏气。

(3) 自动定量　利用自动定量仪，自动测重，每罐的量要基本相同。

(4) 巴氏灭菌(喷淋灭菌)　采用的温度和时间示例于表4－2－2。

表 4-2-2　罐装啤酒巴氏灭菌温度和时间

区　域	处理时间/min	喷淋水温/℃	备　注
预　热	3	40	进机罐温2℃
加　热	7.5	63	
巴氏灭菌	15.5	60	巴氏灭菌温度60℃
预冷却	3	39	
再冷却	4	31	
最后冷却	2	25	出机罐温35℃

(5) 冷却干燥

杀菌后的罐体表面水分，通过鼓风干燥之，同时冷却。

(6) 自动装箱

第三节 桶装啤酒

桶装啤酒一般是装未经杀菌的鲜啤酒。鲜啤酒口味清爽，成本低，但保存期不长，适于当地产当地销，销量很大。如果桶装需要装杀菌啤酒，一般是采取先杀菌(瞬间杀菌)后灌装的办法。

目前世界桶装啤酒产量已占全部啤酒产量的20%左右，欧洲国家的桶装啤酒比例比较大，英国的桶装酒约占80%左右。桶装酒较瓶装或易拉罐包装约节省30%以上的费用，极富生命力。

桶装酒的规格主要是30L和50L，间或有10L及5L的小包装，主要供宴会用，产量不大。

一、木桶啤酒

木桶系用柞木制作，木桶的处理比较烦琐，它需要涂料，不易清洗，灭菌不耐压，修理不方便，除在欧洲少数国家尚有使用者外，在国内已不采用，改用金属桶。

二、金属桶啤酒

过去曾采用铝桶，因其易腐蚀，目前各国均采用不锈钢桶，因其具备很多优点。

1. 不锈钢桶的性质和特点

(1) 对啤酒质量(风味、色泽、泡沫以及非生物稳定性等)无影响。

(2) 桶面光洁，反射能力大，与木桶比较，不易很快吸热而使酒温上升。

(3) 结构简单，光洁的内壁很易清洗，用热水、蒸汽或碱水杀菌均可。

(4) 不需涂料，很少修理，易于流通。

(5) 质量轻，运费低，50L不锈钢桶约重12kg，而同容木桶则重34kg。

(6) 配有特殊结构的桶口阀，保证清洗及灌装在密闭条件下进行，密封不漏，二氧化碳损失少。

(7) 较木桶耐压，一般工作压力最大可达0.3MPa。

(8) 装桶后如需杀菌也比较容易。

(9) 卫生条件好，不易染菌。

(10) 容易实现清洗和灌装程序控制，有安全监视系统，全自动操作。

2. 桶装啤酒的操作要点

桶装啤酒有半自动清洗－灌装线和全自动清洗－灌装线两种。操作如下:

(1) 预清洗 酒桶使用后回收，需先进行预清洗备用。预清洗包括: 压力检验、排除残酒、水清洗、碱液/酸液清洗、热水清洗、蒸汽灭菌等方面。

(2) 清洗灌装

① 半自动清洗灌装：包括4个桶自动处理工位(包括2个清洗工位，1个杀菌工位，1个灌装工位)，每个工位的转换，需由操作者协助将桶旋转90°，灌装采用二氧化碳背压灌装。整个清洗、杀菌和灌装过程均实行程序控制。生产能力为 30～50桶/h。

② 全自动清洗灌装：一般全自动清洗灌装机包括6个工位(4个清洗工位，1个杀菌工位，1个二氧化碳背压灌装工位)，清洗包括冷水清洗、碱液/酸液清洗及热水清洗。采用二级脉冲清洗，确保内壁清洗干净。灌装采用二氧化碳背压灌装。整个清洗、杀菌和灌装过程实行程序控制。生产能力＞60桶/h。

3. 桶装啤酒的技术要求

桶装啤酒的技术要求是：温度＜6℃；压力0.25～0.3MPa；二氧化碳含量≤5.5g/L。

为适应一些大型啤酒厂生产桶装啤酒的需要，近年来国外开发桶装生产线，以提高生产能力。桶装线的生产能力最高可达1500桶/h，并且采用了先进的线上监控技术，确保质量要求。

三、槽车装啤酒(大容量啤酒)

将不锈钢制的卧式罐，安装在汽车上，附有二氧化碳钢瓶及流量计，罐容量2～7t，内装鲜啤酒或杀菌啤酒，利用汽车输送至各供应点。其技术要求如下：

(1) 酒罐倾斜度1∶20。

(2) 酒罐工作压力0.3MPa.

(3) 以二氧化碳为背压，装出低温冷却的啤酒。

(4) 罐壁绝缘良好，啤酒在长途运输中不致于升温过高。

(5) 槽车用酒罐，必须注意清洁灭菌，每次使用时，先用清水洗净，再用万分之二有效氯的漂白粉消毒灭菌，然后冲洗干净，要保证不粘滑，无霉味。经常抽查卫生指标，要求大肠菌群及细菌总数符合卫生指标要求。

第四节　纯生啤酒的制备

在这里，纯生啤酒的概念是不经过瞬间杀菌或包装后不经过巴氏杀菌的啤酒。

目前，国内外生产的啤酒，绝大部分都要经过巴氏杀菌或瞬间杀菌，以保持其生物稳定性。巴氏杀菌不仅投资和能源消耗大，而且经过杀菌的啤酒，其风味也受到一定的损伤。近年来，消费者特别是日本、美国、澳大利亚等国，愈来愈倾向于饮用不杀菌、口味新鲜的纯生啤酒。因此，经过无菌过滤和无菌包装的纯生啤酒，愈来愈受到人们的重视。

制备纯生啤酒，要做好三方面工作：(1)严格的无菌过滤；(2)高效的无菌包装；(3)全面的生产过程无菌控制。不仅是过滤和包装设备要做到绝对无菌，而且从滤酒到装酒和封盖这段生产过程都要保持无菌状态，包括操作过程所使用的气体、水和与酒接触的一切物料、设施、工具以及环境地点和操作人员。只有这样才有可能制出令人满意的纯生啤酒。

一、严格的无菌过滤

无菌过滤在本篇第一章第四节中已有叙述。严格地说，制备纯生啤酒，在无菌过滤之前的上流生产过程中，就要严格控制啤酒无杂菌污染，才能使无菌过滤达到接近绝对级的除菌。一般的做法是在硅藻土过滤和纸板过滤达到精滤条件之后，再进行薄膜滤芯或深层滤芯无菌过滤。

无菌过滤的关键，在于选用合适孔径的滤芯。现在国际上大都选用0.45μm孔径的滤芯，以滤除酵母菌和啤酒厂常遇的污染菌(不可能100％滤除)，基本达到无菌要求。更小的滤孔，例如0.2μm，虽能进一步除菌，但啤酒中的某些有效成分，如对泡沫性能至关重要的活性蛋白质等也会同时被滤除，啤酒风味也将发生变化，变得淡泊无味，对啤酒质量是不利的。

至于滤芯材质的选择，从国际上现有生产纯生啤酒的国家看，大都喜欢采用陶瓷滤芯。它具有耐热，可以蒸汽灭菌;高机械强度，经久耐用;易于逆流清洗，可以重复使用;可以预涂助滤剂(纤维粉、硅藻土等)延长过滤寿命，便于实现自动化操作、节省人力以及生产费用相对较低等优点，并且过滤后不影响啤酒的风味。

二、高效的无菌包装

无菌包装比无菌过滤还要复杂。它的要求除涉及到灌酒机和封盖机本身需具备高度无菌状态外，还包括包装容器(酒瓶和铝罐，瓶盖和罐盖)的灭菌，和从滤酒到装酒，从装酒到封盖这二段输送过程的无菌条件(包括输送链带和输酒管道)，以及公用设施包括二氧化碳、压缩空气、引沫水、洗涤用水的无菌和操作过程中的清洁灭菌工作等。

1. 无菌密封间的设置

为了和周围环境隔绝，创造装酒和封盖时的无菌条件，装酒机和封盖机应设置在单独的无菌密封间内(图4－2－17)。此密封间应有空调设施，向室内输送高效灭菌的无菌空气，每小时换风20～30次，并保持室内正压。室内墙壁、地面、天棚应尽量做到光滑易清洗;所用材质应耐杀菌剂的腐蚀;地面的坡度和地漏的位置都应精心设计，以便排水流畅无积水和防止回流;室内灯光设防护罩，要光滑易清洗，不积灰尘。此密封间在开机前或停机后可用季胺化合物或其他灭菌剂进行喷雾灭菌。操作人员每班都需更换工作服、手套和鞋帽，进出密封间都要经过盛漂白粉或季胺化合物溶液的水池进行“鞋浴”灭菌。

2. 无菌灌装机(瓶机或罐机)

最新由Krones,KHS等公司生产的灌酒机是三室灌酒机，进风、进酒和回风在不同通道内进行，其本身具有蒸汽灭菌通道，位于装酒阀和酒液通道的上面，每一装酒阀均与蒸汽通道连通，由自动控制阀进行控制。灌酒前，先以饱和蒸汽(110℃)在瞬间(2～3s)内经过装酒管将瓶子内部彻底灭菌，同时装酒管本身也达到无菌。此装酒管与传统使用者也不相同，其回风口安置在灌装液位的上面，在重新开启气体回风道时，瓶颈压力调节到0.1MPa，避免了气体喷射到酒内而引起啤酒的搅动和损失。

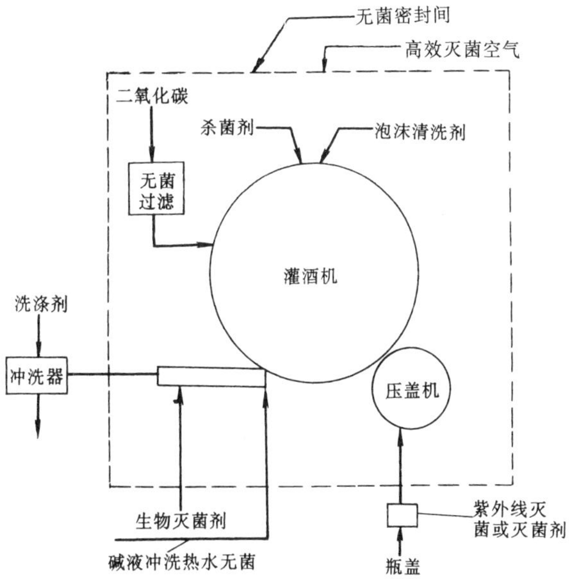

图 4-2-17 无菌密封间的设置

此机的主要优点是所有有关灌装的要求，包括啤酒类型、二氧化碳含量、温度、瓶形及大小均可事先编排完整的操作程序，贮存在电脑内进行控制，并且此操作程序不受灌酒机转速的影响。当酒瓶离开灌酒阀而仍停留在托架上下落时，进行无菌高压水喷射，使其窜沫(但不溢流瓶外)，排除瓶颈空气，以使瓶颈空气减少到最低含量。然后酒瓶立即转移至封盖机。封盖机的机头及瓶盖在封盖前均经灭菌。

开机之前，灌酒机和封盖机内外先行灭菌。内部先用碱洗，再用85℃热水杀菌，最后用无菌冷水(经过紫外线灭菌)冷却。外部先以泡沫洗涤剂洗涤，再以热水淋洗，并在每天生产过程中多次进行，以排除溅漏的酒液，防止污染杂菌。

机器零件及使用的工具，用过后均须放在盛季胺化合物或其他杀菌剂的槽中，使用时用次氯酸液及无菌水淋洗。

3. 包装容器(瓶、罐)的无菌处理

包装容器是污染的主要来源，必须在灌酒前彻底灭菌。采用新瓶，除以碱液洗涤和以无菌水最后淋洗外，灌装前还需要更可靠的杀菌剂如次氯酸灭菌，但不能有多量的次氯酸残留瓶内，以防啤酒产生氯酚味。新型的无菌灌酒机在装酒之前，灌酒机先以饱和蒸汽对瓶子进行瞬间处理，达到无菌状态，然后灌装。用此法灭菌，瓶子在进入灌酒机之前，需先经设在灌酒机前的热水淋洗机进行预热(40℃左右)，以减少蒸汽杀菌时的冷凝。

铝罐在装酒前采用85℃热水灭菌是有效的。

瓶盖和罐盖均可先经紫外线或臭氧灭菌后使用，或使用次氯酸溶液喷淋灭菌。瓶盖的滑道则以次氯酸溶液喷雾灭菌。凡机器不易清洗的地方则以人工清洗或用高压无菌水喷洗。

一些卤代化合物如次氯酸、碘递体以及过氧乙酸、二氧化氯都是很好的清洗灭菌剂，可以选用。

4. 输送带的灭菌

用于输送带的润滑剂需含有灭菌剂。输送带及其导板和边框，在操作的前后，需以泡沫灭菌剂清洗和灭菌。

5. 其他方面

凡与啤酒接触的管道和阀门、二氧化碳、空气以及洗涤用水均需进行严格灭菌。从无菌过滤出口到灌酒机入口的管道距离愈短愈好，阀门愈少愈好，并且要易于清洗和灭菌。水可以强度紫外线灭菌，二氧化碳及空气则需通过高效的无菌过滤(孔径0.2 μm)除菌。

6. 无菌瓶装线和无菌罐装线及无菌密封间空调系统的布置

参照日本Sapparo啤酒公司的布置，如图4－2－18至图4－2－20所示。

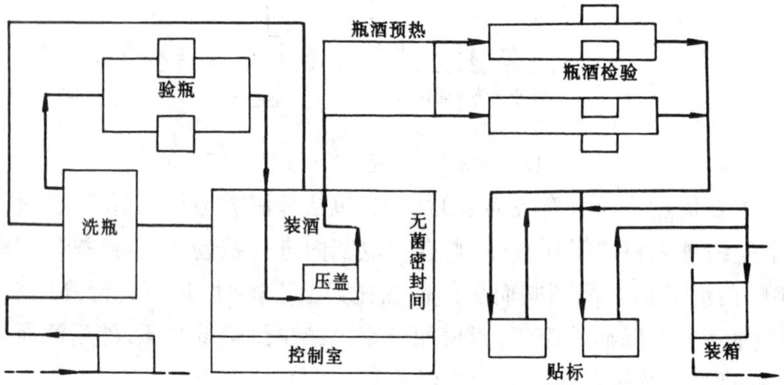

图 4－2－18　瓶装线布置示意图

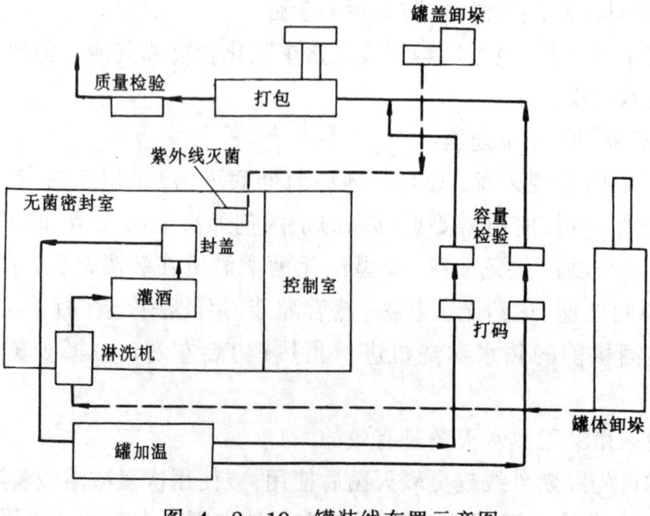

图 4－2－19　罐装线布置示意图

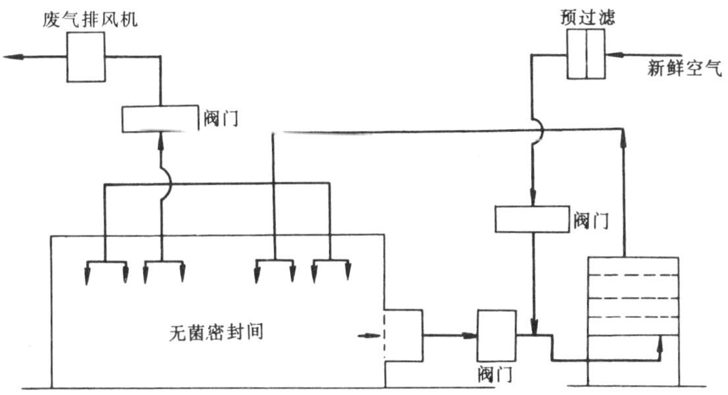

图 4-2-20 无菌密封间的空调系统布置图

室温：15～20℃;送风量：20～30倍室容量/h;室内二氧化碳浓度<1.5%

三、人员培训

不管生产条件和制定的生产标准如何好，要真正做到生产无菌，最关键问题在于操作人员是否掌握无菌的标准并且认真地去执行。因此，对人员(包括现场操作人员和质量监控人员)的定期岗位培训非常重要，要不断提高人员的素质，真正具备无菌操作的概念、熟练的操作技能和高度的责任心。

四、微生物检验

制定生产过程及产品的微生物检验制度，确定取样地点、取样频率、取样数量和检验方法。应不断开发和采取快速的微生物检验方法。目前，在一些新开发的检验方法，如：根据以聚合酶连锁反应(Polymerase Chain Reaction;简称PCR)和以ATP生物发光法(ATP bioluminescence)为基础新开发的快速检验方法，短期内尚不能应用于工厂的实验时，则仍可采用含或不含放线酮的UBA培养基，进行好氧或厌氧的平面培养方法进行检验。检验的内容可如表4-2-3所示。

表 4-2-3 微生物检验内容

检样地点	取样地点	取样频率	取样数量 或在空气中暴露时间	检验内容
包装	灌装前	2次/d	2L	好氧菌和厌氧菌
	产品	6～8次/d	<500ml	好氧菌和厌氧菌
	灌酒机、封盖机、封罐机、输送带	随机取样	SWAB试验	好氧菌
	酒瓶、铝罐、瓶盖、罐盖	1次/星期	250ml无菌水淋洗	好氧菌
	水、无菌水	1次/星期	500ml	好氧菌
	无菌空气、二氧化碳	1次/星期	10min	好氧菌
	脱氧水	1次/星期	500ml	好氧菌
无菌密封间	室内空气	1次/星期	30min	好氧菌

第三章 成品啤酒

第一节 啤酒的类型

啤酒品种很多，传统分类主要根据产品使用的酵母进行分类，分为上面发酵啤酒(爱尔)和下面发酵啤酒(贮藏啤酒)两大类。在这两类啤酒中都有至今享有盛名的品种。目前，国际上生产的啤酒大都是在传统啤酒的基础上发展起来的，具有不同的典型性。近年来，又相继开发了许多新品种，如干啤酒、无醇和低醇啤酒、冰啤酒等，使啤酒品种更加丰富。

除根据上述使用酵母性质不同进行分类外，啤酒也可根据其他特点进行分类。

一、根据酵母性质分类

1. 上面发酵啤酒

(1) 上面发酵啤酒多利用浸出糖化法制备麦汁，经上面酵母发酵而制成。

(2) 利用上面发酵制造啤酒的国家主要有英国、比利时、加拿大、澳大利亚等少数国家。目前这些国家也制造下面发酵啤酒，一些制造下面发酵啤酒的国家，也制造少量上面发酵啤酒，如德国、美国等。总的看，国际上利用上面发酵制造啤酒的比例，已经逐步下降。

(3) 国际上著名的上面发酵啤酒有以下几种主要类型:

① 淡色爱尔啤酒(Pale Ale): 其中以巴顿淡色爱尔啤酒为最著名。

② 浓色爱尔啤酒(Dark Ale): 其中以英国的棕色爱尔啤酒(Brown Ale)享有盛名。

③ 司陶特(Stout)黑啤酒: 其中以爱尔兰Guinness啤酒厂生产的司陶特啤酒世界闻名。

④ 波特(Porter)黑啤酒: 实际上是低浓度的司陶特啤酒，这是一个古老的品种。

除以上品种外，上面发酵还有小麦啤酒、兰比克啤酒以及Altbier,kölsch,bitterale等多种具有特色的品种。

2. 下面发酵啤酒

(1) 传统的下面发酵啤酒，多利用煮出糖化法制取麦汁，近代则煮出糖化法和浸出糖化法兼用，经下面酵母发酵而制成。

(2) 世界多数国家采用下面发酵酿制啤酒，就是一直采用上面发酵的国家，也都逐年增加了下面发酵啤酒的比例。

(3) 国际上著名的下面发酵啤酒，有以下几种主要类型：

① 比尔森(Pilsener)淡色啤酒。

② 多特蒙德(Dortmunder)淡色啤酒。

③ 慕尼黑(Munich)浓色啤酒。

④ 博克(Bock)深棕色啤酒。

(4) 国内厂家均生产下面发酵啤酒。其中著名的淡色啤酒有青岛啤酒、燕京啤酒等；黑啤酒则有青岛波打黑啤酒。

二、根据啤酒色泽分类

啤酒色泽是啤酒质量的一项重要指标，但又很难明确划分，一般可分为以下几种：

1. 淡色啤酒

淡色啤酒是啤酒中产量最多的一种，其色度一般保持在7EBC单位左右。根据地区的爱好，淡色啤酒中又分深浅不同的类型：

(1) 色度在7EBC单位以下者，为淡黄色啤酒。此种啤酒多采用色泽极浅、溶解度不甚高的麦芽，糖化周期比较短，麦汁接触空气少，而且多经过非生物稳定剂的处理，除去了酒内的一部分多酚物质，因此啤酒色泽不带红棕色，而带黄绿色。此种啤酒在口感上多属淡爽型，要求酒花香味突出。

(2) 色度在7～10EBC单位者为金黄色啤酒。此种啤酒所采用的麦芽溶解度一般较上述者高一些，其非生物稳定性的处理过程，也不像上述者那么强烈。此种啤酒口味清爽而醇和，要求酒花香味突出。

(3) 色度在10EBC单位以上的淡色啤酒为棕黄色啤酒。此种啤酒采用的麦芽大都是溶解度高，或者焙焦温度高，通风不良，色泽较深的麦芽，糖化周期较长，麦汁冷却时间长，接触空气多。其口感比较粗重，色泽黄中略带棕色，严格地说，已经不应称其为淡色啤酒了。

2. 浓色啤酒

浓色啤酒的色泽呈红棕色或红褐色，其色度在15～40EBC单位之间。其产量比例远较淡色啤酒为低，在国内则缺乏这类啤酒。

制造浓色啤酒除采用溶解度较高的浓色麦芽外，尚需采用部分特种麦芽如结晶麦芽、琥珀麦芽、巧克力麦芽等。浓色啤酒根据其色度深浅，又可划分为以下三种：

种类	色度范围
棕色啤酒	15～25EBC单位
红棕色啤酒	25～35EBC单位
红褐色啤酒	35～40EBC单位

浓色啤酒的口感特点，要求麦芽香味突出，口味醇厚，苦味较轻。

3. 黑色啤酒

黑色啤酒的色泽多呈红褐色乃至黑褐色，色度深浅根据地区的爱好而不同，一般在50～130EBC单位之间，产品比例较低。

黑啤酒的特点，一般是原麦汁浓度较高，麦芽香味突出，口味醇厚，泡沫细腻，苦味则根据产品类型而有较大的区别。

啤酒按色泽分类并非是绝对的，有的人将黑啤酒划分为特种啤酒，而将司陶特啤酒和博克啤酒则划分为深浓色啤酒。

三、根据原麦汁浓度分类

啤酒的原麦汁浓度差别很大，最低的只有2.5%，最高者可达22%，各种类型的啤酒往往均穿插有不同的原麦汁浓度，一般分类如表4－3－1所示。

表 4-3-1 啤酒根据原麦汁浓度的分类

原麦汁浓度/%	啤酒类型	酒精含量/%
2.5～5.0	营养啤酒或儿童啤酒	0.8～1.8
4.0～9.0	佐餐啤酒	1.2～2.5
11.0～14.0	淡色贮藏啤酒	3.2～4.2
13.0～22.0	浓色或黑色啤酒	3.5～5.5

四、根据生产方法分类

1. 鲜啤酒

啤酒包装后，不经过巴氏灭菌，称为鲜啤酒，又称生啤酒。鲜啤酒是就地销售产品，因未经灭菌，不能长期存放。其存放时间与酒的过滤质量、无菌条件和保存温度关系很大，过滤良好、无杂菌感染、存放室温低的鲜啤酒，可存放7天左右。如果采取无菌过滤，保存的时间可以长一些。

鲜啤酒多为桶装，也有瓶装者，所占比例较小。

2. 熟啤酒

啤酒包装后，经过巴氏灭菌，可以保存较长时间者，称为熟啤酒，又叫杀菌啤酒。酿制贮存时间长和外销啤酒，必须经过巴氏灭菌。

杀菌啤酒多为瓶装或罐装，间或有桶装杀菌啤酒，多系采用先杀菌(瞬间灭菌)后装桶的方式。

五、根据包装容器分类

1. 瓶装啤酒

国内主要有640ml和350ml两种瓶装规格，国际上有500ml，330ml及其他容量规格者，但以前述两种规格为主。过去熟啤酒大多为瓶装啤酒，自罐装啤酒问世后，瓶装啤酒的比例已逐渐下降。

2. 罐装啤酒

制罐材料一般采用铝合金或马口铁

国际上罐装啤酒多为355ml装和500ml装两种规格。国内罐装啤酒均为355ml装一种规格。

罐装啤酒体轻，携带方便，一般皆为杀菌啤酒，酒的口感评价常不如瓶装啤酒。

3. 桶装啤酒

国内桶装啤酒又称"扎啤"，绝大部分为瞬间杀菌啤酒，不锈钢桶包装，容量30L，主要是当地产当地销，也有少量外地销售。

国际上的桶装啤酒有木桶、铝桶、不锈钢等多种类型，容量自5L、30L至100L以上不等，以30L及50L者居多。国际上生产桶酒(draught beer)最多的国家是英国，约占其总产量的70％～80％，都是不经杀菌的生啤酒。

六、根据销售方式分类

1. 外销啤酒

此种啤酒多为高档啤酒，其特点是对啤酒的保存期要求高。此类啤酒在酿制过程中，一般都要经过特殊的非生物稳定性处理，使其在高温、低温和振荡的情况下都不容易发生混浊沉淀现象。外销啤酒的保存期，根据外销地点而不同，一般要求保存期在6个月以上。

2. 内销啤酒

内销啤酒对保存期的要求比外销啤酒低，但在对啤酒的透明度和抗冷性有特殊要求时，也应按制造外销啤酒的措施进行处理。

第二节 国内外著名啤酒的类型及其特点

在长期生产中，由于生产原料或生产工艺独特而负盛名的啤酒，常以其产地命名之。凡模仿其特点而生产的啤酒，则称之为某某型啤酒。国际上著名的啤酒类型有以下几种。

一、比尔森啤酒

比尔森啤酒(Pilsener beer)是最早(1842年)开始生产的，也是世界最负盛名的下面发酵淡色啤酒，因生产于捷克波希米亚的比尔森啤酒厂而得名，有时也简称比尔斯(Pils)。至今，比尔森啤酒厂也逐渐在现代化，但仍保留了部分老的系统，做真正典型的比尔森啤酒。世界各地都在酿制比尔森型啤酒，尽管在不同的国家和地区，做法上已有很大的变化，但仍以比尔森啤酒标榜。离波希米亚越远的地方，仿制的酒离所谓比尔森型也越远。荷兰、丹麦都能生产优质的比尔森型啤酒，口味较柔和，贮酒时间则远较正规比尔森啤酒为短。

1. 生产特点

采用的水质极软，各种盐类含量甚低(50mg/L，见酿造用水一节)；麦芽和酒花都是经特殊选择的原料，麦芽采用优良的浅色二棱大麦品种，低温发芽，溶解度不甚高，干燥温度不超过83℃，麦芽色泽为3.8～4.0EBC单位；酒花采用香型极佳的萨士(Saaz)香型酒花，酒花添加量很高(500g/100L麦汁左右)，分3次添加；传统的比尔森啤酒，采用3次煮出糖化法，麦汁煮沸时间2.5h，原麦汁浓度11%～12%。低温敞口主发酵，后发酵贮藏在小型的柞木桶内进行，加高泡酒，贮藏期3个月，酒精含量3.6%～4.0%(质量分数)。苦味质高达40BU，现代的青年人难以接受。

2. 啤酒特点

色泽较浅，泡沫好，酒花香味浓馥突出，苦味重而不长，口味醇爽。

二、多特蒙德啤酒

多特蒙德啤酒(Dortmunder beer)是在德国多特蒙德制造的淡色下面发酵啤酒。水质极硬，因永久硬度大于暂时硬度，虽总硬度达14.62mmol/L(41°d)，而残留碱度并不高，所制啤酒别具风格，多为出口啤酒，欧美国家仿制者甚多。

1. 生产特点

水质极硬，各种盐类含量高达1100mg/L，采用煮出糖化法，酒花用量较低，原麦汁浓度13.5%左右，低温发酵，发酵度中等，酒精含量5.5%(体积分数)。

2. 啤酒特点

色泽略深(10EBC单位)，苦味较轻(麦汁20～25BU)，酒精含量较高，口味甘爽。

三、慕尼黑浓色啤酒

慕尼黑浓色啤酒(Munich dark beer)是德国慕尼黑地区制造的下面发酵浓色啤酒，也是国际公认的啤酒品种。

1. 生产特点

水质中等硬度，主要是暂硬高，各种盐类含量不算高(300mg/L)，特别是硫酸盐和氯化物的含量低。采用深色麦芽和三次煮出糖化法，酒花用量较少，原麦汁浓度12.5%左右(出口慕尼黑啤酒原麦汁浓度为16%～18%，近似博克啤酒)。低温下面发酵，发酵度较低，贮藏期3个月以上，酒精含量5%(体积分数)。

2. 啤酒特点

色泽深(40EBC单位)，具有浓馥的焦香麦芽味，口味浓醇而不甜，苦味较轻(麦汁20BU)。

四、博克啤酒

博克啤酒(Bock beer)是德国生产的一种棕红色的高浓度下面发酵烈性啤酒，欧美国家均有生产。

1. 生产特点

采用的水质硬度高，利用多种麦芽制造，其中的深色麦芽色度达21～23EBC单位，另外也添加一些乳酸麦芽，避免口感过甜，原麦汁浓度16%，酒精含量6%～7%(体积分数)，苦味质27BU。另外，还生产一种超烈性的下面发酵啤酒，叫“双料博克”(double bock)，麦汁浓度>18%，酒精含量>7.5%(体积分数)。过高的麦汁浓度，对酵母有抑制作用，发酵有困难，有的厂则采用结冰浓缩的办法来提高浓度，原麦汁浓度为23%～25%，酒精含量则高达10%(体积分数)。结冰后的啤酒既浓厚又美味，德国的Kulmbach至今仍生产这种啤酒，名为冰缩啤酒。

2. 啤酒特点

色泽深，色度范围广(40～130EBC单位)，发酵度较低，有极浓厚的麦芽香气，口感柔和醇厚，微甜，泡沫好。

五、巴顿爱尔啤酒

巴顿爱尔啤酒(Burton Pale Ale)是生产于英国巴顿的一种琥珀色上面发酵啤酒。

1. 生产特点

水质极硬，暂硬高，钙和硫酸根含量高，各种盐类含量高达1790mg/L。采用一种特殊的英国“Pale Ale”麦芽，麦芽的溶解度甚高，色泽深，给予啤酒一种琥珀色泽和特殊的风味。采用浸出糖化法，酒花用量大，麦汁煮沸时加糖，原麦汁浓度11%～12%(出口爱尔啤酒的原麦汁浓度为16%～17%)，采用上面发酵，发酵度高，酒精含量5%(体积分数)，下酒时添加优质香型富格尔(Fuggle)干酒花100～200g/100L酒。巴顿爱尔啤酒的生产方式也很特殊(见上面发酵“巴顿联合法”一节)，它的风格与水质有关。因此，任何地区要仿制巴顿爱尔啤酒，首先要把水质“巴顿”化。

2. 啤酒特点

巴顿爱尔啤酒呈琥珀色，苦味重，富有酒花香味和麦芽香味，口味淡爽。

六、英国棕色爱尔啤酒

英国棕色爱尔啤酒(English Brown Ale)是英国销路最广的瓶装爱尔啤酒。

1. 生产特点

英国生产的棕色爱尔啤酒品牌很多，其中最著名的是纽卡索棕色爱尔啤酒(Newcastle Brown Ale)，该酒是由特制的两种色泽深浅不同、浓度高低不同的爱尔啤酒勾兑而成。勾兑后的酒原麦汁浓度为11.5%，酒精含量4.7%(体积分数)，色泽50EBC单位，苦味度

24BU。勾兑的原因是使成品酒既具麦芽香，又略带水果酯香。

2. 啤酒特点

因采用英国“Pale Ale”麦芽，同时添加部分结晶麦芽和下酒时加糖，故色泽呈琥珀色，麦芽香味浓，酒精含量较淡色爱尔啤酒略低，口感略甜而醇厚，爽口微带酸味。

七、司陶特黑啤酒

司陶特(Stout)黑啤酒是一种爱尔兰生产的著名上面发酵黑啤酒。都布林的Guinness公司生产的司陶特是世界上最受欢迎的品牌之一，欧美国家及日本多有仿制。也有国家采用下面发酵制造黑啤酒，一般采用的原麦汁浓度都比较高。

1. 生产特点

采用烘烤较重的麦芽及7%～10%的结晶麦芽和少量的黑麦芽，麦芽的溶解度甚高。采用浸出糖化法，无蛋白质分解时间，酒花添加量极高(600～700g/100L麦汁)，麦汁煮沸有时添加糖色。普通司陶特的原麦汁浓度并不高，一般为12%左右，其本国销售的大量生啤酒，原麦汁浓度只有10%，酒精含量4.2%(体积分数)，苦味度45BU，色度130EBC单位。出口的高档司陶特原麦汁浓度则高达18%～20%。上面发酵，采用悬浮性强的酵母，发酵度较高。

2. 啤酒特点

色泽深褐，酒花苦味重，有明显的焦香麦芽味，口感偏干而醇，泡沫好，高档司陶特的酒精含量高。

八、兰比克啤酒

兰比克啤酒(Lambic beer)是一种古老的传统啤酒，也是啤酒品系中唯一利用野生酵母自然发酵酿造的啤酒。最初仅在比利时布鲁塞尔周围生产，而后扩展至法国和荷兰以及更多的国家。虽然产量不大，却作为啤酒的一个品系存在。很多以兰比克为酒基的传统果汁啤酒，也属于兰比克品系。它的特殊风格，正引起新一代啤酒爱好者的注意。

1. 生产特点

原料麦芽中掺用30%的生小麦。原麦汁浓度控制在11.5%～13.5%，麦汁混浊，煮沸时间长达数小时，添加陈酒花，只是为了防腐。在冷却盘冷却时，打开窗户，引进野生酵母进行发酵。兰比克啤酒在木桶中贮存，贮存期一般3年。此时酒液澄清，粉红色，口感复杂。据说参与兰比克发酵的微生物多达70余种，其中只有2种有分类名称，即兰比克酒香酵母(*Brettanomyces lambicus*)和布鲁塞尔酒香酵母(*Brettanomyces bruxellensis*)。别的地区利用兰比克自然发酵工艺生产兰比克啤酒，则不具有典型的兰比克啤酒风格。这可能是不同气候地区的微生物体系不同使然。目前，真正不经调配的兰比克啤酒已经很难找到。

2. 啤酒特点

具有特殊的酒香味和酸味，像葡萄酒而不太像啤酒，酒精含量5.0%(体积分数)。

九、小 麦 啤 酒

小麦啤酒一般都是在大麦麦芽之外添加部分小麦麦芽或生小麦酿制的啤酒，曾一度消失，又多次重现。啤酒酿造者不愿使用纯小麦酿酒的原因是其难处理：无麦皮，糖化时容易结团，过滤时缺乏滤层，故多与大麦芽掺兑使用。传统的小麦啤酒都是上面发酵，贮酒期很短。小麦啤酒前面常冠以“白”字(如柏林白啤酒)，在于提示此种啤酒贮存期短，宜于速销。

最初生产的典型小麦啤酒是德国南部巴伐利亚所制的小麦啤酒，有时叫小麦啤酒，有时也叫白啤酒，至少掺用50％的小麦麦芽或小麦。德国北部生产的小麦啤酒则叫“柏林白啤酒”，两地虽然同是生产小麦啤酒，做法上却不一样。

1. 生产特点

传统的小麦啤酒，多装瓶内进行后发酵。或主发酵后，离心分离酵母，再加新酵母(同一菌种或不同菌种)，装瓶进行后发酵。目前，在巴伐利亚最盛行的是后发酵添加下面酵母，最后沉淀瓶底，酒液澄清，很受青年人的欢迎。

柏林白啤酒是一种特殊的小麦啤酒，发酵时除采用上面酵母外，还添加经选育的乳酸菌。采用这一技术，使粗重的酸味变为柔和的口感。由于酸度高，虽然起泡很快，但泡持性差。最初制造的柏林白啤酒有多种原麦汁浓度和酒精含量，酒花作为防腐剂加在糖化锅而不是加在煮沸锅内，而后逐渐演变为目前的情况。发酵度和酸度较前略减，酒花添加量增加，加在煮沸锅内，原麦汁浓度11.5％，酒精含量4％(质量分数)，色泽浅，酒体淡爽，苦味轻。陈贮期2～3月，有时甚至几年，从而带有一种复杂而细致的水果酸味，类似香槟。

2. 啤酒特点

色泽较浅，但非白色，口感比较淡爽，苦味轻，柏林白啤酒则具有明显的水果酸味。

十、青 岛 啤 酒

青岛啤酒是国内著名的比尔森型啤酒，具有百年的生产历史。

1. 生产特点

水质软而甜，采用溶解良好的二棱大麦麦芽及香型酒花，另外，添加25％的大米。糖化采用双醪二次煮出糖化法，原麦汁浓度12％，酒花添加量较国内一般啤酒稍高。发酵采用两罐法，低温下面发酵，发酵度适中。传统做法贮酒期2～3个月，目前前发酵采用锥形罐，后发酵采用卧式罐，贮酒期缩短至1个月左右。

2. 啤酒特点

色泽浅黄，具有清新的酒花香味，苦味适中，口味醇和，清爽适口，独具风格，为国内外所推崇。

十一、燕 京 啤 酒

燕京啤酒是国内啤酒的后起之秀，国内著名品牌之一。建厂不到20年，产量已跃居全国啤酒厂之首，遥遥领先。其产品遍布全国各地，其中销量最多的是原麦汁浓度11％的清爽型燕京啤酒。现简介如下：

1. 生产特点

采用矿泉水，中等硬度；使用溶解良好的二棱大麦麦芽。糖化采用双醪浸出糖化法，添加30％的大米辅料。酒花选用香型颗粒酒花和酒花浸膏，用量适中，苦味不重而柔和。发酵采用锥形罐一罐法，低温下面发酵，发酵度较高，发酵期20天左右。

2. 啤酒特点

色泽浅黄带绿，具有清新的酒花香味，苦味适中。口味清爽柔和，后味干净，为广大消费者所喜用。

第三节 啤酒的主要化学组成及分析

不同类型的啤酒，其原麦汁浓度相差很大，原麦汁浓度范围在2.5％～22.0％之间，以11％～12％的啤酒所占比重最大。因此，啤酒的化学组成变化也大，不可能有统一的数字范围表示之。

一、啤酒的主要化学组成

啤酒的主要化学成分，除水分外，可概括如下：

1. 酒精

酒精含量是表示啤酒强度的一种方法，其含量由原麦汁浓度和啤酒发酵度所决定。根据已知酒精含量和残留浸出物含量可以通过下式粗略算出啤酒的原麦汁浓度：

$$w=(2.0665w_{酒精}+w_1)\times 100/100+1.0665w_{酒精}$$

式中 w——原麦汁浓度(％)

w_1——啤酒真正浓度(％)

$w_{酒精}$——酒精含量(％)

酒精是啤酒热价的主要来源，又是增加啤酒粘度和泡沫粘度，使啤酒泡沫具有细致性的必要成分。

2. 碳水化合物

麦汁中的单糖、双糖和麦芽三糖经发酵后，绝大部分为酵母发酵和同化，只有微量残留于啤酒中。糊精和可发酵糖的残留量由使用酵母的性质和发酵工艺所决定。一般说，发酵正常的啤酒中，可发酵糖的含量甚微。可发酵糖残留量过高，对啤酒的生物稳定性是不利的。

啤酒的甜味是由所含糖类和个别其他物质所决定，糊精本身并不具有什么味道。啤酒中有关成分的相对甜度，以蔗糖为基数，可表示如下：

蔗　糖	100	甘　油	130
果　糖	173	甘氨酸	64
葡萄糖	74	丙氨酸	92
麦芽糖	32		

碳水化合物和酒精同为啤酒热价的主要来源，啤酒的热价可按下式粗略计算之：

热价(J/100ml)=〔4×固形物(g/100ml)+7×酒精(g/100ml)〕×4.186

3. 含氮物质

麦汁中的含氮物质，经过发酵，一部分低分子含氮物质为酵母所同化，一部分高分子蛋白质则随温度和pH值的降低而析出。同时，酵母在代谢过程中也分泌出一部分含氮物质，啤酒中的残留含氮量占其残留浸出物的8%～10%，相当于麦汁含氮量的50%弱，根据使用原料、菌种和发酵工艺条件不同而有较大变化。麦芽含氮量高或原麦汁浓度高的啤酒，其残留含氮量较高；反之，则较低。

4. 二氧化碳

啤酒中的二氧化碳含量，决定于贮酒温度和贮酒压力，一般啤酒中的二氧化碳含量为0.35%～0.55%，人工充气啤酒的二氧化碳含量可高达0.70%。

5. 矿物质

啤酒的浸出物中，通常含有3%～4%的灰分。灰分的成分与原料的成分，特别是水的成分有关。

6. 其他非挥发性成分

啤酒中还含有微量脂类、酒花树脂、多酚物质、色素物质以及乳酸、琥珀酸、草酸和酒石酸等有机酸。

7. 挥发性成分

啤酒中的挥发性成分，少数来自原料，绝大多数来自发酵产物，主要包括以下成分：

(1) 高级醇类　主要有异戊醇、二甲基丁醇、二甲基丙醇、三甲基丙醇、丙醇等。

(2) 醛类　主要是乙醛

(3) 脂肪酸和其他有机酸　主要是乙酸、丁酸、己酸、辛酸、异戊酸和乳酸等。

(4) 酯类　主要有乙酸乙酯、乙酸异戊酯、乙酸苯乙酯和己酸乙酯等。

(5) 硫化物　主要有硫化氢、二甲基硫、硫醇、二氧化硫等。

(6) 双乙酰

二、国内外啤酒的成分分析

1. 国外两种不同类型啤酒的成分分析

德国内销啤酒使用的原料全部用麦芽，不加辅助原料，美国则添加高达40%～50%的辅助原料，这两种啤酒在成分分析上是有差别的，如表4－3－2所示。

不加辅助原料的啤酒，其可溶性氮、氨基氮、花色苷、多酚物质、色度、粘度、维生素B复合体等均较添加辅助原料者相对为高；而糊精含量则添加辅助原料者较不添加者高，其发酵度也相应低一些；美国啤酒多系人工充二氧化碳，其二氧化碳含量也较高一些。

2. 国内啤酒的成分分析

国内啤酒一般添加20%～30%的谷类辅助原料，刚好介于上述两种啤酒使用原料情况之间，在国际上，这样的原料比例是有代表性的。现以青岛啤酒的成分分析示例如表4－3－3。

表 4-3-2 两种不同原料的啤酒成分分析

分析内容	德国啤酒	美国啤酒	分析内容	德国啤酒	美国啤酒
一般分析:			钙	28	47
原麦汁浓度/%	11.8	11.5	镁	93	76
酒精含量/%	3.7	3.6	有机酸含量/(mg/L)		
发 酵 度/%	78.6	76.6	丙酮酸酯	60	69
发酵度极限/%	84.0	80.3	柠檬酸盐	150	156
pH	4.51	4.32	L－乳酸盐	19	19
可溶性氮含量/(mg/L)	696	473	D－乳酸盐	36	57
粘 度/Pa·s	1.679×10^{-3}	1.546×10^{-3}	乙酸盐	76	67
色 度/EBC单位	8.6	5.3	葡萄糖酸盐	35	34
花色苷含量/(mg/L)	42	31	苹果酸盐	70	80
多酚物质含量/(mg/L)	170	122	维生素含量/(mg/L)		
苦味度/BU	27	18	硫 胺 素(B_1)	45	8
泡持性/单位	233	234	核 黄 素(B_2)	324	250
二氧化碳/%	0.46	0.55	吡 哆 醇(B_6)	560	287
氨基酸含量/(mg/L)			烟 酸	4020	5200
脯 氨 酸	331	178	泛 酸	1580	1620
甘 氨 酸	28	10	生物素	6	9
丙 氨 酸	90	29	核酸衍生物含量/(mg/L)		
异亮氨酸	22	5	腺 嘌 呤(Adenine)	5	2
γ-氨基丁酸	31	41	腺 苷(Adenosine)	12	18
亮 氨 酸	38	7	胞 啶(Cytidine)	50	46
氨	17	17	胞 嘧 啶(Cytosine)	3	1
酪 氨 酸	68	17	鸟 嘌 呤(Guanine)	4	4
组 氨 酸	32	10	鸟 苷(Guanosine)	92	76
苯丙氨酸	62	14	次 黄(Hypoxanthine)	5	2
其他氨基酸	289	23	肌苷(Inosine)＋胸腺嘧啶(Thymine)	15	6
α-氨基氮	87	32	胸腺嘧啶＋尿嘧啶(Uracil)	28	27
碳水化合物含量/(mg/L)			尿 核 苷	43	41
麦芽四糖	820	3130	其他香味化合物含量/(mg/L)		
麦芽五糖	590	980	甘 油	1625	1504
麦芽六糖	740	480	乙 醛	10	4
麦芽七糖	1020	760	乙酸乙酯	19	15
麦芽八糖	1180	1010	乙酸异戊酯	2	1
麦芽九糖	1330	1670	正 丙 醇	10	12
糊精总量	16590	21340	异 丁 醇	9	10
灰分含量/(mg/L)			戊 醇	53	64
钾	449	330	β-苯乙醇	15	36
钠	21	42	双 乙 酰	0.12	0.04

表 4-3-3　　国内啤酒的成分分析

分　析　内　容	分析数据	分　析　内　容	分析数据
原麦汁浓度/%	12.18	色　度/[0.1mol/L(1/2I_2)毫升数/100ml]	0.54
酒精含量/%(质量分数)	3.84	α-氨基氮含量/(mg/L)	87
真正浓度/%	4.74	总氮含量/(mg/L)	329
真正发酵度/%	61.06	双乙酰含量/(mg/L)	0.113
二氧化碳含量/%	0.44	单宁含量/(mg/L)	62
泡沫(Σ值)/s	112.1	溶解氧含量/(mg/L)	0.178
总酸含量/(1mol/L NaOH毫升数/100ml)	1.98	乙醛含量/(mg/L)	17.7
pH	4.48	高级醇含量/(mg/L)	83
还原糖含量/(g麦芽糖/100ml)	1.704	花色苷(*OD*值)/%	0.084
粘　度/mPa·s	1.533	苦味值/EBC单位	28.8
浊　度/EBC单位	1.02		

第四节　啤酒的典型性

啤酒的典型性是由下列特性所决定。

一、色　　泽

啤酒的色泽分淡色、浓色和黑色三种，每种色泽又有程度深浅之分;淡色啤酒的色泽主要取决于原料麦芽和酿造工艺;深色啤酒的色泽来源于麦芽，另外也需要添加部分着色麦芽或糖色;黑啤酒的色泽则主要依靠焦香麦芽、黑麦芽或糖色所形成。

良好的啤酒色泽，不管深浅，均应光洁醒目。发暗的色泽，主要是原料不好或操作不当所致。至于光洁醒目，除去色泽本身的因素外，还要依靠啤酒透明度的配合，如果啤酒发生混浊现象，其色泽的特点也就不存在了。

二、透　明　度

啤酒是酿造酒，在灌装前，需先经过滤或离心分离，将酒内一切固形物分离掉。滤出的啤酒应长时间保持其光洁的透明度，在要求的保存期内，不应有任何影响透明度的混浊沉淀产生。

三、泡　　沫

泡沫是啤酒的重要特征之一，也是唯一的以泡沫作为主要质量指标的酒类。

四、风味与酒体

淡色啤酒一般酒花添加量大，应具有明显的酒花香味和细致的酒花苦味。此种苦味，苦而不长，凡苦味粗重，长时间存留喉间而不消失者，是不受欢迎的。淡色啤酒的酒体应爽而不淡，柔和适口。

浓色啤酒和黑啤酒一般苦味较轻，应具有浓馥的麦芽香味。浓色啤酒的酒体较醇厚，但应无粘甜的感觉，也不应空乏淡薄。

五、二氧化碳含量

啤酒中含有饱和溶解的二氧化碳。这些二氧化碳是在发酵过程中产生的，或是通过人工充二氧化碳，加入酒中的。它有利于啤酒的起泡性，饮用后，赋予一种舒适的刺激感觉，即所谓杀口力。啤酒中如果缺乏二氧化碳，那就不成其为啤酒，只是一杯乏味的苦水而已。

六、饮 用 温 度

啤酒的饮用温度很有讲究，在适宜的温度下饮用，很多成分的作用可以互相协调平衡，给人一种舒适的感觉。啤酒适宜在较低的温度下饮用，以10～12℃左右比较合适。淡色啤酒适宜于温度低些饮用。浓色啤酒和黑啤酒适合于稍高些温度饮用。太高的饮用温度，易使酒内二氧化碳不足，缺乏应有的杀口力，酒味就会显得苦重而平淡，一些细致的酒味缺点也容易暴露出来。当然，过低的饮用温度也是不适宜的，人们的感觉就会麻木，不那么敏锐，一些挥发性香味成分的作用，也不容易显示出来。

第五节 啤酒的营养价值

啤酒是一种营养丰富的饮料，其营养价值不仅来自热量，还富含大量维生素。

一、啤酒与热量

1. 啤酒发热量的计算

啤酒的发热量粗略地也可用下式计算：

$$热量(J/L)=原麦汁浓度\times 36.4\times 4.186$$

2. 啤酒与其他食品产生热量的对比(J/kg)

啤酒(12%原麦汁浓度)	1800
苹果汁	1968
番茄汁	837
橘子汁	1968
葡萄汁	3098
白葡萄酒	2931
红葡萄酒	3224

1L啤酒的热量相当于: 500g马铃薯,0.75L牛乳,6～7个鸡蛋,65g奶油;250g黑面包。

3. 热量换算

分解下列物质所释放的热量:

1g碳水化合物	17.17J	1g脂肪	38.94J
1g蛋白质	17.17J	1g酒精	29.73J

4. 人体所需的热量

70kg体重人体的基础代谢	7.95kJ/d
轻体力劳动	(10.05～10.89)kJ/d
重体力劳动	(14.65～18.84)kJ/d

二、啤酒与维生素

啤酒中所含的维生素因酒而异,举例如表4－3－4所示。

表 4-3-4　　啤酒中所含的维生素　　单位: mg/L

维生素名称	啤酒中含量	维生素名称	啤酒中含量
硫胺素(维生素B_1)	0.005～0.15	叶　酸	0.1～0.13
核黄素(维生素B_2)	0.3～1.3	生物素(维生素H)	0.002～0.015
吡哆醇(维生素B_6)	0.4～1.5	肌　醇	～60
烟酰胺	5～20	胆　碱	100～300
泛　酸	0.4～1.2		

第六节　啤酒的品尝方法

一、概　　述

啤酒所含的成分非常复杂,它们对啤酒风味所起的作用也是复杂的,至今并未全部弄清楚。虽然啤酒中很多成分已经可以通过仪器测出,但这些成分的作用往往是协同的、加成的,相互之间的影响也很复杂。因此,真正评价啤酒风味,仍以品尝为主。

风味一词,包括很广,对啤酒来说,主要指滋味、口感和气味而言。

所谓滋味,系指舌头神经末梢所感觉的甜、咸、酸、苦四种味感而言。口感比较复杂,系指饮用啤酒后,口内的感觉,例如: 由多酚物质、类黑素和脯氨酸等所引起的涩味,二氧化碳所形成的杀口力,金属盐等所引起的腥味等等都属口感。气味的感觉则更复杂,它是由鼻腔的神经末梢所感觉的一切挥发性物质的气味。

复杂的风味是由挥发性和非挥发性物质所引起的一种整体感觉,它包括口尝和鼻闻。所谓后味,系指饮用酒后,某些感觉所残留的余味,如后苦味、铁腥味、涩味等。

二、啤酒品评的要求

1. 品评人员的选择

应选择具有品评能力的人员组成品评小组。选择时，通过以下3项比较试验：

(1) 稀释比较法 用碳酸水将酒稀释10%，与原酒比较。

(2) 甜度比较法 将原酒添加4g/L蔗糖，与原酒比较。

(3) 苦度比较法 将原酒加入4mg/kg异α-酸，呈苦味后，与原酒比较。

比较试验连续进行3天，得分低者不能入选。

2. 品评时的要求

(1) 对品评室的要求 品评室应舒适安静，不受外界干扰，室内光线宜暗，不允许有任何异味存在。室温保持20℃，相对湿度保持60%为佳。

(2) 对品评人员的要求 品评时，品评人员应保持良好情绪，凡过分疲劳、激动、情绪不安或患感冒者，均不宜参加品评。品评人员在品评前或评酒过程中不能吸烟，吸烟对味觉和嗅觉有严重影响，也不能吃油腻和辛辣的食物。品评人员在品评过程中不能交谈或交头接耳，或以手势交换意见。品评人员1次不宜品评过多的酒样，最多1次品评3～4个样品。品评人员叙述品评意见应简单明了，并提出根据。

(3) 对酒样的要求 凡参加品评的酒样，均应密码品尝，以1、2、3…号码表示之，最后公布结果。

啤酒样品应严加保护，不得混淆弄错。

酒样送到桌上时，应保持同一温度，以10～12℃为宜。

选用同样酒杯，最好采用毛玻璃酒杯，以避免色度差的干扰；如需观察色泽和透明度，可改用透明玻璃杯。

不得采用当天装出之酒品评，品评的酒应在2天前装出，静置不动，温度保持正常、一致。

品评的酒应具有生物稳定性，并含有正常的二氧化碳含量。

斟酒应注意斟酒高度和速度保持一致。

(4) 品评要求 品评时，先观察酒的外观性能(包括透明度、起泡性、泡持性和色度等)；然后嗅味。

开始饮用时宜轻呷，不宜大口饮；然后大口饮用品评；注意第一口的风味印象及后味感觉。

尝完一个酒样，即与其他酒样进行比较，对淡色啤酒重点在酒花的苦味和香味；对浓色啤酒，重点是麦芽香味及其醇厚性。

品评时，不宜连续饮用，第一口的饮用印象是基础，连续饮用会失去判断力。

三、啤酒的品评方法

啤酒的品评方法很多，概括起来，可分三类：

(一) 选优法

此法要求在许多酒样中，通过品评，比较其优劣。参加品评人员不一定是有经验的品评专家，但是人数要多，从多数人的评语中得出结论，更能符合广大消费者的意见。

此法只能作为一般的选择方法，不宜作为质量控制方法。

(二) 辨别法

此法可作为产品质量的控制方法，由有经验的品评者进行品评，检查不同批次酒样的质量是否接近一致。此法参加品尝人员不宜多，但必须是有品评经验的专家，通常采用的辨别品评法有两种：

1. 两杯法

一次拿出两杯酒样，由品评者指出，系同一酒样还是两个酒样，并指出不同酒样的差异。

2. 三杯法

一次拿出三杯酒样，其中两杯是同一酒样，其他一杯为另一酒样，由品评者指出，哪两杯酒是同一酒样，并指出不同酒样的差异。

上述两法如果多数人能辨别出，说明不同批次的产品质量是有差距的，容易分辨出；分别出不同酒样后，再进一步鉴别两者的优劣。

(三) 风味描述法

此法要求对啤酒进行解剖分析，以啤酒习惯上用的风味术语做出剖析表，此剖析表应足以说明不同酒样在风味上所存在的特点和缺点

风味剖析表上的术语应包括两部分：一部分是正常出现的风味，如气味中的酒花香味、麦芽香味、酯香味等；滋味中的苦味、甜味、酸味、焦香味、氧化味等；后味中的涩味、铁腥味、后苦味等。一部分是非正常出现的异味，如双乙酰味、二甲基硫味、氯酚味、硫臭味等。每种类型的酒可以有其自己的风味剖析表，风味剖析表上一般控制20个左右风味术语就可以说明问题。

采用此法不只能辨别酒的风味，而且能找出风味病害的原因。因此，当生产上原料和工艺有改变时，采用此法进行风味鉴定是有价值的。

此法可以作为质量控制的方法，需要有经验的人员参加品评，人数不宜过多，5～6人即可。如果要评定各批次之酒是否稳定，可以采取记分的办法来说明酒样之间是否有差别。

当前采用此法的困难是各国采用的风味术语比较混乱，往往一种风味有几种术语表示之，如啤酒的氧化味，又叫老化味、杀菌味、面包味、纸板味等等；金属味又叫铁腥味、墨水味、锈水味等等。应该由国际上有关权威机构汇编统一的风味术语，这些术语要能正确反映啤酒的风味感觉。

第七节 啤酒质量标准

1991年中华人民共和国国家技术监督局批准颁布的国家啤酒标准规定如下：

一、主题内容与适用范围

本标准规定了啤酒的分类、技术要求、检验规则和标志、包装、运输、贮存。

本标准适用于以麦芽(包括特种麦芽)为主要原料,加酒花,经酵母发酵酿制而成的、含有二氧化碳的、起泡的、低酒精度的各类熟、鲜啤酒。

二、引 用 标 准

GB 191　包装储运图示标志

GB 2758　发酵酒卫生标准

GB 4544　啤酒瓶

GB 4789.1～4789.28　食品卫生检验方法　微生物学部分

GB 4928　啤酒试验方法

GB 5739　啤酒塑料周转箱

GB 6543　瓦楞纸箱

GB 10344　饮料酒标签标准

三、术　　语

淡色啤酒: 色度为5.0～14.0EBC单位的啤酒。

浓色啤酒: 色度为15.0～40.0EBC单位的啤酒。

黑色啤酒: 色度为大于40.0EBC单位的啤酒。

熟啤酒: 经巴氏灭菌的啤酒。

鲜啤酒: 未经巴氏灭菌的啤酒。

四、分　　类

1. 根据啤酒色度分类

(1) 淡色啤酒。

(2) 浓色啤酒。

(3) 黑色啤酒。

2. 规格

(1) 18度啤酒。

(2) 16度啤酒。

(3) 14度啤酒。

(4) 12度啤酒。

(5) 11度啤酒。

(6) 10度啤酒。

(7) 8度啤酒。

五、技 术 要 求

啤酒产品的取样及质量的检测须按照GB 4928执行。

1. 感官要求

(1) 浓、黑色啤酒的感官指标应符合表4－3－5规定。

表 4-3-5

<table>
<tr><th colspan="2">级别
项目</th><th>优级</th><th>一级</th><th>二级</th></tr>
<tr><td colspan="2">外观</td><td colspan="2">无明显悬浮物和沉淀物</td><td>无明显沉淀物</td></tr>
<tr><td rowspan="2">泡沫</td><td>形态</td><td>泡沫细腻、挂杯</td><td>泡沫较细腻、挂杯</td><td>泡沫较粗</td></tr>
<tr><td>泡持性/s</td><td>≥210</td><td>≥180</td><td>≥120</td></tr>
<tr><td rowspan="2">色度/EBC单位</td><td>浓色</td><td colspan="3">15.0～40.0</td></tr>
<tr><td>黑色</td><td colspan="3">>40.0</td></tr>
<tr><td colspan="2">香气和口味</td><td>具有明显的麦芽香气，口味纯正，爽口，酒体醇厚，柔和，杀口，无异味</td><td>有较明显的麦芽香气，口味纯正，较爽口，杀口，无异味</td><td>有麦芽香气，口味较纯正，较爽口，无异味</td></tr>
</table>

(2) 淡色啤酒的感官指标应符合表4－3－6规定。

表 4-3-6

<table>
<tr><th colspan="3">级别
项目</th><th>优级</th><th>一级</th><th>二级</th></tr>
<tr><td rowspan="2">外观</td><td colspan="2">透明度</td><td colspan="2">清亮透明，无明显悬浮物和沉淀物</td><td>尚清，较透明</td></tr>
<tr><td colspan="2">浊度(保质期内)/EBC单位</td><td>≤1.0</td><td>≤1.5</td><td>≤2.0</td></tr>
<tr><td rowspan="3">泡沫</td><td colspan="2">形态</td><td>泡沫洁白细腻，持久挂杯</td><td>泡沫较洁白细腻，较持久挂杯</td><td>泡沫尚洁白，较粗</td></tr>
<tr><td rowspan="2">泡持性/s</td><td>瓶装</td><td>≥210</td><td>≥180</td><td rowspan="2">≥120</td></tr>
<tr><td>罐装</td><td colspan="2">≥180</td></tr>
<tr><td rowspan="3">色度/EBC单位</td><td colspan="2">14°(原麦汁浓度为14%)</td><td colspan="2">5.0～11.0</td><td>5.0～14.0</td></tr>
<tr><td colspan="2">12°、11°、10°</td><td>5.0～9.5</td><td>5.0～11.0</td><td>5.0～12.0</td></tr>
<tr><td colspan="2">8°</td><td>—</td><td colspan="2">5.0～12.0</td></tr>
<tr><td colspan="3">香气和口味</td><td>有明显的酒花香气，口味纯正，爽口，酒体谐调，柔和，无异香、异味</td><td>有较明显的酒花香气，口味纯正，较爽口，谐调，无异香、异味</td><td>有酒花香气，口味较纯正，无异味</td></tr>
</table>

2. 理化要求

理化要求应符合表4－3－7规定。

表 4-3-7

<table>
<tr><th colspan="2">级别
项目</th><th>优级</th><th>一级</th><th>二级</th></tr>
<tr><td rowspan="7">酒精含量/%</td><td>18°
(原麦汁浓度为18%)</td><td>≥4.5</td><td colspan="2">≥4.3</td></tr>
<tr><td>16°</td><td>≥4.4</td><td colspan="2">≥4.2</td></tr>
<tr><td>14°</td><td>≥4.3</td><td colspan="2">≥4.1</td></tr>
<tr><td>12°</td><td>≥3.7</td><td colspan="2">≥3.5</td></tr>
<tr><td>11°</td><td>≥3.4</td><td colspan="2">≥3.2</td></tr>
<tr><td>10°</td><td>≥3.1</td><td colspan="2">≥2.9</td></tr>
<tr><td>8°</td><td>—</td><td>≥2.4</td><td>≥2.2</td></tr>
<tr><td rowspan="7">原麦汁浓度/%</td><td>18°</td><td colspan="3">18±0.3</td></tr>
<tr><td>16°</td><td colspan="3">16±0.3</td></tr>
<tr><td>14°</td><td colspan="3">14±0.3</td></tr>
<tr><td>12°</td><td colspan="3">12±0.3</td></tr>
<tr><td>11°</td><td colspan="3">11±0.3</td></tr>
<tr><td>10°</td><td colspan="3">10±0.3</td></tr>
<tr><td>8°</td><td colspan="3">8±0.3</td></tr>
<tr><td rowspan="3">总酸含量/
(ml/100ml)</td><td>18°、16°</td><td colspan="3">≤4.5</td></tr>
<tr><td>14°</td><td colspan="3">≤3.0</td></tr>
<tr><td>12°、11°、10°、8°</td><td colspan="3">≤2.6</td></tr>
<tr><td colspan="2">二氧化碳含量/%</td><td>≥0.40</td><td>≥0.38</td><td>≥0.35</td></tr>
<tr><td rowspan="2">双乙酰含量/
(mg/L)</td><td>淡色</td><td>≤0.13</td><td>≤0.15</td><td rowspan="2">≤0.20</td></tr>
<tr><td>浓色、黑色</td><td>≤0.14</td><td>≤0.16</td></tr>
</table>

3. 保质期

瓶装、罐装熟啤酒保质期不少于120天(优、一级),60天(二级)。瓶装鲜啤酒保质期不少于7天。罐装、桶装鲜啤酒保质期不少于3天。

4. 卫生要求

卫生指标按GB 2758执行。

六、试验方法

理化要求的检验按GB 4928执行。

卫生指标的检验按GB 4789.1～4789.28有关方法执行。

七、检验规则

1. 验收

(1) 凡同原料、同配方、同工艺所生产的啤酒，经混合过滤，同一罐、同一包装线当天包装出厂(或入库)的，并具有同一质量证明书的产品为一批。

(2) 生产厂应保证产品质量，须按本标准和GB 4928对产品进行逐批检验。产品须附有质量检验部门签署的质量合格证，不合格产品一律不得出厂。

(3) 受货方有权在收到货的当时，从交付批产品中抽样，按GB 4928和本标准的规定进行检验，。检验结果按以下判定。

① 不合格的分类：

A类不合格——外观，香气和口味，理化要求，卫生要求，标签标志。

B类不合格——泡沫，色度，净容量偏差。

② 产品判定规则：受检样品检验项目全部合格时，判整批产品为合格品。若有不合格项目时，应重新自同批产品中抽取两倍量样品进行复验，复验结果仍有一项A类不合格或超过一项B类不合格时，则判整批产品为不合格。

③ 质量等级的判定规则：生产厂可根据自己产品的质量，按本标准的技术要求判定自己产品的等级，并在标签上注明。产品检验时，应按标签标注的等级检测。若样品检验结果低于标签标注的等级时，则判该批产品为不合格。

(4) 当供需双方对产品质量发生争议时，由双方协商解决或委托仲裁单位复检，以复检结果为最终判定依据。

(5) 外销产品标准和检验，可按双方协议执行。

2. 抽样

(1) 出厂检验抽样　每批啤酒产品的检验可按表4－3－8抽取样品。

表 4-3-8

批量范围/箱	抽取样品数/箱	抽取单位样品数/(瓶/箱)
50以下	4	1
50～1458	8	1
1458以上	13	1

表4－3－8中规定的抽取样品数，为全部用来做卫生、理化、感官检验的，若需留样，可再适量抽取若干瓶。但多抽的瓶数，不得超过标准中规定数的1/2。

(2) 抽样方式

① 瓶装啤酒从每批产品中随机抽取n箱，再从n箱中抽取1瓶，作为该批产品的样品进行检测。

② 散装啤酒按表4－3－8规定从大罐中分装n瓶，作为该批产品的样品进行检测。检验散装啤酒卫生指标时，抽样按GB 4789进行。外销产品可按双方协议执行。

八、标志、包装、运输、贮存

1. 标志

(1) 标签标志　产品标签除必须符合GB 10344的有关规定外，还必须在不低于本标准规定的保质期的基础上，根据具体产品情况，标明确切的保质期限。

(2) 销售包装标志　瓦楞纸箱应注有厂名、酒名、规格、批号、净重、毛重、瓶数，并标有“小心轻放”、“请勿倒置”字样及标志。其使用方法按GB 191的规定执行。

2. 包装

(1) 内包装必须用符合食品卫生要求的啤酒瓶(GB 4544)、罐包装。瓶(罐)体整齐，瓶(罐)外清洁，封盖严密，无漏气、漏酒现象。

(2) 外包装必须用合格的啤酒塑料周转箱(GB 5739)、瓦楞纸箱(GB 6543)或木箱装运。箱内要有防震、防撞的间隔材料。

(3) 在20℃时，20瓶的平均净容量允许偏差：大于或等于500ml/瓶时为±10ml；小于500ml/瓶时为±8ml。

3. 运输、贮存

(1) 啤酒应在5～25℃下运输和贮存。

(2) 在运输和保管过程中，应保持厂地清洁、干燥、通风良好，严防日光直射，不得与潮湿地面直接接触，不能接触和靠近有腐蚀性或易于发霉、发潮的货物，严禁与有毒物品堆放在一起。

第八节　啤酒损失

一、啤酒损失的含义

啤酒损失系指由麦汁煮沸锅的热麦汁到成品啤酒这一生产过程中的损失。

二、啤酒损失的表示方法

1. 容量损失(又名公石损失)

每100hl热麦汁与制成成品啤酒后容量数之差即为容量损失，以百分数表示之。

如：100hl热麦汁制成成品啤酒为85hl，啤酒损失即为：

$$\frac{100-85}{100}\times100\%=15\%$$

2. 浸出物损失

每100kg麦汁浸出物与制成成品啤酒中所含浸出物之差，即为浸出物损失，以百分数表示之。

如：100kg麦汁浸出物，制成成品啤酒后，浸出物含量为95kg，则啤酒的浸出物损失为：$\frac{100-95}{100}\times100\%=5\%$

三、啤酒损失的区分与具体内容

1. 啤酒损失的区分

(1) 外观损失　外观损失系指只有容量损失而无浸出物损失。

(2) 真正损失　真正损失系指以麦汁或啤酒容量表示的浸出物损失。

容量损失包括外观损失和真正损失;浸出物损失只包括真正损失。

2. 啤酒损失的具体内容

(1) 容量损失

① 从热麦汁到冷麦汁间的外观损失

ⅰ 麦汁收缩(温度变化造成)	−4.2%
ⅱ 酒花分离(每1kg酒花合0.8L)	−0.15%～−0.20%
ⅲ 麦汁煮沸锅膨胀	+0.35%
外观损失	−4.0%

此数字根据不同酒花用量和不同麦汁煮沸锅膨胀系数而有所不同。

② 在冷却过程中,由于水分蒸发而造成外观损失。蒸发损失的水分由于采用的冷却设备不同而有很大区别:

ⅰ 冷却盘	3.8%
ⅱ 沉淀槽	0.5%～2.0%
ⅲ 回旋沉淀槽	0.2%～1.3%
ⅳ 冷却排管	0.5%
ⅴ 薄板热交换器	0

③ 从热麦汁到冷麦汁间的真正损失

ⅰ 酒花吸收(4～5L麦汁/kg酒花)	0～1%(0%系指采用酒花浸膏)
ⅱ 凝固物吸收	0.1%～1.3%
ⅲ 残留于管道和设备的麦汁	0.2%～0.5%

④ 发酵期间的真正损失

ⅰ 泡盖造成的损失	0.1%～0.3%
ⅱ 挥发损失	0.2%～0.5%(容量损失)
ⅲ 酵母吸收	0.2%～1.0%
ⅳ 酵母生长	1.0%～1.5%
ⅴ 残留部分	0.2%～0.3%

⑤ 贮酒的真正损失

ⅰ 沉积物	0.5%～1.0%
ⅱ 沉积物中啤酒	0～1.0%
ⅲ 残留部分	0.3%～0.4%

⑥ 滤酒与包装的真正损失

ⅰ 滤酒损失和残留部分	0.1%～1.0%
ⅱ 包装损失	0.5%～1.3%

(2) 浸出物损失

① 麦汁处理	1.0%
② 发酵	1.5%

③ 贮酒 1.0%

④ 滤酒与瓶装 1.5%

四、啤酒损失的计算

(一) 容量损失的计算

1. 计算的根据

(1) 全年的热麦汁产量。

(2) 同期内已装出的啤酒。

(3) 贮藏中的啤酒，以2%的容量损失折算成包装啤酒。

(4) 发酵中的啤酒，以5%容量损失折算成包装啤酒。

2. 计算示例

(1) 热麦汁产量	11765hl
(2) 同期内已包装啤酒	9760hl
(3) 年初的啤酒状况	
① 贮藏的包装酒	31hl
② 在贮藏中的酒(包括残酒)	2000hl
减去2%容量损失后合包装啤酒	1960hl
③ 在发酵中的酒	220hl
减去5%容量损失后合包装啤酒	209hl
①,②,③总容量	2200hl
(4) 年末啤酒状况	
① 贮藏的包装酒	37hl
② 在贮藏中的酒(包括残酒)	2200hl
减去2%容量损失后合包装啤酒	2156hl
③ 在发酵中的酒	260hl
减去5%容量损失后合包装啤酒	247hl
①,②,③总容量	2440hl

年末较年初多2440hl－2000hl＝440hl

全年的可包装酒量＝9760hl＋440hl＝10200hl

即11765hl热麦汁生产10200hl包装酒

每1hl热麦汁生产10200/11765hl包装酒

每100hl热麦汁生产10200/11765×100hl＝86.7hl包装酒

全年容量损失＝100%－86.7/100×100%＝13.3%

啤酒的容量损失正常范围为12%～15%

(二) 浸出物损失的计算

计算示例:

(1) 投料次数 20次

(2) 投料量 3800kg/次

(3) 平均浸出物收得率 75%

(4) 按前述容量损失的计算方法计算出全年的可包装酒量为 4224hl

(5) 上述啤酒的平均原麦汁浓度为 12.25%(质量分数)=12.87kg/hl

即1hl啤酒含12.87kg浸出物

4224hl啤酒含4224hl×12.87kg/hl=54363kg浸出物

4224hl啤酒系来自 20次×3800kg/次=76000kg原料

则每100kg原料制成包装酒后的浸出物为54363/76000×100kg=71.5kg

每100kg原料的浸出物损失=75kg-71.5kg=3.5kg

即每75kg浸出物损失3.5kg浸出物

每1kg浸出物损失3.5/75=0.0467kg浸出物

每100kg浸出物损失3.5/75×100kg=4.67kg浸出物

即浸出物损失为4.67%

一般认为浸出物损失在6%以下为优;6%~8%为中;8%以上为劣。

第四章　啤酒的质量问题

啤酒的质量问题，涉及到啤酒各个方面，主要可归纳为以下几个问题。

第一节　啤酒的非生物稳定性

一、概　　述

啤酒非生物稳定性系指不是由于微生物污染而产生混浊沉淀现象的可能性。

啤酒是一种成分复杂、稳定性不强的胶体溶液，在保存过程中，易产生混浊沉淀现象。最常见的啤酒非生物混浊是蛋白质混浊。啤酒的蛋白质混浊有两种情况：

1. 可逆性混浊

啤酒遇冷(0℃左右)变混，加热至20℃左右复溶，通常叫做冷混浊，它是一种受温度影响的可逆性混浊。

2. 不可逆性混浊

啤酒混浊后，加热不能复溶，通常叫做氧化混浊或永久性混浊。

冷混浊与氧化混浊之间的关系和变化机制，目前还不完全清楚。一般认为，冷混浊是氧化混浊的前体物质，因为两者虽然分子大小、物理性质和各项成分的含量有所不同，其所含的基本成分是相同的，都含有高分子蛋白质、多酚物质、糖类、重金属和一定量的钙、镁矿物盐，只是冷混浊经过进一步氧化和聚合作用后，其分子结构更为复杂而已。

二、形成蛋白质混浊的物质因素

简单地说，啤酒中有两种主要成分，即蛋白质和多酚物质，控制着啤酒的胶体稳定性。

1. 多酚物质与蛋白质形成的复合物

啤酒中的某些多酚物质(主要是花色苷)能与蛋白质结合而形成复杂的复合物，其反应如下所示：

蛋白质＋多酚物质⟶蛋白质－多酚物质复合物

多酚部分经过氧化和聚合作用，最初作为冷混浊出现，其混浊物大小为0.1～1.0μm；待多酚部分氧化聚合至一定程度，在室温下不再溶解，最后作为永久性混浊物而析出，其混浊物大小为1.0～10.0μm。

(1) 形成混浊的蛋白质　蛋白质是啤酒混浊的主要成分，占5%左右，导致混浊的这部分高分子醇溶蛋白质(又叫敏感性蛋白质，遇单宁易形成沉淀)至今仍有争议，尚未完全定性。啤酒中的敏感性蛋白质约占啤酒中含氮物质的1/3，其相对分子质量在1000～60000之间。初期混浊的蛋白质主要来自麦芽的醇溶蛋白质。啤酒经长期贮存后形成混浊的蛋白质一部分也来自麦白蛋白和球蛋白，它们会与进一步氧化聚合的多酚物质形成混浊。敏感性蛋白质富含疏水性的氨基酸。

(2) 形成混浊的多酚物质　啤酒中的多酚物质，成分复杂，在文献中，涉及这方面物质的命名也较混乱。

啤酒中的多酚物质主要来自麦芽和酒花，其简单分类包括：单体多酚(monomeric polyphenol)；寡聚体多酚(oligomeric polyphenol)；多聚体多酚。其中主要的单体多酚有儿茶酸(catechin)，其分子结构为黄烷－3－醇(flavan－3－ol)，见图4－4－1b。典型的寡聚体多酚和多聚体多酚，均属花色素原(proanthocyanidins)的聚合体，见图4－4－1a。花色素原是一类物质的总称，在啤酒中常见的有花色素原(procyanidin)、翠雀素原(prodel－phinidin)，还有少量的天竺葵素原(propelargonidin)，如图4－4－2所示。

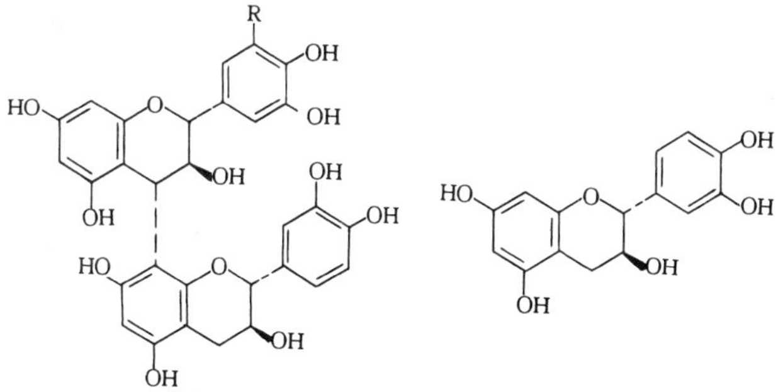

(a)　(b)

图 4－4－1　二聚体多酚和单体多酚的结构图

(a) 二聚体：R＝H(花色素原B_3)　多酚：R＝OH(翠雀素原B_3)　(b) 单体多酚：儿茶酸

花色素原对蛋白质的亲和力，与其相对分子质量及所含的羟基数有关。据认为，此羟基的氢原子与蛋白质中酰氨基的氧原子能形成氢键，具有亲和力。三聚体(trimeric)、四聚体(terameric)、五聚体(pentameric)的多酚物质所含羟基数多于二聚体多酚的单体多酚，所以前者对蛋白质有较高的亲和力，在酿造过程中极易与敏感性蛋白质结合形成不溶性的复合物而析出，在清亮的麦汁中，四聚体、五聚体多酚物质不易发现，三聚体多酚只有少量存在。二聚体多酚及儿茶酸虽与蛋白质也形成不溶物，但其亲和力不强，仍有不同数量存在于麦汁中。麦汁煮沸后，三聚体多酚和二聚体多酚溶解的数量锐减，啤酒中只有部分二聚体多酚如花色素原B_3和儿茶酸存在。这些成分在成品啤酒贮藏过程中，通过进一步氧化聚合，转变为高分子的多聚体多酚，从而增强了对敏感性蛋白质的亲和力，其中尤以二聚体花色素原B_3为甚。因此，二聚体花色素原B_3和儿茶酸被认为是形成啤酒冷混浊的前体物质。

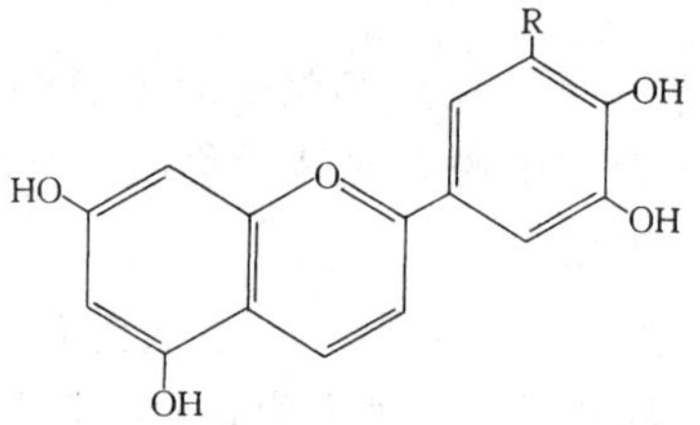

图 4－4－2 花色素原的结构式
R＝H时为花色素原 R＝OH时为翠雀素原

多酚物质的聚合作用是在氧化或酸的接触反应两种情况下发生的。所以，在有氧的情况下，啤酒更容易产生混浊，即便完全缺氧，由于啤酒本身是酸性溶液，最后，啤酒还是要发生混浊的，只是作用比较缓慢，发生混浊的时间延长而已。

2. 氧化作用

氧化作用是促使啤酒混浊的重要因素。啤酒的氧化作用与下列3个方面有关:

(1) 啤酒本身的还原能力 啤酒的还原能力是由其本身所含的还原物质形成的，通常以I.T.T.值(Indicator time test value，一种利用氧化还原指示剂的颜色变化时间，反映溶液氧化还原势的方法)表示之。I.T.T.值愈低，啤酒的还原能力愈强，相对地，其非生物稳定性也愈高;反之，则低。

(2) 啤酒中的溶解氧 啤酒中含溶解氧愈低，啤酒的非生物稳定性愈高。一般说，装酒时的溶解氧含量应$<0.1mg/L$。

(3) 瓶颈空气 指灌装后，啤酒液面上部所存在的空气。瓶颈空气量愈低，愈有利于非生物稳定性。瓶颈空气含量一般要求$<1ml$。

啤酒的氧化反应很快，瓶颈空气中的氧可在二三星期内消耗殆尽。在此期间，啤酒虽然不一定马上混浊，但混浊物的前体物质已经形成，并且很快地就会混浊出来。试验证明，包装容器中60％以上的氧是与多酚物质起作用而被消耗的。多酚物质的氧化，不仅加速了混浊物质的形成，同时也加深了啤酒色泽，弱化了啤酒的还原能力，改变了啤酒风味。

3. 重金属的影响

铜与铁是重要的氧化接触剂，铜只有在离子状态下才起氧化接触作用。新酿制的啤酒，铜离子的含量很低，危害不大。酒贮藏一段时间后，铜离子从一些复合物中释出，增加了对酒的氧化接触作用。铁与铜相反，在离子状态下其接触氧化作用不大，而作为复合物存在时，其接触作用甚强，啤酒中的绝大部分铁是以复合物状态存在的，其危害性较铜为严重。

三、预防蛋白质混浊的措施

(一) 原料和加工工艺方面

着重点是在不影响啤酒风味和酒体情况下，尽量减少啤酒中高分子蛋白质和可氧化多酚物质的含量。

1. 大麦

采用含氮量低的大麦品种(11.0%以下)可以适当降低啤酒中的含氮量，有利于啤酒非生物稳定性。

2. 制麦

浸麦水中加碱，以减低麦芽中花色苷含量，最后一次浸麦水中，适当添加甲醛，或绿麦芽干燥时喷洒甲醛(控制麦芽中甲醛含量为100～200mg/kg)，均可降低成品啤酒中的花色苷含量。提高麦芽溶解度，提高麦芽干燥温度或延长干燥时间，可以形成更多的类黑精，此类物质还原力强，能抑制多酚物质的氧化，有利于啤酒非生物稳定性。

3. 糖化

(1) 采用蛋白分解(45～50℃)工艺，以降低麦汁中高分子蛋白质含量。

(2) 降低糖化醪的pH值，以减低多酚物质的溶解度。

(3) 使用部分辅助原料，以减低啤酒的含氮量和多酚物质的含量。

(4) 添加甲醛。糖化开始时在糖化锅及糊化锅中，根据麦芽用量，添加相当于麦芽用量150～250mg/kg的甲醛溶液(以100%浓度计)，以降低麦汁中的花色苷含量。

4. 麦汁过滤

严格控制洗糟用水，适当掌握残糖浓度，以控制在1.0%～1.5%为宜，不宜过低，以减低麦汁中多酚物质的含量。

5. 麦汁煮沸

麦汁强烈煮沸，某些凝固性高分子蛋白质和一些蛋白质－多酚复合物凝结析出。在正常情况下，适当延长一些煮沸时间，有利于上述物质的析出，同时麦汁中形成多量的还原性物质(类黑精等)均有利于啤酒非生物稳定性。但煮沸时间不宜超过2h，以免引起其他方面的副作用。

在一定的原麦汁浓度下，如过分加大酒花量，由于增加了多酚物质的含量，对啤酒非生物稳定性是不利的。采用酒花浸膏，一般说，可以适当降低麦汁中多酚物质含量，但也不能含量过低，以免影响酒体和酒本身还原能力以及降低沉淀蛋白质的作用。

6. 发酵

在发酵过程中，一些高分子蛋白质和蛋白质－多酚物质复合物，随着酒液pH值和温度下降而析出，部分多酚物质则被酵母吸附而除去。酵母的吸附能力则随酵母菌种不同而异。

7. 贮酒

长时间的低温贮酒对啤酒非生物稳定性是有利的。贮酒温度降低之后，不宜再升高，避免已析出的物质再度溶解。波动的贮酒温度是不允许的。

8. 滤酒

滤酒前进行激冷很重要，可以利用列管式冷却器(不宜使用薄板冷却器，以防结冰堵塞)在更低的温度下，析出部分混浊物质而滤除。试验证明，在2.5℃过滤的酒，其非生物稳定性要比0℃过滤者低1/2。激冷的温度可控制在啤酒冰点以上，－1℃以下。啤酒的冰点与原麦汁浓度和酒精含量有关，可以下式计算之：

$$t=-(w_A\times0.42+w_P\times0.04+0.2)$$

式中 w_P——原麦汁浓度(质量分数%)

w_A——酒精含量(质量分数%)

t——冰点(℃)

滤酒过程中要控制好酒温，不宜上升。滤酒的强度很重要，滤酒愈清，非生物稳定性愈高。一般要求滤后啤酒浊度应在0.3EBC单位以下。

滤酒时要尽量防止吸氧。酒的输送要均匀缓慢，流速不宜超过1m/s。清酒罐的型式以立式较卧式为佳，应以二氧化碳为背压，在装罐或出罐时，应避免喷射和涡流现象。管道和泵的接头和连接应严密，防止输酒时吸进空气。在酒未达过滤机前，过滤机和助滤剂内所有空气应以去氧水或二氧化碳排除之。酒头和酒尾另行处理。在正常情况下，啤酒到达装酒机，其含氧量应不超过0.1mg/L。

9. 灌酒

灌酒时应尽量避免酒与空气接触。酒输入灌酒机时应平稳无涡流，并以二氧化碳为背压。灌装压力宜小，温度宜低，最好控制在0℃。此时酒内溶解氧应不超过0.2mg/L。

灌酒后、压盖前可采取喷射二氧化碳、啤酒或无菌水等引沫方式排除瓶颈空气。引沫不满瓶颈或所引沫过粗，均达不到彻底排氧的目的。在理想情况下，灌酒后的啤酒含氧量应不超过0.2mg/L。

灌酒不满，严禁取回重装，或与其他瓶酒兑满。装满之酒应及时压盖，严禁酒装满后，静置一旁，然后再取来压盖。

(二) 添加非生物稳定剂

要克服啤酒早期发生混浊沉淀现象，除去在原料和生产工艺方面应严格控制外，更有效的控制方法是添加非生物稳定剂，设法分解或去除部分易形成混浊的前驱物质。这些添加剂概括起来可分3种：

1. 与啤酒中蛋白质起作用的添加剂

这部分添加剂又可划分如下：

(1) 蛋白质分解剂或消化剂　主要指采用蛋白酶制剂分解高分子蛋白质。此种作为啤酒澄清剂用的蛋白酶大都采用木瓜蛋白酶，或以此酶为基础，制成的复合剂。除木瓜酶外，也有采用菠萝酶或无花果酶等其他植物蛋白酶。下面将重点介绍木瓜蛋白酶的情况。

① 木瓜蛋白酶的性质：和其他植物性蛋白酶一样，木瓜蛋白酶的特异性不很强，在分解高分子蛋白质的同时，也能分解与泡沫有关的含氮物质，添加量应慎重，宜通过试验进行控制。因为，过分的分解蛋白质，会使啤酒口味淡薄，泡沫不好，同时蛋白酶本身也是高分子蛋白质，添加过量，反而容易促使啤酒混浊。

木瓜蛋白酶除具有分解蛋白质的酶活力外，尚具有凝结(clotting)麦芽蛋白质的效用，改变蛋白质与多酚物质之间的平衡，从而也能防止冷混浊的形成。

重金属(铜、铁)和氧化剂对木瓜蛋白酶活力起抑制或钝化作用，促使其分子中的S－H键氧化为S－S键，添加还原剂将阻止此种抑制作用。但抗坏血酸、Cu^{2+}和氧同时存在酒内时，其钝化的酶活力将得不到恢复，但其凝结蛋白质的性质不受影响。

② 木瓜蛋白酶的添加方法和添加量：

i 添加方法：

(i) 在主发酵后贮酒时添加；如果采用一罐发酵法，可在酒液开始冷却时，将酶制剂盛于一小密闭容器内，以二氧化碳从发酵罐的取样口压送至罐内，此时酒液尚有适当的对流作用。可使蛋白酶与酒液混合均匀。如果采用两罐发酵法，则在主发酵完毕，向贮酒罐下酒时添加。

(ii) 粗滤后，精滤前在管道内添加，应均匀地添加到酒液中。

(iii) 纯净的蛋白酶也可直接在精滤后的管道内添加，或直接添加清酒罐内。

酶制剂原液添加前最好先经少量酒液或无菌水稀释，然后按比例添加酒液内，使其混合均匀。稀释液中可加入少量还原剂(如2％的偏重亚硫酸盐或0.1％抗坏血酸)进行活化，然后加入酒内。

ii 添加量：木瓜蛋白酶的使用量需根据啤酒的类型和使用方法进行，非生物稳定性并不直接与添加量成正比。

有的酿造者认为，木瓜蛋白酶在0℃的贮酒温度下，其作用甚微，且酶活力不断降低。其分解蛋白质的最适作用温度为50～55℃，木瓜蛋白酶的作用主要是在杀菌过程中发生的。因此，多采取在过滤后的啤酒中添加精制透明而酶活力高的酶制剂溶液。采用这种方法，可以避免已经在发酵或贮酒过程中沉淀出来的蛋白质再度溶解。杀菌后，蛋白酶失活。

经无菌过滤而不经巴氏杀菌的纯生啤酒，没有加木瓜酶的必要，宜用其他稳定剂。

③ 添加木瓜蛋白酶的效果：

i 单独采用蛋白酶处理，对防止冷混浊，效果比较显著，对防止氧化混浊则不像防止冷混浊的效果突出。

ii 与其他稳定剂联合处理：宜与排除多酚的稳定剂联合使用，可以减少两方面的用量和克服两方面存在的不足。

(i) 木瓜蛋白酶与PVPP(聚乙烯聚吡咯烷酮)联合处理：两种稳定剂的使用量均可相应较单独使用量降低，一方面可以克服蛋白酶用量大对啤酒泡沫和啤酒易氧化的影响，同时也大大降低了单独使用PVPP的费用，其效果非常显著，如表4－4－1所示。

表 4-4-1 蛋白酶和PVPP并用与单独蛋白酶处理的效果对比

项目	新酒		21℃贮存10个月后	
	酶＋PVPP	酶	酶＋PVPP	酶
浊度/蔡氏浊度单位	1～3	5～12	5	＞25
色度	无区别	无区别	无变化	—
I.T.T.值	160	160	390	620
风味	无区别	无区别	与新酒无显著变化	有显著氧化味

(ii) 木瓜蛋白酶和甲醛(糖化时添加)联合使用：可以排除蛋白质和多酚物质混浊两方面的前体物质，使用效果也很显著，如表4－4－2所示。

木瓜蛋白酶不能和皂土、活性炭、硅胶等吸附剂并用，这些物质能强烈地吸附蛋白酶。

近年来，除去植物蛋白酶外，细菌蛋白酶和霉菌蛋白酶也相继被试用。国内除木瓜蛋白酶和菠萝蛋白酶早已被广泛采用外，霉菌(*A.niger*)酸性蛋白酶也试用过。

表 4-4-2 甲醛和酶制剂与单独酶制剂处理效果的对比

批次		1		2		3	
		甲+酶	酶	甲+酶	酶	甲+酶	酶
原始透明度		—	—	11	7	—	9
冷混浊度		6	118	—	6	5	9
冷热强制试验	第1循环	6	17	5	31	7	14
	第2循环	13	48	24	126	20	86
	第3循环	35	183	42	210	51	224
	第4循环	38	194	56	296	85	303
	第5循环	—	—	120	428	—	—

注:(1) 甲+酶为采用甲醛和蛋白酶两项处理措施的酒样;酶为单独采用蛋白酶处理的酒样。

(2) 冷热强制试验:每50℃处理6天,0℃处理1天为1循环。

(3) 以上浊度单位均为蔡氏浊度单位(普氏光度计所测之浊度读数)。

(2) 蛋白质沉淀剂 蛋白质沉淀剂主要是指单宁。

过去,很多酿造者倾向于贮酒时使用单宁,或将啤酒贮存于橡木桶内,或贮酒桶内加山毛榉木片,主要是浸出木桶或木片中的单宁物质,可以改善啤酒酒体和风味,同时,还能防止氧化,推迟啤酒氧化味的产生。后来,啤酒中添加单宁,则主要是为了沉淀蛋白质,防止啤酒混浊。

添加可溶性的单宁,用量比较难掌握,稍有余量残留酒内,就会造成口味上的缺陷。添加单宁用量必须慎重,先做小型试验。

麦芽和酒花所含的多酚物质中主要是花色素原(proanttrocyanidins,即花色苷)和其他多酚物质。花色苷易与敏感性蛋白质反应,先形成可溶性的蛋白质-多酚物质复合物,当多酚部分进一步氧化聚合时就转变为不溶性的混浊物质而产生混浊。这种复合物,应该从酒中排除之,以提高啤酒的非生物稳定性。但同时多酚物质又是还原性物质,有防止啤酒氧化,提高啤酒风味稳定性的作用,应该部分保留之。如果能够在啤酒内先加入一些不溶性的单宁,使与敏感性蛋白质形成不溶性的沉淀物,将敏感性蛋白质排除掉,同时也减少部分酒内花色苷的含量,就有可能既减轻了啤酒灌装后的混浊潜势,又保留了酒内部分抗氧化的多酚物质,以延长啤酒的原味稳定性。添加不溶性单宁极少有残留的单宁存在酒内。

80年代以后,比利时开发出一种新型的高纯度的高分子棓单宁(gallotannin)。此单宁在0℃或更低温度下,能够选择性地在短时间内与上述酸性蛋白质形成不溶性的片状蛋白质-单宁复合物,经过沉降和过滤分离之,啤酒内极少有残留的棓单宁存在。

① 棓单宁的制备:此新型单宁主要由植物五倍子中萃取。先经水或酒精萃取,经柱上层析进行净化和分离,再经活性炭和硅胶过滤,排除一些风味上和色泽上的不纯物,最后通过喷雾干燥,制成能自己流动的白色粉末。

此单宁在水中200mg/L无味,重金属含量<5mg/L,在啤酒中具有高度反应性和极低的溶解度,使用后残留量极低。

② 使用方法:在室温下,以去氧水将棓单宁配制成25%的浓度,然后在主发酵完毕后,往贮酒罐下酒时添加,或过滤前,按比例添加在啤酒管道中。

在贮酒罐内，蛋白质－棓单宁复合物的沉降时间，随温度、酵母数和罐型而不同，一般1～3天即可，此沉降物并不影响啤酒的过滤速度。

棓单宁在0～1.5℃和啤酒的pH值(4.2～4.5)下，只需与上述酸性蛋白质接触5～10min，即可达到有效的沉淀和稳定啤酒的作用。此反应可在一缓冲罐内进行，然后送去过滤。

在过滤时添加棓单宁，可较在贮酒罐内使用的量少。

使用棓单宁，只需选择性地吸附沉淀5％的啤酒含氮物质，即可达到满意的稳定效果，并不影响啤酒的其他有关技术参数。

③ 使用效果：使用棓单宁，除提高啤酒非生物稳定性外，还具备下列效用：

i 去除啤酒的金属含量：啤酒中铁含量大于0.4mg/L，即具有明显的金属腥味，并且铁离子能参与氧化作用而产生醛类，导致啤酒风味败坏。棓单宁与铁反应，可形成铁与单宁相结合的离子键和共价键混合物而沉淀下来。

ii 棓单宁能选择性地与含SH基的蛋白质反应而除去之，有利于啤酒的风味稳定性。特别是装在非棕色瓶中的酒，在日光下保存，能防止啤酒很快产生日光锈味，如表4－4－3所示。

表 4-4-3　棓单宁处理前、后的含硫蛋白质的量及无色瓶啤酒在日光贮存下的情况

单宁添加量/(g/hl)	开始时的SH基含量/(mg/L)	日光贮存20天后SH基含量/(mg/L)	蛋白质的总含硫量/％	啤酒风味
对照	1.30	2.55	0.53	日光锈味
2	10.5	1.15	0.30	轻微日光锈味
5	1.05	1.10	0.27	正常

iii 不饱和醛类是促使啤酒风味败坏的主要物质成分，经棓单宁处理的酒，不仅装酒时的醛类含量较其他处理方法(PVPP、硅胶)者低，而且酒在贮存过程中，醛类的增长数字也比较低。

iv 与PVPP和硅胶比较，其处理用量少，易操作；与蛋白酶比较，不存在影响泡沫的问题。其对非生物稳定性的处理效果，可与其他处理方法对比，如表4－4－4所示。

表 4-4-4　不同稳定剂的处理效果　单位：EBC浊度单位

项目	对照	酶	硅胶(75g/hl)	PVPP(40g/hl)	单宁(2.5g/hl)	单宁(3.5g/hl)	单宁(4.5g/hl)	单宁(5.0g/hl)
处理A	12.0	8.0	6.9	1.80	2.4	1.6	0.60	0.45
处理B	12.0	7.8	7.0	6.0	2.6	1.75	0.65	0.50

注：处理方法：快速陈化；处理A：60℃，6d＋0℃，1d；处理B：处理同A，再加1星期震荡。

从表4－4－4可以看出：

(1) 单宁处理的酒耐运输震荡，而使用PVPP处理的酒不耐运输震荡。

(2) 单宁的用量远较PVPP和硅胶为少，而其稳定效果则较后两者为好。

(3) 蛋白质吸附剂　60年代初，德国首先在啤酒工业使用干硅胶(xerogel)作为一种特效的蛋白质吸附剂，用于吸附敏感性蛋白质，以提高啤酒非生物稳定性，效果比较显著。70年代国际上又开发了水合硅胶(silica　hydrogel)，很快地在欧美各国推广使用。80年代后期，日本又推出了一种新型的VH硅胶，据报道，这种硅胶兼具干硅胶和水合硅胶两方面的优点。此外，国际上正在开发多种复合硅胶新产品，以改进其性能和使用范围，同时，研究以硅胶取代硅藻土作为助滤剂的可能性。

① 硅胶的制备：将砂土和碳酸钠在1200～1500℃高温下熔化，形成玻璃状物质，然后在控制的条件下溶解，形成不稳定的硅酸钠溶液。此硅酸钠再与硫酸反应后产生硅酸。硅酸分子再经聚合，形成三相结构的颗粒，悬浮水中，即所谓的“硅胶胶体”，其颗粒大小与SiO_2的含量、电解质水平、酸的余量和温度有关。此胶体颗粒(直径1.5～2.0nm)在酸性条件下，继续相互作用(胶凝过程)形成结构紧密的固体，并将水包埋在其网络之中，即为粗水合硅胶(raw hydrogel)，此粗水合硅胶在控制pH值和温度条件下，洗涤数小时，以排除残留的硅酸钠和硫酸钠，并在酸性条件下进行陈化，在此水合硅胶内部建立起一定的微孔容积和表面积，最后形成一规范化相对密度的水合硅胶。再经磨碎成要求的粒度，以适应对混浊蛋白质的吸附，同时具有适于过滤的渗透性，就是商品水合硅胶。

如果水合硅胶先经干燥，排除大部分水分，再经磨碎，则可制成干硅胶。在此干燥过程中，干硅胶的孔容和表面积随之缩小，干硅胶的性质也变得很脆，磨碎时易产生很多极细的细粉，会影响过滤层的渗透性，引起啤酒过滤困难，故宜改进磨碎方法，并将细粉分离之。水合硅胶和干硅胶的制备流程如图4－4－3所示。

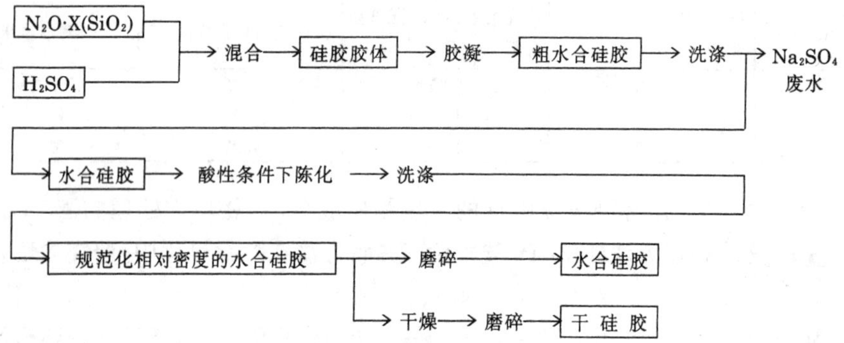

图 4－4－3　干硅胶制备流程图

VH硅胶系将水合硅胶用特殊干燥方法制备的产品。此硅胶几乎所有的硅烷醇(silanol)都集中在SiO_2的表面，每两个相邻的硅烷醇与1个水分子以氢键相结合，因而命名为双联水合硅胶(vicinal hydrated gel)，简称VH硅胶。

② 各种硅胶的物理性能和应用：形成啤酒混浊的敏感性蛋白质是富含疏水性脯氨酸的蛋白质，相对分子质量为16000～19000，其大小为2～3nm，作为啤酒稳定剂，硅胶的孔容和其大的表面积，适合于选择性地吸附此类蛋白质。

干硅胶和水合硅胶应用于啤酒胶体稳定性已有多年，情况如下：

i 干硅胶：干硅胶水分含量低(5%～10%)，在酒中易于分散悬浮，与酒接触所需时间短，使用时不需另外添置设备，可直接添加硅藻土调浆罐内使用。但由于干硅胶经过干燥，其孔容和比表面积有所缩小，其吸附能力有所影响；又因其粒度细，粉尘多，渗透性较差，故过滤性能不及水合硅胶。干硅胶可在常温下长期贮存。

ii 水合硅胶：水合硅胶的孔容和比表面积均较干硅胶大，但由于其吸附了大量水分在其表面，其真实吸附蛋白质的孔径和比表面积没有想象的那么大。水合硅胶的水分含量高，颗粒表面容易粘连，在酒中分散慢，需要较长时间才能均匀悬浮酒液中进行吸附，其作用时间长，需要增添硅胶调和罐和过滤设备，但处理时不存在粉尘问题。水合硅胶需低温贮存，以防杂菌污染。

VH硅胶具有上述两者的优点，即水分含量与干硅胶相似，而孔容和表面积与水合硅胶接近，因此，在酒内分散较快，与酒接触时间短，而吸附能力较强，不需另添硅胶调和罐和过滤机(使用VH硅胶，过滤啤酒最好使用环式硅藻土过滤机，以适当延长作用时间)。其使用量较干硅胶和水合硅胶可减少30%～50%，具备了更优越的使用条件。3种硅胶的性能特点如表4－4－5所示。

表 4-4-5　3种硅胶的性能特点

项　目	干硅胶	水合硅胶	VH硅胶
水分/%	7.0	63.0	9.0
比表面积/(m^2/g)	330	750	650
孔容/(ml/g)	0.85	1.7	1.3
平均颗粒直径/μm	14.0	14.6	14.6
渗透性/darcy	0.05	0.83	0.15
湿饼密度/(g/ml)	0.4	0.5	0.4

硅胶的使用量：硅胶的使用量因处理啤酒的类型、悬浮物多少以及对保存期的要求不同而异，很难有统一的规定。一般说，干硅胶的使用量可采用25g/hl啤酒，水合硅胶为50g/hl啤酒，VH硅胶可较前两者减少用量30%。

③ 硅胶和其他啤酒稳定剂的联合使用：

i 硅胶与PVPP联用：啤酒混浊是由敏感性蛋白质和可氧化多酚物质两方面因素造成的，因此解决啤酒的胶体稳定性可以从适当排除这两方面的前体物质进行。单独解决蛋白质或多酚物质的一方面，往往会因为排除量过大，造成啤酒质量方面的缺陷，也包括经济上的问题。例如，为了达到高度的啤酒稳定性，硅胶使用量过高，也会带来酒体淡薄和泡沫方面的问题；单独使用PVPP，如果用量过多，也会将一些低羟基的多酚物质排除掉，从而影响啤酒的抗氧化能力和啤酒的酒体，而且PVPP价格昂贵，单独使用，生产费用高。如果两方面联合使用，相对排除较少的蛋白质和多酚物质，硅胶和PVPP的使用量均可较单独使用时降低，既能解决啤酒胶体稳定性的问题，又不影响啤酒质量，在经济上也是合理的。

ii 硅胶与抗坏血酸联用：两者联用既可显著改善啤酒胶体稳定性，又有利于啤酒风味稳定性。抗坏血酸(维生素C)添加量为3～5g/hl，在啤酒过滤之后添加，决不能与硅胶一起添加在硅藻土调浆罐内，以避免硅藻土中的铁质溶出，进入酒内，同时降低了维生素C的还原能力。

干硅胶、水合硅胶、干硅胶加维生素C及PVPP处理啤酒的分析对比和处理后的强化混浊试验对比如表4－4－6及表4－4－7所示。

表 4-4-6 **不同稳定剂处理啤酒的分析对比**

项 目	水合硅胶25g/hl	干硅胶25g/hl	干硅胶25g/hl+维生素C 5g/hl	PVPP40g/hl
原麦汁浓度/%	11.43	11.43	11.41	11.44
酒精含量/%	3.74	3.74	3.73	3.73
外观浓度/%	2.44	2.44	2.44	2.43
发酵度/%	78.6	78.6	78.6	78.7
总氮含量/(mg/L)	816	815	816	823
高分子氮含量/(mg/L)	128	121	117	125
中分子氮含量/(mg/L)	544	537	543	547
低分子氮含量/(mg/L)	144	157	156	151
色度/EBC单位	7.9	7.8	7.7	7.7
pH	4.50	4.53	4.50	4.55
泡沫持久性/s	311	288	286	287
花色苷含量/(mg/L)	37.1	37.2	35.6	29.9
溶解氧/(mg/L)	0.50	0.55	0.47	0.48

注：(1) 高分子氮用硫酸镁沉淀法测。
(2) 中分子氮=总氮-高分子氮-低分子氮。
(3) 低分子氮用磷钼酸法测。
(4) 泡持性系用Nibem法的3瓶平均值。

表 4-4-7 **处理啤酒的混浊强化试验对比**

项 目	水合硅胶50g/hl		干硅胶25g/hl		干硅胶25g/hl+维生素C 5g/hl		PVPP40g/hl	
	EBC单位	目视	EBC单位	目视	EBC单位	目视	EBC单位	目视
强化试验前值	0.5	-	0.45	-	0.50	-	0.50	-
40℃天数+24h 0℃								
1	0.80	-	0.45	-	0.50	-	0.65	-
2	1.05	-	0.65	-	0.60	-	0.75	-
3	1.35	-	1.00	-	0.90	-	0.75	-
4	1.95	-	1.35	-	1.15	-	0.80	-
5	2.25	+	1.40	-	1.15	-	0.85	-
6	2.95	+	1.55	-	1.15	-	0.85	-
8	4.25	++	2.40	+	1.35	-	1.40	-
10	4.85	++	2.90	+	1.60	-	1.40	-

注：目视：-=清亮；+=失光；++=混浊。

从表4-4-7可以看出，干硅胶加维生素C的稳定效果与PVPP处理者接近而优于单加干硅胶者。

④ 采用硅胶处理的优点：

i 工艺技术简单，操作方便，无须增加其他设备投资。

ii 对啤酒质量无影响。

iii 硅胶是一种良好的组合剂，包容性强，能与许多其他稳定剂联合使用，效果好，费用低。

iv 能延长硅藻土过滤层的使用寿命，改善过滤啤酒的透明度。

2. 与啤酒中多酚物质起作用的稳定剂

(1) 聚酰胺树脂(polyamide resins)

① 概述：此处的聚酰胺树脂主要指聚乙烯吡咯烷酮(polyvinyl pyrrolidone)和尼龙66(nylon 66)。这两种物质具有酰胺键(—CO—NH—)，能吸附多酚物质。

聚乙烯吡咯烷酮(简称PVP)因其聚合度不同，又分为可溶性的PVP和不溶性的PVPP(polyvinyl polypyrrolidone)。可溶性PVP的相对分子质量为8000～10000，可作为沉淀剂用，与多酚物质作用而沉淀下来，采用此法，酒内容易有残留的PVP。因为PVP在人体内有积蓄作用，世界卫生组织对此物质不予建议采用。近年来，对可溶性PVP的采用已不多见。

不溶性的PVPP系60年代初开始用于啤酒工业，其相对子质量大于700000，是PVP进一步交联聚合形成的高分子不溶物，可作为多酚物质的吸附剂用，效果很好。

② 与混浊有关的多酚物质：在啤酒中与混浊有关的多酚物质主要包括简单的类黄烷(simple flavanoids)和类单宁(tannoids)。

i 简单类黄烷系指单体类黄烷及花色素原、翠雀素原和儿茶酸及其同类物表儿茶酸(epicatechin)和棓儿茶酸(gallocatechin)所形成的二聚体和三聚体的低聚体类黄烷。试验证明，这类简单类黄烷，在其未进一步氧化聚合之前，尚不能使啤酒呈现混浊，但能与敏感性蛋白质结合为可溶性的复合物。简单类黄烷可用高压液相色谱法测定之。

简单类黄烷在酿造过程中大部分氧化聚合为高聚合度的物质，并与麦汁中的敏感蛋白质形成可溶性或不溶性的复合物。因此，在啤酒中游离的简单类黄烷存在并不多，很少超过15mg/L，如表4－4－8所示。

表 4-4-8　贮藏啤酒中的简单类黄烷

类黄烷	浓度/(mg/L)		类黄烷	浓度/(mg/L)	
	未处理啤酒	经PVPP处理啤酒*		未处理啤酒	经PVPP处理啤酒*
单　体	5.6	2.6	三聚体	1.6	1
二聚体	4.2	1.8	总　量	11.4	5.4

* PVPP处理量为50g/hl。

ii 类单宁系指简单类黄烷进一步氧化聚合但尚未达到单宁聚合程度的中间产物，它对敏感性蛋白质较简单类黄烷有更高的亲和力。可用PVP溶液粗略测定之。

iii PVPP的类型和性质：目前啤酒工业采用的PVPP主要有两种类型：

(i) 一次性用PVPP：此类PVPP系制成极细的粉末，具有极高的比表面积($1.2m^2/g$)，其分子结构内含有极强的带负电荷的氧

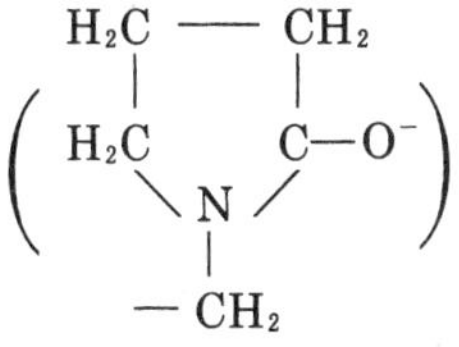

，与类黄烷的苯环形成氢键和电子转移键而吸附之。因为它对类黄烷多酚的吸附主要在粉粒的表面，且具有极高的吸附表面积，可以考虑掺在硅藻土内一并使用。PVPP系化学惰性物质，其废弃物既不产生COD，也不产生BOD，对环境的污染较轻。

(ii) 再生型PVPP：它是80年代新开发的可以回收再用的PVPP产品。使用此种PVPP，需采用水平叶片式带离心排料的PVPP压力过滤机(ZHF过滤机)。PVPP过滤后，经过碱、酸再生和洗涤，然后离心排出，重新配制使用。此系统的PVPP再生率可达99%以

上。

此种再生型PVPP，具有高度的交联聚合特点，是一高度机械/化学稳定的聚合物，具有作为过滤助剂应有的疏松度，并且具有低的比膨胀率，可负担较高的过滤负荷和较长的过滤周期，啤酒的损失也比较少。

多数采用一次性PVPP者，常与水合硅胶或干硅胶联用。而使用再生PVPP者则单独使用。再生PVPP的回收率高，使用再生PVPP在经济上是合算的。

③ PVPP的使用量：由于啤酒类型、使用原料、生产工艺不同，啤酒中多酚物质的变化也是很大的。另外，还需考虑蛋白质方面的因素，以及对保存期的要求。合适的PVPP添加量很难作统一的规定，必须通过试验，才能找出最佳的添加方案，使PVPP对高羟基化的类黄烷优先吸附而排除之，以提高非生物稳定性；对含低羟基的类黄烷则不宜吸附过分，以免损害啤酒的还原能力。这样才能既保证啤酒的非生物稳定性，又不损害啤酒的风味稳定性。

PVPP的使用量参考如下：

一次性PVPP使用量：15～20g/hl；

再生型PVPP使用量：35～40g/hl。

④ PVPP使用方法：

i 一次性PVPP的使用：PVPP先加排氧水制成10%的浆液，因其粉粒很细，调浆时必须保证分散均匀。然后将此PVPP浆液在管道内加入啤酒中，添加地点，最好在硅藻土过滤之前，这样，PVPP可以与硅藻土一起排废。另外，也可考虑与硅藻土同时调浆，不管采用哪种方法，啤酒与PVPP浆液混合后，在过滤前必须有5min的接触时间，以达到充分吸附的目的。根据设备和管道的布置，为了满足接触5min的要求，有时在PVPP与酒混合后，在硅藻土过滤机前加一缓冲罐是必要的。

ii 再生型PVPP的使用：一般在硅藻土过滤机粗滤后，将10%的PVPP浆液与啤酒混合，在进入PVPP过滤机前，也必须维持5min的接触时间。

PVPP的再生，可以在PVPP滤饼的原位上进行。一般的都用两次热碱水(80℃，0.2% NaOH)洗涤。第1次热碱水经过滤饼，把里面的酒置换出来，然后以二氧化碳将碱液顶出，此洗液是黑色的，一般放弃不再用。第2遍碱液用同样方法洗涤，因其受酚类物质的污染少，可用于下次再生的第1遍洗涤。然后用水冲洗滤饼，使pH值降至7～9，再用冷弱酸(1%的H_3PO_4、HNO_3或H_2CO_3)洗透，使pH值降至3～4，再用清水冲洗，使滤饼恢复至接近中性。

当PVPP恢复其化学活性时，ZHF过滤机的中心轴以300r/min的速度旋转，使PVPP脱离滤板，再用泵送回到添加罐，重新调整PVPP的固体含量，使达10%。

尼龙66对多酚物质的吸附能力较PVPP低，而且吸附选择性差，能同时吸附酒的蛋白质和其他物质，影响啤酒的泡沫和风味，已很少有人采用。

(2) 甲醛 糖化时加甲醛，能除去麦汁中的部分花色素原(即花色苷)，从而提高啤酒的非生物稳定性。

甲醛(以100%浓度计)添加量为150～250mg/kg麦芽，视麦汁中含花色素原的量而增减，可先通过小型试验决定其用量，下料前，添加到糖化用水中。

甲醛与麦汁中的可溶性氮起交联作用，形成不溶性的复合物，将部分花色素原吸附而去除之。

糖化后麦汁中残留的微量甲醛，在麦汁煮沸过程中已被蒸发，成品啤酒中不再有残留甲醛存在。

PVPP或甲醛与蛋白酶或硅胶联合使用，可以解决蛋白质和多酚两方面的混浊前体物质问题，对提高啤酒非生物稳定性更具显著效果。

3. 添加抗氧化剂

啤酒经过贮酒后，其含氧量为0.05～0.1mg/L。贮酒以后的工序，如果操作不当，在滤酒和包装过程中，有导致增加含氧量的可能。

为了克服啤酒的氧化作用，提高啤酒的非生物稳定性和风味稳定性，啤酒中常添加一些抗氧化剂，普遍采用的有抗坏血酸(维生素C)和二氧化硫。

使用抗坏血酸作抗氧化剂，其优点是对啤酒口味无影响，并且是安全的食品添加剂。在含氧量高的情况下，以稍加过量为宜，添加少了，不但不起抗氧化作用，还会在金属离子(铜离子、铁离子)的接触作用下，促使产生过氧化物，促进啤酒的氧化。因此，抗坏血酸常与二氧化硫联用。

欧洲经济共同体规定抗坏血酸的添加量为50mg/kg，有的酿造者认为添加10～30mg/kg即可。这当然要因酒而异，含溶解氧和瓶颈空气多的酒就要多加。添加过量的抗坏血酸，啤酒的I.T.T.值应为零。

二氧化硫被认为是对啤酒行之有效的抗氧化剂。二氧化硫也是酵母在发酵过程中的代谢产物。其产生的量与酵母菌种、麦汁浓度及发酵工艺有关。啤酒中二氧化硫含量过高，世界卫生组织也不允许。美国限制啤酒中的二氧化硫含量不得超过10mg/kg。添加二氧化硫时，应先对自己的酒加以分析。一般说，啤酒中的二氧化硫(包括添加量)以不超过10mg/kg为宜，过量对人体无益，还会给啤酒带来酵母味。

二氧化硫除有抗氧化作用外，还能与不饱和醛类起加合作用，形成无味的加合物，从而掩盖了不饱和醛类的劣味，有利于啤酒的风味稳定性。

抗坏血酸和二氧化硫也可并用，其效果更显著，两者所添加的量较单独添加时相应减少。

抗氧化剂应在啤酒未氧化前添加，即在贮酒时，或滤酒完毕后添加，添加在滤酒后的管道中。

第二节　啤酒的风味稳定性

一、概　　述

啤酒的风味稳定性是指啤酒灌装后，酒的风味长期不变的可能性。实际上，啤酒灌装后，在保存过程中，风味是在不断变化着的。开始时出现黑藨子(black currant)味，随即消失。而后出现甜味、面包味、焦糖味、奶酪味，严重时则出现纸板味和金属腥味等。同时口感也变得粗、涩和后苦。这一切风味上的变化，习惯上均称之为氧化味、老化味或败坏味。出现以上不同的风味是由不同的物质造成的。

不同类型的啤酒是以不同的途径和不同的速率进行“老化”变化，所产生的老化味也不完全一样，如：高浓度的司陶特(stout)啤酒易产生奶酪味；上面发酵的爱尔啤酒易产生黑蘸子味和似糖浆的甜味；低浓度的贮藏啤酒则易产生甜味、纸板味和金属味。在酒的贮存过程中，除负面影响的风味在不断增加外，其正面影响的风味特点如酒体、爽口性、麦芽香等则在不断减少，柔和的苦味也将变为粗糙的后苦。

二、形成啤酒氧化味的机制

当前，国际上对啤酒风味不稳定的来源、变化机制和防止方法仍在不断探索中。已经形成的共识是：氧化味主要来自麦芽和麦汁的一些羰基化合物，发酵时未得到充分还原形成的。其中主要来自一些挥发性的长链不饱和醛类。对这些醛类的发生机制有多种看法，归纳起来，被认为主要来自以下几方面：

(1) 氨基酸的史垂克(Strecker)降解；

(2) 类黑精(melanoidin)或多酚物质引起的高级醇氧化；

(3) 异α－酸的氧化降解；

(4) 不饱和脂肪酸的自氧化(auto－oxidation)作用。

羰基化合物，特别是不饱和的长链羰基化合物，性质不稳定，分解为短链后，会再度进行醛醇缩合(aldol condensation)而形成新的长链不饱和醛类。

(一) 氨基酸的史垂克(Strecker)降解

棕色反应(Browing reaction)，又称美拉德反应(Millard reaction)，来自氨基和羰基反应，生成N－糖苷，再经Amadori转换等一系列的复杂反应，最后形成棕色的含氮聚合物，即类黑精。氨基酸的Strecker降解系指在棕色反应过程中所形成的二羰基化合物(dicarbonyl epds)与氨基酸反应，产生比氨基酸少一个碳原子的醛类，由缬氨酸形成异丁醛的史垂克降解，如下式所示：

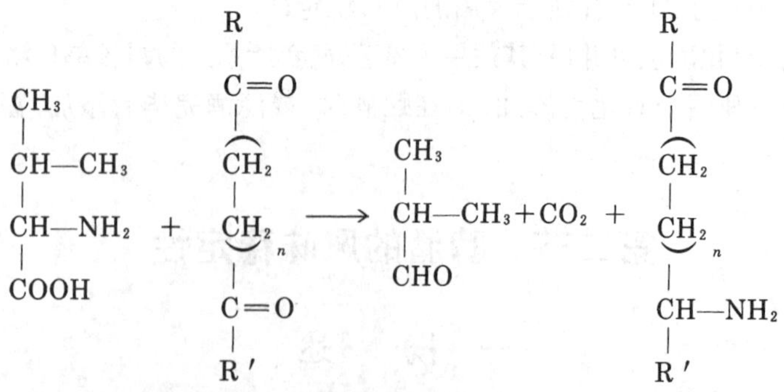

由此反应可产生一系列的短链醛类，如乙醛来自丙氨酸，异丁醛来自缬氨酸，异戊醛来自亮氨酸等。这些短链醛类本身并不形成氧化味，但在酒的贮存过程中，它们通过醛醇缩合反应，形成长链不饱和脂肪醛类，遂产生了氧化味。

(二) 类黑精和多酚物质引起的高级醇氧化

在麦芽干燥和麦汁煮沸时均产生棕色反应。经过复杂的变化过程，最后形成相对分子质量大小不同的类黑精。这类物质既具还原状态(HO—C—Ⓜ)，又呈氧化状态(O—C—Ⓜ)，在啤酒酿造的氧化还原反应(redox reaction)中具有重要作用，并且影响着成品啤酒的风味。类黑精的氧化还原状态与热麦汁在冷却前的通风有关，过分的搅拌和麦汁传送时的湍流状态，易使类黑精呈氧化状态。正确制备的麦汁，大部分类黑精呈还原状态。呈还原状态的类黑精是抗氧化剂：2〔HO—C—Ⓜ〕$+1/2O_2 \rightarrow$ 2〔O—C—Ⓜ〕$+H_2O$；呈氧化状态时则相反，即便没有氧的存在，也能引起高级醇的氧化：

2〔O—C—Ⓜ〕$+RCH_2OH \longrightarrow$ 2〔HO—e—Ⓜ〕$+RCHO$

没有类黑精的存在，分子氧并不能氧化高级醇。上述反应在发酵时受酵母还原性的抑制，一旦啤酒经过过滤，酵母与酒液分离，上述氧化反应即开始，啤酒开始氧化，由此而产生的醛类，大都是长链，具有劣味，链越长，劣味越重，其风味阈值也愈低，像具有纸板味的反－2－壬烯醛(trans－2－nonenal)，其风味阈值仅为0.1μg/kg。

多酚具有和类黑精相似的性质，既具氧化性，又具还原性，如氧化状态下的儿茶酸、栎精(quercetin)也能缓慢氧化高化醇为醛类，只是高级醇的氢原子不是被类黑精的羰基而是被多酚的苯氧基(phenoxy，$C_6H_5O^-$)所吸取。

(三) 异葎草酮的氧化降解

α－酸在贮藏时容易氧化，异α－酸在啤酒中也容易氧化，失掉1个氢原子如下式所示：

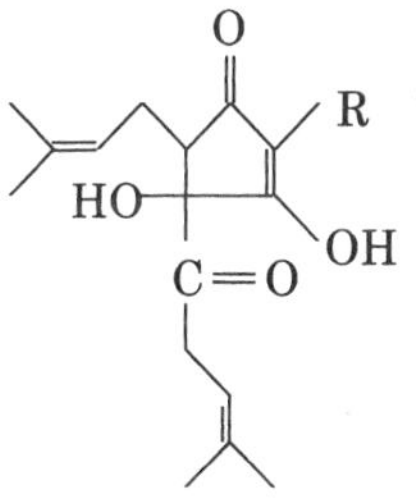

异α－酸

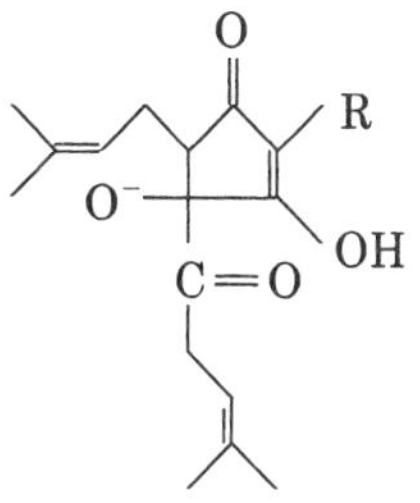

氧化了的异α－酸

此氧化的异α－酸对啤酒尚无病害，其失掉的氢原子被类黑精接受，还能抑制类黑精引起的高级醇氧化。从这方面讲，异α－酸也具有抗氧化的作用，有保护啤酒风味的一面。实际上，此作用只在使用新酒花时才具有重要性。因为异α－酸能进一步氧化为具有劣味的物质，主要是由其酰基侧链R的氧化降解而形成异戊酸(来自异α－酸)、异丁酸(来自合异α－酸)，这些物质具有较明显的奶酪味。此外，异α－酸受紫外线的光化学作用，其底部侧链易裂解，并很快地与痕迹的H_2S或其他含硫化合物(RSH)形成具有所谓“日光锈”味(sun struck flavour)的3－甲基－2－丁烯－1－硫醇(3－methy1－2－butene－1－thiot)。

使用酒花制品四氢异α－酸(tetrahydroisohumulone)或六氢异α－酸(hexa hydroisohumulone)取代异α－酸，则可抑制此侧链的断裂，从而抑制了“日光锈”味的产生。使用此类酒花制品，并不影响啤酒的苦味，而对啤酒的泡沫和口感有利。

(四) 类脂的降解和不饱和脂肪酸的自氧化

这是被认为产生纸板味反－2－壬烯醛的主要途径。有两种说法：一种是酶降途径，即类脂由脂肪酶水解，生成游离脂肪酸(主要指亚油酸)。亚油酸在脂肪氧化酶(lipoxygenase)和氧的参与下，形成性质不甚稳定的亚油酸9－氢过氧化物(9－hydroperoxide of linoleic acid)，进一步在氢过氧化物异构酶的参与下，形成一系列羰基化合物的前体物质〔乙酮醇类(ketols)〕，再经非酶分解，最后降解为具有劣味的醛类(主要有反－2－壬烯醛)。脂肪氧化酶不耐温，在麦芽干燥时已大量破坏，因此上述反应主要在发芽和干燥初期时发生。另一种说法是不饱和脂肪酸(主要指亚油酸)通过自氧化，产生亚油酸9－氢过氧化物，最后降解为反－2－壬烯醛等醛类。两种说法的图解如下：

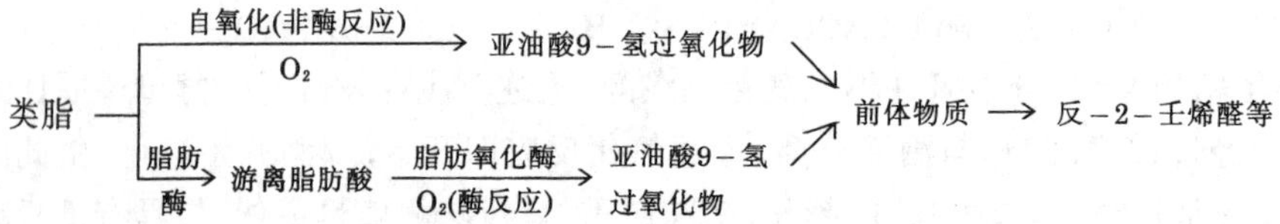

从以上几种途径，可以看出几点实事：

(1) 类黑精、多酚物质、异α－酸、氨基酸和不饱和脂肪酸都是啤酒酿造不可缺少的成分，它们在新鲜啤酒中属正面的风味物质。在酒的贮存过程中，通过复杂的氧化还原反应和酶反应，它们又可能逐渐演变为负面影响的风味物质。上述物质在啤酒酿造中不可能被排除，而且它们的含量都万倍于足致产生劣味的氧化产物，如何正确控制它们的含量和阻止它们逐渐的演变，正是酿造者需要研究解决的问题。

(2) 上述几种反应机制大都是在氧的参与或促进下引起的，因此啤酒酿造者对氧特别敏感。从30年代起，已经注意到在啤酒生产过程中对氧的控制。开始时注意力多集中在从滤酒工序开始以后的排氧问题，而后认识到在麦汁制备过程中防氧的重要性。应防止麦汁中的还原性物质因氧化而减少，从而影响后期啤酒风味的稳定性。

三、氧在啤酒酿造中的作用和危害

在整个制麦和酿造过程中，除去制麦时麦粒呼吸作用需要氧和酵母繁殖时为合成甾醇和不饱和脂肪酸需氧之外，其他生产过程均被认为接触氧是有害的。其危害主要来自氧自由基(free radicals of oxygen)。

(一) 氧自由基的形成

大地上的分子氧并不活泼，但它在其还原过程中能转变为活泼而有害的形式。分子氧还原成水，需要吸取4个电子，经过3个还原过程，如下图所示：

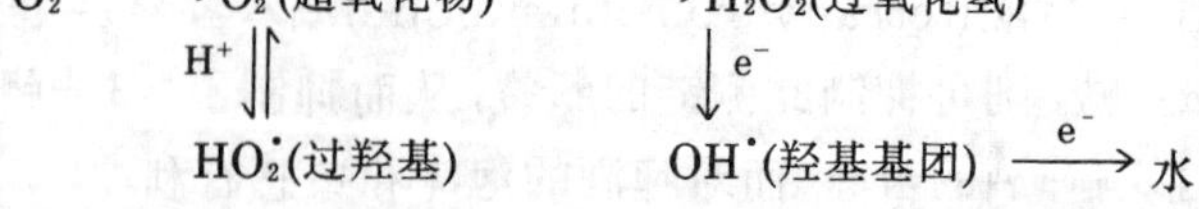

以上还原过程，都是在变价金属(Cu、Fe)的参与下发生的，如下所示：

$$Cu^+ + O_2 \longrightarrow Cu^{2+} + O_2^-$$

$$Cu^+ + O_2^- + 2H^+ \longrightarrow Cu^{2+} + H_2O_2$$

$$Cu^+ + H_2O_2 \longrightarrow Cu^{2+} + OH^- + OH^{\cdot}$$

在每一还原过程中所产生的氧自由基，都加深了对各种生物化学系统的危害潜力。其氧化的危害能力是随氧分子的还原作用加深而增强的，即: $OH^{\bullet} > H_2O_2 > O_2^-$。

过氧化物和羟基基团是在超氧化物基础上产生的，要防止氧自由基的破坏作用，超氧化物是关键，抑制了超氧化物的形成，即可减少氧对生物化学系统的危害。

(二) 排除氧自由基的酶

超氧化物歧化酶(superoxide dismutase，简称SOD)和过氧化氢酶(catalase): 所有好氧性生物体内都产生超氧化物歧化酶和过氧化氢酶。超氧化物通过SOD的歧化作用而产生H_2O_2，过氧化氢酶能使H_2O_2分解为水和氧。在此两酶的合作下，能阻止超氧化物和过氧化物的积累，从而避免形成更具氧化力的$OH^{\bullet}$，降低氧自由基的危害，如下式所示:

$$O_2^- + O_2^- + 2H^+ \xrightarrow{SOD} H_2O_2 + O_2$$

$$2H_2O_2 \xrightarrow{\text{过氧化氢物酶}} 2H_2O_2 + O_2$$

H_2O_2在有还原剂存在下，也能被过氧化物酶(peroxidase)所分解:

$$AH_2 + 2H_2O_2 \xrightarrow{\text{过氧化氢物酶}} 2H_2O_2 + O_2 + A + H_2$$

大麦含有SOD，发芽时，此酶活力增长数倍，在干燥过程中随干燥温度的高低而有不同程度的失活。糖化时，麦芽的SOD在45～55℃下仍保持相当活力，在65℃下30min即全部失活。

SOD在某些食品工业中已有应用，用于防止氧化败坏。至于应用于啤酒风味稳定性的效果如何，尚待证实。

麦芽的过氧化氢酶，在高温干燥情况下受到损失，65℃糖化时很快失活，因此在此温度下它不能排除SOD所形成的过氧化物，需要由其他抗氧化剂排除之。

(三) 排除氧自由基的非酶物质

啤酒工业普遍采用的抗氧化剂是抗坏血酸和二氧化硫。

1. 抗坏血酸

抗坏血酸作为抗氧化剂用于食品工业和啤酒工业已经很久，它本身在风味上不起什么负面影响。它的抗氧化作用主要在于排除超氧化物自由基，同时也能排除过氧化物和$OH^{\bullet}$。抗坏血酸氧化时，失去电子，变为脱氢抗坏血酸，如下式所示:

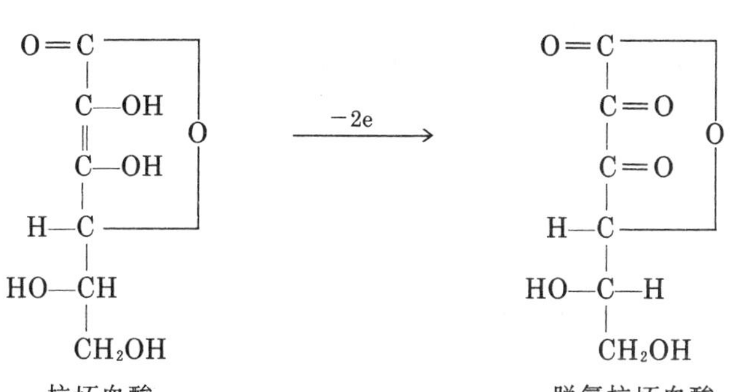

抗坏血酸　　　　　　　　脱氢抗坏血酸

抗坏血酸的氧化还原反应很复杂，它和类黑精相似，既是还原剂，在某些情况下，又是氧化剂。在铜离子的参与下，抗坏血酸还会氧化产生过氧化物($AH_2 + O_2 \xrightarrow{Cu^+} A + H_2O_2$)，此$H_2O_2$在铁离子接触下，又产生$OH^{\bullet}$($H_2O_2 \xrightarrow{Fe^{2+}} OH^- + OH^{\bullet}$)。作为啤酒的抗氧化剂，抗坏血酸的添加量应适当多一些。在含氧量高的啤酒中，添加量少了不但不起抗氧化作用，而且在金属(Cu、Fe)的接触下，还会产生过氧化物，促进了氧化。当然这要区别酒本身的情况，含溶解氧和瓶颈空气多的酒，相对地就要多加抗坏血酸。抗坏血酸的抗氧化作用时间比较短，常和二氧化硫兼用，效果比较好。

2. 二氧化硫

二氧化硫除去本身是还原剂外，还能与不饱和醛类起加成作用而形成加成物 (adducts)，从而掩盖了不饱和醛类的劣味。但这种加成物会因二氧化硫的逐渐氧化而释出劣味醛类。一般说，在啤酒保质期内，只要二氧化硫含量超过2mg/L以上，仍可掩盖大部分劣味醛类。

二氧化硫是酵母发酵的代谢产物，随酵母菌种、麦汁中的含硫化合物、生产条件和酒的品种不同而异。啤酒中的二氧化硫含量不宜太高，含量过高，对人体和酒的口感均不利。美国限制啤酒中二氧化硫含量不得超过10mg/L，世界卫生组织也不允许过高的二氧化硫含量。包装前二氧化硫含量以控制在7～9mg/L比较合适。如果啤酒本身二氧化硫含量不足，可在装酒前外加二氧化硫补充之，但需先通过酒的分析，而后确定添加量。

一般说，啤酒本身产生的二氧化硫随酒的酒精含量增加而增长。低醇啤酒的二氧化硫含量比较低，酒的风味稳定性也较差，宜补加抗氧化剂。

四、提高啤酒风味稳定性的措施

(一) 啤酒生产过程中防止氧的摄入

整个酿造及包装过程，从原料粉碎到啤酒灌装均应严格控制麦汁和酒内氧的摄入，以免引起各种酶和非酶的氧化反应。各工序控制措施如表4－4－9和表4－4－10所示。

表 4-4-9 麦汁制备过程对摄入氧的控制

工 序	控 制 措 施
粉碎工序	(1) 粉碎过程也会带入大量氧，粉碎机空间最好以氮气取代空气 (2) 湿粉碎除用脱氧水外，尽量减少搅动，输送麦浆要轻缓
糖化工序	(1) 使用二氧化碳(本厂回收者)或氮气作为保护气体，取代锅槽中的空气 (2) 糖化过程中尽量减少醪液搅拌次数，降低搅拌速度 (3) 尽量减少麦醪输送次数，选用的泵能力应稍大些，使输送时间缩短，低速缓慢，减少湍流 (4) 小心控制，避免泵送完毕时吸入大量空气 (5) 泵、密封件、阀门等不能有任何泄漏，应加强维护保养 (6) 水中含有大量溶解氧，糖化和洗糟用水宜采用脱氧水 (7) 醪液和麦汁的输送应由锅、槽底部输送 (8) 麦汁煮沸时，麦汁煮沸锅不宜敞口煮沸，要正确控制煮沸时间，不宜过长

表 4-4-10 主发酵后氧的摄入和控制措施

工 序	氧摄入情况	控 制 措 施
下酒过迟	主发酵完毕，下酒过迟，会导致酒内溶解氧增加，晚下4天，溶解氧可高达1.5mg/L	应严格控制下酒时间

续表

工　序	氧摄入情况	控　制　措　施
输酒时氧的摄入	发酵液下酒时，将摄入大量氧气。下酒开始，在泵的进口处取样，溶解氧约为50μg/kg左右。以后逐渐降低，下酒完毕时，溶解氧复又升高至70μg/kg左右；最后罐内酒的溶解氧为200μg/kg左右。下酒完毕，由于酵母的同化，有时也包括酒内还原物质的氧化，溶解氧逐步降低至20μg/kg左右。下酒之后，最好不要再换罐，否则又要摄入大量的氧，氧化酒内大量的还原物质，这样对啤酒的非生物稳定性和风味稳定性非常不利	(1) 输酒线的所有接头和连接必须严密，管路设计应避免过高的流速和产生涡流现象 (2) 应以二氧化碳取代空气作为背压；或在输酒过程中充入少量二氧化碳（0.1～0.2酒容量），使过量的二氧化碳将空气带走；过多地充二氧化碳也是不利的，一些有益的挥发物质会损失掉 (3) 酒进入罐内的流速宜低（<1m/s），以避免涡流产生；进口管径如增加50%，可减低进口速度45%；也可采用在开始和最后输酒时，降低泵送速度 (4) 罐型对摄氧也有关系，在正常情况下，卧式罐的摄氧量较立式罐多50%，采用立式罐对降低摄氧量是有利的 (5) 输酒管路在输酒前应先装满水，在酒进入管路前，先以二氧化碳将水顶出，考虑到有时酒会和水混合，所用的水应排氧，因为水中含有8～10μg/kg的溶解氧，几百倍于酒内所允许的含量
充二氧化碳时氧的摄入	酒内充以同体积的二氧化碳（含空气0.05%）从理论上将使酒内多溶解200μg/kg的氧	充二氧化碳的酒，必须采用去氧的纯二氧化碳，其纯度要求达到99.998%以上
啤酒过滤	滤酒开始，最先一部分过滤酒的溶解氧很高，此后氧的摄入又减少，如果操作得当，全部酒的溶解氧为30μg/kg左右	要降低滤酒开始大量氧的摄入，应先以充二氧化碳的水或排氧水将滤棉内的水和空气顶出；如使用硅藻土为助滤剂，也需先将硅藻土浆充以二氧化碳，排除硅藻土中所含的空气，调浆需用排氧水，调浆罐空间以二氧化碳或氮取代空气
添加剂的调制	添加啤酒添加剂均能增加酒内溶解氧	调制添加剂的用水，要采用排氧水
残酒	残酒内一般都含有大量溶解氧；以空气为背压，贮酒罐或清酒罐内残酒的溶解氧能高达几千μg/kg	这部分残酒最好单独存放，用二氧化碳充分洗涤后再使用 采用二氧化碳背压
装生酒桶氧的摄入	装入生酒桶后的酒，其溶解氧一般可达500μg/kg，高者可达1000μg/kg，这部分氧很难避免	应采用二氧化碳为背压，装酒时压力保持0.1～0.12MPa，不宜过高；大桶较小桶摄入的氧少
装瓶时摄入的氧	在正常运转条件下，装瓶时摄入的溶解氧，约为1ml/L，相当于5ml空气/L，或1300μg/kg溶解氧，如果没有抗氧化剂的存在，酒内大量的还原物质将被氧化	(1) 从清酒罐到装酒机的管路应尽量缩短 (2) 管道设计要绝对避免产生涡流，并且要绝缘良好，防止升温 (3) 装酒机不能超速运转，否则易引起涡流而摄氧，就是在以二氧化碳或氮为背压情况下也难避免 (4) 无管装酒摄入的氧多，装酒管愈长，摄入的氧愈少 (5) 经常检查和清洗装酒阀是重要的，若破坏酒在装酒机内的均匀流动，或装酒阀表面有损伤，都将引起涡流而摄氧，在此情况下，采取任何措施都很难将空气排除 (6) 减低瓶颈空气，可于装酒后采用喷射二氧化碳或啤酒于瓶颈酒液表面，使酒均匀窜沫而排除瓶颈空气，窜出之沫必须细腻，窜至瓶口，即行压盖 (7) 应严格避免已装满的瓶酒在装酒机上停留 (8) 严禁不满的酒再回装 (9) 采取二次抽真空和充二氧化碳的现代化灌酒机，可使酒内溶解氧控制在<0.15mg/kg (10) 灌装后之啤酒溶解氧含量（包括瓶颈空气中的氧）应<0.2mg/kg以下

附1: 氧与空气的换算

1mg O_2=0.75ml O_2(20℃, 0.1MPa)=3.6ml空气

1ml O_2(0℃, 0.1MPa)=1.429mg O_2

1ml O_2(20℃, 0.1MPa)=1.332mg O_2

1ml空气(20℃, 0.1MPa)含有0.21ml O_2=0.280mg O_2

1mg空气=0.83ml空气(20℃, 0.1MPa)=0.232mg O_2

附2: 氧对啤酒的有害含量范围(表4-4-11)

表 4-4-11　　氧对啤酒的有害含量范围

有害程度	mg O_2/L	ml O_2/L*	ml空气/L*	有害程度	mg O_2/L	ml O_2/L*	ml空气/L*
开始有害量	0.8	0.6	2.9	严重有害量	>2.5	>2.0	>9
明显有害量	1.5	1.1	5.4				

*20℃, 0.1MPa。

要求达到的含氧量(640ml瓶装):

酒内溶解氧: <0.15~0.20mg O_2=0.11~0.15ml O_2

瓶颈空气: <110ml

附3: 氧与空气换算表(表4-4-12)

表 4-4-12　　氧和空气换算表(20℃, 0.1MPa)

空气		氧		空气		氧	
ml	mg	ml	mg	ml	mg	ml	mg
0.1	0.12	0.02	0.03	2.8	3.38	0.59	0.78
0.2	0.24	0.04	0.06	2.9	3.50	0.61	0.81
0.3	0.36	0.06	0.08	3.0	3.62	0.63	0.84
0.4	0.48	0.08	0.11	3.1	3.74	0.65	0.87
0.5	0.60	0.11	0.14	3.2	3.86	0.67	0.90
0.6	0.72	0.13	0.17	3.3	3.98	0.69	0.92
0.7	0.85	0.15	0.20	3.4	4.10	0.71	0.95
0.8	0.97	0.17	0.22	3.5	4.22	0.74	0.93
0.9	1.09	0.19	0.25	3.6	4.35	0.76	1.01
1.0	1.21	0.21	0.28	3.7	4.47	0.73	1.04
1.1	1.33	0.23	0.31	3.8	4.59	0.80	1.06
1.2	1.45	0.25	0.34	3.9	4.71	0.82	1.09
1.3	1.57	0.27	0.36	4.0	4.83	0.84	1.12
1.4	1.69	0.29	0.39	4.1	4.95	0.86	1.15
1.5	1.81	0.32	0.42	4.2	5.07	0.88	1.18
1.6	1.93	0.34	0.45	4.3	5.19	0.90	1.20
1.7	2.05	0.36	0.48	4.4	5.31	0.92	1.23
1.8	2.17	0.38	0.50	4.5	5.43	0.95	1.26
1.9	2.29	0.40	0.53	4.6	5.55	0.97	1.29
2.0	2.41	0.42	0.56	4.7	5.67	0.99	1.32
2.1	2.54	0.44	0.59	4.8	5.79	1.01	1.34
2.2	2.66	0.46	0.62	4.9	5.91	1.03	1.37
2.3	2.78	0.48	0.64	5.0	6.04	1.05	1.40
2.4	2.90	0.50	0.67	5.1	6.16	1.07	1.43
2.5	3.02	0.53	0.70	5.2	6.28	1.09	1.46
2.6	3.14	0.55	0.73	5.3	6.40	1.11	1.48
2.7	3.26	0.57	0.76	5.4	6.52	1.13	1.51

续表

空气		氧		空气		氧	
ml	mg	ml	mg	ml	mg	ml	mg
5.5	6.64	1.16	1.54	6.4	7.73	1.34	1.79
5.6	6.76	1.18	1.57	6.5	7.85	1.37	1.82
5.7	6.86	1.20	1.60	6.6	7.97	1.39	1.85
5.8	7.00	1.22	1.62	6.7	8.09	1.41	1.88
5.9	7.12	1.24	1.65	6.8	8.21	1.43	1.90
6.0	7.24	1.26	1.68	6.9	8.33	1.45	1.93
6.1	7.36	1.28	1.71	7.0	8.45	1.47	1.96
6.2	7.48	1.30	1.74	7.1	8.57	1.49	1.99
6.3	7.60	1.32	1.76	7.2	8.69	1.51	2.02

(二) 其他方面的措施

(1) 采用的原料、水和一切添加剂中的变价金属(Cu、Fe)含量应尽量低。

(2) 糖化时注意调节pH值，麦醪控制在5.5左右，麦汁控制在5.2左右，这样对啤酒风味稳定性有益。

(3) 麦汁过滤要清，减少不饱和脂肪酸的含量。

(4) 热冷凝固物的分离应彻底，冷凝固物的分离以采用浮选法或过滤法较好。

(5) 麦汁煮沸强度不宜低于8%～10%，使一些挥发性醛类得以挥发。

(6) 煮沸后麦汁的泵送、分离热凝固物及冷却时间要短，应控制在100min以内(冷却时间控制在60min以内)，避免热反应。

(7) 生产设备及管路的材质宜采用不锈钢，尽量不采用铜制设备。

(8) 麦芽干燥、麦醪糖化、过滤麦汁升温、麦汁煮沸及煮沸后的泵送和麦汁在回旋沉淀槽的停留时间，均产生棕色反应。如不控制其形成的产物，会引起以后啤酒的老化味。

(9) 杀菌的PU值不宜过高，以控制在15～20PU为宜。杀菌机的出口酒温应控制在25℃以下。

(10) 啤酒的运输振荡、贮藏温度高及日光照射，均易促使啤酒产生老化味。10℃以下贮酒，很少在短期内出现老化味。

(11) 生产和销售应配合好，避免产品积压。成品酒入库出库应采取先进先出的原则。

(12) 装酒前添加有关的抗氧化剂。

五、预测风味稳定性的方法

兹将R. Parson和R. Cope拟定的抗氧化值(Resistance－to－staling value，简称R. S. V.)法介绍如下。

1. 方法的根据

(1) 对酿造者来说，预测风味稳定性的方法，必须在短时间内，加速酒的陈化，达到长时间自然陈化的目的。Greenhoff和Wheeler指出：啤酒在60℃加热，其产生羰基化合物的性质与同一啤酒在常温下，经过正常的风味保存期是相似的。

(2) 2－硫代巴比妥酸(2－thiobarbituric acid，简称TBA)能与某些醛类缩合形成具有两个吸收峰(445nm、530nm)的生色团(chromophore)。

2. 预测手续

(1) 加速陈化 从包装线上取5瓶(或罐)啤酒，4瓶置60℃水浴中，第5瓶置冰箱中作为对照者(新鲜啤酒)待用。上述4瓶啤酒每隔12h取出1瓶，置冰箱冷却待用。当5瓶酒均已齐备，每瓶取100ml，置150ml瓶中，进行深冷。分析时，将深冷之样品化冻，降低二氧化碳含量至可以用吸管吸取酒液，这样可以避免排二氧化碳引起的氧化。

(2) TBA分析 取5ml酒液置15ml带塞试管中，将0.33%TBA液加入2ml 50%的乙酸溶液中，混合，充分摇动之。试管置60℃水浴中正确保持60min，然后急速冷却试管，在530nm波长下，用1cm比色杯测其吸光值。

(3) 计算 先算出陈化啤酒与新鲜啤酒吸光值之差，以ΔTBA表示之，然后按下式计算酒的抗氧化值:

$$抗氧化值(RSV)=1/4\left(\frac{12}{\Delta TBA}+\frac{24}{\Delta TBA}+\frac{36}{\Delta TBA}+\frac{48}{\Delta TBA}\right)$$

上述方法只能在同一啤酒厂的同类啤酒中应用和比较。

第三节 啤酒的各种风味病害

一、常见的啤酒风味病害及其产生原因

常见的啤酒风味病害及其产生原因如表4-4-13所示。

表 4-4-13 常见的风味病害及其产生原因

风味病害	产生原因
(1) 口味粗涩	多酚物质含量过高和多酚物质的聚合度太高;啤酒氧化，啤酒的pH值过高;麦芽的麦皮厚，粉碎过细;水的暂硬过高，pH值高;酒花陈旧，贮藏时间长和贮藏温度高;过长的糖化醪煮沸时间;麦糟洗涤过分等
(2) 苦味不正，后苦味长	酒花陈旧，酒花添加量过高;多酚物质含量过高和多酚物质的聚合度高;糖化用水的pH值过高;麦糟洗涤过分;麦汁煮沸强度不够，凝固氮含量高;麦汁煮沸时间过长，导致异α－酸的氧化分解;麦汁的凝固物分离不好;发酵不旺盛，苦味的泡盖分离不完全或根本得不到分离(如加压发酵、锥形罐发酵等);酵母苦;过高的重金属含量，啤酒的氧化等等
(3) 酚或其他化学味	涂料中含有酚或氯酚等物质;采用含酚、氯酚及游离氯高的水浸麦、糖化和洗棉，常会导致啤酒带有此味;用含游离氯的洗涤剂洗刷输酒管;污染野生酵母或细菌 酚的味阈值: 0.03mg/L 氯酚的味阈值: 0.015mg/L
(4) 老化味	又叫氧化味、面包味、杀菌味等。啤酒装瓶后含氧量高，经过杀菌后，极易氧化，产生此不良的味道，并且随着啤酒保存时间的延长而氧化味也愈强烈，详见啤酒风味稳定性一节
(5) 馊饭味	主要是啤酒的双乙酰含量超过了其味阈值(0.1mg/L以下)所致，不成熟的啤酒有此味觉;污染了伤心菌(*Sarcina*)的啤酒都有浓重的双乙酰味
(6) 腐烂的青草味	来自酵母的代谢产物，主要是乙醛，当乙醛含量超过15mg/L时就产生此味，有时乙醛含量低于9mg/L也会出现此种味道
(7) 大蒜味	来自不良的酒花品种
(8) 洋葱味	来自二甲基硫，二甲基硫的味阈值<70μg/kg
(9) 酵母味	主要来自硫化物含量过多，特别是硫化氢，硫化氢的味阈值为5μg/kg。当酵母衰老退化或发酵和贮酒温度过高时，酵母产生自溶现象，或凝固物分离不良，麦汁通风不足，后酵不旺，硝酸盐含量过高，下酒过早，都容易产生此味

续表

风味病害	产生原因
(10) 金属味	又叫铁腥味、墨水味，系由于啤酒内重金属含量过高所致，也可能来自不饱和脂肪酸的氧化产物
(11) 焦　味	焦香麦芽或黑麦芽的干燥温度处理不当
(12) 酸　味	感染乳酸菌、醋酸菌及其他杂菌所致
(13) 霉　味	原料生霉或软木生霉而导致啤酒有霉味
(14) 麦皮味	麦芽的麦皮厚，粉碎过细；糖化醪液煮沸时间过长；过高的pH值；麦糟洗涤过分等
(15) 口味腻厚	糊精含量高，发酵度低；高级醇含量过高，高级醇含量超过50mg/L就容易产生此种味觉

二、改善啤酒病害的措施

根本的解决办法是选择优质原料，改善水质，优化生产工艺和设备条件，强化卫生管理和操作。轻微的口味病害可采取以下(表4－4－14)措施改善之。

表 4-4-14　改善啤酒病害的措施

措施	内容
(1) 活性炭吸附	利用活性炭，可以吸附掉啤酒中的一些不良的挥发性物质，改善其风味；活性炭的吸附选择性不强，同时也能吸附一部分苦味物质、色素物质和前体物质。应严格控制其用量，以添加10～15g/100L为宜，活性炭可在下酒时添加，或在滤酒前3～7天添加，在添加活性炭的同时，可添加30～50g/100L的硅胶制剂
(2) 提高二氧化碳含量	二氧化碳对口部感觉有影响，适当提高二氧化碳含量，可以掩盖一些风味上的缺点
(3) 采取酶分解的措施	利用酶制剂分解的办法，降低双乙酰、乙醛或其他有害物质的含量

第四节　啤酒的泡沫问题

啤酒泡沫是啤酒的一项重要质量指标，它包括泡沫的起泡性、泡持性、附着性能和泡沫的洁白细腻程度。

啤酒泡沫与大麦品种、酵母菌种、制麦和酿造方法密切相关。过分溶解的麦芽，糖化时过分的蛋白质分解，过分的麦汁过滤，过急的酒液冷却速度，过迟的酵母回收时间，过长的贮酒期，过低的二氧化碳含量，啤酒中过多的脂肪酸含量以及酵母自溶等，都对泡沫不利。

蛋白质是影响泡沫最主要的物质，蛋白质中哪部分最具有泡沫稳定作用，至今仍在探索中，说法不一。总之，高、中分子量的疏水性蛋白质对泡沫是有利的，在生产过程中，啤酒中应尽量保存这种天然泡沫稳定剂的适当含量。

一、啤酒的泡沫性能

啤酒泡沫性能主要表现在以下几方面：

1. 啤酒的起泡性

当啤酒注入杯中，酒液上部应有1/3～1/2容量的泡沫存在，此时的泡沫应洁白细腻，状似奶油。

2. 啤酒泡沫的持久性

啤酒注入杯中，自泡沫形成至泡沫崩溃所持的时间为啤酒的泡持性。良好的啤酒泡沫，往往饮用完毕后仍未消失。

3. 啤酒泡沫附着力

啤酒泡沫的附着力，通称啤酒挂杯情况。优良的啤酒，饮用完毕后，空酒杯的内壁应均匀布满残留的泡沫，残留的泡沫愈多，说明啤酒泡沫的附着力愈好。

以上3种泡沫性能形成的因素不一定完全相互有关，但至少后两者是以前者为前提的，啤酒没有起泡性，就谈不到泡沫持久性和泡沫挂杯了。

二、影响啤酒泡沫的主要因素

1. 表面张力

低表面张力的物质有利于泡沫形成，啤酒中一些表面活性物质，如蛋白质、酒花树脂等都属此类物质，有利于啤酒泡沫的形成。

2. 表面粘度

高的表面粘度有利于泡沫持久性和泡沫挂杯。异α－酸、镍盐和钴盐均有利于增强啤酒表面粘度，对啤酒泡沫的持久性和挂杯性能是有利的。

3. 啤酒粘度

高粘度的物质，易形成强度较大的界限薄膜，使形成泡沫的气泡不易消失，有利于泡沫持久性。蛋白质和麦胶物质均有这方面的作用。

4. 泡沫粘度

增加泡沫粘度，易形成细微的气泡，使泡沫如奶油状，泡沫性强。酒精和异α－酸均有这方面的作用。

三、啤酒中对泡沫起负面影响的物质

1. 脂肪酸

啤酒中含有多种饱和的和不饱和的脂肪酸，这些脂肪酸对啤酒泡沫影响很大，特别是不饱和脂肪酸的影响更大。各种脂肪酸影响泡沫的极限值如表4－4－15所示。

表 4-4-15　脂肪酸影响啤酒泡沫的极限值　单位：mg/L

脂肪酸	啤酒中含量	影响泡沫的极限值	脂肪酸	啤酒中含量	影响泡沫的极限值
C_6	1～5	50	$C_{16:1}$	0.01～0.10	0.1
C_8	5～15	50	C_{18}	0.01～0.30	1
C_{10}	1～5	10	$C_{18:1}$	0.01～0.20	0.1
C_{12}	0.1～1.0	2	$C_{18:2}$	0.01～0.10	0.1
C_{14}	0.01～0.30	2	$C_{18:3}$	0.00～0.01	0.1
C_{16}	0.1～0.40	1			

啤酒中的脂肪酸含量一般不会超过极限值，但在特殊情况下，如原料的含油量高，麦汁过滤不清，麦糟洗涤过分，酵母菌种特殊，都可能增加啤酒的脂肪酸含量而造成泡沫问

题。遇到这种情况，分析和检查脂肪酸含量就是必要的了。

脂肪酸对泡沫挂杯的影响较对泡沫持久性的影响尤为严重。

2. 高级醇

高级醇是啤酒发酵的代谢产物，也是严重的消泡剂。不过啤酒中的高级醇含量一般不会影响到它的泡沫性能。

3. 碱性的α－氨基酸

某些碱性的α－氨基酸，如精氨酸、赖氨酸和组氨酸都对啤酒泡沫附着力有负面影响，尤以精氨酸为甚。这些氨基酸对异α－酸和蛋白质之间形成的离子键(ionic bonding)有抑制作用，从而对泡沫有影响。

四、改进啤酒泡沫的措施

1. 生产工艺方面

(1) 麦芽溶解度要适当，过分溶解的麦芽，蛋白质分解过分，高、中分子氮相对减少，将降低蛋白质作为天然泡沫稳定剂的作用。

(2) 使用某些谷类辅料，特别是使用小麦为辅助原料，可以增进泡沫性能，因为小麦所含糖蛋白比较高，对改进泡沫性能尤为显著。

(3) 根据麦芽的溶解度，适当控制糖化时的蛋白质分解温度。对溶解良好的麦芽，蛋白质分解温度宜控制在55℃左右，甚至取消蛋白质分解阶段，以提高高、中分子蛋白质含量，对泡沫是有利的。

(4) 适当调节麦醪和麦汁的pH值，麦醪pH值控制在5.6左右，麦汁pH值控制在5.2左右，对泡沫是有利的。

(5) 麦汁过滤要清，麦糟洗涤适可而止，以免麦汁中带入多量脂肪酸，影响泡沫性能。

(6) 选择酵母应选择分泌蜜二糖酶和蛋白分解酶少的菌种，对泡沫是有利的。

(7) 麦汁加酒花煮沸，能增进啤酒泡持性，并赋予泡沫挂杯的性能，这主要是异α－酸的作用。不加酒花的酒，虽能形成良好泡沫但不挂杯;加同量酒花，如过分延长麦汁煮沸时间，泡沫挂杯性能虽增强，但因某些有利于泡沫的蛋白质凝结析出，啤酒的泡持性反而降低。因此，高酒花用量和适中的麦汁煮沸时间(1.5～2.0h)对啤酒泡沫是有利的。

(8) 啤酒的成熟时间不宜过长，否则酵母分泌蛋白酶过多，也影响泡沫性能;应防止酵母自溶，避免大量蛋白酶释入啤酒，影响泡沫。

(9) 发酵完毕的酒液，降温不宜过激，避免刺激酵母多量分泌蛋白酶而影响泡沫。

(10) 发酵温度过高(＞12℃)对泡沫不利，采取低温发酵、后期提高温度对还原双乙酰的工艺是有利的。

(11) 保持适当的贮酒时间，使二氧化碳饱和在酒内。二氧化碳含量不足，将直接影响啤酒的起泡性和泡持性。

(12) 形成的泡沫中含有较多的泡沫稳定物质。在生产过程中，形成的泡沫愈多，损失的泡沫稳定物质也愈多，相应地啤酒中的泡沫稳定物质就少了，啤酒的泡沫性能也就差了。因此，发酵以后，啤酒的输送一定要稳，避免涡流，尽量防止啤酒在管道或容器内起沫，以免增加泡沫稳定物质的损失。

密闭发酵的啤酒泡沫性能好，也与发酵时生成的泡沫少有关。

(13) 在酿造过程的每一环节，应防止油类物质混入麦汁或啤酒中。

(14) 使用四氢异α－酸浸膏，能显著地改善啤酒泡沫性能。

2. 泡沫稳定剂

有人为了增加泡沫性能，常添加泡沫稳定剂。泡沫稳定剂已有多种商品问世，兹举数例如下：

(1) 蛋白质水解物　蛋白质进一步降解为较低分子量的蛋白胨类，可用作泡沫添加剂，其添加量为5～10g/100L，已有的蛋白胨制品，如普菲柴尔(Pfizer)P/L400，已在生产上应用。

(2) 金属盐　镍盐和钴盐对改进啤酒泡沫性能效果很好，但由于其毒性问题和对非生物稳定性有负的影响问题，一般都不加镍、钴盐，而改用铁盐，铁盐用量应控制，否则对啤酒口味和非生物稳定性均有不利影响。已有的商品如奥布提蒙斯(Optimons)系有机铁盐。

(3) 琼脂、藻朊酸及其衍生物　这是一类粘性的高分子物质，添加量为50mg/L，已有的商品如凯尔柯劳德欧(Kelcoloid O)系藻朊酸盐。

(4) 阿拉伯胶　麦芽发芽完毕，在干燥前数小时，喷洒阿拉伯胶，然后上炉干燥。用这种麦芽制造啤酒，啤酒的泡沫性能较好。

有些泡沫稳定剂虽能增进泡沫，但与啤酒本身所含的泡沫稳定物质是有差异的，泡沫外观并不真实，也影响口感，一般情况下以不采用为宜。

第五节　啤酒的喷涌现象

啤酒在启盖减压以后，有时会发生不正常的窜沫现象，一瓶酒会窜出多半瓶，这是啤酒一种病害，称作啤酒的喷涌。

一、引起啤酒喷涌的因素

1. 主要因素

(1) 受潮的大麦　受潮的大麦上会生长很多霉菌，其中根霉属(*Rhizopus*)，匍柄霉属(*Stemphylium*)和镰刀霉属(*Fusarium*)都能产生一种引起啤酒喷涌的肽类物质。利用这样的大麦制成麦芽，再用以制酒，会引起严重的喷涌现象。

(2) 金属离子　有些金属离子，特别是镍离子和铁离子，易引起喷涌。镍是在有异α－酸存在下才有喷涌现象的。

(3) 草酸钙　在某些条件下，由草酸钙所形成的微细晶体粒子，也能导致啤酒喷涌。

(4) 异构化酒花浸膏　采用异构化酒花浸膏制备的啤酒，有时也会发生喷涌现象。

2. 次要因素

(1) 摇动　摇动是引起喷涌的必需条件，但不是引起喷涌的充分条件。

(2) 温度　杀菌和不杀菌啤酒都能出现喷涌现象，将喷涌啤酒重复杀菌，其喷涌现象可以有所改善;激冷有时也会引起喷涌现象。

(3) 氧和其他气体的作用　当溶解度低的气体从啤酒中逸散时，常会导致大量二氧化碳的释出，从而引起喷涌现象。

(4) 啤酒过滤　啤酒中含有诱导喷涌和抑制喷涌两方面的物质，经过吸附性过滤后，喷涌抑止物质常会被吸附掉，而造成喷涌现象。

二、喷涌现象的防止措施

(1) 大麦问题　选择大麦和麦芽是解决啤酒喷涌最关键的问题，严禁使用生霉的大麦和麦芽，这是防止喷涌现象的最有效措施。

(2) 金属离子问题　避免金属污染，如酒内含有过高的金属离子，采用金属螯合剂，抑制其作用。

(3) 草酸钙的问题　麦汁制备过程中添加过量钙离子，使草酸钙早期沉淀出来，防止其在啤酒中形成晶体粒子。

(4) 异构化浸膏问题　如果使用异构化酒花浸膏，应选用只含少量氧化产物或去水葎草酸的浸膏。

(5) 振动和温度问题　避免不适当的振荡和激冷却;重复杀菌对喷涌现象有暂时性好转。

(6) 排氧问题　灌酒后采取窜沫排氧措施，或采用抗氧化剂，以减轻酒内溶解氧的问题。

(7) 尼龙过滤　采用尼龙过滤，滤除造成喷涌的前体物质。

(8) 瓶酒直立存放　瓶酒直立存放，避免软木、铝片与酒接触，形成氢气而造成二氧化碳逸散时出现的喷涌现象。

啤酒开瓶时温度愈高，喷涌强度愈大。喷涌啤酒在低温开启不喷涌，重新压盖，使其升至室温(不摇动)，再开启也不喷涌，如果摇动之，喷涌现象立即出现。

第五篇　啤酒新产品与稀释啤酒

第一章　啤酒新产品

第一节　无醇(低醇)啤酒

一、概　　述

啤酒是含低酒精的发酵饮料，其酒精含量允许在较大范围内波动。

近年来，由于人们的健康意识不断提高和为了防止酗酒的危害，欧美西方国家在啤酒消费已基本达到饱和的情况下，看好低醇啤酒的市场前景，以此作为市场竞争的措施，从事开发这方面产品。无醇啤酒首先由瑞士推出，而后德、美、英、日本等国家相继推出此产品。目前，在西方国家市场上。无醇啤酒已占领一定份额。

从消费者角度看，他们希望得到既降低酒精含量，又保持已经习惯了的啤酒风味的啤酒。在这方面，无醇啤酒的质量尚有待提高。

现在国际上命名的"无醇啤酒"(Non－alcohol beer或alcohol－free beer)，概念非常模糊，既然是无醇，就不应叫啤酒，应属非发酵麦芽饮料。但目前世界各国销售的无醇啤酒，在商标上均注有微量酒精含量。我国也沿用了这方面的做法。

无醇啤酒和低醇啤酒的酒精含量应控制在什么范围，各个国家说法不一。一般认为，酒精含量控制在0.5％(体积分数)以下者，可以称为无醇啤酒；控制在2.5％(体积分数)以下者，可以称为低醇啤酒。实际上，目前一些低浓度、低发酵度的啤酒，其酒精含量已经可以控制在2.5%(体积分数)以下。

目前，生产无醇(低醇)啤酒普遍存在的关键问题是风味和质量问题，达不到正常啤酒所具有的风味特点，满足不了消费者的要求。此外，某些生产方法也存在投资和生产成本问题。

我国的啤酒人均消费量尚属低档，酗酒现象还不严重，人们对无醇啤酒缺乏认识，无醇啤酒在市场上尚未占领什么位置。

下面介绍几种无醇(低醇)啤酒的生产方法。

二、无醇(低醇)啤酒制造方法

无醇(低醇)啤酒制造方法可分两类。

(一) 限制发酵的制造方法

即限制麦汁中可发酵性糖的含量及限制其向酒精转化的方法，包括以下几方面:

1. 调整麦汁中可发酵糖含量

(1) 采用低β-淀粉酶活力的麦芽，麦汁制备时，采用低温(45℃)蛋白质分解和高温(74～75℃)糖化的方法，使糖化过程避开β-淀粉酶的作用温度，尽量降低麦汁中的麦芽糖含量。

(2) 采用膜过滤的方法，从正常麦汁中分离出可发酵麦芽糖(已有专利，尚未见在大生产中应用)。

2. 采用高浓度发酵

采用高浓度发酵，达到要求的发酵度时激冷，停止发酵，然后稀释为低浓度啤酒。

3. 采用不发酵麦芽糖的酵母菌种

例如:路德酵母(*S.ludwigii*)，此酵母不分泌麦芽糖水解酶，不能发酵麦芽糖和麦芽三糖。

4. 采用低温(0～2℃)发酵

采用低温发酵，控制发酵时间和减少酵母接种量，以降低酒精含量的生产方法。

5. 采用固定化酵母的生产方式

将酵母固定在惰性载体上，麦汁连续流经生物反应罐，主要控制参数是酵母浓度和反应时间。其生产过程如图5－1－1所示。

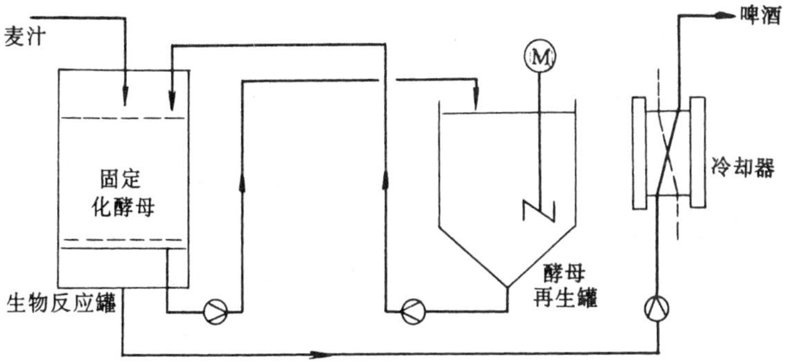

图 5－1－1　固定化酵母生产方法

麦汁发酵产生酒精并不是孤立的反应，同时，还伴随着许多决定啤酒风味的其他代谢反应。利用限制发酵生产的啤酒，限制了酒精的形成，同时，也减少了其他风味物质的产生，其风味与正常发酵啤酒的风味相去甚远，有浓厚的麦芽汁甜味，口感腻厚，缺乏应有的酒香，很难满足消费者已经习惯了的啤酒风味，有待进行大的改进。

(二) 正常发酵后脱酒精的生产方法

这种制造方法，根据不同的物理原理，可分为几种做法：

① 减压蒸发法：目前大生产常用的方法。

② 膜分离法：包括反渗透法、透析法和全蒸发法(pervaporation，尚未在大生产应用)。

③ 吸附法：利用硅酸盐所形成的分子筛，吸附酒精。

④ 溶剂萃取法：利用超临界二氧化碳萃取酒精。

兹将大生产常用的减压蒸发法和膜分离法分叙如下：

1. 减压蒸发脱酒精的方法

利用酒精的挥发系数大于水的挥发系数，加热啤酒，使酒精蒸发分离。蒸发是在减压条件下进行的，一般控制蒸发温度在35～45℃，蒸发停留时间越短越好，以免因受热而影响酒的质量。此种生产方式，以采用降膜式蒸发器(如图 5－1－2所示)或离心式蒸发器(centrifugal evaporator，如图5－1－3所示)为宜。

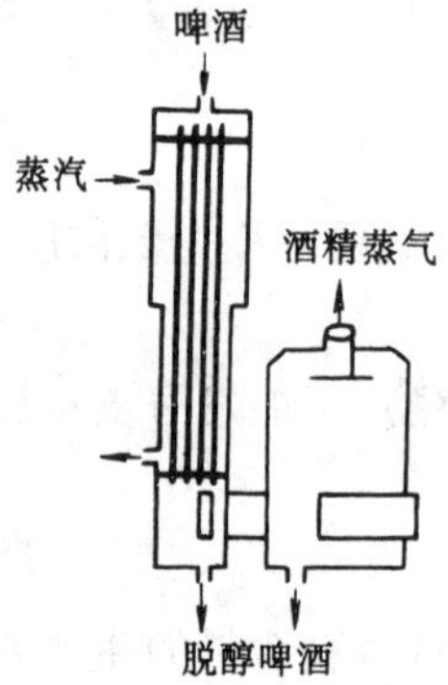

图 5－1－2 降膜式蒸发器

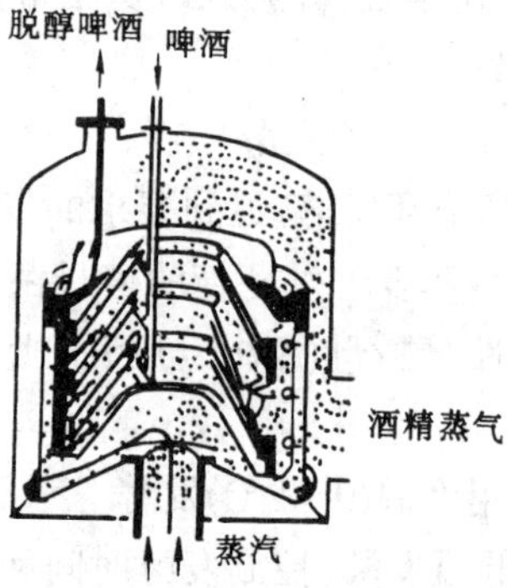

图 5－1－3 离心蒸发器

蒸发脱醇的生产方式，灵活性比较大，可生产不同酒精含量的啤酒，甚至酒精含量低于0.05%(体积分数)。蒸发接触时间，根据脱醇程度而定，一般为几秒钟到几分钟，时间越短，受热损害越小。生产酒精含量很低的啤酒，产品需经多次循环蒸发，蒸发后的啤酒，再用脱氧水稀释，恢复原容积，并充二氧化碳。稀释也可在蒸发前进行。

采用离心蒸发器，啤酒薄膜与蒸汽系在旋转锥体的两侧进行。操作中控制的主要参数是蒸发温度和流量。

蒸发脱醇的操作条件(温度、时间、流量)、原酒的性质、啤酒蒸发后要求的酒精含量以及加水恢复原容积的方式(蒸发前或蒸发后稀释)等因素，均极大地影响最后产品的性质。在蒸发过程中，除酒精含量降低外，一些主要挥发性风味物质，如酯类、高级醇和短链脂肪酸均有不同程度的损失，其损失程度与各类风味物质的疏水性和挥发性有关(酯类＞高级醇＞短链脂肪酸)。蒸发温度愈高，酒精和其他挥发性风味物质的损失愈大，所制啤酒的口感和酒体也愈淡泊。在较高蒸发温度下，还会产生一种“蒸煮”味，很难使人满意。

2. 膜过滤脱酒精的生产方法

根据不同的驱动方式，有两种膜过滤法。

(1) 以高反渗透压为驱动力的反渗透法　通过高压(3.0～4.0 MPa)使酒精(也包括水和某些小分子挥发物质)透过半渗透膜而分离之。此法可在低于10℃下进行，避免了受热的损害。此法的关键问题是选择合适的半渗透膜。半渗透膜不仅影响产品的质量，也关系到产量。但目前无论选择哪种膜，都不会完全选择性地脱酒精，总要伴随着一些其他成分的损失。

目前选用的半渗透膜有聚酰胺和醋酸纤维素，其操作是将啤酒加压送入膜装置的一侧，啤酒中的低分子量成分，如酒精、部分水及其他小分子成分通过半透膜，进入另一侧的水介质中，大分子则被膜阻留。膜的孔径愈细，阻留的成分愈多，流量则相对减低。

采用反渗透法生产无醇啤酒，虽然也同时损失了部分风味物质，口味较平淡，但仍具有原酒的基本风味，并无异味。

用过后的滤膜需经常清洗和灭菌。上述滤膜，不宜用蒸汽灭菌，只能用化学方法灭菌，这是其缺点。目前，可用蒸汽灭菌的陶瓷滤膜正在开发，因此，用反渗透法生产脱醇啤酒的前景是好的。

反渗透法的生产流程如图5－1－4所示。

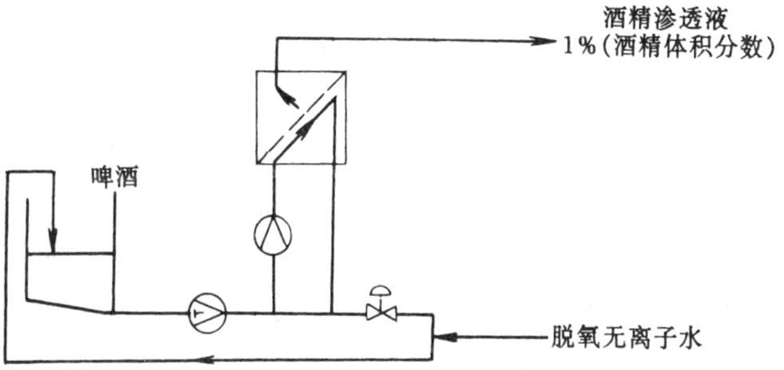

图 5－1－4　反渗透法脱酒精流程图

(2) 膜透析法　此法是以膜的两侧(啤酒与水)的浓度梯度为驱动力来分离酒精的。膜的两边，一相为啤酒，一相为水，通过扩散，酒精和水通过薄膜进入水相中，水则通过薄膜，逆流进入啤酒相中。分离酒精的量与啤酒和透析液相对的流量以及在膜装置中停留的时间有关。然后将从啤酒分离出的酒精透析液，再经一汽提蒸馏装置，分馏酒精，水则经过冷却，流回薄膜一侧的水相中，其生产流程如图5－1－5所示。

用透析法制备无醇啤酒，同样，由于膜的性质，也会失去部分风味物质，所制无醇啤酒较平淡，但无异味。

若用反渗透法或透析法制备低醇啤酒，其损失的风味物质较少，啤酒的口感还是比较好的。

以上所述的几种脱酒精方法，都需额外投入相当大的资金。

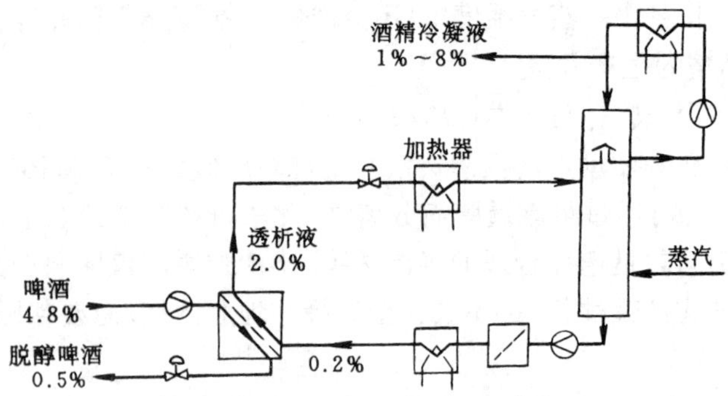

图 5－1－5 透析法脱酒精流程图

图中"%"均指酒精体积分数

第二节 冰 啤 酒

一、概 述

冰啤酒的制造，应从德国制造冰冻博克(Ice Bock)啤酒说起。博克啤酒是德国生产的一种高浓度下面发酵啤酒，其原麦汁浓度高达16～18°P，甚至24°P，此更高浓度的博克啤酒又名双倍博克啤酒(Doppel Bock)。

冰冻博克啤酒的发现，纯属偶然，一次偶然的机会，德国库姆巴赫(Kulmbacher)的雷奇尔啤酒厂(Reichel Brewery)的工人，将生产双倍博克啤酒的橡木桶置于室外，局部结了冰，人们发现未结冰的啤酒部分，酒精度很高，具有更浓厚的麦芽香味，形成了一种高贵的啤酒品种。此后，此啤酒厂便一直生产冰冻博克，取名巴伐利亚冰冻博克(Ice Bock Bavarian Frozen)，其酒精含量高达8%(质量分数)以上。此种啤酒销往北美，很受欢迎。而后加拿大的尼亚加拉瀑布啤酒厂(Niagara Falls Brewery)也生产一种16°P的博克啤酒，其酒精含量很高(6.3%，质量分数)。最终啤酒浓度只有3.0°P。再经冷冻浓缩，去掉1/3容积的冰，制成一种高酒精度的博克啤酒。

目前，由加拿大拉巴特(Labatt)啤酒公司首先开发的冰啤酒(Ice Beer)，与上述冷冻浓缩啤酒不同，其主要区别在于冰的形成和分离方式的不同。前者形成大量的冰，包埋了多量酒精和其他啤酒成分，有待分离回收，其全量酒液并未达到相应的冰点；后者只形成少量冰晶，极易分离，其全量酒液达到相应的冰点。

冰啤酒推向市场以后，欧美、日本、澳大利亚等国家相继推出了自己的冰啤酒，在做法上可能各具特点，有所不同，详细做法则很少披露。

二、开发冰啤酒的背景

啤酒灌装之后，放置一定时间，或受温度变化的影响，会逐渐出现混浊。啤酒混浊有两种情况：①冷混浊：对温度敏感，遇冷混浊，升温后复溶；②氧化混浊：一旦形成，不会复溶。北美人喜欢冷饮啤酒，冷混浊便成为一麻烦问题。

最初，人们解决啤酒混浊的办法，就是降低啤酒温度至0℃左右，延长贮酒时间至数星期，甚至数月。但此项措施不能很有效地解决混浊问题，而且耗时过长，不经济。而后人们又运用稳定剂/生产助剂(PVPP、硅胶、棓单宁、蛋白酶等)处理办法，虽能有限度地解决啤酒混浊问题，但往食品中添加添加剂，则愈来愈不受人们的欢迎。于是人们开始考虑用物理处理方法来解决或减轻啤酒混浊问题，即用冷冻分离的办法，将啤酒中引起混浊的冷混浊物，在啤酒过滤前，事先沉淀出来，然后通过滤酒与酒分离而排除之，这样就会减轻啤酒灌装后产生混浊的压力。

过去，曾有多种专利探讨过冷冻浓缩啤酒的问题。有的专利把啤酒浓度，通过冷冻，提高5倍以上。但所有冷冻浓缩方法，都会有一部分啤酒需要的物质，被大量的冰包埋而被排除酒外，从而影响酒的风味和酒体。同时，所形成大量的冰也有待处理。如果再用洗脱柱(washing column)从冰中洗脱回收这些物质，工序就变得复杂了。

三、制造冰啤酒的方法

将已经贮藏成熟或未经贮藏而双乙酰已还原完毕和降温后的嫩啤酒，先经离心或过滤，排除酵母，而后进入刮板式热交换器(或其他形式的热交换器)，冷却至冰点，使啤酒出现微小冰晶(<10μm)，然后进入一具有搅拌器和分离大冰晶的过滤筛筒(或螺旋筛板)的处理罐。此罐罐体严格保温，并和热交换器出口的啤酒维持在同一的冰点温度上。

开始输入处理罐的带小冰晶的啤酒，经过一短时间(1～2h)，使冰晶大小较原来的小冰晶增长几十倍(100～3000μm)，从而在罐内形成一含大冰晶啤酒浆的流化床(fluidized bed)。也可通过外加的大冰晶，形成此啤酒浆。此啤酒浆中的大冰晶含量约占处理罐容积的20%。在整个啤酒连续处理过程中，此比例通过自控反馈系统，始终保持不变。然后，经热交换器冷却的酒液(含2%～5%的小冰晶)不断进入处理罐，通过搅拌，与罐内含大冰晶的啤酒浆混合均匀，使整个被处理的啤酒均能达到冰点，从而使冷混浊物不断从酒中析出。啤酒在处理罐中停留的时间很短，只需几分钟。此流化床所含的大冰晶数量，在维持大冰晶的平衡温度下，既不融化，也不再增长，保持不变。而小冰晶的平衡温度较大冰晶的平衡温度低，在此温度下则不断融化。然后被处理的啤酒，通过处理罐底部的筛筒，输入另一贮酒罐内，直至全部酒液处理完毕，最后的酒液，用二氧化碳压入贮酒罐内。后面的工序则按常规运行。滤酒应低温(接近冰点)进行，以免冷混浊物部分复溶。

当酒液经过筛筒时，未融化的微小冰晶随酒液输出，大的冰晶则被筛筒隔离，滞留罐内。筛筒旁边，设有自动刮板，当筛筒被大冰晶堵塞时，酒压升高，刮板自动除冰，使酒液保持畅通。全部啤酒处理完毕，被筛筒隔离的大冰晶，其量甚微，只占啤酒总容积的0.1%～1.0%，因此，处理后的酒液，并未增加啤酒的浓度和酒精度。

该处理罐备有反馈调控系统，根据罐内冰传感器(ice sensor)的信号，可通过换热器增冷或减冷，自动调节啤酒浆的大冰晶含量，始终保持不变。

四、冰啤酒装置系统的特点

(1) 整个系统各工序，全部自动调控，使处理过程自始至终保持稳定状态。

(2) 单向操作,没有对流情况,所需设备比较简单。

(3) 酒液并未浓缩,免去定时除冰的问题,最后只剩极少量被筛筒(或螺旋筛板)隔离的大冰晶,极易排除,更不存在啤酒成分被冰包埋的问题。

(4) 能与现有工厂设备紧密配合,不致影响现有设备的使用。

(5) 虽增加一些设备费用,但啤酒的非生物稳定性可有较大幅度的提高;啤酒口感显著改善,较原酒更圆润、干净、无杂味。

(6) 因冷混浊物能早期沉淀出来,可缩短啤酒的贮酒期,甚至取消贮酒期,从而提高发酵罐的利用率。

(7) 利用此项工艺和设备,任何酒基都可制成冰啤酒,其理化指标与原酒对照基本无变化。浓度和酒精含量愈高的啤酒,冰点愈低,析出的冷混浊物也愈多,提高啤酒稳定性和改善啤酒口味的作用也愈大。

(8) 热交换器和处理罐都是满容操作,不需惰性气体或二氧化碳背压。

(9) 能源利用比较合理。

啤酒成分非常复杂,影响啤酒冰点的因素很多,包括啤酒的组成、原麦汁浓度,特别是酒精含量。啤酒的冰点一般可由下式测算:

$$t=-(w\times0.42+P\times0.04+0.2)$$

式中 t——冰点(℃)

w——酒精含量(%,质量分数)

P——原麦汁浓度(°P)

此公式并非百分之百的精确,尚需在实践中确定更精确的冰点。

从上式可以看出,原麦汁浓度和酒精含量愈高的酒,其冰点愈低。有些国家喜欢采用高浓度稀释啤酒,例如16°P左右的原麦汁浓度,啤酒的冰点接近-4℃,制成冰啤酒后,再稀释成低浓度啤酒,或直接作为高酒精度啤酒饮用。

制造冰啤酒,有两点必须做到:①啤酒经深冷后,必须出现冰晶,这说明酒液已经达到冰点;②要全部而不是局部酒液达到此冰点,冷混浊物才能更多地析出。处理罐内的搅拌器可使被处理的酒和罐内啤酒浆充分混合均匀,从而达到此目的。

高浓度啤酒的冰点更低一些,析出的冷混浊物更多一些,能源消耗也会相对多一些。过分去除酒内物质,可能也会影响啤酒的口感、酒体和泡沫性能。制造冰啤酒还需全面地衡量这些利弊。一般说,11~12°P原麦汁浓度的啤酒,其冰点温度已可降至-2℃以下,析出的冷混浊物基本可以满足提高非生物稳定性和改善口感的要求。

第三节 干 啤 酒

一、概 述

随着饮用啤酒的时尚愈来愈趋向淡爽,世界各国生产的啤酒类型也多趋向口味淡爽、苦味轻、颜色浅的淡爽型啤酒(light beers)。此类啤酒残留浓度及热值均较低,发酵度比较高。

1987年日本朝日啤酒公司，通过市场调查，首先推出一种新型的“干啤酒”(dry beer)。所谓“干”(dry)，是指酒的发酵度极高，酒中残糖极低，口味清淡爽口，后味干净，无杂味，实际上是受干葡萄酒(dry wine)的启发而来的。此种干啤酒问世后，风靡世界，各国纷纷仿制，推出自己的干啤酒，以适应消费者；特别是年轻一代消费者饮食结构的变化。

为了降低啤酒的热值，生产干啤酒的原麦汁浓度一般偏低(7～12°P)，多控制在9～11°P。干啤酒和淡爽型啤酒的最大区别，在于其发酵度更高，热值更低，而酒精含量则与普通啤酒差别不大。

各国对干啤酒发酵度的要求并不一样，厂与厂之间也不相同，完全取决于地方消费者的需要，并无严格规定。一般说，干啤酒的真正发酵度，应达72%以上，以示区别于普通的淡爽型啤酒。而有的干啤酒真正发酵度则高达80%以上。在制造方法上也各不相同。

二、干啤酒的制造方法

制造干啤酒，首先要提高酒的发酵度，有两条途径可循：(1)最大限度地提高麦汁中可发酵糖的含量。(2)选育对麦芽三糖发酵力强的酵母菌株。

(一) 提高麦汁中可发酵糖的措施

麦芽中的淀粉含量在63%左右，其中支链淀粉约占70%；大米的淀粉含量在85%左右，其中支链淀粉约占80%。麦芽所含的淀粉水解酶，主要是α-淀粉酶、β-淀粉酶及少量的界限糊精酶。糖化之后，麦汁中含有多量未被分解的含α-1,6键的α-支链糊精和β-支链糊精。正常糖化的麦汁中，可发酵性糖只占总糖的75%～80%，三糖以上不发酵的多糖则占20%～25%，因此，正常麦汁的发酵度很难有更大幅度的提高。

目前，国内外多采用外加酶制剂的方法，强化对淀粉和糊精的分解，以提高啤酒的发酵度。

1. 采用酶制剂

采用的酶制剂有以下几种：

(1) 耐高温细菌α-淀粉酶(EC3.2.1.1.)　多从地衣形芽孢杆菌(*B.licheniformis*)中提制，用于辅料的液化。此酶耐温高，较麦芽α-淀粉酶做液化剂的醪液粘度低，液化淀粉完全，有利于与β-淀粉酶的协同作用，使麦汁含有更多的可发酵性糖。此酶早已应用于制造淡爽型啤酒。

(2) 淀粉葡萄糖苷酶(Amyloglucosidase, EC 3.2.1.3.,俗称糖化酶)　此酶多从黑曲霉(*A.niger*)中制备，能水解淀粉、糊精及低聚糖的α-1,6键和α-1,4键，水解产物为葡萄糖，可提高麦汁的发酵度，常用于制造低糖的佐餐啤酒，热值较正常啤酒约低20%。

(3) 真菌淀粉酶(Fungal Amylase)　此酶多从黄曲霉(*A.oryzae*)中提制，是一种真菌α-淀粉酶。此酶只能水解淀粉、糊精的α-1,4键，水解产物为麦芽糖和麦芽三糖，也具有提高麦汁可发酵性糖的作用，一般在发酵过程中添加，用以提高发酵度。由于真菌淀粉酶不能分解α-1,6键，故它对发酵度的提高能力不及糖化酶大。但因其分解产物为麦芽糖，更接近麦汁成分，故所制啤酒口感比较好。

(4) 普鲁兰酶(Pullulanase,EC 3.2.1.41.,又名茁霉粉分解酶)：啤酒酿造用的普鲁兰酶多从细菌好氧气杆菌(*Acetobacter aerogenes*)或枯草芽孢杆菌(*Bacillus subtilis*)中提制，普鲁兰酶由于其能分解多糖普鲁兰(pullulan)而得名，普鲁兰是一种α-葡聚糖，由α-1，6键首尾相接的麦芽三糖所组成。普鲁兰酶和β-淀粉酶协同作用(在60℃下，其最适作用pH为5.3)，可将支链糊精全部水解为麦芽糖和麦芽三糖。普鲁兰酶和糖化酶协同作用(在60℃下，其最适作用pH为4.5)，可将支链糊精全部水解为葡萄糖。

2. 上述酶制剂的应用

在制备干啤酒时，三糖以上不发酵的多糖，主要包括含α-1，6键结构的短链糊精，缺乏水解α-1，6键的酶，很难使其分解。上述糖化酶和普鲁兰酶，均能分解α-1，6键，可以在糖化时组合使用，但因糖化过程很短，又受pH值和温度的限制，虽有效果，但不明显，除非采用很高的酶量。从经济角度考虑，在发酵时添加较为合理。

现将各种酶单独或组合使用的方法及可能达到的外观发酵度示如表 5－1－1所示。

表 5-1-1 各种酶的使用方法及可达到的外观发酵度

酶的名称	应用时间	能达到的外观发酵度/%	钝化条件
糖化酶	发酵开始时添加	＞100	此酶耐热，一般的啤酒巴氏杀菌后，仍存在一定的酶活力
真菌淀粉酶	发酵开始时添加	85～90	啤酒巴氏杀菌后可钝化
普鲁兰酶	发酵开始时添加	发酵度增加不明显	经巴氏杀菌后，啤酒中仍含有残留酶活力
糖化酶 普鲁兰酶	糖化开始时添加	90～95	成品啤酒中不含此两种酶活力
普鲁兰酶 真菌淀粉酶	糖化开始时添加 发酵开始时添加	95～100	巴氏灭菌后的啤酒中不含酶活力
普鲁兰酶 真菌淀粉酶	发酵开始时添加	≥100	普鲁兰酶在巴氏灭菌后有少量酶活力存在，真菌淀粉酶则不存在酶活力

(1) 表5－1－1中所达到的发酵度只是参考值，还受其他因素，如采用的酵母菌株、酶的添加量、麦芽质量、糖化和发酵方法(温度、时间、pH值)等因素影响。

(2) 从表5－1－1可以看出，糖化酶在发酵时添加的效果最明显，也最经济，但巴氏灭菌后的啤酒中仍存在酶活力。此时啤酒中已不存在多少可供此酶分解的基质，不会造成口感上的问题。但此种酒不应与未经处理的酒混合。

(3) 各国生产的酶制剂，酶活力的表示方法不同，需根据所采用酶的来源，通过试验，确定添加量。

(4) 糖化酶和真菌淀粉酶的酶制剂中，常含有少量蛋白酶活力，在某些情况下，会影响啤酒泡沫，最好选用不含蛋白酶活力的酶源。

(二) 选育对麦芽三糖发酵力强的菌株

在同样麦汁条件下，不同酵母菌株的发酵度是有差异的，主要原因在于不同酵母发酵麦芽三糖的能力不同。因此，制造干啤酒应选择采用对麦芽三糖发酵力强的菌株。

测定酵母对麦汁的极限发酵度，是说明酵母在最适发酵温度(25℃)下，对麦汁中可发酵糖的最大发酵限度。通过不同酵母对同一麦汁的发酵极限，也反映了不同酵母对麦芽三糖的发酵能力。生产干啤酒就是要选用麦汁极限发酵度高的菌株。从目前国内使用的酵母菌株来看，过去传统法生产使用的酵母，大都发酵度和麦芽三糖的发酵率偏低，而从国外新引进的酵母，则对麦芽三糖的发酵率高于前者，如表5－1－2所示。

表 5-1-2　　酵母对麦芽三糖的发酵率

项　目	青岛酵母	沈阳酵母	五星酵母	德国酵母	荷兰酵母	比利时酵母
麦芽三糖发酵率/%	68.2	69.8	66.9	72.7	94.8	95.3

采用对麦芽三糖利用率高的酵母，不采用外加酶制剂，其发酵度有时也可达72%左右。选用这样的酵母制造干啤酒，至少可以少用酶制剂，极易做出高发酵度的干啤酒。

第二章 高浓度稀释啤酒

高浓度稀释啤酒的确切名称应为“高浓度麦汁酿造后稀释啤酒”，简称稀释啤酒。

高浓度酿造就是在制备麦汁时，有意识地先制备高浓度的原麦汁，然后根据原有设备的平衡能力，在以后的工序中进行稀释，使达最后啤酒所要求的原麦汁浓度，以提高糖化、发酵、贮酒甚至啤酒澄清设备的利用率。采用此项技术的目的，就是在不增加上述设备的条件下提高产量。

此种啤酒一般要求在滤酒前稀释，可以提高糖化、发酵和贮酒的设备利用率。如果在滤酒后稀释，除上述工序的设备外，滤酒设备本身的利用率也可提高。越在前面工序中稀释，稀释用水的生产技术条件要求越低;越往后面稀释，要求条件越高。在滤酒前后稀释，不但稀释用水要作严格处理，稀释过程中也需要有高精度的自控设施，否则便无法保证稳定的产品质量。

此项技术首先在北美应用，目前在世界范围内已得到广泛采用。美国的应用范围已达70%以上。

一、稀 释 率

高浓度酿造稀释啤酒的稀释率可以下式表示之:

$$稀释率(\%)=\frac{高浓度酿造原麦汁浓度-稀释后啤酒原麦汁浓度}{稀释后啤酒原麦汁浓度}\times 100$$

例如：原麦汁浓度为16°P，稀释后成品啤酒的原麦汁浓度为12°P，则其稀释率(%)=(16−12)/12×100=33.3。即稀释后的啤酒容量较原容量增加33.3%。

一般说，利用现有糖化设备制备18°P浓度的麦汁无大问题。但过高的麦汁浓度经发酵后，其代谢产物与正常低浓度麦汁发酵的代谢产物有较大的变化，由于高浓度麦汁发酵，酵母增殖率降低，酯的形成会显著增加，稀释后与正常低浓度啤酒的风味也会有较大差异。一般说，选择产酯率低的酵母，麦汁浓度控制在15°P左右，其产酯幅度尚不致增加很多，稀释后的啤酒风味与传统发酵者还是比较接近的。

二、稀释啤酒的工艺特点

总体上讲，高浓度酿造对原有设备需要改造的并不多。麦汁制备设备的生产能力和糖化方法，取决于利用现有设备可得到的高浓度麦汁。

(一) 麦汁制备

1. 糖化时的料液比

原麦汁浓度要求愈高，糖化时的料液比也愈高，麦汁的可发酵糖与非可发酵糖之比，以及酒液的发酵度也愈高，即单位浸出物的酒精得率高。

2. 麦汁过滤与残糖浓度

如果按常规生产方法制备高浓度麦汁，必将导致麦汁过滤时间和煮沸时间延长。为了控制这方面的时间和麦汁煮沸费用，应尽量提高第一麦汁浓度和减少洗糟用水，这样必然出现残糖浓度过高和麦汁收得率降低的问题；制备的原麦汁浓度愈高，残糖浓度也愈高。实践证明，高浓度麦汁的残糖浓度与正常麦汁的残糖浓度之差，基本上与两者的第一麦汁浓度之差接近。

为了减少浸出物的损失，可回收洗涤麦糟的残水，留作下锅糖化用水或洗糟用水，但必须做到：

(1) 贮存残水应在80℃下保存，以防杂菌污染。

(2) 残水中的类脂、多酚物质和其他不良成分的含量，必须对下锅糖化不致造成质量影响。

(3) 最好经活性炭吸附过滤后再用。

3. 煮沸锅中加糖或糖浆

在麦汁煮沸锅中添加部分糖或糖浆，以提高麦汁浓度。这是提高麦汁浓度，减少浸出物损失和克服麦汁过滤所存在问题的最有效而简单的方法。在使用蛋白质溶解良好的麦芽条件下，也不致于引起麦汁可同化氮含量不足的问题。必要时也可添加酵母营养物解决之。

4. 增加酒花用量

麦汁浓度愈高，酒花利用率愈低。制备高浓度麦汁时，应酌量增加单位麦汁酒花用量，以保持啤酒所要求的苦味度，或在主发酵后添加异构化酒花浸膏补充之。

(二) 发酵

(1) 一般的啤酒酵母耐酒精比较差，用于高浓度麦汁发酵后，其回收酵母的活力比较低，需选用耐高酒精度和高渗透压的啤酒酵母，以适应高浓度麦汁发酵。

(2) 酵母接种量应随麦汁浓度增高的比例而酌量增加，否则发酵时间将延长，发酵不完全。

(3) 酵母使用代数较低浓度麦汁发酵者减少。

(4) 麦汁浓度愈高，氧的溶解度愈低，麦汁冷却时应适当增加通风量，溶解氧以达

8～10mg/kg左右为宜，必要时也可采用通入纯氧解决之。

(5) 发酵温度可以不变，仍按各厂常规方法控制之。

(6) 采取(2) (4)两项措施，高浓度麦汁的发酵时间可以不延长。

(7) 随麦汁浓度的提高，发酵时可能泡沫增多。采用锥形罐发酵，满罐容量不宜过多，以80%为好，罐的利用率稍有降低。

(三) 贮酒

(1) 因高浓度啤酒的酒精含量高，啤酒冰点降低，贮酒温度可进一步降低，对提高啤酒非生物稳定性是有利的。

(2) 贮酒时间不必延长。

(四) 滤酒

(1) 在滤酒前后稀释啤酒，均应按严格要求控制稀释用水的质量。

(2) 如果稀释用水本身没有混浊度，和啤酒混合后也不出现混浊，则在滤酒后进行稀释是最合理的，啤酒可以在更冷的激冷温度下过滤，有利于啤酒的非生物稳定性。

(五) 稀释

(1) 根据酒精含量进行稀释。

(2) 酒与稀释水按要求比例进行混合。

(3) 在稀释过程中，应保持稳定的混合比例。混合时，啤酒与稀释水均以磁性流量计测定各自的流量，并与自动控制装置联网。酒液只测流量，不进行调控；稀释用水则既测流量，又进行调控，随啤酒的流量变化而变化。当混合比例出现偏差时，自控装置发出误差信号，稀释水的流量自动进行调整补偿，保持要求的混合比例。自动控制酒水混合流程图如图5－2－1所示。

(4) 工业先进国家已可利用在线检测，控制稀释酒的相对密度、酒精含量和二氧化碳含量，通过计算机标出其原麦汁浓度、真正浓度和热值等。

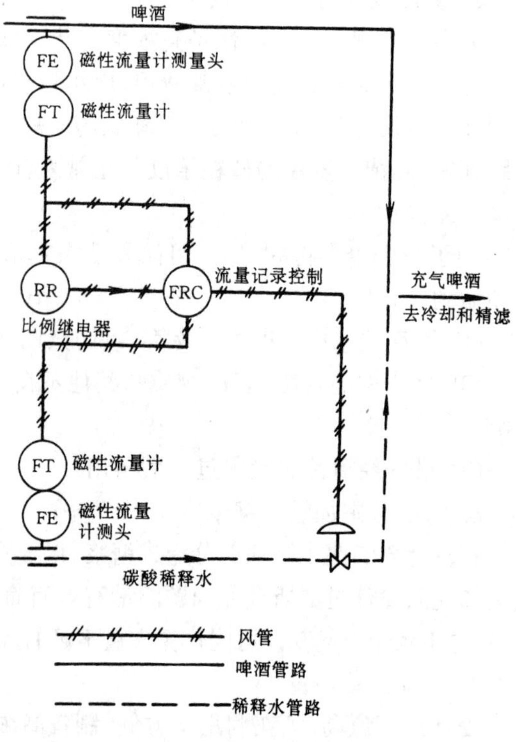

图 5－2－1 自动控制酒水混合流程图

三、稀 释 用 水

稀释用水应具有和啤酒相同的质量特性，如：生物性能稳定，无异味异臭，具有一定量的二氧化碳，与被稀释的啤酒具有相同的温度和pH值、因此，稀释用水需要经过一系列的处理，如砂滤、活性炭过滤、无菌处理、排氧、充二氧化碳、调节pH、冷却等步骤，然后进入贮存罐备用。

(一) 对稀释用水的要求

(1) 应符合饮用水标准，无任何微生物污染和化学污染，水的残留碱度一般要求≤0，否则在稀释过程中易引起pH值的变化。

(2) 无异味异臭，清澈透明，无悬浮物。

(3) 排除空气，降低稀释用水的溶解氧含量(≤0.03mg/kg)。

(4) 充二氧化碳，使排氧后的水不易重新吸氧，二氧化碳含量应接近或略高于混合啤酒的含量。

(5) 根据啤酒成分要求，适当调整稀释用水的无机盐类。

(二) 稀释用水的处理

1. 预处理

(1) 根据啤酒要求调整pH值。

(2) 按常规方法脱氯。

(3) 采用离子交换法或其他水处理方法去盐，再根据需要补充所需的盐类。或原水只作某种程度的去盐处理，水中仍保留适量盐类，其中：

① 钙离子含量过多，易引起混浊，同时钙盐还能使排氧车间的热交换器、喷雾嘴等结垢，应根据需要排除之。

② 铜离子易引起啤酒混浊和严重影响啤酒风味的稳定性。一般在发酵时，少量铜离子易为酵母同化而除去，如果在滤酒时作为稀释用水加进酒内则不利，应尽量避免铜离子的存在，使其含量不得超过0.05mg/kg；铁、锰等金属离子含量也应尽量降低。

2. 灭菌

稀释用水采用的灭菌方法有：

(1) 薄板热交换器灭菌　温度可控制在100℃，这不仅灭菌有效，还能降低水中碳酸氢盐含量，从而减轻碳酸盐对啤酒pH的影响；或采用巴氏灭菌办法，在薄板热交换器内加热至75～80℃，维持半分钟，再冷却。

(2) 紫外线杀菌　将薄层的水流经石英汞蒸汽弧光灯照射，即可灭菌。啤酒厂大都采用广谱(313～184.9nm)紫外线照射系统。由高压弧光灯产生不同波长的紫外线，具有较强的杀菌力。

(3) 无菌过滤　采用0.02～0.03μm的滤膜过滤，可以截留除菌。

(4) 臭氧处理　臭氧发生器是一独立系统。利用压缩机将干洁的空气压入臭氧发生器，通过持续高压放电的两个电极间，即可产生臭氧，然后与水进入臭氧-水混合罐。臭氧是不稳定的，它很快降解为普通分子氧。混合后，臭氧在水中可保持3～5min的有效浓度(>0.2mg/kg)，然后变为普通氧，由混合罐上部的出口排出。稀释水经灭菌后，由混合罐底部排出。

臭氧是强氧化剂，不仅有杀菌作用，还能去臭和去味。

3. 排氧

(1) 稀释用水含氧量的要求　常温水中溶解氧含量为8～10mg/kg，作为不同稀释点的稀释用水，其含氧量要求如下：

① 滤酒时稀释水的要求：必须使稀释水的含氧量降至0.05mg/kg以下(对出口啤酒和高档啤酒而言)，或0.2mg/kg以下(对快销啤酒而言)，否则啤酒极易氧化，影响质量。

② 对下酒贮酒时稀释水的要求：若下酒的酵母浓度保持在1×10^6细胞/ml以上，稀释用水的溶解氧含量降至3mg/kg以下即可，直接用二氧化碳充气，即可达到要求。

(2) 排氧的措施

① 真空排氧法：利用真空排氧罐，使稀释水经过一组喷雾嘴，形成大表面积的雾状进入真空排氧罐，在减压(94.8kPa真空度)的条件下，使氧在水中的平衡量降低，多余的氧则排出。

进入真空排氧罐的水温，应高于减压条件下水的沸点，可控制在40～50℃，使部分水在罐内瞬间蒸发，进一步帮助空气从水中释放。此蒸发的水汽和释放的空气，一同由罐上部排出，至冷凝器冷凝后，由真空泵排走。

排氧后的水再经过罐下部一组陶瓷或不锈钢填充料筛层，此筛层既能延长水的停留时间，又使水形成大表面积的薄膜，有利于氧的释出。此法除气后水的含氧量可降低至0.15mg/kg。如要求进一步降低溶解氧含量，可进行二级真空脱氧，溶解氧含量可降低至0.05mg/kg。

② 二氧化碳置换法脱氧：

亨利定律：在一定温度下，溶解在一定溶剂中的气体质量(m)与压力(p)成正比。即$m=Kp$。

道尔顿定律：在一定压力下，混合气体溶解在一定溶剂中的气体浓度和该气体的分压成正比，即：

$$S=K\frac{p}{p_0}$$

式中 S——气体的溶解度(mg/kg)

K——气体的溶解常数(mg/kg)

p——气体在混合气体中的分压(MPa)

p_0——混合气体总压力(MPa)

如不改变混合气体总压力，向稀释水中充二氧化碳，则二氧化碳的分压相对增高，二氧化碳在水中的溶解度提高，而氧的分压降低，从而降低氧在水中的溶解度。

二氧化碳排氧法，排氧效果取决于通入二氧化碳的量和纯度及原水中的含氧量。此法虽可降低水中溶解氧含量至0.1mg/kg以下，但二氧化碳的耗量很大。

③ 混合排氧法：结合上述两种方法，即利用抽真空和充二氧化碳，可进一步降低稀释水中的含氧量，并可减少二氧化碳耗量和降低抽真空的能耗。

稀释水经紫外线灭菌后，先经一级真空排氧，溶解氧可降至0.15～0.3mg/kg，再经二级真空排氧，同时充二氧化碳，可使溶解氧降至0.03mg/kg以下，然后经薄板冷却，在低温下进入贮水罐备用。其排氧过程流程如图5－2－2所示。

4. 冷却

排氧后的稀释用水，根据灌酒需要，一般需冷却至接近其冰点，即将排氧后的水，送至薄板热交换器进行冷却。开始先与待杀菌的水对流冷却，经此段冷却后，开始轻度充二氧化碳，避免水再吸氧，然后用冷媒进行最后冷却，冷却至需要的温度。

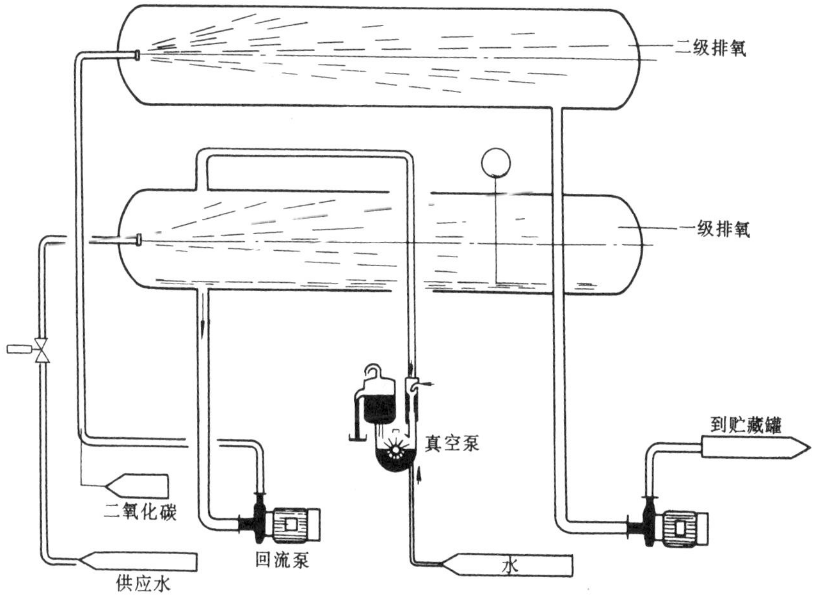

图 5-2-2　稀释用水二级排氧流程图

5. 充二氧化碳

(1) 充二氧化碳的作用

① 避免稀释水在排氧后重新吸氧。

② 保证稀释后啤酒应有的二氧化碳含量。

(2) 充二氧化碳的步骤

① 稀释用水在热交换器冷却时，先轻度充二氧化碳，防止重新吸氧。此轻度充二氧化碳水泵送至贮水罐(以二氧化碳为背压)可作稀释水用。

② 稀释后的啤酒，再进一步充二氧化碳，自动调节，使达啤酒需要的二氧化碳含量。

以上排氧、冷却和充二氧化碳的处理过程，可以英国APV公司设计的全自动控制设备图解，如图5-2-3所示。

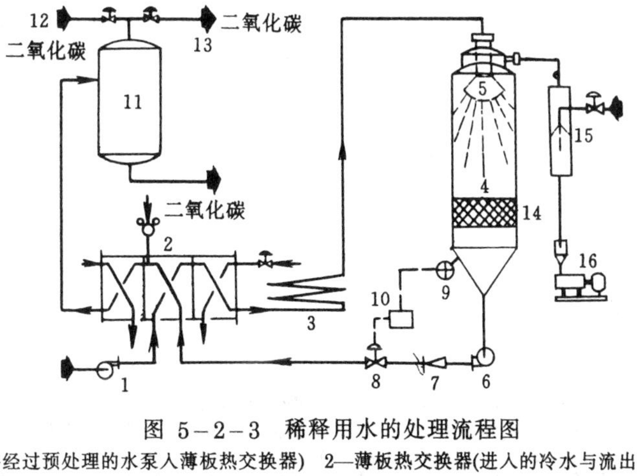

图 5-2-3　稀释用水的处理流程图

1—离心泵(将经过预处理的水泵入薄板热交换器)　2—薄板热交换器(进入的冷水与流出的热排氧水交流，使冷水升温至接近灭菌温度，然后与废蒸汽对流，达到灭菌温度)　3—排管(已达灭菌温度的水在此流经25s进行灭菌)　4—真空排氧罐　5—喷雾嘴(已灭菌的水进入真空排氧罐，经过喷雾嘴，使水喷成雾状以排氧)　6—抽取泵　7—止回阀　8—调压阀　9—液位发射器　10—液位控制器　11—缓冲罐　12—二氧化碳进口　13—二氧化碳出口　14—不锈钢筛(用以延长水的停留时间，增加水的表面积，以利排氧)　15—喷雾冷凝器　16—真空泵

四、滤前稀释与滤后稀释

1. 滤前稀释:

滤前稀释的生产流程有两种做法:

做法A: 酒水混合⟶冷却⟶过滤⟶充二氧化碳⟶入贮酒罐

做法B: 酒水混合⟶充二氧化碳⟶冷却⟶过滤⟶入贮酒罐

做法A 酒水混合和充二氧化碳需有两套控制系统;做法B 酒水混合和充二氧化碳用1套控制系统即可。但滤前充二氧化碳,尚未完全溶解酒内的二氧化碳气泡,会干扰滤层,使滤层变得疏松,影响过滤。因此,滤前充二氧化碳,必须有使二氧化碳充分溶解酒内的措施。

滤前稀释的生产流程如图5－2－4所示。

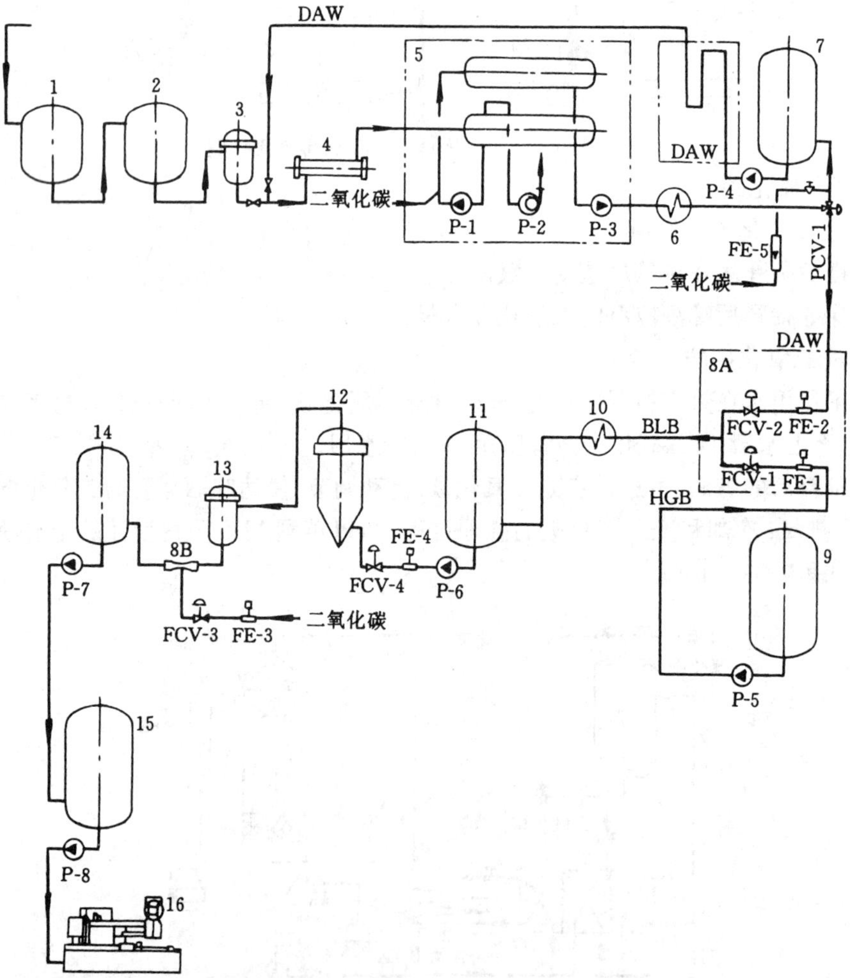

图 5－2－4 滤前稀释流程图

1—砂滤 2—活性炭纯化 3—捕集过滤器 4—紫外线杀菌 5—脱氧
6—水冷却 7—脱氧水贮罐 8A—混合器 8B—充二氧化碳
9—高浓度啤酒罐 10—啤酒冷却 11—未过滤啤酒贮罐 12—过滤机 13—捕集过滤器
14—滤过啤酒缓冲罐 15—清酒罐 16—灌酒机 BLB—稀释啤酒 HGB—高浓度啤酒
DAW—脱氧水 FE—流量计 FCV—流量控制阀 PCV—压力控制阀 P—泵

2. 滤后稀释

滤后稀释的生产流程：啤酒过滤 ⟶ 酒水混合 ⟶ 充二氧化碳 ⟶ 冷却 ⟶ 入贮酒罐

滤后混合及充二氧化碳可用同一控制系统。

滤后混合，酒温会略有升高，需进行冷却。

滤后混合，滤酒必须不因酒液浓度高而影响过滤。

滤后稀释的生产流程如图5－2－5所示。

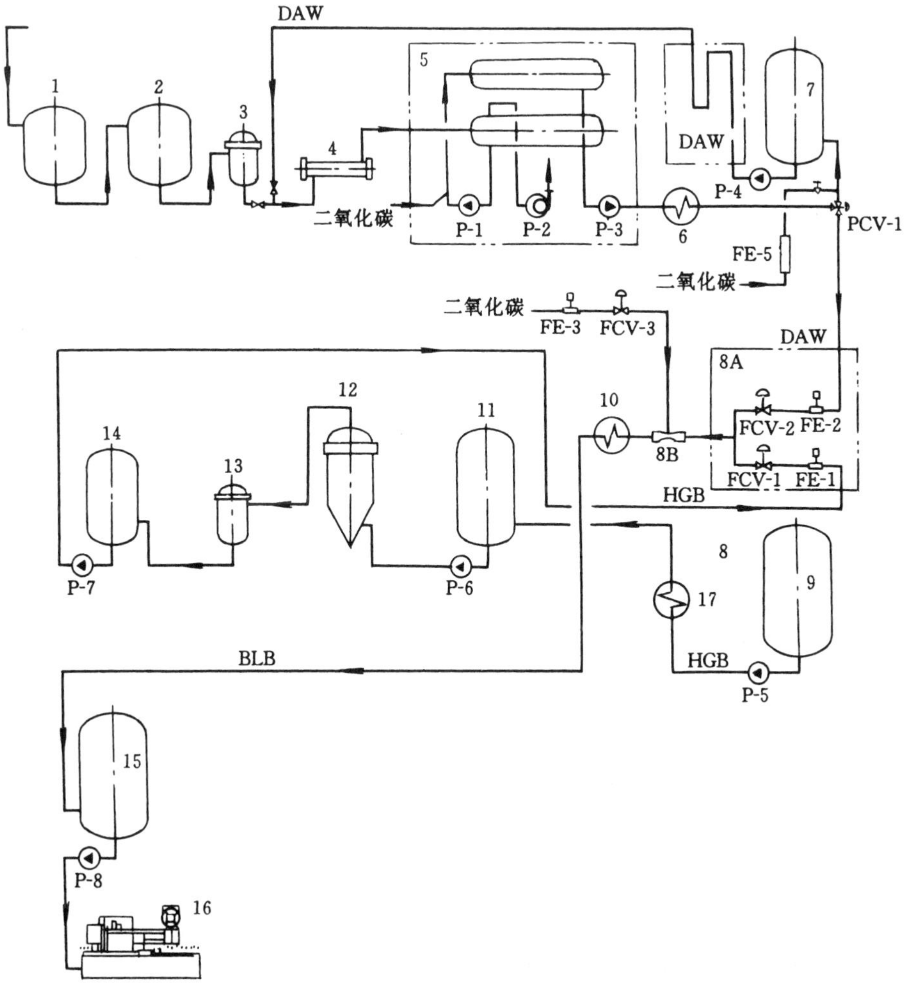

图 5－2－5　滤后稀释啤酒流程图

1—砂滤　2—活性炭纯化　3—捕集过滤器　4—紫外线杀菌　5—脱氧
6—水冷却　7—脱氧水贮罐　8A—混合器　8B—充二氧化碳
9—高浓度啤酒罐　10—啤酒冷却　11—未过滤啤酒贮罐　12—过滤机　13—捕集过滤器
14—滤过啤酒缓冲罐　15—清酒罐　16—灌酒机　17—啤酒冷却　BLB—稀释啤酒
HGB—高浓度啤酒　DAW—脱氧水　FE—流量计　PCV—流量控制阀　FCV—压力控制阀　P—泵

五、麦汁浓度控制范围和稀释啤酒的质量

(一) 麦汁浓度控制范围

过高的原麦汁浓度，发酵后酒液的酯含量显著提高，特别是乙酸乙酯和乙酸异戊酯含

量增加很多。一般在麦汁浓度高达15%左右时，酯含量在分析上虽有增加，在嗅觉和味觉上尚不易察觉，因这些成分的风味阈值仍高于酒内的含量。原麦汁浓度过高的稀释啤酒，风味上将出现显著差异，主要是乙酸乙酯含量过高。

麦汁浓度对啤酒成分的影响也不是一成不变的。酵母菌种、麦汁组成和工厂其他条件对啤酒成分都会产生影响。各厂具体情况不一样，因此，麦汁浓度可提高的幅度，很难控制绝对一致。一般以控制原麦汁浓度在15%～16%，稀释率控制在25%～50%比较合适，这样稀释后的啤酒在风味上不至于有大的改变。

(二) 稀释啤酒的质量

稀释啤酒的质量可以控制与正常啤酒的质量接近，虽然两者的评价互有高低，在风味上还是有差异的。一般地讲，稀释啤酒的风味柔和一些，但相对地讲，其口味和嗅味的强度稍有降低。

从分析上看，稀释啤酒的色泽浅一些，pH值略高一些，α-氨基氮高于正常啤酒，其非生物稳定性和风味稳定性则较正常啤酒为高。其各项分析数据如表5－2－1所示。

表 5-2-1 稀释啤酒与正常啤酒的成分对比

成分	正常啤酒	稀释啤酒		
原麦汁浓度/%	11.93	14.00	15.75	17.65
稀释后计算的原麦汁浓度/%	11.70	12.00	11.80	11.90
色度/SRM	3.40	3.0	2.3	2.4
pH值	4.1	4.1	4.25	4.55
α-氨基氮/(mg/kg)	83	97	104	127
真正浓度/%	3.87	4.46	4.01	4.26
非生物稳定性强制试验1周后混浊度/F.T.U.	310	280	60	40

六、稀释啤酒的优缺点

1. 优点

(1) 稀释啤酒的最大优点是在原有设备的基础上提高了啤酒产量，特别是在生产旺季时，其增产的灵活性具有重大的经济意义。

(2) 提高了设备利用率。如果在滤酒后稀释，可提高糖化、发酵、贮酒和滤酒等几个工序的设备利用率。用15%～16%的高浓度麦汁，稀释为11%～12%原麦汁浓度的啤酒，设备利用率提高25%～50%；若稀释为10%原麦汁浓度的啤酒，设备利用率可进一步提高为60%。

(3) 降低生产费用。由于麦汁浓度高，含水量少，容积小，相应地加热、冷却、贮酒所消耗的能量约降低15%；清洗和过滤费用以及污水处理费用均有所降低。

(4) 可以多添加辅料，也降低了生产费用。

(5) 啤酒的风味稳定性和非生物稳定性均有所改善。

(6) 可用一种“母液”稀释成多种产品,生产灵活性大。

(7) 由于酵母增殖减少,单位可发酵浸出物的酒精产量提高。

(8) 口感较柔和爽口。

2. 缺点

(1) 由于糖化醪液浓度提高,麦汁过滤和洗糟不够彻底,残糖较高,麦汁得率较低。在利用残糖水作为下锅糖化或洗糟用水条件下,可以缩小此项差距,但应注意不得降低质量。

(2) 高浓度麦汁的酒花利用率较低,需增加酒花用量。

(3) 发酵时泡沫增加,发酵损失也相应增加,发酵罐的容积利用率相对减少一些。

(4) 由于高渗透压和高酒精含量,酵母活性受损,使用代数降低,酵母凝聚性变差,不同的菌株受影响的程度则不一样,因此制造稀释啤酒应慎重选择酵母。

(5) 泡持性降低。试验证明,麦汁在煮沸以后的生产过程中,其疏水性蛋白质含量逐步降低,而高浓度麦汁降低的幅度更大一些。影响所及,稀释啤酒的泡持性略逊于非稀释啤酒。

在少投资的情况下,要求大幅度增加啤酒产量,制造稀释啤酒是有利的。当企业产量不是要求大幅度增长时,采用此项技术应全面衡量其优缺点。

第六篇　副产物的利用及其他

第一章　副产物的利用

一、麦芽制造和啤酒酿造的主要副产物及其产量

麦芽制造和啤酒酿造生产过程中，产生很多副产物，主要有：麦芽的根芽、糖化的麦糟和废酒花糟、冷却的沉淀蛋白质、发酵的剩余酵母和二氧化碳等。

麦糟及沉淀蛋白质是很有价值的饲料;麦根、废酒花糟及酵母，可以利用其所含的有效成分，制造出有价值的药品;二氧化碳可以回收再利用于啤酒生产，用以改进工艺，提高质量和缩短啤酒生产周期，多余的部分还可制成液体二氧化碳，供应有关部门。

上述各项副产物的产量，由于采用的工艺、设备和原料不同而有较大差异，在一般情况下的产量可如表6－1－1所示。

表 6-1-1　　麦芽和啤酒生产过程中的主要副产物

工　序	副产物名称	产　　量	备　　注
选　麦	瘪麦和杂谷	占大麦投料量的5％～10％	产生的数量视原料、工艺、设备而不同，可用作饲料
麦芽干燥	麦根	约占大麦投料量的3％	制麦的设备和工艺条件对麦根的产量和质量影响很大
糖　化	麦糟	110～130kg/100投料量	湿麦糟的水分约为80％
	废酒花糟	约为使用整酒花投料量的3倍	含水分约80％
冷　却	沉淀蛋白	0.3～0.7kg/100L麦汁	以干物质计
发　酵	主、后发酵酵母	1～1.5t干酵母/kt啤酒	视菌种及工艺条件变化很大，主发酵酵母数量约占全部的2/3
	二氧化碳	约5kg/100L啤酒	12°P啤酒的理论产量

合理的利用这些副产物，能有效地降低生产成本，减少污染，有一定的经济和社会效益。因此新厂的基建，老厂的改造和扩建，都应考虑副产物的利用问题。

二、副产物的利用

(一) 麦糟

麦糟又称啤酒糟或酒糟，是啤酒厂最大量的副产物。每投入100kg原料麦芽，约产湿麦糟110～130kg(根据麦芽及辅料配比不同而异)，含水分80％左右，以干物质计为25～30kg。

麦糟由于生产工艺和使用原料不同，尚含有一定数量的可洗出浸出物0.3％～3.0％和可溶出浸出物0.6％～3.0％。全麦芽糖化湿麦糟和干麦糟的平均组成如表6-1-2和6-1-3所示。

表 6-1-2　全麦芽湿麦糟的成分

成　分	含　量/%	成　分	含　量/%
水　　分	80左右	可溶性非氮物	10
粗蛋白质	5	粗 纤 维	5
可消化蛋白质	3.5	灰　　分	1
脂　　肪	2		

表 6-1-3　全麦芽干麦糟的成分

成　分	含　量/%	成　分	含　量/%
粗蛋白质	28.0	粗 纤 维	17.5
粗 脂 肪	8.2	灰　　分	5.2
无氮浸出物	41.0	营养值/(kJ/kg)	21000

麦糟的营养价值很高，用作饲料是比较理想的。如果将从麦汁回收的沉淀蛋白质和废酵母掺入其中，则营养价值更高。

湿麦糟水分大，营养丰富，易染菌腐败，不宜久放。一般啤酒厂都是及时将湿糟出售给畜牧场，防止微生物大量繁殖，降低其营养价值并污染环境卫生。

夏季大量做酒，麦糟的量是很大的，麦糟的处理就会严重起来。为防止麦糟腐败，可先进行干燥，以干糟出售，可耐贮藏。麦糟干燥需小心进行，避免破坏麦糟中的营养物质，以采取低温干燥为宜。麦糟干燥机有间接加热(蒸汽、热水)形式的列管干燥机或转鼓干燥机；也可采用热气流干燥机，在干燥之前，先将湿糟通过锥形螺旋输送机进行压榨，将水分降至60％，以减轻干燥负担，但同时也损失了部分营养成分。应将此压出的压榨液，进行沉淀，仍加入麦糟中，避免增加废水的污染程度。干燥后的麦糟，可放入铁仓或钢筋水泥仓中贮存，或直接装袋出售。也可将其粉碎，制成颗粒饲料出售。

也有人采取青贮法，将湿麦糟置于地窖内，用纯粹培养的乳酸菌接种，使之进行乳酸发酵。

目前国内啤酒厂大都以湿态出售，个别厂有麦糟干燥车间。随着啤酒产量日益扩大，环境卫生要求也愈来愈高，酒糟处理问题应予以重视。

(二) 酵母

在啤酒生产过程中，每生产1000t啤酒，有1～1.5t剩余酵母产生。其中2/3是主发酵酵母，这部分酵母质量比较好，活性高，杂质少，是酵母可利用的主要部分，回收之后，部分做接种酵母用，多余部分经低温干燥后，作为制药原料。其他1/3是后发酵酵母，在贮酒过程中，与其他杂质共同沉淀于贮酒罐底，质量比较差，颜色比较深，过去一般弃置不用，排放下水道内，造成环境污染。近年也逐渐被利用起来，利用滚筒干燥机干燥后，作为饲料用。

1. 酵母的成分与营养

酵母含有丰富的蛋白质，以干物质计，其含量约为50%。这些蛋白质由各种氨基酸组成，主要的氨基酸有：丙氨酸、苯丙氨酸、胱氨酸、色氨酸、蛋氨酸、苏氨酸、缬氨酸、亮氨酸、脯氨酸、精氨酸、组氨酸、赖氨酸、天冬氨酸及谷氨酸等，这些氨基酸绝大部分是人体和动物所需要的氨基酸。因此，酵母不论作为人类食品或动物饲料都是有价值的。

另外，酵母含有丰富的B族维生素，其含量之多和全面被认为是食物中独一无二的。

酵母含有丰富的有机磷，其量占总灰分的40%以上，这些有机磷是组成核酸和其他有机含磷化合物的必需成分。

啤酒酵母的营养与其他酵母或其他营养食物的比较如表6－1－4及表6－1－5所示。

表 6-1-4　　啤酒酵母与其他酵母营养成分的比较

名　称	蛋白质含量/%	脂肪含量/%	维生素A*	维生素B_1	维生素B_2	烟碱酸	钙	铁
啤酒酵母	46.8	2.6	200	2.2	5.4	44～49	138	21
食用酵母	53	1	200	16.8	4.2	32～47	84	21
面包酵母	47	2	200	3.2	7.4	32～42	42	26

*维生素A为国际单位，其他维生素为每百克含有的毫克数。

表 6-1-5　　啤酒酵母与精牛肉的比较

项　目	干燥酵母	酵母浸膏	精牛肉
水分/%	5～7	25	64
蛋白质含量/%	45～50	41～45	28
脂肪含量/%	1.5	0.7	6
灰分含量/%	7	15～20	—
粗纤维含量/%	1.5	—	—
碳水化合物含量/%	30～35	1.8	0
磷含量/(mg/100g)	1200	1700	230
钾含量/(mg/100g)	2000	2600	400
钙含量/(mg/100g)	80	95	7
铁含量/(mg/100g)	20	3.7	3.5
热量/(kJ/100g)	704	749	703

2. 酵母的利用

啤酒酵母目前主要用于生产干酵母粉、酵母浸膏、核酸及其衍生物以及提供制备某些生化制剂所需的酶源。

(1) 干酵母粉的制备　酵母粉系直接利用酵母菌体干燥而制得，其干燥方式有以下3种。

① 滚筒干燥：这是最常用而简单的方法。两蒸汽加热滚筒，相距间隙为0.254～2.54mm，并向相反方向转动，酵母浆经过滚筒间隙，加热成片状，然后研磨成粉。

采用此法烘干的酵母粉，质量不够均匀，颜色深，有时会出现焦味。后酵酵母多用此法干燥。

② 热空气干燥：酵母泥经过100目细铜丝筛过滤，去除杂质；加10℃以下水洗涤数次，每次洗涤，待酵母沉降后，放去上部清水，再洗第2遍，直至洗净为止。

放去上部清水，将沉降的酵母泥压滤成块状压榨酵母。

将块状压榨酵母压制成条，置于干燥箱内干燥之，干燥温度控制在70～80℃。

将干燥的酵母条置于具有蒸汽夹套的加热研磨机中，边加热边研磨成粉状。

利用热空气干燥的酵母质量较好，色泽浅，主发酵酵母常用此法干燥。

③ 喷雾干燥法：酵母浆从喷雾干燥器上部的喷嘴喷出成雾状，利用对流的热空气干燥之。因为酵母呈雾状的表面积大，迅速失去水分，随热空气和蒸发的水汽一同排出，经过一组旋风分离器而分离之。此法干燥温度虽然很高，但酵母所含水分蒸发的潜热足以防止酵母焦化和变性。所制之干酵母为粉状。

酵母粉在国内多压制成片用于医药，提供蛋白质和维生素，并作为一种能帮助消化的辅助药物而被广泛采用。其制片的配方和质量标准如下所示：

制片配方		质量标准	
干酵母	3000g	水分	不超过9%
白糖	1700g	灰分	不超过8%
碳酸钙	520g	蛋白质	不低于40%
香料	适量	细菌数	＜10000个/g
滑石粉	60g	霉菌数	＜100个/g
硬脂酸镁	24g		
酒精	适量		

(2) 酵母浸膏的制备　在国外，很大一部分酵母被制成酵母浸膏而作为人类的食品，或用于微生物培养基的制备。所采用的酵母全部是主发酵酵母。其制造过程可分4步：

① 自溶——细胞物质的溶解：这一步决定着产品的得率以及产品的风味和质量。作用的机制必须保证酵母细胞壁内的蛋白质，最大量地转变为可同化和风味优美的食品。

活的酵母细胞内，绝大部分蛋白质是不溶性的，不能透过半透性的细胞膜而排至体外。所谓自溶就是控制有限的热量应用，既能杀死酵母细胞，又不破坏其蛋白酶活力，在控制一定的温度和pH值条件下，使酵母蛋白质被分解为可溶解的肽类和氨基酸。

② 分离——酵母菌体与酵母分解物的分离：酵母自溶产生了不溶性酵母菌体和可溶性酵母分解物的混合体，可采用离心分离机分离之。

为了分离完全和获得最大的分解物收获量，可采用4台离心分离机，连续洗涤分离4次。

离心分离完毕，菌体并未完全除净，可再采用板框压滤或真空抽滤的办法，使菌体分离完全。分离后的菌体仍可干燥之，作为饲料。

③ 去苦——去除不良成分：去苦的主要机制是采用吸收、吸附、离子交换、沉淀等措施，使苦味排除。此项技术并未公开。过去的老方法是在酵母自溶之前，采用pH缓冲液，洗

脱苦味物质(主要是异α－酸)，也能达到一定的去苦效果。

④ 蒸发——排除抽提物中的水分：蒸发的关键问题在于不使酵母抽提物的风味改变，酵母抽提物的浓度愈高，对热的敏感性愈强，很易导致风味改变，因此，酵母抽提物的蒸发应采用多效真空蒸发罐，使蒸发的沸点逐步降低。

每制取1kg酵母浸膏需蒸发15kg的水。

(三) 二氧化碳

1. 概述

二氧化碳是啤酒发酵的一项重要副产物。在主发酵过程中，二氧化碳大量地、集中地排放出来，不仅量大，而且质量好(表6－1－6)。在密闭的发酵条件下，二氧化碳一般都要进行净化回收，用于后面工序排氧、背压、二氧化碳洗涤、二氧化碳充气、滤酒、灌装和压送酒液之用，不仅减少了酒液与氧的接触，同时也减轻了环境污染。

在发酵过程中释放出的二氧化碳，含有嫩啤酒中一些挥发性杂质，如醇、醛、酯、酮、胺、硫化物等。这些杂质应在二氧化碳回收过程中，被压缩之前，应尽量排除干净。

二氧化碳回收时间，应在发酵开始24h后，即罐内所有空气基本被二氧化碳排出之后，直至主发酵接近完毕时，停止回收。回收的二氧化碳纯度至少应达到99.9％以上(体积)，方可用于后面的工序。

1t直接从发酵罐排出的二氧化碳，约占体积530m^3，无须通过压缩、干燥和液化，使其体积缩小99％以上，即1t气体二氧化碳液化为不足1m^{3}的液态二氧化碳，才便于贮存和运输及外销。

表 6-1-6 发酵排放二氧化碳的成分

成分	含量/%	成分	含量/%
二氧化碳	99.20～99.50	酯类	0.0009～0.0018
酒精	0.50～0.75	醛类	0.0005～0.0020
挥发酸	0.005～0.007		

2. 制备液态二氧化碳的工艺过程

(1) 制备液态二氧化碳的工艺流程 如图6－1－1所示。

回收时，二氧化碳先经过发酵罐旁的泡沫捕集器除沫，再经升压压缩机升压，将二氧化碳送入一大接触面积的水洗涤塔，洗去一切可溶性有机挥发物，然后进入一组活性炭吸附柱。吸附掉不溶性的挥发性有机物及杂质。然后，二氧化碳经二级压缩机压缩，冷却器冷却脱水，再经一组干燥塔进行干燥和去湿后，再经氨压缩机压缩，经冷凝器冷却后液化，贮存于耐压贮罐内。使用时，液态二氧化碳经过一蒸发器，转变为气体后，经管道输送至使用地点。

(2) 二氧化碳回收过程

① 发酵初期的二氧化碳中，混有大量空气，先应让其逸散至大气中，直至发酵罐内空气排净，此段时间约24h。

② 二氧化碳排出发酵罐时的压力，必须超过二氧化碳流经水洗涤塔及其他有关净化设备所损失的压头，足以使其输送至二氧化碳压缩机。如压力不足，开启二氧化碳贮气囊

的升压压缩机，使达要求的压力。

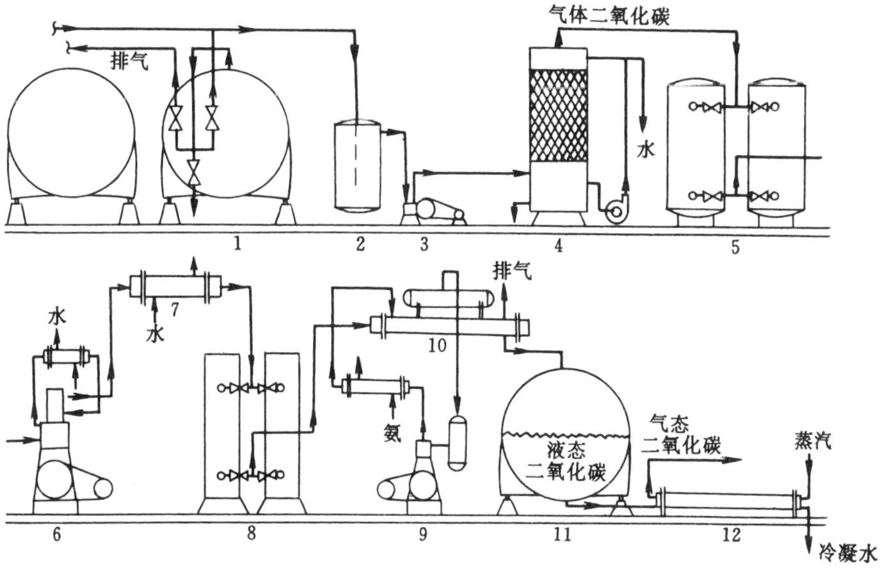

图 6-1-1　二氧化碳回收工艺流程图

1—发酵罐　2—泡沫捕集器　3—升压压缩机　4—水洗涤塔　5—活性炭吸附柱
6—二氧化碳压缩机　7—二氧化碳冷却器　8—干燥塔　9—氨压缩机
10—二氧化碳液化器　11—液态二氧化碳贮存罐　12—二氧化碳蒸发器

③ 二氧化碳贮气囊是一缓冲设备(流程图中未注示)，用以保证二氧化碳产生的速率，和回收设备的能力保持一致。

④ 二氧化碳洗涤塔内装有陶瓷床，水从塔顶流下，经过陶瓷床，二氧化碳自塔底对流而上，使二氧化碳从发酵罐带出的大部分酒精和所有其他水溶性的有机杂质在洗涤塔洗涤时被洗除。

⑤ 洗涤后的二氧化碳进入装有活性炭的净化柱，用以吸附二氧化碳所含的不溶性挥发物质及杂质和残留的酒精，活性炭应定期以热空气(200℃)或175℃的过热蒸汽再生。

⑥ 净化的二氧化碳进入一无油水冷的二级二氧化碳压缩机，在1.75～2.1MPa表压下进行压缩，压缩后温度可达135～180℃。

⑦ 此被压缩的二氧化碳和水蒸气混合气体，在进行干燥之前，先经过一壳管式预冷却器，降温至5℃，使大部分水汽在预冷却器中去除，然后进入干燥塔，在低温下去湿。

⑧ 干燥塔内装有经活化的氧化铝干燥剂，两塔轮换使用。此干燥剂也需定期(24h)用热空气或蒸汽活化。经压缩的二氧化碳所含水分，在进入氨压缩机前，应全部冷凝去除，否则会在氨冷凝器中结冰。

⑨ 回收二氧化碳中所含的空气量应低于0.2%，含空气愈多，在后面排气时引起二氧化碳的损失也愈大。空气在氨冷凝器的温度和压力下是不冷凝的，根据氨冷凝器的压力指示，需定时从氨冷凝中排放空气。

⑩ 二氧化碳冷凝器是一壳管式热交换器，管内是冷却剂(乙二醇)，管外夹套内是二氧化碳，二氧化碳冷凝后，利用本身重力，流入下面的液体二氧化碳贮罐内。

在1.75和2.1MPa压力下，二氧化碳的冷凝温度分别为－25℃和－17℃，冷媒的温度应分别为－33℃和－25℃。这样低的冷媒温度与啤酒冷却使用的冷媒温度相差很多。二氧化碳回收的供冷问题，应另设单独的冷冻系统。

液态二氧化碳的贮罐容量一般考虑供3天所需的贮备量，多采用卧式罐，位置紧靠冷凝器，避免二氧化碳冷凝后长距离输送。贮罐上设有标志，可以自动控制其液位。

在使用二氧化碳前，液态二氧化碳先经过一蒸发器，使二氧化碳蒸发，经过减压后分送使用部门。

通过以上回收方法，二氧化碳中的氧浓度可低于50μl/L以下，相当于二氧化碳纯度达到99.99％以上，在0.01％的其他气体中，氧含量约占30％。

有的啤酒厂，自己本厂使用的二氧化碳，回收时，只经过净化和压缩，以压缩气体用之于生产，而不经过液化，这样的二氧化碳空气含量则相对较高。

(3) 降低回收二氧化碳中氧含量的措施

① 尽可能减少从发酵罐进入二氧化碳回收装置的二氧化碳含氧量(二氧化碳纯度应＞99.7％，体积分数)。

② 定时检查二氧化碳冷凝器，排放不能冷凝的气体。在二氧化碳液化过程中，不能冷凝的气体(氧、氮)浓度不断升高，如果不冷凝的气体浓度过高，将降低二氧化碳分压，必须进一步降低冷却温度，才能使二氧化碳继续液化。因此，应及时从二氧化碳液化器中，排除不可冷凝的气体(主要是空气)，在排放的空气中，二氧化碳的浓度通常为90％～95％(体积分数)，就是说要损失很多的二氧化碳。

③ 在二氧化碳洗涤塔进水处，安置排氧水的装置，将水中含氧量从8～10μl/L，降至0.20μl/L，避免从洗涤水中带入氧气，这种排氧水装置，可使用回收的二氧化碳进行排氧。

④ 在二氧化碳液化器和二氧化碳储罐之间，安装脱氧器，可以进一步降低二氧化碳的含氧浓度，但需增加投资和消耗能源。

采取以上措施，可将氧浓度降至5μl/L以下，二氧化碳纯度可提高至99.998％(体积分数)，在二氧化碳液化器中排气时，二氧化碳的损失减少。

(4) 不同二氧化碳纯度充气时，氧的增加量(充气量:1gCO_2/L酒)如表6－1－7所示。

表 6-1-7　　不同二氧化碳纯度充气时的吸氧量

二氧化碳纯度/体积分数％	其他气体纯度/体积分数％	氧气浓度/(μl/L)	吸氧量/(mg/kg)
99.998	0.002	6	0.004
99.98	0.02	60	0.044
99.90	0.10	300	0.217
99.70	0.30	900	0.650

注：氧占其他气体的30％计。

(5) 二氧化碳的可回收量　从理论上讲，每公斤麦芽糖发酵后生成二氧化碳0.514kg，每公斤葡萄糖发酵后生成二氧化碳0.489kg，如下式所示：

$$C_6H_{12}O_6 \longrightarrow 2C_2H_5OH + 2CO_2 + \text{热量}$$

$$1kg \quad 0.511kg \quad 0.489kg \quad 34.2kJ$$

啤酒发酵由于原麦汁浓度、麦汁组成及发酵度要求不同，二氧化碳产生的量也有差异。麦汁浓度愈高，还原糖愈多，发酵度愈高，二氧化碳的产量也愈高。一般说，由于发酵初期排放的二氧化碳含有大量空气，空气含量超过0.2%，二氧化碳即不易液化，因此应先排放空气，至空气含量极低时，才开始回收。二氧化碳的回收率一般为50%左右，如表6－1－8所示。

表 6-1-8　二氧化碳回收与麦汁浓度的关系

项目＼啤酒原麦汁浓度	10°P	11°P	12°P
可发酵性糖含量/(g/100ml)	7.2	8.2	9.0
二氧化碳理论产量/(g/100ml)	3.3	3.87	4.14
二氧化碳实际产量/(g/100ml)	2.8	3.2	3.6
二氧化碳回收量/(g/100ml)	1.4左右	1.6左右	1.8左右
回收率/%	50左右	50左右	50左右

(6) 二氧化碳回收装置的规模

① 根据发酵罐的能力，二氧化碳回收装置应能回收发酵高峰期内所产生的二氧化碳。

② 由于回收二氧化碳和使用二氧化碳并非完全同步，应具备一定的液态二氧化碳贮备能力(约3天的回收量)进行平衡。

③ 二氧化碳的使用量伸缩性比较大，一般说，年产10万吨的啤酒厂，应具备台时二氧化碳回收能力500kg的装置。

(7) 回收液态二氧化碳的水电汽耗用量　以每小时回收液态二氧化碳230kg的规模，举例(参考数据)如下:

动力消耗:

设备	合计
二氧化碳压缩机	46kW
二氧化碳洗涤塔用泵	
干燥塔和净化塔的风扇	
再生加热器	
冷冻压缩机	

水耗量:

设备	合计
二氧化碳洗涤塔	$12.5m^3/h$(24℃)
二氧化碳压缩机	
冷冻系统	

蒸汽耗量:

干燥塔和净化塔再生: 23kg/h(蒸汽压力0.15MPa)。

第二章　啤酒工业的食品卫生管理和废水处理

第一节　食品添加剂

一、概　　述

随着啤酒工业生产技术的不断改革，啤酒工业中采用的食品添加剂也逐渐多起来。各国对啤酒添加剂的使用和管理并不一致，如德国对添加剂的管理比较严格，非经特殊批准，一般不允许在啤酒中使用添加剂；英国则允许凡世界卫生组织推荐在食品中采用的添加剂都可使用。

国内啤酒工业采用的添加剂远较国外为少。近年来，由于生产工艺改革，啤酒中采用的添加剂也较前增多，如用于提高啤酒非生物稳定性的蛋白酶、棓单宁、甲醛等；用于提高风味稳定性的维生素C、二氧化硫和超氧化物歧化酶等；用于外加酶法制啤酒和改善糖化工艺用的各种酶制剂，如多种淀粉分解酶、蛋白酶、β－葡聚糖酶、纤维素酶及各种复合酶制剂；用于降低双乙酰的α－乙酰乳酸脱羧酶以及调节pH值用的乳酸、无机酸和石膏、氯化钙等。

啤酒工业使用的添加剂可分以下几方面：pH值调节剂、酶制剂、生物稳定剂、非生物稳定剂、风味稳定剂、增泡剂、澄清剂、酵母营养剂。至于以各种酒花制品取代酒花，或以各种糖浆取代谷类辅助原料，均不应列在添加剂范围之内。

二、添加剂的种类

（一）pH值调节剂

为了降低糖化醪的pH值，更有利于糖化过程中酶的反应，在糖化用水中，常加入少量钙盐(石膏或氯化钙)或酸类(乳酸、磷酸、盐酸等)，选择这些添加剂是根据其对啤酒的安全、风味、价格和水质来决定的。对于乳酸质量，日本有如表6－2－1所示的规定。

表 6-2-1 日本对添加乳酸的质量要求

项目	规格
性状	无色透明，浆状液体，无不良臭气，具有本品应有的酸味
相对密度	1.21～1.22(20℃)
草酸、柠檬酸、酒石酸、磷酸	不得检出
硫酸盐	0.006％以下
氰化物	不得检出
重金属	0.0005％以下
铁	0.0002％以下
硫酸呈色物	不得检出
挥发性脂肪酸	无强烈脂肪酸臭
甲醇	0.1％(体积分数)以下
强热残留物	0.05％以下
乳酸含量	90％～92％

(二) 酶制剂

最早应用于啤酒工业的是木瓜蛋白酶。近年来，酶制剂应用于啤酒工业日益广泛，除植物性酶制剂外，各种由微生物制备的酶制剂均已有所应用。

应用于食品工业的酶制剂，首先应保证对人体无害，除采用的菌株应进行选择外，在制备过程中，必须注意在良好的卫生操作条件下进行生产，使酶制剂在应用中不得给加工的食品带来超过允许范围的微生物数或带来有害人体健康的污染物。制成的酶制剂在应用前，也需先经生物病理试验，证明无害后，方可使用。

联合国世界卫生组织关于应用于食品工业的酶制剂的污染物质、致病菌和抗生素活性有如下规定：

1. 污染物质

砷	低于3mg/kg
铅	低于10mg/kg
重金属	低于50mg/kg(以铅计算)
黄曲霉毒素	低于5μg/kg

其他霉菌毒素待分析方法确定后，再建立允许含量。

2. 致病菌

沙门氏杆菌(*Salmonella*)：在25g样品的检验中，不得检出。

假单胞菌(*Pseudomonas*)：应用U.S.P.检验铜绿色极毛杆菌的方法进行检验，应不得检出。

大肠菌群(*Coliforms*)：应用U.S.P.检验方法，在10g样品中，大肠菌群应低于10个/g。

3. 抗生素活性

根据WHO/食品添加剂/69.34的检测方法应不得检出。

(三) 生物稳定剂

由于要克服热杀菌(巴氏灭菌)对啤酒风味的影响，很多国家曾研究采用化学杀菌

剂(又叫冷杀菌剂),使啤酒既保持了生物稳定性,又不致影响风味。在国际上曾使用的冷杀菌剂有以下几种:

1. 二氧化硫

二氧化硫既是还原剂,又是杀菌剂,早已用于啤酒工业。各国规定的使用量不一,英国曾允许的使用量高达70mg/kg,过高剂量证明对人体是有害的,仍应严加控制。过高的添加量对啤酒风味也是不利的。二氧化硫多以亚硫酸盐、亚硫酸氢盐或偏重亚硫酸盐的形式加入。

2. 焦碳酸二乙酯(diethyl pyroearbonate)

此酯的添加浓度为70～100mg/kg时,对酵母和细菌有灭菌作用。此酯与水作用后,生成二氧化碳和乙醇,此两成分是啤酒的基本成分,因此,焦碳酸二乙酯曾被认为是啤酒的最佳冷杀菌剂,联合国世界卫生组织曾主动推荐使用。后来,又有人试验证明焦碳酸二乙酯在水中的分解作用并不完全,残留的该酯,除给予啤酒以不良风味外,据联合国粮农组织和世界卫生组织联合专家委员会第十七次报告中指出:此酯在饮料中易与氨生成致癌物质氨基甲酸乙酯,已撤销其作为食品杀菌剂的建议。因此,对其作为啤酒冷杀菌剂的作用,必须另作评价。

3. 对羟基苯甲酸正庚酯(m－heplyl p－hydroxy－benzoate)

此酯作为啤酒冷杀菌剂使用,其用量为10～12mg/kg,灭菌效很好,但对啤酒泡沫有不利影响,但未见有危害人体健康的报道。

4. 没食子酸正辛酯(n－octyl gallate)

该酯对多数微生物有抑制作用,曾长期作为油脂抗氧化剂使用,其用量为100mg/kg,某些国家还应用于婴儿食品中。1965年联合国粮农组织和世界卫生组织第八届联合专家委员会,关于食品添加剂的报告中,曾将此剂列入允许使用名单中,其摄入量限制在每日0.2mg/kg体重。

此酯的抗微生物作用优于上述几种冷杀菌剂,曾在欧美国家引起注意,并正式用于啤酒生产。

1972年联合国粮农组织和世界卫生组织联合专家委员会第十六次报告中又提出:经过鼠类多代繁殖试验,高剂量服用此剂,能转移至母乳,引起对后代的影响,但低剂量使用尚未发现有何影响。另外,此酯对人体易引起皮肤过敏症和颊粘膜过敏反应,该委员会建议在饮料中停止使用。

国内对此酯用作冷杀菌剂曾进行研究,证明用量在10mg/kg左右,其灭菌效果是良好的。但经有关卫生部门进行急性和亚急性毒性鉴定,在饲养过程中,动物前胃有病变现象,建议暂缓使用。

(四) 啤酒的非生物稳定剂、增泡剂和抗氧化剂等

见“第四篇成品啤酒”一章。

关于使用可溶性聚乙烯吡咯烷酮作为啤酒沉淀剂,因酒内容易有聚乙烯吡咯烷酮的残留量,该物质在人体内有积蓄作用,世界卫生组织对此物质的使用不予建议。但不溶性聚乙烯聚吡咯烷酮作为吸附剂使用,效果很好。

第二节 氮在啤酒工业中的应用

一、概 述

氮(N_2)正式应用于啤酒工业开始于50年代，当时是利用氮取代空气，防止氧化;60年代以后，爱尔兰的司陶特黑啤酒应用二氧化碳和氮混合气体于桶装啤酒，以降低二氧化碳含量并改进泡沫性能;70年代以后，一些大啤酒厂在啤酒输送方面应用氮，防止氧化;80年代以后，啤酒界对氮的应用产生了更大的兴趣，爱尔兰的Guinness啤酒公司将氮应用于罐装和瓶装生啤酒(draught beer);90年代以后，应用氮的啤酒品牌激增，不仅是上面发酵啤酒，下面发酵啤酒也开始引用氮。在销售生啤酒时，以二氧化碳和氮混合气体取代单一的二氧化碳作为顶压更为普遍。

采用氮是因为氮是惰性气体，在许多啤酒生产过程中，它可以取代二氧化碳或空气，不仅改善啤酒质量，而且价格较二氧化碳便宜，特别对没有二氧化碳回收的啤酒厂，购置氮较二氧化碳便宜，其经济效果也是值得考虑的。

二、氮 的 性 质

氮是无味、无臭、无色、不易与其他物质起反应的惰性气体。其气体性质遵循亨利定律和道尔顿定律。

氮和二氧化碳都可用作惰性气体使用，但两者的物理性能有很大的不同，如表6－2－2所示。

表 6-2-2　　氮与二氧化碳的物理性能比较

项　目	二氧化碳	氮
相对分子质量	44.01	28.01
密度(0℃)/(g/L)	1.977	1.251
体积质量(15℃，0.1MPa)/(m^3/t)	533	844
溶解度(0℃,0.1MPa)/(g/L)	3.36	0.029
或　/(ml/L)	1.71	0.023

氮比二氧化碳轻得多，其质量体积远高于二氧化碳，1t氮的体积为844m^3，而1t二氧化碳的体积为533m^3。氮的另一特点是其溶解度低于二氧化碳100倍以上，而且随着温度的升高，二氧化碳溶解度降低的幅度远较氮为高，如表6－2－3所示。

表 6-2-3　　二氧化碳与氮在不同温度下溶解度的比较(0.1MPa)

温度/℃	二氧化碳的溶解度/(g/L)	氮的溶解度/(mg/L)
0	3.36	28.7
10	2.28	22.9
15	1.94	20.6
20	1.67	20.0
40	1.02	14.9
60	0.71	12.5

氮在60℃时的溶解度较0℃时，只降低约50%；二氧化碳在60℃时的溶解度较0℃时则降低约80%。

在0℃和不同压力下，氮和二氧化碳溶解于水中的关系如图6－2－1所示。

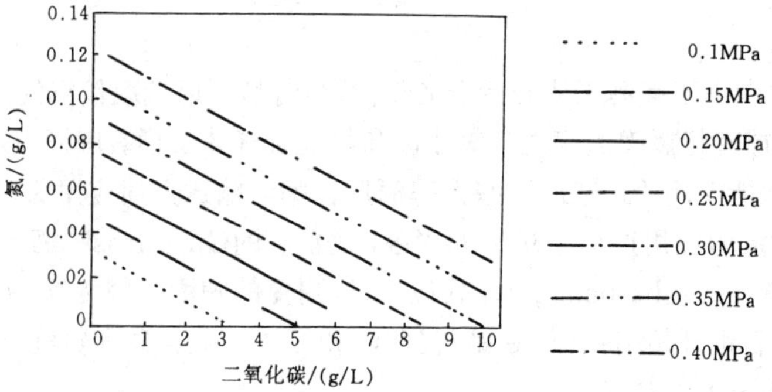

图 6－2－1 在0℃、不同压力下氮和二氧化碳在水中的溶解度之关系

由图6－2－1可以看出：在0℃水中溶有3g/L二氧化碳，同时也溶有34mg/L的氮。

氮和二氧化碳在0℃溶于啤酒的量略低于溶于水中的量。

从氮和二氧化碳的相对不溶性比较来看，氮在啤酒酿造过程中也具有极大的使用价值。

三、氮在啤酒工业中可应用的方面

1. 用作谷物贮藏的惰性气体

贮藏大麦、麦芽及其他谷类辅料，以氮作为惰性气体用于贮藏，可以防止病虫害。

2. 用于脱氧水的处理

在填充塔内，水从塔顶流下，氮从底部对流而上，在此单向操作中，水中的氧可被氮洗脱，使溶解氧降低至50μg/kg以下，使用氮和水的体积比约为1∶3。同样地，氮还能取代活性炭过滤，从水中排除一些挥发性有机化合物，如三氯甲烷等。

3. 控制麦汁的氧化作用

在麦汁制备中，麦芽粉碎机的空间充以氮气，在麦醪调浆和糖化糊化容器中以氮取代空气，可以减轻氧化，在麦汁和啤酒中保留更多的还原性物质，有利于改进啤酒的风味稳定性，同时也降低了麦汁和啤酒的色泽，如表6－2－4所示。

表 6-2-4 充氮降低麦汁的氧化作用

项 目	对照A	试验A	对照B	试验B
麦汁还原力	0.30	0.41	0.40	0.48
啤酒还原力	0.19	0.28	0.31	0.38
色度(啤酒)	6	5	8.5	7
风味稳定性	较差	较好	较差	较好

注：本表的数据均为相对比较值。

将氮通过减压系统直接送入过滤槽的过滤板下，也可减轻过滤麦汁的吸氧作用。

在大生产中全部采用氮气取代空气是不现实的，但制造精品啤酒时采用此项措施还是可行的。

4. 用于啤酒输送

在啤酒输送过程中可用氮作顶压或背压，因为氮的溶解度极低，啤酒中只能溶入极少量的氮，二氧化碳的损失也极少。同样地如果输酒平稳，灌装机也可以氮为顶压，灌酒之后，瓶颈中的氮也不会使啤酒增加多少氮含量，二氧化碳也很少损失。另外，氮可用以清除容器或管道的空气，比用二氧化碳清除好，也避免酒内溶解过多的二氧化碳。

5. 用于生啤酒灌装和生啤酒销售

特别在一些不希望酒内二氧化碳含量过高的国家，如英国和爱尔兰，他们的啤酒80%左右是桶装生啤酒，二氧化碳含量比较低，他们习惯于饮用二氧化碳较低的啤酒。因此，这些国家在灌装桶酒时喜欢用氮或二氧化碳和氮的混合气体作为背压。同样地，在桶酒销售时喜欢用氮或二氧化碳和氮混合气体作为顶压。其优点是压力可以较单用二氧化碳作顶压时提高，不会像使用二氧化碳那样，因压力高而引起窜沫和酒的损失；同时压力提高，倒酒速度也会加快，倒出的酒泡沫细腻持久并且挂杯。

不同氮，二氧化碳混合比例对不同啤酒(上面啤酒和下面啤酒)压力和气体溶解的影响如表6－2－5所示。

表 6-2-5　混合气体对爱尔啤酒和贮藏啤酒压力和气体溶解的影响(10℃)

项目	混合气体(二氧化碳/氮)		
	30/70	50/50	60/40
爱尔啤酒2.5g CO_2/L (1.3LCO_2/L)			
销售压力/MPa	0.26	0.12	0.083
二氧化碳含量/(g/L)	2.5	2.5	2.5
氮含量/(mg/L)	57	25	16
贮藏啤酒4.1g CO_2/L(2.1L CO_2/L)			
销售压力/MPa	0.49	0.226	0.19
二氧化碳含量/(g/L)	4.1	4.1	4.1
氮含量/(mg/L)	93	40	27

(1) 从表6－2－5可以看出爱尔啤酒和贮藏啤酒对二氧化碳含量的要求是不一样的。

(2) 在不影响二氧化碳含量的情况下，要使溶解氮达到25mg/L，混合气体可有两种情况供选择：

① 采用固定的二氧化碳/氮比，即50：50，而顶压不同。

② 顶压固定(0.24MPa)，对每种啤酒采用不同的二氧化碳/氮比。

6. 应用于瓶装酒和罐装酒

瓶装酒以氮取代二氧化碳，用于灌瓶时抽真空后充气用，以排除残余的空气。

罐装时，喷射液态氮，然后封盖(在英国用于低二氧化碳含量的爱尔啤酒和司陶特啤酒)，以保持罐内压和罐体的强度，同时也使其罐装啤酒二氧化碳含量与桶装生啤酒类似，保持了传统风味。倒出的酒泡沫极细腻持久，而且挂杯。但增加氮的溶解，同时必须降低二氧化碳含量。在氮的溶解度超过20mg/L，(改善泡沫的浓底低限)时，二氧化碳的含量应降至3.8g/L以下，避免杀菌时罐压过高。如果此酒是无菌过滤和无菌灌装，不需经过杀菌，则仍可在正常二氧化碳含量下喷射液态氮。直接喷射液态氮，设备的调整如图6－2－2所示。

在灌装机和封盖机之间有一密闭充满氮气的隧道，防止注入液氮时氧的侵入。灌装机以气态氮为顶压，并以气态氮输入隧道中；封盖机紧靠隧道，在封盖前以气态氮充气；在线压力检控器用以监控罐内液态氮是否维持在确定范围内。

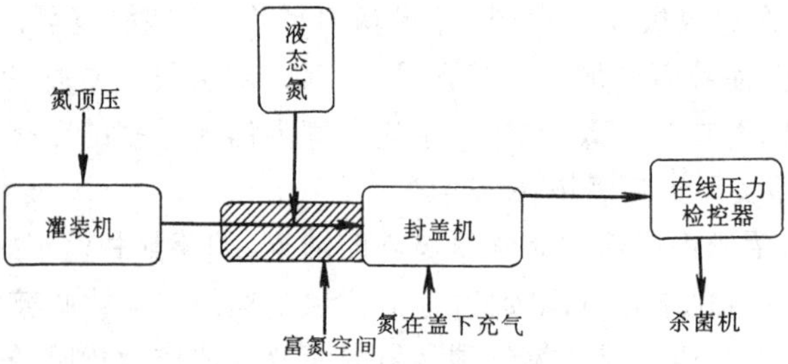

图 6-2-2 液态氮喷射过程

四、气体混合设备

采用氮、二氧化碳气体预先混合的钢瓶，不如采用现场气体混合的办法好。即:

(1) 利用两个耐高压气体钢瓶的二氧化碳和氮在现场减压混合。

(2) 利用耐高压二氧化碳钢瓶和现场制备的氮进行混合。

两种混合方法对气体混合比例都具有灵活性。第1种方法两种高压气体混合，需具备两套耐高压气体的供应线，不如第2种方法现场制备氮好。

现场制备氮可采用膜分离技术，将产生的氮以8～10MPa压力贮存在贮罐内，根据需要，通过混合阀，控制混合比例，与二氧化碳混合。混合后直接输送至使用现场。用此法需具备较大的氮贮气罐。

至于混合比例的选择应根据对二氧化碳含量的要求、对啤酒泡沫性能的要求、对特殊啤酒品质的要求、混合比例的可行性以及销售设施的具体情况确定。

五、氮对啤酒质量的影响

氮气无味无臭无色，其本身对啤酒无直接影响。但溶解在酒内的氮气(>15～20mg/L)，释放时形成极细小的气泡，最后形成啤酒细腻而持久的泡沫，饮后挂杯性能良好。

采用混合气体灌装和消费(桶酒)，酒内二氧化碳含量降低，酒味更显柔和，适合于习惯饮用低二氧化碳含量啤酒的消费者。

六、使用氮的优点

(1) 氮为惰性气体，用以隔绝空气，防止氧化。

(2) 采用氮、二氧化碳混合气体较单用二氧化碳经济，特别对无二氧化碳回收设备的厂来说更是如此。

(3) 洗罐可以采用碱液，不致形成罐内真空。

(4) 显著改进啤酒的泡沫性能。

七、使用氮应注意的问题

(1) 首先应明确氮用在什么地方。如果只用作隔绝空气的惰性气体，如酒的输送，氮不需溶解酒内，则酒应输送平稳，以免起沫而导致氮的溶解。如果要求利用氮改善啤酒的泡沫性能，则氮必须溶解酒内，其溶解度应不低于20mg/L，而且必须在啤酒加工和包装过程中始终保持此含量，直到消费。并且在使用过程中不能损及二氧化碳含量。

(2) 20mg/L左右的氮溶解量对啤酒性能是好事，但在输送啤酒时，如果起泡则是坏事，尤其在瞬间灭菌时起沫，更应避免，所以酒的输送一定要求平稳。

(3) 氮的纯度与使用目的有关，用于限制其溶解的方面，纯度(相对含氧量来说)要求不是很高；如果直接应用于酒内，则必须要求高纯度。总的说，不管用在哪方面，高纯度的氮总是比较安全的。一般工业用氮的纯度，其氧含量<5μl/L。

(4) 氮是无臭无味的气体，使用氮的地点应注意出现局部环境的缺氧问题，以免发生事故。

第三节　啤酒工业的废水处理

一、概　　述

啤酒工业的生产规模是比较大的，世界上有许多年产百万吨以上的大厂，一些大厂每天都要集中地排出大量废水，容易造成水源的污染。根据国外统计，废水不经处理的啤酒厂，每生产100t啤酒所排出废水的生物需氧量(BOD值)，相当于14000人生活污水的BOD值，悬浮固体(SS值)相当于8000人生活污水的SS值，其污染程度是相当严重的。因此，60年代后期，关于啤酒厂的工业废水处理问题，开始被重视。在国外，一般新建厂都要根据当地市政要求，设置一定的废水处理措施，或自建废水处理场。

处理废水与啤酒厂所处地点有关。如在郊区，地方大，以本厂自设废水处理场为好；如在市区或受厂区地方限制，应与地方当局研究，本厂设置废水预处理措施，将污水处理至当局要求的程度，然后排放至市区污水系统。但工厂应尽量减少或回收和利用废水中的高强度污染物。

对于废水处理问题，不能孤立看待，还应考虑对环境的影响问题，例如噪音和异臭，否则，废水处理本身也许是满意的，但对环境造成另外的污染，同样不能被接受。

国内啤酒厂的规模也在发展中，啤酒工业废水处理问题，已被提到日程上来。随着啤酒工业日益发展，建厂规模日益扩大，啤酒废水排出量将越来越多，污染程度也会变得严重起来，在扩建和新建工厂时，对废水处理问题应予以高度重视。

二、废水污染强度的表示方法

废水污染强度可用以下参数表示之:

1. 生物需氧量(biochemical oxygen demand，简称BOD)

BOD指废水在20℃下5天内，利用微生物分解有机物所需的氧量，以mg/L表示之，由此测出的只是生物氧化有机物所需的氧量。

2. 化学需氧量(chemical oxygen demand，简称COD)

COD指在接触剂的存在下，用酸性重铬酸钾与废水共沸，以氧化废水中全部可氧化物质所需的氧量，以mg/L表示之。

化学需氧量的测定只需10h，而生物需氧量的测定则需5天。因此，测定化学需氧量显然是有利的。但在实用中，BOD值对设计废水处理厂仍具有很高的实用价值。

化学需氧量和生物需氧量之间，没有一定的比例关系，视水中所含的成分而定。对啤酒厂的废水来说，COD/BOD一般为1.25～1.5，或BOD/COD为0.67～0.8。

3. 悬浮固体(suspend solid，简称SS)

悬浮固体指废水中所含的悬浮固形物，以mg/L表示之。它的重要性在于废水处理时，可能堵塞处理设施而影响氧化效果，以及固形物所需要处理的量。

此外，废水的pH值和温度都对生物氧化作用有影响，也是废水处理中应考虑的因素。啤酒厂废水的pH值一般在5～10范围内，波动较大，pH值控制在6～9是适宜的;温度应不大于43℃。

三、啤酒工业废水的性质和污染来源

(一) 制麦厂工业废水的性质和污染来源

制麦厂用水主要包括浸麦用水和冷却用水两部分。冷却用水可以考虑循环利用;浸麦废水是制麦厂废水污染的主要来源，这是一种颜色很深、极易腐败、高强度的有机物污染。但此废水中一般悬浮固体含量不多，如果大麦很秽，废水中的总固体物含量还是很大的。

(二) 啤酒厂工业废水的性质和污染来源

1. 啤酒厂工业废水的性质

啤酒厂排出的废水，具有高强度的有机物污染和一定浓度的悬浮固体。这些废水是从工厂各个工序排放出来的(如图6－2－3所示)，简单地可分3类:

(1) 大量的冷却用水，洗瓶最后的冲洗水，氨压缩机、空气压缩机的冷却水及其他未被污染的水，这部分水比较清洁，应考虑回收利用，以减低废水的排放量。

(2) 含有大量有机物的废水，这部分水主要来自酿造车间。废水中有些物质，如废麦糟水、废酵母、热冷凝固物等，应尽量作为副产品回收利用，既能增加工厂收入，又可减轻废水污染程度。

(3) 含有无机物的水，这部分水主要来自包装车间。

啤酒本身是用水制造的，啤酒厂的总用水量和啤酒产量之比，一般为5～12：1，视工厂规模、生产工艺、生产管理和废水再利用情况不同而有较大的波动。如果冷却水等未被污染的水加以利用，可减少约50％的用水量，废水排放量也就随之减少。近年来，迫于水价和废水处理费用愈来愈高，啤酒厂也加强了管理，用水量和啤酒产量之比及废水处理量将会进一步减少。

2. 啤酒厂废水污染来源

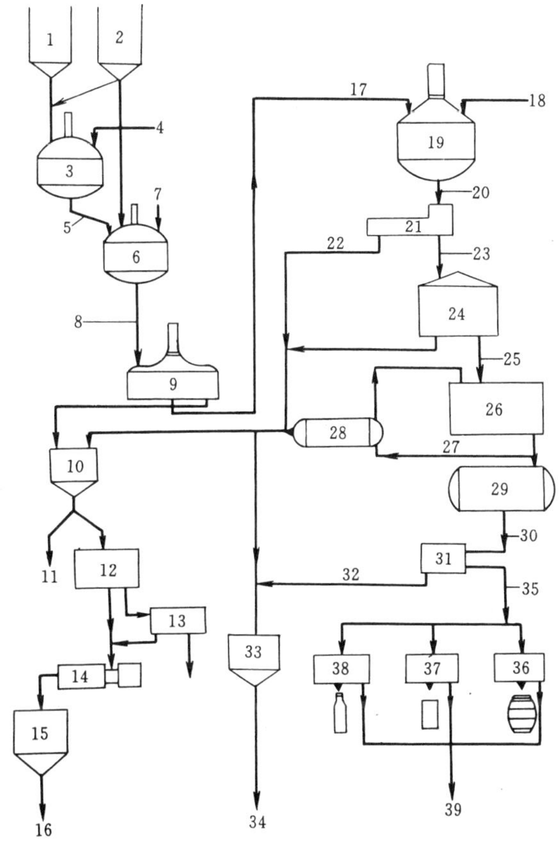

图 6-2-3　啤酒酿造各工序排出废物示意图

1—辅料贮箱　2—麦芽贮箱　3—糊化锅　4—热水　5—糊化醪　6—糖化槽　7—热水　8—糖化醪　9—过滤槽　10—湿酒槽　11—湿槽装运　12—脱水设备　13—废酒槽水　14—酒槽干燥设备　15—干糟贮存仓　16—干糟装运　17—麦汁　18—酒花或酒花浸膏　19—麦汁煮沸锅　20—麦汁和酒花　21—酒花分离器　22—废酒花槽　23—麦汁　24—麦汁沉淀槽　25—麦汁　26—发酵槽　27—酵母泥　28—酵母系统　29—贮酒罐　30—啤酒　31—滤酒机　32—废滤饼　33—废料　34—废料处理　35—啤酒　36—桶装线　37—罐装线　38—瓶装线　39—废水排放(包括残啤酒、洗涤水、清洁剂等)

啤酒厂废水中,其化学需氧量和悬浮固体的主要来源如表6-2-6所示。

表 6-2-6　啤酒厂废水的污染来源

污染来源	COD	SS	污染物
麦汁煮沸锅	210	低	麦汁残余
过滤槽	9600	2000	糖化醪残留物
回旋沉淀槽	60000	28000	麦汁和凝固物沉渣
发酵槽	92000	—	酵母残留物和凝固物沉渣等
贮酒罐	80000	—	酵母残留物和凝固物沉渣等
硅藻土过滤机	20000	40000	硅藻土、酵母、蛋白质沉淀等
清酒罐	4800	—	啤酒及微细有机残留物
滤酒机	100	34	啤酒
装酒机	4200	—	啤酒
生酒桶洗涤机	1600	100	啤酒及其他固形物

续表

污染来源	COD	SS	污染物
酒糟干燥机	20000	15000	麦汁及糖化醪残留物
洗瓶机(初洗)	500	125	啤酒及其他固形物
废酵母	180000	—	
硅藻土滤饼	70000	—	
杀菌机溢流废水	15	20	
洗瓶机(最后冲洗水)	—	—	基本是洁净的,但不能饮用,可考虑循环利用
冷凝器	—	—	基本是洁净的,但不能饮用,可考虑循环利用
压缩机冷却水	—	—	基本是洁净的,但不能饮用,可考虑循环利用
二氧化碳洗涤水	—	—	基本是洁净的,但不能饮用,可考虑循环利用
水处理设备	—	—	基本是洁净的,但不能饮用,可考虑循环利用

四、啤酒工业废水的污染强度

(一) 制麦厂废水的污染强度

浸麦废水的性质和量,厂与厂之间,根据原料情况、设备条件和工艺方法的不同是有区别的,但各厂的单位投料量所造成废水的COD负荷还是比较接近的,如表6－2－7所示。

表 6-2-7 浸麦废水的污染度

项目	A		B		C		D	
	接触时间/h	COD/(mg/L)	废水量/L	COD/(mg/L)	废水量/L	COD/(mg/L)	废水量/L	COD/(mg/L)
第1次浸麦	24	1344	62644	1540	45460	1050	62644	2660
第2次浸麦	12	1288	45460	1260	45460	1190	62644	2280
第3次浸麦	12	259	45460	980	45460	560	62644	2650
第4次浸麦	16	356	22730	196	36368	70	62644	630
发芽用水		70						
组合样品		540	177294	1155	172748	756	254576	2060
用水量/(L/t)	11280		4730		7090		2330	
COD负荷/(kg/t)	6.25		5.49		5.25		4.75	

(二) 啤酒厂废水的污染强度

(1) 废酵母和各种蛋白质凝固物是造成啤酒废水的主要污染源。1g干酵母的COD负荷约为0.55g,各种蛋白质残留物的COD负荷仅略低于此值。

(2) 啤酒本身的COD值很高,在130000mg/L以上,相当于200倍以上生活污水的COD值;1瓶啤酒的COD值几乎相当1个人1天排出生活污水的COD值。因此,在生产中,应尽量减少发酵、贮酒、滤酒和包装等工序的啤酒流失。

(3) 洗刷酿造设备的废水中,都会有大量的COD值。

(4) 废水未经处理的啤酒厂,其排出废水的COD值,一般在1300～1800mg/L之间,较一般生活污水高3～4倍。大量的啤酒废水排出,将造成市政污水处理的困难。因此,啤酒厂本身应设法将一些能避免的污染因素排除,例如:将一些可以回收利用的物质尽量回收,不排入污水中。

(5) 啤酒厂废水污染强度实例。

① 年产60000t的中型啤酒厂。

② 废物利用情况：废酒糟以湿态出售;废酒花糟单独处理;酵母、蛋白凝固物和硅藻土滤泥等全部由污水沟排放;清洁废水不回收利用。

③ 根据5天排放实例数据，每日排放的污水中约有5000kg的COD负荷，废水的分析结果如下：

化学需氧量	1800mg/L
悬浮固体	400mg/L
总固体物	1000mg/L
生物需氧量/化学需氧量	0.70
pH值	7.5～9.5

五、啤酒厂降低废水污染强度的措施

对强污染源的处理，有3方面应重视，即：防止和减少;循环利用;收集处理。如果管理得好，防止和减少废糟水、麦汁、啤酒、酵母等进入废水，可降低75％的废水负荷。

(一) 废酒糟的处理

啤酒厂的废酒糟是大量的，每生产1t啤酒，就可产生约0.1t的湿酒糟。啤酒厂的酒糟都是作为饲料出售，分干、湿两种。干糟系将湿糟先经压滤机或离心机脱水，将此半干之糟直接出售的，或再经干燥设备干燥后出售。干燥后的酒糟便于保藏和运输，但设备费用高，国内外只有少数大厂采用。经压滤或离心析出的废糟水，COD值仍很高，有干燥设备的工厂，可将此废糟水再经离心，然后浓缩，与离心后的固体部分混合均匀，送至麦糟干燥设备干燥之;或将此废糟水再返回糖化室利用，可增加麦汁得率1％，减少酿造用水5％和减少废糟干燥消耗热量的14％。此废糟水只要不污染，回收并及时处理，对啤酒质量和啤酒的稳定性无大影响。

出售湿糟，在运输管理方面必须加强，否则也会造成环境污染。

(二) 废酵母的处理

废酵母来自两方面：

(1) 主发酵的剩余酵母，质量比较好，可经干燥，制成酵母粉或制成酵母浸膏;也可以酵母为原料，提取酶、核酸及核苷酸等物质。

(2) 贮酒时的沉淀酵母，杂质多，质量差，一般多随污水排出。排出污水后，由于酵母易漂浮起来，造成污水处理的困难。改进的办法是将酵母经蒸汽处理，破坏其酶活力，经处理后的固体部分很易沉降下来，上部液体仍排入污水中，但不再起沫;下面固体部分按比例加入废酒糟中，可以制成很好的饲料。酵母本身的BOD值，由此可减低50％。

(三) 蛋白质凝固物的处理

主要指来自麦汁沉淀槽或回旋沉淀槽中沉淀下来的热凝固物，其成分大部分是蛋白质。

麦汁从沉淀槽放出后，其沉渣可先经压滤机，滤出其中所含的麦汁，加入下批煮沸麦汁中。滤后的热凝固物，加入过滤槽中，与酒糟混合，一同排出出售。

酵母和热凝固物都含有丰富的蛋白质(表6－2－8)，将这些废物回收，掺入酒糟中，既减轻污染，回收财富，又能提高饲料的营养价值。

表 6-2-8 废酒槽、废酵母和蛋白质凝固物的成分分析 单位：%

成 分	废 酒 糟	废 酵 母	蛋白凝固物
干 物 质	20.0	11.5	16.8
粗蛋白质	6.13	4.8	5.8
脂 肪	1.77	0.13	0.25
纤 维 素	2.98	0.35	0.20
钙	0.08	0.015	0.047
磷	0.12	0.17	0.043

(四) 废酒花槽的处理

废酒花槽内含有部分蛋白质和热凝固物，多直接排放，或作为肥料处理。这部分废料的COD值虽不很高，但能增加废水中的固体物，如果将其以10％的比例掺入酒糟中，一同干燥，作为饲料用，其效果也是很好的。

(五) 硅藻土废料的处理

凡用硅藻土作为滤酒的助滤剂，滤后多以水冲洗此滤饼成浆状，直接排放。硅藻土本身不分解，但滤饼内含有酵母和蛋白质沉淀等，能增高废水的COD值和SS值约10％左右。

有的厂设置澄清槽，将冲洗下来的滤饼浆水送至澄清槽，其固体部分沉淀下来，另作处理，液体直接排放。这样处理的结果，COD值虽降低不多，但可降低废水中的固形物。

(六) 废水pH值的控制

控制啤酒废水排放指标，除COD值和SS值外，还应严格控制废水的pH值。啤酒废水的COD值、SS值和pH值，一日之间波动很大，如果直接排入市政污水系统，会给污水处理带来困难。应在排放前，设置平衡槽，将pH值调节为6～9，并进一步平衡废水的COD值和SS值。

啤酒废水极易腐败，在平衡槽内停留的时间也不能过长。

经过上述处理措施，啤酒废水的COD值可降低约50％，余下的污染来源主要是从压滤、过滤、灌酒和洗刷的废液而来，其污染程度仍然很高，应根据市政要求，先做预处理，然后排放。

很明显，废水的有机负荷增加，处理废水的效率也必须提高，才能使最后处理的废水达到要求标准。例如：废水COD值为1000mg/L，处理效率为98％，处理后的废水含有机负荷为COD值＝1000×(1－0.98)＝20(mg/L)。如果废水中COD值为2000mg/L，废水的处理效率必须提高至99.0％，才能使最后废水的COD值，达到原来的20mg/L。

六、啤酒工业废水的处理方法

啤酒工业的废水处理应根据当地市政要求进行，有的需要建立自己的废水处理场，处理后的水直接排放至受纳水体；有的需要在厂内将废水先经过一定处理，减轻污染强度，达到一定要求后，排放到市政污水系统内。在建立自己的废水处理场时，需先进行一些有代表性的试验，找出数据，然后建设。建场的规模和设施应根据废水容量、性质、污染强度、当地水质要求和排水纳体的稀释能力等来决定。因此，同样规模的啤酒厂，因为设置地区不同，对废水处理就会有不同的要求。不管怎样，解决麦芽厂或啤酒厂废水处理的前提是在厂内先尽量减轻废水污染程度和排放量，一些无污染、可循环利用的水应尽量设法利用，稍有污染的水，也可用于洗刷地面。只有这样，才能减轻处理废水的负担，减少建设投资和一些技术上的困难。

啤酒厂废水的性质和一般生活污水性质比较接近，含有大量的有机物。处理的方法大都采用好气性生物处理系统，利用细菌充分分解有机物而减轻污染。

废水采用生物处理方法，对环境、生态和经济最为有利。好气性生物处理方法反应所产生的自由能，可用于生长细胞所需化合物的合成。

好气性生物方法处理废水，影响处理效果的因素有以下几点：温度、营养水平、pH值、细菌污泥浓度、被处理水的有机负荷浓度、流量平衡、负荷平衡、曝气处理时间等。其处理过程，大致可分以下几个阶段：

(1) 废水流量的平衡；

(2) 筛分去除固形物；

(3) 加营养盐和调节pH值；

(4) 废水的第1次沉降；

(5) 通风供氧、生物氧化有机物；

(6) 废水第2次沉降；

(7) 污泥的排除。

对于好气性生物处理方法，国外已有很多不同的处理经验可供借鉴，如活性污泥法、生物滤池法和氧化塘法等。不管采用哪种方法，最后的处理效果必须达到：

(1) 达到排放要求的CCD值和SS值；

(2) 运转简单，维持方便；

(3) 不存在环境污染和产生异臭和噪音的问题；

(4) 结构紧凑，运行无障碍；

(5) 经济合理。

(一) 活性污泥法

这是处理高强度废水比较成功的方法。

(1) 啤酒废水是高强度的有机废水，在大城市用活性污泥法处理较好，占地面积小，但运行费用较高。

(2) 用活性污泥法处理啤酒废水，因废水的COD值高，用一般通气设备，很难使曝气的溶解氧达到满意的水平。在低溶解氧情况下，球壳霉(*Sphaerotilus*)容易繁殖而造成污泥膨胀，不易沉淀。采用纯氧曝气法，或采用压缩空气扩散器和机械充气器供氧，可以改善污泥膨胀问题。也可采用完全混合活性污泥法，即流入的废水与返回的污泥在曝气池内均匀地混合而避免污泥膨胀，但有机负荷应低一些。啤酒废水和生活污水混合处理，可以大大改善污泥的沉降性。

(3) 为了使有机物进行快速而有效的生物氧化，采用活性污泥法，废水中的氮和磷应保持一定浓度，其COD：氮：磷的适宜比率约为100：6：1。啤酒废水中含氮量比较低，而生活污水含氮量相对较高，因此两者混合处理的办法是比较合理的，否则就要另外添加营养盐。

(4) 此法受有机负荷变动的影响比较大，如果设置平衡槽，采用自控设备进行监督，可以适当解决有机负荷变动的问题，但投资费用比较大。

(5) 采用活性污泥法产生大量污泥，处理比较麻烦。最大的困难是污泥含水量高(固形物只占约1%)，脱水难。虽然采用一些浓缩的办法，如离心分离、空气浮选法、真空过滤、叶片式压滤机压滤、带式压滤、多效蒸发等方法能不同程度地提高固形物的浓度，然后用于农田，作为肥料(如果附近有农田，稀的污泥可直接用于灌浇农田)或掺入动物饲料中。采用上述浓缩方法，费用均比较高，甚至高过废水处理总运行费用的50%。

活性污泥处理废水的流程及设备布置如图6－2－4及图6－2－5所示。

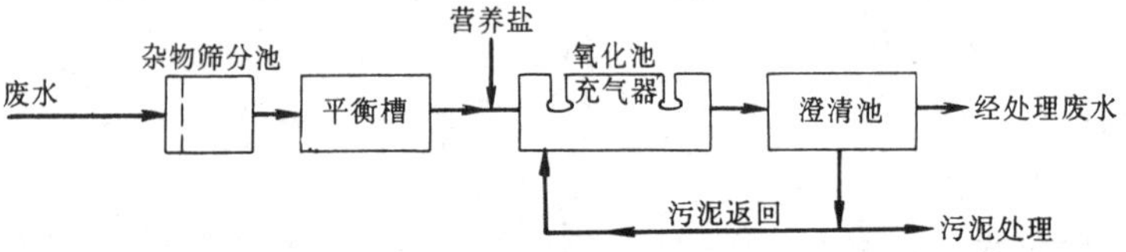

图 6－2－4 活性污泥处理废水流程图

(二) 生物滤池法

此法系将有机废水流经固定生长在惰性岩石或砂砾上的细菌和其他微生物所形成的滤床，进行排污的方法。

(1) 此法技术管理比较简单，运行费用低，产生污泥少，但占地面积大，易产生臭气，是其缺点。

(2) 生物滤池法，又叫细菌滤床法。其滤床系由惰性的天然滤料(碎岩石、砂砾、炉渣等)所铺成，铺层约2m高，滤床上被覆着细菌和其他微生物形成的粘层。此粘层的形成不致堵塞滤床间隙，而且空气可以自由流通滤床，废水通过旋转的分配臂从滤床上部流下。如果废水的污染度高，可将处理后的水进行部分回流，进行稀释；废水中如SS值过高，需先行过筛，去除部分固形物。

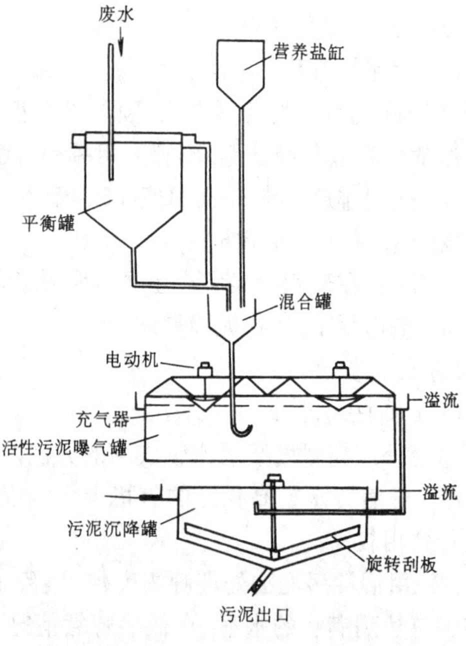

图 6－2－5 活性污泥法设备布置图

(3) 较大的厂可用交替双池过滤(两池串联进行，轮换交替)，或几个滤池串联－并联使用，效果较好。

(4) 为了增加废水中的氮源和磷源，啤酒废水和生活污水混合处理比较好。如采用70%啤酒废水和30%生活污水混合处理，并采用交替双池过滤，效果较好，可以避免产生污泥膨胀的问题。

(5) 快速生物滤池法是以塑料滤料(由聚氯乙烯、聚苯乙烯、聚丙烯等制作，商名品Flocor, cloisonyle, Surfpac, Biopac, Koroseal等)代替天然滤料。此种滤料质轻，强度大，具有生物惰性和化学稳定性的特点，可置于塔式过滤设备中(塔高3～12m，占地面积小)，节省地面。此种方法负荷能力较一般生物滤池法高几倍到十几倍，但其处理效果不是很好，对高污染强度的啤酒和制麦废水，只能去除50%的COD值，能达到适合排放至市政污水系统的要求，达不到直接排放到受纳水体的标准。生物滤池法的生产流程和设备剖面图如图6－2－6及图6－2－7所示。

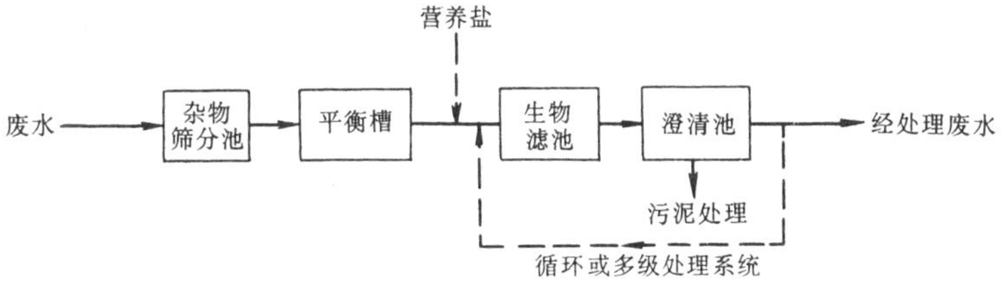

图 6－2－6　生物滤池法处理废水流程图

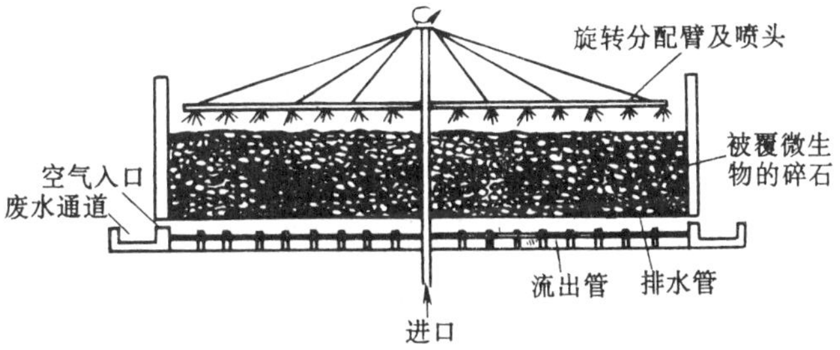

图 6－2－7　生物滤池法设备剖面图

(三) 氧化塘法

氧化塘法是活性污泥法延长通风过程的变革法。此法系荷兰人派司维尔(Passveer)所开发，其投资和运行费用均较活性污泥为低。

(1) 此法是活性污泥法的一种特殊型式，在气候条件适宜和有广大地面的地方，氧化塘法是个比较经济而简单的方法，可用于有机污染较强的工业废水处理。

(2) 氧化塘法的处理过程，常常只需将废水在塘内贮蓄一定时间即可，停留时间决定于废水的性质，池塘的面积、深度、水温、供氧状况及所需净化的程度等。

(3) 氧化塘法的主要技术条件是维持好气条件，使有机物的生物氧化率不超过曝气率。因此，池塘要浅，一般为1m左右，必要时人工供氧，利用一鼓风搅拌器使塘水流动，最后流经静置池，使水与污泥分离。沉降的污泥，定期排除，用作肥料。

(4) 采用人工曝气比自然曝气可以大大缩小塘的容积，如果采用纯氧曝气，效果更好。

(5) 如废水中SS值比较高，在进入氧化塘前，可先经细筛过滤。

(6) 制麦废水适于利用氧化塘法进行处理，其处理过程和效果，举例如下：废水先经过筛，然后送至平衡槽，在此的混合废液流经氧化塘曝气后，连续流入沉淀池或沉淀槽，废水与污泥分离，污泥定期排放处理，其实际效果如表6－2－9所示。

表 6-2-9 派司维尔(Passveer)氧化塘处理制麦废水的效果

项 目	进入氧化塘前的过筛废水	处理后的废水	去除率/%
悬浮固体含量/(mg/L)	313	18	94
生物需氧量/(mg/L)	1140	12	99
化学需氧量/(mg/L)(重铬酸盐法)	1501	109	93
总氮含量/(mg/L)	36	0.7	81

注: 上表所列数据为3日的平均值。

氧化塘法COD值的去除率比较高，费用则较普通活性污泥法降低1/3～1/2。

由于好气性废水处理方法需要大量通风，耗电几乎要占啤酒厂耗电总量的1/2以上，并产生多量污泥，难于处理，费用浩大，故近年来，啤酒厂开始对厌氧性生物处理废水技术产生兴趣。目前，用厌氧法处理废水的厂尚不多，在西方国家的啤酒厂，已有这样的废水处理厂，投资比较大。其方法主要在密闭容器内，利用细菌在厌氧条件下，消化有机物产生甲烷的原理，在37℃下，维持特种的细菌菌体，使高COD的有机物产生甲烷反应。此甲烷反应包括两步反应：第1步先产生二氧化碳、氢气和挥发性的低级脂肪酸，如乙酸、丙酸、丁酸以及乳酸等；第2步脂肪酸转化为甲烷。如图6－2－8所示。

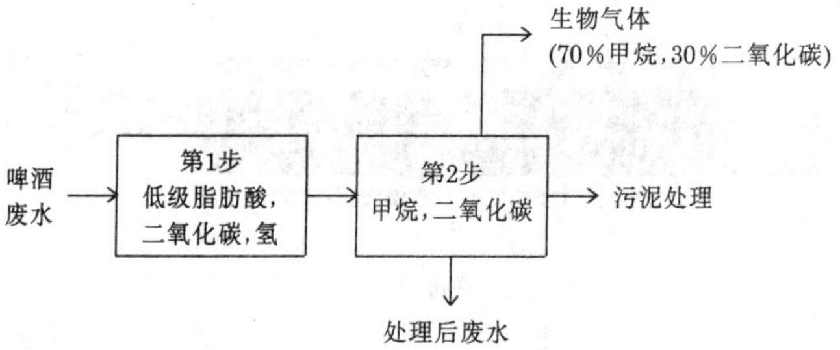

图 6-2-8 甲烷化反应

厌氧法产生的污泥为活性污泥法的1/3～1/5。

厌氧处理方法，细菌生长缓慢，得率只有0.55g/L左右。厌氧反应罐的体积比较小，占地面积少，但可降低COD值的75%，降低SS值约55%。产生的甲烷，可用于燃烧锅炉、气体引擎或热交换器。不利的方面是启动时间长，对废水负荷和成分的变化敏感；投资费用大。

目前，在国外趋向采用厌氧和好气结合的两级处理法，即先通过厌氧法处理掉90%的COD，再利用好气性处理，进一步完善。整个废水的处理包括6个步骤：筛分去固体物，平衡负荷，调节pH，厌氧处理，好气处理，污泥的浓缩脱水。从厌氧消化中产生的甲烷，用于蒸汽锅炉，可节省燃料；产生的污泥在脱水前与废硅藻土混合，可脱水65%。

兹将法国Armentieres啤酒厂废水处理的厌氧阶段处理方法简述如下：

此阶段包括1个酸化罐，1个平衡罐，1个中和罐，1个热交换器和2个再生流厌氧湍流床反应罐(Anaflux anaerobic turbulent bed reactor)。此罐的再生流系统(Anaflux system)如图6－2－9所示。

酸化罐和中和罐利用HCl、Na_2CO_3和NaOH调节变化很大的废水pH值，并维持适宜的pH值，以利厌氧反应。热交换器利用燃烧甲烷产生的蒸气，将废水加热至37℃(适于细菌生长)，进入厌氧反应罐。由此产生的甲烷，贮存于气体贮存罐内，经过压缩，送至蒸汽锅炉燃烧，或在废气燃炉内燃烧。

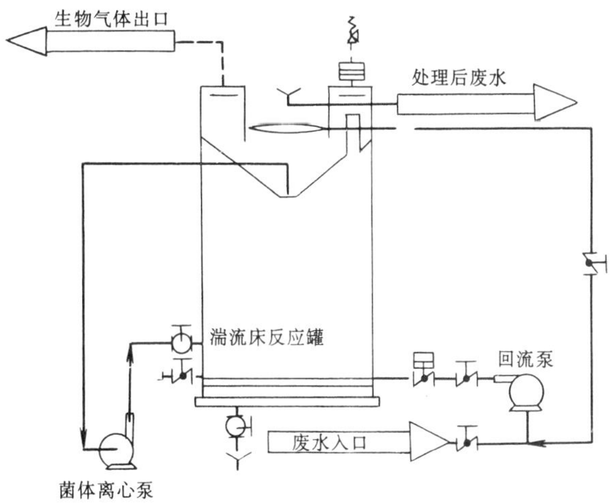

图 6-2-9　厌氧湍流床反应罐系统

厌氧湍流床反应罐的罐底铺一层粒度很小、高比表面的惰性矿石，易于细菌在上面生长，形成固定膜。当预热的废水从罐底流进时，此铺层膨松开来，其膨松程度由矿石颗粒大小、相对密度、水粘度及围绕矿石颗粒的生物膜所决定。当此介质颗粒被覆的微生物逐渐增多时，颗粒的沉降速度变慢，颗粒被带出反应罐的反应区，进入一位于反应罐上部的三相分离器。在这里生物气体和被覆微生物的颗粒，在锥形澄清器中分离，已处理的废水则从罐上部排出。颗粒矿石由反应罐外的离心泵定时抽出，同时在激烈的湍流中，将厌氧菌膜与矿石介质分离。再将已分离的介质矿石和游离的厌氧菌膜泵回湍流床，使已清除菌膜的矿石再度植入反应区，而游离的厌氧菌膜则随已处理的废水从反应罐流出。

总之，啤酒厂的废水处理费用是昂贵的，无论采用好气或厌氧处理方法，在排放到受纳水体之前，都还需要市政当局的进一步处理，这也是啤酒厂总想依赖市政当局处理废水的原因。

第三章 啤酒工业技术经济指标

第一节 概 述

一、技术经济指标的范围

啤酒工业技术经济指标主要包括8项内容:

(1) 产量指标;

(2) 品种指标;

(3) 质量指标;

(4) 原材料、燃料、动力消耗指标;

(5) 劳动生产率指标;

(6) 成本指标;

(7) 利润指标;

(8) 流动资金指标。

在8项技术经济指标中,前3项即产量、质量、品种,反映了为社会提供的使用价值的状况;后5项,即劳动生产率、消耗、成本、利润和资金,则反映了企业是否充分利用了人力、物力、财力,以及增产和节约的综合经济效果。只有全面完成上述各项技术经济指标,才能真正实现多快好省的要求。

二、技术经济指标的制订

1. 制订的依据

(1) 技术资料　包括产品质量标准、配方、工艺要点、试验数据和试验记录等。

(2) 核算资料　包括统计、会计和业务等核算资料。

(3) 技术组织措施　包括老厂挖潜、工艺上的改革、提高质量、降低消耗、提高设备能力及机械化程度、改善劳动组织和加强劳动保护等措施。

(4) 技术革新的新成果及生产实践中的先进经验。

2. 编制方法

(1) 理论计算法　根据技术资料中的数据，计算原材料消耗、动力消耗等作为确定指标中有关定额的理论数据。

(2) 取平均先进水平制订指标　根据统计资料和原料工艺等变化情况，取平均先进水平，制订产量、质量及生产过程中各项损耗等有关指标。

(3) 根据淡旺季制订指标　由于啤酒销售有季节性，也造成生产上的季节性，所以要根据淡旺季来制订合理的生产指标。

总之，各项技术经济指标是在作好调查分析的基础上制订的，并参照前期达到的水平以及本厂和先进厂的历史最好水平，制订出既先进，又切实可行的指标计划。

第二节　主要技术经济指标及其有关定额的计算方法

一、产 量 指 标

1. 麦芽制造方面

(1) 定义　麦芽产量系指麦芽已完成全部生产工艺过程(即从投料开始，至去根处理完毕)，经包装完整，检验入库的合格品数量。

(2) 有关定额的计算公式

① 大麦精选率:

$$\text{大麦精选率}(\%)=\frac{\text{精选大麦数量(kg)}}{\text{原料大麦数量(kg)}}\times 100$$

大麦精选率是用以反映原料大麦可利用的百分数，以月为计算期。

② 麦芽生成率:

$$\text{麦芽生成率}(\%)=\frac{\text{成品麦芽数量(kg)}}{\text{精选大麦数量(kg)}}\times 100$$

麦芽生成率可按批次分别计算全月全部制麦批次相加的平均值，为当月的麦芽生成率。

大麦和麦芽因含有不同的水分，按上式所计算的生成率缺乏真实性，只能作一般统计数字，不能作为技术控制资料。因此，在计算麦芽生成率的同时，还应计算无水麦芽生成率，以资对比参考。在计算每一批次的无水麦芽生成率之前，除对投料前的精选大麦和出炉去根后的成品麦芽准确称重外，随即测定其水分，作为准确计算无水麦芽生成率的依据。其计算公式为:

$$无水麦芽生成率(\%)=\frac{成品麦芽数量(kg)\times(1-麦芽水分\%)}{精选大麦数量(kg)\times(1-精选大麦水分\%)}\times100$$

③ 吨麦芽耗煤量:

$$吨麦芽耗煤量(kg/t)=\frac{制造该批麦芽耗煤总量(kg)}{成品麦芽总量(t)}$$

说明:

i 制造该批麦芽耗煤总量包括烘干、浸渍用温水、生产保温以及生产过程中其他用煤的总量,但不包括取暖和非生产用煤。

ii 以29308kJ发热量作为煤的标准发热量,使用不同品质的原煤,应按其实际发热量换算成标准煤量(对各类煤种的不同发热量应按上级或煤炭供应部门的规定计算)。折算公式如下:

$$吨麦芽耗煤量(kg/t)=\frac{制造该批麦芽耗煤总量(kg)\times\frac{该批煤的实际发热量(kJ)}{29308(kJ)}}{成品麦芽总量(t)}$$

④ 吨麦芽耗电量:

$$吨麦芽耗电量(kW\cdot h/t)=\frac{麦芽耗电总量(kW\cdot h)}{成品麦芽数量(t)}$$

说明:

麦芽耗电量包括与生产麦芽有直接关系的基本生产用电与辅助生产用电,如风选、精选、浸麦、发芽、烘干、除根等各工序的动力直接用电,供水、供风、供热、供冷、设备大小维修、事故检修及检修后试用运转的用电,本车间照明用电及分摊厂区、仓库、办公室等照明用电,以及上述有关各项用电的线路和变压器的损失;不包括非生产性用电,如礼堂、食堂、托儿所、学校、住宅、基建措施和建筑安装工程(包括试运转)等的用电。

2. 啤酒酿造方面

(1) 定义　啤酒产量系指啤酒已完成全部生产工艺过程(即从投料开始,至巴氏杀菌处理完毕),经工厂包装完整、检验入库的合格品和副品数量及厂检抽样数量。废品不包括在产量之内,应在报告期“本年本月止累计”数中减去。

(2) 说明

① 产量的报告期,日产量以当日的第一班开始至最后一班为止。月、季、年产量以本月本季本年第一天开始至最后一天为止,按各报告期统计产量。

② 产量以吨为计算单位,吨以下小数应保留2位数字。

二、品种指标

划分产品品种的方法各地不一,但总的原则要按照国家和人民需要的品种组织生产。划分品种的基本标志是产品的经济用途。产品的不同经济用途反映了产品的不同使用价值,从而形成了一个不同的品种。啤酒工业按照同一浓度的啤酒,因生产周期不同,消耗劳动力不同,反映出来的使用价值也不同,分为散装酒和瓶装酒;有些啤酒厂按照原麦汁浓度不同而划分啤酒为不同的品种。考核品种指标完成情况，除按目录规定的品种全部进行生产外，还需达到规定的计划产量，才算完成了品种计划。

三、质 量 指 标

啤酒的质量指标系指报告期内生产的合格品啤酒及啤酒所使用的原料、辅料、半成品等本身的质量。

啤酒所使用的原料、辅料、半成品的质量指标，可参阅其他篇章。

1. 质量合格产品

达到啤酒质量指标的合格产品，首先理化指标要符合国颁标准；另外在风味上要经过厂品评组织的鉴定和同意。

2. 次品率

次品率的计算公式：

$$次品率(\%)=\frac{次品数量(瓶)}{合格成品数量(瓶)+次品数量(瓶)}\times 100$$

次品数量系指在生产过程中经过检验被挑出的不洁、含浮游物、不够重量或超量的不合格品数量。

3. 其他有关定额的计算方法

(1) 原料利用率

$$原料利用率(\%)=\frac{糖化室的麦汁实际收得率}{化验室的麦汁测定收得率}\times 100$$

其中：

$$化验室麦汁的测定收得率(\%)=\frac{混合原料浸出物(无水)总量(kg)}{混合原料(无水)总量(kg)}\times 100$$

$$\begin{array}{l}糖化室麦汁实\\际收得率(\%)\end{array}=\frac{热麦汁浓度(^{\circ}P)\times 相对密度(20℃)\times 热麦汁产量\times 0.96}{混合原料(无水)总量(kg)}\times 100$$

说明：

① 化验室测定无水收得率的分析方法用EBC协定法。

② 混合原料(无水)总量指投入生产的麦芽、辅助原料减去所含水分的总量，不包括酒花的使用量。

③ 混合原料浸出物(无水)总量指经化验分析所测的麦芽、辅助原料的无水浸出物总量；使用不同品种、不同水分含量的原料，应分别分析，测其无水浸出物，此无水浸出物之和即为混合原料浸出物(无水)的总量。

④ 热麦汁浓度系指糖化终了后，用柏拉图(Plato)糖度表测定的实际浓度，测定温度为20℃。

(2) 啤酒总损失率

啤酒总损失率是指啤酒生产过程中，各工序在报告期内所发生的流失量与总量之比的综合性指标。

啤酒总损失率(%)=〔1−(1−冷却损失率)(1−发酵损失率)(1−滤酒损失率)(1−包装损失率)〕×100

说明:

i 啤酒总损失率的统计范围系包括全部啤酒品种，如生啤酒、熟啤酒、黑啤酒等各种不同品种的综合总损失率，凡当期有实际发生数的(包括试生产)都应列入计算。

ii 啤酒总损失率中之各项损失率的报告期数字，是各项损失率各品种的子项之和与报告期各品种的母项之和的比数。

iii 不同品种啤酒的总损失率分别统计，如计算12°P啤酒总损失率所利用的冷却、发酵、过滤和灌装等工序的损失率皆为12°P啤酒的有关损失率。

iv 桶装鲜啤酒、瓶装鲜啤酒、瓶装熟啤酒等各种的平均灌装损失，以产量加数平均计算。

① 冷却损失率:

$$冷却损失率(\%)=\frac{热麦汁产量(L)-酵母繁殖槽内冷麦汁量(L)}{热麦汁产量(L)}\times 100$$

说明:

i 冷却损失系指热麦汁在冷却过程中所发生的损耗，其中包括由于热胀冷缩所产生的麦汁容量变化数，以及去除酒花和蛋白质沉淀等所产生的损耗数。

ii 热麦汁产量系指麦汁煮沸完毕，在煮沸锅内测得的数量。其中包括酒花所占容量。关于洗酒花糟水的数量有两种处理方法: 如将洗酒花糟水直接送入沉淀槽内，则热麦汁产量应加上这一部分洗酒花糟水的数量;如果将此洗水仍返回下批麦汁中，则应视为等量运转，洗酒花糟水已包括在热麦汁的产量之中。同样地，从热凝固物中回收的麦汁，可返回下批糖化麦汁中，计算在下批热麦汁的产量之中。

iii 热麦汁的浓度应是产成品的实际浓度，不再折为标准浓度，但此实际浓度必须在国颁标准范围内。

iv 酵母繁殖槽内冷麦汁量，不包括酵母泥量。

② 发酵损失率:

$$发酵损失率(\%)=\frac{酵母繁殖槽内冷麦汁量(L)-发酵罐的发酵液量(L)}{酵母繁殖槽内冷麦汁量(L)}\times 100$$

说明:

发酵损失率的计算，应以当月发酵完毕，已放入贮酒桶内的发酵液计算，正在发酵的发酵液，应在下月份计算发酵损失。

③ 滤过损失率:

$$滤酒损失率(\%)=\frac{发酵液量(L)+再制品回收量(L)-滤过酒清酒罐的酒量(L)}{发酵液量(L)+再制品回收量(L)}\times 100$$

说明:

i 发酵液量指发酵罐的实际数量。

ii 再制品回收量指生产中次品回收重新滤过的数量(不包括入库的次品数量)，包括包装过程中破瓶残酒的回收量及厂外返回重新再制的数量。

iii 滤过酒清酒罐的酒量指啤酒过滤至清酒罐的数量。

④ 瓶酒包装损失率:

$$\text{瓶酒包装损失率}(\%)=\frac{\text{滤过酒量(L)}-\text{合格品量及入库次品量(L)}-\text{再制品回收量(L)}}{\text{滤过酒量(L)}}\times 100$$

说明:

i 合格品量及入库次品量应按640ml(大瓶)或350ml(小瓶)标准量计算,多装者应视为包装损失。

ii 再制品回收量指在生产过程中挑出的不洁、含有浮游物、漏气、不够量、破瓶等,经倒回重新过滤,仍可包装成品者而言。凡不能再倒回(如油瓶酒等)重滤者,应作为装酒损耗,不应计入再制品回收量。

iii 再制品回收量除去按原来的640ml或350ml容量计算外,由于需倒回再过滤,必须从中减去过滤损耗,其标准按固定数字3%计算(即将3%计入包装损耗内)。

⑤ 桶酒包装损失率:

$$\text{桶酒包装损失率}(\%)=\frac{\text{滤过酒量(L)}-\text{装入容器的成品量(L)}-\text{再制品回收量(L)}}{\text{滤过酒量(L)}}\times 100$$

说明:

i 装入容器的成品量,应按容器的标准容量计算,其超出标准容量部分,应作为装酒损耗。

ii 再制品回收量系指生产过程中的漏气、不满或因存放时间过久必须重新过滤的再制品。其计算方法与瓶酒包装损失率中再制品回收量相同。

四、消耗指标

1. 原料消耗指标

(1) 吨啤酒耗用麦芽

$$\text{吨啤酒耗用麦芽(kg/t)}=\frac{\text{每批糖化麦芽耗用量(kg)}\times 1000}{\text{热麦汁产量(L)}\times(1-\text{同期同品种啤酒总损失率})\times\text{相对密度}}$$

(2) 吨啤酒耗用辅助原料

$$\text{吨啤酒耗用辅助原料(kg/t)}=\frac{\text{每批糖化辅助原料耗用量(kg)}\times 1000}{\text{热麦汁产量(L)}\times(1-\text{同期同品种啤酒总损失率})\times\text{相对密度}}$$

说明:

① 麦芽及辅助原料的耗用量,应按不同品种、浓度的啤酒分别计算。

② 麦芽及辅助原料耗用量,系指投入粉碎的实际原料数量,由于原料所含水分不同,规定麦芽凡实行固定包(指出炉时过磅装包的麦芽)的厂,可按固定包计算;凡不实行固定包而在粉碎时过磅计量的厂,应按平均水分5%为标准,将超过部分的水分,从原料量中减去,但测定的水分应为原料过磅时的实际水分,两者必须一致;大米则不考虑水分的因素。

③ 麦芽及辅助原料耗用量中,应包括粉碎前风选出的尘土及其他夹杂物的量。

④ 为计算方便，不同浓度的啤酒相对密度暂按如下规定计算：

10°P以下啤酒的相对密度1.01；

10～15°P啤酒的相对密度1.012；

15°P以上啤酒的相对密度1.013。

计算举例：

① 按固定包计算：

$$12°\text{P淡色啤酒耗粮总量}=\frac{(20.5\times 60)+(4\times 100)}{9750\times(1-11\%)\times 1.012}\times 1000$$

$$=\frac{1230+400}{8782}\times 1000=185.61(\text{kg/t})$$

式中 20.5——麦芽固定包数

60——每包麦芽的固定质量(kg)

4——辅助原料包数

100——每包辅助原料的固定质量(kg)

9750——热麦汁产量(L)

11%——12°P淡色啤酒总损失率

1.012——12°P淡色啤酒的暂定相对密度

② 按原料在粉碎前过磅计量

$$12°\text{P淡色啤酒耗粮总量}=\frac{1260\times(1-2\%)+400}{9740\times(1-11\%)\times 1.012}\times 1000$$

$$=\frac{1235+400}{8773}\times 1000=186.37(\text{kg/t})$$

式中 1260——平均水分按5%计的带水麦芽质量(kg)

2%——实测超过5%的水分

400——使用的辅助原料质量(kg)

9740——热麦汁产量(L)

11%——12°P淡色啤酒总损失率

1.012——12°P淡色啤酒的暂定相对密度

(3) 吨啤酒耗用酒花量

$$\text{吨啤酒耗用酒花量(kg/t)}=\frac{\text{每批糖化酒花使用量(kg)}\times 1000}{\text{热麦汁产量(L)}\times(1-\text{啤酒总损失率})\times\text{相对密度}}$$

2. 辅助材料消耗指标

(1) 酒瓶损失率

$$\text{酒瓶损失率(\%)}=\frac{\text{酒瓶损耗数}}{\text{合格成品瓶数}+\text{不合格品瓶数}+\text{损耗酒瓶数}}\times 100$$

说明：

① 酒瓶损耗数＝由仓库领入酒瓶＋车间期初结存数－期末结存数－退库二等瓶数(即不合格酒瓶)－本期合格品产量瓶数－不合格品产量瓶数

② 不合格品瓶数系指包装过程中，挑出的可以改制的再制品及不能改制的废品，但酒瓶为完全无损者。

③ 统计酒瓶损耗的范围，包括从投入浸瓶机开始，直至成品包装成箱上垛交库后点数为止各道工序中发生的全部损耗(包括生产过程中自破的数量)。

(2) 商标损失率

$$商标损失率(\%)=\frac{各种商标损失之和}{合格产品商标之和+各种商标损失之和}\times 100$$

(3) 瓶盖损失率

$$瓶盖损失率(\%)=\frac{各种瓶盖损失之和}{领用各种瓶盖数之和}\times 100$$

说明：

领用各种瓶盖数之和＝合格产品瓶盖数之和＋次品瓶盖数之和＋各种瓶盖损失之和－退料数。

3. 燃料与动力消耗指标

制麦与酿造的消耗量分别计算。啤酒生产消耗量又分啤酒酿造和啤酒包装两步统计。

(1) 啤酒酿造耗煤量

$$啤酒酿造耗煤量(kg/t)=\frac{酿造用煤总量(kg)\times 1000}{热麦汁产量(L)\times(1-啤酒当期总损失率)\times 啤酒相对密度}$$

(2) 啤酒包装耗煤量

$$啤酒包装耗煤量(kg/t)=\frac{包装用煤总量(kg)}{合格成品量(t)+入库次品量(t)}$$

说明：

① 燃料消耗指标是指啤酒生产中的耗煤量，不包括可能同时采用的其他燃料。

② 啤酒酿造耗煤包括从原料粉碎开始至后发酵结束的全部生产直接用煤和分摊用煤；啤酒包装耗煤包括从滤酒开始至成品交库的全部生产直接用煤和分摊用煤。以上耗煤量均不包括取暖、浴室、伙房等非生产用煤。

③ 分摊用煤系指使用同一锅炉供汽，在无计算蒸汽流量仪表的情况下，对锅炉用煤按各工序的实际用汽量(通过标定或测定)作出分配，每月分配1次。锅炉耗煤总量中应包括假日或停产期间，停炉焖火的耗煤量。

④ 计算酿造用煤量的母项(啤酒产量)与统计原料消耗的母项相同，但原料消耗需按品种计算，煤耗量则合并计算，不分品种。

⑤ 计算包装耗煤的母项为本期各品种啤酒的全部产成品总量，应与统计上报的同期生产量相符。

⑥ 耗煤量均按标准发热量29308kJ进行换算。

$$折算系数=\frac{各种煤发热量(kJ)}{29308kJ}$$

$$煤耗总量=原煤量\times 折算系数$$

⑦ 使用蒸汽量按1t吨标准煤产7t蒸汽计算。

(3) 啤酒酿造耗电量

$$啤酒酿造耗电量(kW\cdot h/t)=\frac{酿造耗电量(kW\cdot h)\times 1000}{热麦汁产量(L)\times(1-当期啤酒总损失率)\times 相对密度}$$

(4) 啤酒包装耗电量

$$啤酒包装耗电量(kW\cdot h/t)=\frac{包装耗电量(kW\cdot h)}{合格成品量(t)+入库次品量(t)}$$

说明:

① 啤酒电耗包括基本生产用电与辅助生产用电,如各工序动力直接用电和供冷、自产水、供风、设备大小维修及维修后试运转用电、本车间照明用电及分摊厂区、仓库、办公室等的照明用电,以及有关上述各项用电的线路和变压器损失;不包括非生产性用电,如礼堂、食堂、托儿所、学校、职工住宅、基建、技术措施和建筑安装工程(包括试运行)等的用电。

② 计算酿造耗电和包装耗电的母项,与统计同期煤耗的母项数字相同。

③ 如当期无酿造产量(指麦汁),本期应分摊的贮酒库冷冻用电应并在下期计算。

④ 啤酒电耗除去按照上述统计外,为便于对比,应同时计算不包括自产水和自来水的单位耗电量。

⑤ 自产水和自来水用电应包括分摊的线路及变压器损失。

五、劳动生产率指标

1. 以产值计算的劳动生产率

分全员劳动生产率和工人劳动生产率。

(1) 全员劳动生产率　企业全部职工(包括非生产人员)在报告期内平均创造的价值。其计算公式如下:

$$全员劳动生产率(元/人)=\frac{工业总产值}{全部职工平均人数}$$

(2) 工人劳动生产率　企业工人(包括学徒)在报告期内平均创造的价值。其计算公式如下:

$$工人劳动生产率(元/人)=\frac{工业总产值}{工人平均人数(包括学徒)}$$

2. 以实物产量计算的工人劳动生产率

啤酒工人实物劳动生产率系指平均每个工人(包括学徒)在报告期内生产的啤酒数量。其计算公式如下:

$$啤酒工人实物劳动生产率(t/人)=\frac{产品产量(t)}{工人平均人数(人)}$$

说明:

(1) 全员劳动生产率为国家考核指标,但为了反映实际水平,便于行业交流,对比分析,还应计算实物劳动生产率。

(2) 全员劳动生产率中的全部职工平均人数是按国家规定的职工范围,按企业的固定职工和临时工的平均人数计。

(3) 计算实物劳动生产率，人员包括范围：

① 投料至成品入库所占用的全部生产工人和直接为该产品服务人员。

② 车间半成品和在制品的检验分析人员。

③ 进厂半年以上，顶替岗位定员的学徒工。

④ 车间保全保养工人。

(4) 同一车间生产两种以上产品，其人员又不易分清时，可按各产品比例分摊人员。

(5) 计算实物劳动生产率，人员不包括范围：

① 辅助动力车间人员(包括供电、供汽、供水人员等)及维修人员。

② 脱离生产岗位1月以上的人员。

③ 原料进厂和成品出厂的装卸人员和化验人员。

④ 不直接为该产品服务的专家和实验人员。

⑤ 车间脱产的管理干部和不顶岗位的技术人员。

⑥ 6个月以上的长期病号。

六、成本指标

产品成本有可比产品成本与不可比产品成本之分。可比产品成本是指报告期所生产的产品中，基期本厂也正式生产过的产品。凡是在基期本厂未生产过或属于试制阶段的产品就是不可比产品。当前考核成本计划完成情况，主要是考核可比产品成本降低率的计划完成情况。

可比产品成本降低率的计算公式如下：

1. 可比产品计划成本降低率

$$\text{可比产品计划成本降低率}(\%)=\left[1-\frac{\sum(\text{每种产品本期计划单位成本}\times\text{本期计划产量})}{\sum(\text{每种产品上期实际单位成本}\times\text{本期计划产量})}\right]\times 100$$

在考核可比产品成本降低计划完成情况时，先算出可比产品实际成本降低率。

2. 可比产品实际成本降低率

$$\text{可比产品实际成本降低率}(\%)=\left[1-\frac{\sum(\text{每种产品本期实际单位成本}\times\text{本期实际产量})}{\sum(\text{每种产品上期实际单位成本}\times\text{本期实际产量})}\right]\times 100$$

然后将实际成本降低率与计划成本降低率进行比较，如果实际降低率大于或等于计划降低率，就是完成了成本降低率计划；反之，就是没有完成。

七、利润指标

工业企业利润一般有3个指标：

1. 产品销售利润

产品销售利润是企业进行工业生产和销售活动所得到的利润。

产品销售利润＝产品销售收入－产品销售成本－产品销售税金

2. 利润总额

利润总额是企业在报告期实际已经实现的全部利润。

利润总额＝产品销售利润＋其他销售利润＋营业外收入－营业外支出

3. 上缴利润

上缴利润是企业实际上缴给国家的利润。

在以上3个利润指标中，当前国家考核的主要是利润总额，因为它反映了已经实现了的利润金额。

$$\text{利润计划完成率}(\%)=\frac{\text{实际利润总额}}{\text{计划利润总额}}\times 100$$

八、流动资金指标

流动资金是用于购买原材料、支付工资及各项费用等日常周转所需要的资金。

按照流动资金所处的不同阶段，可分为4个部分：(1) 储备资金;(2) 生产资金;(3) 成品资金;(4) 货币资金和结算资金。

其中前3项叫做定额流动资金。第4项称为非定额流动资金。

检查流动资金计划完成情况，主要是考核定额流动资金。

$$\text{定额流动资金计划完成率}(\%)=\frac{\text{实际占用定额流动资金平均余额}}{\text{定额流动资金计划额}}\times 100$$

$$\text{流动资金周转天数}=\frac{\text{流动资金平均余额}}{\text{平均每天产品销售收入}}$$

$$=\text{流动资金平均金额}\div\frac{\text{产品销售收入}}{\text{日历日数}}$$

与资金周转速度相类似，反映资金利用状况的另一个常用指标是每百元产值流动资金占用量，即产值资金率。计算方法如下：

$$\text{年(季、月)产值资金率}(\%)=\frac{\text{年(季、月)定额流动资金平均余额}}{\text{年(季、月)工业总产值}}\times 100$$

考核产值资金率时，可以将实际达到的产值资金率与计划相比。

第四章　辅助材料质量标准

一、麦芽制造用的化工材料

大麦洗涤与浸渍时,使用石灰、甲醛、漂白粉、赤霉酸等,促进谷皮成分的浸出,刺激胚芽的发育生长,并消灭附着在谷皮上的微生物。

1. 石灰

化学名: 氧化钙

分子式: CaO

相对分子质量: 56.0

〔规格〕 含CaO 60%～70%。

〔性质〕 白色块状,一般带灰色或黄色,遇水剧烈反应,放热,生成氢氧化钙,称为熟石灰或消石灰。熟石灰在水中溶解度小(20℃时,1.56g/L)。浸麦初期使用的石灰水是氢氧化钙的乳状液。

〔用途〕

(1) 大麦浸渍时用的石灰为投料大麦量的0.1%～0.2%,现化现用,浸麦水内只能加澄清的石灰水饱和溶液。

(2) 石灰乳消毒灭菌,刷洗去垢。

(3) 作水的软化剂。大容积贮水柜中加石灰水,除去水中钙镁盐,效果较好。

2. 甲醛

化学名: 甲醛　别名: 蚁醛

分子式: HCHO

相对分子质量: 30.03

〔规格〕 燃料工业部标准HG_2—750—73,甲醛含量不低于37%。

〔性质〕 甲醛是无色气体，有强烈刺激性，其水溶液称福尔马林，是无色澄清溶液，露置空气中逐渐氧化成蚁酸，贮于冷处即变混浊而析出三聚甲醛沉淀。

〔用途〕

(1) 浸渍大麦时添加二级品甲醛100mg/kg左右，可降低麦芽中花色苷含量。

(2) 糖化用水中添加相当麦芽用量100～200mg/kg的化学纯甲醛，可降低麦汁中花色苷含量，提高啤酒非生物稳定性。

(3) 用作消毒灭菌剂。5％甲醛用作无菌箱和保温箱的灭菌剂；2％甲醛用作输酒管道灭菌剂；用作接种室、发酵室等的空气灭菌剂，甲醛用量按10ml/m^3计算；使用时甲醛容器中加入少量高锰酸钾(为甲醛质量的1％以上)，不需加热，即蒸发出雾状甲醛气体。

3. 漂白粉

化学名：次氯酸钙

分子式：$Ca(OCl)_2$

〔规格〕 见中华人民共和国化工行业标准HG/T2496—93。

〔性质〕 白色粉状，是次氯酸钙、氯化钙和氢氧化钙的复盐，具有氯的刺激味，溶于水，呈碱性，分解后放出具漂白作用和灭菌作用的新生态氧。

〔用途〕 消毒灭菌用，采用0.5％～1％的漂白粉溶液。

4. 赤霉素(有效成分为赤霉酸A_3)

化学名：赤霉酸 别名：九二〇

〔规格〕 粉剂每毫克含850单位效价以上，水溶粉每毫克含100单位效价以上，乳剂每毫升含4万单位效价以上。

〔性质〕 白色粉末，能溶于pH6.3磷酸缓冲液和醇、酯、酮类有机溶媒中，其钾钠盐易溶于水，在弱酸性及中性溶液中较稳定，在碱性溶液中不稳定。它是一种植物生长刺激素。

〔用途〕 用作大麦浸种、拌种；麦芽制造中用作浸渍大麦的添加剂，用量0.1～0.5mg/kg，可提高麦芽的溶解度和酶含量，加速发芽，缩短制麦周期。

5. 硫磺粉

化学名：硫 别名：硫磺、磺粉

〔规格〕 淡黄色粉末，有特殊臭味，易燃烧，燃烧时呈蓝色火焰，生成二氧化硫，有刺激味。

〔用途〕

(1) 作原料库房杀虫剂，使用量40～50g/m^3。

(2) 作消毒灭菌剂用，发酵室、贮酒室及风道等均可燃硫灭菌，使用量20～25g/m^3。

二、麦汁制备用的化工材料

在酿造用水处理方法中使用的化工材料有：活性炭(活性炭吸附法)；离子交换膜、聚丙烯板(电渗析法)；离子交换树脂、盐酸、液碱(离子交换法)；石膏(石膏改良法)。

此外，调节糖化醪pH值可用乳酸；降低麦汁中花色苷含量可在糖化用水中添加甲醛；外加酶糖化法制啤酒采用细菌α－淀粉酶、细菌蛋白酶、木瓜蛋白酶和菠萝蛋白酶等；活性炭也可用于麦汁脱色处理。

1. 活性炭

化学名: 活性炭

分子式: C

〔规格〕 颗粒状,粒度(直径3～3.5mm,长度5～20mm)≥85%;

糖用活性炭: 粉状,脱色力≥280mg亚甲基蓝/g。

〔性质〕 外形为黑色无定形粉末或颗粒状,对许多物质具有极强的吸附作用,不溶于一般溶剂,遇酸、碱也不起化学作用。

〔用途〕

(1) 颗粒活性炭用于水处理,去除水中氯味,用于空气净化。

(2) 粉状糖用活性炭用于麦汁脱色,在麦汁中加0.05%活性炭,麦汁色度可降低2%～10%,而后过滤或用高速离心机除去。同时可减少酒花苦味和麦汁中凝固性氮含量。

2. 离子交换树脂

离子交换树脂是具有离子交换性能的有机化合物,用以处理水中不需要的离子,制得去离子水(或称脱离水、高纯水)。其规格与性能综合如表6-4-1所示。

表 6-4-1　离子交换树脂的规格与性能

产品名称	苯乙烯型强酸性阳离子交换树脂	环氧型弱碱性多孔阴离子交换树脂	苯乙烯型季胺强碱多孔阴离子交换树脂	苯乙烯型强碱性阴离子交换树脂
产品牌号	#732 强酸1×7	#703	#717 多孔强碱201×7	#717 强碱201×7
外　观	淡黄色至褐色球状颗粒	淡黄色不透明球状颗粒	氯型球状	淡黄色至金黄色球状颗粒
粒　度	16～50目 95%以上	30～62目 95%以上	16～50目 95%以上	16～50目 95%以上
交换量/(mmol/g)	≥4.5	≥7	≥3	≥3
活性基团	$—SO_3^{2-}$	$—NH_2^+$	$=N^+$	$—N(CH_3)_3^+$
离子型式	Na^+	OH^-	Cl^- OH^-	Cl^- OH^-

3. 盐酸

化学名: 氢氯酸　别名: 盐镪水

分子式: HCl

相对分子质量: 36.46

〔规格〕 中华人民共和国国家标准GB320—93,工业盐酸氯化氢含量≥31.0%。

〔性质〕 纯品无色,一般含有杂质,呈微黄色发烟液体;具有腐蚀性,易挥发,溶于水,是极强的无机酸。

〔用途〕

(1) 用于阳离子交换树脂的再生。

(2) 用于水的处理,降低碳酸盐和酸性碳酸盐的硬度,一般100L 2.8mmol/L暂时硬度的水需用38%盐酸1.5～2g,如水的暂硬很高,处理后产生过多的食盐,则影响啤酒口味。

4. 烧碱

化学名: 氢氧化钠 别名: 苛性钠

分子式: NaOH

相对分子质量: 40.01

〔规格〕 见中华人民共和国国家标准GB209—93。

〔性质〕 固体烧碱为白色透明晶体，有块、片、粒、棒等形状，具有强碱性能，腐蚀性大，溶于水时放出大量热。工业品有固体和液体两种。液体者称为液碱，呈淡红色。

〔用途〕

(1) 用于阴离子交换树脂的再生。

(2) 用作碱性洗涤剂，洗涤板框过滤机、发酵设备和啤酒瓶等。

(3) 配制碱性淀粉浆糊。

5. 离子交换膜(异相膜)

〔规格〕 长1600mm，宽800mm，厚度0.5～0.8mm;耐温低于40℃。

〔性能〕 如表6-4-2所示。

〔用途〕 利用离子交换膜可将水中盐类去除到要求程度，易于控制。

表 6-4-2　　离子交换膜的性能

选择透过类型	阳膜	阴膜	选择透过类型	阳膜	阴膜
化学组成	聚苯乙烯	二乙烯苯	爆破强度/MPa	0.4	0.4
活性基团	磺酸型	季铵型	电导率/(S/m)	0.791	1.16
交换容量/(mg/g)	3.1	2.76	选择透过度/%	93	93.79
水分/%	47.17	50.7	厚度/mm	0.5～0.6	0.5～0.6

6. 聚丙烯板

〔规格〕 厚度0.85～0.90mm。

〔性质〕 是目前塑料品种中最轻者，符合食品卫生要求，机械性能优于高密度聚乙烯;熔点164～170℃，可以在100℃左右温度下使用，在无外力的情况下，其温度升到150℃也不变形;对硝酸、硫酸较稳定，也可用玻璃纤维增强来改变其使用性能。

抗胀强度　35～38.5MPa

抗弯强度　42～56MPa

抗压强度　38.5～56MPa

击穿电压　30～32kV/mm

〔用途〕 用作电渗析水处理设备中的电极框，保持电极和膜堆之间的距离，或用作放在阳膜与阴膜之间的隔板，并作为水的流通道。

7. 乳酸

化学名: α-羟基丙酸

分子式: $CH_3CHOHCOOH$

相对分子质量: 90.08

〔规格〕 含乳酸80%。

〔性质〕 纯乳酸为无色的稠厚液体，几乎无臭味，味酸，稍具吸湿性，相对密度1.249，沸点122℃，能与水、酒精、醚混溶。

〔用途〕 调节麦汁pH值，以适应麦芽的酶活力;糖化用水100L，每0.36mmol/L硬度需用70%乳酸3.2～3.5g，用来中和酿造用水中的碳酸盐。

8. 石膏

化学名	别名	分子式	性状	溶解度/(g/100ml)
无水硫酸钙		$CaSO_4$	白色斜方晶体	0.1619(100℃) 0.209(30℃)
半水硫酸钙	熟石膏粉 煅石膏	$CaSO_4\cdot\frac{1}{2}H_2O$	白色粉末	0.30(20℃)
石膏	生石膏	$CaSO_4\cdot 2H_2O$	块状，白色单斜晶体	0.222(100℃) 0.241(0℃)

〔规格〕 选用模型石膏($CaSO_4\cdot 2H_2O$)，规格如下：

(1) 色泽 洁白细腻的白色粉末，100目筛余物≤2%。

(2) 杂质 不含有可见的杂质。

(3) 反应 微溶于水，不与酚酞呈碱性反应。

(4) 凝结性 用水调和后，应迅速凝固，结块坚实。

〔用途〕 用于糖化用水的处理，可降低糖化醪液的pH值，有利于酶的作用，并促进蛋白质凝固，增加软水的钙离子和硫酸根。

9. 甲醛

见本章一、2。

10. 细菌α－淀粉酶

〔规格〕 黄棕色粉末，有臭味。

酶活力：2000u(在pH6.0，60℃条件下，每克酶制剂在60min内液化1g淀粉为糊精的酶活力为1u)。

温水不溶物：40%以下。

水分：8%以下。

〔性质〕 系用枯草芽孢杆菌BF—7658培养提制而成的液化型淀粉酶。Ca^{2+}，Mg^{2+}，Na^{+}，K^{+}，Cl^{-}，SO_4^{2-}对此酶有活化作用；Fe^{2+}，Hg^{2+}，Cu^{2+}，Zu^{2+}对此酶有抑制作用。

〔用途〕 用于外加酶法糖化制啤酒。

11. 细菌蛋白酶

〔规格〕 黄棕色粉末，有臭味。

酶活力：60000u(在pH7.0～7.5，40℃条件下，每克酶制剂作用于干酪素1h，产生的酪氨酸微克数，即为1u)。

〔性质〕 系用枯草芽孢杆菌BF—1398培养提制而成的中性细菌蛋白酶，其分解大麦蛋白质后的氨基酸图谱与麦芽麦汁非常接近。

〔用途〕 用于外加酶法糖化制啤酒。

12. 木瓜蛋白酶、菠萝蛋白酶

见本章六、2、3。

三、啤酒发酵用的化工材料

啤酒酵母培养和发酵过程中要求无菌，常用的消毒灭菌剂有酒精、甲醛、石炭酸(苯酚)、来苏儿(肥皂乳化的甲酚)、新洁尔灭溶液、漂白粉、高锰酸钾、硫磺等;活化酵母可用酒石酸、磷酸等洗涤酵母。

1. 酒精

化学名: 乙醇

分子式: CH_3CH_2OH

〔规格〕 见中华人民共和国国家标准GB394—81

〔性质〕 具有芳香味的无色透明液体,沸点78.5℃,相对密度0.7893(20℃/4℃),易挥发,极易燃烧,具有灭菌性能,能与任何比例的水混溶。70%～75%的酒精消毒作用最强。

〔用途〕

(1) 常用作皮肤及用具的表面消毒。

(2) 常用于发酵池内壁的灭菌和手的消毒。

(3) 麦汁和啤酒的冷却,以25%以上的酒精水溶液作冷媒。

2. 甲醛

见本章一、2.生产常用甲醛熏蒸法来灭菌发酵室。

3. 高锰酸钾

化学名: 高锰酸钾　别名:灰锰氧

分子式: $KMnO_4$

〔规格〕 见中华人民共和国国家标准GB1608—86。

〔性质〕 深紫色有光泽的小柱状结晶,易溶于水,其溶液为紫红色,味甜而涩,相对密度2.703,在240℃分解,放出氧气,遇乙醇也分解,为一级无机氧化剂。

〔用途〕

(1) 0.1%高锰酸钾水溶液用作贮酒容器杀菌剂。

(2) 洗涤啤酒过滤棉,提高滤棉的吸附和过滤能力。

4. 石炭酸

化学名: 苯酚

〔规格〕 中华人民共和国国家标准GB339—89。

水中溶解度(苯酚：水)： 一级1：20;二级1：30

〔性质〕 白色或微带红色的细结晶,能自空气中吸收水分而自行液化,有强烈的特殊臭味,腐蚀性强,能破坏动植物细胞,且有刺激和毒性;能溶于水,呈酸性反应,能溶于任何比例的酒精、醚、氯仿、冰醋酸和甘油中,与碱类能起中和作用,生成酚钠盐。

〔用途〕 5%石炭酸水溶液能杀死细菌,常用于喷雾消毒培菌室、桌子、地面和玻璃器皿的表面消毒。一般器皿在石炭酸中浸泡24h,即可灭菌。

5. 煤酚皂溶液

别名: 来苏儿

〔规格〕 主要成分: 含煤酚(C_7H_8O)47%～53%(体积分数)。

〔性质〕 黄棕色至红棕色的浓稠液体,带煤酚的臭气,与皮肤接触润滑如肥皂。与乙醇混合成澄清液体。

〔用途〕 用作消毒防腐剂;消毒水: 手用1%～2%,器械用5%～10%,消毒效果比石炭酸大4倍。

6. 新洁尔灭溶液

〔性质〕 新洁尔灭是季胺盐表面活性洁净消毒剂，有强力杀菌作用，对许多非芽孢型的致病菌，革兰氏阳性及阴性菌，如葡萄球菌、伤寒、大肠、痢疾等病菌及霉菌经几分钟接触，立即杀死。

〔用途〕 把5%的原液稀释成0.25%水溶液，常用于培菌操作中皮肤及器具的消毒，不能内服。

7. 漂白粉

见本章一、3。

8. 硫磺

见本章一、5。

9. 过氧乙酸

分子式: $CH_3CO{\cdot}O{\cdot}OH$

相对分子质量: 76

〔性质〕 液体，冰点＋0.1℃，溶于水、乙醇、乙醚和硫酸，在110℃以上时，易猛烈爆炸;具有不舒适气味，对皮肤有腐蚀作用。

〔用途〕 可用作消毒剂，应用于容器、管道等方面。

10. 过氧化氢

分子式: H_2O_2

相对分子质量: 34.02

〔性质及用途〕 相对密度1.46(0℃)，沸点152℃，熔点1.7℃，无色液体，通常以各种浓度的水溶液出售;系强氧化剂，不安定，低浓度(3%以下)的溶液分解时，释出新生氧，有强烈氧化作用。可用作杀菌剂。

11. 二氧化氯

分子式: ClO_2

相对分子质量: 67.46

〔性质〕 温度高于(10℃时，为黄绿色或红黄色气体，气体相对密度约为3.0g/L。熔点－5.9℃，沸点9.9℃，有类似氯和臭氧的特殊刺激性气味。液体呈红褐色，固体呈橙红色。易溶于水和有机溶剂(如冰醋酸、四氯化碳)。受热极易分解，生成氯和氧，受光也易分解。二氧化氯溶液在冷暗处十分稳定。易被硫酸吸收，但不与硫酸起反应。

二氧化氯系一强氧化剂，与很多物质都能发生剧烈反应。

〔用途〕 主要用作漂白剂;也用作饮用水和工业用水的消毒灭菌、除臭除味剂。二氧化氯与氯气比较，具有剂量低，作用快，不受pH值变化影响等优点。

二氧化氯的杀菌周期比较长，0.5mg/kg的二氧化氯在12h内，对异养菌的杀菌率可达99.9%。

12. 酒石酸

化学名: 2,3－二羟基丁二酸

分子式: $(CHOHCOOH)_2$

〔规格〕 医用及食用应符合药典规定，纯度99%以上。

〔用途〕在啤酒生产中，用以调整pH值和活化酵母。

13. 磷酸

化学名：正磷酸

分子式：H_3PO_4

〔规格〕食用磷酸，磷酸含量≥75%。

〔性质〕市售85%磷酸是无色透明糖浆状稠厚液体，相对密度1.70，能溶于水及酒精，味酸，无臭。

〔用途〕用以调整糖化醪或麦汁的pH值；用0.2%磷酸水溶液洗涤酵母，防止酵母退化，减少酵母泥中的杂菌。

四、洗涤去垢用的化学制剂

啤酒酿造设备的洗涤，对铜设备常用硫酸加酵母泥；对铝设备去垢常用稀硝酸、碳酸钠和硅酸钠；对钢铁设备及啤酒瓶洗涤常用碱性洗涤剂。

1. 硫酸

化学名：硫酸　别名：硫镪水

分子式：H_2SO_4

〔规格〕见中华人民共和国国家标准GB534—89。

〔性质〕纯硫酸为无色油状液体，工业用硫酸因含杂质，常为淡棕色。浓硫酸具有强烈的腐蚀性和脱水作用，用水稀释时，放出大量热量，故必须将硫酸徐徐倒入水中，进行稀释，切忌将水倒入浓硫酸中，以防酸液飞溅，发生事故。

〔用途〕铜制容器和管道结垢，常用5%稀硫酸洗刷或用5%硫酸和酵母泥混合，涂于铜器表面上，而后用水冲洗，以除去表面积垢和铜锈。

2. 硝酸

化学名：硝酸　别名：硝镪水

分子式：HNO_3

〔规格〕见中华人民共和国国家标准GB337—84。

〔性质〕纯硝酸是无色发烟液体，一般带有微黄色，发烟硝酸是红褐色液体，在空气中强烈发烟，并吸收水分，是强氧化剂，具有强烈的腐蚀性，触及皮肤即会灼伤。能使铝纯化，不致被腐蚀。

〔用途〕稀硝酸用以洗刷铝制容器。

3. 碱性洗涤剂

洗涤啤酒酿造设备的几种碱性洗涤剂配方：

(1) 苛性钠1.3%，硅酸钠0.5%，乙二胺四乙酸0.1%；

(2) 碳酸钠3.4%，硅酸钠0.5%，乙二胺四乙酸0.1%，湿润剂0.1%；

(3) 3%苛性钠洗液。

啤酒瓶洗涤剂，以苛性钠为主，常用的配方有：

(1) 3%碱性洗液，其中苛性钠不得少于60%；

(2) 3%苛性钠，0.2%葡萄酸钠。

4. 苛性钠(烧碱)

见本章二、4。

5. 葡萄糖酸钠

分子式：$C_6H_{11}NaO_7$

〔规格〕生化试剂。

〔性质〕 白色粉状结晶，易溶于水，微溶于醇，不溶于醚。

〔用途〕 酒瓶洗涤液用3%苛性钠掺用0.2%葡萄糖酸钠。

6. 乙二胺四醋酸(EDTA)

别名：四乙酸二氨基乙烯、托立龙

分子式：$C_{10}H_{16}O_8N_2$

〔规格〕 二级品，螯合力、碳酸钠中溶解度等项合格。

〔性质〕 白色粉末，不溶于冷水、乙醇及一般有机溶剂，溶于氢氧化钠、碳酸钠及氨溶液中。

〔用途〕 用于啤酒设备的洗涤，常用0.1%EDTA作螯合剂洗涤剂。

7. 硅酸钠

化学名：硅酸钠　别名：泡化碱、水玻璃

〔规格〕 碱性皂用泡化碱，模数1∶2.4±0.1，波美度40°Bé以上。

〔性质〕 微红或青灰色粘稠液体，其水溶液呈碱性，是碱性洗涤剂的添加剂，增加洗涤的摩擦力，提高去污效能。

〔用途〕 用作助洗剂，添加量0.5%；洗涤铝器可用10%～12%碳酸钠中加入1%～2%的皂用泡化碱。

8. 碳酸钠

化学名：碳酸钠　别名：纯碱、碱面

分子式：Na_2CO_3

〔规格〕 见中华人民共和国国家标准GB210—92。

〔性质〕 白色粉状结晶，吸湿性强，吸湿后成硬块，易溶于水，同时放热，其溶液呈碱性，能与脂肪皂化，将污垢除去。

〔用途〕 用作洗涤剂，如麦汁板框过滤机的板框及滤布的洗涤，手工刷洗酒瓶等。

9. 磷酸三钠

化学名：正磷酸钠

分子式：$Na_3PO_4 \cdot 12H_2O$

〔规格〕 中华人民共和国化学工业行业标准HG/T2517—93，磷酸三钠含量≥95%。

〔性质〕 白色或无色细粒结晶，熔点73.3～76.7℃，在100℃时失去结晶水，在干燥空气中易风化，在热水中易溶解，水溶液呈强碱性。对皮肤和酒瓶有一定的侵蚀作用，不溶于乙醇和二硫化碳。

〔用途〕 用作软水剂和洗涤剂。

10. 三聚磷酸钠

化学名：三聚磷酸钠 别名：五钠

分子式：$Na_5P_3O_{10}$

〔规格〕 总磷量≥53%。

〔性质〕 白色无水结晶，吸湿性较小，其水溶液呈弱碱性，有较强的螯合能力、分散力，胶溶能力大。

〔用途〕 用作碱性洗涤剂的助洗剂。

11. 硫酸钠

化学名：无水硫酸钠 别名：无明粉 分子式：Na_2SO_4

结晶水硫酸钠 芒硝 $Na_2SO_4 \cdot 10H_2O$

〔规格〕 无水硫酸钠中Na_2SO_4含量96%～98%；

结晶水硫酸钠中Na_2SO_4含量44%。

〔性质〕 无水硫酸钠为白色粉状，无臭味，咸而苦，具吸水性，水溶液呈中性；结晶水硫酸钠为针状透明晶体，在空气中逐渐风化失水成白色。

〔用途〕 用作助洗剂；在啤酒工业中结晶水硫酸钠用作容器表面的去垢剂。

五、橡胶制品刷洗消毒用的化学制剂

橡胶制品的酒管内，可先经拉刷清洁，再用2%甲醛浸泡灭菌。管外用1.5%氟化钠刷洗或用氟硅酸钠溶液刷洗。

1. 氟化钠

化学名：氟化钠

分子式：NaF

〔规格〕 氟化钠含量＞84%。

〔性质〕 白色或浅灰色粉末，无臭，有毒，微溶于水，水溶液呈弱碱性，能腐蚀玻璃，粉末能刺激粘膜，接触发汗的皮肤即感疼痛。与氢氧化钙或碳酸钙反应生成难溶的氟化钙，丧失防腐杀虫能力。

〔用途〕 用作防腐杀虫剂；溶于冷水不超过1.5%，可用以刷洗橡胶导管的外部。

2. 氟硅酸钠

化学名：氟硅酸钠

分子式：Na_2SiF_6

〔规格〕 中华人民共和国专业标准ZBG12017—89二级品以上。

〔性质〕 白色无味无臭的粉末结晶，有毒，不可入口，具杀虫灭菌能力，有腐蚀性，微溶于水，不溶于乙醇，水解后呈酸性反应，遇酸分解，放出氟化氢剧毒气体。

〔用途〕 涂刷墙壁和天花板，防止霉菌生长，也可代替氟化钠，用以洗涤橡胶导管的外部。

六、啤酒澄清剂和稳定剂

为了提高啤酒非生物稳定性，啤酒中常添加木瓜蛋白酶或菠萝蛋白酶等蛋白分解酶，以及用维生素C作为啤酒抗氧化剂。

1. 维生素C

化学名: 抗坏血酸

分子式: $C_6H_8O_6$

〔规格〕 医药口服用，色泽洁白，抗坏血酸含量不少于98%。

〔性质〕 白色或略带淡黄的结晶状，无臭，味酸，遇光色渐变深，在空气中易氧化，应避光密封保存;溶于水、醇，水溶液呈酸性反应。

〔用途〕 用作抗氧化剂，其用量根据啤酒内溶解氧和瓶颈空气含量来决定，一般在灌装前加入，每100L用量2～8g，也有在灌装前15天左右压入贮酒罐内的。

2. 木瓜蛋白酶

木瓜蛋白酶是由香木瓜提取的蛋白酶制剂。可分解酒液中的高分子蛋白质为低分子含氮物质，以减少啤酒的冷凝固物和氧化混浊。

〔规格〕 外观: 浅淡黄色粉末;

气味: 有特殊香味，没有怪味和酸臭味;

溶解度: 溶于水，在25℃ 100ml水中溶解15～20g;

酶的蛋白分解力: 80～120u/g。

〔用途〕 用作啤酒稳定剂，使用量0.1～0.4g/100L，分两次添加，第1次在贮酒封罐时，第2次在滤酒前2～3周内。使用时可用温水溶解或用发酵液溶解。

3. 菠萝蛋白酶

从菠萝果汁中或下脚料中，用吸附法提取。

〔规格〕 外观: 淡黄色粉末;

气味: 有特殊香味，没有怪味;

溶解度: 可溶于水;

酶活力: 400000u/g(福林法)。

〔用途〕 用作啤酒稳定剂，使用量0.1～0.2g/100L，对提高啤酒的非生物稳定性具有卓越效果。

七、冷冻用的化工材料

啤酒厂采用的制冷剂有液氨、氟里昂－12;冷媒有氯化钙、氯化钠、酒精溶液等，冷媒防腐蚀剂用重铬酸钠、苛性钠等;冷冻机用材料有机油和冷冻油等。

1. 液氨

化学名: 氨　别名: 阿莫尼亚

分子式: NH_3

〔规格〕 中华人民共和国国家标准GB536—88二级品以上。

〔性质〕 无色气体，有强烈的刺激臭味，有剧毒。氨在适当压力下，经冷却可变成液氨，并放出多量的热，当压力减低后，即气化而逸出，同时吸收周围大量的热，是一种价格低廉的制冷剂。

〔用途〕 用作制麦和啤酒的空气调节和冷冻的制冷剂，使用温度范围在−60～10℃，温度高低易控制。

2. 制冷剂F−12

化学名：二氟二氯甲烷 别名：氟里昂−12

分子式：CCl_2F_2

〔规格〕 F−12含量≥99.0%。

〔性质〕 无色，微毒，不燃的压缩气体，沸点−29.8℃，不溶于水，对金属材料无腐蚀性，冷冻效能高。

〔用途〕 用作制冷剂，应用在二级压缩机中能达到−60℃低温。

3. 氯化钙

化学名：氯化钙

分子式：$CaCl_2 \cdot 6H_2O$

〔规格〕 含水物含$CaCl_2$ 68%～70%；
无水物含$CaCl_2$ 92%～95%。

〔性质〕 白色或灰白色块状，有咸苦味，极易潮解，其水溶液的冰点很低，饱和水溶液的冰点为−37℃。

〔用途〕 用作冷冻交换剂(冷媒)，氯化钙盐水的相对密度控制在1.20～1.24。

4. 工业氯化钠

化学名：氯化钠 别名：工业盐

分子式：NaCl

〔规格〕 氯化钠含量≥98%。

〔性质〕 白色结晶细粒，无臭，味咸，中性，相对密度2.165，易潮解，溶于水，难溶于乙醇。

〔用途〕 有的厂应用在制麦空调中作冷媒，在制冷剂的蒸发温度高于−16℃时使用，盐水相对密度为1.15～1.18(15℃)。

5. 冷媒防腐蚀剂

为防止和减轻冷媒氯化钙盐水的腐蚀，在盐水里应加一些防腐蚀剂，一般用重铬酸钠和氢氧化钠。

重铬酸钠

化学名：重铬酸钠 别名：红矾，红矾钠

分子式：$Na_2Cr_2O_7 \cdot 2H_2O$

〔规格〕 中华人民共和国国家标准GB1611—92。

〔用途〕 每立方米氯化钙盐水应加1.6kg重铬酸钠，每10kg重铬酸钠加氢氧化钠2.7kg。

每立方米氯化钠盐水中应加3.2kg重铬酸钠，并加5.4kg氢氧化钠。

加入防腐剂时必须使盐水呈弱碱性，pH8.5，酚酞试剂在盐水中呈玫瑰色。

6. 机油

机油即机械油，又称润滑油、车油、红车油。其主要成分是石油分馏产品含16个碳原子以上的烃类物质。其规格如表6－4－3所示。

表 6-4-3　机油的规格和性能

牌　号	名　　称	粘度/mPa·s (50℃)	凝点/℃≤	闪点/℃≤	相对密度 (20℃/4℃)	熔点/℃
HJ－5	高速机油 5号机油	4～5.1	－10	110		
HJ－7	高速机油 7号机油	6～8	－10	125		
HJ－10	轻质机油 10号机油	7～13	－15	165		
HJ－20	轻质机油 20号机油	17～23	－15	170		
HJ－30	中质机油 30号机油	27～33	－10	180		
HJ－40	中质机油 40号机油	37～40	－10	190		
HJ－50	中质机油 50号机油	47～53	－10	200		
HJ－70	重质机油 70号机油	67～73		210		
HJ－90	重质机油 90号机油	87～93		220		
凡士林	石油脂				0.82～0.85	45～48

7. 冷冻油

13号、25号冷冻油适用于氨压机;18号、25号冷冻油适用于F－12压缩机;30号、40号冷冻油适用于排气温度高于145℃左右、要求润滑油粘度大、闪点高的冷冻机;进口氨压机按机器要求选用冷冻油,在使用中粘度下降达15％时,颜色显著变深,应换用新油,以免造成积炭,磨损机件。冷冻油的规格如下:

标准号	SYB1213－59	SY1220—65	SY1219－65	企业标准	
牌号	13	HD－18	HD－25	30	40
运动粘滞系数/mPa·s(50℃)	11.5～14.5	不少于18	不少于25.4	不少于30	不少于40

八、发酵容器的涂料

木材、钢铁、钢筋水泥等制作的发酵容器内部需用涂料衬里。发酵容器的涂料必须保护容器不受啤酒的腐蚀,而啤酒质量又不受涂料的影响。常用的涂料有沥青、蜡涂料、不饱和树脂漆、聚酰胺T－541食品容器内壁涂料等。

1. 紫胶

又名: 泽干漆、虫胶、漆片

〔规格〕 乙级品以上。

〔性质〕 一种热塑性天然树脂,棕色、棕黄色至橙黄色的颗粒或片状,溶于乙醇和碱类溶液中,加热40℃开始软化,100℃熔化。

〔用途〕 用作木制发酵容器的涂料,或铁制糖化容器在大检修时作内壁防锈涂料。

2. 沥青

〔规格〕 见中华人民共和国国家标准GB494—85。

〔用途〕 作钢筋水泥池、铁制贮酒罐的内壁涂料。

3. 石蜡

又名: 矿蜡

〔规格〕见中华人民共和国国家标准GB—446—93。

〔用途〕沥青中掺入石蜡能增加沥青涂料的韧性和表面光润度。

4. 蜂蜡

蜂蜡是蜜蜂分泌的蜡质,又名黄蜡。

〔规格〕白色或黄色,无杂味,不含水分,熔点60～65℃。

〔用途〕在沥青涂料中掺入蜂蜡,增加涂料的韧性和附着力,刷后光泽度好。

5. 松香

化学名: 松香酸　别名: 无油松脂、脂松香、熟松香、树脂酸

分子式: $C_{19}H_{29}COOH$

〔规格〕淡黄色透明,无异味,对水与啤酒无作用;在酒精中溶解度100%;熔点90～100℃。

〔用途〕

(1) 作为沥青涂料的添加剂,增加涂料的韧性和粘着性,降低涂料的硬度。

(2) 作为瓶垫的粘合剂。

6. 汽油

〔规格〕中华人民共和国国家标准GB484—93。

〔用途〕钢筋水泥池、铁制贮酒罐的底漆: 沥青25%,汽油75%,溶解后涂刷。

7. 石棉绒

〔规格〕长度2mm以上,纤维均匀分散,无细梗杂质。

〔用途〕钢筋水泥池中层沥青涂料的填充物。

8. 白陶土

又名: 高岭土、瓷土、白土

〔规格〕灰白色粉末,细度80～100目,湿土塑成后不致破碎,并能长期保持不变。

〔用途〕钢筋水泥池中层或防水层沥青涂料的填充物。

9. 不饱和聚酯树脂

不饱和聚酯树脂是二元酸或酐与二元醇缩合的聚酯,是线型的高分子化合物。

不饱和聚酯树脂分为4个组分: 聚酯树脂清漆,过氧化环己酮浆,环烷酸钴液和蜡液。

〔用途〕用作发酵容器和贮酒容器的涂料。

10. T－541食品容器内壁涂料

〔主要性能及特点〕不含溶剂,可以避免溶剂挥发留下微气孔而造成涂层渗漏。

九、啤酒过滤用材料

贮酒罐及滤酒机旋塞用的精制羊油;啤酒过滤用的滤棉和石棉;麦汁过滤机用的橡胶帆布、丙纶过滤布;过滤压缩空气用的焦炭、活性炭、棉花、超纤维滤纸等。

1. 精制羊油

由食用羊油经盐析提炼而成，要求：色泽白色，无异味，熔点40～49℃。

〔用途〕贮酒罐和滤酒机旋塞的润滑密封用。

2. 过滤棉

鉴别过滤棉性能，主要是测定它的过滤能力，此能力依赖于滤饼的疏松度(多孔性)

〔规格〕色泽：洁白；
气味：无漂白粉味及其他杂味；
外观：棉花纤维韧长，不得有碎布线头及短小纤维；
膨胀度：在水中浸渍，膨胀良好，纤维长短一致，坚韧有力；
水分：8%以下；
脂肪：0.3%以下；
灰分：不含石棉的过滤棉，灰分应不超过0.5%；
水溶性物：0.5%以下。

3. 铜丝布

〔规格〕外观：铜丝布孔隙均匀，没有锈痕；
孔隙规格：1600～3600孔/cm^2；
材料：黄铜；
宽度：90～100cm。

〔用途〕滤酒机绢滤器上使用，滤去短纤维。

4. 丙纶过滤布(聚丙烯滤布)

商品名称：682－3丙纶滤布。

〔规格〕幅宽87cm；
纱支：82 S/6×82 S/6；
经纬密度：51×38根/英寸(1英寸＝2.54cm)。

〔性质〕使用温度60℃，耐酸耐碱。

〔用途〕应用于麦汁压滤机。

5. 橡胶帆布

〔规格〕门幅：86.36cm；
纱支：21 S/4×21 S/4；
经纬密度：35×33根/英寸；
经纬强力不得低于90×100kg/5×20cm。

〔用途〕应用于麦汁压滤机。

6. 超细玻璃纤维过滤板

〔规格〕厚度：0.30～0.40mm；
抗拉强度：350～400g/cm^2；
阻力：8～10mm(0.60比速测定)；
除尘效率：＞99.999%〔0.3μm油雾法，气量0.06L/(cm^2·min)〕；
在玻璃纤维板上喷涂酚醛树脂：100ml 95%酒精中加入4ml 6%2124酚醛树脂，润湿喷均，晾干。

〔用途〕可滤除空气中杂菌。

7. 石棉过滤板

〔规格〕扁平片，白色，厚度(3.5±0.5)mm；
滤速：≥4L/(m^2·min)；
除菌效果：0.4μm以上菌体及微粒100%除净。

〔用途〕可滤除空气中杂菌。

8. 压缩空气过滤用材料

高锰酸钾：工业用，黑紫色结晶。

活性炭：#15颗粒活性炭。

焦炭：灰褐色，有细小微孔，无异味和烟熏味，固定炭在95%以上。

棉花：纤维长，有弹性，水分10%以下，脂肪1%以下，使用前110～120℃干热灭菌。

玻璃纤维：洁白柔软，化合状态SiO_2 76%以上的微细玻璃纤维。

十、啤酒包装用材料

1. 啤酒瓶

参阅中华人民共和国国家标准GB4544—96。

2. 瓶盖

马口铁：81.6～99.8kg，厚0.254～0.320mm。

垫片：

① 橡胶片：含胶量不低于25%，富有弹性，表面不得附有异物，不得有特异气味；在60～65℃水中煮30min，水要保持清亮透明，没有溶解现象，水不得有苦味。

厚度：(1.2±0.1)mm；
(1.5±0.1)mm。

直径：与瓶盖内径配合27.5～28.0mm；
26.7～26.8mm；
26.4～26.5mm。

② 软木片：厚度2.7mm、2.5mm；直径(27±0.1)mm；弹性：弹力大，性质软。

③ 软木纸规格：密度：0.38g/cm^3；
抗拉强度>5kg/cm^2，伸长率：5%；
耐水性：在100℃沸水中经受3h后不应破裂；
柔软性：当软木纸围绕在厚度15倍直径圆棒上，不应发生裂隙或脱粒；
含水率：不超过10%。

④ 铝片：含纯铝99.7%以上；厚度0.056～0.058mm，宽25.4mm软性卷筒无衬底；铝片直径20.5～21mm。

瓶盖规格：齿数：21个；
外径：(31.7±0.1)mm；

内径: (26.5±0.1)mm;

(26.2±0.1)mm;

正厚: (6.5±0.2)mm;

内深: 5.56mm;

边缘角度: 45°;

商标: 应在瓶盖顶面正中。

3. 商标纸

铜版纸或胶版纸。

4. 箱子

两打装纸箱: 内长: 500mm;

内宽: 350mm;

内高: 310mm;

纸板厚: 三层纸二瓦楞。

纸箱内衬: 二层纸一瓦楞，每小格长80mm，宽80mm，高200mm。

5. 啤酒商标胶粘剂

(1) 耐冰冻强粘性合成糊料 其配方如表6-4-4所示。

(2) 抗水性啤酒商标胶粘剂 其配方如表6-4-5所示。

(3) 淀粉浆糊 淀粉20%，水80%，加入少量工业液碱，夏季可加微量甲醛防腐。

表 6-4-4 耐冰冻强粘性合成糊料配方

成分	用量/%	规格	用途
明胶	19.09	工业二级以上	蛋白质胶粘剂
淀粉	19.09	西谷米，白色粉末	淀粉胶粘剂
硫氰化钠	9.45	白色粉末，含量96%	催化剂
无水羊毛脂	3.64	精制品，浅黄色膏状	乳化剂
酚	0.18	工业品	防腐剂
蒸馏水	48.55		

表 6-4-5 抗水性啤酒商标胶粘剂配方

成分	用量/%	规格	用途
干酪素	20.5	普二级以上	蛋白质粘性胶液
氨水	2.17	工业用，含量≥20%	呈碱性，溶解干酪素
尿素	4.81	工业用，白色晶体	促进剂
氧化锌	0.86	工业三级品以上	防腐作用
水	72.14		

(4) 黄糊精浆糊 黄糊精2份加水1份调匀，加热60℃以上，用水调节到需要的粘度。

(5) 聚醋酸乙烯酯 D_{505}牌号(又称PM2035)，含30%～35%聚醋酸乙烯酯的丙酮溶液。

6. 塑料瓶垫

(1) 聚氯乙烯应用于食具的规定

氯乙烯单位含量<1mg/L;

重金属(4%乙酸，60℃，30min)不得检出;

蒸发残渣在正庚烷中60℃，30min浸泡，<150mg/L;

蒸发残渣在20%乙醇及4%乙酸中60℃，30min浸泡，<30mg/L;

蒸发残渣在水中60℃，30min浸泡，高锰酸钾消耗量10mg/L。

(2) 聚氯乙烯瓶垫原料规格和用量(表6-4-6)

表 6-4-6 聚氯乙烯瓶垫原料规格和用量

成分	用量/%	规格
聚氯乙烯	100	进口糊状，单体1mg/L以下
苯二甲酸二辛酯	70～100	二级品以上，含酯99%
硬脂酸钙	0.25～0.5	白色粉末
偶氮二甲酰胺	0～3	发气量200～240ml/g·(20℃)

附　　录

一、浓度的表示方法和相对密度与浓度之间的换算

英国对麦汁浓度的3种表示方法:

(1) 在英国，啤酒酿造界测定麦汁相对密度的温度为60°F(15.5℃)，所测相对密度均乘以1000表示之，如相对密度为1.040，则表示为1040，相对密度为1.040的麦汁，则表示为1040麦汁。

(2) 麦汁浓度以相同相对密度的蔗糖溶液浓度(g/100ml)表示之。

(3) 以酿造磅(Brewer′s Pound)表示之，其计算方法示例如下:

1桶(barrel＝36加仑)水重360磅

1桶相对密度为1.040的麦汁重374.4磅

则表示1040麦汁相当于14.4(374.4－360)酿造磅麦汁。

其他国家的麦汁浓度表示方法:

麦汁浓度系以相同相对密度的蔗糖溶液浓度(质量分数%)表示之:

蔗糖溶液浓度的相对密度换算表

英制单位				柏拉图		巴林	波美
相对密度(60°F)	酿造磅	蔗糖溶液浓度/(g/100ml)	溶液除数	相对密度(20℃)	蔗糖溶液浓度/质量分数%	相对密度(17.5℃)	模数145
1002.5	0.9	0.643	3.888	1.00250	0.641	1.00256	0.36
1005.0	1.8	1.287	3.885	1.00499	1.281	1.00513	0.72
1007.5	2.7	1.932	3.882	1.00748	1.918	1.00767	1.08
1010.0	3.6	2.578	3.879	1.00998	2.552	1.01021	1.43
1012.5	4.5	3.225	3.876	1.01247	3.185	1.01274	1.78
1015.0	5.4	3.871	3.875	1.01496	3.814	1.01528	2.14
1017.5	6.3	4.517	3.874	1.01745	4.439	1.01776	2.48
1020.0	7.2	5.164	3.873	1.01993	5.063	1.02025	2.83
1022.5	8.1	5.810	3.872	1.02242	5.682	1.02273	3.17

续表

英制单位				柏拉图		巴林	波美
相对密度(60°F)	酿造磅	蔗糖溶液浓度/(g/100ml)	溶液除数	相对密度(20℃)	蔗糖溶液浓度/质量分数%	相对密度(17.5℃)	模数145
1025.0	9.0	6.458	3.871	1.02490	6.300	1.02523	3.52
1027.5	9.9	7.107	3.869	1.02740	6.917	1.02776	3.86
1030.0	10.8	7.755	3.868	1.02989	7.529	1.03027	4.20
1032.5	11.7	8.405	3.867	1.03238	8.140	1.03277	4.54
1035.0	12.6	9.054	3.866	1.03486	8.748	1.03527	4.88
1037.5	13.5	9.703	3.865	1.03736	9.352	1.03775	5.22
1040.0	14.4	10.354	3.863	1.03985	9.956	1.04024	5.55
1042.5	15.3	11.003	3.862	1.04234	10.544	1.04273	5.88
1045.0	16.2	11.652	3.862	1.04481	11.150	1.04523	6.21
1047.5	17.1	12.303	3.861	1.04731	11.745	1.04773	6.54
1050.0	18.0	12.953	3.860	1.04979	12.336	1.05022	6.87
1052.5	18.9	13.604	3.859	1.05227	12.925	1.05269	7.20
1055.0	19.8	14.255	3.858	1.05476	13.512	1.05515	7.52
1057.5	20.7	14.907	3.857	1.05726	14.097	1.05760	7.84
1060.0	21.6	15.560	3.856	1.05975	14.679	1.06005	8.16
1062.5	22.5	16.213	3.855	1.06224	15.259	1.06252	8.48
1065.0	23.4	16.866	3.854	1.06472	15.837	1.06500	8.80
1067.5	24.3	17.519	3.853	1.06720	16.411	1.06747	9.12
1070.0	25.2	18.173	3.852	1.06970	16.984	1.06995	9.44
1072.5	26.1	18.827	3.851	1.07218	17.554	1.07244	9.75
1075.0	27.0	19.482	3.850	1.07467	18.122	1.07494	10.06
1077.5	27.9	20.135	3.849	1.07717	18.687	1.07743	10.37
1080.0	28.8	20.791	3.848	1.07965	19.251	1.07990	10.69
1082.5	29.7	21.446	3.847	1.08213	19.812	1.08237	11.00
1085.0	30.6	22.101	3.846	1.08462	20.370	1.08486	11.30
1087.5	31.5	22.758	3.845	1.08712	20.927	1.08737	11.61
1090.0	32.4	23.414	3.844	1.08960	21.481	1.08986	11.91
1092.5	33.3	24.071	3.843	1.09209	22.033	1.09235	12.21
1095.0	34.2	24.726	3.842	1.09457	22.581	1.09481	12.51
1097.5	35.1	25.384	3.841	1.09707	23.129	1.09730	12.81
1100.0	36.0	26.041	3.840	1.09956	23.674	1.09980	13.11
1102.5	36.9	26.700	3.839	1.10204	24.218	1.10230	13.41
1105.0	37.3	27.360	3.838	1.10454	24.760	1.10480	13.71
1107.5	38.7	28.019	3.837	1.10703	25.299	1.10730	14.00
1110.0	39.6	28.679	3.836	1.10952	25.837	1.10983	14.30
1112.5	40.5	29.339	3.834	1.11200	26.372	1.11235	14.50
1115.0	41.4	30.000	3.833	1.11450	26.906	1.11486	14.88
1117.5	42.3	30.660	3.832	1.11649	27.436	1.11735	15.17
1120.0	43.2	31.321	3.831	1.11947	27.965	1.11984	15.46
1122.5	44.1	31.981	3.830	1.12195	28.491	1.12231	15.74
1125.0	45.0	32.643	3.829	1.12445	29.016	1.12478	16.03
1127.5	45.9	33.305	3.828	1.12694	29.539	1.12729	16.31
1130.0	46.8	33.970	3.827	1.12944	30.062	1.12980	16.60
1132.5	47.7	34.632	3.826	1.13191	30.580	1.13228	16.88
1135.0	48.6	35.295	3.825	1.13441	31.097	1.13477	17.16
1137.5	49.5	35.958	3.824	1.13689	31.611	1.13723	17.44
1140.0	50.4	36.621	3.823	1.13938	32.124	1.13971	17.72
1142.5	51.3	37.285	3.822	1.14186	32.635	1.14221	18.00
1145.0	52.2	37.951	3.821	1.14435	33.145	1.14473	18.27
1147.5	53.1	38.617	3.820	1.14685	33.653	1.14727	18.55
1150.0	54.0	39.284	3.818	1.14934	34.160	1.14980	18.82

注：(1) 在17.5°/17.5℃下所测相对密度的相应蔗糖溶液浓度(质量分数%)表示为巴林(Balling)浓度。

(2) 在20°/20℃下所测相对密度的相应蔗糖溶液浓度(质量分数%)表示为柏拉图(Plato)浓度。

三种温度换算

摄　氏	华　氏	列　氏	摄　氏	华　氏	列　氏
110	230	88	49	120.2	39.2
105	221	84	48	118.4	38.4
100	212	80	47	116.6	37.6
99	210.2	79.2	46	114.8	36.8
98	208.4	78.4	45	113	36
97	206.6	77.6	44	111.2	35.2
96	204.8	76.8	43	109.4	34.4
95	203	76	42	107.6	33.6
94	201.2	75.2	41	105.8	32.8
93	199.4	74.4	40	104	32
92	197.6	73.6	39	102.2	31.2
91	195.8	72.8	38	100.4	30.4
90	194	72	37	98.6	29.6
89	192.2	71.2	36	96.8	28.8
88	190.4	70.4	35	95	28
87	188.6	69.6	34	93.2	27.2
86	186.8	68.8	33	91.4	26.4
85	185	68	32	89.6	25.6
84	183.2	67.2	31	87.8	24.8
83	181.4	66.4	30	86	24
82	179.6	65.6	29	84.2	23.2
81	177.8	64.8	28	82.4	22.4
80	176	64	27	80.6	21.6
79	174.2	63.2	26	78.8	20.8
78	172.4	62.4	25	77	20
77	170.6	61.6	24	75.2	19.2
76	168.8	60.8	23	73.4	18.4
75	167	60	22	71.6	17.6
74	165.2	59.2	21	69.8	16.8
73	163.4	58.4	20	68	16
72	161.6	57.6	19	66.2	15.2
71	159.8	56.8	18	64.4	14.4
70	158	56	17	62.6	13.6
69	156.2	55.2	16	60.8	12.6
68	154.4	54.4	15	59	12
67	152.6	53.6	14	57.2	11.2
66	150.8	52.8	13	55.4	10.4
65	149	52	12	53.6	9.6
64	147.2	51.2	11	51.8	8.8
63	145.4	50.4	10	50	8
62	143.6	49.6	9	48.2	7.2
61	141.8	48.8	8	46.4	6.4
60	140	48	7	44.6	5.6
59	138.2	47.2	6	42.8	4.8
58	136.4	46.4	5	41	4
57	134.6	45.6	4	39.2	3.2
56	132.8	44.8	3	37.4	2.4
55	131	44	2	35.6	1.6
54	129.2	43.2	1	33.8	0.8
53	127.4	42.4	0	32	0
52	125.6	41.6	−1	30.2	−0.8
51	123.8	40.8	−5	23	−4
50	122	40	−10	14	−8

二、EBC法和Brand法麦汁色度单位的比较

EBC单位	Brand*单位	EBC单位	Brand单位	EBC单位	Brand单位	EBC单位	Brand单位
2.0	0.11	6.3	0.38	16	1.1	59	6.0
2.1	0.12	6.4	0.39	17	1.2	60	6.1
2.2	0.13	6.5	0.39	18	1.3	61	6.3
2.3	0.13	6.6	0.40	19	1.3	62	6.4
2.4	0.14	6.7	0.41	20	1.4	63	6.6
2.5	0.14	6.8	0.41	21	1.5	64	6.7
2.6	0.15	6.9	0.42	22	1.6	65	6.9
2.7	0.16	7.0	0.43	23	1.7	66	7.0
2.8	0.16	7.1	0.43	24	1.8	67	7.2
2.9	0.17	7.2	0.44	25	1.9	68	7.3
3.0	0.17	7.3	0.45	26	2.0	69	7.5
3.1	0.18	7.4	0.45	27	2.1	70	7.7
3.2	0.19	7.5	0.46	28	2.2	71	7.8
3.3	0.19	7.6	0.47	29	2.3	72	8.0
3.4	0.20	7.7	0.47	30	2.4	73	8.2
3.5	0.21	7.8	0.48	31	2.5	74	8.3
3.6	0.21	7.9	0.49	32	2.6	75	8.5
3.7	0.22	8.0	0.49	33	2.7	76	8.7
3.8	0.22	8.1	0.50	34	2.8	77	8.9
3.9	0.23	8.2	0.51	35	2.9	78	9.0
4.0	0.23	8.3	0.51	36	3.0	79	9.2
4.1	0.24	8.4	0.52	37	3.1	80	9.4
4.2	0.25	8.5	0.53	38	3.2	81	9.6
4.3	0.25	8.6	0.53	39	3.3	82	9.8
4.4	0.26	8.7	0.54	40	3.5	83	9.9
4.5	0.27	8.8	0.55	41	3.6	84	10
4.6	0.27	8.9	0.56	42	3.7	85	10
4.7	0.28	9.0	0.56	43	3.8	86	10
4.8	0.28	9.1	0.57	44	3.9	87	11
4.9	0.29	9.2	0.58	45	4.1	88	11
5.0	0.30	9.3	0.58	46	4.2	89	11
5.1	0.30	9.4	0.59	47	4.3	90	11
5.2	0.31	9.5	0.60	48	4.4	91	11
5.3	0.32	9.6	0.60	49	4.6	92	12
5.4	0.32	9.7	0.61	50	4.7	93	12
5.5	0.33	9.8	0.62	51	4.8	94	12
5.6	0.34	9.9	0.63	52	5.0	95	12
5.7	0.34	10	0.63	53	5.1	96	12
5.8	0.35	11	0.70	54	5.3	97	13
5.9	0.35	12	0.78	55	5.4	98	13
6.0	0.36	13	0.85	56	5.5	99	13
6.1	0.37	14	0.93	57	5.7	100	13
6.2	0.37	15	1.0	58	5.8		

* Brand单位可以0.1mol/L(1/2 I_2)碘液的毫升数表示之。

三、糖化力单位的换算

$$EBC(°WK)=[ASBC(°L)-4]\div 0.3$$
$$ASBC(°L)=(EBC\times 0.3)+4$$

四、浊度单位的换算

$$EBC(Formazin)=40Helm=69ASBC(Formazin)$$

五、色度单位的换算

$$EBC=2.65\times ASBC-1.2$$
$$ASBC=(EBC+1.2)\div 2.65$$

六、国际啤酒工业技术杂志目录

顺序	原　名	译　名
1	Alcohol Beverage Abstracts	酒精饮料摘要
2	American Brewer	美国啤酒酿造者
3	Association of Growers of the New Varieties of Hop. Annual Booklets	酒花新品种种植者协会，年册
4	Australian Wine, Brewing and Spirit Review	澳大利亚葡萄酒、啤酒和酒精评论
5	Birra e Malto	啤酒与麦芽
6	Bottlers′ Year Book	灌装者年刊
7	Bottling	灌装
8	Brasscrie	啤酒工业
9	Brasserie et Malterie de Belgique	比利时的啤酒工业和制麦工业
10	Brauer und Mälzer	啤酒酿造者和麦芽制造者
11	Brauereibesitzer und Braumeister	啤酒所有者和啤酒酿造者
12	Brauereitechniker	啤酒酿造技术
13	Brauwelt	啤酒酿造世界
14	Brauwissenschaft	啤酒酿造科学
15	Brewers′ Almanack	啤酒酿造年鉴
16	Brewers′ Digest	啤酒酿造文摘
17	Brewers′ Guardian	啤酒酿造前驱
18	Brewers′ Guild Journal	啤酒酿造者协会杂志
19	Brewers′ Journal	啤酒酿造者杂志
20	Brewing Trade Review	啤酒酿造商业评论
21	Brygmesteren	
22	Bulletin des Anciens Éleves de I′ Écok de Brasserei de Nancy	南希啤酒酿造学校校友学报
23	Bulletin de I′ Association des Anciens Éleves de Institut des industries de Fermentation de Bruxelles	布鲁塞尔发酵工业学院校友学会学报
24	Bulletin de I′ Association des Anciens Étudiants en Brasserei de I′ Universite de Louvian	卢万大学啤酒学院校友学会学报

续表

顺序	原 名	译 名
25	Bulletin of Brewing Science (Tokyo)	啤酒酿造科学公报(日本)
26	Cerveja	啤酒
27	Cerveza y Malta	啤酒和麦芽
28	Communications of the Master Brewers′ Association of America	美国啤酒酿造家协会通讯
29	Deutsche Brauwirtschaft	德国啤酒酿造经济
30	Echo de la Brasserie	啤酒酿造新闻栏
31	Fermentatio	发酵
32	Hopfen Rundschau	酒花评论
33	Internationale Fachzeitschrift fur Brau－Gärungsund Kaltetechnik	啤酒发酵和冷贮国际技术杂志
34	Internationaal Tijdsehrift Vo or Brouwerij on Mouter－ij	啤酒酿造和麦芽制造国际通讯
35	Journal of the Institute of Brewing	啤酒酿造学院杂志
36	Matting Barley improvement Association. Annual Report	制麦用大麦改进协会,年度报告
37	Malzer	麦芽制造者
38	Mitleilungen der Versuchsstation fur das Garun-gsgewerbe in Wien	维也纳发酵工业研究站报告
39	Modern Brewery Age	现代啤酒厂
40	Monatsschrift für Brauerei	啤酒酿造月刊
41	Petit Journal de Brasseur	啤酒酿造者小报
42	Proceedings, American Society of Brewing Chemists	美国啤酒酿造化学家协会会讯
43	Proceedingsof the Conventions of the Institute of Brewing	啤酒酿造学院会议会讯
44	Proceedings. European Brewery Convention	欧洲啤酒酿造会议会讯
45	Report of the Fermentation Research Institute (Japan)	日本发酵研究所报告
46	Report of the Research Laboratories of Kirin Brewery Co.Ltd	日本麒麟啤酒厂研究室报告
47	Schweizer Brauerei Rundschau	瑞士啤酒酿造评论
48	Société d′ Encouragement de la Culture des Orges de Brasserei et des Houblons en France. Rapport Sur la campagne	法国啤酒酿造用大麦和酒花栽培促进会关于农业方面的报告
49	Svensk Bryggeritidskrift	
50	Tageszeitung fur Brauerei	啤酒酿造日报
51	Technical Proceedings Annual Convention of the Master Brewers′ Association of America	美国啤酒酿造家协会年会会讯
52	Technical Quarterly of the Master Brewers′s Assnci-ation of America	美国啤酒酿造家协会技术季刊
53	Versuchsstation Schweizerischen Brauereien Jahresbe-richt	瑞士啤酒酿造研究站,年度报告
54	Versuchs－und Lehranstalt fur Brauerei in Berlin. Jahresbencht	柏林啤酒研究及教育学院年度报告
55	Wye College Department of Hop Research. Annual Report	威(Wye)学院酒花研究室年度报告
56	Brewing and Distilling Industry	啤酒和蒸馏酒工业
57	Ferment	发酵

参考文献

1. Ludwig Narziss. Die Technologie der Malzbereitung. 6 Aufl. – Stuttgart: Enke, 1976
2. Jcan De Clerck. A Text book of Brewing. Vol. one. London Chapman 8 Hall Ltd, 1957
3. Jean De Clerck. A Text book of Brewing. Vol. two. London Chapman 8 Hall Ltd, 1957
4. J.S. Hough, D. E. Briggs, R. Stevens. Matting and Brewing Science. Chapman 8 Hall London, 1971
5. W. P. K. Findley. Modern Brewing Technology. The Macmillan Press, 1971
6. Karl Fehrmann, Max Sountag, Mechanische Technologie Der Brauerei, Paul Parey in Berlin und Hamburg, 1962
7. A. H. Cook. Barley and Malt. New York and London: Academic Press, 1962
8. Karl Hennies. Brauer hand buch. Verlag Hans Carl/Nurnberg, 1956, Sechste Auflage
9. Karl Sannwald. Rechenbuch Für Bräucr and Mälzer. Vierte Auflage, Verlag Hans Carl Nürn berg, 1963
10. Brauwelt Brevier, 1976～1980
11. P. C. Northam and A. H. Button etc. Proc. Europ. Brew. Conv. 14th Congr. Salzburg, 1973, 99～363
12. J. A. Pickett, J. Coates and F. R. Sharpe etc. Proc. Europ. Brew. conv., 15th Congr. Nice, 1975, 123～669
13. M. Amaha, S. Nakakoji and Y. Komiya etc Proc. Europ. Brew. Conv, 16th. Congr. Amsterdam, 1977, 545～609
14. K. Erdal and P. Gjertsen.Proc. Europ. Brew. Conv, 13th. Congr. Estoril, 1971, 49～437
15. A. H. Cook etc. Proc. Europ. Brew. Conv, 12th, Congr. Interlaken. 1969, 151～539
16. P. Kollnberger. M. B. A. A Tech. Quart., 1979,16 : 101
17. M. W. Brenner, M. Karpiscak, H. Stern and W. P. Hsu etc. Am. Soc. Brewing Chemists, Proc., 1970, 79～105
18. G. Krauss and M. Forch etc. Am. Soc. Brewing Chemists, Winter, 1975, 1～37
19. Yishan Lin. Am. Soc. Brewing Chemists, Fall, 1974, 69
20. S. W. Wolzahn. Am. Soc. Brewing Chemists, Spring, 1977, 54
21. Ernest C. – H. Chen. Am. Soc. Brewing Chemists, Winter, 1978, 39
22. G.Hamilton etc. Brewers′ Guardian, 1973～1979
23. Wilhelm C. Janssen and Lawreuce H. Bradee etc. Brewers Digest, 1974～1979
24. J. F. Clapperfon, C. E. Dalgliesh and M. C. Meilgaard etc. J. Inst. Brew., 1973～1977
25. WHO 8th. Report Joint FAO/WHO Exp. Com. Food Additives, 1965, Ser. 38 and 39
26. WHO Techn. Rep. Ser., 1972, 505
27. J. H. Linton. Brewers Digest, Nov, 1973, 42
28. W. Porter. D Wallerstein Lab. Comm., Aag, 1971, 125

29. J. S. Hawley. M. B. A. A. Tech. Quart., 1973,10：1
30. D. P. Mac Donald. International Brewing and Distilling, 1973, 3：12
31. F. E. Gaeng. Brauwelt. Nr. 34, 21, Aug, 1975, 1105
32. H. O. Mieth. Brauwelt Nr. 21 22, Mai, 1975, 698
33. G. Wittl. und Th. Maier. Brauwelt, Nr. 45, 9, Nov., 1978,1700
34. J. Kumado, R. Nagami, T. Takahalino und K. Nakatani. Brauwelt, Nr. 21, 1979, 712
35. Ziemann, Nr. 12, August, 1977
36. Ziemann, Nr. 13, August, 1978
37. Geiger. E., Brauwissenschaft, Heft 3, 1978, 83
38. F. E. Gaeng. Brauwissenschaft, Heft 11,1976, 317
39. A. W. MacGregor. E. B. C. Congress, 1991, 37～49
40. J. C. Seaton. E. B. C. Congress, 1987, 177～187
41. A. P. Maule, etc. E. B. C. Congress, 1987 257～264
42. J. P. Dufour and B. de Jaeger. E. B. C. Congress, 1987 289～246
43. M. A. Longstaff and J. H. Bryce. E. B. C. Congress, 1991, 593～600
44. John Ingversen. E. B. C. Congress, 1991, 77～84
45. G. H. Palmer, etc. E. B. C. Congress, 1989, 63～74
46. I. W. Anderson, etc. E. B. C. Congress, 1989,213～220
47. L. Narziss. E. B. C. Congress, 1987, 133～143
48. S. Home. E. B. C. Congress, 1987, 157～165
49. C. W. Bamforth. The Brewer. January, 1996, 22～28
50. D. H. Jupp. The Brewer. November, 1994, 466～469
51. Dr. Trevor Wainwright. Brewers Guardian. October, 1991, 22～28
52. J. C. Cantrell and D. L. Griggs. M. B. A. A., 1996, 33(2)：82～86
53. G. Prior. The Brewer. February, 1996, 117～124
54. J. Hermia and G. Rahier. Ferment. August, 1992, 280～286
55. Dr. K. Stippler. M. B. A. A., 1988,25：54～61
56. M. J. Lewis and Sang Suk Oh. M. B. A. A., 1985, 22：108～111
57. T. Inoue, etc. E. B. C .Congress, 1991, 369～376
58. H. Sone, etc. E. B. C. Congress, 1987,545～552
59. E. Goossens, etc. E. B. C. Congress, 1987, 553～560
60. H. Miedaner, etc. E. B. C. Congress, 1979, 725～735
61. T. Wainwright. J. I. B., 1973, 451～470
62. Takashi Inoue and Yasushi Yamamoto. A. B. S. C., 1970, 198～208
63. Sara Barton and Dr. J. C. Slaughter. M. B. A. A., 1992, 29：60～63
64. Takayuki Kamiya, etc. M. B. A. A, 1993, 30(1)：14～15
65. K. D. Villanueba, etc. A. S. B. C., 1990, 48(3)：111～114
66. S. E. Godtfredsen, etc. E. B. C. Congress, 1983, 161～168

67. C. Lemer, etc. E. B. C. Congress, 1991, 329~336
68. C. A. Boulton and D. E. Quain. E. B. C. Congress, 1987, 401~408
69. R. V. Wenn, etc. E. B. C. Congress, 1989, 617~624
70. Christine Leemans, etc. E. B. C. Congress, 1993, 709~717
71. S. W. Molzahn. E. B. C. Congress, 1985, 159~170
72. J. O. Harris. J. I. B. September－October, 1980, 86：230~233
73. D. C. Garrett, etc. Brewers Guardian. August, 1984, 23~25
74. D. R. Maule. J. I .B. March－April 1986, 92：137~145
75. J. P. Dufour. E. B. C. Congress, 1991, 209~216
76. B. J. Clarke, etc. E. B. C. Congress, 1991, 217~224
77. S. Lie, etc E. B. C. Congress, 1995, 715~724
78. B. W. Drost. E. B. C. Congress, 1979, 767~786
79. R. S. Renger, etc. J. I. B. November－December, 1992, 98：509~513
80. R. Devuyst, etc. E. B. C. Congress, 1991, 377~384
81. J. Ahvenainen and V. Makinen. E. B. C. Congress, 1981, 285~297
82. M. Lenoel, etc. E. B. C. Congress, 1987, 425~432
83. T. M. Enari, etc. E. B. C. Congress, 1987, 529~536
84. I. C. Cantrell and Anderson. E. B. C. Congress, 1983, 481~488
85. Ernest C. －H. Chen. A. S. B. C., 1978, 36：P. 39~43
86. Ernest C. －H. Chen, etc. A. S. B. C., 1980, 38：13~18
87. Jose R. Ernandes, etc. J. I. B. January－February, 1993, 99：67~71
88. A. D. Haukeli and S.Lie. E. B. C. Congress, 1979, 461~473
89. Rena Crumplen, etc. E. B. C. Congress, 1993, 267~274
90. S. Lie and T. Jacobsen. E. B. C. Congress, 1983, 145~151
91. K. B. Morrison and A. Suggett. E. B. C. Congress, 1983, 489~496
92. Charies E. Lieberman. Brewers Digest. December, 1990, 35
93. Tim O'Rourke. Brewers Guardian. August, 1994, 30~33
94. Mike O'neill. The Brewer. February, 1996, 54~58
95. Lucien Chapon. Brewers' Guardian December, 1994, 46~50
96. Koichi Matsuzawa and Yoshiaki Nagashima. M. B. A. A., 1990,27：66~72
97. Bob Fernybough, etc. Berwers' Guardian. October, 1994, 44~50
98. Roger A. Mussche. Brewers' Guardian. November, 1994, 44~49
99. Eric Esnault. Brewers' Guardian. January, 1995, 47~50
100.I. Mcmurrough and T. D'Rourke. M. B. A. A., 1997, 34(1)：271~277
101. Jamie P. O'Reilly. Brewers' Guardian. September, 1994, 32~36
102. Geoff Leeder. B. D. I. July, 1995, 23~25
103. M. Dadic and J. G. Lavallee. A. S. B. C. April, 1983, 141~147
104. Jeremy Stead. The Brewer. September, 1996, 82(983)：389~400

105. L. J. Souster. The Brewer. December, 1995, 493～497
106. L. NarziB, etc. M. B. A. A. 1993, 30：48～53
107. L. Narziss J. I. B. July－August. 1986, 92：346～353
108. A. J. Irwin, etc.. A. S. B. C. April, 1991, 140～149
109. I. McMurrough, etc.. A. S. B. C. 1992, 50(2)：67～76
110. S. M. G. O'Reilly, etc.. E. B. C. Congress, 1987, 639～646
111. D. Wagner, etc.. E. B. C. Congress, 1987, 631～638
112. Johannes Kiefer. E. B. C. Congress, 1991, 657～664
113. T. M. Buhler, etc.. E. B. C. Congress, 1993, 691～700
114. R. J. R. Reed, etc.. E. B. C. Congress, 1989, 413～424
115. H. J. Visscher, etc.. E. B. C. Congress, 1991, 649～655
116. Wolfgang Muller. M. B. A. A. 1992, 29：42～47
117. Geoff Leeder and Manfred Girr. M. B. A. A. 1994, 31：58～63
118. Dr. Chris Roast. Brewers' Guardian. January, 1991, 14～15
119. Stephen Ellis. Brewing and Distilling International. September, 1989, 24～26
120. Dr. Chris Roast. Brewers' Guardian. May, 1994, 11～14
121. Helmut Schafft. B. B. I. I. 1991, 1：8～14
122. Malcolm T. Mckechnie. Brewers' Guardian. July, 1995, 36～40
123. Peter M. Meier, etc.. M. B. A. A. 1995, 32：25～34
124. Christian Beer .M. B. A. A. 26：89～93
125. Ron Siebel. Brewers Digest. March, 1990, 13～17
126. Chris Marchbanks. Brewing and Distilling International. December, 1986, 16～18
127. Kim N. Butcher. B. B. I. I. 1991, 1：21～23
128. Avelina Gonzalez del Cueto. Brewers Digest. June, 1992 16～19
129. Lucien Howlett. Process Engineering .July, 1995, 36～37
130. Graham G. Stewart. The Brewer. August, 1996, 348～353
131. T. E. Kavanagh. etc.. M. B. A. A. 1991, 28：111～118
132. Roy E. Lindsay, etc.. E. B. C. Congress, 1995, 705～711
133. J. A. Hodgson, etc.. E. B. C. Congress, 1995, 411～418
134. David G. Taylor, etc.. M. B. A. A. 1992, 29：137～142
135. Inge Russel. Brewers' Guardian. Nov., 1997, 34～38
136. B. Rickards. The Brewer. March, 1994, 109～112
137. Tony D Amore, etc.. E. B. C. Congress. 1991, 337～344
138. G. G. Stewart, etc.. M. B A. A. 1997, 34(1)：264～270
139. John H. Bergann. M. B. A. A. 1995, 32：35～43
140. Kent Christiansen. M. B. A. A. 1995, 32(4)：228～230
141. Dr. Trevor Wainwright. Brewers'Guardian. February, 1995, 25～32
142. Cathy B. Fuchs. M. B. A. A. 1995,32：85～89

143. D. Folbigg. The Brewer. February, 1993, 59～61
144. Kouji Sawahara, etc.. E. B. C. Congress, 1993, 587～596
145. Sohji Takagi. Ferment. 1994,185～189
146. K. E. Skinner, etc.. A. S. B. C. 1993, 51(2)：58～63
147. George Fix. Principles of Brewing Science. U. S. A. : Brewers Publications, 1989
148. J. S. Hough. The Biotechnology of Malting and Brewing. Cambridge University Press, 1991
149. J. S. Hough, D. E. Briggs, R. Stevens and T. W. Yong . Malting and Brewing Science (2 Volumes). London: Champman and Hall, 1982
150. H. M. Broderick(ed). The Practical Brewer. Madison, Wisconin: Master Brewers Association of the Americas, 1981
151. R. A. Pollock(ed). Brewing Science. London and New York: Academic Press, 3 Volumes: Volume one 1979, Volume two 1981, Volume three 1987
152. F. G. Priest and I. Campbell .Brewing Microbiology, 2nd. Edition. 1995
153. M. Jackson. Beer Companion
154. K. Hennies, etc.. Die Brauerei im Bild
155. L. Narziss. Die Technologie der Würzebereitung
156. Jian Yuan Chen. J. I. B. Proceedings of the 20th. Convention, 1988, 227～229
157. 张志强编著.啤酒酿造技术概要.北京：中国轻工业出版社，1995
158. 陈建元等.麦汁一段冷却节能新技术.食品与发酵工业，1993(2):7～11

内 容 简 介

《啤酒工业手册》(初版)自80年代初出版以来,因其内容系统、全面、新颖、实用性强而深受广大啤酒界读者的欢迎。近10余年来,啤酒工业有了突飞猛进的发展,为了适应啤酒发展的形势,使本手册能符合时代的脉搏,由原主编对初版本进行了全面的修订和补充。修订后的《啤酒工业手册》充分反映了当代啤酒工业的全貌和最新技术进展。全书分为六大篇:第一篇麦芽制造,第二篇麦汁制备,第三篇啤酒发酵,第四篇啤酒包装与成品啤酒,第五篇啤酒新产品与稀释啤酒,第六篇副产物利用及其他。

本书供啤酒工业技术工人和技术人员参阅,也可供科研、设计人员和有关院校专业师生参阅。